国外电子与通信教材系列

微电子制造科学原理与工程技术

（第四版）

Fabrication Engineering at the Micro- and Nanoscale

Fourth Edition

［美］ Stephen A. Campbell　著

严利人　梁仁荣　译

许　军　审校

電子工業出版社

Publishing House of Electronics Industry

北京 · BEIJING

内 容 简 介

本书对微纳制造技术的各个领域都给出了一个全面透彻的介绍，覆盖了集成电路制造所涉及的所有基本单项工艺，包括光刻、等离子体和反应离子刻蚀、离子注入、扩散、氧化、蒸发、气相外延生长、溅射和化学气相淀积等。对每一种单项工艺，不仅介绍了它的物理和化学原理，还描述了用于集成电路制造的工艺设备。本书新增了制作纳米集成电路及其他半导体器件所需的各种基本单项工艺，还介绍了 22 nm 的 FinFET 器件、氮化镓 LED 及薄膜太阳能电池、新型微流体器件的制造工艺流程。

本书可作为高等院校微电子、集成电路专业本科生和研究生相关课程的教材或参考书，也可供与集成电路制造工艺技术有关的专业技术人员学习参考。

版权贸易合同登记号 图字：01-2013-7760

图书在版编目(CIP)数据

微电子制造科学原理与工程技术：第四版/(美)斯蒂芬 • A. 坎贝尔(Stephen A. Campbell)著；严利人，梁仁荣译. —北京：电子工业出版社，2023.1

(国外电子与通信教材系列)

书名原文：Fabrication Engineering at the Micro-and Nanoscale, Fourth Edition

ISBN 978-7-121-44746-4

I. ①微… II. ①斯… ②严… ③梁… III. ①微电子技术－生产工艺－高等学校－教材 IV. ①TN4

中国版本图书馆 CIP 数据核字(2022)第 243993 号

责任编辑：徐　萍

印　　刷：三河市鑫金马印装有限公司

装　　订：三河市鑫金马印装有限公司

出版发行：电子工业出版社

北京市海淀区万寿路 173 信箱　　邮编：100036

开　　本：787×1092　1/16　　印张：38　　字数：1138 千字

版　　次：2008 年 5 月第 1 版（原著第 3 版）

2023 年 1 月第 2 版（原著第 4 版）

印　　次：2023 年 1 月第 1 次印刷

定　　价：159.00 元

凡所购买电子工业出版社图书有缺损问题，请向购买书店调换。若书店售缺，请与本社发行部联系，联系及邮购电话：(010) 88254888，88258888。

质量投诉请发邮件至 zlts@phei.com.cn，盗版侵权举报请发邮件至 dbqq@phei.com.cn。

本书咨询联系方式：fengxiaobei@phei.com.cn。

前　言[①]

本书旨在向广大读者介绍与微电子及纳米尺度制造相关的工艺技术，本书既可以用作大学高年级本科生和/或一年级研究生的教材，也可以作为专业工程技术人员的参考书，写作本书的目的是为读者提供一本易读易懂的书。书中同时覆盖了硅器件工艺技术、砷化镓器件工艺技术及氮化镓器件工艺技术，但是重点仍然放在硅基工艺技术上，在与砷化镓及氮化镓器件工艺相关的章节中还简要介绍了一些有机化合物材料器件和薄膜器件。本书假定读者已经学过一年的物理课程、一年的数学课程(包括简单的微分方程)和一门化学课程。大多数具有机电工程背景的学生也一定学过至少一门包含 PN 结和 MOS 晶体管内容的半导体物理与器件课程，这些知识对于本书最后五章是非常有用的。对于那些以前从未接触过这些知识的学生或者那些对上述知识现在已经感到有点生疏的学生，我们在本书第 16～18 章的第一节中将会复习这些内容。

典型的微电子学教材通常把完整的制造工序划分成一系列单项工艺，重复这些单项工艺就可以制造出集成电路。因此本书具有综述的特点：它包含许多联系并不紧密的题材，每个题材都具有各自不同的背景材料。为此本书每一章中都包含了工程技术所基于的科学原理，这些章节标有符号“°”，以便区分永远不变的科学定律和这些定律在现有技术中的应用，并附有所有近似及适用范围的说明。例如，任何一种光学光刻技术都具有一个有限的生命周期，而衍射定律却是永远成立的。

讲授这类课程时经常会遇到的第二个问题是，描述各种工艺过程的方程往往无法得到解析解。本书应用了目前普遍采用的 Silvaco 公司提供的一套商业化模拟工具，这是一套工业化的标准应用软件，它对教育机构的售价非常低廉。截至目前，作者尚未发现有任何其他类似的开源模拟工具。注意，使用这一软件的目的是要扩充而不是完全替代学习描述微电子工艺过程的基本方程。为了进一步丰富本书的基本内容，书中还额外增加了相关章节来介绍多项工艺技术的集成及一些更先进的工艺技术，增加的这些章节都标有符号“⁺”。如果时间不允许，那么这些章节也可以略去不讲，且不会影响本课程基本内容的完整性。

第四版的新特色

我们在本书第四版中增加了许多新的题材，以反映微纳制造工艺技术的最新研究进展，这些新增加的内容包括：

- 闪烁退火与尖峰退火工艺(第 6 章)
- 极紫外(EUV)光刻工艺(第 9 章)
- 氮化镓(GaN)外延生长与掺杂(第 14 章)
- 应用于 35 nm 以下光刻工艺的双重曝光技术(第 7 章)

---

① 中文翻译版的一些字体、正斜体、图示沿用英文原版的写作风格。

- 非光学光刻技术中更新的一些章节(第 9 章)
- 以实际 45 nm 技术节点为例的一个纳米尺度 CMOS 工艺结构介绍(第 16 章)
- 规划用于 22 nm 及以下技术节点的三栅或 FinFET 器件 CMOS 工艺(第 16 章)
- 单晶硅与薄膜太阳能电池制造技术(第 18 章)
- 氮化镓发光二极管制造工艺(第 18 章)
- 微流控器件制造工艺(第 19 章)

最后，我要向审阅本书第四版的下列人士表示感谢：

- 科罗拉多矿业学院(Colorado School of Mines)的 Sumit Agarwal 教授
- 马萨诸塞大学阿默斯特分校的(University of Massachusetts at Amherst)的 Massimo V. Fischetti 教授
- 亚利桑那州立大学(Arizona State University)的 Trevor Thornton 教授
- 西弗吉尼亚大学(West Virginia University)的 Xian-An Cao 教授

本书第四版的许多改动都来自上述各位审阅者中肯的建议，在此我要向他们认真的工作致以诚挚的谢意。

Stephen A. Campbell

目　录

第 1 篇　综述与题材

第 2 篇　单项工艺 I：热处理与离子注入

第 4 篇　单项工艺 3：薄膜

第 5 篇 工 艺 集 成

第 1 篇　综述与题材

本课程与读者以前可能上过的许多其他课程有所不同，它所包含的题材主要是许多彼此间非常不同的单项工艺技术，因此本书的特点是综合概述所包含的题材而不是平铺直叙，本书第 1 篇将为后面理解各种多样化的制造工艺奠定必要的基础。

第 1 章将给出本课程的教学指南并介绍集成电路制造引论，定性简述本书所包含的工艺技术并讨论各种不同题材之间的关系。本章以一种半导体工艺技术即集成电阻器的制造为简单例子来说明我们称为制造技术的这些单项工艺的流程，并将讨论扩展到包括电容器和 MOSFET 在内的工艺制造技术。

第 2 章将专门介绍晶体生长和晶圆片生产。这一章包含了材料方面的基本知识，这些知识将运用在全书的其余部分，包括晶体结构和晶体缺陷、相图及固溶度的概念。与以后几章中将要介绍的其他单项工艺所不同的是，几乎没有哪个集成电路制造厂会实际生产它们自己需要使用的晶圆片。然而，晶圆片生产的题材将说明半导体材料的某些重要特性，这些特性无论是对集成电路的制造过程还是对集成电路的最终成品率和性能而言都非常重要。本章还将讨论硅晶圆片和砷化镓晶圆片生产中的差别。

第 1 章　微电子制造引论

电子工业在过去的 50 年间发展迅猛，这个发展过程一直是由微电子学领域的革命所驱动的。在 20 世纪 60 年代初期，能够在一片半导体上制作出一个以上的晶体管就会被看成是最前沿的技术了，而包含有几十个器件的集成电路则是闻所未闻的。当时的数字计算机体积大、速度慢、价格昂贵。而在此 10 年前就发明了晶体管的贝尔实验室并不能接受集成电路的概念，他们给出的理由是：为了使一个电路能够正确工作，所有的器件都必须能够正确工作。因此，为了使一个包含 20 个晶体管的电路有 50%正确工作的概率，则其中每一个晶体管能够正确工作的概率必须达到 $(0.5)^{1/20}=0.966$，即 96.6%。这在当时被认为是一件过于乐观的事情，虽然当今的集成电路中已经包含有几十亿个晶体管。

早期的晶体管采用锗材料制造，但是现在大多数电路都制作在硅衬底上，因此在本书中我们将重点讨论硅。第二个普遍用于制造集成电路的材料是砷化镓（GaAs），为此本书在适当的场合将讨论制造砷化镓集成电路所需要的工艺。虽然砷化镓材料中的电子迁移率比硅中的要高，但是它也有几个严重的局限，包括其空穴迁移率较低、在热处理过程中较不稳定、热氧化层质量较差、成本较高等，也许最严重的是它的缺陷密度要高得多。因此，硅被选为制造高密度集成电路的材料。近年来微电子制造技术已经被用来制造各种各样的结构，包括薄膜器件与电路、微磁性元件。在某些情形中微机械结构也被集成到了包含电子电路的芯片中。微电子机械系统（MEMS）结构就是一个很常见的非电子类的应用，我们将在本书的后面加以介绍。包括光伏器件在内的各种光电子器件也是广泛采用上述工艺制造技术来生产的，对于这一类应用来说，我们除了讨论硅材料，还将讨论另外两种半导体材料。砷化镓材料是一种直接带隙的半导体材料，采用这种材料可以使得吸收光的光伏器件和发射光的发光二极管（LED）及激光器具有更高的效率。砷化镓材料用于发光器件的一个局限性在于其带隙宽度仅对应于可见光光谱中能量最低（即红光）的部分。近年来材料领域取得的研究进展已经使得氮化镓（GaN）及相关材料应用于发光器件成为可能，由于氮化镓材料的带隙较宽，因此它能够发出蓝光。如果再掺入其他一些杂质，氮化镓材料还可以发出其他颜色的光。

为了描述硅微电子学的进展，比较容易的做法是去跟踪同一种类型的芯片。存储器芯片多年来一直具有基本相同的功能，这就使得这类分析具有意义。而且，它们极其规则并被大量销售，使得针对这一类芯片设计的专门工艺变得十分经济。因此，存储器芯片在所有的集成电路中具有最高的集成密度。图 1.1 展示了动态随机存取存储器（DRAM）集成度随着年代的发展情形，纵轴为对数坐标。在 20 世纪 90 年代末之前，这类存储器电路的密度一直

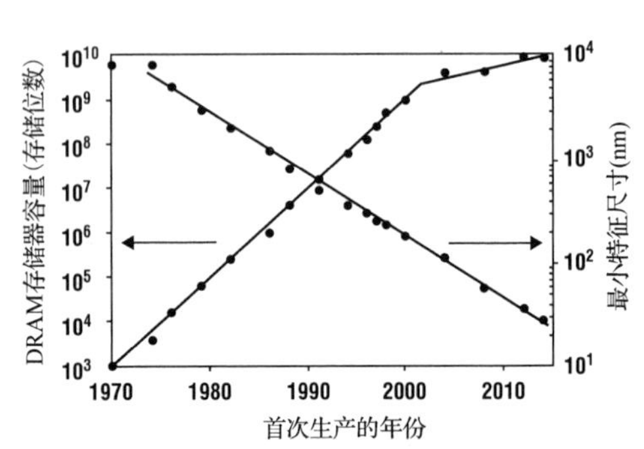

图 1.1　DRAM 存储容量与最小特征尺寸的进展（数据来源于 *IC knowledge and ITRS Roadmap*, 2005）

按 4 倍递增，每次递增大约需要三年时间。近年来 DRAM 技术的发展趋势则是其密度每三年按两倍递增。使得这样的技术发展成为可能的工艺制造技术的最主要变化就是在芯片上能印制出的最小特征尺寸，它不仅增加了集成电路的密度，而且也使电子和空穴必须通过的距离缩短，从而提高了晶体管的工作速度。集成电路性能的改善一部分来自晶体管性能的这一提高，另一部分则来自能把晶体管排布得更加密集，从而减小了寄生电容。图 1.1 中的右侧坐标表明集成电路的最小特征尺寸已从 10 μm（1 μm=10^{-4}cm）减小到 0.045 μm，即 45 nm。按照这样的速度发展下去，读者在看到这本书的时候，具有 32 nm 特征尺寸的芯片也将变得十分常见①。

初看起来，这些不可思议的高密度和与之相联系的设计复杂性似乎令人生畏。但是本书将集中描述这些电路如何被制造而不是它们如何被设计或这些晶体管是如何工作的。无论芯片上集成了多少个晶体管，其制造过程都是类似的。本书的前半部分将介绍制造集成电路所要求的基本操作，这些基本操作类似于机械制造中的锻造、切割、弯曲、钻孔和焊接等步骤，它们在本书中将被称为“单项工艺”。如果人们对于某种材料（例如钢）知道如何去完成这些步骤中的每一步，那么只要具有所需要的机器和材料，它们就可以被用来制造梯子、高压汽缸或小船。显然，这些步骤需要进行多少次以及前后次序如何安排将取决于制造什么，但基本的单项工艺仍是一样的。而且，一旦生产一条货船的工序获得成功，则其他类似设计的船只也多半可以采用相同的工序来建造。至于船只的设计，即把哪个部件安装到什么位置，则是另外一个单独的任务。船的建造者接受这样一套设计蓝图，他们必须按照这一设计蓝图来建造船只。

制造一个有用产品的这些单项工艺的集合和次序称为工艺技术。本书第 5 篇将介绍某些基本的制造工艺技术。至于这一工艺技术是被用来制造微处理器、输入/输出控制器，还是实现其他数字功能对于制造过程基本上不重要，甚至许多模拟电路也可以用与制造大多数数字电路非常类似的工艺技术来制造。因此，一个集成电路起始于对某种电子设备的需求，一个设计者或者一组设计人员把这些需求转化为电路设计，也就是需要用到多少个晶体管、多少个电阻器和电容器，它们应当具有什么数值以及它们之间是如何连接的。设计者还必须从制造者那里得到某些输入信息。还是以造船为例，设计蓝图应当反映出造船者不能把铆钉铆在焊接缝处，或运用小的铆钉而仍然期望它们能耐受住非常高的压力。因此，制造者必须提供给设计者一个文档，说明什么能做、什么不能做。在微电子学中，这个文档称为设计规则或版图规则，它们规定某些特征尺寸允许达到多小或多大，或者两个不同的特征图形之间允许靠得多近。如果设计方案与这些规则相一致，那么芯片就可以用这一给定的工艺技术来制造。

1.1　微电子工艺：一个简单的实例

电路设计者提供给集成电路制造者的不是设计蓝图而是一组光刻掩模。光刻掩模是根据版图设计规则形成的有关某个设计方案的实际表述形式。作为设计与制造之间接口的一个实例，假设需要某个集成电路中包含一个简单的分压器，如图 1.2 所示。实现这一设计的工艺技术显示在图 1.3 中。我们将采用硅晶圆片作为衬底，因为它们很平整，也相当便宜，并且大多数集成电路工艺设备也都是为处理硅晶圆片而制造的。衬底的制备将在第 2 章中讨论。由于硅片多少有点导电性，因此必须首先淀积一层绝缘层以防止相邻电阻器之间发生漏电。另一

① 事实上在本书译本出版的时候，我们估计已经可以看到特征尺寸为 7 nm 的集成电路芯片进入规模化大生产。——译者注

种绝缘方法是热生长出一层二氧化硅，因为它是一种性能更好的绝缘层。硅的热氧化将在第 4 章中介绍。接下来将要淀积一层导电层来作为电阻器。在第 12 章至第 14 章中将讨论几种淀积绝缘层和导电层的工艺技术。

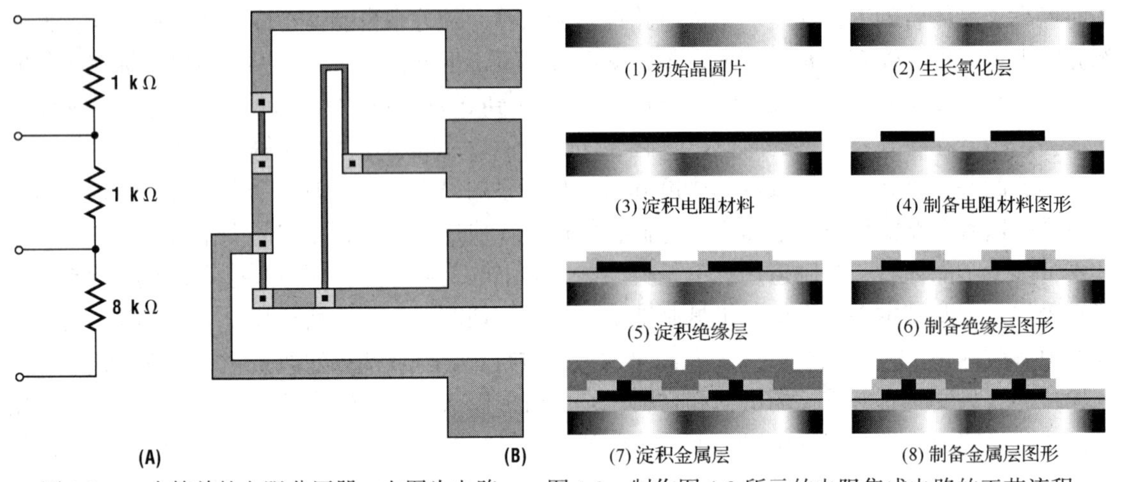

图 1.2　一个简单的电阻分压器。左图为电路图，右图为实际的版图。右图所示的各层分别为电阻、接触孔及低阻金属

图 1.3　制作图 1.2 所示的电阻集成电路的工艺流程

导电层需要分割成几个独立的电阻器，这可以通过去除部分导电层来实现，留下互相绝缘的长方形电阻薄膜。电阻值由下式给出：

$$R = \rho \frac{L}{Wt}$$

式中，ρ为材料的电阻率，L 为电阻薄膜的长度，W 为电阻薄膜的宽度，而 t 为该导电层的厚度。因此设计者可以在遵守设计规则限制的前提下通过选择宽长比来选取不同的电阻值。工艺技术专家选择薄膜的厚度和材料(因而也就选择了ρ)以便给设计者提供一个合适的电阻率范围，而不至于迫使设计者不得不采用极端的几何尺寸。因为ρ和 t 是在工艺制造过程中确定的，并且在整个晶圆片中近似为常数，因此我们在更多的情况下是规定比值ρ/t 而不是分别单独规定ρ或 t，并且我们把这一比值称为薄层电阻(sheet resistance)ρ_s，其单位是Ω/□，这里方块的数目就是电阻薄膜条的长宽比。

设计者提供的电阻器尺寸，即每个电阻薄膜条的 L 和 W，必须从光刻掩模上转移到晶圆片上。这是通过称为光刻(photolithography)的工艺来完成的。最常用的光刻工艺是光学光刻(optical lithography)。在这一工艺中，一层称为光刻胶(photoresist)的光敏层首先被涂敷在晶圆片上(如图 1.4 所示)。光通过掩模照射，使得需要去除某些金属电阻层的晶圆片区域上的光刻胶被曝光。在被曝光的区域，光刻胶会发生一种光化学反应，它使得光刻胶很容易溶解在显影溶液中。经过显影之后，光刻胶只是在希望有电阻层的区域上保留下来。晶圆片然后被浸泡在酸中以溶解那些裸露区域的金属层，但是不会给光刻胶带来明显的损害。当这一腐蚀过程完成之后，晶圆片就被从酸槽中取出并清洗，然后去除光刻胶。光刻工艺将在第 7 章至第 9 章中介绍，第 11 章将介绍刻蚀工艺。

虽然几个电阻器现在已经形成，但是它们之间还需要互相连接，而且金属线也必须连接到芯片的边缘，以便它们在以后可以被连接到通向外部的金属导线上。这以后的工序称为封装(packaging)，该工艺将不在本书中介绍。如果金属线必须跨越过电阻器，则还需要淀积另一层绝缘层。为了形成电阻器之间的相互连接，可以采用与我们曾用来形成电阻器图形相同的光刻和刻蚀工艺在绝缘层上开孔，虽然酸槽中使用的腐蚀液成分可能会有所不同。最后，再淀积一层具有高电导率的金属层，运用第三个掩模进行光刻并刻蚀这一金属互连层，于是整个制造过程就完成了。

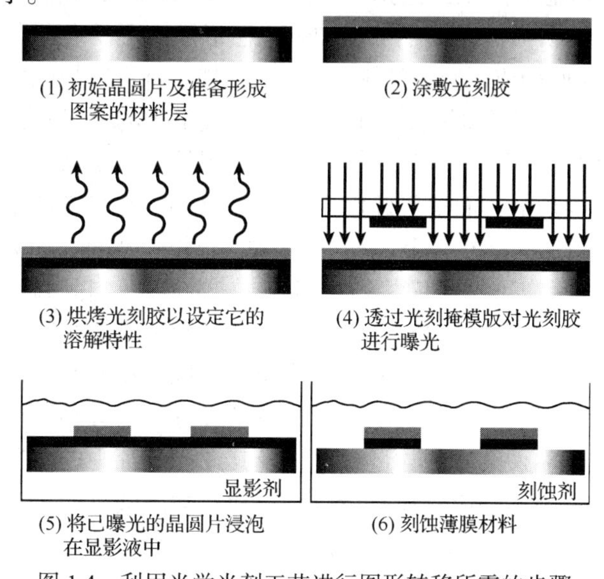

图 1.4　利用光学光刻工艺进行图形转移所需的步骤

这一工艺由四层组成：底部绝缘层，电阻薄膜层，顶部绝缘层，以及互连金属层。利用光刻工艺在某些特定区域选择性地去除这些层中的某些层，晶圆片上的任何点必须是这些层的某种组合并且必须按照形成这些层的相同顺序来构造。除了图形的边缘，这些薄膜的厚度都是均匀的。这一工艺运用了三次光刻步骤、三次刻蚀步骤和四次薄膜淀积(包括生长氧化层)步骤。采用非常类似的一组工艺步骤也可以制造出电容器，只要再增加几个步骤就可以制造出简单的晶体管。注意这一工艺在关键的一点上与造船工艺截然不同，即集成电路制造过程中所需的工作量与其中所包含的电阻器数目无关。光刻掩模既可以定义出一个电阻器，也可以定义出 100 万个电阻器(假设包含 100 万个电阻器的电路是有用途的)。事实上对于两组不同的光刻掩模，一组只需要定义出几个电阻器，而另一组需要定义出成千上万个电阻器，它们均可以采用完全相同的工艺过程来制造，并且也只需要相同的工作量，这是因为本书中介绍的大部分单项工艺都是在同一时间内对整个晶圆片同时进行操作处理的，而不是像造船那样对每个铆钉都需要进行一次独立的操作。

1.2　单项工艺与工艺技术

前文已经讨论了用来制造集成电路的一些基本步骤，即光刻、薄膜淀积和刻蚀。用于薄膜淀积的单项工艺包括溅射和蒸发过程。这些都是物理过程，即一般情况下它们并不依赖于化学反应。溅射是用称为离子的带电氩原子(Ar^+)轰击含有淀积材料的靶。靶材在这样的轰击作用下就会被溅落，一些材料就会落到晶圆片上，于是就在晶圆片上覆盖了该种材料的薄膜。蒸发则是把要淀积的材料加热到高温从而形成蒸气流，晶圆片被置于该蒸气流中进行涂敷。

我们还将讨论第三种薄膜淀积过程，即化学气相淀积。这一技术是使一种或多种气体流进一个腔体中，该腔体中放有待淀积薄膜材料的晶圆片。在多数情形下晶圆片也被加热。所发生的化学反应将使要淀积的固态生成物留在晶圆片的表面上。

以上之所以选择电阻器是为了使第一个实例显得较为简单。大多数半导体器件都要求形成掺杂的区域。例如，考虑如图 1.5 所示的 N 型沟道 MOSFET，我们可以识别出在电阻器例子中已经熟悉的两层：一个大面积的绝缘层和一个已形成图形的金属层。我们再通过选择性掺杂形成源区和漏区，从而构成了制造晶体管的工艺。掺杂剂可以是施主(N 型)或受主(P 型)。对于硅来说，最常用的 N 型掺杂剂是砷、磷和锑，而最常用的 P 型掺杂剂则是硼。对于砷化镓来说，最常用的 N 型掺杂剂是硅、硫和硒，而最常用的 P 型掺杂剂则是碳、铍和锌。氮化镓通常采用镁作为 P 型掺杂剂，而采用硅作为 N 型掺杂剂。在早期的半导体工艺中，杂质的引入是通过将加热的晶圆片暴露在一个含有掺杂剂的气体中。例如，可以用氢气/磷烷(H_2/PH_3)混合物把磷掺入到硅中。我们把采用这一工艺引入掺杂剂以及当晶圆片被加热时随之发生的杂质运动称为扩散(diffusion)。这一类引入掺杂剂的方法会使杂质扩散到晶圆片中很深的位置处。因此，对于现代制造工艺要求制造的小尺寸器件，这一技术并不是所期望的。目前已经取代它的离子注入技术利用电场使一束电离了的原子或分子向着晶圆片加速，这种方法允许工艺技术专家可以控制所引入杂质的数量(剂量)及其在晶圆片中的掺杂深度(射程)。为了限制杂质的扩散，已经开发了一类快速加热(到高温)和冷却晶圆片的新工艺，这类工艺称为快速热处理(RTP)。

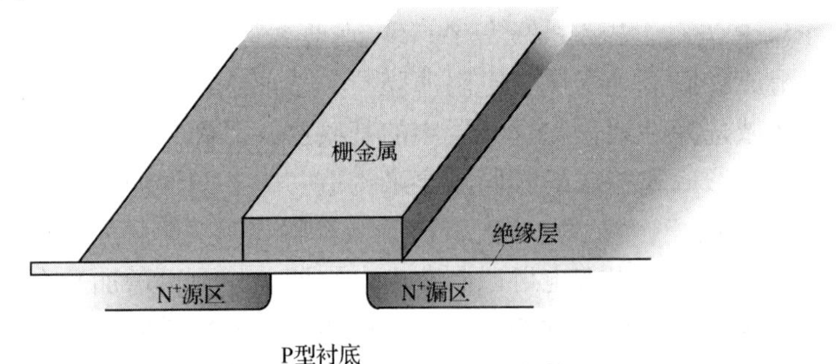

图 1.5　MOS 晶体管的剖面图。图中显示了栅、源、漏与衬底电极。“+”与“−”分别表示重掺杂区与轻掺杂区

本书将讨论在晶圆片上部生长半导体薄层的一些工艺过程，我们把这类工艺过程统称为外延生长(epitaxial growth)，它们允许在晶圆片的表面以下形成带有图形的掺杂区域。对于这类材料而言，掺杂剂可以在外延生长的过程中引入材料中。书中首先将讨论比较传统的在硅上生长硅及在砷化镓上生长砷化镓的技术(即同质外延)，然后还将介绍一些能够生长出极薄外延层的更先进的技术，它们通常用来制造那些先进的器件结构。

这些单项工艺可以组合成若干功能工艺模块。可以通过设计这些模块来完成特定的任务，诸如相邻晶体管之间的电气隔离、与晶体管的低电阻接触以及多层高密度互连等。所有这些领域在过去的几年中都已经取得了巨大的进展。就工艺过程的复杂性、电路密度、表面平坦程度及性能而言，在各种模块之间存在着明显的权衡选择。这些模块和基本的晶体管制造过程构成了工艺技术。本书将介绍代表典型微电子工业的几个最普遍的工艺技术，最后还将讨论集成电路大批量生产需要用到的工艺技术。

1.3　本课程指南

用于制造集成电路的各种单项工艺彼此之间非常独立。随后的 13 章中的每一章都将覆盖一个不同的单项工艺。为了使本书保持一个合理的篇幅，我们对每一种单项工艺都只能简要地加以介绍。在很多情况下，本书中的好几章内容本身就可以进一步扩充成几本书。我们对每一章的题材都将列出参考资料，读者如果有兴趣可以进一步探讨每个题材。因此这一方式也经常被称为综述课程(survey course)。

图 1.6 展示了本书各章之间的相互关系。只要覆盖必要的基础引论材料，授课教师可以完全随意选择讲授内容的次序。这些基础章节都被标以符号“°”，而标以符号“+”的章节是一些附加的材料，它们稍微超出了描述简单半导体制造技术所需要的基本工艺过程。

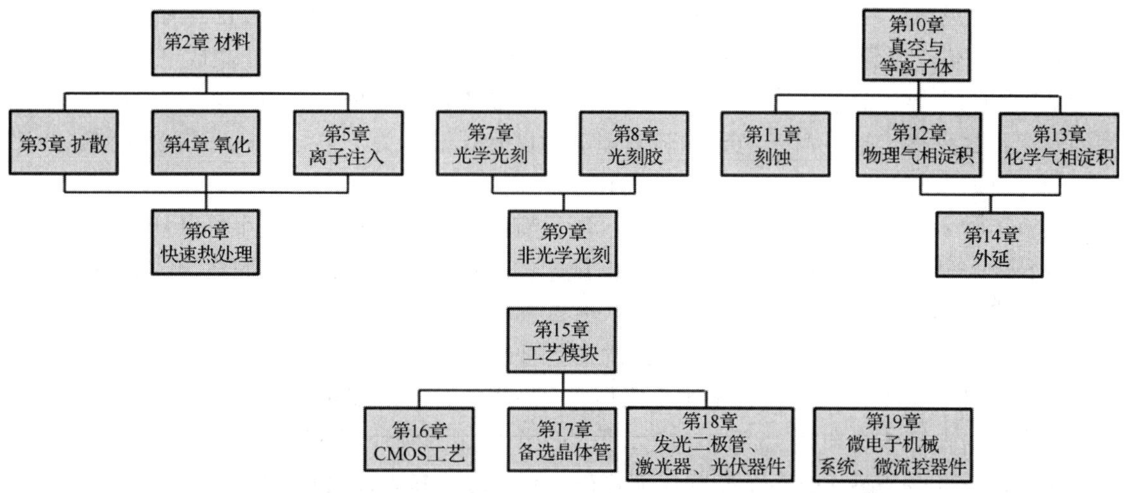

图 1.6　说明本书各章关系的课程指南

本书最后 5 章专门描述完整的半导体制造工艺过程。将前面讨论过的各种基本单项工艺组合在一起，就可以制造硅 CMOS 集成电路、双极型晶体管、GaAs 场效应晶体管、薄膜晶体管、发光二极管、太阳能电池、激光器及微机械器件等。之所以选择这些工艺作为例子，是因为它们很普遍，并且它们是其他许多常用工艺的代表。正如读者从前面的讨论中可以推断的那样，采用同样的这些单项工艺还可以制造出快闪(Flash)存储器、电荷耦合器件(CCD)、传感器及其他微器件。唯一的差别就是组成整个制造工艺流程的单项工艺的数目、类型和顺序不同。我们鼓励读者在学完本课程后去再深入了解上述其他一种制造工艺，以便了解这些单项工艺应用的某些其他方式。

1.4　小结

集成电路已经发展到了不可思议的复杂程度，单个芯片上的晶体管数量已超过了 80 亿个。以动态随机存取存储器(DRAM)作为度量，自从它于 1968 年问世以来，其晶体管的密度大约每三年增加 4 倍。本书将介绍用于制造集成电路及其他半导体器件和微机械器件的工艺。这些工艺的基本组成就是光刻、氧化、扩散、离子注入、刻蚀、薄膜淀积及外延生长等单项工艺。根据要制造的电路的不同，这些单项工艺可以按照不同的次序和数目加以组合。

第 2 章 半导体衬底

本书第 2 篇将要讨论那些紧密依赖于半导体晶圆片自身性能的单项工艺。比如扩散工艺，扩散过程取决于晶圆片中晶格的完整性，而后者又取决于工艺温度。这一章我们将先从相图的说明开始，相图对于理解本书后面将要用到的合金材料的形成是非常有用的，它也很自然地引出对固溶度和半导体晶体中掺杂的讨论。随后，本章将关注单晶材料的晶体结构和其中的缺陷。本章的后半部分将讨论用来制造半导体晶圆片的技术，这些晶圆片是器件制造工艺过程的起点，它们的直径各有不同，对于某些化合物半导体晶圆片来说其直径可能只有 1 in①，而对于某些硅晶圆片来说，其直径则可能达到 300 mm（在写作本书的过程中，已经有直径 450 mm 的硅晶圆片提供给半导体工艺设备供应商用于开发新设备，但是尚未应用于集成电路生产中）。一般情况下，半导体制造厂商并不生产自己所用的晶圆片，但是我们仍有必要学习半导体衬底的知识，这是逐步形成对于半导体工艺理解的良好开端。关于半导体衬底的更为完整的评述，读者可以参阅 Mahajan 和 Harsha 的著作[1]。

微电子技术中用到的材料，根据其各自所具有的原子有序程度的大小可以分成三类。在单晶材料中，几乎所有的原子都占据着严格规定的、规则的位置，即人们熟知的晶格位置。在大多数半导体器件产品中，通常只有晶圆片或衬底是单晶材料。如果某种半导体器件产品中还包含有额外的单晶层，则其通常是在衬底上通过外延工艺（参见第 14 章）生长出来的。上述规则存在的一个例外情况就是采用绝缘层上硅（silicon-on-insulator）材料制作的各种器件，这部分内容将在第 5 章和第 15 章中讨论，另外一个可能的例外情况则是近年来出现的三维集成方法，它是将多个芯片或多个晶圆片堆叠在一起，这种方法看起来更像是封装技术的进步，而不是工艺技术的改变。像 SiO_2 这样的非晶材料则处在另一个极端，非晶材料中的原子不具有长程有序性，其中化学键的键长和取向都在一定的范围内变化。第三类材料是多晶形态，它是大量彼此间随机取向的小单晶颗粒的聚集体，在工艺制造过程中，这些单晶颗粒的大小和取向还会经常发生变化，有时甚至是在电路的工作过程中也会发生这类变化。

2.1 相图与固溶度°

在本书中，我们所感兴趣的大多数材料都不是单质元素，而是若干种不同材料的混合物。即便是硅材料，当它处于纯净状态时也不是非常有用的，通常它都混有一些能够影响其电特性的各类杂质。表达混合材料性质的一种非常简便的方法就是使用相图。二元相图可以看成标示出两种材料混合物稳定相区域的一种图，这些相区域是组分百分比和温度的函数。相图也可能依赖于压力，但是在半导体器件制造中所感兴趣的相图都是指在一个大气压下的情形。

Ge-Si 材料是一种最简单的系统的实例，图 2.1 绘出了该材料的相图[2]。图中有两条实线，上面的一条是液相线，它表明给定的混合物在达到该温度时将完全处于液态；下面的一条是固相线，它表明在该温度下，这种混合物将完全凝固。在这两条曲线中间则是既含有液态又

① 1 in = 2.54 cm。

含有固态混合物的区域。从相图中可以很容易地确定熔化物的组成。举例来说，如果一份 Ge-Si 固态混合物中的硅原子和锗原子浓度相等，我们将它从室温状态开始加热，该材料将在 1108℃时熔化，假定加热的过程足够缓慢，因此整个系统一直处在热力学平衡状态。处在两实线之间区域的熔化物，其两种原子的百分比可由液相线与温度线交点处的组分给出。例如，在 1150℃，熔化物的组成以原子百分比计，硅占 22%。固体中两种原子的百分比则由图中固相线与温度线交点处的浓度读出，在本例中，固体的组成为硅占原子百分比 58%。请注意，只要材料处于该温度下相图的混合区间内，上述这些数据就与样品材料的具体组分无关，而此固液混合物中有多少固体将熔化是可以通过上面这些数据计算出来的(参见例 2.1)，这一点则取决于样品材料的具体组分。当温度继续升高时，熔化物的成分浓度将逐渐回归初始值，同时不熔化的固体部分的组成则更接近于纯硅。温度达到液相线后，整块材料就都熔化了，对于开始时硅原子占 50%的混合物，完全熔化出现在 1272℃左右。在冷却过程中将出现同样的变化。虽然从原理上说，相图是与热循环的历史过程无关的，但是事实上在固态中维持热力学的平衡状态要比熔化态困难得多，因此加热引起相变的过程通常要比以同样速率冷却的过程更接近热平衡状态。

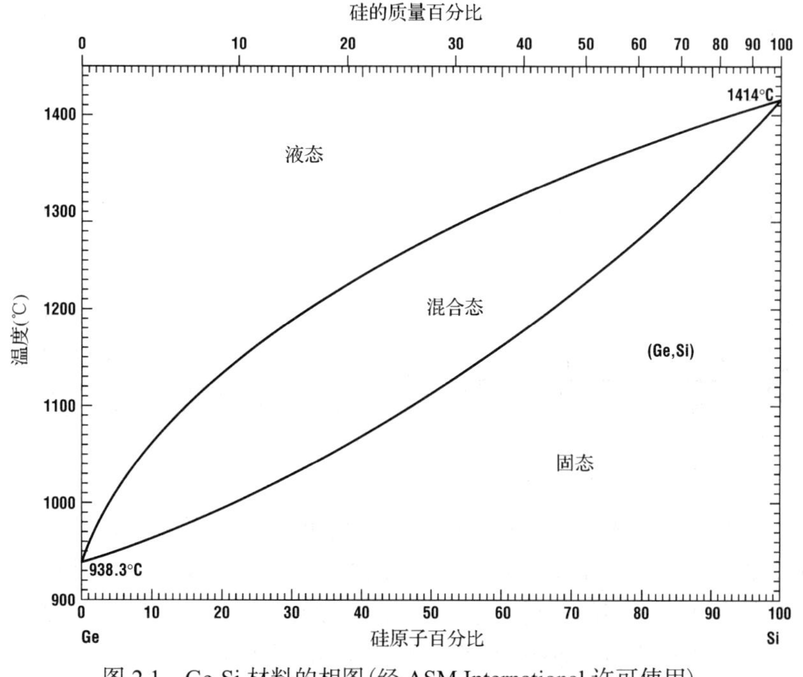

图 2.1　Ge-Si 材料的相图(经 ASM International 许可使用)

例 2.1　对于刚才讨论过的 Ge-Si 材料实例，如果两种原子各占 50%的原子百分比，计算该材料系统处于 1150℃时熔化掉的部分占多大比例。

解答： 设 x 是所求的熔化物所占的比例，则 $1-x$ 就是固体所占的比例，在熔化物中硅的原子百分数加上固体中硅的原子百分数，应当等于硅的总原子百分数：

$$0.5 = 0.22x + 0.58(1-x)$$

由此可求得 x：

$$0.36x = 0.08$$

$$x = 0.22$$

即原始材料的 22%已熔化掉，而 78%仍为固态。

图 2.2 展示了 GaAs 材料的相图[3]。像 GaAs 这样有两个固相且熔化后形成单一液相的材料系统称为金属间化合物(intermetallics)。我们从右下方开始来考察这个相图，该区域处在固相线下方，因而是固相。相图中间的竖线表示在此材料系统中将形成 GaAs 化合物。图中左下方的区域是固态 GaAs 和镓的混合物，而右下方是固态 GaAs 和砷的混合物。如果将富砷的固体加热到 810℃，这一固溶物将开始熔化。在此温度和液相线之间，熔化物的浓度可由前述办法确定。对于富镓的混合物，固液混合态在比室温略微高一点点的 30℃左右就出现了。这一点将导致一些与 GaAs 层生长相关的问题，有关 GaAs 层的生长将在本章后面及后续关于外延层生长的章节中介绍。

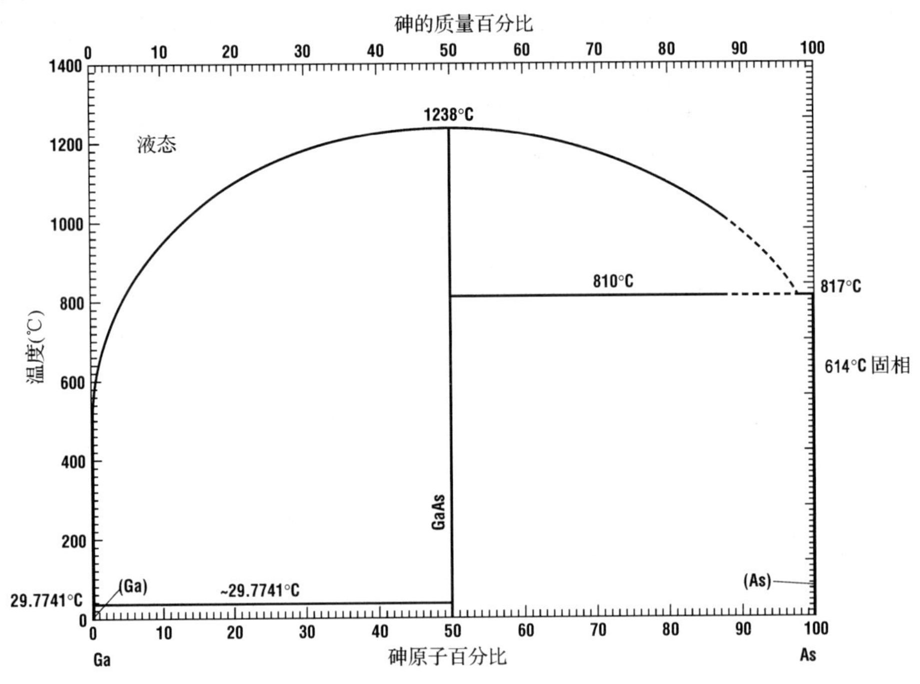

图 2.2　GaAs 材料的相图(经 ASM International 许可使用)

接下来我们来观察图 2.3，它是 As-Si 系统的相图[4]。图中绘出了若干不同的固相线，使得画面结构显得非常复杂，然而对微电子应用来讲，我们主要关心的是砷浓度处于低限的情况。即使是在掺杂浓度非常高的硅材料中，砷的浓度通常也不会超过 5%。请注意，只有在很小的一个区域中，砷可以作为一种杂质溶于硅中而不形成化合物。在平衡态下，一种杂质可以溶于另一种材料的最高浓度称为固溶度。图中砷的固溶度随着温度上升将逐渐增加，至 1097℃时达到大约 4%原子百分比。在这个小区域中的一条竖线，实际上会与相图中的三条曲线相交。一条是从 500℃砷原子百分比为 0%至 1097℃砷原子百分比为 4%的曲线，称为固溶相线，它是表示固溶度的。另外两条分别是固相线和液相线。正如我们在第 4 章中将要讨论的那样，掺杂剂原子只有溶解在半导体材料中才有可能起到电子的施主和受主作用。砷在硅中的固溶度相对而言是比较大的，这表明砷可用于非常重的掺杂，因此可以形成低电阻的区域，比如 MOS 晶体管(第 16 章)的源、漏接触区，以及双极型晶体管(第 17 章①)的发射极和收集极接触区。对掺杂而言，最受关注的是从相图中得到固体固溶度，而硅中不同杂质的固溶度可以

①原书误为第 18 章。——译者注

有好几个量级的变化，所以人们将相图中有关硅的许多常见掺杂剂的数据合并在一起[5]，画成半对数坐标图，如图 2.4 所示。

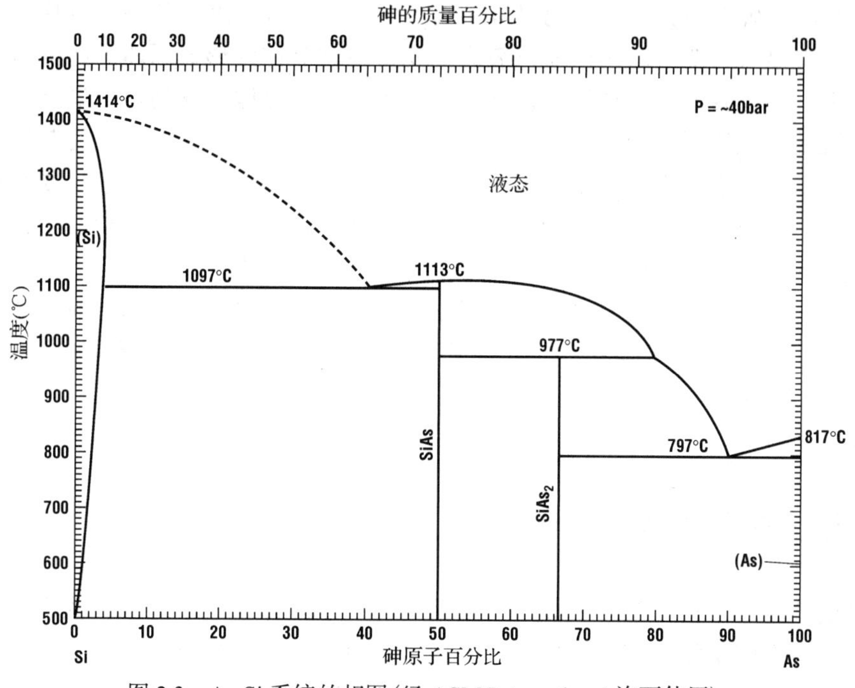

图 2.3　As-Si 系统的相图(经 ASM International 许可使用)

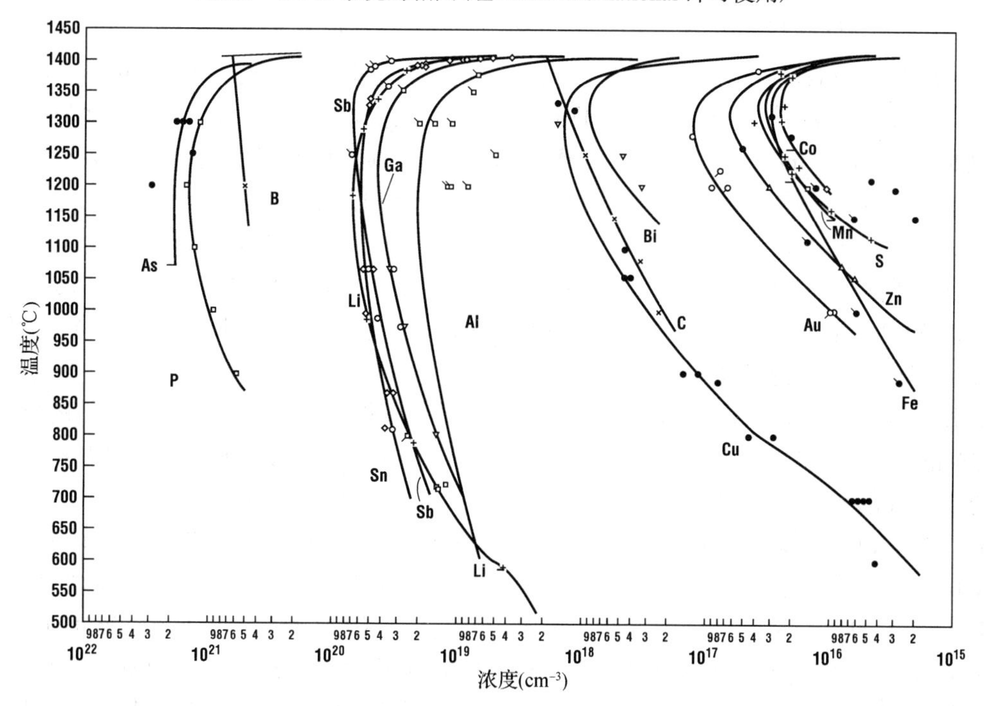

图 2.4　常见杂质在硅中的固溶度，注意杂质浓度往左边为增大方向(版权所有，经许可转载，© 1960 AT & T)

将一片硅晶圆片加热到 1097℃并用砷掺杂到原子浓度为 3.5%，让我们来看看这种情形下会有什么现象发生。具体的掺杂方法将在第 3 章讨论。杂质浓度通常用单位体积内的杂质原子数来表示，这样，硅中砷原子浓度为 3.5%相当于 $1.75 \times 10^{21}\ cm^{-3}$。相图表明，这样的硅晶圆片冷却下来时，砷的成分最后会超过硅中所能溶解的最大浓度。如果保持热力学平衡，则多余的砷会凝聚出来，要么跑出硅晶格表面，要么在硅晶体内形成固体沉淀析出，后者的可能性还会更大一些。要发生这种情况，砷原子必须能够在晶体中移动。如果晶圆片冷却得足够快，那么沉淀是无法形成的，而且比热力学平衡条件所允许的更高浓度的杂质就被冻结在硅晶格之中了。冶金学家们把这个过程称为淬火。这是应当记住的一个很重要的观念：掺杂浓度是可以(并且常常)超过固溶度的。只需将含有多余杂质原子的晶圆片加热，然后快速冷却即可做到这一点。最高的杂质浓度可以超过其固溶度的 10 倍或更高。

最后我们再来看一下镓-氮系统的相图[6]。富镓的 GaN 材料在 29.77℃时就会出现沉淀析出，这一点与 GaAs 材料非常类似。这种材料附加的复杂性在于一旦它开始熔化，材料本身就会发生分解。这种情况通常出现在温度高于 844℃的时候，此时会形成含有极低浓度氮的液态镓和气态的氮(N_2)。

2.2 结晶学与晶体结构°

晶体是由其基本结构元素——晶胞来描述的。一个晶体，简单地说，就是由一些晶胞非常规则地在三维空间重复摆布而形成的阵列。最为重要的晶胞具有立方对称性，其每条边的长度相等，图 2.5(A)画出了三种常见的立方晶体。在笛卡儿坐标系中，晶体的方向可标为$[x,y,z]$，对立方晶体来说，由晶胞的各个面所构成的平面是垂直于所选坐标系各坐标轴的。若一个矢量的指向沿着$[x,y,z]$，则与它垂直的某一特定平面可以用(x,y,z)符号来标记，图 2.5(B)画出了常见的几个晶向。以这种方式标记平面，所用到的一组 x，y，z 数字称为一个平面的密勒指数(Miller indices)。对于一个给定平面，可以这样来求它的密勒指数，取该平面在三个坐标轴上的截距的倒数，然后乘以某个可能取到的最小因子，使得 x，y，z 均成为整数。标记$\{x,y,z\}$也是用来表示晶体平面的，以$\{x,y,z\}$表示的平面不仅包括给定的平面，而且还包括所有与它等价的平面。例如，在一个立方对称的晶体中，(100)平面的性质与(010)和(001)平面完全相同，唯一的区别乃是由坐标系的任意选取造成的，而采用{100}记号则可以同时表示这三者。

硅和锗都是四族元素，有四个价电子，还需要有另外四个电子才能填满它们的价电子壳层，这在晶体中就体现为要与最近邻的四个原子形成共价键。图 2.5 所示的几种基本立方结构都不符合这样的要求，其中的简立方晶体有六个最近邻原子，体心立方(BCC)晶体有 8 个，而面心立方(FCC)晶体则有 12 个。四族元素半导体实际上形成的是如图 2.6 所示的金刚石结构。我们可以这样来构建金刚石结构的晶胞，先取一个 FCC 晶胞，然后向其中添加四个原子，假定 FCC 晶胞的边长是 a，则所添加的四个原子分别位于$(a/4, a/4, a/4)$，$(3a/4, 3a/4, a/4)$，$(3a/4, a/4, 3a/4)$和$(a/4, 3a/4, 3a/4)$。这种晶体结构也可以看成是由两套 FCC 晶格互相嵌套而形成的，其中一套 FCC 晶格相对于另一套 FCC 晶格偏移了一个矢量$(a/4, a/4, a/4)$。砷化镓晶体中原子的排布也与此相同，只不过由于其中存在两种不同的原子，因此晶体的对称性有所降低，我们把这种结构称为闪锌矿结构。对于 GaN 晶体材料来说，其在常压下以纤锌矿结构为稳定相(α-GaN)，另外一种闪锌矿结构(β-GaN)在能量上也是非常接近的，但是能够在立方晶系衬底上通过外延方式稳定地生长出来。尽管如此，GaN 晶体材料通常还是在蓝宝石衬底上外延生长出来的，而这种六方晶格结构则使得其以α-GaN 为主。

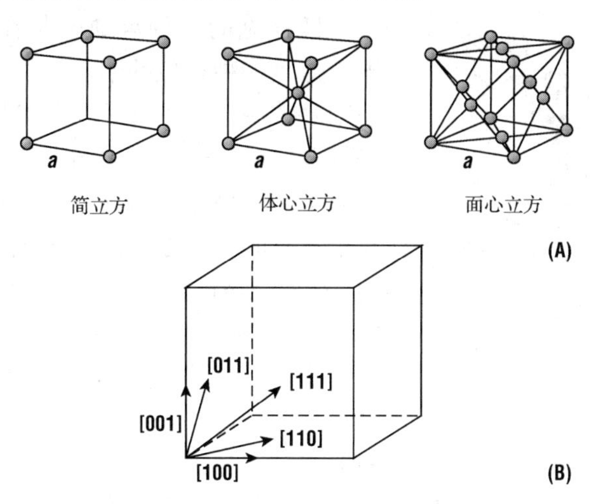

图 2.5　(A)常见的立方晶体：简立方、体心立方和面心立方，其中的圆环代表晶格原子；(B)立方晶系的晶向

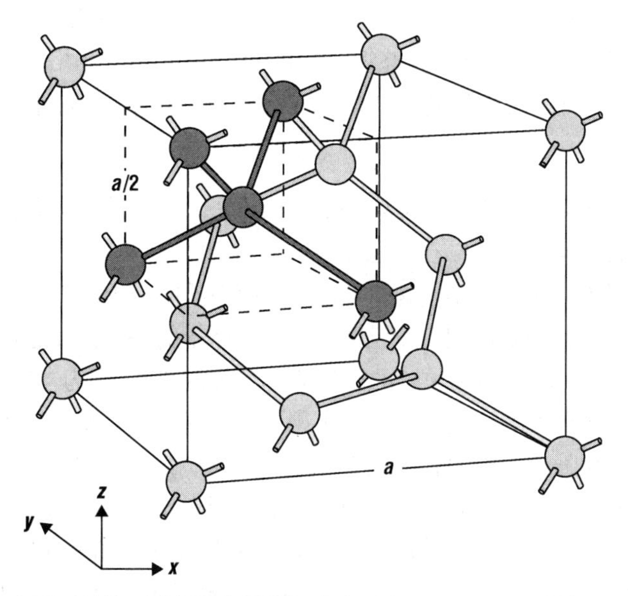

图 2.6　金刚石结构，图中深色阴影部分表示($a/4, a/4, 3a/4$)处的原子及其四个最近邻的原子($0, 0, a$)，($a/2, a/2, a$)，($0, a/2, a/2$)和($a/2, 0, a/2$)

2.3　晶体缺陷

半导体晶圆片都是高度完美的单晶，但是在半导体的制造过程中，晶体缺陷却扮演着重要的角色。半导体的缺陷，根据其维数可以分为四种。点缺陷在各个方向上都没有延伸；线缺陷在晶体中沿着一个方向延伸；面缺陷和体缺陷则分别是二维和三维的缺陷。不同的缺陷影响到制造工艺的不同方面。点缺陷对于理解掺杂和扩散过程甚为重要，对于某些半导体材料来说，点缺陷还可以起到掺杂剂的作用，能够产生自由的载流子；对于任何热处理工艺来

说，尤其是快速热处理工艺，则应极力避免线缺陷；而体缺陷在成品率工程中则能够体现出重要的作用。图 2.7 展示了几种最为重要的半导体缺陷。

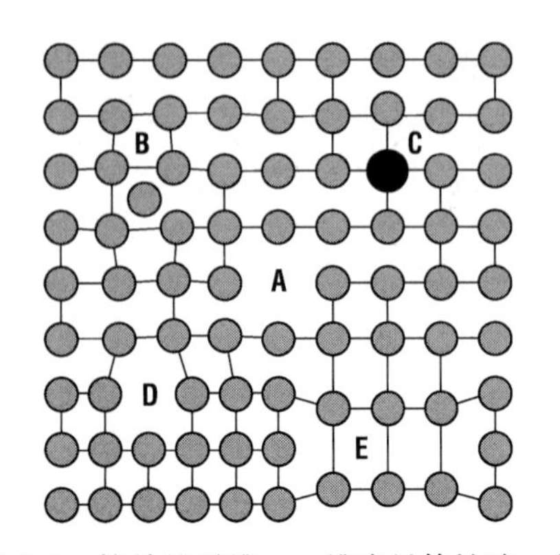

图 2.7 简单的零维、一维半导体缺陷，包括：(A)空位；(B)自填隙；(C)替位杂质；(D)刃型位错；(E)位错环

最常见的一种点缺陷是在晶格位置缺失一个原子，这是一种空位缺陷。与之紧密联系的另一种点缺陷则是，一个原子不处在其晶格位置上，而是处在晶格位置之间，这称为填隙原子(或间隙原子)，如果填隙原子与晶格原子是同一种材料，就是所谓的自填隙原子。有时填隙原子是原子脱离附近的晶格位置形成的，在原晶格位置处留下了一个空位，这种空位和填隙原子的组合称为弗兰克尔(Frenkel)缺陷。填隙原子或空位并不总是停留在它们产生时的位置，这两种缺陷都可以在晶体中运动，在高温下更是如此，而这类高温在制造工艺中是很典型的一种工艺条件。上述两种缺陷都可能迁移到晶圆片的表面，并在那里消失掉。

空位和自填隙原子是本征缺陷。正如我们讨论半导体中本征载流子的情形，原本是完整的晶体，但是只要温度不是热力学零度，就会出现本征缺陷。热激发可以在半导体中产生占很小百分比的电子和空穴，它也同样能够将少量的原子从它们的晶格位置处移开并留下空位。一般来说，空位浓度 N_v^0 可以通过阿列尼乌斯(Arrhenius)函数给出，如下述方程所示：

$$N_v^0 = N_o \mathrm{e}^{-E_a/kT} \tag{2.1}$$

式中，N_o 是晶格中原子的密度(硅晶体为 $5.02\times10^{22}\ \mathrm{cm}^{-3}$)，$E_a$ 是与形成空位有关的激活能，k 是玻尔兹曼常数。硅晶体材料的 E_a 在 2.6 eV 左右，因此在室温条件下，完美的硅晶体材料中，平均每 10^{44} 个晶格位置中将仅仅会出现一个空位。然而当温度为 1000℃时，硅中的空位缺陷会上升到平均每 10^{10} 个晶格位置中就出现一个。材料中填隙原子的平衡浓度也可以用同样的公式来描述，对于硅晶体材料来说，形成填隙原子的激活能比空位的要高(约为 4.5 eV)，这样，由式(2.1)可知，空位的平衡浓度通常不等于填隙原子的平衡浓度，这一点与本征电子和空穴不同。晶体材料中通常存在着几种点缺陷的产生源和吸收者，这其中既包括扩展缺陷，也包括晶圆片的表面，它们的存在使得空位和填隙原子之间出现了数目上的差异。

GaAs 中有两类晶格位置，每个镓原子所在位置有四个最近邻的砷原子，而每个砷原子也有四个最近邻的镓原子。GaAs 中的空位浓度对镓原子和砷原子来说分别是[7]：

$$N_{v,\mathrm{Ga}}^0 = 3.3\times10^{18}\ \mathrm{cm}^{-3}\mathrm{e}^{-0.4/kT} \tag{2.2}$$

$$N_{v,\mathrm{As}}^0 = 2.2\times10^{20}\ \mathrm{cm}^{-3}\mathrm{e}^{-0.7/kT} \tag{2.3}$$

我们在本书中将不再讨论有关 GaN 晶体材料中的空位和填隙原子浓度，因为正如前面所指出的那样，目前尚没有商业化的 GaN 晶圆片供应市场。GaN 晶体材料通常都是在蓝宝石衬底上外延生长出来的，其中的点缺陷浓度取决于具体的淀积生长工艺条件，而不再是一个常数[8]。

例 2.2 求出在多高的温度下，GaAs 晶体材料中镓原子和砷原子的空位浓度达到相等，即：

$$N_{v,\mathrm{Ga}}^0 = N_{v,\mathrm{As}}^0$$

解答： 将式(2.2)和式(2.3)设为相等，则可以得到：

$$3.3\times10^{18}\ \text{cm}^{-3}\text{e}^{-0.4/kT}=2.2\times10^{20}\ \text{cm}^{-3}\text{e}^{-0.7/kT}$$

简化后得到:

$$\text{e}^{0.3/kT}=66.7$$

$$\frac{0.3}{kT}=4.2$$

$$T=\frac{0.3}{4.2k}=829\text{K}=556℃$$

应当说，上述图像对于本征点缺陷问题是相当简化了的。我们在本章开始的时候曾经指出，对于单晶硅材料，每个原子有四个最近邻，它们靠共价键结合在一起。当出现一个空位的时候，所发生的最简单的情况就是四个共价键都发生断裂，这就使得各个相关的原子都呈现电中性，但是它也形成了四个不饱和的价电子壳层。另一种情况是，当空位产生时，可以留下一个电子，这样，该电子可以与邻近的某一个原子的价电子成键，使之带一个负电荷，我们称此情形为产生了一个−1 价的空位(同时有一个+1 价的填隙原子)，这种空位的激活能与中性空位的激活能明显不同。进一步说，产生−2，−3，−4，+1，+2，+3 和+4 价的空位也是可能的，尽管三价和四价的离化粒子在实践中并不重要。

带负电荷的空位，其平衡浓度可以通过以下公式给出:

$$N_{v^-}^0=N_v^0\frac{n}{n_i}\text{e}^{(E_i-E_v^-)/kT}\tag{2.4}$$

式中，n 是半导体中自由电子的载流子浓度，n_i 是本征载流子浓度(参见图 3.4)，E_i 是本征能级(通常接近于带隙中心)，E_v^-是与带负电荷的空位相关的能级，空位能级与本征能级之差是 $(E_v^- - E_i)$，它现在相当于一个新的激活能 $E_a^{v^-}$。类似地，带正电荷的空位的平衡浓度可以通过以下公式给出:

$$N_{v^+}^0=N_v^0\frac{p}{n_i}\text{e}^{(E_v^+-E_i)/kT}=N_v^0\frac{p}{n_i}\text{e}^{-E_a^{v+}/kT}\tag{2.5}$$

带有多个电荷的空位浓度也是类似的，即正比于电荷密度对本征载流子浓度比值的若干次幂，该幂次应提高至适当值。例如，$v^=$的浓度可以通过下式给出:

$$N_{v^=}^0=N_v^0\left[\frac{n}{n_i}\right]^2\text{e}^{E_a^{v^=}/kT}\tag{2.6}$$

值得注意的是，对于上面的每一个实例来说，如果掺杂浓度远小于 n_i，则半导体材料就是处于本征状态，即 $n=p=n_i$。在实际的本征硅晶体材料中，带电的空位浓度通常都是非常低的。

例 2.3　一个 P 型掺杂浓度达 $10^{20}\ \text{cm}^{-3}$ 的硅晶圆片，当温度为 1000℃时，其带正电荷的空位浓度为 $N_{v^+}^0=5\times10^{11}\ \text{cm}^{-3}$，试求出 E_v^+ 相对于 E_i 的位置。

解答: 当温度为 1000℃时，有

$$\begin{aligned}N_v^0&=5\times10^{22}\ \text{cm}^{-3}\text{e}^{\frac{-2.6\ \text{eV}}{1273\text{K}\cdot k}}\\&=2.6\times10^{12}\ \text{cm}^{-3}\end{aligned}$$

由此得到:

$$N_{v^+}^0 = 5\times10^{11}\ \text{cm}^{-3} = 2.6\times10^{12}\ \text{cm}^{-3}\left(\frac{10^{20}}{n_i}\right)e^{\frac{-(E_i-E_v^+)}{kT}}$$

根据图 3.4 可得 n_i=10^{19} cm^{-3}。

由此可求得:

$$E_i - E_v^+ = 0.43\ \text{eV}$$

$$\begin{array}{ll} \rule{2cm}{0.4pt} & E_c \\ \text{- - - - - - - - - - -} & E_i \\ E_v^+ \ \downarrow 0.43\ \text{eV} & E_v \end{array}$$

半导体中可能存在的第二类点缺陷是非本征缺陷，当杂质原子处在填隙位置或者晶格位置时，都能形成这类缺陷。在后一种情况下，杂质称为替位型杂质。我们在这里提到“缺陷”时，并不带有贬义色彩，比如调节半导体材料电导率所需要用到的掺杂原子，就是一种替位型缺陷。尽管本书将重点讨论替位型的掺杂杂质，但是填隙型杂质对器件性能也有显著的影响。某些倾向于占据填隙位置的杂质，具有靠近禁带中心的电子能级，因此它们能够成为很有效的电子和空穴的复合中心。这些复合中心的存在将降低双极型晶体管的增益，也可以导致 PN 结漏电，或引起太阳能电池性能的退化。

线缺陷通常在一维方向上延伸，最常见的例子就是位错。在这种缺陷中，一列额外的原子被插入到另外两列原子之间。最简单的一种位错是刃型位错，在这里，存在一个额外的原子面，其一端形成一个刀刃，终止于晶体中。如果这个额外的原子面完全包含在晶体中，则称此缺陷为位错环。晶体中出现位错是其存在应力的标志，在额外的原子面插入之前，键是处于拉伸状态的，而插入额外的原子面之后，键就处于压缩状态了。位错经常是由点缺陷聚团在一起而形成的，晶体中的每一个缺陷都与一个表面能量相联系，缺陷的表面积越大，储存在缺陷中的能量也就越高。与位错相比，高浓度的点缺陷占据的总表面积更大，所以其能量也更高。当晶体中的点缺陷浓度超过平衡态的数值时，这些点缺陷就会倾向于积聚在一起，直至形成一个位错或其他更高维的缺陷，这个过程称为聚团(agglomeration)作用。

工艺过程中能够诱生缺陷的应力可以由多种不同的途径产生。如果有一个相当大的温度差作用到晶圆片上，晶圆片就会发生非均匀膨胀，因而在晶圆片内就会形成热塑性应力。当晶圆片受到刚性挤压并加热时，或者当晶圆片的上面已经生长了若干具有不同热膨胀系数的薄膜层且受到加热时，都会产生类似的应力。由于热塑性应力问题在快速热处理工艺中尤为重要，因此我们将把决定热塑性应力的相关方程式放到 6.4 节中专门讨论。诱导产生位错的第二种情况是晶体中存在高浓度的替位型杂质，由于这些替位原子与周围本体原子的大小不同，因此就会形成内部应力，这些应力将降低打破化学键所需的能量，从而产生空位。位错形成的第三种机制是晶体的物理损伤，这部分内容将在后面详细讨论。在某些工艺过程中，晶圆片表面会受到其他高能量原子的轰击，这些原子将足够的能量传递给晶格，使得化学键断开，从而产生出高浓度的空位和填隙原子，这些空位和填隙原子总是倾向于聚团，从而进一步形成位错或其他高维缺陷。

位错具有两种主要的运动机制，即攀移和滑移，如图 2.8 所示。滑移是位错线在不沿着该位错线的其他方向上的移动，这是剪切应力作用的结果。滑移时，晶格的一个原子面断裂成两个半原子面，其中一个与原先额外的位错面合成一个连续的、新的晶格原子面，而另一个半原子面乃是一个新的位错，这个过程称为位错面滑动，它可以连续地进行，直到整个晶圆片都移动一个晶格位置。攀移属于另一种运动形式，只是位错线简单地延伸或收缩，此时由于应力的作用而不断地产生出空位和/或填隙原子，然后这些点缺陷成为线缺陷的一部分。

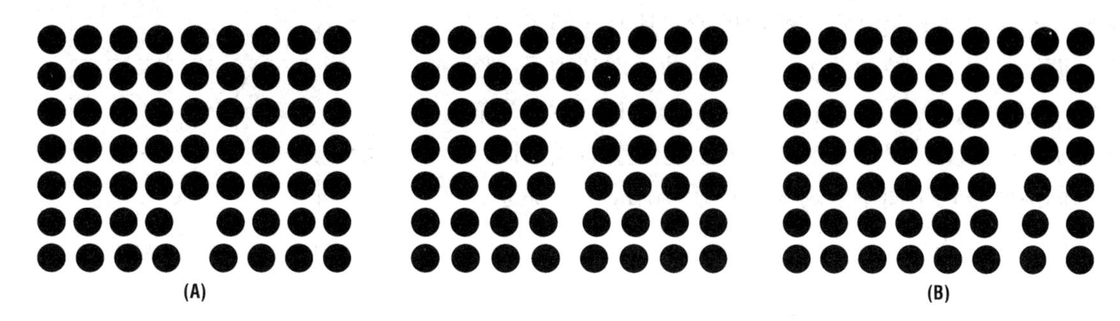

图 2.8　一个刃型位错(中)的运动：(A)攀移；(B)滑移

第三种缺陷形式是二维的缺陷或称面缺陷。最明显的面缺陷例子是多晶的晶粒边界。从器件的立场来说，一种重要的缺陷是堆垛层错。与位错线类似，层错也是一个额外的原子面，在层错中，原子的规则排列在两个方向上被中断，而仅在第三个方向上保持。举例来说，将一个额外的原子面(如图 2.9 所示)插入到金刚石晶格中，就会形成一个层错[9]。层错要么终止于晶体的边缘，要么终止于位错线。体缺陷在三个方向上都失去了排列的规则性，沉淀析出就是一种常见的体缺陷,其中的一大类就是杂质的沉淀析出,这一点已经在 2.1 节中讨论过了。

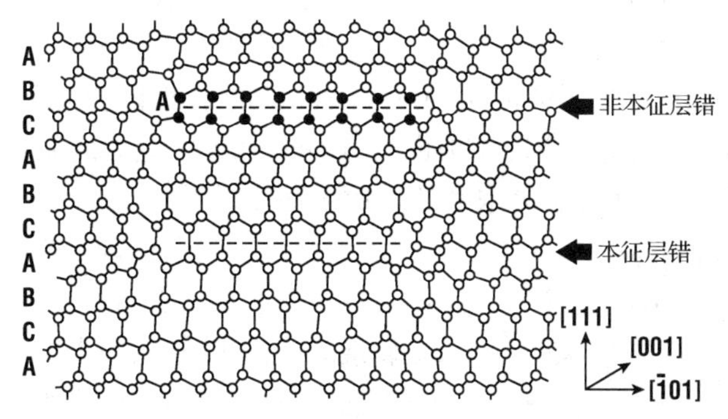

图 2.9　将{111}方向上一个原子面的一部分移去将形成本征层错，在{111}方向上加入一个原子面的一部分则形成非本征层错。标号 A，B，C 对应于金刚石晶格中三个不同的原子面(引自 Shimura)

如果点缺陷的浓度超出了式(2.2) ~ 式(2.4)给出的平衡值，我们就说晶体是过饱和的，此时就有一个非常强的驱动力，促使这些点缺陷形成扩展缺陷。比如举一个现成的例子，当温度降低时，过饱和的程度就会增加，从而为沉淀析出提供了所需的热动力。如果沉淀析出引发了较大的体积变化，由此引起的应变可以通过产生自填隙原子和/或位错而释放掉[10,11]。

缺陷似乎总是不受欢迎的，确切一点说，应当是在有源区(即晶体管或其他有源器件所在的位置)内不希望有二维和三维的缺陷。而在非有源区域内的缺陷能够吸引杂质聚集，因而是有好处的，吸杂乃是晶体中的杂质和缺陷扩散并被俘获在吸杂位置的过程。但是大的缺陷通常都具有非常低的扩散系数，因此一旦形成之后就不太容易移动。有益的吸杂，可以通过在远离有源器件的地方，例如晶圆片的背面，引入较大的应变或损伤区的方法来实现，这个处理过程通常称为非本征吸杂。

在硅器件工艺中，另一种常见的吸杂方法是利用晶圆片体内的氧沉淀。点缺陷以及各种残余杂质，例如重金属，会被俘获和限制在沉淀位置处，从而降低了它们在有源器件附近区域的浓度。由于这种处理利用了晶圆片内固有的氧，因此称为本征吸杂。图 2.10 展示出了氧在硅中的固溶度[12,13]，与图 2.4 所示的掺杂曲线不同，氧的固溶度呈现出简单的阿列尼乌斯(Arrhenius)关系，即服从以下公式：

$$C_{\mathrm{ox}} = 2\times10^{21}\ \frac{\text{原子}}{\mathrm{cm}^3}\,\mathrm{e}^{\frac{-1.032\ \mathrm{eV}}{kT}} \tag{2.7}$$

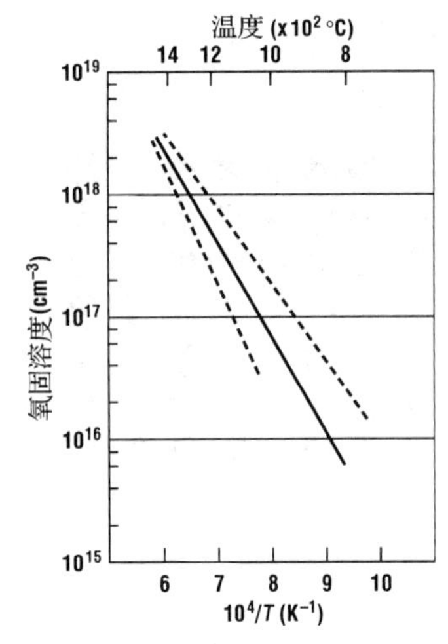

图 2.10　氧在硅中的固溶度。虚线对应于其变化的上下限(引自 Shimura)

在本章的后面我们将要讨论到，生长单晶硅的工艺会造成一部分氧溶解于其中，硅晶圆片中氧浓度的典型值是 10 ~ 40 ppm 或者约等于 $10^{18}\ \mathrm{cm}^{-3}$。当晶圆片的温度低于 1150℃时，氧的浓度就会超出其固溶度，此时氧倾向于从晶体中沉淀出来，形成三维缺陷，有时也称为沉淀缺陷聚合体[14]。沉淀聚合体的形状取决于晶圆片的温度。如果晶圆片快速冷却，多余的氧将无法移动，也就无法聚团析出，氧以一种过饱和(即大于晶圆片处于热力学平衡态时所允许的浓度)的形态处于其固体溶剂中。如果将晶圆片在大约 650℃的温度下进行退火处理，则沉淀聚合体的形状像一根根短杆，沿<110>方向躺在(100)平面上[15]。当晶圆片在大约 800℃的温度下进行退火处理时，就会在(100)面上形成方形的沉淀，方形的边沿着[111]方向[16]。对于 1000℃退火的晶圆片，沉淀的形状像八面体[17]。氧沉淀的数目大致随初始氧浓度的 7 次方而变动[18]。

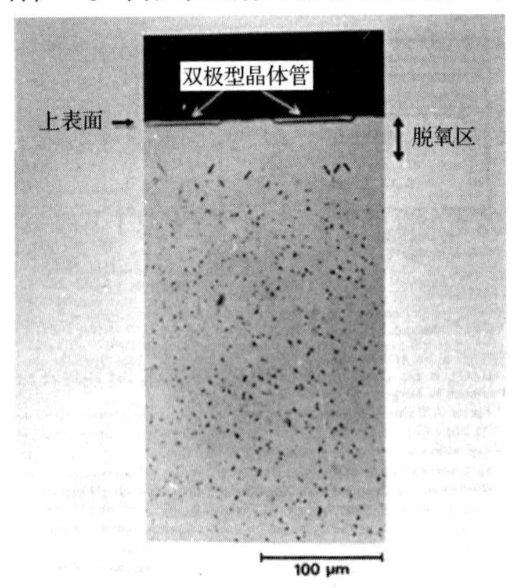

图 2.11　表层脱氧晶圆片的剖面图，其中含有双极型晶体管(经 Academic Press 许可转载，引自 Shimura)

要进行本征吸杂处理，晶圆片中的氧浓度应当为 15 ~ 20 ppm(参见图 2.11)。如果氧浓度比上述值小得多，氧杂质之间就会分离得过远，因此难以形成聚团；氧浓度较大时，的确会形成所要的沉淀，但是也会带来晶圆片的翘曲，而且会形成其他可能穿越有源区的像滑移位错线这样的扩展缺陷。由于晶圆片尺寸在不断增大，对这类翘曲和扩展缺陷等效应的容忍度也在不断降低，因此就需要实现低温的氧沉淀。典型的本征吸杂工艺包括三个步骤：外扩散、成核和沉淀[19]。外扩散步骤的作用是降低接近晶圆片表面脱氧层中所溶解的氧的浓度，脱氧层的深度应当超过工艺中最深的结深与这个结上施加最大反偏电压时的耗尽层厚度之和。一项重要的原则是，不要采用过深的脱氧层，因为它会降低吸杂的效用；另一方面，如果脱氧层太靠近器件有源区，又会降低器件的性能。典型的脱氧层深度是 20 ~ 30 μm。工艺上脱氧层可以通过晶圆片在惰性保护气氛中的高温退火形成[20,21]，工艺温度必须足够高，以促使氧向外扩散离开表面，但是温度又不能太高，以保证氧浓度不超过 15 ppm。根据文献[22]，硅中脱氧层的厚度可以近似表示为：

$$L_d = \sqrt{0.091 \frac{\mathrm{cm}^2}{\mathrm{s}} t \mathrm{e}^{\frac{-1.2\ \mathrm{eV}}{kT}}} \tag{2.8}$$

通过比较式(2.7)和式(2.8)，可以求得同时满足 $C_{ox} < 15$ ppm 和 $L_d > 10$ μm 的工艺时间和温度，例如在 1200℃下退火 3 小时，可以得到 $6 \times 10^{17}\ \mathrm{cm}^{-3}$(12 ppm)的氧浓度和大约 25 μm 的脱氧区深度。最后，由于氧可以在碳杂质处发生沉淀[23]，因此应用本征吸杂技术时，还应当对晶圆片内碳的浓度进行控制，晶圆片中碳杂质的浓度是决定氧沉淀聚合体大小和形状的一个要素[24]，通常希望保持碳的浓度小于 0.2 ppm。

近年来已有研究结果表明，在硅晶圆片中加入低浓度的氮元素，可以实现低温下的氧沉淀，同时还能够减小硅晶圆片中空洞的尺寸，并增大硅晶圆片的机械强度[25]。这些改进措施也有助于减小大直径硅晶圆片的翘曲[26,27]。氮掺杂在典型的直拉法(Czochralski 法)单晶生长工艺(参见 2.4 节)中是很容易实现的，只需将其中的氩气生长气氛替换为氩气和氮气的混合气氛 A_F/N_2 即可，典型的氮掺杂浓度为 1 ~ 10 ppb[28]。

2.4　直拉法(Czochralski 法)单晶生长

半导体晶圆片是从大块晶体上切割下来的，绝大多数晶体的主流生产技术是直拉法(Czochralski 法)。这项工艺最早是由 Teal 在 20 世纪 50 年代初开发使用的[29]，而在此之前，早在 1918 年，Czochralski 发明了类似的方法，用它可以从熔融的金属中拉制出细的灯丝。硅是一个单组分系统，从它开始来研究晶体的生长是最容易的。一旦有关硅的生长的讨论结束，我们还将讨论与化合物半导体材料生长有关的较复杂的部分。至于熔融在直拉单晶炉中的高纯度多晶硅又是怎样生产出来的，我们就不讨论了，这是蒸馏提纯法的一个很有意思的应用，但是它与集成电路制造工艺的关系并不大。

直拉法单晶生长涉及熔融态物质的结晶过程。在单晶硅生长中用到的材料是电子级的多晶硅，它是从石英(SiO_2)中提炼出来并被提纯至 99.999 999 999%的纯度。在一个可抽真空的腔室内放置着一个由熔融石英制成的坩埚，多晶硅就装填在此坩埚中(参见图 2.12)[30]，腔室要回充惰性保护气氛，将坩埚加热至 1500℃左右。接着，一小块用化学方法蚀刻的籽晶(直径约 0.5 cm，长约 10 cm)被降下来与多晶硅熔料相接触，籽晶必须是严格定向的，因为它将起到一个外延生长模板的作用，在其基础上将要生长出非常大块的称为晶锭(boule)的晶体。现代的硅晶锭，直径可达 300 mm 以上，长度可达 1 ~ 2 m。

液体和固体两者处在差不多相同的压力下，组分也近似相同，因此结晶只能通过降低温度来实现。如图 2.12 所示，随着固体表面积的增大，热量不断地散失。自然对流和灰体辐射都可以使晶体损失相当多的热量，并且在固液界面处形成一个大的温度梯度。在固液界面处，熔硅还必须释放出额外的热量，以提供所需的结晶潜热。在简单的一维分析中，让界面处单位体积内的能流平衡，就可以得到：

$$\left(-k_l A \frac{\mathrm{d}T}{\mathrm{d}x}\Big|_l\right)-\left(-k_s A \frac{\mathrm{d}T}{\mathrm{d}x}\Big|_s\right)=L\frac{\mathrm{d}m}{\mathrm{d}t} \tag{2.9}$$

式中，k_l 和 k_s 是液态和固态硅在熔融温度点的热导率，A 是硅晶锭的截面积，T 是温度，L 是结晶潜热(对于硅材料，大约是 340 cal/g)。

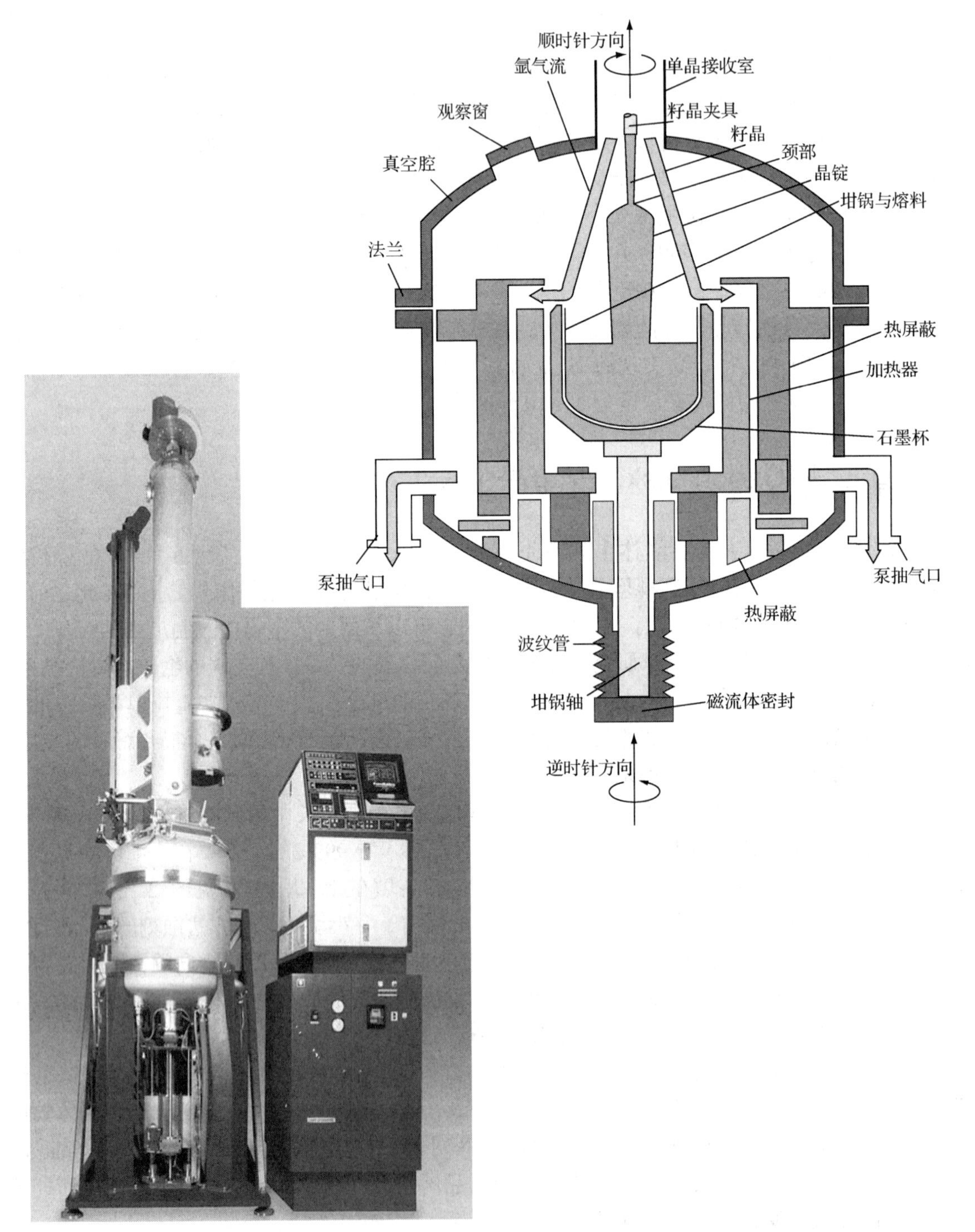

图 2.12 小直径单晶的直拉法生长系统原理图和照片(经 Ferrofluidics Corporation 许可使用)，大直径单晶生长系统还需要庞大的机械结构来支撑晶锭的质量，并尽量减小晶锭的振动

在通常的直拉法生长条件下，两个热扩散项都是正值，并且第一项大于第二项，这意味着晶锭有一个最大提升速度(参见图 2.13)。如果向上扩散到固体的热量都是由界面处的结晶潜热产生的[即式(2.9)中的第一项为 0]，则能达到这个最大速度，此时液体部分将没有温度梯度且

$$V_{\max} = \frac{\mathrm{d}x}{\mathrm{d}t} = \frac{kA}{L}\frac{\mathrm{d}T}{\mathrm{d}m} = \frac{k}{\rho L}\left.\frac{\mathrm{d}T}{\mathrm{d}x}\right|_s \tag{2.10}$$

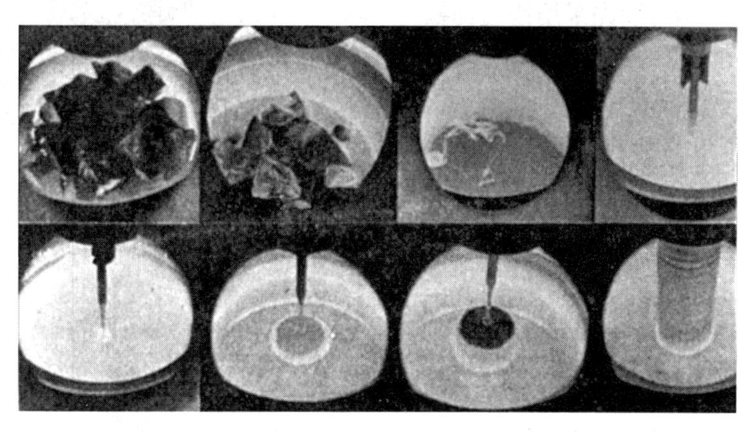

图 2.13　直拉生长法中，按时间序列显示的晶锭从熔料中拉出的情况(经 Lattice Press 许可转载)

如果试图以更快的速度从熔料中提拉晶体，那么固体部分将来不及把热量散掉且不会结晶成单晶[31]。硅直拉单晶的典型温度梯度值大约为 100℃/cm，即便是在接近最大提拉速度的情况下，温度梯度仍然会与晶锭直径成反比(参见图 2.14)。为使熔料的温度梯度降至最低，在生长过程中通常会使晶锭和熔料沿着相反的方向旋转。

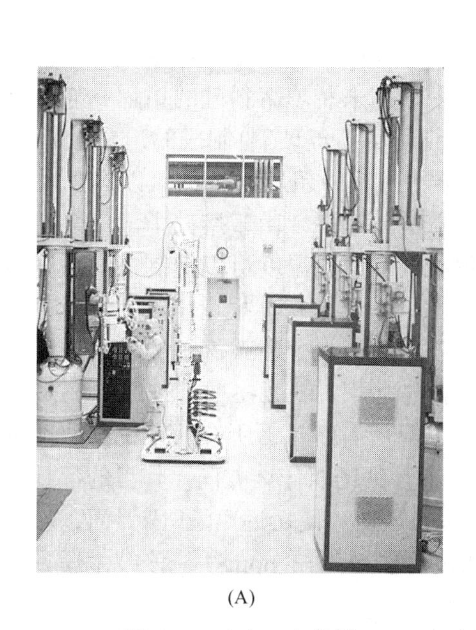

(A)

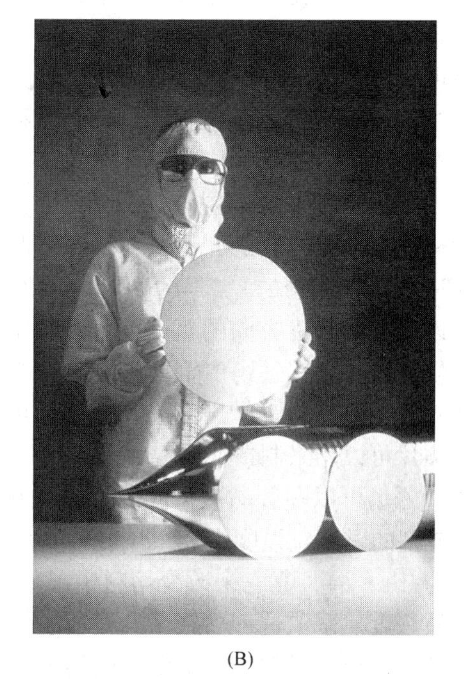

(B)

图 2.14　(A)一个直径 200 mm 硅晶圆片生产车间；(B)300 mm 的晶圆片样品(照片经 MEMC Electronic Materials 公司许可使用)

在实际生产中，一般不使用最大提拉速度。人们发现，晶体的质量对拉速很敏感，在靠近熔料的晶体部分的点缺陷浓度很高，因此使得晶体尽快冷却以阻止这些缺陷聚团是比较合适的做法。另一方面，较快的冷却速度又意味着在晶体中将会出现较大的热梯度(从而出现较大的热应力)，特别是对于大直径的晶圆片更是如此。直拉法中，利用以下的效应来减少晶锭中的位错：在开始阶段先采用快速提拉，在籽晶下方拉出一个窄的、具有高完整度的区域[33~35]，籽晶中的位错，不管是原来就有的，还是由于与熔料接触时产生的，都将受到该区域的抑制，而不会延伸到晶锭中[36]。在图 2.15 中可以看到位错终止于边缘的一个示例。然后，降低熔料温度，减慢提拉速度，放肩至所需的晶锭直径。最后，拉速和炉温通过反馈控制稳定下来，所需的反馈信号来自为测量晶锭直径而设置的光电传感器。在系统中设置有热屏蔽，这对于控制固体-熔料界面处温度场的分布，从而控制晶锭中的缺陷密度是至关重要的[37]。

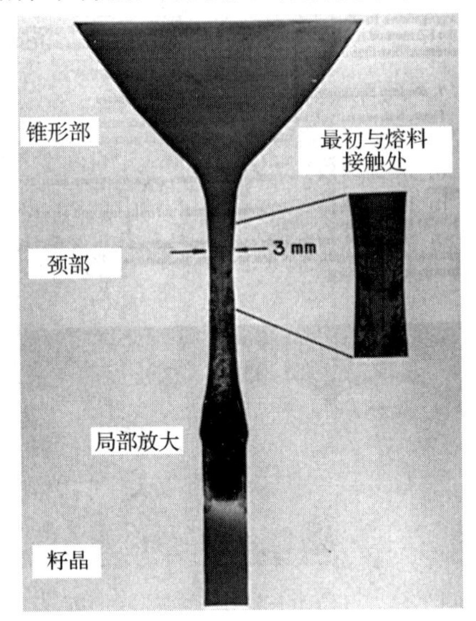

图 2.15 X 射线形貌图，图中显示了终止于颈部边缘的位错(经 Academic Press 许可转载)

通常随着晶体直径的增大，提拉单晶的速度必须降下来。这是因为热量的散失与表面积成比例，而后者正比于晶体的直径；另一方面，结晶产生的热正比于提拉速度与晶体截面积的乘积，而该乘积正比于晶体直径的平方。不过如果拉速过慢，点缺陷将会聚团。最常见的缺陷类型是位错环，由于拉制过程中晶锭的旋转，在半导体衬底中，这些位错环相对于晶圆片中心呈现出漩涡状分布，被称为漩涡缺陷。

在直拉法生长过程中，会有若干种杂质掺入到晶体中。我们已经讨论过氧在衬底中的重要性，现在来分析一下它的成因。在直拉法工艺中，用来装填熔料硅的坩埚，通常是用熔融石英(fused silica，是一种非晶态的 SiO_2，经常被误称为石英玻璃)制成的，在 1500℃的温度下，这种材料会释放出数量可观的氧，并融入熔硅中，其中超过 95%的氧以 SiO 的形式从熔硅的表面逸出[38]，剩余的一部分氧则混入到生长着的单晶中。由于熔硅中的氧含量是不断补充的，所以沿晶锭长度方向的氧浓度大致为常数。调节熔料温度可以控制氧的浓度，为了降低氧的含量，还可以在磁场中生长晶锭。在 20 世纪 80 年代初，报道了第一例有商业价值的磁场中的直拉单晶生长[39,40]，由于这样制作出的硅晶圆片中少数载流子的寿命比较长，因此这类硅晶圆片可以用来制造非常高性能的硅太阳能电池[41]。图 2.16 展示了一个磁场中直拉单晶的系统。磁场可以顺着晶锭长度的方向(轴向)，但是当前几乎所有的系统都取垂直的方向(横向)，典型的磁感应强度为 0.3 T(3000 高斯)。不管磁场取什么方向，其目的都是要产生一个洛仑兹力($qv \times B$)，靠它来改变熔料中离化杂质的运动，使之远离液-固界面，从而降低晶体中的杂质浓度。采取这种措施，有报道说氧浓度可以低到 2 ppm[42]，该技术还具有另外一个效果，即可以提高晶圆片中电阻率的均匀性[43]。

将掺杂原子引入熔料中以便制造出具有特定电阻率的晶圆片，也是很常见的方法。为此需要称量出熔料质量，由此计算出所需的杂质原子数量，然后将如此多的掺杂物加入熔料中。

然而，考虑到杂质在固-液界面处会出现分凝现象，这就使得该工艺变得复杂起来。由于杂质都是一种需要额外能量来调节的缺陷，因此固态晶体中能够容纳的杂质量通常要少于液态晶体。分凝系数 k 可以由下式来定义：

$$k = \frac{C_s}{C_l} \tag{2.11}$$

式中，C_s 和 C_l 分别是固-液界面两边固体侧和液体侧的杂质浓度。表 2.1 对硅晶体材料中常见杂质的分凝系数进行了总结[44]。

(A)　(B)

图 2.16　一个商品化的加磁场直拉单晶系统照片(引自 Thomas 等)

表 2.1　硅中常见杂质的分凝系数

Al	As	B	O	P	Sb
0.002	0.3	0.8	0.25*	0.35	0.023

引自 Sze[44]。

*表中给出的氧的分凝系数是有争议的，有时也经常引用接近 1.0 的数值。

为了认识杂质分凝现象对晶体均匀性的影响，考虑 $k<1$ 的情形，即固体中的杂质浓度小于熔料中杂质浓度的情况。此时，从熔料中拉出来的晶锭所含的杂质浓度比液态部分所含的杂质浓度要低，其结果是随着晶锭的生长，熔料中的杂质浓度不断增大，根据相图或固溶度曲线，熔料中浓度的变化也将导致固体中杂质浓度的变化。如果我们设 X 是熔料中已结晶部分的比例，并假定溶液总是均匀的，则有：

$$C_s = kC_0(1-X)^{k-1} \tag{2.12}$$

式中，C_0 是熔料中杂质的初始浓度。

例 2.4　一个原始的硅熔体中硼杂质的含量为 1 ppm。(a)求出硅晶锭顶部的硼杂质浓度；(b)求出硅晶锭中硼杂质浓度为 1 ppm 的位置。

解答：

(a)根据式(2.12)有：

$$C_s = kC_0(1-X)^{k-1}$$

对于硼来说，$k=0.8$，在硅晶锭的顶部，$X=0$，因此

$$C_s = 0.8 \times 1\ \text{ppm} \times (1-0)^{-0.2} = 0.8\ \text{ppm}$$

$$C_s = 0.8 \times 10^{-6} \times 5 \times 10^{22}\ \frac{\text{原子}}{\text{cm}^3} = 4 \times 10^{16}\ \text{cm}^{-3}$$

(b)应用式(2.12)可得：

$$C_s = 1\ \text{ppm} = 0.8 \times 1\ \text{ppm} \times (1-x)^{-0.2}$$

$$1.25 = (1-x)^{-0.2}$$

由此可求得：$x = 0.67$。

因为熔料中存在着热梯度，上面的均匀溶液的假设并不总是成立的。热梯度作用的基本效应如图 2.17 所示，坩埚的热壁使得靠近它的熔料膨胀，这部分加热了的材料的密度降低，将使其向上升，而靠近晶锭的较冷区域的熔料则会下沉，这两种运动合在一起就是人们所熟知的自然对流，它所形成的流动花样是所谓的浮(力)致环流(buoyancy-driven recirculation cells)。一个包含具有有限、非零黏滞系数的液体或气体的系统，只要其中存在着温度梯度，就都会发生某种程度的对流效应。在单晶生长过程中，对于流动花样有贡献的因素包括：晶锭向上拉起时所伴随着的坩埚和晶锭的旋转、在固体-熔料界面处的结晶释热以及熔料的表面张力[45]。对于大晶锭生长，熔料中的流动是不稳定的。之所以会出现这种不稳定性，是因为温度相对较低的表面层的密度会增大，这样就会在熔体中产生沉淀。这种不稳定性还会引起界面处的温度起伏，进而在硅晶锭中形成微小的空洞[46]。可以采用大的坩埚并通过施加磁场来控制和改进这种不稳定性[47]。

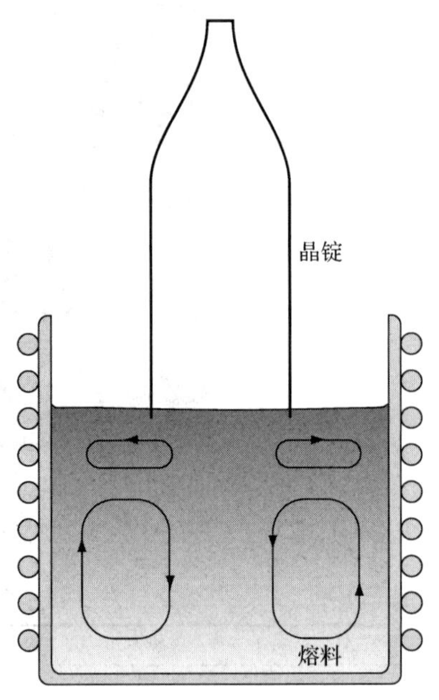

图 2.17 熔料中环流形成的理想示意图

在液-固界面处，如同一条河中靠近岸边的水并不流动一样，熔料是不流动的。事实上，由于熔料存在一定的黏滞系数，在靠近液-固界面的某一区域中，不会有物质的流动，熔料中的这个区域称为附面层(boundary layer)。掺入固体中的杂质必须扩散穿越这一区域。考虑这个效应后，分凝系数 k 将由有效分凝系数 k_e 代替，k_e 可以表示为：

$$k_e = \frac{k}{k + (1-k)\mathrm{e}^{-Vb/D}} \tag{2.13}$$

式中，b 是有效附面层的厚度，V 是拉速，D 是杂质在熔融半导体中的扩散系数。值得注意的是，当拉速 V 比较大时，k 将接近 1，与杂质浓度无关，这就是拉速比较大时偏离平衡状态带来的结果。

从熔料中生长 GaAs 比起生长 Si 来要困难得多，原因之一是两种材料的蒸气压不同，理想化学配比的 GaAs 在 1238℃时熔化(参见图 2.2)，在此温度下，镓的蒸气压小于 0.001 atm，而砷的蒸气压比它大 10^4 倍左右。很明显，要在晶锭中维持理想的化学配比是极具挑战性的。为了克服这个困难，人们已经设计了多种系统，在本节和下一节中，我们将介绍用得最多的两种方案：液封直拉法（Liquid encapsulated Czochralski，通常称为 LEC[48]法）生长和 Bridgman 法生长。Bridgman 法生长的晶圆片的位错密度是最低的（在 $10^3\ cm^{-2}$ 量级），通常大多用于制作光电子器件，比如激光二极管；LEC 法生长的晶圆片可以获得较大的直径，容易制成半绝缘型衬底材料，其电阻率接近 100 MΩ · cm。LEC 法制作的晶圆片的缺点是其典型的缺陷密度大于 $10^4\ cm^{-2}$，这些缺陷中的多数归因于 60 ~ 80℃/cm 的纵向温度梯度而引起的热塑应力[49]。这些半绝缘衬底的生产和应用将在第 15 章中讨论。正是因为其电阻率较高，几乎所有的 GaAs 电子器件都使用 LEC 法生长的材料来制造。

在采用 LEC 法生长 GaAs 晶体时，为了避免来自石英的硅掺入到 GaAs 晶锭中，不使用石英坩埚而使用热解氮化硼（pBN）坩埚。为了防止砷从熔料中向外扩散，LEC 法采用如图 2.18 所示的圆盘状紧配合密封[50]，最常用的密封剂为 B_2O_3。通常在填料中稍许多加一些砷，这样可以补充加热过程中损失的砷，直至大约 400℃时，密封剂开始熔化并封住熔料。一旦填料开始熔化，籽晶就可以降下来，穿过 B_2O_3 密封剂，直至与填料相接触。GaAs 在合成阶段的压力达到 60 atm。晶体生长是在 20 atm 压力下进行的[51]，因此该工艺有时称为高压 LEC 或 HP LEC 法。典型的拉速大约是 1 cm/h。

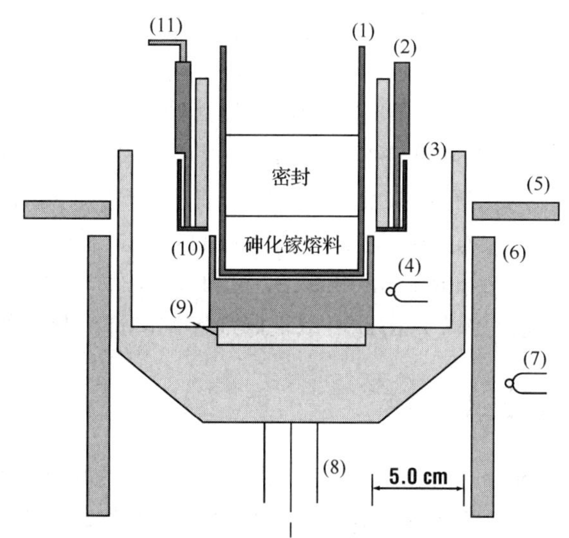

(1) 石英坩埚，(2) 热流控制系统，(3) 石墨屏蔽，(4) 腔体测温热偶，(5) 热辐射屏蔽，(6) 加热器，(7) 控温热偶，(8) 水冷底座，(9) 绝缘衬垫，(10) 石墨坩埚托，(11) 管路系统支架

图 2.18　液封直拉生长系统原理图（引自 Kelly 等）

LEC 法生长中碰到的第二个问题与硅和 GaAs 两种材料的属性差异有关，表 2.2 总结了相关的数据。GaAs 的热导率大约是硅热导率的 1/3，因此 GaAs 晶锭就不会像硅晶锭那样能够较快地散去结晶的潜热。更为严重的是，GaAs 在熔融点使一个位错成核所需的剪切应力大约是硅的 1/4，这样不仅热量难以散失，而且一点小的热塑应力也会导致缺陷产生。如图 2.18 所示，必须在晶锭的周围采用加热器来限制热流，同时也改善晶锭中的温度梯度。这个区域的温度不能太高，否则砷就会从表面向外析出[52]。因此，看到直拉法生长的 GaAs 晶圆片比硅晶圆片要小许多（通常只有硅晶圆片直径的一半），以及其缺陷密度比起同类的硅晶圆片要大几个数量级，都是毫不奇怪的。

表 2.2 几种半导体材料的热特性和机械属性

	熔点(℃)	热导率[W/(cm·K)]	临界剪切应力(MPa)
Si	1420	0.21	1.85
Ge	960	0.17	0.70
GaAs	1238	0.07	0.40

参见 Thomas 等人的文献[43]。

如果能够保持位错密度足够低，那么它就不会对中大规模集成度的 IC 制造形成不可逾越的障碍，然而当位错密度超过 10^4 cm^{-2} 时，位错就会对晶体管的性能带来显著影响[53]。已经发现在直拉法 GaAs 晶锭生长后进行热退火处理，可以降低位错的密度[54]。向晶圆片中加入约 0.1%原子百分比的铟合金成分，可以将直拉法生长的 GaAs 晶锭中位错的影响降至最低。Ehrenreich 和 Hirth[55]曾经建议用大得多的铟原子来替位镓原子，从而产生出应变区来捕获位错，可以有效地将它们从晶圆片顶部的有源层吸杂出来。目前人们一般相信，通过所谓的固溶淬火(solid solution hardening)过程引入铟，可以增加位错成核所需的临界剪切应力[56]，从而使掺铟晶圆片的缺陷密度可达到 10^3 cm^{-2} 或更低。由于淬火，掺铟的晶圆片比纯的 GaAs 晶圆片更脆、更容易破碎，这一事实，再加上一些其他的考虑，例如可在工艺过程中进行铟扩散，以及可以通过晶锭退火使得材料性能改善，使得一度流行的掺铟 GaAs 在最近几年有所衰退。已经发现晶圆片的初始电阻率对晶体管的性能也有显著影响，使用电阻率很高的半绝缘材料，将会导致注入杂质有效激活率的降低(由于补偿的原因)，并减小驱动电流[57]。对于导致晶圆片成为半绝缘衬底的缺陷密度的精确控制(参见 15.5 节)是非常重要的，只有这样才能获得可控的晶体管工作性能，特别是通过离子注入技术制备的器件。还有一种改进型的 LEC 法，称为气压控制型直拉法(vapor pressure controlled Czochralski，简称 VCZ 法)，它通过维持晶锭的高温，并使其处于含砷的气氛中[58]，由此可以很好地控制晶锭的化学组分和电阻率。

2.5 Bridgman 法生长 GaAs

Bridgman 生长法及其各种改进型[59]占据了 GaAs 晶体生长几乎一半的市场，其基本的水平生长工艺如图 2.19 所示[60]。将固态的镓和砷原料装入一个熔融石英制的安瓿中，然后将其密封。多数情况下，安瓿包括一个容纳固体砷的独立腔室，它通过一个有限的孔径通向主腔，这个含砷的腔室可以提供维持化学配比所需的砷过压。安瓿安置在一个 SiC 制的炉管内，炉管则置于一个半圆形的、通常也是 SiC 制的槽上。然后炉管的加热炉体移动，并通过填料开始生长过程。通常采取这种反过来的移动方式，而不是让填料移动通过炉体，是为了减少对晶体结晶的扰动。进行炉温的设置，使得填料完全处于炉体内时能够完全熔化，这样，当炉体移过安瓿时，安瓿底部的熔融 GaAs 填料再结晶，形成一种独特的“D”形晶体。如果需要的话，也可以安放籽晶，并使之与熔料相接触。用这种简单的水平系统生长出的晶体直径一般是 1 ~ 2 in。要生长出更大尺寸的晶体，则需要精确地控制化学组分，并在轴向和径向上精确地控制温度梯度，从而获得低位错密度[61]。Bridgman 法的重要特点是使用安瓿来盛装熔料，这就允许在很小的热梯度下进行晶体生长，进而得到位错密度低于 10^3 cm^{-2} 的晶圆片，最新的研究报告已获得位错密度低至 10^2 cm^{-2} 的晶圆片。

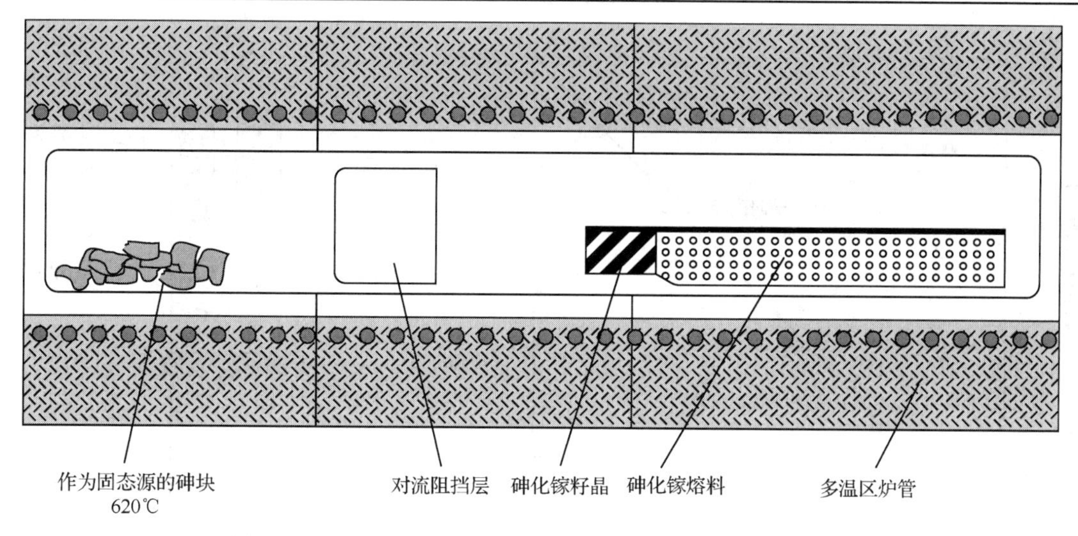

图 2.19　一个水平 Bridgman 法生长系统的原理图（引自 Sell）

标准 Bridgman 法单晶生长技术仍然面临很多困难，难点之一在于其难以制备出高阻的衬底材料，这是因为安瓿与熔料间的直接接触面积太大；另一个困难则是难以制备出直径大于 2 in 的晶圆片。为了克服这些困难，人们已经提出了多项改进的技术，其中引用得最多的两种是垂直 Bridgman 法[62]和纵向梯度冷凝法[63]，二者的基本思路都是将水平 Bridgman 设备竖起来。为使无效熔料体积减至最小，先将熔料盛放在通常是氮化硼制的舟中，然后再将舟密封在一个熔融石英制的安瓿中。可以多添加一些砷来维持化学组分。将安瓿放入炉中，升温至略高于熔点，此后缓慢地向上提升炉体，使得安瓿冷却，填料凝固。在这个过程中，温度梯度小于 10℃/cm，生长速度限制在每小时几毫米[64]。作为对垂直 Bridgman 法单晶生长技术的一种改进，纵向梯度冷凝法增加了多个加热器来控制炉体周围的温度梯度[65]。一份 1997 年的研究报告指出，用纵向梯度冷凝技术可以制备出电阻率高达 42 ~ 67 MΩ · cm 的材料[66]。近年来垂直 Bridgman 法生长技术已经被扩展到 4 in 晶圆片的制造中，甚至在 6 in 晶圆片制造方面取得的结果也是非常令人鼓舞的[67]。

2.6　悬浮区熔法及其他单晶生长方法

如果需要生长极高纯度的硅单晶，其技术选择是悬浮区熔提炼，该项技术一般不用于 GaAs 材料的制备。图 2.20 展示了用直拉法和悬浮区熔法两种方法所得到的晶体的纯度图，其中，悬浮区熔法可以得到低至 10^{11} cm^{-3} 的载流子浓度。悬浮区熔生长技术的基本特点是样品的熔化部分是完全由固体部分支撑的，根本不需要坩埚。悬浮区熔方法的原理如图 2.21 所示，一根柱状的高纯多晶硅材料被固定在卡盘上，一个金属线圈沿着多晶硅柱的长度方向缓慢移动并让柱状多晶硅从其中穿过，在金属线圈中通以高功率的射频电流，射频功率激发的电磁场将在多晶柱中引起涡流，从而产生焦耳热，通过调整线圈的射频功率，可以使得多晶柱紧邻线圈的部分熔化，线圈移过后，熔料再结晶为单晶。另一种能够使得晶柱局部熔化的方法是使用聚焦电子束。整个悬浮区熔生长装置可以放置在真空系统中，或者是有惰性保护气氛的封闭腔室内。

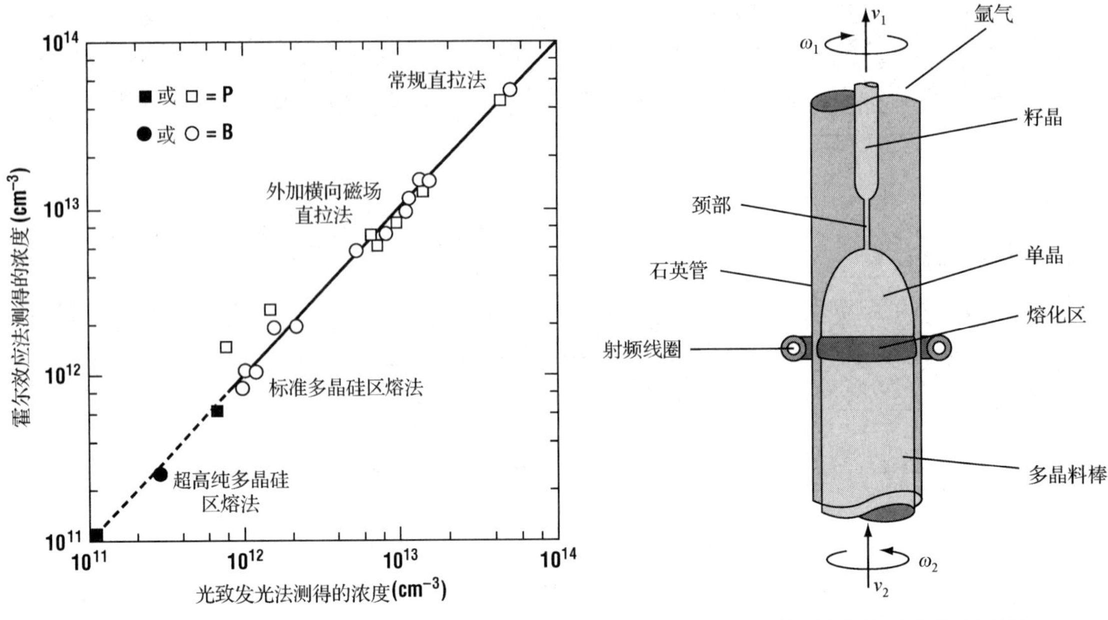

图 2.20 不同生长技术可获得的最低载流子浓度(Thomas 等)

图 2.21 悬浮区熔提炼系统的原理图

为确保晶体生长沿着所要求的晶向进行，也需要使用籽晶，采用与直拉单晶类似的方法，将一个很细的籽晶快速插入熔融晶柱的顶部，先拉出一个直径约 3 mm、长 10 ~ 20 mm 的细颈，然后放慢拉速，降低温度放肩至较大直径。顶部安置籽晶技术的困难在于晶柱的熔融部分必须承受整体的质量，而直拉法则没有这个问题，因为此时晶锭还没有形成。这就使得该技术仅限于生产不超过几千克的晶锭。图 2.22 展示了另外一种装置，可以用于悬浮区熔法生长大直径的晶体[68]。该方法采用了底部籽晶的设置，在生长出足够长的无位错材料之后，将一个填充了许多小球的漏斗形支承升起，使之承担起晶锭的质量。

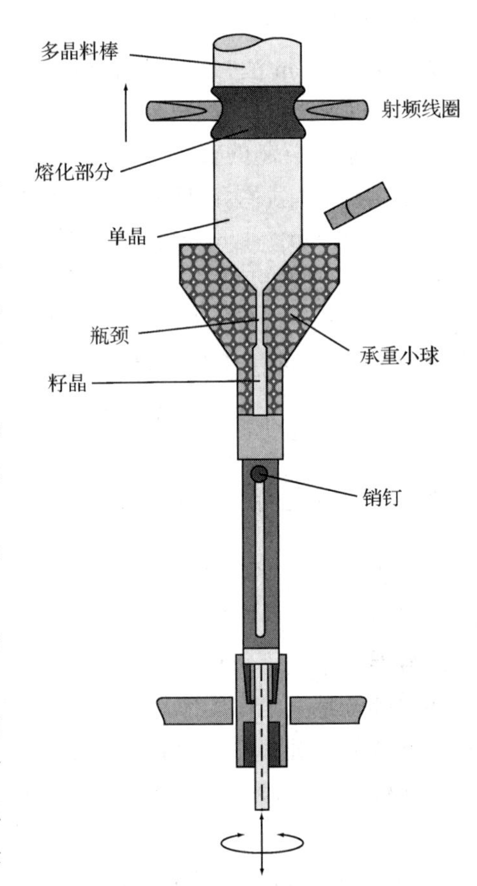

图 2.22 生长大直径晶锭的悬浮区熔系统的原理图(经 Marcel Dekker 许可使用，转载自 Keller and Mühlbauer)

悬浮区熔生长的缺点是很难引入浓度均匀的掺杂剂。有四种主要的掺杂技术：芯体掺杂、小球掺杂、气体掺杂和中子嬗变掺杂。芯体掺杂是指用一个掺杂多晶杆作为起始材料，在其顶端淀积不掺杂的多晶，直至平均浓度达到预想值，然后进行区熔再结晶。如果需要的话，整个再结晶过程可以重复进行多次。对于硼元素掺杂来说，由于它的扩散系数较大，并且也不会从晶柱表面挥发出去，因此采用芯体掺杂技术是非常合适的。进行硼掺杂时，除了开始时的一小段，整个晶锭中硼的浓度还是相当均匀的。气体掺杂使用 PH_3，$AsCl_3$ 或 BCl_3 这样的气体，在多晶淀积时向多晶柱中进行气体掺杂，或者在区熔提炼时向熔化部分进行气体掺杂。小球掺杂通过在多晶柱顶部钻孔，将杂质填埋入孔中来实现，如果杂质的分凝系数较小，大部分的杂质将由熔化区携带并移动通过晶锭的全程，其最终掺杂结果仅存在不大的浓度不均匀性，用这种方式掺杂镓和铟的效果较好。最后，对于悬浮区熔硅的 N 型轻掺杂，可以通过中子嬗变掺杂工艺进行，在该方案中，通过采用高亮度的中子源对硅晶锭进行曝光，硅单晶材料中通常含有大约 3.1% 的硅同位素 ^{30}Si，在中子流辐照下这些同位素可以发生嬗变，其核反应过程为[69]：

$$\cdot^{30}\mathrm{Si}(\mathrm{n}^{\cdot},\gamma') \rightarrow \cdot^{31}\mathrm{Si} \xrightarrow{3.6\mathrm{h}} -\ ^{31}\mathrm{P} + \beta' \tag{2.14}$$

当然，这项技术的不足之处是它不适用于制备 P 型硅单晶材料。

在写作本书时，虽然人们对 GaN 晶体材料已经开展了很充分的研究工作，但是市场上还没有商业化的 GaN 晶圆片供应。绝大多数 GaN 晶体材料都是生长在蓝宝石（即 Al_2O_3 晶体）衬底上的。随着 GaN 材料与器件应用领域的快速增长，预计到 2013 年蓝宝石衬底 GaN 晶圆片的市场就会超过 GaAs 衬底 GaN 晶圆片的市场[70]。发光二极管产业目前采用的晶圆片包括多种不同尺寸，在写作本书时以 4 in 为主，预计在未来几年内将缓慢过渡到 150 mm 直径的晶圆片。

2.7　晶圆片制备及其规格

生长完晶锭后，就可以制备晶圆片了。首先根据电阻率和晶格完整度对晶锭进行分类，然后将籽晶和尾部切掉，并对晶锭进行机械修整，直至得到合适的晶锭直径。因为还要进行进一步的腐蚀，这时的晶锭直径要比最终的晶圆片直径稍大一些。对于 150 mm 及以下的晶圆片，沿晶锭整个长度上都要磨出平边，以指示晶向和掺杂类型，也用于在后续光刻步骤中进行晶圆片的粗对准。最长的平边称为主平边，是与<110>晶向垂直的，此外还会磨出一至多条短平边。图 2.23 展示出了不同类型晶圆片的平边方向。对于更大尺寸的晶圆片，则是在晶圆片边缘处磨出一个缺口。

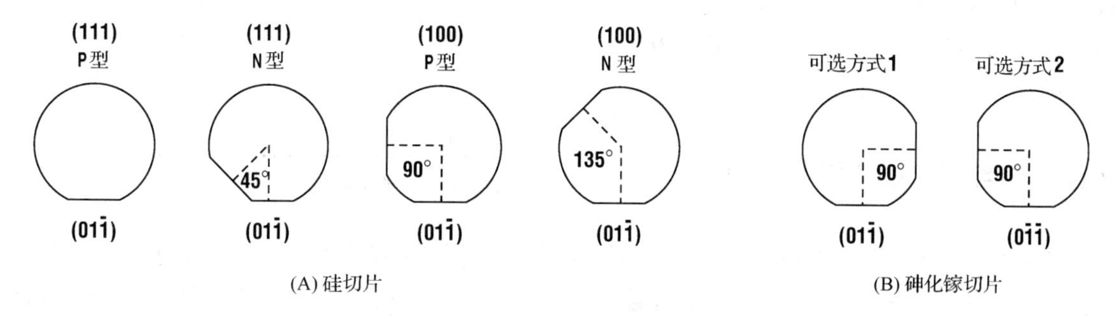

图 2.23　不同半导体晶圆片的标准定位平边①

磨好平边后，将晶锭②浸入化学腐蚀液中以去除机械研磨造成的损伤。制造商都有各自的腐蚀液配方，但通常都是基于 HF-HNO_3 系统。完成腐蚀以后，晶锭就可以被切成晶圆片了，这是流程中很关键的一步，因为它决定了晶圆片的翘曲度和平整度。一般情况下，该步骤使用布满金刚石颗粒的丝线锯，同时采用去离子水对晶锭进行冷却处理。晶圆片可以在随后的

① 此处原图有误，图中处在下方的各定位边为主平边，晶圆片上若还有其他平边，则应比主平边短。——译者注
② 此处原书误为晶圆片。——译者注

另一个机械研磨工艺中进行倒角。人们已经发现，倒角后的晶圆片在后续工艺中，不太可能因为机械传递操作等原因而导致缺陷的产生；此外在使用旋涂类工艺涂敷晶圆片时，倒角也能够避免工艺液体的积聚。

接下来采用一系列步骤来去除残留的机械损伤，最终为器件制造准备好晶圆片。首先采用含氧化铝和甘油的浆料对晶圆片进行机械研磨，接着采用上述相同的方法进行腐蚀以减少损伤。最后，采用电化学方法[①]对晶圆片的单面或双面进行抛光，抛光时使用 NaOH 和非常精细的二氧化硅颗粒浆料，接着进行化学清洗，以去除残留的玷污。表 2.3 和表 2.4 给出了典型的晶圆片规格。

表 2.3 典型的 2 in GaAs 晶圆片规格

	LEC 法	纵向梯度冷凝法
电阻率(Ω·cm)	$>2\times10^7$	$>10^7$
迁移率(cm^2/V·s)[②]	>4000	>5000
载流子浓度(cm^{-3})	$<10^8$	—
腐蚀坑密度(cm^{-2})	7×10^4(典型值)	<500
平整度(μm)	<4	<5
厚度(μm)	450	500
价格($/$cm^2$)	10	15

无论是硅还是砷化镓(GaAs)工艺都在朝着大直径晶圆片的方向发展，这样每片晶圆片上就可以包含更多的芯片，从而提高了制造效率。标准的 GaAs 晶圆片是 100 mm 直径的，但是一些新的制造厂已经开始使用 150 mm 直径的 GaAs 晶圆片了。而制造硅集成电路用的标准晶圆片则是 200 mm 直径的，但是大多数新建的制造厂已经使用 300 mm 直径的晶圆片了。

表 2.4 当前硅晶圆片的典型规格

清洁度(颗粒/cm^2)	<0.03
氧浓度(cm^{-3})	规格要求 ± 3%
碳浓度(cm^{-3})	$<1.5\times10^{17}$
金属玷污(ppb)	<0.001
原生位错(cm^{-2})	<0.1
氧诱生堆垛层错(cm^{-3})	<3
直径(mm)	300
厚度(μm)	750 ~ 800
翘曲(μm)	10
全局平整度(μm)	3
价格($/$cm^2$)	0.2

引自 Shimura 的文献[7]。

2.8 小结与未来发展趋势

本章回顾了半导体材料的一些最基本的性质，对相图和固溶度的概念给予了介绍，接着对点、线、面、体等各类缺陷进行了描述。本章的后半部分介绍了晶体生长技术，在硅晶圆片制备方面，直拉法生长是最为常见的，在 GaAs 材料方面，当其应用于电子器件时，主流的生长技术是液封直拉方法，该项技术的问题在于晶圆片上存在高密度的缺陷；当其应用于光电子器件时，Bridgman 生长法是一个更佳的选择。另外，纵向梯度冷凝法也表现出较好的特点，未来其市场份额可望得到增大。

① 实际应为化学机械方法。——译者注

② 原书单位有误。——译者注

习题

1. 将一个 GaAs 晶体置于直角坐标系中，其中的一个砷原子位于(0, 0, 0)点，一个镓原子位于(a/4, a/4, a/4)点，求与原点处砷原子相邻的其他三个最近邻镓原子的坐标，这些原子之间的距离分别是多少？
2. 对习题 1 中提到的已知坐标的镓原子，求出与它最近邻的另外三个砷原子的坐标。
3. 将含有 30%硅和 70%锗的混合物加热到 1100℃，如果材料处于热平衡状态，熔融部分中硅的浓度是多少？在多高的温度下，上述混合物将会全部熔化？若先将该样品升温到 1300℃，然后再缓慢地降温，回到 1100℃，此时固态部分中硅的浓度是多少？
4. 用分子束外延(MBE)技术生长 GaAs 层时，晶圆片表面存在着很强的形成镓液滴的趋势，这种椭圆形的缺陷对于 MBE 生长工艺是很严重的问题，要避免这一问题，就要求束流中砷对于镓有比较大的砷镓比。参考相图(参见图 2.2)，从热力学的角度解释为什么容易形成这种液滴。
5. 近几年来一项新的工艺技术引起了人们广泛的兴趣，这就是快速热退火，包括更近期的脉冲尖峰退火和闪烁退火(参见第 6 章)技术，它们可以把含有高浓度杂质原子的晶圆片快速地加热到高温，这样就使得杂质的热扩散减到最小。基于相图和固溶度方面的讨论，试解释采用这种工艺的好处。
6. 一片硅晶圆片中含有 10^{16} cm^{-3} 的硼，在某一工艺温度下，发现其中中性空位的浓度是 2×10^{10} cm^{-3}，带一个电荷的空位浓度是 10^{9} cm^{-3}，求此时的工艺温度以及带电荷空位相对于本征能级 E_i 的激活能。
7. 如果上一题中硅晶圆片中硼的浓度为 2×10^{19} cm^{-3}，重新求解习题 6。
8. 要通过 1100℃下的退火工艺在硅晶圆片中形成 10 μm 厚的脱氧层，需要多长的退火时间？由此形成的脱氧层中氧的浓度是多少？
9. 在使用直拉法生长硅单晶时，硅晶锭中的温度梯度为 100℃/cm，试求出所允许的最大拉速。
10. 假定熔料中的温度均匀，并且除了向晶锭传热，熔料无其他热量损失，设晶锭是理想的黑体，如果要计算晶锭中的二维温度场 $T(r, z)$，试建立相应的二维微分方程和边界条件。
11. 采用直拉法单晶生长工艺从熔料中拉制出掺硼的硅单晶锭，并切割晶锭以获得硅晶圆片，在晶锭顶端切下的晶圆片中硼浓度为 3×10^{15} cm^{-3}。当熔料的 90%已经结晶，剩下 10%开始生长时，所对应的晶锭上该位置处切下的晶圆片中的硼浓度是多少？
12. 将 1000 mol(摩尔)的纯硅和 0.01 mol 的纯砷放置在坩埚中，并采用直拉法进行单晶生长，如果晶锭中最大允许的掺杂浓度为 10^{18} cm^{-3}，则该晶锭中有多大比例是可使用的？
13. 要采用直拉法单晶生长工艺拉制一个 P 型重掺杂的硅单晶锭，初始熔料中硼的含量为 0.5%，假设熔体的结晶温度为 1400℃，并且熔体结晶形成晶锭后迅速冷却，试求：
    (a) 在该结晶温度下硼的固溶度是多少？
    (b) 至少有多大比例的硅晶锭被拉制出来之后，硅晶锭中硼的浓度才会超出其在硅中的固溶度？
    (c) 假设熔体中硼的浓度均匀，此时液态熔体中硼的浓度为多少(以百分比表示)？

14. 硅熔料中含有 0.1%原子百分比的磷，假定熔体始终保持均匀混合的状态，计算当晶体分别拉出 10%、50%及 90%时的掺杂浓度。
15. 从含有 0.01%磷的熔料中拉制出硅单晶锭。
    (a) 试求出晶锭顶端($x = 0$ 处)磷的浓度。
    (b) 如果该晶锭长度为 1 m 且截面均匀，在何处(x 为何值时)磷的浓度是晶锭顶端处的 2 倍?
    (c) 考虑熔料同时也含有镓(镓也是硅中的一种 P 型掺杂剂，但是并不常用)的情况。在晶锭顶端($x = 0$ 处)镓的浓度与磷的浓度相等，如果在靠近晶锭底部($x = 0.9$ m 处)镓的浓度是磷的 2.2 倍，试求出镓的分凝系数(k)是多少?
16. 为什么 Bridgman 生长法比 LEC 法更易于得到较高的杂质浓度?

参考文献

1. S. Mahajan and K. S. Harsha, *Principles of Growth and Processing of Semiconductors*, McGraw-Hill, Boston, 1999.
2. *Binary Alloy Phase Diagrams*, 2nd ed., vol. 2, ASM Int., Materials Park, OH, 1990, p. 2001.
3. *Binary Alloy Phase Diagrams*, 2nd ed., vol. 1, ASM Int., Materials Park, OH, 1990, p. 283.
4. *Binary Alloy Phase Diagrams*, 2nd ed., vol. 1, p. 319.
5. F. A. Trumbore, "Solid Solubilities of Impurities in Germanium and Silicon," *Bell Systems Tech. J.* **39**:210 (1960).
6. H. Okamoto, *J. Phase Equilibria Diffusion* **27**:5 (2006).
7. S. Ghandhi, *VLSI Fabrication Principles*, Wiley, New York, 1983.
8. F. Reurings, F. Tuomisto, C. S. Gallinat, G. Koblmüller, and J. S. Speck, "Vacancy Defects Probed with Positron Annihilation Spectroscopy in In-polar InN Grown by Plasma-assisted Molecular Beam Epitaxy: Effects of Growth Conditions," *Physica Status Solidi (C) Curr. Topics Solid State Physics*, **6**, n Suppl. 2:S401–S404 (July 2009).
9. F. Shimura, *Semiconductor Silicon Crystal Technology*, Academic Press, San Diego, CA, 1989.
10. S. M. Hu, *Mater. Res. Soc. Symp. Proc.* **59**:249 (1986).
11. S. Mahajan, G. A. Rozgonyi, and D. Brasen, "A Model for the Formation of Stacking Faults in Silicon," *Appl. Phys. Lett.* **30**:73 (1977).
12. R. A. Craven, *Semiconductor Silicon 1981*, p. 254.
13. J. C. Mikkelson, Jr., S. J. Pearton, J. W. Corbett, and S. J. Pennycook, eds., *Oxygen, Carbon, Hydrogen and Nitrogen in Crystalline Silicone*, MRS, Pittsburgh, 1986.
14. H. R. Huff, "Silicon Materials for the Mega-IC Era," Sematech Technical Report 93071746A-XFR (1993).
15. A. Bourret, J. Thibault-Desseaux, and D. N. Seidmann, "Early Stages of Oxygen Segregation and Precipitation in Silicon," *J. Appl. Phys.* **55**:825 (1985).
16. K. Wada, N. Inoue, and K. Kohra, "Diffusion Limited Growth of Oxygen Precipitation in Czochralski Silicon," *J. Cryst. Growth* **49**:749 (1980).
17. K. H. Yang, H. F. Kappert, and G. H. Schwuttke, "Minority Carrier Lifetime in Annealed Silicon Crystals Containing Oxygen," *Phys. Stat. Sol.* **A50**:221 (1978).
18. H. R. Huff, H. F. Schaake, J. T. Robinson, S. C. Baber, and D. Wong, "Some Observations on Oxygen Precipitation/Gettering in Device Processed Czochralski Silicon," *J. Electrochem. Soc.* **130**:1551 (1983).

19. D. C. Gupta and R. B. Swaroop, "Effects of Oxygen and Internal Gettering on Donor Formation," *Solid State Technol.* **27**:113 (August 1984).
20. R. B. Swaroop, "Advances in Silicon Technology for the Semiconductor Industry," *Solid State Technol.* **26**:101 (July 1983).
21. D. Huber and J. Reffle, "Precipitation Process Design for Denuded Zone Formation in Czochralski Silicon Wafers," *Solid State Technol.* **26**:137 (August 1983).
22. M. Stavola, J. R. Patel, L. C. Kimerling, and P. E. Freeland, "Diffusivity of Oxygen in Silicon at the Donor Formation Temperature," *Appl. Phys. Lett.* **42**:73 (1983).
23. W. J. Taylor, T. Y. Tan, and U. Gosele, "Carbon Precipitation in Silicon: Why Is It So Difficult?" *Appl. Phys. Lett.* **62**:3336 (1993).
24. T. Fukuda, *Appl. Phys. Lett.* **65**:1376 (1994).
25. X. Yu, D. Yang, X. Ma, J. Yang, Y. Li, and D. Que, "Grown-in Defects in Nitrogen-doped Czochralski Silicon," *J. Appl. Phy.* **92**:188 (2002).
26. K. Sumino, I. Yonenaga, and M. Imai, "Effects of Nitrogen on Dislocation Behavior and Mechanical Strength in Silicon Crystals," *Appl. Phys. Lett.* **59**:5016 (1983).
27. D. Li, D. Yang, and D. Que, "Effects of Nitrogen on Dislocations in Silicon During Heat Treatment." *Physica B* **273–74**:553 (1999).
28. D. Tian, D. Yang, X. Ma, L. Li, and D. Que, "Crystal Growth and Oxygen Precipitation Behavior of 300 mm Nitrogen-doped Czochralski Silicon," *J. Cryst. Growth* **292**:257 (2006).
29. G. K. Teal, "Single Crystals of Germanium and Silicon—Basic to the Transistor and the Integrated Circuit," *IEEE Trans. Electron Dev.* **ED-23**:621 (1976).
30. W. Zuhlehner and D. Huber, "Czochralski Grown Silicon," in *Crystals 8*, Springer-Verlag, Berlin, 1982.
31. S. Wolf and R. Tauber, *Silicon Processing for the VLSI Era, Vol. 1,* Lattice Press, Sunset Beach, CA, 1986.
32. S. N. Rea, "Czochralski Silicon Pull Rates," *J. Cryst. Growth* **54**:267 (1981).
33. W. C. Dash, "Evidence of Dislocation Jogs in Deformed Silicon," *J. Appl. Phys.* **29**:705 (1958).
34. W. C. Dash, "Silicon Crystals Free of Dislocations," *J. Appl. Phys.* **29**:736 (1958).
35. W. C. Dash, "Growth of Silicon Crystals Free from Dislocations," *J. Appl. Phys.* **30**:459 (1959).
36. T. Abe, "Crystal Fabrication," in *VLSI Electron—Microstructure Sci.* **12**, N. G. Einspruch and H. Huff, eds., Academic Press, Orlando, F2, 1985.
37. W. von Ammon, "Dependence of Bulk Defects on the Axial Temperature Gradient of Silicon Crystals During Czochralski Growth," *J. Cryst. Growth* **151**:273 (1995).
38. K. M. Kim and E. W. Langlois, "Computer Simulation of Oxygen Separation in CZ/MCZ Silicon Crystals and Comparison with Experimental Results," *J. Electrochem. Soc.* **138**:1851 (1991).
39. K. Hoshi, T. Suzuki, Y. Okubo, and N. Isawa, *Electrochem. Soc. Ext. Abstr.* St. Louis Meet., May 1980, p. 811.
40. K. Hoshi, N. Isawa, T. Suzuki, and Y. Okubo, "Czochralski Silicon Crystals Grown in a Transverse Magnetic Field," *J. Electrochem. Soc.* **132**:693 (1985).
41. T. P. Hough, *Trends in Solar Energy Research*, Nova Publishers, New York, 2006.
42. T. Suzuki, N. Izawa, Y. Okubo, and K. Hoshi, *Semiconductor Silicon 1981*, 1981, p. 90.
43. R. N. Thomas, H. M. Hobgood, P. S. Ravishankar, and T. T. Braggins, "Melt Growth of Large Diameter Semiconductors: Part I," *Solid State Technol.* **33**:163 (April 1990).
44. S. Sze, *VLSI Technology*, McGraw-Hill, New York, 1988.
45. N. Kobayashi, "Convection in Melt Growth—Theory and Experiments," *Proc. 84th Meet. Cryst. Eng.* (Jpn. Soc. Appl. Phys.), 1984, p. 1.

46. M. Itsumi, H. Akiya, and T. Ueki, "The Composition of Octahedron Structures That Act as an Origin of Defects in Thermal SiO_2 on Czochralski Silicon," *J. Appl. Phys.* **78**:5984 (1995).
47. H. Ozoe "Effect of a Magnetic Field in Czochralski Silicon Crystal Growth," in *Modelling of Transport Phenomena in Crystal Growth*, J. S. Szymd and K. Suzuki, eds., MIT Press, Cambridge, MA, 2000.
48. J. B. Mullin, B. W. Straughan, and W. S. Brickell, J. Phys. Chem. Solid, **26**:782 (1965).
49. I. M. Grant, D. Rumsby, R. M. Ware, M. R. Brozea, and B. Tuck, "Etch Pit Density, Resistivity and Chromium Distribution in Chromium Doped LEC GaAs," in *Semi-Insulating III–V Materials*, Shiva Publishing, Nantwick, U.K., 1984, p. 98.
50. K. W. Kelly, S. Motakes, and K. Koai," Model-Based Control of Thermal Stresses During LEC Growth of GaAs. II: Crystal Growth Experiments," *J. Cryst. Growth* **113(1–2)**:265 (1991).
51. R. M. Ware, W. Higgins, K. O. O'Hearn, and M. Tiernan, "Growth and Properties of Very Large Crystals of Semi-Insulating Gallium Arsenide," *GaAs IC Symp.*, 1996, p. 54.
52. P. Rudolph and M. Jurisch, "Bulk Growth of GaAs: An Overview," *J. Cryst. Growth* **198–199**:325 (1999).
53. S. Miyazawa, and F. Hyuga, "Proximity Effects of Dislocations on GaAs MESFET V_t," *IEEE Trans. Electron. Dev.* **ED-3**:227 (1986).
54. R. Rumsby, R. M. Ware, B. Smith, M. Tyjberg, M. R. Brozel, and E. J. Foulkes, *Tech. Dig. GaAs IC Symp.*, Phoenix, 2, 1983, p. 34.
55. H. Ehrenreich and J. P. Hirth, "Mechanism for Dislocation Density Reduction in GaAs Crystals by Indium Addition," *Appl. Phys. Lett.* **46**:668 (1985).
56. G. Jacob, *Proc. Semi-Insulating III–V Materials*, Shiva Publishing, Nantwick, U.K., 1982, p. 2.
57. C. Miner, J. Zorzi, S. Campbell, M. Young, K. Ozard, and K. Borg, "The Relationship Between the Resistivity of Semi-Insulating GaAs and MESFET Properties," *Mat. Sci. Eng. B.* **44**:188 (1997).
58. P. Rudolph, M. Newbert, S. Arulkumaran, and M. Seifert, *J. Cryst. Res. Technol.* **32**:35 (1997).
59. O. G. Folberth and H. Weiss, *Z. Naturforsch.*, **100**:615 (1955).
60. H. J. Sell, "Melt Growth Processes for Semiconductors," *Key Eng. Mater.* **58**:169 (1991).
61. T. P. Chen, T. S. Huang, L. J. Chen, and Y. D. Guo, "The Growth and Characterization of GaAs Single Crystals by a Modified Horizontal Bridgman Technique," *J. Cryst. Growth* **106**:367 (1990).
62. R. E. Kremer, D. Francomano, G. H. Beckhart, K. M. Burke, and T. Miller, *Mater. Res. Soc. Symp. Proc.* **144**:15 (1989).
63. C. E. Chang, V. F. S. Kip, and W. R. Wilcox, "Vertical Gradient Freeze Growth of GaAs and Naphthalene: Theory and Practice," *J. Cryst. Growth* **22**:247 (1974).
64. R. E. Kremer, D. Francomano, B. Freidenreich, H. Marshall, and K. M. Burke, in *Semi-Insulating Materials 1990*, A. G. Milnes and C. J. Miner, eds., Adam-Hilger, London, 1990.
65. W. Gault, E. Monberg, and J. Clemans, "A Novel Application of the Vertical Gradient Freeze Method to the Growth of High Quality III–V Crystals," *J. Cryst. Growth,* **74**:491 (1986).
66. E. Buhrig, C. Frank, C. Hannis, and B. Hoffmann, "Growth and Properties of Semi-Insulating VGF-GaAs," *Mat. Sci. Eng. B.* **44**:248 (1997).
67. R. Nakai, Y. Hagi, S. Kawarabayashi, H. Migajima, N. Toyoda, M. Kiyama, S. Sawada, N. Kuwata, and S. Nakajima, "Manufacturing Large Diameter GaAs Substrates for Epitaxial Devices by VB Method," *GaAs IC Symp.*, 1998, p. 243.
68. W. Keller and A. Mühlbauer, *Float-Zone Silicon*, Marcel Dekker, New York, 1981.
69. C. N. Klahr and M. S. Cohen, *Nucleonics* **22**:62 (1964).
70. "Sapphire Surpasses GaAs in the Substrate Stakes," *Compound Semi., June 8,* 2010.

第2篇　单项工艺1：热处理与离子注入

到目前为止，我们只讨论了半导体衬底本身的制造工艺。从这一篇开始，我们将要讨论单项工艺。单项工艺就是在典型的半导体制造技术中所采用的一个个工艺步骤。后面将讨论如何将这些单项工艺组合在一起形成功能块(即所谓工艺模块)，并最终形成一套工艺技术。单项工艺的第一部分将讨论与杂质的掺入与运动以及热氧化层生长有关的工艺。由于掺杂剂对几乎所有类型的半导体器件都是必不可少的，因此掺杂工艺是最早发展起来的半导体制造工艺之一。掺杂的区域必须要有正确的浓度和尺寸，才能使得器件正常工作。因此，这部分将首先讨论掺杂原子通过扩散进行的运动。早期的掺杂技术是采用高温炉管内的气态或液态蒸气源将杂质掺入到晶圆片内。但是随着器件尺寸的缩小，人们开发了离子注入工艺，从而可以更好地控制晶圆片内杂质的分布和数量，目前除了对价格最敏感的制造技术，离子注入掺杂工艺已经完全取代了扩散掺杂工艺。当标准的离子注入和高温退火工艺开始被证明不能够完全满足要求时，人们又开发出一些特殊的方法，以便能够制备出非常浅的重掺杂区域，其中最重要的方法之一就是快速热处理工艺，我们在第6章中将讨论这一工艺。第4章还将讨论硅的热氧化工艺，和其他各章不同，这一章将只讨论硅的热氧化工艺，这是因为在化合物半导体制造技术中不会用到氧化工艺。

第3章　扩　散

在晶圆片上进行准确控制的局部掺杂能力是制作各种半导体器件所必不可少的。为此，必须首先将化学杂质掺进晶圆片的某些局部区域，而且这些杂质必须是激活的，从而能够提供器件工作所需的载流子，并且这些杂质的浓度分布应当和器件设计人员所要求的相一致。人们经常要对杂质浓度的分布进行描述，如图 3.1 所示，纵轴表示杂质浓度或载流子浓度，而横轴则表示杂质在晶圆片中的分布深度。通常 y 轴变量要在好多个数量级之间发生变化，因此一般采用对数坐标来表示杂质浓度。由于硅的原子数密度是 5×10^{22} 原子/cm^3，因此，器件有源区域内典型的杂质浓度（10^{17} 原子/cm^3）相当于在硅晶圆片中轻微地掺入了百万分之几的杂质。

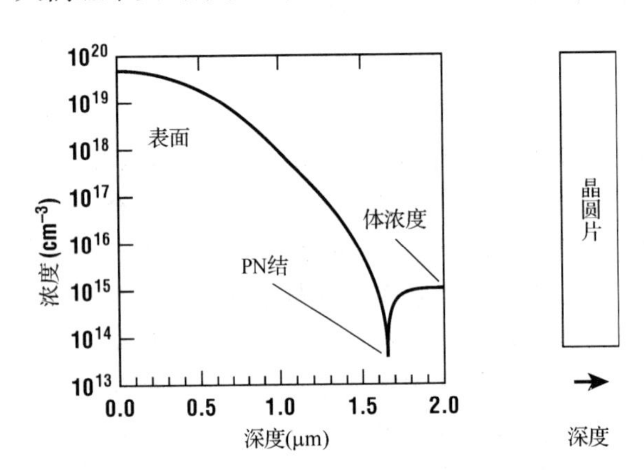

图 3.1　典型的杂质（或载流子）浓度在晶圆片内的深度分布图，值得注意的是，这些分布的深度通常远小于晶圆片总厚度的 1%

当杂质被掺入晶圆片后，它们可能在晶圆片中进行再分布。再分布既可能是有意进行的，也可能是某些其他热处理过程带来的附加效应。无论是哪一种情况，再分布都必须得到控制和监测。杂质原子在晶圆片中的运动主要是由扩散引起的，任何材料在其浓度梯度附近的净移动都是随机热运动的结果。本章将介绍描述扩散运动的微分方程，求出其在两组不同边界条件下的完整解，并对与扩散系数有关的物理机制进行描述，给出用来描述硅和 GaAs 中几种常见的典型杂质的扩散运动模型，最后还要介绍一种可以在不同条件下计算杂质扩散分布的计算机模拟软件。

3.1　一维费克扩散方程

当存在浓度梯度时，任何一种可以自由运动的材料都会进行扩散再分布。材料的移动将趋向于使得浓度梯度降低。这种移动的起源就是材料的随机热运动。由于高浓度区域内有更多的杂质原子，因此就会存在一个离开浓度峰值方向的杂质净移动。当然，这种效应绝不仅仅局限于半导体中的杂质运动。本节介绍的扩散基本定律可以用于描述热传导、电子的运动、气态杂质的运动空（如气污染），甚至包括动物种群分布的统计。

描述扩散运动的基本方程是费克第一定律：

$$J = -D\frac{\partial C(x,t)}{\partial x} \tag{3.1}$$

式中，C 是杂质浓度，D 是扩散系数，J 是材料的净流量。J 的单位是单位时间内流过单位面积的原子个数，公式中的负号则表示净移动是沿着浓度降低的方向。

虽然费克第一定律精确地描述了扩散过程，但在实际应用中很难去测量杂质的扩散流密度。和电流不同的是，材料的扩散通常约束较差，也不容易被检测。为此提出了费克定律的第二个表达式，它所描述的概念和费克第一定律相同，但是其中的变量更容易被测量。推导该表达式的最简单方法可从一段具有均匀横截面积 A 的长条材料开始(如图 3.2 所示)。考虑其中长度为 dx 的一小段体积元，则有

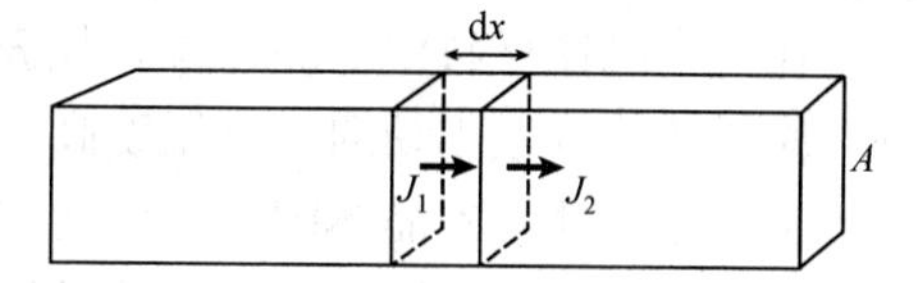

图 3.2 横截面积为 A 的长条中的一微分体积元，其中 J_1 和 J_2 分别是流入和流出该体积元的杂质流量

$$\frac{J_2 - J_1}{\mathrm{d}x} = \frac{\partial J}{\partial x} \tag{3.2}$$

式中，J_2 是流出这一段体积元的流量，J_1 是流入这一段体积元的流量。如果这两个流量的值不同，就表示在这一小段体积元中扩散物质的浓度一定发生了变化。而这一体积元中杂质的数量正是浓度和微分体积元($A \cdot \mathrm{d}x$)的乘积，因此连续性方程可以表示为

$$\frac{\mathrm{d}N}{\mathrm{d}t} = A\mathrm{d}x\frac{\partial C}{\partial t} = -A(J_2 - J_1) = -A\mathrm{d}x\frac{\partial J}{\partial x}$$

式中，N 是这一体积元中杂质的数量，或

$$\frac{\partial C(x,t)}{\partial t} = -\frac{\partial J}{\partial x} \tag{3.3}$$

根据费克第一定律，上式可以写成

$$\frac{\partial C(x,t)}{\partial t} = \frac{\partial}{\partial x}\left(D\frac{\partial C}{\partial x}\right) \tag{3.4}$$

式(3.4)是费克第二定律最通用的表达式。如果假设扩散系数和位置无关，则上式可以进一步简化为

$$\frac{\partial C(z,t)}{\partial t} = D\frac{\partial^2 C(z,t)}{\partial z^2} \tag{3.5}$$

式中的位置变量已改写为 z，这是因为沿着晶圆片(深度)方向的扩散是我们主要的关注点之一。最后，对于各向同性的三维介质，费克第二定律可以表示为

$$\frac{\partial C}{\partial t} = D\nabla^2 C \tag{3.6}$$

现在还留下一个问题：这个位置变量为二阶微分、时间变量为一阶微分的微分方程的解是什么？要求解这个方程，必须要知道至少两个独立的边界条件。本章后面将讨论该微分方程的求解。首先，我们将着重讨论如何把费克第二定律应用于半导体中的扩散问题，并讨论那些决定扩散系数 D 的因素。

3.2 扩散的原子模型

本节将讨论决定扩散系数 D 的物理机制。首先假设半导体晶体是各向同性的。没有这一近似就不能采用费克第二定律。尽管这个假设可以帮助我们求解方程(3.6)，但是在掺杂浓度

比较高的情况下就行不通了，因为此时的扩散系数变成了一个与杂质浓度(因而也是杂质分布深度)相关的函数。

在一个晶体材料中，晶格位置代表着抛物线型势阱的能谷。只有在 0 K 的温度极限下，每个原子才是静止不动的。当温度高于 0 K 时，原子就围绕着它们的平衡位置振动。此时将一个杂质原子插入到晶体中，这个杂质原子可能落在晶格位置之间的一个填隙位置上。通常，不太容易和本体材料键合的原子是填隙型杂质。填隙型杂质的扩散很快，但是它们对掺杂水平没有直接贡献。第二种类型的杂质是那些在晶格位置上取代了硅原子的杂质。这些替位型杂质将是本章讨论的重点。表 3.1 列出了硅晶体材料中的一些杂质，它们分为两类：替位型杂质和填隙型杂质。

表 3.1 硅中的杂质

替位型杂质	P,B,As,Al,Ga,Sb,Ge
填隙型杂质	O,Au,Fe,Cu,Ni,Zn,Mg

硅中的杂质或主要位于晶格位置上(替位型杂质)，或主要位于晶格位置之间的空间中(填隙型杂质)

假设如图 3.3(A)所示，杂质原子从一个晶格位置往右移动。根据对称性原理，这种移动不需要消耗能量。然而，当一个替位型原子在晶体中移动时，它必须要有足够的能量来克服它所处的势阱。对于图 3.3(A)所示的直接交换模式，至少要打破 6 个键，才能使本体原子与杂质原子交换位置。但是，如果相邻的晶格位置是一个空位(参见 2.4 节)，原子间的交换就会变得相当容易，因为这时只需要打破 3 个键。因此如图 3.3(B)所示，空位交换模式是替位型杂质的重要扩散机制之一。

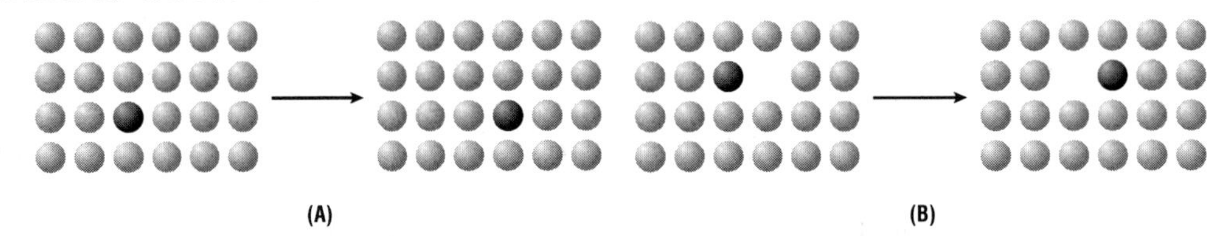

图 3.3 杂质原子通过直接交换(A)和空位交换(B)进行扩散。由于后者所需的激活能较低，因此其发生的可能性要高得多

当温度低于 1000℃时，Fair 的空位模型可以成功地用于描述低掺杂浓度和中等掺杂浓度下多种杂质的扩散过程。这个模型可以用图 3.3(B)来简单描述，并且另外增加了一个细节——空位电荷。我们知道，在硅晶格点阵中的每个原子都必须和它周围最近邻的四个原子形成共价键，以填充它的价电子层。当存在一个中性的空位时，这四个邻位原子的价电子层是不饱和的。如果这个空位俘获了一个电子，就可以使其中一个邻位原子的价电子饱和，但此时空位是带负电的。同样，一个邻位原子也可以失去一个电子，从而使空位表现出带正电。

在典型的工艺条件下，半导体材料中的空位是非常稀少的，因此可以把每个可能的空位带电状态看成是独立的实体。这样，扩散系数就变成所有可能的扩散系数的总和，而且这些扩散系数要用它们存在的概率来加权。如果假设电荷俘获的概率是一个常数，那么带电空位的数量应正比于这个比值$\left[C(z)/n_i\right]^j$，其中 $C(z)$是载流子浓度，而 n_i是本征载流子浓度(参见图 3.4)，j 是带电状态的阶数。因此，空位模型中描述总扩散系数的最普遍的表达式可以表示为

$$D = D^0 + \frac{n}{n_i}D^- + \left[\frac{n}{n_i}\right]^2 D^{2-} + \left[\frac{n}{n_i}\right]^3 D^{3-} + \left[\frac{n}{n_i}\right]^4 D^{4-} + \frac{p}{n_i}D^+ + \left[\frac{p}{n_i}\right]^2 D^{2+} + \left[\frac{p}{n_i}\right]^3 D^{3+} + \left[\frac{p}{n_i}\right]^4 D^{4+} \tag{3.7}$$

半导体材料①中的本征载流子浓度可以通过下式求得[1]：

$$n_i(\text{cm}^{-3}) = n_{i0}T(\text{K})^{3/2}\text{e}^{-E_g/2kT} \tag{3.8}$$

式中，Si 的 $n_{i0} = 7.3\times10^{15}\ \text{cm}^{-3}$，而 GaAs 的 $n_{i0} = 4.2\times10^{14}\ \text{cm}^{-3}$。禁带宽度可以通过下式求得：

$$E_g = E_{g0} - \frac{\alpha T(\text{K})^2}{\beta + T(\text{K})} \tag{3.9}$$

式中，Si 的 E_{g0}、α 和 β 的值分别为 1.17 eV、0.000 473 eV/K 和 636 K；GaAs 的 E_{g0}、α 和 β 的值则分别为 1.52 eV、0.000 541 eV/K 和 204 K。图 3.4 所示为 Si 和 GaAs 晶体材料中的本征载流子浓度曲线。在重掺杂的情况下，禁带宽度变窄效应还会使硅的禁带宽度减小：

$$\Delta E_g = -7.1\times10^{-10}\ \text{eV}\sqrt{\frac{n(\text{cm}^{-3})}{T(\text{K})}} \tag{3.10}$$

对于高掺杂浓度的扩散（$C >> n_i$），电子或空穴的浓度就等于杂质浓度。对于低掺杂浓度的扩散（$C(z) << n_i$），$p \approx n \approx n_i$。当衬底材料中存在过量的自由电子时（即 N 型），式（3.7）中的正电荷项可以被忽略掉；而当衬底材料中存在过量的自由空穴时（即 P 型），式（3.7）中的负电荷项则可以被忽略掉。另外，式（3.7）中 3 次幂和 4 次幂的贡献通常都非常小，一般都被忽略掉。如果必须考虑带电空位的扩散，那么电子或空穴的浓度，以及它们的扩散系数，就是位置的函数。在这样的情况下，就不能再用式（3.5）那样的简单形式，而必须用数值方法来求解式（3.4）。

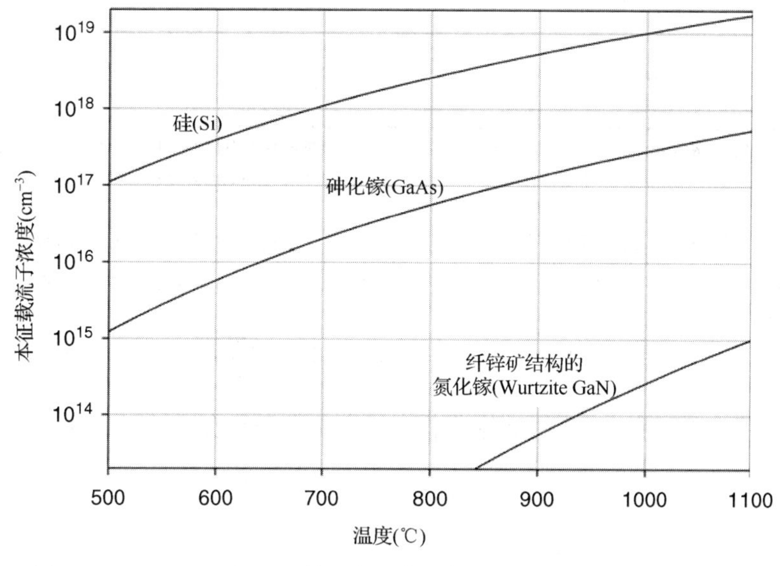

图 3.4　Si、GaAs 及 GaN 材料中的本征载流子浓度与温度的关系曲线

如果在扩散前后测出的杂质浓度分布都很低，则可以求出一个扩散系数。如果在几个不同的温度下重复这一过程，然后再画出扩散系数的对数值与温度（单位为 K）倒数之间的关系图，这样就可以得到一幅阿列尼乌斯（Arrhenius）曲线图。中性空位的扩散系数可以采用下面的公式来表示：

---

① 原文为硅，有误。——译者注

$$D^0 = D_o^0 e^{-E_a/kT} \tag{3.11}$$

式中，E_a 是中性空位的激活能，D_o^0 是一个与温度基本无关的系数，其数值主要取决于晶格振动的频率和晶格的几何结构。表 3.2 列出了一些常见杂质的激活能和指数项前面的系数值。有关其他更多杂质的数据可以参考 Jones 的著述[2]。值得注意的是，表 3.2 列出的决定硅中杂质扩散系数的所有中性空位的激活能都在 3.39 ~ 3.66 eV 之间。这比产生中性空位所需的激活能高出约 1 eV。这多出的能量就代表了图 3.3(B)中原子交换所需克服的有效势垒高度。

表 3.2 Si 和 GaAs 中常见杂质的扩散系数

		施主杂质						受主杂质	
		$D_o^=$	$E_a^=$	D_o^-	E_a^-	D_o	E_a	D_o^+	E_a^+
Si 中的 As	D			12.0	4.05	0.066	3.44		
Si 中的 P	D	44.0	4.37	4.4	4.0	3.9	3.66		
Si 中的 Sb	D			15.0	4.08	0.21	3.65		
Si 中的 B	A					0.037	3.46	0.41	3.46
Si 中的 Al	A					1.39	3.41	2480	4.2
Si 中的 Ga	A					0.37	3.39	28.5	3.92
GaAs 中的 S	D					0.019	2.6		
GaAs 中的 Se	D					3000	4.16		
GaAs 中的 Be	A					7×10^{-6}	1.2		
GaAs 中的 Ga	I					0.1	3.2		
GaAs 中的 As	I					0.7	5.6		
GaN 中的 Si	D					6.5×10^{-11}	0.89		
GaN 中的 Mg	A					2.8×10^{-7}	1.9		

表中 Si 和 GaAs 的数据引自 Runyan 和 Bean[3]及其引用的参考文献，GaN 的数据引自 Jakiela[4]及 Benzarti[5]。表中施主杂质用“D”表示，受主杂质用“A”表示，自填隙杂质用“I”表示。所有指数项前面系数的单位是 cm^2/s，激活能的单位是 eV(电子伏特)。

例 3.1 在假设砷的浓度远低于本征载流子浓度及假设砷的浓度为 1×10^{19} cm^{-3} 两种条件下，计算 1000℃时砷在硅中的扩散率。当 $T = 1273$ K，$kT = 0.110$ eV 时，有

$$D^0 = 0.066e^{\frac{-3.44}{0.110}} = 1.6\times10^{-15}\frac{cm^2}{s}$$

解答：根据图 3.4 和表 3.2，对于砷扩散必须考虑带一个负电荷的空位，因此

$$D^- = 12e^{\frac{-4.05}{0.110}} = 1.2\times10^{-15}\frac{cm^2}{s}$$

根据基本的半导体物理理论，可得

$$n = \frac{N_D}{2} + \sqrt{\left[\frac{N_D}{2}\right]^2 + n_i^2}$$

上式有两个极端情况，当 $N_D >> n_i$ 时，有 $n = N_D$；而当 $N_D << n_i$ 时，则有 $n = n_i$。在此例中，则有 $N_D << n_i$，因此

$$D = D^0 + D^- = 2.8\times10^{-15}\frac{cm^2}{s}$$

根据图 3.4，在 1000℃时，$n_i = 6.4\times10^{18}\ \text{cm}^{-3}$。因此，如果 $N_D = 1\times10^{19}\ \text{cm}^{-3}$，则有 $n = 1.31\times10^{19}\ \text{cm}^{-3}$，且有

$$D = 1.6\times10^{-15} + \frac{1.31\times10^{19}}{6.4\times10^{18}}1.2\times10^{-15} = 4.2\times10^{-15}\ \text{cm}^2/\text{s}$$

杂质在硅中扩散的第二个重要机制取决于硅自填隙原子的存在，这称为填隙扩散机制(如图 3.5 所示)。在这种扩散方式下，一个自填隙硅原子取代了杂质原子的位置，并把杂质原子推到一个填隙位置。杂质原子从该填隙位置迅速移动到另一个晶格位置，而该晶格位置上的硅原子则被移走并且变成了一个填隙原子。只有在存在空位扩散时才会发生填隙扩散。硼和磷这两种杂质都趋向于依靠这两种机制进行扩散。究竟哪一种扩散机制起主导地位则取决于工艺条件。从原则上讲，要想计算出这些杂质的有效扩散系数，就必须将这两种扩散方式都考虑进去。

一些杂质往往趋向于通过填隙位置快速扩散。有两种机制可能使这些杂质回到晶格位置，图 3.6 对这两种机制进行了描述。在 Frank-Turnbull 机制中填隙型杂质被一个空位俘获。在挤出机制中则是杂质原子取代了一个硅原子的晶格位置。这两种机制与填隙机制的不同之处在于它们不需要自填隙原子来推动扩散过程的进行。通过填隙机制进行扩散的杂质的特点是它们的填隙原子溶解度与替位原子溶解度之间的比例低。

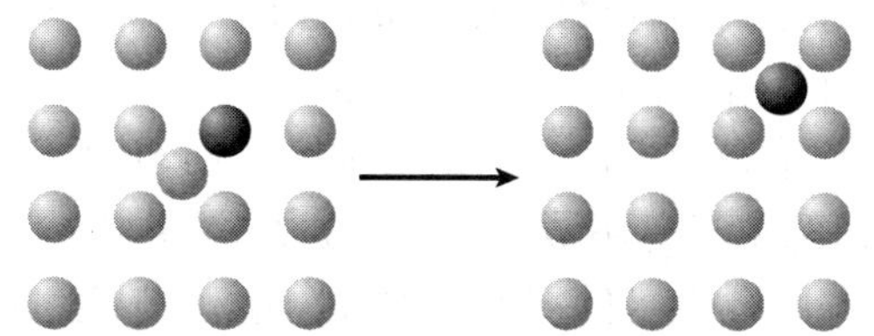

图 3.5 在填隙扩散中，一个填隙型硅原子取代了一个替位型杂质原子的位置，并将它推到一个填隙位置上。在杂质原子回到一个替位位置之前，它将从该填隙位置扩散一段距离

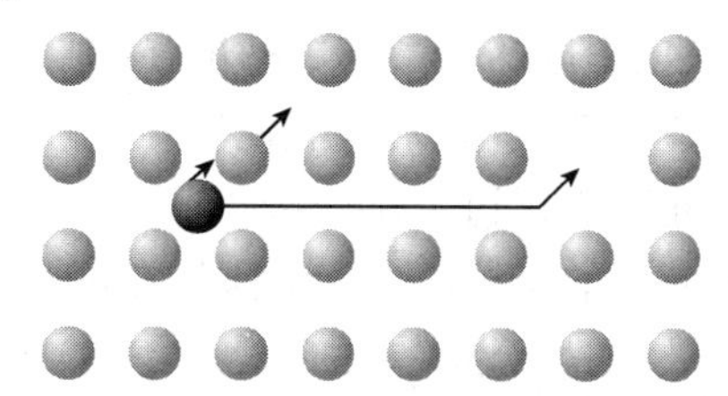

图 3.6 挤出机制(左)和 Frank-Turnbull 机制(右)

对于很多材料来说，其中的杂质扩散过程并没有得到很充分的认识，氮化镓材料就是这样的一个实例。通常认为 Mg 在氮化镓中的扩散是替位型的，但是相关的证据却明显不足。氮化镓晶圆片中存在的位错和晶粒边界等缺陷密度通常要远高于硅晶圆片和砷化镓晶圆片中的缺陷密度，因此氮化镓晶圆片中杂质沿着这些缺陷的扩散可能是主导因素，这也导致不同氮化镓晶圆片样品中的杂质扩散系数差别非常大。有鉴于此，我们在本章后面的内容中也就不再重点讨论氮化镓中的杂质扩散机理了。

尽管上述这些效应也可能是比较重要的，但是在本章中通过解析方法求解的例题和习题中，我们还是忽略了除空位交换模式外的上述这些效应，原因在于这些例题和习题多数都集中在硅材料上。表 3.2 中给出的参数是通过将式(3.7)与实验测试数据相拟合而推导出来的，但是这并不表明空位扩散就是各种杂质唯一的或者甚至是最重要的扩散机制，尽管这种扩散机制提供了一个估算各种不同条件下扩散分布的简便方法。

通过对比杂质在惰性气氛、氧化气氛和氮化气氛中的扩散实验，一定程度上揭示了各种杂质在硅材料中扩散的过程[6]。杂质在半导体中的扩散系数与空位的浓度有关。当半导体被氧

化时，在氧化物/半导体界面附近会产生高浓度的过剩填隙原子[7,8]。由于空位和填隙原子之间的复合，过剩填隙原子的浓度随深度而降低。在表面附近，这些填隙原子会提高硼和磷的扩散系数。因此，人们认为硼和磷主要通过填隙机制进行扩散。已经发现，砷的扩散率在氧化气氛中会降低。可以预料，过剩的填隙原子浓度会降低局部的空位浓度，因此，人们认为砷主要是通过空位机制进行扩散的，至少在氧化气氛中情况是这样的。另外在热氮化气氛中也同样可以进行这样的实验，尽管实际上很少采用这种工艺，因为它会造成高浓度的空位被注入衬底中。这些实验结果表现出与氧化气氛相反的趋势，从而证实了先前的结论。

为了能够预测在氧化气氛中进行扩散后的杂质分布，我们必须知道杂质在这些扩散条件下的扩散系数。注意，与高浓度扩散一样，此时的扩散系数也是位置的函数。因此，严格地说，式(3.5)不再适用。但是，对于一阶近似来说，dD/dz 比 dC/dz 要小，因此可以忽略 dD/dz。由于过剩的填隙原子浓度取决于氧化速率和复合速率，因此扩散系数一定是氧化速率的函数。已知对于在氧化气氛中的扩散，有

$$D = D_i + \Delta D \tag{3.12}$$

式中[9]，

$$\Delta D = \alpha \left[\frac{dt_{ox}}{dt} \right]^n \tag{3.13}$$

ΔD 是氧化引起的扩散系数的增强或阻滞部分。实验结果表明，指数 n 的值在 0.3 ~ 0.6 之间。α 的值既可为正值(对于氧化增强扩散)，也可为负值(对于氧化阻滞扩散)。

至此我们仅讨论了一维扩散。这种扩散假设晶圆片中横向的杂质浓度是均匀的，因此不会发生横向的净扩散。这个假设在扩散图形的边缘附近是不成立的，例如在进行 MOSFET 源漏区的扩散时，此时在靠近 MOSFET 栅下的部分区域将不仅有纵向扩散，而且也有横向扩散。我们一般假设横向扩散是均匀进行的。横向扩散会使得特征图形的边缘附近产生杂质的额外消耗，这也就会减小纵向结深。由于必须要在很小的空间范围内测量出较低的浓度杂质，因此横向扩散的杂质分布很难通过实验方法来验证，所以描述横向扩散的详细模型目前发展得并不太好。

3.3　费克定律的解析解

假设扩散系数是一个常数，费克第二定律就是一个简单的微分方程，它可以根据不同的边界条件来求解。实际上，人们所关心的杂质分布是相当复杂的，而扩散系数是一个常数的假设也是相当可疑的，因此必须要用数值方法来求式(3.5)的解。然而还是存在几组边界条件，从中可以求出上述方程的精确解。这些解可以用来帮助我们建立对扩散过程的一个基本理解，并作为实际杂质分布的粗略近似。

在任何大于零的时刻，当表面杂质源都是固定值的条件下，我们可以得到费克定律的一种类型解。这种扩散过程称为预淀积扩散，其满足的边界条件(一个是时间边界条件，两个是位置边界条件)分别为

$$C(z,0) = 0$$

$$C(0,t) = C_s \tag{3.14}$$

$$C(\infty,t)=0$$

对于这些边界条件，得到的解为

$$C(z,t)=C_s\,\text{erfc}\left(\frac{z}{2\sqrt{Dt}}\right),\qquad t>0 \tag{3.15}$$

式中，C_s是固定的表面浓度，erfc 是所谓的余误差函数。在附录 V 以及许多数学手册中都可以查表求得不同数值下的误差函数值 erf(x)，而余误差函数 erfc(x)=1 − erf(x)。$\sqrt{Dt}$ 是扩散方程解中的公共特征项，通常被称为特征扩散长度。

预淀积扩散的杂质剂量随着扩散时间而变化。为求出这个杂质剂量值，可以对杂质分布进行积分：

$$\begin{aligned}Q_T(t)&=\int_0^{\infty}C(z,t)\text{d}z\\&=\frac{2}{\sqrt{\pi}}C(0,t)\sqrt{Dt}\end{aligned} \tag{3.16}$$

剂量单位是单位面积内的杂质数量，通常写成 cm^{-2}。由于杂质分布深度一般小于 1 μm(10^{-4} cm)，因此一个 $10^{15}\ \text{cm}^{-2}$ 的剂量可以产生一个高掺杂浓度(大于 $10^{19}\ \text{cm}^{-3}$)。对于预淀积扩散，由于表面浓度固定，因此总的杂质剂量随扩散时间的平方根而增加。这里我们注意到预淀积扩散通常是受到杂质固溶度限制的，对于硅中常见的几种掺杂剂来说，其表面浓度一般都会超过本征载流子的浓度。因此载流子浓度效应是非常显著的，如果忽略重掺杂效应，利用式(3.16)计算得到的杂质剂量很大程度上低估了实际的杂质剂量。而另一方面，如果假设各处的掺杂浓度都等同于杂质的固溶度，则又会明显地高估杂质剂量。对此我们只能使用式(3.16)，并且要切记由此得到的是一个非常近似的结果。

费克定律的第二类解被称为推进扩散。在这种扩散中，将初始总量为 Q_T的杂质掺入到晶圆片中并进行扩散，其边界条件为 Q_T值是固定的。如果扩散长度远远大于初始杂质分布的宽度，则初始分布可以近似为一个δ函数，因此其边界条件可以表示为

$$\begin{gathered}C(z,0)=0,\qquad z\neq 0\\\frac{\text{d}C(0,t)}{\text{d}z}=0\\C(\infty,t)=0\\\int_0^{\infty}C(z,t)\text{d}z=Q_T=\text{常数}\end{gathered} \tag{3.17}$$

对于这些边界条件，费克第二定律的解是一个中心在 $z=0$ 处的高斯分布：

$$C(z,t)=\frac{Q_T}{\sqrt{\pi Dt}}\text{e}^{-z^2/4Dt},\qquad t>0 \tag{3.18}$$

表面浓度 C_s随着时间推移而不断降低，即

$$C_s=C(0,t)=\frac{Q_T}{\sqrt{\pi Dt}} \tag{3.19}$$

读者可以容易地证明，对于所有 $t\neq 0$ 的时刻，在 $x=0$ 处，dC/dx 等于零。图 3.7 展示了一个以 $\sqrt{Dt}$ 作为参变量的预淀积扩散和推进扩散的分布图。

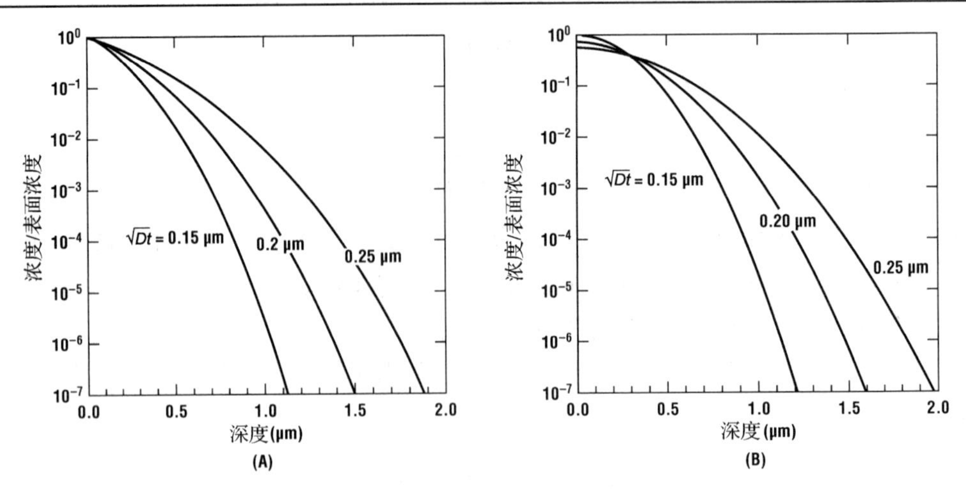

图 3.7 在几种不同的特征扩散长度下，(A)预淀积扩散和(B)推进扩散后杂质浓度与深度的关系曲线

采用这两种扩散的一种经典情况是先进行预淀积扩散，接着再做推进扩散。记住，推进扩散的边界条件之一是除表面外，其他任何地方的初始杂质浓度均为零。实际上，只要满足下面这个条件，推进扩散就是对这种情况的一个不错的近似：

$$\sqrt{Dt_{\text{预淀积扩散}}} << \sqrt{Dt_{\text{推进扩散}}} \tag{3.20}$$

现在假设在一个磷掺杂浓度均匀且为 C_B 的硅晶圆片中进行硼的扩散，并且假设 $C_s >> C_B$①。因而将存在某一个深度，此处的硼杂质浓度正好等于衬底中的磷掺杂浓度。由于硅中的硼是 P 型杂质，而磷是 N 型杂质，因此在这个深度位置就出现了一个 PN 结，此处的深度则被称为结深 x_j。如果是推进扩散，则可以根据式(3.18)求出结深 x_j：

$$x_j = \sqrt{4Dt\ln\left[\frac{Q_T}{C_B\sqrt{\pi Dt}}\right]} \tag{3.21}$$

如果是预淀积扩散，则可以根据式(3.15)求出结深 x_j：

$$x_j = 2\sqrt{Dt}\,\text{erfc}^{-1}\left[\frac{C_B}{C_s}\right] \tag{3.22}$$

例 3.2 将一块硅晶圆片加热到 1100℃，并通入高浓度的砷源维持 5 分钟，然后取出该晶圆片并将其表面做包封处理，再将其在 1200℃高温下退火 6 小时。假设杂质的扩散为本征扩散，且晶圆片的原始掺杂浓度为 P 型的 $1\times10^{15}\,\text{cm}^{-3}$，试求解：(a) Q_T；(b)最终的杂质分布；(c)杂质扩散形成的结深。

解答： 最初的砷扩散过程可以看作一个预淀积过程，由于题中缺少更多的信息，一个合理的假设是设定表面杂质浓度即为砷在硅中的固溶度，根据图 2.4 可得到 $C_s \approx 2\times10^{21}\,\text{cm}^{-3}$，因为题中假设杂质的扩散为本征扩散，再依据表 3.2，可以得到

$$D = 0.066\text{e}^{-3.44/kT} + 12.0\times1\times\text{e}^{-4.05/kT}$$

求解得到

①原书误为 $C_s \ll C_B$。——译者注

在 1100℃下，

$$D = 3.2 \times 10^{-14}\ \mathrm{cm^2/s}$$

在 1200℃下，

$$D = 2.8 \times 10^{-13}\ \mathrm{cm^2/s}$$

由此得到

$$(\sqrt{Dt})_{1100\,^\circ\mathrm{C}} = 0.031\ \mu\mathrm{m} << (\sqrt{Dt})_{1200^\circ\mathrm{C}} = 0.78\ \mu\mathrm{m}$$

因此可以采用 δ 近似。对于砷的预淀积过程：

(a) $Q_T = \dfrac{2}{\sqrt{\pi}} C(0,t)\sqrt{Dt} = 7 \times 10^{15}\ \mathrm{cm^{-2}}$

(b) 同样剂量的杂质经过推进扩散之后，形成的杂质分布为

$$C = \frac{Q_T}{\sqrt{\pi}\sqrt{Dt}} \mathrm{e}^{-z^2/4Dt}$$
$$= 5.1 \times 10^{19}\ \mathrm{cm^{-3}} \mathrm{e}^{-(z/1.6\ \mu\mathrm{m})^2}$$

(c) 最后可求出杂质扩散形成的结深为

$$X_J = \sqrt{4Dt \ln\left(\frac{Q_T}{C_{\mathrm{sub}}\sqrt{\pi Dt}}\right)} = 5.1\ \mu\mathrm{m}$$

3.4 常见杂质的扩散系数

本节将采用空位扩散模型和填隙扩散模型来描述扩散系数，这对于各种常见的杂质都是比较适合的。在这方面已经发表了数百篇研究各种常见杂质扩散特性的文献，详细的研究结果可以参见 *Defect and Diffusion Forum*（“缺陷与扩散论坛”）[10,11]上给出的总结。人们已经在很宽的浓度和温度范围内对于硼在硅中的扩散率进行了测量[12]。根据 Fair 空位模型，浓度在 $10^{20}\ \mathrm{cm^{-3}}$ 以下的测量数据都与本征扩散率一致，并且直到浓度达到 $10^{20}\ \mathrm{cm^{-3}}$ 为止，只有第一个带单个正电荷的空位项起作用。当浓度超过 $10^{20}\ \mathrm{cm^{-3}}$ 后，则并非所有的硼原子都能占据到晶格位置，有些硼原子必须处于填隙位置或凝结成团。人们发现，硼在晶体硅中的扩散率在这个浓度范围内急剧降低[13]，但是在非晶硅中硼杂质仍然具有很强的可动性[14]。尽管有些硼扩散的实验测试数据与空位扩散模型吻合得不错，填隙扩散机制在硼扩散过程中还是起着一个非常关键的作用[15]，也就是说硼扩散主要是通过填隙机制实现的[16]。图 3.8 展示了一个典型的高浓度硼扩散的分布图。

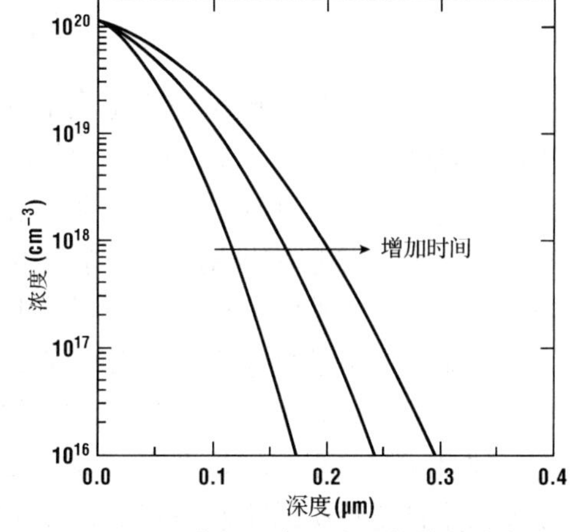

图 3.8 一个典型的高浓度硼扩散的分布图

砷在硅中通过中性空位和带单个负电荷的空位进行扩散。由于砷在硅中的扩散率相对比较低，因此砷经常被选作 N 型杂质以满足最小的杂质再分布要求。典型的例子就是 NMOS 晶

体管的源/漏区扩散和许多双极型晶体管的发射区扩散。低浓度和中等浓度砷的扩散率可以很好地用简单的本征扩散机制来描述。

高浓度下砷的扩散率显然与掺杂浓度有关。已经有证据表明砷会与空位相结合，也有可能是以 V-As_2 聚团的形式存在，而且这些效应都是与时间相关的[17]。无论是哪一种情况，所形成的扩散分布都与简单的恒定扩散率模型预测的结果截然不同。

当原子浓度超过 $10^{20}\ cm^{-3}$ 时，砷也容易形成填隙型的聚团，这会阻碍其导电性的热激活。这个效应也往往导致高浓度载流子扩散分布的顶部变得平缓。在高温退火过程中，聚团的浓度与替位型砷原子的浓度趋于达到一个热平衡。载流子浓度的峰值由下式给出：

$$C_{\max} = 1.9\times10^{22}\ \mathrm{cm}^{-3}\mathrm{e}^{-0.453/kT} \tag{3.23}$$

因此相对浓度由退火温度决定。通常人们认为，聚团是不会动的，而砷原子是一个个单独移动的。

磷的扩散比砷要快得多。尽管磷的扩散率较高，有助于降低 MOS 晶体管中的最高电场强度(参见第 16 章)，但磷在极大规模集成电路(ULSI)工艺技术中的应用主要局限于阱区和隔离区。为了介绍的完整性起见，这里仍将讨论高浓度的磷扩散分布。图 3.9 所示为一个高浓度磷扩散的典型分布图，该分布图包含三个区域：高浓度区、低浓度区和过渡区即“转折”区[18]。在靠近表面的地方，浓度基本上是恒定的。在一个早期比较有影响的模型中，人们认为这个区域内的扩散率由两个分量组成：D_i，代表中性的磷原子和中性空位交换的扩散率；$D_i^{=}$，代表带正电的磷离子对和带两个负电荷的空位组成的带一个负电荷的离子空位对 $(PV)^-$ 的扩散率：

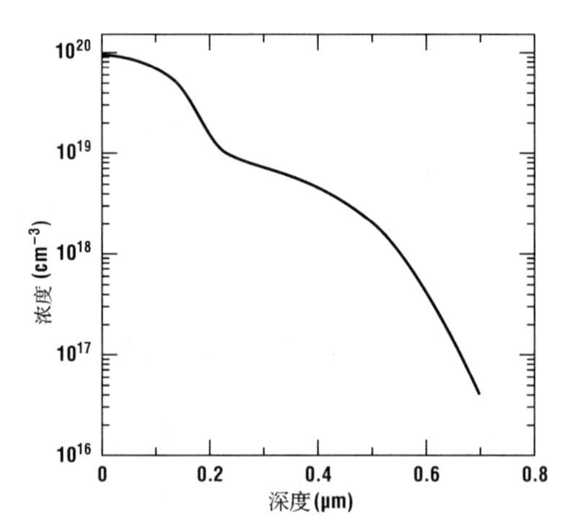

图 3.9　一个高浓度磷扩散的典型分布图

$$D_{\mathrm{Ph}} = D_i + D_i^{2-}\left[\frac{n}{n_i}\right]^2 \tag{3.24}$$

在转折区的附近，电子浓度急剧下降。此处大部分的离子空位对发生分解，然后未配对的磷离子继续往衬底中扩散。$(PV)^-$ 对的分解造成一个过剩的空位浓度，这也提高了尾部区的扩散率。近年来的一些研究工作表明，和硼类似，磷的填隙扩散机制也对其扩散率具有明显的影响[19]，其中自填隙机制决定了转折区的扩散特性，而磷的填隙原子则决定了尾部区的扩散特性。正是由于从空位扩散机制到挤出扩散机制的转换导致了上述过渡区中的转折。

对于某些光电器件应用，以及为了形成良好的欧姆接触，必须对 GaAs 材料进行重掺杂。杂质在 GaAs 材料中的扩散要比在硅中的扩散复杂得多，它不仅取决于空位和填隙原子的带电状态，而且还取决于空位是镓空位(V_{Ga})还是砷空位(V_{As})。表 3.1 给出了 GaAs 材料中几种常见杂质由中性空位扩散机制决定的扩散系数。本节将对 GaAs 材料中两种主要的掺杂剂，即锌和硅的扩散机制进行讨论。

锌是 GaAs 工艺中常用的 P 型掺杂剂。图 3.10 展示了温度为 600℃时，锌在 GaAs 中进行不同时间的预淀积扩散后形成的一组杂质分布图[20]。在低浓度区，杂质的扩散特性可以和简单的扩散率模型吻合。文献中给出的数据通常有很大的变化范围，其中在同一温度下的 D 值可能相差 6 个数量级[11]。在高浓度区，这些扩散分布表现出有一个宽的平台区和一个陡的指数式下降的尾部区。平台区的浓度受限于锌的固溶度。Weisberg 和 Blanc 提出的一个早期的锌扩散模型[21]包括两部分：第一部分是本章前面提到的标准的 Fair 空位模型；第二部分是 Frank-Turnbull 扩散，也称替位-填隙式 (SI) 扩散过程 (参见图 3.6)，这种扩散的速度要快得多。在 Frank-Turnbull 扩散中，锌原子以两种形式存在：一种是带正电的填隙型离子 Zn^+，它的浓度低、扩散快；另一种是替位型离子 Zn^-，它是通过中性空位交换进行扩散的，扩散速度慢得多。尽管填隙扩散过程中可能有带多重正电荷的离子参与，但是人们相信对扩散起主导作用的还是带单个电荷的离子。

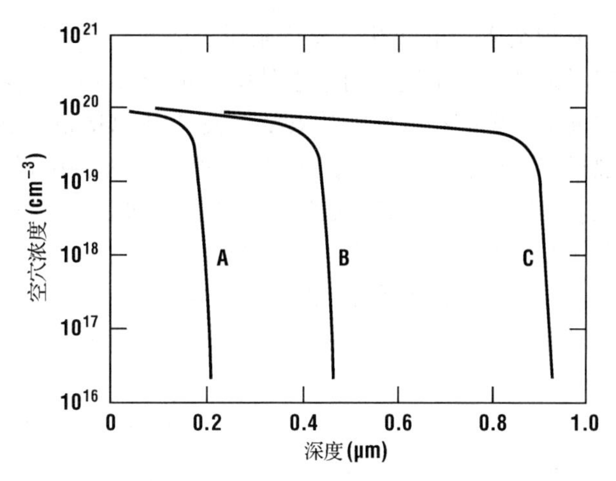

图 3.10　600℃条件下，锌在 GaAs 中进行 5 min、20 min 和 80 min 预淀积扩散后的杂质分布图(引自 Field 和 Ghandi，经 Electrochemical Society 许可使用)

这个模型中的 Zn^+ 扩散迅速，直到它遇到了一个镓空位 (V_{Ga}) 为止。Zn^+ 在此处被 V_{Ga} 俘获，失去两个空穴，从而变成 Zn^-，这使得它的扩散率明显降低。在高浓度扩散时，这一过程的结果是扩散率与杂质浓度有关，且扩散率可写成

$$D_{Zn} \approx AC_s^2 \tag{3.25}$$

式中，C_s 是替位型锌原子浓度，A 是一个常数[22]。因此，直到浓度开始降低之前，锌的扩散系数一直是大的。在浓度开始下降处，扩散率也降低，使杂质分布的边缘变得更陡。

这个模型不能解释在锌的扩散分布尾部区中常见的转折现象。Kahen[23]对此模型进行了修正，将镓空位的多重带电状态的可能性考虑进去。该模型还包括了在带负电的替位型锌离子与带正电的填隙型锌离子之间形成离子对的可能性。修正后的扩散机制大大降低了锌的扩散率。该模型可以在一个很宽的工艺条件范围内与锌扩散分布的转折现象很好地吻合(参见图 3.11)。

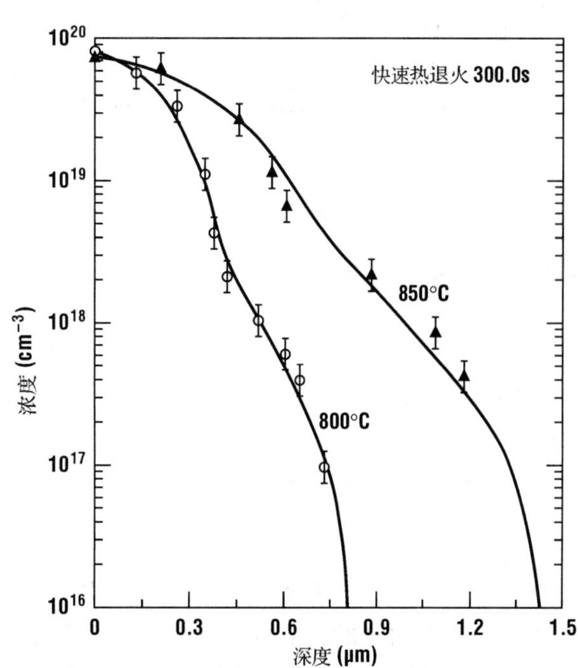

图 3.11　锌扩散的多重电荷模型与实验结果的比较(引自 Kahen，经 Materials Research Society 许可使用)

GaAs 材料中最常用的 N 型掺杂剂之一是硅。硅是一种 IV 族元素，根据它所占据的晶格位置，硅在 GaAs 材料中既可以

是 P 型杂质，也可以是 N 型杂质。因此，在两种晶格位置上的硅原子浓度之间的差值就是载流子浓度。当上述差值小于其中的单个分量时，我们就称这样的半导体是高度补偿的。在高浓度下，硅的扩散率和其浓度有关[24,25]。Greiner 和 Gibbons[24]提出了一个 Si_{Ga}-Si_{As} 原子对扩散模型，在这个模型中，相邻(类型相反)晶格位置上的一对杂质原子与一对相邻的空位交换位置。人们认为这一交换过程通过两个步骤进行。在这种扩散过程中，由于两种晶格位置上都被杂质原子占据，半导体可以是高度补偿的。因此，扩散率随着杂质浓度的增大而线性增加。

原子对扩散模型不能解释快速热退火条件下观察到的扩散结果(参见第 6 章)。另外，这个模型不能再现衬底掺杂对扩散分布的影响。最近 Yu 等人提出了一个更完整的、将电荷效应考虑进去的稳态模型[26]。在这个模型中，Si_{Ga^+} 原子通过与不带电的或带三个负电荷的镓空位交换位置而进行扩散。虽然 Si_{As^-} 原子的扩散机制尚不清楚，但是通常假定其与镓原子无关。该模型假设 Si_{Ga}-Si_{As} 原子耦合对是不动的。Kahen 等人将 Si_{Ga^+}/V_{Ga^-} 模型与实验数据进行拟合，也得到了好的结果，不过这是在不考虑衬底掺杂的条件下进行的[27]。另外还有一些模型指出带两个负电荷的镓空位也参与扩散过程，并且扩散系数 $D_{si} \propto (n/n_i)^2$[28]。图 3.12 展示了 Kahen 等人的研究结果。与这个模型相一致的是，Sudandi 和 Matsumoto 提出，在用 LEC 法制备的镓空位浓度低的富镓 GaAs 材料中，硅的扩散率明显降低[29]。

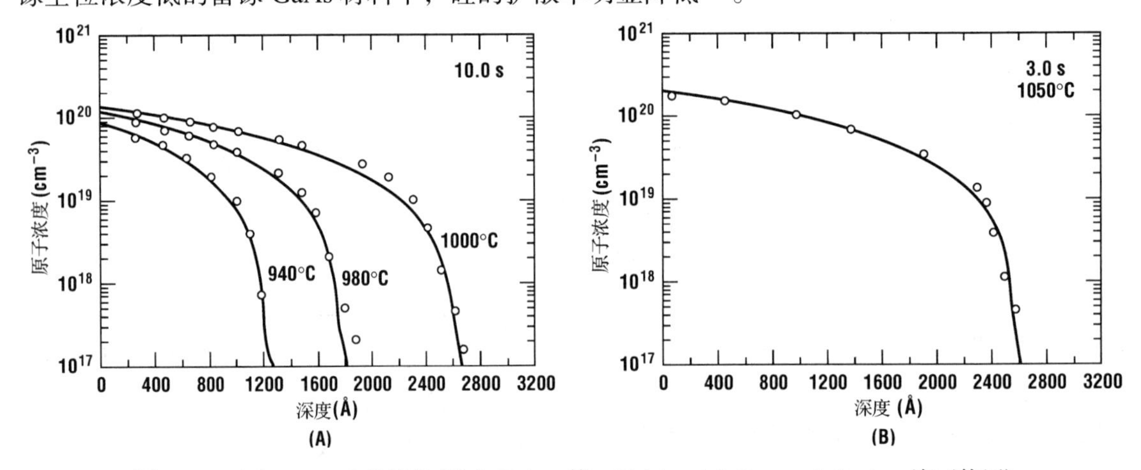

图 3.12 硅在 GaAs 中的扩散(引自 Kahen 等，经 Materials Research Society 许可使用)

3.5 扩散分布的分析

一旦杂质进行了扩散，就希望能够测量作为深度和横向位置函数的杂质浓度分布。获取深度方向浓度分布的方法有很多，但是获取横向的分布则要困难得多。获取有关杂质浓度分布信息最简单的方法是测量扩散区的薄层电阻。但是这种方法不能得到浓度的分布，而只能得到单一的薄层电阻数值：

$$R_s = \left[q \int \mu(C) C_e(z) \mathrm{d}z \right]^{-1} \tag{3.26}$$

式中，$C_e(z)$ 是载流子浓度，$\mu(C)$ 是与杂质浓度相关的载流子迁移率。R_s 被称为薄层电阻。正如第 1 章中所讨论的，R_s 的单位是欧姆每方(Ω/□)。薄层电阻的测量既简单又快捷，而且可以为工艺工程师提供有用的信息，如果已经知道薄层电阻的标准或目标值，则这个信息会特别有用。

可以用多种方法来测量薄层电阻，最简单的方法是采用四探针[参见图 3.13(A)]。四探针可以排成不同的几何形状，最常见的是排成一条直线。在这种排列方式下，在外面的两根探针之间通以电流，并在里面的两根探针之间测量电压。计算测量得到的电压降与所通电流之间的比值就可以得到薄层电阻。最后的结果还要乘上一个几何修正因子，这个因子通常和探针的排列形状以及探针间距与扩散区深度之间的比值有关[30,31]。对于排成直线的探针，当探针间距远远大于结深时，几何修正因子的值为 4.5325[32]。为了让薄层电阻测量方法可用于表征半导体中的扩散分布，扩散区下面的衬底必须是绝缘的，或者其电阻率必须比被测扩散层的电阻率大得多，或者在被测扩散层和衬底之间必须形成一个反偏的二极管。在最后一种情况下，如果探针上施加的力过大，探针就会穿透极浅的 PN 结。此外，薄层电阻测量中还要考虑到结附近的耗尽区的影响。

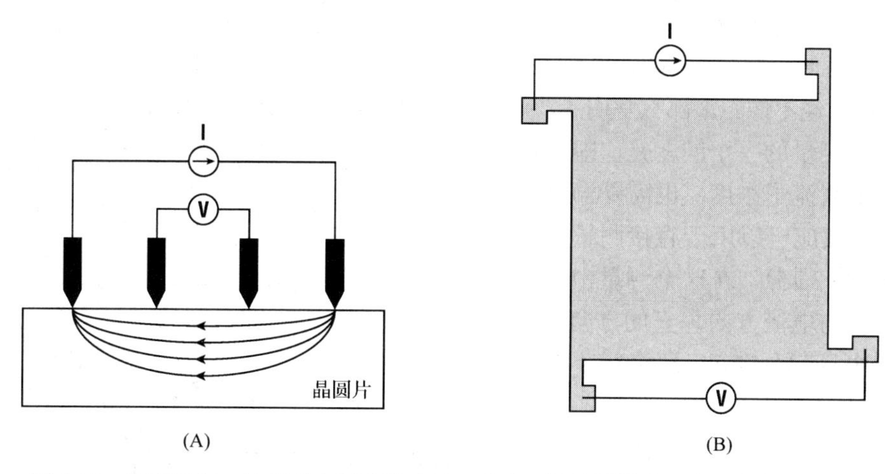

图 3.13　用于确定一块样品电阻率的方法：(A)四探针测量法；(B)范德堡测量法

测量薄层电阻的第二种方法是范德堡法[33]。这种测量方法也是通过接触样品边缘的四个位置进行的。在一对相邻的接触点之间通以电流，并在另一对相邻的接触点之间测量电压[参见图 3.13(B)]。为了提高测量精度，将探针接法旋转 90°，并按照这样的方法再重复测量三次。因此平均电阻可以通过下式计算：

$$R=\frac{1}{4}\left[\frac{V_{12}}{I_{34}}+\frac{V_{23}}{I_{41}}+\frac{V_{34}}{I_{12}}+\frac{V_{41}}{I_{23}}\right] \tag{3.27}$$

且有

$$R_s=\frac{\pi}{\ln 2}F(Q)R \tag{3.28}$$

式中，$F(Q)$是一个与探针排列形状相关的修正因子。对于一个正方形的探针排列，$F(Q)=1$。在这种测量方法中，必须非常仔细地测量样品的准确几何尺寸。如果采用了正方形样品，接触点就必须位于样品的四个侧壁上[34]。这可以通过将圆片划割成正方形小片，并在其四个侧面制作欧姆接触来实现；但更为常见的方法是通过光刻确定一个范德堡结构图形，并用氧化层隔离或 PN 结隔离来限制扩散区的几何形状。

薄层载流子浓度还可以和结深测量结合，以提供一个更加完整的对扩散分布的描述。对于比较深的扩散结，这一般是通过倾斜研磨圆片(参见扩展电阻测量)或在圆片表面用机械方法磨削出一个已知直径的凹槽来进行的。接着将圆片浸入一种染色溶液中(如图 3.14 所示)。溶液的腐蚀速率取决于载流子的类型和浓度。P 型硅在比例为 1∶3∶10 的氢氟酸(HF)∶硝酸(HNO_3)∶醋酸($C_2H_4O_2$)混合液中被腐蚀时会变黑。比例为 1∶1∶10 的 HF∶过氧化氢(H_2O_2):水的混合液可用于 GaAs 的染色腐蚀,在腐蚀过程中,样品要暴露于亮光下。染色腐蚀后,用一个具有带刻度目镜的光学显微镜来测量被染色区域的宽度。根据已知的斜边或凹槽的几何尺寸就可以计算出结深。精度和重复性的限制使得染色法不能用于小于 1 μm 的结深测量,因此这种方法现在已经不像原来那么常用了。

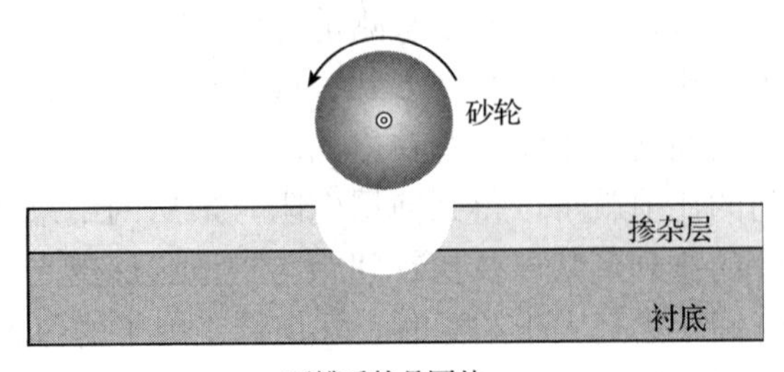

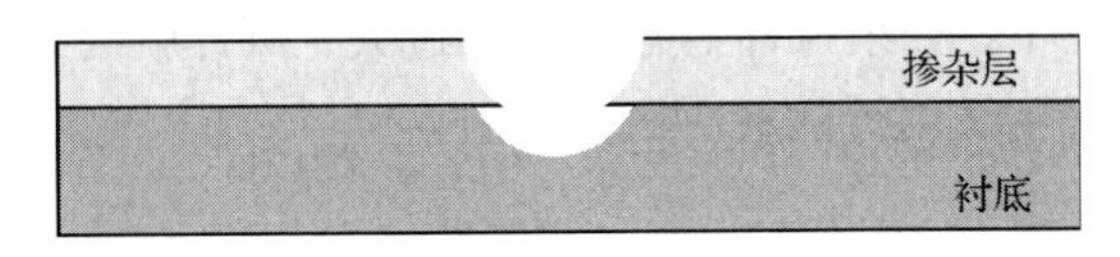

图 3.14 在结染色法中,用一个圆柱体在圆片上磨槽。然后用对掺杂敏感的腐蚀液去除顶层的一部分。通过已知的圆柱直径和测量下面被腐蚀的凹槽的宽度,就可以算出结深

薄层电阻测量的一个问题是,即使是为了计算一个总的载流子浓度,也需要知道迁移率的数值。霍尔效应可以用于直接测量总的载流子浓度(参见图 3.15)。在这个测量中,电流在扩散层中流过,并且在与电流方向垂直的方向上施加一个磁场。假设扩散层中只存在空穴,那么每个空穴上都会受到一个洛仑兹力:

$$\bar{F} = q\bar{v}x\bar{B} \tag{3.29}$$

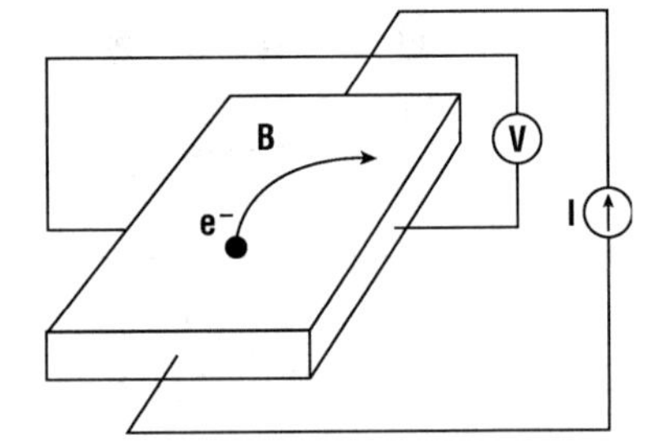

图 3.15 霍尔效应可以同时测量载流子的类型、迁移率和薄层浓度

此时空穴的运动方向将在洛仑兹力的作用下发生偏转,直到与电流方向和磁场方向都垂直的电场力分量与洛仑兹力相等时为止,即:

$$\mathscr{E}_y = v_x B_z \tag{3.30}$$

这个电场的建立就称为霍尔效应,其产生的电压称为霍尔电压:

$$V_h = v_x B_z w \tag{3.31}$$

式中,w 是扩散层的宽度。空穴的漂移速度与电流的关系可以通过下式得出:

$$v_x = \frac{I_x}{qwx_j\bar{C}_e} \tag{3.32}$$

式中,

$$\bar{C}_e = \frac{1}{x_j}\int_0^{x_j} C_e \mathrm{d}x \tag{3.33}$$

最后计算求得的总载流子浓度为

$$\int_0^{x_j} C_e \mathrm{d}x = x_j\bar{C}_e = \frac{I_x B_z}{qV_h} \text{①} \tag{3.34}$$

①原书此式中 B_z 为 B_x,有误。——译者注

如果用图 3.15 中的这四个接触点再进行一次范德堡测量，就可以用式(3.34)的结果来计算平均的霍尔迁移率。平均霍尔迁移率可以由下式给出：

$$\bar{\mu}=\frac{1}{qx_j\bar{C}_eR_s} \tag{3.35}$$

平均迁移率对于描述一个扩散分布的作用不大，但是在评价一个标称为均匀掺杂的外延层质量时，霍尔迁移率是经常用到的一个性能指标。

前面提到的各种测量技术都存在一个严重的问题，即它们只能够提供杂质分布的综合信息。有一些方法可以用来测量作为深度函数的载流子浓度。第一种方法利用了二极管(PN 结或肖特基二极管)或 MOS 电容的电容-电压特性。尽管 MOS 法被广泛使用，但由于其计算推导比较困难，并且需要一个可靠的具有低界面态密度的 Si/SiO_2 界面，因此这里将假设采用二极管法，而二极管法和 MOS 法是极为相似的。

假设二极管结构满足耗尽层近似。那么对于一个单边突变结或一个肖特基接触，耗尽层宽度可以由下式给出：

$$W=\sqrt{\frac{2\varepsilon(V_{\mathrm{bi}}+V)}{qN_{\mathrm{sub}}}} \tag{3.36}$$

式中，ε是半导体材料的介电常数，V_{bi}是二极管的内建电压，N_{sub}是衬底掺杂浓度，V是外加电压。二极管的电容可以表示为

$$C=\frac{A\varepsilon}{W}=\sqrt{\frac{A^2q\varepsilon N_{\mathrm{sub}}}{2(V+V_{\mathrm{bi}})}} \tag{3.37}$$

将上式对电压求微分，即可求出杂质浓度为

$$N_{\mathrm{sub}}(z)=\frac{8\left(V+V_{\mathrm{bi}}\right)^3}{A^2q\varepsilon}\left[\frac{\mathrm{d}C(z)}{\mathrm{d}V}\right]^2 \tag{3.38}$$

因此，为了测量衬底掺杂浓度，我们需要测量出作为外加电压函数的耗尽层电容，并求出其一阶微分值。对于每一个数据点，作为电压函数的杂质浓度可以由式(3.38)求出，而且该数据点对应的深度可以由式(3.36)求出。

C-V 方法有几个明显的缺点。首先是它不能测量出硅中浓度超过 $1\times10^{18}\ \mathrm{cm^{-3}}$ 的杂质分布。在那样的高杂质浓度下，半导体会发生简并，其性质更像是金属而不是半导体。第二个问题是，耗尽层边缘不是突变的，相反，它们在几个德拜长度内是缓变的，其中德拜长度为

$$L_D=\sqrt{\frac{\varepsilon kT}{q^2C_{\mathrm{sub}}}} \tag{3.39}$$

因此，载流子分布并不能很好地描述突变的杂质分布。最后，C-V 方法所能分析的深度受限于肖特基二极管的击穿电压或 MOS 电容的反型电压。

现在正在发展一些定量的二维分布测量技术，其中包括纳扩展电阻法和先进的对掺杂剂敏感的刻蚀系统。也许最有希望的测量技术是扫描电容显微技术(SCM)[35]。SCM 技术采用原子力显微镜在一个样品上扫描一个导电尖端。样品被劈开后通常把被测的边缘部分朝上放。导电尖端是用来测量反型层电容的。测量可以采用常规模式，也可以采用间歇模式[36]。测得

的电容数据可以很方便地转换为导电尖端下面的杂质浓度。典型的电容值小于 1 pF[37]。尽管校准很困难，但这种测量方法可以获得相当好的定量一致性。

另一种用电学方法测量载流子浓度分布的方法称为扩展电阻分布测量(spreading resistance profilometry)，它利用的是探针接触点附近电流聚集程度与局部载流子浓度之间的关系。图 3.16 展示的是一个典型的扩展电阻测量结果。首先，用磨削和抛光的方法将样品磨出一个小角度斜面。然后，将样品放在载片台上，一对探针以预先设定好的压力与样品表面接触。一般认为，探针的针尖将穿透半导体表面达几十埃的深度。电流聚集流入针尖，在两根探针之间形成一个有限的电阻。如果将这个电阻值与一个已知浓度的校准标准值进行比较，用已经开发出的一些方法就可以从电阻率反推出载流子的浓度分布[38]。这种技术可用于测量浓度范围为 $10^{13} \sim 10^{21}\ \mathrm{cm}^{-3}$ 的杂质分布。

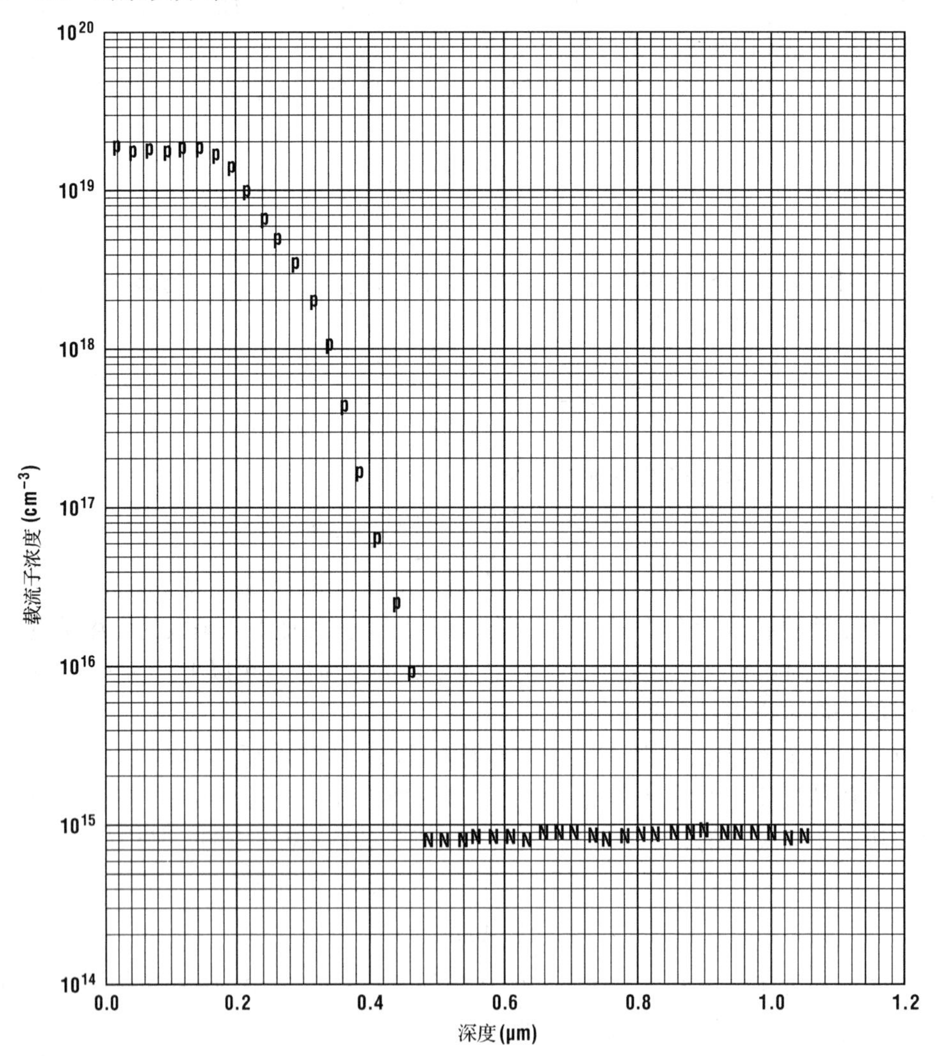

图 3.16 典型的显示被测载流子浓度与深度关系的扩展电阻测量曲线(经 Solecon Labs 许可使用)

扩展电阻测量技术存在三个主要的问题。测量结果严格取决于点接触的重复性。探针针尖必须小心调整[39]并且还要经常进行标准片的校准测量。因此，测量的精度取决于操作者的经验水平。商业化的实验室宣称，在大部分掺杂浓度范围内，该方法的测量准确度系数可以达到 2。扩展电阻测量的第二个问题是近表面测量。精确制作非常平坦的小角度(小于 0.5°)是困难的。而且，除非表面上方有一层绝缘层，否则判断表面从哪里开始也经常是一个问题。通常 50 nm 以下的测量结果一般被认为是不太可靠的。扩展电阻测量的最后一个问题是它可以测量的材料。样品被假设与校准标准片的性质接近(即具有相同的迁移率-掺杂浓度关系)，而这个假设未必总是成立的，特别是对化合物半导体而言。另外，GaAs 在近表面处有明显的能带弯曲现象，因此扩展电阻法一般不太适用于这类材料系统的测量。

人们还建立了各种电化学分布测量法[40]。其中包括用电化学法腐蚀晶圆片后测量电容和/或电阻率，然后再重复以上步骤。通过测量电容或电导率随着腐蚀时间的变化，就可以获得载流子浓度的分布。这些方法在 III-V 族化合物半导体的浓度分布电测技术中被广泛应用。

还有各种技术可以用于测量薄膜中的化学杂质浓度。但是为了用于计算半导体中的扩散杂质，测量技术必须至少对百万分之一的浓度敏感，而理想的敏感度应达到十亿分之一。这个要求目前只有一种流行的方法可以达到，即二次离子质谱法(SIMS)。

图 3.17 所示为一个典型的 SIMS 装置。待测的样品被装进测量仪器后，测量系统被抽到超高真空状态(通常约 1×10^{-9} Torr)。然后用一束能量在 1 ~ 5 keV 之间的离子束照射样品，高能离子撞击样品表面，破坏那里的晶格结构并通过被称为溅射的过程发射出材料(在第 12 章中将讨论溅射作为一种薄膜淀积工艺的应用)。一部分被溅出的材料被离化、收集并向着质谱仪做加速运动。无论正负离子都可以被质谱仪收集。这种装置可以工作在静态模式下，用一个慢的溅射速率来测量薄层中的不同元素。也可以提高溅射速率，从而可以测量出多种不同杂质浓度分布随着深度的变化情况。

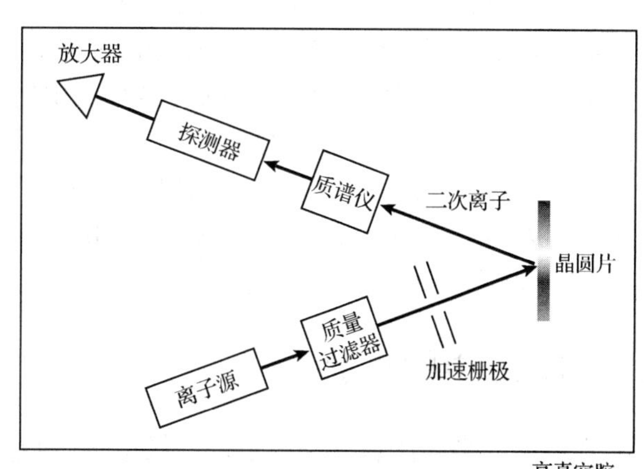

图 3.17　一个典型的 SIMS 装置图。样品被高能离子轰击。对被溅出的材料进行质量分析，以确定衬底的组分

如果对于某一入射离子和入射能量，衬底溅射速率是已知的，或在溅射结束后可以测量溅射速率，那么溅射计数与溅射时间的原始数据可以转换为计数与深度的关系。这一资料经常是在完成 SIMS 数据的收集后，再对被溅射的弧形坑深度进行测量来获取的。将计数数据转换为化学物质的浓度则要困难得多。溅射产额、收集效率、离化效率和探测器的灵敏度等都只能知道其大概值，而且每天和每批的值也都互不相同。目前最好的减少 SIMS 数据的实际方法就是，对于每种杂质，在样品被测量前和/或后立即进行一次校准样品的测量。由于离子注入后杂质分布的浓度和深度都知道得很清楚，因此经常使用注入后的样片作为校准样片(参见第 5 章的介绍)。即使采用了上面这个方法，SIMS 所能达到的最好的准确度因子也只有 2 左右。

根据所使用的仪器和技术不同，SIMS 的灵敏度变化很大。早期的 SIMS 系统采用 Ar^+离子束。对于在微电子应用领域有意义的大多数杂质来说，Ar^+离子束的离化效率比较低，而反应离子束诸如铯和氧离子束的灵敏度则可以提高几个数量级。另外，用于优化产生正离子的条件一般对那些倾向产生负离子的杂质不敏感。为获得对现有杂质的完整资料，必须至少进行两次 SIMS 测量。表 3.3 列出了在最优条件下，预计商业化的实验室所能达到的灵敏度。

表 3.3　典型的商用 SIMS 装置在单晶半导体样片中所能检测到的浓度极限

杂　质	离子束	导电类型	检测极限
Si 中的 B	O_2	+	$1\times10^{14}\sim5\times10^{14}\ cm^{-3}$
Si 中的 As	C_S	−	$5\times10^{14}\ cm^{-3}$
Si 中的 P	C_S	−	$1\times10^{15}\ cm^{-3}$
Si 中的 O	C_S	−	$1\times10^{17}\ cm^{-3}$
Si 中的 C	C_S	−	$1\times10^{16}\ cm^{-3}$
GaAs 中的 Si	C_S	−	$1\times10^{15}\ cm^{-3}$
GaAs 中的 Mg	O_2	+	$1\times10^{14}\ cm^{-3}$
GaAs 中的 Be	O_2	+	$5\times10^{14}\ cm^{-3}$
GaAs 中的 O	C_S	−	$1\times10^{17}\ cm^{-3}$
GaAs 中的 C	C_S	−	$5\times10^{15}\ cm^{-3}$

数据经 Mr. Charles McGee, Charles Evans 及 Associates 许可使用。

SIMS 分析方法存在的两个问题是获取这样一个浓度分布所需花费的时间和成本。测量时样品必须被抽到高真空状态。由于在分析过程中，样品必须被溅射出来，因此数据采集受限于溅射腐蚀速率。测量厚度超过 1 μm 的样品中的杂质分布可能就要花费 4 ~ 8 小时。突变的界面，特别是当它们是埋层的情况下，也难以测量。在同一时间内被溅射腐蚀的并非是样品中的同一原子层，相反，样品在溅射腐蚀过程中会变得越来越不平坦。加上撞击效应的影响，也就是入射离子使杂质再分布的趋势，使得陡峭杂质分布的分析被大打折扣。尽管如此，SIMS 仍然是一种广泛应用的强有力的工具。

3.6　SiO_2 中的扩散

在早期的半导体制造技术中，二氧化硅(SiO_2)经常被用作离子注入的掩蔽膜。而在目前的制造技术中，二氧化硅则通常是用作绝缘层的。二氧化硅是一种宽禁带的绝缘材料，而不是半导体材料，因此和硅材料不同的是，人们一般认为当二氧化硅薄膜中含有百万分之一(ppm)量级的杂质时，它不会对二氧化硅薄膜的特性带来什么影响。因而人们对各种杂质在二氧化硅中的扩散现象也就没有进行非常深入的研究。已经开展的研究工作通常主要包括：某种杂质在厚的二氧化硅薄膜中的离子注入情况、再经过热退火之后的杂质分布以及杂质分布化学组分的测量，另外还有杂质在二氧化硅中扩散系数的推导等。在典型情况下这些数据都是在几个不同温度下获得的，以便从中可以提取出杂质的激活能。反映这方面研究工作的经典文献是 Ghezzo 和 Brown 的文章[41]，他们对多种较早期的文献进行了总结，这些文献主要是在 20 世纪 60 年代发表的。在这些文献之间，特别是在 D_o 的数值方面，几乎没有多少相互一致的地方。表 3.4 列出了从这篇总结中摘录的一些有代表性的数据。

表 3.4　各种杂质在 SiO_2 中的扩散率

元　素	$D_o(cm^2/s)$	$E_a(eV)$	$C_s(cm^{-3})$	杂质源
B	3×10^{-4}	3.53	$<3\times10^{20}$	硼硅酸盐
P	0.19	4.03	$8\times10^{17}\sim8\times10^{19}$	磷硅酸盐
As	250	4.90	$1\times10^{19}\sim6\times10^{19}$	砷硅酸盐
Sb	1.31×10^{16}	8.75	5×10^{19}	Sb_2O_5 蒸气

B 和 P 的数据引自 Ghezzo 和 Brown[41]。

近年来各种杂质在二氧化硅中的扩散逐渐成为人们特别感兴趣的一个主题，这主要是因为MOS晶体管中的栅电极通常都是采用重掺杂的多晶硅来制备的，详细工艺可以参考第16章的介绍。一般而言，NMOS器件的多晶硅栅采用磷掺杂，而PMOS器件的多晶硅栅则采用硼掺杂。为了尽量提高器件的性能，多晶硅栅电极通常都尽可能进行重掺杂。而且多晶硅中的晶粒边界会使得其中的杂质快速扩散到多晶硅与二氧化硅的界面处。由于当前最新一代MOS器件的栅氧化层厚度只有2 nm甚至更薄，这就意味着二氧化硅栅介质中存在着巨大的杂质浓度梯度。而一旦这些杂质扩散穿透过栅氧化层之后就会引起器件阈值电压的漂移，同时也会改变二氧化硅层的某些特性，特别是与栅氧化层中电荷俘获以及器件可靠性方面的特性[42]。通常人们把这种效应称为硼(或磷)穿透效应。

硼穿透效应目前已经得到了深入的研究，它也是小尺寸CMOS器件中引起人们特别关注的主要问题。已有研究结果认为硼在二氧化硅中是以代替硅原子位置的形式进行扩散的[43]。业已发现当杂质以扩散方式通过薄的栅氧化层时，它们的扩散系数要比注入厚的二氧化硅层中的硼离子的扩散系数大得多，该效应是与多晶硅栅电极中高浓度的硼掺杂相关的，它会导致实际工艺条件下硼在栅氧化层中的扩散系数增大10倍。已经观察到硼在栅氧化层中的扩散率的前项因子和激活能分别为0.18 cm^2/s和3.82 eV[44]。硼在硅和二氧化硅之间的分凝效应(参见第4章)还会进一步提高硼在氧化层中的浓度，通常会增大几个百分点。高浓度的硼会导致氧化层的软化，从而使得硼在其中的扩散率增大[45]。高浓度硼杂质扩散率的增大进一步导致硼在靠近栅电极处的不断流入，并形成一个类似于砷在硅材料中的分布。Uematsu还曾经提出硅界面处也是溶解SiO的一个来源，它会通过缓慢扩散进入到氧化层中，从而也会增大硼在其中的扩散率[46]。

一般认为，与硼在二氧化硅中的扩散相比，磷在二氧化硅中的扩散则并不是一个太严重的问题，但是人们对此也做了深入的研究[47]。有研究证据表明，磷以间隙原子P_2的形式溶解到二氧化硅中，通过替换硅原子的位置变成代位型杂质，然后再在硅原子的格点上进行代位式扩散[48]。

已经发现这些杂质在二氧化硅中的扩散受到二氧化硅中高浓度(大于1%)杂质的影响。特别是当二氧化硅中含有氟原子时，无论是硼还是磷在其中的扩散率都会增大。对于硼来说，这种增大可能会达到一个数量级[49]。氢原子的存在也会增大硼的扩散率。但是从实际工艺技术的角度而言，人们更感兴趣的则是那些能够减小杂质扩散的杂质。已经发现氮元素在阻止杂质扩散方面具有特别的效果[50]。现在普遍认为硼和磷的代位式扩散要求对二氧化硅中原子之间的局部化学键结构进行重新调整，从硅原子与最近邻的四个氧原子形成共价键调整为硼原子或磷原子与最近邻的三个氧原子形成共价键，并与第四个氧原子形成双键。而氮元素的存在则被认为会阻碍这种局部化学键结构的重新调整[51]。随着栅氧化层厚度的减薄，阻止杂质扩散所需的氮原子浓度将增大。对于栅氧化层厚度只有大约1.5 nm的超深亚微米(沟道长度小于100 nm)器件来说，可能需要将其中的氮原子浓度增大到10%左右，而且这些氮原子还应尽量靠近多晶硅栅电极，这样才能既阻挡硼原子扩散到栅氧化层中，又尽可能使其远离下面的硅与二氧化硅界面处，否则就可能会使硅与二氧化硅界面的电学特性发生退化。

例3.3 假设本教材中给出的有关硼在二氧化硅中扩散率的数值是一个合理的近似，如果硼在一个2 nm厚的二氧化硅表面具有10^{21} cm^{-3}的浓度，试求出在经历1 min 1000℃的高温退火过程中硼穿透过二氧化硅层进入衬底材料中的流量。

解答：利用费克第一定律可得到

$$J = -D\frac{\mathrm{d}c}{\mathrm{d}x} \approx D\frac{10^{21}-0}{2\ \mathrm{nm}}$$

由教材中给出的数据可得到

$$D = 0.18\frac{\mathrm{cm}^2}{s}\mathrm{e}^{-3.82/kT} = 1.4\times10^{-16}\frac{\mathrm{cm}^2}{s}$$

对于 1 min 的高温退火过程，

$$Q_T = J\times 60\ \mathrm{s} = 1.4\times10^{-16}\frac{\mathrm{cm}^2}{s}\times 5\times10^{27}\,\mathrm{cm}^{-4}\times 60\ \mathrm{s}$$

$$Q_T = 4\times10^{13}\ \mathrm{cm}^{-2}$$

这个剂量已经非常可观了，它很容易使得器件的特性发生漂移。

3.7 扩散分布的数值模拟

读者可能已经发现，在计算扩散分布时会遇到几个难点，比如与浓度相关的扩散率等，这些难点使得除了最简单的例子，我们很难对所有的扩散过程给出解析的计算结果。针对这些情况，各种数值方法已被开发出来以预测一维、二维和三维空间内的扩散分布。这些数值计算的结果通常可以链接到器件模拟程序上，这样就可以直观地预测杂质分布的改变给器件特性带来的影响。如果模拟结果是准确的，那么器件设计人员就可以用少得多的工艺制造批次来优化器件性能并检验工艺的敏感度，从而可以大大节约工艺开发的成本和时间。

虽然有一些公司已经开发出了其专用的模拟软件，但是计算杂质分布最流行的软件包之一还是斯坦福大学开发的工艺工程模块(SUPREM)。SUPREM III 可以对一维空间的杂质分布进行详细的计算，而 SUPREM IV 则可以对二维空间的杂质分布进行计算。这些程序的输出结果是化学元素杂质、载流子以及空位的浓度与半导体内深度的函数关系。

但是在开始讨论之前，有一点必须引起注意，这就是学生们往往会认为这些模拟程序给出的计算结果是绝对正确的。当然这个看法肯定是不对的。模拟程序的预测结果取决于其采用的模型和数值计算方法。实际上，必须严格检查这些模型中所使用的参数，以保证模拟结果的准确度。这些模拟程序也应当被看作是一些计算工具，其作用就是让工艺工程师可以运用那些更为复杂的扩散模型，当然这些模型也更加符合实际，并且经常(但并不总是)可以给出相当准确的模拟结果。

所有的扩散工艺模拟程序都建立在三个基本方程的基础之上。在一维情况下这三个基本方程分别是：(1)粒子流密度方程：

$$J_i = -D_i\frac{\mathrm{d}C_i}{\mathrm{d}x} + Z_i\mu_i C_i\mathscr{E}^{①} \tag{3.40}$$

① 原文的公式中缺少 $\mathscr{E}$，有误。——译者注

式中，Z_i是荷电状态，μ_i是杂质的迁移率；(2)连续性方程：

$$\frac{\mathrm{d}C_i}{\mathrm{d}t}+\frac{\mathrm{d}J_i}{\mathrm{d}x}=G_i \tag{3.41}$$

式中，G_i是杂质的产生复合速率；(3)泊松方程：

$$\frac{\mathrm{d}}{\mathrm{d}x}[\varepsilon\mathscr{E}]=q(p-n+N_D^+-N_A^-) \tag{3.42}$$

式中，ε是介电常数，n和p分别是电子浓度和空穴浓度，N_D^+和N_A^-分别是离化的施主杂质浓度和离化的受主杂质浓度。依据用户定义好的一维网格，模拟程序可以同时求解以上这三个方程。

SUPREM 中所使用的扩散率是建立在 Fair 的空位模型基础上的。扩散率的数值可以用式(3.7)来计算。对于硅中的硼、锑和砷等杂质，它们的E_a和D_o值已经包含在软件的查找表中。最后，模拟程序中还加入了考虑到场辅助扩散、氧化增强扩散和氧化阻滞扩散等效应的经验模型。

本书中给出的例题将统一使用一组称为 ATHENA 的程序包软件来完成，该程序包软件是由 Silvaco 公司在市场上推广销售的。之所以选择这个程序包软件是基于以下几点考虑：(1) Silvaco 公司的程序包软件是部分地建立在斯坦福大学的 SUPREM IV 软件基础上的，而 SUPREM IV 软件则是具有非常悠久且辉煌的发展史的；(2) Silvaco 公司的程序包软件目前是工业界广泛使用的 TCAD(工艺技术计算机自动化设计)工具；(3) Silvaco 公司对于教育界使用其软件给予非常大的折扣优惠，而且其用于教学版本的软件在普通的个人计算机上就可以很好地运行。

要运行上述软件程序，必须首先提供一个输入文件(参见例 3.4)。这个文件包含一系列的注释语句、初始化语句、材料语句、工艺语句和输出语句。该输入文件可以通过程序生成器来编辑产生。输入文件的开始是标题行，标题行就是在输出文件的每一页上都重复出现的一个简单注释。标题行后面可能跟着几行注释行。通常鼓励用户利用这几个注释行来说明工艺流程。

接下来的一组语句行将设定模拟网格。由于我们仅对垂直方向的杂质分布感兴趣，因此在水平方向可以采用非常粗糙的网格设置(即采用几个 line x命令语句来实现)，这样可以大大节省模拟计算所需的时间。然后需要设置硅晶圆片的衬底掺杂浓度，以便能够确定结深。随后的调整(adapt)命令语句则可以使得模拟软件能够根据实际的掺杂分布来调节网格的设置情况。接下来要调用扩散(diffuse)命令语句，并通过指定其中的 c.phos 参数来设定硅晶圆片表面磷掺杂的浓度。由于上述命令语句中对扩散的气氛并没有特别说明，因此可以假设其是在惰性气体中进行的。一旦扩散工艺步骤完成之后，该模拟软件就可以将包括结深和薄层电阻等参数在内的有关杂质分布的物理参数和电学参数提取出来。对于这些命令语句来说，我们需要提取的是最先出现的硅材料(在此例中也是唯一的材料)上表面区域的薄层电阻，即通过扩散工艺进行 N 型掺杂区域的薄层电阻。最后将模拟结果保存，并调用后处理软件 Tonyplot 来处理数值模拟的结果。

例 3.4 应用 Silvaco 公司的 Athena 模拟软件来建立一个准一维的模拟网格，并完成一个固态磷源的预淀积扩散工艺模拟。

解答：

```
go athena
#TITLE: Solid Source Phosphorus Diffusion Example 3.2

line x loc=0.0       spacing=0.02
line x loc=0.2       spacing=0.02
line y loc=0.0       spacing=0.02
line y loc=0.1       spacing=0.02
line y loc=0.4       spacing=0.04
line y loc=0.8       spacing=0.06
line y loc=1.5       spacing=0.10

init c.boron=3e14
method adapt

# Diffuse Phosphorus
diffuse time=60 temp=1000 c.phos=1e20

# extract junction depth
extract name="xj" xj material="Silicon" mat.occno=1
x.val=0.1 junc.occno=1

# extract 1D electrical parameters
extract name="sheet_rho" n.sheet.res material="Silicon"
mat.occno=1 x.val=0.1 region.occno=1

# Save and plot the final structure
structure outfile=ex3_4.str
tonyplot
```

在运行了 Athena 模拟软件之后，可以得到如下结果：

```
EXTRACT> extract name="xj" xj material="Silicon"
mat.occno=1 x.val=0.1 junc.occno=1
xj=0.566734 um from top of first Silicon layer X.val=0.1
EXTRACT> #extract 1D electrical parameters
EXTRACT> extract name="sheet_rho" n.sheet.res
material="Silicon" mat.occno=1 x.val=0.1 region.occno=1
sheet_rho=36.7657 ohm/square X.val=0.1
```

通过后处理软件 Tonyplot 得到的结果如图 3.18 所示，该软件还可以用来放大图示的曲线或显示三维的等高线，当然对于此例所模拟的结构来说，则没有太大的必要。

例 3.5 预淀积扩散及随后的推进。

```
go athena
#TITLE: Phosphorus Predep Followed by Drive-in Diffusion
```

```
Example 3.3

line x loc=0.0        spacing=0.02
line x loc=0.2        spacing=0.02
line y loc=0.0        spacing=0.02
line y loc=0.1        spacing=0.02
line y loc=0.4        spacing=0.04
line y loc=0.8        spacing=0.06
line y loc=1.5        spacing=0.10

init c.boron=3e14
method adapt

# Diffuse Phosphorus
diffuse time=60 temp=1000
        c.phos=1e20
```

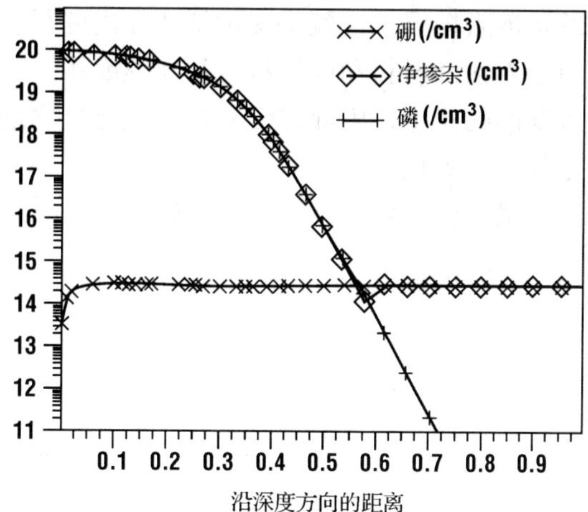

图 3.18　完成磷推进后的杂质浓度随深度的变化关系

```
#          Grow pad oxide, 400A.
Diffuse      Temperature=1000  Time=17  DryO2

#          Deposit  800A  of  CVD  Nitride.
Deposit      Nitride  Thickness=.0800  Spaces=15

#          Perform drive-in diffusion
Diffuse      Temperature=1000  Time=180

# extract junction depth and nitride and oxide thickness
extract name="xj" xj material="Silicon" mat.occno=1
x.val=0.1 junc.occno=1
extract name="tox" thickness material="oxide" mat.occno=1
y.val=0.1

# extract 1D electrical parameters
extract name="sheet_rho" n.sheet.res material="Silicon"
mat.occno=1 x.val=0.1 region.occno=1

# Save and plot the final structure
structure outfile=ex3_3.str
tonyplot
quit
```

在上述简单的磷源预淀积(如例 3.4 所示)工艺之后，又进行了一次稍稍复杂一点的工艺处理过程，如例 3.5 所示，即在预淀积之后又进行了一次杂质的推进扩散。值得注意的是，在这里我们通过增加一层薄的氮化硅层来实现硅晶圆片表面的密封，这对于杂质的推进扩散工艺过程来说是十分必要的。正如在本书后续的章节中将会讨论的那样，氮化硅材料是一种很好的扩散阻挡层，也就是说包括磷在内的很多材料在氮化硅中都具有非常低的扩散系数。另外由于氮化硅材料和硅材料之间在热膨胀系数上存在的失配，可能会在后续的热循环过程中导致缺陷的产生，因此在淀积这层氮化硅之前，从实用的角度考虑，还需要在硅晶圆片的表面生长一层氧化层。

最后模拟仿真得到的结果如下：

```
    EXTRACT>extract name="xj" xj material="Silicon"mat.occno=1 x.val=0.1 junc.
occno=1
    xj=1.15156 um from top of first
    Silicon layer X.val=0.1
    EXTRACT> extract name="tox" thickness material="oxide" mat.occno=1 y.val=0.1
    tox=402.545 angstroms (0.0402545 um) Y.val=0.1
    EXTRACT> #extract 1D electrical parameters
    EXTRACT> extract name="sheet_rho" n.sheet.res
    material="Silicon" mat.occno=1 x.val=0.1 region.occno=1
    sheet_rho=35.1746 ohm/square X.val=0.1
```

我们从上述模拟结果中可以看到，杂质浓度分布更类似于一个余误差函数的分布形式，而不是高斯分布形式，并且由于热循环过程的加大，杂质扩散的结深也变得更深一些。薄层电阻没有发生太大的变化，因为大多数杂质在预淀积工艺过程中就已经得到了激活。

3.8 小结

本章回顾了扩散的物理机制并介绍了描述扩散过程中各物理量之间关系的费克定律。给出了分别针对推进扩散和预淀积扩散的两组特定解。介绍了扩散的原子模型和重掺杂效应。本章还详细讨论了多种常用杂质的扩散细节。在高掺杂浓度下，扩散系数不再是常数，而是常常取决于局部掺杂浓度和浓度梯度。本章最后还介绍了一个数值模拟的计算工具，它可以使学生在这些非线性效应存在的条件下计算出杂质的分布。

习题

(除非特别说明，所有习题都假设扩散率近似等于本征扩散率。)

1. 假设你被要求去测量一种施主杂质在一种新的元素半导体材料中的扩散率。你需要测量哪些常数？你需要做哪些实验？讨论你在测量化学杂质分布和载流子分布时所需采用的测量技术。你可能会遇到哪些问题？
2. 利用表 3.2 中的三个数值(D_i, D_-和 $D^=$)画出 700℃ ~ 1100℃温度范围内磷的扩散率与温度之间的半对数曲线。假设磷的浓度为 10^{19} cm^{-3}。
3. 利用包括电荷效应的 Fair 空位模型，计算 1000℃时砷在硅中的扩散率，砷的掺杂浓度分别为

   (a) 1×10^{15} cm^{-3}

(b) 1×10^{21} cm^{-3}

提示：在这两种掺杂浓度条件下，载流子的浓度(n)都不等于掺杂浓度(C)。

4. 本章末讨论的高掺杂浓度效应之一是应力效应。举例来说，砷原子比硅原子大得多。当高浓度的砷进入硅晶格时就会产生应变。请定性地讨论这个应变如何影响扩散率。
5. 先进的 GaAs 器件制造技术中采用δ掺杂工艺来提高栅电极的肖特基势垒高度，这样可以减小栅电极的漏电流。δ掺杂就是直接在栅电极和 GaAs 之间淀积一层单原子层的 P 型杂质。假设杂质为铍且表面原子总量为 1.5×10^{15} cm^{-2}。制作好栅图形后，源/漏区要在 800℃下退火 10 min 以激活杂质。(a) 如果栅材料阻挡了晶圆片内杂质的任何外扩散，利用一阶扩散理论来计算扩散结深，假设沟道区为 1×10^{17} cm^{-3} 的 N 型掺杂。(b) Be 的表面浓度是多少？(c) 画出用这个简单模型计算的杂质分布，以及实际扩散可能造成的分布。简要列出两者之间存在差异的两个原因。
6. 一块硅晶圆片的表面有一个均匀掺硼的区域，该区域中硼的掺杂浓度为 10^{18} cm^{-3}，该掺杂区域的厚度为 20 Å (1 Å = 10^{-4} μm = 10^{-8} cm)。整个硅晶圆片(包括表面掺硼区域在内)还均匀掺有 10^{15} cm^{-3} 浓度的砷。将该硅晶圆片表面密封并将其加热到 1000℃进行 30 min 的退火处理，假设杂质的扩散过程为本征扩散。

   (a) 求出经过退火处理后硅晶圆片表面硼的浓度。

   (b) 求出经过退火处理后的结深(即硼的浓度与砷的浓度相等的位置)。
7. 对于高度等比例缩小的硅 CMOS 器件来说，人们强烈希望能够制备出超浅的 PN 结。假设你可以使用一台能够实现极低能量硼离子注入的注入机，并使用它对硅晶圆片进行硼离子注入，注入剂量为 10^{15} cm^{-2}，注入深度几乎可以忽略(即 $R_P\approx0$)。接下来将该硅晶圆片表面密封并将其加热到 1000℃进行 10 s 的退火处理，假设杂质的扩散过程为本征扩散，试求出：

   (a) 当硅晶圆片本底掺杂浓度为 10^{17} cm^{-3} 时的最终结深。

   (b) 硅晶圆片表面的最终杂质浓度。
8. 在 GaAs 晶圆片上面生长一层 10 Å 的均匀掺硫(S)的薄层。这层的掺杂浓度为 10^{18} cm^{-3}。在该晶圆片上覆盖一层 Si_3N_4，以防止杂质的任何外扩散，然后在 950℃下对晶圆片退火 60 min。忽略所有的重掺杂效应。

   (a) 退火后表面的硫浓度是多少？

   (b) 杂质浓度等于 10^{14} cm^{-3} 时的深度为多少？
9. 1000℃时在硅晶圆片中进行磷的预淀积扩散，直到磷的固溶度极限。扩散时间为 20 min。预淀积后，硅晶圆片表面被密封并在 1100℃下做推进扩散。为了获得 4.0 μm 的结深，推进的时间应为多少？假设衬底浓度为 10^{17} cm^{-3}。推进后的表面浓度是多少？
10. 参考下页附图所示砷在硅晶圆片中的扩散情况，假设扩散温度为 1000℃。

    (a) 考虑带电空位的扩散效应，计算砷在硅晶圆片表面的扩散系数。

    (b) 计算砷的本征扩散率。

    (c) 图中所示的扩散过程是预淀积扩散还是推进扩散？证明你的结论(注意：由于重掺杂效应的影响，你不能够根据图中扩散曲线的形状来做出判断)。
11. 对于高度等比例缩小的 MOSFET，需要制作极浅的源/漏 PN 结。假设需要制作一个结深为 0.05 μm 的 P^+N 结。晶圆片用离子注入的方法进行硼掺杂，注入能量极低(R_p<< 0.05 μm)，注入剂量为 $5\times10^{15}cm^{-2}$。注入后必须进行一次温度为 1000℃的退火，以消除注入损伤并激活杂质。忽略重掺杂效应(即假设是简单的本征扩散)和瞬时扩散效应，并假设所有注入的硼都留在晶圆片内，问扩散时间要多长？N 型衬底的浓度为 2×10^{17} cm^{-3}。

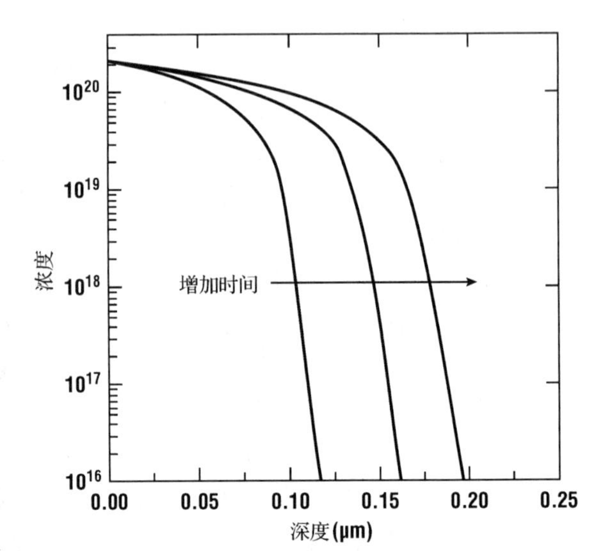

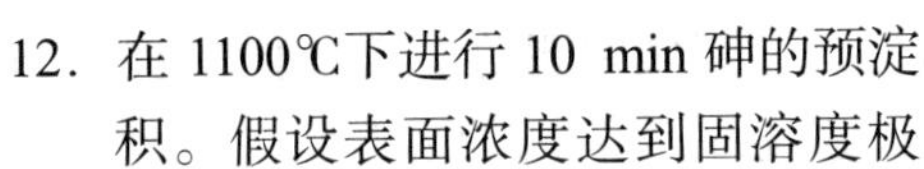

12. 在 1100℃下进行 10 min 砷的预淀积。假设表面浓度达到固溶度极限。接着在 1000℃下进行 24 h 退火。利用式(3.23)来预测载流子的最高浓度。并将其与 1000℃时的固溶度极限进行比较。解释固溶度与式(3.23)之间的差别。
13. 假设一片晶圆片被均匀掺杂，如果在其表面制作一个肖特基接触，那么它的 C-V 曲线会是什么样的?
14. 某些高度等比例缩小的 MOS 晶体管需要制作掺硼的栅电极。假设栅氧化层的厚度为 100 Å，并假设在非常靠近多晶硅栅的氧化层中的硼浓度为固定的 10^{21} cm^{-3}，扩散到衬底而不会影响阈值电压的硼杂质总量的最大值为 3×10^{11} cm^{-2}。利用表 3.4 估计在 1000℃下退火 4 h 后进入衬底的杂质剂量是多少？这些剂量的杂质会引起不可接受的开启电压漂移吗?

参考文献

1. F. J. Morin and J. P. Maita, “Electrical Properties of Silicon Containing Arsenic and Boron,” *Phys. Rev.* **96**:28 (1954).
2. S. W. Jones, “Diffusion in Silicon,” *IC Knowledge*, LCC, Georgetown, MA (2006).
3. W. R. Runyan and K. E. Bean, *Semiconductor Integrated Circuit Processing Technology*, Addison-Wesley, Reading, MA, 1990.
4. R. Jakiela, A. Barcz, E. Dumiszewska, and A. Jagoda, “Si Diffusion in Epitaxial GaN,” *Phys. Stat. Sol.* (c) **3**(6):1416 (2006).
5. Z. Benzarti, I. Halidou, Z. Bougrioua, T. Boufaden, and B. El Jani, “Magnesium Diffusion Profile in GaN Grown by MOVPE,” *J. Crystal Growth* **310**:3274 (2008).
6. P. M. Fahey, P. B. Griffin, and J. D. Plummer, “Point Defects and Dopant Diffusion in Silicon,” *Rev. Mod. Phys.* **61**:289 (1989).
7. T. Y. Yan and U. Gosele, “Oxidation-Enhanced or Retarded Diffusion and the Growth or Shrinkage of Oxidation-Induced Stacking Faults in Silicon,” *Appl. Phys. Lett.* **40**:616 (1982).
8. S. Mizuo and H. Higuchi, “Retardation of Sb Diffusion in Si During Thermal Oxidation,” *J. Appl. Phys. Jpn.* **20**:739 (1981).
9. A. M. R. Lin, D. A. Antoniadis, and R. W. Dutton, “The Oxidation Rate Dependence of Oxidation-Enhanced Diffusion of Boron and Phosphorus in Silicon,” *J. Electrochem. Soc.* **128**:1131 (1981).

10. D. J. Fisher, ed., "Diffusion in Silicon—A Seven-year Retrospective," *Defect Diffusion Forum* **241**:1 (2005).
11. "Diffusion in Ga-As and Other III–V Semiconductors," *Defect Diffusion Forum* **157–159**:223 (1998).
12. R. B. Fair, "Concentration Profiles of Diffused Dopants in Silicon," in *Impurity Doping Processes in Silicon*, F. F. Y. Wang, ed., North-Holland, New York, 1981.
13. H. Ryssel, K. Muller, K. Harberger, R. Henkelmann, and F. Jahael, "High Concentration Effects of Ion Implanted Boron in Silicon," *J. Appl. Phys*. **22**:35 (1980).
14. R. Duffy, V. C. Venezia, A. Heringa, B. J. Pawlak, M. J. P. Hopstaken, G. C. J. Maas, Y. Tamminga, T. Dao, F. Roozeboom, and L. Pelaz, "Boron Diffusion in Amorphous Silicon and the Role of Fluorine," *Appl. Phys. Lett.* **84**(21):4283 (2004).
15. A. Ural, P. B. Griffin, and J. D. Plummer, "Fractional Contributions of Microscopic Diffusion Mechanisms for Common Dopants and Self-Diffusion in Silicon," *J. Appl. Phys*. **85(9)**:6440 (1999).
16. H. J. Grossman, "Dopants and Intrinsic Point-Defects During Silicon Device Processing," in *Semiconductor Silicon 1998*, H. R. Huff, U. Gosele, and H. Tsuya, eds., Electrochem. Soc. Proc. 98-1 (1998).
17. J. Xie and S. P. Chen, "Diffusion and Clustering in Heavily Arsenic-Doped Silicon—Discrepancies and Explanation," *Phys. Rev. Lett*. **83**(9):1795 (1999).
18. R. B. Fair and J. C. C. Tsai, "A Quantitative Model for the Diffusion of Phosphorus in Silicon and the Emitter Dip Effect," *J. Electrochem. Soc.* **124**:1107 (1978).
19. M. UeMatsu, "Simulation of Boron, Phosphorus, and Arsenic Diffusion in Silicon Based on an Integrated Diffusion Model, and the Anomalous Phosphorus Diffusion Mechanism," *J. Appl, Phys*. **82**(5): 2228 (1997).
20. R. J. Field and S. K. Ghandhi, "An Open Tube Method for the Diffusion of Zinc in GaAs," *J. Electrochem. Soc*. **129**:1567 (1982).
21. L. R. Weisberg and J. Blanc, "Diffusion with Interstitial-Substitutional Equilibrium. Zinc in Gallium Arsenide," *Phys. Rev.* **131**:1548 (1963).
22. S. Reynolds, D. W. Vook, and J. F. Gibbons, "Open-Tube Zn Diffusion in GaAs Using Diethylzinc and Trimethylarsenic: Experiment and Model," *J. Appl. Phys.* **63**:1052 (1988).
23. K. B. Kahen, "Mechanism for the Diffusion of Zinc in Gallium Arsenide," in *Mater. Res. Soc. Symp. Proc.*, Vol. 163, D. J. Wolford, J. Bernholc, and E. F. Haller, eds., MRS, Pittsburgh, 1990, p. 681.
24. M. E. Greiner and J. F. Gibbons, "Diffusion of Silicon in Gallium Arsenide Using Rapid Thermal Processing: Experiment and Model," *Appl. Phys. Lett.* **44**:740 (1984).
25. K. L. Kavanaugh, C. W. Magee, J. Sheets, and J. W. Mayer, "The Interdiffusion of Si, P, and In at Polysilicon Interfaces," *J. Appl. Phys.* **64**:1845 (1988).
26. S. Yu, U. M. Gosele, and T. Y. Tan, "An Examination of the Mechanism of Silicon Diffusion in Gallium Arsenide," in *Mater. Res. Soc. Symp. Proc.*, Vol. 163, D. J. Wolford, J. Bernholc, and E. F. Haller, eds., MRS, Pittsburgh, 1990, p. 671.
27. K. B. Kahen, D. J. Lawrence, D. L. Peterson, and G. Rajeswaren, "Diffusion of Ga Vacancies and Si in GaAs," in *Mater. Res. Soc. Symp. Proc.*, Vol. 163, D. J. Wolford, J. Bernholc, and E. F. Haller, eds., MRS, Pittsburgh, 1990, p. 677.
28. J. J. Murray, M. D. Deal, E. L. Allen, D. A. Stevenson, and S. Nozaki, *J. Electrochem. Soc*. **137**(7):2037 (1992).
29. D. Sudandi and S. Matsumoto, "Effect of Melt Stoichiometry on Carrier Concentration Profiles of Silicon Diffusion in Undoped LEC Sl-GaAs," *J. Electrochem. Soc.* **136**:1165 (1989).

30. L. B. Valdes, "Resistivity Measurements on Germanium for Transistors," *Proc. IRE* **42**:420 (1954).
31. M. Yamashita and M. Agu, "Geometrical Correction Factor of Semiconductor Resistivity Measurement by Four Point Probe Method," *Jpn. J. Appl. Phys.* **23**:1499 (1984).
32. D. K. Schroder, *Semiconductor Material and Device Characterization*, Wiley-Interscience, New York, 1990.
33. L. J. Van der Pauw, "A Method for Measuring the Specific Resistivity and Hall Effect of Discs of Arbitrary Shape," *Phillips Res. Rep.* **13**:1 (1958).
34. D. S. Perloff, "Four-point Probe Correction Factors for Use in Measuring Large Diameter Doped Semiconductor Wafers," *J. Electrochem. Soc.* **123**:1745 (1976).
35. A. Diebold, M. R. Kump, J. J. Kopanski, and D. G. Seiler, *J. Vacuum Sci. Technol. B* **14**:196 (1996).
36. R. Bibergera, G. Benstettera, T. Schweinboeckb, P. Breitschopfa, and H. Goebelc, "Intermittent-contact Scanning Capacitance Microscopy Versus Contact Mode SCM Applied to 2D Dopant Profiling," *Microelectron. Reliab.* **48**:1339 (2008).
37. J. S. McMurray, J. Kim, and C. C. Williams, "Direct Comparison of Two-Dimensional Dopant Profiles by Scanning Capacitance Microscopy with TSUPRE4 Process Simulation," *J. Vacuum Sci. Technol. B.* **16**:344 (1998).
38. M. Pawlik, "Spreading Resistance: A Comparison of Sampling Volume Correction Factors in High Resolution Quantitative Spreading Resistance," in *Emerging Semiconductor Technology*, D. C. Gupta and R. P. Langer, eds., STP 960, American Society for Testing and Materials, Philadelphia, 1987.
39. R. G. Mazur and G. A. Gruber, "Dopant Profiles in Thin Layer Silicon Structures with the Spreading Resistance Profiling Technique," *Solid State Technol.* **24**:64 (1981).
40. P. Blood, "Capacitance–Voltage Profiling and the Characterization of III–V Semiconductors Using Electrolyte Barriers," *Semicond. Sci. Technol.* **1**:7 (1986).
41. M. Ghezzo and D. M. Brown, "Diffusivity Summary of B, Ga, P, As, and Sb in SiO_2,"*J. Electrochem. Soc.* **120**:146 (1973).
42. Z. Zhou and D. K. Schroder, "Boron Penetration in Dual Gate Technology," *Semicond. Int.* **21**:6 (1998).
43. K. A. Ellis and R. A. Buhrman, "Boron Diffusion in Silicon Oxides and Oxynitrides," *J. Electrochem. Soc.* **145**:2068 (1998).
44. T. Aoyama, H. Arimoto, and K. Horiuchi, "Boron Diffusion in SiO_2 Involving High Concentration Effects," *Jpn. J. Appl. Phys.* **40**:2685 (2001).
45. S. Sze, *VLSI Technology*, McGraw-Hill, New York, 1988.
46. M. Uematsu, "Unified Simulation of Diffusion in Silicon and Silicon Dioxide," *Defect Diffusion Forum*, **237–240**:38 (2005).
47. T. Aoyama, H. Tashiro, and K. Suzuki, "Diffusion of Boron, Phosphorus, Arsenic, and Antimony in Thermally Grown Silicon Dioxide," *J. Electrochem. Soc.* **146**(5):1879 (1999).
48. M. Susa, K. Kawagishi, N. Tanaka, and K. Nagata, "Diffusion Mechanism of Phosphorus from Phosphorus Vapor in Amorphous Silicon Dioxide Film Prepared by Thermal Oxidation," *J. Electrochem. Soc.* **144**(7):2552 (1997).
49. T. Aoyama, K. Suzuki, H. Tashiro, Y. Toda, T. Yamazaki, K. Takasaki, and T. Ito, *J. Appl. Phys.* **77**:417 (1995).
50. T. Aoyama, K. Suzuki, H. Tashiro, Y. Tada, and K. Horiuchi, "Nitrogen Concentration Dependence on Boron Diffusion in Thin Silicon Oxynitrides Used for Metal-Oxide-Semiconductor Devices," *J. Electrochem. Soc.* **145**:689 (1998).
51. K. A. Ellis and R. A. Buhrman, "Phosphorus Diffusion in Silicon Oxide and Oxynitride Gate Dielectrics," *Electrochem. Solid State Lett.* **2**(10):516 (1999).

第4章 热 氧 化

硅集成电路得以盛行的主要原因之一是容易用在硅上形成一层极好的氧化层 SiO_2。这层氧化层作为绝缘体被广泛用在有源器件内部(如用在 MOSFET 中)，以及不同的有源器件之间(称为场的区域)。有许多方法可以用来生成 SiO_2。本章将介绍热氧化工艺，这种方法生成的氧化层，无论在底层硅体内还是在界面的缺陷都最少。遗憾的是，大多数其他半导体都不能形成质量足够好的氧化层供器件制造使用。因此，本章将关注焦点仅仅放在硅工艺上。

4.1 迪尔-格罗夫氧化模型

硅在分子氧中的氧化按照全反应方程进行：

$$\text{Si}(\text{固体}) + \text{O}_2(\text{气体}) \rightarrow \text{SiO}_2 \tag{4.1}$$

此过程称为干氧氧化(dry oxidation)，因为它采用分子氧而不是水蒸气来作为氧化剂。在热氧化层厚度大于 30 nm 的情况下，用迪尔-格罗夫模型可以很好地预测氧化层的厚度[1]。薄氧化层的生长将在本章的后面部分讨论。生长氧化层并不一定需要高温。硅在空气中室温下就会发生氧化。一旦形成氧化层之后，硅原子就必须穿过氧化层去和硅晶圆片表面的氧进行反应，或者氧分子必须穿过氧化层到达硅表面，并在那里进行反应。在比较低的温度下，氧化工艺遵循 Mott-Cabrera 机制[2]，即电子通过隧道效应穿透氧化层，使得表面所吸收的水汽和氧气发生离化，这些带电的离子在硅中还会形成一个镜像电荷，由此建立一个电场，该电场引起离化分子向硅表面漂移并与硅发生化学反应。当氧化层变得足够厚以至于隧道穿透效应难以发生时，上述低温氧化过程就会急剧减慢。驱使氧化工艺在高温下得以进行的过程，就是我们在上一章中讨论过的内容——扩散。Si 在 SiO_2 中的扩散系数比氧的扩散系数要小几个数量级，因此化学反应发生在 Si-SiO_2 界面处。这一点具有非常重要的意义。热氧化形成的界面并没有暴露在大气中，因此，相对而言，界面不会被杂质玷污。由化学反应引起的硅的消耗量由式(4.1)给出，大约是最终所形成氧化层厚度的 44%。

我们在上面所讨论的自然氧化层具有自限制性，其最终厚度一般在 2.5 nm 左右。要想产生连续不断的反应，硅晶圆片必须在氧化气氛中加热[3]。现在，假定氧化气氛是氧气(O_2)。参见氧化层生长图(参见图 4.1)。在这幅图中有四个氧浓度，分别为：C_g 是离硅晶圆片较远处气流中的氧浓度，C_s 是硅晶圆片表面处气体中的氧浓度，C_o 是硅晶圆片表面处氧化层中的氧浓度，C_i 是 Si-SiO_2 界面处的氧浓度。我们定义氧流量为 J，它是单位时间穿过单位面积的氧分子数。现在我们可以定义三个感兴趣的氧流量。第一个是从外部气体进入已生长的氧化层表面的氧流量。回忆第 2 章简要叙述过的 Czochralski 坩锅的熔融硅中滞留层的形成。这个滞留层的出现是由于熔融硅有一定的黏滞性。非常类似地，如果使氧气流过硅晶圆片表面，则表面附近将存在界面层。在这个界面层区中的气体流速将从硅晶圆片表面处的零，变化到界面层对面的总气体中的气体流速。作为一级近似，氧气分子绝对不可能以气流输运方式跨过这个区域。相反，它们必须以费克第一定律所描述的方式进行扩散：

$$J_1 = D_{O_2} \frac{C_g - C_s}{\delta} \tag{4.2}$$

式中，δ 是滞留层的厚度，C_g 可以采用理想气体定律计算得到：

$$C_g = \frac{n}{V} = \frac{P_g}{kT} \tag{4.3}$$

式中，k 是玻尔兹曼常数，P_g 是氧化炉中氧气的分压强。虽然这个公式是可以使用的，但是它有点低估了流量值。通常的做法是直接考虑这样一种事实，即某些气流仍会在穿过大部分滞留层后保留下来。这可以写为下式：

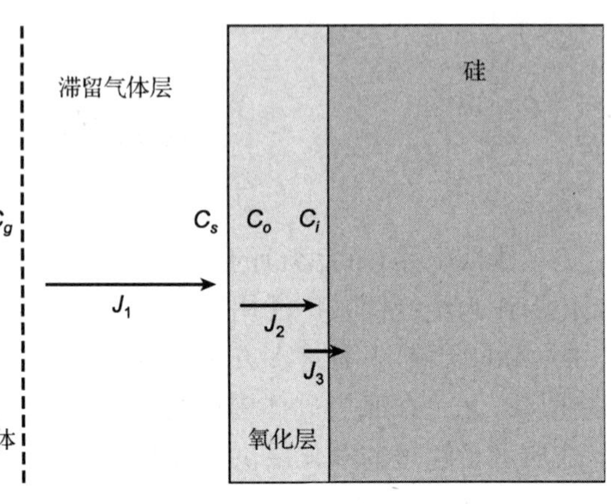

图 4.1 氧化过程中，氧化剂的流动示意图

$$J_1 = J_{\text{gas}} = h_g (C_g - C_s) \tag{4.4}$$

式中，h_g 是质量输运系数(mass transport coefficient)。

第二个氧气流量是分子氧穿过已生长的氧化膜的扩散，此时气体环境起到氧气来源的作用，而反应表面则起到氧气泄漏的作用。这样就建立了驱动扩散所需要的浓度梯度。假定在已经生长的氧化层中没有氧气的来源和泄漏通路，则氧气的浓度将呈线性变化，而且有

$$J_2 = D_{O_2} \frac{C_o - C_i}{t_{\text{ox}}} \tag{4.5}$$

式中，扩散系数是氧在 SiO_2 中的扩散系数。第三个流量是氧气与硅反应生成 SiO_2 时的氧流量。反应速率取决于化学反应动力学。由于硅表面有丰富的硅供应，反应速率和流量将与氧的浓度成正比：

$$J_3 = k_s C_i \tag{4.6}$$

式中，比例常数 k_s 是式(4.1)所描述的整个反应过程的化学反应速率常数。在平衡状态下，这三个气流必须达到平衡：

$$J_1 = J_2 = J_3 \tag{4.7}$$

联合式(4.4)～式(4.6)，我们可以得到两个方程和三个未知的浓度：C_s，C_o 和 C_i。求解生长速率还需要另外一个方程，这个方程就是亨利定律，它说明了固体表面吸附元素的浓度与固体表面外气体中该元素的分气压成正比：

$$C_o = HP_g = HkTC_s \tag{4.8}$$

式中，H 是亨利气体常数，并用理想气体定律代替 P_g，因此就有了三个方程和三个未知数。经过某些代数运算后，C_i 可以表示为

$$C_i = \frac{HP_g}{1 + \frac{k_s}{h} + \frac{k_s t_{\text{ox}}}{D}} \tag{4.9}$$

式中，$h = h_g/HkT$。最后，只要将界面流量除以单位体积 SiO_2 的氧分子数(通常用 N_1 表示)，

就可以获得生长速率。对于用分子氧进行的氧化来说，N_1 是 SiO_2 中氧原子数密度的一半，即 $2.2\times10^{22}\ cm^{-3}$。氧化速率的计算结果为

$$R = \frac{J}{N_1} = \frac{dt_{ox}}{dt} = \frac{Hk_s P_g}{N_1\left[1 + \frac{k_s}{h} + \frac{k_s t_{ox}}{D}\right]} \tag{4.10}$$

假定在氧化开始之前(即 0 时刻)已经存在的氧化层厚度为 t_0，则上述微分方程的解为

$$t_{ox}^2 + At_{ox} = B(t + \tau) \tag{4.11}$$

式中，

$$A = 2D\left(\frac{1}{k_s} + \frac{1}{h}\right)$$

$$B = \frac{2DHP_g}{N_1} \tag{4.12}$$

$$\tau = \frac{t_0^2 + At_0}{B}$$

在各种不同的工艺条件下，参数 A 和 B 都是完全已知的。更基本的参数，如 A 和 B 中的扩散系数，则很少使用。此外，大多数硅氧化是在常压下进行的。因此，$k_s \ll h$，且生长速率几乎与气相质量输运系数无关，因而也就和反应器的几何形状无关。当氧化剂是 H_2O 而不是 O_2 时(参见 4.2 节)，同样可以使用这些等式，但是要使用不同的参数值，包括扩散系数、质量输运系数、反应速率、气体压力和单位体积分子数。

由于 A 和 B 与扩散系数成正比，这两个参数将遵循阿列尼乌斯函数。A 和 B 的激活能可以由扩散系数和反应速率的激活能来计算，如式(4.12)所示的那样。在熔融的石英中，氧和水的扩散系数的激活能与 B 的激活能之间有着相当好的一致性(大约有 10%的差异)。另外，由于 B/A 的比率消除了扩散系数，它的激活能主要取决于 k_s。和预期的一样，B/A 的激活能基本上与 Si-Si 键合强度相一致。

最后，需要指出 τ 的重要性，因为这是个通常会产生混乱的根源。它的产生是由于微分方程在 0 时刻的边界条件而引起的。有一点需要引起注意，当氧化层足够厚时，氧化速率随着氧化层的厚度变化而改变。如果氧化开始时已存在的初始氧化层厚度为 t_0，则只计算在氧化工艺中生长的氧化层厚度再简单加上 t_0 是不精确的。必须用初始厚度来确定 τ，再将 τ 与 t 相加获得有效的氧化时间。这就好像氧化过程是从 $-\tau$ 时刻开始的一样。这样，在 $t = 0$ 时刻氧化层的厚度严格等于 t_0。

4.2　线性与抛物线速率系数

式(4.11)有两个重要的极限形式。当氧化层的厚度足够薄时，我们可以忽略二次项，在这种情况下则有

$$t_{ox} \approx \frac{B}{A}(t + \tau) \tag{4.13}$$

另一方面，如果氧化层足够厚，则可以略去与厚度为线性关系的项，此时有

$$t_{ox}^2 \approx B(t+\tau) \tag{4.14}$$

由于这两种极限形式的原因，B/A 被称为线性速率系数(linear rate coefficient)，而 B 则被称为抛物线速率系数(parabolic rate coefficient)。对于氧化工艺来说，这是两个经常被引用的数。

氧并非用于氧化工艺的唯一的氧化剂，另一种非常流行的氧化剂是氧和水的混合物，这种工艺称为湿氧氧化。它的优点是具有比干氧氧化高得多的氧化速率。湿氧氧化具有较高速率的基本理由是，与氧相比水有更高的扩散系数和比氧大得多的溶解度(亨利常数)。缺点是湿氧工艺生长的氧化层密度较低。因此，湿氧氧化的典型应用是需要厚氧化层而且不承受任何重大电应力的时候。图 4.2 和图 4.3 分别给出了硅晶圆片(100)晶面在干氧和水汽氧化(也称为湿氧氧化)时的线性和抛物线速率系数曲线，这些曲线是根据表 4.1 中的典型工艺条件总结出来的。值得注意的是，为了降低发生爆炸的可能性，典型的湿氧氧化工艺通常使用过量的氧气(参见 4.9 节)，因此水汽的分压一般小于一个大气压。系数 B 因此也取决于这个气流之比。4.4 节将更详细地讨论氧化层的结构。

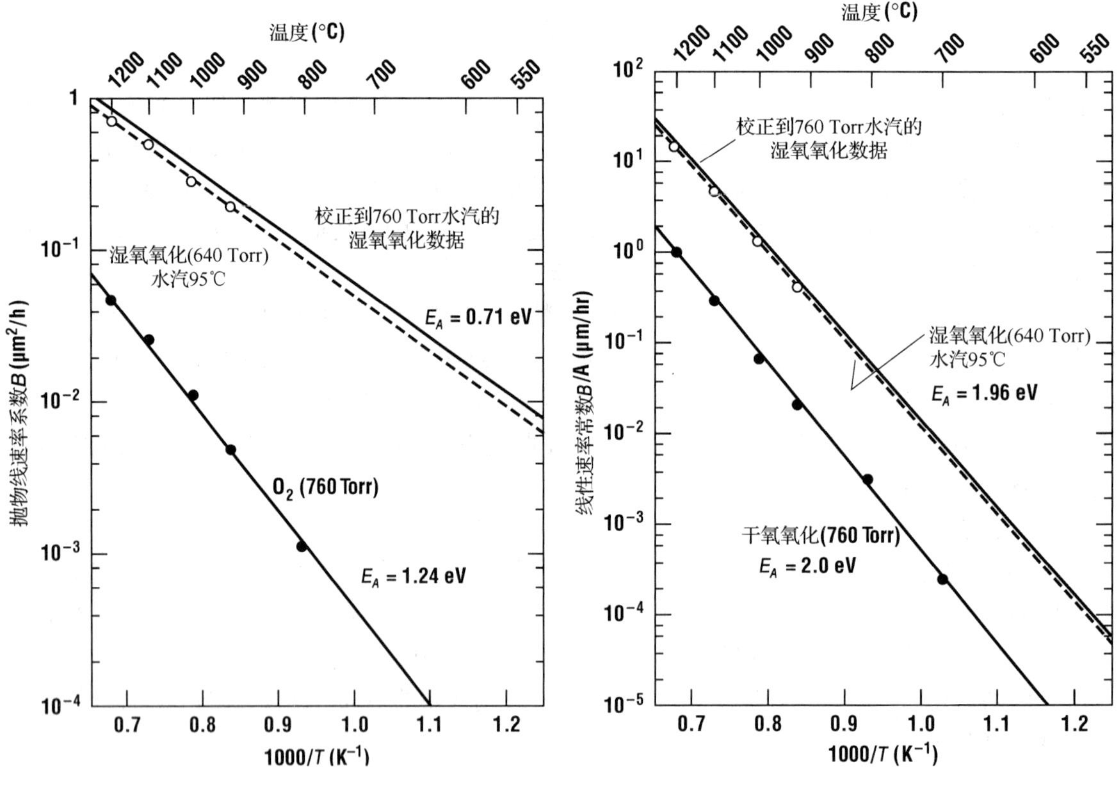

图 4.2　氧化系数 B 的阿列尼乌斯图。湿氧参数取决于水汽浓度，因此取决于气流和高温分解条件(引自 Deal 和 Grove)

图 4.3　氧化参数中线性速率(B/A)的阿列尼乌斯图(引自 Deal 和 Grove)

用于热氧化的其他环境气氛是干分子氧加少量(1% ~ 3%)卤素。最普遍使用的卤素元素是氯[4]。使用这种混合气体有几种理由。大多数重金属原子都会与 Cl_2 发生反应生成挥发性的(即气态的)金属氯化物，尤其是在高温下。一般认为金属污染物来源于加热部件

和氧化使用的熔融石英气流管周围的绝缘层，杂质扩散穿过氧化炉壁并可能渗入正在生长的氧化层。氯有不断清洁含有这些杂质的环境气体的功效。已经发现，在氯、氧气中生长的氧化层不但杂质少，而且与下面的硅之间的界面也更好。在 O_2、Cl_2 混合气中的氧化速率比在纯氧中高。如果 O_2 气体中 HCl 的浓度达到 3%，则线性速率系数将增大 1 倍[5](参见图 4.4)。

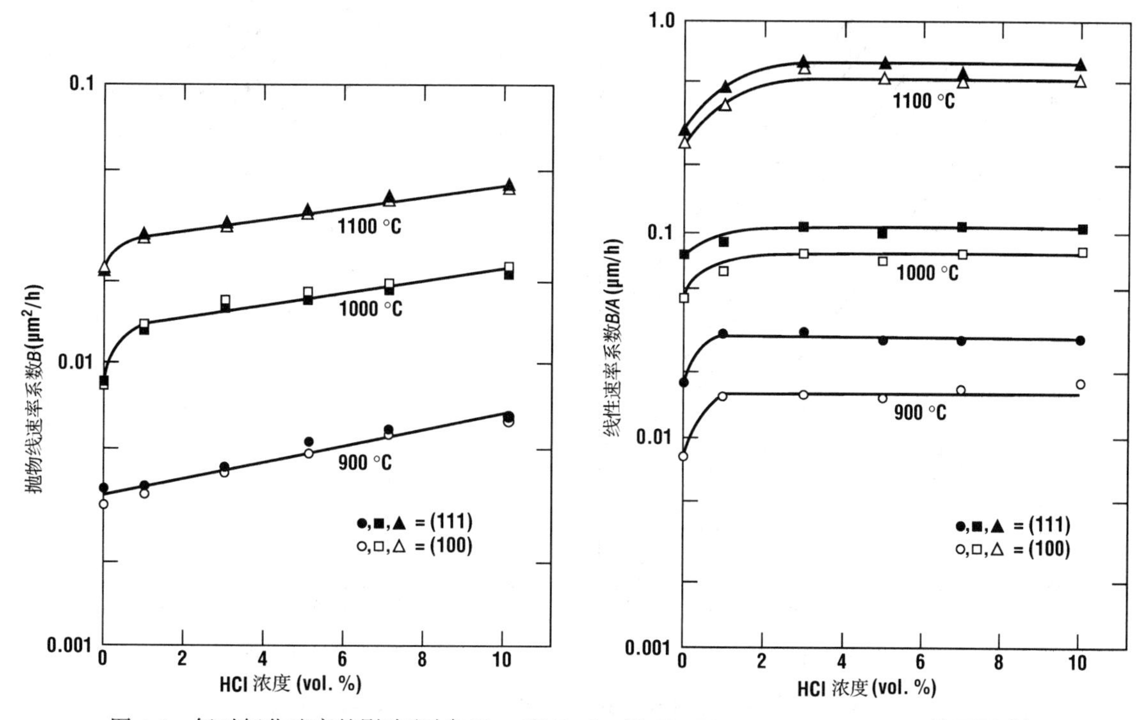

图 4.4 氯对氧化速率的影响(引自 Hess 和 Deal，经 The Electrochemical Society 许可转载)

HCl 一直是最常用的氯源。有时也会使用三氯乙烯(TCE)和三氯乙烷(TCA)作为氯源，原因是它们的腐蚀性比 HCl 要小得多。TCE 的缺点是有可能致癌。TCA 在高温下能够形成光气($COCl_2$)。光气是一种高毒物质，俗称芥子气。因此，在 TCA 炉管内必须采取严格的安全预防措施，防止可能产生光气的条件出现。

迪尔-格罗夫模型精确地预测了氧化速率随着氧化层的变厚而变慢。厚度超过 1 μm 的氧化层生长需要长时间暴露在非常高的温度下，这将导致掺杂物在硅晶圆片中的扩散，而这往往是不希望发生的。在这个厚度范围内，氧化速率取决于抛物线速率系数，也就是取决于 C_g，即氧在气体中的平衡浓度。就像模型推导中显示的那样，C_g 取决于气相氧分压。增加氧在氧化炉中的压强，抛物线系数 B 将增大，这样就可以缩短生长厚氧化层所需的时间，同时也可以降低生长厚氧化层所需的温度。目前已有用于高压生长氧化层的生产设备，它们通常多数应用于双极型晶体管工艺中，用来生长隔离氧化层，而且几乎都是在湿氧气氛中进行的。这种氧化需要采用较低的工艺温度，以避免重掺杂的埋层收集区杂质过度向上扩散进入器件结构中。有关这方面的详细内容将在第 18 章中介绍。图 4.5 展示了抛物线速率系数与温度之间的依赖关系，其中，压强为一个参变量。和预期的一样，抛物线速率系数与氧的压强成正比[6]。

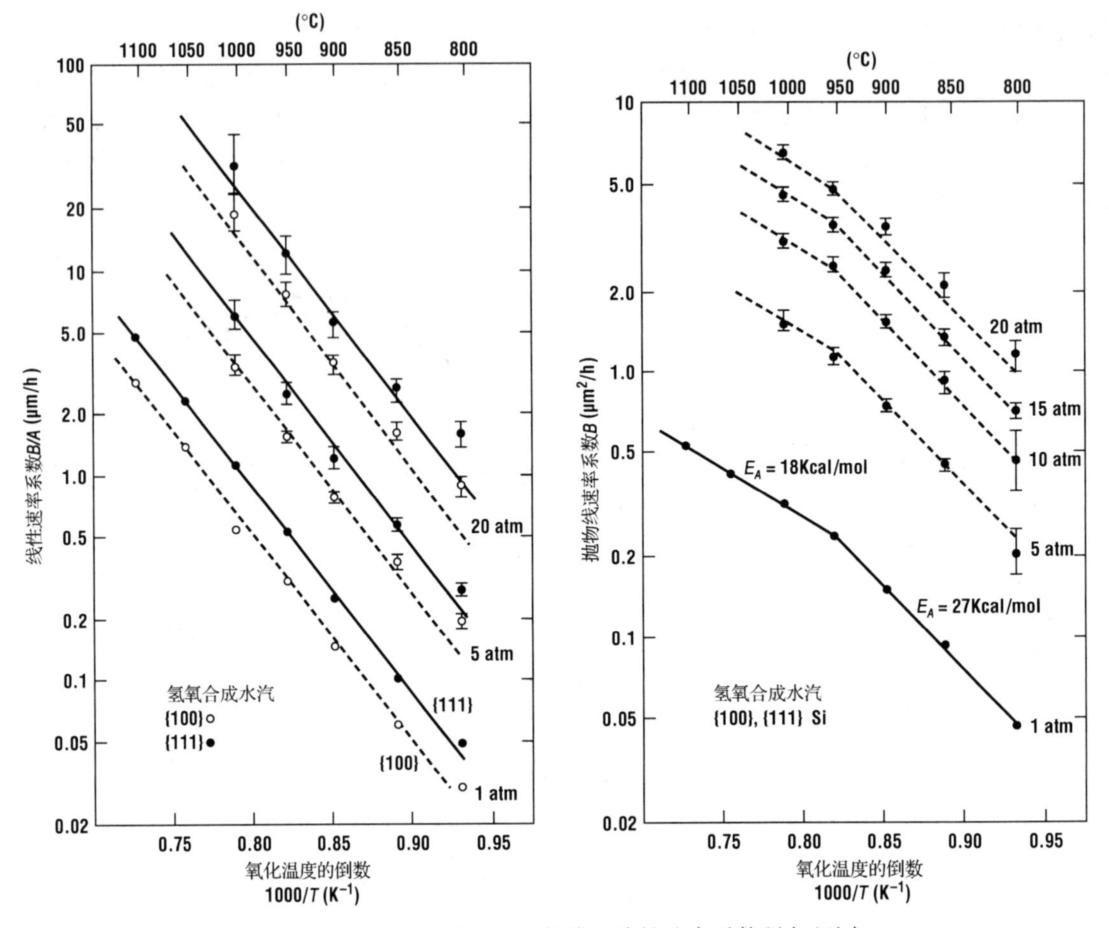

图 4.5　高压水汽氧化中的抛物线和线性速率系数研究(引自 Razouk 等经 The Electrochemical Society 许可转载)

例 4.1　简单的氧化工艺　计算在 120 min 内，920℃水汽氧化过程中生长的二氧化硅层的厚度。假定硅晶圆片在初始状态时已有 100 nm 厚的氧化层。

解答：由表 4.1 可知，在 920℃下，$A = 0.50\ \mu\text{m}$，$B = 0.203\ \mu\text{m}^2/\text{h}$。将这些数值代入式(4.12)可得

$$\tau = \frac{0.1\ \mu\text{m} \times 0.1\ \mu\text{m} + 0.5\ \mu\text{m} \times 0.1\ \mu\text{m}}{0.203\ \mu\text{m}^2/\text{h}} = 0.295\ \text{h}$$

应用式(4.11)和平方根公式可得

$$t_{\text{ox}} = \frac{-A + \sqrt{A^2 + 4B(t+\tau)}}{2} = 0.48\ \mu\text{m}$$

在这种情况下 $A \approx t_{\text{ox}}$，因此这里不能采用线性或平方根近似。

表 4.1　硅的氧化系数

温度(℃)	干氧		τ(h)	湿氧(640 Torr)	
	A(μm)	B(μm²/h)		A(μm)	B(μm²/h)
800	0.370	0.0011	9	—	—
920	0.235	0.0049	1.4	0.50	0.203

续表

温度(℃)	干氧		τ(h)	湿氧(640 Torr)	
	A(μm)	B(μm²/h)		A(μm)	B(μm²/h)
1000	0.165	0.0117	0.37	0.226	0.287
1100	0.090	0.027	0.076	0.11	0.510
1200	0.040	0.045	0.027	0.05	0.720

τ 参数被用来对薄氧化层快速生长阶段进行补偿(引自 Deal 和 Grove)。

4.3　初始阶段的氧化

如果线性和抛物线速率系数已知的话，迪尔-格罗夫模型在很宽的参数范围内与实际的氧化速率吻合。然而，当画出干氧氧化的实验厚度与时间的关系图时，人们却发现，在零时刻，曲线不经过零厚度点，或者甚至不经过自然氧化层厚度点。实际上，它在氧化层厚度为几十纳米处与零时间轴相交。图 4.6 给出了在不同温度下，实验测量得到的氧化速率[7]与氧化层厚度之间的函数关系。按照迪尔-格罗夫模型，氧化速率应当接近于一个常数值：

$$\lim_{t\to 0}\frac{\mathrm{d}t_{\mathrm{ox}}}{\mathrm{d}t}=\frac{B}{A} \tag{4.15}$$

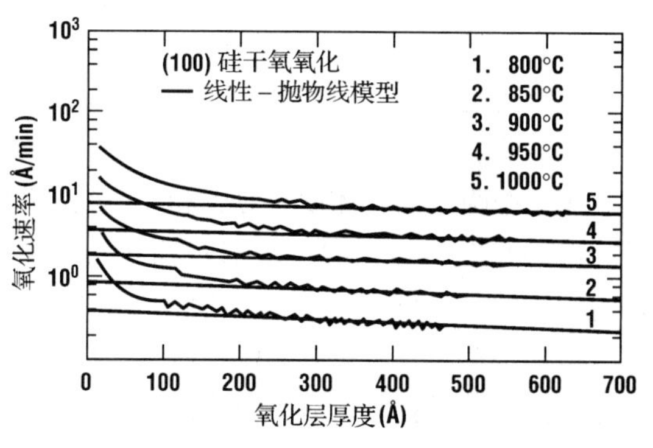

图 4.6　各种薄干氧氧化情况下，氧化速率对氧化层厚度的依赖关系。衬底是轻掺杂(100)晶向的硅(引自 Massoud 等，经 The Electrochemical Society 许可转载)

然而事实上，氧化速率增加了 4 倍或更多。因此，迪尔-格罗夫模型严重低估了薄氧化层的厚度。有趣的是，这些薄氧化层最关键的用途之一就是被广泛地应用在 MOS 器件的栅介质上。表 4.1 中所给出的τ的数值可以用来校正迪尔-格罗夫的干氧氧化模型，以补偿初始阶段发生的过度生长。它也可以应用于裸硅晶圆片上进行的干氧氧化。有了这个校正，上述模型就可以精确地预测 t_{ox} >30 nm 时的厚度。但是，在 t_{ox} < 30 nm 时预测的氧化层厚度比实际的偏厚。目前尚没有简单的模型能够准确地计入快速生长和初始氧化层的影响。

例 4.2　将裸硅晶圆片在 1000℃下进行干氧氧化，最终的目标是生长 40 nm 厚的二氧化硅层。(a) 如果忽略快速生长过程，求出所需的氧化时间；(b) 如果考虑快速生长过程的影响，求出所需的氧化时间。

解答：由表 4.1①可得

$$(0.04\ \mu\mathrm{m})^2+0.165\ \mu\mathrm{m}\times 0.04\ \mu\mathrm{m}=0.0117\ \mu\mathrm{m}^2/\mathrm{h}(t+\tau)$$

由此可求得

$$t+\tau=0.7\ \mathrm{h}$$

(a) 忽略快速生长过程，即 $\tau=0$，因此 $\tau=0.7\ \mathrm{h}=42\ \mathrm{min}$；

(b) 考虑快速生长过程的影响，即 $\tau=0.37$，因此 $t=0.33\ \mathrm{h}=20\ \mathrm{min}$。

①原书为表 3.1，有误。——译者注

已经有几个模型被提出以解释薄层氧化的结果，典型的是它们各自假定了三个增强氧化速率的机理之一。第一个模型包含了氧化剂到达界面的速率的增强。迪尔和格罗夫提出，氧化层内存在电场。它在氧化的早期阶段增强了氧化剂的扩散(类似于 Mott-Cabrera 机制)。其他一些作者也对这个基本机制提出了相关的修正[8,9]。这些模型存在的问题是氧化剂必须是离化的。随后的进一步研究发现，高温下主要的扩散物质是中性分子氧[10]。在更早的时候，Revesz 和 Evans[11]曾经指出，氧化层中存在直径 5 nm 量级的细的虫孔或微沟道，这些微孔能够帮助氧移动到硅表面。这个模型的难点是它不能计算那些微沟道与表面交点以外的氧化层厚度的增加。最后，有人提出了一种意见，由于氧化层和硅之间的热膨胀系数不匹配引起了氧化层中的应力，这个应力可能增强氧化剂的扩散能力[12]。所有这些模型都有一个基本的缺点，即在薄氧化层阶段硅氧化速率受到表面化学反应速率的限制，而不是受分子氧到达表面的速率的限制。有一点很容易证实，即线性速率常数与氧的扩散系数无关。有人后来又提出离化分子的反应速率可能要比中性分子的大[9]，而且离化和中性两种物质可能共同参与了氧化过程[13]。

第二类模型试图借助于氧在氧化层中溶解度的增加，来解释薄氧化层阶段的生长。亨利定律只在固体中吸收的气体没有分解和复合的情况下才是正确的。但是在氧化物非常薄时并不是这样的。遗憾的是这个模型同样也只是取得了有限的成功。第三类模型提出氧化反应在一个有限厚度内进行，即 Si/SiO_2 界面并不是原子级那样的突变[14]。目前还不知道有限宽度的物理起因是什么，但是该模型提出，某种界面应力通过增加硅表面附近的缺陷来释放。有一些氧原子或分子可能扩散进入硅中并且在这个有限宽度内发生反应。于是，氧化速率遵循以下函数：

$$\frac{\mathrm{d}t_{\mathrm{ox}}}{\mathrm{d}t}=\frac{B}{2t_{\mathrm{ox}}+A}+C_1\mathrm{e}^{-t_{\mathrm{ox}}/L_1}+C_2\mathrm{e}^{-t_{\mathrm{ox}}/L_2} \tag{4.16}$$

式中，L_1 和 L_2 是特征距离，在这个距离内发生反应，而 C_1 和 C_2 是比例常数。L_1 与温度之间呈现微弱的依赖关系，而且其典型值在 10 Å 量级。L_2 与温度无关，其典型值大约为 70 Å。这个模型显示出了与实验数据的精确吻合，甚至对温度非常低的氧化也吻合得很好[15]。我们可以通过对式(4.16)进行积分并忽略 C_1 项得到

$$t_{\mathrm{ox}}=\frac{B}{A}(t+\tau)+L_2\ln\left[1+\frac{AC_2}{B}\left(1-\mathrm{e}^{-\frac{B(t+\tau)}{AL_2}}\right)\right] \tag{4.17}$$

式中，

$$\tau=\frac{L_2}{B/A}\ln\left[\frac{(B/A)\mathrm{e}^{t_0/L_2}+C_2}{(B/A)+C_2}\right] \tag{4.18}$$

式中，t_0 是初始氧化层的厚度。如果 C_2 和 L_2 已知的话，我们就可以更准确地预测薄氧化层的生长动力学。

例 4.3　我们可以利用图 4.6 中的数据来估算 C_2 和 L_2 这两个参数。试求出在 1000℃下对(100)晶向的硅晶圆片进行干氧氧化的 C_2 和 L_2，并估算氧化 2 min 后生长的二氧化硅厚度。

解答：根据式(4.16)，如果 $L_1=0$，则有

$$\lim_{t_{\mathrm{ox}}\to 0}\left(\frac{\mathrm{d}t_{\mathrm{ox}}}{\mathrm{d}t}\right)=\frac{B}{A}+C_2$$

当温度 $T=1000$℃时，利用图 4.6 中的数据可得

$$50\ \text{Å/min} = 9\ \text{Å/min} + C_2$$
$$C_2 = 41\ \text{Å/min}$$

为了求出 L_2，我们可以利用这一事实，即当 $t_{ox} = L_2$ 时，e^{-t_{ox}/L_2} 项将以 2.7 的倍率因子下降，再利用图 4.6 可得 $L_2 \approx 50$ Å

然后再利用式(4.17)，以及 $B/A = 0.071\ \mu\text{m/h} = 11.8\ \text{Å/min}$，可得

$$t_{ox} = 1.18\frac{\text{nm}}{\text{min}}2\ \text{min} + 5\ \text{nm} \times \ln\left[1 + \frac{41}{11.8}\left(1 - e^{-11.8\left(\frac{2}{50}\right)}\right)\right]$$

$= 8.1$ nm(如果采用标准的迪尔-格罗夫模型，则结果为 2.3 nm)

如图 4.6 所示，过度氧化可能实际上发生在氧化层表面，而不是发生在界面处[16,17]。人们相信这是由于氧空位那样的缺陷从 Si-SiO_2 界面扩散到表面并在那里发生反应所致。Delarious 等人[18]建立了一个详细的化学反应模型，包含了由于氧的化学反应而在界面处产生的氧原子。这种说法受到了 Gusev 等人同位素示踪实验的支持[19]。与迪尔-格罗夫模型对比，这些作者发现，对于非常薄的氧化层，反应在硅附近一定的范围内和氧化层表面进行。

4.4 SiO_2 的结构

SiO_2 的形态对于微电子制造是非常重要的，通常我们将其称为熔融石英。SiO_2 是非晶体，而且在低于 1710℃时，它在热动力学方面是不稳定的。由于 SiO_2 是一种玻璃态，因此它也具有玻璃态的转变温度，并且在这个转变温度附近其玻璃态的黏滞性将急剧下降。此时 SiO_2 虽然仍保持固体形态，但是它在转变温度之上将具有回流特性。在大多数微电子工艺感兴趣的温度范围内，SiO_2 的结晶率低到可以被忽略。尽管熔融石英不具有长程有序特性，但它却表现出短程的有序结构(参见图 4.7)。它的结构可以认为是 4 个氧原子位于一个正四面体的四个角上，而四面体中心则是一个硅原子。这样，每 4 个氧原子近似以共价键与硅原子相连接，满足了硅的价电子壳层。如果每一个氧原子是两个多面体的一部分，则氧的价电子壳层也得到满足，其结果就构成了称为石英的规则的晶体结构。在熔融石英中，某些氧原子(称为桥位氧)与两个硅原子形成共价键。某些氧原子属于非桥位氧，它只和一个硅原子形成共价键。可以认为热生长 SiO_2 主要是由任意方向的多面体网络组成的。与非桥位氧相比，有桥位氧的比率越大，氧化层的黏合力就越大，且受损伤的倾向也就越小。干氧氧化层的桥位氧与非桥位氧的比率远大于湿氧氧化层，原因在于干氧氧化层中的氢氧根(OH 原子团)密度要低得多。

热氧化层中也可能存在各种杂质(参见图 4.8)，某些最常见的杂质是与水有关的化合物。如果氧化层在生长中有水存在的话，一种可能发生的反应是一个桥位氧还原为两个氢氧基：

$$\text{Si:O:Si} \rightarrow \text{Si:O:H} + \text{H:O:Si} \tag{4.19}$$

这些氢原子的键合很弱，而且在电应力和离化辐射的情况下可能断掉，在氧化层中留下陷阱或潜在的电荷态。另一些杂质则是被有意掺入热淀积的 SiO_2 中，用来改善它的物理性质和电学特性。取代硅原子的替位型杂质称为网络构成者。最常见的网络构成者是硼和磷。这些杂质倾向于减小桥位氧与非桥位氧之间的比率。这将使 SiO_2 玻璃能在较低的温度下流动。然而，这些杂质通常被用在淀积的 SiO_2 中，而不是用在热生长的 SiO_2 中。

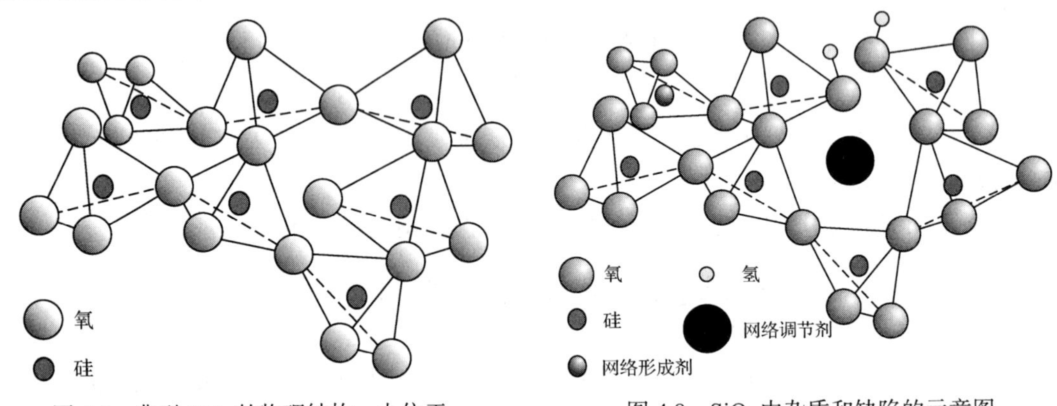

图 4.7 典型 SiO_2 的物理结构，由位于氧多面体中心的硅原子组成

图 4.8 SiO_2 中杂质和缺陷的示意图

4.5 氧化层的特性

氧化层的厚度是氧化工艺的一个重要参数，因此人们已经开发了许多方法来测量它。本节将描述几种用来评估氧化层厚度的方法。每种方法都有其固有的优点和缺点。大部分方法都对氧化层做出了某些假定，而这些假定可能只在一定的环境条件下才适用。除了这里描述的技术外，还可以使用很多其他的薄膜测量技术。

第一类测量技术包括氧化层厚度的物理测定。要做到这一点需要在氧化层上形成一个台阶，台阶通常是用掩蔽腐蚀的方法制作出来的。这种台阶已经在第 1 章中做过介绍，并且还将在后续的章节中给出更详细的评述。氢氟酸(HF)对 SiO_2 层的腐蚀速率要远大于其对硅的腐蚀速率，因此，如果将一层掩蔽膜覆盖在晶圆片上，并将晶圆片浸泡在 HF 中，直到裸露的 SiO_2 层被完全腐蚀掉，然后再去掉掩蔽膜，这时就会留下一个几乎等同于氧化层厚度的台阶。这个台阶如果大于 10 nm，就可以采用扫描电子显微镜(SEM)来进行测量；如果不足 10 nm，则可以采用透射电镜(TEM)来进行测量。一个比较容易的测量厚度的途径是使用表面轮廓曲线仪或原子力显微镜。这类仪器利用一个紧密接触晶圆片的金属触针通过机械扫描的办法跨越台阶来测量其表面形貌。对金属触针的偏移量进行测量、放大，并作为位置的函数显示出来。制造者声称，这类仪器的分辨率可以达到 0.1 nm。这类测量方法的优点是，除了需要氧化层和硅的相对腐蚀速率之外，不需要任何其他假设条件。由于要腐蚀掉一部分区域的氧化层以便确定其厚度，因此这项技术是破坏性的，并且通常需要用到专门的测试晶圆片。

还有几种光学技术可以用于测量氧化层的厚度。最简单的一种方法是将无掩蔽膜覆盖的硅晶圆片部分地浸放在稀释的氢氟酸中，直到硅晶圆片上浸没部分的氧化层全部被腐蚀掉。此时我们将会发现，在已腐蚀掉氧化层和未腐蚀掉氧化层之间的交线附近有一个缓变的坡度。如果在显微镜下检查这个边沿线，就会看到从浅褐色开始的一系列颜色变化(参见表 4.2)。这些颜色是由于入射光和反射光之间的干涉而产生的。通过追踪颜色往上的变化直到氧化层的顶部，就可以大致判断出氧化层的厚度。

此外，至少还有两种更为高级的测量氧化层厚度的光学技术。第一种是椭圆偏振光测量方法。在这项技术中，让一个极化的相干光束经氧化层表面反射后，以某个角度离开氧化层。

通常采用 He-Ne 激光作为光源。测量反射光的强度随着极化角变化的函数关系。通过比较入射光和反射光的强度以及极化角度的变化，就可以得到薄膜的厚度和折射率。最终完成测量工作还需要采用不同的入射角或不同波长的入射光进行测量，因为在任何给定角度或波长的光中都有一个以上的氧化层厚度能够产生出相同的变化。可变角度的光谱分析椭圆偏振光测量仪能够系统地改变入射角和入射光波长，并通过将测试数据与模型相拟合从而提取出薄膜厚度和折射率。椭圆偏振光测量法的优点是具有非破坏性，尽管它通常要求在裸硅晶圆片上生长氧化层。由于椭圆偏振光测量用的光束相当大，因此它通常是在没有图形的硅晶圆片上进行测量的。通常会在硅晶圆片上测试很多点处的薄膜厚度，从而得到整个硅晶圆片上薄膜厚度的分布情况。

表 4.2 不同厚度 SiO_2（折射率 1.48）和氮化硅（折射率 1.97）的颜色图

颜 色	SiO_2 厚度（nm）	Si_3N_4 厚度（nm）	颜 色	SiO_2 厚度（nm）	Si_3N_4 厚度（nm）
银	<27	<20	黄	<200	<150
褐	<53	<40	橘红	<240	<180
黄褐	<73	<55	红	<250	<190
红	<97	<73	暗红	<280	<210
深蓝	<100	<77	蓝	<310	<230
蓝	<120	<93	蓝绿	<330	<250
浅蓝	<130	<100	浅绿	<370	<280
极浅蓝	<150	<110	橘黄	<400	<300
银	<160	<120	红	<440	<330
浅黄	<170	<130			

注意某些颜色存在多重序列。一个显现红色的 SiO_2 膜，其厚度可能是 73 ~ 97 nm，240 ~ 250 nm，或者 400 ~ 440 nm。

第二种用来测量氧化层厚度的光学技术是干涉法。商业上以 Nanospec 这个品牌最为著名，该系统采用近似垂直的光线入射到薄膜上，同时测量反射光的强度与波长之间的函数关系。当光的波长使得入射光和出射光发生相长干涉时，就会出现光强的最大值。如果光波发生相消干涉，则会看到最小光强。通过测量最大光强和最小光强之间的波长差$\Delta\lambda$，就可以得到由下式确定的厚度：

$$t_{ox} = \frac{\Delta\lambda}{2n_{ox}} \tag{4.20}$$

式中，n_{ox}是 SiO_2 折射率的实数部分，在这个模型中我们假定 n_{ox} 与波长无关。这项技术可以测量最薄为几十纳米厚的透明薄膜。至于厚度测量的上限则取决于光在薄膜中的损耗以及分辨高阶波峰的能力。

电子技术是表征氧化层最有用的方法。最简单的电学测量是击穿电压。在这项测试中，将大量金属电极制作在氧化层的上面，在增加电容器上电压的同时，测量通过氧化层中的电流。对于较薄的氧化层，检测到的电流将随着电压的增加呈现出指数式的上升。在一个较小的电压范围内，电流的增加是不连续的，这预示着 SiO_2 中有不可逆的破裂。热生长 SiO_2 的介电强度大约是 12 MV/cm，因此，如果知道了击穿电压，就可以大致估算出氧化层的厚度。如果像通常情况下那样已知厚度，则可以测量得到击穿电场强度。击穿直方图经常用作反映氧化层质量和缺陷密度的一阶指示器（参见图 4.9），图中存在三组明显不同的击穿区域。低压组

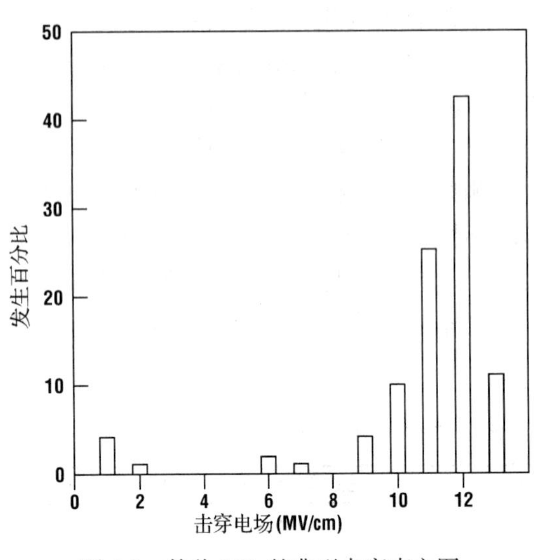

图 4.9 某种 SiO_2 的典型击穿直方图

通常被认为是非本征击穿，这类击穿是由一些致命缺陷引起的，例如在氧化层生长过程中形成的针孔。高压组是本征击穿，典型情况下它们都集中在氧化层的最大临界击穿电场附近。中间一组通常与氧化层中的薄弱点有关。包含在本征击穿组的击穿事件所占比例越大，则氧化层的质量就越好。有一点非常重要，就是被测电容的面积应该与芯片中有源区的面积相近。

简单击穿直方图的一种流行的变种是电荷击穿测试。在这项技术中，给氧化层加的电应力刚好低于击穿电场的那一点，这可以在恒定电流、恒定电压或斜坡上升的模式下完成。这项测试也称为时间相关的介质击穿(TDDB)测试。对于厚度超过 5 nm 的氧化层来说，在 TDDB 测试中有代表性的电流是 Fowler-Nordheim 电流，其遵循下面的公式：

$$J_{\mathrm{FN}} = AE_c^2 \mathrm{e}^{-B/E_c} \tag{4.21}$$

式中，E_c 是电荷通过隧道穿透效应进入氧化层的临界电场，A 和 B 是常数，由势垒高度以及电子(或空穴)的有效质量决定[20]。图 4.10 给出了典型的恒定电压方法获得的测试结果曲线。穿过氧化层电流的减少是由于电子在氧化层内被捕获之故。人们认为击穿是被捕获的正电荷在界面附近积累的结果。电荷击穿的测量是用从测试开始直到刚好击穿之前的电流进行积分的方法完成的。有人提出[21]，氧化层是由一些坚固区和一些薄弱区组成的。薄弱区很可能在物理上比其余区域的氧化层薄，或者也可能有一些容易捕获电荷的缺陷。

超薄氧化层(小于 10 nm)的特性则有所不同。图 4.11 所示为对一个厚度为 6.2 nm 的氧化层进行的恒定电流 TDDB 测试得到的结果。目前几乎没有任何有关体电子被陷阱捕获的证据，这是因为在一个称为隧道退火的工艺中，电子有能力通过隧道穿透效应由氧化层中的捕获态进入到衬底或栅电极上[22]。这些薄氧化层也表现出非常大的电荷-击穿电压比值。人们相信这是由于所需的应力条件来自低电压的结果。例如，2 nm 厚的氧化层只需要 2 V 的电压来建立 10 MV/cm 的电场。在这样低的电压下，氧化层中的电子不可能在氧化层中获得足够的能量来满足碰撞离化，以产生最终在界面被捕获的空穴，因此必须使用另外的效率较低的空穴产生机理。

对于这类薄氧化层中击穿现象的理论认识依据下面的损耗模型[23]，该模型指出氧化层网络中的各种缺陷是在氧化层薄膜上施加的电应力作用下形成的，这类缺陷通常称为中性陷阱，因为它们既能够陷落正电荷，也能够陷落负电荷。当这类缺陷的密度非常高时，它们就会在氧化层中形成一个渗漏通道，从而引起电击穿现象。因此，另一个经常用来评估氧化层质量的技术就是测量氧化层在低于击穿电压的电应力作用下的泄漏电流，该技术通常被称为应力诱生的泄漏电流(SILC)方法。然而，目前尚不清楚是否是同样的缺陷，既引起了 SILC 现象，同时又引起了击穿现象[24]。

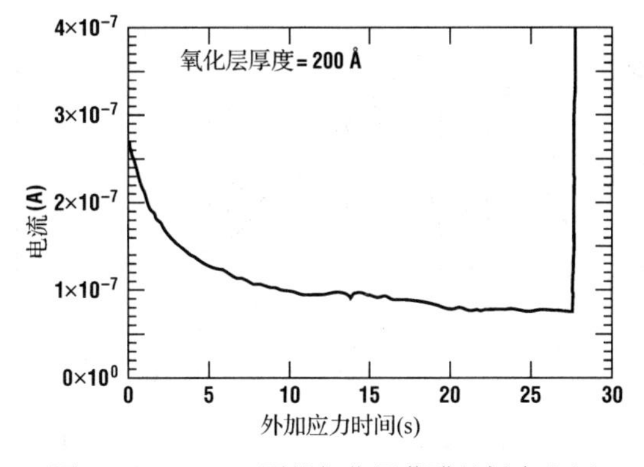

图 4.10 20 nm 厚的氧化层薄膜的恒定电压应力测量。轨迹末端附近电流急剧上升表明发生了不可恢复的击穿

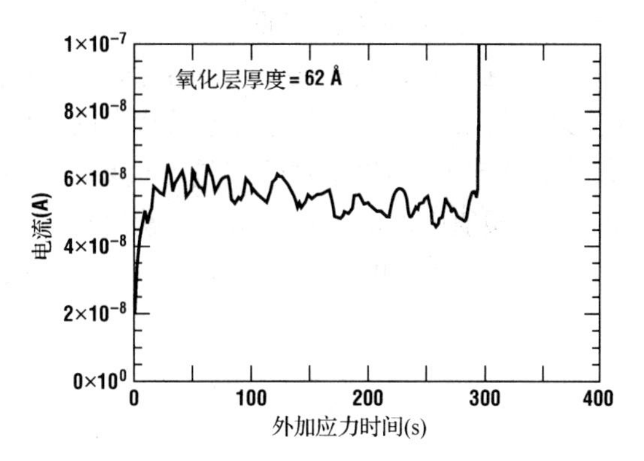

图 4.11 与图 4.10 相似的 6.2 nm 厚的氧化层测试曲线图。注意没有电荷捕获，并要求具有低电压应力

更为灵敏的评估氧化层的方法是使用电容-电压测量技术。该测量方法也需要使用金属膜作上电极，硅晶圆片作下电极。假定衬底掺杂为 P 型。如果施加一个负电压到栅电极上，额外的空穴就会被吸引到 Si-SiO_2 界面处，这种情形称为表面积累状态。现在，假定将一个小的交流信号叠加到直流偏压上，然后测量交流电流。这个相位发生偏移的电流幅度大小与电容量成正比。如果电容器的直径与氧化层厚度相比大得多，则该电容器就可以被认为是一个平行板电容器。因此，

$$C_{\mathrm{ox}} = \frac{\varepsilon_{\mathrm{ox}}\mathrm{Area}}{t_{\mathrm{ox}}} = \frac{k_{\mathrm{ox}}\varepsilon_0\mathrm{Area}}{t_{\mathrm{ox}}} \tag{4.22}$$

式中，k_{ox} 是氧化层介质的相对电容率或介电常数，而 ε_0 则是自由空间的电容率或介电常数。

最后再次指出，这是一个行之有效的测量氧化层厚度的方法。然而，对于非常薄的氧化层来说，还必须考虑半导体中积累层的有限厚度，如果栅电极采用的是重掺杂半导体材料的话，同样也必须考虑栅电极中的积累或耗尽层厚度。

如果偏压从负的设置点呈斜坡式上升到正值，则由此测量出的电容值将会下降。这是由于电场改变符号引起的，进而将会赶走位于栅电极下面的电荷。这样就有效地增加了电介质的宽度，从而降低了电容值。另一种看法是设想存在第二个电容，它从 Si-SiO_2 界面处一直扩展到衬底耗尽区的边界，从而形成与氧化层电容相串联的结构。耗尽层赖以形成的电压取决于衬底的掺杂浓度和氧化层的厚度。如果这些都已知，就能计算出一个理想 C-V 曲线，并可以与预期值进行比较。

所有的 SiO_2 层在 SiO_2-Si 界面附近都会有一个薄的正电荷层，这个正电荷层通常称为“固定”或“内建”氧化层电荷。一般认为，固定电荷与界面附近一个很薄(大约 3 nm 厚)的过渡区有关，该过渡区中具有过剩的硅离子。这些过剩的硅在氧化工艺过程中已经与晶格脱离开，但是还没有完全与氧分子发生反应。如果在氧化后进行惰性气氛退火，则固定电荷密度将会下降。这个效应的一个经典的表现就是如图 4.12 所示的 Deal 三角形。虽然图中给出的是<111>晶向硅的数据，但是在<100>晶向的硅材料中同样也可以见到这种效应。如果氧化以后紧接着在高温惰性气氛中进行退火，则固定电荷密度将会显著降低[25]。由于这个原因，大多数氧化工艺都在晶圆片从炉子里拉出来之前，还有一个短时间的氮气或氩气退火过程。业已发现，Si-SiO_2 界面的粗糙程度取决于氧化的温度。温度越高，产生的界面就越突变[26]。这个效应归

因于高温下 SiO_2 黏度的降低[27]。

固定电荷的影响是使 C-V 曲线发生横向位移，这将改变使 MOS 晶体管进入导通状态的阈值电压(参见 16.1 节)。如果这种位移是可重复的，并且位移量只是阈值电压的一小部分，那就没有什么大问题。固定电荷密度可以根据这个电压位移量来进行计算：

$$\Delta V_g = -\frac{Q_f}{C_{ox}} \tag{4.23}$$

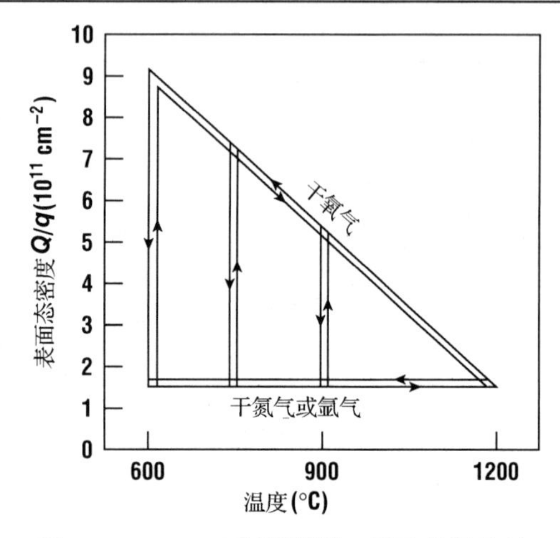

图 4.12 Deal 三角形说明，展示高温惰性气氛(氮气或氩气)氧化后退火对界面态和固定电荷密度影响的 Deal 三角形(引自 Deal 等，经 The Electrochemical Society 许可转载)

通常，将电容值对器件的面积进行归一化，这样就可以对固定电荷密度以 C/cm^2 为单位来进行衡量。然而，要进行这种影响的测量还是很困难的，因为还有几个其他效应同样也会使 C-V 曲线沿着电压轴发生位移。

使得 C-V 曲线发生横向位移的其他原因之一是可动离子电荷，最典型的是钠离子。放射性跟踪显示，钠在 SiO_2 中有很高的迁移率。除了必须要考虑这些电荷在氧化层中的分布，这些带电离子与氧化层中的固定电荷具有完全相同的影响。因此，横向电压偏移量可以通过下式给出：

$$\Delta V_g = -\frac{1}{\varepsilon_{SiO_2}}\int_0^{t_{ox}} \rho(x)x\mathrm{d}x \tag{4.24}$$

式中，$\rho(x)$ 是可动离子密度。在极限情况下，电荷是界面处的一个 δ 函数，显而易见，这将回归到前面已经给出的固定电荷公式。

对于场效应器件来说，可动离子电荷的存在代表着一个严重的可靠性问题。在 100℃下 Na 在 SiO_2 中的扩散系数大约是 $3\times10^{-15}\ cm^2/s$。如果器件在此温度下停留 1 min，其特征扩散长度大约是 4 nm。由于目前大多数 MOSFET 的栅氧化层厚度是小于几纳米的，因此随着栅极偏置电压的改变，可动离子电荷将不断地在氧化层中进行自身的重新分布。这就会改变 C-V 曲线，从而使器件的阈值电压发生改变。一个电路在刚开始时可能会正常工作，但是在有了足够多的离子移动后就会失效。

通过采用温偏应力方法，很容易检测出可动离子电荷[28]。首先准备一个 MOS 电容器并提取其 C-V 曲线。再将样品加热到 100℃以上并将 2 ~ 5 MV/cm 的正电场施加到栅电极上。将这个偏压和温度保持 10 ~ 20 min。然后撤掉电压，将电容器冷却到室温后再提取一个 C-V 曲线。最后，重复这个过程，只是这次在栅电极上施加负偏压。图 4.13 显示出带有正离子电荷的样品的典型测试结果。起初，离子在氧化层中是随机分布的。在正的栅电位影响下离子漂移到界面，在那里，它们使 C-V 曲线发生明显的位移。在施加了负偏压以后，离子又移动到栅电极-SiO_2 界面处，在那里，它们不再影响 C-V 曲线，因为此时在栅电极表面附近形成了相反极性的镜像电荷。最后可动离子的薄层电荷可以根据电压位移量利用式(4.24)计算出来。

离子污染可能有各种来源，包括炉管本身、工艺过程和预清洗中所使用的湿性化学药品，以及某些光刻胶。目前制造商已经在很大程度上解决了这个问题，而且市场上已经有了离子浓度非常低的 ULSI 级别或半导体级别的化学药品的广泛供应。要求最严格的工艺如栅氧化工艺可以采取附加的预防措施，如使用气体清洗的双层壁炉管。业已发现使惰性气体中含有 1% ~ 3% HCl 进行炉管预清洗也能降低污染水平，因为离子反应形成的化合物更容易从炉管中吹扫出去。含有卤素的氧化工艺(参见 4.2 节)也能够减少可动离子电荷。

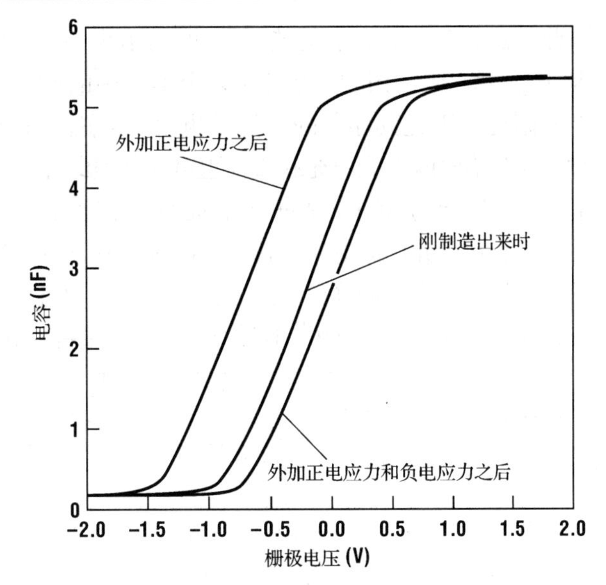

图 4.13 对正离子杂质污染的氧化层进行温偏应力测量所得到的典型 C-V 曲线簇

例 4.4 假设图 4.13 中所用的电容器是正方形的，其边长为 1000 μm。(a)求出氧化层的厚度 t_{ox}；(b)求出可动离子电荷的密度 Q_{MI}。

解答：

(a)根据式(4.22)可得

$$t_{ox} = \frac{k_{ox}\varepsilon_0 \text{Area}}{C_{ox}} = \frac{3.9\times 8.84\times 10^{-14}\ \text{F/cm}\times 10^{-2}\ \text{cm}^2}{5.2\times 10^{-9}\ \text{F}}$$
$$= 6.6\times 10^{-7}\ \text{cm} = 6.6\ \text{nm}$$

(b)从图 4.13 中可以得到，外加正负温偏应力时所引起的 $\Delta V_g \approx -0.8\ \text{V}$，利用式(4.23)可得

$$Q_{MI} = C_{ox}\Delta V_g = \frac{5.2\times 10^{-9}\ \text{F}}{10^{-2}\ \text{cm}^2}\times 0.8\ \text{V}$$
$$= 4.2\times 10^{-7}\ \text{C/cm}^2$$
$$Q_{MI} = 2.6\times 10^{12}\ \text{离子/cm}^2$$

其中我们用到了一个事实，即每个离子含有 1.6×10^{-19} C 的电量。

考虑图 4.14[29]所展示的 Si-SiO$_2$ 界面情况，在理想情况下，图中的界面是原子级的突变并具有完美的纯度。然而，实际的情况还包含氧化层中的固定电荷和可动杂质离子。另外一种普遍存在的缺陷则是界面态。由于从完整有序的晶体转变成了无定型的固体，因此并非界面上所有的价键都满足了饱和的条件。由于表面原子具有不完整的化合价和不饱和的键，因此电子和空穴就可以很容易地被俘获。这些位置

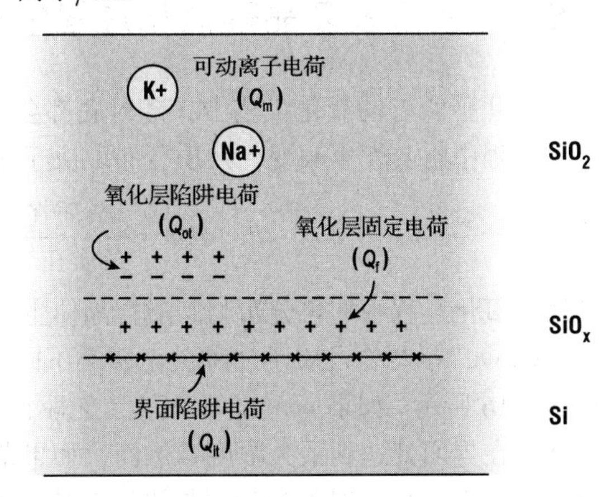

图 4.14 带有可动电荷、固定电荷和界面态的 Si-SiO$_2$ 结构(©1980，IEEE，引自 Deal)

因此就成为陷阱，它们的能量取决于局部的价键配置情况。由于这些陷阱并不是均匀分布的，因此也就有了一个陷阱能级在整个禁带中的能量分布。由于这些陷阱能量低，并且正好位于界面附近，因此其俘获的载流子也很容易逃逸出去。结果，每当栅电极上外加的偏压发生变化时，这些陷阱既可能填充载流子也可能清空载流子。要弄清这个影响的量级，可以考虑这样一个事实，即原始的(100)硅晶面的表面原子密度为 6.8×10^{14} 原子/cm^2。假定栅氧化层厚度为 2 nm，最后再假定可允许的电压漂移为 0.01 V，并且带电界面态的影响和氧化层中固定电荷的影响是同样大小的。那么，最终允许的界面陷阱密度和氧化层固定电荷密度之和必须小于 1.7×10^{-8} C/cm^2，或者缺陷密度小于 1.0×10^{11} 缺陷/cm^2，也就是每 6800 个点中允许有一个。因此，对于典型的 MOS 晶体管来说，其界面必须是高度完美无缺的。

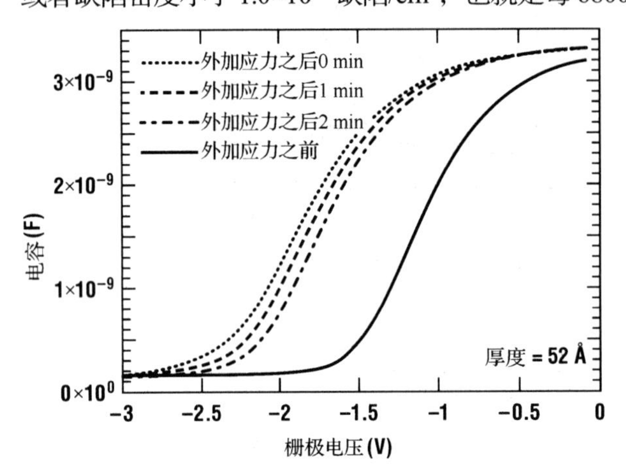

图 4.15　表明界面态和固定电荷影响的高频 C-V 曲线

由于界面陷阱的电荷状态取决于电压，因此它们对 C-V 曲线的影响要比固定电荷和可动离子电荷的影响复杂得多。图 4.15 显示了界面态和体电荷对 C-V 曲线的影响。在一个薄氧化层(≈5 nm)中通过加一个小电流的方式给它施加应力以后，固定电荷和界面态都可以从其高频 C-V 曲线上观察到。固定电荷使曲线向左偏移，而界面态则使耗尽时的 C-V 曲线斜率减小。通过隧道退火，这些特定器件中的固定电荷会自发地减少。大多数流行的测量界面态密度的技术都包括采用 C-V 测试。在 Terman[30]方法中，通常将测量得到的高频 C-V 曲线与根据氧化层厚度、金属半导体功函数差、固定电荷密度以及半导体掺杂浓度等参数计算出来的理想曲线进行比较。作为一种变通的方法，我们也可以测量高频与低频 C-V 曲线之间的差别[31]或者实际低频曲线与理论低频曲线之间的差别[32]。这些计算都是很有价值的。要提取出界面态密度，通常必须假设掺杂浓度为常数，而这一般来讲并不符合实际情况。读者可以参考 Nicollian 和 Brews 的专著[33]，以获得更多相关信息。

4.6　硅衬底及多晶硅氧化过程中掺杂剂的影响

在几乎所有的氧化工艺中，硅衬底都会含有一定程度的初始掺杂浓度。这个浓度在氧化工艺过程中将会发生改变。杂质分布取决于杂质在氧化层中的扩散速率和分凝系数 m，这里

$$m=\frac{\text{杂质在硅衬底中的浓度}}{\text{杂质在二氧化硅中的浓度}} \tag{4.25}$$

杂质在氧化过程中的再分布与杂质在晶体生长过程中的再分布方式非常类似。

Grove 等人[34]发展了一种关于四类不同杂质的图形表示法，这种被业界广泛采用的方法如图 4.16 所示。如果 $m>1$，则氧化工艺驱出杂质，其结果是杂质逐渐积累在氧化膜下面的硅表面，在界面处达到最大浓度。然而，如果杂质在 SiO_2 中扩散很快的话，这个影响是可以被抵消的，在这种情况下，杂质将迅速地从界面处流失。在界面附近硅衬底中的杂质浓度虽然

还是要高于氧化层中的杂质浓度，但它还是要低于硅衬底体内的杂质浓度。如果 $m<1$，则称为氧化层集聚杂质，这种情况下，界面附近硅衬底中的杂质浓度就会减小。

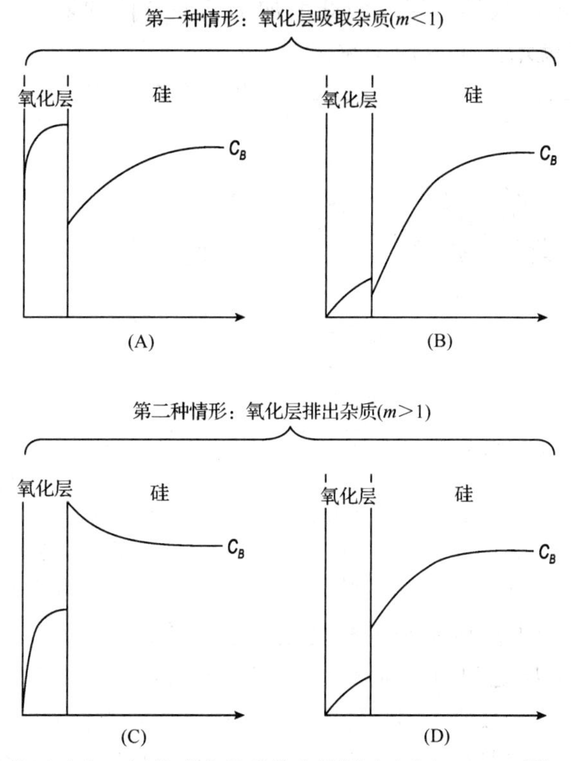

图 4.16　热氧化工艺对硅和二氧化硅中杂质分布的影响(引自 Grove 等)：(A)在氧化层中扩散慢；(B)在氧化层中扩散快；(C)在氧化层中扩散慢；(D)在氧化层中扩散快

图 4.17 展示了在各种不同的氧化工艺条件下，硼在硅中的分凝系数[35]。在这些实验中，所谓的“接近干氧”意味着使用氧气作为馈入气体，但是并未预先采取特殊的措施将氧化气氛中的水汽除掉。显然，分凝系数是可能改变的，但是可以采用阿列尼乌斯函数对其进行很好的描述。磷、砷、锑的分凝系数都在 10 左右[36]。

常见的几种硅掺杂剂以高浓度存在于硅衬底中时，都倾向于增强硅的氧化速率。分凝进入到氧化层中的硼则会削弱 SiO_2 的玻璃状结构，并降低它的黏性。当硼的表面浓度超过 $10^{20}\ cm^{-3}$ 时，它也会有增强分子氧扩散系数的效果。因此，当硅衬底表面有硼重掺杂时，其氧化的抛物线速率系数将增大[37](参见图 4.18)。

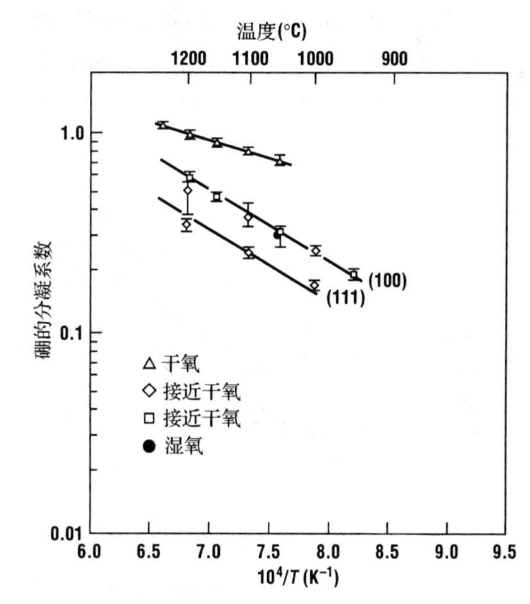

图 4.17　不同类型的氧化工艺中，硼的分凝系数随温度的变化关系(经 McGraw-Hill 许可转载，引自 Katz)

在磷重掺杂时，氧化的抛物线速率系数只表现出适度的增加，但是，在表面掺杂浓度超

过 10^{20} cm^{-3} 时，氧化的线性速率系数迅速增大(参见图 4.19)[38,39]。这种情况的发生，被认为是由于分凝效应引起的磷在表面的集聚所致。一个用来说明表面反应速率增加的模型指出，这个高浓度磷移动了费米能级的位置，因此增加了表面空位的浓度[40]。这些空位提供了额外的氧化反应点，因此就增加了反应速率。

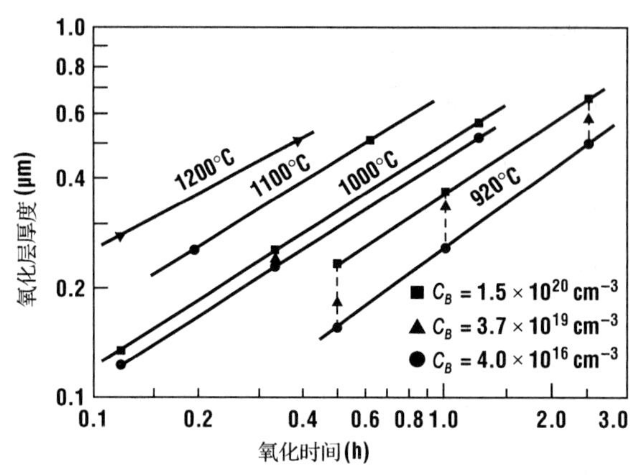

图 4.18　在三种不同的硼表面浓度情况下，二氧化硅层厚度与湿氧氧化时间的关系(引自 Deal 等，经 The Electrochemical Society 许可转载)

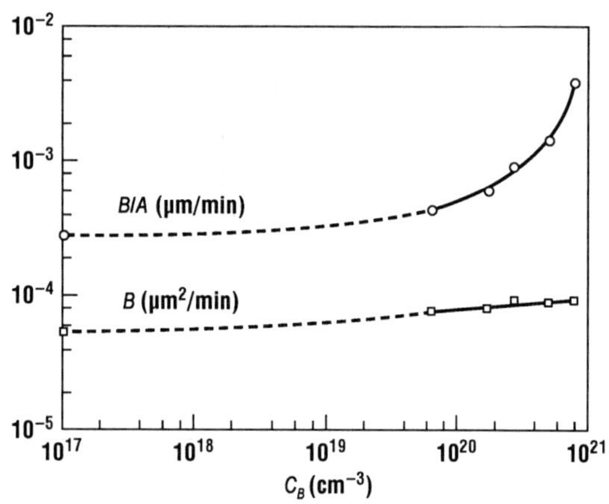

图 4.19　900℃温度下，干氧氧化的速率系数与磷表面浓度的函数关系曲线(引自 Ho 等，经 The Electrochemical Society 许可转载)

多晶硅氧化工艺对于很多应用来说都是相当重要的，例如在电可擦可编程只读存储器(EEPROM)中不同多晶硅层之间制作薄氧化层，在 DRAMs 中的多晶硅栓塞氧化以及再氧化过程中的多晶硅栅氧化。业已发现，多晶硅增强的氧化速率是由于晶粒边界上的应力引起的[41]。图 4.20 展示了在各种不同的温度下，非掺杂多晶硅进行湿氧和干氧氧化的氧化层厚度[42]。对于温度低于 1000℃的氧化工艺来说，非掺杂多晶硅在短时间内的氧化速率比(100)或(111)硅晶面都要大。长时间氧化时，多晶硅的氧化层厚度回落到(100)与(111)硅晶面之间的中等水平。当多晶硅已有磷重掺杂时，多晶硅的氧化速率则要低于(100)或(111)硅晶面的氧化速率。

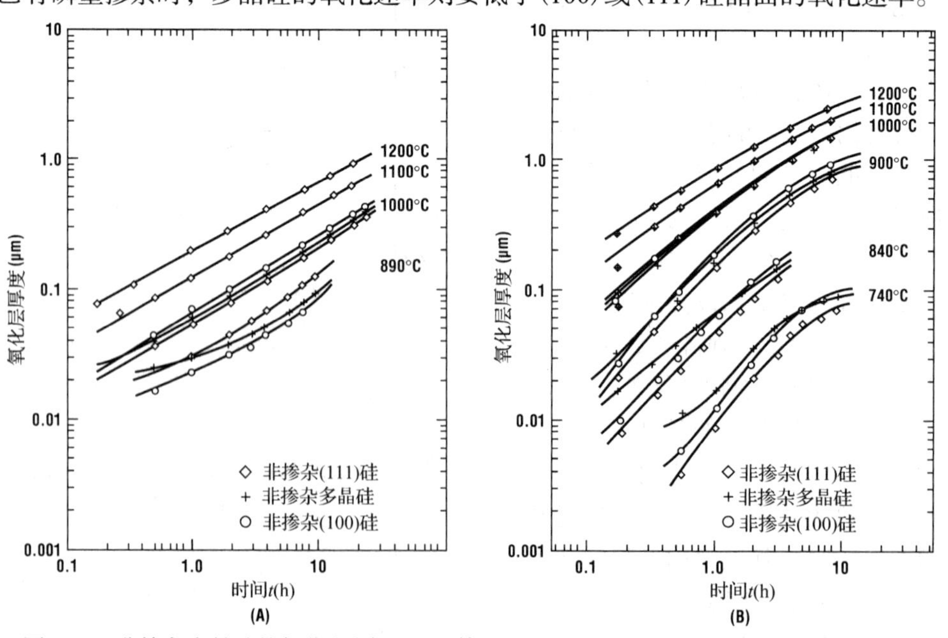

图 4.20　非掺杂多晶硅的氧化(引自 Wang 等，经 The Electrochemical Society 许可转载)

4.7 硅的氮氧化物

上一章特别强调指出了小尺寸 MOS 晶体管中存在的一个非常重要的问题，即杂质从重掺杂的多晶硅栅电极中通过扩散穿透超薄的栅氧化层，进入到器件的沟道区。这个问题对于硼杂质来说表现得更为显著，因此通常也被称为硼穿透问题。正如第 3 章中所指出的那样，在二氧化硅中引入氮元素可以降低硼杂质在其中的扩散系数，从而有助于缓解上述硼穿透问题。因此，在超小尺寸的 MOS 晶体管中通常并不使用纯的二氧化硅来作为栅介质材料。氮元素既可以在二氧化硅的热生长过程中引入，也可以在这个过程之后引入，还可以将这两种方法结合起来。

除了减小硼穿透效应，氮元素的引入还能带来一些其他的好处。当氮元素的浓度足够高时，它可以增大栅介质材料的介电常数。这对于改善晶体管的性能是非常有益的(参见 4.8 节)。已经有证据表明氮元素具有改善氧化层可靠性的潜力。二氧化硅的击穿机制之一就是其薄膜材料中原子氢从共价键中的释放。这些缺陷可以构成一个渗透的路径，由此形成一个穿透氧化层的丝状通道，从而最终导致不可逆转的击穿。有人已经指出，引入氮元素之后可以减小氢原子的扩散系数，因此将使得共价键中释放出的氢原子不太容易丢失，而且这些氢原子还有可能被重新结合到氧化层中[43,44]。

Ito 等人[45]最早提出对热氧化层进行氮化处理，以此作为对纯二氧化硅层的一个具有吸引力的替代者。在氮气氛中进行退火处理需要非常高的温度，而实际能够被合成到氧化层薄膜中的氮元素也非常少。一个更为常用的技术是把热生长的氧化层暴露在氨气(NH_3)的气氛中进行高温退火处理，此时氧化层就会参与反应，从而转变成氮氧化层，即 SiO_xN_y，其中 x 和 y 取决于具体的工艺条件，通常 $y<<x$。在很高的温度下通过氨气退火可以使得氮的浓度在表面处达到最高，即 $y=x$，然后随着深度的增加而逐渐降低，但是在靠近 Si/SiO_2 界面处氮的浓度又会再次升高。

遗憾的是，氮元素也同样带来了一些严重的问题，特别是电荷的陷阱俘获问题。无论是氧化层内部的陷阱还是界面态都是人们关注的重点。在氨气(NH_3)氛中来实现氮化，会在氧化层内部形成高浓度的电子陷阱，这些电子陷阱即使在低电场工作条件下也具有一定的活性[46]。这些陷阱有可能与薄膜中形成的羟基(OH)原子团有关。研究结果表明，对通过氨气实现氮化的氧化层进行再次氧化，可以大大减少氧化层内部的电荷俘获陷阱[47,48]。通常我们把这种栅介质材料称为二次氧化的氮氧化层(RNO)。这种薄膜材料能够在单个的快速热反应腔中通过一定序列的工艺步骤生长出来，这对于要求氮浓度适中的氮氧化物栅介质材料来说是非常具有吸引力的[49]。对于氮氧化层的二次氧化过程还同时实现了另外一个我们所需的结果。靠近硅界面层附近的氮元素会增加界面态密度，从而导致沟道载流子迁移率降低，引起晶体管关断特性退化[50]。因此我们总是希望栅介质中氮元素分布的峰值位于栅电极一侧，而在靠近衬底附近处的氮元素浓度最好趋近于零。通过在纯氧气中对氮氧化硅层进行二次氧化，可以进一步生长出额外的二氧化硅，这样就可以把氮氧化硅层从沟道附近向外推出。

近年来有一些研究工作表明，采用超低能量的离子注入工艺(参见第 5 章)可以增加氧化层薄膜表面的氮浓度，例如可以采用等离子体浸没掺杂技术[51]来实现。在此工艺中，氮离子被静电场加速射向纯二氧化硅表面。当二者发生碰撞之后，氮离子即被结合到氧化层薄膜中。

由于这是一个非平衡的工艺过程，因此注入的氮离子可以达到很高的浓度，并且如果注入氮离子的能量足够低，氮将在氧化层的上表面处达到峰值浓度。该工艺的关键问题是要确保由此形成的薄膜材料中没有过多能够俘获电荷的陷阱，并且薄膜的特性在经历了制作晶体管所需的各个热处理工艺过程之后仍然能够保持不变。

另一种可供选择的方法是利用一氧化二氮(N_2O，通常称为笑气)或者一氧化氮(NO)气体代替氧气(O_2)来进行热生长，或者在氧气中加入上述气体来进行热生长。业已得到确认 N_2O 气体一旦进入炉管中，很快就会分解为 NO、O_2 和 N_2 气体[52]。这种方法生长氮氧化硅薄膜的速率要远远低于纯 SiO_2 薄膜的生长速率。对于这种热生长的氮氧化硅薄膜来说，在其表面附近往往会存在一个低氮区。实验结果表明，在纯 NO 气氛中生长时，从硅界面处开始，大约 2/3 厚度的氮氧化硅薄膜中具有比较高的氮含量[53,54]；而在 NO/O_2 气氛中生长时，则整个氮氧化硅薄膜都具有比较高的氮含量。为了解释这种氧化工艺过程的动力学机理，一些研究者通过减小某些特定杂质在氮氧化硅材料中的扩散系数来对迪尔-格罗夫模型进行简单的修正[55,56]。Dasgupta 和 Takoudis[57]以及 de Almeida 及其合作者[58]则建立了一套描述上述工艺过程的微分方程组。他们发现一种反应-扩散模型可以很好地与实验数据相吻合，并且氮氧化硅薄膜的生长动力学机理及其组成主要起源于生长过程中的一些动态效应。图 4.21 给出了一些在 NO 气氛中生长氮氧化硅薄膜速率以及模型预测结果的实例。

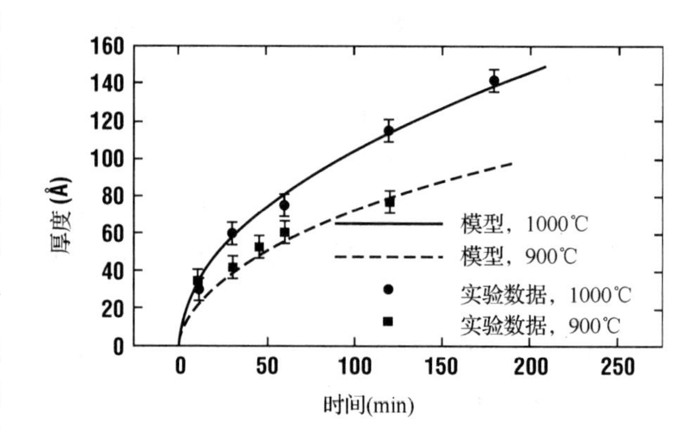

图 4.21 在一氧化氮气氛中生长氮氧化硅薄膜的速率(经 Journal of Applied Physics © 2003, American Institute of Physics 许可转载)

4.8 其他可选的栅绝缘层+

对替代 MOS 栅氧化层的绝缘介质体系的研究有个很长的历史过程，但是直到近期却一直没有取得特别显著的成效。对替代栅介质研究的推动力通常有以下几种，一个是高介电常数用来在给定的介质厚度下增加 MOSFET 的电流驱动能力，再有是提高栅介质材料抵抗电应力的能力，或者是降低栅电极中杂质的扩散系数。付出的代价常常是增加了界面态密度，这将导致由库仑散射引起的迁移率降低和不太好控制的阈值电压。

可能考虑最多的栅绝缘材料是简单介质。极化是由于价电子壳层中的电子畸变引起的。可以给这些材料的介电常数建立如下的关系式[59]：

$$E_g = 20\left[\frac{3}{\varepsilon + 2}\right]^2 \tag{4.26}$$

这样介电常数的增加会使禁带宽度减小。由于禁带宽度的减小，向绝缘栅中注入电荷将变得更加容易，从而使得栅极的泄漏电流迅速增加，因此对于简单介质来说，只能考虑适度地增加其介电常数。

在某些低功耗的工艺技术中已经开始采用高介电常数绝缘材料来替代 SiO_2 作为 MOS 晶体管的栅介质，原因在于当 SiO_2 栅介质的厚度减薄到 3 nm 以下时，已经观察到晶体管栅极的泄漏电流开始急剧增大。正如在 Brar 等人[60]，以及 Buchanan 和 Ho[61] 的测量中所显示的那样(参见图 4.22)，氧化层的厚度每降低 0.5 nm，泄漏电流密度就上升 2 个数量级左右。当前的预测是，对于移动应用来说，功耗的限制将阻止 SiO_2 层厚度进一步减薄到 1.5 nm 以下；而对于桌面应用来说，则可能会阻止 SiO_2 层厚度进一步减薄到 1 nm 以下。为了克服厚度对禁带的依赖关系(即式(4.26)的限制)，就必须使用晶格极化材料。在这类薄膜材料中，当有外加电场作用时，其中的一个或多个原子将发生移位。其结果就是由于键的拉伸产生了相当大的偶极子，从而导致介电常数变大。

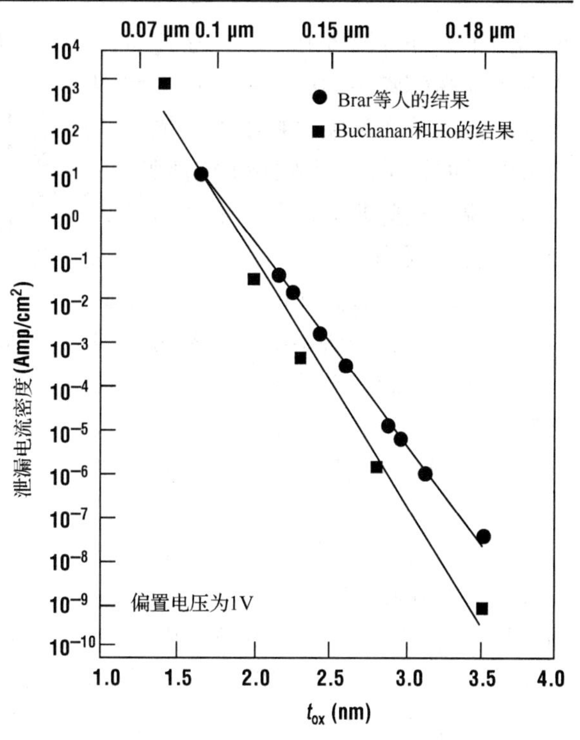

图 4.22 在 1 V 电压下对不同的物理氧化层厚度测得的泄漏电流

采用其他介质材料来取代栅极二氧化硅是一个非常具有挑战性的议题。二氧化硅栅介质可以说是整个 MOSFET 的核心所在，半导体产业界为此已经投入了数十亿美元的资金和几十年的研究工作，以不断完善这种材料及其与硅衬底的界面。对这种栅介质材料的一些基本要求包括：在硅衬底上具有很好的化学稳定性，至少在 1000℃下仍具有很好的热稳定性，对电子和空穴都具有比较大的能带偏移，较低的界面态密度，在硅衬底上能够形成超薄的界面过渡层，较低的电荷俘获陷阱，较低的离子杂质，具有较强的抗电荷俘获和抗击穿能力，与化学气相淀积技术制备的多晶硅具有很好的兼容性，在典型的工艺条件下硼和磷都具有较低的扩散率，能够被腐蚀或刻蚀。上述这些特性有些不仅仅取决于材料本身，而且还与材料的物理形态、它的沉积方式及其后续处理工艺条件等因素有关。例如，某个留下高浓度化学杂质的工艺过程很可能会导致大量的电荷陷阱，但是在淀积工艺之后再通过一个氧气氛中的高温退火处理则有可能将上述电荷陷阱完全消除。通常更希望形成非晶形态的薄膜，而不是多晶形态的薄膜，因为多晶薄膜中的晶粒边界往往是各种掺杂剂的高扩散率的通道，而且在这些晶粒边界处氧原子一般会被耗尽，这样也会导致陷阱的形成。然而非晶形态的薄膜通常会比多晶形态的薄膜具有更低的电容率，因此其可能不再具有更低泄漏电流的优势。

所有的高介电常数薄膜都是采用淀积工艺制备的，而不是采用热生长方式形成的，其具体的淀积工艺将在第 13 章中详细讨论。在高介电常数栅介质方面最初的研究工作是由本书作者利用 TiO_2 材料完成的[62,63]。很快人们就发现在这些高介电常数材料中，只有某些特定的材料，例如 ZrO_2 和 HfO_2，才能满足在硅衬底上具有很好的化学稳定性这一标准[64]，其中介电常数大约为 20 的 HfO_2 已经成为应用于器件栅介质的优选材料，但是 HfO_2 薄膜是多晶形态的。在 HfO_2 薄膜中增加一些 SiO_2 成分，形成 $Hf_xSi_{1-x}O_2$ 结构，将会使薄膜成为非晶态。另外，如果最高工艺处理温度升高，那么还可以进一步提高薄膜中的硅含量。如果我们要求降低杂质在薄膜材料中的扩散率，还可以增加氮元素，形成HfO_xN_y薄膜[65]。一般来说，这些非晶态薄膜的介电常数介于 8 到 12 之间。

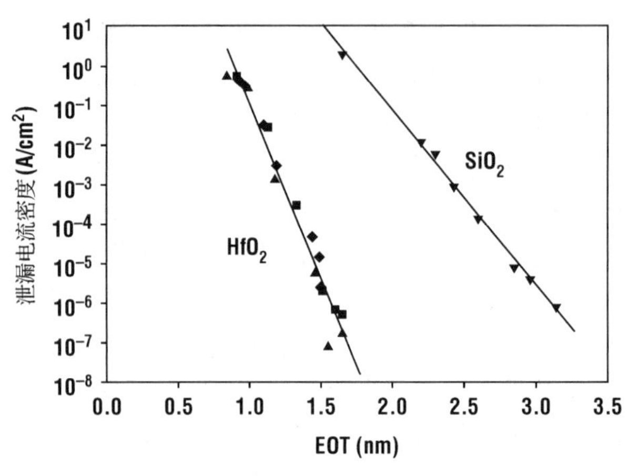

图 4.23 泄漏电流密度与HfO_2及SiO_2的等效氧化层厚度(EOT)之间的关系

利用这些具有高介电常数的薄膜材料作为栅介质已经研制出了很多可以展示功能的晶体管，总的来说，人们发现这些器件沟道中载流子的迁移率要低于SiO_2作为栅介质的器件。通过采用仔细的工程化手段[66]以及引入一层超薄的SiO_2层作为缓冲层可以减弱这个效应，已经报道的载流子迁移率可以达到理想值的 90%以上。图 4.23 给出了纯HfO_2与SiO_2器件的典型性能对比[67]。所谓的等效氧化层厚度(EOT)是指将高介电常数材料看作是SiO_2时，其单位面积能够具有和SiO_2相同的电容值时所对应的SiO_2层厚度。目前已经能够制备出的实用化(即具有可接受的沟道载流子迁移率)HfO_2薄膜的 EOT 可达到 1 nm 以下，能够制备出的实用化$Hf_xSi_{1-x}O_2$薄膜的 EOT 可达到 1.5 nm 以下。第一款采用HfO_2薄膜作为栅介质的商业化集成电路芯片主要面向移动应用的产品市场，因为在这一类产品中功耗的限制是一个最严重的制约因素。与此同时还必须开发出相应的金属栅工艺技术，以避免硼穿透问题[68]。作为 CMOS 集成电路产业最终的追求目标，必须将这些高介电常数薄膜材料的 EOT 等比例减薄到 0.5 nm，这就要求我们不仅要在HfO_2之外进一步发展各种新的高介电常数薄膜材料，例如$HfTiO_4$[69]或者$SrHfO_3$[70]等，还要能够消除SiO_2缓冲层。在我们写作本书的时候，这些工作看起来还不太容易实现。至于其他的可选方案我们将在第 16 章中详细讨论。

4.9 氧化系统

水平的卧式扩散炉占据半导体工业的主导地位已经有几十年了，虽然其间也引入过许多技术革新，但是其基本的思想仍然保持不变。如图 4.24 所示，扩散炉由四个部件组成，即气源柜；炉体柜，包括供电部分、炉管、热偶和加热元件；装片台；以及计算机控制器。气源柜，顾名思义，包括气体源，通常是装在高压钢瓶中，以及能产生一个可控的气体流量进入扩散炉的装置。在这种应用中，典型使用的是一组压力调节器、气动阀和气体过滤器。气瓶通常放在扩散炉的末端，与支架垂直。这个支架含有附加的阀门和质量流量控制器(参见第 10 章)，它们控制进入炉管的气体流量。

图 4.24 卧式的氧化/扩散系统，包括计算机控制器、装片台和四根炉管(照片经 ASM International 许可使用)

扩散炉柜内垂直叠放若干根长炉管，通常是四根炉管叠放在一起。若是为 200 mm 晶圆片设计的卧式扩散炉，则一般叠放三根炉管。扩散炉电热丝绕在高纯度陶瓷结构上，尺寸大到足以接纳一个 150 ~ 300 mm 直径的熔融石英管。电热丝绕组常常分成三个加热区，并通过大电流功率控制器由三相电源供电。通常至少在三个位置处采用热电偶来监控扩散炉中的温度。热电偶的电压被读出后与需要的温度进行比较，误差信号被放大并反馈给功率控制器。对于扩散炉中心的平坦区域，在 400℃ ~ 1200℃温度变化区间内将温度的均匀性偏差控制在 0.5℃的误差范围内是非常正常的。如果要做湿氧氧化，还需要其他额外的设备来保证将通入的氢气完全燃烧。

在装片台上将硅晶圆片装进称为石英舟的熔融石英架中。通常每个石英舟的垂直支架内可以容纳 25 片晶圆片。石英舟被装载到能够容纳 200 片晶圆片的搬运器上。早期的搬运器是熔融石英制作的小车，带有滑板或熔融石英轮，可以慢慢滚动进入扩散炉内。然而，颗粒的玷污问题使得这些搬运器已经被悬臂装载系统取代。在该系统中，石英舟被放在两个长杆上，且晶圆片从不与炉壁相接触。由于保持长杆的直线性有一定困难，因此许多悬臂装载系统现在已经被软着陆系统所取代。在这些软着陆装片台中，装载系统携带着石英舟进入到扩散炉中，放下它们，然后退出，使支撑系统在高温下停留的时间最短。在每种装载系统中都必须格外小心，为了避免形成缺陷，在操作过程中应避免撞击硅晶圆片。

微型计算机控制着对扩散炉的所有操作，对每个工艺步骤编制特定的工艺菜单，提供磁盘驱动器存储这些菜单以备将来调用。例如，一个栅氧化工艺步骤可能包括，在 O_2 和 HCl 混合气体中，1100℃下 60 min 的预氧化炉管清洗；随后是氮气吹扫，并冷却到 800℃；接着是在 O_2 和 N_2 的混合气体中慢慢推进或装载晶圆片；随后使炉管温度受控上升到 1000℃，并在 O_2 和 HCl 的混合气体中进行氧化；接着使炉管温度上升到 1050℃，进行短时间的 N_2 退火，以减少氧化层中的固定电荷；然后通过程序控制炉管温度冷却到 800℃，再慢慢拉出或者取走晶圆片。为了获得可高度重复的结果，微型计算机允许采用典型的单键操作来控制上述所有步骤。还可以在计算机上编制程序预测热负载，例如对于悬臂插入，用正好在装载之前炉温斜坡上升的方法将温度的波动降低到最小。在这类系统中炉温斜坡上升的典型速率一般限制在 10℃/min。炉管中主要的热传导机制是辐射加热，因此石英舟中密集摆放的硅晶圆片相互之间就会有所遮蔽，如果炉温斜坡上升速率过快，会导致炉管中产生较大的温度梯度，这样就会形成滑移面，并引起晶圆片翘曲。

立式扩散炉通常用于大直径的硅晶圆片。如图 4.25 和图 4.26 所示，这些扩散炉类似于竖立起来的卧式扩散炉，晶圆片是从炉子底部向上推进到炉管内的。这些立式系统有四个主要优点。垂直方向意味着晶圆片保持水平，因此这些扩散炉比较容易实现自动化。晶圆片的机器人操作臂可以很方便地给炉管进行装载或卸载。此外，均匀的片间距改善了晶圆片上的工艺均匀性，特别是对大直径的晶圆片而言。还有，不再需要在炉管内往下放置晶圆片。除了向下的力，悬臂上没有其他方向的净作用力，因此它们就不会在使用过程中发生弯曲。最后，与卧式扩散炉相比，立式扩散炉通常只占用较小的净化室面积。

第三类获得某些用户接受的系统叫作小批量快速升温炉管。这类系统一般可容纳 20 ~ 50 片晶圆片并能够以 100℃/min 的速率升温加热，同时也能够以 50℃/min 的速度降温，而且不产生滑移缺陷[71]。

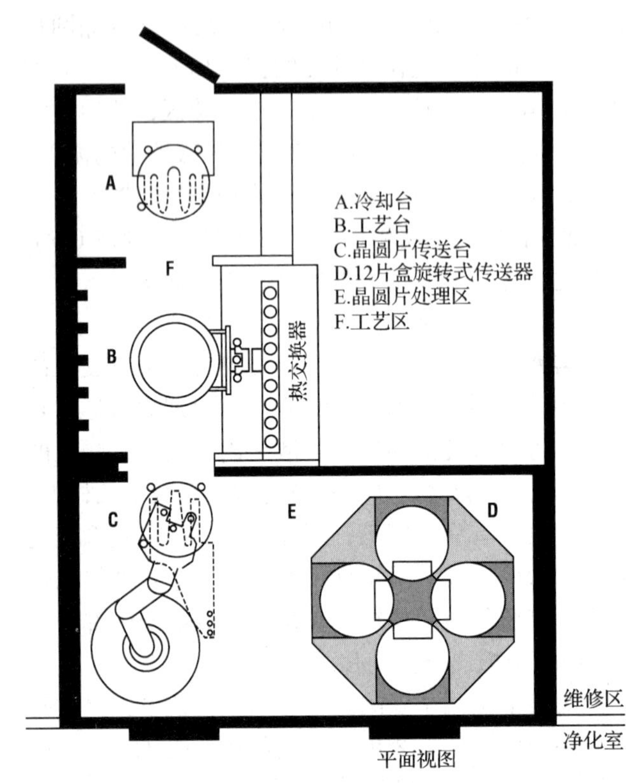

图 4.25 立式扩散炉平面图。将装有 25 片晶圆片的片盒放进传送器，并将晶圆片传送到加工片架，然后将装有晶圆片的片架升高送进扩散炉(经 ASM International 许可使用)

图 4.26 立式氧化系统，图中显示出传送器、机械手，以及将要被升高送进扩散炉的晶圆片(照片经 ASM International 许可使用)

4.10 氧化工艺的数值模拟+

在上一章中我们介绍了模拟硅材料中杂质浓度扩散分布的数值计算方法，这种数值计算方法同样也可以用来对基于迪尔-格罗夫模型的氧化工艺进行模拟。在上面介绍的数值模拟工具中，除了包含有一个关于掺氯氧化的初步模型，还分别针对湿氧氧化和干氧氧化工艺过程建立了相应的阿列尼乌斯函数，以便描述其线性与抛物线关系的氧化速率。

和扩散工艺过程一样，氧化工艺也可以采用同样的命令，即 DIFFUSION 语句来描述。当描述氧化工艺过程时，只需分别针对干氧氧化工艺或湿氧氧化工艺增加 DRYO2 或 WETO2 这两个参数即可。在调用 DIFFUSION 语句之前，可以调整这些工艺过程中的各个参数，包括 DRYO2 和 WETO2 这两个命令参数。在 DIFFUSION 语句中增加一个参数 PRESSURE=x，还可以实现对高压氧化工艺的描述，其中 x 是以大气压为单位所表示的氧气气压或水汽气压。氧化的温度还可以利用参数 T.RATE=x 来改变，其中 x 是以每分钟多少度为单位所表示的温度变化速率[①]。对于掺氯的氧化工艺过程则可以使用参数 HCl=x 来表示，其中 x 是氧化气氛中所含氯化氢气体的百分比。对于掺有稀释气体的氧化工艺过程，则可以使用命令参数 F.H2=x，

① 此处原文有误，译文已做修改。——译者注

F.H2O=x，F.HCl=x，F.N2=x，F.O2=x 来表示，其中 x 分别是以每分钟多少标准立升为单位所表示的相应气体的流量。

在薄氧化层的范围内，上述模拟程序采用了一个经验性的氧化模型[72]：

$$\frac{\mathrm{d}t_{\mathrm{ox}}}{\mathrm{d}t} = \frac{B}{2t_{\mathrm{ox}} + A} + Ce^{-t_{\mathrm{ox}}/L} \tag{4.27}$$

式中，B 和 A 是迪尔-格罗夫模型中的氧化速率系数，C 和 L 是两个经验常数。特别值得注意的是，在满足 $t_{\mathrm{ox}}>L_1$(参见式(4.16)，其中 L_1 为 10 Å 左右)的条件时，上述方程与 Massoud 的氧化模型是完全一致的。在上述模拟程序中，还分别考虑了杂质分凝系数和氧化增强扩散模型的影响，因此也可以用来模拟氧化工艺过程中的杂质再分布情况。

例 4.5 在下面所列的程序中，求出每一步工艺之后的氧化层厚度和硼的分凝系数，并据此判断硼在氧化过程中的分凝情况属于图 4.16 中的哪一种情形？在忽略温度升降过程影响的前提下，最终形成的氧化层厚度与迪尔-格罗夫模型预测的结果有何差别？

```
go athena
#TITLE: Furnace Gate Oxidation (Thick)
line x loc=0.0      spacing=0.02
line x loc=0.2      spacing=0.02
line y loc=0.0      spacing=0.02
line y loc=0.1      spacing=0.02
line y loc=0.3      spacing=0.04
line y loc=0.6      spacing=0.04
line y loc=0.8      spacing=0.06
line y loc=1.5      spacing=0.10
init c.boron=1e17
method adapt

#          Push the wafers at 800 C
Diffuse      Temperature=27  T.rate=25.7667  Time=30
# extract oxide thickness
extract name="tox1" thickness material="oxide" mat.occno=1
y.val=0.1
#          Ramp the furnace to 1000 C
Diffuse      Temperature=800  T.rate=20  Time=10  F.N2=1.8
F.O2=0.2
# extract oxide thickness
extract name="tox2" thickness material="oxide" mat.occno=1
y.val=0.1
#          Grow gate oxide
Diffuse      Temperature=1000  DryO2  HCl=3.0  Time=30
# extract oxide thickness
extract name="tox3" thickness material="oxide" mat.occno=1
y.val=0.1
#          Ramp the furnace to 800 C
Diffuse      Temperature=1000  T.rate=-20  Time=10  F.N2=1.8
F.O2=0.2
```

```
# extract oxide thickness
extract name="tox4" thickness material="oxide" mat.occno=1
y.val=0.1
#          Pull the wafers at 800 C
Diffuse      Temperature=800  T.rate=-25.7667  Time=30
# extract oxide thickness
extract name="tox" thickness material="oxide" mat.occno=1
y.val=0.1

# Save and plot the final structure
structure outfile=ex4_5
tonyplot
quit
```

解答：在第一次升温过程(此时硅晶圆片处于惰性气体中)之后，氧化层的厚度从 0 开始增加，继续升温到 1000℃之后达到 2.95 nm，再经过 1000℃掺氯化氢的干氧氧化热循环过程之后则达到 40.1 nm，最终氧化层的厚度为 40.3 nm。对于迪尔-格罗夫氧化模型来说，在 1000℃下的氧化速率系数分别为 $A = 0.165$ μm，$B = 0.0117$ μm^2/h，时间常数 $\tau = 0.37$。氧化气氛中含有氯使得系数 B 略有增大，而对于纯氧气的氧化气氛，迪尔-格罗夫模型预测的氧化层厚度则为 47.8 nm。由后处理软件 Tonyplot 给出的杂质浓度分布可见，在硅/二氧化硅界面附近氧化层中的硼浓度为 3×10^{17} cm^{-3} 左右，而在界面附近硅中的硼浓度则为 9×10^{15} cm^{-3} 左右，由此可得出硼的分凝系数为 0.03。鉴于硅材料中硼的浓度在靠近硅/二氧化硅界面附近有一定程度的下降，因此其属于图 4.16(A)中的情形。

4.11 小结

本章介绍的主题是硅的热氧化工艺。重点介绍了迪尔-格罗夫模型，这个模型可精确预测各种氧化参数下的氧化层厚度。对于薄氧化层，观察到了生长速率增强现象，这可能与氧空位的外扩散有关。对于深度等比例缩小的 MOSFET，开发了一些新型的栅极绝缘层，包括氮氧化物和几种高介电常数绝缘层。最后，本章描述了几种典型的氧化系统，并且介绍了数值模拟工具在氧化工艺中的应用。

习题

1. 某种工艺需要用到 100 nm 厚的栅氧化层。已经确定要在 1000℃下进行干氧氧化，如果没有初始氧化层，该氧化工艺需要持续多长时间？该氧化过程是处于线性区、抛物线区还是介于两者之间？
2. 如果氧化工艺是在湿氧气氛中进行的，重新求解习题 1。
3. 现在决定在习题 1 的条件下分两步生长氧化层。首先生长 50 nm 厚的氧化层，然后晶圆片被再次氧化到 100 nm 的总厚度。如果氧化都是在 1000℃的干氧气氛中进行的，计算每次氧化所需的时间。
4. 在某个双极型器件的工艺中，为了隔离晶体管，需要生长 1 μm 厚的场氧化层。由于考虑到杂质扩散和堆垛层错的形成，氧化必须在1050℃下进行。如果氧化工艺是在一个大气压下的湿氧气氛中进行的，计算所需的氧化时间。假定抛物线速率系数与氧化的气压成正比，分别计算在5个大气压和20个大气压下氧化所需的时间。

5．在1000℃下进行2小时的湿氧氧化工艺，但是由于氧化工艺设备的故障，造成实际氢气的流量没有达到所需的数值。注意仔细选用表4.1中的适用数据。硅晶圆片从裸片开始，最终生长了200 nm厚的热氧化层，求出炉管中以Torr为单位的水汽分压。与水汽相比，你可以假设过量的氧气基本上是不起作用的。

6．已经有实验证据表明，当采用某项工艺技术来生长超薄栅氧化层时，如果SiO_2是在含有水汽的气氛中生长的，其可靠性要优于在干氧气氛中生长的SiO_2薄膜。

(a) 估算出在920℃、640 Torr水汽分压下在裸露的硅晶圆片上生长3 nm厚的SiO_2层所需要的时间(以s为单位，1 Å=10^{-4} μm)。

(b) 为了使上述水汽氧化工艺过程更加可控，将氧化炉管腔体中的水汽分压降低到76 Torr(相当于0.1个大气压)，试求出生长同样厚度的SiO_2层所需要的时间(以min为单位)。

7．可以采用一种新的氧化剂来对硅进行热氧化，它不包含快速氧化时段，而是一直遵循迪尔-格罗夫模型。对于短时间的氧化工艺过程来说，其氧化速率在1000℃和900℃下分别为恒定的1.0 nm/s和0.5 nm/s。

(a) 根据迪尔-格罗夫模型，推导出以D、k_s、H、P_g及N_1所表示的初始氧化速率的表达式，可以假设$k_s<h$。

(b) 请估计在800℃下这种氧化工艺的氧化速率是多少？

8．某个栅氧化层是在1000℃和640 Torr的水汽分压下生长的，如果氧化工艺是在(100)晶面裸露的硅晶圆片上进行的，且氧化时间为2 min。

(a) 假设$\tau=0$，利用迪尔-格罗夫模型预测所生长的氧化层厚度。

(b) 在实际的氧化工艺中，发现所生长的氧化层厚度为600 Å(即60 nm)，而且在氧化2 min之后其氧化速率与B/A比值相等，求出该工艺条件下为计入快速氧化生长时段的影响所需采用的τ的数值。

9．某个裸露硅晶圆片的氧化工艺是在1000℃和一个大气压的干氧气氛中进行的，所需生长的氧化层厚度为400 Å(即40 nm或0.04 μm)。

(a) 如果忽略快速氧化生长时段，求出该氧化工艺所需的生长时间。

(b) 如果考虑快速氧化生长时段的影响，求出该氧化工艺所需的生长时间。

10．在一个特定的CMOS工艺技术中，你需要生长一层2 nm(即0.002 μm)厚的栅氧化层。你必须在一个1000℃的炉管中氧化10 min来完成该氧化工艺。假设原始晶圆片是裸露的光片，且快速氧化生长时段的影响可以忽略。试求出应该使用多大的干氧分压来完成该氧化工艺。

可以利用图4.6来估算在考虑快速生长效应的前提下，一个大气压下干氧氧化所需的氧化生长时间(图中纵坐标轴上的小格点分别代表2、4、6、8)。由于氧化层非常薄，因此还可以假设在整个工艺过程中的氧化速率不变。注意：1 nm =10 Å。

11．图4.21展示了硅晶圆片在NO气氛中的氧化过程。试回答：

(a) 为什么要在NO气氛而不是O_2气氛中进行硅晶圆片的氧化？

(b)假设我们要以修正的迪尔-格罗夫模型来拟合相关的实验数据，在该模型中以参数τ 来校正快速氧化效应，1000℃下的线性速率系数(B/A)是多少?

(c)估算上述温度下的τ 值。

(d)将你计算求得的线性速率系数(B/A)值与干氧氧化的值进行比较，依据式(4.12)分析哪个参数是造成二者之间差别的主要原因。

12. 假定带负电荷的氧分子O_2^-在SiO_2中的扩散系数正好是中性O_2的两倍(由于电场辅助增强项的影响)，但是在表面却具有 10 倍的反应能力，而反应速率系数却有着完全相同的激活能。在一个大气压和O_2^-源的条件下，重新求解习题 1。

13. 对于纳米尺度的 MOSFET，常常需要生长 2 nm 量级的栅氧化层。虽然由于涉及很短的氧化时间而使工艺控制变得非常困难，但通常还是倾向于在高温下来生长这些氧化层。试解释其中的原因。

14. 一种用于解决生长超薄栅氧化层的困难并获得一定成功的技术，是在稀释的氧和惰性元素例如氩的混合气体中生长氧化层。假定我们有一种含有 10% O_2和 90% Ar 的混合气体。如果忽略通常与薄氧化层生长相关的快速氧化时段，并且假定像习题 4 中那样，抛物线速率系数 B 取决于氧化剂的分压，计算在 1000℃下生长 10 nm 厚的氧化层所需要的时间。假设硅晶圆片上没有初始氧化层。

15. 推导式(4.17)和式(4.18)。

16. 假定 L_2是 7 nm，C_2是 5 nm/min。如果习题 13 中所描述的 2 nm 厚[①]的氧化层是在1000℃下的干氧气氛中生长的，而且没有初始氧化层，那么从习题 15[②]中推导的公式出发，分别在有薄氧化层速率增强项和没有薄氧化层速率增强项的两种情况下，确定氧化所需的时间。习题 15[③]中的公式推导所要求的两个极限条件是否严格满足?如果不满足，请定性描述其影响。

17. 如果改为在含有 10%氧和 90%氩的气氛中来生长氧化层，重新求解习题 16[④]。

18. 热氧化层厚度通常采用 Nanospec 测厚仪和积累区电容两种方法来测量。实验发现二者的测量结果相差 20%，甚至使用同一硅晶圆片进行两种测量也是如此。试分析有可能造成这种差异的三种可能的误差原因。

19. 一个 25 nm 厚的栅氧化层被发现有 15 mV 的温偏应力漂移。计算单位面积氧化层中的可动离子数量。

20. 修改例 4.5 中的程序语句，模拟在 920℃、1000℃、1100℃下的 30 min 湿氧氧化。将计算的氧化层厚度与迪尔-格罗夫模型预测的厚度进行比较。从结果中计算分凝系数并用它与图 4.17 中的曲线进行比较。改变衬底硼掺杂浓度到 $1.5\times10^{20}cm^{-3}$，再运行 920℃下的工艺模拟。将模拟结果与图 4.18 中的曲线进行比较。对于你所使用的模拟软件中的模型，上述模拟对比的结果能告诉你些什么?

21. 利用你所使用的工艺模拟软件在 1000℃温度下，分别用 1 min、2 min、5 min、10 min

① 此处原文为 10 nm 厚，有误。——译者注

② 此处原文为习题 14，有误。——译者注

③ 此处原文为习题 14，有误。——译者注

④ 此处原文为习题 15，有误。——译者注

时间生长几种干氧氧化层。计算作为生长时间函数的氧化层厚度。在你使用的工艺模拟软件中有没有通过建立模型来考虑初始氧化阶段的影响？如果没有的话，程序使用者如何提高中等厚度($20\ nm < t_{ox} < 100\ nm$)氧化层的干氧氧化工艺模拟的精度？

参考文献

1. B. E. Deal and A. S. Grove, "General Relationship for the Thermal Oxidation of Silicon," *J. Appl. Phys.* **36**:3770 (1965).
2. N. Cabrera and N. F. Mott, *Rep. Prog. Phys.* **12**:163 (1948–49) .
3. M. M. Aptyalia, in *Properties of Elemental and Compound Semiconductors*, H. Gates, ed., Interscience, New York, 1960, p. 163.
4. R. S. Ronen and P. H. Robinson, "Hydrogen Chloride and Chlorine Gettering: An EffectiveTechnique for Improving Performance of Silicon Devices," *J. Electrochem. Soc.* **119**:747 (1972).
5. D. W. Hess and B. E. Deal, "Kinetics of Thermal Oxidation of Silicon in O_2/HCl Mixtures," *J. Electrochem. Soc.* **124**:735 (1977).
6. R. R. Razouk, L. N. Lie, and B. E. Deal, "Kinetics of High Pressure Oxidation of Silicon in Pyrogenic Steam," *J. Electrochem. Soc.* **128**:2214 (1981).
7. H. Z. Massoud, J. D. Plummer, and E. A. Irene, "Thermal Oxidation of Silicon in Dry Oxygen: Growth Rate Enhancement in the Thin Regime," *J. Electrochem. Soc.* **132**:2685 (1985).
8. M. Hamasaki, "Effect of Oxidation-Induced Oxide Charges on the Kinetics of Silicon Oxidation," *Solid State Electron.* **25**:479 (1982).
9. S. M. Hu, "Thermal Oxidation of Silicon," *J. Appl. Phys.* **55**:4095 (1984).
10. D. N. Modlin, Ph.D. Dissertation, Stanford University, Stanford, CA, 1983.
11. A. G. Revesz and R. J. Evans, "Kinetics and Mechanism of Thermal Oxidation of Silicon with Special Emphasis on Impurity Effects," *J. Phys. Chem. Solids* **30**:551 (1969).
12. A. Fargeix, G. Ghibaudo, and G. Kamarinos, "A Revised Analysis of Dry Oxidation of Silicon," *J. Appl. Phys.* **54**:2878 (1983).
13. R. B. Beck and B. Majkusiak, "The Initial Growth Rate of Thermal Silicon Dioxide," *Phys. Stat. Sol.* **A116**:313 (1989).
14. H. Z. Massoud, J. D. Plummer, and E. A. Irene, "Thermal Oxidation of Silicon in Dry Oxygen Growth-rate Enhancement in the Thin Oxide Regime—II. Physical Mechanisms," *J. Electrochem. Soc.* **132**:2693 (1985).
15. K. H. Lee, W. H. Liu, and S. A. Campbell, "Growth Kinetics and Electrical Characteristics of Thermal Silicon Dioxide Grown at Low Temperature," *J. Electrochem. Soc.* **140**:501 (1993).
16. C. J. Han and C. R. Helms, *J. Electrochem. Soc.* **134**:1299 (1987).
17. F. Rochet, B. Agius, and S. Rigo, "An ^{18}O Study of the Oxidation Mechanism of Silicon in Dry Oxygen," *J. Electrochem. Soc.* **131**:914 (1984).
18. J. M. Delarious, C. R. Helms, D. B. Kao, and B. E. Deal, "Parallel Oxidation Model for Si Including Both Molecular and Atomic Oxygen Concentrations," *Appl. Surf. Sci.* **39**:89 (1989).
19. E. P. Gusev, H. C. Lu, T. Gustafsson, and E. Garfunkel, "The Initial Oxidation of Silicon: New Ion Scattering Results in the Ultra-thin Regime," *Appl. Surf. Sci.* **104/105**:329 (1996).
20. R. H. Fowler and L. W. Nordheim, "Electron Emission in Intense Electric Fields," *Proc. R. Soc.* **A119**:173 (1928).

21. C. Hu, S. C. Tam, F.-C. Hsu, P.-K. Ko, T.-Y. Chan, and K. W. Terrill, "Hot-Electron-Induced MOSFET Degradation—Model, Monitor, and Improvement," *IEEE Trans. Electron Dev* **ED-32**:375 (1985).
22. K. H. Lee and S. A. Campbell, "The Kinetics of Charge Trapping and Oxide Trap Recombination in Ultrathin Silicon Dioxide," *J. Appl. Phys.* **73**:4434 (1993).
23. J. H. Stathis and D. J. DiMaria, "Reliability Projection for Ultra-thin Oxides at Low Voltage," in *IEEE Intl. Electron Device Meeting Tech. Dig.*, 1998, pp. 167–170.
24. L. Pantisano and K. P. Cheung, "Stress-Induced Leakage Current (SILC) and Oxide Breakdown: Are They From the Same Oxide Traps?" *IEEE Transactions on Device and Materials Reliability* **1**(2):109 (2001).
25. B. E. Deal, M. Sklar, A. S. Grove, and E. H. Snow, "Characteristics of the Surface State Charge of Thermally Oxidized Silicon," *J. Electrochem. Soc.* **114**:266 (1967).
26. M. T. Tang, K. W. Evans-Lutterodt, M. L. Green, D. Brasen, K. Krisch, L. Manchanda, G. S. Higashi, and T. Boone, "Growth Temperature Dependence of the Si(001)/SiO_2 Interface Width," *Appl. Phys. Lett.* **64**:748 (1994).
27. E. P. EerNisse, "Stress in Thermal SiO_2 During Growth," *Appl. Phys. Lett.* **35**:8 (1979).
28. E. H. Snow, A. S. Grove, B. E. Deal, and C. T. Sah, "Ion Transport Phenomena in Insulating Films," *J. Appl. Phys.* **36**:1664 (1965).
29. B. E. Deal, "Standardized Terminology for Oxide Charges Associated with Thermally Oxidized Silicon," *IEEE Trans. Electron Dev.* **ED-27**:606 (1980).
30. L. M. Terman, "An Investigation of Surface States at a Silicon/Silicon Dioxide Interface Employing Metal-Oxide-Silicon Diodes," *Solid State Electron.* **5**:285 (1962).
31. R. Castagne and A. Vapaille, "Description of the SiO_2-Si Interface Properties by Means of Very Low Frequency MOS Capacitance Measurements," *Surf. Sci.* **28**:157 (1971).
32. C. N. Berglund, "Surface States at Steam-Grown Silicon-Silicon Dioxide Interfaces," *IEEE Trans. Electron Dev.* **ED-31**:701 (1966).
33. E. H. Nicollian and J. R. Brews, *Metal Oxide Semiconductor Physics and Technology*, Wiley, New York, 1982.
34. A. S. Grove, O. Leistiko, and C. T. Sah, "Redistribution of Acceptor and Donor Impurities During Thermal Oxidation of Silicon," *J. Appl. Phys.* **35**:2695 (1964).
35. R. B. Fair and J. C. C. Tsai, "Theory and Direct Measurement of Boron Segregation in SiO_2 in Dry, Near Dry, and Wet O_2 Oxidation," *J. Electrochem. Soc.* **125**:2050 (1978).
36. A. S. Grove, *Physics and Technology of Semiconductor Devices*, Wiley, New York, 1967.
37. B. E. Deal and M. Sklar, "Thermal Oxidation of Heavily Doped Silicon," *J. Electrochem. Soc.* **112**:430 (1965).
38. L. E. Katz, "Oxidation," in *VLSI Technology*, S. M. Sze, ed., McGraw-Hill, New York, 1988.
39. C. P. Ho, J. D. Plummer, J. D. Meindl, and B. E. Deal, "Thermal Oxidation of Heavily Phosphorus Doped Silicon," *J. Electrochem. Soc.* **125**:665 (1978).
40. C. P. Ho and J. D. Plummer, "Si–SiO_2 Interface Oxidation Kinetics: A Physical Model for the Influence of High Substrate Doping Levels. I. Theory," *J. Electrochem. Soc.* **126**:1516 (1979).
41. J. C. Bravman and R. Sinclair, "Transmission Electron Microscopy Studies of the Polycrystalline Silicon-SiO_2 Interface," *Thin Solid Films* **104**:153 (1983).
42. Y. Wang, J. Tao, S. Tong, T. Sun, A. Zhang, and S. Feng, "The Oxidation Kinetics of Thin Polycrystalline Silicon Films," *J. Electrochem. Soc.* **138**:214 (1991).
43. T. Ito, H. Arakawa, T. Nozaki, and H. Ishikawa, "Retardation of Destructive Breakdown of SiO_2 Films Annealed in Ammonia Gas," *J. Electrochem. Soc.* **127**:2248 (1980).

44. F. L. Terry, R. J. Aucoin, M. L. Naiman, and S. D. Senturia, "Radiation Effects in Nitrided Oxides," *IEEE Electron Dev. Lett.* **EDL-4**:191 (1983).
45. T. Ito, T. Nozaki, and H. Ishikawa, "Direct Thermal Nitridization of Silicon Dioxide Films in Anhydrous Ammonia Gas," *J. Electrochem. Soc.* **127**:2053 (1980).
46. S. K. Lai, D. W. Dong, and A. Hartenstein, "Effects of Ammonia Anneal on Electron Trapping in Silicon Dioxide," *J. Electrochem. Soc.* **129**:2042 (1982).
47. S. K. Lai, J. Lee, and V. K. Dham, "Electrical Properties of Nitrided-oxide Systems for Use in Gate Dielectrics and EEPROM," *IEDM Tech. Dig.*, 1983, p. 190.
48. T. Hori and H. Iwasaki, "Ultra-thin Re-oxidized Nitrided-oxides Prepared by Rapid Thermal Processing," *IEDM Tech. Dig.*, 1987, p. 570.
49. T. Hori, H. Iwasaki, and K. Tsuji, "Electrical and Thermal Properties of Ultrathin Reoxidized Nitrided Samples Prepared by Rapid Thermal Processing," *IEEE Trans. Electron Dev.* **36**:340 (1989).
50. M. L. Green, D. Brasen, L. Feldman, E. Garfunkel, E. P. Gusev, T. Gustafsson, W. L. Lennard, H. C. Lu, and T. Sorsch, "Thermal Routes to Ultrathin Oxynitrides," in *Fundamental Aspects of Ultrathin Dielectrics in Si-Based Devices*, E. Garfunkel, E. P. Gusev, and A. Y. Vul', eds., Kluwer, Dordrecht, Netherlands, 1998.
51. S. Fukuda, Y. Suzuki, T. Hirano, T. Kato, A. Kashiwagi, M. Saito, S. Kadomura, Y. Minemura, and S. Samukawa, "Ultra Shallow Incorporation of Nitrogen into Gate Dielectrics by Pulse Time Modulated Plasma," Materials Research Society Symposium Proceedings, *Fundamentals of Novel Oxide/Semiconductor Interfaces Symposium*, **786**:239–244 (2003).
52. K. A. Ellis and R. A. Buhrman, "Furnace Gas-Phase Chemistry of Silicon Oxynitridation in N_2O," *Appl. Phys. Lett.* **68**:1696 (1996).
53. S. S. Dang and C. G. Takoudis, "Optimization of Bimodal Nitrogen Concentration Profiles in Silicon Oxynitrides," *J. Appl. Phys.* **86**:1326 (1999).
54. M. L. Green, E. P. Gusev, R. DeGraeve, and E. Garfunkel, "Ultrathin (less than or equal to 4 nm) SiO_2 and Si-O-N Gate Dielectric Layers for Silicon Microelectronics: Understanding the Processing, Structure, and Physical and Electrical Limits," *J. Appl. Phys.* **90**:2057 (2001).
55. W. Ting, H. Hwang, J. Lee, and D. L. Kwong, "Growth Kinetics of Ultrathin SiO_2 Films Fabricated by Rapid Thermal Oxidation of Si Substrates in N_2O," *J. Appl. Phys.* **70**:1072 (1991).
56. Z. Q. Yao, H. B. Harrison, S. Dimitrijev, D. Sweatman, and Y. T. Yeow, "High Quality Ultrathin Dielectric Films Grown on Silicon in a Nitric Oxide Ambient," *Appl. Phys. Lett.* **64**:3584 (1994).
57. A. Dasgupta and C. G. Takoudis, "Growth Kinetics of Thermal Silicon Oxynitride in Nitric Oxide Ambient," *J. Appl. Phys.* **93**(6):3615 (2003).
58. R. M. C. de Almeida, I. J. R. Baumvol, J. J. Ganem, I. Trimaille, and S. Rigo, "Thermal Growth of Silicon Oxynitride Films on Si: A Reaction–diffusion Approach," *J. Appl. Phys.* **95**(4):1770 (2004).
59. S. A. Campbell, D. C. Gilmer, X. Wang, M. T. Hsich, H. S. Kim, W. L. Gladfelter, and J. H. Yan, "MOSFET Transistors Fabricated with High Permitivity TiO_2 Dielectrics," *IEEE Trans. Electron Dev.* **44**:104 (1997).
60. B. Brar, G. D. Wilk, and A. C. Seaburgh, "Direct Extraction of the Electron Tunneling Effective Mass in Ultrathin SiO_2," *Appl. Phys. Lett.* **69**:2728 (1996).
61. D. A. Buchanan and S.-H. Lo, "Growth, Characterization and the Limits of Ultrathin SiO_2 Based Dielectrics for Future CMOS Applications," in *The Physics and Chemistry of SiO_2 and the Si–SiO_2 Interface—III*, H. Z. Massoud, E. H. Poindexter, and C. R. Helms, eds., Electrochemical Society, Pennington, NJ, 1996, p. 3.

62. H. S. Kim, S. A. Campbell, D. C. Gilmer, and D. L. Polla, "Leakage Current and Electrical Breakdown in TiO_2 Deposited on Silicon by Metallorganic Chemical Vapor Deposition," *Appl. Phys. Lett.* **69**:3860 (1996).
63. S. A. Campbell, D. C. Gilmer, X. Wang, M. T. Hsieh, H. S. Kim, W. L. Gladfelter, and J. H. Yan, "MOSFET Transistors Fabricated with High Permittivity TiO_2 Dielectrics," *IEEE Trans. Electron Dev*. **44**:104 (1997).
64. K. J. Hubbard and D. G. Schlom, "Thermodynamic Stability of Binary Oxides in Contact with Silicon," in *Epitaxial Oxide Thin Films II*, Vol. 401, J. S. Speck, D. K. Fork, R. M. Wolf, and T. Shiosaki, eds. MRS, Pittsburgh, 1996, pp. 33–38.
65. T. Ino, Y. Kamimuta, M. Suzuki, M. Koyama, and A. Nishiyama, "Dielectric Constant Behavior of Hf–O–N system," *Jpn. J. Appl. Phys.*, Part 1: Regular Papers and Short Notes and Review Papers **45**(4 B):2908–2913 (Apr. 25, 2006).
66. S. A. Campbell, T. Z. Ma, R. Smith, W. L. Gladfelter, and F. Chen, "High Mobility HfO_2 N- and P-Channel Transistors," *Microelectron. Eng*. **59**(1–4):361–366 (2001).
67. Z. Zhang, B. Xia, W. L. Gladfelter, and S. A. Campbell, "The Deposition of Hafnium Oxide from Hf *t*-butoxide and Nitric Oxide," *J. Vacuum Sci. Technol.* A **24**(3):418–423 (May/June 2006).
68. J. H. Lee, Y. S. Suh, H. Lazar, R. Jha, J. Gurganus, Y. Lin, and V. Misra, "Compatibility of Dual Metal Gate Electrodes with High-*p* Dielectrics for CMOS," *IEDM, Tech. Dig*., 2003, pp. 323–326.
69. F. Chen, B. Xia, C. Hella, X. Shi, W. L. Gladfelter, and S. A. Campbell, "A Study of Mixtures of HfO_2 and TiO_2 as High-*k* Gate Dielectrics," *Microelectron. Eng*. **72**(1–4):263–266 (2004).
70. I. McCarthy, M. P. Agustin, S. Shamuilia, S. Stemmer, V. V. Afanas'ev, and S. A. Campbell, "Strontium Hafnate Films Deposited by Physical Vapor Deposition," *Thin Solid Films,* **515**(4):2527–2530 (2006).
71. P. Singer, "Furnaces Evolving to Meet Diverse Thermal Processing Needs," *Semicond. Int.* **40**:84 (1997).
72. H. Z. Massoud, C. P. Ho, and J. D. Plummer, in *Computer-Aided Design of Integrated Circuit Fabrication Processes for VLSI Devices*, J. D. Plummer, ed., Stanford Univ. Tech. Rep., 1982.

第5章　离 子 注 入

第 3 章阐述了用预淀积扩散的方法在半导体中掺入杂质。在该工艺中，杂质从晶圆片表面的一个无限源中扩散到半导体内，表面浓度受到固溶度的限制，分布的深度由时间和杂质的扩散速率决定。从原理上讲，似乎只要适当地限制晶圆片表面的杂质来源，就可以获得更轻微的掺杂分布。例如，用惰性气体携带非常稀薄的掺杂剂就能降低表面浓度，该工艺曾被用于早期的微电子工艺技术，但是人们发现它很难控制。同时人们还发现轻掺杂的分布往往又是要求最严格的。双极型晶体管的基区和 MOSFET 的沟道区就是两个必须很好地控制适度掺杂分布的例子，因为它们分别决定了晶体管的增益和阈值电压。

在离子注入工艺中，电离的杂质原子经过静电场加速后撞击到晶圆片的表面，通过测量离子电流可以严格地控制注入剂量。注入工艺所用的剂量范围从很轻掺杂的 10^{11} cm^{-2} 到诸如源/漏接触、发射区和埋层收集区等低电阻区所用的 10^{15} cm^{-2}。某些特殊的应用要求剂量大于 10^{18} cm^{-2}，而通过控制静电场也可以控制杂质离子的穿透深度。因此，离子注入在一定程度上提供了控制衬底中掺杂分布的可能性。典型的离子注入能量范围为 1 ~ 200 keV。在某些特殊应用中，包括要形成一些非常深的结构(参见第 16 章)，可能需要高达几兆电子伏的能量。

经历了 20 世纪 60 年代大量的样机研究之后，第一台商用的离子注入机(即 Varian DF-4 机型)在 20 世纪 70 年代中期面世。尽管最初人们对这种新的杂质掺入法心有疑虑，但是它很快就获得了广泛的使用。到了 1980 年，大多数硅工艺技术已经是全离子注入掺杂工艺(化合物半导体工艺则既采用离子注入掺杂工艺，也采用外延生长掺杂工艺，对于后者我们将在第 14 章中详细讨论)。虽然现在离子注入已经被广泛使用，但它还是有几个缺点：入射离子会对半导体晶格造成损伤，该损伤必须得到修复，但在某些场合要完全消除损伤也是无法做到的；很浅的和很深的注入分布也是很难实现的，甚至是不可能得到的；对于高剂量注入，离子注入的产能也会受到限制，尤其是与通常能一次同时完成 200 片晶圆片的扩散工艺相比；最后，离子注入设备是非常昂贵的，一台最新的离子注入系统价值超过 500 万美元。

本章所描述的工艺是对整个晶圆片进行剂量均匀的地毯式大面积注入。要在晶圆片上进行选择性的区域掺杂，必须使用注入掩蔽膜。标准离子注入机的一个变种是将离子束聚焦成一个小束斑，并利用此小束斑形成对局部区域的加工能力，这种工艺技术称为**聚焦离子束技术**(focused ion beam techniques)。例如，离子可直接用来形成器件上横向可变的掺杂分布。由于该方法既非常昂贵，速度又很慢，以至于不能广泛地应用在生产制造中。但是在修补掩模缺陷和诊断工作中要选择性地去掉某些薄膜层时，离子束工艺是很有用的。

5.1　理想化的离子注入系统

离子注入系统可以划分为三个组成部分(参见图 5.1)：离子源、加速管和终端控制台[1]。离子源(参见图 5.2)首先要将含有注入元素的气体馈入系统中。硅工艺中常用的气体有 BF_3、AsH_3 和 PH_3，而 GaAs 工艺中常用的气体是 SiH_4 和 H_2。大多数采用气态源的注入机通过打开相应的阀门可以选择几种不同的气体中的任何一种，但是实际生产中使用的注入系统通常只用来注入某种特定的掺杂剂。气流量由一个可变的节流孔来控制(参见第 10 章)。如果所需注入的杂质种类不能由气体形式来提供，可以将含该物质的固体材料加热，用其产生的蒸气作为杂质源。材料在源加热炉里加热，其蒸气流入等离子体区域。气态源采用气流入口将所需的杂质源引入到等离子体中。

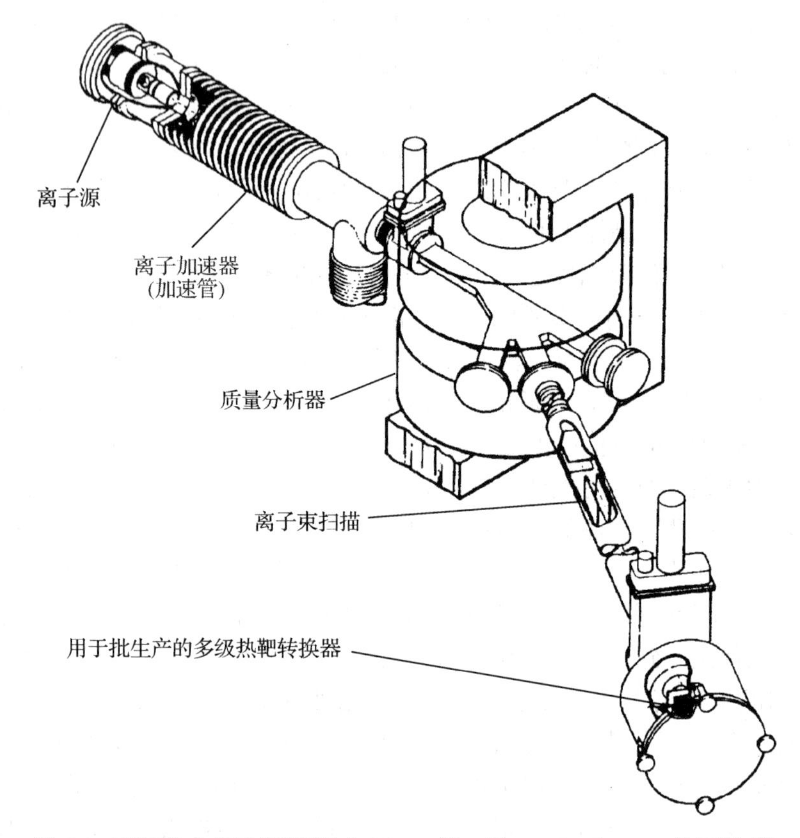

图 5.1 离子注入机示意图(引自 Mayer 等，经 Academic Press 许可转载)

气体流入一个放电腔室。该腔室具有两个作用：将进来的气体分解成各种原子或分子并使其中的一部分发生电离。在最简单的此类系统中，馈入的气体流过一个节流孔进入到低气压的源室，源室内的气体从热灯丝(阴极)和金属极板(阳极或反阴极)之间流过。相对于金属极板而言，灯丝维持在一个较大的负电位。电子从灯丝热发射出来，向着金属极板加速运动，同时与馈入的气体分子碰撞并传递部分能量。当传递的能量足够大时，气体分子就会被分解。例如，BF_3 就会分解为数量不等的 B、B^+、BF_2、BF_2^+、F^+以及其他各种物质。也有可能产生一些负离子，但是其数量比较少。为了提高电离效率，通常在电子流的区域施加一个磁场，这将使电子产生螺旋运动 ，从而极大地提高了电离概率(参见 10.7 节)。源室的出口外侧加有比灯丝负很多的电位，正离子被吸往源室的出口方向。等离子体区的形状极大地受到上述负电位的影响，它同时也是一个重要的离子光学元件，起到了一个聚焦单元的作用。经过准直化处理之后，就得到了一个通常为几毫米宽、几厘米长的离子束。离子源此处的气压典型值为 $10^{-5} \sim 10^{-7}$ Torr，因而灯丝和阳极之间可以维持稳定的放电。尽管也有一些大束流的离子注入设备，但是通常典型的最大离子电流值为几个毫安。

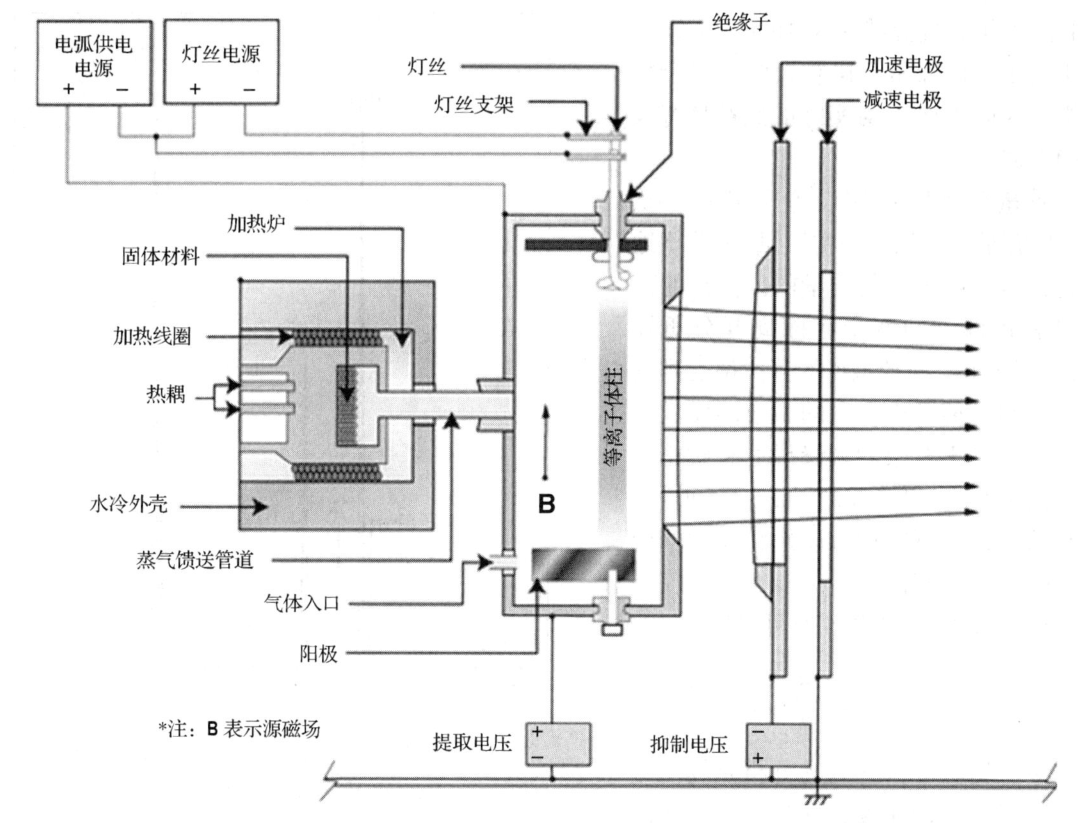

图 5.2 Bernas 离子源示意图。固体可在源加热炉中蒸发，而气体则可以直接进入放电腔室内。早期的系统采用 Freeman 离子源，其中的灯丝穿过等离子体区（引自 MATEC，经许可使用）

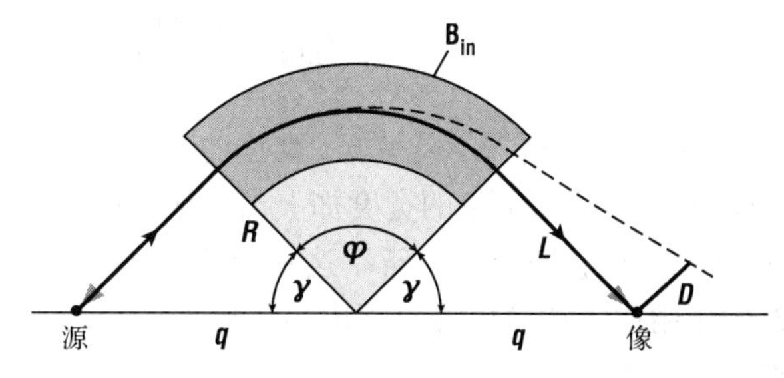

图 5.3 离子注入机的质量分析部分。图中表明了垂直的磁场和离子的轨迹，D 是相应于质量为 $M+\delta M$ 的离子的位移

引出的离子流中包含有各种成分，其中大多数是电离的。下一步的任务是选择出所需要的注入成分。在前面的例子中，我们可能仅仅要从离子束中选出 B^+，并阻止其他物质继续向注入机的下一部分运动。该选择工作通常由一个分析磁铁（参见图 5.3）来完成。离子束进入一个同样维持在低气压的大腔体中，该腔体内的磁场方向垂直于离子束的速度方向。根据力和加速度之间的平衡关系可以得到

$$\frac{Mv^2}{r} = qvB \tag{5.1}$$

式中，v 是离子的速度值，q 是离子所带的电荷量，M 是离子的质量，B 是磁场强度，r 是曲率半径。假定离子的运动遵从经典力学原理：

$$v = \sqrt{\frac{2E}{M}} = \sqrt{\frac{2qV_{\text{ext}}}{M}} \tag{5.2}$$

式中，V_{ext} 是引出电位，式(5.2)的推导忽略了离子与源内电子碰撞时所传递的能量。该碰撞

引起的离子能量分散约为 10 eV 量级。由于引出电压通常要比它大两到三个数量级，因此式(5.2)对实际的能量具有很好的近似。

质量分析腔室还设置了另一个狭缝，目的是使得只有一种质量(更严格地讲是只有一种电荷与质量的比值)的离子具有正确的曲率半径而离开分析器(参见图 5.4)。这种系统的分辨率受到的主要限制是离子束存在的微小的发散。该发散产生于有限的狭缝尺寸和微小的离子能量变化。尽管如此，如图 5.4 所示，这种系统仍然可以很容易地将硼的同位素 ^{11}B 和 ^{10}B 分开[2]。

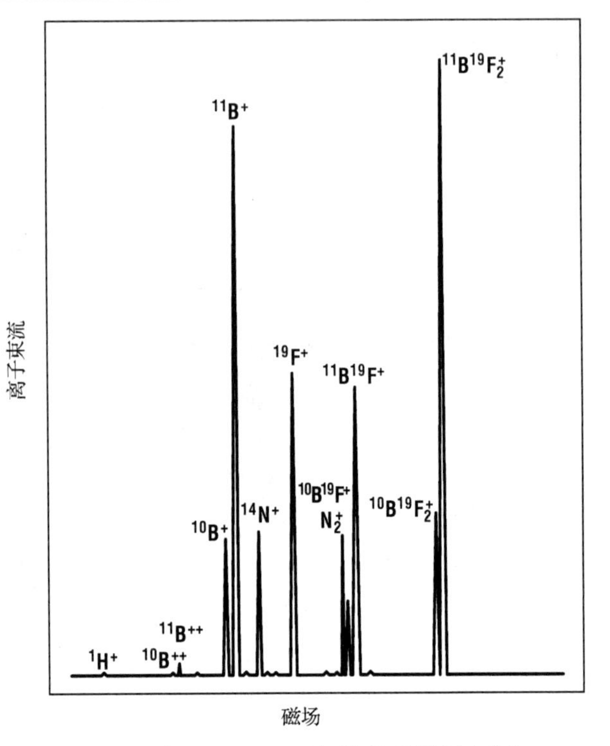

图 5.4 典型的 BF_3 源气体的质谱图(引自 Ryssel 和 Ruge，经 Wiley 许可转载)

合并式(5.1)和式(5.2)可以得到

$$r=\frac{Mv}{qB}=\frac{1}{B}\sqrt{2\frac{M}{q}V_{\mathrm{ext}}} \tag{5.3}$$

一般情况下，各处的分析磁场均垂直于离子的运动速度，并且入口处和出口处对称。假定以使得质量为 M 的离子恰好沿着半径为 R 的圆运动的方法来调节磁场，那么当质量为 $M+\delta M$ 的离子进入磁分析器后，离子束将产生的位移距离为[3]

$$D=\frac{R}{2}\frac{\delta M}{M}\left[1-\cos\phi+\frac{L}{R}\sin\phi\right] \tag{5.4}$$

为了提高磁分析器的灵敏度，典型的离子注入设备一般会使得离子束发生 90° 的弧形偏转。

如果 D 大于离子束的宽度加上出口狭缝的宽度，我们则说两种质量能够被分辨开。当 R 比较大而 M 比较小时，分辨率达到最高(由于离子束的发散性，只要 L 在一米量级或更大，则 L 的作用比上述简单分析给出的还要小)。大多数用于 IC 制造的质量分析器半径为 1 m 左右或稍小一些。

例 5.1　质量分辨率　如果一个分析磁场能够使离子束轨迹弯曲 45°，并且 $L=R=50$ cm。当系统调整为选择 ^{11}B 时，若 ^{10}B 也被送入系统，求 ^{10}B 的位移 D。如果引出电压是 20 kV，求所需的磁场强度。

解答： 由于质量相差 1 个原子量单位，因此有

$$\frac{\delta M}{M}=\frac{1}{10}=0.1$$

以及

$$D=\frac{1}{2}50\ \mathrm{cm}\frac{1}{10}[1-\cos45°+\sin45°]=2.5\ \mathrm{cm}$$

由于狭缝通常只有几个毫米宽，所以该分析器可以很容易地分辨 1 个原子量单位的差别。

即便如此，质量重的物质仍然较难分辨，可能需要更大半径的磁铁。根据式(5.3)，

$$B=\frac{1}{0.50\ \mathrm{m}}\sqrt{2\frac{10\times1.67\times10^{-27}\ \mathrm{kg}}{1.6\times10^{-19}\ \mathrm{C}}2\times10^{4}\ \mathrm{V}}=0.13\ \mathrm{T}=1.3\ \mathrm{kG}$$

式中，磁感应强度的单位为特斯拉(T)和千高斯(kG)。

离子的加速可以在质量分析之前或之后进行，先加速后分析的方法可以降低离子在到达圆片表面之前丢失电荷的可能性，但是如果需要进行高能离子注入的话，这就需要一个大得多的磁铁。以下讨论的均是先分析后加速的方式。加速管通常可能有几米长，并且必须维持在相当高的真空度(小于 10^{-6} Torr)①，这对于避免加速过程中发生碰撞是必需的。用一组静电透镜将离子束聚焦为一个圆斑或长条状，然后让离子束进入一个线性静电加速器中。加速器沿着加速管的长度方向建立一个电场来改变离子的能量。如果所要求的能量小于引出能量，则可以再加一个相反的补偿电压。但是由于这样做会降低离子束的稳定性和空间的连贯性，所以一般总是尽量通过离子源的设计来引出低能离子束。

到此为止离子束的主要成分是离子，但是也可能会出现某些中性粒子。通常这些中性粒子都是离子与热电子的结合物：

$$^{11}\mathrm{B}^{+}+\mathrm{e}^{-}\rightarrow{}^{11}\mathrm{B} \tag{5.5}$$

它们也可能是离子束内离子与离子碰撞时进行电荷交换的产物。由于中性粒子在终端台的静电扫描装置中不能被偏转，所以极不希望它们出现。如果离子束中有中性粒子向晶圆片运动，则这些中性粒子将会被连续不断地注入晶圆片的中心区。为了避免出现此问题，多数离子注入系统都装有一个弯道。离子束从一个静电偏转系统的两块平行电极板之间通过，由于中性粒子不受电场作用，所以不能被偏转入弯道，最终被一个束挡板所接收；而经过电极板后的离子却有足够的偏转量，可以继续沿着弯道运动。

在终端台的附近是几组另外的偏转板(参见图 5.5)。在许多注入机上使用了垂直和水平的两对电极板，其工作方式类似于电视机。离子束在晶圆片上来回上下地、均匀地按光栅状扫描。在为高剂量注入需求而设计的系统中，束仅在一个方向上扫描，而水平扫描由晶圆片相对于束做机械运动来完成。通常是通过将若干晶圆片放在一个旋转圆盘的周边来实现水平方向的机械扫描。晶圆片既可以用夹具夹住，也可以用现在常用的方式，即靠离心力来固定。这种系统有许多优点：因为一批晶圆片同时注入，所以单个晶圆片没有那么大的热负荷；机械扫描方向上束与晶圆片的夹角保持不变；由于晶圆片按批同时装卸，减少了总的抽气时间；在许多这种系统中，两个转盘并列配置，从而使得一个转盘进行注入时，另一个可以装卸片和抽真空。

在一些新型的大束流注入机中，径向的晶圆片扫描也是机械式的。例如，Axcelis 公司的大束流离子注入机就是把晶圆片固定在一个钟摆式机械扫描器的末端，这个钟摆式机械扫描器在上下运动的同时还在左右来回摆动。静电扫描要求的束斑很小，而大束流注入机的束流较大，离子密度的增大会使束扩张或发散，这种空间电荷效应会导致静电扫描不易控制。

这种机械旋转的方法还会带来一个有趣的问题。现代 CMOS 器件的栅电极通常都具有比较大的高宽比，可以达到 8∶1。当晶圆片在离子注入机末端的旋转圆盘上高速旋转时，所产

① 此处原文为“<<10 Torr”有误。——译者注

生的离心力就会将栅电极折断，从而毁坏器件，并在整个晶圆片上产生大量的颗粒[4]。如果这些颗粒在圆盘旋转的过程中撞击到具有较大的高宽比的图形上，则会使问题进一步加剧。

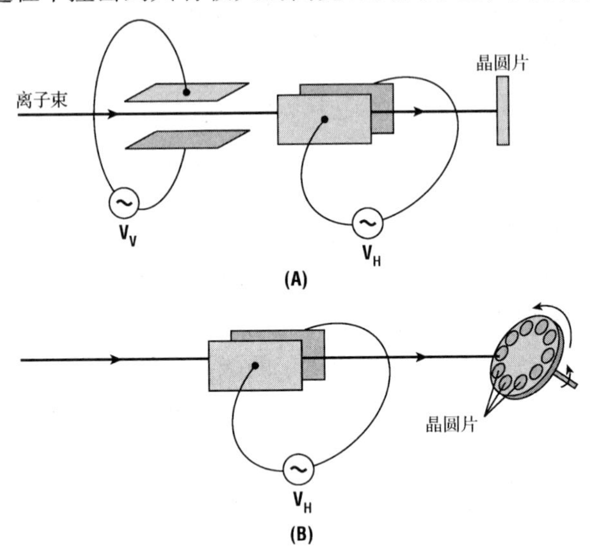

图 5.5 典型的注入机扫描系统：(A)中束流机常用的静电光栅扫描；(B)某些大束流机用的混合扫描

最后，注入的剂量是需要控制的，将晶圆片放在终端台的一个法拉第杯(Faraday cup)中即可做到这一点。法拉第杯实际上就是一个组件，它能够捕获进入其中的所有电荷。在法拉第杯和地之间连接一个安培表就可以直接测量打在晶圆片上的离子电流。注入剂量就是电流与时间的积分并除以晶圆片的面积。电流在很宽的变化范围内都是很容易测量的。对于一个 200 mm 直径的晶圆片，典型的注入电流值是从 1 微安至几十毫安。为了准确地测量注入剂量，必须防止由二次电子逸出引起的误差。这个问题涉及大量电子的产生，其中多数电子在高能离子打到晶圆片上时可以获得足够的能量而从晶圆片上逸出。为了避免二次电子造成的剂量误差，通常给晶圆片上加一个小的正偏压(~100 V)，该偏压足以将所有的二次电子吸引回晶圆片表面并在那里被晶圆片再次吸收。

离子电流对于晶圆片而言是一个相当大的能量来源，因为

$$\text{能量} = \int \text{功率} \cdot \mathrm{d}t = \int IV\mathrm{d}t = V\int I\mathrm{d}t = VQ \tag{5.6}$$

式中，Q 是注入的电荷量。以一个典型的 FET 源漏区注入为例，它的注入能量为 5 keV、剂量为 1×10^{15} 原子/cm^2，通常采用光刻胶作为注入的掩蔽膜。一个 200 mm 晶圆片上吸收的能量大约是 250 J，这个能量并不是均匀地沉积在整个晶圆片上，而是集中在顶部 10 nm 左右的区域内。由于光刻胶是一种不良的热导体，所以注入过程中晶圆片会变得相当热，光刻胶有可能会流动，或者被烘烤到这样的程度，以至于注入完成之后很难去除掉。在晶圆片的边缘处尤其如此，因为这些地方会形成一圈比较厚的光刻胶。为了避免以上问题，终端台通常都带有冷却晶圆片和控制温度的装置。晶圆片的冷却也是圆盘旋转系统带来的一个好处，因为某些晶圆片在注入的同时，另一些晶圆片则可以处于冷却状态。另一个常见的问题是透过光刻胶掩蔽膜注入时的放气问题。离子轰击到光刻胶表面，打断了光刻胶中的有机分子，导致气体 H_2 的形成，并从表面逸出，留下了非挥发性的碳[5]。采用真空泵将氢气有效地去除是一个非常重要的考虑。光刻胶经过高剂量离子注入之后，表面附近经常会有很硬的碳化层，后

续工艺中很难将其去除掉。放气还会使终端台气压上升，造成离子束与 H_2 气体分子碰撞，从而引起离子束的中性化，导致严重的剂量误差[6]。

5.2 库仑散射°

在学习经典力学时常常会讨论库仑散射，这个题目也适用于有关离子注入的讨论。图 5.6 所示为典型的实验室参考坐标系中的散射实验。一般认为晶圆片内的原子是电中性的。但具有一定能量的入射离子将穿透晶圆片内原子核周围的电子云，并在晶圆片内行进，因此将靶离子(ion)处理成具有屏蔽电子云的带电离子更为恰当。在实验室参考坐标系中，靶离子最初是静止的，入射离子以入射速度 v 和碰撞参数 b(假定不发生散射情况下两个原子中心的最近距离)靠近靶离子。假设靶离子是自由的，这对微电子制造中常用的高入射离子能量又是一个很好的近似。

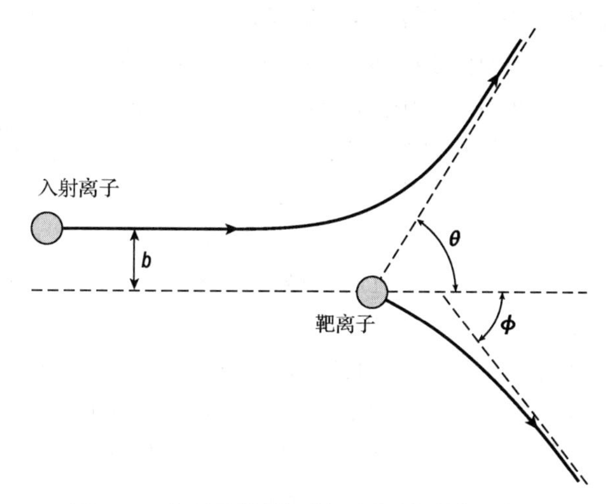

图 5.6 典型的散射问题。插图表明静电势是核之间距离的函数，碰撞参数为 b

我们的目标是计算出碰撞过程中传递给靶原子(atom)的能量值，求解这个问题需要用到能量、动量和角动量守恒。就我们的意图来讲，这些计算更多的是被涉及而不是被推导证明，而且通常将计算转化成质心坐标系，这在许多大学本科水平的经典力学课本中都有。让我们用两个做弹性散射的硬球来简化此问题。假设 p_i 和 p_t 是入射球和靶球的最终动量，p_o 是入射球的最初动量，则有

$$p_i + p_t = p_o \tag{5.7}$$

根据角动量守恒，有

$$L_i + L_t = L_o = p_o b \tag{5.8}$$

根据能量守恒，有

$$\frac{p_i^2}{2m_i} + \frac{p_t^2}{2m_t} = \frac{p_o^2}{2m_o} \tag{5.9}$$

由此可得入射球损失的能量为

$$\Delta E = E_o \left[1 - \frac{\sin^2 \phi}{\cos\theta \sin\phi + \cos\phi \sin\theta} \right] \tag{5.10}$$

因此，能量损失正比于入射能量且与散射角度有关，而散射角度又取决于离子的质量和碰撞参数。

5.3 垂直投影射程

本节将利用散射的结果来讨论注入机中具有高能量的离子在到达晶圆片表面时将产生什么现象，还将定性地讨论为描述上述过程而建立的某些模型，并指出在现代器件的制造中离

子注入工艺所遇到的难题。一个高能离子一旦进入固体中就开始损失其能量。离子在半导体中行进的距离就是其射程 R(range)(参见图 5.7)。如 5.2 节所述，能量损失与碰撞参数有关。离子进入固体之后，离子束中的离子将具有一系列不同的碰撞参数，因此用概率统计方法来认识这种能量损失机理的本质是一个很好的近似。一个给定的离子束流将会产生一个分布范围。对一个均匀的离子束而言，重要的量并不是离子走过的全路程，而是平均深度，这个平均深度就是投影射程 R_p。在靶材料中的能量损失是两种机制的结果[7]。第一种是离子—电子相互作用，这不仅包括靶材料的价电子，还包括它的核电子。由于晶体中大量的空间是由原子的电子云所构成的，因此会发生很多这类相互作用。即使电子并不在离子行进的路径上，也可以通过库仑相互作用而传递能量。在典型的半导体注入中，会发生无数这种相互作用。此外，离子和电子之间的质量比在 10^5 量级上，因此任何单个电子与离子的相互作用都不会显著地改变入射离子的动量。

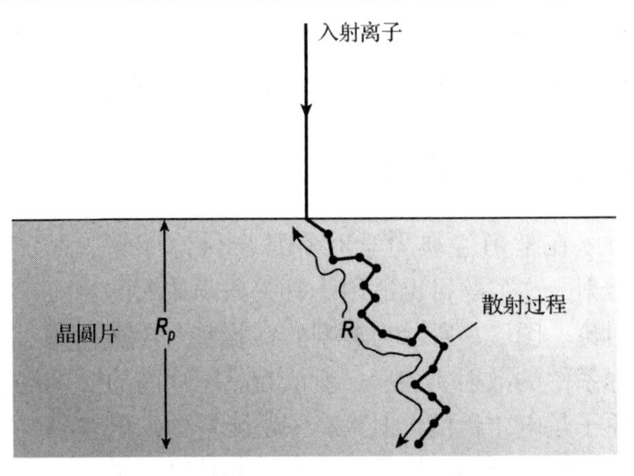

图 5.7　离子在固体中行进的距离就是射程，该射程在深度轴上的投影就是投影射程 R_p

由于涉及大量孤立的微观粒子之间的相互作用，因此可以用连续流的作用原理来近似这些分立的相互作用，即电子对离子的作用很像是一个粒子在流体中的移动，由电子产生的黏滞性也可以被赋予晶体介质。在该模型里，假定有一个黏滞拖力正比于离子速度，则该速度对应于典型微电子学应用中的离子能量：

$$F_D \propto v \propto \sqrt{E} \tag{5.11}$$

因为离子必须做功才能在介质中移动，所以这个黏滞拖力也可以表示为能量的梯度。由于电子阻滞而在每单位长度上损失的能量用符号 S_e 表示，并且有

$$S_e = \left.\frac{\mathrm{d}E}{\mathrm{d}x}\right|_e = k_e\sqrt{E} \tag{5.12}$$

式中，k_e 是一个与离子和靶物质有关的比例常数[8]，即

$$k_e \propto \sqrt{\frac{Z_i Z_t}{M_i^3 M_t}} \frac{(M_i + M_t)^{3/2}}{(Z_i^{2/3} + Z_t^{2/3})} \tag{5.13}$$

式中，Z_i 和 Z_t 分别是入射离子和靶离子的电荷数(质子数)，M 是入射离子和靶离子的质量(中子加质子)。当能量很高时，不能再使用黏滞流体模型，而 S_e 出现峰值并随着入射离子能量的进一步上升而下降。

入射离子与晶格离子之间的相互作用完全不同于入射离子与电子之间的相互作用。现在我们来考虑一个无定型的固体，由实验可知离子能够穿透半导体晶体到达几千埃的深度，由于原子的间距在几埃的量级，因此大约能够发生上千次的相互作用。此外，入射离子和靶原子的质量为相同量级，入射离子很可能以大角度散射而偏离其入射方向。所以核的相互作用不能作为连续流处理，而必须作为一系列分立事件处理。如上节所述，离子散射角度取决于

碰撞参数、两个离子的质量和相对位置。这意味着任何一次碰撞的结果取决于前面发生的所有碰撞，一直可以回溯到固体的第一个原子层。由于离子进入固体时，它们是均匀分布在晶圆片表面的，因此形成了深度的统计分布。

作为一级近似，可以用高斯分布来模拟离子所到达的深度范围，所以在无定型固体靶中，杂质浓度作为深度的分布函数由下式给出：

$$N(x)=\frac{\phi}{\sqrt{2\pi}\Delta R_p}\mathrm{e}^{-(x-R_p)^2/2\Delta R_p^2} \tag{5.14}$$

式中，R_p 是投影射程，ΔR_p 是投影射程的标准偏差，ϕ 是注入剂量。通过归一化系数的选择可以使得杂质分布从 $x=0$ 至 ∞ 积分的结果等于注入剂量。由于离子注入工艺的统计特性，离子也有穿透掩蔽膜边缘的横向散射，因此应该将离子注入的分布考虑为二维的，既有横向的标准偏差，也有纵向的标准偏差。

为了求出 R_p，必须首先确定入射离子在每单位长度行程上由于核阻滞所带来的能量损失 S_n。这里涉及核阻滞理论，读者如有兴趣，可以参考 Dearnaley 等人的著作[3]，以获得更好的理解。利用 5.2 节中描述的带电球体模型也可以定性地描述核阻滞。任何一个碰撞过程中的能量传递必将是碰撞参数的敏感函数。碰撞参数越小，能量损失则越大。平均能量损失也是离子质量与靶原子质量之比的函数，这个比值越小，每次碰撞的平均能量损失就越大。最后，平均能量损失将是能量自身的函数。固体原子受化学键的约束，势能基本上处在抛物线的最低点。当入射离子能量很低时，一般的碰撞不能传递足够的能量来破坏化学键，其结果是发生近弹性碰撞，离子可以改变方向，但是不会损失很多能量。因此可以预料，在离子能量低时，S_n 随离子能量的增大而增大。传递的动量由下式给出：

$$\Delta p=\int F\mathrm{d}t \tag{5.15}$$

在高速运动中，碰撞时间变得很短，使得能量损失也变小。因此 S_n 在某个能量时有最大值，由下式可以近似求得 S_n 的最大值：

$$S_n^0 \approx 2.8\times10^{-15}\ \mathrm{eV}\cdot\mathrm{cm}^2\,\frac{Z_iZ_t}{Z^{1/3}}\frac{M_i}{M_i+M_t} \tag{5.16}$$

式中，$Z=[Z_i^{2/3}+Z_t^{2/3}]^{3/2}$ (5.17)

并且 S_n 与能量的关系不大。图 5.8 展示了几种常见的硅中杂质的 $S(E)$ 核阻滞和电子阻滞分量与能量的关系[9,10]。

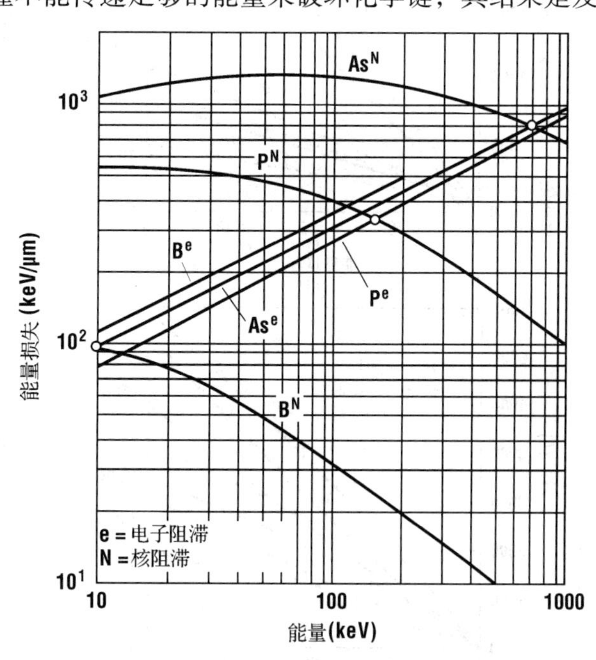

图 5.8　几种常见硅中杂质 $S(E)$ 的核阻滞和电子阻滞分量与能量的关系（引自 Smith，由 Seidel, "Ion Implantation," 重绘。经 McGraw-Hill, 1983 许可转载）

一旦已知 $S_n(E)$ 和 $S_e(E)$，就可以完成以下积分，得到投影射程：

$$R_p = \int_0^{R_p} \mathrm{d}x = \int_{E_o}^{0} \frac{\mathrm{d}E}{\mathrm{d}E/\mathrm{d}x} = \int_{E_o}^{0} \frac{\mathrm{d}E}{S_n + S_e} \tag{5.18}$$

当求得投影射程之后，再用投影射程来计算 ΔR_p [11]：

$$\Delta R_p \approx \frac{2}{3} R_p \left[\frac{\sqrt{M_i M_t}}{M_i + M_t} \right] \tag{5.19}$$

为了避免这些复杂的计算，我们经常可以从 LSS(Lindhard，Scharff，and Schiøtt)表[12]中查得投影射程及其标准偏差，或者也可以利用蒙特卡洛模拟方法得到。这些 LSS 表给出了相关的计算数值，其中对离子和固体原子的电子密度分布假定了一个特殊的模型。由该模型推出的射程值与实验值在峰值浓度附近十分吻合。图 5.9 展示了几种常见注入杂质的投影射程和标准偏差[13]。

感兴趣的读者可以访问 srim 的网站，该网站提供免费下载(用于非商业化目的)一个采用蒙特卡洛技术的模拟软件，可以用该软件模拟大量离子的注入轨迹并形成一个注入离子的统计分布图(参见图 5.10)，图中每一个小圆点对应一个注入形成的空位。原子核的散射通常会给晶格造成损伤，对于像砷这样的重离子来说，其 $S_n>>S_e$，损伤的修复也是一个特别重要的问题。

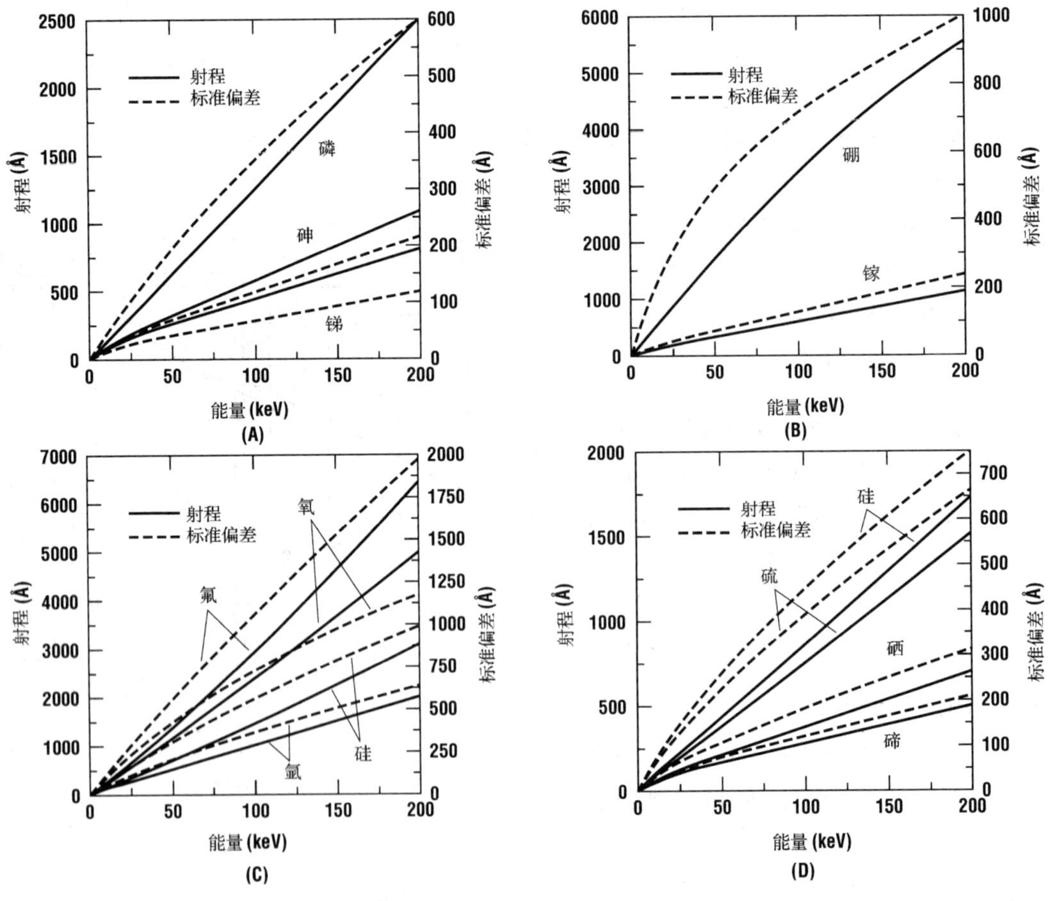

图 5.9 不同注入条件下的投影射程(实线和左轴)及标准偏差(虚线和右轴)：(A)硅衬底中 N 型杂质；(B)硅衬底中 P 型杂质；(C)硅衬底中的其他物质；(D)GaAs 中 N 型杂质；(E)GaAs 中 P 型杂质；(F)SiO_2 中注入杂质；(G)AZ111 光刻胶中注入物质(数据源自 Gibbons 等)

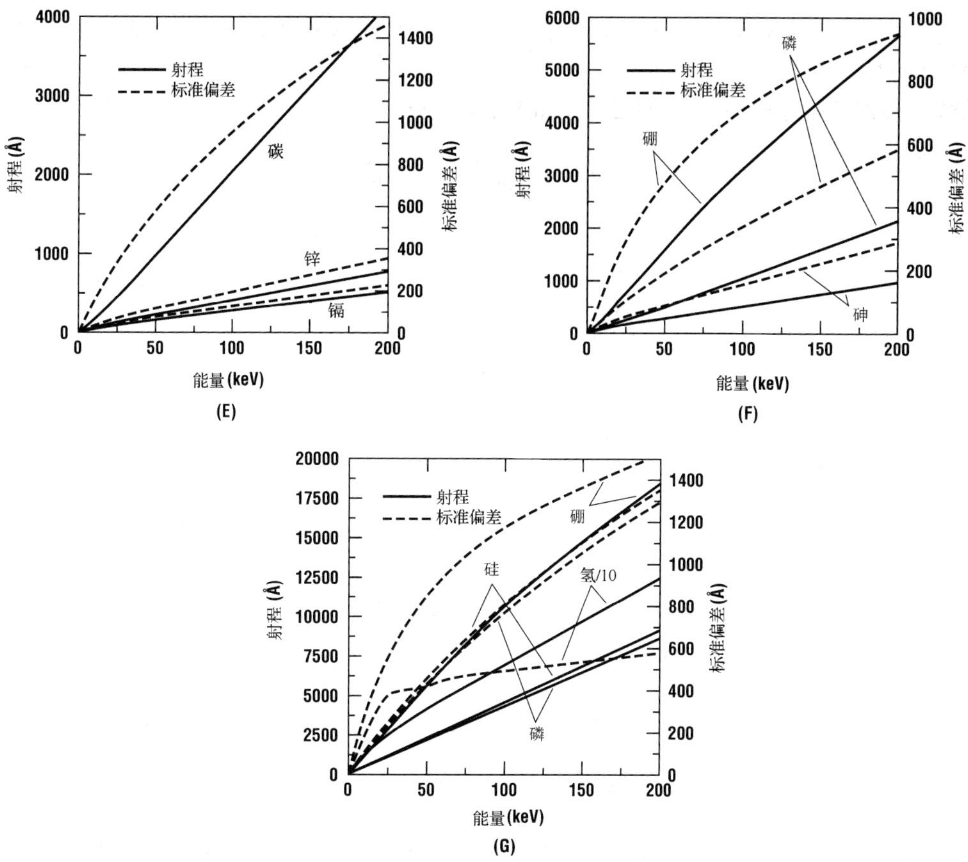

图 5.9（续）　不同注入条件下的投影射程（实线和左轴）及标准偏差（虚线和右轴）：(A) 硅衬底中 N 型杂质；(B) 硅衬底中 P 型杂质；(C) 硅衬底中的其他物质；(D) GaAs 中 N 型杂质；(E) GaAs 中 P 型杂质；(F) SiO_2 中注入杂质；(G) AZ111 光刻胶中注入物质（数据源自 Gibbons 等）

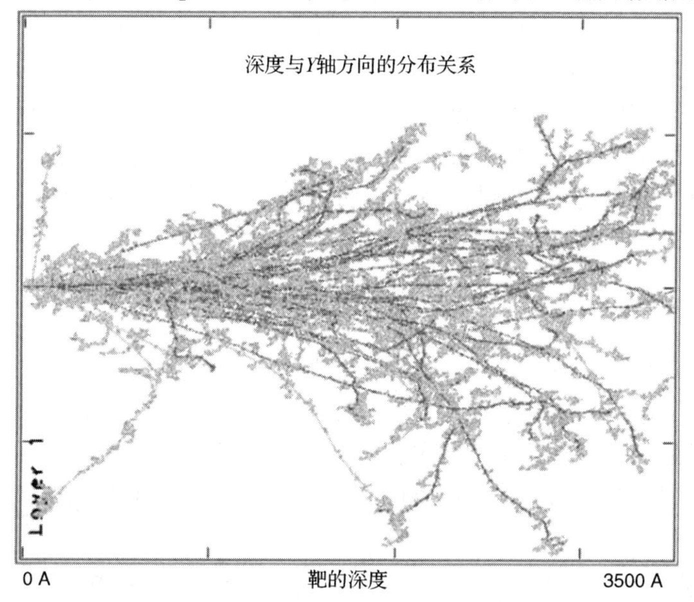

图 5.10　采用蒙特卡洛方法模拟能量为 190 keV 的磷离子注入硅晶体中的情形，该图取自 srim 的网站，共有 100 入射离子，深色黑线代表磷的入射踪迹，浅色线代表回弹的硅原子（经 Jim Ziegler, SRIM 许可使用）

例 5.2　利用图 5.8 求出以 100 keV 的能量进行砷离子注入时的 $S_n(E)$ 和 $S_e(E)$，并计算 $E=$ 100 keV 时的投影射程。

求解：由图 5.8 可以得到 $S_n \approx 1.2\times10^3$ keV/μm，而

$$S_e(E)\approx 30\frac{\text{keV}^{1/2}}{\mu\text{m}}\sqrt{E}$$

于是

$$\begin{aligned}R_p &= \int_{E_o}^{0}\frac{\mathrm{d}E}{1.2\times10^3+30\sqrt{E}}\\ &=2\left[\frac{\sqrt{E}}{30}-\frac{1.2\times10^3}{(30)^2}\ln(30\sqrt{E}+1.2\times10^3)\right]\Bigg|_{E_o}^{0}\\ &=2\left\{1.33\ln(1.2\times10^3)-\left[\frac{\sqrt{100}}{30}-1.33\ln(300+1.2\times10^3)\right]\right\}\end{aligned}$$

$$R_p=0.036\ \mu\text{m}$$

实际的投影射程要更大一些，这很可能是起因于 S_n 在低能量时的下降。

加入高次矩有助于描述低浓度区的分布特点，分布的第 i 次矩通常定义为

$$m_i=\int_0^{\infty}(x-R_p)^i N(x)\mathrm{d}x \tag{5.20}$$

一次矩恰好是归一化的注入剂量，二次矩则是注入剂量和 ΔR_p^2 的乘积。三次矩与分布的非对称性有关，这种非对称性通常采用偏斜度 γ 来表示，这里

$$\gamma=\frac{m_3}{\Delta R_p^3} \tag{5.21}$$

偏斜度为负值表明杂质分布在靠近表面一侧的浓度增加，即 $x<R_p$ 区域浓度增加。例如，当硼注入硅中时，已经发现表面附近的浓度要比式(5.14)的计算值大，发生这种现象是由于硼比硅要轻得多，因此出现了显著的背散射，结果是硼分布的偏斜度是一个较大的负值，尤其是在高能量时更加明显。分布的四次矩与高斯峰值的畸变有关，该畸变我们用峭度 β 来表示，其定义为

$$\beta=\frac{m_4}{\Delta R_p^4} \tag{5.22}$$

峭度越大，高斯曲线的顶部越平，标准高斯曲线的峭度为 3。γ 和 β 的值可以采用蒙特卡洛模拟方法得到[14]，或者通过更直接地测量实际分布并对结果进行拟合得到。

硅晶体中的硼是一个非常特殊的情况，它的分布通常不是用一个修正的高斯分布来描述，而是用 Pearson IV 型分布来描述。也可以用高斯分布的前四次矩来描述该分布：

$$n(x)=n(R_p)\exp\frac{\ln\left[b_0+b_1(x-R_p)+b_2(x-R_p)^2\right]}{2b_2}-\frac{b_1+2b_1b_2}{\sqrt{4b_0b_2^3-b_1^2b_2^2}}\arctan\left[\frac{2b_2(x-R_p)+b_1}{\sqrt{4b_0b_2-b_1^2}}\right] \tag{5.23}$$

式中，

$$b_0 = -\frac{\Delta R_p^2(4\beta - 3\gamma^2)}{10\beta - 12\gamma^2 - 18} \tag{5.24}$$

$$b_1 = -\gamma \Delta R_p \frac{\beta + 3}{10\beta - 12\gamma^2 - 18} \tag{5.25}$$

$$b_2 = -\frac{2\beta - 3\gamma^2 - 6}{10\beta - 12\gamma^2 - 18} \tag{5.26}$$

5.4　沟道效应与横向投影射程

当对单晶材料进行注入时，会遇到另一个麻烦。当离子速度方向平行于主晶轴时，会出现沟道效应。在这种情况下，部分离子会行进很长的距离，而能量损失却非常小(参见图 5.11)。这是由于此时核阻滞的作用很小，而沟道中的电子密度很低，离子一旦进入沟道，将沿其方向继续运动，产生许多近似是弹性的、掠射性的沟道内碰撞，直到离子停止或脱离沟道。后者是晶格缺陷或晶格杂质作用的结果。沟道效应通常可以采用临界角$\varPsi$ 来描述(参见图 5.12)。

$$\varPsi = 9.73^\circ \sqrt{\frac{Z_i Z_t}{E_o d}} \tag{5.27}$$

式中，E 是入射能量，单位为 keV，d 是沿着离子运动方向上的原子间距，单位为 Å。如果离子的速度矢量与主要晶轴方向的夹角比$\varPsi$ 大得多，则很少会发生沟道效应[15]。虽然沟道效应的方向并不一定接近离子的初始速度方向，靶内的某次散射结果可能会使入射离子转向某一晶轴方向，但是由于这种事件发生的概率较小，因此对注入离子峰值附近的分布并不会产生实质性的影响。

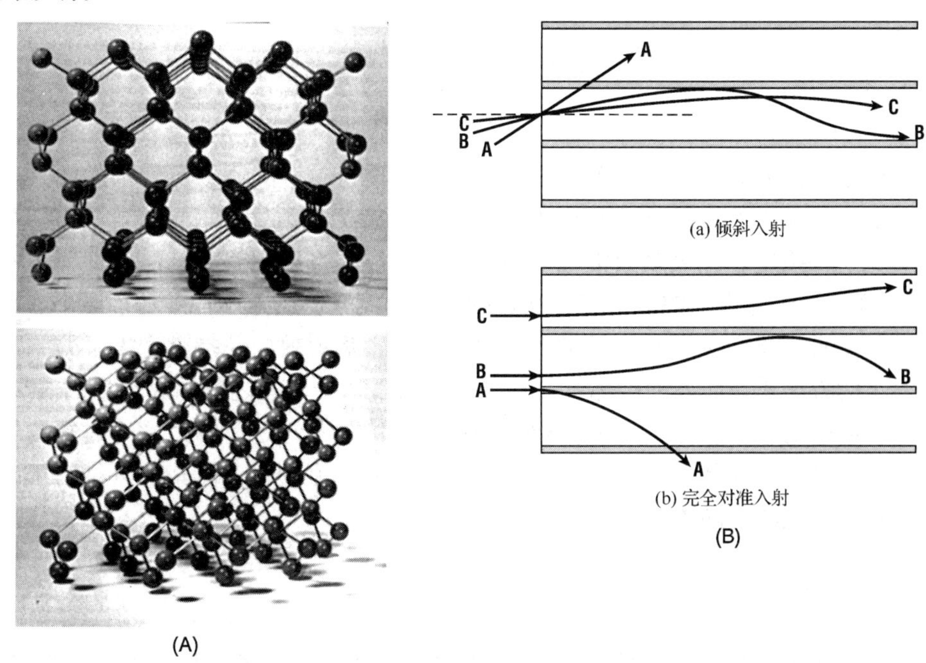

图 5.11　(A)沿着主晶轴<110>方向和沿着某随机方向的金刚石结构模型；(B)沟道效应示意图(经 Academic Press 许可转载，引自 Mayer 等)

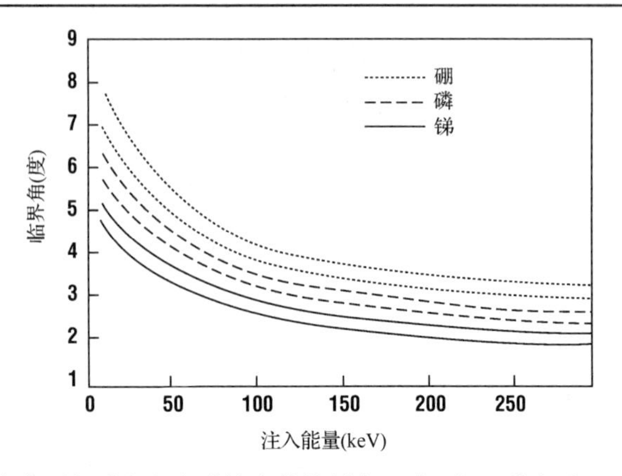

图 5.12 硅中常用杂质发生沟道效应的临界角。对于每一种杂质，上面的一条曲线表示<111>衬底的注入，下面的一条曲线对应于<100>衬底的注入

例 5.3 当以 100 keV 的能量向(100)晶面的硅晶体中注入硼离子时，试利用式(5.27)来估算注入的临界角。

求解：对于(100)晶面的硅晶体，同一平面内距离最近的两个原子的位置分别为(0，0，0)和(a/2，a/2，0)，因此 d 的数值为

$$d=\sqrt{\left(\frac{a}{2}\right)^2+\left(\frac{a}{2}\right)^2}$$

$$d=\frac{a}{\sqrt{2}}=1.8\ \text{Å}$$

$$Z_i=5,\ Z_t=14$$

于是有

$$\Psi=9.73^\circ\sqrt{\frac{5\times 14}{100\times 1.8}}$$

$$\Psi=6^\circ$$

沟道效应会使注入分布产生一个较长的拖尾，当质量较轻的原子沿着轴向注入重原子靶晶体中时，由于注入离子的原子半径比晶格间距要小得多，因此其拖尾效应尤其明显。

为了避免这种拖尾，绝大多数集成电路工艺中的注入都采用偏离轴注入。典型的倾斜角是 7°。为了降低离子注入方向恰巧与晶面排列一致的概率，注入还常需转动一个 30° 左右的角度[16]。即使如此，部分离子仍会被散射至晶轴方向，沟道效应还是会产生。另一个使沟道效应减到最小的方法是在注入前破坏其晶格结构。可在掺杂注入之前用高剂量的 Si、F 或 Ar 离子注入来完成硅的预非晶化，这将在 5.6 节中有详细的介绍。也有报道用透过薄的屏蔽氧化层注入，使离子在进入晶体前的速度方向无序化来降低沟道效应，但其缺点是由于反冲或撞击效应会无意中将氧注入晶体中。

5.5 注入损伤

当高能离子进入到晶圆片中时，一部分能量传递是由入射离子与晶格原子核碰撞产生的。在这个过程中，许多晶格原子将离开晶格位置。一部分移位的衬底原子具有足够的能量与其

他衬底原子碰撞并产生出额外的移位原子。其结果是注入过程中产生了大量的衬底损伤，需要在后面的工艺中加以消除。此外，如果注入的物质是作为掺杂剂的话，则其必须占据晶格位置，将大部分注入杂质移动到晶格位置的过程称为杂质激活。在注入之后一般都要采取加热晶圆片(即退火)的方法，来消除损伤和激活注入杂质。通常情况下，退火同时完成这两项任务，因此我们将同时探讨这两个过程。由于经常用快速热退火工艺来实现 GaAs 中注入杂质的激活，因此本章将不讨论 GaAs 中的杂质激活，而将其放在下一章中讨论。

由于每次碰撞中由原子核能量传递所引起的能量损失通常要比原子在晶格上的结合能大得多，因此在遭受离子注入时如果能量传递大于某个位移能量，则晶格会受到损伤[17]。存在一个阈值剂量ϕ_{th}，超过这个阈值则形成完全损伤[18]，即注入之后晶体中已经不存在长程有序，且衬底表面呈现出无定型状态。该临界剂量取决于注入能量、注入物质、靶材料以及注入过程中的衬底温度。图 5.13 所示为硅中几种杂质的临界剂量与晶圆片温度的关系。由于晶圆片在高温下具有自退火效应，因此使得阈值剂量变得很大。轻离子的能量损失大多是由电子阻滞引起的，故其阈值剂量也很大。

当离子在晶体中穿过时，通过直接相互作用或与反冲靶原子碰撞会产生出由空位和填隙原子组成的点缺陷。由注入过程产生的缺陷叫**一次缺陷**(primary defects)[19]。图 5.14 所示为一个未注入晶圆片和一个注入了 200 keV、2×10^{15} cm^{-2} 硼的晶圆片的卢瑟福背散射谱(RBS, Rutherford Backscattering Spectroscopy)。RBS 利用打到晶圆片上的 He 离子的散射来确定晶圆片中存在的物质。虚线代表束的随机成分对谱的贡献，阴影面积代表来自移位硅原子的信号。从阴影区的面积可以估算出填隙硅原子的浓度是 7×10^{16} cm^{-2}，大约是注入剂量的 35 倍。

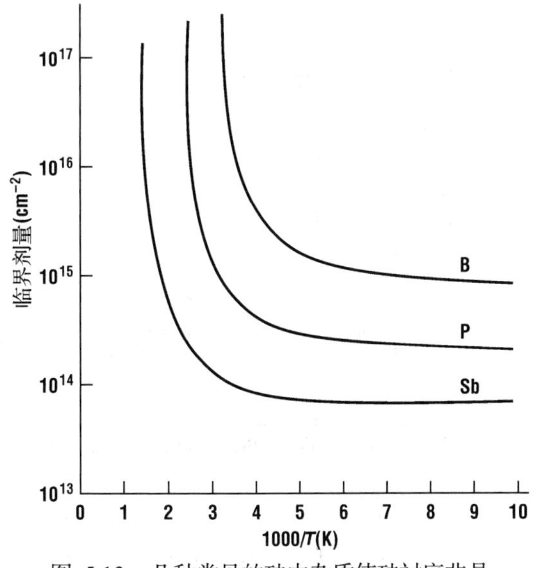

图 5.13　几种常见的硅中杂质使硅衬底非晶化的临界注入剂量与衬底温度的关系(引自 Morehead 和 Crowder)

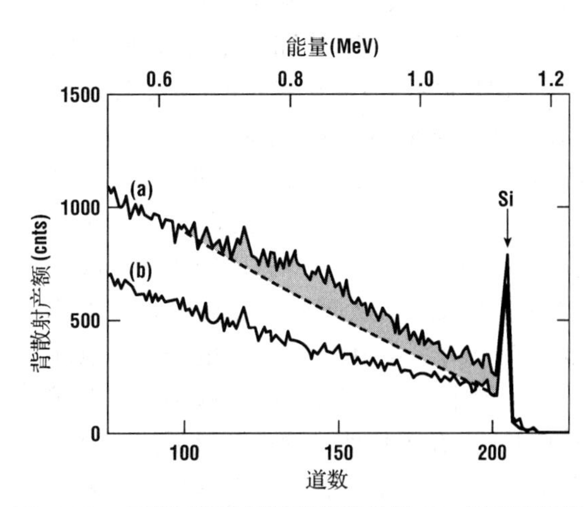

图 5.14　卢瑟福背散射谱表明背散射 He 的强度是能量的函数。曲线(a)是 200 keV 2×10^{15} cm^{-2} B 注入后的晶圆片，曲线(b)是未注入的晶圆片。虚线表示对应于仍为晶体硅的谱，阴影面积代表位移原子的贡献(经 Elsevier Science 许可转载，引自 Schreutelkamp 等)

点缺陷的浓度分布虽然与注入的杂质浓度分布不完全相同，但是二者之间也非常相似。随着注入离子的减速，核散射变成了主要的散射机制，因此晶圆片中的损伤分布通常会比杂质分布更深一些。和其他低浓度的物质一样，点缺陷在退火工艺中也会发生扩散。比峰值损伤深度更浅的缺陷会出现向着晶圆片表面的净扩散，扩散到表面位置处它们就会发生湮灭。一开始就比峰值损伤深度更深的一次缺陷则会向晶圆片的更深处扩散，因此它们不会扩散到表面处发生湮灭，而是更可能凝聚成团，形成射程末端缺陷。

注入后的晶圆片在退火时会出现二次缺陷。如前所述，晶体中的点缺陷具有较高的能量。点缺陷通过重新组合或结团成为扩展缺陷，可以降低其能量[20]。一般情况下这些缺陷的形式为小的点缺陷群，如双空位，或凝聚为位错环一类较大尺寸的缺陷。对于注入硅中的硼，当注入产生的 Si 填隙原子浓度≥2×10^{16}cm^{-2} 时产生二次缺陷。像磷或硅这些质量与硅衬底差不多的离子，其临界填隙原子浓度要大一些，典型值约为 5×10^{16}cm^{-2}。有报道认为，注入像硼一类的轻原子形成孤立的缺陷，而注入重离子则形成较大的扩展缺陷[21]。由中等质量离子产生的填隙原子被束缚在这些缺陷群中，因而几乎不能聚合为较大的扩展缺陷。而 Schreutelkamp 等人[19]则认为，除了能量为 MeV 量级的注入，重离子($Z > 69$)不会形成二次缺陷。即使是 MeV 注入，像 Sb 这样的重离子的临界填隙浓度也超过了 10^{17}cm^{-2}。所以，在二次缺陷产生之前重离子往往已将衬底非晶化。

将二次缺陷减到最小的退火工艺是相当重要的工艺技术。在这些工艺中需要用高温来确保掺入杂质的激活，并避免留下残余的扩展缺陷。等时退火曲线表明，在固定的退火时间下，按照注入剂量归一化的激活载流子浓度是退火温度的函数，典型的退火时间一般为 30 min 或 60 min。除非特别注明，退火都是在氮气气氛中进行的。图 5.15 所示为注入硼的等时退火实验结果[22]。在低温下，载流子浓度受点缺陷的控制。随着退火温度的上升，由于填隙原子被附近的空位所捕获，点缺陷开始被修复，这就减小了衬底中的净陷阱浓度，从而提高了自由载流子浓度。在 500℃ ~ 600℃的温度范围内，点缺陷的扩散率大大上升，足以引起结团而形成扩展缺陷。在损伤严重的高剂量硼注入时尤其如此。最后，在高温下，这些扩展缺陷经退火消除，激活的载流子浓度接近注入剂量。高浓度的注入要求的退火温度最高，欲使载流子浓度接近注入剂量，需要的温度为 850℃ ~ 1000℃以上。

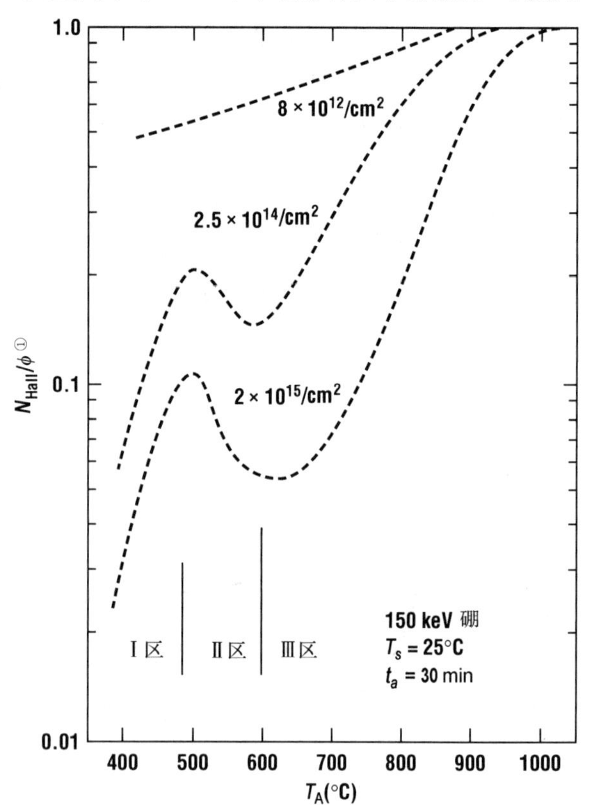

图 5.15 几种等时退火条件下，硅中注入硼的激活百分比(引自 Seidel 和 MacRae，经 Elsevier Science 许可转载)

无论是源自注入自身还是预非晶化步骤(参见 5.6 节)，只要衬底已经非晶化，晶体的恢复则是由一个固相外延过程(SPE)来完成的。从理论上讲，晶体恢复时以未损伤的下面衬底作为外延模板，这将使得大多数杂质与移位的衬底材料的处境几乎相同，从而一起进入生长中的

① N_{Hall}/ϕ为激活百分比，ϕ为注入剂量，N_{Hall}为激活的载流子浓度。——译者注

晶格。在讨论非晶层的退火行为时，首先必须认识到非晶层不必延伸至表面。图 5.16 所示为不同条件砷注入在衬底中所引起的损伤与深度的关系[23]。很明显，表面附近的损伤程度比衬底内稍深处要小得多。因此可以采用高能注入来形成非晶埋层。缺陷必须在到达表面和被湮没之前穿透结晶区域。此外，SPE 再生长的前沿将从非晶区的两侧开始，其前沿所遇到的平面含有的缺陷会使器件的性能变坏[24]。

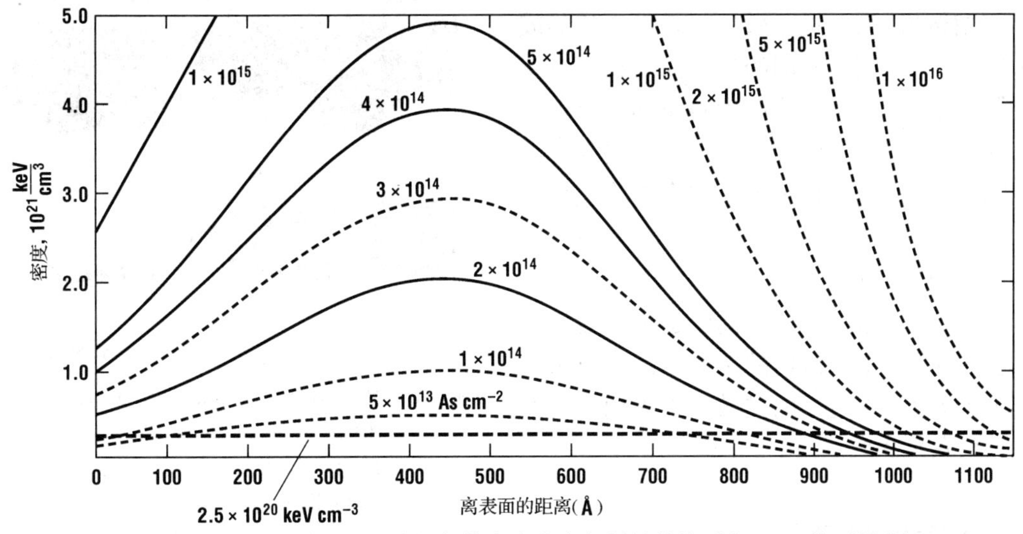

图 5.16　100 keV 砷注入硅中的损伤密度分布与剂量的关系(经 AIP 许可转载)

一般来讲，非晶层的退火过程包括它的 SPE 再生长过程，该 SPE 再生长过程可以在温度低至 600℃时完成，因为该温度下<100>晶向硅的再生长速率大于 300 Å/min，大约比<111>晶向硅的生长速率低一个数量级[25]。(对于大剂量注入，SPE 的速率还与注入物质有关。)因此，600℃下 30 min 的退火几乎可以再生长 1 μm 厚的衬底材料，这比任何实际注入的非晶化深度要大得多。由于 SPE 再生长，可以在非常低的温度下使杂质激活。图 5.17 所示为磷在单晶和非晶材料中的等时激活曲线，从图中可见，即使在 550℃时大部分的注入杂质都已经被激活。

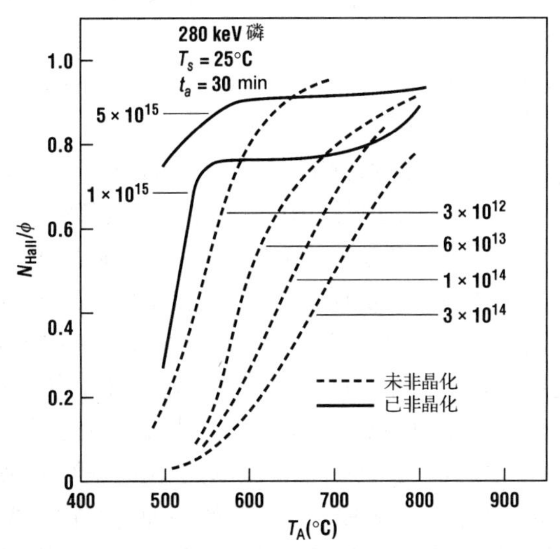

图 5.17　以剂量为参变量的硅中注磷的等时退火激活曲线，实线相应于注入已使得衬底形成非晶化(经 AIP 许可转载，引自 Crowder 和 Morehead)

非晶层 SPE 再生长的主要问题是残余缺陷。SPE 层中不但包括简单的一维缺陷，如位错线，还包括二维和三维缺陷，如孪晶和堆垛层错。缺陷可以起源于单晶材料上稍微离开了自己最初位置的微岛，或是来自在 SPE 过程中产生了位移的微岛。这些微岛也是再生长的成核中心。当这些完全不同的生长前沿相遇时将会形成缺陷。为了将缺陷浓度减小到一个可接受的水平，通常需要高温退火(1000℃左右)[26]，然而即使是高温退火也不可能完全消除损伤。图 5.18 所示为高剂量砷注入后的退火特性[27]，甚至在 1000℃退火之后仍存在残余缺陷。损伤区域集中在注入边缘附近。高温退火也能使非晶层之外的注入拖尾区内的杂质激活。为了避免高温退火过程中过多的扩散，首先用一个低温 SPE 步骤来降低点缺陷的浓度。

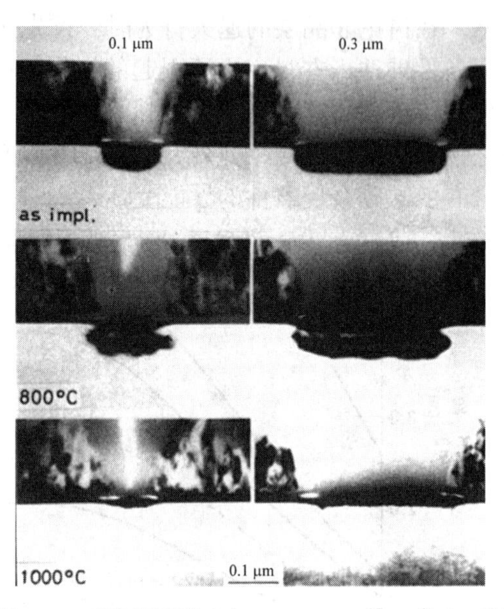

图 5.18 高剂量砷注入(25 keV，$5\times10^{15}\ \text{cm}^{-2}$)在亚微米区域内注入损伤的横截面 TEM 照片。条件分别如下：刚完成注入之后；经过 800℃退火之后；经过 1000℃退火之后。值得注意的是，即使在最高温度下，注入区域的边缘仍有残余缺陷(经 Elsevier Science 许可转载，引自 Gyulai[27])

5.6 浅结的形成+

在制造极小尺寸的器件时，必须减小结的深度(参见第 16 章)。大多数有关浅结的研究工作都集中在亚微米和深亚微米 CMOS 工艺中形成极浅的源/漏结。作为一条一般性的经验准则，源/漏结的深度应该不大于沟道长度的 30%。根据这个判断标准，22 nm CMOS 晶体管的结深应该在 7 nm 以下。由于硼的投影射程(在同样的注入能量下)和扩散速率(在同样的温度下)都要比砷大得多，因此探索制备超浅 P^+N 结的技术已经引起了人们广泛的注意。本节将重点放在浅 P^+N 结的形成上，但其中许多技术也已经应用于 N^+P 型结的制备。

我们可以很容易地将浅结制备的工作划分为两个部分：首先是形成一个非常浅的离子注入剖面分布，然后在获得尽可能高的掺杂剂激活率和消除注入损伤的过程中限制杂质的扩散。前者要求我们要尽可能以非常低的能量将硼离子注入硅晶圆片上。我们当然可以采用传统的方法(如图 5.1 所示)来达到这一目的，但是存在的主要问题是束流的稳定性。在超低能量和强注入束流密度的前提下，注入束流中的离子之间相互排斥，并随着离子束的传输而不断扩展[28]。较低的注入能量、较轻的离子质量以及从质量分析器到晶圆片较长的距离，都进一步加剧了上述效应。为了避免这种束流扩展，可以通过离子注入设备以受控的方式给束流空间增加适量的电子，这可以通过在真空中引入诸如氙气这样的容易离化的气体来实现。当氙气离化之后，其放出的电子将有助于保持注入束流中的空间电荷较低，从而有利于将束流打到目标靶上[29]。

解决上述问题的第一类方法是采用分子注入。对于硼离子注入来说最简单的例子就是采用 BF_2 注入，因为它是典型的气态硼源 BF_3 分解后的一种副产物。当我们将 BF_2 分子加速到具有能量 E 时，它并不会分解，因此该分子中的所有原子都会以同样的速度运动。最后各个原子获得的能量则由整个分子的能量按照质量比来分配：

$$E_B = E_{BF_2} \frac{m_B}{m_{BF_2}}$$

可见上述质量比越小，则可以注入的单个原子的能量也就越低(不过，离子注入机对于质量特别大的分子也会失去其质量辨识能力)。氟在硅材料中通过与点缺陷相结合也可减小其扩散率，从而降低结深[30,31]。对于硅中注入的硼、磷、砷，这些都已经得到证明。但是氟似乎会在注入损伤区聚集形成团状物，且能导致在这些区域内形成微小的空洞。

关于硼离子的注入，人们对十硼烷($B_{10}H_{14}$)产生了浓厚的兴趣[32]，近年来人们对碳硼烷($C_2B_{10}H_{12}$)也十分关注，因为在十硼烷和碳硼烷中，硼离子的质量比(也就是其可获得的能量比)分别是 11/124(即 0.089)和 11/146(即 0.075)，因而有可能实现超低能量的硼注入。当然由此而注入的硼原子剂量将是十硼烷分子剂量的 10 倍。采用这种方法的一个关键问题是必须开发出一种能够产生不易分解的十硼烷的离子源[33]。在这样的超低能量离子注入技术中，入射的离子可能会溅射到硅晶圆片表面(参见第 12 章)，这样不仅会将硅原子撞击出来，而且还会把之前已经注入的硼原子也轰击出来[34]。因此必须要找到某种方法能够计入上述效应的影响，从而获得比较准确的最终注入剂量。非常有意思的是，采用类似十硼烷这样的原子团来进行离子注入似乎可以获得比单质元素注入更为光滑的表面[35]。目前采用硼原子团进行超浅结离子注入的商业化设备已经问世[36]。同时也有一家主要的供应商就专门为超低能量硼注入设备提供硼原子团材料($B_{18}H_{22}$)[37]作为硼注入的离子源。

解决上述浅结制备问题的另一个办法是重新审视离子注入的基本原理。假如我们把注入设备的加速系统设计得非常短，或者根本就没有加速系统，注入束流的扩展效应就可以得到缓解。我们还可以使用非常大的注入束斑面积来减小电荷密度。目前基于上述设计思想的超低能量离子注入设备已经面世，例如应用材料公司推出的 Quantum X Plus 型超低能量离子注入设备就可以实现能量低至 200 eV[38]的离子注入。这种设计理念的最终体现就是目前业界公认的等离子浸润离子注入系统(PIII)，在这种工艺中，首先将待注入的晶圆片置于一个等离子体(参见第 10 章)气氛中，并利用其中的某种气体将所需注入的杂质元素携带进去，然后将等离子体的偏置电压调节到合适的目标值上，从而将所需注入的杂质离子注入晶圆片衬底中。这种工艺技术具有非常高的性能价格比，还能够应用于多种结构材料的表面处理中[39]。由于等离子浸润的面积很大(可达到整个晶圆片的表面)，因此 PIII 系统可望在克服传统离子注入设备稳定性问题的前提下实现高浓度的杂质注入。对于掺杂工艺来说，其实现的注入剂量可达到 10^{15} cm^{-2} 量级，注入离子的能量则介于 1 ~ 30 eV 之间[40]。采用这种工艺已经制备出了适用于 MOS 器件源漏区的超浅 P+/N 结[41]。然而即使就半导体产业的应用来说，这种 PIII 系统也存在着几个严重的缺陷。首先，由于这种 PIII 系统没有质量分析器，因此各种离化的杂质都会一起被注入晶圆片中。其次，要精确地控制 PIII 系统的注入剂量和注入能量也是非常困难的。虽然借助这种 PIII 系统已经研制出了高密度的 SRAM 电路[42]，但是在可以预见的未来，这种 PIII 离子注入系统能否最终取代传统的离子注入系统仍然是一个未知数。其他可望取代传统大剂量离子注入的技术还包括气体浸润激光掺杂(GILD)[43]以及投射式气体浸润激光掺杂(P-GILD)[44]等。

影响浅结制备的第二个问题是沟道效应。由于硼被偏转进入主晶轴方向的概率较高，即使是随机取向的晶圆片也会产生沟道效应[45]。可以在注入硼之前以高剂量注入一种较重的原子来完成晶圆片的预非晶化从而使沟道效应减到最小。一个流行的选择是注入锗原子。Ozturk

和 Wortman[46]已经证明，在 BF_2 注入之前，以低能量进行 3×10^{14} cm^{-2} 的锗注入使晶圆片预非晶化，结深大约下降 20%(假定衬底浓度 $N_{sub}=10^{16}$ cm^{-3})，而制备出浅结的二极管特性未见有任何不同[46]。已有报道表明,采用硅注入实现预非晶化可以使得注入原子 B 后的结深下降 40%以上[47]。以上这些技术的一个不足之处在于非晶区域必须要进行再结晶处理，而再结晶可能会留下残余缺陷。

影响浅结制备的第三个问题是高温退火时出现的异常扩散[48]。该效应在拖尾区表现得最为明显[49]，有时候我们将此效应称为**瞬态退火效应**(transient annealing effect)，在磷注入中也观察到了该效应[50]，其原因还不太明确。有一种模型认为：硼注入之后只有大约 20%的硼是替位型原子[51]，因此异常扩散是以填隙方式进行的[52]。但是该模型不能解释沿着晶轴注入时的异常扩散效应。而后一结果支持了与损伤有关的、尤其是与退火过程中形成的扩展缺陷有关的瞬态扩散效应理论[53,54]。最近 Schreutelkamp 证明了硼在硅中的瞬态扩散机理是挤出扩散机理的派生(参见第 3 章)。这些主要的填隙原子将替位型硼原子挤出至填隙位置，使其在填隙位置上快速扩散。随着损伤在退火过程中消除，过量的自填隙原子浓度下降，使硼的扩散率下降，直到退火过程的后期，诸如(311)晶面的带状缺陷这样的扩展缺陷被湮灭，驱动瞬态扩散过程得过量填隙原子被释放。

5.7 埋层介质$^+$

迄今为止，仅讨论了离子注入的一种应用，即半导体衬底中的掺杂。离子注入的第二个应用是器件隔离。在 GaAs 工艺技术中，离子注入是一种广泛用于在绝缘衬底上的导电层中制作相邻器件间的表面隔离的技术。尽管也研究过其他的材料，但质子(H^+)仍是最常用的。从注入工艺的角度来看，该应用与掺杂几乎无区别。因此，我们将这种隔离技术放在第 17 章中做进一步的讨论。这一节我们将介绍利用注入形成绝缘层上硅(SOI)。通过高能注入 N^+形成 Si_3N_4 的工艺称为 SIMNI[55]，而通过高能注入 O^+形成 SiO_2 的工艺称为 SIMOX，后者目前应用得更为普遍。

用注入氧来获得隔离(SIMOX)的方法首先是由 Izumi 等人报道的[56]。形成绝缘埋层的优点是辐射加固增强、电路速度提高、功耗降低以及封装密度增加。其主要缺点是制造成本增加、缺陷密度增多以及由于掩埋氧化层热导率较差导致的器件结温升高的潜在威胁。典型的 SIMOX 工艺的注入条件为 150 ~ 300 keV 的 O^+，剂量大约为 2×10^{18} cm^{-2}。对大多数注入机而言，这将是一个非常长的注入时间。为了将表面附近的损伤减到最小，一般会有目的地沿沟道轴方向注入。注入工序在投影射程附近形成一个近似的非晶层，其中氧原子数目大约是硅原子的两倍。为了将表面损伤减至最小，注入时晶圆片必须保持在至少 400℃[57]。这一点十分重要，因为其后要在硅下形成的非晶氧化层会阻碍从衬底未损伤部分开始的再结晶。如果注入期间晶圆片温度保持在 500℃左右，注入的氧也将趋于从投影射程处扩散开，形成宽而平的浓度平台。在这个区域内，氧的浓度是形成二氧化硅所需的原子浓度[58]。

注入之后必须有一温度很高的过程来形成氧化层。典型的退火是在一层淀积的氧化包封层下进行的，退火条件是至少 1300℃下几个小时。一些作者推荐 1400℃以上的退火温度[59]。图 5.19 所示为用透射电子显微镜拍摄的一组不同热退火条件下 SIMOX 晶圆片的截面像。很明显，随着退火温度的提高，晶体表面层的质量得到极大的改善。在注入拖尾区留下的残余氧原子作为热施主，会影响有源器件有源区域的载流子浓度。幸运的是 1300℃下的热退火可以将热施主浓度降至 10^{15} cm^{-3} 以下[60]。

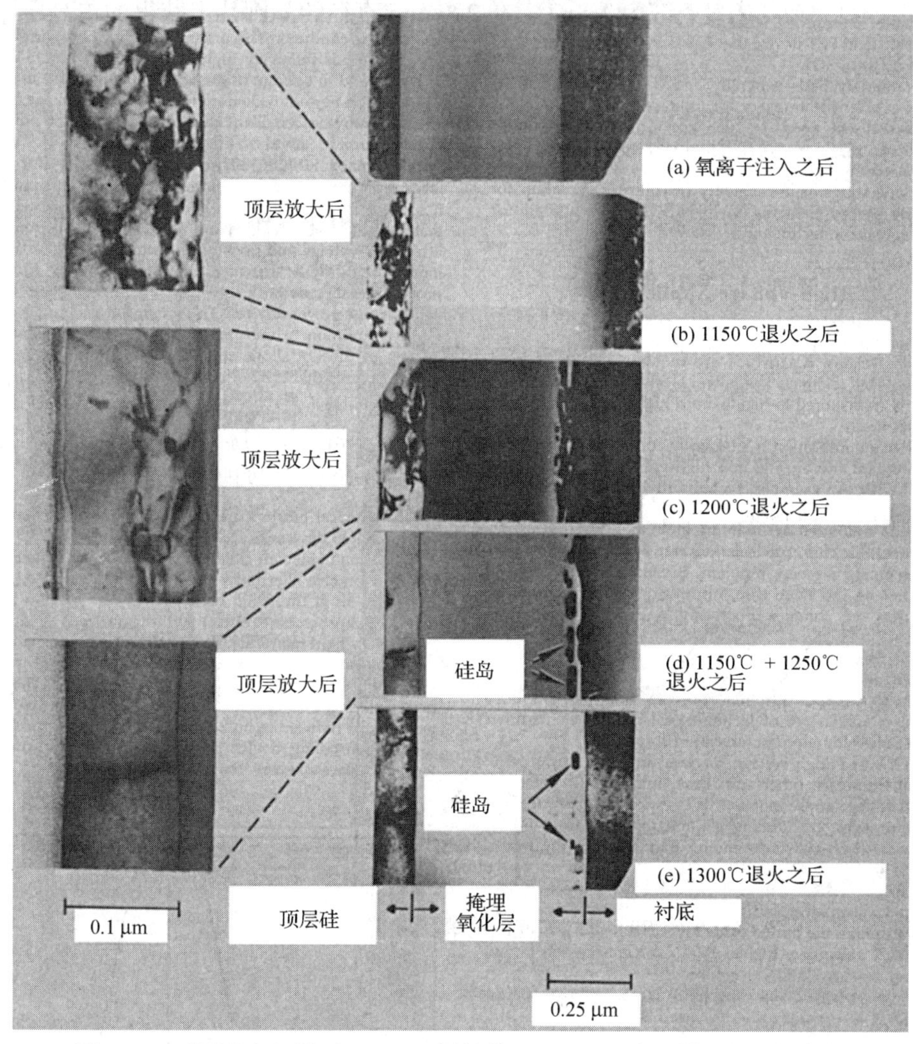

图 5.19　不同退火条件下 SIMOX 层的截面 TEM 照片。样品的注氧条件是 150 keV，2.25×10^{18} cm^{-2}(引自 Lam，经©1987 IEEE 许可转载)

SIMOX 的潜在问题是使结漏电增加的重金属杂质、针孔密度、材料质量以及厚度的均匀性。在所有的离子注入中都存在金属玷污，但是典型的 SIMOX 注入剂量几乎是传统源/漏注入剂量的 1000 倍，所以必须精心设计用于 SIMOX 的注入机的某些部件，以避免金属玷污问题。例如，光阑及束挡板要用硅材料替代不锈钢或钨。SIMOX 注入过程中晶圆片表面的颗粒会使氧化埋层中产生针孔，颗粒阻挡或部分阻挡了 O_2 的注入，结果使介质层延伸至表面时出现异常。仔细清洗晶圆片和注意颗粒控制可使此问题减到最小。另一个问题是表面硅内的位错密度。尽管材料质量已有极大的改善，但位错密度的量级仍有 10^3 位错/cm^2。用 SIMOX 材料可以加工出很好的 CMOS IC。已经有制作出 256KB SIMOX SRAM 的报道。甚至已经采用这种技术制备出用于 BiCMOS 电路中的双极型晶体管，所观察到的少子寿命约为 10^{-7} s。

人们对 SIMOX 技术的主要关注点之一还是成本，尤其是商用设备的成本。针对这些问题的 SIMOX 工艺应用的注入机已经得到了很大的发展。这些系统的典型束流都超过了 100 mA，可以实现更高的产能，从而降低制造成本。采用这种新型的注入设备可以使系统中的金属玷污低于 $10^{11}\ cm^{-2}$，针孔密度低于 $0.2\ cm^{-2}$，在 200 mm 直径的晶圆片上获得的单晶层厚度均匀性接近 5 nm。

5.8 离子注入系统的问题和关注点

现代的注入机有几个技术问题是本章开头所述的理想化系统中未提及的。本节将讨论除了损伤退火之外的某些问题，这些问题使注入工程师一直感兴趣。图 5.20 所示为具有凹凸形貌的晶圆片中注入的一个常见问题——遮挡。由于注入时的倾斜角度和旋转角度，任何非平面的掩蔽膜都会造成注入的遮挡。随着可容许的热过程和总扩散程度的降低，以及对能够减小寄生电容的自对准结构依赖性的增加，遮挡效应的重要性正在逐渐增大。举一个典型的例子，根据源/漏接触的不同选择，MOS 晶体管的 *I-V* 特性将是非对称的。最新一代的注入机允许晶圆片在高真空中变化注入的倾斜角和旋转角，这样可以有效地实现多角度注入。在一个“四重”结构中，经常要进行 4 个角度的注入。

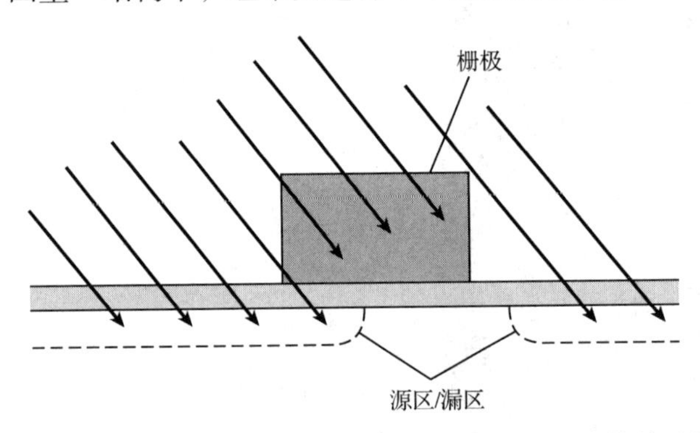

图 5.20 等比例缩小的 MOSFET 遮挡效应的简单示例图。注入倾斜角的存在使源/漏扩散区中有一个将不能与沟道区相连，导致 *I-V* 特性变差

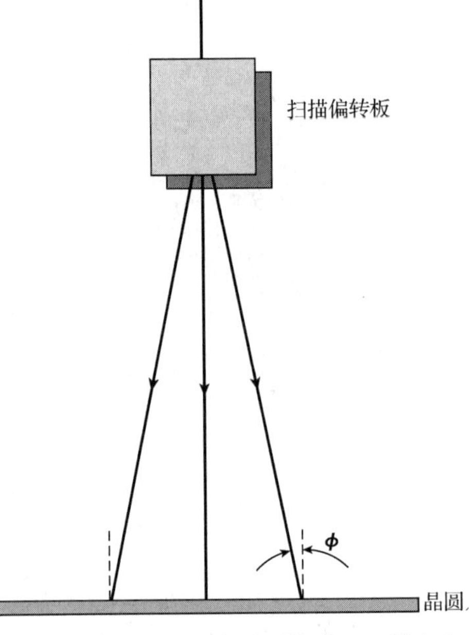

图 5.21 在简单静电扫描系统中，入射束和晶圆片表面法线之间的角度变化

如果采用图 5.21 所示的简单静电扫描系统，则遮挡问题将会被进一步扩大化。扫描板的偏转作用使整个晶圆片上的注入角度从 5° 至 9° 变化，除非增加一个校正磁铁来补偿此效应。静电扫描注入系统中与倾角有关的另一个问题是晶圆片的剂量将从一边至另一边变化。晶圆片越大，该问题越明显，因为晶圆片大时静电偏转角可达到 2° 或更大。通常采用一些角度补偿系统来纠正静电偏转。而强束流机内的硅晶圆片在两个方向上的扫描均是机械扫描，故没有该问题。但是，在强束流机系统中如果没有有效的冷却，晶圆片在注入过程中会加热升温，而由于加热升温和边缘夹具的使用，常常会使晶圆片变形，从而造成注入角度的不确定。

大直径硅晶圆片的使用量不断增加，使高均匀性注入的任务更加艰巨。Current 和 Keenan 都已经证明生产型的注入机的不同机台(设备)之间存在明显的差别，尤其是在低剂量注入时[61]。除了上一节所讨论的问题，还可能存在着剂量率监测方面的误差。因为任何打在晶圆片上的中性物质都不会产生电流，因而也就不会被计数，而束内的离子与残余气体原子或热电子复合会产生出中性粒子[62]。剂量误差也可能是没有完成二次电子再捕获的结果。电子溢流枪也常用来维持电中性并补偿二次电子损失。

通常认为离子注入是一个非常清洁的工艺过程，因为注入过程在高真空中进行，并能针对物质中所希望的同位素进行注入物质的选择。实际上注入机会有四种常见的玷污。对所有工艺设备而言，一种玷污是颗粒。如果注入前有颗粒掉落在晶圆片上，它将阻挡对晶圆片的注入。过后的清洗可以去除掉颗粒，但是留下的看不见的遮挡实际上是一个不易发现的致命缺陷。多数颗粒都是由于不正确地操作晶圆片、不正确地抽真空步骤、夹持步骤、充气时使用未过滤的气体以及强束流机的转盘造成的[63]。人们发现使用特别的无夹具式晶圆片固定方法对离子注入机中的颗粒产生有着明显的影响。

另外三种玷污与比颗粒小得多的杂质有关，这些杂质可能在注入的过程中掉落在晶圆片上。为了避免这些问题，通常通过一层薄的屏蔽氧化膜来进行注入，注入后再将这层薄膜去除掉。由于扩散泵的油蒸气会回流进入束通道，并在注入过程中产生聚合作用，因此强束流机中常会有碳氢化合物产生。这些化合物在其后的化学清洗中极难被去除。采用无油的真空泵可以避免该问题。在用不锈钢光阑的系统中有时会发现 Fe、Cr、Ni 等重金属杂质[64]。新机器常用石墨或不含铜的铝来制作光阑以避免上述效应。最后一种是常见的交叉玷污，主要发生在某种物质的高剂量注入完成之后再做其他物质的低剂量注入时。因此，绝对不要用半导体注入机去进行降低少子寿命的杂质注入。许多大的制造厂常常将一台注入机专用于某一种特定杂质的注入，以防止各种交叉玷污的问题。

注入离子的电荷对 MOS 器件栅氧化层完整性的影响同样也是一个非常严重的问题，这就要求在注入束流中或在晶圆片表面通过增加补偿电子来进行电荷中性化处理。注入电荷对栅氧化层的影响还会通过所谓的天线效应而进一步加剧，因为电荷会从栅电极位于厚氧化层的区域流向栅电极位于薄氧化层的区域，从而实现电压的统一。

5.9 注入分布的数值模拟$^+$

第 3 章中介绍的用来预测扩散分布的工艺模拟器，除了可以用于模拟第 4 章中的氧化工艺过程，也同样可以用于计算离子注入形成的杂质分布。这个特点是非常有用的，因为在实际的工艺过程中，大多数杂质都是通过离子注入工艺引入的。待模拟的杂质分布可以是经过离子注入、退火激活以及扩散等工艺过程之后的结果，这样有助于与实际的掺杂分布进行对比。该工艺模拟器软件包含了大多数常用掺杂剂的离子注入参数，并且也能够处理透过多层结构向薄膜材料中进行离子注入的过程。在典型情况下，该模拟软件能够给出基于简单高斯分布、非对称高斯分布以及皮尔逊 IV 型分布、双皮尔逊 IV 型分布的杂质浓度分布预测。某些版本的模拟软件甚至还能够预测出基于玻尔兹曼输运过程以及蒙特卡洛方法的杂质分布情况。

例题 5.4 给出了一个用来模拟 P^+源漏区结构的典型结果。

例 5.4　利用 Silvaco 公司的 Athena 软件创建一个准一维的模拟网格，然后在一个均匀掺杂浓度为 10^{17} cm^{-3} 的沟道区中通过能量为 2 keV、剂量为 10^{15} cm^{-2} 的离子注入工艺来形成

PMOS 器件的源漏区。求出该源漏区的结深和薄层电阻。杂质浓度的分布情况与高斯分布相比有何异同？如果用 BF_2 取代硼原子来进行离子注入，其结果又如何？

解答：

```
go athena
#TITLE: Boron Implant Example 5.4
line x loc=0.0      spacing=0.02
line x loc=0.2      spacing=0.02
line y loc=0.0      spacing=0.002
line y loc=0.1      spacing=0.002
line y loc=0.2      spacing=0.005
line y loc=0.4      spacing=0.01
line y loc=0.6      spacing=0.02
init c.phos=1e17
method adapt

# implant Boron
implant boron energy=2 dose=1e+15
# extract junction depth
extract name="xj" xj material="Silicon" mat.occno=1
x.val=0.1 junc.occno=1

# extract 1D electrical parameters
extract name="sheet_rho" p.sheet.res material="Silicon"
mat.occno=1 x.val=0.1 region.occno=1
# Save and plot the final structure
structure outfile=ex5_4.str
tonyplot
```

结果： 对于硼注入来说，通过 Athena 模拟得到的结深为 58 nm，薄层电阻则为 233 Ω/□。事实上，薄层电阻可能要比这个数值大很多，因为在上述工艺流程中并没有包含任何激活注入杂质的步骤。如果我们来看所形成的杂质浓度分布(参见图 5.22)，则会发现在靠近表面处的硼杂质化学组分浓度要比其电学活性浓度(净掺杂浓度)高很多。另外值得注意的是，在靠近硼浓度的峰值点附近，杂质浓度的分布受到了很大程度的扭曲，造成这种现象的部分原因是这种硼离子注入的高浓度效应所致。对于 BF_2 离子注入工艺来说，只需将上述程序中描述离子注入的语句中的“Boron”一词替换成“BF2”即可，此时结深将变为 25 nm，而薄层电阻则变为 300 Ω/□，因为此时能够实现电学激活的杂质数量将会进一步减少。

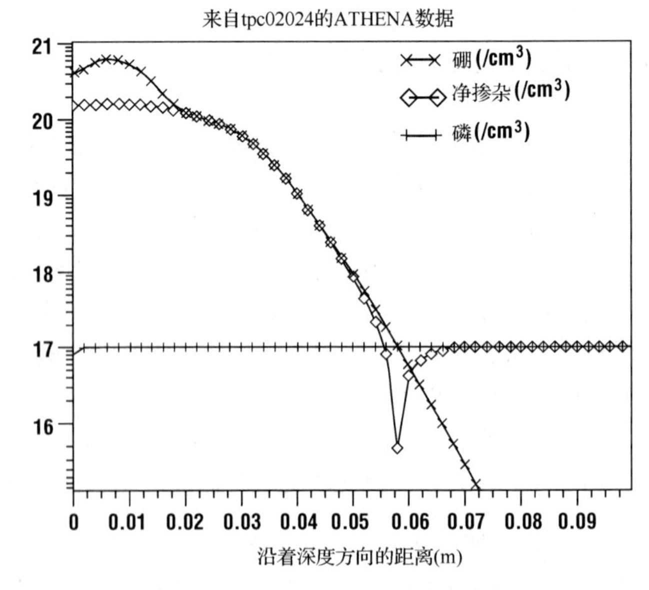

图 5.22　硼注入后的杂质浓度分布

5.10 小结

本章介绍了离子注入工艺技术，描述了现代离子注入机的组成部分，以及离子注入掺杂的一些局限性。大多数离子注入分布可以采用高斯分布函数来描述。包括偏斜度和峭度的附加高次矩高斯分布，有时被用来更好地近似实验所得的分布。经过离子注入之后杂质必须经过退火处理，退火步骤可以激活杂质和消除注入损伤。根据衬底损伤的程度不同要求不同的退火菜单。在硅工艺技术中，通过高剂量的氧注入，离子注入还可以用来形成绝缘埋层。最后介绍了使用数值模拟软件来模拟离子注入的分布。

习题

1. 能量为 30 keV、剂量为 10^{12} cm^{-2} 的 ^{11}B 被注入裸露的硅晶圆片中。
   (a) 注入分布峰值的深度是多少？
   (b) 峰值浓度是多少？
   (c) 深度为 300 nm（即 0.3 μm）处的浓度是多少？
   (d) 尽管分布与 (a) 和 (b) 的答案相符，但是却发现测量浓度比 (c) 预计的浓度大一个量级。请给出一个可能的解释（假定测量值是正确的）。
2. 一个特定的硅器件需要注入硼，峰值在 0.3 μm（3000 Å）深处，峰值浓度为 10^{17} cm^{-3}，求此工艺需要使用的注入能量和剂量。如果衬底材料为 N 型，衬底浓度为 10^{15} cm^{-3}，求注入后的结深。
3. 将磷注入硅晶圆片中，注入剂量为 10^{15} cm^{-2}，注入能量为 150 keV。
   (a) 求出该注入杂质浓度分布峰值点的深度和峰值点的浓度。
   (b) 如果原始晶圆片具有浓度为 10^{16} cm^{-3} 的均匀硼掺杂，求出磷的浓度与硼的浓度达到相等点的深度。
4. 将硼和砷两种杂质分别以能量为 100 keV、剂量为 10^{15}cm^{-2} 的条件注入同一块硅晶圆片中。
   (a) 这两种杂质注入分布的投影射程 R_p 和标准偏差 ΔR_p 分别是多少？
   (b) 在同一张图中画出这两种注入杂质的浓度分布草图，其中杂质浓度采用对数坐标。不必进行定量的计算，只需表明两种杂质浓度分布的相对位置即可。
   (c) 求出两种杂质浓度达到相等点的位置。
5. 请设计一个将硼注入硅晶圆片中的工艺条件，要求注入形成的杂质浓度峰值（最高杂质浓度）位于 0.2 μm 处，硼的峰值浓度为 2×10^{17} cm^{-3}。
   (a) 求出所需的硼注入能量。
   (b) 求出所需的硼注入剂量（以 cm^{-2} 为单位）。
6. 通过 15 nm 的栅氧化层进行 MOSFET 阈值电压调整注入。注入物质为硼，能量为 30 keV。估算氧化层中硼的比例（可以在高斯分布中利用 $x \ll R_p$ 的近似）。
7. 在离子注入机中，通常采用如本章中所述的质量分析器来引出所需的元素。假设引出电压是 20 keV，分析器曲率半径是 30 cm，计算引出硅（质量数为 28）所需的磁场。

请解释为什么当离子源室有极小的真空漏气时注入分布中会有 N_2 存在。

8. 将能量为 100 keV、剂量为 $1\times10^{13}\ \text{cm}^{-2}$ 的硫(S)注入某晶圆片中。该晶圆片顶层有 50 nm 厚的 AlGaAs，下面是很厚的 GaAs 衬底，如下图所示。假定 AlGaAs 层的特性与普通的 GaAs 一样。

(a) 注入硫的峰值浓度在何深度？

(b) 此处硫的浓度是多少？

(c) 画出硫浓度的对数值与深度的关系，标出 AlGaAs 和 GaAs 的区域，大多数注入的硫是在 AlGaAs 内还是在 GaAs 内？为什么？

9. 将剂量为 $10^{15}\ \text{cm}^{-2}$ 的磷注入硅晶圆片中，所选取的注入能量可使注入的投影射程为 0.2 μm、标准偏差为 0.05 μm。离子注入完成后再使用 1000℃的快速热退火进行杂质激活。忽略瞬态增强扩散效应，但是考虑掺杂效应对扩散的影响，回答下列问题：

(a) 在退火刚开始的时刻，深度为 0.2 μm 处磷的净扩散流密度 J 是多少？它是向晶圆片表面($x = 0$)还是向其他方向流动的？

(b) 在退火刚开始的时刻，深度为 0.3 μm 处磷的净扩散流密度 J 是多少？它是向晶圆片表面($x = 0$)还是向其他方向流动的？

10. 将砷注入硅晶圆片中，注入的射程为 0.1 μm，标准偏差为 0.03 μm，注入剂量为 $4\times10^{14}\ \text{cm}^{-2}$。然后将晶圆片加热到 900℃，忽略瞬态增强扩散效应。

(a) 求出加热前晶圆片在 0.13 μm 深度处的杂质浓度。

(b) 求出扩散发生之前该位置处扩散系数 D 的数值。

(c) 以 $\text{cm}^{-2}\cdot\text{s}^{-1}$ 为单位，求出最初的扩散流密度 J 的值。

11. 一典型的大束流注入机工作束流为 2 mA，在一个 150 mm 直径的晶圆片上注入 O^+，剂量为 $1\times10^{18}\ \text{cm}^{-2}$，注入要多长时间？

12. 可以将原子的质量近似为其原子电荷数的 2 倍。根据这一点，当靶为硅时，计算作为 Z_i 的函数的 k_e 值。将衬底变为锗再重新计算一次，画出两条曲线，讨论其特点。

13. 随着栅长的缩小，MOSFET 中源/漏区的结深必须降低。人们总是希望得到比 0.1 μm 还浅的低电阻率结。对离子注入而言这是一个重要的问题吗？就 P^+N 和 N^+P 结分别阐明得出你的答案的理由。形成这些结的主要问题是什么？

14. 采用十硼烷($B_{10}H_{14}$)分子作为注入杂质是实现超浅注入结的方法之一。假设硼的原子量为 11，氢的原子量为 1。由于图 5.9 在极低能量下很难读出准确数据，因此我们假设在极低注入能量下硼原子的射程为 32 Å/keV×原子的注入能量，其标准偏差为 12 Å/keV×原子的注入能量。此十硼烷分子的注入以注入能量为 2 keV、注入剂量为 $10^{14}\ \text{cm}^{-2}$ 实现。

(a) 求出硼浓度分布的峰值位置(深度)。

(b) 求出峰值位置处的硼浓度。

(c) 如果在注入掺杂之前硅晶圆片已经均匀掺有 $10^{17}cm^{-3}$ 的 N 型杂质，求出注入后形成的结深。

15. 用工艺模拟软件来模拟硼注入，能量为 100 keV，剂量为 10^{13} cm^{-2}。记录化学浓度(即打印硼的化学浓度)，绘出分布曲线，并用图 5.9 中的注入参数画出高斯分布曲线，讨论其差别。

16. 在前面几章中，我们已经用工艺模拟软件模拟了一个双扩散 NPN 双极型晶体管。现在用离子注入工艺来重复这一练习。假如晶圆片已被均匀地掺入 N 型杂质，浓度为 10^{16} cm^{-3}，基区宽度为 0.2 μm，Gummel 数(即基区中的净掺杂总量)大约是 10^{13} cm^{-2}。你会选什么掺杂剂来作为基区和发射区的杂质？用工艺模拟软件来建立符合上述条件的离子注入和退火激活过程。画出净激活杂质浓度来说明你的解答。为什么这样的分布与相应的双扩散分布相比要更加可控？

参考文献

1. J. W. Mayer, L. Erickson, and J. A. Davies, *Ion Implantation in Semiconductors, Silicon and Germanium*, Academic Press, New York, 1970.
2. H. Ryssel and I. Ruge, *Handbook of Ion Implantation Technology*, Wiley, New York, 1986.
3. G. Dearnaley, J. H. Freeman, R. S. Nelson, and J. Stephen, *Ion Implantation*, New Holland Amsterdam, 1973.
4. R. Gwilliam, "Ion Implantation Machines," *Ion Implant Workshop 2009*.
5. T. C. Smith, "Wafer Cooling and Photoresist Masking Problems in Ion Implantation," in *Ion Implantation Equipment and Techniques*, H. Ryssel and H. Glawischnig, eds., vol. 11, Springer Series in Electrophysics, Springer-Verlag, New York, 1983, p. 196.
6. P. Burggraaf, "Resist Implant Problems: Some Solved, Others Not," *Semicond. Int.* **15**:66 (1992).
7. J. F. Gibbons, "Ion Implantation in Semiconductors—Part I, Range Distribution Theory and Experiments," *Proc. IEEE* **56**:295 (1968).
8. Y. Xia and C. Tan, "Four-parameter Formulae for the Electronic Stopping Cross-section of Low Energy Ions in Solids," *Nucl. Instrum. Methods* **B13**:100 (1986).
9. B. Smith, "Ion Implantation Range Data for Silicon and Germanium Device Technologies," Research Studies, Forest Grove, OR, 1977.
10. T. E. Seidel, "Ion Implantation," in *VLSI Technology*, S. M. Sze, ed., McGraw-Hill, New York, 1983.
11. J. Lindhard and M. Scharff, *Phys. Rev.* **124**:128 (1961).
12. J. Lindhard, M. Scharff, and H. Schiøtt, "Range Concepts and Heavy Ion Ranges," *Mat. Fys. Med. Dan. Vidensk. Selsk* **33**:14 (1963).
13. J. F. Gibbons, W. S. Johnson, and S. W. Mylroie, *Projected Range Statistics*, Dowden, Hutchinson, and Ross, Stroudsburg, PA, 1975.
14. W. P. Petersen, W. Fitchner, and E. H. Grosse, "Vectorized Monte Carlo Calculations for the Transport of Ions in Amorphous Targets," *IEEE Trans. Electron Dev.* **30**:1011 (1983).

15. D. S. Gemmell, "Channeling and Related Effects in the Motion of Charged Particles Through Crystals," *Rev. Mod. Phys.* **46**:129 (1974).
16. N. L. Turner, "Effects of Planar Channeling Using Modern Ion Implant Equipment," *Solid State Technol.* **28**:163 (February 1985).
17. G. H. Kinchi and R. S. Pease, *Rep. Prog. Phys.* **18**:1 (1955).
18. F. F. Morehead and B. L. Crowder, "A Model for the Formation of Amorphous Silicon by Ion Implantation," in *First International Conference on Ion Implantation*, F. Eisen and L. Chadderton, eds., Gordon and Breach, New York, 1971.
19. R. J. Schreutelkamp, J. S. Custer, J. R. Liefting, W. X. Lu, and F. W. Saris, "Preamorphization Damage in Ion-Implanted Silicon," *Mat. Sci. Rep.* **6**:275 (1991).
20. T. Y. Tan, "Dislocation Nucleation Models from Point Defect Condensations in Silicon and Germanium," *Materials Res. Soc. Symp. Proc.* **2**:163 (1981).
21. B. L. Crowder and R. S. Title, "The Distribution of Damage Produced by Ion Implantation of Silicon at Room Temperature," *Radiation Effects* **6**:63 (1970).
22. T. E. Seidel and A. U. MacRae, "The Isothermal Annealing of Boron Implanted Silicon," in *First International Conference on Ion Implantation*, F. Eisen and L. Chadderton, eds., Gordon and Breach, New York, 1971.
23. S. Wolf and R. N. Tauber, *Silicon Processing for the VLSI Era*, vol. 1, Lattice Press, Sunset Beach, CA, 1986.
24. M. I. Current and D. K. Sadana, "Materials Characterization for Ion Implantation," in *VLSI Electronics—Microstructure Science* **6**, N. G. Einspruch, ed., Academic Press, New York, 1983.
25. L. Csepergi, E. F. Kennedy, J. W. Mayer, and T. W. Sigmon, "Substrate Orientation Dependence of the Epitaxial Growth Rate for Si-implanted Amorphous Silicon," *J. Appl. Phys.* **49**:3906 (1978).
26. J. A. Pals, S. D. Brotherton, A. H. van Ommen, and H. J. Ligthart, "Recent Developments in Ion Implantation in Silicon," *Mat. Sci. Eng.* **B4**:87 (1989).
27. J. Gyulai, "Annealing and Activation", in *Handbook of Ion Implantation Technology*, J. Ziegler, ed., Elsevier Science, Amsterdam (1992).
28. S. Radovanov, G. Angel, J. Cummings, and J. Buff, "Transport of Low Energy Ion Beam with Space Charge Compensation," 54th Annual Gaseous Electronics Conference, State College, PA, American Physical Society, 2001.
29. B. Thompson and M. Eacobacci, "Maximizing Hydrogen Pumping Speed in Cryopumps Without Compromising Safety," *Micro Mag.* May 2003.
30. K. Ohyu and T. Itoga, "Advantage of Fluorine Introduction in Boron Implanted Shallow P+n Junction Formation." *Jpn. J. Appl. Phys.* **29**(3):457 (1990).
31. D. Lin and T. Rost, "The Impact of Fluorine on CMOS Channel Length and Shallow Junction Formation," *IEDM Technical Digest*, p. 843.
32. M. A. Foad, R. Webb, R. Smith, J. Matsuo, A. Al-Bayati, T-Sheng-Wang, and T. Cullis, "Shallow Junction Formation by Decaborane Molecular Ion Implantation," *J. Vacuum Sci. Technol. B: Microelectron Nanometer Struct.* **18**(1):445–449 (2000).
33. A. S. Perel, W. K. Loizides, and W. E. Reynolds, "A Decaborane Ion Source for High Current Implantation" *Rev. Sci. Instrum.* **73**(2 II):877 (February 2002).
34. M.A. Albano, V. Babaram, J. M. Poate, M. Sosnowski, and D. C. Jacobson, "Low Energy Implantation of Boron with Decaborane Ion," Materials Research Society Symposium, *Proceedings* **610**:B3.6.1–B3.6.6 (2000).
35. C. Li, M. A. Albano, L. Gladczuk, and M. Sosnowski, "Characteristics of Ultra Shallow B Implantation with Decaborane," Materials Research Society Symposium, *Proceedings* **745**: 235–240 (2002).
36. "Axcelis' Imax High Dose, Low Energy Boron Cluster Implant Technology Added to Optima Platform," *Semicond. Fabtech* Monday, 21 August 2006.

37. D. Jacobson, T. Horsky, W. Krull, and B. Milgate, "Ultra-high Resolution Mass Spectroscopy of Boron Cluster Ions," *Nucl. Instrum. Methods, Phys. Res. B: Beam Interactions Mater. Atoms* **237**(1–2): August, 2005, *Ion Implantation Technology Proceedings of the 15th International Conference on Ion Implantation Technology*, pp. 406–410, 2005.
38. http://www.amat.com/products/Quantum.html?menuID=1_9_1.
39. K. Sridharan, S. Anders, M. Nastasi, K. C. Walter, A. Anders, O. R. Monteiro, and W. Ensinger, "Nonsemiconductor Applications," in *Handbook of Plasma Immersion Ion Implantation and Deposition*, A. Anders, ed., Wiley, New York, 2000.
40. P. K. Chu, N. W. Cheung, C. Chan, B. Mizumo, and O. R. Monteiro, "Semiconductor Applications," in *Handbook of Plasma Immersion Ion Implantation and Deposition*, A. Anders, ed., Wiley, New York, 2000.
41. X. Y. Qian, N. W. Cheung, M. A. Lieberman, M. I. Current, P. K. Chu, W. L. Harrington, C. W. Magee, and E. M. Botnick, "Sub-100 nm p +/n Junction Formation Using Plasma Immersion Ion Implantation," *Nucl. Instrum. Methods Phys. Res. B: Beam Interactions Mater. Atoms* **55**(1–4):821 (Apr. 2, 1991).
42. M. Takase and B. Mizuno, "New Doping Technology—Plasma Doping for Next Generation CMOS Process with Ultra Shallow Junction-LSI Yield and Surface Contamination Issues," IEEE International Symposium on Semiconductor Manufacturing Conference, *Proceedings*, 1997, pp. B9–B11.
43. K. H. Weiner, P. G. Carey, A. M. McCarthy, and T. W. Sigmon, "Low-Temperature Fabrication of p±n Diodes with 300-angstrom Junction Depth," *IEEE Electron Dev. Lett.* **13**(7):369–371 (1992).
44. K. H. Weiner, and A. M. McCarthy, "Fabrication of Sub-40-nm p-n Junctions for 0.18 um MOS Device Applications Using a Cluster-Tool-Compatible, Nanosecond Thermal Doping Technique," *Proc. SPIE* **2091**:63–70 (1994).
45. D. R. Myers and R. G. Wilson, "Alignment Effects on Implantation Profiles in Silicon," *Radiation Effects* **47**:91 (1980).
46. M. C. Ozturk and J. J. Wortman, "Electrical Properties of Shallow P+n Junctions Formed by BF_2 Ion Implantation in Germanium Preamorphized Silicon," *Appl. Phys. Lett.* **52**:281 (1988).
47. H. Ishiwara and S. Horita, "Formation of Shallow P+n Junctions by B-Implantation in Si Substrates with Amorphous Layers," *Jpn. J. Appl. Phys.* **24**:568 (1985).
48. T. E. Seidel, D. J. Linscher, C. S. Pai, R. V. Knoell, D. M. Mather, and D. C. Johnson, "A Review of Rapid Thermal Annealing (RTA) of B, BF_2 and As Implanted into Silicon," *Nucl. Instrum. Methods B* **7/8**:251 (1985).
49. T. O. Sedgwick, A. E. Michael, V. R. Deline, and S. A. Cohen, "Transient Boron Diffusion in Ion-implanted Crystalline and Amorphous Silicon," *J. Appl. Phys.* **63**:1452 (1988).
50. G. S. Oehrlein, S. A. Cohen, and T. O. Sedgwick, "Diffusion of Phosphorus During Rapid Thermal Annealing of Ion Implanted Silicon," *Appl. Phys. Lett.* **45**:417 (1984).
51. H. Metzner, G. Suzler, W. Seelinger, B. Ittermann, H.-P. Frank, B. Fischer, K.-H. Ergezinger, R. Dippel, E. Diehl, H.-J. Stöckmann, and H. Ackermann, "Bulk-Doping-Controlled Implant Site of Boron in Silicon," *Phys. Rev. B.* **42**:11419 (1990).
52. L. C. Hopkins, T. E. Seidel, J. S. Williams, and J. C. Bean, "Enhanced Diffusion in Boron Implanted Silicon," *J. Electrochem. Soc.* **132**:2035 (1985).
53. R. B. Fair, J. J. Wortman, and J. Liu, "Modeling Rapid Thermal Diffusion of Arsenic and Boron in Silicon," *J. Electrochem. Soc.* **131**:2387 (1984).
54. A. E. Michael, W. Rausch, P. A. Ronsheim, and R. H. Kastl, "Rapid Annealing and the Anomalous Diffusion of Ion Implanted Boron," *Appl. Phys. Lett.* **50**:416 (1987).

55. K. J. Reeson, "Fabrication of Buried Layers of SiO_2 and Si_3N_4 Using Ion Beam Synthesis," *Nucl. Instrum. Methods* **B19–20**:269 (1987).
56. K. Izumi, M. Doken, and H. Ariyoshi, "CMOS Devices Fabricated on Buried SiO_2 Layers Formed by Oxygen Implantation in Silicon," *Electron. Lett.* **14**:593 (1978).
57. H. W. Lam, "SIMOX SOI for Integrated Circuit Fabrication," *IEEE Circuits Devices* **3**:6 (1987).
58. P. L. F. Hemment, E. Maydell-Ondrusz, K. G. Stevens, J. A. Kilner, and J. Butcher, "Oxygen Distributions in Synthesized SiO_2 Layers Formed by High Dose O^+ Implantation into Silicon," *Vacuum* **34**:203 (1984).
59. G. F. Celler, P. L. F. Hemment, K. W. West, and J. M. Gibson, "Improved SOI Films by High Dose Oxygen Implantation and Lamp Annealing," in *Semiconductor-on-Insulator and Thin Film Transistor Technology*, A. Chiang, M. W. Geis, and L. Pfeiffer, eds., *Mater. Res. Soc. Symp. Proc.* **53**, Boston, 1986.
60. S. Cristoloveanu, S. Gardner, C. Jaussaud, J. Margail, A.-J. Auberton-Hervé, and M. Bruel, "Silicon on Insulator Material Formed by Oxygen Ion Implantation and High Temperature Annealing: Carrier Transport, Oxygen Activation, and Interface Properties," *J. Appl. Phys.* **62**:2793 (1987).
61. M. I. Current and W. A. Keenan, "A Performance Survey of Production Ion Implanters," *Solid State Technol.* **28**:139 (February 1985).
62. H. Glawischnig and K. Noack, "Ion Implantation System Concepts," in *Ion Implantation Science and Technology*, J. F. Ziegler, ed., Academic Press, Orlando, FL, 1984.
63. P. Burggraaf, "Equipment Generated Particles: Ion Implantation," *Semicond. Int.* **14**(10):78 (1991).
64. E. W. Haas, H. Glawischnig, G. Lichti, and A. Bleicher, "Activation Analytical Investigation of Contamination and Cross Contamination in Ion Implantation," *J. Electron. Mater.* **7**:525 (1978).

第 6 章　快速热处理

前面几章已经讨论了杂质在高温下的再分布问题。对于小尺寸器件，这种再分布经常是不被希望的，因此近年来人们已经把重点放在可以将扩散减至最小的低温工艺上了。但是，有一些工艺，如注入后的退火，在低温下的效果不如高温时那样有效。如果达不到高温，某些类型的注入损伤不能被退火消除。另外，为完全激活某些杂质所需的退火温度至少要达到1000℃。另一种减少扩散的方法是在同样的温度下缩短时间。标准的炉管退火工艺难以适应短时间的退火，因为炉管中的晶圆片是从边缘位置开始向中心区域加热的。为避免晶圆片上存在过大的温度梯度而造成晶圆片翘曲变形，这些晶圆片必须缓慢地升温和降温[1]。因此，即使可以缩短退火时间，但长时间的升温和降温也会造成明显的扩散。与此同时，人们已经开始更重视那些一次只加工一片晶圆片而不是加工成批晶圆片的工艺。特别是对于大尺寸晶圆片的加工，这些单片工艺可以提供最好的均匀性和重复性。快速热处理(RTP)工艺就是指这样一类单片热处理工艺，它的目的就是通过降低温度和缩短时间或只缩短时间来使工艺的热预算减到最小。

RTP 最初的开发是为了注入后的退火工艺的需要。尽管这方面的应用现在仍很普遍，但快速热加工的方法已经扩展到氧化、形成硅化物、薄膜固化、化学气相淀积以及外延生长等工艺。对所有的快速热处理工艺来说，存在着一些共同的关键问题：晶圆片加热和冷却的均匀性，加工过程中维持恒温的能力以及晶圆片温度的测量等。接下来的几节将讨论这些问题以及快速热处理系统中用来解决这些问题的各种方法。本章还将回顾快速热处理工艺的一些应用：从传统的注入后退火工艺开始，到最近发展起来的氧化和氮化工艺，以及硅化物的形成工艺。用于化学气相淀积的 RTP(RTCVD)和用于外延生长的 RTP 则将放在本书的稍后部分再讨论，因为这些内容需要读者对普通的化学气相淀积技术有一定的了解。

快速热处理工艺可以根据加热类型分成三大类：绝热型、热流型和等温型[2]。第一台作为示范的 RTP 设备采用的是绝热型的热源[3]。在绝热型设备中，只要脉冲长度比衬底的热时间常数短，宽束灯的快速脉冲就只加热晶圆片的正表面(约几个微米量级)。绝热型设备的热源通常是宽束相干光源，如准分子激光器。尽管这种退火系统在相同温度下所需的加热时间最短，但它存在几个严重的缺陷。其中包括温度和退火时间控制的困难，纵向的温度梯度大以及设备成本高。商用的绝热型系统包括应用材料公司的 Vantage Astra 快速热退火设备，它的加热速率可以达到 10^6℃/s，退火时间可达毫秒量级，该设备目前已经投入市场，可以用于高度非平衡的注入激活。热流型系统采用高强度点光源，如电子束或经过聚焦的激光，对整个晶圆片进行扫描。扫描周期必须比晶圆片的热时间常数短，否则会造成横向的热梯度大。尽管这种热流型系统已经用于研究工作，但横向的热不均匀性造成的缺陷通常会大到使其不能应用于 IC 制造。等温型系统采用宽束辐射加热晶圆片若干秒钟。等温型系统在晶圆片的横向和纵向上引起的温度梯度可能都是最小的。这些等温型系统一般采用非相干光源，如一组钨-卤灯阵列。在等温型系统中，晶圆片放在石英杆上。之所以选择石英材料，是因为它的化学特性稳定且热导率低。有时也把这种等温型系统称为热隔离型(thermal isolation)系统。由于现在几乎所有的商用 RTP 系统都采用等温型设计，因此本章将重点讨论等温型 RTP 系统。

6.1　灰体辐射、热交换与光吸收

对半导体加工过程有意义的四种传热方式是：热传导、热对流、强制热流和热辐射。热传导是热通过固体或气体进行的扩散。当一个固体或一个静止不动的气体(或液体)的横截面积为 A 时，流过它的热流量可以用下式表示：

$$\dot{q}(T) = k_{\text{th}}(T) A \nabla T \tag{6.1}$$

式中，$k_{\text{th}}(T)$是材料的热导率。将上式两边分别除以面积 A，就得到了用于热传导的费克第一定律。由于在快速热处理过程中大部分光能都在晶圆片表面的数微米深度内被吸收，因此晶圆片中的热传导在最终的温度分布中扮演了重要角色。但是，当考虑气体中的热传导时，还必须将气流考虑进去，这是因为气流可以改变传热的速率。如果气流是由外加的气压梯度造成的，那么这种气流就称为强制流。这方面的例子包括由通气或抽气引起的气流。在一个其他条件都一样然而是封闭的系统中，由温度梯度引起的气流称为自然流(natural flows)。水在加热的水壶中的运动就是一个自然流。这时的有效传热量可以定义为

$$\dot{q} = h(T - T_{\infty}) \tag{6.2}$$

式中，T_{∞}是远离晶圆片的气体温度，h 是一个有效传热系数，它与自然流和强制流都有关系。对于大部分的几何形状，h 是温度和晶圆片上位置的函数。

例 6.1　在某些快速升温的炉管中通常采用强制的热气流来加热硅晶圆片。如果已知 $T_{\infty}=1000℃$，$h=2\times10^{-4}\ \text{W}/(\text{cm}^2\cdot℃)$，对于厚度为 0.7 mm 的硅晶圆片，试求出最初的升温速率。

解答：根据式(6.2)可得

$$\dot{q} = \left|h(T - T_{\infty})\right|$$

初始温度 $T\approx 30℃$，因此

$$\begin{aligned}\dot{q} &= \left|2\times10^{-4}\ \text{W/cm}^2\cdot℃(30-1000)\right| \\ &= 0.19\ \text{W/cm}^2\end{aligned}$$

据此可导出加热速率为

$$\frac{\mathrm{d}T}{\mathrm{d}t} = \frac{\dot{q}}{C_p \times \rho \times 厚度}$$

式中，C_p 为比热，ρ 为质量密度，根据附录 II，可得

$$\frac{\mathrm{d}T}{\mathrm{d}t} = \frac{0.19\ \text{W/cm}^2}{0.75\ \text{J/gm}\cdot℃\times 2.33\ \text{gm/cm}^3\times 0.07\ \text{cm}} = 1.7\ ℃/\text{s} = 102\ ℃/\text{min}$$

气流能够携带的热能是有限的，因此大多数快速热处理系统采用辐射传热作为热交换的主要方式。辐射传热的基本参数之一是光谱辐射出射度 $M_{\lambda}(\lambda, T)$，它是指单位表面积的辐射体在单位辐射波长内辐射进一个完全吸收环境(黑体)内的辐射功率。在普朗克辐射定律中，光谱辐射出射度用下式表示：

$$M_{\lambda}(T) = \varepsilon(\lambda)\frac{c_1}{\lambda^5(\mathrm{e}^{c_2/\lambda T}-1)} \tag{6.3}$$

式中，$\varepsilon(\lambda)$是与波长有关的辐射体的辐射率，c_1和c_2分别是第一辐射常数 3.71×10^{-12} W·cm^2 和第二辐射常数 1.44 cm·K。当$\varepsilon=1$时，称辐射源为一个黑体。

对从 0 到∞的所有波长下的$M_\lambda(\lambda, T)$进行积分，并假设辐射率与波长无关，就可以得到总的出射度$M(T)$。$M(T)$可以采用斯忒藩-玻尔兹曼(Stefan-Boltzmann)公式表示为

$$M(T)=\varepsilon\sigma T^4 \tag{6.4}$$

式中，σ是斯忒藩-玻尔兹曼常数，其数值为 5.6697×10^{-12} W/(cm^2·K^4)。比较式(6.2)和式(6.4)可以看出，一个物体辐射出的能量与其温度的 4 次方成正比，而通过热传导传递的能量与物体和背景之间的温度差成正比。因此，高温下辐射是主要的传热机制，而在低温下，热传导则是更重要的传热机制。由于大多数快速热处理系统都工作在高温范围内，因此辐射是 RTP 系统中的主要热交换机制。

对式(6.1)求导，并令其结果等于零，定义λ_{max}为辐射能量最大处的波长，则有

$$\lambda_{max}=\frac{0.2898\ \text{cm}\cdot\text{K}}{T} \tag{6.5}$$

可以利用这个关系式把一个辐射体的温度转化成相应的色温。由于难以直接测量灯泡的灯丝温度，因此许多灯泡都用这种方法来标称它们的规格。

例 6.2　将太阳看作是一个黑体，其表面温度为 6000℃，其半径为 6.95×10^8 m。试求出太阳辐射能量最大处的波长及其总的辐射功率。

解答：辐射能量最大处的波长为

$$\lambda_{max}=\frac{0.2898\ \text{cm}\cdot\text{K}}{6273\ \text{K}}=462\ \text{nm}$$

此处波长 462 nm 对应于可见光中的蓝光。

总的辐射功率为

$$\begin{aligned}P&=M(T)\times\text{面积}\\&=4\pi\times(6.95\times10^8\ \text{m})^2\times5.67\times10^{-8}\ \text{W/m}^2\cdot\text{K}^4\times(6273\ \text{K})^4\\&=5.3\times10^{26}\ \text{W}\end{aligned}$$

当辐射入射在晶圆片表面时，它可能被反射、吸收或透射。$\rho(\lambda,T)$被定义为被反射辐射的部分，$\tau(\lambda,T)$被定义为透射辐射的部分。根据基尔霍夫定律：

$$\varepsilon(\lambda,T)=1-\rho(\lambda,T)-\tau(\lambda,T) \tag{6.6}$$

对于不透明材料，$\tau(\lambda,T)=0$，因而

$$\varepsilon(\lambda,T)=1-\rho(\lambda,T) \tag{6.7}$$

一旦知道了两个物体的辐射率，就可以计算出它们之间的净传输能量了。举例来说，我们可以把这两个物体当作晶圆片和灯泡阵列。设ε_1和ε_2分别是两个物体在所有波长范围内的平均辐射率。那么从物体 1 到物体 2 的净传输能量为

$$s=\dot{q}_{1\to2}-\dot{q}_{2\to1}=\sigma(\varepsilon_1T_1^4-\varepsilon_2T_2^4)A_1F_{A1\to A2} \tag{6.8}$$

式中，A_1是物体 1 的面积，$F_{A1\to A2}$是一个几何常数，称为视野因子(view factor)或形状因子。$F_{A1\to A2}$是表面A_2对着表面A_1的全部立体角的百分比：

$$F_{A1\to A2}=\frac{1}{A_1}\int_{A2}\int_{A1}\frac{\cos\beta_1\cos\beta_2}{\pi r^2}\mathrm{d}A_1\mathrm{d}A_2 \tag{6.9}$$

如图 6.1[4]所示，β_1 和 β_2 是与物体表面法线之间的夹角。我们既可以直接计算出视野因子，也可以通过查表获得许多简单几何形状的视野因子[5]。

如果再增加第三个表面，比如一个反射面，则会发生什么情况呢(参见图 6.2)？我们可以首先考虑三个面-面对的互相作用，但是应只计算加热表面辐射出的能量。尤其是反射面可能是水冷的，从而保持了低的表面温度。但是由于反射表面提高了晶圆片和灯之间的有效视野因子，因此它可以传递大量的能量。反射面还可以让晶圆片自己辐射自己。如果把所有可能的反射都包括进来，那么面-面对方案的复杂性就大大增加了。可以采用的另一种方法是用矩阵方法对包括反射面在内的所有表面同时进行计算[6,7]。

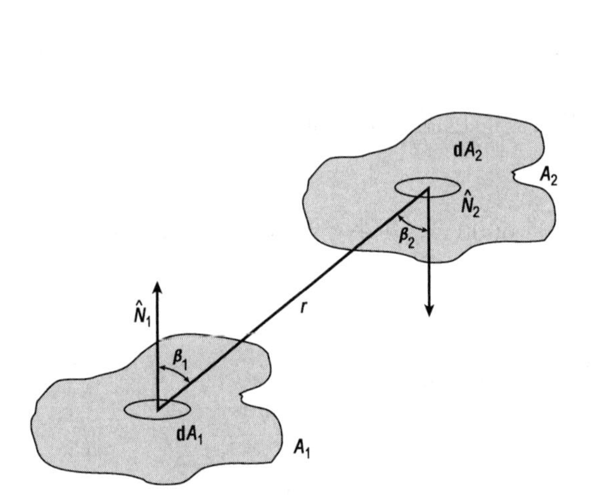

图 6.1　计算两个表面 A_1 和 A_2 之间的视野因子的几何结构示意图

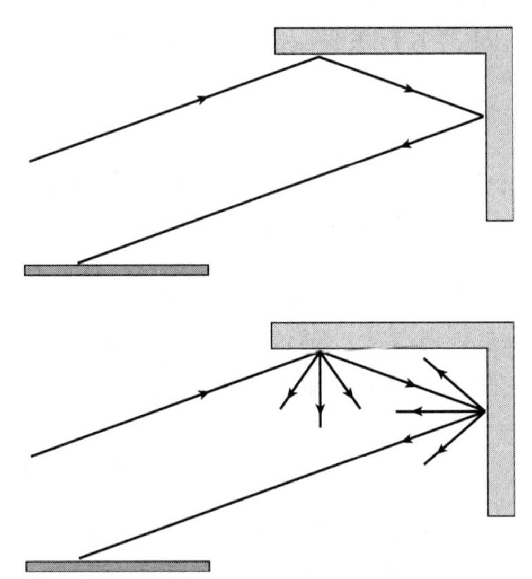

图 6.2　只包含单一反射面的三个表面中可能存在的光学路径。图中假设反射为漫反射

6.2　高强度光源与反应腔设计

尽管也可以采用惰性气体长弧放电灯作为热源，但是大部分等温型系统还是会采用钨-卤灯作为热源(参见图 6.3)。钨-卤灯包含一个在石英罩中的紧密缠绕的螺旋形钨灯丝。螺旋形绕丝增加了灯的表面积，从而提高了辐射效率。螺旋灯丝也可以是直线形的，在灯泡的两端各带一个接头，灯丝也可以做成单端接头的形状。灯的石英罩中充有卤化气体，一种常用的气体成分是 $PNBr_2$[8]。钨从加热的灯丝中挥发出来，淀积到灯罩壁上。当灯罩壁加热时，卤化气体和钨反应生成可挥发的卤化钨，卤化钨扩散到比灯罩壁热得多的灯丝上时发生分解，并

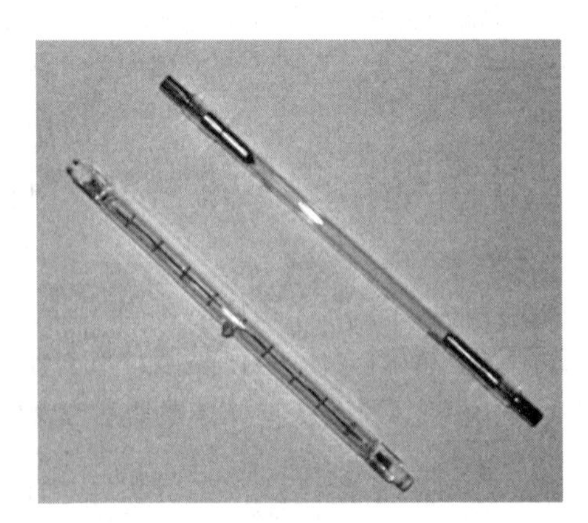

图 6.3　用于快速热处理系统的钨-卤灯(左)和惰性气体弧光灯(右)

重新将钨淀积在灯丝上。这个过程有一个固有的反馈机制。灯罩壁上的钨淀积得越多，石英加热得越快，使得消耗钨的化学反应速度加快。这个反馈机制避免了钨的过量堆积。

钨-卤灯像黑体一样发出辐射，大部分辐射波长落在 0.8 μm 到 4.0 μm 的范围内。假设需要将一片 150 mm 直径的晶圆片加热到 1100℃，由于硅的辐射率大约为 0.7，因此在这个温度下的总出射度大约为 2.5 kW[参见式(6.2)]。每个钨灯消耗的电能大约为 100 W 每厘米发光长度。通常一个白炽灯消耗的电能中大约有 40%会转化为光能，但是在不同的灯泡之间这个数值也存在着很大的差别。室温下一个未掺杂的硅晶圆片只能吸收那些能量大于其禁带宽度(1.1 eV)的光子，即波长 $\lambda \leqslant 1.1$ μm 的光子，因此最初只有大约 15%的入射光能量能够被晶圆片吸收。由于只有一部分的辐射光能量被晶圆片收集，所以有必要使用一组包含 15 ~ 30 个 8 英寸的钨-卤灯的阵列来加热晶圆片。

惰性气体长弧放电灯包含两个密封在石英罩中的难熔金属电极，石英罩中充有惰性气体，如氪或氙。气体的放电特性是由以下几个因素决定的：电极间距、灯罩内径、气体成分和气压。当采用一个高电压脉冲(每厘米发光长度的电压约为 2 kV)来点火时，惰性气体就会被离化，并建立起一个直流导电通道。这些放电灯在可见光谱范围内的辐射强烈。其光谱包括一个温度非常高的电子等离子体，它看起来像一个最大波长 $\lambda_{max} \approx 200$ nm 的灰体，还包括与所充气体的多种电子跃迁相对应的分立线谱。

放电灯消耗的能量高达 700 W 每厘米发光长度，光转换效率大约为 45%，而且大多数光子都处于可见光的频谱范围，因而其能量都会被晶圆片吸收。放电沿着灯管的长度方向是非常不均匀的，其出射率分布也会随着放电功率的大小而发生变化。大功率的放电灯必须用水冷却，以承受这样高的功率密度。必须特别小心确保石英与金属之间的封口和金属电极都保持冷却。应用同样的技术条件将一片 150 mm 直径的晶圆片加热到 1100℃，只需要用 2 ~ 4 个 8 英寸放电灯就可以了。但是，放电灯需要水冷，而且为了点火需要使这些灯电绝缘，这些因素部分抵消了放电灯在功率密度方面的优势。另外，这些放电灯必须使用一个更昂贵的稳压直流电源，而白炽灯则可以直接工作在一个简单的线电压下(即 60 Hz 的交流电源)。最后，为了可靠地产生出所需要的辐射区域图形，采用放电灯要比采用钨-卤灯困难得多。

人们已经采用了各种不同几何形状的反应腔来优化能量收集效率(参见图 6.4)。同时，还必须对反应腔进行设计，从而能使晶圆片能够获得并维持一个均匀的温度。许多早期的 RTP 系统采用反射腔设计。在这种设计中，晶圆片放在一个石英炉管中。线形的钨-卤灯放在石英炉管的上方和下方。用 N_2 气吹扫来冷却灯泡和石英炉管的外表面。整个装置都包在一个镀金的箱子中。金的表面被粗糙化，以确保实现漫反射。这种结构的目的就是使光路随机化，从而使得辐射在整个晶圆片上均匀地分布。

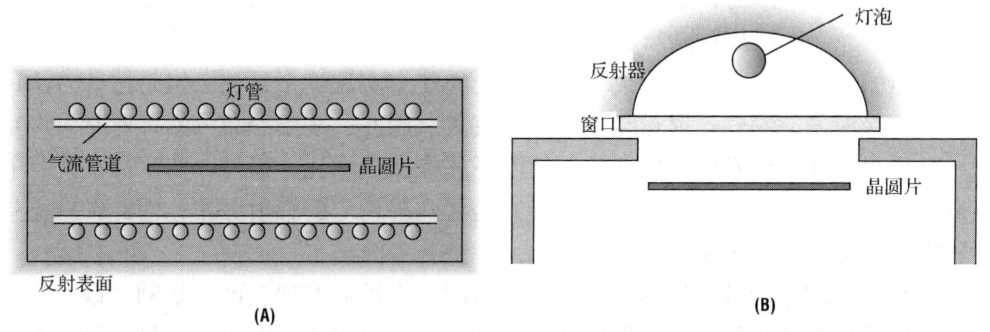

图 6.4　两种反应腔设计：(A)反射腔；(B)采用一个强光源和一个定型反射腔的开窗系统

采用反射腔设计只能部分地实现使整个晶圆片温度均匀的目的。由于三个因素的影响，晶圆片边缘处的温度往往要比中心区的温度低(参见图 6.5)。首先，对于一组尺寸有限的灯泡阵列，来自晶圆片外侧的视野因子比来自晶圆片中心的视野因子要小。其次，晶圆片的边缘部位和灯组之间几乎完全没有直接的辐射交换。最后，对于一般的几何形状的反应腔，与晶圆片中心相比，气流能更有效地冷却晶圆片的边缘部位。总之，这些边缘效应可能导致几十度的温度梯度(参见图 6.6)。这些温度梯度导致了工艺的不均匀性，而且严重时还可能导致滑移和晶圆片的翘曲。

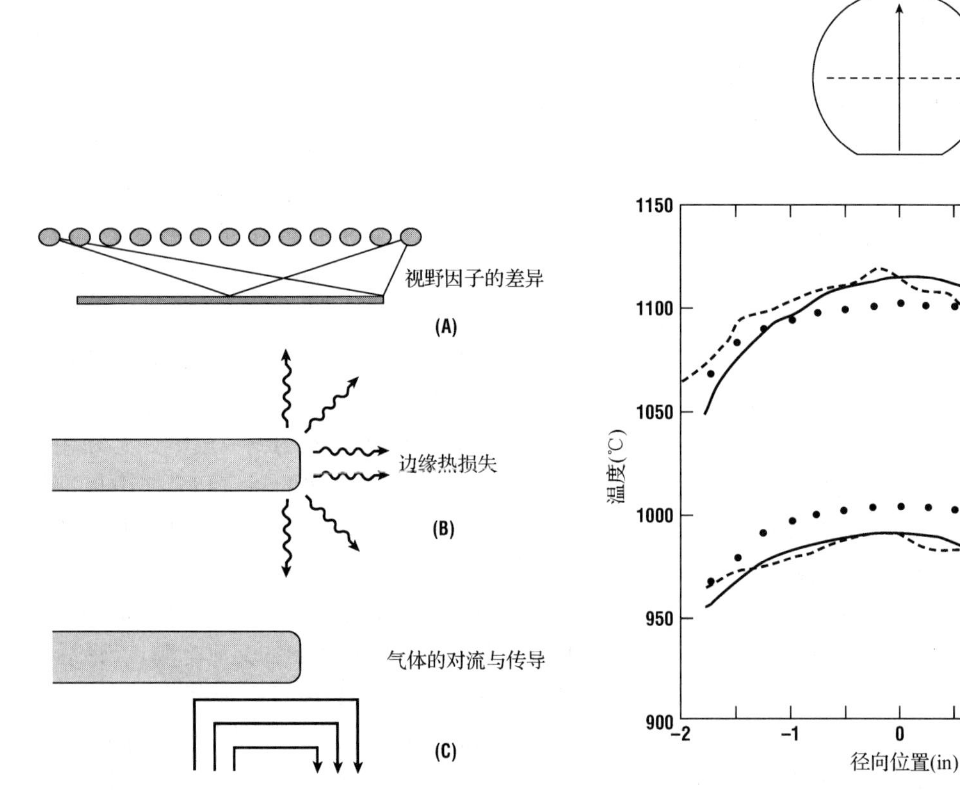

图 6.5 造成热不均匀的原因：(A)由于大半径 r 晶圆片引起的灯阵列视野因子的降低；(B)沿晶圆片边缘的视野因子非常小；(C)气相传热的不均匀(引自 Campbell, 1994)

图 6.6 在一个早期 RTP 系统中，整个晶圆片上的典型的温度分布曲线(引自 Lord, © 1988 IEEE)

已经采取了各种不同的方法来尽量减少 RTP 系统中的热不均匀性。为了补偿晶圆片边缘处较大的热损失，必须提高对晶圆片边缘部位的辐射功率。早期的 RTP 系统通过改变反射腔的形状或灯泡的间距，或者改变石英炉管的透射性能来实现这个目的。但是这些方法的困难在于晶圆片边缘所需的额外辐射量与工艺温度有关。因此，功率分布只能针对某一温度来进行优化，并且只有在灯组不会发生老化的情况下才能实现优化。另外，由于晶圆片具有一定的热负载(主要是晶圆片的热容量)，其升温时需要几乎均匀的辐射分布，因此在升温过程中晶圆片边缘部位会产生过热现象[9]。

解决这个问题的方法是将灯泡分成一个个可以独立控制的加热区。举例来说，把一组灯排成这样一种几何形状，使其更多地加热晶圆片的最外侧部分，而不是加热晶圆片的中心区域；第二组灯则使其加热晶圆片中心区域比加热边缘处更为有效；第三组灯则提供大致均匀的辐射照度。通过选择合适的功率设定组合，就可以在较广的工艺条件范围内实现近似均匀的温度分布。这种装置称为多区加热(multizone heater)装置。

现在所有绝热型的 RTP 系统都是围绕这种分区加热概念来设计的[10,11]。目前最常用的装置采用单端结构的白炽灯，这些灯泡安装在一个个单独的抛物面形反射腔中。灯丝的典型发光长度为 2.5 cm，反射腔的典型直径也近似为 2.5 cm。反射腔由一个铝块铣削而成，并镀上金膜以减少锈蚀。这样的反射腔可以用水来进行冷却。灯泡和反射腔经常以六角对称的方式排成一个平面阵列，并根据它们和阵列中心之间的距离远近进行分组。通常采用 100 个以上的功率为 1 kW 的灯泡来加热一片 200 mm 直径的晶圆片。通过改变加热圈之间的功率分布，可以控制整个晶圆片上的温度分布。这种控制可以根据测量得到的实际晶圆片温度分布来进行，或者可以用一片带有大量内置热电偶的晶圆片来进行系统校准。这样获得的信息可以用来建立在各种静态和动态条件下的晶圆片温度的半经验模型。各个灯泡的功率分配应将整个晶圆片上的热不均匀性减至最小。一个有意思的情况是并非所有的工艺都期望获得均匀的温度分布。一个分区加热的系统允许工艺设计人员在整个晶圆片上实现一个半可控的温度倾斜，以便补偿反应腔内部其他效应引起的气相损耗。

6.3　温度的测量

开发一种准确且可重复的温度测量技术是快速热处理工艺面临的最大困难之一。晶圆片的温度被用在一个反馈环路中来控制灯泡的输出功率。在大部分工艺设备中，采用内嵌在晶圆片架或基座内的热电偶来测量晶圆片的温度。但是在 RTP 设备中，由于没有晶圆片基座，这种方法行不通。可以把热电偶以点接触的方式放在晶圆片表面，但伴随这样的接触而产生的热阻将导致晶圆片和热电偶之间存在显著的温度差异。另外，通过引线损失的热量也会使晶圆片局部被冷却，从而在接触点四周产生应力并导致工艺的不均匀。最后，直接接触式的热电偶测量可能会引起热电偶与硅晶圆片之间的化学反应，这些反应对晶圆片造成污染并使热电偶的特性发生漂移。

由于上述原因，在 RTP 系统中的所有温度测量都是间接进行的。最常用的技术是高温计(光学)或热电测温计。RTP 系统最常用的热电测温计是热电堆。这种器件是根据塞贝克(Seebeck)效应工作的。在一个薄膜上悬挂一个双金属结。当该双金属结被加热时，就会产生一个小的电压。可以采用与辐射隔绝的第二个双金属结作为测量的基准。这两个结之间的电压差正比于两个结之间的温度差[12]。

第二种广泛采用的测温方法是高温计。大部分高温计的工作原理如下：假设辐射源是一个已知辐射率的灰体，对某一波段内接收到的辐射能量进行测量，然后利用斯忒藩-玻尔兹曼关系式将能量值转换为辐射源的温度。测量时必须小心地选择工作波长，以确保灯泡在那个波长下的辐射在进入反应腔之前被完全过滤掉了。为了过滤灯泡辐射可以使用特殊的玻璃或其他光学滤光器。大部分商用系统对中红外光谱(波长为 3 ~ 6 μm)的某些波段进行监控。弧光放电灯在这个波段内的辐射不明显。如果采用的是钨-卤灯，那么石英炉管本身就可以用来过滤掉灯泡在这个波段内的大部分辐射。在这种情况下，石英炉管上必须要开一个孔或很窄的窗口，使得高温计可以探测到晶圆片。这种类型的系统一般称为定点辐射测温计。还有一种称作导光管辐射测温计的办法，它是采用光纤元件来靠近晶圆片的表面进行测温。这两种测温方法都存在着有待解决的严重问题[13]，首先必须很清楚地知道窗口的厚度，否则会产生高达 100℃的温度误差[14]。使用高温计的另一个问题是某些工艺气体会吸收红外光谱区的能量，从而会降低表观晶圆片温度[15]。根据气体组分、压力和温度的不同，从 2 μm 到 10 μm 之间都可能存在强烈的吸收频谱[16]。

光学高温计的主要问题是必须精确地确定有效辐射率。有效辐射率包括本征和非本征两部分。本征辐射率是材料特性、表面光洁度、温度以及测量波长的函数。幸运的是，裸露的硅晶圆片的本征辐射率可以用温度函数来很好地表征[17](参见图 6.7)。Timans 提供了各种半导体材料的光学性质的综合性评述[18]。低温下，对于小于禁带宽度的能量，辐射率与掺杂浓度有关。当温度超过 600℃之后，半导体变成本征半导体，自由载流子的数量足够多，使得辐射率几乎与波长无关。非本征辐射率与从其他辐射源发出的、反射到被测量点并因此使表观温度升高的辐射能量有关。人们经常使用屏蔽罩来尽量减小非本征辐射率的影响[19]。因此，非本征辐射率的测量必须在现场进行，而且非本征辐射率还可能随反应腔反射率的变化而变化。另外，由于界面效应的影响[20]，像多晶硅和二氧化硅这样的薄膜层也可以显著地改变测量波长下的表观辐射率(参见图 6.8)。

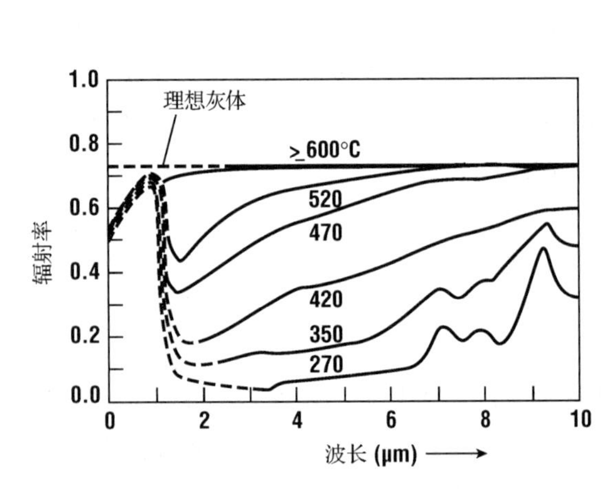

图 6.7 不同温度下硅的辐射率与波长的关系图。温度超过 600℃后硅是本征半导体(引自 Sato, 经 Japan. J. Appl. Phys.许可转载)

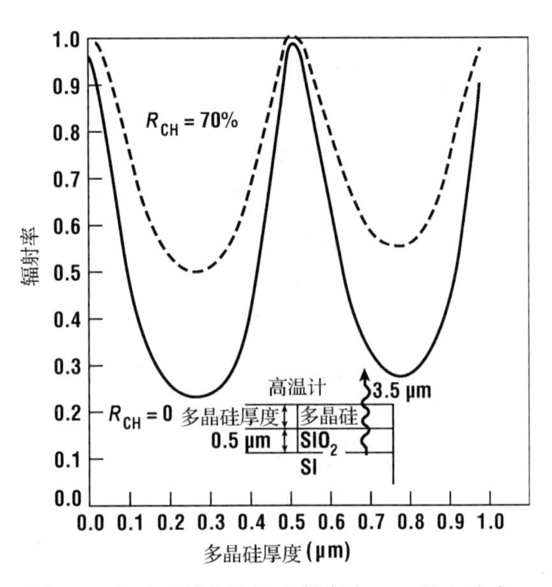

图 6.8 在无反射空腔和反射率为 70%的空腔中，对于一个多晶硅/SiO_2/Si 结构，多晶硅厚度与有效辐射率之间的关系图(引自 Hill 和 Boys, 经 Plenum Publishing 许可转载)

例 6.3 高温计测量的不确定性主要来源于辐射率的不确定性。如果晶圆片的温度是 1000℃，采用什么波长能够使这种测量的不确定性影响减到最小？

解答：根据式(6.3)，有

$$M_\lambda(T) = \varepsilon(\lambda)\frac{c_1}{\lambda^5(e^{c_2/\lambda T}-1)}$$

对上式进行求导，并假设 M 和 λ 固定，$e^{c_2/\lambda T} >> 1$，则有

$$\frac{\mathrm{d}T}{T}=-\frac{\lambda T}{c_2}\frac{\mathrm{d}\varepsilon}{\varepsilon}$$

如果高温计的工作波长为 5 μm，那么当辐射率的不确定度为 5%时，将会产生 22℃的温度误差。另一方面，当高温计的工作波长介于 0.94～0.96 μm 之间时，同样是 5%的辐射率误差所产生的温度误差则只有 4℃。

对于离子注入退火这样的裸片工艺，商用的 RTP 系统可以将晶圆片中心温度的误差控制在大约 2℃的范围内；但是，除非装备了自动化的辐射率测量系统（参见后文所述），否则我们很难准确地给出晶圆片温度的绝对值。可以在多个波长下用两个或更多的比色高温计来测量辐射功率，从而试图对辐射率的变化进行修正。采用这种方法的前提是假设在这些波长下的辐射率之比是固定不变的。这一假设并不总是成立的，特别是对于那些涉及薄膜生长或淀积的工艺来说。当然，在这些工艺过程中，辐射率将从衬底材料的辐射率改变为所淀积材料的辐射率。然而，更大的问题出现在薄膜至少是半透明的情况下。当薄膜厚度变为 1/4 测量波长的整倍数时，会发生相消干涉，从而显著地改变表观辐射率。对于这些工艺，除非在软件中校正这个效应，否则温度测量的重复性会急剧降低。有可能通过测量晶圆片的反射率并应用基尔霍夫定律［即式(6.7)］来直接测量辐射率[21]。要使这种方法可行，测量必须是用可见光在对它不透明的晶圆片上进行[22]。高温计的测量波长应尽可能地接近测量反射率时采用的波长，目前市场上已经出现了满足这种要求的商业化高温计。目前常用的方法是用一片装有测量元件的晶圆片（即在该晶圆片中嵌入许多热电偶）来校准高温计[23]，尽管这并不是一个理想的办法。

温度测量的另一个方案来源于这样的事实：灯组由交流电源供电，因此光强会发生振荡。由于晶圆片的温度（以及因此而发出的辐射量）是基本固定的，因此测量交流光强度基本上是在测量晶圆片的反射率。这反过来也可用于计算辐射率。这种称为波纹高温计的方法最早是由 Lucent 公司首先开发出来的，现在已经获得了实际的应用[24]。通过工艺的改进目前已经能够在 300 mm 的晶圆片上获得 1.5℃的控制精度[25]。通过采用分段、多点温度测量以及更先进的迭代学习控制技术还可以将温控精度进一步提高[26,27]。

人们已经对多种非高温计的测温技术进行了研究，以避免设定辐射率带来的问题。然而这些研究成果并没有在商业化的 RTP 系统中获得多少应用。有几位作者宣称已经采用热膨胀来直接测量温度。形成于晶圆片表面上的衍射光栅可以使用投影式莫尔干涉仪[28]或一个衍射级次测量[29]来进行温度测量。在这两种测量方法中，可以测量由于热膨胀而引起的光栅移动，并用它来推算温度的变化。当然，这些测量方法要求在晶圆片表面上要有合适的图案，而且这些图案必须正确地与光学探测光束和探测器对准。另外，在高温时，由于反应腔中大的热梯度而形成的强气流会产生噪声问题。另一种热膨胀测温法是利用光学方法来测量晶圆片本身的直径[30]，这种技术演示的重复性为 1%。

另一种有意思的测量温度的方法是采用声波。人们已经发现，声音在硅中的传播速度是衬底温度的线性函数[31]。可以通过放置晶圆片的一个石英杆发射出声波，并用另一个石英杆来检测它（参见图 6.9）。由于声波传感器既可以作为声源又可以作为探测器，因此存在 (n^2-n) 个可能的声波传送路径。鉴于测量到的声速是所有传送途径上的平均速度，因此可以通过沿不同路径进行多次测量来提取整个晶圆片上的温度分布[32]。这个测量信息对于多区加热装置是极为有用的。

最后，如果晶圆片还没有做金属化工艺，就可以利用反射率或透射率来测量晶圆片的光学性质。在低温时，可以用反射率与波长之间的关系来推算温度。当光子能量等于或大于硅的禁带宽度时，反射率是非常低的。由于禁带宽度与温度有关，因此用这个方法可以精确地推算硅的温度，直到大约 600℃左右。在更高的温度下(以及对于重掺杂的晶圆片)，载流子浓度足够高，使得载流子的吸收决定了反射率。第二种技术是通过测量红外辐射穿过晶圆片的透射率来测量本征载流子浓度。假设 $n_i >> N_D$ 和 N_A，就可以利用测量得到的吸收长度的倒数来推算温度，因为吸收长度的倒数与本征载流子浓度有关。由于对掺杂浓度和金属化工艺有一些限制，这两种技术都没有得到广泛的商业应用。

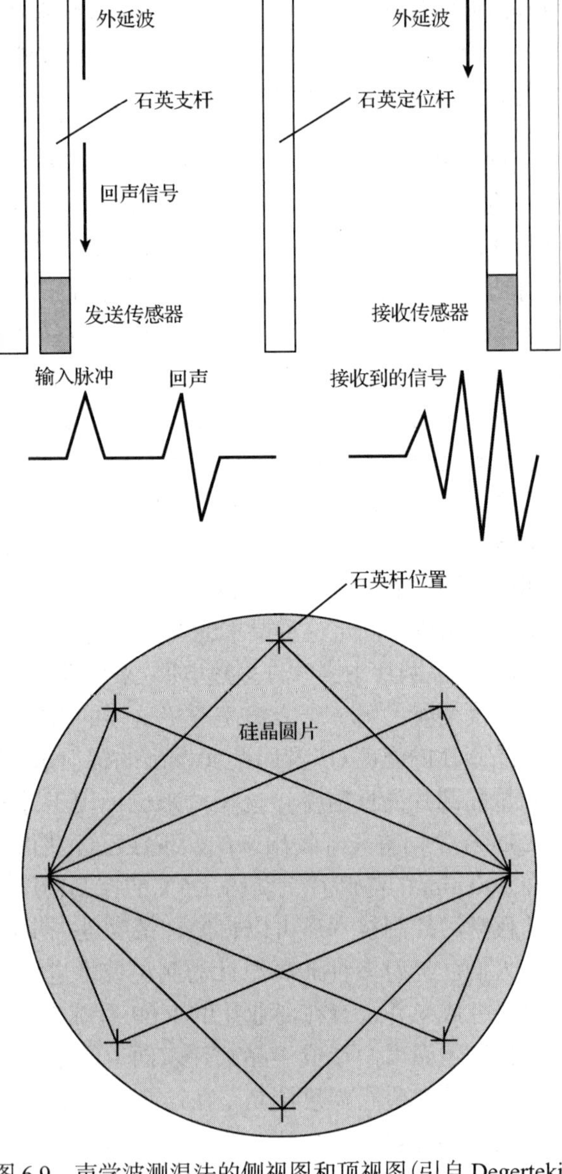

图 6.9 声学波测温法的侧视图和顶视图(引自 Degertekin 等，经 Materials Research Society 许可使用)

6.4 热塑应力°

晶圆片中存在的热梯度产生了热塑应力。如果热塑应力太大，则会产生诸如位错和滑移等缺陷。假设衬底是各向同性的、没有位错产生及可以忽略晶圆片内垂直方向上的温度梯度，那么就可以估算出晶圆片上的热应力。由于 $T(r)$ 的径向对称性，剪切应力将为零。径向应力和角应力分量可以分别由下面两个公式给出：

$$\sigma_r(r) = \alpha E\left[\frac{1}{R^2}\int_0^R T(r')r'\mathrm{d}r' - \frac{1}{r^2}\int_0^r T(r)r'\mathrm{d}r'\right] \tag{6.10}$$

和

$$\sigma_s(r) = \alpha E\left[\frac{1}{R^2}\int_0^R T(r')r'\mathrm{d}r' - \frac{1}{r^2}\int_0^r T(r)r'\mathrm{d}r' - T(r)\right] \tag{6.11}$$

上述公式中，α是线性热膨胀系数，E 是杨氏模量，R 是晶圆片的半径。

图 6.10 所示为一个简单的快速热处理工艺中应力与径向距离的典型关系图，这个快速热处理工艺包括一个线性升温过程、一个恒温退火过程和一个线性降温过程。在稳态条件下，

晶圆片边缘的温度略低于晶圆片中心的温度。因此，径向应力在晶圆片中心附近有一个最大值，并在晶圆片边缘处下降为零。切向应力在晶圆片中心处从零开始增加，而且通常比径向应力分量要大得多。由于这个切向应力很大，而且缺陷更易在晶圆片边缘处集结，因此大部分由快速热处理引起的滑移都是在晶圆片的边缘部位观察到的。由于硅的金刚石结构易于沿着(111)晶面内的<110>晶向弯曲，因此对于 P 型(100)晶面的晶圆片，滑移线相互平行且垂直于主平边方向。

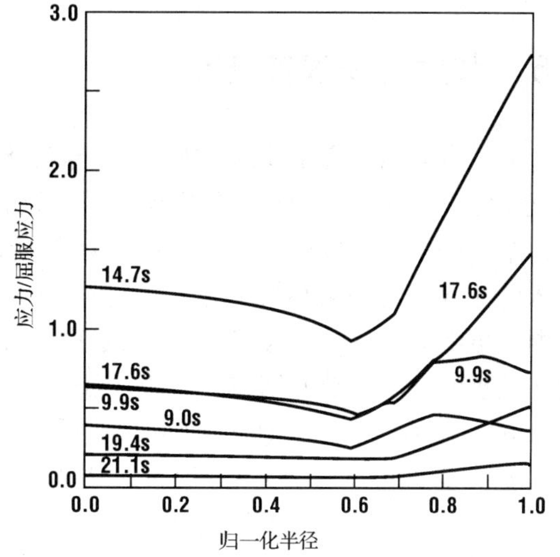

图 6.10 在一个加热瞬态过程中，归一化的应力与晶圆片上位置的关系图(引自 Lord, © 1988,IEEE)

屈服强度就是材料开始发生塑性形变的应力极点。对于硅材料来说，其屈服强度可以采用 Haassan 公式来表示：

$$\sigma_{\text{yield}} = A\left[\frac{\dot{e}}{\dot{e}_o}\right]^{1/n} \mathrm{e}^{E_a/kT} \tag{6.12}$$

式中，$\dot{e}$ 是应变率，$\dot{e}_o$ 是一个参考应变率，$\dot{e}_o$ 的取值一般为 10^{-3}/s[33]。

σ_{yield} 的准确值取决于晶圆片内的氧浓度和掺杂浓度以及前面的加工工艺。式(6.12)中各参数典型的取值分别为 $A = 3630$ Pa，$E_a = 1.073$ eV，$n = 2.45$[34]。高应变率下的屈服强度不会超过 60 MPa，而低应变率下的屈服强度也不会低于 3.5 MPa 左右[35]。因此，晶圆片在温度瞬变过程中可以承受更高的应变，但是由于简单的单区加热 RTP 系统是为稳态均匀性进行优化的，因此在温度瞬变过程中产生的应变通常要比稳态过程产生的应变大得多。当然，对于较新的多区加热系统来说，这个问题则要小得多。

例 6.4 一个直径为 200 mm 的硅晶圆片，假设其沿着径向的稳态温度分布为线性分布，由晶圆片中心到边缘的温度差为 10℃，试求出晶圆片边缘处(r=R)的径向应力和切向应力。

解答：根据式(6.10)，

$$\sigma_r(r) = \alpha E\left[\frac{1}{R^2}\int_0^R T(r')r'\mathrm{d}r' - \frac{1}{r^2}\int_0^r T(r)r'\mathrm{d}r'\right]$$

当 $r = R$ 时，经检验，上式为零。再根据式(6.11)，

$$\sigma_s(r) = \alpha E\left[\frac{1}{R^2}\int_0^R T(r')r'\mathrm{d}r' - \frac{1}{r^2}\int_0^r T(r)r'\mathrm{d}r' - T(r)\right]$$

我们可以假设 $T(r') = T_o - kr'$，其中 T_o 是晶圆片中心点的温度，将此式代入式(6.11)中进行积分运算，当 $r = R$ 时，可以得到

$$\sigma_s(R) = \alpha E[2/R^2(T_oR^2/2 - kR^3/3) - T_o - kR] = \alpha E[kR/3]$$

当杨氏模量取值为 $E = 190$ GPa，线性热膨胀系数取值为 $\alpha = 2.6\times10^{-6}$℃$^{-1}$ 时，$\sigma_s(R)$ 为 1.6 MPa(注意对于给定的温度差来说，这个结果与 R 的取值无关)。如果这是一个稳态温度分布，则剪切应力不会超过 3.5 MPa，因此晶圆片不会产生滑移。

6.5 杂质的快速热激活

上一章介绍了离子注入工艺。由于离子注入工艺可以准确地控制注入杂质的剂量，且其浓度实际上可能超过固溶度的限制，因此这种技术已经被普遍采用。随着器件尺寸的不断减小，杂质的浓度梯度增大了，而且可允许的最大杂质再分布也减少了。但是在这些晶圆片内引入的注入损伤仍然必须用退火工艺来消除。根据注入物质的能量和剂量的不同，所需的退火温度可能会高达 1100℃[36]。开发快速热处理工艺的基本原因就是要在这样的高温下通过缩短热处理时间来使热开销减到最小。随着温度的上升，消除缺陷团所需的退火时间会缩短，在 1000℃时所需的退火时间可以达到微秒量级[37]。

RTP 工艺最具吸引力的特点之一是晶圆片不用达到热平衡状态。这意味着具有电活性的有效掺杂分布实际上可以超过固溶度的限制。特别是对于砷，人们发现，只需极短时间的退火就可以获得高的激活水平[38]。特别是，如果对砷进行数毫秒的退火后，它的激活浓度可以达到 3×10^{21} cm^{-3} 左右，这大约是其固溶度的 10 倍[39]。在短时间退火过程中，砷原子没有足够的时间来形成聚团并凝聚成无活性的缺陷[40]。但是，如果激活得太不充分，过剩的砷原子似乎会形成一个深能级[41]。如果这些深能级靠近 PN 结的话，那么它们就可以成为有效的产生/复合中心，从而导致 PN 结的漏电。

人们普遍观察到，注入物质在低温和较短时间的退火后所形成的化学结要比用简单的扩散理论预计的深[42,43]。已有报道硼在硅中的扩散率增强因子可高达 1000 倍。人们认为这种增强效应起源于残留的注入损伤，注入后的晶圆片内存在高浓度的空位和自填隙原子[44]。有时把这一效应称为瞬时效应或瞬时增强扩散效应。业已显示低剂量注入导致的结深增加量正比于注入能量的平方根。炉管退火工艺经常在加热到激活温度之前先在 500℃ ~ 650℃之间进行一次补充处理来湮灭过剩的点缺陷。出于同样的原因，RTP 退火也可以包含这样一个简短的低温步骤。

表 6.1 列出了三种最常见的硅杂质的瞬时增强扩散的激活能[45]。尽管最初有些争议，但现在人们普遍认为对于剂量非常高的砷注入，可以观察到它在扩散过程中的瞬时效应，但砷的瞬时效应比硼的瞬时效应要小得多。这些瞬时效应会随着某个特征时间常数而减弱，这个时间常数则与衬底中缺陷湮灭的速率有关。

表 6.1 杂质在硅中进行稳态本征扩散的激活能和进行瞬时扩散的激活能

	稳态扩散	瞬时扩散
硼(B)	3.5	1.8
砷(As)	3.4	1.8
磷(P)	3.6	2.2

数据引自 Fair[45]。所有能量的单位都是 eV。

人们还发现，对于硼和 BF_2，并不是所有的化学杂质都在 RTP 中被激活。由于非晶化程度的增加，低温下或注 BF_2 情况下峰值浓度附近区域的硼被激活得更完全[46]。炉管退火总是能激活低浓度的注入尾区的硼，但由于热力学条件(如固溶度)的限制，炉管退火可能不能够完全激活峰值浓度附近区域的硼。然而，已经观察到，RTP 退火后低浓度尾区的硼没有被完全激活，使得具有电活性的 PN 结的结深要比化学结的结深更浅[47,48]。图 6.11 示出了硼和 BF_2 注入后，经过 1000℃，30 s 退火后的化学杂质的剖面分布(实线)和具有电活性的杂质的剖面分布(黑点)之间的差别。图中浓度峰值和尾区的硼都没有被完全激活。人们认为未激活的杂质是由于形成了无电活性的硼填隙原子对而造成的[49]。图 6.11 也显示出尾区的硼要比峰值区的硼扩散得更快。人们发现注入杂质在峰值区形成了位错和其他扩展缺陷。对于$X > R_p + 1.5\Delta R_p$或$< R_p - 0.4\Delta R_p$的区域，点缺陷的密度较高，从而导致了瞬时增强扩散[50]。

在不引起杂质额外扩散或析出的前提下，一个普遍的用来激活高浓度杂质的方法是采用尖峰退火技术[51~53]。这种退火技术能够在极短的时间内将晶圆片加热到极高的温度，其优质因子是 T-50，即在比峰值温度低 50℃时测得的脉冲时间宽度。对于常规的尖峰退火来说，我们通常可以测得 T-50 值在 1 s 左右甚至更短。尖峰退火通常几乎总是包含一个接近 500℃的预热过程，以便消除过量的点缺陷。它还包含一个更高温度的预加热过程(如图 6.12 所示)，这可以大大增加本征载流子的浓度，从而改善光吸收。这也有利于减小最终尖峰阶段温度的不均匀效应。最后，晶圆片升到最高温度的速率要尽可能快，到达最高温度后，又要立即尽快地冷却到基础温度。

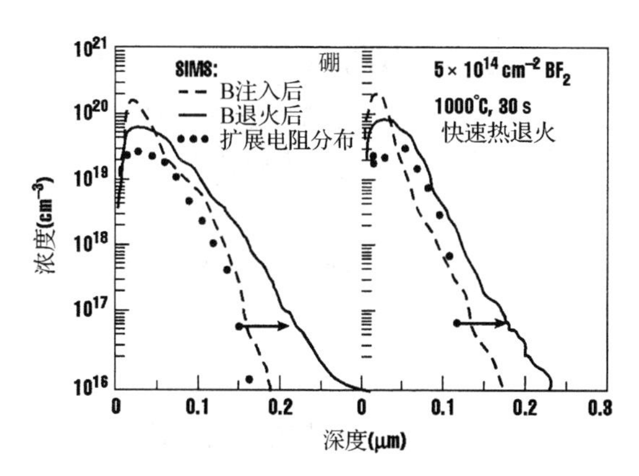

图 6.11　硼在 RTP 中进行非完全激活后，其化学杂质分布和具有电活性的杂质分布图(引自 Kinoshita 等，经 Materials Research Society 许可使用)

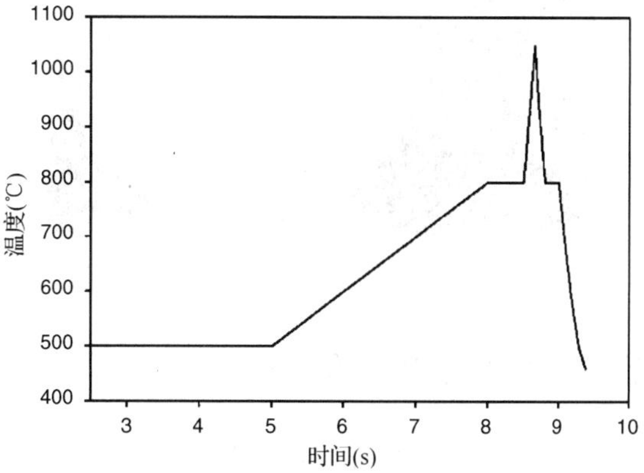

图 6.12　一个典型的尖峰退火温度变化示意图

近几年来，设备制造商又开发了闪烁退火系统。在这类系统中有时候会包含两种加热机制，一种是类似传统的 RTP 系统的快速升温过程，另一种是一个极快的绝热升温过程，而后者则是采用脉冲激光加热方法，这类似于 Ultratech 公司研发的激光热处理技术[54]，或者采用闪烁灯光退火系统，这类似于 Mattson 公司的 Millios 系统。典型的最佳退火条件是在极高的温度下维持数毫秒[55]。值得注意的是，采用这类退火系统，闪烁时间可能会有一个非常有限的变化范围。采用尖峰退火技术在 1300℃下维持 2.5 ms，Mattson 公司已经展示了砷和硼小于 20 nm 结深的方形掺杂分布，其薄层电阻值也只有 500 Ω/□左右。其他的研究团队也获得了类似的研究结果[56]。当然在这些毫秒级退火过程中要精确地控制晶圆片的温度也是一件非常困难的事情[57]。

GaAs 中的大部分注入杂质激活需要用一个覆盖层来防止晶圆片中的砷外扩散，这层覆盖层通常是 Si_3N_4 或 SiO_xN_y[58]。Si_3N_4 对 GaAs 的保护温度最高可达 900℃左右，而 SiO_2 的保护温度最高可达 850℃左右[59]。覆盖层一般采用等离子体增强化学气相淀积方法来淀积。和硅晶圆片一样，GaAs 晶圆片首先在接近 650℃的温度下退火 60 s 左右，以便减小点缺陷的密度。激活 GaAs 中的 N 型杂质硅所需要的温度为 800℃～1000℃。覆盖层可能难以被去除，而且由于热膨胀的不匹配，覆盖层会在 GaAs 晶圆片内形成滑移。已经证明 GaAs 的注入激活也可以不用覆盖层，而是采用一种特殊设计的石墨基座(参见图 6.13)[60]。GaAs 晶圆片放在一个石墨腔内，石墨腔的深度是一般晶圆片厚度的 2 倍或 3 倍[61]。与标准的带覆盖层的 RTA 相比，已经证明这种退火方法提高了晶圆片的表面质量，而且减少了表面颗粒数[62]。最后，无覆盖层的退火也可以通过把另一 GaAs 晶圆片放在准备进行 RTP 退火的 GaAs 晶圆片上来实现。必须注意确保上面一片晶圆片的表面氧化层已经被去除。

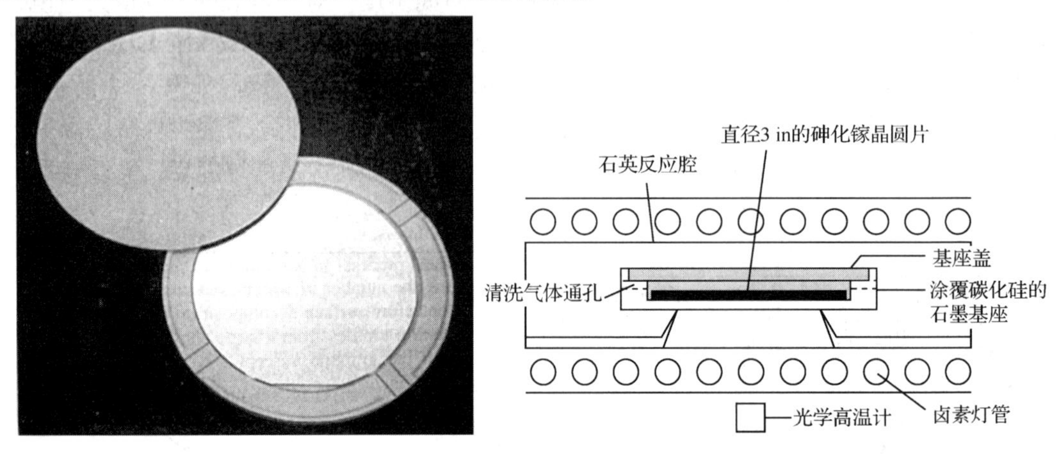

图 6.13　用于 GaAs 的无覆盖层退火的装置照片和结构示意图(引自 Kazior 等，© 1991 IEEE)

6.6　介质的快速热处理

纳米尺度器件需要制作非常薄的氧化层和氮氧化物层。一种生长薄氧化层的技术是通过降低氧化温度来降低氧化速率。这种方法的困难在于随着生长温度的降低，固定电荷和界面态密度往往都会增加[63]。因此，快速热氧化(RTO)工艺就成为一种有吸引力的替代方案，因为它可以在合适的高温下通过精确控制的气氛来实现短时间的氧化。实际上，这已经成为 RTP 的应用领域之一。另一方面，通过加入氩或其他惰性气体来稀释氧气，从而也可能降低氧化的速率。这种方法虽然可以生长出高质量的氧化层，但是仍然存在着杂质在衬底中的扩散问题。

早期干氧氧化的实验结果表明氧化层厚度随着氧化时间而线性增加，1150℃时的氧化速率约为 0.3 nm/s[64]。所生长的氧化层具有很好的击穿特性，在电性能上是坚固耐用的[65]。由不均匀的温度分布而产生的晶圆片内的热塑应力影响了快速热氧化的均匀性，从而可能导致晶圆片边缘附近的生长速率加快，因为此处的应力最大[66]。对于低温和短时间的氧化工艺来说，这个热塑应力的效应是非常明显的。

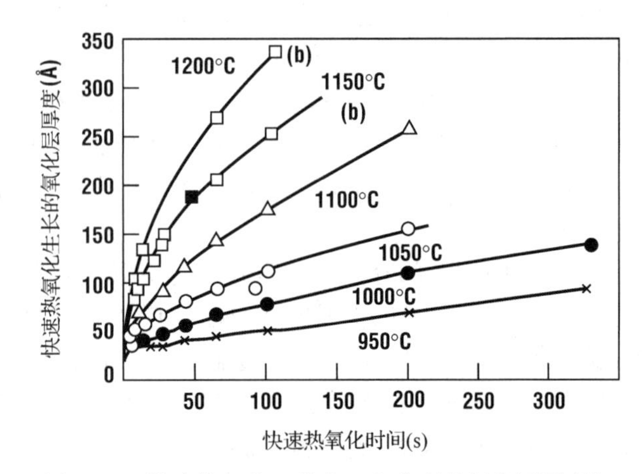

图 6.14　快速热氧化工艺中一个典型的氧化层厚度与氧化时间的关系图(引自 Moslehi 等，1985)

已经有许多研究论文讨论了 RTP 过程中的硅氧化速率。图 6.14 所示为一组有代表性的数据[67]。有几个原因使得不容易建立起一个与实际情况拟合良好的 RTO 氧化速率模型。首先，RTO 过程一般都是完全处于氧化的初始阶段，而且文献中报告的用实验方法测量到的氧化速率之间差别很大。这可以部分地归因于难以在氧化过程中测量晶圆片的温度。人们普遍地认为，对于许多早期的有关 RTO 的论文，可以从其中推算出高达 50℃的温度偏差[68]。另外，已知氧化速率是随着光子的辐照而增加的[69]。光子辐照效应的大小取决于光源，弧光灯在紫外光谱范围内的光强较强，因此它的光子辐照效应更强。这个氧化增强效应是由于 O_2 分子光分解为 O^-，O^-又在空间电场的作用下漂移到 Si 界面处而造成的。这个效应在 P^+衬底上最强，而在 N^+衬底上则基本没有这个效应[70]。

正如我们在前面的章节中提到的，非常薄的栅氧化层存在可靠性问题。已经发现氮化的氧化层可以提高杂质在氧化层中的扩散能力，并可以减少电应力下的载流子陷阱效应[71]。而重氮化则会使反型层的迁移率下降 20%～50%[72]，并导致电子陷阱的增加。人们认为这是由于重氮化使氧化层中的氢含量增加了[73]以及靠近硅表面处存在与氮相关的陷阱能级。采用 RTP 工艺，可以实现轻微的氮化[74,75]，从而大大避免了迁移率的下降。人们还发现采用 RTP 工艺在氧化层中掺入少量（百万分之几）的氟可以获得非常好的氧化层击穿特性，但是这也会加剧硼穿透的问题。在快速热处理设备中可以通过使用 NF_3 来实现掺氟[76]。

还可以通过直接在一氧化氮（NO）或笑气（N_2O）气氛中生长氧化层来制作氮化的氧化层。在 N_2O 气氛中生长的氮氧化层比在 O_2 气氛中生长的氧化层具有更好的可靠性，对硼穿透的阻挡能力也更强[77]。氮浓度的峰值靠近硅界面，其值从大约 1%（在 900℃）到大约 1.7%（在 1100℃）不等。已知氧化层中的氮使氧化速率变慢，这可能是因为氮降低了 O_2 在氧化层中的扩散率[78]。已知在 NO 气氛中生长的氮氧化物中会掺入更高含量的氮。同样，其中的氮浓度取决于氧化生长的温度。在 NO 气氛中生长的氮氧化层中，氮的分布受到工艺条件的强烈影响，而氮的浓度在大部分氮氧化层中都比在 N_2O 气氛中生长的氮氧化层要高得多[79]。在 O_2 气氛中生长 SiO_2 层时也可以通过引入 NO 来掺入氮。

RTP 工艺的一个重要的潜在优势在于，如果其反应腔壁被适当冷却的话，则 RTP 可以作为一个热晶圆片/冷壁工艺。这一点的重要性在于，由于腔壁不会污染后续的工序，因此可以在单个反应腔中运行多步工艺。还可以用晶圆片的温度来控制这些反应的开始和结束。也可以在晶圆片冷却时来改变反应腔中的气体流动，从而防止任何化学反应在此时发生。当然，这种技术的优点在于使得晶圆片的操作以及最终的污染都减到了最少。可以用这种方法来淀积多层膜，这些膜之间的界面都能够得到很好的控制。在 RTP 发展过程中这个技术很早就得到了应用[80]：在制作 MOS 电容器时，可以先热氧化生长一层薄的 SiO_2，然后再用化学气相淀积法淀积一层多晶硅。人们发现，用这种方法制作的电容器具有极好的界面性能。同一研究小组后续的研究工作表明，可以在 SiO_2 窗口中选择性地外延生长硅下电极层，接着进行外延层的氧化，最后淀积多晶硅，这样就在 RTP 设备中同时形成了介质层的两个界面[81]。最近还有人采用这种方法先在中等温度下热生长一层氧化层，再在高温下氮化这层氧化层，最后再在中等温度下氧化这层氮氧化层，所有这些步骤都是在同一工艺腔体中完成的。

6.7　金属硅化物与接触的形成

正如我们将要在本书第 15、16 和 18 章中详细介绍的那样，对于某些器件应用来说，即使是重掺杂的硅，其电阻率也仍然过高。在那种情况下，一般会在裸露出来的硅上面形成金属硅化物，以降低其电阻率。金属硅化物的形成通常是这样进行的：在晶圆片上面淀积很薄的一层金属，然后加热晶圆片，使金属与硅之间发生硅化反应。通常作为金属硅化物的金属包括 Ti、Pt、W、Ta、Ni、Mo 和 Co 等。采用 RTP 可以仔细地控制硅化反应的温度和环境气氛，以尽量减少杂质污染，并促使金属硅化物的化学配比和物相达到最理想的状态。在某些情况下，在淀积金属薄膜之前，晶圆片上有一些部位是被 SiO_2 覆盖的。此时金属不会和 SiO_2 发生反应，因此在硅化反应后可以很方便地用湿化学腐蚀的方法去除掉这些部位的金属。

由于 $TiSi_2$ 的电阻率比较低(13 μΩ · cm)，因此多年来它一直是最合乎要求的金属硅化物薄膜之一。但是，在形成 $TiSi_2$ 的退火过程中，硅可以沿着 $TiSi_2$ 的晶粒边界进行扩散，从而导致氧化硅边缘上面的 $TiSi_2$ 过度生长(如图 6.15 所示)[82]。使这种过度生长减到最小的方法是，将晶圆片先在一个较低的温度(450℃ ~ 600℃)下进行退火以形成 TiSi。接着去除掉尚未反应的金属，再在高温下进行 RTA，以形成我们期望得到的 $TiSi_2$ 相(C54)金属硅化物。形成 $TiSi_2$ 相所需要的退火温度最低为 750℃[83,84]，而有些报道则认为需要高达 900℃的退火温度[85]。当初始的硅化反应在纯的 N_2 气氛中进行时，可以进一步阻止金属硅化物在横向上的生长[86]。Ti 的硅化反应对气氛中 ppm 量级的 H_2O 或 O_2 含量非常敏感，这是因为硅界面处的氧化反应与硅化反应将产生竞争。氧也会显著地提高金属硅化物的薄层电阻。举例来说，在含有 10 ppm O_2 的 N_2 中形成的金属硅化物，它的电阻率几乎是在含有 0.1 ppm O_2 的 N_2 中形成的金属硅化物的 40 倍[87]。由于 RTP 炉管的尺寸较小，减少了空气的回流，因此在氧气污染方面，RTP 比标准的炉管退火工艺具有明显的优势[88]。

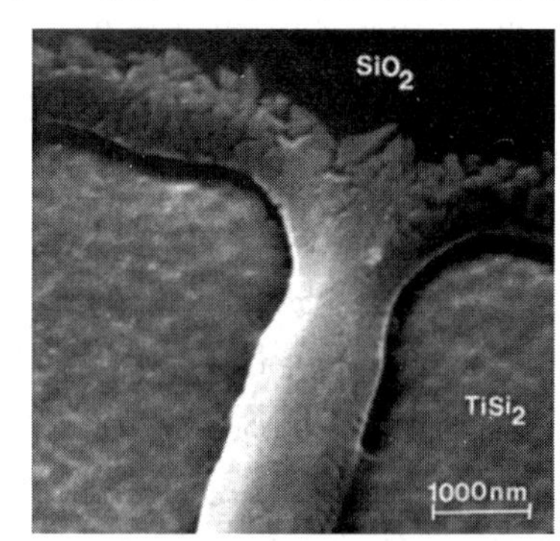

图 6.15 在一个氧化层窗口中经过 900℃，30 s 退火后形成的 $TiSi_2$。图中参差不齐的 $TiSi_2$ 边缘表明生长的 $TiSi_2$ 超出了氧化层窗口的边缘(引自 Brat 等，经 The Electrochemical Society 许可使用)

正如在后面的章节中将要讨论的那样，钴以及镍/铂的硅化物对小尺寸的 MOS 器件是非常具有吸引力的。钴在 300℃ ~ 370℃时形成的金属硅化物是 Co_2Si，当温度上升到大约 500℃时变为 CoSi，然后在 700℃或更高温度下形成 $CoSi_2$。较高的最终退火温度使得结漏电更低，这很可能是因为金属硅化物与硅之间的界面更为光滑[89]。虽然在 $CoSi_2$ 相中 Si 的扩散是占主导地位的[90]，但是 Co 也是一种主要的扩散物质。镍/铂的硅化物也是人们迫切希望形成的，因为它能够与 N^+和 P^+的硅衬底形成低电阻的欧姆接触[91]，我们将在第 16 章中再进一步讨论这个问题。在刚开始的低温 RTA 过程中形成的是一层富含金属的硅化物，接下来的高温退火过程既可以形成我们所需要的低电阻率 NiSi 相，又可以修复残余的注入损伤，否则这些残余损伤就会在 PN 结中形成短路的 NiSi 管道，或形成与沟道之间的短路[92]。

RTP 在 Si 器件工艺技术中的另一个应用是形成阻挡层金属。这些导电的阻挡层金属的作用是阻止硅衬底和用于器件互连的 Al 基合金之间的互扩散。氮化钛(TiN)就是多年来常用的一种扩散阻挡材料，但是目前已经大量地被一些难熔金属的氮化物取代了，这些难熔金属的氮化物包括 TaN 和 WN 等。在快速热退火过程中，金属和 N_2 或 NH_3 反应可以形成金属氮化物，但是当接触孔尺寸比较小时，这种方法会导致接触电阻变大[93]。较好的方法是先淀积一层接近完美化学配比的金属氮化物，然后在氮化气氛中用 RTA 进行退火。由于人们认为残留的氮会沿着多晶化金属氮化物薄膜的晶粒边界占据表面位置，因此这种方法有时也被称为晶粒边界填充(grain boundary stuffing)法。氮钝化了晶粒边界并降低了晶粒边界的扩散率。难熔金属包括难熔金属氮化物不太容易形成多晶化的薄膜，而是保持无定型的非晶形态，这样就不需要采用晶粒边界填充方法了。

快速热处理也在 GaAs 工艺技术中用于欧姆接触的形成。正如将要在第 15 章中详细讨论的那样，淀积一层金锗混合物并进行热退火，就可以在 N 型 GaAs 材料上形成低电阻的欧姆接触。尽管早期采用传统的炉管来完成这个退火工艺，但是最近人们已经发现在大约 450℃下进行短时间的退火可以重复地形成很好的欧姆接触[94]。在传统的退火工艺中，金属和半导体之间的界面层是比较宽的[95]，接触的表面也更加光滑，这样就提高了电路的成品率。由于温度在形成欧姆接触的过程中是一个关键参数，因此我们有时也在 GaAs 晶圆片的背面进行金属化，以确保整个晶圆片上的温度分布均匀[96]。

6.8　其他可选的快速热处理系统

正如我们在本章前面所讨论的，RTP 的主要问题之一是热的均匀性问题。最近新开发的 RTP 系统采用了非传统的反应腔和/或加热装置设计，以改善 RTP 设备的热均匀性，并拓展 RTP 工艺在小批量系统中的优势。

更为彻底的解决 RTP 热均匀问题的方法之一是采用电阻加热或石英灯加热的钟罩结构(如图 6.16 所示)。腔壁是用碳化硅[97]或石英[98]材料制作的。腔壁温度一般保持在比晶圆片的最高温度高出几百度，而反应腔的下半部则一直保持冷却状态。晶圆片在反应腔中被快速加热。晶圆片的加热速率由晶圆片升降装置的运动速度来控制，一般把加热速率限制在大约 100℃/s 左右[99]。目前这种设备可以加工尺寸非常大的晶圆片而不会给晶圆片造成任何翘曲或滑移。

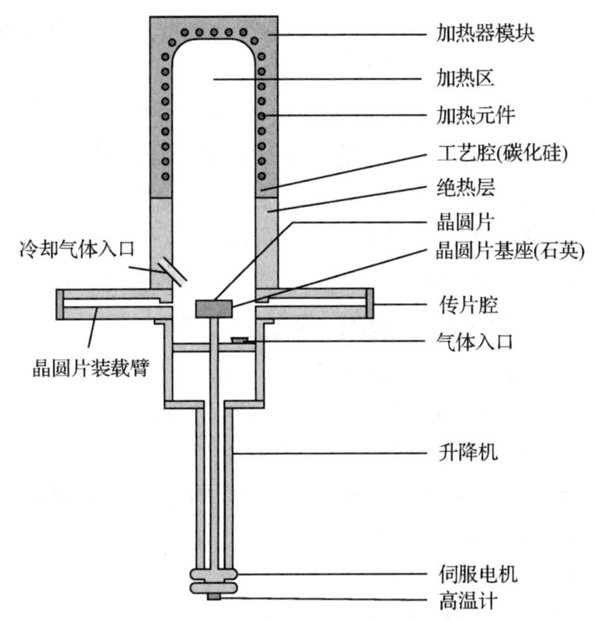

图 6.16　包含热壁系统在内的新型高均匀性 RTP 装置示意图(引自 Roozeboom 和 Parekh)

RTA 设备的一种替代装置是快速升温的炉管[100]。这种快速升温炉管的设计与小负载的立式炉管类似，它能以 75℃/min 的加热速度同时加热最多 50 片 200 mm 直径的晶圆片。这个加热速度比传统炉管快了大约一个数量级，但是比真正的 RTA 系统还是要慢(只是它的 1/100)，与闪烁退火系统相比则更慢(只是它的 $1/10^5$)。这种快速升温的炉管采用一种基于模型的多加热单元温度控制，从而避免产生过大的热应力[101]。

6.9　小结

快速热处理工艺的开发实现了短时高温的注入后退火。通常把晶圆片放在炉管中的石英架上，并用一组高强度的白炽灯来加热晶圆片(参见图 6.17)。RTP 存在的问题包括温度测量和晶圆片的热均匀性。晶圆片中过大的温度梯度产生了热塑性应力，这可能会导致晶圆片的翘曲和/或滑移。快速热处理技术已经扩展到硅化物和阻挡层金属的形成、热氧化、化学气相淀积以及外延生长等工艺中。

图 6.17　照片上半部是 Applied Materials 公司的 Centura RTP 系统中的蜂窝状光源。经 Applied Materials 许可使用)

习题

1. 未掺杂的硅对于能量接近或小于其禁带宽度(1.1 eV)的光子来说几乎是透明的。假设一片硅晶圆片对 $\lambda > 1\,\mu m$ 的辐射是透明的，如果用一个工作在 2000 K 温度下的钨-卤灯来加热该硅晶圆片，入射能量的多大部分会透射过该硅晶圆片？如果是 GaAs 晶圆片，其吸收的能量会比硅多还是少？为什么？
2. 吸收红外辐射的主要机制是通过自由载流子(电子和空穴)。当晶圆片加热升温时，其中的本征载流子浓度就会增加(参见第 3 章)。这个现象将如何影响快速热处理工艺？粗略地画出用恒定功率的钨-卤灯来加热未掺杂硅晶圆片时的温度-时间变化关系图。
3. 对于 RTP 来说，很难在高温下处理大直径的晶圆片而不在晶圆片边缘形成热塑应力诱生的滑移。分析这种滑移产生的原因。如果在温度快速上升过程之后滑移现象变得更为严重，这说明晶圆片表面上的辐射分布是怎样的？
4. 如果采用工艺模拟软件来模拟快速热退火工艺，你预计可能会遇上哪些问题？
5. 使用一个快速热处理系统将一片 200 mm 直径的硅晶圆片加热到 950℃。
   (a) 如果硅晶圆片的有效辐射率是 0.7，利用式(6.4)来计算维持这一温度所需的功率。
   (b) 如果要求温度上升的速度是 100℃/s，那么加热所需的额外功率是多少？假设硅晶圆片的厚度为 700 μm，并且可以使用附录 II 中给出的室温下的硅的比热和质量密度来进行计算。
6. 为什么快速热氧化工艺中几乎不采用湿氧气氛？(提示：快速热氧化工艺生长的氧化层的用途是什么？湿氧工艺生长的氧化层适合这一用途吗？)
7. 解释 RTP 设备中使用多区加热的原因。

参考文献

1. S. M. Hu, "Temperature Distribution and Stresses in Circular Wafers in a Row During Radiative Cooling," *J. Appl. Phys.* **40**:4413 (1969).
2. C. Hill, in *Laser and Electron Beam Solid Interactions and Materials Processing*, J. F. Gibbons, L. D. Hess, and T. W. Sigmon, eds., Elsevier-North Holland, New York, 1981.
3. T. O. Sedgewick, "Short Time Annealing," *J. Electrochem. Soc.* **130**:484 (1983).
4. S. A. Campbell, "Rapid Thermal Processing," in *Computational Modeling in Semiconductor Processing*, M. Meyyappan, ed., Artech, New York, 1994.
5. J. R. Howell, *A Catalog of Radiation Configuration Factors*, McGraw-Hill, New York, 1982.
6. K. Knutson, S. A. Campbell, and F. Dunn, "Modeling of Three-Dimensional Effects on Temperature Uniformity in Rapid Thermal Processing of Eight Inch Wafers," *IEEE Trans. Semicond. Manuf.* **7**:68 (1994).
7. K. L. Knutson, *Theoretical and Experimental Investigations of Thermal Uniformity in Rapid Thermal Processing and Reaction Kinetics in Chemical Vapor Deposition for a Dichlorosilane/Hydrogen System*, Ph.D. Dissertation, University of Minnesota, 1993.
8. J. R. Coaton and J. R. Fitzpatrick, "Tungsten-Halogen Lamps and Regenerative Mechanisms," *IEE Proc.* **127A**:142 (1980).
9. S. A. Campbell and K. L. Knutson, "Transient Effects in Rapid Thermal Processing," *IEEE Trans. Semicond. Manuf.* **5**:302 (1992).
10. P. P. Apte, S. Wood, L. Booth, K. C. Saraswat, and M. M. Moslehi, *Mater. Sci. Symp. Proc.* **224**:209 (1991).
11. M. M. Moslehi, J. Kuehne, R. Yeakley, L. Velo, H. Najm, B. Dostalik, D. Yin, and C. J. Davis, "In-Situ Fabrication and Process Control Techniques in Rapid Thermal Processing," *Mater. Sci. Symp. Proc.* **224**:143 (1991).
12. F. Roozeboom, "Temperature Control and System Design Aspects in Rapid Thermal Processing," *Mater. Res. Soc. Symp. Proc.* **224**:9 (1991).
13. B. K. Tsai, "A Summary of Lightpipe Radiation Thermometry Research at NIST," *J. Res. NIST* **111**(1):9 (2006).
14. B. Brown, *Proc. 9th European RTP Users Group Meeting*, Harlow, U.K., 1992.
15. A. J. LaRocca, in *The Infrared Handbook*, W. L. Wolfe and G. J. Zissis, eds., Environmental Research Institute of Michigan, Ann Arbor, 1989.
16. F. Roozeboom, "Rapid Thermal Processing Status, Problems and Options After the First 25 Years," *Mater. Res. Soc. Symp. Proc.* **303**:149 (1993).
17. T. Sato, "Spectral Emissivity of Silicon," *Jpn. J. Appl. Phys.* **6**:339 (1967).
18. P. J. Timans, "The Radiative Properties of Semiconductors," in *Advances in Rapid Thermal and Integrated Processing*, F. Roozeboom, ed., NATO ASI Series E, Vol. 318, Kluwer, Amsterdam, 1996, p. 35.
19. D. P. Dewitt, F. Y. Sorrell, and J. K. Elliott, "Temperature Measurements Issues in Rapid Thermal Processing," in *Integrated Processing VI*, Vol. 470, MRS, Pittsburgh, 1997, p. 3.
20. C. S. Hill and D. Boys, "Rapid Thermal Annealing Theory and Practice," in *Reduced Thermal Processing for ULSI*, R. A. Levy, ed., Plenum, New York, 1989.
21. A. T. Fiory, C. Schietinger, B. Adams, and F. G. Tinsley, "Optical Fiber Pyrometry with In-Situ Detection of Wafer Radiance and Emittance—Accufiber's Ripple Method," *Mat. Res. Soc. Symp. Proc.* **303**:139 (1993).

22. J.-M. Dihlac, C. Ganibal, and N. Nolhier, "In-Situ Wafer Emissivity Variation Measurement in a Rapid Thermal Processor," *Mat. Res. Soc. Symp. Proc.* **224**:3 (1991).
23. R. Vandena Beele and W. Renken, "Study of Repeatability, Relative Accuracy and Lifetime of Thermocouple Instruments Calibration Wafers for RTP," in *Rapid Thermal Integrated Processing VI*, Vol. 470, MRS, Pittsburgh, 1997, p. 17.
24. B. Nguyemphu, M. Oh, and A. Fiory, "Temperature Monitoring by Ripple Pyrometry in Rapid Thermal Processing," in *Rapid Thermal and Integrated Processing V*, Vol. 42, MRS, Pittsburgh, 1996, p. 291.
25. M. Glück, W. Lerch, D Löffelmacher, M. Hauf, and U. Kreiser, "Challenges and Consent Status in 300 mm Rapid Thermal Processing" *Microelectronic Eng.* **45**:237 (1999).
26. W. K. Won, S. Lee, and H. J. Sang, "Combined Run-to-run and Delta LQG Control: Controller Design and Application to 12-inch RTP Equipment," *ICCAS 2010 — International Conference on Control, Automation and Systems*, 2010, pp. 469–474.
27. M. Cho, Y. Lee, S. Joo, and K. S. Lee, "Semi-empirical Model-based Multivariable Iterative Learning Control of an RTP System," *IEEE Transactions on Semiconductor Manufacturing* **18**(3): 430 (2005).
28. S. H. Zaidi, S. R. J. Brueck, and J. R. McNeil, "Non Contact 1°C Resolution Temperature Measurement by Projection Moiré Interferometry," *J. Vacuum Sci. Technol.* **B10**:166 (1992).
29. S. R. J. Brueck, S. H. Zaidi, and M. K. Lang, "Temperature Measurement for RTP," *Mat. Res. Soc. Symp. Proc.* **303**:117 (1993).
30. B. Peuse and A. Rosekrans, "In-Situ Temperature Control for RTP via Thermal Expansion Measurement," *Mat. Res. Soc. Symp. Proc.* **303**:125 (1993).
31. B. A. Auld, *Acoustic Fields and Waves in Solids*, Vol. 1, Wiley, New York, 1973.
32. F. L. Degertekin, J. Pei, Y. J. Iee, B. T. Khuri-Yakub, and K. C. Saraswat, "In-Situ Temperature Monitoring in RTP by Acoustical Techniques," *Mat. Res. Soc. Symp. Proc.* **303**:133 (1993).
33. A. E. Widmer and W. Rehwald, "Thermoplastic Deformation of Silicon Wafers," *J. Electrochem. Soc.* **133**:2405 (1986).
34. J. R. Patel and A. R. Chaudhuri, "Macroscopic Plastic Properties of Dislocation Free Germanium and Other Semiconductor Crystals. I. Yield Behavior," *J. Appl. Phys.* **34**:2788 (1963).
35. H. A. Lord, "Thermal and Stress Analysis of Semiconductor Wafers in a Rapid Thermal Processing Oven," *IEEE Trans. Semicond. Manuf.* **1**:105 (1988).
36. K. S. Jones and G. A. Rozgonyi, "Extended Defects from Ion Implantation and Annealing," in *Rapid Thermal Processing Science and Technology*, R. B. Fair, ed., Academic Press, Boston, 1993.
37. V. E. Borisenko and P. J. Hesketh, *Rapid Thermal Processing of Semiconductors*, Plenum, New York, 1997.
38. A. Leitoila, J. F. Gibbons, T. J. McGee, J. Peng, and J. D. Hong, "Solid Solubility of As in Si Measured by CW Laser Annealing," *Appl. Phys. Lett.* **35**:532 (1979).
39. A. Kagner, F. A. Baiocchi, and T. T. Sheng, "Kinetics of As Activation and Clustering in High Dose Implanted Si," *Appl. Phys. Lett.* **48**(16):1090 (1986).
40. J. L. Altrip, A. G. R. Evans, J. R. Logan, and C. Jeynes, "High Temperature Millisecond Annealing of Arsenic Implanted Silicon," *Solid State Electron.* **33**:659 (1990).
41. J. L. Altrip, A. G. Evans, N. D. Young, and J. R. Logan, "The Nature of Electrically Inactive Implanted Arsenic in Silicon After Rapid Thermal Processing," *Mater. Res. Soc. Symp. Proc.* **224**:49 (1991).
42. J. R. Marchiando, P. Roitman, and J. Albers, "Boron Diffusion in Silicon," *IEEE Trans. Electron Dev.* **TED-32**:2322 (1985).

43. R. B. Fair, "Low-Thermal-Budget Process Modeling with the PREDICT™ Computer Program," *IEEE Trans. Electron Dev.* **ED-35**:285 (1988).
44. Y. Kim, H. Z. Massoud, and R. B. Fair, "The Effect of Ion Implantation Damage on Dopant Diffusion in Silicon During Shallow Junction Formation," *J. Electron. Mater.* **18**:143 (1989).
45. R. B. Fair, "Junction Formation in Silicon by Rapid Thermal Annealing," in *Rapid Thermal Processing Science and Technology*, R. B. Fair, ed., Academic Press, Boston, 1993.
46. T. E. Seidel, R. Knoell, G. Poli, B. Schwartz, F. A. Stevie, and P. Chu, "Rapid Thermal Annealing of Dopants Implanted into Preamorphized Si," *J. Appl. Phys.* **58**(2):683 (1985).
47. H. Kinoshita, T. H. Huang, and D. L. Kwong, "Modeling of Boron Diffusion and Activation for Non-Equilibrium Rapid Thermal Annealing Application," *Mater. Res. Soc. Symp. Proc.* **303**:259 (1993).
48. S. R. Weinzierl, J. M. Heddleson, R. J. Hillard, P. Rai-Choudhury, R. G. Mazur, C. M. Ozburn, and P. Potyraj, "Ultrashallow Dopant Profiling via Spreading Resistance Measurements with Integrated Modeling," *Solid State Technol.* **36**:31 (January 1993).
49. I. W. Wu and L. J. Chen, "Characterization of Microstructural Defects in BF_2^+ Implanted Silicon," *J. Appl. Phys.* **58**:3032 (1985).
50. R. B. Fair, J. J. Wortman, and J. Lin, "Modelling of Rapid Thermal Diffusion of As and B in Si," *J. Electrochem. Soc.* **135**(10):2387 (1984).
51. E. J. H. Collart, S. B. Felch, B. J. Pawlak, P. P. Absil, S. Severi, T. Janssens, and W. Vandervorst, "Co-implantation with Conventional Spike Anneal Solutions for 45-nm n-type Metal-oxide-semiconductor Ultra-shallow Junction Formation," *J. Vacuum Sci. Technol. B* **24**(1):507 (2006).
52. S. Paul, W. Lerch, X. Hebras, N. Cherkashin, and F. Cristiano, "Activation, Diffusion and Defect Analysis of a Spike Anneal Thermal Cycle, *Materials Research Society Symposium, Proceedings* **810**: 215 (2004).
53. J. C. Ho, R. Yerushalmi, G. Smith, P. Majhi, J. Bennett, J. Halim, V. N. Faifer, and A. Javey, "Wafer-scale, Sub-5-nm Junction Formation by Monolayer Doping and Conventional Spike Annealing," *Nano Lett.* **9**(2):725 (2009).
54. J. Mileham, V. Le, S.Shetty, J. Hebb, Y. Wang, D. Owen, R. Binder, R. Giedigkeit, S. Waidmann, I. Richter, K. Dittmar, H. Prinz, and M. Weisheit, "Impact of Dual Beam Laser Spike Annealing Parameters on Nickel Silicide Formation Characteristics," *18th Conference on Advanced Thermal Processing of Semiconductor (RTP), IEEE* (2010).
55. S. P. Tay and S. McCoy, "Millios™-millisecond Flash Anneal for 22-nm Node," *Semicon West TechSITE Junction Technology Group Symposium*, July 15, 2010.
56. P. Karla, P. Majhi, H. H. Tseng, R. Jammy, and T. J. King Liu, "Optimization of Flash Annealing Parameters to Achieve Ultra-shallow Junctions for Sub-45-nm CMOS," *Mat. Res. Soc. Proc.* **1070**:163 (2008).
57. R. Timans, J. Gelpey, S. McCoy, W. Lerch, and S. Paul, "Millisecond Annealing: Past Present and Future," *Mater. Res. Soc. Symp. Proc.* **912**:3 (2006).
58. S. S. Gill and B. J. Sealy, "Review of Rapid Thermal Annealing in Ion Implanted GaAs," *J. Electrochem. Soc.* **133**:2590 (1986).
59. T. E. Haynes, N. K. Chu, and S. T. Picraux, "Direct Measurement of Evaporation During Rapid Thermal Processing of Capped GaAs," *Appl. Phys. Lett.* **50**(16):1071 (1987).
60. S. J. Pearton and R. Caruso, "Rapid Thermal Annealing of GaAs in a Graphite Susceptor—Comparison with Proximity Annealing," *J. Appl. Phys.* **66**:2482 (1989).
61. T. E. Kazior, S. K. Brierley, and F. J. Piekarski, "Capless Rapid Thermal Annealing of GaAs Using a Graphite Susceptor," *IEEE Trans. Semicond. Manuf.* **4**:21 (1991).

62. S. K. Brierley, T. E. Kazior, and F. J. Piekarski, "Optimization of Capless Rapid Thermal Annealing for GaAs MESFETs," *Mater. Res. Soc. Symp. Proc.* **224**:451 (1991).
63. A. Joshi and D. L Kwang, *IEEE Trans. Electron Dev.* **12**(1):28 (1991).
64. J. Nulman, J. P. Krusius, and A. Gat, "Rapid Thermal Processing of Thin Gate Dielectrics—Oxidation of Silicon," *IEEE Electron Dev. Lett.* **EDL-6**:205 (1985).
65. M. M. Moslehi, K. C. Saraswat, and S. C. Shatas, *Proc. SPIE* **623**:92 (1986).
66. R. Deaton and H. Z. Massoud, "Effects of Thermally Induced Stresses on Rapid Thermal Oxidation of Silicon," *J. Appl. Phys.* **70**:3588 (1991).
67. M. M. Moslehi, S. C. Shatas, and K. C. Saraswat, "Thin SiO_2 Insulators Grown by Rapid Thermal Oxidation of Silicon," *Appl. Phys. Lett.* **47**:1353 (1985).
68. J.-M. Dilhac, *Mater. Res. Soc. Symp. Proc.* **146**:333 (1989).
69. R. Singh, S. Sinha, R. P. S. Thakur, and P. Chou, "Some Photoeffect Roles in Rapid Isothermal Processing," *Appl. Phys. Lett.* **58**(11):1217 (1991).
70. J. P. Pon Pon, J. J. Grob, A. Grob, and R. Stuck, "Formation of Thin Oxide Films by Rapid Thermal Heating," *J. Appl. Phys.* **59**(11):3921 (1986).
71. M. H. Moslehi and K. C. Saraswat, "Thermal Nitridation of Si and SiO_2 for VLSI," *IEEE Trans. Electron Dev.* **ED-32**:106 (1985).
72. M. A. Schmidt, F. L. Terry, Jr., B. P. Mather, and S. D. Senturia, "Inversion Layer Mobility of MOSFETs with Nitrided Oxide Gate Dielectrics," *IEEE Trans. Electron Dev.* **35**:1627 (1988).
73. T. Hori, H. Iwasaki, and K. Tsuji, "Electrical and Physical Properties of Ultrathin Renitrided Oxides Prepared by Rapid Thermal Processing," *IEEE Trans. Electron Dev.* **36**:340 (1989).
74. T. Hori and H. Iwasaki, "Improved Transconductance Under High Normal Field in Nitrided Oxide MOSFETs," *Electron Dev. Lett.* **10**:195 (1989).
75. T. Hori, "Inversion Layer Mobility Under High Normal Field in Nitrided-Oxide MOSFETs," *IEEE Trans. Electron Dev.* **37**:2058 (1990).
76. J. Kuehne, G. Q. Lo, and D. L. Kwong, "Chemical and Electrical Properties of Fluorinated Oxides Prepared by Rapid Thermal Oxidation of Si in O_2 with Diluted NF_3," *Mater. Res. Soc. Symp. Proc.* **224**:367 (1991).
77. G. L. Ling, D. Lopes, and G. E. Miner, "Uniform Ultra-Thin Oxides Grown by Rapid Thermal Oxidation of Silicon in N_2O Ambient," in *Rapid Thermal and Integrated Processing VI*, Vol. 470, MRS, Pittsburgh, 1997, p. 361.
78. J. M. Grant and Z. Karim, "Rapid Thermal Oxidation of Silicon in Mixtures of Oxygen and Nitrous Oxide," in *Rapid Thermal and Integrated Processing V*, Vol. 429, MRS, Pittsburgh, 1996, p. 257.
79. Z. Q. Yao, "The Nature and Distribution of Nitrogen in Silicon Oxynitrite Grown on Silicon in a Nitric Oxide Ambient," *J. Appl. Phys.* **78**(5):2906 (1995).
80. J. C. Sturm, C. M. Gronet, and J. F. Gibbons, "Limited Reaction Processing: *In-Situ* Metal-Oxide-Semiconductor Capacitors," *IEEE Electron Dev. Lett.* **EDL-7**:282 (1986).
81. J. C. Sturm, C. M. Gronet, C. A. King, S. D. Wilson, and J. F. Gibbons, "*In-Situ* Epitaxial Silicon-Oxide-Doped Polysilicon Structures for MOS Field-Effect Transistors," *IEEE Electron Dev. Lett.* **EDL-7**:577 (1986).
82. T. Brat, C. M. Osburn, T. Finsted, J. Liu, and B. Ellington, "Self-Aligned Ti Silicide Formation by Rapid Thermal Annealing Effects," *J. Electrochem. Soc.* **133**:1451 (1986).
83. R. W. Mann, C. A. Racine, and R. S. Bass, "Nucleation, Transformation, and Agglomeration of C54 Phase Titanium Disilicide," *Mater. Res. Soc. Symp. Proc.* **224**:115 (1991).
84. R. Beyers and R. Sinclair, "Metastable Phase Transformation in Titanium-Silicon Thin Films," *J. Appl. Phys.* **57**:5240 (1985).

85. M. Bariatto, A. Fontes, J. Q. Quacchia, R. Furlan, and J. J. Santiago-Aviles, "Rapid Titanium Silicidation: A Comparative Study of Two RTA Reactors," *Mater. Res. Soc. Symp. Proc.* **303**:95 (1993).
86. S. S. Iyer, C. Y. Ting, and P. M. Fryer, "Ambient Gas Effects on the Reaction of Titanium with Silicon," *J. Electrochem. Soc.* **302**:2240 (1985).
87. C. M. Osborn, H. Berger, R. P. Donovan, and G. W. Jones, "The Effects of Contamination on Semiconductor Manufacturing Yield," *J. Environ. Sci.* **31**:45 (1988).
88. C. M. Osborn, "Silicides," in *Rapid Thermal Processing, Science and Technology*, R. B. Fair, ed., Academic Press, Boston, 1993.
89. J. A. Kittle, Q. Z. Hong, H. Yang, N. Yu, *et al. Mater. Res. Soc. Symp. Proc.* **525**:331 (1998).
90. V. E. Borisenko and P. J. Hesketh, *Rapid Thermal Processing of Semiconductor*, Plenum, New York, 1997, p. 163.
91. K. Ohuchi, C. Lavoie, C. Murray, C. d'Emic, I. Lauer, J. O. Chu, B. Yang, P. Besser, L. Gignac, J. Bruley, G. U. Singco, F. Pagette, A. W. Topol, M. J. Rooks, J. J. Bucchignano, V. Narayanan, M. Khare, M. Takayanagi, K. Ishimaru, D. G. Park, G. Shahidi, and P. Solomon, "Extendibility of NiPt Silicide Contacts for CMOS Technology Demonstrated to the 22-nm Node," *Electron Devices Meeting (IEDM)*, pp. 1029–1031, 2007.
92. C. Ortolland, E. Rosseel, N. Horiguchi, C. Kerner, S. Mertens, J. Kittl, E. Verleysen, H. Bender, W. Vandervost, A. Lauwers, P. P. Absil, S. Biesemans, S. Muthukrishnan, S. Srinivasan, A. J. Mayur, R. Schreutelkamp, and T. Hoffmann, "Silicide Yield Improvement with NiPtSi Formation by Laser Anneal for Advanced Low power Platform CMOS Technology," *Technical Digest—International Electron Devices Meeting, IEDM*, pp. 2.1.1–2.1.4, 2009.
93. G. D. Yao, Y. C. Lu, S. Prassad, W. Hata, F. S. Chen, and H. Zhang, "Electrical and Physical Characterization of TiN Diffusion Barrier for Sub-Micron Contact Structure," *Mater. Res. Soc. Symp. Proc.* **303**:103 (1993).
94. M. A. Crouch, S. S. Gill, J. Woodward, S. J. Courtney, G. M. Williams, and A. G. Cullis, "Structural and Electrical Properties of Ge/Au Ohmic Contacts to n-Type GaAs Formed by Rapid Thermal Annealing," *Solid State Electron.* **33**:1437 (1990).
95. J. B. B. Oliveira, C. A. Olivieri, J. C. Galzerani, A. A. Pasa, L. P. Cardoso, and F. C. dePrince, "Characterization of AuGeNi Ohmic Contacts on n-GaAs Using Electrical Measurements, Auger Spectroscopy, and X-ray Diffractometry," *Vacuum* **41**:807 (1990).
96. "Investigation of the Uniformity of Ohmic Contacts to N-Type GaAs Formed by Rapid Thermal Processing," *Solid State Electron.* **36**:295 (1993).
97. C. Lee and G. Chizinsky, "Rapid Thermal Processing Using a Continuous Heat Source," *Solid State Technol.* **32**(1):43 (1989).
98. C. Lee, U.S. Patent 4857689 (1989).
99. W. DeHart, *Microelectron. Manuf. Technol.* **14**(7):44 (1991).
100. P. K. Roy, S. M. Merchant, and S. Kaushal, "A Review: Thermal Processing in Fast Ramp Furnaces," *J. Electronic Materials* **30**(12):1578 (2001).
101. K. Torres, D. Lam, R. Weaver, and G. Solomon, "The Performance of the Fast Ramp Furnace," in *Rapid Thermal and Integrated Processing VII*, Vol. 470, MRS, Pittsburgh, 1997, p. 193.

第 3 篇　单项工艺 2：图形转移

本书前一篇中介绍了向硅中引入杂质、对其进行激活和扩散推进杂质分布以及在硅上生长氧化层所需的各种工艺。对于这些工艺的限制是：它们都是对整个晶圆片进行处理。微纳制造的关键核心是能够将设计者工作站中的信息转移到半导体晶圆片上。本书第 3 篇中的讨论将涉及这种转移的工艺：光刻和刻蚀。这些工艺是非常重要的，因为许多层次的横向尺寸和层内结构放置的接近程度往往决定了器件的性能。图形转移是如此重要，以至于一种 CMOS 工艺制造技术经常用其最小的特征尺寸来表征(例如 22 nm)。

正如在第 1 章中已经讨论过的，大多数光刻工艺都是分两步工序来完成的。首先，将设计图分成很多个信息层。每一层都是一张关于某一种薄膜在制成的器件上的布局图。通常这些层被复制成为光刻掩模版，一旦光刻掩模版制成了，就可以用一束光线通过它在晶圆片上曝光而形成图形。光透过光刻掩模版照在一层光敏材料上，然后这种光敏材料被显影，从而重现出该层的原始图形。光刻掩模版的生产将不在此处讨论，其制造工艺也非常类似于晶圆片上的光刻。光学光刻(第 7 章)和电子束光刻（第 9 章）都可以用于掩模版的制造。

随着所需特征尺寸的不断缩小，人们已经发展了多种不同的新光刻工艺。总体来说，采用较短波长的光来进行曝光可以制备出更细线条的图形。例如，准分子激光分步重复光刻机和相移掩模等技术就可以把光学光刻延伸到更小的尺寸。其他一些技术则应用波长非常短的非光学辐照来复制精细的线条。第 9 章将讨论两项最通用的工艺：电子束光刻和极紫外光刻。光学光刻的持续改善以及它向更短波长的延拓，再加上浸没式光刻技术的使用，已经阻碍了非光学技术的广泛应用。目前人们预期，“光学”（实际上是深紫外）光刻有可能将分辨率提高到 22 nm 特征尺寸的水平。

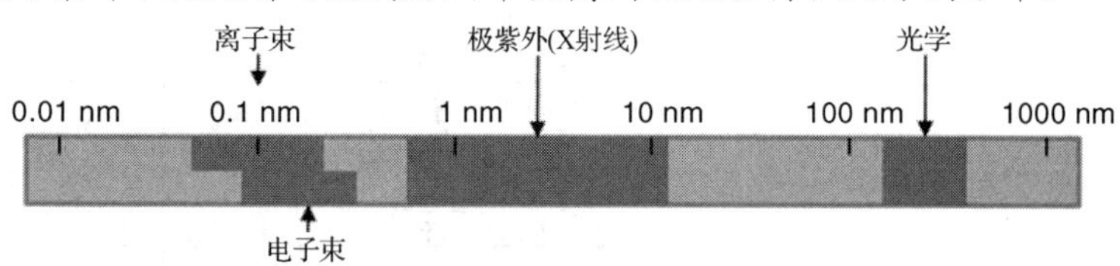

用于光刻的各种曝光光源的辐照波长和德布罗意波长，第 7 章将讨论光学曝光，第 9 章将讨论极紫外光刻和电子束光刻

当光敏材料形成图形后，它常常被作为掩蔽膜在其下的薄膜上复制出图形。这通常是用减法的方式来制作，即在整个晶圆片上淀积薄膜，然后去除不需要区域的薄膜材料。此时，光敏材料就必须起到刻蚀工艺的掩蔽膜的作用。第 11 章的内容将包括标准的刻蚀工艺和一种习惯上称为剥离（liftoff）的工艺，后者有时用于 GaAs 器件的制造。

第7章　光 学 光 刻

7.1　光学光刻概述

图 7.1 展示了大多数集成电路的设计流程图。通常设计是从定义芯片的功能开始的。如果芯片的功能复杂，可以将其分为几个层次的次级功能。次级功能块铺放在平面图上，这张平面图为将来的设计分配芯片上的空间。至此设计者要构筑一个芯片的高层次模型以便进行功能的检验，并得到其性能的评估。然后设计者应用软件工具完成所需要的定制化设计，把预先已设计好的电路块(单元)组装为芯片。这些单元的版图已经按照一套设计或版图规则而制定(参见图 7.2 所示的实例，它显示了对于一种工艺的几个设计规则)。这些规则是制造厂与设计者之间的约定。对于每一层版图，版图设计规则将决定其允许的最小特征尺寸、允许的最小间隔、该层图形与其他层图形的最小覆盖、与它下面层的图形的最小间隔等。如果遵照这些规则，制造厂有责任确保实现所设计的芯片功能。设计完成后，需要再次按照版图规则进行检查，以保证符合规则。最后，从实际版图出发进行再次模拟。若不符合技术规范，则需要继续修改设计直至达到要求。根据计算机自动设计 CAD 工具的先进程度，上述过程的一部分或全部都可以自动完成。在最先进的 CAD 系统中，系统可输入要实现功能的高层次描述和一个包含设计规则的文件。然后，程序就将产生出芯片的版图及其性能评估。此外，设计者要监督这个过程，并做出必要的人工修正，以改善芯片的性能。

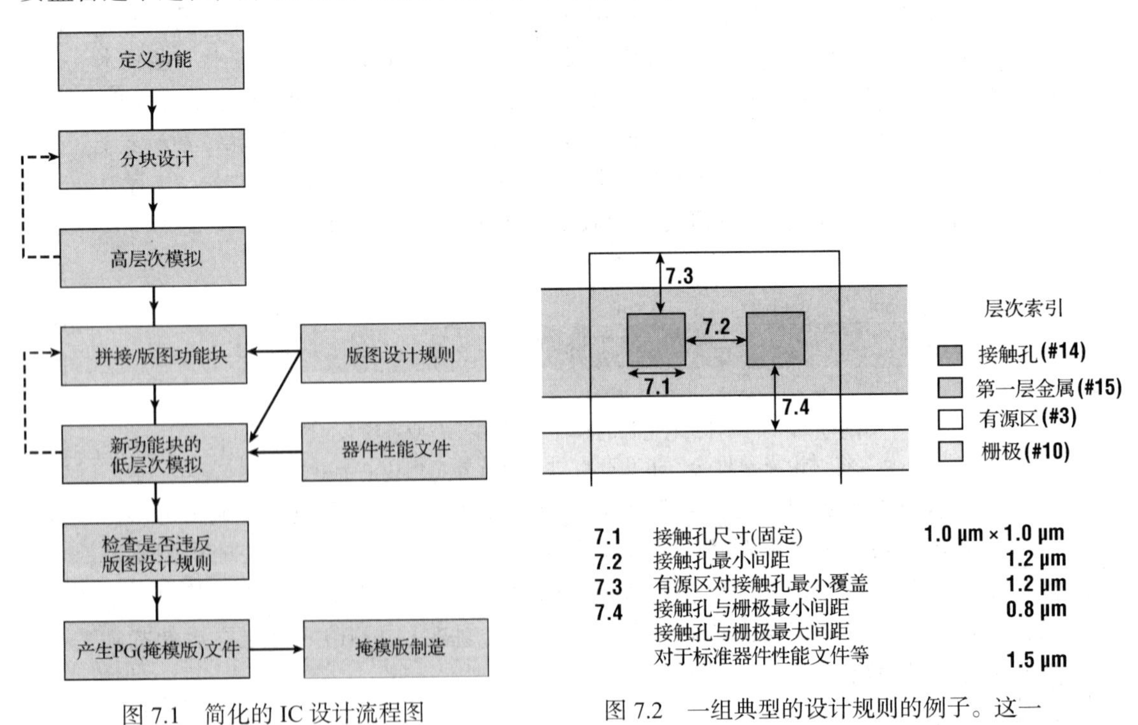

图 7.1　简化的 IC 设计流程图

图 7.2　一组典型的设计规则的例子。这一部分与实际工艺的第一层金属有关

设计者与制造厂之间的接口在于光刻掩模版的制造，每一层光刻掩模版包含一层工艺图形。根据所使用的光刻机，光刻掩模版可以与最后完成的芯片具有同样的尺寸或是该尺寸的整数倍。图 7.3 显示了一些典型的光刻掩模版。通常缩小的倍数为 4×、5×和 10×。虽然更大面积的微处理器芯片可能会需要尺寸达到 225 mm 见方的母版，但是目前集成电路制造中使用的大多数母版还是边长为 150 mm 的正方形。光刻掩模版通常制作在石英玻璃上。掩模版的最重要的性能包括：曝光波长下的高透光度，小的热膨胀系数和平坦的精细抛光面(可以减小光散射)。在这层玻璃的其中一面上有形成图形的不透光层。大多数掩模版的不透光层是铬层。掩模版上形成图形后，图形可通过与数据库对比检查而得到确认。任何不希望有的铬层可通过激光熔化去除。铬层中的针孔可采用额外的淀积来修补。这是一个关键的工序，因为光刻掩模版会用来在成千上万晶圆片上形成图形。掩模版上的任何一个缺陷，只要大到能够被复制，就会存在于用这块掩模版制作的每一个晶圆片上。

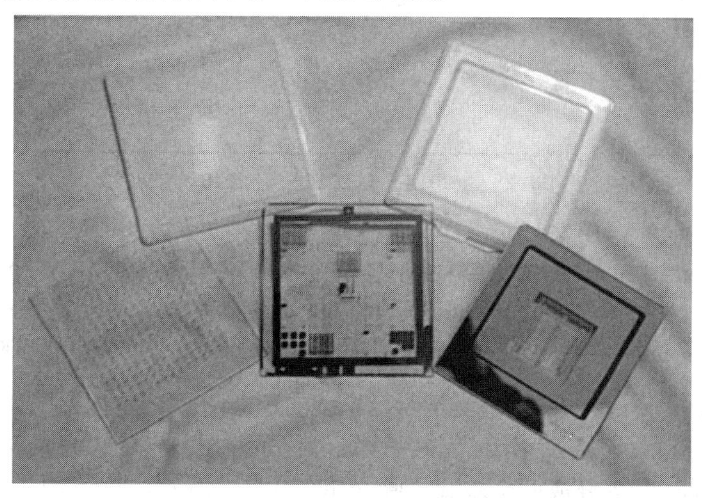

图 7.3　典型的光刻掩模版包括(从左开始)一块用于接触式或投影式光刻的 1×版，一块用于缩小的步进光刻机的 10×版，以及一块带保护薄膜的 10×版

在主流的微电子制造过程中，光刻是最复杂、昂贵和关键的工艺(对于有兴趣专门研究这个领域的学生来说，有一些好的参考书。早期经典的书有 Stevens[1]、Bowden 等人[2]、Moreau[3]和 Elliott[4]的著述，Elliott 的书主要涉及下一章讨论的主题，但也是一本合适的参考书。更近期的书中包括 Mack[5]所写的一本非常有用的全面性总结以及 Nanogaki 等人提供的关于当前光刻胶发展状况的书[6]，光刻工艺所需满足的一些要求也可以在其他的书中找到[7])。图 7.4 给出了近期对光刻技术发展的预测。现在光刻工艺占了总制造成本的 1/3 左右，而且其所占的百分比还在继续上升。一个典型的硅工艺包括 15 ~ 20 块不同的掩模版，对于某些 BiCMOS 工艺，可能用到的掩模版多达 28 块。虽然传统的 GaAs 工艺只需要很少的掩模层，但是现在这个数目同样也在增加。尽管对光刻工艺的性能进行评估是非常困难的，但是工艺技术性能往往还是按照生产非常精细线条的能力来预测的。一个存储器制造商可能会要求对成千上万个晶圆片和每一晶圆片上数以千亿个晶体管的关键特征尺寸有严密的控制。而另一方面对于一个器件研究者而言，若晶圆片上有 50%的特征尺寸落在某一可接受的范围内，就会完全感到满意了。除此之外，主流的 CMOS 工艺已经开始对某些具有极高密度的图形层采用多重曝光的策略。例如，我们可以先曝光某一层最小图形的半边，然后位移一个很小的距离再曝光同一层

图形的另外半边，这样就可以在光刻胶(双重曝光)或硬掩模层(双重图形转移)上重复出所需的图形。这也要求系统具有非常精密的对准容差。当然，在这个领域近年来也取得了巨大的进展(参见表 7.1)。因而，评估光刻工艺的性能很容易陷入把苹果比作橘子那样的尴尬境地。

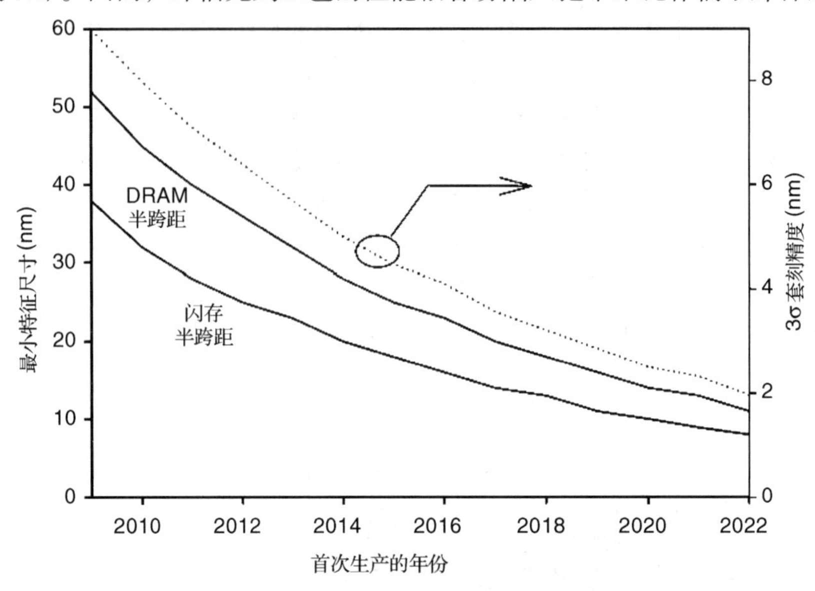

图 7.4 对未来光刻技术发展需求的预测，右侧纵坐标轴反映套刻精度，左侧纵坐标轴反映分辨率要求。闪存结构由于不需要接触孔，因此具有更小的跨距(数据引自 2009 International Technology Roadmap for Semiconductors)

图 7.5 所示为一个简单的晶圆片光学曝光系统的剖面图。顶上的光源用于发出透过掩模版的光束。图形投影在晶圆片表面上，晶圆片表面涂上了一层薄薄的称为光刻胶(photoresist)的光敏材料。光学光刻可以分成两个步骤。曝光工具在晶圆片表面产生出掩模版上的图形，它的设计和操作是光学系统设计的主要问题。另一个是化学过程，一旦辐照的图形被光刻胶吸收和图形被显影时，化学过程就发生了。二者的分界线就是将掩模版上的图形投射到晶圆片的表面产生图像，它也称为掩模版的实像。本章将介绍光学曝光基本的物理原理，所讨论的曝光工具都是光学工具。它们使用可见光、紫外光(UV)、深紫外光(DUV)或极紫外光(EUV)作为曝光光源。它们又称为对准机(aligner)，因为它们具有双重的应用目的，即不仅必须复制某一层的图形，而且还要使这一层的图形与前一层的图形对准。

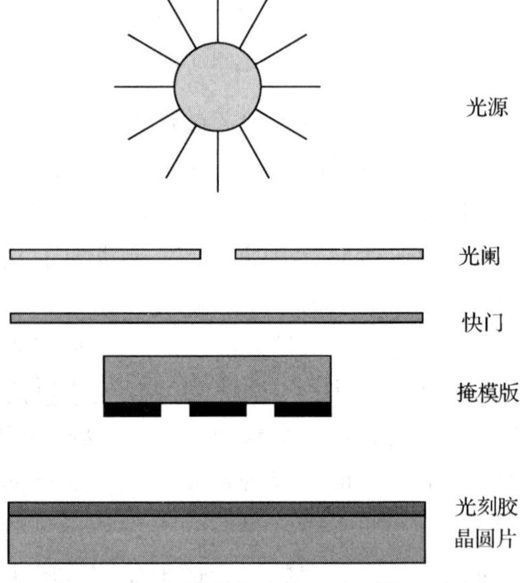

图 7.5 一个简单的光学曝光系统示意图

对于对准机(参见表 7.1)，有三个主要的性能度量标准。首先是分辨率，即可以曝光出来的最小特征尺寸。尽管设备制造商有时似乎在故意误导用户，但是对于某一给定的对准机来说，分辨率其实并不是一个固定值。分辨率取决于光刻胶依据实像重建图形的能力。正如我们前面已经指出的那样，尽管有可能用某个特殊的光学工具和抗蚀剂来分辨出非常小的尺寸，但是其尺寸控制能力很差，因而也就不能够可靠地使用。为实用起见，分辨率数值通常表达为可分辨的且仍能保持一定尺寸容差的最小特征尺寸。其典型值是取线宽分布的 6 倍标准偏差(6σ)值不超过线宽的 10%。

表 7.1　某些光刻胶参数对工艺效果的影响(XX，强烈；—，轻微)

	分辨率	对准	片间的控制	批间的控制	吞吐率
曝光系统	XX	XX	X	XX	XX
衬底	X	X	XX	X	X
掩模	X	X	—	X	X
光刻胶	XX	X	XX	XX	XX
显影机	X	—	XX	XX	X
润湿剂	—	—	XX	X	—
工艺	X	X	XX	XX	XX
操作员[a]	X	XX	XX	X	XX

[a] 操作员行(row)是针对手动对准机。先进的光刻工具采用自动对准和曝光系统，极大地降低了对操作员技能的依赖性。

对准机的第二个性能度量标准是对准，它是不同层之间套刻精度的度量。而且，良好的对准测量本质上是具有统计性质的。若对准误差是完全随机的，其平均误差应为 0。采用类似于 6σ 图所衡量的对准误差分布宽度是套刻性能的一个良好指示，该数据取决于多种影响因素。目前大量采用自动对准系统来制造 IC。这些对准系统的容差强烈地依赖于系统精确确定对准标记位置的能力，以及这些对准标记能否准确地位于不同晶圆片的相同位置(即晶圆片不会发生形变)，前者又取决于所用对准标记和晶圆片表面上薄膜的性质。简单的手动系统一般主要用于研究性的环境，它高度依赖于操作员的技术水平。第三个性能度量标准是吞吐率。电子束系统有优越的分辨率，对准精度也可以相当好。但是，对于一个包含 10^9 个晶体管的典型 IC 图形，其产能远低于每小时一片，这就使得它在许多应用方面不可能被接受。

在周密度量这些性能时，人们还必须记住所要采用的工艺技术。对于绝大多数 ULSI 工艺技术而言，将要全面使用的光刻工具的 6σ 对准偏差值应该是其最小特征尺寸的 1/3 左右。吞吐率和工艺均匀性也是非常重要的。其他的工艺技术，例如 GaAs 金属-半导体场效应晶体管(MESFET)，可能对于对准偏差和吞吐率会有比较宽松的要求，但是却可能要求有很好的分辨率。甚至在一种工艺技术中，不同的层次也会有不同的要求。这样，某些层次可能会采用某一种类型的工具来曝光，而另外的层次则可能采用其他曝光工具。对不同的层次采用不同的工艺类型，称为混合与匹配光刻(mix-and-match lithography)。

在讨论光刻工艺的光学系统时，我们要注意区分全部尺寸是否大于曝光波长，即这个判据是否成立的两种情况。例如，讨论一个光学系统，其光源、反射器和透镜的所有尺寸都是在 1cm 的数量级或者更大。在这样的系统中，我们可以把光当作是在不同光学元件之间进行直线运动的粒子来处理。这种情况的分析称为光线追迹(ray tracing)。另一方面，如果光通过一个掩模版，而掩模版上的特征尺寸已经接近光的波长，我们就应该考虑光的衍射和干涉性。这些现象要求把光作为电磁波来描述。我们应用实像的三种描述方法，第一是电场(V/cm)。电场的平方(其自身值与其共轭值相乘)是光强度(W/cm^2)，将光强度与曝光时间相乘则可以得到曝光剂量(J/cm^2)。

7.2 衍射°

本节将要提高对光刻工艺曝光的物理过程的基本理解。这种讨论可在任何一本介绍性的光学教科书上找到，而且会比这里给出的更为详细[8]。这里推导的积分关系式将被大大简化，即使这样，也只能用数值方法来进行求解。但是如果没有这些背景资料，我们就很难了解光刻的局限性以及一个系统优于另一个系统的原因。

首先我们要把光的传播作为电磁波来理解。这些电磁波可以表示为平面波的形式：

$$\mathscr{E}(\overline{r},\nu)=E_o(\overline{r})\mathrm{e}^{\mathrm{j}\phi(r,\nu)} \tag{7.1}$$

式中，E_o 是电场强度，j 是虚数单位，ϕ 是波的相位，$\overline{r}$ 是空间位置，υ是波的频率。惠更斯原理指出，光学系统中任一局部扰动，例如，有一个镜子或光刻掩模版，就会产生从扰动点向外传播的大量球面子波。为了求解被扰动的电磁波，我们必须叠加所有的子波。

图 7.6 展示了惠更斯原理在我们感兴趣系统上的应用。上面的图显示了掩模版表面上点光源的形成，下面的图则显示了一个用于辐照掩模版的点光源。掩模版上有一个简单的图形，即一个宽度为 W、长度为 L 的长窄孔。这里做了一个近似，即认为掩模版的透明部分不影响入射波阵面。这个孔可以分成许多个宽为 dx、长为 dy 的微小矩形单元。点 P_w 和 P_m 分别在晶圆片和掩模版上。每一个矩形单元产生一个子波。晶圆片表面上任一点的曝光总量可以用下面的积分公式求得：

$$\mathscr{E}(R')=j\frac{A}{\lambda}\iint_{\Sigma}\frac{\mathrm{e}^{-\mathrm{j}k(R,R')}}{RR'}\mathrm{d}\sigma \tag{7.2}$$

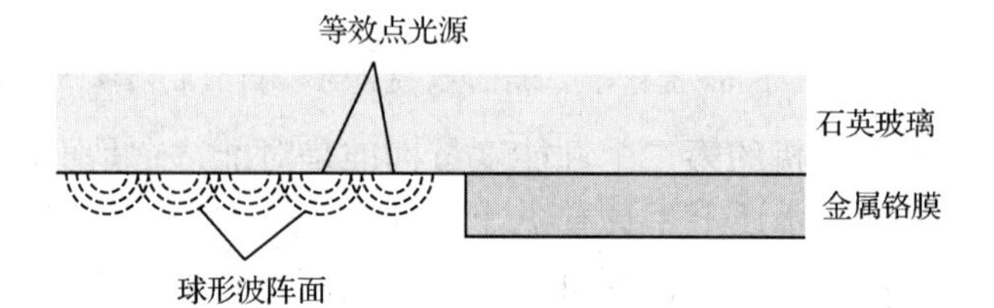

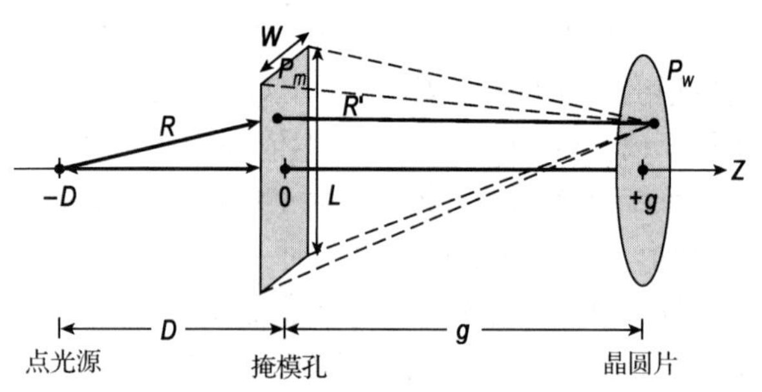

图 7.6 惠更斯原理应用于图 7.5 所示的光学系统。一个点光源用于暗场掩模版上一个孔的曝光

式中，A 是从光源算起单位距离处正弦波的幅度，Σ 是掩模版上的孔所对应的立体角。一旦已知电场，再乘以它的复数共轭量就可以计算出晶圆片表面的电磁场强度。如果令 W 和 $L\to\infty$，则式(7.2)代表一个无限球面波系列的总和，它精确重现了未受扰动的波。对于这样的波，其强度为

$$I=\mathscr{E}\mathscr{E}^*=E_o\mathrm{e}^{\mathrm{j}\phi}E_o\mathrm{e}^{-\mathrm{j}\phi}=E_o^2 \tag{7.3}$$

另一方面，如果孔是有限大小，电场则是不同相位平面波的叠加。在最简单的情况下，我们只将孔分为两个单元，此时则有

$$\begin{aligned}I&=[E_1\mathrm{e}^{\mathrm{j}\phi_1}+E_2\mathrm{e}^{\mathrm{j}\phi_2}][E_1\mathrm{e}^{-\mathrm{j}\phi_1}+E_2\mathrm{e}^{-\mathrm{j}\phi_2}]\\&=E_1^2+E_2^2+2E_1E_2\cos(\phi_1-\phi_2)\end{aligned} \tag{7.4}$$

当然，方程中有兴趣的部分是由子波之间干涉形成的交叉项，它引起光强的振荡，这是衍射图像的一个特征部分。

事实上，即使是对于这种很简单的几何形状来说，式(7.2)的实际解也是相当复杂的。在光学光刻工艺中，我们只对两种极限情况感兴趣。如果将式(7.2)在下面的简化假设下进行求解：

$$W^2 >> \lambda\sqrt{g^2 + r^2} \tag{7.5}$$

式中，r 是衍射图形中心与观察点之间的径向距离(通常 $r \approx W$)，其结果就是近场衍射或菲涅耳(Fresnel)衍射。实际上，当 $W \to \lambda$ 时，此近似已经不再适用，此时必须采用产生极化效应的矢量衍射理论。这种类型衍射的图形如图 7.7 所示。图形的边缘从 0 逐渐上升，图形强度在预期强度附近振荡。当达到图形中心时振荡消失了。振荡是由来自掩模版孔的惠更斯子波的相长和相消干涉造成的。振荡的幅度和周期由孔的大小决定。

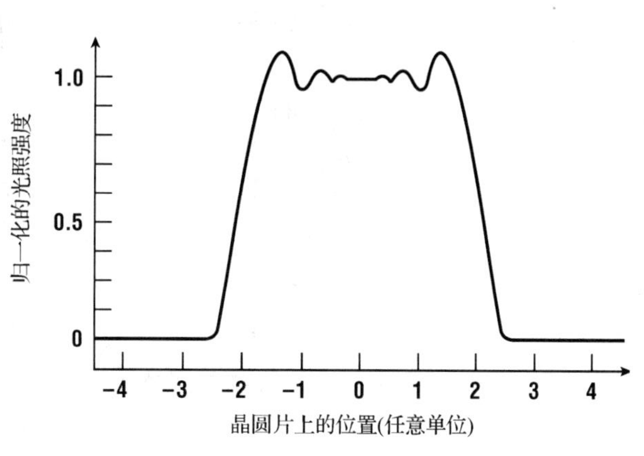

图 7.7　典型的近场(菲涅耳)衍射图形

当 W 足够小时，将导致式(7.5)中的不等式不再成立，振荡就会更大。然而，当 W 很大时，振荡就会很快消失，从而接近简单的光线轨迹情况。此时，应用几何光学理论，晶圆片表面图形的宽度将会增大 ΔW，其值由下式给出：

$$\Delta W = W\frac{g}{D} \tag{7.6}$$

另一个衍射的极端情况发生于

$$W^2 << \lambda\sqrt{g^2 + r^2} \tag{7.7}$$

时，这种情况称为远场衍射或夫琅和费(Fraunhofer)衍射。式(7.7)称为夫琅和费判据。于是，式(7.2)可以大大简化。在晶圆片表面，强度作为位置的函数可以表示为

$$I(x,y) = I_e(0)\left[\frac{(2W)(2L)}{\lambda g}\right]^2 I_x^2 I_y^2 \tag{7.8}$$

式中，$I_e(0)$是入射束流密度(其典型的单位为 W/cm^2)：

$$I_x = \frac{\sin\left[\dfrac{2\pi x W}{\lambda g}\right]}{\dfrac{2\pi x W}{\lambda g}} \tag{7.9}$$

$$I_y = \frac{\sin\left[\dfrac{2\pi y L}{\lambda g}\right]}{\dfrac{2\pi y L}{\lambda g}} \tag{7.10}$$

式中，L 是线条与间隔的长度。式(7.9)和式(7.10)中的 x 和 y 是晶圆片表面观测点的坐标。此

函数及其平方的一维曲线图如图 7.8 所示。此函数在 $x=0$ 处有尖锐的峰值，并在 x 等于 1/2 的整数倍处经过 0 值。

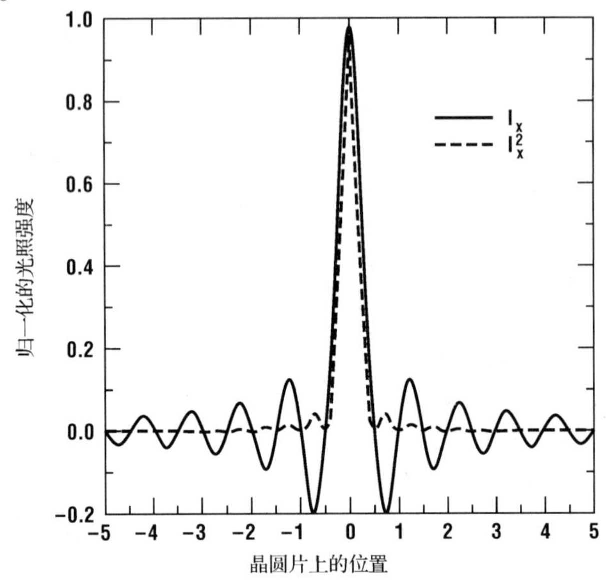

图 7.8 典型的远场(夫琅和费)衍射图形

然而，实际系统要比这些简单的叙述复杂得多。光源不是一个点，而是具有一个有限的体积。它也会发射出一系列不同波长的光，光通过透镜/反射镜的组合被收集。每一个光学元件都会有某些缺陷，例如局部畸变和色差。掩模版本身也会反射、吸收和相移入射的辐照。在晶圆片表面的反射会进一步使得事情复杂化。结果，晶圆片表面产生的图形(实像)只能通过数值方法近似求得。即使这样，也还是需要很复杂的软件。目前已经可以买到几种能够进行这种计算的商用程序软件。在下面几节中我们将提出一些简单的近似，经常可以用于替代实像光强的更精确的计算，从而来确定分辨率。

7.3 调制传输函数与光学曝光

当讨论一个系统的分辨率时，我们通常习惯于讨论一系列线条与间距(这称为衍射光栅，diffraction grating)，而不是一个单一的孔。如果符合夫琅和费判据，则可以用各光强的叠加来粗略地近似实像(实际上，必须考虑峰-峰之间的干涉，但是，如果峰值之间的间隔相当大，就不会有太大的影响)。图 7.9 展示了来自这样的光栅的归一化光强度与晶圆片上位置的函数关系，此时最小光强度不再为 0，我们可以定义 $I_{\max}$ 为辐照图形的最大强度，$I_{\min}$ 则为辐照图形的最小强度。在图 7.9 中，它们的数值分别为 5.0 和 1.0 左右。

图形的调制传输函数(MTF)可以定义为

$$\mathrm{MTF}=\left(\frac{I_{\max}-I_{\min}}{I_{\max}+I_{\min}}\right) \tag{7.11}$$

MTF 强烈地依赖于衍射光栅的周期。当光栅周期减小时，MTF 也会减小。从物理概念上看，可以认为 MTF 是实像在光学反差上的度量。MTF 越高，则光学反差越好。对于图 7.9 中的光栅，其 MTF 为 0.67 左右。

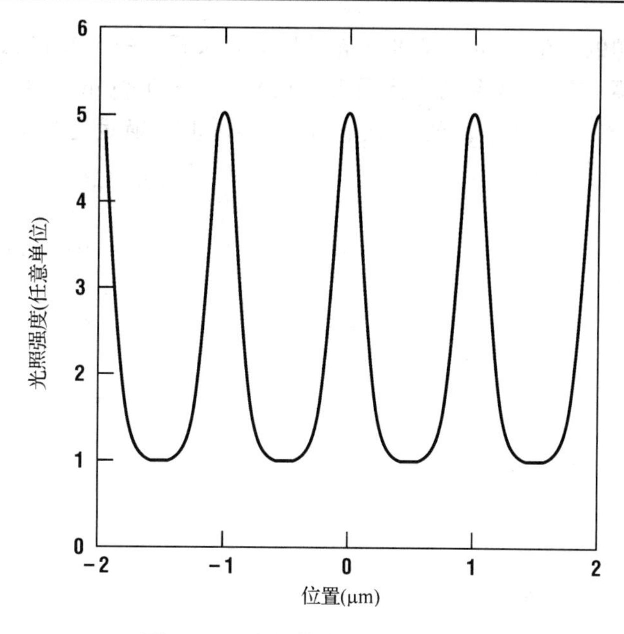

图 7.9　一个衍射光栅的远场图形

图 7.10 显示了一个光栅掩模版的基于简单的菲涅耳衍射的实像光强度曲线图。叠加于强度曲线上的是两个简化的光刻胶响应指示。图 7.10(A)中，光刻胶有理想响应，即在曝光能量强度 D_{cr} 处存在单一的一条线。所有接受能量大于 D_{cr} 的光刻胶区域，在显影处理时就会全部被溶解掉。而晶圆片上接受曝光能量低于 D_{cr} 的区域在显影时则不会被侵蚀。当线条和间距的宽度减小时，衍射只造成线条和间距宽度的少量变化，直至 I_{min} 乘以曝光时间 $>D_{cr}$ 或 I_{max} 乘以曝光时间 $<D_{cr}$。图 7.10(B)所示为一个更为实际的光刻胶响应模型。光刻胶现在有两个临界的曝光能量密度。当 $D<D_0$ 时，光刻胶不会在显影时发生溶解；而当 $D>D_{100}$ 时，光刻胶在显影时就会完全溶解；而在中间阴影区中(即 $D_0<D<D_{100}$)，图形将会部分地显影。随着 W 的减小，MTF 将会下降，实像光强度很快进入衍射光栅不能完美地复制于晶圆片上的区域。发生这种情况的点取决于 D_0 和 D_{100} 的值，因而也取决于所使用的光刻胶。在通常的光刻胶系统中，当 MTF 小于 0.4 左右时，图形就不再能被复制了。

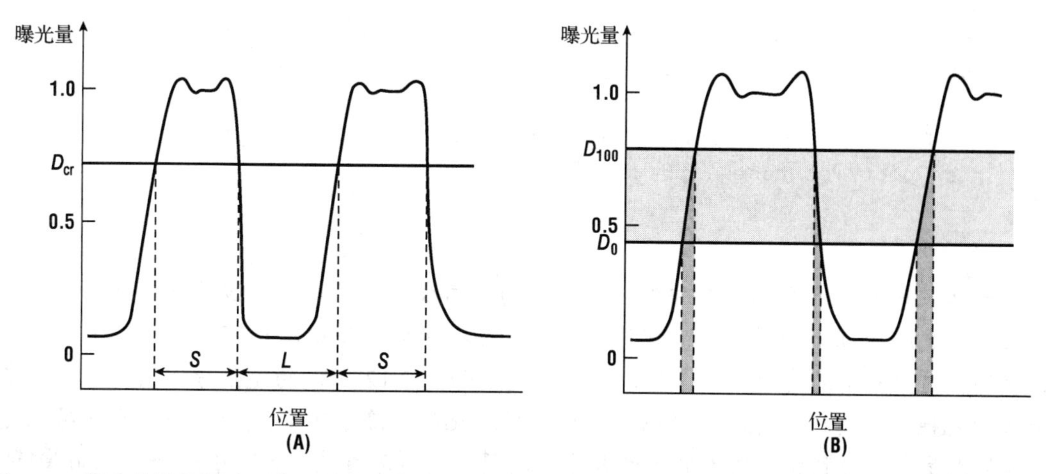

图 7.10　曝光量随晶圆片上位置的变化曲线。曝光量为实像光强度乘以曝光时间，其典型单位为 mJ/cm^2

例 7.1　衍射光栅的数值模拟　使用数值模拟工具来预测一个数值孔径为 0.43 的 *g* 线光学系统产生的等宽、等间距长线条的实像图形。已知 W_{min}= 0.8 μm 和 0.4 μm。

解答：在 Athena 模拟软件中，使用 Optolith 模拟工具。通过运行下列模拟程序可以得到所需结果。

```
go  athena
#  Example 7.1:  Optolith execution of a simple diffraction
grating
#
#  Set the illumination wavelength
illumination  g.line
#
#  Set the shape of the illuminating source
illum.filter clear.fil circle sigma=0.3
#
#  The projection system numerical aperture
projection na=.43
#
#  The shape of the pupil of the projection system
pupil.filter clear.fil circle
#
#  Define the mask using rectangles for a diffraction
grating(cd=0.8 um)
layout x.low=-2.5 z.low=2.8 x.high=2.5 z.high=3.6
layout x.low=-2.5 z.low=1.2 x.high=2.5 z.high=2.0
layout x.low=-2.5 z.low=-0.4 x.high=2.5 z.high=0.4
layout x.low=-2.5 z.low=-2.0 x.high=2.5 z.high=-1.2
layout x.low=-2.5 z.low=-3.6 x.high=2.5 z.high=-2.8
#
#  Define the grid for the areal image
image win.x.lo=-3 win.z.lo=-4 win.x.hi=3 win.z.hi=4 dx=.05
opaque
#
#  Store the areal image in a structure file
structure outfile=test1.str intensity
#
#  Plot the areal image during the run
tonyplot -st test1.str -set test1.set
#
quit
```

模拟结果如图 7.11 所示，其中给出了光强的等高线图和沿着中心线的一维分布图。

在计算更小周期光栅所形成的实像时，可以缩小区域的面积，也可以增加其中的线条数量，我们在这里采用的是后一种方法，由此得到了如图 7.12 所示的光强分布图。与大周期光栅形成的光强分布图进行对比，可以看到该图的对比度下降了很多。外侧的两条线对比度最好，其原因是这里受到相邻线条的干涉效应比较弱。该图是通过人为减小光栅尺寸而获得的。显然，由此结果可见，要在光刻胶上分辨出这样的图形是非常困难的。

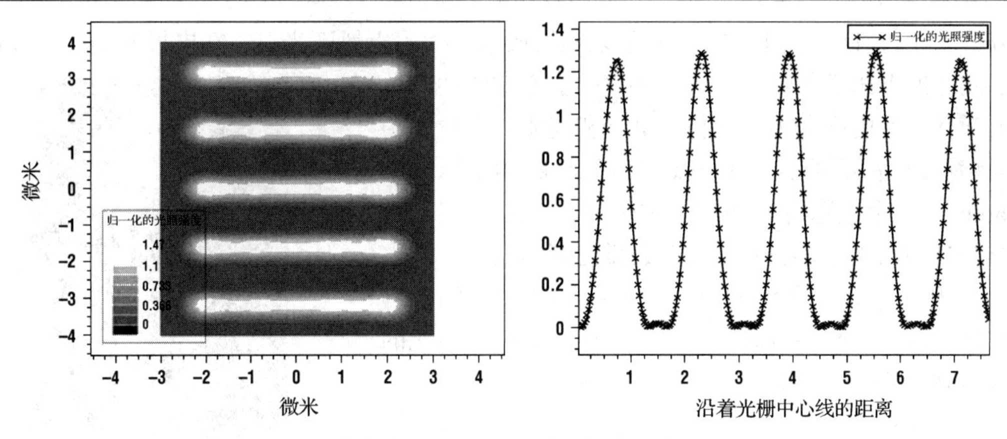

图 7.11　左图为光强的等高线图,右图为沿着光栅中心线的一维投影光强度随位置的变化关系，光栅跨距为 1.6 μm，曝光条件为 $R = 436$ nm，NA = 0.43

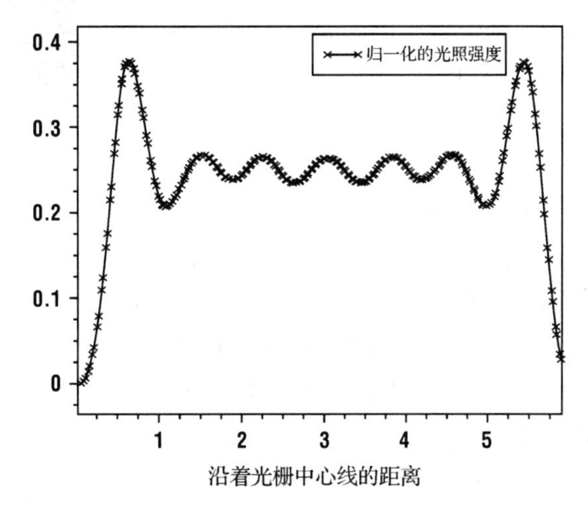

图 7.12　当光栅跨距缩小为 0.8 μm 时，采用同样曝光系统获得的一维光强分布图

7.4　光源系统与空间相干性

以下几节将应用光源系统与空间相干性的概念来讨论实际的光刻对准机。我们将从所有光刻对准机都具有的元件——光源系统开始。这包含光源本身以及用于对光源进行收集、准直、滤波和聚焦的反射/折射光学系统。由前面的讨论可知，曝光辐照的波长是光刻工艺的关键参数。在其他条件相同时，波长越短，可曝光形成的特征尺寸越小。当然，曝光要求一定的能量，而且曝光能量必须均匀地加在晶圆片上。为了获得合适的曝光时间，需要在这些短波长下具有一定强度的光源。这一节将评估一些最常用的光源。

许多年来，最常用的光刻光源一直是高压弧光灯。弧光灯是目前可获得的亮度最高的非相干光源。它们也可以用于激发激光。在第 6 章中提到的长间隙弧光灯有时也用于快速热处理设备中加热晶圆片。光刻工艺所用的具有更短间隙的弧光灯如图 7.13 所示。该灯包括两个密封在石英外壳内的导电电极，其中一个是针尖型电极，另一个是圆形电极，二者间距为 5 mm 左右。大多数弧光灯中都包含汞蒸气和作为缓冲气体的氙气，室温下汞的蒸气压大约为

2 mTorr(毫托)，这个气压太低，不足以维持放电。为了点燃弧光灯，在电极间加一个高压电脉冲，此脉冲电压必须足以电离缓冲气体。通常的冲击电压是几千伏。管内部分离化气体、电子和高能中性粒子的混合物称为等离子体(plasma)或辉光放电态(glow discharge)。这个论题将在10.4节中讨论，现在我们只是利用能导通电流的等离子体。大多数弧光灯的供电电源也包括一个升压电源，典型的为一个充电到几百伏的电容器，它保证放电后瞬间等离子体的稳定性。在灯中离化的气体非常热，工作时灯泡内的压力可以达到40个大气压，这主要是因为高温下汞的蒸气压比较高。光刻用的弧光灯的典型电力消耗为500～1000 W，其发射光的功率略小于该值的一半。

工作时灯有两个发光源。在电弧中的高温电子作为高热灰体辐射源，其辐射功率如式(6.3)所示，此处写为

$$M_{\lambda}(T)=\frac{\varepsilon(\lambda,T)C_1}{\lambda^5(e^{C_2/\lambda T}-1)} \tag{7.12}$$

式中，$M_{\lambda}(T)$是能量密度分布，C_1和C_2是在第6章中定义的第一和第二光学常数。电子在弧光灯等离子区中的典型温度是40 000 K量级，这对应于波长为75 nm的峰值发射，是非常深的紫外光。由于这个能量超过了石英玻璃外壳的禁带宽度，因此大多数发射光在离开灯的外壳之前就会被吸收。由于这种高能发射会在灯装置中产生臭氧，灯的制造商有时会添加一些杂质到石英玻璃中，以增强其吸收。

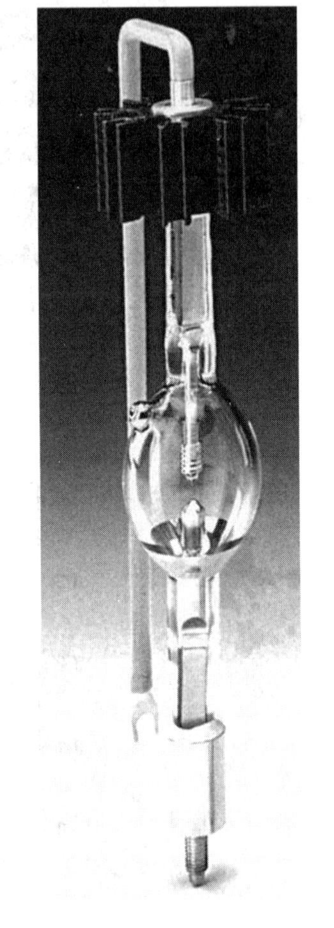

图 7.13 典型高压短电弧汞灯的照片(经Osram Sylvania许可使用)

灯的第二个发光源是汞原子本身，与高能电子的碰撞，推动汞原子中的电子进入壳层的高能态。当它们再回到低能态时，就会发射出波长相应于其能量跃迁的光线。这些光发射线谱非常尖锐，所以可以用来确定等离子体中的主要产生物。图7.14展示了典型的汞灯线光谱[9]。这些谱线按照它们的能量命名。光刻对准机中常常过滤掉除一条单线外的其他全部线。现在，对老一些的光学曝光设备以g线(436 nm)和 i线(365 nm)系统最为常用。为将弧光灯的使用扩展到更深的紫外区，可用氙作为填充气体。氙(Xe)在290 nm处有很强的辐射线，在280 nm、265 nm和248 nm处则有很弱的辐射线。无论如何，准分子激光器(excimer lasers)在波长小于365 nm时，已经表明将成为更通用的光源。

在工作时，高能汞离子轰击负电极。此时，它们通过称为溅射(sputtering)的物理过程，打出少量的电极材料(参见第12章的介绍)。一些溅射出的电极材料就会涂敷在石英玻璃壳的内壁。而且，灯内壁表面的高温会使石英玻璃逐渐变得模糊(或称为失透)，留下白雾状形貌。溅射与模糊结合在一起就减弱了输出光的强度。附加的吸收能量还会使灯的外壳变得更热。最终，灯常常由于爆裂而失效，这会严重损坏光刻对准机的光学系统。因此，光刻对准机的灯通常在工作时需要用电扇冷却，而且在使用一定小时数后需要及时更换。

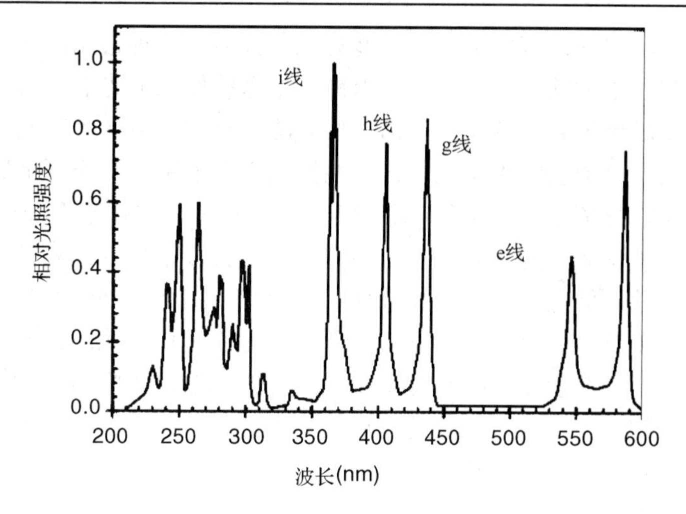

图 7.14 典型的汞弧光灯的线光谱，由图中可见两条广泛应用于光刻工艺的谱线位置

图 7.5 所示的简单光学光源设计当然不很实用。灯的辐照量中只有很小一部分能够到达晶圆片上。除非晶圆片是球形的(这肯定不是我们通常所希望有的条件)，否则表面的功率密度将会是不均匀的。因此，光源的光学系统设计有四个主要目标。第一个是收集尽可能多的光辐照。没有这样的收集，曝光时间就会长到不可实用的地步。第二个目标是要使整个曝光场辐照强度均匀，以避免晶圆片的某些区域过度曝光，而另外的区域则曝光不足。第三个目标是对辐照射线进行整形处理，使其准直到所需要的程度。通常，并不希望完全平行准直，而是可以经常使用小角度的发散光。最后，光源必须选择曝光波长。图 7.15 给出了一个简单但实用的光刻对准机光源装置示意图[10]。

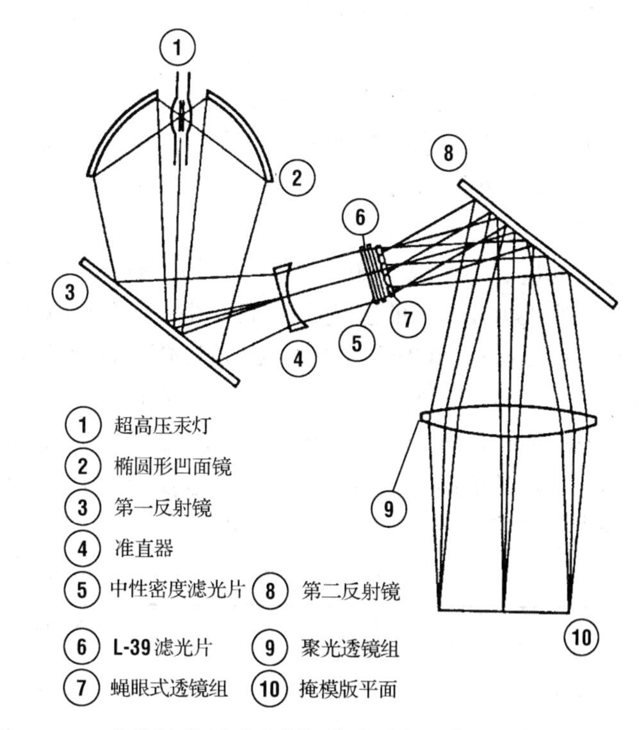

图 7.15 一个接触/接近式光刻机的典型光源装置示意图(引自 Jain)

光的收集最常用的是抛物面反射镜。把点光源放置在反射镜的焦点处，使全部收集到的辐照被平行准直。弧光灯不能均匀地辐照。等离子体可以起到漫射的半透光源的作用。电极和灯泡使等离子体成形，造成垂直于电弧方向的光强度最大。对于合理设计的反射镜，很少辐照会经由灯底损失。灯顶的暗斑使得我们可以在反射镜上开个孔，以放进电源引线和排出冷却空气。电弧具有一定的尺寸，这种结构避免了完全平行准直。如果希望更少的平行准直，还可以将灯从聚焦点处移开。

为了增加光源的均匀性，应用了几种类型的光积分器。一种常用的元件是蝇眼式透镜。这是一个包含了许多子透镜的大的石英玻璃透镜。子透镜使入射光非平行化，而第二个物镜再收集光并使它重新成形为需要的尺寸。第二种方法是利用成束的光纤同时起到收集和积分的作用。光纤的一端可以围绕弧光源或直接放在抛物面反射镜后。光纤被混合起来，可以在光纤的另一端提供均匀的光源。光纤有时用于弧光灯，但通常多用于准分子激光光源。

波长选择是用一组滤波器完成的。一般用一个冷镜去吸收灯的红外辐照。这样可以避免不希望的曝光和对下游元件的加热。波长选择可以通过使用光学陷波滤波器或一系列高通、低通滤波器的组合而实现。最后装上一个机械快门，就完成了光源的组装。

由于大多数弧光灯在近紫外和可见光波长范围是有效的辐照源，在深紫外范围效率不高。准分子激光器在光谱的这一部分是最亮的光源。“准分子”这个词是“激发”和“二聚物”两个词的结合，因此实际的准分子相当于激发的二聚物(有两个同样元素原子的分子，如 F_2)。一个分子有一个或几个电子处于激发能级，可以采用星号来表示，如 F_2^*。把准分子激光称为激发态聚集激光(exciplex laser) 更为合适，因为大多数近代的准分子激光是包含两种或更多元素的高压混合物。这些元素在基态不会起反应，但是如果一种或两种被激发了，就会发生化学反应。在多数准分子中，一种原始反应物是卤素或含卤素的化合物，如 NF_3，而另一种是惰性气体。一个常见的例子是 XeCl，导致产生激光的反应是：

$$Xe^*+Cl_2 \rightarrow XeCl^*+Cl \tag{7.13}$$

激发的分子发射出深紫外光，回到基态时马上就分解了。如果提供足够的能量保持大量惰性气体原子处于激发状态，激光发射将持续进行。一般在两个间隔为 1 ~ 2 cm 的平板电极上施加 10 ~ 20 kV 的电弧来提供能量。电弧的选通速率可以高至几百赫兹。

表 7.2 给出了一些常用的准分子激光源[11]。人们最关心的还是其波长和功率。典型的光刻胶曝光剂量是 10 ~ 50 mJ/cm^2。一个激光器必须能在晶圆片表面产生 1J 左右的能量，才能使得一个边长为几厘米的区域可以在不超过 1 s 的时间内完成曝光。为达到这一目的，激光器的输出功率要接近 20 W。虽然 XeCl 可以输出较大的功率，但是它与弧光灯相比并没有向深紫外范围推进多少。而 ArF 和 KrF 由于具有将大功率和深紫外线相结合的特点，因此它们可望成为先进光刻工艺的有吸引力的光源。F_2 准分子激光已经用于波长为 157 nm 的接触式曝光[12]，但是其比较低的输出功率使得它还不太适合于大生产应用。此外，更短的波长也使得应用透射式的光学系统和掩模版变得极其困难。

表 7.2　在半导体光刻中可能应用的实际准分子激光光源

材　　料	波长(nm)	最大输出功率(W)	频率(脉冲/s)
F_2	157	10	1000
ArF	193	100	4000
KrF	248	100	4000

准分子激光以多模方式强烈发射，且具有相对比较弱的空间相干性。这样其发射的准分子激光束比氩离子激光器更为分散。这对于许多激光应用来说是一个重要缺点，但是对光刻工艺而言却是一个实在的优点。空间高度相干的激光会引入斑纹(如图 7.16 所示)，这是由于表面反射造成的相位变化引入波阵面而造成的[13]。这里做一个比较，一个 Ar 离子激光器的带宽小于 0.0001 nm，而一个自由运行的准分子激光器的带宽则为 1 nm。对于光刻应用来说，准分子光源通常要求线宽小于 10^{-12} m，但是仍然要比氩离子激光器宽得多。

一个带高电压的包含高气压卤素的容器有时候也用于激发激光，这就使得安全性成为一个关切的问题。早期的准分子系统被认为是古怪的、危险的和不可靠的。而且，非常高能量密度的脉冲(10 kW/cm^2)会因石英失透而使早期准分子系统透镜的光学质量退化。激光脉冲也会使石英玻璃光学系统增密，逐步增加系统的畸变。在通过大量脉冲后，光学系统必须替换。自从首次展示其应用以来[14]，准分子光刻工艺已经有了重大改善，现在基于 KrF 和 ArF 准分子光源的曝光工具已经广泛应用于大多数 IC 制造商的生产线上。图 7.17 展示了一个 10∶1 缩小分步重复光刻机的准分子光源的光通路(参见 7.6 节)。准分子光源必须在使用了 10^8 脉冲后仍能正常工作，在工作了 10^9 左右脉冲后就要进行替换。对于 157 nm 曝光，一般认为 SiO_2 不再是合适的透镜材料，也许需要采用 GaF_2 或 MgF_2 来进行替代[15]。毋庸置疑，这将是极具挑战性的计划，我们将在 7.6 节中再进一步讨论。深紫外准分子光刻现有的一个主要问题是要发展合适的商用光刻胶。典型的光刻胶在这样的波长下几乎是不透光的。所有准分子激光的能量都淀积在传统使用的 i 线光刻胶的顶层[16]，导致产生质量差的图形。这个课题将在下一章中进一步讨论。

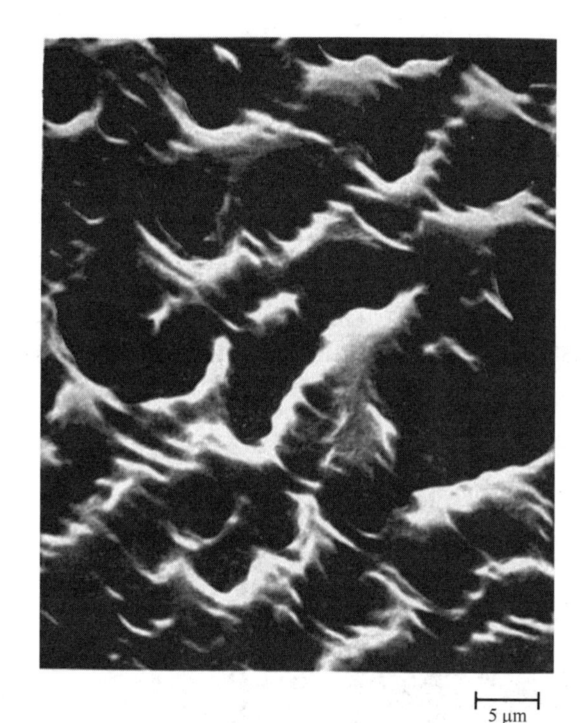

图 7.16　以窄线宽激光器作为光源，曝光一个图形而形成的斑纹图形(引自 Jain)

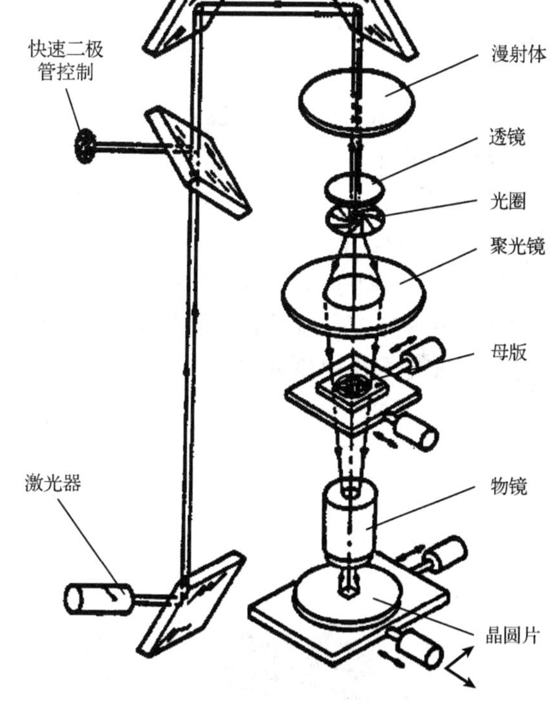

图 7.17　一个准分子激光分步重复光刻机的光通路(引自 Jain)

例 7.2　衍射光栅的数值模拟　当采用 ArF 准分子激光光源(波长为 193 nm)时，重新模拟例 7.1 中光栅条宽为 0.4 μm 的情形。

解答：要重新模拟例 7.1 中光栅条宽为 0.4 μm 的情形，可在上例模拟程序中将照明命令语句(即 illumination 命令)中 g 线参数(即 g.line)替换为 lambda = 0.193 即可。重新模拟得到的结果如图 7.18 所示。图像的调制传输函数 MTF 非常接近 1，这也表明可以很容易地分辨出这样的图形。显然光源波长的减小在提高系统分辨小尺寸图形能力方面起到了巨大的作用。

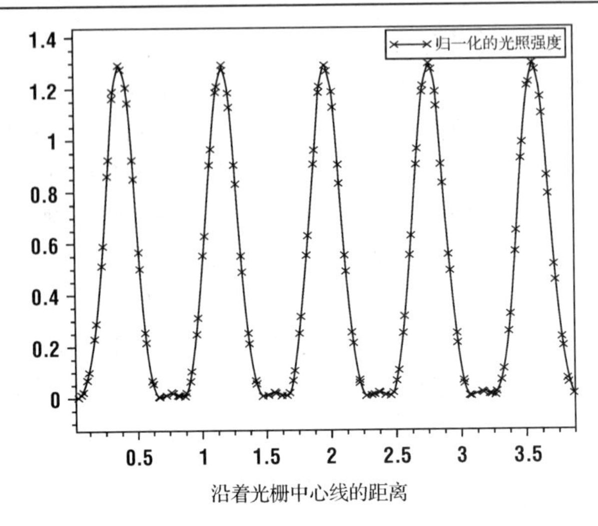

图 7.18　当光栅跨距缩小为 0.8 μm(特征尺寸为 0.4 μm)时，采用同样曝光系统获得的一维光强分布图，曝光波长为 193 nm，NA = 0.43

7.5　接触式与接近式光刻机

最简单的光刻对准机是接触式光刻机。对于接触式光刻机，曝光时，掩模版压在涂覆了光刻胶的晶圆片上。其主要优点是可以使用相对不太昂贵的设备制备出相当小的特征尺寸。在图 7.19 所示的一种典型的接触式曝光系统中，掩模版的铬面朝下，放在显微镜物镜下的框架内。微调螺丝用于相对于掩模版移动晶圆片。一旦晶圆片与掩模版对准，就把两者互相夹紧，再把显微镜物镜移开，晶圆片/掩模版组合被送入曝光台，高强度的灯光(放置于黑盒子中，在图 7.19 的右上方)辐照曝光晶圆片。曝光后，载片器再回到观察台，取出晶圆片。上面的插图显示正准备取出晶圆片。

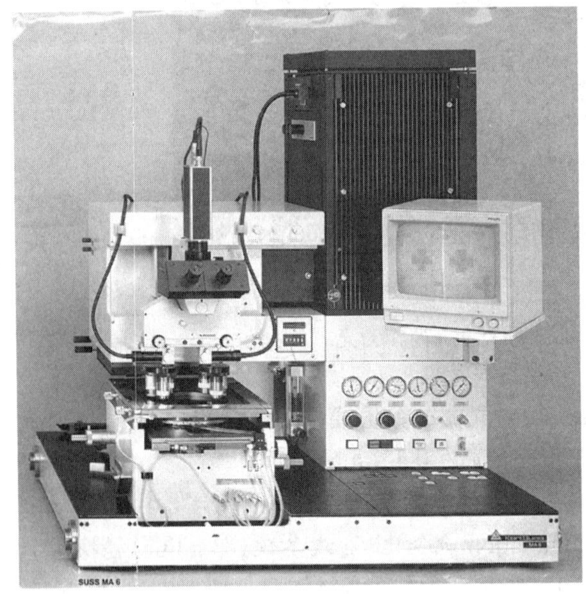

图 7.19　典型接触式曝光系统(经 Karl Suss 许可使用)

从理论上说，整个晶圆片都会与掩模版接触。由于接触，晶圆片与光学扰动物(即光刻掩模版)之间的间隙就变为 0，因此衍射效应可以减小到最小。这样，本质上对于任何特征尺寸，MTF 都应当近似为 1.0。实际上，因为光刻胶有一定厚度，间隙不可能为 0。而且，在实际的接触式光刻机中，掩模版接触在整个晶圆片的表面各处是变化的。这是因为不论是晶圆片还是掩模版都不可能是完全平整的。通常施加 0.05 ~ 0.3 个大气压用于推动掩模版与晶圆片更加紧密接触。这称为硬接触式曝光模式(hard contact mode of exposure)。在很极端的情况下，有时也使用薄膜掩模以增进接触。此时分辨率主要受光刻胶内的光散射限制。采用这种方法，并且同时使用了极薄的光刻胶作为显示载体之后，已经可以制备出最小达到 1 nm 的特征尺寸[17,18]。对于更多的实用光刻胶，应用接触式光刻和深亚微米光源[19,20]，已经演示了小至 0.1 μm 的特征尺寸。由于光学系统相当简单，因此在接触式光刻机中比较容易使用这些光源。对于更常用的光源，分辨率一般为 0.5 ~ 1.0 μm。

硬接触式光刻机的主要缺点是由于涂覆光刻胶的晶圆片与光刻掩模版的接触会产生缺陷。每一次接触过程，都会在晶圆片和掩模版两者上形成缺陷。因此，接触式光刻机一般仅限于应用在能容忍较高缺陷水平的器件研究工作中或某些其他领域。为了避免产生缺陷，人们又研发了接近式光刻技术。在这种类型的曝光工具中，掩模版悬浮在晶圆片表面，典型的情况是在一层氮气气垫上。晶圆片与掩模版之间的间隙受进入的氮气流控制。通常间隔为 10 ~ 50 μm。因为晶圆片与掩模版之间不存在任何(设计的)接触，所以产生的缺陷就大大减少了。

接近式曝光的问题是分辨率下降。考虑在一个暗场中有一块带有宽度为 W 缝隙的掩模版，假定以单色非发散的光源(例如宽束的激光)对其进行曝光。图 7.20 给出了所形成的实像光强度与间隙宽度之间的函数关系[21]。当 g 小至满足下式时该系统处于菲涅耳衍射的近场范围：

$$\lambda < g < \frac{W^2}{\lambda} \tag{7.14}$$

由此产生的实像图形是熟知的 λ、g 和 W 的函数，而且很接近理想图形。接近图形边缘的小幅振荡称为光环(optical ringing)。事实上在一个实际的光学系统中是不会存在完美的空间相干性的，因而图示的光环也不会存在。当间隙不断增加，而且最后达到

$$g \geqslant \frac{W^2}{\lambda} \tag{7.15}$$

时，图形达到夫琅和费衍射的远场情况，如图 7.8 所示。

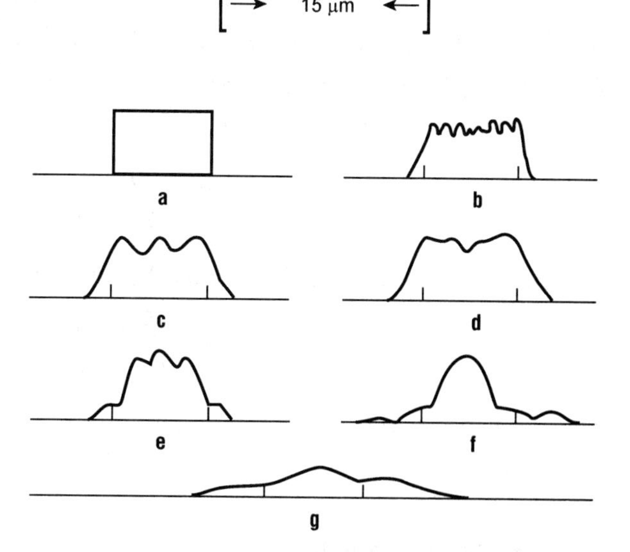

图 7.20　接近式光刻机系统中，晶圆片表面光强度与位置之间的函数关系。间隙从 $g = 0$ 线性增加到 $g = 15$ μm(引自 Geikas 和 Ables)

当间隙很大时，图形会发生严重退

化。作为一条准则，我们可以说当特征尺寸小于下式给出的最小尺寸时就不能再用这种光刻方法来进行分辨了：

$$W_{\min} \approx \sqrt{k\lambda g} \tag{7.16}$$

式中，k 是取决于光刻胶处理工艺的一个常数，k 的典型值接近于 1。对于 20 μm 的间隙、曝光波长为 436 nm(g 线)的条件，接近式光刻能够分辨的最小特征尺寸是 3.0 μm 左右。然而，这需要很好的光刻胶处理工艺。有一定工艺容差的最小特征尺寸将会比此值大 50%左右。为了进一步改善分辨率，需要减小曝光波长或间隙。减小间隙会增加接触的风险。小间隙产生的第二个问题是由于晶圆片或掩模版的不平整、尘埃颗粒、光刻胶滴和非故意的倾斜等原因产生的间隙变化导致晶圆片上各处的线宽变化。更有吸引力的替代方法是减小曝光波长。因此，用于曝光精细尺寸的系统一般工作在深紫外区。此工艺主要受限于高亮度的光源以及与它相兼容的用于折射光学系统的光学材料。表 7.3 给出了用近紫外或深紫外光源[22]、允许有 10%图形畸变时，最大允许间隙与特征尺寸之间的函数关系。

表 7.3 对于近紫外或深紫外光源，最大允许接近间隙和特征尺寸的函数关系。间隙以深紫外光下要求 2.5 μm 分辨率时的间隙归一化

特征尺寸(μm)	对于近紫外光源的最大间隙	对于深紫外光源的最大间隙
2.5	0.63	1.0
2.0	0.37	0.61
1.0	0.08	0.24
0.5	0.05	0.07

数据取自 Lin[20]。

例 7.3 一个曝光系统可以工作在接触式或接近式两种模式下，所使用的光源是 i 线光源。如果光刻胶的厚度为 0.7 μm，$k = 0.8$，试求出在硬接触式模式下的最小分辨线宽 $W_{\min}$，以及当空气间隙分别为 10 μm，20 μm，30 μm 时接近式模式下的最小分辨线宽 $W_{\min}$。

解答：对于硬接触式曝光系统，有

$$W_{\min} = \sqrt{0.8 \times 0.7\ \mu\text{m} \times 0.365\ \mu\text{m}} = 0.45\ \mu\text{m}$$

对于 10 μm 的接近式曝光系统，实际间隙约为 10.7 μm，因此

$$W_{\min} = \sqrt{0.8 \times 10.7\ \mu\text{m} \times 0.365\ \mu\text{m}} = 1.77\ \mu\text{m}$$

类似地，当间隙分别为 20 μm 和 30 μm 时，接近式曝光系统的最小分辨线宽 $W_{\min}$ 分别为 2.46 μm 和 2.99 μm。

7.6 投影式光刻机

发展投影光刻机是为了得到接触式光刻的高分辨率，而又不会产生缺陷。对于 IC 制造商来说，投影光刻机目前已经成为非常普遍采用的曝光工具。本节将引入有关的基本公式，然后将讨论投影光刻机系统的几种常用的类型：扫描光刻机、分步重复光刻机和扫描分步重复

光刻机。图 7.21 显示了一个 Kohler 投影光刻系统的简单实例。掩模版放在聚光透镜和称为投影器或物镜的第二组透镜之间。投影器的目的是重新聚焦射向晶圆片的光。在某些情况下，来自聚光透镜的光并不平行准直，而是聚焦于投影器平面上。

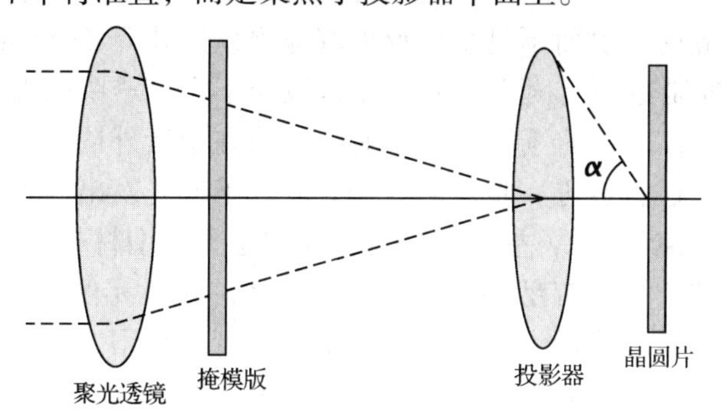

图 7.21　一个简单投影光刻机的光路示意图

来自图 7.21 中掩模版上的部分光线已经被衍射为大的角度。为了能够在晶圆片上重新形成图形必须至少收集一些这样的衍射光线。该系统的数值孔径(NA)定义为

$$\mathrm{NA} = n\sin(\alpha) \tag{7.17}$$

式中，α 是物镜接收角的一半，n 是物镜与晶圆片之间媒介的折射率。在光学对准机中，曝光一般是在空气中进行的，所以 n =1.0。NA 的典型值范围一般在 0.16 ~ 0.8 之间。

一个投影系统的分辨率还会受到光学链路不完整性的限制。这些不完整性也许是透镜的缺陷，例如色差、夹杂或畸变，也可能是掩模版与物镜之间的间隔不正确。大多数用于 IC 制造的光刻对准机，其光学系统都做得非常好，以至于分辨率受到光学链路收集光并再次形成图形的能力的限制。这种限制通常以瑞利(Rayleigh)判据来表示，可以通过下式给出：

$$W_{\min} \approx k_1 \frac{\lambda}{\mathrm{NA}} \tag{7.18}$$

式中，k_1 是一个常数，它取决于光刻胶区分光强微量变化的能力，典型情况下 k_1 的取值范围在 0.4 ~ 0.8 之间，其理论极限为 0.25。这意味着，NA 为 0.6、波长为 365 nm 光源的光刻对准机可以用来制备出 0.2 μm 的细线条图形。因为在曝光时掩模版不会接触晶圆片，故投影光刻机不会产生缺陷。

获得更微细线条的一种方法是发展更高 NA 的透镜组，人员在此领域已经取得了进展，不过也存在着技术上的代价问题。聚焦深度可描述为，在保持图形聚焦的前提下，沿着光通路方向晶圆片可移动的距离。对于投影系统，聚焦深度由下式给出：

$$\sigma = \frac{n\lambda}{\mathrm{NA}^2} \tag{7.19}$$

增大数值孔径，可以使分辨率得到线性增加，但是同时会以平方关系减小聚焦深度。我们再次以$\lambda = 365$ nm 和 NA = 0.4 为例，则可以得到$\sigma = 2.3$ μm。增加 NA 到 0.6 会减小聚焦深度至 1.0 μm。在整个 200 mm 晶圆片的表面保持这个聚焦深度是非常困难的，因为除非做了某种平坦化处理，否则单是晶圆片表面的形貌高度差本身就会大到 2 μm。除此之外，另外的困难还来自于此技术水平下晶圆片本身的弯曲和平整度以及光刻胶具有一定的厚度。因此，在分辨率和聚焦深度之间必须做出某些折中。

另一个减小最小特征尺寸的途径是使用更短波长的光源。现在投入使用的大多数光刻机已经从 g 线转向 i 线，许多已经工作于 KrF 准分子激光发射的 248 nm 波长和 ArF 准分子激光发射的 193 nm 波长。这种转向更短波长的困难之一是光学系统。实际上，所有现代的投影光刻机宁愿应用衍射而不是采用反射光学系统。由于 248 nm 波长的光子能量比较大(4.9 eV)，因此要制造出高度完美而且在此波长下完全透明的大直径透镜就变得更加困难。例如，透镜中包含微量的氢氧根就可能会造成在中紫外或深紫外光下的暗斑。对于准分子光源，这个问题还会被进一步加剧。ArF 准分子激光发出的光子能量为 6.3 eV，纯净石英材料的能带边间隙为 8 eV 左右，但是因为它是无定型材料，因此其带边并不陡峭。这就给制造用于这些波长且具有足够高质量和大尺寸的光学元件带来极大的挑战。对于 F_2 准分子激光来说，其光子的能量为 7.7 eV，这就更不可能采用二氧化硅材料来制作透镜和掩模版了。曝光波长为 193 nm 时，我们可以采用氟化的二氧化硅来制作上述光学元件，因为氟的引入会将二氧化硅的透光范围扩展到更深的紫外区。一些关键的光学元件还可以采用氟化钙(GaF_2)来制作，但是采用氟化钙也带来一个很大的问题，就是其热膨胀系数(14 ppm)要比二氧化硅高出 28 倍。这个热膨胀系数上的巨大差别严重地制约了光学系统对环境温度的容忍度。考虑一个 225 mm 的 4 倍掩模版，如果由于掩模版温度变化引起的最大允许对准偏差是 5 nm，那么对于采用二氧化硅的掩模版来说，其允许的最大温度变化 ΔT 是 0.04℃，这已经是极为困难了，而如果采用氟化钙来制作掩模版，其允许的最大温度变化 ΔT 将只有 0.0014℃。

最后，图形的分辨率也是光源空间相干性的函数。作为对空间相干性的粗略估计，首先考虑某一已知直径的圆形光源。光源的光通过一个称为瞳孔的光阑，此处有一个聚光透镜把光束平行准直。这时空间相干系数 S 近似由下式给出：

$$S \approx \frac{\text{光源图像直径}}{\text{瞳孔直径}} \tag{7.20}$$

图 7.22 显示了掩模版上的一个衍射光栅周期的调制传输函数[23]。这样的掩模版上包含相同大小的线条和间隔，每一个的宽度都为 W。图中曲线的横坐标是空间频率，它可以由下式给出：

$$\nu_{\text{ap}} = \frac{1}{\Gamma} = \frac{1}{2W} \tag{7.21}$$

空间频率已经对瑞利判据归一化，即

$$\nu_o = \frac{1}{W_o} = \frac{\text{NA}}{0.61\lambda} \tag{7.22}$$

对于一个完全空间相干的光源(S=0)，在瑞利判据值处 MTF 急剧下降。对于小于最高分辨率的光栅频率，MTF 随着 S 的增加而减小并不令人惊讶。然而有意义的是，当光栅周期小于瑞利判据的限制时，MTF 随着空间相干性的减小而增加。使用一个并不完全空间相干的辐照

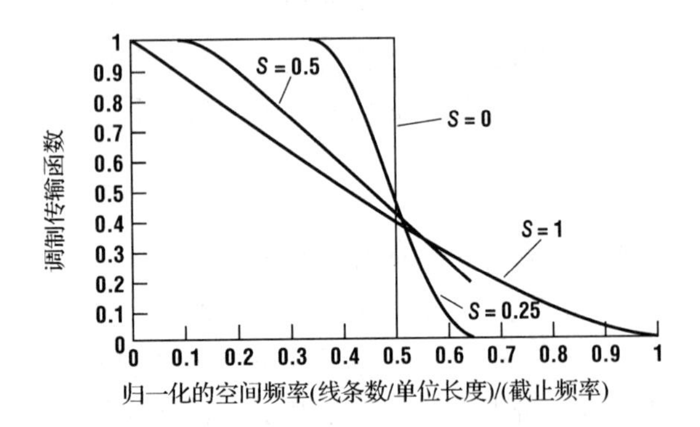

图 7.22　对于一个投影光刻机，调制传输函数作为归一化空间频率的函数，参变量为空间相干系数 S

源也许是可取的，这取决于所用光刻胶的临界调制传输函数。

1：1扫描投影光刻对准机的出现在20世纪70年代使得微电子产业发生了革命性的变化，其中最突出的是由 Perkin-Elmer 公司首次开发的扫描反射镜投影光刻对准机[24,25]。在这些系统中晶圆片和掩模版被夹入一个卡座中，它将一个窄的弧形辐照区域通过扫描方式投射到整个掩模版和晶圆片上。图 7.23 显示了这种扫描系统的结构。在扫描过程中，一个通过光刻掩模版照射的弧形光经过了两个球面反光镜的反射。这种扫描的特点是保证了光处于光学系统的中心附近。这类系统的一个主要优点是其曝光光学系统可以使用反射(或反射与折射)元件，这就使得整个系统对色差不太敏感。除光源本身外，不再需要昂贵的大尺寸石英透镜。然而，典型的反射镜投影系统的 NA 仅为 0.16 左右。这个低 NA 的限制对于反射镜光学系统是特有的，要增大 NA，就必然会在光路上与反射镜光学系统发生冲突。此类系统可以在很高的产能下用于 2.0 μm 左右的几何尺寸。准分子光源也已经应用于扫描系统，用一个圆柱形透镜和反射镜组合以转变矩形光束为所需的月牙形[26]。使用这种光源可以得到 1.0 μm 的特征尺寸。

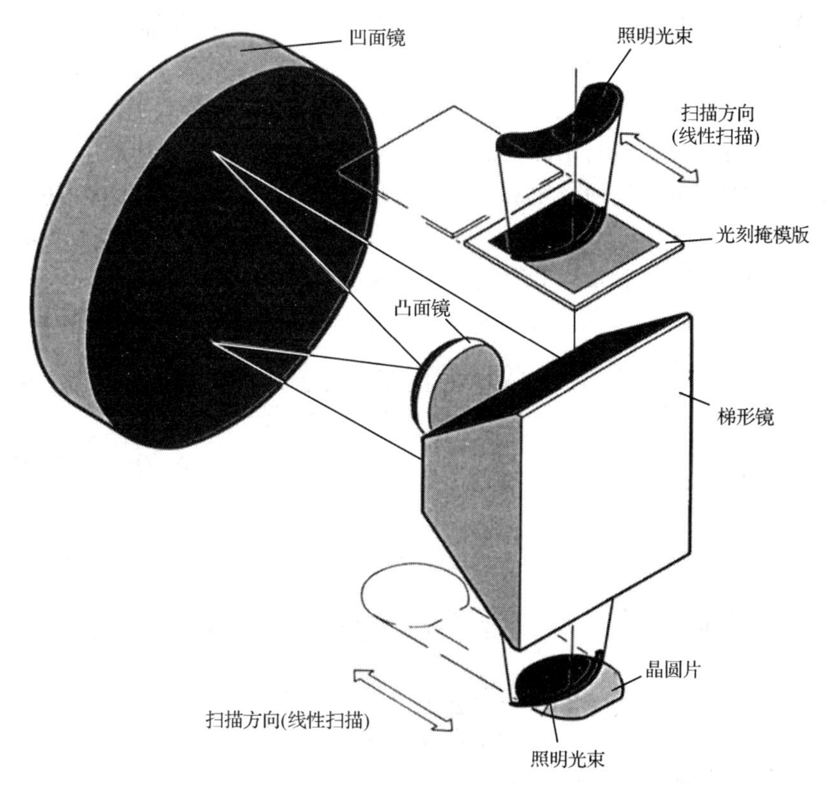

图 7.23 一个扫描反射镜投影光刻系统的工作原理示意图(经 Canon U.S.A.许可使用)

目前，这种 1：1 的扫描系统已经被分步重复投影光刻对准机所取代。这种新的系统是折射式的，经常自身带有缩小倍数的构造。早期的分步重复光刻机采用 10：1 的缩小透镜，现在更常用的是 5：1 和 4：1 的透镜。这意味着一次曝光只有晶圆片上的一小部分区域被曝光[27]，这个区域称为曝光场(field，其典型面积为 0.5 ~ 3 cm^2)，这就使得系统可以有很高的 NA，因而也就有较高的分辨率。在两次曝光之间，晶圆片必须机械地移动到下一个曝光场，因此这种设备常常被称为“步进机”(stepper)。虽然这种设备已经成功地演示了小至 0.1 μm 的特征尺寸[28]，但是它们仍然存在一些不可接受的约束，例如很小的曝光场和极小的聚焦/曝光容差。目前i线步进机已经可以重复形成小于0.5 μm的特征尺寸，并且曝光场的边长也可以大于2.5 cm[29]。而基于KrF光源的步进机则已经能够用于180 nm工艺的大生产[30]，甚至有可能用于130 nm工艺的大生产。

在过去的十年里，曝光工具在持续缩小图形尺寸方面取得了两个重要的进展，而这两个进展都是依靠增大光学系统的数值孔径获得的。第一个进展是采用分步重复扫描系统取代了常规的步进光刻机。在这个系统中，通过光学栅阑同时对掩模版和晶圆片进行扫描，由于任何时间仅对一个很小面积的区域进行曝光，因此该系统具有两个主要优点。第一个优点是可以获得比较大的数值孔径，目前这种扫描光刻机已经获得了高达0.7的数值孔径，甚至还可以更高；第二个优点是这种扫描光刻机可以适用于非常大面积区域的曝光，在我们写作此书的时候，最大的曝光场面积已达到26 mm × 33 mm。这种光刻机目前已成为特征尺寸介于50 nm和130 nm之间的集成电路制造厂的主力设备[31,32]。

第二个主要进展是所谓的浸没式光刻技术。由前面的式(7.17)可知，数值孔径NA与物镜和晶圆片之间媒介的折射率n成正比。一直到不久以前，这个媒介都是空气，因此其折射率$n = 1.0$。如果我们以某种液体来代替这个空气媒介，就会使折射率n增大(例如采用水作为这个媒介，对于波长为193 nm的光，其$n = 1.44$)，这样就能够进一步减小特征尺寸。研究人员还在继续寻找对于193 nm光线具有更高折射率($n \approx 1.6$)的液体，并且这种液体对于光的吸收率较低、其折射率对于温度的依赖性也较弱。文献中已经有一些关于潜在候选者的研究报告[33] (参见表7.4)。然而，要充分利用这类高折射率媒介的优点，还需要具有高折射率的光刻胶和透镜。

聚焦深度(DOF)是另一个非常重要的影响因素。由于所考虑的系统具有较大的数值孔径NA，因此和式(7.19)不同的是，这里必须采用适合于高NA的经典瑞利判据[35]：

$$\mathrm{DOF} = \frac{\lambda}{4n \times \sin^2(\theta_p/2)} \tag{7.23}$$

式中，θ_p是跨距为P(对于条宽和间距相等的光栅来说就是$2W$)的光栅的一阶传播角，它由下式给出：

$$\theta_p = \frac{\lambda}{n \times P} \tag{7.24}$$

通常可以定义干式光刻系统与浸没式光刻系统的聚焦深度之比为[35]

$$\mathrm{Ratio} = \frac{\mathrm{DOF}_{n(\text{液体})}}{\mathrm{DOF}_{n=1(\text{空气})}} = \sqrt{\frac{n^2 - (\lambda/2P)^2}{1-(\lambda/2P)^2}} \tag{7.25}$$

从上式可以看出，当光栅的跨距较大时，上述聚焦深度之比趋于n。而在使用浸没式光刻系统时，通常上述聚焦深度之比都会远大于n，这就给出了浸没式光刻系统相对于干式光刻系统具有较大聚焦深度的优势，而增大的聚焦深度也改善了关键尺寸的均匀性[35]。

浸没式光刻是通过向将要曝光的承片台局部区域提供适量的液体来实现的，在一个简单的浸没式系统中，完成一次曝光之后，透镜将移动到下一个曝光位置，而浸润的液体则由于表面张力的作用会继续保留在透镜的下表面[36,37]，图7.24给出了这种装置的一个实例[38]。如果透镜与晶圆片之间的间隙尺寸能够得到保证，由喷嘴形成的气帘可以将这些液体限制在所需的特定区域内。另一种方法是在完成一次曝光之后，由喷嘴将这些液体抽回，然后再提供给下一个曝光场(如图 7.25 所示)[39]。这种方法的主要优点是晶圆片上每一次曝光所用的液体可以得到不断的更新，因而也可以获得更好的温度控制。

表 7.4　水和另外两种常用的高折射率液体作为浸没式光刻液体媒介的相关数据

	248 nm		193 nm	
	折射率 n	$\alpha(mm^{-1})$	折射率 n	$\alpha(mm^{-1})$
DI H_2O	1.38		1.44	0.36
20% H_3PO_4	1.40	0.0048	1.45	0.058
20% H_2SO_4	1.42	0.0041	1.47	0.57

数据取自 Zhou[34]。

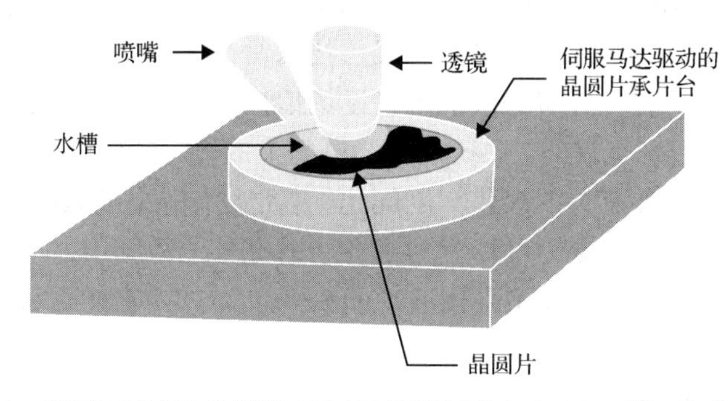

图 7.24　利用表面张力的浸没式系统示意图(引自 Switkes 等，转载自 May 2003 edition of Microlithography World. ©2003 by PennWell.)

第一代浸没式光刻系统使用的液体是水[39~41]。采用水作为浸没的液体有很多优点，首先水对于 193 nm 光源的光学吸收只有大约 0.01/cm，这也就意味着绝大多数的光都被传输到光刻胶中；其次，水对于 193 nm 光源的折射率为 1.436，这已经能够满足 65 nm 技术节点的成像要求，甚至也接近 45 nm 技术节点的成像要求；另外，水与晶圆片的兼容性也比较好，而且易于提纯，来源丰富。第二代浸没式光刻设备已经探讨了一些具有更高折射率的液体，目前已经得到研究并拟用于浸没式光刻技术的液体包括磷酸、硫酸及一些表面活性剂和季铵盐溶液等[41]。

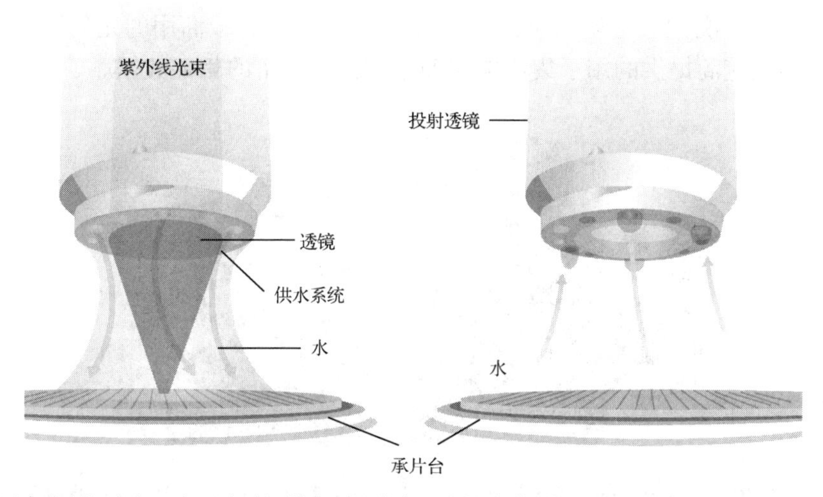

图 7.25　尼康光刻机中每一次曝光时提供水以及将水吸出的喷嘴系统(引自 Geppert，经 IEEE 许可转载)

对于浸没式光刻技术人们普遍关心的一个问题就是浸没液体与光刻胶之间可能存在的相互影响。浸没式光刻对光刻胶带来的典型影响包括 T 形凸起和微桥连效应[42]。光刻胶中的化合物对透镜系统的长期影响是人们关注的另一个主要问题[43,44]。光刻胶中的化合物可以透过液体扩散沉积到透镜的表面，使得透镜的性能随着时间的推移而逐渐退化。人们已经测试了光刻胶沉积效应对整个系统性能的影响[44]。浸没式光刻技术还有一个令人关注的主要问题就是液体中微气泡的影响。这些微气泡会引起曝光光束的散射[36,45,46]。气泡的形成主要发生在承片台移动过程中外加额外切向力的时候或者当温度或压力改变时所导致的液体由气饱和状态向过饱和状态的转变过程中[46]。对于气泡的解决办法，可以使用脱气水，也可以精心设计填充液体的喷嘴[36,39]。气泡的另一个来源是光刻胶的表面形貌也会引入一定的空气[47]。

第一台步进光刻机采用的是全局对准和聚焦技术。在这样的系统中，聚焦和对准对于整个晶圆片来说是一次完成的。目前的系统可以逐场地控制这些变量。全局性的对准则是通过系统定位芯片的对准标记来实现的。系统能在晶圆片上的每一个曝光场自动调整对准和聚焦，从而可以避免许多与高 NA 有关的聚焦深度问题，并且大大减小了晶圆片翘曲和变形的影响。这也使得大直径晶圆片的应用更为可行。为了在新的准分子系统中适应很大的数值孔径和短波长的结合，最新一代的光刻机开始采用逐场的校平系统[48]，它能对每一个曝光场自动调节晶圆片的高度，以保持图形的聚焦。

步进光刻机的主要缺点是其产能问题。虽然 1：1 的扫描投影光刻机可以达到接近 100 片/小时的产能，但步进光刻机的典型工作产能为 10～40 片/小时。通常整个系统的产能由下面的公式决定：

$$T = \frac{1}{O + n \cdot (E + M + S + A + F)} \tag{7.26}$$

式中，n 是每一个晶圆片上的芯片数，E 是曝光时间，M 是每次曝光时工作台的移动时间，S 是工作台稳定时间，A 是逐场对准时间(如果使用的话)，F 是自动聚焦时间(如果使用的话)，O 是包括装片/卸片、预对准、移动晶圆片进出机台和执行全局对准所用的时间，这个时间中的一些项目是可以与前一晶圆片曝光同时进行的，这样可以减小甚至消除 O 项。因为 n 通常为 100 左右，因此括号内的总时间对于步进光刻机能否取得商业成功就是一个关键因素。对于实用的曝光工具来说，它应为 2 s 或更少。图 7.26 显示了一个商用的光刻设备，表 7.5 也给出了两家主要的供应商提供的用于集成电路制造的光刻设备的相关数据。

图 7.26　一台 193 nm 的分步扫描光刻对准机系统的结构示意图。激光源位于左侧，掩模版位于右上侧，而晶圆片位于右下侧(经 ASML 许可使用)

表 7.5 当前的投影光刻系统

		λ(nm)	套准精度(nm)	NA	分辨率
Nikon	NSR-S620D	193	2	1.35	<32 nm
	NSR-S310F	193	7	0.92	<65 nm
ASML	NXT:1950i	193	2.5	1.35	<32 nm
	PAS 5500/1150C	193	12	0.75	<90 nm

表中数据来自各公司的网站。

7.7 先进掩模概念+

要以更高密度来生产更精细特征尺寸的需要，继续挑战着光刻技术。新的方法已经出现，采用掩模制造方法来改善缺陷密度和分辨率。人们已经提出了若干方法，如预变形掩模和应用光学邻近效应进行修正，但是这些方法实现起来都非常困难，以至于它们不太可能在不久的将来应用于大规模生产。本节将讨论三个目前正在使用的掩模改进方法：保护薄膜技术已经得到广泛使用；抗反射涂层也得到普遍使用；相反差掩模，目前在高端制造领域也获得了普遍的应用。

缩小的步进系统被广泛接受，这使得掩模的制造变得大为容易。代替以往制造含有 45 nm 线宽的掩模，现在一个 4 倍的步进光刻机只需要使用最小尺寸为 180 nm 的掩模。而且各种颗粒等小的缺陷也不会在晶圆片表面产生成像。但是，如果缺陷大到能够复制，情况则与扫描光刻系统完全不同，步进光刻机将在整个晶圆片上的每一曝光场中重复这个缺陷。在某些情况下，芯片尺寸足够大，使得每一个曝光场只能复制一个芯片。在这样的掩模上的一个缺陷就会使得整个晶圆片上的每个芯片都失去功能。因此，对于步进光刻机的掩模，特别仔细地注意其可能有的缺陷是十分重要的。可以检查到的缺陷包括透光型缺陷，如针孔、缺口、遗漏图形，以及不透光型缺陷，如桥连和颗粒。其他类型的掩模缺陷还包括划伤和碎渣(这些是由不适当的处理及装入/取出造成的)，以及放大倍数的误差。

人们已经开发了两种自动掩模检查系统。两者中较容易实现的是芯片对芯片的比较技术。在这样的系统中，通过照亮掩模底部，并保持顶部两个检查点的间距不变，来同时检查掩模上的两个完全相同的对应位置，然后系统记录所有两个对应点光强度不一致位置的坐标。当然，这种系统不能用于检查步进光刻机的掩模，因为这种掩模上只有一个芯片。在这种情况下，掩模上的几何图形必须直接与制版用的数据库进行比较。这种方法往往会比直接比较产生出更多的假错误。然而，对于后续的肉眼检查，它仍然是一种好的预筛选方法。

前面的步骤通常用于保证掩模版在离开掩模版制造车间时是没有缺陷的。为了尽可能减小在制造工厂中颗粒的影响，步进光刻机的掩模版通常被蒙上薄膜。做这种处理时，一层类似聚酯薄膜的透明材料被紧绷在光刻掩模版两侧的框架上。框架使得薄膜离开掩模版表面 1 cm 左右。使用这层薄膜的目的是，确保任何落在掩模版表面上的颗粒都会在光学系统的聚焦平面以外[49]。在我们写作此书时，使用诸如准分子激光源这样的高能量光源时，对薄膜造成的损坏仍然是一个问题。

在任何光学系统中，都会有一部分光不按照我们希望的路径走，因此就会损失掉。在一个密封的系统中，例如用于光刻的系统，有些光线会经过多个表面的反射，最后又投射到晶圆片表面，这样就会使表面图形退化。使用薄膜带来的一个问题是既增加了传输损失，又增加了薄膜表面的光反射。例如，在 Perkin-Elmer III 型扫描投影光刻机中，对于一个 2 μm 线宽的图形，由于光散射所引起的 3σ 线宽容差已经从 ± 0.31 μm 退化到 ± 0.42 μm[50]。甚至掩模版上铬线条的光散射也会成为线宽变化的一个重要根源，特别是对于深亚微米的图形[51]。为了减小这个问题带来的影响，一种新的掩模技术是在掩模版靠近镜头的一面加上一个抗反射涂层。

也许最引人注目的改善掩模分辨率的方法是应用相移技术。相移光学成像的概念最早是由 Levenson 等人提出的[52]，其原理如图 7.27 所示。一块包含衍射栅格的掩模版被相移材料以两倍的栅周期覆盖，并保持每隔一个孔就以这种方式覆盖这种相移材料。材料的厚度和折射率要保证经过它的光相对于未通过它的光恰好有 180° 的相移。典型的相移材料厚度为

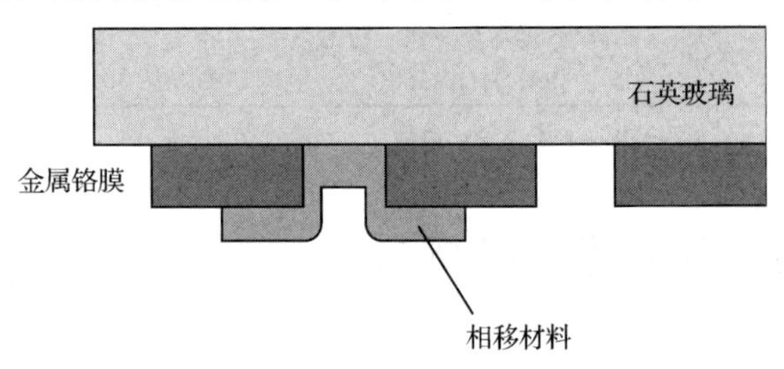

图 7.27　由 Levenson 等人[52]描述的相移掩模的基本概念

$$t=\frac{\lambda}{2(n-1)},\quad 其中\quad n\approx 1.5,\quad 因此\quad t\approx\lambda$$

理想的要求是，这种材料应当不会衰减、反射或散射入射光。相移的结果是使得来自相邻图形的衍射分布尾部之间会产生相消干涉，而不是相长干涉。这样就能极大地改善晶圆片表面的调制传输函数，因而改善分辨率。目前相移掩模(PSM)已经引起了人们极大的关注。包括 Fujitsu、Toshiba 和 Matsushita Electric 等公司在内的早期尝试者都已经向市场推出了采用 PSM 技术制造的全功能 64 Mb DRAM 产品[53]。

自从 Levenson 等人引入相移掩模这个概念以来，已经提出了无数种相移技术。有一些技术，类似于 Levenson 等人提出的原型技术，采用在表面上加薄膜的方法。另外一些技术是通过腐蚀石英掩模版本身至合适的深度来实现相移[54]。虽然这些技术都能很好地应用于衍射栅，但对于实际图形的应用还是比较困难的。作为一种替代方法，我们可以应用一种自对准相移器。在这种技术中，只有在接近掩模图形边缘处才进行相移辐照曝光[55]。它具有锐化表面图像的作用，而且能够以容易的方式直接实现。图 7.28 显示了一个典型的自对准方法[56]，有时也称为边缘相移(rim phase shifting)技术。铬层图形用于曝光一层涂在版顶面上的光刻胶。显影后，留下的光刻胶层完全与铬层图形对准。光刻胶层作为刻蚀石英板的掩蔽膜。最后利用光刻胶掩蔽横向刻蚀铬层达到一个控制的距离，然后去除光刻胶。留下的是围绕每一铬线条的石英凸出部分。这个凸出部分成为该处的局部相移器，它能极大地改善反差和小特征尺寸线宽的重复性。

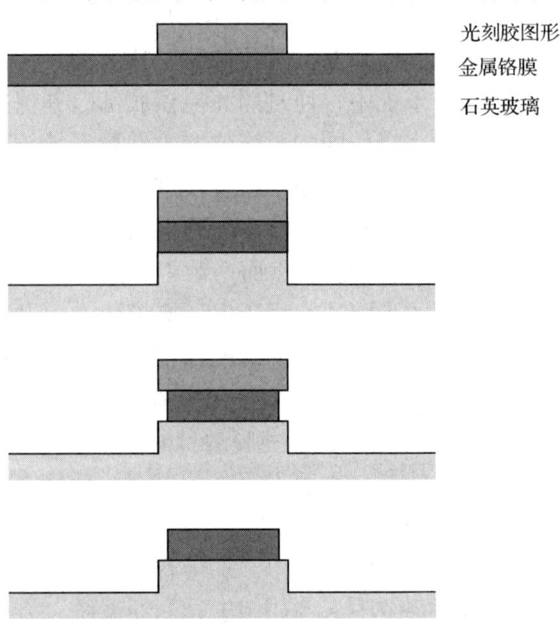

图 7.28　相移图形边缘辐照的自对准方法

这些简单的相移技术已经被扩展为一种更

有竞争力的方法，通常称为光学邻近效应修正(OPC)方法。一个容易理解 OPC 的方法是首先把 $X \times Y$ 的曝光场分割为许多个$\Delta x \times \Delta y$ 的小像素。下一步，把掩模版设想为一个曝光矩阵 M。M 中包括许多 0，它表示掩模版上此处的像素是透明的；M 中还包括许多 1，它表示掩模版上该处的像素是不透明的。这个 M 矩阵将有 $X/\Delta x$ 行和 $Y/\Delta y$ 列。如果将这个掩模版用于曝光一块晶圆片，我们可以构造一个晶圆片表面图形矩阵 W，它包含同样数目的像素。在理想情况下，这两个矩阵除一个常数外应当完全相同。实际上，曝光工艺会造成表面图形畸变，因而影响矩阵 W。我们可以建立一个矩阵方程，如下式所示：

$$W = S \cdot M$$

式中，S 是一个描述曝光的矩阵，它包含光学系统中的所有信息。理想情况下 S 是一个单位矩阵。但是实际情况下，它包含了对应图形畸变的一些非对角线元素。

因此至少从原理上说，OPC 技术就变成了求出 S^{-1} 的工作。如果我们可以确定 S^{-1}，将它与原来的掩模矩阵相乘，就可以得到新掩模的矩阵 M'：

$$M' = S^{-1} \cdot M$$

然后有

$$W = S \cdot M' = S \cdot S^{-1} \cdot M = M$$

这块掩模补偿了系统的光学畸变。从理论上说，只要 S^{-1} 已知，它就能够应用于任何掩模来修正衍射和其他光学信号的退化。尽管这样的矩阵看起来是极其庞大的($\approx 10^{10}$ 个像素)，但它是一个非常稀疏的矩阵。而且，诸如孤立线条这种简单图形引起的畸变会从掩模的一个区域到另一个区域重复产生。图 7.29 展示了几个有关亚分辨率图形的典型实例，其中增减的图形就可以用来修正晶圆片上的矩形线条和方孔的图形。

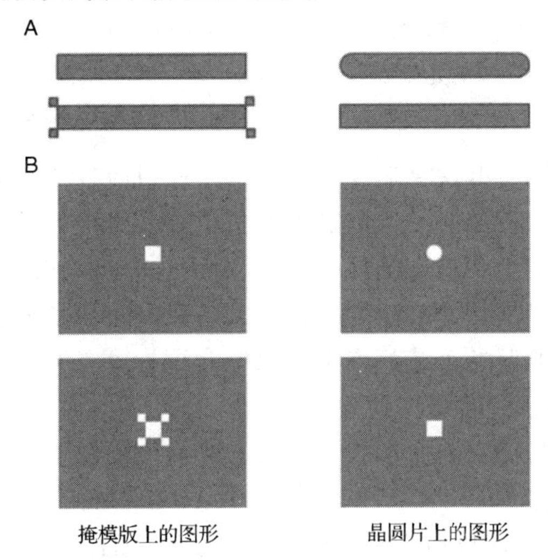

图 7.29　简单的 OPC 技术实例：(A)直角线条曝光后变圆，增加亚分辨率修正图形后重新变成直角；(B)接近分辨率极限的方孔通常在晶圆片上变成圆孔，增加亚分辨率修正图形后在晶圆片上重新变成方孔

因此，OPC 技术使人们能够以更复杂、因而更昂贵的掩模为代价，来扩大光学工具的能力。当然它也受到像素大小和掩模数据的数字化特点的限制。应用多层部分吸收材料可以获得更为精细的 OPC 掩模版。然而这样一来，OPC 光刻掩模版也会变得更加昂贵。一块当前最先进的掩模版，其价格会接近 100 000 美元。

7.8　表面反射与驻波

到现在为此，本章只考虑了通向晶圆片的光学通路。为使整个光刻胶厚度内都能够得到曝光，光刻胶本身必须是部分透光的。穿过光刻胶的光会从晶圆片表面反射出来，从而改变了投入到光刻胶上的光学能量。因此，在光刻过程中所需的曝光时间取决于晶圆片的各层薄膜。表面上有金属光泽的金属层将要求比反射少的薄膜更短的曝光时间。

与表面反射有关的一个问题是图形控制。对后面的工艺步骤而言，因为表面已经形成大的高差，尤其成为一个问题。这个问题如图 7.30 所示。这时，金属线通入一个扩大的接触孔。接触孔的反射光对图形曝光，导致接触孔内线条形状变差，还可能形成金属层上的孔。有这种问题的一个实际图形如图 7.31 所示。光刻胶线条走在已形成图形的反射底层上，它的线宽控制情况相当差。图形中的部分放大图显示在右边。进入接触孔的光刻胶线条已经几乎完全没有了。

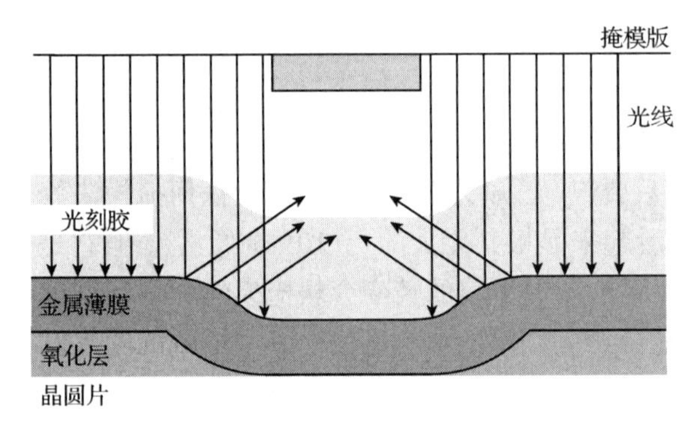

图 7.30　来自曝光区的光可被晶圆片高低形貌反射，然后被不曝光的区域的光刻胶吸收

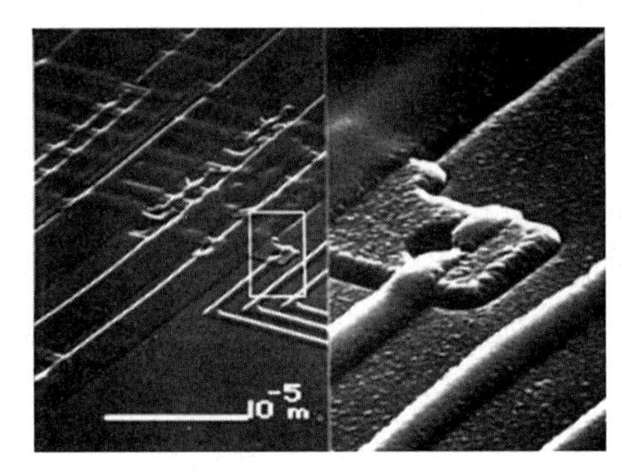

图 7.31　用于形成从左下角起走对角线方向的金属图形的光刻胶线条。右图是左图中局部区域的放大(引自 Listvan 等)

人们已经研发了几种解决办法来避免这个问题。通过改变淀积的参数有可能控制薄层的反射率，不过常常需要对淀积薄膜的性能做某些折中。一个更好的方法是避免表面高差，把薄层平坦化。这不仅可以避免不希望的侧壁曝光，而且还可以解决光刻和金属淀积的许多其他问题。这个平坦化层可以是一个临时层。例如，可以在较薄的成像层光刻胶下涂覆一层较厚的吸收光刻胶层。这种类型的工艺将在下一章中介绍。第二种解决办法是用刻蚀工艺平坦化这些薄层，相关内容将在第 11 章中讨论。

一种已取得重大成功的解决表面形貌影响的方法是在光刻胶下加上抗反射的聚合物[57]。图 7.32 显示了在镜面反射金属层上形成的光刻胶线条，在右面的图中，显示在涂光刻胶之前，首先旋转涂覆了 270 nm 厚的抗反射剂层。在光刻胶显影之后，在氧等离子体中做了短时间的刻蚀，以去除已曝光的抗反射材料。可以看到侧壁反射被完全消除，尺寸控制非常好(作为对比，在同样衬底上的标准光刻胶线条的显微照片也显示在图 7.32 中的左边)。这种工艺的缺点是太复杂。抗反射层应在涂覆光刻胶前加上并且经过烘烤。它必须不与光刻胶作用，而且是无污染的。这一层要在光刻胶显影后被刻蚀，在光刻胶去除后它应当被剥除。作为一种替代方案，我们还可以设计一种材料叠层，经图形化之后使得一层不反射的永久层位于顶层(称为顶层抗反射涂层，即 TARC)，这在某些金属化工艺中是非常普遍的。

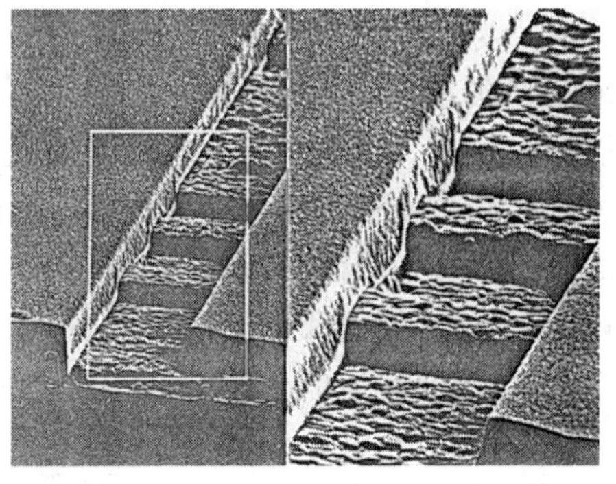

图 7.32 在反射金属层上的光刻胶线条显微照片，分别在光刻胶下没有或有 270 nm 抗反射层的两种情况(引自 Listvan 等)

检查大多数光刻胶线条的显微照片会显示出光刻胶边缘存在波纹形状。这些波纹形状是由实像的表面驻波造成的。驻波是由于入射光与反射光之间的相长与相消干涉造成的。图 7.33 说明了这个效应。这种干涉的结果造成了光刻胶中的光强随着厚度发生变化。由于曝光的变化导致光刻胶溶解率的变化(参见第 8 章中的介绍)。对于大尺寸图形来说，驻波效应带来的主要问题是平均线宽随着光刻胶厚度发生的正弦函数变化。如果不采用抗反射层的话，由于驻波效应的影响，当光刻胶的厚度发生±5%的变化时，图形线宽很容易就会发生±10%的变化。即使光刻胶的厚度得到很好的控制，当晶圆片的表面形貌呈现高低起伏时，驻波效应仍然会有影响，因为此时光刻胶的厚度仍然会有变化。对于小尺寸图形来说，驻波导致的波纹形状也是一个问题，因为其幅度已经占到了整个线条宽度的很大比重。应用抗反射涂层，能够完全消除驻波图形。一个虽然效果不太显著但是非常简单的方法是在曝光之后对光刻胶进行适当的烘焙，这样可以使得光化学反应的副产物在光刻胶中发生扩散，从而使得驻波导致的波纹趋于平滑。

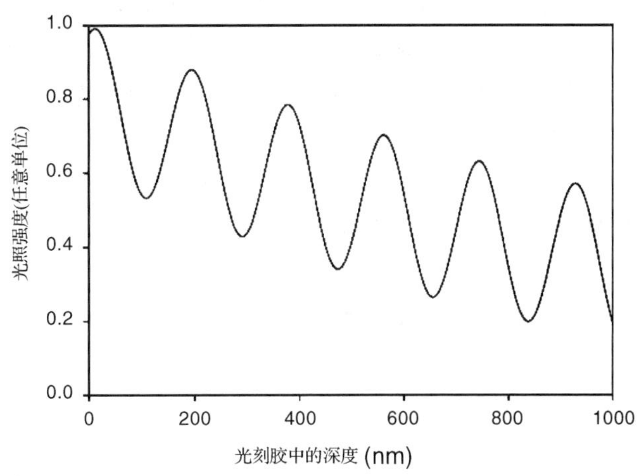

图 7.33 对于一个合理的光刻胶参数，在 i 线光源的曝光下，光刻胶中的光强分布

7.9 对准

在本章的开头，我们已经建议光刻工艺可以采用三个度量来评价：分辨率、对准精度和产能。我们不可低估对准精度在微电子制造中的重要性。它限制了集成密度，因而也就限制

了电路性能。为了理解其中的原因，我们可以考虑以下的类比。一幢摩天大楼是一层一层地建造起来的。每一层都将在地上建造，所有的供水管道和电力线在建筑物组装前都已经做好。当每一层放在其前一层之上时，各种连接关系将自动完成。如果人们希望在顶层取得水和电力，则每一层都必须精密地与它上面和下面的层对齐。为了完成此项工作，工程人员决定在各层楼的每一管道采用橡胶连接器，每一条导线采用电接触盘。不用说，如果在每一层应当做 10^8 个连接，由焊接盘和连接器的大小可以容易地确定留给实际办公室的空间总量。若大楼每边为 200 ft，50%的空间分配给这些穿孔和它们之间的间隔，每边应当为 0.2 mm 左右。假定线和管道的直径是 0.1 mm，则要求建造大楼的对准精度是 ± 0.05 mm。①

ULSI 光刻的一个合理规定是：对准误差应该不大于分辨率的 1/4 ~ 1/3。正如前面已经指出的那样，步进光刻机有能力分别对准每一个曝光场。为了经济地利用这一逐场对准方法，必须使用自动对准系统。一般利用晶圆片表面的反射光和通过掩模后返回的光做到这一点。应用一种一个框在一个框内的对准方法，移动晶圆片直到中心框任一边的光强峰的宽度相等。通常先做一次全局性的人工对准，以确保可以尽量缩短每一芯片对准的搜索时间。

图 7.34 显示了两种可能的未对准类型。简单的 x、y 和 θ 误差称为对准偏差(misregistration)，这是由于掩模版与晶圆片对准不好造成的。多数步进光刻机中，晶圆片并不直接对准掩模版。而是晶圆片和掩模版经过各自的光路，对准于曝光系统的光学链上。如果这两个对准过程不是精确匹配的，就会发生对准误差。为避免这些系统误差，要周期性地做基线校准处理。超出或缩进是芯片间距离的净差别。在 1×的接触式/接近式和扫描投影光刻机中，超出通常是由于晶圆片经历了一系列的高温工序产生的物理尺寸变化而引起的。步进光刻机以全局对准模式缓解了这个问题，而应用良好的逐场对准方法可以进一步减小它。这种类型的误差也容易由于掩模温度的微量变化而产生。石英通常被选作制作掩模版的材料，其原因之一是它有低的热膨胀系数(5×10^{-7} ℃$^{-1}$)。为了避免一整块 8 in 的掩模版产生大于 20 nm 的膨胀，需要将掩模版的温度控制在 0.15℃左右的精度。当大量光能穿过掩模版时，这个要求并不是很容易就能够满足的。亚微米的步进光刻机应用各种先进的曝光系统来控制掩模版的温度，从而尽量减小这个问题。对准记号的畸变也可能造成芯片旋转和对准偏差。为了求得总的套准容差，要对各个分量的平方求和：

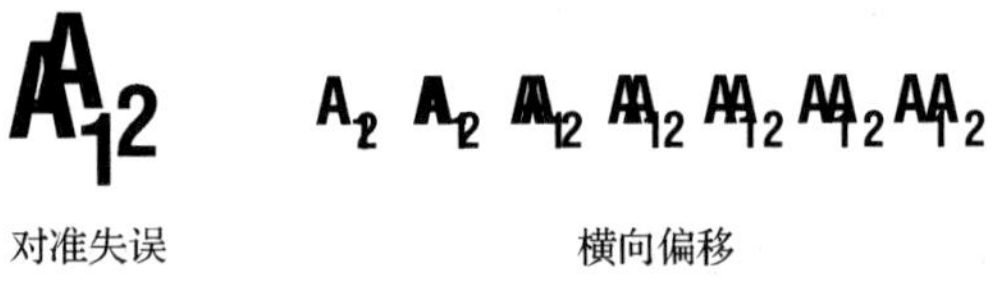

对准失误　　横向偏移

图 7.34 两种类型的对准误差

$$T = \left[\sum T_i^2\right]^{1/2} \tag{7.27}$$

7.10 小结

本章着重关注实像图形的产生和光强与晶圆片表面位置的函数关系。对于集成电路生产中关心的小尺寸图形，衍射效应特别重要。简单的接触式光刻机可以用到小于 1 μm 的图形，但是这样的系统很容易产生缺陷。为了避免这个问题，可以使用接近式曝光工艺，其中的掩模版悬浮在晶圆片上，不过这要付出降低分辨率的代价。接着介绍了具有亚微米分辨率的投

① 此段的类比有误。比如，一座楼的空间的 50%分配给管道是很不合理的。而且，计算结果也不相符。——译者注

影光刻系统。对于上述两者中的任一光学系统，为了获得好的分辨率，人们都希望使用更短的曝光波长。尽管汞弧灯是历史上获得最广泛使用的光源，但是对于当前一代的先进光刻机工具来说，准分子激光源已成为主流。最后，介绍了通过掩模版制作提高分辨率的方法，主要是应用相移掩模和光学邻近效应修正技术。

本章开始就指出光刻在确定工艺性能时起到关键作用，因而光刻长期以来被作为技术发展的关键工艺。当然，很自然地人们就会问光学光刻究竟会推进到多远？在第 9 章中将会讨论的一些非光学技术与光学光刻技术相比还有一些严重的缺陷。光刻胶的改进和掩模版的精细化(例如相移掩模和 OPC 技术)使得最小特征尺寸的减小速度大大超过了曝光波长的减小速度。大量的建议提出：光学光刻的限制大致超出当前技术水平的三代，近 20 年来的事实也表明了这一点。预期 193 nm 光源、浸没式光刻技术、OPC 技术以及多重曝光技术至少将光学光刻扩展到 22 nm 工艺，也许还可以达到更小尺寸。

习题

1. 某些电弧灯，由于等离子体中的高能电子而能够在深紫外范围产生足够的能量，因而臭氧的产生是一个重要问题。
   (a) 要求黑体辐射成分在 300 nm 处达到最大时，计算所需要的等离子体温度。
   (b) 如灯泡的体积是 0.1 L，其中的气体处于室温下 1 atm，采用以下近似来确定气体的内能：

$$E \approx 3/2kT$$

   其中 k 是玻尔兹曼常数。这是一个粗略的近似，假设气体的离化可以忽略，所有粒子处于同一温度。注意 1 mol 气体在室温与 1 atm 下体积为 22.8 L。假设 0.01%的原子发生离化。
2. 证明，当 $x \ll \lambda g/w$ 并且 w 足够小以至能满足夫琅和费判据时，$I(x,y)$ 与 x 方向的位置无关。解释这个结果的重要性。
3. 假设 $\lambda = 436$ nm，$g = 25$ μm。利用式(7.8)，式(7.9)和式(7.10)，以 3D 作图程序画出对于一个 3×1 μm 孔的表面光强随 x 和 y 的变化。
4. 为了制造一台相对比较便宜的能生产很小特征尺寸的光刻对准机，一个工程师要用一个 ArF 激光器替换一个简单接触式光刻机的光源。
   (a) 假设器件成品率是不重要的。列出这位工程师在用这种类型的光刻对准机制造简单的分立器件时，可能遇到的两个问题。
   (b) 假设此工艺光刻胶常数是 0.8，采用硬接触模式，其间隙等于光刻胶的厚度。如果光刻胶的厚度为 1.0 μm，可以获得的最小特征尺寸是多少？
   (c) 为了获得 0.1 μm 的分辨率，光刻胶的厚度必须要多薄？如果曝光成功，所得光刻胶图像要作为掩蔽膜去刻蚀某一图形(例如要刻蚀一个栅电极)，用这种工序会遇到什么问题？
5. 对于 100 nm≤λ≤500 nm 的投影光刻对准机，画出分辨率和聚焦深度与曝光波长的函数关系，应用 $k = 0.75$，NA = 0.26。在同一张图上，再计算对于 NA = 0.41 时的这些函数关系。讨论这些曲线对于要制造特征尺寸为 0.5 μm 的晶体管的技术人员有什么提示。

6. 一台接近式光刻对准机用于曝光 1 μm 的孔。间隙为 25 μm。掩模版与 g 线光源之间的间距为 0.5 m，菲涅耳判据[式(7.5)]是否满足？在什么样的特征尺寸下，此不等式不再适用？如与式(7.16)预期的简单特征尺寸进行比较，结果如何？
7. 如果光源用 i 线灯和 ArF 激光器替换，重新求解习题 6。
8. 利用投射式投影仪将一个图像投射到墙上，投影仪的透镜直径为 10 cm，成像的墙距离投影仪为 4 m。
   (a) 投影仪的数值孔径是多少？
   (b) 如果投影仪灯泡透射的光束波长为 $\lambda = 600$ nm，该光学系统的聚焦深度为多少？
   (c) 如果你能够检测出 MTF 为 0.3 的图形，且该光学系统的空间相干性为 0.25，其最小可分辨图形为多大？
9. 一种特殊的光刻胶工艺可以分辨 MTF≥0.3 的图形。利用图 7.21 计算 NA = 0.4，$S = 0.5$ 的 i 线光刻对准机的最小特征尺寸。

参考文献

1. G. Stevens, *Microphotography*, Wiley, New York, 1967.
2. M. Bowden, L. Thompson, and C. Wilson, eds., *Introduction to Microlithography*, American Chemical Society, Washington, DC, 1983.
3. W. M. Moreau, *Semiconductor Lithography, Principles, Practices, and Materials,* Plenum Press, New York, 1988.
4. D. Elliott, *Integrated Circuit Fabrication Technology*, McGraw-Hill, New York, 1982.
5. C. A. Mack, *Fundamental Principles of Optical Lithography: The Science of Microfabrication,* Wiley Interscience, Hoboken, NJ (2007).
6. S. Nanogaki, T. Heno, and T. Ho, *Microlithography Fundamentals in Semiconductor Devices and Fabrication Technology*, Marcel Dekker, New York, 1998.
7. *The International Technology Roadmap for Semiconductors* (ITRS), 2009 ed., Semiconductor Industry Association, San Jose, CA, 2008.
8. For example, M. V. Klein, *Optics*, Wiley, New York, 1970.
9. M. Bowden and L. Thompson, in *Introduction to Microlithography*, M. Bowden, L. Thompson, and M. Lacombat, eds., American Chemical Society, Washington, DC, 1983.
10. K. Jain, *Excimer Laser Lithography*, SPIE Optical Engineering Press, Bellingham, WA, 1990.
11. R. Patel, "Excimer Lasers for Optical Lithography," *Vacuum Thin Film* 30 (March 1999).
12. H. Craighead, J. C. White, R. E. Howard, L. D. Jackel, R. E. Behringer, J. E. Sweeney, and R. W. Epworth, "Contact Lithography at 157 nm with an F_2 Excimer Laser," *J. Vacuum Sci. Technol. B* **1**:1186 (1983).
13. P. Concidine, "Effects of Coherence on Imaging Systems," *J. Opt. Soc. Am.* **56**:1001 (1966).
14. K. Jain, C. G. Wilson, and B. J. Lin, "Ultrafast Deep UV Lithography with Excimer Lasers," *IEEE Electron. Device Lett.* **EDL-3**(3):53 (1982).
15. J. H. Bruning, "Optical Lithography Below 100 nm," *Solid State Technol.* **41**(11):59 (1998).
16. M. S. Hibbs, "Optical Lithography at 248 nm," *J. Electrochem. Soc.* **138**:199 (1991).
17. A. Voschenkov and H. Herrman, "Submicron Resolution Deep UV Photolithography," *Electron. Lett.* **17**:61 (1980).

18. A. Yoshikawa, S. Hirota, O. Ochi, A. Takeda, and Y. Mizushima, "Angstroms Resolution in Se–Ge Inorganic Resists," *Jpn J. Appl. Phys.* **20**:L81 (1981).
19. H. Smith, "Fabrication Techniques for Surface-Acoustic-Wave and Thin-Film Optical Devices," *Proc. IEEE* **62**:1361 (1974).
20. B. Lin, "Deep UV Lithography," *J. Vacuum Sci. Technol.* **12**:1317 (1975).
21. G. Geikas and B. Ables, *Kodak Photoresist Seminar*, 1968, p. 22.
22. B. Lin, in *Fine Line Lithography*, R. Newman, ed., North-Holland, Amsterdam, 1980, p. 141.
23. J. E. Roussel, "Submicron Optical Lithography?" *in Semiconductor Microlithography, Proc. SPIE* **275**:9 (1981).
24. D. A. Markle, *Solid State Technol.*, **22**:50 (June 1979).
25. M. C. King, "New Generation of Optical 1:1 Projection Aligners," in *Developments in Semiconductor Microlithography IV, Proc. SPIE* **174**:70 (1979).
26. R. T. Kerth, K. Jain, and M. R. Latta, "Excimer Laser Projection Lithography on a Full-Field Scanning Projection System," *IEEE Electron Dev. Lett.* **EDL-7**:299 (1986).
27. P. Burggraaf, "Wafer Steppers and Lens Options," *in Semicond. Int.* 56 (March 1986).
28. K. Hennings and H. Schuetze, *SCP Solid State Technol.* 31 (July 1966).
29. M. A. van den Brink, B. A. Katz, and S. Wittekoek, "A New 0.54 Aperture i-line Wafer Stepper with Field by Field Leveling Combined with Global Alignment," in *Optical/Laser Microlithography IV*, V. Pol, ed., *Proc. SPIE* **1463**:709 (1991).
30. R. Unger, C. Sparkes, P. DiSessa, and D. J. Elliott, "Design and Performance of a Production-Worthy Excimer-Laser-Based Stepper," in *Optical/Laser Microlithography IV*, V. Pol, ed., *Proc. SPIE* **1674**:708 (1992).
31. Bert Vleeming, Barbra Heskamp, Hans Bakker, Leon Verstappen, Jo Finders, Jan Stoeten, Rainer Boerret, and Oliver Roempp, "ArF Step-and-Scan System with 0.75 NA for the 0.10 μm node," *Proc. SPIE* **4346**:634, *Optical Microlithography XIV*, Christopher J. Progler, ed., September 2001.
32. Bernard Fay "Advanced Optical Lithography Development, from UV to EUV," *Microelectron Eng.* **61–62**:11–24 (July 2002).
33. B. W. Smith, A. Bourov, Y. Fan, L. Zavyalova, N. Lafferty, and F. Cropanese. "Approaching the Numerical Aperture of Water-Immersion Lithography at 193nm," in *Optical Microlithography XVII, Proc. SPIE* **5377**:273–284 (2004).
34. J. Zhou, Y. Fan, A. Bourov, N. Lafferty, F. Cropanese, L. Zavyalova, and B. Smith. "Immersion Lithography Fluids for High-NA 193-nm Lithography." *Proc. SPIE* **5754**:630 (2005).
35. D. Gil, T. Brunner, C. Fonseca, and N. Seong, "Immersion Lithography: New Opportunities for Semiconductor Manufacturing," *J. Vacuum Sci. Technol. B* **22**(6): (November/December 2004).
36. Nikon, "Immersion Lithography: System Design and Its Impact on Defectivity," July 2005.
37. B. Smith, A. Bourov, Y. Fan, F. Cropanese, and P. Hammond, "Amphibian XIS: An Immersion Lithography Microstepper Platform," *Proc. SPIE* **5754** (2005).
38. M. Switkes, M. Rothschild, R. R. Kunz, S.-Y. Baek, and M. Yeung, "Immersion Lithography: Beyond the 65 nm Node with Optics," *Microlithography World* (May 2003); found at "Immersion Lithography," ICKnowledge.com (2003).
39. L. Geppert, "Chip Making's Wet New World," *IEEE Spectrum* (May 2004).
40. S. Owa, Y. Ishii, and K. Shiraishi, "Exposure Tool for Immersion Lithography," IEEE/SEMI Advanced Semiconductor Manufacturing Conference, 2005.
41. S. Peng, R. French, W. Qiu, R. Wheland, and M. Yang, "Second Generation Fluids for 193 nm Immersion Lithography," *Proc. SPIE* **5754** (2005).

42. J. Park, "The Interaction of Ultra-Pure Water and Photoresist in 193 nm Immersion Lithography," Microelectronic Engineering Conference, May 2004.
43. J. Taylor *et al.*, "Experimental Techniques for Detection of Components Extracted from Model 193 nm Immersion Lithography Photoresists," *Chem. Mater.* **17**:4194 (2005).
44. M. Slezak, Z. Liu, and R. Hung, "Exploring the Needs and Tradeoffs for Immersion Resist Topcoating," *Solid State Technol.* (July 2004).
45. H. Sewell, D. McCafferty, L. Markoya, and M. Riggs, "Immersion Lithography, Next Step on the Roadmap," Brewer Science ARC Symposium, 2004.
46. B. Smith, A. Bourov, Y. Fan, F. Cropanese, and P. Hammond, "Air Bubble-Induced Light-Scattering Effect on Image Quality in 193 nm Immersion Lithography," *Appl. Opti.* **44**:3904 (2005).
47. A. Wei, M. El-Morsi, G. Nellis, A. Abdo, and R. Engelstad, "Predicting Air Entrainment Due to Topography During the Filling and Scanning Process for Immersion Lithography," *J. Vacuum Scie. Technol. B* **22**(6) (Nov/Dec 2004).
48. R. Unger and P. DiSessa, "New i-line and Deep-UV Optical Wafer Steppers," in *Optical/Laser Microlithography IV*, V. Pol, ed., *Proc. SPIE* **1463**:709 (1991).
49. R. Herschel, "Pellicle Protection of Integrated Circuit Masks," in *Semiconductor Microlithography VI, Proc. SPIE* **275**:23 (1981).
50. P. Frasch and K. Saremski, "Feature Size Control in IC Manufacturing," *IBM J. Res. Dev.* **26**:561 (1982).
51. B. J. Lin, "Phase-Shifting and Other Challenges in Optical Mask Technology," 10th Annu. Symp. Microlithography, *SPIE* **1496**:54 (1990).
52. M. D. Levenson, N. S. Viswnathan, and R. A. Simpson, "Improving Resolution in Photolithography with a Phase Shifting Mask," *IEEE Trans. Electron Dev.* **ED-26**:1828 (1982).
53. G. E. Flores and B. Kirkpatrick, "Optical Lithography Stalls X-rays," *IEEE Spectrum* **28**(10):24 (1991).
54. A. K. Pfau, W. G. Oldham, and A. R. Neureuther, "Exploration of Fabrication Techniques for Phase-Shifting Masks," in *Optical/Laser Microlithography IV*, V. Pol, ed., *Proc. SPIE* **1463**:124 (1991).
55. A. Nitayama, T. Sato, K. Hashimoto, F. Shigemitsu, and M. Nakase, "New Phase-Shifting Mask with Self-Aligned Phase-Shifters for a Quarter-Micron Photolithography," *Tech. Dig. IEDM*, 1989, p. 3.3.1.
56. Y. Yanagishita, N. Ishiwata, Y. Tabata, K. Nakagawa, and K. Shigematsu, "Phase-Shifting Photolithography Applicable to Real IC Patterns," in *Optical/Laser Microlithography IV*, V. Pol, ed., *Proc. SPIE* **1463**:124 (1991).
57. M. A. Listvan, M. Swanson, A. Wall, and S. A. Campbell, "Multiple Layer Techniques in Optical Lithography: Applications to Fine Line MOS Production," in *Optical Microlithography III: Technology for the Next Decade*, *Proc. SPIE* **470**:85 (1983).

第8章　光　刻　胶

上一章讨论了实像的产生，即在光学曝光过程中，在晶圆片表面产生的辐照图形。为了转移图形，辐照必须作用在光敏物质上，而且必须改变光敏材料的性质，使得在完成光刻工艺之后，光刻掩模版上的图形就被复制到晶圆片的表面。微电子学使用的光敏化合物通常称为光刻胶或简称胶。本章将讨论辐照对光刻胶特性的影响。由于酚醛树脂基化合物目前是 IC 制造过程中最常用的光刻胶，因此我们将首先讨论这种光刻胶，然后再讨论短波长曝光所使用的光刻胶。

8.1　光刻胶类型

划分光刻胶的一个最基本的类别是它的极性。光刻胶在经过曝光之后，被浸入到显影溶液中。在显影过程中，正性光刻胶曝过光的区域溶解起来要快得多。理想情况下，未曝光的区域保持不变。负性光刻胶则正好相反，在显影剂中未曝光的区域将溶解，而曝光的区域被保留下来。正性光刻胶的分辨率往往是最好的，因此在 IC 制造中的应用更为普及。本章将较为详细地讨论正性光刻胶，对负性光刻胶只做简单的介绍。

IC 制造中用的光刻胶通常至少含有三种成分，树脂或基体材料、感光化合物(PAC：photoactive compound)以及可控制光刻胶机械性能(例如基体黏滞性)并使其保持液体状态的溶剂。在正性光刻胶中，PAC 在曝光前作为一种抑制剂，降低光刻胶在显影溶液中的溶解速度。在正性光刻胶暴露于光线时有化学反应发生，使抑制剂变成了感光剂，从而增加了光刻胶的溶解速率。理想情况下，抑制剂应能完全阻止光刻胶的任何溶解，而增强剂则会产生一个无限大的溶解速率。当然，实际上这是不可能实现的。

光刻胶最实用的两个性能是灵敏度和分辨率。灵敏度是指发生上述化学变化所需要的光能量(通常用 mJ/cm^2 来度量)。光刻胶的灵敏度越高，曝光过程越快，因此对一个给定的曝光强度所需的曝光时间将缩短。分辨率是指能在光刻胶上再现的最小特征尺寸。正如我们在上一章中所述，分辨率对曝光设备和光刻胶自身的工艺有很强的依赖性。但即使是用一个固定的曝光设备，这一指标也仍然具有相当大的不确定性。

8.2　有机材料与聚合物°

本章涉及的许多化合物都是碳基有机分子，对于使用这本书的许多学生来讲，通常这已经超出了他们的专业知识范畴，因此本节将介绍这些材料并回顾它们的一些相关特性。和硅原子一样，碳的价电子层上也是四个电子，它需要另外四个电子来填满该层。然而，与硅原子不同的是，碳原子之间易于相互结合以形成复杂的链及长的重复性分子。地球上的生命就是以此能力为基础的。碳易于与氢以及元素周期表中位于其右侧的物质化合。本章讨论的分子由碳、氧、氢、氮以及少量的其他元素组成。在过去的几十年中，已研究出碳氢化合物与重金属(如镓)结合的方法来生产一种叫作有机金属化合物的材料。这些饱和的无环(开链)化合物将在第 14 章中单独讨论。本节将主要讨论两类碳的化合物：芳香族环烃和长链聚合物。

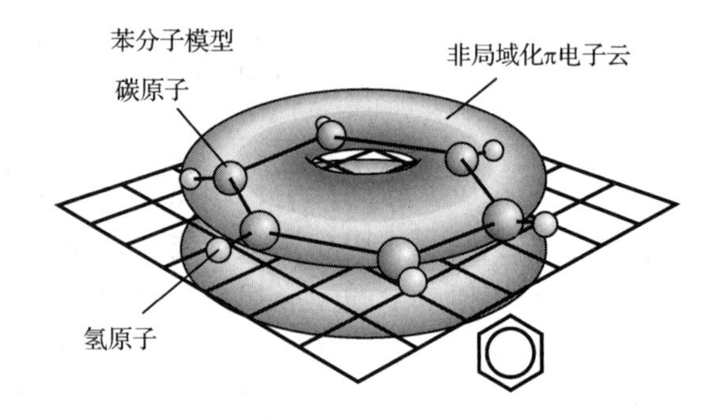

图 8.1 简单的苯芳香族环烃：非局域化的 π 键电子在一个围绕核的环中，符号是目前通用的环标志

芳香族环烃由六个排列成平面六角结构的碳原子组成。在最简单的这类化合物——苯中，每一个碳原子都与一个氢原子相连(参见图 8.1)。通常为了简化起见而将这些氢的化学符号省去。碳原子通过与两个同其紧相邻的碳原子之间的共价键获得两个电子，与氢结合获得一个电子，每个碳原子的最后一个未配对电子参与一个非局域化的键，该键的形状为围绕着苯分子的一个环。正是这个高游离的非局域化 π 电子决定了芳香烃的特殊性质。根据休克尔规则(Hückel's rule)[1]，单斜循环的苯环必须具有 $4n+2$ 个电子，其中 $n = 0, 1, 2, \cdots$，因此芳香族化合物的稳定性主要是由这个非局域化的 π 电子决定的。

通过对苯环做一点简单的变化可以生成种类繁多的化合物。如图 8.2 所示，甲苯是一种普通的溶剂，它是通过甲基(CH_3)替换一个氢而形成的。同理，单个的氢置换可以产生苯酚(OH)、苯胺(NH_2)、氯苯(Cl)以及苯乙烯($HC{=}CH_2$)。(分子式中的符号“=”表示每个原子有两个电子加入该键。)通过添加一个羧基(COOH)可以形成一种称为羧酸的有机酸。这种化合物在正性光刻胶的讨论中将是十分重要的。两个氢原子被甲基替换将形成二甲苯类的溶剂。最后，芳香族环烃可以直接互连，这类组合中最简单的是萘，如图 8.2 所示。芳香族环烃的线性和二维矩阵组合可以形成大得多的分子。目前引起人们广泛研究兴趣的石墨烯就是这类二维化合物的一个例子。香烟中许多疑为致癌物的物质就是较小一些的凝聚芳香烃。最后，不是所有的芳香环烃都有六个碳原子，五个原子也可以组成环，但是这种环较为少见，并且根据休克尔规则，这种环也没有非局域化的电子。这些五原子的环常常与一个或多个苯环相连。

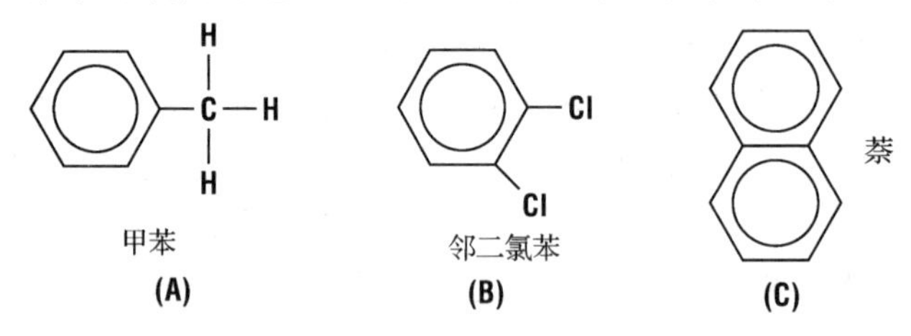

图 8.2 基于(A)单位置换、(B)双位置换、(C)芳香烃凝聚的三种芳香烃基化合物

聚合物的分子很大，它是由许多小的重复单元连接而成的，这些小的重复单元称为单体。一种聚合物可以包含的单体数少至五个，多至几千个。聚合物常常采用其单体和其分子量(MW)来表征。典型的聚合物有塑料、橡胶及树脂。由于碳易于与其自身结合，所以许多聚合物都是碳基的。最简单的聚合物是聚乙烯[见图 8.3(A)]，它由一长串的碳原子组成，每一个碳原子与两个氢原子化合，其单体则为 CH_2。聚合物还可以有如图 8.3(B)所示的链的分支。这些分子很坚固，并且有更高的密度。最后，聚合物还可以发生交联，即与自己或与其他的聚合物化合(如图 8.3(C)所示)，这样可以进一步增加强度。更为重要的是，交联降低了这些分子在常用的溶剂中的溶解能力。因为在其他条件相同的情况下，与较小

和较轻的分子相比，较大和较重的分子在溶剂中往往溶解得更慢。例如，已经发现[2]光刻胶的溶解速率正比于 MW^{-2}。相反，如果将聚合物分裂成一系列较短的链，其分子就更容易溶解。

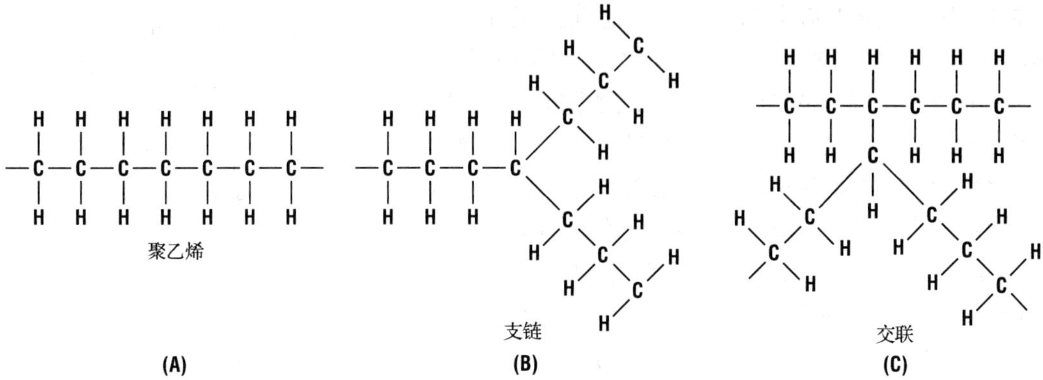

聚乙烯 支链 交联

(A) (B) (C)

图 8.3 (A)聚乙烯，简单聚合物的例子；(B)支链聚合物；(C)交联

与苯环的情况一样，许多常见的化合物是基本聚乙烯链的简单变形。如果聚乙烯链上每隔一个碳原子上的一个氢原子被氯原子所替代，其生成物质则是聚氯乙烯(PVC：polyvinyl chloride)，常用来做管道工程中的塑料管；PVC 还可以被软化，用来制造仿皮和雨衣。

现在我们可以想象一下简单的光刻胶。如果对一个长链聚合物的曝光主要导致断链作用，则聚合物在显影剂中就更容易溶解，那么该聚合物的行为就像一个正色调的光刻胶。如果聚合物的曝光主要是产生交联，则曝过光的光刻胶在显影剂中的溶解就会变慢，那么该聚合物的行为与负色调的光刻胶一样。这种简单的光刻胶的问题之一在于很难保证以上断链和交联只有一种过程发生。于是，化学家可能改变聚合物的主要成分来增加其溶解的可能性，或者添加易反应的侧链来促进交联作用。但是，在前一种情况下，由于光刻胶可能也会受到后续刻蚀过程的破坏，所以难以将光刻胶作为刻蚀的掩蔽膜。

8.3 DQN 正性光刻胶的典型反应

多年以来最常用的正性光刻胶一直是一类称为 DQN 的化合物，其中的 DQ 表示感光化合物，而 N 则代表基体材料。正如在本章后面将要讨论的，这些光刻胶不能用于极短波长的曝光。因此许多替代物目前正在被研究之中。但是，对 i 线和 g 线曝光，DQN 是占压倒优势的光刻胶配方。这些光刻胶是从用于制作蓝图的材料发展而来的[3]。DQN 光刻胶的基体材料是一种稠密的树脂，称为酚醛树脂。如图 8.4 所示，酚醛树脂是一种聚合物，它的单体是一个带有两个甲基和一个 OH 基的芳香族环烃。酚醛树脂(Novolac)这个词出自正交(ortho)、变换(meta)、帕拉胶(para)这几个词根。大多数酚醛树脂用作制造胶合板的黏合剂，酚醛树脂本身易于溶解在含水溶液中。往树脂里加入溶剂可调节其黏度。对于在晶圆片上涂胶，黏度是一个重要的参数。

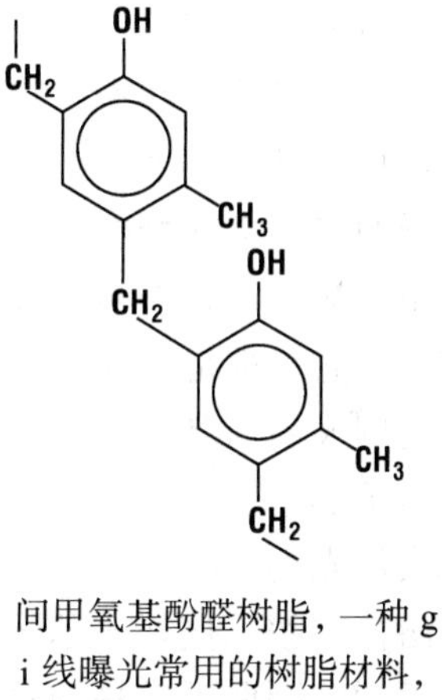

OH CH_2 CH_3 OH CH_2 CH_3 CH_2

图 8.4 间甲氧基酚醛树脂，一种 g 线和 i 线曝光常用的树脂材料，其基本的环结构可重复 5～200 次

在曝光完成之前，大多数溶剂已从光刻胶中蒸发出去，所以溶剂在实际的光化学反应中几乎不起作用。尽管新开发的、以深紫外应用为目标的光刻胶将改用新的化合物，但通常正胶所用的溶剂仍然是芳香烃化合物的组合，如二甲苯和各种醋酸盐。

在这些光刻胶中最常用的 PAC 是重氮醌(DQ，diazoquinones)，如图 8.5 所示。图中 SO_2 以下的分子部分，包括两个位置靠下的芳香族环烃，对不同的光刻胶生产厂来讲是不一样的，并且在曝光过程中仅起次要作用。因此我们用一个通用的符号 R 来表示这部分分子以简化 DQ 分子。在这种情况下，PAC 作为抑制剂，以 10 倍或更大的倍数降低光刻胶在显影剂中的溶解速率。这是由 PAC 和酚醛树脂在与显影剂接触的光刻胶表面进行化合而产生的结果[4]，但是该反应的准确机理仍在讨论之中[5]。近来的研究工作表明，为了抑制机制的有效性，像软烘这样的热过程在涂胶之后是必需的[6]。人们确信抑制机制起因于树脂与感光化合物之间的相互作用。早期有一个比较流行的模型称为石墙阻滞模型，该模型指出小分子(PAC)的存在有助于保持大分子处于就位状态，这就类似于在一个石墙中大量小石块有助于保持大石块处于合适的位置一样[7]。在这个模型中，羧酸型树脂在显影液中溶解得非常快，这样就会增大显影剂与酚醛环氧树脂基体之间的有效面积。在未曝光区，基体材料与 PAC 之间的偶氮耦合反应则会延缓溶解速率[8]。这种阻滞作用取决于酚醛环氧树脂基体的化学结构[9]。溶解机理研究对于获得高对比度的光刻胶是非常重要的。近年来提出的畴模型[10]和宾主模型[11]则更为复杂，但是它们仍然要利用 PAC 与基体材料之间的反应来解释上述的阻滞与增强效应。

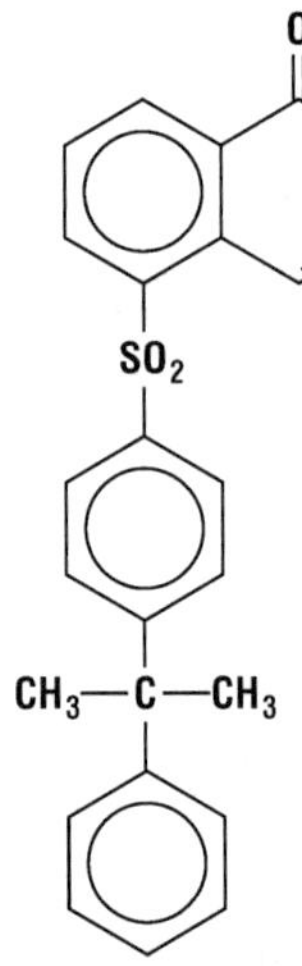

O
N_2
SO_2
CH_3—C—CH_3

图 8.5 重氮醌(DQ)，g 线和 i 线曝光中最常用的感光化合物。右边的环不是一个芳香烃环，而是有一个双键

PAC 中氮分子(N_2)的化合键较弱，如图 8.6 所示，UV 光的加入将使氮分子脱离碳环，留下一个具有高度活性的碳位。一种使其结构稳定的方法是将环中的一个碳移到环外，那么氧原子将与这个外部的碳原子形成共价键，这个过程称为 Wolff 重组。重组后的分子如图 8.6 所示，称为乙烯酮。在有水存在的情况下，将发生最终的重组，重组过程中环与外部碳原子之间的双化学键被一个单键和一个 OH 基所替代。水也可以由室内空气中的湿度提供，因此光刻区域的湿度必须严格控制在接近 40%的数值上。上述这种反应最终的产物称为羧酸。

由于初始材料不溶于碱性(即 pH>7)溶液，因此这个过程和 PAC 的工作原理相似。典型的显影液通常都是碱性溶液，例如 KOH 或 NaOH 的水溶液。如果在基体材料中加入 PAC，混合比例大约为 1∶1，则光刻胶在碱性溶液中几乎不溶解。另一方面羧酸易于与碱性溶液反应并溶于其中[12]。发生此溶解的原因有两个。树脂/羧酸混合物将迅速吸收水，反应中放出的氮也会使光刻胶起泡沫，进一步促进溶解[13]。在这个溶解过程中发生的化学反应是羧酸分裂为水溶性的胺。例如，苯胺和钾盐(或钠盐，取决于显影剂)。如上所述，酚醛树脂自身就是水溶性的，因此很容易溶解。这个过程一直持续进行，直到所有曝过光的光刻胶都被去除。在这个过程中，光刻胶溶解的速率变化一般不超过一个数量级。只需要光、水和去掉氮气的能力就可以促使该过程的进行。

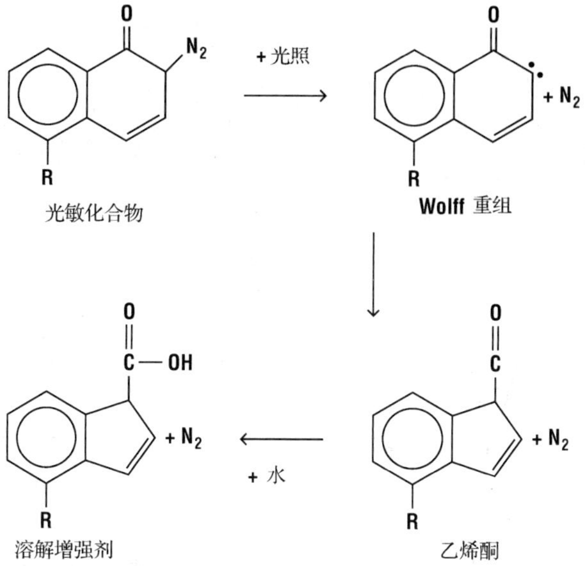

光敏化合物 —+光照→ Wolff 重组 → 乙烯酮 —+水→ 溶解增强剂

图 8.6　紫外曝光后 DQ 的光分解作用及后续的反应

DQN 光刻胶的主要优点之一是在显影剂中未曝光区基本不变，这是因为显影剂无法渗入到光刻胶中。因此，一个成像于正性光刻胶上的亮区细线条图形能够保持其线宽和形状。DQN 光刻胶的另一个优点是酚醛树脂这种长链芳香烃聚合物能够相当地耐受化学腐蚀。因此，其光刻胶图形对后续的等离子刻蚀工艺是一种很好的掩蔽膜材料。大多数负性光刻胶通过交联聚合而起作用，在交联聚合过程中，大的树脂分子相互连接，从而变得不可溶。典型的负性光刻胶是叠氮感光橡胶，如环化聚异戊二烯。负性光刻胶具有很高的感光速度并且不用预处理也能很好地黏附在晶圆片的表面。这种负性光刻胶的主要缺点是膨胀。膨胀是指在显影阶段图形线宽的展宽，展宽发生在有机溶剂中而不是水溶液中。显影之后的烘烤通常会使线条宽度回归其原始尺寸，但是这个膨胀和收缩的过程常会使线条变形。在膨胀阶段，靠得很近的线条可能会连在一起。所以，除非是在多层胶工艺中用的极薄的成像层，负性光刻胶一般不适于 2.0 μm 以下的尺寸。在负性光刻胶的应用中，针孔也是一个严重的问题。

8.4　对比度曲线

如前面所述，对于光刻胶的性能，分辨率是一个非常有用的度量指标，但是它极大地依赖于曝光设备。更为直接地是采用称为对比度(γ)的函数来描述光刻胶的特性。光刻胶的对比度通常用如下的方法来测量：假定现在用的是正性胶，首先在晶圆片上涂上一层光刻胶，测量胶的厚度，然后给光刻胶一个短时间的均匀曝光，曝光的剂量则恰好是光强(mW/cm^2)乘以曝光时间。接着将晶圆片浸入显影溶液中维持一个固定的时间，最后从显影剂中取出晶圆片，漂洗干净并烘干，然后测量所剩余的胶厚。如果光强不太强，则几乎没有 PAC 从抑制剂变化为增强剂，所以胶的厚度基本上与原始厚度一致。不断增加曝光剂量并重复上述实验。如果我们归一化所剩余的胶厚，并画出胶厚随着照射的曝光剂量变化的对数曲线，就可以得到如图 8.7 所示的γ曲线或对比度曲线。该曲线有三个区域：低曝光区，在此区域几乎所有的光刻胶都保留下来了；高曝光区，在此区域所有的光刻胶都被去掉了；在这两个极端情形之间的过渡区。

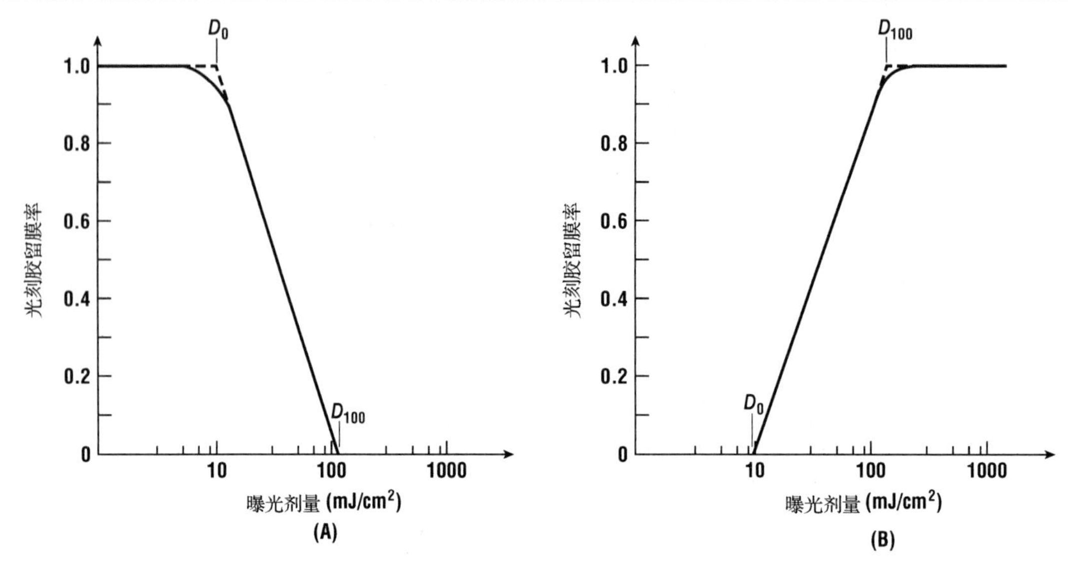

图 8.7　理想光刻胶的对比度曲线：(A)正性光刻胶；(B)负性光刻胶

为了推导出光刻胶对比度的数值，首先用一条直线来近似曲线中陡的斜线段。直线从所有光刻胶被去掉所需的最低能量剂量开始延伸，该能量密度称为 D_{100}。直线上 y 值为 1.0 时的剂量近似是开始进行光化学反应所需的最低能量，这个能量密度称为 D_0。那么光刻胶的对比度定义为

$$\gamma=\frac{1}{\log_{10}(D_{100}/D_0)} \tag{8.1}$$

式中 γ 就是直线的斜率。

对比度可以被认为是光刻胶区分掩模版上亮区和暗区的能力的衡量标准。此刻，对比度的重要性可能还不太明显。让我们来考虑一个衍射光栅的曝光，正如我们在第 7 章中所讨论的那样，辐照强度在线条和间距的边缘附近平滑地变化，光刻胶的对比度越大，线条的边缘就越陡。典型的光刻胶对比度为 2 ~ 5，这意味着 D_{100} 比 D_0 大 $10^{1/5}$ ~ $10^{1/2}$ 倍(即 1.58 ~ 3.16 倍)。另外，对于给定的某种光刻胶，其对比度曲线并不是固定的，它们取决于显影的过程、软烘和曝光之后的烘烤过程、曝光辐照的波长、晶圆片的表面反射率以及一些其他因素。光刻的一个任务就是调节光刻胶工艺过程，使其对比度达到最大而光刻速度维持在一个可接受的水平。表 8.1 所示为几种光刻胶在不同曝光波长时的典型对比度值。

表 8.1　几种商用光刻胶在不同曝光波长时的对比度

λ(nm)	AZ-1350	AZ-1450	Hunt204
248	0.7	0.7	0.85
313	3.4	3.4	1.9
365	3.6	3.6	2
436	3.6	3.6	2.1

数据引自 Leers[14]。AZ 配方是 Shipley 公司的产品。

例 8.1　求出图 8.7 中光刻胶的对比度。

解答：对图中的任意一条曲线，可得 D_{100}=100 mJ/cm^2，D_0=10 mJ/cm^2，由此得到

$$\gamma = \frac{1}{\log_{10}(100/10)} = 1$$

例 8.2　可以利用对比度曲线来粗略地推测光刻胶的最终形貌。

解答： 图 8.8(A)所示是一种商用光刻胶的对比度曲线。假设实像可以采用两条直线近似。从 $x=0$ 至 $x=1.0\ \mu m$ 范围内的光强是常数；从 $x=1.0\ \mu m$ 至 $x=2.5\ \mu m$，光强线性地变化[参见图 8.8(B)]。于是可以将曝光能量和曝光时间相乘，得到曝光剂量作为位置函数的分布曲线(图中未示出)。最后，我们可以在对比度曲线上绘制出剂量曲线，由此确定出光刻胶的形貌，如图 8.8(C)所示。注意这些曲线仅仅是很粗略的分布，它们忽略了光刻胶的二维和三维显影效应以及纵向曝光的变化。我们可以利用图 8.8(C)来提取出特征尺寸 W 随着曝光剂量变化的曲线。这些曲线经常被用来衡量关键尺寸对于曝光剂量的敏感性。

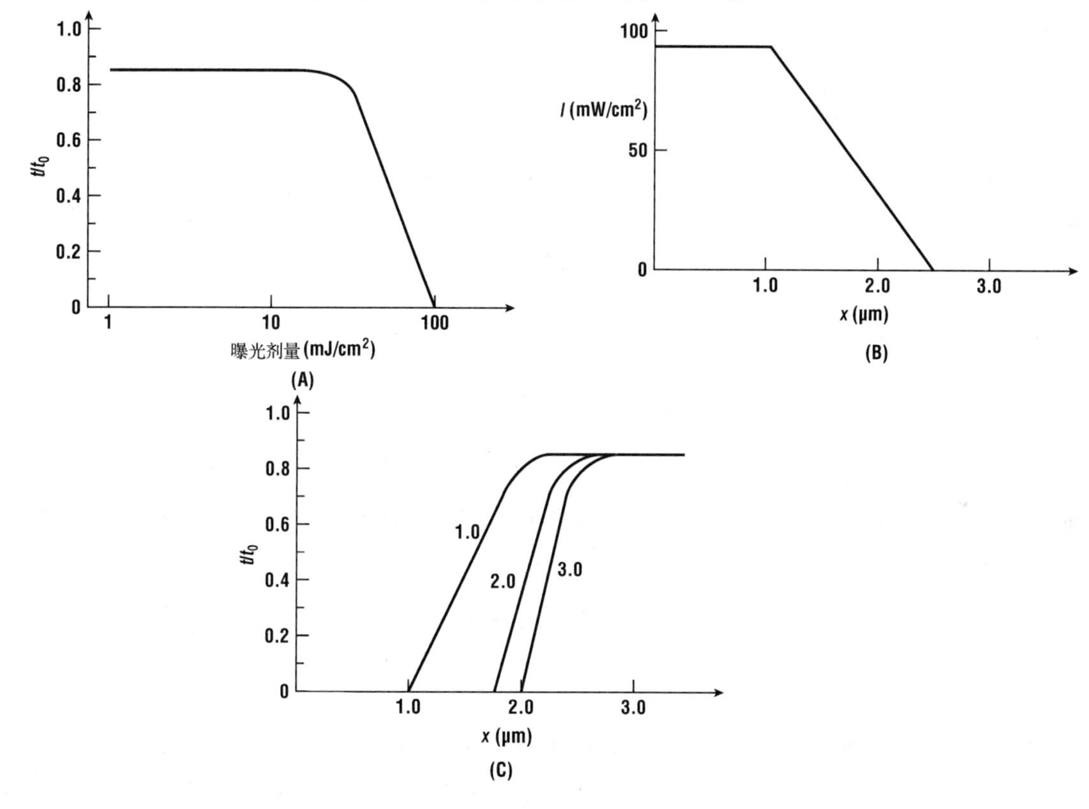

图 8.8　(A)一种商用 DQN 光刻胶实测的对比度曲线；(B)简单的实像；(C)经过 1 s、2 s、3 s 曝光后近似的光刻胶剖面分布

对于典型的光刻胶来说，低曝光剂量通常小于 50 mJ/cm^2。在这种能量水平下，光刻胶的剖面分布主要取决于对比度曲线中的低曝光区和过渡区特性。这类曝光产生小角度的光刻胶剖面，该剖面分布较少依赖于实像的质量。当曝光剂量大于 150 mJ/cm^2 时，曝光区通常远大于 D_{100}，于是光刻胶剖面主要取决于光学图像及光在光刻胶中的散射和吸收，且剖面分布十分陡。尽管一般情况下都希望图像更清晰，但其代价是曝光时间会更长，因而也将降低产能。大多数曝光都是在中度或高度曝光区域进行的，下面的讨论也将限制在这些区域。

一旦光线进入到光刻胶中，它的强度就会按照下式发生衰减：

$$I = I_0 e^{-\alpha z} \tag{8.2}$$

式中，α 是光刻胶中的光学吸收系数，其单位是长度的倒数。D_0 一般与光刻胶的厚度无关，能量密度 D_{100} 反比于吸收率 A，这里，

$$A \equiv \frac{\int_0^{T_R}[I_0 - I(z)]\mathrm{d}z}{I_0 T_R} = 1 - \frac{1-e^{-\alpha T_R}}{\alpha T_R} \tag{8.3}$$

式中，T_R 是光刻胶的厚度，我们还可以证明[15]：

$$\gamma \approx \frac{1}{\beta + \alpha T_R} \tag{8.4}$$

式中 β 是一个无量纲常数。正如像我们有理由预计的一样，γ 会随着光刻胶厚度的降低而增加，但是如果光刻胶太薄，在覆盖凹凸不平形貌的表面时，对台阶的覆盖可能会很不好，也有可能会无法承受住对下层薄膜的刻蚀。因此必须在绝对的分辨率和实际的光刻胶参数之间做出一些折中。

8.5　临界调制传输函数

另一个可以从对比度曲线中获得的光刻胶性能优质因子是临界调制传输函数(CMTF)，它近似是获得一个图形所必需的最小光学调制传输函数，临界调制传输函数的定义为

$$\mathrm{CMTF}_{胶} = \frac{D_{100} - D_0}{D_{100} + D_0} \tag{8.5}$$

利用对比度公式可以求得

$$\mathrm{CMTF}_{胶} = \frac{10^{1/\gamma} - 1}{10^{1/\gamma} + 1} \tag{8.6}$$

CMTF 的典型值通常为 0.3 左右。CMTF 的作用是提供了一个简单的关于光刻胶分辨率的测试。如果一个实像的 MTF 值小于其 CMTF 值，那么其图像将不能被分辨；如果实像的 MTF 值大于其 CMTF 值，该图像就有可能被分辨。和对比度一样，它给了我们一个确定分辨率的数值。

例 8.3　要开发一种用于 KrF 步进光刻机曝光的新型光刻胶。如果步进光刻机的 NA = 0.6，空间相干性为 0.5，当光刻胶的 $\gamma = 3.0$ 时，最小特征尺寸是多少？如果光刻胶的 $\gamma = 4.0$，最小特征尺寸将是多少？

解答： 利用式(8.6)，两种光刻胶的 CMTF 分别是 0.366 和 0.280①。假如这两个数等于图 7.22 中的 MTF，则分辨率是归一化为截止频率的每单位长度上的 0.52 和 0.63 条线，对装有 NA 为 0.6 透镜的 KrF 步进光刻机，截止频率是 3.97 μm^{-1}。那么用这两种光刻胶时，光刻机的分辨率将分别是每微米 2.06 和 2.50 对线条，或者最小特征尺寸分别是 0.24 μm 和 0.20 μm。

8.6　光刻胶的涂敷与显影

光刻工艺中的各工序步骤如图 8.9 所列。对于正性光刻胶，为了获得平坦而均匀的光刻胶涂层并且使光刻胶与晶圆片之间具有良好的黏附性，通常在涂胶之前必须对晶圆片进行预处理。

① 原文中误为 0.206。——译者注

预处理典型的第一个步骤通常是一次脱水烘烤，在真空或干燥氮气的气氛中，以 150℃～200℃进行烘烤。该步骤的目的是除去晶圆片表面吸附的水分，在此温度下，晶圆片表面大概还有一个单分子层的水会保留下来。脱水烘烤也可以在更高的温度下进行，以进一步除去所有的吸附水分，但是如此的高温烘烤并不多见。

紧接在烘烤之后的通常是六甲基乙硅烷（HMDS：hexamethyldisilazane）的涂布，这是一种增黏剂。HMDS 可用蒸气法涂布，就是将晶圆片悬挂在一个高蒸气压 HMDS 液体容器之上，使蒸气涂布在晶圆片的表面。也可以通过在晶圆片上滴一定量的液态 HMDS，并旋转晶圆片使液体铺开，以形成一个非常薄的均匀涂层的方法，直接把液态 HMDS 涂敷在晶圆片的表面。使用任何一种方法，即使 HMDS 只是部分地羟基化，都会使单层的 HMDS 易于与晶圆片表面黏合。同时 HMDS 分子层的另一侧则很容易与光刻胶黏合。

图 8.9　光刻工艺步骤的典型流程

经过 HMDS 涂底之后，接下来是对晶圆片涂胶。最常用的涂胶方法是高速旋转涂胶。首先，用真空吸盘将晶圆片固定，吸盘是一个平的、与真空管线相连的空心金属盘。吸盘表面有许多小孔，当晶圆片放在其上面时，真空的吸力使晶圆片与吸盘紧密接触。接着一个事先确定好的胶量被滴在晶圆片表面，吸盘上施加的转矩使其按一个受控的速率迅速上升至最大旋转速度，通常为 2000～6000 rpm（转/分钟）。因为从胶刚被滴到晶圆片上，溶剂就开始从胶中挥发，所以要想获得好的均匀性，晶圆片旋转的加速阶段是至关重要的。当晶圆片以最大旋转速度旋转一个固定的时间段之后，则以受控的方式减速至停止。这种涂胶方法的一个变种称为动态滴胶，即在晶圆片以低速度旋转的同时将一部分或全部光刻胶滴到晶圆片上，这种方法使光刻胶在晶圆片高速旋转之前已在整个晶圆片上铺开。

胶厚和胶厚的均匀性是建立好的光刻工艺的关键参数。厚度与涂胶量并没有很强烈的依赖关系。通常，滴在晶圆片上的光刻胶高速旋转之后只能保留 1%以下，其余的在旋转时都飞离晶圆片。为了避免胶的二次淀积，旋转器的吸盘周围都带有防溅装置。光刻胶的厚度主要由胶的黏度和转速决定，较高的黏稠度和较低的转速会形成比较厚的光刻胶。已经发现胶的厚度与转速的变化关系为[16]

$$T_R \propto \frac{1}{\sqrt{\omega}} \tag{8.7}$$

一个以 5000 rpm 的速度旋转 30 s 的典型涂胶工艺得到的胶厚约为 0.5 μm。此时，由于只留下了不到 1/3 的溶剂，胶的黏稠度更大。

旋转涂胶之后，晶圆片必须经历一次软烘，或者称为前烘。这一步的作用是去除胶中的大部分溶剂并使胶的曝光特性固定[17]。胶在显影剂中的溶解速率将极大地依赖于最终光刻胶中的溶剂浓度。通常，软烘时间越短或软烘温度越低，会使得胶在显影剂中的溶解速率增加且感光灵敏度更高，但是其代价是对比度降低。事实上高温软烘能使 PAC 的光化学反应开始，导致胶的未曝光区在显影剂中溶解。实际上软烘工艺是通过优化对比度且保持可接受感光灵敏度的试凑法用实验来确定的。典型的软烘温度是 90℃～100℃，时间范围从用热板的 30 s 到用烘箱的 30 min。软烘之后留下的溶剂浓度一般约为初始浓度的 5%。

软烘之后就可以对晶圆片进行曝光了，这个过程在前一章中已有较为详细的阐述。曝光之后，晶圆片必须经过显影。几乎所有的正性光刻胶都用碱性显影剂，如 KOH 水溶液。由于钠离子和钾离子会影响晶体管的可靠性，集成电路制造商已经转向使用非碱性的显影液，例如四甲基氢氧化氨(TMAH)溶液。在显影过程中，羧酸与显影剂反应，生成胺和金属盐。在此过程中，溶液的 pH 会降低。如果要维持连续的工艺过程，必须至少保持溶液的 pH 在 12.5 以上[2]。在简单的浸没式显影中通过定期(例如，在加工处理了一定数量的晶圆片之后)倒空和重灌显影剂来补充。为了维持一个更加稳定的显影过程，在容器的两次灌装之间，显影的时间常常是不断增加的。在生产中更为常用的方法是保证每一个晶圆片都有新鲜显影剂供应，即在称为搅拌显影[18]的工艺中在轨道系统上为每个晶圆片供应显影剂或将一批晶圆片装载在喷雾式显影系统中[19]。

在显影过程中，显影溶液穿透曝过光的胶表面，产生出凝胶。凝胶的深度称为穿透深度，在酚醛基树脂中该穿透深度很小，可以忽略不计。许多负性光刻胶则不同，其穿透区的膨胀可以导致胶的图形尺寸发生畸变。

像许多化学反应一样，显影过程对温度是非常敏感的。因此，如果要维持精确的线宽控制，仔细地控制显影温度是很重要的。显影剂的温度控制常常要求优于 1℃。在喷雾式显影中，必须考虑当显影剂从喷嘴中被压出来时由于绝热膨胀而产生的温度下降。为了补偿这一效应，有时采用加热的喷嘴。

目前图形线宽缩小的速度要远远超过光刻胶厚度减小的速度，其结果就是导致现代光刻工艺形成的图形具有比较大的高宽比，这就给显影工艺带来了一个问题，即由于表面张力的影响，显影液的去除(冲洗)有可能导致图形发生畸变。这种情况是很难避免的，因为有机聚合物材料的杨氏模量往往都非常低，因此只需要不太大的力量就足以使得这些细线条图形发生弯折。黏滞的摩擦阻力总是存在的，所以一旦显影的液体去除干净后，两个图形就会保持接触状态(参见图 8.10)。通过表面处理可以减弱这种效应，但是对于给定的图形跨距来说，这种效应最终会限制光刻胶的厚度。

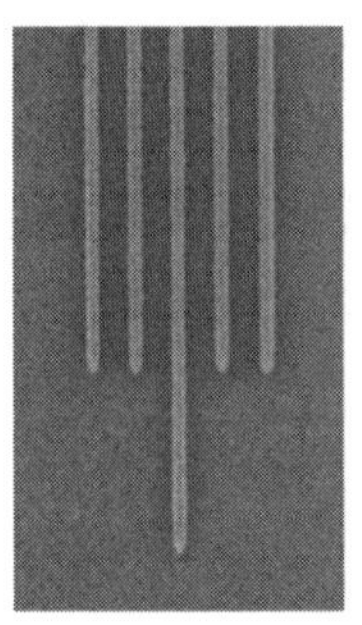

150 nm线条

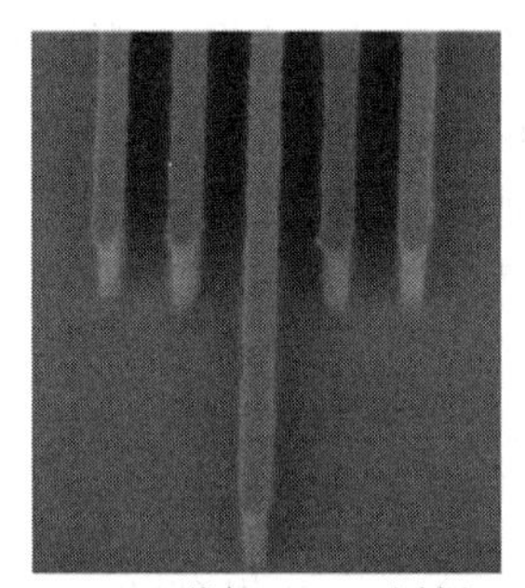

200 nm线条，700 nm光刻胶

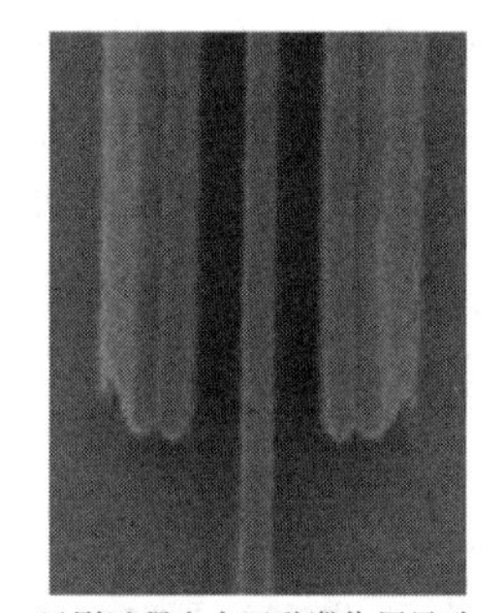

显影过程中由于黏滞作用导致大高宽比线条的坍塌

康奈尔大学纳米制造实验室ASML PAS 5500/300C的4倍深紫外248 nm步进光刻机二值掩模曝光

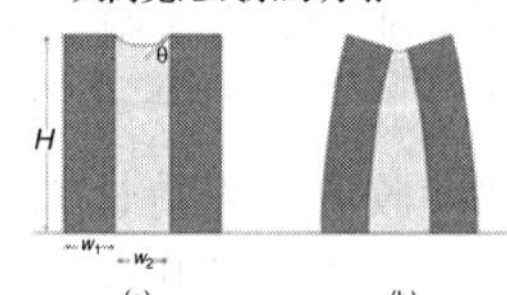

图 8.10 采用康奈尔大学纳米制造实验室的 ASML PAS 5500/300C 的 4 倍 248 nm 步进光刻机形成的线条图像，右侧较大的高宽比的线条在显影过程中由于表面张力的作用已经坍塌(经 Dr. Rob Ilic, CNF 许可采用)

显影过程能够影响胶的对比度，从而也会影响胶的剖面。图 8.11 所示为采用 MF CD-26 显影的 Megaposit®SPR500™[20]光刻胶的对比度曲线。这条曲线是在胶厚为 1.085 μm 条件下绘出的，曝光光源是 i 线，软烘条件是 90℃的热板烘烤 60 s，曝光后用 110℃的热板烘烤 60 s。当使用单喷搅拌显影 60 s 时，对比度是 3.14。但是，如果使用双喷分显法，每次显影 30 s，则对比度增加到 4.12。显然，光刻工艺优化是一个多维空间的优化过程，因此工艺优化是一项重要而具有挑战性的任务。

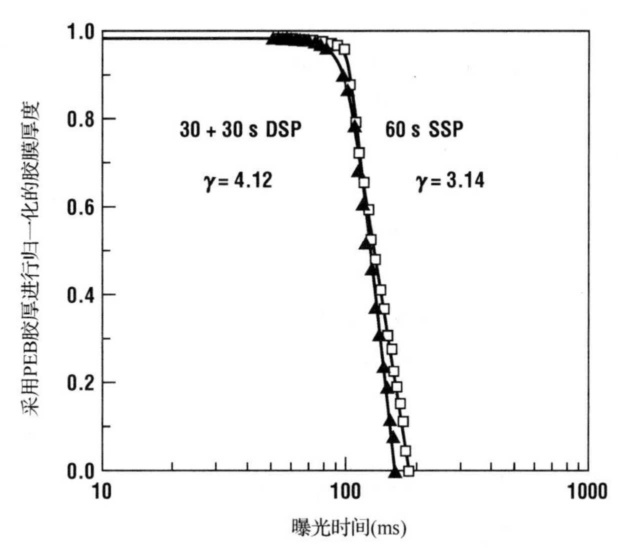

图 8.11　用 MF CD-26 显影剂所得的 Megaposit SPR500 光刻胶的对比度曲线（经 Shipley 许可使用）①

表面活化剂 HMDS 用来保证在光刻胶和晶圆片之间更加均匀地涂布，同时它也有助于确保光刻形成的光刻胶图形在冲洗过程中不会从晶圆片表面剥离下来。也可将表面活化剂加入显影溶液中。在显影过程中，它将迁移到晶圆片的表面，利用表面活化剂的疏水部分使自己朝向光刻胶，而亲水端朝向显影剂。这样会减少表面张力并改善显影剂湿润晶圆片表面的能力[21]。在某些场合下，诸如超声波一类的搅动会和表面活化剂一起使用，以使对比度达到最佳化[22,23]。表面活化剂也可以用作阻溶剂，阻止显影剂进入未曝光区。McKean 等人利用这一效应使得某种厚胶的对比度增加了 3 倍[24]。

显影之后也可以进行高温烘烤，这往往被称为硬烘。这是针对后续的高能工艺，如离子注入和等离子体刻蚀，所采用的使胶发生交联和硬化的步骤。图 8.12 所示为在不同温度下经过 60 s 热板烘烤后，1.0 μm 线条和间距及大尺寸图形的光刻胶剖面。该光刻胶是 Shipley 公司的 Megaposit SPR-2FX 型，通常用于亚微米 g 线曝光。在足够高的温度下，光刻胶的剖面开始回流。这可以用来产生一个平缓的剖面，使得在后续的刻蚀过程中，该角度剖面可以在下面一层薄膜上再现出来。回流温度取决于所使用的光刻胶。某些为高能工艺配制的光刻胶在 200℃以下都不会回流。

有几种类型的系统可用来进行光刻胶的处理。最简单且最有可能用在大学实验室的是一对按批量进行晶圆片硬烘和软烘的对流烘箱，以及一个单片旋转器。一般经常采用一个喷射器来进行涂胶。即使这种原始的、经济的设备也可以用来制备亚微米的图形，只是均匀性和

① SSP，single spray puddle；DSP，double spray puddles。——译者注

重复性与期望值相距甚远。另一方面，工业化生产厂家通常采用自动化的光刻胶处理系统(参见图 8.13)，有时称其为轨道系统。在这些系统中，晶圆片从一个储片盒传送到一个热板或一个红外灯烘箱进行脱水烘烤。接着晶圆片被传送到一个配料台涂上 HMDS 并旋转，然后涂上光刻胶并旋转。接下来，晶圆片被传送到第二个热板或红外灯进行软烘，最后，晶圆片被传送到第二个储片盒，在此处晶圆片将被送去曝光。热板之后通常采用冷板来保证涂胶时温度的可重复性并避免接收片盒对晶圆片的玷污。

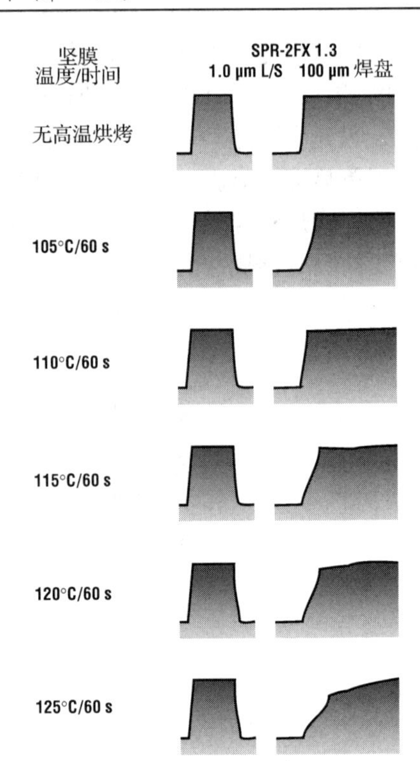

图 8.12 不同硬烘温度下用 SPR-2FX 胶所做的 1 μm 宽线条和间距，以及一个大尺寸图形的胶剖面(经 Shipley 许可使用)

为了进行自动曝光，一些涂胶显影轨道与曝光设备以串列摆放的形式相连，这些设备具有最佳的整体协调性和再现性。在这种应用中，自动的光刻胶处理设备不需要集中到一个独立的单元，相反，分开的烘烤、涂胶及显影部件可以按照圆圈的形式与曝光设备一起摆放。在设备群的中心，一个机械臂可以在适当的位置取放晶圆片。这种系统可以安排晶圆片的光刻胶处理以一致的方式进行，使得每个晶圆片在涂胶和曝光之间的时间，以及曝光和显影之间的时间均是相同的。对于为 248 nm 及更短波长的曝光所设计的新型光刻胶而言，这可能是关系其成败的关键因素。这种系统还可以减少在涂胶显影轨道系统中常见的由皮带传动所引起的颗粒[25]。在以上两种自动系统中通常可以得到的光刻胶厚度变化在一片晶圆片内小于 5 nm(1.0%)，而在不同晶圆片之间则小于 10 nm。但是，由于光刻胶的特性和这些系统中机械部件的数量多，因此这种全自动系统需要进行经常的维护保养。

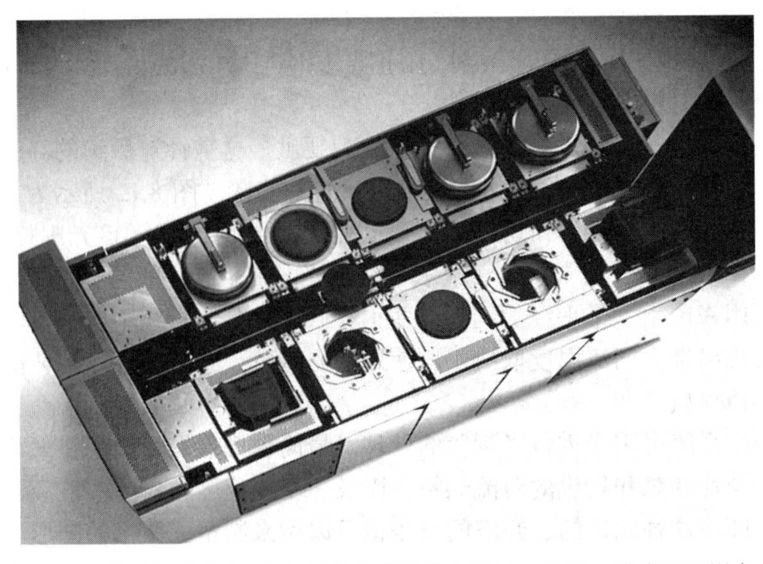

图 8.13 一个光刻胶处理系统的顶视图，它包括片盒式供片和卸片、涂胶、烘烤和显影台，以及一个中央机械手；更先进的系统是处于受控环境中且与曝光工具集成在一起(经 Silicon Valley Group 许可使用)

8.7　二阶曝光效应

选择光刻胶时，一个重要的参数是它的吸收谱。假如打算采用某种特定波长光源的曝光机来曝光晶圆片，我们就必须知道光刻胶在这种波长下的 α 值。当 α 较大(就是说大于胶厚的倒数)时，则仅有顶部的光刻胶将被有效地曝光。显影之后，胶的下面部分会被留下，晶圆片看上去显影不足。如果 α 太大，那么曝光期间，几乎没有光被吸收，于是需要很长的曝光时间。苯醌的一个优点是它们强烈地吸收汞灯的 g 线和 i 线，而在中紫外和可见光范围其吸收并不太好[26]。这样就可容许在光刻区中使用室内灯光，条件是滤除其中的深紫外成分。典型的 DQ 感光剂同样对深紫外光吸收得不太好。

我们还必须考虑的是光刻胶中树脂部分的吸收。树脂吸收的光到达不了 PAC，所以也不会发生光化学反应。纯的酚醛树脂是无色透明的，由于光刻胶加工过程中的氧化反应，酚醛树脂变成橙褐色[27]。所有的酚醛化合物都强烈地吸收深紫外光，这是芳香族化合物的共同特征。因此酚醛基的光刻胶不适用于深紫外曝光，因为树脂本身将会吸收大多数的光。虽然并非最佳应用，然而改进的酚醛树脂还是可以用于波长低至 250 nm 左右的曝光[28]。正如在本章后面将要讨论的，如果希望用 DQN 胶作为一个不透明层来使后面的胶层平坦化，则高温的后烘将会增加该层对于中紫外光的吸收率。

使事情更加复杂的是，大多数光刻胶在曝光时其吸收率是变化的，通常是下降。光化学吸收定义为未曝光区和已曝光区之间吸收的差别(参见图 8.14)，这一效应也称为脱色。脱色的优点是可以提供一个更加均匀的曝光。由于光刻胶的顶层被曝光，光刻胶变成了半透明的状态，使得下层的曝光更加充分。

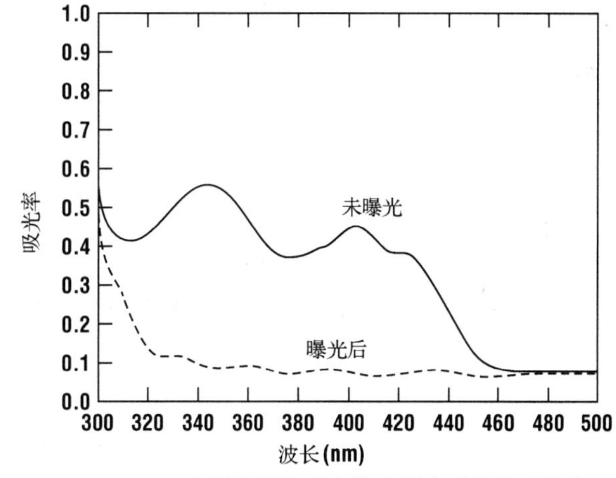

图 8.14　SPR511-A 光刻胶层在曝光前和曝光后的总吸光率。两条曲线之间的差别是光化学吸光率(经 Shipley 许可使用)

当在凹凸不平的表面上对光刻胶进行曝光时，一组新的问题凸现出来。上一章描述了在实像上的表面反射效应。在有凸凹存在时的第二个问题是由于光刻胶厚度的变化而引起的线宽变化。由于光刻胶是一个有黏性的薄膜，因此涂胶并不能够保形。相反，它会趋于使表面的凹凸变平滑(参见图 8.15)。光刻胶在台阶的顶部要比标称的厚度薄，而在紧挨着台阶处则要比标称的厚度厚。由于台阶的高度常常与光刻胶厚度相当，因此这些差别是很显著的。光刻胶厚度的变化将导致线宽的变化，即在台阶的边缘处，光刻胶线条将会膨胀，而在台阶上则会收缩。这些线宽变化主要是由台阶上和台阶下光刻胶中驻波图形的差别所引起的。在金属互连中，这些变化可能是一个严重的可靠性问题，这是因为通常金属的反射性较好以及线宽在台阶附近的收缩常常会出现在淀积时台阶覆盖差的区域附近以及到衬底的热导率梯度大的点附近。所有这些效应都有可能趋向于使金属连线在工作中失效。

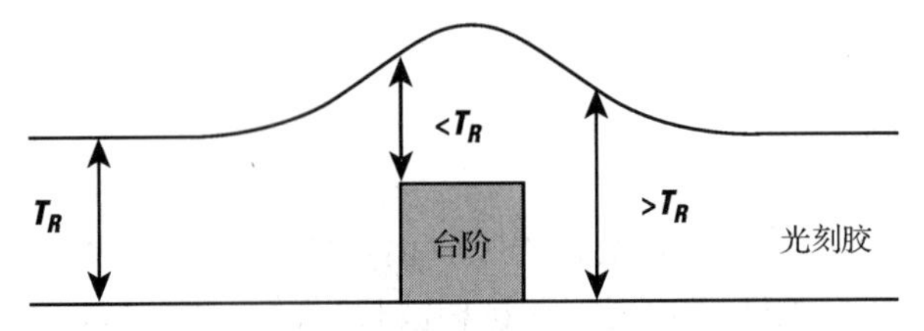

图 8.15　光刻胶覆盖垂直台阶时的横截面图

如果可能，解决该问题的一个方法是使薄层平坦化。这一方法将在第 12 章中讨论，这是因为平坦化工艺除对光刻工艺外还有更多的改善作用，并正在作为先进的互连策略的组成部分而被积极推行。另一个解决方法是采用多层光刻胶，其典型的用法是：先涂一层厚的平坦化聚合物，该聚合物的使用称为局部平坦化，因为它可以使凹凸形貌中的台阶变平滑，但是对长距离上出现的高度变化(如晶圆片的弯曲)并不起作用。下层聚合物对于曝光辐照也可以是不透明的，以防止表面反射(参见 7.8 节)。上层的光刻胶可以相当薄，以便改善对比度并使光散射减到最小。在某些情况下，第三种材料(如 SiO_2)可以淀积在两层聚合物之间来防止它们的相互影响，并作为后面的图形转移工艺的一种刻蚀掩蔽膜。若下层是 PMMA 或一种抗刻蚀性低的类似聚合物，则这一点尤其有用。

例 8.4　利用图 8.14 中的数据，对于光刻胶在 i 线曝光前和曝光后，分别求出其吸收长度的倒数 α 的值。假设光刻胶的厚度为 $T_R = 0.5\ \mu\text{m}$。

解答：根据式(8.3)有：

$$A = 1 - \frac{1 - \mathrm{e}^{-\alpha T_R}}{\alpha T_R}$$

从图 8.14 中可得，曝光前，$A = 0.4$；曝光后，$A = 0.1$，因此

$$0.4 = 1 - \frac{1 - \mathrm{e}^{-\alpha T_R}}{\alpha T_R}$$

$$\frac{1 - \mathrm{e}^{-\alpha T_R}}{\alpha T_R} = 0.6$$

由此可求得曝光前 $\alpha T_R \approx 1.1$，因此 $\alpha \approx 2.2\ \mu\text{m}^{-1}$。

曝光后 $A = 0.1$，因此 $\alpha T_R \approx 0.2$，$\alpha \approx 0.4\ \mu\text{m}^{-1}$。

在涂胶和软烘之后，上层光刻胶就被曝光显影。然后，将光刻胶用作刻蚀下层聚合物的掩蔽膜，而下层聚合物本身又被用作工艺加工的掩蔽膜，这使得上层用于成像的光刻胶可以很薄，因而有很高的对比度。这也是为何接触式曝光能产生非常精细特征尺寸的道理。当然，这种方法的缺点是工艺复杂，然而，在需要较小特征尺寸的应用时，至少在部分工艺步骤中，衬底的平坦化几乎是强制性的。

例 8.5　利用工艺模拟软件工具对上一章的数值模拟实例中 0.4 μm 的图形进行曝光处理，假设使用 NA = 0.5 的 i 线光刻机，调节曝光时间，以便获得较好的图像。

解答：

```
go athena
#
```

```
# OPTOLITH input file: Example 8_4.in
# Example of resist deposition, exposure, and develop
# Define the grid 2 um by 2 um
line x loc=0.00 spac=0.05 tag=left
line x loc=1.00 spac=0.025
line x loc=2.00 spac=0.05 tag=right
line y loc=1. spac=0.1 tag=top
line y loc=2.0 spac=0.1 tag=bottom
init silicon orientation=100
#
# Define exposure parameters for the Dill exposure model and development
# rate parameters for the kim development rate model for the photoresist.
rate.develop name.resist=PR i.line\
  r1.kim=0.085329 r2.kim=0.000002 r3.kim=11.74276 \
  r4.kim=0.0 r5.kim=0.0 r6.kim=0.0 r7.kim=0.0 \
  r8.kim=0.0 r9.kim=0.0 r10.kim=0.0 \
  a.dill=0.525 b.dill=0.0298 c.dill=0.02 \
  Dix.0=7.55e-13 Dix.E=3.34e-2
#
# Define index of refraction of user defined photoresist.
optical photo name.resist=PR lambda=0.365 refrac.real=1.6
refract.imag=0.02
#
# Deposit user defined photoresist PR
deposit photoresist name.resist=PR thick=.5 divisions=20
#
# Use symmetry to reduce computation time (Note x.grid above
definition only for x>0)
structure mirror left
structure outfile=ex8_4a.str
#
# Run the imaging module for the diffraction grating;
 Note the change in orientation.
illumination i.line
illum.filter clear.fil circle sigma=0.3
projection na=.5 flare=2
pupil.filter clear.fil circle
#
layout x.low=1.4 z.low=-2.5 x.high=1.8 z.high=2.5
layout x.low=0.6 z.low=-2.5 x.high=1.0 z.high=2.5
layout x.low=-0.2 z.low=-2.5 x.high=0.2 z.high=2.5
layout x.low=-1.0 z.low=-2.5 x.high=-0.6 z.high=2.5
layout x.low=-1.8 z.low=-2.5 x.high=-1.4 z.high=2.5
image clear win.x.l=-3 win.z.l=0 win.x.h=3 win.z.h=0
x.p=31 z.p=3 one.d
structure outfile=ex8_4b.str intensity
#
```

```
# Resist exposure, post exposure bake, and development
expose dose=100 na=0
structure outfile=ex8_4b.str
bake time=60 seconds temp=125
develop kim time=100 steps=5
structure outfile=ex8_4c.str
tonyplot -st ex8_4c.str -set ex8_4.se
```

对于曝光剂量分别为 60 mJ/cm²、100 mJ/cm² 和 140 mJ/cm² 的情况，工艺模拟得到的结果如图 8.16 所示。

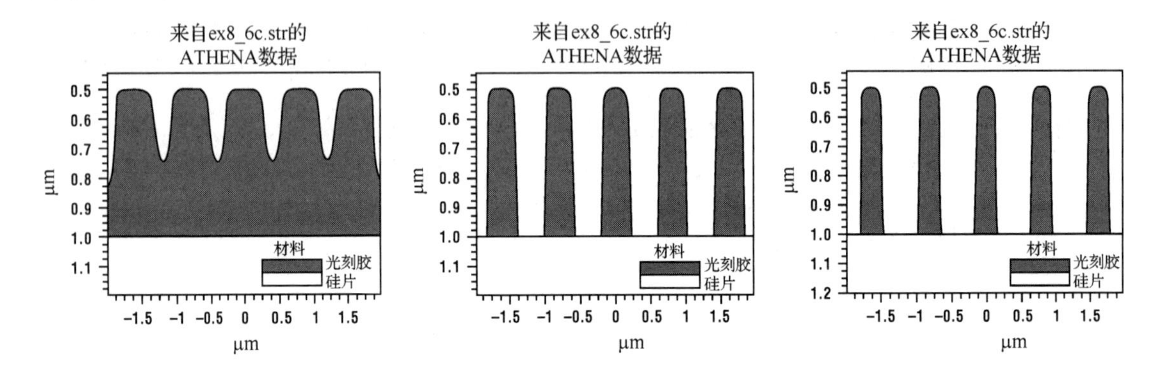

图 8.16　曝光剂量分别为 60 mJ/cm²、100 mJ/cm² 和 140 mJ/cm² 时的光刻胶剖面，注意大剂量时的线条变窄($W < 0.4$ μm)效应。曝光剂量的优化要求测量出线宽随曝光剂量的变化情况(摇摆曲线)

8.8　先进的光刻胶与光刻胶工艺⁺

本节将讨论有希望应用于未来深亚微米光刻工艺的新光刻胶技术，这里对光刻胶的分类有一点随意性。所有讨论的主题都企图以某种形式应用于深紫外的曝光，尽管它们并未被如此列出来。含硅的光刻胶可以用作对比度增强层，当然它们本身也是一种光刻胶。

上一章讨论了深紫外光源(如准分子激光)的应用，并指出这些曝光系统现在正在被大量的集成电路制造厂使用。这一应用的主要困难之一是缺乏好的深紫外光刻胶。酚醛树脂化合物在波长低于 250 nm 时开始很强烈地吸收，因此勉强可以接受它们用于 KrF(248 nm)的曝光，但是还不能用于更为理想的 ArF(193 nm)的曝光。对酚醛树脂类化合物稍加改进，例如去除其中的甲级苯单体，可以增大其对于 248 nm 波长光的透明度，同时还不会失去其对于刻蚀的阻挡能力。而且这也确实成为目前高端光刻胶的一个常用的配方。然而，还是存在一些其他的问题。DQN 在 248 nm 的脱色不是十分有效，因为它对 300 nm 以下光波的吸收不太好，这将导致沿着胶深度的曝光很不均匀，因此特征尺寸比较小的图形侧壁将变为斜坡状。

当光刻胶用于短波长光束的曝光时，通常会有化学放大作用。在化学放大光刻胶(CAR，chemically amplified resist)系统中，一种附加的感光化合物被加入基体材料和感光剂中。在曝光时化学放大添加剂起到极大地增加原始光化学过程的作用。该过程的关键是一个单独的光事件能够催化出大量后续的断键事件。一个典型的例子是光酸发生剂(PAG，photoacid generator)的使用。一旦吸收了一个光子，PAG 的化学性质就会变得活泼而溶解基体材料。早期的 CAR 含有鎓盐[29]，例如一些早期的 IBM 光刻胶[30]。有报道表明在传统的 DQN 光刻胶中使用 CAR 已经可以获得低至 10 mJ/cm^2 的曝光剂量。这种光刻胶系统已经应用于早期的 1 兆位 DRAM 的制造[31]以及 16 MB DRAM 小批量先导线的研究开发中[32]。这种盐的一个不利倾向是其留在光刻胶中的金属玷污物。另外一些研究者已经采用非金属成分验证了 CAR 作用[33,34]。后来的 CAR 采用了卤素[35]、磺酸酯[36]或磺酰(Sulfonyl)化合物[37]。在许多情况下，通常使用一种保护剂来保证未曝光的 PAG 在未分解之前不会腐蚀光刻胶。

目前在 248 nm 波长，一个常用的方法就是通过对聚合物进行解封处理从而改变其溶解度。该想法最早是由 Willson、Ito 和 Frechet 提出的[38]，首先采用一种在含水的显影液中具有较高溶解度的基体聚合物，聚羟基苯乙烯(polyhydroxystyrene，PHS)就是一个典型的实例。PHS 中的羟基($^-$OH)团使得该聚合物易溶于水，如果将羟基团置换为某个长链分子，其溶解度就会降低，此时该聚合物就称为被封闭。这种封闭原子团的方法对于降低聚合物的溶解度是非常有效的。要生产出实用化的光刻胶，通常只有大约 20%的羟基被封闭。对于标准的光刻胶来说，每个聚合物分子有 5 ~ 10 个封闭的羟基。

曝光过程通常会释放出高浓度的质子(H^+)，遇热之后这些质子就会与侧链发生反应，从而去除封闭的配体，并以一个羟基来取代它(如图 8.17 所示)。所需的温度取决于具体的解封反应。某些解封反应在室温下就可以进行，因此在曝光过程中就能够发生，曝光后也只需要微弱的烘烤就可以驱使反应完成。另外一些解封反应也可能需要高达 135℃的高温。这类反应的一个缺点是质子在烘烤过程中会发生扩散，当其从曝光区域扩散到未曝光区域，就会导致成像的退化[39]。另一个问题是这类光刻胶通常会对净化室中在曝光和显影之间这段时间内常见的气体非常敏感，例如胺类气体。这会导致光刻图形出现 T 形顶端，使得线条呈现类似剥离的剖面(参见第 11 章的介绍)。而采用低温反应原子团则不利于图形线宽的控制。常用的 248 nm 光刻胶应用了两种不同类型封闭剂的某种组合。

ArF(193 nm)光刻技术从 130 nm 节点工艺开始投入实际应用。PHS 中的双碳键强烈地吸收 193 nm 的光波，这就排除了其作为一种候选树脂材料的可能。目前已经开发了两种主要用于 193 nm 光刻工艺的光刻胶技术，即丙烯酸类聚合物和冰片烯马来酸酐(COMA)。当然丙烯酸类聚合物已经形成了占优势的光刻胶系列产品，这主要得益于其具有较长的保质期和对湿度的不敏感性。

丙烯酸类聚合物采用水溶性的显影液。由于丙烯酸类聚合物中缺少芳香环(用于降低吸收率)，导致其刻蚀速率较高，因而不适合用作刻蚀掩蔽层。关于这一点我们将在下一章介绍丙烯酸酯的原型材料 PMMA 时再详细讨论。有关富碳酸敏保护基团的研究工作已经极大地改善了丙烯酸类光刻胶的抗腐蚀特性。目前这类材料的相对抗腐蚀能力已经是 248 nm 光刻胶材料抗腐蚀能力的 1.2 ~ 1.3 倍。193 nm 光刻胶的一个主要问题是线条边缘的粗糙度(LER)，当光刻胶线条处于等离子体刻蚀过程中时，这个问题将变得更加突出。离子轰击和深紫外辐照曝光的共同作用将导致光刻胶表面发生分解并且变得极其粗糙，无论是在水平方向上还是在垂直方向上[40]。

对比度增强层(CEL，contrast enhancement layers)使得光学曝光机可以用于更小的特征尺寸，否则是不可能实现的。采用 DQN 光刻胶已经初步证明了这一点。基本工艺包括在软烘之后在已经涂上光刻胶的晶圆片上旋涂某种材料[41]，这种材料对曝光波长名义上必须是不透明的，但是在曝光时经历了脱色反应之后则变成了透明的。CEL 的使用有效地将掩模图形转移到与光刻胶硬接触的 CEL 顶层。曝光之后，对比度增强层在显影之前被剥离去除。由于光源的强度可能不够强，并且基体材料也可能会吸收辐照，所以对深紫外光刻胶而言，CEL 是特别重要的。

无机光刻胶归入一类称作电荷转移化合物的材料。在这些系统中，由于光刻胶中分子极性的变化导致其具有不可溶性。典型的无机光刻胶是掺 Ag 的 Ge-Se 材料，在这种工艺中，先用溅射或蒸发方法淀积一层厚度为 200 nm 的 Ge-Se 薄膜。然后，在镀槽内用含 $AgNO_3$ 的镀液在 Ge-Se 层上镀一层 100 nm 厚的 Ag。接下来利用波长为 200 ~ 460 nm 光源的曝光工艺[42]，通过光致掺杂工艺形成 Ag_2Se。Ag_2Se 很容易溶解于碘化钾的酸溶液之中[43]。最后将过量的银去掉之后，就可以采用 CF_4 或其他含氟的等离子体来干法显影图像了[44]。如图 8.17 所示，无论是正色调还是负色调的图案均可以获得。无机光刻胶的优点是对比度非常高（$\gamma \approx 7$），其结果是即便采用 g 线曝光系统也能曝出精细的线条[45]。由于其薄膜的本质属性，无机光刻胶需要一个厚的平坦化底层。淀积的 Ge-Se 层往往会有一些针孔，在镀银的过程中还可能会引入更多其他的缺陷。其结果是，这些无机光刻胶尚未获得业界广泛的认可。

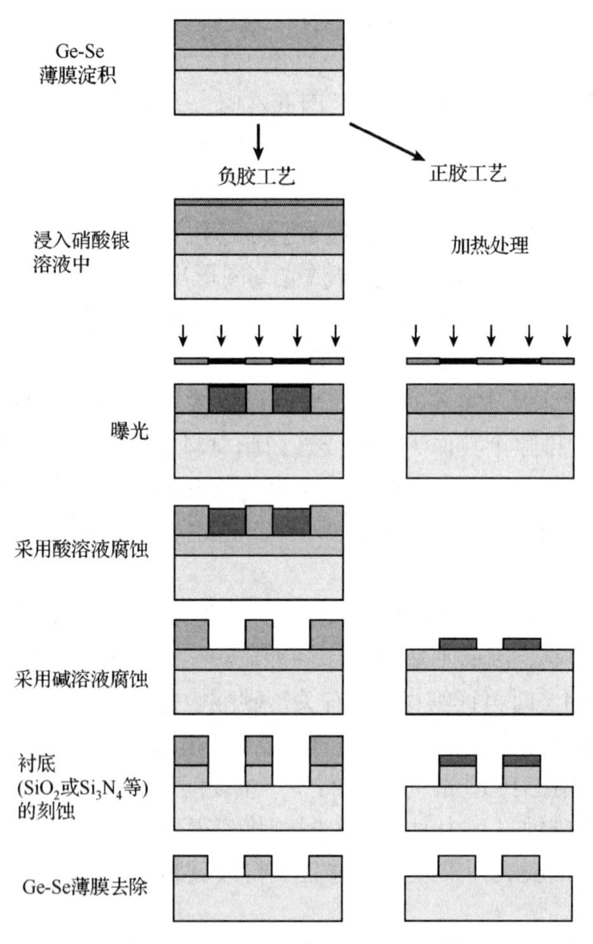

图 8.17 Ag/Se-Ge 胶的工艺过程（引自 Yoshikawa 等，经 AIP 许可转载）

另一类光刻胶材料称为可以干法显影的光刻胶。这些材料中最令人感兴趣的是含硅的光刻胶，Hofer 及其合作者首次提出了将有机硅烷作为光刻胶源[46]。推动他们开发这类光刻胶的原因如下：由于基体材料（如酚醛树脂）会吸收深紫外光，所以必须争取在非常薄的光刻胶层上建立成像过程，然后通过一个各向异性的等离子体刻蚀工艺将图像转移到较厚的底层(参见第 11 章)。对顶层的要求是必须能够很好地抵抗等离子体的轰击。由于含硅的光刻胶会形成 SiO_2，能在氧等离子体轰击时保护底层胶[47]，所以具有很大的吸引力。

当发现称为 PolySilyne 的聚合硅材料可以被加工时，含硅光刻胶的领域获得了相当大的发展动力[48]。在深紫外曝光过程中，已经观察到含硅光刻胶明显的脱色现象，这是由于 Si-Si 网络被交联的硅氧烷网络所取代[49]。曝光后的光刻胶可以在无极性溶剂(如甲苯或二甲苯)中像负胶一样被显影，溶剂溶解未曝光区。在这种系统中湿法显影的对比度大于 7。图 8.18 所示为在酚醛树脂上层 30 nm 厚的聚(*n*-丁基甲硅烷基)光刻胶中成像的 0.2 μm 和 0.15 μm 线条的图像。在 110 mJ/cm^2 曝光和 15 s 的甲苯显影之后，下层的酚醛树脂胶用氧等离子体进行纵向刻蚀。也可以采用选择性等离子体刻蚀系统来对光刻胶进行显影。如果是硅相对于二氧化硅的选择性刻蚀，将产生正的图像；如果是二氧化硅相对于硅的选择性刻蚀，显影之后则产生负图像。最常用的硅相对于二氧化硅的选择性刻蚀工艺是采用 HBr 等离子体。目前，在这种系统中已经获得的对比度为 5。人们还发现不需要采用单独的聚甲硅烷基光刻胶层。取而代之的是暴露于高温下的气体[50]或液体[51]中、或暴露于适当的等离子体环境中[52]使光刻胶的表面硅烷化。与使用双层胶工艺一样，这种方法也可以获得高的对比度和深亚微米图像。

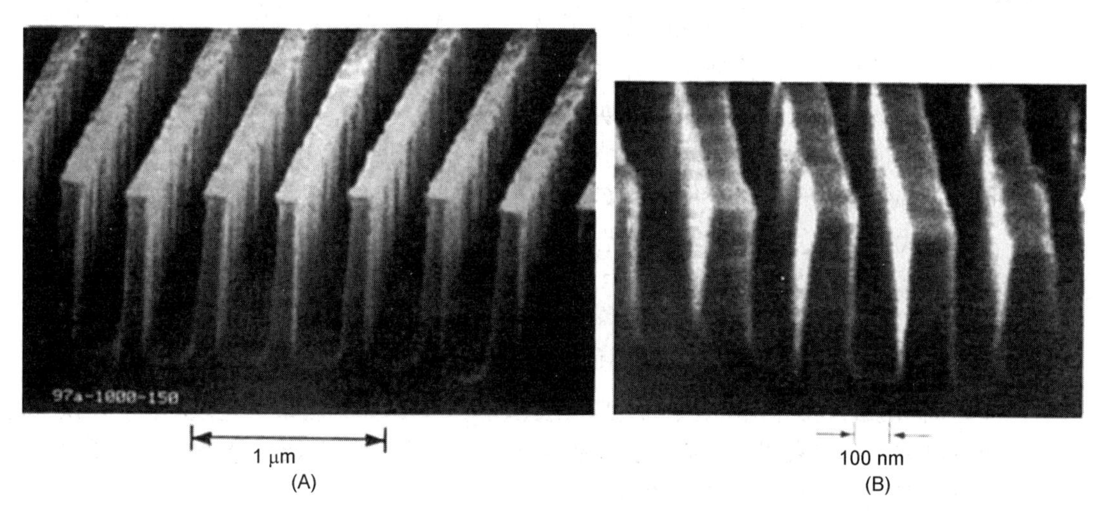

图 8.18 酚醛树脂上层 30 nm 聚(*n*-丁基甲硅烷基)光刻胶形成的(A)0.2 μm 和(B)0.15 μm 线条的图像(引自 Kunz 等，经 SPIE 许可使用)

8.9 小结

本章回顾了称为 DQN 的、最常用的正性光刻胶的基本化学特性。这些光刻胶在中紫外光应用中有良好的曝光速度，但是酚醛树脂基的光刻胶并不适合深紫外光应用。本章还讨论了有关光刻胶性能的一个最重要的优质因子——对比度，探讨了几种在已知对比度曲线和光学系统时确定最小特征尺寸的方法。介绍了涂胶的工艺步骤，以及典型的涂胶工艺设备。最后，讨论了具有高对比度并有可能适用于深紫外光的新型光刻胶。这些用于 248 nm 波长以下的新光刻胶将不会采用酚醛树脂基体。

习题

1. 根据表 8.1 所列的四种波长，计算 AZ-1450 光刻胶的 CMTF。假定 NA = 0.4，在不同的波长下使用该光刻胶时，利用图 7.21 确定 $S = 0.5$ 的光刻机的最小特征尺寸是多少。
2. 0.6 μm 厚的某种光刻胶层的 $D_0 = 40\ \text{mJ/cm}^2$，$D_{100} = 85\ \text{mJ/cm}^2$。
   (a) 计算这种光刻胶的对比度。
   (b) 计算其 CMTF。
   (c) 若光刻胶的厚度减小一半，D_{100} 减至 $70\ \text{mJ/cm}^2$，而 D_0 保持不变。若不改变光刻胶的工艺，可能获得的最大对比度是多少?
3. 论述为什么波长短(即光子能量高)时光刻胶的对比度会下降，论述中要包括这些光子对光刻胶基体材料和对 PAC 的作用。
4. 推导式(8.6)。
5. 我们在第 8 章中曾经指出，某种光刻胶的对比度可以高达 7。假如一种正性光刻胶的 $D_0 = 10\ \text{mJ/cm}^2$，$\gamma = 7$，求其 D_{100}。在某些应用中，希望形成有坡度的胶剖面，即胶的边缘不是垂直的，而是从曝光区缓慢上升。要做到这点，你是要使用高剂量照射还是低剂量照射? 请论证你的答案。是什么因素限制了曝光量?
6. 解释为什么光刻胶的脱色是一种期望得到的效应。
7. 你认为本章所讨论的双层无机/酚醛树脂方法在表面凹凸程度中等(小于 500 nm)的图形上能有效工作吗? 论证你的答案。如果存在表面反射问题，如何解决?
8. 一台现代曝光机使用 248 nm 曝光波长，空间相干系数为 0.75，其数值孔径为 0.6，假如这台设备用来曝光对比度为 3.5 的光刻胶，计算其可分辨的最细线条尺寸，以微米为单位。
9. 如下图所示为采用投影光刻系统中曝光一个衍射光栅时在晶圆片表面的光强分布。计算该图像的调制传输函数。假如用对比度为 3.0 的光刻胶来曝光该图像，你认为图像可以被分辨出来吗? 你必须论证你的答案。估算这个图像被分辨出来所需要的最小对比度(精确到小数点后一位数)。

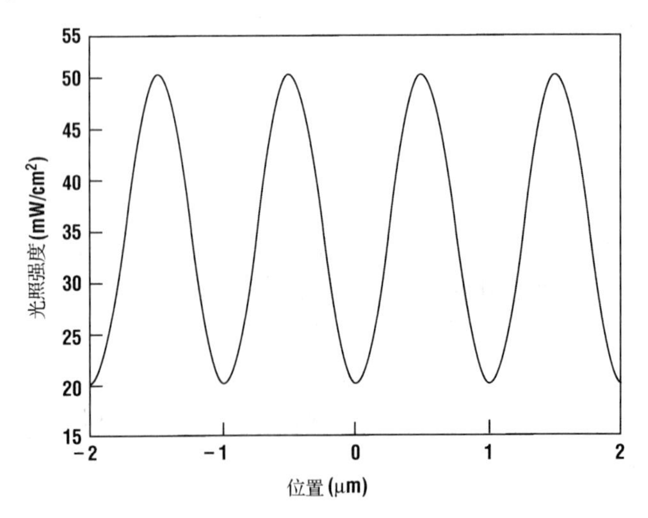

10. 某大学实验室的一台 g 线步进光刻机的 NA = 0.4，空间相干性是 0.5，在最好状态下，该设备在平坦衬底上能够分辨出最细 0.8 μm 的线条和最小 0.8 μm 的间距。试求出所使用光刻胶的对比度。

11. 一台 i 线步进光刻机的空间相干性是 0.5，NA = 0.5，其曝光所使用的光刻胶的对比度为 4.1，试求出：

(a) 曝光场的深度。

(b) 该光刻机能够分辨出的最小线宽。

12. 在$-1\ \mu m < x < 1\ \mu m$ 的范围内，一个实像满足下列光强方程：

$$I = 20\ \text{mW/cm}^2 + 100\ \text{mW/cm}^2 \times \left[\sin\left(2\pi x/1\ \mu\text{m}\right)\right]^2$$

(a) 求出该实像的 MTF。

(b) 利用图 8.7(A) 所示的 γ 曲线，对于 1 秒钟的曝光，分别估算出 $x = 0$、$x = 0.1\ \mu m$ 和 $x = 0.25\ \mu m$ 处的光刻胶厚度。

(c) 粗略画出上述范围内 ($-1\ \mu m < x < 1\ \mu m$) 的光刻胶剖面图，并标出图中所有光刻胶线条中点的位置。

13. 如图所示为利用正性光刻胶曝光形成的一个线条的实像，其中光刻胶的 D_0 和 D_{100} 分别为 30 mJ/cm^2 和 80 mJ/cm^2，假设光刻胶线条的宽度是根据图中曲线底部的两个拐角之间的距离测得。

(a) 求出该实像的 MTF。

(b) 如果线条宽度是以光刻胶厚度达到零的位置来测得，试求出曝光时间分别为 1 s、2 s、3 s 和 4 s 时的线条宽宽。(提示：这对应于曝光剂量为 D_{100}。)

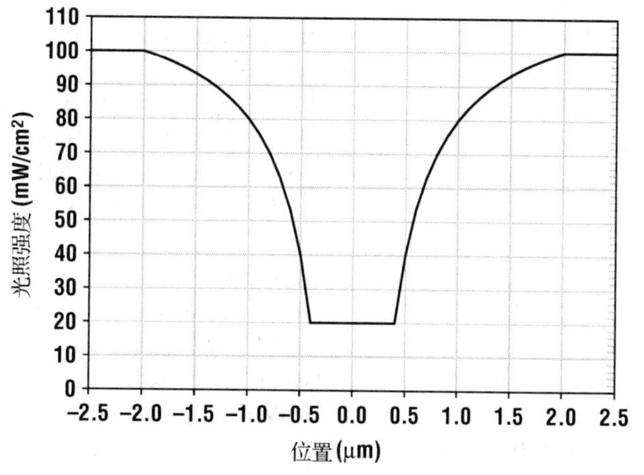

14. 某大学实验室的 g 线 (436 nm) 步进光刻机的最小特征尺寸是 0.8 μm。该步进光刻机的 NA 为 0.45。

(a) 如果空间相干性 (S) 是 0.5，计算光刻胶工艺的 CMTF。

(b) 如果实验室需要曝光形成宽度为 0.5 μm 线条和间距，需要光刻胶的 CMTF 为多少？光刻胶的对比度是多少？

15. 假设晶圆片用接近式光刻机来进行曝光。在一维的远场限制下：

$$I(x) \approx I_1(0)\left[\frac{2W}{\lambda g}\right]^2 I_x^2$$

式中，$I_1(0)$是光圈中心处入射光束的线性通量密度，I_x由式(7.9)给出。假定我们用的是 1 μm 厚的正性光刻胶，$D_0 = 30\ \mathrm{mJ/cm^2}$，$D_{100} = 100\ \mathrm{mJ/cm^2}$。假定在 $D < D_0$ 时，显影时无胶溶解。对 $\lambda = 436\ \mathrm{nm}(0.436\ \mu\mathrm{m})$，$g = 10\ \mu\mathrm{m}$，$I_1(0) = 100\ \mathrm{mW\cdot\mu m^2/cm^2}$，计算 $W = 1\ \mu\mathrm{m}$，曝光时间分别为 1 s、2 s、4 s、7 s 时的光刻胶的剖面分布(即光刻胶的厚度随 x 的变化)。用光刻胶厚度为 0.5 μm 处的距离作为显影间距，画出这 4 个时间点上间距宽度与曝光时间的关系。你也许希望建立你的坐标系统来使得曝光的中心在 $x = 0$ 处，而掩模上的间距从−1 μm 到 +1 μm。由于该问题是关于原点对称的，因此你只要计算和画出光刻胶剖面分布的一半情形即可。

参考文献

1. D. V. E. Doering, *Abstracts of the American Chemical Society Meeting*, New York, September 1951, p. 24M.
2. R. A. Arcus, *Proc. SPIE* **631**:124 (1986).
3. P. Hanson, "Unconventional Photographic Systems," *Photogr. Sci. Eng.* **14**:438 (1970).
4. J. Pacansky and J. Lyerla, "Photochemical Studies on a Substituted Naphthalene-2, 1-Diazooxide," *J. Electrochem. Soc.* **124**:862 (1977).
5. M. Furuta, S. Asaumi, and A. Yokota, "Mechanism of Dissolution of Novolac-diazoquinone Resist," in *Advances in Resist Technology and Processing VIII*, H. Ito, ed., *SPIE Proc.* **1466**:477 (1991).
6. V. Rao, L. L. Kosbar, C. W. Frank, and R. F. W. Pease, "The Effect of Sensitizer Spatial Distribution on Dissolution Inhibition in Novolac/Diazonaphthoquinone Resists," in *Advances in Resist Technology and Processing VIII*, H. Ito, ed., *SPIE Proc.* **1466**:309 (1991).
7. M. Hanabata, Y. Uetani, and A. Furuta, "Design Concepts for a High-performance Positive Photoresist," *J. Vacuum Sci. Technol. B* **7**:640 (1989).
8. S. Nonogaki, T. Ueno, and T. Ito, *Microlithography Fundamentals in Semiconductor Devices and Fabrication Technology*, Dekker, New York, 1998.
9. T. Kajita, T. Ota, H. Nemoto, Y. Yumoto, and T. Miura, "Novel Novolac Resins Using Substituted Phenols for High Performance Positive Photoresists," *Proc. SPIE* **1466**:161 (1991).
10. K. Honda, B. T. Beauchemin Jr., E. A. Fitzgerald, A. T. Jeffries III, S. P. Tadors, A. J. Blakeney, R. J. Hurditch, S. Tan, and S. Sakaguchi, *Proc. SPIE* **1466**:141 (1991).
11. T. Kajita, T. Ota, H. Nemoto, Y. Yumoto, and T. Miura, *Proc. SPIE* **1466**:161 (1991).
12. C. G. Willson, "Organic Resist Materials—Theory and Chemistry," in *Introduction to Microlithography*, L. F. Thompson, C. G. Willson, and M. J. Bowden, eds., *Advances in Chemistry Series* **219**, Americon Chemical Society, Washington, DC, 1983.
13. W. Hinsberg, C. Willson, and K. Kanazawa, "Use of a Quartz Crystal Microbalance Rate Monitor to Examine Photoproduct Effects on Resist Dissolution," in *Proc. SPIE Resist Technol.* **539**:6 (1985).
14. D. Leers, "Investigation of Different Resists for Deep UV-Exposure," *Solid State Technol.* 91 (March 1981).
15. W. M. Moreau, *Semiconductor Lithography: Principles, Practices, and Materials*, Plenum, New York, 1988, p. 31.
16. D. Meyerhofer, "Characteristics of Resist Films Produced by Spinning," *J. Appl. Phys.* **49**:3993 (1978).
17. B. D. Washo, "Rheology and Modeling of the Spin Coating Process," *IBM J. Res. Dev.* **21**:190 (1977).

18. R. F. Leonard and J. A. McFarland, "Puddle Development of Positive Resist," *SPIE Proc.* **275**, *Semiconductor Microlithography VI* (1981).
19. D. Burkman and A. Johnson, "Centrifugal On-Center, Flood Spray Development of Positive Resist," *Solid State Technol.* **125** (May 1983).
20. Megaposit and SPR500 are trademarks of Shipley Corporation.
21. G. E. Flores and J. E. Loftus, "Lithographic Performance and Dissolution Behavior of Novolac Resins for Various Developer Surfactant Systems," *Proc. SPIE* **1672**:317 (1992).
22. H. Shimada, I. Toshiyuki, and S. Shimomura, "High Accuracy Resist Development Process with Wide Margins by Quick Removal of Reaction Products," *Proc. SPIE* **2195**:813 (1994).
23. T. Iwamoto, H. Shimada, S. Shimomura, M. Omedera, and T. Ohmi, "High-Reliability Lithography Performed by Ultrasonic and Surfactant-Added Developing System," *Jpn. J. Appl. Phys.* **33**:491 (1994).
24. D. R. McKean, T. P. Russel, and A. F. Renaldo, "Thick Film Photoresist Resolution Enhancement with Surfactant Surface Treatment," *Proc. SPIE* **2438**:673 (1995).
25. S. Clifford, B. Hayes, and R. Brade, "Results of Photolithographic Cluster Cells in Actual Production," *Proc. SPIE* **1463**:551, *Optical/Laser Microlithography IV* (1991).
26. G. Willson, R. Miller, D. McKean, T. Thompkins, N. Clecak, and D. Hofer, *J. Am. Chem. Soc.* **40**:54 (1983).
27. A. Knop, in *Applications of Phenolic Resins*, Springer-Verlag, Berlin, 1979.
28. E. Gipstein, A. Duano, and T. Thompkins, "Evolution of Pure Novolac Cresol–Formaldehyde Resins for Deep U.V. Lithography," *J. Electrochem. Soc.* **129**:201 (1981).
29. J. V. Crivello, "Possibility of Photoimaging Using Onium Salts," *Polym. Eng. Sci.* **23**:953 (1983).
30. R. D. Allen, G. M. Wallraff, D. C. Hofer, and R. R. Kunz, "Photoresists for 193-nm Lithography," *IBM J. Res. Dev.* **41**:95 (1997).
31. J. G. Maltabes, S. J. Holmes, J. R. Morrow, R. L. Barr, M. Hakey, G. Reynolds, W. R. Brunsvold, C. G. Willson, N. J. Clecak, S. A. MacDonald, and H. Ito, in *Advances in Resist Technology and Processing VII*, M. P. C. Watts, ed., *Proc. SPIE* **1262**:2 (1990).
32. S. Holmes, R. Levy, A. Bergendahl, K. Holland, J. Maltabes, S. Knight, K. C. Korris, and D. Poley, in *Optical/Laser Microlithography III*, V. Pol, ed., *Proc. SPIE* **1264**:61 (1990).
33. C. Renner, U.S. Patent 4, 371, 605 (1983).
34. W. Brunsvold, W. Montgomery, and B. Hwang, "Non-metallic Acid Generators for i-Line and g-Line Chemically Amplified Resists," in *Advances in Resist Technology and Processing VIII*, H. Ito, ed., *SPIE Proc.* **1466**:368 (1991).
35. G. Buhr, R. Dammel, and C. Lindley, "Non-ionic Photoacid Generating Compounds," *ACS Polym. Mater. Sci. Eng.* **61**:269 (1989).
36. F. M. Houlihan, A. Schugard, R. Gooden, and E. Reichmanis, "Nitrobenzyl Ester Chemistry for Polymer Processes Involving Chemical Amplification," *Macromolecules* **21**:2001 (1988).
37. G. Pawlowski, R. Dammel, C. Lindley, H.-J. Merrem, H. Roschert, and J. Lingau, "Chemically Amplified DUV Photoresists Using a New Class of Photoacid Generating Compounds," *Proc. SPIE* **1262**:16 (1990).
38. C. G. Willson, H. Ito, and J. M. J. Frechet, "L'Amplification Chimique Appliquée au Développement de Polymères Utilisables Comme Résines de Lithographie," *Colloque Internationale sur la Microlithographie: Microcircuit Engineering* **82**:261 (1982).

39. P. J. Paniez, C. Rosilio, B. Mouanda, and F. Vinet, "Origin of Delay Times in Chemically Amplified Positive DUV Resists," *Proc. SPIE* **2195**:14 (1994).
40. H. Ridaoui, A. Dirani, O. Soppera, C. Brochon, G. Schlatter, G. Hadziioannou, R. Tiron, P. Bandelier, and C. Sourd, "Chemically Amplified Photoresists for 193-nm Photolithography: Effect of Molecular Structure and Photonic Parameters on Photopatterning," *J. Polymer Sci. A* **48**:1271 (2010).
41. B. F. Griffing and P. R. West, "Contrast Enhancement Lithography," *Solid State Technol.* 152 (May 1985).
42. G. Benedikt, U. S. Patent 4,571,375 (1986).
43. Y. Yoshikawa, O. Ochi, H. Nagai, and Y. Mizushima, "A Novel Inorganic Photoresist Utilizing Ag Photodoping in Se-Ge Glass Films," *Appl. Phys. Lett.* **29**:677 (1977).
44. Japanese Patent 82,50430; *Chem. Abstr.* **97**:48231 (1982).
45. E. Ong and E. L. Hu, "Multilayer Resists for Fine Line Optical Lithography," *Solid State Technol.*, June 1984.
46. D. C. Hofer, R. D. Miller, and C. G. Willson, "Polysilane Bilayer UV Lithography," *SPIE Proc.* **469**:16 (1984).
47. G. N. Taylor, M. Y. Hellman, T. M. Wolf, and J. M. Zeigler, "Lithographic, Photochemical, and O_2 RIE Properties of Three Polysilane Copolymers," *SPIE Proc.* **920**:274 (1988).
48. P. A. Bianconi and T. W. Weidman, "Poly(*n*-hexylsilyne): Synthesis and Properties of the First Alkyl Silicon $[RSi]_n$ Network Polymer," *J. Am. Chem. Soc.* **110**:2342 (1988).
49. R. R. Kunz, P. A. Bianconi, M. W. Horn, R. R. Paladugu, D. C. Shaver, D. A. Smith, and C. A. Freed, "Polysilyne Resists for 193 nm Excimer Laser Lithography," in *Advances in Resist Technology and Processing VIII*, H. Ito, ed., *SPIE Proc.* **1466**:218 (1991).
50. Ki-Ho Baik, L. Van den Hove, A. M. Goethals, M. Op. de Beeck, and R. Borland, "Gas Phase Silylation in the Diffusion Enhanced Silylated Resist Process for Application to Sub-0.5 μm Optical Lines," *J. Vacuum Sci. Technol. B* **8**:1481 (1990).
51. Ki-Ho Baik, L. Van den Hove, and R. Borland, "Comparative Study Between Gas- and Liquid-Phase Silylation for the Diffusion-Enhanced Silylated Resist Process," *J. Vacuum Sci. Technol. B* **9**:3399 (1991).
52. K. Kato, K. Taira, T. Toshihiko, T. Takahashi, and K. Yanagihara, "Effective Parameters of DESIRE Process to Controlling Resist Performance at Sub-half to Quarter Micron Rule," in *Resist Technology and Processing IX*, H. Ito, ed., *SPIE Proc.* **1672**:415 (1992).

第9章　非光学光刻技术⁺

前面两章讨论了在晶圆片表面通过光学成像方式形成图形的主要技术和设备。在此工艺中，分辨率极限是至关重要的。对那些从事这种不断交替制作集成电路图形的人来说，预测这些极限的位置总是不成功的。光学光刻得以进一步扩展，是通过各种步进式光刻设备的应用，它们具有高数值孔径的镜头，特别是使用紫外(UV)光源。现在的扫描步进式光刻设备使用了相移掩模版或其他光学邻近效应校正技术以及浸没式光刻技术，最近又采用了多重曝光技术(作者在这里需要指出，这个关于新型光刻技术的列表长度将随着本书版本的更新而不断加长)。光学光刻的支持者们相信，这项技术至少可扩展到 22 nm(采用双重曝光技术)，或许还能延伸到 15 nm 节点(采用三重曝光技术)。尽管未来光刻技术究竟能够发展到何种程度人们尚不清楚，但是毫无疑问的是一定会出现各种超过当前水平的先进光刻技术。然而，可以预期，光学光刻技术在这些几何尺寸上的应用将是非常昂贵的。甚至一套通常用于生产出 2000 ~ 3000 个晶圆片的光刻掩模版，如果全部层次都需要进行完全光学邻近效应校正的话，其价格可能会超过 200 万美元。另一个关注的焦点是电源的功率消耗，每一台最新技术水平的光刻系统通常都要消耗高达 150 kW 以上的电源功率，而一座半导体集成电路制造厂一般需要大约 10 台这样的光刻设备。如果光学光刻技术因为受到性价比的影响而不能获得进一步的推广应用，或者如果特征尺寸缩小到光学光刻技术已经无法实现的地步，此时就必须开发新的光刻技术。有时我们把这些方法概括起来称为下一代光刻(NGL)技术。目前已经发展出了大量的 NGL 技术。然而，在推广应用于集成电路制造方面都还面临着严重的障碍。回忆第 7 章中，瑞利分辨率极限与波长成正比。而各种下一代光刻技术的一般特征则是使用了超短波长的光源。硬 X 射线和电子束的波长是如此之短，以至于其衍射效应已经不再对光刻技术的分辨率起着决定性的限制作用。软 X 射线(目前常常称为极紫外线，即 EUV)的波长和所需的分辨率基本相当。使用超短波长光源，因而也是具有很高能量的光源所带来的关键问题之一就是光刻掩模版。现在还不知道是否有一种材料，它将允许绝大部分这种高能量光子通过一个厚的机械性能稳定的平板，这是制造光刻掩模版所需要的。在本章中我们将评价四种技术，它们已经被开发出来以解决这个难题：无光刻掩模版的电子束直写；用于接近式 X 射线和用于投影式电子束光刻的薄膜型掩模版；以及用于投影式 EUV 光刻的反射型掩模版。本章的最后还讨论了几种不需要使用辐射光源的图像转移技术。

9.1　高能射线与物质之间的相互作用°

非光学光刻系统的两个最有希望的曝光源是短波长的光子和高能量的电子。对这两个光源来说，发生在光刻胶和底层物质中的相互作用实际上有点类似。这一节我们将从物理学方面评论这些作用，然后再评论工艺过程本身。

用于光刻的典型 X 射线源发射能量为 1 ~ 10 keV($0.1\ \text{nm} < \lambda < 10^4\ \text{nm}$)的光子。当这些光子入射到一个固体上的时候，会有许多种可能的相互作用。但是，最有可能的作用是光电子

吸收和康普顿效应。如图 9.1 所示，这两个过程都包含了光子与电子之间的一种相互作用。在能量远小于 10 keV 时，光电子发射占优势[1]，并且射出的电子携带几乎所有入射光子的能量。光电过程的俘获截面取决于靶材的质量。在更高能量时，则康普顿效应占优势。康普顿过程可以看成原先静止的电子和能量为 hc/λ、动量为 h/λ的光子之间的碰撞，其中 h 是普朗克常数，而 c 是光速。在这个散射过程中，入射光子能量的一部分转移给了电子。由于从固体中释放出一个电子的能量（功函数）通常比入射光子的能量小 2 ~ 3 个数量级，而靶材中的电子可以近似看成自由的，因此康普顿效应的俘获截面仅仅取决于电子的密度。由于动量和能量的守恒，我们可以得到以下等式：

$$\lambda_2 - \lambda_1 = \lambda_c(1-\cos\theta) \tag{9.1}$$

式中，λ_c是康普顿波长（0.00243 nm），θ 是入射光子动量和最终光子动量之间的夹角。对于波长为 0.1 nm 的 X 射线来说，在一次康普顿散射过程中，只有很少一部分能量损失。因此，高能 X 射线将会穿透过相当可观的距离，进入到许多固体材料的内部。

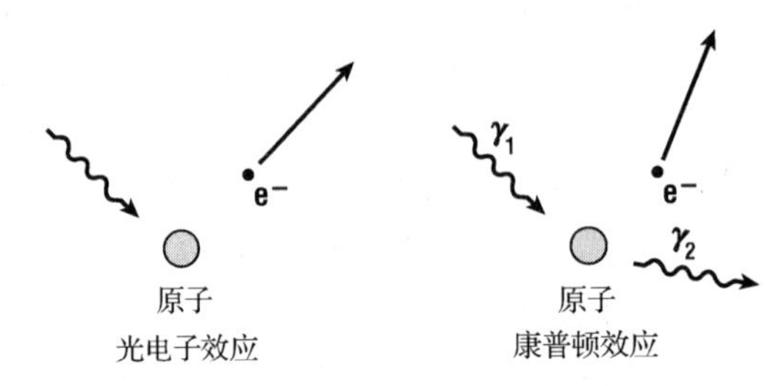

图 9.1　高能光子与物质的两个主要相互作用过程：光电子效应和康普顿散射

大多数 X 射线光刻是在远低于 10 keV（$\lambda >> 0.1$nm）的能量下完成的。这时，光电子吸收占优势。正如下一节中将要讨论的那样，入射光子能量的主要部分，最终被碰撞离化产生的二次电子所消耗。在这方面，一旦最初的光电子活动发生，X 射线光刻和电子束光刻都利用了类似的光刻胶曝光机理。两种过程的重要不同点在于，在 X 射线光刻时光刻胶中产生的二次电子与电子束系统产生的一次电子相比，通常在能量方面大约要低一个数量级。其结果是，在 X 射线光刻中，能量传播的距离要小得多。

由于俘获截面的尺寸有限，入射光子并不是在光刻胶的表面被吸收，而是穿透进一定的深度，直到吸收发生。一种合理的近似是将光刻胶看成一种具有单一俘获截面的非晶态固体。回忆第 7 章中，$\alpha(\lambda)$定义为由波长决定的吸收系数，因此有

$$\alpha(\lambda) = \sigma(\lambda)\rho / m \tag{9.2}$$

式中，ρ/m 是靶材的原子密度，吸收系数是光子能量的函数。对大多数光刻胶而言，期望值为每微米一个数量级。如果α太大，光刻胶的曝光将不均匀；如果α 太小，曝光速度将会降低。相应于原子核中不同能级能量的不连续，吸收系数也有不连续性（参见图 9.2）。很显然，应用于 EUV 光刻的较低能量（λ>10 nm）的光子将具有非常大的α 值，这将给光刻胶的曝光带来难题，除非采用脱色机理或薄的光刻胶曝光。X 射线与衬底材料的相互作用，特别是 X 射线引起的损伤，对所有的 NGL 技术来说都是要考虑的。因为一部分的入射能量将会穿透光刻胶，落到晶圆片上。

在电子束光刻中，电子与固体之间的相互作用是很重要的。当高能量的电子进入固体时，

它们可以无偏转地直线通过、弹性散射或非弹性散射。弹性散射事件的产生主要是通过与原子核之间的相互作用，并且能导致超过 90°的偏转。这种类型的作用通常可以按照来自屏蔽库仑势的卢瑟福散射来进行处理。散射流与入射流之比可以由下式给出：

$$R=\frac{1}{\sqrt{\theta^2+[\lambda/2\pi a]^2}} \tag{9.3}$$

式中，λ是电子的波长，a 是原子半径，它可以近似为

$$a\approx 0.9a_o Z^{1/4} \tag{9.4}$$

式中，a_o是半径（0.529 Å），Z 是靶材的原子序数。

这里有很多潜在的非弹性能量损失机制，包括低能（小于 50 eV）二次电子产生、内壳层激发导致 X 射线发射和俄歇电子发射、电子空穴对的产生及随后的复合、光子发射（电子致发光）和光子激发。找出电子在固体中的路径与找出离子注入的迹径分布非常类似（参见第 5 章中的介绍）。我们可以做一次蒙特卡洛计算，将固定数量的电子发射到某个有限范围的点上，每个电子的路径都将是唯一的。采用这种方法时，需要为每种可能的作用建立模型。在模拟了大量电子的路径以后，我们可以建立一个电子的分布函数，或者也可以采用贝蒂方程[2]对上述过程进行统计学处理。

$$\frac{\mathrm{d}E}{\mathrm{d}x}=\left[\frac{N_A e^4}{2\pi\varepsilon_o^2}\right]\left[Z\frac{\rho}{A}\right]\left[\frac{1}{E}\ln\frac{E}{66J}\right] \tag{9.5}$$

式中，x 是进入靶中的距离，N_A 是阿伏伽德罗常数，Z 是靶材的原子序数，A 是原子质量，ρ是靶材的质量密度，J 是平均离化势能，它可以近似表示为

$$J(eV)\approx 11.5\cdot Z \tag{9.6}$$

然后，投影射程 R_p 可以根据下式求得：

$$\int_0^{R_p}\mathrm{d}x=R_p=\int_{E_o}^{0}\left[\frac{\mathrm{d}E}{\mathrm{d}x}\right]^{-1}\mathrm{d}E \tag{9.7}$$

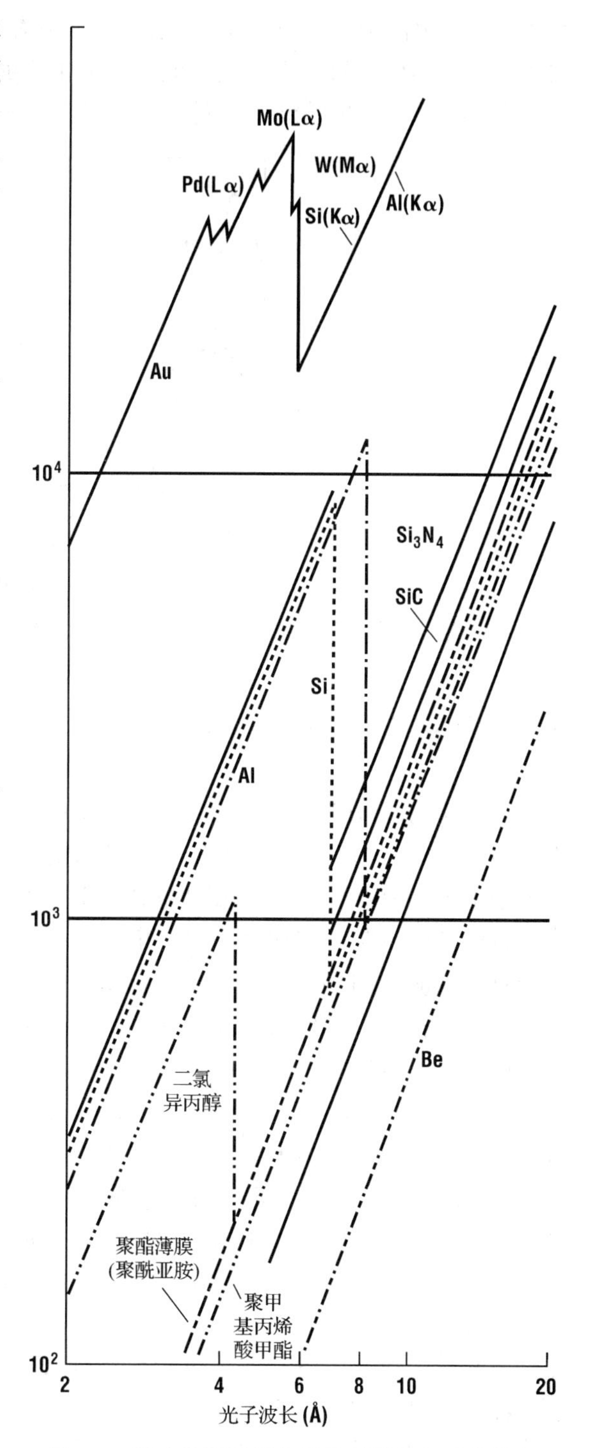

图 9.2　某些常用材料的吸收系数与光子能量之间的函数关系（引自 Glendenning 和 Cerrina[30]，经 Noyes Publications 许可使用）

图 9.3 展示了入射到硅表面的各种不同能量的电子束淀积下来的能量密度分布。在典型的

直写式电子束能量(20～100 keV)条件下，绝大部分能量淀积在大于1 μm的深度上，结果导致大量的损伤位于衬底内。当高能电子撞击表面时，它们也可能引起化学变化。这种事情的发生主要与随后产生的能量相对较低的二次电子有关。这些内容将在本章的后面部分讨论。

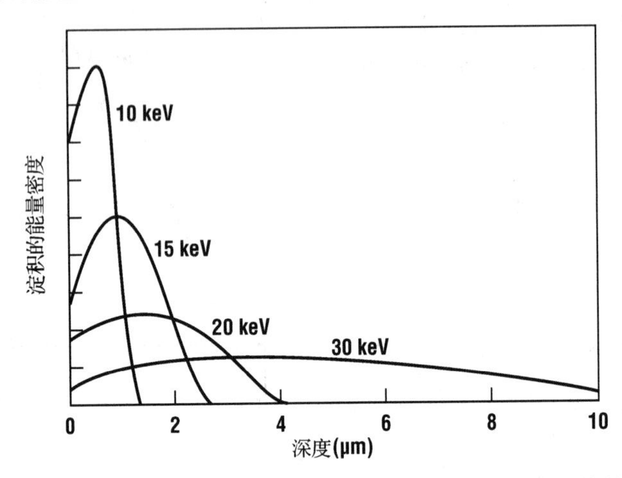

图9.3　各种不同能量的入射电子束在硅中淀积的能量密度与深度的函数关系

9.2　直写电子束光刻系统

电子束光刻(EBL)系统可以用来制造光刻掩模版，因为它具有精密确定小特征尺寸图形的能力。然而由于本书的重点聚焦在集成电路制造工艺上，因此我们将讨论的范围限定在直写电子束光刻技术上。大部分直写系统使用小束斑的电子束，使其相对于晶圆片进行移动，每一次仅仅曝光图形中的一个像素。正如我们在下一节中将要讨论的，几个不同版本的投影式和接近式电子束光刻系统也已经开发出来[3]。Pfeiffer给出了一个很好的有关EBL技术发展历史的总结[4]。直写EBL系统可分成光栅扫描和矢量扫描两类，并具有固定或可变的电子束几何形状。每一种类型的系统都有其优点，具体选择取决于该系统是设计用于哪种直写方式。

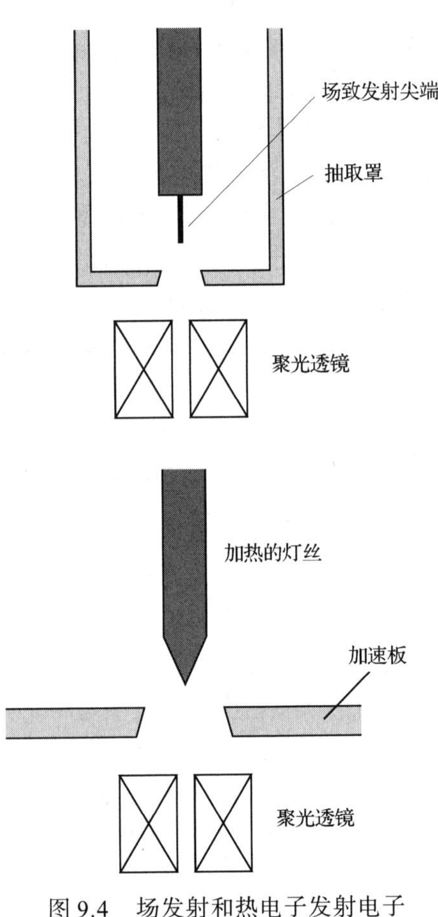

图9.4　场发射和热电子发射电子枪简化的剖面结构示意图

所有的电子束系统都要求电子源具有较高的强度(亮度)、高度均匀性、束斑小、稳定性好、寿命长。亮度的测量单位是每立体角弧度、每单位体积的安培数。在阴极加热时，电子就可以从阴极的电子枪逸出(称为热电子发射)，也可以加上一个大电场(称为场发射)，或者采用两者结合的方式(称为热辅助场发射)。图9.4展示了能够用于EBL的典型电子枪的剖面结构图。最常见的用于高分辨率系统的电子源是热辅助场发射电子枪，因为它兼具亮度高和束斑小的优点。只有一部分发射的电子被收集到了。这些收集到的电子能量的量度则是其亮度β。一般情况下，虽然发射电流密度的增加也会使得β 增加，但是，如果电流密度 J_c 的增加降低了收集效率，亮度增加的比率就没有电流密度增加的比率大。

大多数热电子源使用钨、敷钍的钨、六硼化镧(LaB_6)，甚至最近还有采用 ZrO/W 的。钨灯丝可以在高达 0.1 mTorr 的气压下工作，但是，它们的电流密度只有大约 0.5 A/cm^2，其结果是它们的亮度小于 2×10^4 A/(cm^3·sr)。敷钍的钨阴极在同样的灯丝电流下亮度稍微低一些，并且也需要更高的真空度(0.01 mTorr)，但它的最大电流密度可以高达 3 A/cm^2。

对所有灯丝源的关注焦点是它的视在大小或截面直径。由于大部分的金属线被加热，热电子源产生出很宽广的束流。来自此种源的电子能量分布也非常宽，这将导致聚焦困难，类似于大的部分不相干光源中所见到的那样。对于典型的 LaB_6 源来说，其截面直径大约是 10 μm。要获得 0.1 μm 的束斑需要缩小至 1/100。即使源具有很大的电流密度，相应具有的亮度也要大幅度地降低才能实现深亚微米的分辨率。

现在已经知道[5]，使用已经在合成气体(含有 90%的 N_2 和 10%的 H_2)中退过火的 Zr/W/O 材料制造的尖端，可以用于具有热辅助场发射的电子枪中，用来产生小于 20 nm 的截面直径。这些源也能够提供高亮度和稳定的发射，且寿命较长。这样的电子枪[6]展示了 10 nm 的束斑，并且具有高达 10^3 A/cm^2 的电流密度[7]。对于 100 keV 的电子束能量来说[8]，上述电流密度指标已经被提高到 10^4 A/cm^2，束斑直径也缩小到几纳米。其结果是，这种材料已经成为高分辨率 EBL 系统中最常见的源。然而，为了获得可接受的场稳定性，这种类型的电子枪需要恒定的真空度，至少要达到 1×10^{-8} Torr 的真空。

ZrO/W 发射极使用一个单晶钨导线，其长度为 1 mm，宽度为 125 μm，其{100}晶面与导线的轴向垂直。导线的一端被腐蚀成一个尖端，其直径为 1 μm 左右。导线的另一端被精准地焊接到一个直径近似相等的多晶形态钨引线上。该多晶形态钨环固定在两个电极上，而这两个电极则嵌入在一个直径近似为 1 cm 的圆柱形陶瓷基座上。在导线的中间连接了一个 ZrO_x 的容器。这就使得{100}晶面比其他晶向具有更低的功函数，从而允许大量电子发射并且聚焦在(100)表面。该源的工作温度为 1800 K 左右[9]。

一旦电子流产生出来之后，必须先把它整形成窄的束流。这已经在大多数实用的 EBL 系统中实现，通常是通过一系列透镜以及各种不同的孔径和刀口来实现的。静电透镜虽然结构简单，但是通常具有较大的色差。因此典型情况下使用电磁透镜，这是由缠绕在高磁导率材料上的线圈构成的。图 9.5 展示了一组非常早期的系统的透镜配置，而最新一代的高分辨率系统则要更加复杂。它们往往使用多达 5 个透镜来聚焦电子束，这些增加的透镜被用来完成静态和动态的像散校正和动态的聚焦校正。最终落在晶圆片表面上的束斑直径可以由下式给出：

$$d^2 = d_o^2 + d_s^2 + d_c^2 \tag{9.8}$$

式中，d_s 是球面像差，d_c 是由于非零能量分布引起的色差，d_o 是理想透镜的直径，它受到源的有限尺寸和空间电荷效应的限制。在商业化的 EBL 系统中，d_s 和 d_c 可以制造得足够小以至于可以忽略，最终可以获得接近几个纳米的束斑尺寸，但是束斑大小还取决于电流密度。最小的束斑尺寸通常只在相对比较低的电流下才能获得。例如，Elionix 公司在其 125 keV 的系统中标称的 2.0 nm 束斑尺寸是在 1 nA 的电流下得到的。在任何一个系统中，随着束流的增大，电子之间由于静电作用而相互排斥，这就导致大电流下的束斑增大。因此我们必须在电子束直写速度与分辨率之间做出适当的折中。同样不足为奇的是，我们必须以不同大小的电流来直写不同大小的图形，这样才能达到最佳的权衡。大多数高分辨率的曝光都是在 100 pA 至 100 nA 的电流下完成的。

绝大多数 EBL 系统使用高斯型的束流，即束流强度从中心起，沿半径方向的变化接近高斯分布。正如本章后面将要描述的那样，电子束光刻的主要缺点在于其吞吐率。其工艺加工过程太慢以至于从经济上讲不可能用于制造大多数集成电路。为提高产能，专用的 EBL 系统已经制造出来，它结合了直写和投影两种光刻技术，并具有一定形状的束流[10]。在其中的一款产品中，则是将一个遮挡的掩模版放在晶圆片的上方(参见图 9.6)，其上具有少数几个预先确定好的几何图形，这些图形将被多次重复使用(就像在 DRAM 或其他类型的存储器中那样)。此外还包含一个空白区，可通过将束流引导通过该空白区，从而形成一些非标准的几何图形。当电子束被发送通过该空白区时，就形成了光栅成像效应，如同在标准的 EBL 中那样。

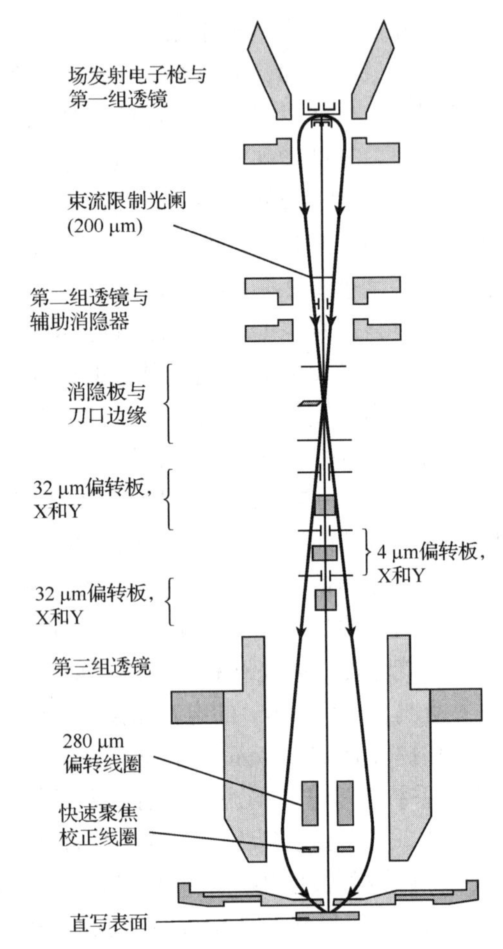

图 9.5　一个早期的 EBES 系统示意图(引自 Herriot 等，经许可使用，© 1975 IEEE)

另一个更加流行的产生可变形状电子束的方法已经展示在图 9.7 中。在这种情况下，束流被方形光阑拦截掉了一部分[11]，通过改变偏转角度，可以改变线条的宽度和长度。或者说，x 和 y 方向的整形可以独立进行。进一步说，可以采用静电旋转透镜来产生与主轴成 45°(或其他任意角度)的矩形。由于绝大多数的图形都是由矩形组成的，这是实现 EBL 的极其有效的方法[12]。成百上千的像素可以同时曝光。采用这种方法时，线宽的控制要更为困难一些。但是对于很多应用来说，产能的提高有效地补偿了线宽控制方面的下降。图 9.8 显示了一个曝光矩阵，其尺寸范围从 0.15 μm×0.15 μm 到 2.0 μm×2.0 μm，它是在可变束流系统中使用单通道方式完成的[13]。这类系统一般不应用于需要高分辨率的场合。

除束流整形外，另外一个影响直写系统产能的重要因素就是光栅法。光栅扫描(如图 9.9 所示)技术被用在第一代 EBL 系统中，包括早期贝尔实验室的 EBES[14]。它是直接由扫描电子显微镜演变而来的。在简单的系统中，电子束首先通过一个电磁偏转线圈，并使电子束沿着一个方向进行扫描，同时，承片台以机械方式在垂直于电子束扫描的方向上扫描。另一种方法则是采用两个线圈分别用于 x 和 y 两个方向的偏转。将需要进行扫描的区域划分成一些场区，其边长从 75 μm 到几个毫米。如果每一个像素都要曝光的话，扫描轨迹就被定义为电子束走过的路径。这些数据被分解为位图，它们依照扫描轨迹按顺序组成。为改善图形边沿的分辨率，典型的电子束光斑尺寸通常是最小特征尺寸的 1/2 到 1/5，并采用多路径通过每一个曝光区。

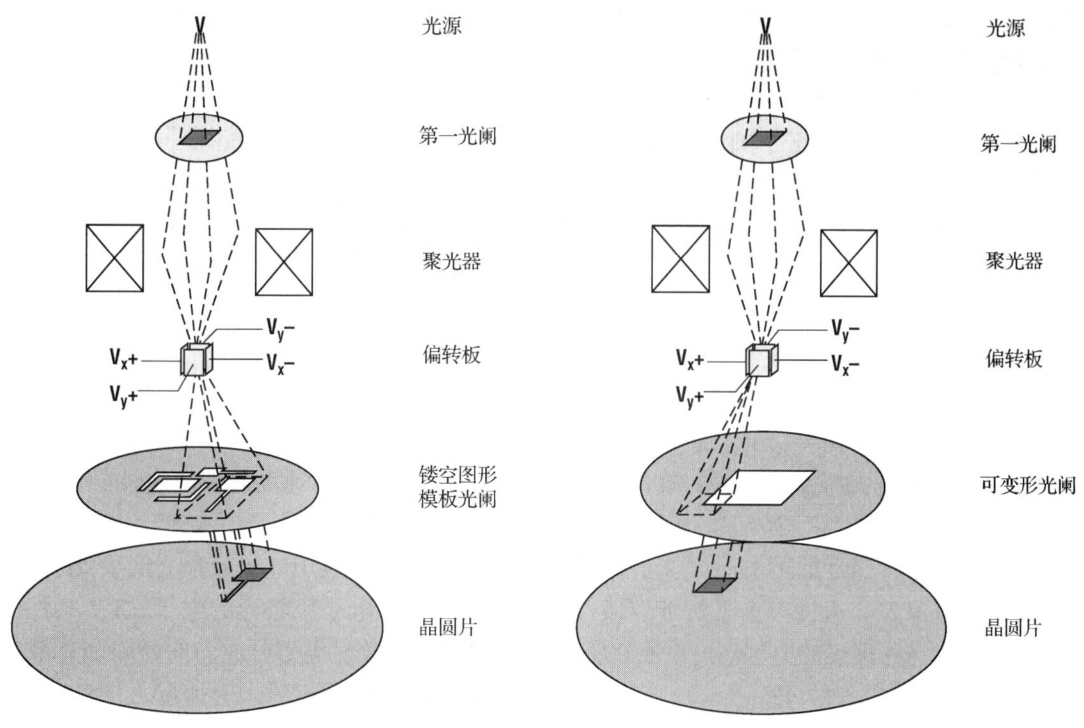

图 9.6　在 EBL 中使用模板掩模版改善系统产量，这种方法仅对高度重复性的设计进行曝光时才有用

图 9.7　一个可变形电子束曝光系统用机械方式挡住束流，使其形成一定形状。宽束流同时曝光很多像素，但是其尺寸控制精度没有标准的 EBL 那么可靠

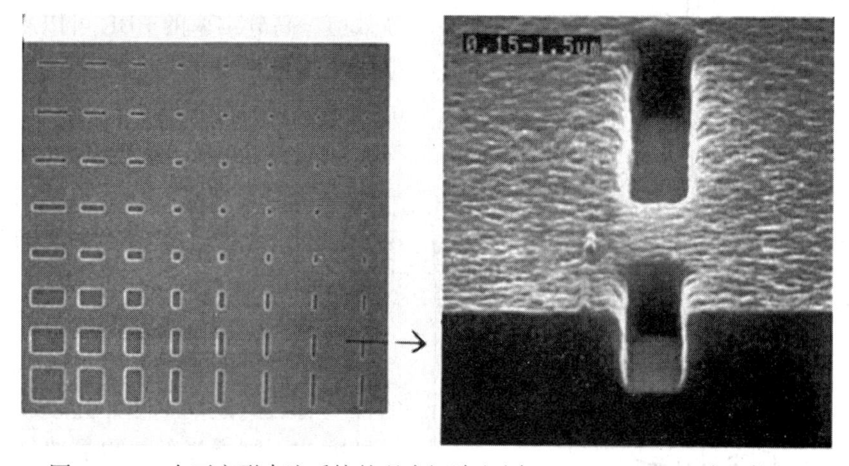

图 9.8　一个可变形束流系统的曝光矩阵(引自 Hohn，经 SPIE 许可使用)

如果不需选择图形的极性，我们就可以利用这样的事实，即只有远少于 50%的单元图形需要用典型图形进行常规曝光。在光栅扫描方法中，每一个像素都必须被逐次扫描。这样，曝光时间几乎与图形无关，图形就是通过打开和关闭快门而被直接写出来。新的 EBL 系统都是采用矢量扫描方法的，这种方法通过引导电子束只对芯片上需要曝光的区域进行扫描来提

高产能[15]。在这种方法中，每一个需要曝光区域的数字位置被送给 x, y 数模转换器(DAC)，电子束只指向那些需要曝光的像素。必须事先应用软件将像素按顺序排好，以便将电子束偏转所需的时间减到最小。

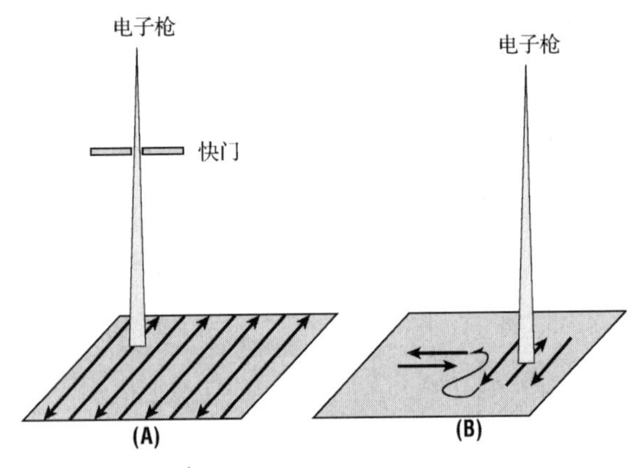

图 9.9　扫描方法学之间的比较：光栅扫描(A)和矢量扫描(B)

矢量扫描系统还有第二个优于光栅扫描系统的重要优点。忽略系统像差和非线性后，图形地址的精度简单地取决于数字位的宽度。通过使用高速宽数字位的DAC，能够将每个像素放置在一个非常精细的栅格上，这样实际上就不需要电子束去访问每一个像素了[16]。采用高速 18～22 位的 DAC 就能够在 100 μm～1 mm 的视场内提供非常高的电子束扫描精度(最细分辨率可以达到 0.2 nm)。对于矢量扫描系统来说，在决定系统产能方面，DAC 的速度起着决定性的作用。

在电子束光刻中，一个备受关注的方面就是由于邻近效应引起的图形畸变。这是因为散射的电子倾向于将邻近的不准备曝光的区域曝光。这种效应在应用电子束曝光时要比应用光学曝光时严重得多。通过考查蒙特卡罗模拟得出的一个典型电子束曝光的电子轨迹，就能很容易看出引起这种曝光的原因(如图 9.10 所示)。我们可以将散射类型分成前向散射和背散射。前向散射发生在相对入射速度方向的一个较小的角度范围内，并将导致图形轻微展宽。除非使用高能量电子或非常薄的光刻胶，否则前向散射会限制图形的分辨率[17]。背散射则会造成大面积曝光模糊。为了降低这个展宽效应，高分辨率的 EBL 可以采用高能量的电子束或使用薄的光刻胶来实现。而使用薄的光刻胶则需要将图形进一步转移到较厚的掩蔽层上，这样才能用于获得预期的图形。一般说来，需要针对给定的光刻胶，将入射电子束的能量优化。背散射范围取决于入射电子束能量的平方，可能非常大。对于高能电子束来说，这种弥散效应将显著降低曝光剂量并足以阻碍覆盖在整个区域上的光刻胶的性质有大的改变，除非光刻胶有非常高的灵敏度，否则曝光剂量也需要针对背散射效应进行修正。

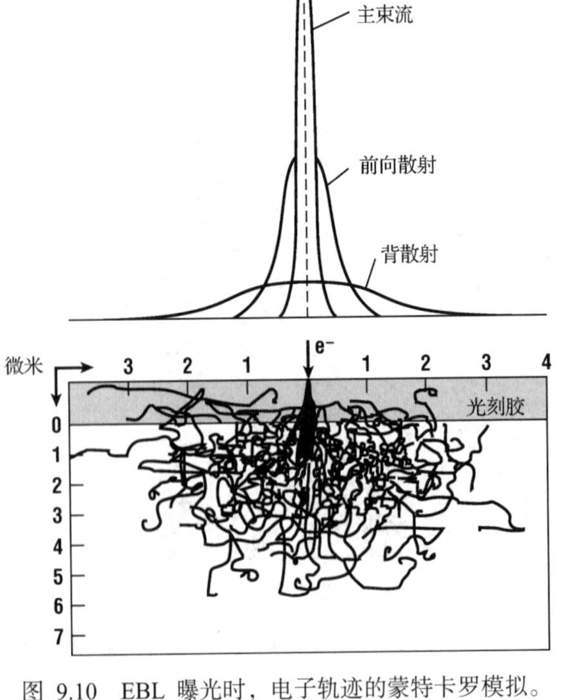

图 9.10　EBL 曝光时，电子轨迹的蒙特卡罗模拟。上部曲线显示电子束的前向散射和背散射分量(引自 Hohn，经 SPIE 许可使用)

如果图形中两个图形结构靠得太近，电子束的轨迹交叠将导致显著的非有意曝光[18]或邻近效应。人们已经开发出了很多种算法来修正每个像素的曝光时间(也就是曝光剂量)从而补偿邻近效应。目前也有商业化的软件可以完成上述工作。这些软件程序通常是离线运行的，它们建立一个修正曝光剂量的离散数据文件，该文件可以用来执行电子束曝光。通常这些算法要计算周围的特征图形密度，并根据它们到曝光区域的距离适度加权，最后再减去预估的背散射曝光量[19]。一个大尺寸图形和一个小尺寸图形的简单说明示于图 9.11 的上部。沿着通过图形中点的直线所采用的经邻近效应校正之后的曝光剂量在图的下部给出。大块图形中心接受的曝光剂量比标准值低，而右侧孤立的线条则接受了较大的曝光剂量。

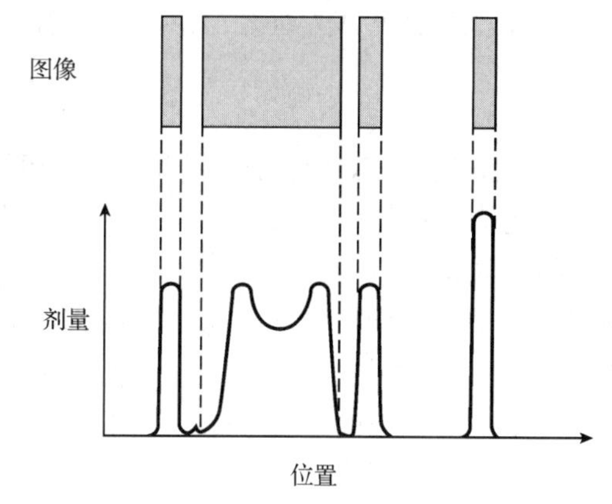

图 9.11　用 EBL 对大图形和小图形进行成像时需要按位置决定曝光量，以便补偿邻近效应

图 9.12 给出了一个由线条和间隔组成的图形，其中包括带有小矩形孔的大片图形以及孤立的小矩形。图的上半部分[即图 9.12(A)所示]表示期望的曝光强度图形、没有邻近效应校正的能量分布和校正过的剂量图。图的下半部分[即图 9.12(B)所示]表示，当最小特征尺寸为 0.25 μm 时有校正和没有校正得到的结果。没有邻近效应校正时(右图)，最小特征尺寸的图形已经无法辨认，其中最长的线条显示出了明显的线条宽度变化，这取决于该处图形的密度[20]。

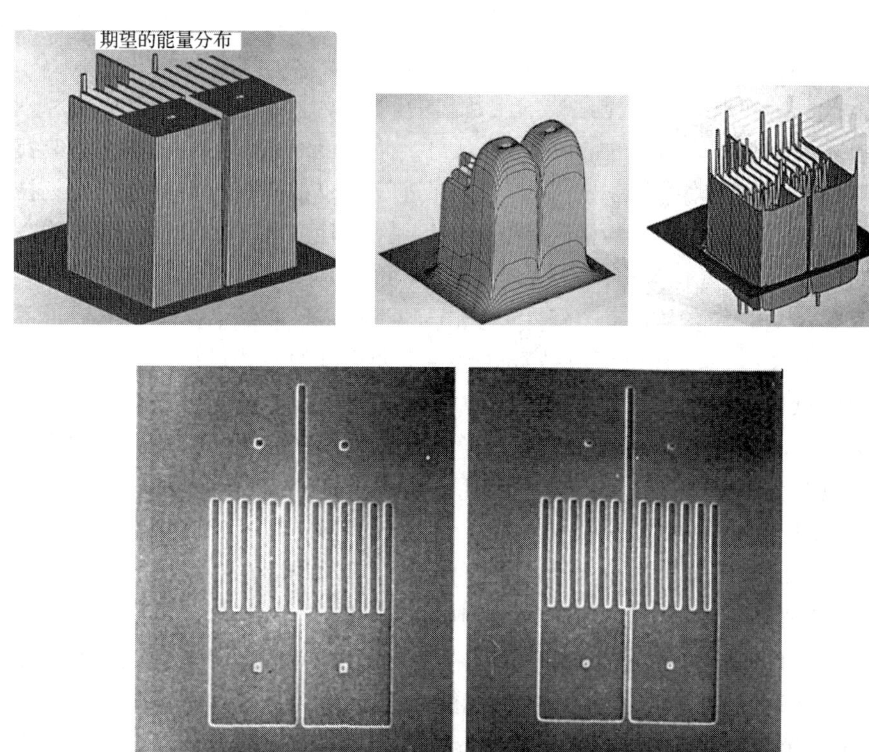

图 9.12　(A)期望的能量淀积图，均匀剂量淀积的能量和产生均匀能量淀积所需要的剂量图；(B)EBL 曝光的电子显微照片，分别是有和没有邻近效应校正(经 SPIE 许可使用，引自 C.-Y. Chang 等，1992)

邻近效应校正算法通常先将散射束描述为双高斯分布形式：

$$I = I_o\left[\mathrm{e}^{-r^2/2\alpha^2} + \eta_E \mathrm{e}^{-r^2/2\beta^2}\right] \tag{9.9}$$

为了实施邻近效应校正，我们必须知道邻近参数α(前向散射)、β(背散射)和η_E(因背散射引起的能量淀积与前向散射引起的能量淀积之比)[21]。这些参数主要取决于所使用的光刻胶、下面的衬底材料以及最重要的加速电压。通常，这些参数可以通过蒙特卡洛模拟得到。一旦知道了电子束的传播情况，每个点淀积的能量也就可以确定，而且可以对曝光剂量图进行调整，直到所有要曝光的点都能够接收到几乎均匀的曝光剂量。

使用一种变通的 EBL 方法，即扫描隧道显微镜 EBL[22]技术，可以完全消除邻近效应。在这项技术中，将场发射探针放在极其靠近晶圆片表面的地方，并且通过检测来自探针尖端的场发射电流，采用反馈控制的方法将它保持在那里。也可以采用原子力显微技术来实现这一点。扫描隧道显微镜的入射电子能量在 4 ~ 50 eV 范围内。这项技术已经被用来对光刻胶进行曝光和直接进行表面修改，其最小特征尺寸可达到 20 nm。对于这项技术，主要关心的也是其产能，因为承片台与探针尖端必须采用机械方式来进行扫描，因此这种系统的产能比传统的电子束直写光刻要低很多。

9.3 直写电子束光刻：总结与展望

和大多数下一代光刻技术一样，EBL 技术也受到了深紫外光刻系统分辨率快速改进的严峻挑战。早在 20 世纪 70 年代中期，电子束光刻就已经展示了具有直写出小于 10 nm 宽度线条和间距的能力[23]，而那时光学光刻技术制备出的图形尺寸差不多要大 200 倍。现在最好的商用电子束系统已经能够直写出 5 nm 的特征尺寸，而深紫外光刻系统能够制备的特征尺寸差不多还要大 6 倍。采用诸如浸没式透镜、光学邻近效应校正等技术，传统的光刻技术已经能够实现更小尺寸的孤立图形，当然还不是最小间距的图形。通过采用多重曝光的方式可以解决最小间距图形的问题。虽然这种方法有可能会降低光刻技术的产能，但是对于集成电路这样的高密度图形来说，多重曝光工艺仍然要比电子束直写光刻快得多。

从基本原理上说，EBL 技术可以被看成是一系列连续的工艺过程，在一个时刻仅仅将一个像素的图形信息传送到晶圆片上。而在另一方面，使用掩模版的曝光则以并行方式进行大面积的图形曝光，所有的像素同时曝光。为了提高产能，高亮度光源、矢量扫描系统、低电感的偏转线圈以及大直径的透镜，在过去的几年内都已经陆续开发出来。但是，该工艺技术的产能在最好情况下也仍然要比光学光刻技术低一个数量级[24]。例如，图 9.13 所示的一个拟用于实际器件生产的商用系统，能在 20 min 内曝光一个含有 10^3 个 0.1 μm×200 μm 器件的晶圆片。然而，一个典型的晶圆片上包含 10^{11} ~ 10^{12} 个晶体管，这就使得晶圆片的曝光时间变得极长。典型的 EBL 系统需要在分辨率和产能之间做出折中，也就是说，一个设计用来制备 5 nm 特征尺寸图形的光刻机就只能忍受非常低的产能(表 9.1 中列出了一种高分辨率电子束系统的参数规范)。光学光刻与电子束光刻在缩比性能上的差别，进一步挤压了设计用于大生产的高产能、低分辨率电子束光刻系统的市场。由于产能的限制，直写式 EBL 成为主流 IC 工艺的生产技术是几乎不可能的，一直到有可行的另一种替代方法出现为止[25]。

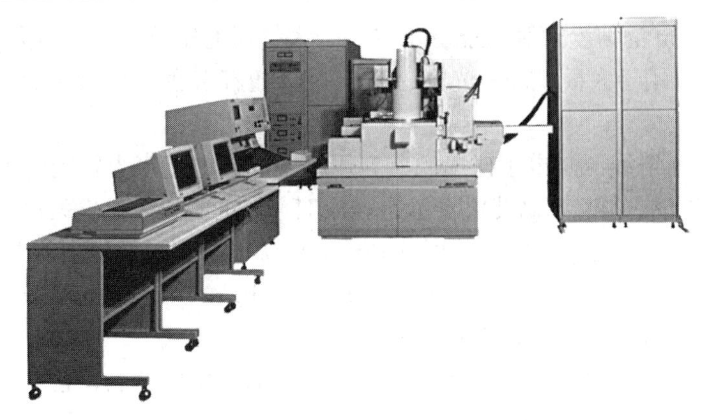

图 9.13　一套 JEOL 6300 直写电子束光刻系统的照片

撇开光刻掩模版制造不说，EBL 还有两个主要的用途。采用高亮度源的可变电子束系统，提供了一种精细特征尺寸产品的原型制造或者有限的生产能力。由于不需要制造光刻掩模版的步骤，因此可以使用 EBL 技术直接快速修改图形和生产出有限数量的测试用芯片。与它的高分辨率相结合，这种能力使得 EBL 成为一种研究和开发先进样品原型非常有吸引力的技术。在这个市场中的典型应用包括高速 GaAs 集成电路[例如毫米波(MMIC)]器件的制造。较小的晶圆片尺寸、较少的器件数量、小批量的晶圆片，再结合纳米尺度分辨率的需求，使得 EBL 成为一种理想的选择。EBL 其他主要的应用是器件研究。EBL 再一次成为适合这项任务的理想的选择，因为它具有极高的分辨率和迅速将少量实验载体成像的能力。此外，在产量不是严重关切的问题时，例如在制造分立晶体管或研究其他纳米结构器件时，合理的高分辨率 EBL 系统(大约 50 nm)可以利用改装扫描电子显微镜的方法，以相对比较低的成本实现。

表 9.1　为 8 nm 器件研究与开发设计的直写电子束光刻系统 VISTEC EBPG 5200 的关键参数规范

最大束流	0.25 μA
最大束斑直径	2.2 nm
阴极类型	热离子场发射(Zr/O/W)
加速电压	100 kV
直写精度	15 nm
最小线宽	8 nm
时钟速度	50 MHz

9.4　X 射线与 EUV 光源°

我们即将考虑的第二种类型的非光学光刻技术使用 X 射线作为辐射源。这种辐射源可以划分为两大类：传统的 X 射线光刻(XRL)使用短波长(小于 1 nm)的辐射，称为硬 X 射线，主要应用于接近式光刻和 1 倍的步进光刻系统；而软 X 射线(大于 10 nm)则主要应用于投影式光刻系统，目前也称为极紫外(EUV)光刻。EUV 技术的支持者们已经选择了 13.5 nm 作为目标波长。这里有三种 X 射线源能够用于 X 射线光刻(XRL)。按照强度和复杂性增加的顺序，它们分别是电子碰撞、等离子体和存储环。理想的 X 射线源应该尽可能地小又尽可能地亮(对于接近式 X 射线光刻)，或者是均匀地投射到较大的面积上，而且强度尽可能强(对于 EUV 和投影式 X 射线光刻)。大多数 X 射线源是在真空下工作的。在某些系统中晶圆片通常是在一个大气压下进行曝光的，这样就改善了系统的产能，因为避免了将晶圆片抽到高真空状态。在这样的系统中辐射源上有一个用薄的金属铍做的窗口用来提取 X 射线。一个直径较小(小于

1 cm)、厚度为 25 μm 的薄金属膜就能够承受一个大气压的压差。直径增大到 6 cm 的窗口也已经开发出来，可以用于大面积的曝光[26]。铍窗口会随着 X 射线的曝光而老化，因此必须定期进行更换。

最简单的一种 X 射线源是电子碰撞源，它用一个高能电子束入射到一个金属靶上[27]。正如在 9.1 节中所讨论的那样，当高能电子撞击靶的时候，主要的能量损失机理之一是通过核心能级电子的激发。当这些受激发的电子回落到核心能级时，就会发射出 X 射线。这些 X 射线形成分立的射线谱，它们的能量取决于靶的材料。另外，由于带电电子的减速作用，还会发射出来一个连续谱的轫致(Bremsstrahlung)辐射[28]。

电子碰撞源的主要限制因素之一是功率耗散。如果靶变得过热，它就会开始蒸发。基于这个原因，常常采用一些难熔金属(例如钨和钼)来作为靶材。图 9.14 所示是一种最简单类型的 X 射线源，它有点类似于第 12 章中将要讨论的电子束蒸发器[29]，只是其中的靶材需要采用水来进行冷却，以避免靶材的蒸发。若要允许更高的功率密度，水冷却的阳极还可以采用 7000 ~ 8000 r/min 的速度旋转，以便在更大的范围内进行散热[30]。在这些系统中，电功率的消耗可以高达 20 kW。

同步加速器(参见图 9.15)是用于光刻工艺的最亮的 X 射线源。电子被注入储存环中，并以 $10^6 \sim 10^9$ eV 的能量保持在那里。存储环中电子的能量由下式给出：

$$E \approx 0.3\frac{\text{GeV}}{\text{T}\cdot\text{m}}B\cdot r \tag{9.10}$$

式中，B 是以特斯拉(Tesla)为单位的弯曲磁体中的磁感应强度，而 r 是曲率半径。

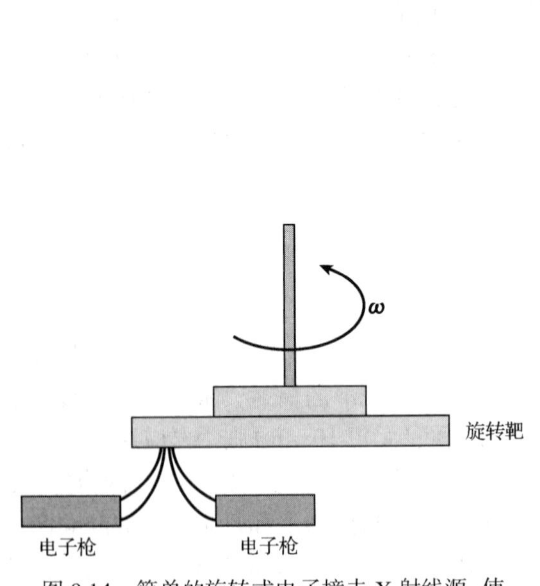

图 9.14　简单的旋转式电子撞击 X 射线源，使用聚焦到旋转的钨阳极上的电子束

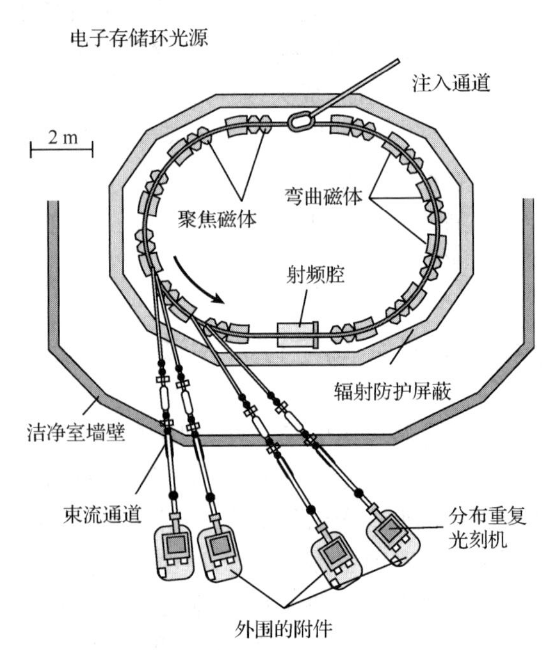

图 9.15　XRL 电子存储环的基本示意图，图中显示了几个曝光台(引自 Glendenning 和 Cerrina，经 Noyes Publications 许可使用)

发射过程中的能量损失在射频腔中得到补偿，在这里，电子被加速恢复到存储环的能量。

电子的注入通常必须每天重复几次。在每个弯曲磁体的位置，都可以发射出一束很强的 X 射线束。一个存储环通常可以支持多台曝光设备。在同步加速器光源内，电子通常是高度符合相对论运动规律的，这将导致辐射能的多普勒(蓝移)漂移现象和发射角度的变窄。结果，这台同步加速器光源的中值波长由下式给出：

$$\lambda_C(\mathring{A}) = 5.6\frac{r(\mathrm{m})}{E(\mathrm{GeV})^3} = \frac{18.64}{B(T)E(\mathrm{GeV})^2} \tag{9.11}$$

存储环的大小和成本是需要引起注意的，由于强磁场的需求，传统的存储环一般都非常大，其半径可能达到 10 m 以上[31]。庞大的水冷却电磁铁能够产生出大约 20 kG(即 2T)的磁场。对于 1 GeV 的束流来说，这将形成一个大约 1 m 的转弯半径。然而，这样的一个存储环需要巨大的功率去运行。大孔径超导体磁铁能够产生高达 50 kG(5T)的磁场，由此形成大约 0.5 m 的转弯半径。使用这项技术可以建立起直径为 2 m 的紧凑型存储环[32]。即使是这种紧凑型的存储环，建设这样一个系统所需要的资本投入也是非常高的，可达到$20 000 000 左右(除了 EUV 光源，完整的 EUV 步进光刻机的价格可能高达$65 000 000)。虽然一个存储环能够支持多台曝光设备，但是如果曝光的光源出现故障，则所有的曝光设备都将无法正常工作。因此存储环不太可能投入实际的应用。

等离子体也可以用作一种介于存储环和金属阳极之间的光源。目前有两种常见类型的等离子体 X 射线源：激光产生的等离子体(LPP)和电子放电产生的等离子体(DPP)。最早的原型系统已经使用了电子放电产生的等离子体，这是受到某种约束的等离子体，但是激光产生的等离子体展示了更好的应用前景。虽然已经建立了准分子激光加热系统[33]，但是其他的光源也具有很多重要的优点。脉冲钕玻璃板条激光器可以产生出 10 ns 宽、能量为 20 ~ 25 J、波长为 1.053 μm 的脉冲辐射[34]，这个能量被聚焦在靶材的表面形成一个直径为 200 μm 的束斑。无论是板条激光器还是 CO_2 激光器都可以获得 4.5% ~ 5%的转换效率[35]。在经过最初的尝试使用锂、氧和氙之后，锡最终被选为优先用作 LPP 和 DPP 的靶材，无论是锡的微滴还是锡薄膜都已经得到实际验证。每个脉冲中的功率密度(在 10^{13} W/cm^2 数量级)足以使得薄膜蒸发。过热的金属蒸气会辐射出 X 射线，其波长在 13 ~ 15 nm。必须采用诸如箔片陷阱(类似于百叶窗结构)这样的碎屑减缓技术和电场来避免光学系统中缺陷的形成。这类辐射源的目标是要在晶圆片的表面提供至少 50 mW/cm^2 的能量密度。

9.5 接近式 X 射线系统

与电子和光子不同，对于 X 射线来说，要构建任何类型的光学系统都是非常困难的。随着波长的减小这个困难将会进一步增大。因此早期的 X 射线曝光设备都是 1∶1 的接近式曝光机或步进式曝光机。本节将集中讨论简单的接近式曝光设备(如图 9.16 所示)。如果使用旋转阳极或等离子体源而不是同步加速器的话，可以采用一个反射器来收集和准直化光源，并将其传送到一个窄的光阑；但是，和光学系统不同的是，简单的抛光金属反射镜的效率是极低的。在晶圆片和铍窗口之间存在一个充氦气或高真空的柱体，从而避免在气体中的吸收。晶圆片必须和光刻掩模版进行光学对准，而且最终必须将光刻掩模版固定在晶圆片载体上。然后，载体组件被定位在照射束中并将 X 射线的快门打开。

显然，对于波长为 1 nm 的光子来说，曝光图形的特征尺寸要远大于波长[①]，因此可以使用简单的光线追踪方法。如果我们还试图采用如图 9.16 所示的点光源设备来为线条和间隔组成的图形曝光，就可能会意识到 X 射线光刻的一些限制因素。我们以图 9.17 来进行分析，假设 d 表示光源光阑，D 是光阑到光刻掩模版的间距，G 是掩模版到晶圆片的间隙，W_m 是掩模版上的线宽，W_w 是晶圆片上的线宽，r_m 和 r_w 分别是掩模版和晶圆片上线条的内边沿到曝光系统中心线的距离。作为几何分析的结果，我们可以展示出图形发生了由下述公式给出的畸变：

$$r_w = r_m + G\frac{r_m}{D} \tag{9.12}$$

对于 25 μm 的间隙 G，1 m 的 D 和 2 cm 的 r_m，发生的漂移大约是 0.5 μm。

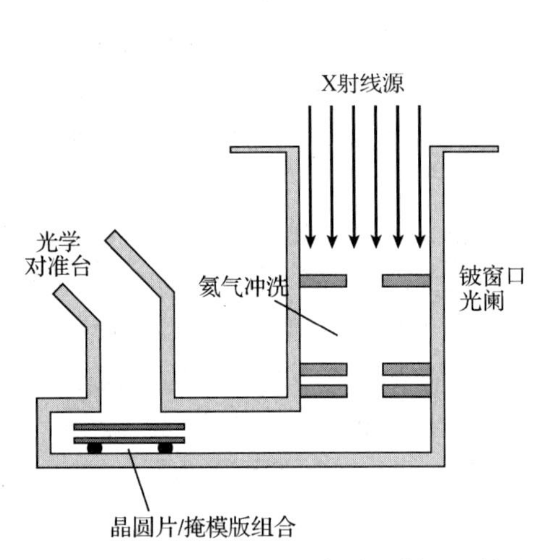

图 9.16　简单的接近式 X 射线光刻机，其基本系统与光学接近式系统非常类似

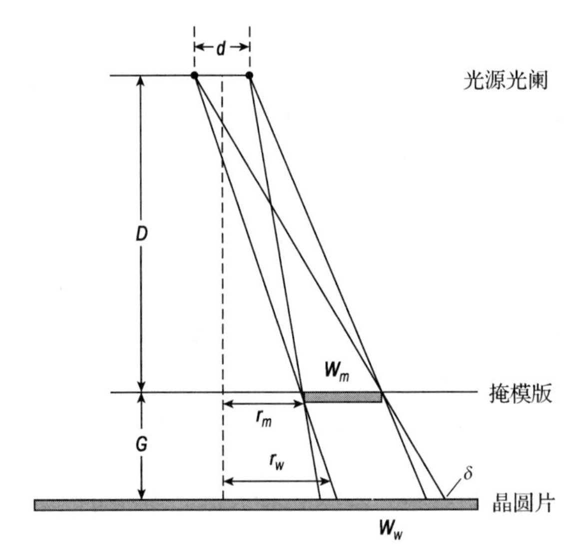

图 9.17　图 9.16 所示曝光系统的几何光学

一个更严重的限制是半影模糊。参见图 9.17，如果假设光刻掩模版是完全不透明的，有限的光源尺寸仍然会导致连续的边缘阴影。将外部阴影宽度作为模糊量 δ 考虑，则有

$$\delta = G\frac{d}{D} \tag{9.13}$$

该模糊量的大小经常被认为是对 X 射线曝光设备分辨率的一个非常粗糙的度量。对于我们前面考虑的尺寸，在采用 4 mm 的光阑时，其分辨率大约在 100 nm 的量级。当然，边缘的半影模糊只是一个简单的几何效应。如果能够产生一个均匀的宽区域 X 光束，这个问题也就可以避免。这就要求使用 X 射线透镜。

目前有 3 种基本类型的 X 射线透镜已经得到了深入的研究。最简单的一种是斜向投射镜。就像图 9.18(A)所示的那样，它很简单，就是一个高度抛光的金属表面，束流以很低的角度打到抛光面上。虽然这个系统能用于简单的应用，例如使从回旋加速器中出来的入射束流光栅化，但是其反射率太低，不能用它构建复杂的光学系统。另一种 Kumakhov 透镜则使用大量

① 原文误为远小于。——译者注

直径较小的玻璃毛细管来收集射线并改变它们的方向。通常把这些毛细管收紧来聚焦辐照射线(如图 9.18(B)所示)。进入毛细管的 X 射线，在内部以小角度向光滑内壁的前方反射，直到它们从透镜的另一端射出来[36]。最新一代的 Kumakhov 透镜长度超过 1 m，但是其空间强度则是高度不均匀的。第三种同时也是迄今为止最常用的关于 X 射线光学系统的策略是使用多层(典型的包括 40 ~ 50 个双层界面)反射镜的方式[37]。这些反射镜最初是为了 X 射线天文学的研究而开发的，它们使用两种单元的交互层，二者具有差别很大的电子浓度(如图 9.18(C)所示)。一种材料具有较高的质量密度(散射体)，而另一种则具有较轻的质量密度(间隔层)。一个通常的组合是钼和硅。 在每一层上只有一小部分进入的平面波被反射。如果间隔层的厚度选择合适的话，来自散射层的反射波就构成相长干涉。为了获得高效率的反射，各层的界面一定要非常平滑[38]。如果各层的厚度选择得当，来自每个界面的反射波将构成相长叠加，而且，一半以上的入射能量可以作为低能量 X 射线反射[39]。此外，如果反射镜表面能形成适当的形状，则不但能够实现准直化，而且还能够缩小。这样就构成了 EUV 光刻系统的基础。

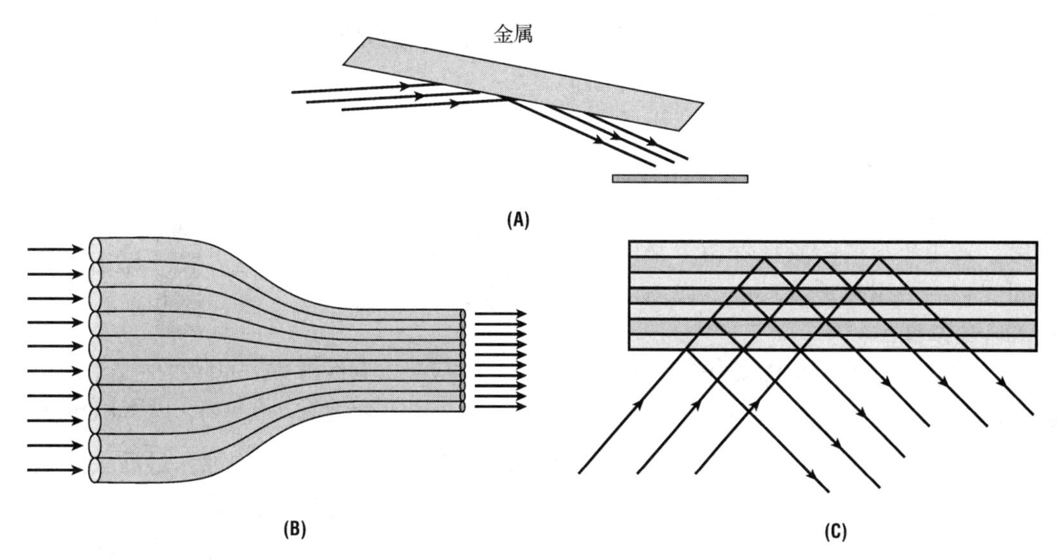

图 9.18　X 射线光学系统可能的选择，包括掠射角金属镜(A)、Kumakhov 透镜(B)和多层反射镜(C)

9.6　接近式 X 射线光刻的薄膜型掩模版

X 射线光刻工艺最困难的问题之一是掩模版的制造。因为对于 X 射线来说，没有一种材料是高度穿透性的，通常有两种选择。对于 1 倍的接近式光刻，可以使用低 Z 的薄膜[40]，掩模信息的传送是通过使用一个带有图形化吸收层的薄膜来实现的。表 9.2 比较了一些 X 射线掩模版最常用的薄膜材料。为了便于进行比较，包含了两个常用的吸收体，也就是钨和金。Ta 的各种不同类型的合金也常常作为吸收体使用。虽然钻石作为一种衬底材料具有最令人向往的性质，但是它也是最难加工生产的[41]。由于制造比较容易，通常的薄膜材料是低应力的富硅氮化硅，然而，更受欢迎的材料则是碳化硅(SiC)，原因是它更加坚硬且具有更好的抗辐射性能[42]。薄膜制备最常见的是采用低压 CVD 方法进行淀积，可以通过改变温度和气体组分来控制薄膜中的应力[43]。

表 9.2 典型的 X 射线掩模版材料的机械性质

材料	杨氏模量(GPa)	热膨胀系数(℃$^{-1}$) × 10^{-6}	透射率达到 50%的厚度(μm)
氮化硅	250	2.7	2.3
硅	47	2.6	5.5
氮化硼	675	1.0	3.8
碳化硅	460	4.7	3.6
金刚石	11	1.0	4.6
钨	397	4.5	0.8(10 dB)
金	78	14.2	0.7(10 dB)

所有的薄膜掩模版制造工艺都是由 X 射线掩模空白基板的制造开始的。如图 9.19 所示，在典型的空白基板制造过程中，首先将一片硅晶圆片上涂敷一层薄膜材料。如果使用硅作为薄膜材料的话，则还要对硅晶圆片的表面进行掺杂以便能够对其进行选择性的衬底腐蚀[44]。然后对晶圆片的背面进行图形化光刻以保护其外环。将晶圆片背面的薄膜材料去掉，然后进行长时间的湿法化学腐蚀，以去除大部分的硅晶圆片。一旦将晶圆片去除之后，采用环氧树脂胶将保留下来的外环安装固定到一个耐热玻璃环上，以增加其强度和机械稳定性。

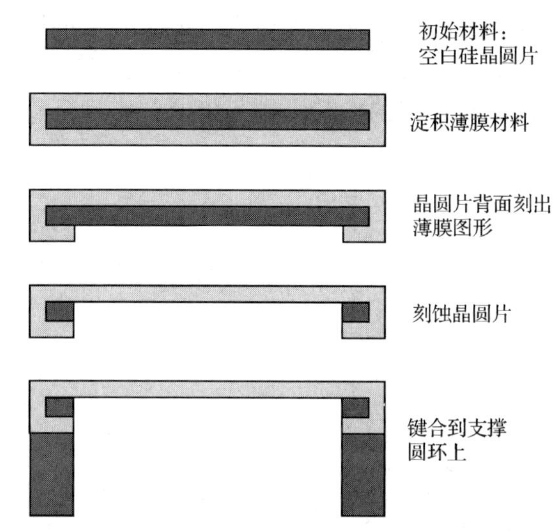

图 9.19 X 射线掩模空白基板的制造工艺，形成一个紧扣在机械支撑环上的膜片

一旦晶圆片空白基板完成之后，就必须做好掩模。首先在做好的空白基板上淀积一层钨，然后进行涂胶和光刻，并利用光刻胶作为掩模对钨进行选择性刻蚀，最后去除光刻胶即完成工艺。由于干法刻蚀的选择比不够高，因此限制了钨吸收层的高宽比。在减法工艺中金也能够作为一个吸收体使用，但是它在图形的形成过程中，会遇到再淀积的问题[45]。通过使用高能离子研磨技术，可以避免再淀积的问题[46]，但是离子研磨技术可能很容易对薄膜造成损伤。在钨的淀积过程中为了避免钨的剥落和掩模畸变，应力控制是至关重要的。

图形畸变是薄膜光刻掩模版的一个严重的问题。除与掩模版的电子束直写相关的位置错误外，严重的畸变还可能来自系统中掩模版的紧固不均匀[47]。畸变的其他来源包括应力的改变以及掩模版不同材料之间热膨胀系数的差异。由于掩模版上各种不同层次材料的增加，掩模空白基版上的应力也可能会改变。在经过曝光和光刻形成图形之后，掩模版的材料会发生弛豫，并恢复到它原来的状态。在曝光过程中，支撑环、薄膜材料、吸收体以及光刻胶之间热膨胀系数的差别，也能引起局部畸变。基于上述原因，选择具有相互匹配热膨胀系数的材料就是非常必要的。为了提供最佳的稳定性，薄膜的应力应该比附加层的大，但是又不能大到引起褶皱和翘曲的程度。为了减少曝光时间和由于吸收导致的掩模加热，薄膜掩模版的厚度也应该尽可能薄。最后，光学光刻技术的持续突破已经大大延缓了接近式 X 射线光刻技术的发展。

9.7 EUV 光刻

正如光学光刻通过从接近式/接触式印刷迈进投影式光刻来克服掩模版问题一样，如果能够开发出一个商业上可行的投影技术的话，对于 XRL 技术的发展也将是非常有利的。在最新的国际半导体技术发展路线图中就列出了这种最有可能应用于 15 nm 及更小技术节点的系统。这类系统中的光学镜片就是前面已经讨论过的各种高 *Z*/低 *Z* 型反射镜。其掩模版也是制作在反射镜的表面，这就解决了最新一代 X 射线光刻掩模版中的绝大多数问题[48]。这些系统必须使用软 X 射线（λ=13.5 nm）[49]，反射镜对它的反射率大[50]。图 9.20（A）展示了围绕着这个原理设计的一个研究型的曝光系统。目前 ASML 控股公司正在研制这样一台完整的 EUV 对准曝光机。第一台商业化的原型系统使用的是脉冲式的等离子光源，因为这种光源中含有十分丰富的软 X 射线。这台光刻机目前位于 IMEC。这台原型机（α 机）是基于 ASML 公司 193 nm 系统的同一平台建立的，其设计目标是面向 32 nm 技术节点（64 nm 跨距）。在我们写作本书的时候，第一批 6 台改进型（β机）的系统［参见图 9.20（B）］已经发往最先进的集成电路制造厂，该系统是围绕着一个新的平台而设计的，其型号命名为 NXE：3100。而这样的一台生产型的光刻设备型号为 NXE：3300B，预计将在 2012 年的晚些时候面世。

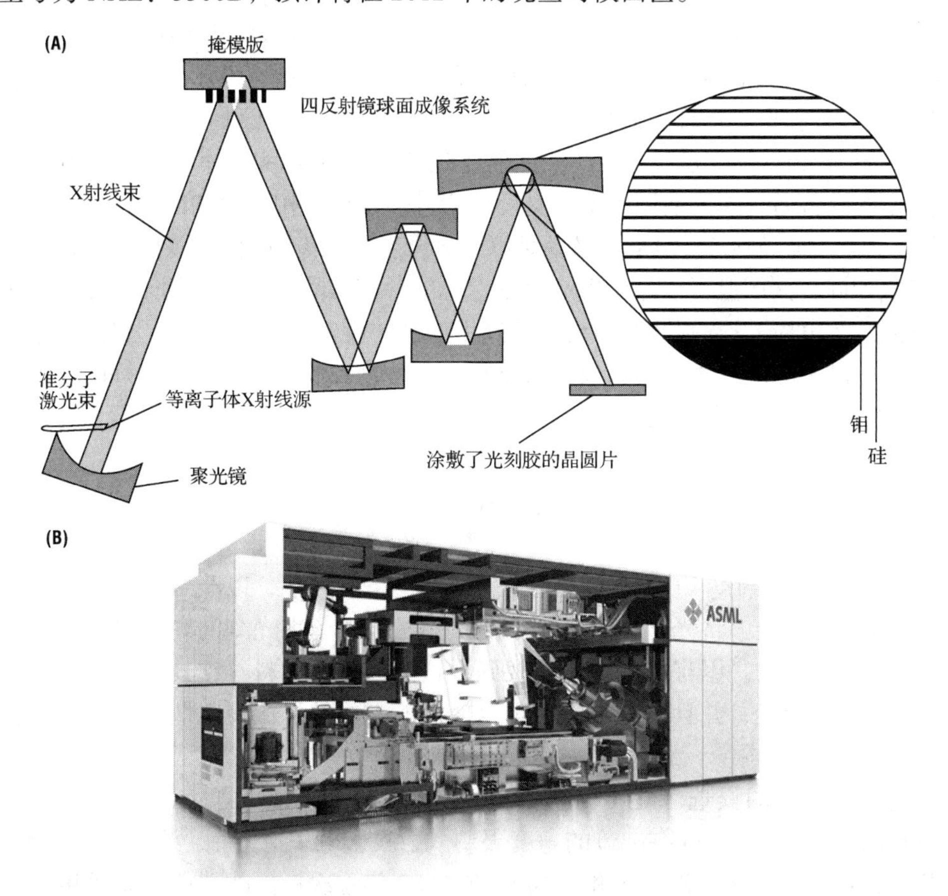

图 9.20　（A）使用 X 射线反射镜和反射掩模版的 EUV 光刻系统（引自 Zorpette，经许可使用，© 1992 IEEE）；（B）ASML NXE：3100，早期的商业化 EUV 原型光刻对准机（经 ASML Holding 许可使用）

EUV 系统有几个缺点，通常与光源或反射镜/掩模版结构有关。因为反射镜需要有许多层，而每一层的缺陷密度又必须非常低。光谱的带宽只有 2%～3%，这就限制了功率的传输，除非使用具有高度单色性的光源。在经历长期的 X 射线曝光后，反射镜及其涂层的稳定性是一个受到关注的问题。EUV 系统的另一个问题是反射镜在制造过程中对机械加工和镜面抛光的公差要求[51]。这个问题包含两个部分：各层结构的原子级陡度，它将严重影响反射镜的反射率，以及制造反射镜与掩模版都需要用到的衬底材料。

硅/钼超晶格结构在大于 12.4 nm 的波长下，可以获得大约 60%的反射率，这个波长位于硅 L 吸收的边沿处[52]。这就要求具有超突变(小于 0.3 nm 的粗糙度)的界面。为了将相互之间的交叉扩散减到最小，必须在低温下淀积各层薄膜。射频淀积系统能够将较少的热量传输给反射镜，因此在这种应用中是非常有益的[53]。为了寻找具有更短波长的光源，人们对镍/铬这一对材料也进行了探索。从模型预测的结果看，一直到 5 nm 以下这一对材料都是有用的，然而要获得平滑的界面，典型的粗糙度介于 0.6～0.8 nm 之间，也是极其困难的。Takenaka 等人在−20°C 的低温下采用 RF 溅射的方式制造出了粗糙度只有 0.25 nm 的反射镜，其给出的反射率为 20%左右[54]。

EUV 光学系统的另一个问题是用来制造反射镜和掩模版的衬底材料。早期的系统使用 13 nm 的辐射源和由两个球面镜组成的施瓦兹希尔德(Schwarzschild)显微镜物镜[55]。为了获得足够大的曝光面积，必须要使用非球面反射镜。目前已经提出了好几种设计方案，但是全都要求机械加工精度小于 1 nm 才能达到限制衍射的结果[56]。目前还是有一些希望将衍射光栅技术用在球面镜上[57]，但是这样就会使得设备的可制造性成为人们关注的重要焦点。

然而 EUV 系统中最引起人们广泛关注的还是光源的亮度(光源本身已经在 9.4 节中讨论过)。生产型的设备通常需要使用非常高亮度的光源。α 机使用一台 PDD 光源，因此其产能只能达到每小时 4 个晶圆片，但是这已经足以为之开发光刻掩模版和光刻胶技术。6 台 β 机使用一台 LDD 光源，其产能可以达到每小时 60 个晶圆片(虽然是以乐观的 10 mJ/cm^2 光刻胶曝光参数获得的)。EUV 设备制造商的目标是其生产型的设备要达到每小时 125 个晶圆片的产能。虽然 EUV 设备的发展之路还很长也很艰难，但是它目前面临着一个很好的发展机遇，完全有可能进入到主流的大生产设备中。

9.8 投影式电子束光刻(SCALPEL)

除了一些特定的应用，直写电子束光刻的速度还是太慢了，以至于很难成为一种可行的生产技术。如果我们能够将光学投影光刻的高产出量与电子束光刻的高分辨率相结合，其结果将是非常有吸引力的。困难之处在于要找到合适的掩模版材料，它具有足够的对比度和透明度，允许合理的曝光，并且还具有适应重复使用所需要的机械稳定性。典型的穿透厚版的模具掩模可用性非常有限。

下一代光刻技术的候选者之一是被称为 SCALPEL(Scattering with Angular Limitation Projection Electron-beam Lithography)的角度限制散射投影电子束光刻[58, 59]。SCALPEL 背后的基本思想是由贝尔实验室的 Berger 和 Gibson 在 1989 年首次提出的[60]，它是采用散射反差与吸收反差的对比来产生图形，即系统发送一个宽的准直电子束穿过掩模，该掩模的“亮”区由低原子序数(即低 Z 值)薄膜材料组成，而其暗区则是由高 Z 值材料构成的图形，这些暗区图形的设计不是用来吸收电子，而是以足够大的角度来散射电子，以避免它们穿过光阑到达硅晶圆片（参见图 9.21）。使用薄膜掩模版的主要问题之一是由于电子束的吸收而引起的加热效应，SCALPEL 技术则在最大程度上避免了这个问题，因为电子束只是被散射，没有在掩模中吸收。这就允许我们使用非常高的能量，典型值大约为 100 keV，在这样高的能量下大多数薄膜材料几乎都是完全透明的。

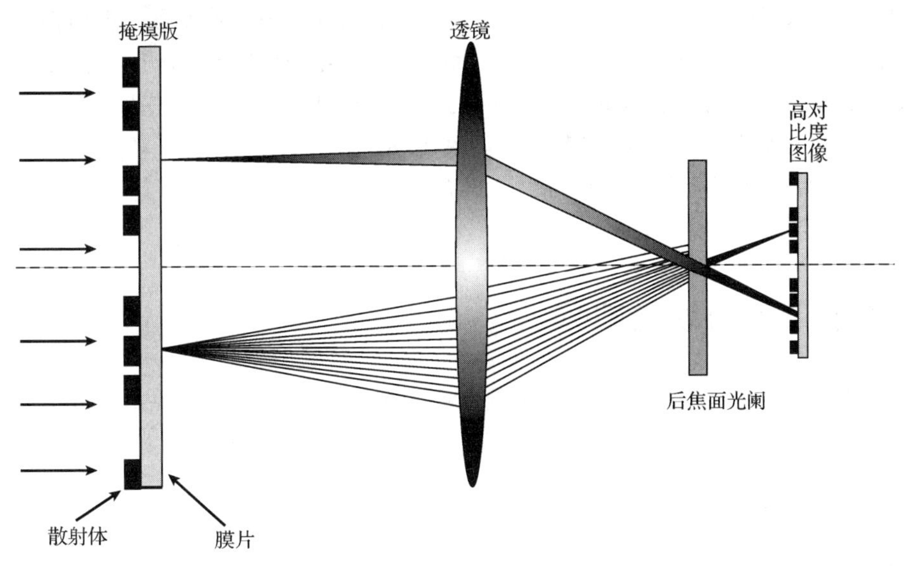

图 9.21　SCALPEL 技术的工作原理

电子的产生使用了温度限制（即热离子发射）模式的阴极。在早期版本的 SCALPEL 电子枪中，一个大的扁平 LaB_6 单晶体被加热到大约 1250 K，产生出 10 μA 的电流，它在 1 mm 直径范围内均匀性很高，并且具有 1000 A/(cm^2·sr) 的亮度[61]。由于涉及与 LaB_6 有关的均匀性和稳定性问题，目前已经替换成只有 250 A/cm^2·sr 亮度的盘状钽（Ta）阴极。注意，这一点是与直写源非常不同的。对于 SCALPEL 来说，我们要求具有大面积、高度均匀、低亮度的光源，并且具有非常高的总发射度。然后，利用磁透镜来进行电子聚焦。由于像差不好，大视场的磁透镜是不切实际的。另外，SCALPEL 系统只有很小的曝光面积，典型值为每边长 1 mm 量级。掩模和晶圆片室以及束流通道都必须保持在 10^{-7} Torr 的真空度量级上，同时电子枪也必须保持在 1×10^{-8} Torr 以下的压力。通过对掩模和晶圆片同步进行辐照扫描的方法，对图形进行曝光，这时承片台按给定的曝光缩小量以 4∶1 的速度比行进。

SCALPEL 掩模版是由一个厚度大约为 0.1 μm 的低 Z 值薄膜片（通常是富硅的氮化硅）和一个厚度为 50 nm 的高 Z 值图形层所组成，典型的是 W/Cr。注意这里很少使用那些通常在接近式 X 射线掩模中常用于暗区的 1 ~ 2 μm 的厚膜。高 Z 值材料会以高角度散射电子束，同时，低 Z 值材料中的散射产生的速度角度方面的变化可以忽略。投影系统后焦面中的光阑挡住了散射电子，产生了高对比度的空间图形。为了改善薄膜片掩模的机械稳定性，图形被分割成每 1 mm 为一排，并在最终图形中拼接在一起。包含使电子束产生偏转的高 Z 值材料的边缘区环绕在每个曝光区周围，构成图形边沿。

SCALPEL 的工艺制造方法虽然曾经作为 NGL 的一个领先的竞争者，然而目前已经退化成为二流的技术[62]。当然，也就既没有商用 SCALPEL 掩模版的来源，而且掩模版的维修也成了问题。在缩小 4 倍以后，一个扫描区硅晶圆片上的图形大小是 0.25 mm×3 mm。这么小的视场尺寸意味着实际图形必须被拼接在一起。这是一个受到严重关注的问题，因为要在所有拼接起来的图形上保持对关键尺寸的控制是极其困难的。SCALPEL 采用了一种半混合的方法，在这种方法中，边沿附近的特征图形处在共享区域中，在该区域中，每一边都会对其进行一部分曝光。这将导致更小的有效拼接误差。或许 SCALPEL 最困难的问题是产能和图像质量之间的折中。在 SCALPEL 系统中要提高产能，需要较高的电子流密度。正如在低能离子注入中所讨论的那样，空间电荷效应的影响会导致产生云雾区或电子束展开(在离子注入中，与通常使用的 100 keV 能量相比，空间电荷效应的影响在能量为 1 keV 左右时是重要的，但是离子的质量要比在 SCALPEL 中使用的电子质量大 1000 倍左右)。在低电子流密度下可以获得极好的图像质量，而在高束流密度下则可以获得合理的产能。要使用高产能系统来制造出纳米尺度的特征尺寸则是不太现实的。

9.9 电子束与 X 射线光刻胶

采用 X 射线光刻和电子束光刻在光刻胶上产生图像，与传统的光学光刻是非常不同的。在光学过程中，吸收的光子能量可以很好地确定。光子能量由下式给出：

$$E = h\nu = \frac{hc}{\lambda} \tag{9.14}$$

一个 i 线光源的光子能量是 3.4 eV。与之不同的是，在电子束或 X 射线辐照下则会产生出宽能量范围的高密度二次电子。我们不是要设计光刻胶使其会由曝光产生单次化学反应，而是认识到会有许多反应发生，因此必须设计光刻胶使其优先发生所希望的反应。由于高能量的束流容易穿透光刻胶进入到衬底，因此衬底中不希望的反应(损伤)也必须考虑。本节将讨论我们希望光刻胶中发生的反应。下一节将讨论曝光损伤，并将讨论集中在 X 射线损伤，但是其影响也与电子束曝光类似。

在早期的光刻胶中，有两种类型的化学变化引起了人们特别的兴趣。通常用在非光学光刻中的光刻胶是由长链碳聚合物组成的(参见 8.2 节)。相邻链上接受辐射的原子可能移位而碳原子将直接键合，这个过程称作交联。高度交联的分子在显影液中溶解得更慢。如果一种材料的交联在曝光时是占优势的反应，它就是负性光刻胶。正如在第 8 章中所讨论的那样，辐射也能够使聚合物链条发生断裂，这样就使得它们更容易在显影液中溶解。在曝光过程中，若一种材料中的链条分裂是占优势的反应，则它就是正性光刻胶。最后，用于 DUV 光刻胶的概念同样也可以用于 EUV 光刻胶，即利用曝光过程来激活受保护的聚合物。

最重要的光刻胶标准是对比度和对曝光类型及能量的灵敏度(参见表 9.3)以及对等离子体刻蚀损伤的抵抗能力。对于高分辨率的电子束直写光刻来说，最常使用的一种正性光刻胶是聚甲基丙烯酸甲酯（PMMA）。PMMA 单体的分子式是

$$—[CH_2{=}CCH_3(COO(CH_3))]— \tag{9.15}$$

它的灵敏度不太高，但是对比度较好(典型值为 $\gamma = 2 \sim 4$)。在 PMMA 中，产生交联和聚合物链断裂(参见图 9.22 显示的改进型的 PMMA 中的交联)，但是断裂率远大于交联率，碎片大约 10 nm 长。PMMA 不是采用白光进行曝光，它具有较长的储存寿命和极好的分辨率。然

而，像大多数简单的碳氢聚合物一样，它在等离子刻蚀环境下的抗刻蚀性很不好。结果，早期许多像 PMMA 那样的光刻胶仅限于用在掩模制造上，在这里，衬底上只有一层很薄的 Cr，需要采用湿法刻蚀。当这些光刻胶用于直写的时候，PMMA 的典型应用是作为图形光刻胶用于剥离(liftoff)工艺。各种 PMMA 的衍生物也被展示出来。一种值得注意的衍生物是 EBR-9，它的聚合物分子结构变成：

$$—[CH_2—CCl(CO_2(CH_2CF_3))]— \tag{9.16}$$

对于正性光刻胶来说，由日本 Toray 制造的 EBR-9 是其中不使用化学放大剂且具有最高灵敏度的材料之一，粗略估计其灵敏度是 PMMA 的 15 倍。

表 9.3　几种常用的电子束光刻胶

光刻胶	特　性	灵敏度(μC/cm²)	对比度	显影液	其　他
PMMA	+	800	低	甲基异丁基酮	黏附性好，储存时间长
ZEP 520	+	200	中	乙酸己酯	黏附性差
ZEP 7000	+	80	中		黏附性差，化学放大
EBR-9	+	30		甲基异丁基酮	抗刻蚀性差
HSQ	–	1000	高	四甲基氢氧化铵	抗刻蚀性好
NEB31	–	80	中	四甲基氢氧化铵	放大
酚醛树脂类	+/–	>500	中	低	

很多负性光刻胶也已经被制造出来。这些光刻胶的成分由聚合物链形成，提高了交联的可能性。典型的交联成分包括氯甲基苯乙烯、环氧树脂和乙烯基团(参见图 9.23)。在曝光时聚合物很容易在这些地方发生交联，降低光刻胶在显影剂中的溶解度。与最好的正性光刻胶相比，负性光刻胶通常具有同样或更好的灵敏度，但是它们的对比度较低，并在显影时尺寸容易胀大。

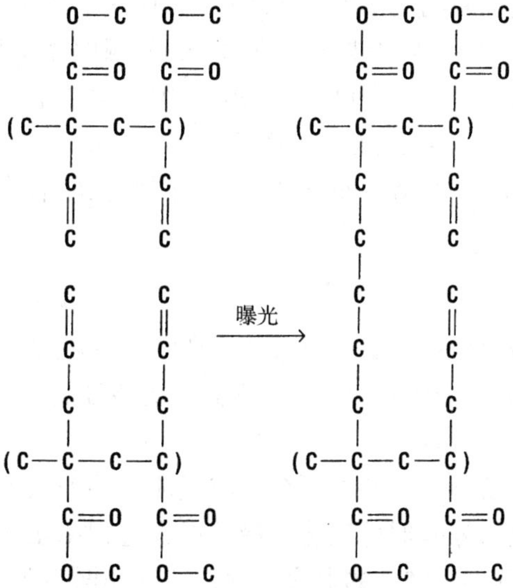

曝光

图 9.22　电子束光刻胶的交联，这里的基本 PMMA 结构已被改变，增加了 C═C 侧面链接，以促进交联反应

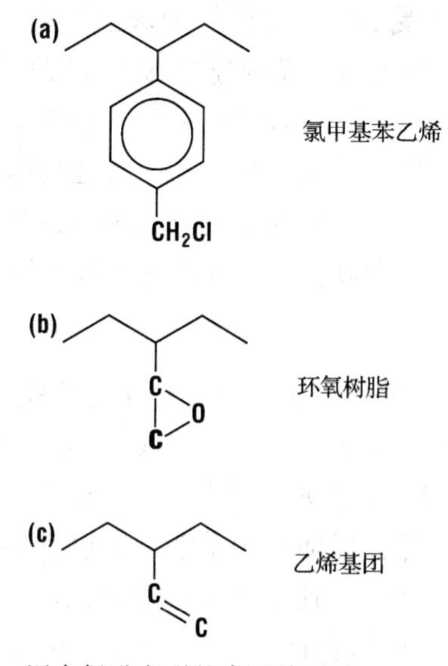

图 9.23　用来促进交联的常见分子团

硬 X 射线曝光通常用在厚的光刻胶中，主要用于形成垂直的侧墙并具有很好的特征尺寸控制。相反，为了减少散射效应，在电子束光刻中经常使用薄的成像光刻胶。通过剥离或刻蚀工艺，将图形转换到硬掩模上。当光刻胶被直接用于刻蚀环境中时，可以使用以酚醛为基础的光学光刻胶或者酚醛/砜共聚物。这些光刻胶的灵敏度甚至比 PMMA 还要低。例如，Shipley 公司生产的 AZ-1350，这是一个经常使用的正性光学光刻胶，它在电子束曝光情况下起到一个负性光刻胶的作用，具有 3.2 的对比度，且灵敏度较低。

9.10 MOS 器件中的辐射损伤

使用像 X 射线和电子束光刻这样的一些高能射线束带来的结果之一就是：这些射线束并非仅仅局限于光刻胶层上。无论是射线束本身还是二次电子或者由射线束产生的高能辐射，都将会在下面的衬底层中引起非有意的和经常不希望有的化学变化[63]。常见的 IC 结构中对这些效应最敏感的是氧化层以及氧化层/半导体之间的界面。本节将评述某些辐射曝光带来的主要结果并讨论消除这些影响的办法。更全面深入的评论则由读者去参考 Ma 和 Dressendorfer 等人的专著[64]。

目前已经观测到，辐射会引起 MOS 器件中氧化层固定电荷密度、中性陷阱密度和界面态密度的增加(参见第 4 章中有关这些缺陷的讨论)。固定电荷会使 MOS 晶体管的阈值电压发生漂移。界面态会改变阈值电压并降低载流子的迁移率。氧化层中的中性陷阱会导致器件特性在电应力的作用下更快地退化。陷阱电荷会改变氧化层中的局部电场，并可能最终导致器件失效。如图 9.24 中所显示的那样，三种效应发生的过程是非常复杂的。它可能涉及吸收过程中的直接键断裂机制，或者在曝光时，通过吸收氧化层中产生的载流子而引发损伤。从图 9.24 中可以看出，氧化层中的载流子可能落入陷阱，它们也可能通过键断裂而形成新的陷阱。当 MOS 器件受到辐射时已经确认会发生的一种键断裂机制的实例如图 9.25 所示。在这个例子中，一个氧空位导致一个拉紧的 Si−Si 键。曝光过程中产生的空穴被俘获，引发 SiO_2 四面体松弛，留下一个永久性的未配对键[65]。在界面上已经得到确认，本来可以使缺陷发生钝化的空穴，被捕获后又会释放出原子氢，而这些释放出的氢原子又会引起额外的缺陷。

由于氧化层中发生的离化事件数量随着氧化层厚度的增大而不断增加，因此在厚氧化层中的损伤最为显著。这种依赖关系可以近似表示为

$$N_{\mathrm{fc}}, N_{\mathrm{it}} \approx k t_{\mathrm{ox}}^{n} \tag{9.17}$$

式中，k 是常数，N_{fc} 和 N_{it} 分别是固定电荷密度和界面态密度，n 近似为 2[66,67]。在典型的电子束曝光剂量下(即 2×10^{-5} C/cm^2 或者电子数大约为 10^{14} 个/cm^2)，一个栅氧化层厚度为 50 nm 的 MOSFET 将会增加大约 10^{12} cm^{-2} 个固定电荷。

绝大部分增加的固定电荷密度和界面态密度可以通过 400℃下在合成气体中的退火方法来进行修复[68]。这是一个很重要的结果，因为绝大部分硅器件工艺的最后退火过程都至少是在那个温度下进行的。另一方面，中性陷阱则需要至少 700℃的退火温度，还有证据表明[69]，这些陷阱一直要到退火温度接近 1000℃时才能完全消除。其结果是，任何后端工艺中的高能射线束加工，例如互连金属的图形化工艺，就可能会留下无法消除的中性陷阱，因此这些工艺更容易受到后期损伤的影响。

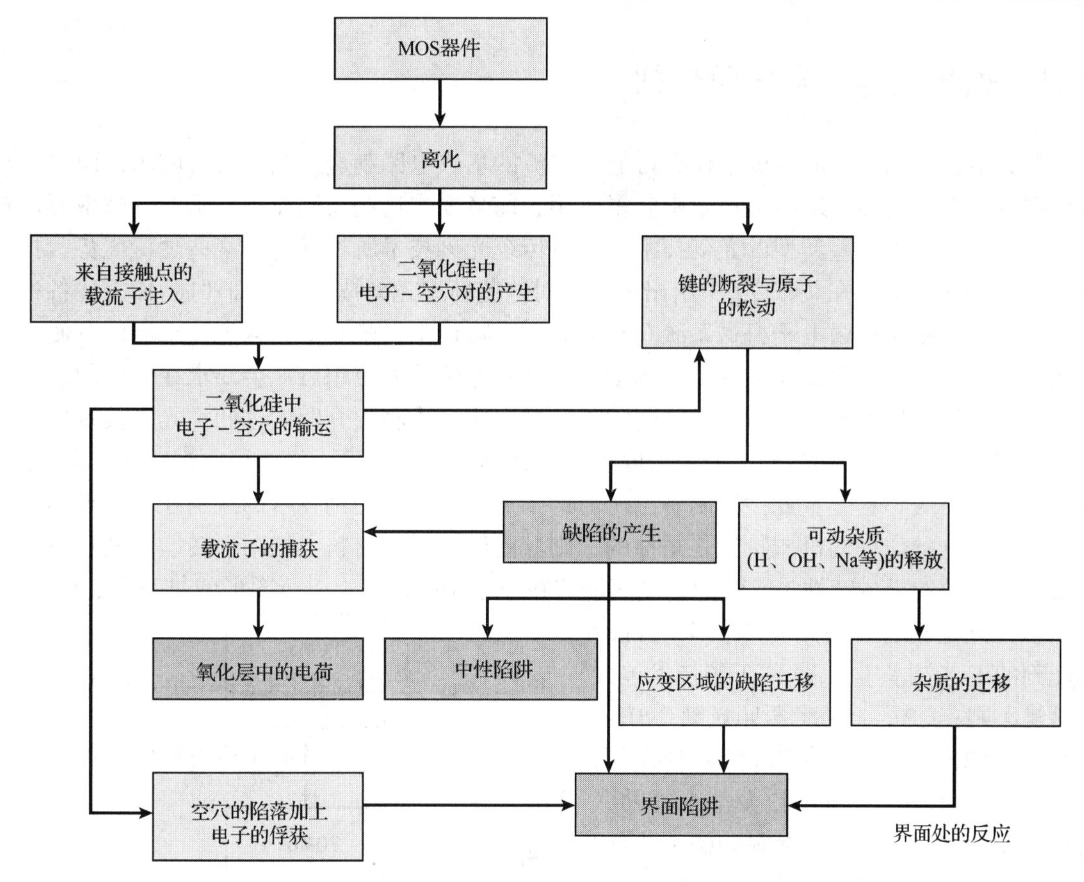

图 9.24　辐射损伤流程图(引自 Ma 和 Dressendorfer，经 Wiley 许可使用)

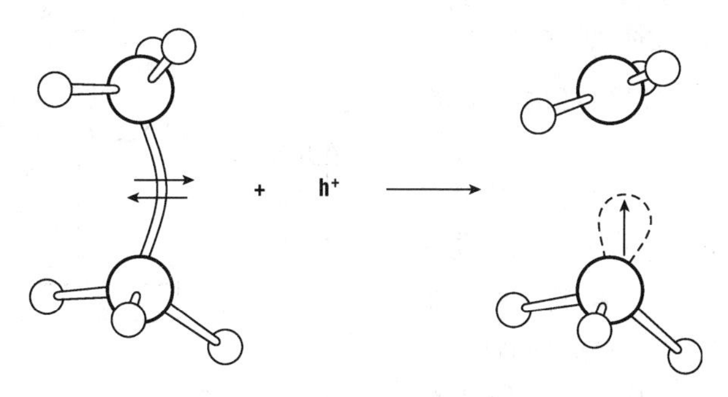

图 9.25　一个陷阱产生过程的例子。它被认为是因 MOS 结构受 X 射线照射引起的。较大的原子是硅，较小的是氧。由于一个氧空位，两个硅原子起初键合在一起

已经有研究结果表明，在深亚微米器件中使用的超薄栅氧化层，如果采用低温干氧工艺来生长的话，该栅氧化层具有相当大的抗辐射能力[70]，但是某些辐射效应仍然是存在的。研究发现，栅氧化层厚度为 5 nm 的 N 沟道器件，在受过辐照后没有退火的条件下，电应力的作用会使它的退化速度比未受过辐照的器件快一倍左右[71]。研究发现这些薄氧化层中的中性陷阱经过退火处理后的效果取决于退火的气氛[72]，在纯氢气气氛中甚至只需 450℃下的退火就已经表现出很好的效果。因此，我们预计氧化层损伤并不会成为阻挡深亚微米器件采用 X 射线光刻技术的严重障碍。

9.11 软光刻与纳米压印光刻

各类新型光刻技术的发展不仅有可能在主流的集成电路制造工艺中获得应用，而且也有可能在各种新兴的微纳米制造技术中获得应用，前者要求这些新型光刻技术的分辨率要足够高，而后者则要求这些新型的光刻技术要具有传统光刻技术所不具备的某些独特优势。托雷斯(Sotomayar Torres)在文献[73]中给出了一个对这些新型光刻技术的详细评述。而上述各种新兴的应用领域则包括微电子机械系统(MEMS)、生物技术、微分析、各类传感器以及便于印刷制作的电子学系统等。在某些特定的场合，这些非传统的应用可能会要求在弯曲的、柔软的或者不平坦的衬底上制备出纳米尺度的图形[74]。本节中将要介绍的这两类光刻技术包含了相同的两步过程：(a)制造出一个用来取代传统光刻工艺中掩模版的机械印模；(b)利用这个机械印模在衬底材料上重复性地制备出所需的图形。这两类光刻技术的区别在于印模本身的特性，如果这种印模的机械特性是柔性的，则其能够将衬底材料上的图形转印到其自身上；如果这种印模的机械特性是刚性的，则其能够在非常小的尺度上进行图形的复制和定位。

软光刻是指各种使用软印模来进行图形光刻的工艺技术集合，这些工艺技术包括微接触印刷(μCP)[75]、纳米压印光刻(NIL)、模塑成型(REM)[76]、微转移成型(μTM)[77]、毛细管微成型(MIMIC)[78]以及溶剂辅助微成型(SAMIM)[79]等。在微接触印刷工艺(如图9.26所示)中，首先需要通过模塑成型工艺制备一个弹性的人造橡胶印模，然后在其上涂敷一层能够形成自组装单分子层(SAM)的化学墨水，最后再将这层自组装单分子层的图形转移到目标衬底上。最终形成的这层自组装单分子层图形既可以用作选择性湿法腐蚀[80]工艺的超薄抗蚀剂，也可以用作控制湿润、去湿润[81]、结晶成核、外延生长[82]及淀积其他各类材料的模板[83]。在图示的这个例子中，转移形成的自组装单分子层被用作一个掩蔽层，透过它可以对下面的金层进行腐蚀。一旦在硅衬底或其他某种硬质材料上形成了原始图形，就可以应用这种橡胶印模材料作为图形印刷的软模具[84]和类似的阶段性掩模[85,86]。采用这种技术在实验室里利用不太昂贵的实验仪器就能够制备出亚微米的图形，而且由于这种橡胶印模材料具有一定的柔性，因此这些图形还能够转移到弯曲的或者不平坦的目标衬底表面上。

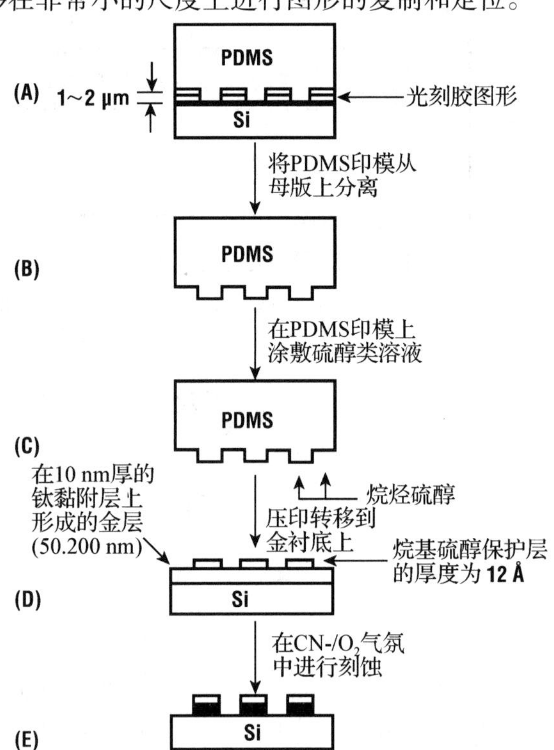

图9.26 使用一种称作PDMS(即道康宁公司的Sylgard 184硅橡胶)的弹性模具进行金图形转印的微接触印刷技术原理图：(A)PDMS印模制作；(B)将PDMS印模从母板上分离；(C)在印模上涂敷烷烃硫醇墨水；(D)将印模与衬底上的金层接触进行图形转印；(E)刻蚀

软光刻技术使得纳米尺度三维结构的制造成为可能。Zaumseil 等人曾经报告了通过纳米转印技术制备的三维纳米结构[87]，他们还展示了具有纳米尺度分辨率的一些复杂的二维和三维结构。图 9.27 给出了一个通过单层转印技术和多层转印技术制备三维结构的工艺流程示意图。在第一步工艺中，首先在印模的表面淀积一层保形的金薄膜；然后将这个镀金的印模与衬底材料相接触，使得印模表面包封的金层与衬底材料之间形成紧密的共价键。当印模与衬底相接触时，涂敷在砷化镓衬底表面的辛二硫醇单分子层在裸露状态下形成的硫醇基原子团则可使得其与印模上的金包封层实现紧密键合。假如印模的表面经过特殊处理，使得其表面与包封的金薄膜之间并未牢固黏附，此时取出印模就会在目标衬底上留下一个镂空的带有印模形状的金薄膜造型。利用这种转印技术可以制备出一个密封的纳米管道阵列，而多次采用这种转移技术则可以形成多层纳米管道的堆叠结构。

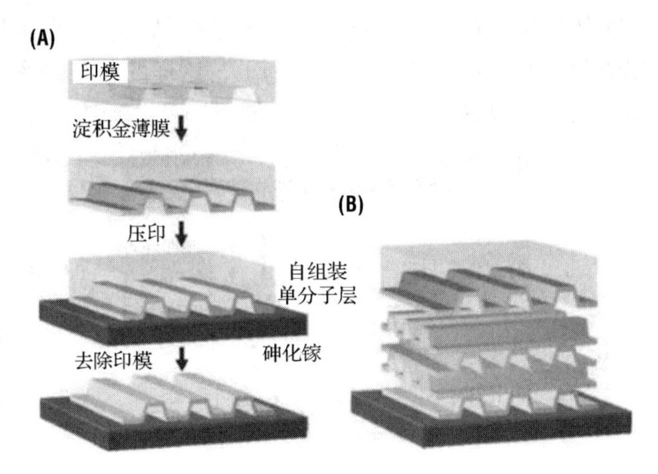

图 9.27　采用金层形成流体通道的三维微模塑工艺示意图(引自 Nanoletters, Ref. 86, © 2003, American Chemical Society)

虽然亚微米的微接触印刷技术已经得到实验验证，但是要把这项技术可靠地应用于极小尺寸图形的生产工艺中还存在很多不确定性。有关最小特征尺寸方面的一些重要的考虑因素还包括接触印刷工艺的图形保真度、刻蚀工艺的各向异性特性以及弹性橡胶材料的形变/扭曲特性等[88,89]。与之相关的工艺过程包括各种不同类型的印模成型步骤，即首先利用硬质材料上的原始图形在橡胶印模材料上复制出相应的沟槽结构图形，然后再通过淀积方式把某种材料填充到橡胶印模材料上的沟槽结构图形中，最后把带有填充材料的橡胶印模覆盖到目标衬底上，就能够把填充材料及其形成的图形结构释放到目标衬底上。这项技术已经在特征尺寸最小为 30 nm 的图形制备工艺中得到验证。

纳米压印光刻(NIL)技术是一种在硬质平坦衬底上低成本制备纳米尺度图形的新方法。这种工艺就是把一个刚性的模具直接扣压到一层聚合物材料上从而形成一个凸起图形的过程。正常情况下在压印过程之后还要再对聚合物材料进行一次各向异性的刻蚀，以便彻底去除减薄区域的聚合物材料，同时留下凸起区域的聚合物图形。通常工艺中可能存在差别的地方在于压印模具的撤除方法以及聚合物抗蚀剂的稳固过程。如图 9.28 所示，一般有两种常用的方法可以用来实现上述过程。最早发展的一个技术[90]是采用热处理过程，也叫作热压雕铸技术，它首先是对聚合物材料进行加热，使其易于在压印模具中流动，然后在保持压印模具的前提下将聚合物材料冷却从而使其固化，最后从衬底上撤除压印模具。第二种方法也叫作步进闪烁技术，它采用紫外光照射来固化聚合物材料，这种技术中使用的压印模具必须采用熔融石英等对于紫外光具有较高透射率的材料来制造。虽然这种方法使用了紫外光和熔融石英，但是这项技术却与光的衍射机理无关。纳米压印光刻技术中所用到的紫外光处理是一种大面积的曝光，而不是图形化曝光，因此一旦将压印模具制备好之后，只需要一个包含紫外线灯、抛物面反射镜和曝光快门的简单的 g 线曝光机系统就足以能够复制出纳米尺度的图形。由于一个压印模具可以用来重复完成大量硅晶圆片上纳米尺度图形的复制，因此人们也就完全可以支付得起采用类似电子束光刻工艺这样的一些速率较慢的微细加工技术的费用，从而制作所需的压印模具。

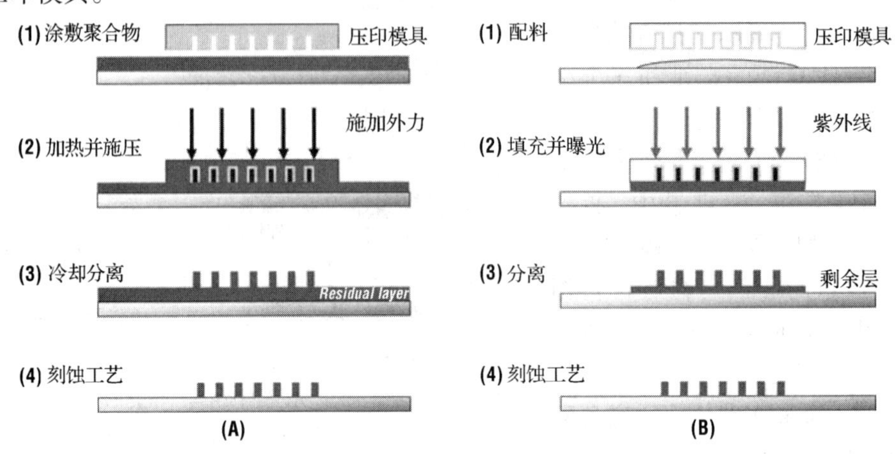

图 9.28 纳米热压印技术(A)和紫外线辅助纳米压印技术(B)的工艺流程图，这两种工艺都是采用一个模具在某种软性材料上压制出一个和模具完全相同的图形(经 MRS Bulletin, Ref. 97 许可使用)

已经证实有很多聚合物材料可用于纳米压印光刻技术中。在热压印工艺中，需要对聚合物薄膜进行加热以便于其流动[91]。目前得到最充分研究的热压印材料就是聚异丁烯酸甲酯(PMMA)，这种 PMMA 材料的玻璃态转变温度既远高于室温(大约 100℃)，工艺上又比较容易实现。借助纳米压印技术已经在常规的光致抗蚀剂上制备出了相应的图形结构[92]。对于采用紫外线固化的纳米压印技术，则必须能够在足够短的曝光时间内充分实现对聚合物材料的相互交联(即固化过程)。但是必须使得固化过程中引起的聚合物材料的收缩达到最小，从而限制图形转移过程中导致的失真现象[93]。由于环氧树脂类材料、乙烯醚类材料以及丙烯酸酯类材料在市场上容易获得，并且能够曝光处理快速实现固化[94~96]，因此这些材料和普通的光致抗蚀剂一样已成为纳米压印工艺常用的聚合物材料。然而，在大量商业应用中更常用到的是各种多组分材料[97]。多层薄膜材料也引起了人们的关注，因为它能够在顶层压模成型，并将图形转移到一层较厚的基底材料上。

尽管目前人们把纳米压印光刻技术看作是在 20 nm 左右替代深紫外光刻技术的一个切实可行的竞争者，并且也已经出现了一些商业化的应用系统，但是其中仍然存在着很多有待解决的技术挑战。要想使得任何一种纳米压印光刻技术取得完全成功，我们必须确保所有的聚合物材料都能够完全从压印模具中释放出来，任何一点黏附在压印模具上的材料都将会导致缺陷在不同衬底上的传播，因此将清洗步骤集成到整个纳米压印光刻工艺中可能是非常必要的。纳米压印光刻技术存在的第二个问题与衬底表面的平坦性和颗粒情况有关，衬底表面必须能够与压印模具之间在一定的尺度范围内形成均匀且紧密的接触，这个压印的尺度范围可能在 5 cm 左右。人们已经采用一种半适应性的压印模具对紫外线固化的纳米压印光刻技术开展了一定的研究工作，以补偿表面平坦性问题带来的影响。但是一般说来，纳米图形在几十秒钟时间内的稳定性仍然是一个有待解决的问题。对于纳米热压印光刻技术而言，我们还必须特别关注各种热膨胀问题，因为它们与图形的移位以及材料的稳定性都密切相关。

9.12　小结

因为衍射效应的影响，我们不能够期望光学光刻技术可以一直扩展到特征尺寸远小于 0.07 μm 的尺度。无论如何，在这些尺寸上继续采用光学成像技术的成本将急剧上升。作为纳米级光刻技术的几个候选者是直写技术、投影电子束光刻技术(EBL)以及接近式和投影式 X 射线光刻技术(XRL)。直写 EBL 技术已经展示出可以制造大约 10 nm 特征尺寸的能力，大大超过了可预见未来的器件制作需求。然而，由于其工艺过程太慢，以至于在大多数集成电路的制造工艺中都难以得到实用。接近式 X 射线光刻技术在大批量生产方面具有潜力，因为它和光学光刻技术一样，也是一种并行化的工艺处理模式，而不是串行化的工艺处理模式。最好的 X 射线源包括同步辐射加速器和激光加热等离子体。接近式 X 射线光刻技术使用较短波长的光子，其掩模必须制作在薄的膜片上。由于安装、热效应以及曝光老化所引起的掩模版畸变都是要认真关注的事情。投影 X 射线光刻技术使用反射掩模版和软 X 射线，避免了某些接近式光刻系统中的问题，但是也带来了一堆新的难题。本章还介绍了一个投影式电子束系统 SCALPEL。SCALPEL 也使用膜片掩模版，但是避免了许多接近式 X 射线光刻技术中发现的问题。最后，对包含纳米压印光刻工艺在内的几种新技术进行了简要的回顾。

习题

1. 构造一个波长和能量的表格，其中有 g 线、i 线、ArF 激光光源、1 nm 波长的 X 射线光子和 10 keV 电子的德布罗意波长。如果接近间隙是 10 μm，$k = 1$，利用式(7.16)对每种光源预测接近式光刻受衍射限制的最小特征尺寸。
2. 如果我们查看图 9.10 所示的电子束曝光的蒙特卡罗结果，某些散射结果包括大于 90° 的散射角(光线进出速度矢量之间的夹角)。简要说明为什么在电子束光刻中远比离子注入中更常看到大于 90° 的散射角。
3. 针对图 9.10 上半部中指出的束流扩展，估算式(9.10)中的参数。利用图下半部分的横向刻度(I_o是任意的)。
4. 参考图 9.5 中的一个电子束柱体，你可能期望在什么地方观察来自这个柱体的 X 射线。在什么地方它们特别强?
5. 将一个接近式 X 射线的钨吸收图像掩模制作在氮化硅膜片上。在曝光时如果膜加热升高了 10℃，另外，视场尺寸为每边 2.5 cm，由于热膨胀，视场畸变能有多少? 使用近似值，最大可允许的畸变大约是最小特征尺寸的 1/4，如果最小特征尺寸是 0.1 μm，掩模上的最大允许温升是多少?
6. (a) 在 X 射线光刻中使用接触式而非接近式印刷，半影模糊[参见式(9.16)]可以被大大减少。为什么一般不这么做?
   (b) 对于高分辨率直写电子束光刻来说，热离子和场发射源的相对优点是什么?
   (c) 典型的邻近效应校正技术被应用于电子束曝光。什么样的图形将接受更长时间的曝光，是孤立的线条还是密集的特征图形中的线条? 请论证你给出的答案。
7. 在表 9.2 中使用的波长下，要有 90%的透过率，氮化硅膜必须薄到多少?

8. 根据式(9.16)，如果减小光阑或间隙，半影模糊可以减小。说明涉及两个参数中每一个的折中办法。

参考文献

1. F. B. McLean, H. E. Boesch, Jr., and T. R. Oldham, "Electron-Hole Generation, Transport, and Trapping in SiO_2," in *Ionizing Radiation Effects in MOS Devices and Circuits*, T. P. Ma and P. V. Dessendorfer, eds., Wiley-Interscience, New York, 1989.
2. J. J. Muray, "Electron Beam Processing," in *Beam Processing Technologies*, N. G. Einspruch, S. S. Cohen, and R. N. Singh, eds., Academic Press, San Diego, CA, 1989.
3. P. Nehmiz, W. Zapka, U. Behringer, M. Kallmeyer, and H. Bohlen, "Electron Beam Proximity Printing," *J. Vacuum Sci. Technol. B* **3**:136 (1985).
4. H. C. Pfeiffer, "Direct-Write Electron Beam Lithography: A Historical Overview," *Proc. of SPIE* **7823**:16 (2010).
5. Commercially available from FEI Co., Beaverton, Oregon.
6. M. Gesley, F. J. Hohn, R. G. Viswanathan, and A. D. Wilson, "A Vector Scan Thermal Field Emission Nanolithography System," *J. Vacuum Sci. Technol. B* **6**:2014 (1988).
7. H. Nakazawa, H. Takemura, and M. Isobe, "Thermally Assisted Field Emission Electron Beam Exposure System," *J. Vacuum Sci. Technol. B* **6**:2019 (1988).
8. R. Mimura, M. Kinokuni, H. Sawaragi, and R. Aihara, "Development of a 100-keV Electron Beam Nanolithography System," *Microelectronic Engineering* **30**:73 (1996).
9. "Fundamentals of Schottky Emission," Thesis, M.S. Bronsgeest, http://tnw.tudelft.nl/index.php?id=33723&L=1.
10. H. C. Pfeiffer, "Variable Spot Shaping for Electron Beam Lithography," *J. Vacuum Sci. Technol.* **15**:887 (1978).
11. H. C. Pfeiffer, "Recent Advances in EBL for High Volume Production of VLSI Devices," *IEEE Trans. Electron Devi.* **ED-26**:663 (1979).
12. L. Veneklasen, "A High Speed EBL Column," *J. Vacuum Sci. Technol. B* **3** (1) (1985).
13. F. Hohn, "Electron Beam Lithography, Directions in Direct Write and Mask Making," in *Electron-Beam, X-Ray, and Ion-Beam Submicrometer Lithographies IX, SPIE Proc*. **1263**: 152 (1990).
14. P. Herriot, R. Collier, D. Alles, and J. Stafford, "EBES; A Practical Electron Lithography Systems," *IEEE Trans. Electron Dev*. **ED-22**:385 (1975).
15. T. H. P. Chang, M. Hatzakis, A. D. Wilson, A. Speth, A. Kern, and H. Luhn, "Scanning Electron Beam Lithography for Fabrication of Magnetic Bubble Circuits," *IBM J. Res. Dev*. **20**:376 (1976).
16. L. Veneklasen, "Electron Beam Patterning and Direct Write," in *Handbook of VLSI Microlithography*, W. B. Glendenning and J. N. Helbert, eds., Noyes, Park Ridge, NJ, 1991.
17. M. Bolorizadek and D. C. Joy, "Effects of Low Voltage on Electron Beam Lithography," *Proc. SPIE* **6151**:61512c (2006).
18. T. H. P. Chang and A. D. G. Stewart, "Proximity Effect in Electron Beam Lithography," *J. Vacuum Sci. Technol*. **12**:1271 (1975).
19. C. Y. Chang, G. Owen, F. R. Pease, and T. Kailath, "A Computational Method for the Correction of Proximity Effect in Electron-beam Lithography," in *Electron-Beam, X-ray, and Ion-beam Submicrometer Lithographies, SPIE Proc*. **1671**:208 (1992).

20. P. Vermeulen, R. Jonckheere, and L. Van Den Hove, "Proximity Effect Correction in e-Beam Lithography," *J. Vacuum Sci. Technol. B* **7**:1556 (1989).
21. T. H. P. Chang and A. D. G. Stewart, *Electron-Beam, X-ray, and Ion-Beam Submicrometer Lithographies,* **1089**:97 (1969).
22. C. R. K. Marrian and E. A. Dobisz, "Scanning Tunneling Microscope Lithography: A Viable Lithographic Technology?" in *Electron-Beam, X-ray, and Ion-Beam Submicrometer Lithographies, SPIE Proc.* **1671**:166 (1992).
23. A. N. Broers, W. W. Molzen, J. J. Cuomo, and N. D. Wittels, "Electron Beam Fabrication of 80 Å Metal Structures," *Appl. Phys. Lett.* **29** (1976).
24. A. Gonzales, "Recent Results in the Application of Electron Beam Direct Write Lithography," in *Electron-Beam, X-ray, and Ion-Beam Submicrometer Lithographies VIII*, 374 (1989).
25. R. DeJule, "E-Beam Lithography, The Debate Continues," *Semicond. Int.* **19**:85 (1996).
26. K. Hara and T. Itoh, "Study of Large-field Beryllium Window for SR Lithography," in *Electron-Beam, X-ray, and Ion-beam Submicrometer Lithographies, SPIE Proc.* **1671**:391 (1992).
27. M. Lepselter, D. S. Alles, H. Y. Levinstein, G. E. Smith, and H. A. Watson, "A Systems Approach to 1 μm NMOS," *Proc. IEEE* **71**:640 (1983).
28. S. E. Bernacki and H. I. Smith, "Characteristic and Bremsstrahlung X-ray Radiation Damage," *IEEE Trans. Electron Devi.* **22**:421 (1975).
29. T. Hayasaka, S. Ishihara, H. Kinoshita, and N. Takeuchi, "A Step-and-Repeat X-Ray Exposure System for 0.5 μm Pattern Replication," *J. Vacuum Sci. Technol. B* **3**:1581 (1985).
30. W. B. Glendenning and F. Cerrina, "X-ray Lithography," in *Handbook of VLSI Microlithography,* W. B. Glendenning and J. N. Helbert, eds., Noyes, Park Ridge, NJ, 1991.
31. J. B. Murphy, "Electron Storage Rinds as X-Ray Lithography Sources: An Overview," in *Electron-Beam, X-Ray, and Ion-Beam Submicrometer Lithographies IX,* **1263**:116 (1990).
32. D. E. Andrews, M. N. Wilson, A. I. Smith, V. C. Kempson, A. L. Purvis, R. J. Anderson, A. S. Bhutta, and A. R. Jorden, "Helios: A Compact Superconducting X-ray Source for Production Lithography," in *Electron-beam, X-ray, and Ion-beam Submicrometer Lithographies IX,* **1263**:124 (1990).
33. R. Fedosejevs, R. Bobkowski, J. N. Broughton, and B. Harwood, "keV X-ray Source Based on High Repetition Rate Excimer Laser-produced Plasmas," in *Electron-beam, X-ray, and Ion-beam Submicrometer Lithographies II,* **1671**:373 (1992).
34. K. Fujii, Y. Tanaka, K. Suzuki, T. Iwamoto, S. Tsuboi, and Y. Matsui, "Overlay and Critical Dimension Control in Proximity X-ray Lithography," *NEC Res. Develop.* **42** (1):27 (2001).
35. B. Wu and A. Kumar, *Extreme Ultraviolet Lithography*, McGraw-Hill, New York (2009).
36. "Soviet X-Ray 'Lens' Seen as Promising," *IEEE Institute,* May/June 1992, p. 1.
37. E. Spiller, "Reflective Multilayer Coatings for the Far UV Region," *Appl. Opt.* **15**:2333 (1975).
38. D. W. Kruger, D. E. Savage, and M. G. Lagally, "Diffraction Determination of the Size Distribution of Nanocrystalline Regions in a Crystalline Substrate," *Phys. Rev. Lett.* **63**:402 (1989).
39. D. G. Stearns, N. M. Ceglio, A. M. Hawryluk, and R. S. Rosen, "Multilayer Optics for Soft X-ray Projection Lithography: Problems and Prospects," in *Electron-beam, X-ray, and Ion-beam Submicrometer Lithographies* **80** (1991).
40. A. R. Shikunas, "Advances in X-ray Mask Technology," *Solid State Technol. J.* **27**:192 (1984).
41. H. Windischmann, "A 75 mm Diamond X-ray Membrane," in *Electron-beam, X-ray, and Ion-beam Submicrometer Lithographies IX*, **1263**:241 (1990).

42. P. Seese *et al., Proc. SPIE* **1924**:457 (1993).
43. R. Nachman, G. Chen, M. Reilly, G. Wells, H. H. Lee, A. Krasnoperova, P. Anderson, E. Brodsky, E. Ganin, S. A. Campbell, and F. Cerrina, "X-ray Lithography Processing at CXrL from Beamline to Quarter-micron NMOS Devices," *Proc. SPIE* (1994).
44. D. L. Spears and H. I. Smith, "X-ray Lithography—A New High Resolution Replication Process," *Solid State Technol. J.* **15**:21 (1972).
45. R. E. Acosta, J. R. Maldonado, L. K. Towart, and J. R. Warlaumont, "B-Si Masks for Storage Ring X-ray Lithography," *Proc. SPIE—Int Soc. Opt. Eng.* **448**:114 (1983).
46. J. L. Bartelt, C. W. Slayman, J. E. Wood, J. Y. Chen, C. M. McKenna, C. P. Minning, J. F. Coakley, R. E. Hollman, and C. M. Perrygo, "Mask Ion-Beam Lithography: A Feasibility Demonstration for Submicrometer Device Fabrication," *J. Vacuum Sci. Technol.* **19**:1166 (1981).
47. D. L. Laird and R. L. Engelstad, "Effects of Mounting Imperfections on an X-ray Lithography Mask," in *Electron-Beam, X-ray, and Ion-Beam Submicrometer Lithographies II,* **1671**:366 (1992).
48. G. Zorpette, "Rethinking X-ray Lithography," *IEEE Spectrum* **29**:33 (June 1992).
49. H. Kinoshita, K. Kurihara, Y. Ishii, and Y. Torii, "Soft X-ray Reduction Lithography Using Multilayer Mirrors," *J. Vacuum Sci. Technol. B* **6**:1648 (1989).
50. D. G. Stearns, R. S. Rosen, and S. P. Vernon, "Multilayer Mirror Technology," in *Soft-X-ray Projection Lithography Technical Digest,* Optical Society of America, Washington, DC, 1992, p. 44.
51. B. E. Newman and V. K. Viswanathan, "Development of XUV Projection Lithography at 60–80 nm," in *Electron-Beam, X-ray, and Ion-Beam Submicrometer Lithographies II,* **1671**:419 (1992).
52. D. G. Stearns, R. S. Rosen, and S. P. Vernon, "Fabrication of High-Reflectance Mo–Si Multilayer Mirrors by Planar-Magnetron Sputtering" *J. Vacuum Sci. Technol. A* **9**:2662 (1991).
53. H. Takenaka, H. Kinoshita, Y. Ishii, and M. Oshima, "Fabrication, Performance, and Applications of Multilayer Mirrors for Soft X-rays," *NTT R&D* **43** (1):39 (1994).
54. H. Takenaka, T. Kawamura, and H. Kinoshita, "Fabrication and Evaluation of Ni/C Multilayer Soft X-ray Mirrors," *Thin Solid Films* **288**:99 (1996).
55. H. Kinoshita, K. Kurihara, Y. Ishii, and Y. Torii, "Soft X-ray Reduction Lithography Using Multilayer Mirrors" *J. Vacuum Sci. Technol. B* **7**:1648 (1989).
56. K. Kurihara, *J. Photopolym. Sci. Technol.* **5**:173 (1992).
57. H. Fukuda and T. Terasawa, "New Optics Design Methodology Using Diffraction Grating on Spherical Mirrors for Soft X-ray Projection Lithography," *J. Vacuum Sci. Technol. B* **13** (2):366 (1995).
58. L. R. Harriott, S. D. Berger, C. Biddick, M. Blakey, S. Bowler, K. Brady, R. Camarda, W. Connelly, A. Crorken, J. Custy, R. DeMarco, R. C. Farrow, J. A. Felker, L. Fetter, L. C. Hopkins, H. A. Huggins, C. S. Knurek, J. S. Kraus, R. Freeman, J. A. Liddle, M. M. Mkrtchyan, A. E. Novembre, M. L. Peabody, R. G. Tarascon, H. H. Wade, W. K. Waskiewicz, G. P. Watson, K. S. Werder, and D. L. Windt, "Preliminary Results from a Prototype Projection Electron-beam Stepper SCALPEL Proof-of-Concept System," *J. Vacuum Sci. Technol. B* **14**:3825 (1996).
59. See also: http://www.bell-labs.com/project/SCALPEL/.
60. S. D. Berger and J. M. Gibson, "New Approach to Projection-Electron Lithography with Demonstrated 0.1 Micron Linewidth," *Appl. Phys. Lett.* **57**:153 (1990).
61. W. DeVore and S. D. Berger, "High Emittance Electron Gun for Projection Lithography," *J. Vacuum Sci. Technol. B* **14** (6):3764 (1996).

62. Stuart T. Stanton, J. Alexander Liddle, Warren K. Waskiewicz, Masis M. Mkrtchyan, Anthony E. Novembre, and Lloyd R. Harriott, "Critical Issues for Developing a High-Throughput SCALPEL System for Sub-0.18 Micron Lithography Generations," *Proc. SPIE* **3331** (1998).
63. K. H. Zaininger and A. G. Holmes-Siedle, "A Survey of Radiation Effects in Metal-Insulator-Semiconductor Devices," *RCA Rev.* **28**:208 (1967).
64. T. P. Ma and P. V. Dressendorfer, eds., *Ionizing Radiation Effects in MOS Devices and Circuits*, Wiley-Interscience, New York, 1989.
65. F. B. McLean, H. E. Boesch, Jr., and T. R. Oldham, "Electron-Hole Generation and Trapping in SiO_2," in *Ionizing Radiation Effects in MOS Devices and Circuits*, T. P. Ma and P. V. Dressendorfer, eds., Wiley-Interscience, New York, 1989.
66. C. R. Viswanathan and J. Maserjian, "Model for the Thickness Dependence of Radiation Charging in MOS Structures," *IEEE Trans. Nucl. Sci.* **NS-23**:1540 (1976).
67. N. S. Saks, M. G. Ancona, and J. A. Modolo, "Radiation Effects in MOS Capacitors in Very Thin Oxides at 80 K," *IEEE Trans. Nucl. Sci.* **NS-31**:1249 (1984).
68. J. M. Aitken, "1 μm MOSFET VLSI Technology: Part III—Radiation Effects," *IEEE J. Solid State Circuits.* **SC-14**:294 (1979).
69. M. Shimaya, N. Shiono, O. Nakajima, C. Hashimoto, and Y. Sakakibara, "Electron-Beam Induced Damage in Poly-Si Gate MOS Structures and Its Effect on Long Term Stability," *J. Electrochem. Soc.* **130**:945 (1983).
70. K. H. Lee, S. A. Campbell, R. Nachman, M. Reilly, and F. Cerrina, "X-ray Damage in Low Temperature Ultrathin Silicon Dioxide," *Appl. Phys. Lett.* **61**:1635 (1992).
71. S. A. Campbell, K. H. Lee, H. H. Li, and F. Cerrina, "Charge Trapping and Device Degradation Induced by X-ray Irradiation in Metal Oxide Semiconductor Field Effect Transistors," *Appl. Phys. Lett.* **63**:1646 (1993).
72. C. C. H. Hsu, L. K. Wang, D. Zicherman, and A. Acovic, "Effect of Hydrogen Annealing on Hot-Carrier Instability of X-ray Irradiated CMOS Devices," *J. Elect. Mater.* **21**:769 (1992).
73. C. M. Sotomayor Torres, *Alternative Lithography: Unleashing the Potentials of Nanotechnology,* Kluwer Academic/Plenum, New York, 2003.
74. Y. Xia, and G. M. Whitesides, *Angew. Chem. Int. Ed. Engl.* **37**:550 (1998).
75. A. Kumar and G. M. Whitesides, *Appl. Phys. Lett.* **63**:2002 (1993).
76. Y. Xia, E. Kim, X. M. Zhao, J. A. Roger, M. Prentiss, and G. M. Whitesides, *Science*, **273**:347 (1996).
77. X. M. Zhao, Y. Xia, and G. M. Whitesides, *Adv. Mater.* **8**:837 (1996).
78. E. Kim, Y. Xia, and G. M. Whitesides, *Nature* **376**:581 (1995).
79. E. Kim, Y. Xia, X. M. Zhao, and G. M. Whitesides, *Adv. Mater.* **9**:651 (1997).
80. Y. Xia, X. M. Zhao, E. Kim, and G. M. Whitesides, *Chem. Mater.* **7**:2332 (1995).
81. A. Kumar, and G. M. Whitesides, *Science* **263**:60 (1994).
82. C. S. Chen, M. Mrksich, S. Huang, G. M. Whitesides, and D. E. Ingber, *Science* **276**:1245 (1997).
83. H. Yang, N. Coombs, and G. A. Ozin, *Adv. Mater.* **9**:811 (1997).
84. B. D. Aumiller, E. A. Chandross, W. J. Tomlinson, and H. P. Weber, *Appl. Phys. Lett.* **45**:4557 (1974).
85. J. A. Rogers, K. E. Paul, R. J. Jackman, and G. M. Whitesides, *Appl. Phys. Lett.* **70**:2658 (1997).
86. H. Schmid, H. Biebuych, and B. Michel, *Appl. Phys. Lett.* **72**:2379 (1998).
87. J. Zaumseil *et al., Nano Lett.* **3**:1223 (2003).
88. J. N. Lee, C. Park, and G. M. Whitesides, "Solvent Compatibility of Poly(dimethylsiloxane)-Based Microfluidic Devices," *Anal. Chem.* **75**:6544 (2003).

89. C. Y. Hui, A. Jagota, Y. Y. Lin, and E. J. Kramer, "Constraints on Microcontact Printing Imposed by Stamp Deformation," *Langmuir* **18**:1394 (2002).
90. S. Y. Chou, P. R. Krauss, and P. J. Renstrom, "Imprint Lithography with 25-nanometer Resolution," *Science* **272**:85 (1996).
91. H. D. Rowland, A. C. Sun, P. R. Schunk, and W. P. King, "Impact of Polymer Film Thickness and Cavity Size on Polymer Flow During Embossing: Toward Process Design Rules for Nanoimprint Lithography," *J. Micromech. Microeng.* **15**:2414 (2005).
92. C. Gourgon, C. Perret, and G. Micouin, "Electron Beam Photoresists for Nanoimprint Lithography," *Microelectron. Eng.* **61–62**:385 (2002).
93. S. Johnson, R. Burns, E. K. Kim, M. Dickey, G. Schmid, J. Meiring, S. Burns, C. G. Willson, D. Convey, Y. Wei, P. Fejes, K. Gehoski, D. Mancini, K. Nordquist, W. J. Dauksher, and D. J. Resnick, "Effects of Etch Barrier Densification on Step and Flash Imprint Lithography," *J. Vacuum Sci. & Technol. B: Microelectron. Nanometer Struct. Process. Meas. Phenom.* **23**:2553 (2005).
94. E. K. Kim, M. D. Stewart, K. Wu, F. L. Palmieri, M. D. Dickey, J. G. Ekerdt, and C. G. Willson, "Vinyl Ether Formulations for Step and Flash Imprint Lithography," *J. Vacuum Sci. Technol. B: Microelectron. Nanometer Struct. Process. Meas. Phenom.* **23**:2967 (2005).
95. X. Cheng, L. J. Guo, and P.-F. Fu, "Room-Temperature, Low-Pressure Nanoimprinting Based on Cationic Photopolymerization of Novel Epoxysilicone Monomers," *Adv. Mater. (Weinheim, Germany)* **17**:1419 (2005).
96. E. K. Kim, N. A. Stacey, B. J. Smith, M. D. Dickey, S. C. Johnson, B. C. Trinque, and C. G. Willson, "Vinyl Ethers in Ultraviolet Curable Formulations for Step and Flash Imprint Lithography," *J. Vacuum Sci. Technol. B. Microelectron. Nanometer Struct. Process. Meas. Phenom.* **22**:131 (2004).
97. M. D. Stewart and C. G. Willson, "Imprint Materials for Nanoscale Devices," *MRS Bull.* **30**:947 (2005).

第 10 章　真空科学与等离子体

到目前为止，我们讨论的大多数单项工艺都是在常压下进行的，在接下来的 4 章中我们将要阐述在真空腔室内进行的微电子工艺。本章的前半部分将回顾真空科学与技术，首先要讨论的是在真空腔室里的分子和原子的基本物理理论。然后会介绍一些用于产生、容纳、测量真空的基本设备。进一步的资料可以从几个参考文献[1 ~ 4]中获得。本章的后半部分将深入阐述等离子体或辉光放电的理论及技术。这类系统被用于薄膜的物理化学淀积和刻蚀。在后续几章中将讨论这些工艺的详细情况，而本章的目的是为理解真空和等离子体工艺打下一个基础。

10.1　气体动力学理论

本书下一段中将要阐述的主题之一是气体在真空腔室里的行为。为了评价气体在相变反应、气体束流、热流动及表面轰击等过程中的行为，我们必须建立一种气体分子的模型。一种常用的模型，即气体动力学理论，是把气体分子作为硬球体看待，那么速度的概率分布可由 Maxwell 的速度分布得出(参见图 10.1)。对于一种简单的单一气体，其分子的速度分布概率由下式给出：

$$P(v) = 4\pi\left[\frac{m}{2\pi kT}\right]^{3/2} v^2 e^{-mv^2/2kT} \tag{10.1}$$

式中，m 是分子的质量，k 是玻尔兹曼常数，v 是速度，T 是用开尔文(Kelvin)表示的温度。速率(或速度)的平均值由下式给出：

$$|v| \equiv \bar{c} = \int_0^\infty vP(v)dv = \sqrt{\frac{8kT}{\pi m}} \tag{10.2}$$

速度在任一方向上的分量的平均值由下式给出：

$$\bar{v}_x = \bar{v}_y = \bar{v}_z = \sqrt{\frac{2kT}{\pi m}} \tag{10.3}$$

速度的均方根值由下式给出：

$$v_{rms} = \sqrt{\frac{3kT}{m}} \tag{10.4}$$

热运动速度通常是很快的。例如，氮气分子在室温下，平均的热运动速度 x 分量大约是 240 m/s，或是 530 mile/h。热运动速度的方向是随机的，所以，如果没有外力作用，平均速度为零。如果气体内部有小的压力梯度，就会产生由高压到低压的宏观流动。在微观层次上，所产生流动的速度矢量是加到大得多的热运动速度之上的，尽管在任一时刻单个的原子会沿着压力梯度相反的方向移动，但是总体而言，气体将会从高压到低压流动。

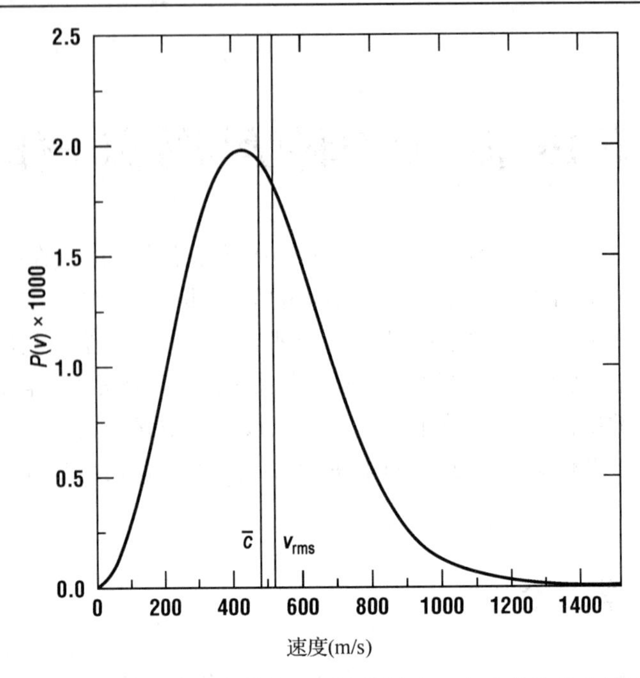

图 10.1 颗粒的麦克斯韦速度分布。$P(v)$是具有一定速度的特定粒子的概率

在常压下，气体改变速度的主要机制之一是气态分子的相互碰撞。考虑在气体中，一个直径为 d 的分子随机运动，如果另一个同类型的分子处在第一个原子运动路径的距离 d 之内，就会发生碰撞。那么在简单的硬球体近似假设下，分子具有 πd^2 的碰撞截面，是单个分子实际碰撞截面的 4 倍。在距离 L 内，发生碰撞的概率由下式给出：

$$P = L\pi d^2 n \tag{10.5}$$

式中，n 是每单位体积的气体分子数，对于像 N_2 和 O_2 这样的双原子分子，d 一般取 0.3 nm，如果设 $P \approx 1$，则两次碰撞间的平均距离，通常称为均自由程 λ，可以近似表示为

$$\lambda \approx \frac{1}{\pi d^2 n} \tag{10.6}$$

通过更为严格的统计学处理将给出：

$$\lambda \approx \frac{1}{\sqrt{2}\pi d^2 n} \tag{10.7}$$

因为 n 通常是未知的，只能通过状态方程计算得到。根据理想气体定律是用得最多的：

$$n = \frac{N}{V} = \frac{P}{kT} \tag{10.8}$$

其中 P 是腔体的压力，代入上述方程式可以得到

$$\lambda = \frac{kT}{\sqrt{2}\pi d^2 P} \tag{10.9}$$

基于这一简单模型，可以推导出一些有用的公式。表 10.1 列出了几种从动力学理论得到的气体的特性。在这个表中，$\overline{C}_v$ 是单位体积的气体热容量，$\bar{c}$ 表示平均速度，其定义参见式(10.2)，这些公式只在 $\lambda << L$ 时适用，L 代表腔体的特征长度(如腔体的直径)。它也被称作

黏滞流状态，在此我们将把讨论限制在这一压力体系中。

最后，有一个话题必须介绍，虽然感觉有些抽象，但最终会被证明是非常有用的。回顾第 3 章中，通量密度 J_n 可定义为单位时间通过单位面积的净分子流量。J_n 同样也可以被定义为单位时间轰击单位面积表面的分子数目，它可以由下式给出：

$$J_n = \frac{n\overline{v}_x}{2} = \sqrt{\frac{n^2 kT}{2\pi m}} = \sqrt{\frac{P^2}{2\pi kTm}} \tag{10.10}$$

这个可能是一个非常大的数。例如，对于室温下 1 atm 的氮气，其 J_n 大约是 $3\times10^{23}\ \text{cm}^{-2}\cdot\text{s}^{-1}$。

在结束本节之前，我们需要介绍一下压力的单位。表 10.2 中列出了一些最常用的压力单位及其含义。Torr（使汞柱升高 1 mm 的压力）这一单位通常被用于描述真空设备。在本书中，我们采用这一规定。然而，它并不是一个 MKS 单位，在使用本章中给出的公式时，读者必须注意将这些单位换算一致。

表 10.1　气体动力学理论导出的几个公式

参　量	符　号	公　式
扩散系数	D	$\overline{c}\lambda/3$
黏滞系数	η	$mn\overline{c}\lambda/3$
热传导率	k_{th}	$\dfrac{nC_v\overline{c}\lambda}{3}$

表 10.2　几种压力单位的转换因子

单　位	转换因子
标准大气压(atm)	1.333×10^{-3}
磅每平方英寸(psi)	1.933×10^{-2}
托或毫米汞柱(Torr 或 mmHg)	1
帕或牛顿每平方米(Pa)	133.3
微米汞柱(μm)或毫托(mTorr)	1.0×10^{3}

将 Torr 转换成期望的单位，乘以转换因子；将所列单位转换成 Torr，除以转换因子。

例 10.1　利用表 10.1 说明，在各种气体中为什么氢气(H_2)和氦气(He)具有最高的热导率。假设 $C_v = (3/2)k$，$d = 0.1$ nm，计算室温下氦气的热导率，并将你的计算结果与可接受的数值进行比较。

解答：根据表 10.1 可得

$$\begin{aligned} k_{\text{th}} &= \frac{nC_v\overline{c}\lambda}{3} \\ &= \frac{P}{kT}\frac{C_v}{3}\sqrt{\frac{8kT}{\pi m}}\frac{1}{\sqrt{2}\pi d^2}\frac{kT}{P} \\ &= \frac{2C_v}{3\pi d^2}\sqrt{\frac{kT}{\pi m}}\ \text{（最后结果与压力 } P \text{ 无关）} \end{aligned}$$

注意：较小的原子或分子具有较低的质量和较小的直径，这样就会使其热导率增大。对于氦气来说，其 $m = 4\times1.67\times10^{-27}$ kg，因此

$$\begin{aligned} k_{\text{th}} &= \frac{2\times\frac{3}{2}\times1.38\times10^{-23}\ \text{J/K}}{3\times\pi\times(10^{-10}\ \text{m})^2}\times\sqrt{\frac{1.38\times10^{-23}\ \text{J/K}\times300\ \text{K}}{\pi\times4\times1.67\times10^{-27}\ \text{kg}}} \\ &= 0.19\ \text{W/m}\cdot\text{K} \end{aligned}$$

而氦气热导率可接受的数值为 0.15 W/m · K。

10.2 气体的流动及其传导率

本节将介绍用于计算抽速和气流的公式。在测量像水这样的简单流体的流速时，一般单位是用体积流速，例如升每小时。虽然体积流速有时也可以用于描述气体的流动，特别是用于描述气体的抽速，但是以这种方式描述气体流动的问题在于，气体与液体相比更具有可压缩性。为了避免这一问题，可以用流量率来描述气体流过某一系统的总量。在体积 V 内气体的质量如下式所示：

$$G = \rho V \tag{10.11}$$

式中，ρ 是质量密度（$m \times n$），则质量流速可表示如下：

$$q_m = \frac{\mathrm{d}G}{\mathrm{d}t} \tag{10.12}$$

气体流量率 Q 的单位是压力-体积/时间，其计算公式如下：

$$Q = q_m \frac{P}{\rho} \tag{10.13}$$

气流通常用标准体积来测量，也就是相同数量的气体分子在 0℃和 1 个大气压下所占据的体积。例如，1 标准升就是在 273 K，1 atm 下占据 1 升空间的那么多气体。由于 1 mol（摩尔）气体在标准条件下是 22.4 L，则 1 标准升是 1/22.4 mol。1 标准升每分钟的流量率是 760 Torr · L/min。通常气体流量率采用标准升或标准立方厘米每分钟为单位来进行测定。

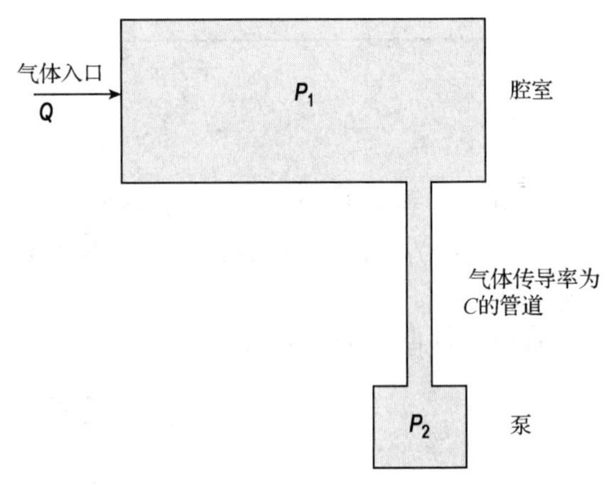

图 10.2 一个简单的真空系统，包含一个入口流量率为 Q 的均匀压力腔、一个真空泵和一个传导率为 C 的管道

现在考虑图 10.2 所示的简单真空系统，假定气流以均匀压力 P_1 流过腔室，一根管道连接腔室和泵，泵的入口压力为 P_2，那么真空部件的气体传导率 C 由下式给出：

$$C = \frac{Q}{P_1 - P_2} \tag{10.14}$$

可以对许多几何结构计算其气体传导率，也可以通过查表得到。和电导率一样，并联的气体传导率是简单相加，而串联的气体传导率则是其倒数相加：

$$\frac{1}{C_{\text{series}}} = \frac{1}{C_1} + \frac{1}{C_2} + \frac{1}{C_3} + \cdots \tag{10.15}$$

虽然详细的气体传导率的计算超出了本书的范围，但是我们注意到，直径为 D、长度为 L 的管道，对黏性流体系而言，其气体传导率是

$$C = 1.8 \times 10^5\,\mathrm{Torr}^{-1}\mathrm{s}^{-1} \frac{D^4}{L} P_{\text{av}} \tag{10.16}$$

式中，P_{av}是压力 P_1 和 P_2 的平均值。波纹、弯曲以及狭窄部分都会减小一个系统的气体传导率。若大量气体流过真空系统，而要保持腔体压力接近泵的压力，就要求真空系统有大的传导率。这样的系统必须设计成具有大的管道直径，且泵必须放置在接近腔室的地方。

在一个工艺过程中，通常要求控制真空腔室的压力。典型泵的体积流速是无法单独控制的，对大多数泵而言，抽速(体积置换率)在一个很宽的入口压力范围内接近常数，随着流量率的增大，入口的压力也会上升。通过调节腔室内气体的流速，就可以设置腔室的压力。但这一变量通常保留用于优化其他工艺参数，例如均匀性。然而真空腔室的压力还是容易控制的，可在泵线上插入一个可调节传导率的截流阀(参见图 10.3)。要做到这一点，可加入一个简易的能转动的叶片挡住管道的一部分，或在大直径的真空管道中加入活动百叶窗板。将一个压力监控器连接到真空腔，再加上闭环控制，对于很宽范围的泵速及入口气流，都能够维持腔室内的压力。

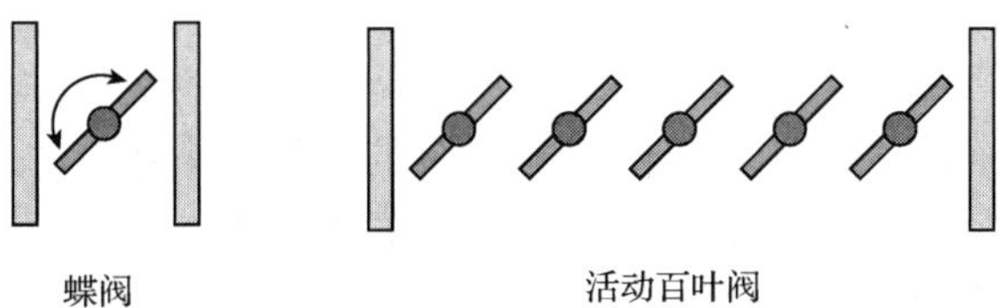

图 10.3　用在小直径和大直径真空管线上的可变传导率阀

通常根据泵的抽速 S_p，将其分成不同的规格：

$$S_p = \frac{Q}{P_p} = \frac{\mathrm{d}V_p}{\mathrm{d}t} \tag{10.17}$$

式中，P_p是泵的入口压力。例如，一个抽速为 1000 L/min(slm)的泵，在 1 atm 下，每分钟能够抽 1000 slm 的气体，前提是它在这个压力下还能够保持这样的抽速。另一方面，如果入口压力是 0.1 atm，且在此压力下泵的抽速仍保持 1000 L/min，泵能排出的最大气体流量则是 100 slm。况且，泵的抽速一般不会是一个常数。它取决于被抽的气体及入口压力。下一节将讨论微电子领域经常用到的压力范围以及这一领域使用的典型泵的种类。

例 10.2　将一个腔体通过一根长 2 m、直径 2.5 cm 的管道与真空泵相连接，假定我们要运行的工艺要求腔体中的压力 P_{ch}(即式(10.14)中的 P_1)为 1 Torr，气体的流量率为 1 标准升每分钟(slm)，泵的压力为 P_p(即式(10.14)中的 P_2)，试计算所需要的泵的抽速(以标准升每分钟为单位)。

解答：根据式(10.14)可得

$$P_{ch} = P_p + \left(\frac{Q}{C}\right)$$

$$P_{ch} - P_p = \frac{Q}{1.8\times10^5\ \mathrm{Torr^{-1}\,s^{-1}}\dfrac{D^4}{L}\dfrac{P_{ch}+P_p}{2}}$$

$$P_{ch}^2 - P_p^2 = \frac{Q}{9\times10^4\,\mathrm{Torr^{-1}\,s^{-1}}\dfrac{D^4}{L}}$$

$$P_{\mathrm{ch}}^2 - P_p^2 = \frac{760\ \mathrm{Torr} \times 1000\ \mathrm{cm^3/min} \times \dfrac{1}{60}\ \mathrm{min/s}}{9 \times 10^4\ \mathrm{Torr^{-1}\,s^{-1}}\,(2.5\ \mathrm{cm})^4/200\ \mathrm{cm}}$$

$$P_{\mathrm{ch}}^2 - P_p^2 = 0.72\ \mathrm{Torr}^2$$

$$P_p = \sqrt{1\ \mathrm{Torr}^2 - 0.72\ \mathrm{Torr}^2} = 0.53\ \mathrm{Torr}$$

于是得到

$$S = \frac{Q}{\overline{P}} = \frac{760\ \mathrm{Torr} \times 1\ \mathrm{L/min}}{0.53\ \mathrm{Torr}} = 1440\ \mathrm{L/min}$$

10.3　压力范围与真空泵

前面已经区分了与气体分子平均自由程相对应的两种压力范围。黏性流和分子流的分界线大约在 1 mTorr。在这两个区域描述气体表现行为的公式是完全不同的。区别在于分子与分子以及分子与腔壁相互作用的物理学理论。在实际情况下，真空范围也经常以实现它们的技术来定义。这些分界线都是相当灵活的，但是我们可以近似地将它们定义如下：

初真空	0.1 ~ 760 Torr	$10 \sim 10^5$ Pa
中真空	$10^{-4} \sim 10^{-1}$ Torr	$10^{-2} \sim 10$ Pa
高真空	$10^{-8} \sim 10^{-4}$ Torr	$10^{-6} \sim 10^{-10}$Pa
超高真空	$< 10^{-8}$ Torr	$< 10^{-10}$ Pa

在半导体加工中使用的大部分工艺设备，一般工作在初真空或中真空段。然而，要得到一个洁净的腔室，在通入工艺气体之前，它们通常要被抽到高真空或超高真空段。由于这个原因，我们也将讨论高真空的产生。毋庸置疑，随着压力的降低，产生和保持一个真空状态的难度也在不断增大。

初真空泵均涉及通过活塞/叶片/柱塞/隔膜的机械运动将气体正向移位的过程，所有这些泵都包括三个步骤：捕捉一定体积的气体；对捕捉的气体进行压缩；然后将气体排除。最简单的这类泵的示意是一个活塞泵(参见图 10.4)。当活塞下降时，要抽取的气体通过一个阀门被吸入汽缸。循环周期的下一步是两个阀门均被关闭及气体被压缩。压缩过程快结束时第二个阀门打开，气体被排出到高压力区域。通常这些阀门能够自动打开，以响应不同的压差变化。如果使用理想气体，压差即是气体完全膨胀开同完全压缩时的体积比。例如，如果排出压力是 1 atm，压缩比是 100 : 1，这样一个简单的泵能实现的最低压力是 0.01 atm(7.6 Torr)。这些步骤还能够通过多级连接，从而在入口和出口之间产生高的压力差。

这种简单的活塞泵并没有被广泛用于微电子加工，实际在初真空和中真空应用中非常通用的泵是如图 10.5 所示的旋转叶片系统。由电气马达驱动的一个金属圆柱，在另一圆柱腔体内围绕偏离腔体中心的轴旋转，弹簧带动叶片沿腔室壁滑动，封闭出泵的不同部分。油用于密封叶片和作为润滑剂起润滑作用，油也有助于泵的冷却，将由于摩擦和气体被压缩而产生的热耗散掉。同活塞泵一样，旋转叶片系统是通过使泵旋转而压缩气体来工作的。泵的圆圈运动免除了对曲柄的需要，在活塞泵中需要采用曲柄来把马达的旋转运动转变成活塞的上下运动。这些泵对于不同排量，通常可用单级或双级模式。单级旋转叶片泵的终极真空度大约是 20 mTorr，而一个两级泵所能达到的真空度低于 1 mTorr。

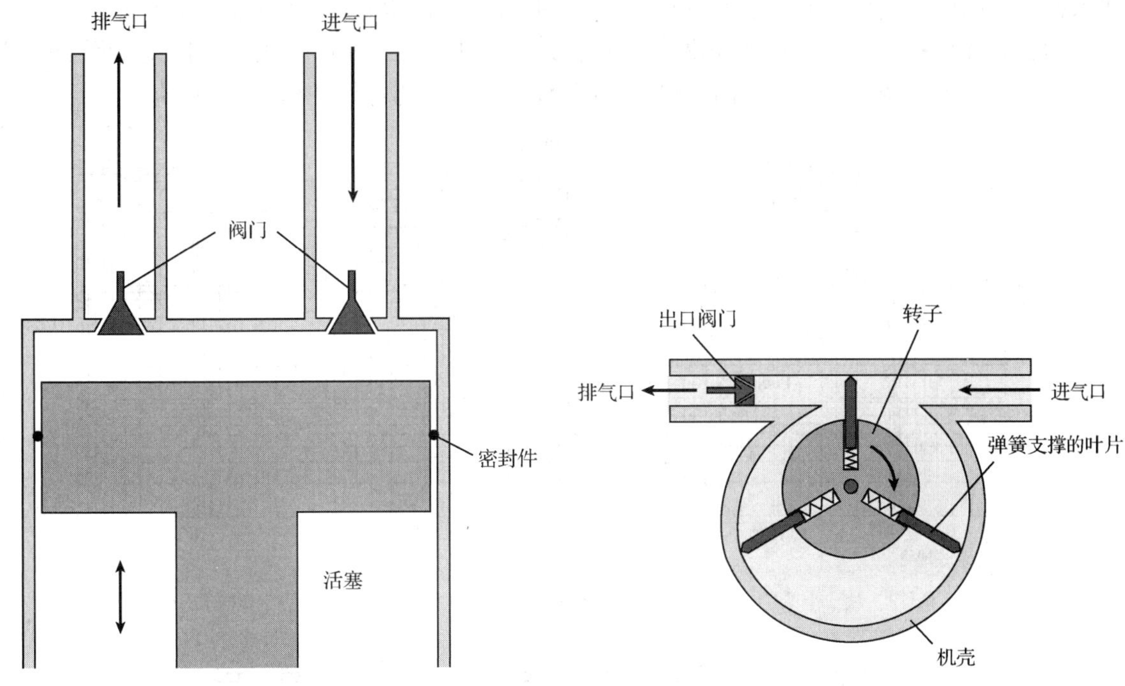

图 10.4　一个单级两阀门活塞泵的示意图　　图 10.5　旋转叶片真空泵经常用于微电子制造工艺中

压缩型泵的潜在问题之一是水蒸气的凝聚。当气体被压缩时，如果气态蒸气的分压超过了相应的液体在气体温度下的蒸气压，它就开始凝聚，形成液态小液滴，这些液体与泵油混合，可能导致腐蚀。举一个简单的例子，如水，水在室温下的蒸气压大约是 20 Torr，如果入口气体以 10^4 倍数被压缩，在腔室内水的分压大于 2 mTorr 的话，水就会凝聚。当抽吸像氯气和氯硅烷这些可压缩的腐蚀性气体时，问题就会更加突出。为了消除这一问题，一个小流量(或漏入)的惰性气体，像氮气，会被注入(泵的)腔室中。这些气体添加物(气镇)的使用会限制泵的终极压力。如图 10.6 所示是一些典型的旋转叶片泵在使用和不使用气镇(ballast)时的抽吸特性。在很宽的入口压力范围内，抽速几乎接近常数，随着入口压力下降而接近极限真空，最终抽速下降。同样，在很大的入口压力范围内，抽气总量与入口压力成比例。

例 10.3　假定对于一个特定的工艺，希望腔室压力是 0.1 Torr，泵和腔室之间没有压力差，再假定为了获得合适的工艺结果，气体的流量为 1 slm。那么，特性如图 10.6 所示的 D65 泵，如果不采用气镇，能适合上述要求吗？使用这种 D65 泵时，(气体)最大的流量是多少？

解答：依照图 10.6，D65 泵在 0.1 Torr 时的抽速大约是 40 cfm(合 1150 L/min)，它能允许的最大抽速是 1150×0.1/760 slm 或 0.15 slm。因此，这种泵还不足以满足这一应用需求。

要获得高的排量有两种途径，一是增加每次抽吸的体积，二是增加转速。前者费用昂贵，后者受到叶片散热的限制，这一限制使得旋转叶片泵转速大约在 2000 rpm。解决的办法之一是构造一个不用滑动密封的泵，它能够允许非常高的转速，应用旋转块与壁之间的狭窄缝隙实现压缩。在最简单的情况下，这种泵能被作为常规的旋转叶片泵的预压缩装置使用。为这种应用而专门设计的泵称为增压器(blower)。在微电子加工中最常用的增压器是罗茨增压器

（罗茨泵）。如图 10.7 所示，罗茨泵是一个由两个“8”字外形的转子组成的正向置换泵，转子间以相反方向高速旋转，彼此间及与泵壁间的间隙非常小（小于 0.1 mm）。各个表面之间没有机械密封。因而，这种泵的压缩率只有 30∶1，并且与入口压力有关（如图 10.8 所示）。由于它们的旋转速度很快，因此抽速非常大。由于要允许热膨胀，以防止由此产生摩擦而缩短泵的使用寿命，因而压缩率不会太高，对于更高的压缩率，则需要采用两级增压器。

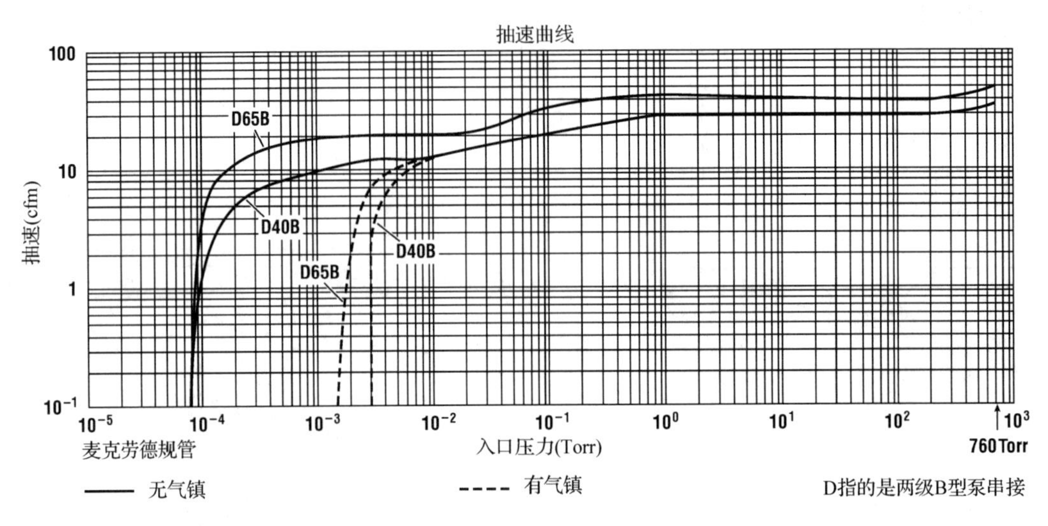

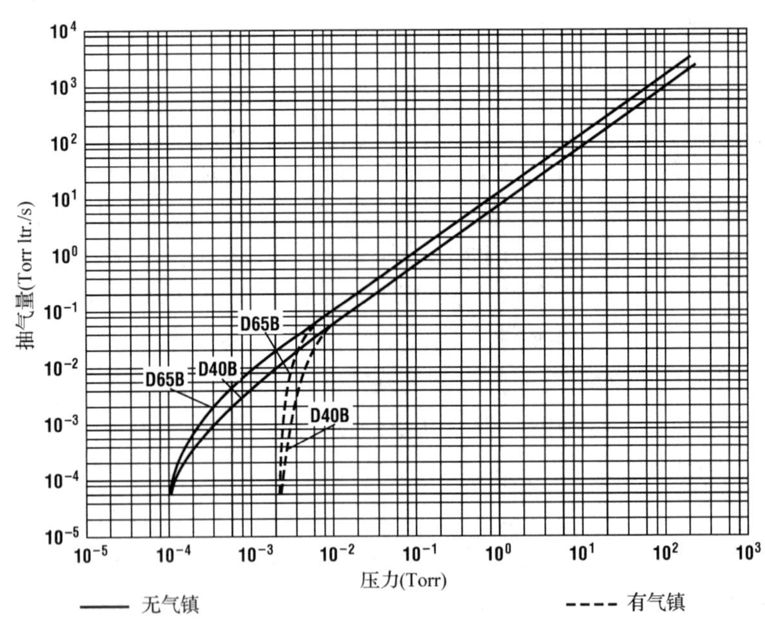

图 10.6　莱宝 D65 和 D40 两级旋转叶片真空泵在有气镇和无气镇时的抽吸特性（经莱宝公司许可使用）

通过在旋转叶片泵前放置罗茨增压泵，初级真空泵的入口压力能被提高。具有零流量压缩比 k_0 和抽速 S_R 的罗茨泵，及抽速为 S_{RV} 的旋转叶片泵，其在抽速上的增加值可以采用下式计算：

$$S_{\text{eff}} = S_{RB} S_{RV} \frac{k_0}{S_{RB} + k_0 S_{RV}} \tag{10.18}$$

因此，由(排量)40 cfm 的旋转叶片泵和 200 cfm、压缩率为 20 的罗茨泵组合，能提供的有效抽速是 160 cfm。回到前面的例子，腔室压力是 0.1 Torr，在罗茨泵后的低真空泵的入口压力，现在提升到 20×0.1 Torr 或 2 Torr。依据图 10.6，如果罗茨泵后配 D65 旋转叶片泵，腔室允许的最大流量从 0.1 slm 增加到大约 3 slm。

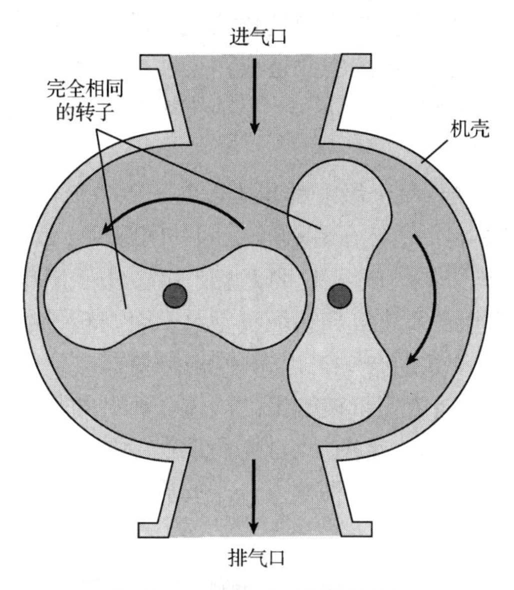

图 10.7　罗茨增压泵原理图

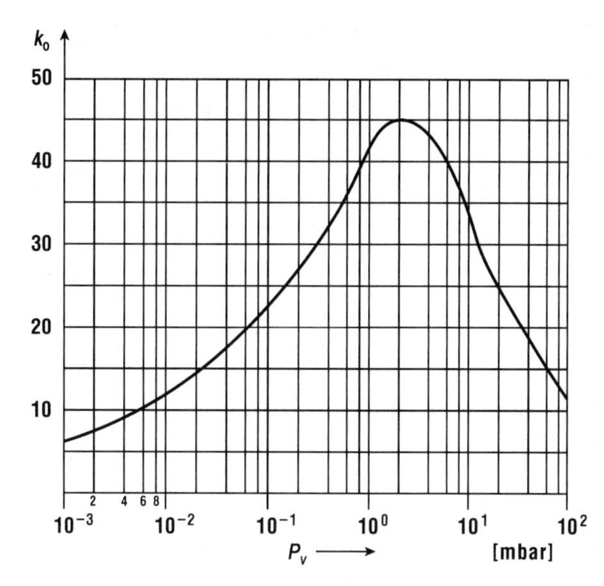

图 10.8　一个典型罗茨泵的压缩比与入口压力间的函数(经 Leybold 许可使用)

在初级真空泵之前加过滤器或通入惰性净化气体的做法也是通行做法。当泵运转时，泵油会变热。在这样的温度下泵的油蒸气压非常高，如果没有一定流量的气体通入泵内，在工艺过程中油蒸气就会从泵流到腔室，这一过程称为逆流动。一个普通的例子是，用初级真空泵抽吸一个密封的腔室，当腔室内的压力下降时，气体流到泵内的量也下降。最后气流下降到足够低而发生逆流动，泵的油蒸气浓缩在冷的腔壁并造成污染。在泵前通入惰性净化气体会减少逆流动，但是也会使泵的极限压力产生明显的增加。化学收集器(Traps)也可以用于解决这一问题。

另一种选择是用无油泵或干泵，这种类型的泵目前已经变得非常流行了，并且在生产上已经开始大量取代旋转叶片泵了。这种干泵采用许多像罗茨泵那样的级联系列，可把腔室抽吸到毫千级并排除气体到 1 atm。在同等排量上，干泵要比旋转叶片泵更加昂贵且体积更大，但是由于它具有不会污染环境的特点，使得它们目前非常受欢迎。

在微电子加工领域，高真空泵分为两类：一类是将动量转移给气态分子而抽吸气体，另一类是俘获气体分子。这里，当抽吸腐蚀性气体和有毒气体，或抽吸大流量气体时，前者是首选。而当抽吸通入的小流量惰性气体，或在工艺前用高真空泵抽吸腔室时，后者是首选。当一开始用初真空泵和中真空泵使气压从 1 atm 下将时，以及工艺气体开始通入时，几乎总是用隔离阀门来隔离高真空吸附泵。

两个主要的、常用的动量转移类型泵是扩散泵和涡轮分子泵。扩散泵(参见图 10.9)是非常简单和耐用的。它们的工作方式是通过加热泵底部的油，这些泵油蒸气通过中央堆叠架上升并且以非常大的速度由排出口喷出，冲击到泵顶部的冷壁上，然后凝结并且顺着泵壁流下，气体主要通过油蒸气流和气体分子之间的动量转移来进行抽吸，气体分子也可以通过溶解在蒸气小液滴中而被传递。当油再一次在泵底被加热时，气体挥发出来并由连接在如图 10.9 所示右边位置的初级真空泵抽离，在这些泵中，可以得到 10^8 的压缩比。

只要入口压力在分子流范围内，扩散泵就会具有很高的抽速。大多数扩散泵是不能暴露于大气中的，因为在热的泵油和空气中的氧气之间会发生一种被称为裂化的化学反应。更严重的是，一些泵油的蒸气不是在泵中凝结，而是回流到真空系统中并造成污染。扩散泵系统经常使用隔离或者冷阱来清除大多数回流的泵油，正是因为这个原因，目前扩散泵使用的并不十分普遍。

图 10.10 所示是涡轮分子(或涡轮)泵，它由许多级组成，每个级上都包含以大于 20 000 rpm 的极高转速旋转的风机叶片和一套被称为定子的静止的叶片，定子和转子之间的间隙为 1 mm 量级。每一级的压缩比都不大，但是由于级数很多，整个泵的压缩比可以达到 10^9。由于出口的压力必须维持在一个低压状态下，因而泵的高压部分必须连接到初级真空泵，否则转子的负载就会过大，导致泵过载(大多数涡轮泵都有一个自动切断开关，以避免其过载损坏)。又由于动量转移依赖于气体分子的质量，所以压缩比强烈地依赖于被抽出的气体。典型的是：对于 N_2 压缩比为 10^9 的泵在用于 H_2 时的压缩比则低于 10^3(参见图 10.11)。所以涡轮泵抽气的腔中质量较轻的气体(如 H_2 和 He)会有很高的浓度。然而由于泵油蒸气分子的质量很大，因此涡轮泵抽气的系统还是很洁净的。

图 10.9　一个扩散泵的剖面图(经 Varian 许可使用)

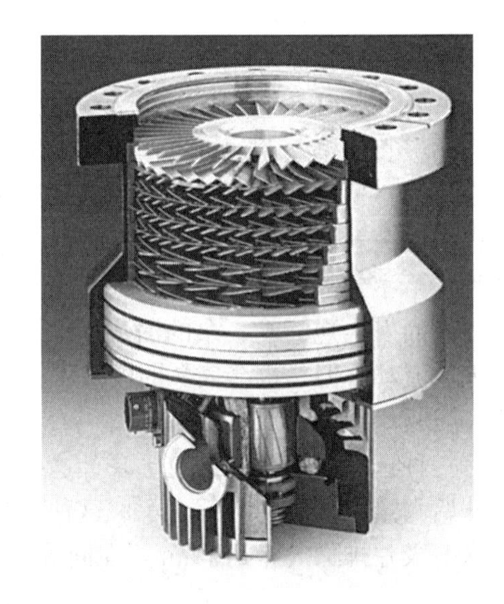

图 10.10　一个小型涡轮分子泵的剖面图。注意从高真空(顶部)到低真空(底部)叶片角度和形状的变化(经 Varian 许可使用)

当需要超级洁净度的时候，就需要用到气体吸附泵。在微电子工艺过程中最常用到的是低温冷泵(Cryopump)，如图 10.12 所示。低温冷泵由闭合循环冷冻机组成，冷冻机的冷头一般维持在 20 K 左右，封装在泵体里并连接到真空系统。冷头一般由铜或者银制成，还可以覆盖一层活性炭以吸收更多气体。辐射防护层通常用来将加在头部的热负荷减到最小，除氦气外，整个腔室中的其他气体都会在冷头凝结，尽管高沸点的气体比低沸点的气体抽吸更容易，但最终冷头上吸附的气体达到饱和，吸附的气体的低导热系数阻止了更进一步的吸附。这时，低温冷泵必须与腔室隔离，并经过加热和被抽吸以释放出所吸附的气体，然后再进行冷却以恢复其工作状态。只有在腔室达到低真空状态后，低温冷泵才能够开启，否则它们的抽吸能力将会大大减小。

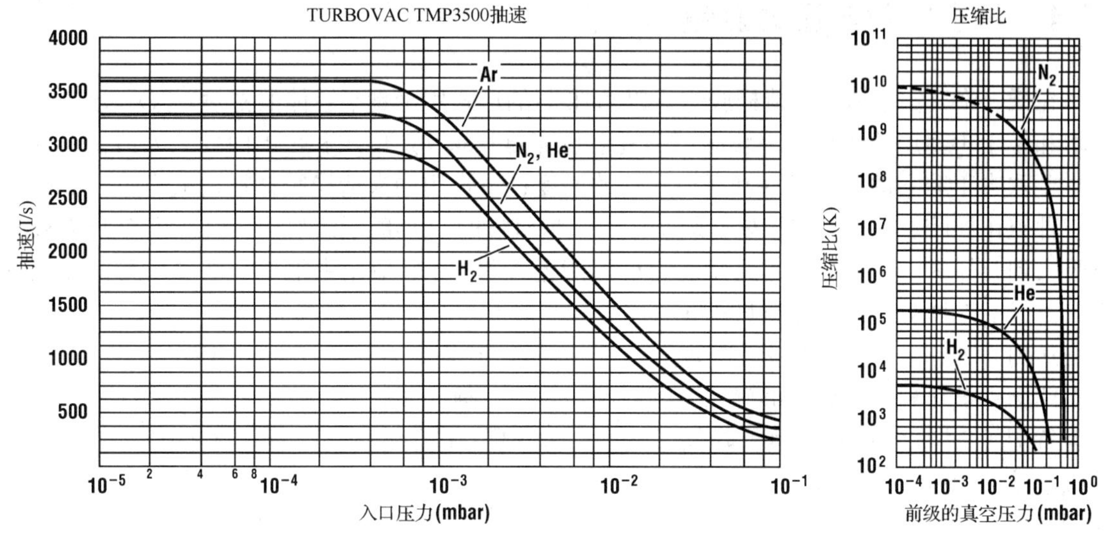

图 10.11　一个典型涡轮分子泵的抽速和压缩比与入口压力之间的函数，图中所示是具有代表性的几种气体(经 Varian 许可使用)

另一种用于高真空的气体吸附泵是吸气泵(Sorption)，吸气泵是通过化学或者物理方式吸收气体分子来进行工作的。早期的吸气泵使用碳，但是现代的泵中使用的材料通常是某种形态的活性 Al_2O_3，这些铝硅酸盐沸石内部充满了相连的均匀直径的孔洞，孔洞的尺寸根据所选的沸石而变化，典型尺寸在 0.3 nm 到 15 nm 之间，这种类型的泵由于所选择的材料也被称作分子筛(Molecular sieve)。吸气泵工作时通常降温到液氮温度，并且使气体分子按物理规则吸附在孔洞的四壁上。泵的抽吸效率取决于气体分子相对于孔洞的尺寸，大多数吸气泵对 N_2、CO_2、H_2O 以及重的碳氢化合物都能够很好地抽吸，但是对于比较轻的惰性气体(如 He)就不行了。正如低温冷泵一样，吸气泵也是可以在真空下通过加热而再生的。

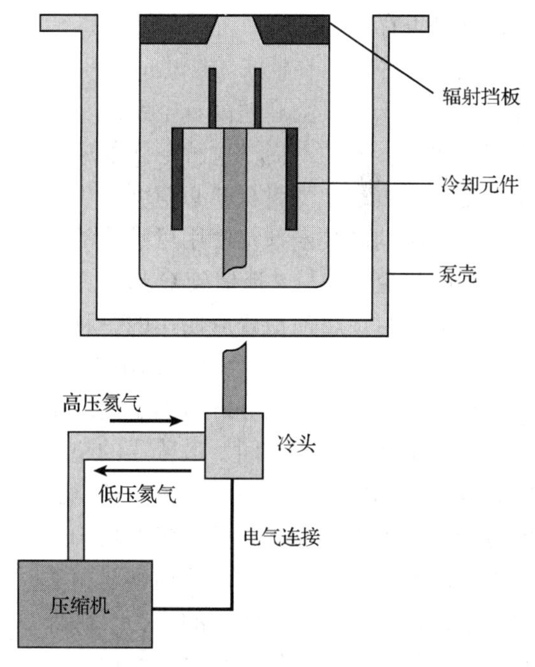

图 10.12　一个典型低温冷泵的示意图

第三种气体吸附泵是使用可重复覆盖的活性金属来移除气体分子。在钛升华(Sublimation)泵中，通过加热一根含钛灯丝，从而在泵的内部表面淀积一层很薄的高活性金属层，当其内部表面被气体分子覆盖之后，泵的抽速就会降低，为了使泵再生，必须重新加热灯丝以产生新的钛覆盖层。溅射离子泵的工作方式也是类似的，但是其薄的活性层是通过溅射来产生的而不是采用升华方式(参见第12章)，溅射离子泵的内部表面能被做成最大的可覆盖面积。像升华泵一样，大多数在泵中淀积用于吸气的材料是钛，升华泵和溅射离子泵都是极其洁净、耐用且易于操作的。

10.4　真空密封与压力测量

在低、中真空领域，人造橡胶一般以O形圈的形式用于真空腔体的密封。“O”形圈有低成本和便于再使用的优点，一般应用在真空系统的硅晶圆片传入和传出门处。人造橡胶的选择主要取决于腔室的化学条件和所要承受的温度，最常用的人造橡胶材料是氟橡胶(viton)，是一种硫化橡胶。在一些连接处必须制造出某种机械的O形圈承载机构，以防止O形圈被真空吸入到腔体内。一种通常的选择是将O形圈置入凹槽中，应用中常见的是将O形圈凹槽置入其直径的70%处，并且保证凹槽足够宽，通常达到O形圈直径的140%，以防止O形圈在凹槽中被压扁。这就能够确保要密封的接触面是金属与金属的接触，降低了密封的颤动从而增强了可靠性。两种常用类型的O形密封法兰如图10.13所示，考虑到O形圈密封的可靠性，剧毒气体必须采用双O形圈密封，其中两层O形圈之间的空间用来进行毒气是否存在的取样。

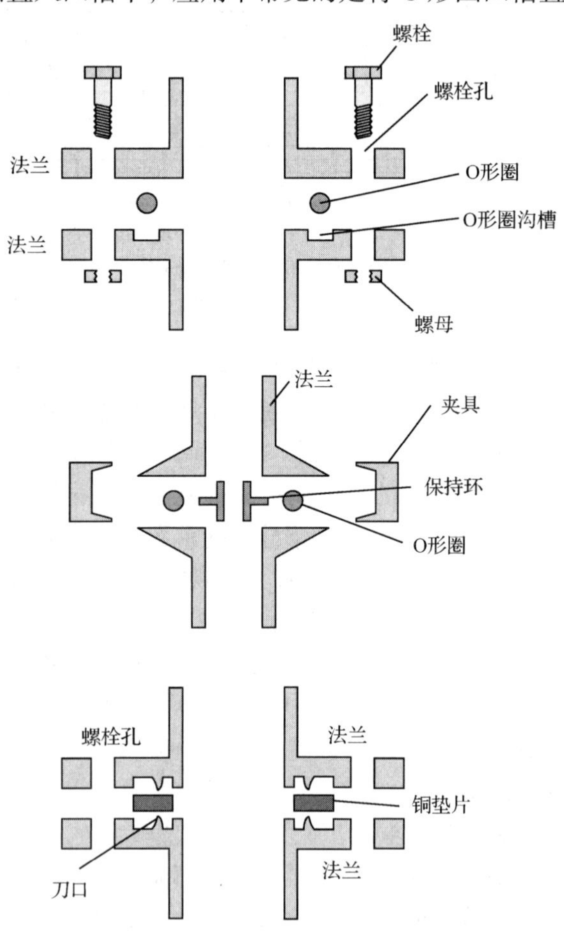

图10.13　用于中真空的两种O形密封圈和用于密封高真空系统的Conflat法兰

人造橡胶密封在低于10^{-7} Torr时开始出现渗漏，对于高真空和超高真空系统，必须采用金属对金属的密封。这种形式的密封，在实施密封过程中密封材料必定会产生塑性形变。早期的高真空系统使用可锻造的金属线，例如黄金，以与人造橡胶O形圈相同的方式完成密封。目前最普遍使用的一种高真空密封形式是Conflat法兰，如图10.13所示。一种扁平的、柔软的、2 mm厚的金属环被夹紧在两个不锈钢刀口之间，最普通的垫圈材料是铜或者铜银合金，另外还有一些材料主要应用于腐蚀性的环境。必须施加均匀的压紧力以确保密封的紧密性，这通常是由法兰边缘紧密排列的螺钉来实现的。为了确保具有高的可靠性，密封垫圈在每次使用之后都必须更换，并且刀口在表面暴露时，必须给予保护以防止受到损伤。

真空系统中的压力可以借助各种不同的测量规来进行测量，在微电子应用中最经常使用的是电容式压力计、热导率规和离子规。电容式压力计属于机械类的规表，它依靠待测腔体和参考容积之间的压力差异来产生一个机械上的偏移量，电容式压力计就是用来探测薄的金属隔膜的偏移量。这类规表大多数情况下用来探测高于 1 Torr 的压力，因为其典型的参考压力为一个大气压，此时要测量低于 1 Torr 以下的压力差将会变得非常困难。这类规表一般没有污染，而且由于它们直接测量气体的压力，这也使得它们与被测气体无关。

通过测量气体的热导率从而推算出压力的这一类真空规也受到了普遍的欢迎。这类规表可以追溯到 1906 年[5,6]，它们通过使电流流过导线，并测量导线的温度来进行工作。导线的工作温度维持在低温下(通常为几百摄氏度)，以便延长导线的使用寿命，且使其灵敏度达到最大，并确保绝大多数热传递都是通过气体的热传导而不是热辐射造成热量损失的。Pirani 规表中导线的电阻是用惠斯通(Wheatstone)电桥精密测量的，调节灯丝的功率以平衡电桥并且使导线的温度维持恒定。对于热电耦规表，热电耦被焊接到加热线上以测量导线温度，热电耦是由两种不同金属组成的，它们可以产生出一种微弱的与温度相关的电压，这种电压的测量要比平衡惠斯通电桥更加简单，但是这种技术比 Pirani 规表的灵敏度稍差，两种规表都有大约 1 mTorr 的分辨率，在使用这种规表时必须小心，因为热传导率取决于腔室中的气体。

无论是机械偏移量还是热导率规表在测量比 1 mTorr 低得多的压力时都是不适用的，在绝大多数高真空和超高真空的测量应用中，普遍采用的是离子规表，它采用电子束流来离化规表中的气体，并且通过一个电场来收集离子，这种方法产生的离子流是腔室中压力的函数。电子流可以通过加热灯丝(热阴极)或者由等离子体(冷阴极)来产生，其中热阴极规表更简单且易于使用，但是在高度腐蚀性的环境中可能会带来问题，或者在超洁净腔体中灯丝的除气问题也应得到关注。此外，热灯丝规表通常不能在压力超过 10^{-4} Torr 的环境下工作，那样会缩短灯丝的工作寿命。这两种类型的规表能测量的极限压力最终取决于测量非常小的离子电流的能力，但是某些类型的离子规表一直能探测低到 10^{-12} Torr 的压力。

10.5　直流辉光放电°

接下来的两章中所要介绍的许多低压工艺都将涉及辉光放电或等离子体的使用。这些工艺包括各式各样的刻蚀、化学气相淀积和溅射。甚至在 g 线和 i 线光刻设备中的曝光灯源也是等离子源。“辉光放电”这个术语就是指发光是由等离子体产生的。等离子体能够替代高温环境，从而裂解分子并促进某些化学反应，它也可以用于产生和加速离子。在许多应用中这两种作用都非常重要。

等离子体是部分离子化的气体，假设流进的气体是由原子 A 和原子 B 组成的分子 AB，在辉光放电过程中可能出现的现象可以划分为如下几种[7]。

裂解	$e^* + \mathrm{AB} \Leftrightarrow \mathrm{A} + \mathrm{B} + e$
原子离化	$e^* + \mathrm{A} \Leftrightarrow \mathrm{A}^+ + e + e$
分子离化	$e^* + \mathrm{AB} \Leftrightarrow \mathrm{AB}^+ + e + e$
原子激发	$e^* + \mathrm{A} \Leftrightarrow \mathrm{A}^* + e$
分子激发	$e^* + \mathrm{AB} \Leftrightarrow \mathrm{AB}^* + e$

其中的上标“*”表示那些能量要远远大于基态的粒子。分离的原子或分子片段被称为基，基具有不完整的键合状态并且非常活跃，在氩气或者其他元素等离子体中是没有基的。离子是带电的原子或分子，如 A^+和 AB^+，它们可能会带有大于一个正电荷或者甚至也可能带有负电荷。

在简单的电容性放电等离子体中，基会占据所有等离子体的1%，而带有电荷的粒子会少于0.01%。尽管没有特别说明，高能量的离化的粒子同样也是可能存在的。

如图 10.14 所示是一个简单的等离子体反应器，两个平行的平板包含在一个真空系统中，通过传入真空的功率馈线与直流电源相连，对于一个等离子体过程，典型的压力是 1 Torr。一个高电压源(通常情况下是一个充电的电容器)在开始的瞬间被连接到电路中以产生等离子体，电感保护直流电源不受高压电弧影响，在 1 Torr 压力下，对于 10 cm 电极间距需要外加的电压约为 800 V，而对于 5 cm 电极间距则大约需要 500 V。另外，也可以采用灯丝向两个电极之间注入电子来激发等离子体。

在电弧被激发前，气体作为绝缘体并不能够传导电流。接下来我们考虑等离子体形成时所发生的情况，如果外加电压足够高，反应腔内的电场将超过气体的击穿电场，在两个电极间就会产生高压电弧，这个电弧会产生出大量的离子和自由电子。由于反应腔内电场的作用，电子被加速朝着带正电荷的阳极运动，同时离子则被加速朝着带负电荷的阴极运动。由于电子的质量很小，电子的加速过程要比缓慢移动的离子快得多，而离子则会穿越放电管并最终撞击在阴极上。当它们打在阴极上时，就会从阴极的材料中释放出大量的二次电子，这些电子又会朝着相反方向加速冲向阳极，如果加在电极之间的电压足够大，这些高能量电子与中性原子的非弹性碰撞将产生出更多的离子。这个二次电子的释放过程和离子的产生过程维持了等离子体。

即使对于这种简单的一维情况，求解等离子体中各种离子的运动规律也已经超出了本书讨论的范围，因为描述电场和电荷分布的微分方程是相互耦合在一起的，必须同时进行联立求解。如图 10.15 所示是典型的正负电荷密度以及电场强度作为等离子体中位置函数的情况。在整个等离子体的内部，离子和电子的密度是相等的，由于电子被从阴极快速加速，在阴极附近电子的密度要比离子的密度小得多，这个区域会产生净的正电荷，在接近正电荷区域的边缘，电子获得了足够的能量产生离子，使得在等离子体中，离子的密度随着距离而增加，这些正电荷屏蔽了从阴极附近起始的等离子体的其余部分，降低了电场和离化的速度。结果，在等离子体的其余部分，离子的密度由最高的峰值回落到一个常数值。

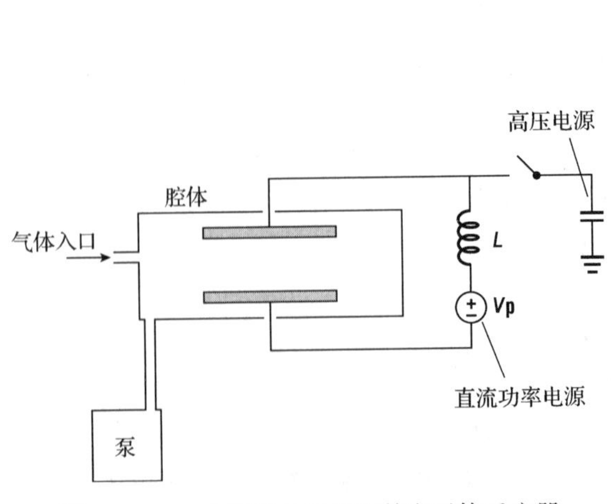

图 10.14　一个简单的平行板等离子体反应器

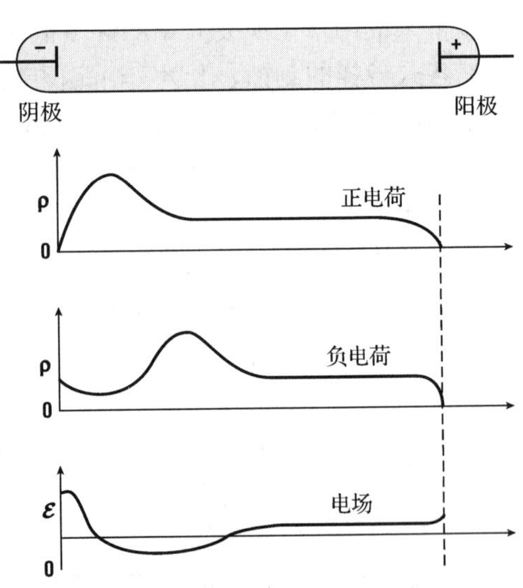

图 10.15　在等离子体中，正负电荷密度及电场与空间位置之间的函数关系

当一个中等能量的电子以非弹性散射方式与一个中性原子发生碰撞时，它将把中性原子中的一个内层电子激发到高能量状态，这个状态的寿命非常短(在 10^{-11} s 的量级)，因此被激发的原子或者分子在激发态和返回基态之间并不能运动一个可观的距离。当电子返回到基态时，它以可见光辐射的形式释放出能量，由于这一光学发射过程，产生了辉光放电中的光。这个过程的产生需要高浓度的中等能量电子，而具有大于 15 eV 能量的电子将首先离化气体中的分子而不是激发它们。

对中等能量电子的需求阻碍了在两个电极附近的光学发射，这些区域被称为暗区，在阴极的正上方区域中，大多数电子都具有非常低的能量，该处被称为 Crooke 暗区(参见图 10.16)。阳极则是电子的吸附器，因此在阳极附近电子的密度非常小，也没有可观的发射，这个暗区被称为阳极暗区。最后，在阴极附近还存在一个区域，那里的电子已经被加速到非常高的能量，导致电离发生，只有极少量的电子具有适合发光的能量，这个区域则被称为法拉第暗区。

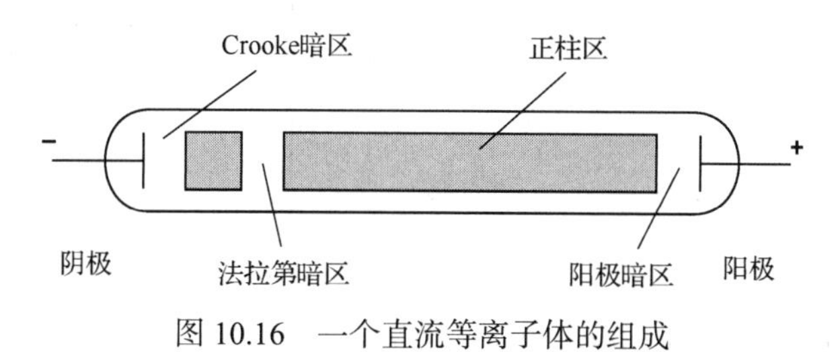

图 10.16　一个直流等离子体的组成

应用于微电子制造工艺的辉光放电,其最重要的特征之一是处于 Crooke 暗区中的大电场，漂移和扩散到这个区域边缘的离子会被加速而快速地向阴极撞击，如果阴极上有硅晶圆片或者其他感兴趣的材料，我们就能够利用这种离子的轰击作用来完成各种不同的工艺。暗区的宽度取决于腔室中的压力，在低压状态下电子的平均自由程会增大，因此暗区的宽度也会增加，通过控制腔室中的压力，我们就能控制离子轰击表面的能量。受到这种效应的限制，简单的直流等离子体系统的压力通常要大于 1 mTorr 左右。

10.6　射频放电

在很多情况下，处在一个或多个电极上的材料可能是绝缘的，以二氧化硅的刻蚀作为一个实例，该应用将在下一章中介绍。在此工艺中，上层是 SiO_2 的硅晶圆片先是由光刻工艺制备出图案，然后放置于等离子体电极上。在硅晶圆片表面暴露处的材料中，光刻胶和氧化层都是绝缘体，当离子轰击硅晶圆片表面时，会发射出二次电子，使得这些层都带有电荷。电荷积聚在表面，使得电场降低，直到等离子体最终消失。为了解决这个问题，等离子体可以用交流信号来驱动，电源的频率在射频的范围内，一般为 13.56 MHz。这一频率已经被联邦通信委员会单独留出给此类应用。如图 10.17 所示是一个典型的射频等离子体系统，一个调谐网络用来使得等离子体与射频电源相匹配，一个隔直流电容器用来使得腔体和射频电源之间实现直流隔离。

在低频段，随着等离子体被激发，暗区的宽度随着施加的信号而产生变化，当激发的速率大于 10 kHz 时，等离子体中的慢速离子就跟不上电压的改变。然而，电子被迅速地加速，在交替的半个周期内，电子撞击每一个电极的表面，相对于等离子体在两端产生净的负电荷，在这种情况下，每一个电极的附近都会有暗区存在，图 10.18 所示是腔室内直流电压与位置间的函数关系，射频信号是叠加在直流电平上的，由于等离子体是具有导电性的，在辉光放电区内的电压降很小。然而，由于电子的耗尽，在等离子体和电极之间，则存在着较大的直流电压降。

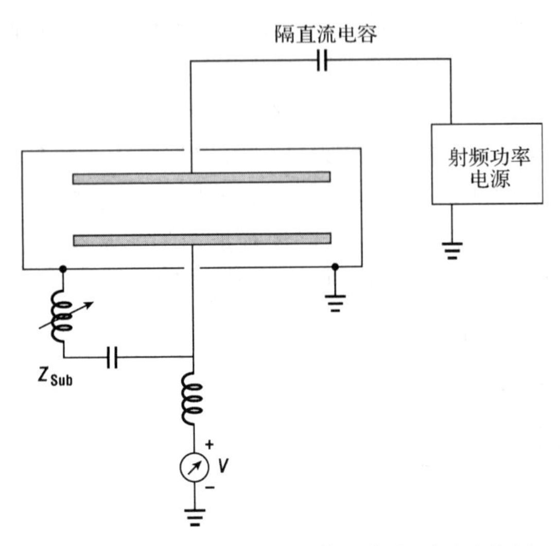

图 10.17 一个射频等离子体系统的原理示意图

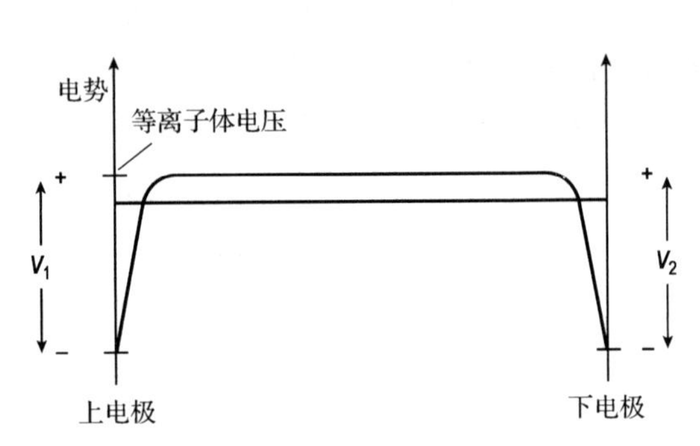

图 10.18 在射频等离子体中，直流电压与位置之间函数关系的典型曲线

我们可以这样来标注电压：

$$\begin{aligned} V_1 &\equiv V_{\text{plasma}} - V_{\text{top}} \\ V_2 &\equiv V_{\text{plasma}} - V_{\text{bottom}} \end{aligned} \tag{10.19}$$

如果两个电极具有相同的面积，由于对称性它们必有相同的电势差，通过使得流过等离子体的电流保持不变，对于一个非对称的腔体可以得到：[8]

$$\frac{V_1}{V_2} \approx \left[\frac{A_2}{A_1}\right]^4 \tag{10.20}$$

式中，A_1 和 A_2 是两个电极的面积，式(10.20)称为柴尔德定律(Child’s law)。为了使等离子体和下电极间的电压差最大，以及获得离子轰击下电极的最大能量，一般总是希望增大上电极的面积，这可以通过将上电极与腔体壁连接来实现。出于安全考虑，这一点通常被设置为直流接地点。这样一来上电极的有效面积就是实际电极面积和腔体壁面积之和。在实践中发现，式(10.20)中的指数项并不完全是一个常数，而是会随着(两个电极)面积比的增大而减小[9]，要得到远超过 20∶1 的电压比是很困难的。当然，通过改变如图 10.17 所示的 LC 线路中电感的值来调整接地腔体和下电极间的直流偏压也是能够实现的[10]。

例 10.4 考虑如图 10.19 所示的等离子体刻蚀腔体，其内部有一个连接到电源的圆盘电极，待刻蚀的硅晶圆片就放置在该圆盘上。圆盘的直径为 200 mm，它位于直径为 350 mm 的腔体中心，腔体高度为 150 mm，腔体本身起到一个接地电极的作用，腔室内的压力是 10 mTorr。

(a) 如果腔体中的等离子体电势位于+0.1 V 处，圆盘电极上外加的直流电压是多少？

(b) 你认为会有大量的离子轰击硅晶圆片吗？

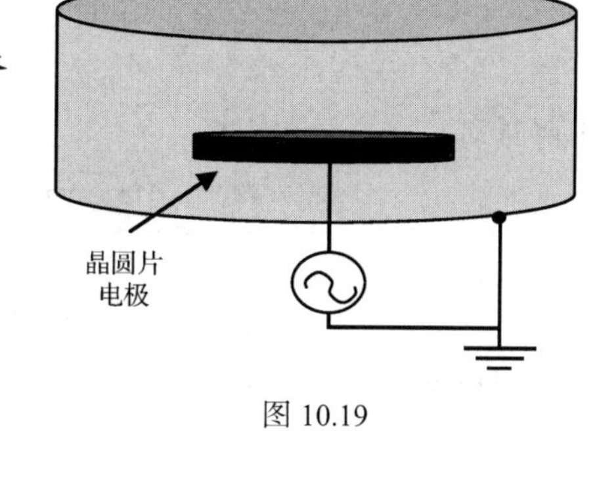

图 10.19

解答：

(a) 在求出电极的面积之后，可以利用式(10.20)来求出外加电压。

腔体内壁的面积为

$$A_1 = 2\pi(17.5\ \text{cm})^2 + 2\pi \times 17.5\ \text{cm} \times 15\ \text{cm} = 3572\ \text{cm}^2$$

电极的面积为

$$A_2 = 2\pi(10\ \text{cm})^2 = 628\ \text{cm}^2$$

于是可求得

$$\frac{V_2}{V_1} = \left(\frac{3572}{628}\right)^4 = 1047$$

如果 $V_{\text{ch}} = 0\ \text{V}$，则有 $V_{\text{Plasma}} = 0.1\ \text{V}$，且

$$V_{\text{Electrode}} = -1047 \times 0.1 + 0.1 = -104.6\ \text{V}$$

(b) 晶圆片所在的供电电极面积较小，且偏置电压较大，因此会受到大量离子的轰击。

10.7　高密度等离子体

正如前面已经提及的，在一个简单的电容性放电等离子体中，离子和原子基团的浓度只占整个气体中的很少一部分，很多年以来，这种类型的系统一般运行在 13.56 MHz 下，它们都是微电子工艺中的主要等离子体源。由于驱动工艺过程的是离子轰击和化学反应，因此人们还是希望找出增加它们相对浓度的办法。除了增加工艺吞吐量，还可以对其他等离子体参数进行折中，以提高某种特定的等离子体性能。目前已经开发出了多种不同的技术，以便产生出高浓度的等离子体，包括电感耦合等离子体、磁控等离子体和电子回旋共振等离子体，通常我们将它们统称为高密度等离子体(HDP)，该术语一般特指工艺中的离子浓度超过 $10^{11}\ \text{cm}^{-3}$ 以上。非常简单的 HDP 系统被用于溅射设备中已经有许多年了，这些技术在 20 世纪 80 年代末至 90 年代初被拓展到刻蚀机领域，现在也已经非常成功地应用于化学气相淀积工艺中了。

如果将一个磁场施加到等离子体上，洛伦兹力会使得电子的运动朝着与其速度和磁场均垂直的方向发生偏转：

$$F = q\overline{v} \times \overline{B} \tag{10.21}$$

如果$|\overline{v}|$是一个常数，磁场将会导致圆周运动，其半径为

$$r = mv / qB \tag{10.22}$$

例 10.5　如果从某个靶中射出的电子具有 30 eV 的能量，那么需要施加多大的磁场才能使其圆周运动的半径为 5 mm？

解答：根据式(10.22)可得

$$r = \frac{mv}{qB} = \frac{\sqrt{2mE}}{qB}$$

求解得到

$$B = \frac{\sqrt{2 \times 9.1 \times 10^{-31}\ \text{kg} \times 30\ \text{eV} \times 1.6 \times 10^{-19}\ \text{J/eV}}}{1.6 \times 10^{-19}\ \text{C} \times 5 \times 10^{-3}\ \text{m}}$$
$$= 3.7\ \text{mT} = 0.37\ \text{G}$$

这个磁场是很容易获得的。

由于离子的质量很大，它们在磁场中的运动只会产生较小的偏转，在运行一整圈之前就发生了放电，而电子则会循着更小的半径进行螺旋线运动。于是当存在磁场时，电子的路径被有效地延长了许多倍，对于固定的平均自由程来讲，在有磁场存在的条件下，碰撞电离的概率要大得多，因而在这样的系统中，离子的密度和自由基的密度也会很大。在一种通常用于溅射工艺的称为磁控管的结构中，磁场的强度足够大，使得二次电子被加速从阴极离开，实际上又会被磁场捕获并返回阴极，这种循环将一直进行下去(如图 10.20 所示)，由于绝大多数电子停留在这个被捕获的区域，所以离子的密度变得非常大，同时离子对阴极的轰击作用也显著地增强。

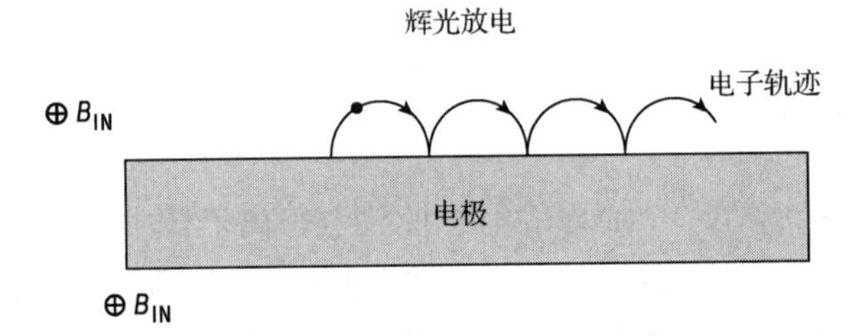

图 10.20　在一个简单的磁场限制等离子体中，从阴极射出的电子被洛伦兹力约束停留在阴极暗区

最近这种 HDP 反应器的新型结构已经被设计出来，并应用于刻蚀、化学气相淀积以及物理气相淀积工艺中。一般而言，所有这些结构都用横向的电场和磁场来增加电子在等离子体中的行程，从而使电子和原子间频繁碰撞，以增加等离子体中基团和离子的密度。另外，HDP 系统允许其反应腔在低压状态（一般低于 10 mTorr)和低的直流偏压下(几十伏)来操控等离子体反应，HDP 源包括螺旋等离子源、电感耦合等离子源和平面线圈源，所有这些都工作在传统的等离子体频率上，另外还有工作于 1 GHz 频率以上的高频源。为了获得更进一步的关于这种类型以及其他类型 HDP 源的信息，读者可以参阅 Popov 的专著[11]。

ECR 等离子体使用一个垂直磁场及一个交变电场(参见图 10.21)，电场增加了电子速度，而磁场则改变速度矢量的方向。举一个例子，考虑处在纸面上的一个电子，初始处于静止状态，一个强度是 $E_o\cos\omega t$ 的电场，在时间 $t = 0$ 时被接通，方向是由左指向右。电场会使电子向左加速，然后变慢并反向，这样来回振荡。现在接通指向纸面的磁场，当电子向左运动时，磁场会使电子向上偏转，如果振荡频率设定为电子的回旋共振频率：

$$\omega = \omega_o = \frac{eB}{m} \tag{10.23}$$

当电场方向改变符号时，由磁场引起的偏转量刚好够使电子旋转 180°，其结果是电子将进行圆周运动，这种情形称为电子共振。

如果平均自由程比圆周运动的周长大得多，则电子在共振中会通过循环而获得能量，这种效应增加了功率源的耦合效率，并且将击穿电场强度[11]降低到 10 V/cm。对于适宜的磁场来讲，所需的回旋频率很大。例如，对于一个 900 G（即 0.09 T）的磁场来说，ω 是 1.6×10^{10} rad/s 或大约 2.5 GHz。微波功率信号可以透过一个石英窗口发射到反应腔中[11]。

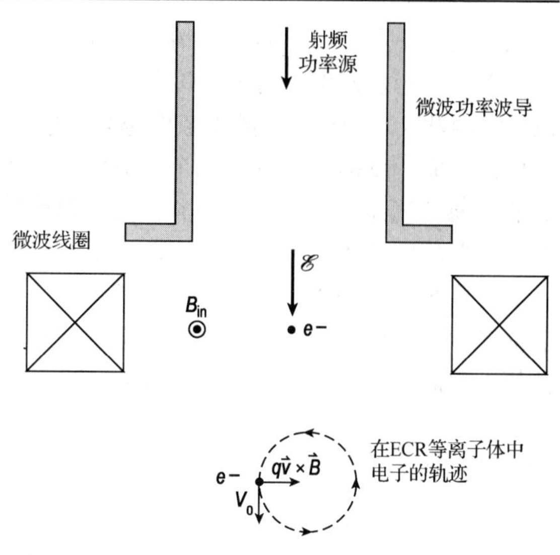

图 10.21 在一个电子回旋共振（ECR）等离子体中，一个交变电场使得电子在圆形轨道上运动，从而大大增加了离子的密度

很多其他类型的 HDP 系统都利用了在反应腔中引入磁场和/或电场的事实，从麦克斯韦-法拉第方程式中可以看到：

$$\nabla\times\vec{E}=\frac{\partial\vec{B}}{\partial t} \tag{10.24}$$

上式表明交变的电场会产生交流电流，而后者会再感应出磁场。与此类似，变化的磁场也会感应出电场，这一点在一个平面线圈源中最为明显，正如图 10.22 所示，当射频电流加在了腔体上方的线圈中时，电流流经线圈，在腔体中感应出交变的磁场 B，线圈可以处于腔体中[12]，也可以通过介质窗与放电隔离[13]。系统的效率随着衬底和等离子体发生区的距离增大而减弱，其结果是使得采用平面 HDP 源的腔体更加趋于扁平。在这种类型的系统中，离子的密度一般线性正比于射频功率。

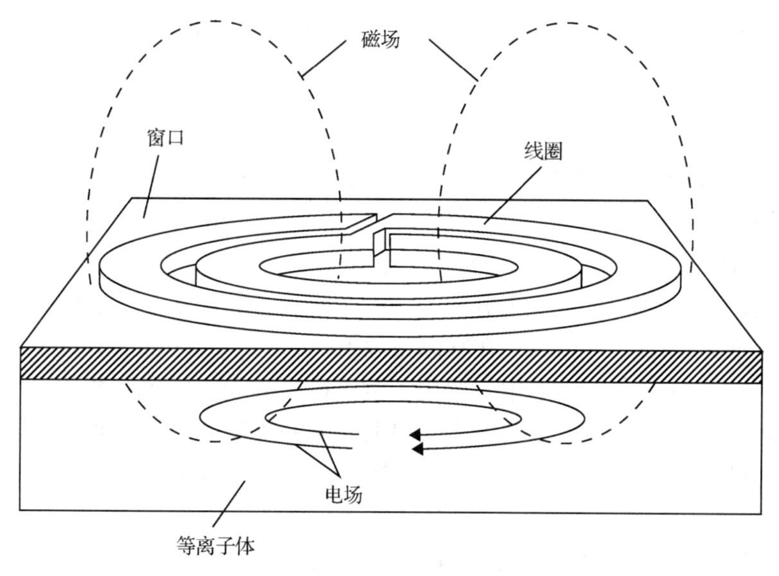

图 10.22 显示 RF 线圈、介质窗口以及磁场和电场分布的 ICP 系统示意图（引自 Hopwood[13]，经 Plasma Sources Science and Technology, ©1992, IOP Publishing 许可使用）

首先将线圈上的电压相对于衬底提高到使得等离子体能够形成，由于高电压的作用，初始撞击中的损伤效应要引起足够的重视。一旦等离子体建立起来之后，线圈的基本作用就是承载射频电流并且产生轴向对称的磁场。外围屏蔽罩用来将较大的射频电磁场与周围设备隔离，内部防护可用可不用。如果采用了内部的防护罩，在防护罩上沿着线圈长度方向要切割

出很多狭缝。和任何导体中的情况一样，射频电磁场也会在等离子体中透入一定的深度，这个深度称为趋肤深度。透入深度同激发频率成反比，透入深度同样也与等离子体的电导率成反比。因此，功率越大、离子浓度越高，透入深度也就越小。在高压下（大约 1 Torr），与线圈中电流方向相反的电流流经一个可见的等离子环，环中的磁场急剧减小。由于电流是射频的而非直流，流经等离子体的电流在反应器中感应出射频磁场。如果采用防护罩，护罩应被切割以使磁场的透入只在确定的区域。如果没有防护罩，射频线圈也会扮演电容元件的角色。在交变的半个周期中，线圈和衬底吸引电子以对衬底和腔壁进行电子轰击，这将导致在所有表面产生净的负电荷并形成直流电场。由于 ICP 方法所采用的频率要比 ECR 方法中的更易于使用，因此目前 ICP 方法成为主流的产生 HDP 的途径。

10.8 小结

本章讨论了将作为后续几章基础的一些科学原理和技术。运用把气体分子当作硬球体的分子动力学理论，对真空进行了很好的描述。推导了一些公式，将速度分布这样的微观变量形成宏观表述。初真空和中真空通常使用旋转叶片泵、O 形圈密封和热传导真空规表。当需要大的排气量时，就需要在旋转叶片泵之前增加罗茨泵。对于高真空系统，需要使用动量传递泵（涡轮分子泵或扩散泵）或者吸附泵（包括冷泵、吸气泵或升华泵），这些系统都是采用金属对金属的密封，压力是采用离子规来测量的。本章的后半部分介绍了等离子体和辉光放电，基本的直流等离子体反应器只用在两个电极都被导电材料覆盖的情况下。当绝缘层裸露出来时，必须使用交流源。电极与等离子体之间的电压差由电极的面积决定。高密度等离子体的产生既要用到电场又要用到磁场，它们能够产生出高浓度的原子基团和低能量的离子。

习题

1. 当海拔增加时空气压力减小，在平均海拔为 18 000 ft 处，大气的压力大约为海平面处（等于 760 Torr）的一半，温度也减少大约 70℃。这会改变空气分子的速度分布吗？平均自由程是否改变了？每一样分别改变了多少？
2. 平均自由程为 1 cm 时将发生分子流和黏滞流状态的转变，试求在多大压力下将会发生这种转变？（假设 $d = 3$ Å，在室温条件下。）
3. 在 0℃和 1 atm 下，下面的附表给出了测量得到的几种气体的热传导率（k_{th}），采用的单位是 J/(℃·m·s)。表 10.1 给出了根据气体分子运动论得到的热传导率公式。假设对于氮气和氢气，$C_v = (5/2)nk$[①]（n 是气体的密度，根据理想气体定律，$n = P/kT$）。假设 d 为分子或原子的直径，对于 H_2 是 $d = 0.15$ nm，对于 N_2 是 $d = 0.2$ nm。计算热导率的理论值，并与测量值进行比较。如果增加气体的温度，热导率是增大、减小还是保持不变？气体的压力又如何变化呢？

	测量得到的 0℃下 k_{th}
氢（H_2）	0.172
氮（N_2）	0.024

① 原文为 $C_v = 5/2k$，有误。——译者注

4. 为了使某个特定的工艺得以进行，腔体中的压力必须足够低，从而使中性气体分子的平均自由程至少为 3 mm(近似等于暗区的宽度)。如果平均自由程达到 3 cm 或更长(即电极间距的一半左右)，等离子体放电现象就会终止。假设反应腔中的主要气体是 CF_4，其分子的平均温度为 200℃，分子的直径为 0.3 nm，试求出该工艺可以正常进行的压力范围(以 mTorr 为单位)。
5. 考虑一个简单的圆柱状的真空系统，其直径为 30 cm，高度为 10 cm。真空腔的初始压力为一个大气压，温度保持在 300 K。
   (a) 如果真空腔中充满氮气(其分子量为 28)，试求真空腔中气体分子的流量密度 J；
   (b) 假设该真空系统中有一个面积为 10 cm^2 的表面是冷头，它能够吸收所有撞击到该表面的气体分子，且无论吸收了多少气体分子，该表面都不会发生饱和现象。假设温度保持为一个恒定的常数，试推导出该真空系统的压力与时间之间函数关系的方程(你必须应用理想气体定律来计算 dn/dt，并令其等于 $J\cdot A$，然后做一些代数推导和积分运算)。试确定将该系统由一个大气压抽吸到 0.001 个大气压需要多长时间(以秒为单位)？注意：由于前面做了各种假定，这个抽吸时间是一个过于乐观的计算结果。
6. 真空腔中的气体通常是通过质量流量控制器(MFC，简称质量流量计)馈入的，这种质量流量计可以提供一个固定的气体流量控制(单位为 sccm 或 slm)，使得质量流量计出口处的压力能够满足所需流量的要求。考虑如下图所示的系统设计，其中泵的恒定抽速为 2000 L/min，它通过一根长 1 m、直径 5 cm 的直管道与真空腔相连接，质量流量计通过一根长 10 m、直径 0.6 cm 的管道(假设其也是直的)与真空腔相连接，如果质量流量计控制的气体流量为 1SLM，问
   (a) 真空泵入口处的压力是多少(以 Torr 为单位)？
   (b) 真空腔内的压力是多少(以 Torr 为单位)？
   (c) 质量流量计出口处的压力是多少(以 Torr 为单位)？

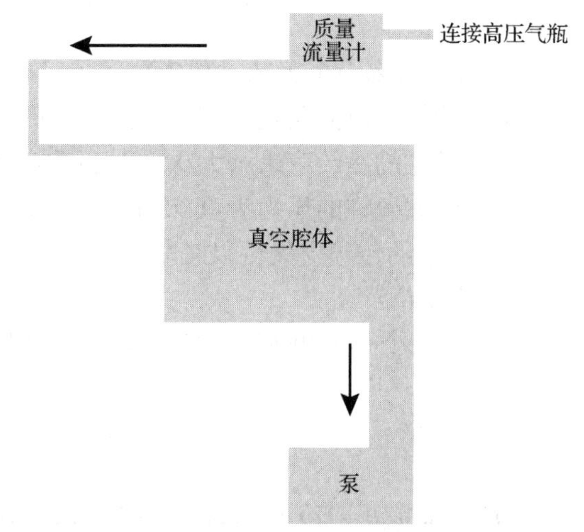

7. 为了使某个特定的工艺能够取得成功，必须在气体流量为 1 个标准升每分钟(slm)的前提下，使腔体中的压力达到 1 Torr，请在下述两种条件下求出所需的泵的抽速(以升每分钟为单位)。

(a) 泵直接与腔体相连接；

(b) 泵通过一个直径为 2 cm、长度为 100 cm 的管路与腔体相连接。

8. 将一个蒸发皿中的水加热到沸点(即 100℃)，其中水的蒸汽压为一个大气压，如果整个系统保持平衡的蒸汽压：

(a) 求出由蒸发皿中流出的水分子的流量(以 $cm^{-2}s^{-1}$ 为单位)；

(b) 求出此条件下水分子的平均自由程(以 cm 为单位)，假设水分子的直径为 0.2 nm，且除了水分子，大气中无其他分子，$T = 100$℃。

9. 为了避免震动并改善可用性，有时必须将真空泵放置在与工艺加工设备不同的表面上。在某些设施条件下，会通过在地板上钻孔并且把泵置于洁净室下面的单独地板上，试分析这种安排的缺点。如果在泵和系统之间的距离为 3.0 m，管道的直径为 5 cm，总的气体流量为 1.0 slm，试求腔体的最小压力能够达到多少?

10. 如果将一个 D65 泵应用于上一道习题中，并且不使用气镇，试估算一下泵的进气口和真空腔内的压力。

11. 一个抽速为 2000 L/min 的工艺泵，不受进口处的压力影响，泵通过 10 m 长、直径为 5 cm 的管道与工艺腔体连接。如果要求的腔体压力为 1.0 Torr，用标准的升每分钟为单位来计算最大的流入腔体的气体流量(提示：$Q = P \cdot S$)。

12. 如图 10.6 所示的 D65B 泵没有使用气镇，它通过一个 2 m 长、直径为 5 cm 的管道与工艺腔相连，工艺过程限制在黏滞流范畴，气体流量是 2.5 slm。

(a) 如题中所述条件，工艺腔体中的压力将是多少?

(b) 如果想使系统对于变化的气体流量能够很轻易地控制压力，应该怎样改变这个简易的真空系统?

13. 试解释为什么热传导型规表在超高真空下不能工作。

14. 为什么在有毒气体的工艺环境中一般不使用吸附泵?

15. 通过测量光学发射谱(例如，发光强度作为波长的函数)来判断等离子体的化学成分是可以实现的，请解释其中的原因。

16. 参照 10.7 节中讨论的内容，如果一个工艺过程依靠离子对硅晶圆片的轰击，你会将硅晶圆片放置在与腔壁连接的电极上还是与腔壁隔离的电极上?

17. 你会试图通过增加对等离子体的磁约束来增大 X 射线的发射吗? 证明你的结论。

18. 对于某个特定的工艺，其最大允许的压力为 0.20 Torr，如果在真空系统中采用 D65 型旋转叶片泵，且真空系统中的传导损失可以忽略不计，允许的最大进气流量是多少(以标准立方厘米每分钟为单位)?

19. 如果在旋转叶片泵之前插入一个 $k_0 = 20$ 和 $s = 200$ cfm 的增压器，重新求解第 18 题。

参考文献

1. *Vacuum Technology: Its Foundations, Formulae and Tables*, Leybold AG, Export, PA, 1992.
2. A. Roth, *Vacuum Sealing Techniques*, American Institute of Physics, New York, 1994.
3. T. A. Delchar, *Vacuum Physics and Techniques*, Chapman and Hall, London, 1993.

4. M. H. Hablanian, *High Vacuum Techniques: A Practical Guide*, M. Dekker, New York, 1990.
5. M. Pirani, *Dtsch Phys. Ges. Verk.* **8**:686 (1906).
6. W. Voege, *Phys. Z.* **7**:498 (1906).
7. B. Chapman, *Glow Discharge Processes: Sputtering and Plasma Etching*, Wiley, New York, 1980.
8. H. R. Koenig and L. I. Maissel, "Application of R. F. Discharges to Sputtering," *IBM J. Res. Dev.* **14**:168 (1970).
9. C. M. Horwitz, "RF Sputtering-Voltage Division Between the Two Electrodes," *J. Vac. Sci. Technol. A* **1**:60 (1983).
10. J. S. Logan, "Control of RF Sputtered Films Properties Through Substrate Tuning," *IBM J. Res. Dev.* **14**:172 (1970).
11. O. A. Popov, *High Density Plasma Sources: Design, Physics and Performance*, Noyes, Park Ridge, NJ, 1995.
12. M. Yamashita, *J. Vac. Sci. Technol. A* **7**:151 (1989).
13. J. Hopwood, "Review of Inductively Compled Plasmas for Plasma Processing," *Plasma Sources Sci. Technol.* **1**:109 (1992).

第11章 刻　　蚀

在硅晶圆片表面形成光刻胶图形之后，下一步通常是通过刻蚀工艺将该图形转移到光刻胶下边的层上。本章将从简单的湿法化学刻蚀工艺开始介绍，在湿法化学刻蚀工艺中，硅晶圆片浸没于一种化学溶液中，该溶液与暴露的薄膜发生化学反应，形成可溶解的副产品。理想情况下，光刻胶掩蔽膜对刻蚀溶液具有很高的抗蚀性。尽管湿法化学刻蚀方法仍然应用于非关键的工艺中，但是这种工艺很难控制，而且由于溶剂微粒的玷污也很容易导致高的缺陷水平，因此它不能应用于较小的特征尺寸，同时它还会产生大量的化学废液。因此我们在本章中将讨论干法刻蚀或等离子体刻蚀工艺。

通过定义几个适当的品质因子(figures of merit)来开始刻蚀的讨论是非常有益的。首先是刻蚀速率，其量纲为单位时间刻蚀的厚度。硅晶圆片加工制造中通常要求获得高的刻蚀速率，然而太高的刻蚀速率可能会使工艺难以控制。通常需要的刻蚀速率为每分钟几十或几百纳米。还有几个相关的品质因子也同样是很重要的。刻蚀速率的均匀性是用刻蚀速率变化的百分比来度量的，它可以指一个晶圆片之内或晶圆片与晶圆片之间的均匀性。选择比则指的是不同材料之间刻蚀速率的比率，例如要刻蚀图形的膜与光刻胶或下层膜的刻蚀速率之比。例如，某工艺要求刻蚀多晶硅与氧化层的选择比为 20：1，则意味着多晶硅的刻蚀速率比氧化层要快 20 倍。

钻刻(undercut)指的是光刻胶掩模之下的侧向刻蚀。它的描述有两种形式：第一种是每边的底切距离。例如，某具体刻蚀工艺可能会在光刻胶条为 1 μm 的情况下产生出 0.8 μm 的线条，该工艺的涨缩量为每边 0.1 μm。如图 11.1 所示，被刻蚀的侧壁并非总是陡直的，因而钻刻的大小取决于如何来进行测量。线条的大部分电学测量对其截面积敏感，它提供的是一个平均的钻刻值。如果刻蚀工艺侵蚀光刻胶图形，这种侵蚀也会产生刻蚀涨缩量。有一些工艺有意对此进行了设计。然而在本章的讨论中，我们假定光刻胶膜在刻蚀过程中不会被改变。

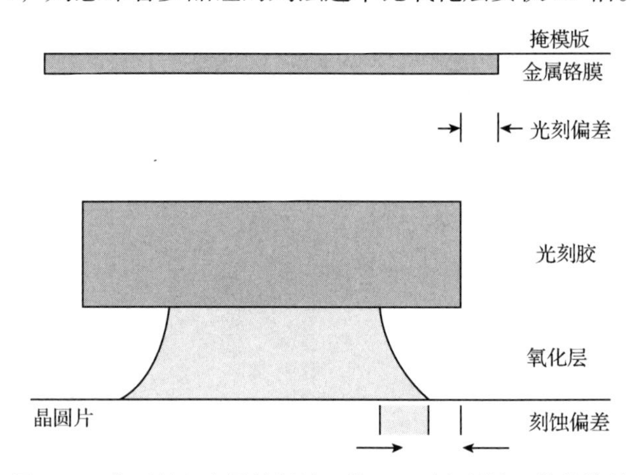

图 11.1　典型的各向同性刻蚀工艺，显示出刻蚀工艺的偏差

第二种描述钻刻的方法是引入刻蚀速率各向异性特性的概念。各向异性特性通常由下面的公式给出：

$$A = 1 - \frac{R_L}{R_V} \tag{11.1}$$

式中，R_L 和 R_V 分别代表横向和纵向刻蚀速率。如果横向刻蚀速率为 0，则将这种刻蚀工艺称为理想的各向异性(即 A=1)。反之，当 A=0 时则代表横向与纵向刻蚀速率相同。

所有前面讨论的量度都能进行定量的表达，而这里还有几种其他的量度难以量化。首先是衬底损伤。例如，在特定的等离子体刻蚀之后，已经表明 PN 结特性会发生退化，而退化的量不仅取决于刻蚀工艺，还受到 PN 结深度和类型的影响。最终，这种刻蚀工艺还必须是安全的，无论对于操作者，还是对于外部环境。特别是众所周知的氯等离子体，会产生有害的副产品，因此在其被排入大气之前，首先必须进行中和处理。许多等离子体刻蚀工艺基于氟利昂化学反应原理，而大家都已经认识到氟利昂会损害大气环境，因此设法对这类有害刻蚀工艺进行替代将是一个不断研究的领域。

刻蚀工艺可以由物理轰击、化学腐蚀或者是以这两者的某种结合来实现的。图 11.2 展示了一个刻蚀工艺范围之内的刻蚀机理的划分。例如离子铣，它是在一个极低压力的腔体内，由惰性气体原子的高能量束流完成的，这也意味着离子的自由程要远大于腔体的直径。这是基于一种极纯粹的物理性刻蚀。该工艺不会使得薄膜材料完全汽化挥发，而是形成各种原子及原子团的悬浮颗粒。这种工艺的特性是具有高度的各向异性特性，但是刻蚀速率几乎与衬底材料无关。所以，离子束铣的选择比接近于 1。湿法刻蚀却是另一种极端情况，即无任何物理轰击作用。这种类型工艺的特点是具有较低的各向异性特性，但是可能得到高的选择比。

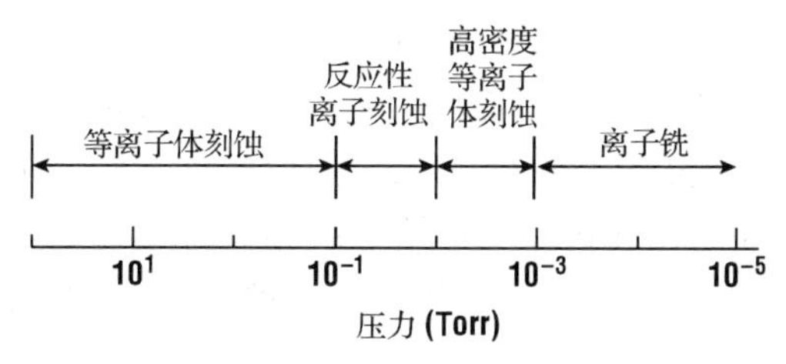

图 11.2 腔体中不同气压下的刻蚀工艺类型

11.1 湿法刻蚀

湿法刻蚀是一个纯粹的化学反应过程，它有着严重的缺点：缺乏各向异性特性，较差的工艺控制能力和过度的颗粒玷污。然而湿法刻蚀具有比较高的选择比，通常不会造成衬底损伤。其结果是，尽管这种工艺已经不如以往那样被普遍使用，但是它还继续广泛地被应用于一些非关键尺寸的任务中。有关湿法刻蚀工艺的详细回顾可以参见相关参考文献[1]。

由于反应产物通常会出现在刻蚀溶液中，故湿法刻蚀由三个步骤组成：刻蚀剂运动到硅晶圆片表面；与暴露的薄膜材料发生化学反应生成可溶解的副产物；从硅晶圆片表面移去反应生成物。一旦湿法刻蚀反应开始进行，刻蚀溶液中就必须不断提供反应所需的刻蚀剂。由于所有这三个步骤都必须发生，其中最慢的一种称为速率限制步骤，它决定着刻蚀速率。由于通常我们都想获得较高的、均匀的、受控良好的刻蚀速率，所以湿法刻蚀溶液通常被以某种方式搅动，以协助刻蚀剂到达硅晶圆片的表面，并且帮助去除刻蚀生成物。一些湿法化学刻蚀工艺使用一种不间断的酸性喷雾以确保一直有新鲜的刻蚀剂供应，但是这样会导致大量化学试剂的消耗，从而引起生产成本的上升。

对于大部分湿法腐蚀工艺而言，被腐蚀的薄膜并非直接溶解于腐蚀液中。通常必须将被腐蚀的材料从固态转化为液态或气态。如果腐蚀过程中产生气体的话，这种气体将形成气泡从而阻止新的腐蚀剂向硅晶圆片表面移动。因为气泡的发生并不能被准确预测，因此这个问题会变得尤其严重。此类问题最常发生在图形的边缘，因为图形边缘处的表面容易吸附气泡。另外为了帮助新鲜的腐蚀剂化学药液移动到硅晶圆片表面，在湿法腐蚀化学槽中的搅动将减小附着于硅晶圆片表面的气泡的附着能力。然而，即使不产生气泡，小的几何特征尺寸的图形也可能会腐蚀得很慢，这是由于去除所有腐蚀产物的困难性所致。这个现象显示与捕集气体的微细鼓泡有关[2]。湿法腐蚀的另外一个常见问题是难以发觉的光刻胶浮渣。当一些被曝光的光刻胶在显影过程中未被去除时，这个现象就会发生(如图 11.3 所示)。最常见的原因是图形的曝光不正确或不充分以及图形的显影不充分。由于湿法刻蚀本身具有高的选择比，因此即使是非常薄的光刻胶膜残留也足以完全阻碍湿法腐蚀的进行。

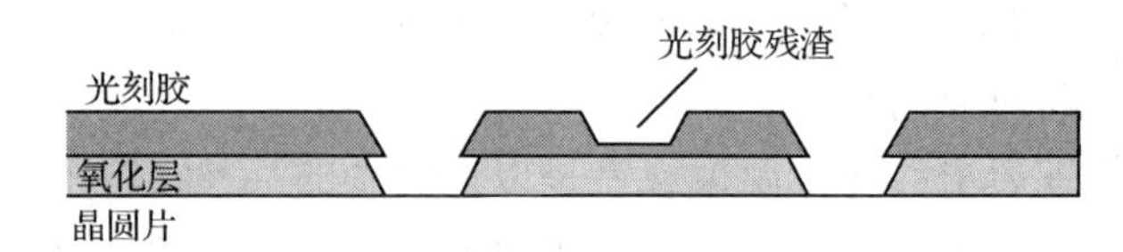

图 11.3 当光刻胶显影不充分时，光刻残胶会出现，这些残胶会成为刻蚀掩蔽膜而阻碍刻蚀工艺的完成

在 20 世纪 90 年代，湿法腐蚀工艺又逐渐获得复苏。人们已经开发了自动湿法腐蚀台，它允许操作者能够精确地控制腐蚀时间、腐蚀槽温度、搅动程度、槽内的化学剂成分、喷雾腐蚀的雾化程度[3]以及单面腐蚀[4]等。不断增加使用甚至是在热状态下过滤这些非常具有侵蚀性的化合物，已经给控制相关的颗粒淀积提供了帮助。即便是有了这些改进，对于大部分特征尺寸小于 2 μm 的应用需求，湿法腐蚀工艺仍然被认为是不实用的。相关的工艺菜单可以在参考文献[5]中获得。

最常见的湿法腐蚀工艺之一是在稀释的 HF 溶剂中进行的 SiO_2 湿法腐蚀法[6]。常用的腐蚀液配比是 6∶1、10∶1 和 50∶1，意味着 6 份、10 份或 50 份(体积)的水与一份 HF 混合。6∶1 的 HF 腐蚀液腐蚀热氧化 SiO_2 的腐蚀速率是 120 nm/min，而淀积的氧化层则腐蚀速率更快。在 HF 腐蚀液中，淀积氧化膜的腐蚀速率与热氧化膜的腐蚀速率之比通常被用来衡量氧化膜的密度。掺杂的氧化层(诸如磷硅玻璃和硼磷硅玻璃)的腐蚀速率还要更快，因为腐蚀速率会随着掺杂浓度的提高而加快。HF 腐蚀液对 SiO_2 与 Si 有着极高的选择性[7]。这其中也会有一些硅的腐蚀发生，因为水也会缓慢地氧化硅表面，形成氧化层，然后 HF 将该氧化层腐蚀。室温下 HF 对 SiO_2 与 Si 的选择能力通常优于 100∶1。然而，氧化层在 HF 溶液中的湿法腐蚀是完全各向同性的。

准确的化学反应路径是复杂的，具体取决于离子的强度、溶液的 pH 和腐蚀剂溶液[8]。SiO_2 的整个腐蚀反应过程为

$$SiO_2 + 6HF \rightarrow H_2 + SiF_6 + 2H_2O \tag{11.2}$$

几乎所有与微纳制造技术相关的化学腐蚀过程都涉及的一个重要问题就是电荷转移的作用。对于氢氟酸腐蚀二氧化硅的情形来说，氢原子的吸附作用使得其与二氧化硅发生反应，形成氢氧根离子，而氢氧根离子是带负电的，因此就从 Si-O 键中拉出了一个电子[9]。这样就降低了 Si-O 键的强度，留下硅离子与氟发生反应。这个基本的反应机理就是各种腐蚀工艺(无论是湿法还是干法)都采用卤化物的原因，也就是 VII 族元素(即 F，Cl，Br，I)化合物。

由于反应消耗 HF，故反应速率将随着时间而降低。为避免该现象，通常兑入一定的氟化氨形成缓冲 HF(BHF)，它可以通过分解反应来维持 HF 有着恒定的浓度。

$$NH_4F \rightleftharpoons NH_3 + HF \tag{11.3}$$

式中 NH_3 是气体。缓冲过程也能够控制腐蚀液的 pH，从而可以减少对光刻胶的侵蚀。

室温下氮化硅在 HF 溶液中的腐蚀速率很慢。例如，在室温下 20∶1 的 BHF 溶液腐蚀热氧化层大概是 30 nm/min，但是对氮化硅的腐蚀速率却低于 1 nm/min[10]。在 140℃～200℃之下的

H_3PO_4 中可以获得比较实用的 Si_3N_4 腐蚀速率[11]。49%的 HF（H_2O 中）和 70%的 HNO_3 按 3∶10 的混合溶液在 70℃之下也可以用来腐蚀 Si_3N_4，但是该配比的腐蚀液并不常用。磷酸对 Si_3N_4 和 SiO_2 典型的腐蚀选择比是 10∶1，磷酸对 Si_3N_4 和硅的腐蚀选择比则是 30∶1。如果 Si_3N_4 层被暴露于高温的氧化环境中，在湿法腐蚀 Si_3N_4 前需做 BHF 漂洗，其目的在于去除 Si_3N_4 表面可能生长的氧化层。

湿法腐蚀也被广泛用于金属互连线的腐蚀。由于用于 IC 中的铝金属层通常为多晶形态，因此由这种湿法腐蚀方式制备的铝线条边缘往往会参差不齐。一种常用的铝腐蚀液是用 20%的乙酸和 77%的磷酸再加上 3%的硝酸（体积比）配置而成。在硅工艺技术中常用的互连金属引线并非纯铝，而是一种合金材料。在大多数情况下，这些杂质在腐蚀槽内的挥发性远不及基本的铝材料，特别是铝中掺杂的硅和铜通常很难在标准的铝腐蚀溶液中完全去除。

尽管已经有几种技术可以用于湿法腐蚀硅，但大多数都是采用强的氧化剂对硅进行氧化，然后利用 HF 腐蚀掉 SiO_2。一种常用的腐蚀溶液是 HF 与 HNO_3 和水的混合物。整个化学反应的方程式如下：

$$Si + HNO_3 + 6HF \rightarrow H_2SiF_6 + HNO_2 + H_2 + H_2O \tag{11.4}$$

通常采用乙酸（CH_3COOH）来作为稀释剂而不是用水。图 11.4 显示的是在 HF 与 HNO_3 的混合溶液中腐蚀 Si 的腐蚀速率曲线图[12]，值得注意的是，其中的三条轴线（坐标系）并非是独立的。为了从图中查出刻蚀速率，在 HNO_3 和 HF 所占的百分比处各画一条直线。它们相交的点即对应于稀释剂所占的百分比。在 HNO_3 浓度比较低时，刻蚀速率由氧化剂的浓度决定。在 HF 浓度比较低时，刻蚀速率由 HF 的浓度控制。这种溶液最大的刻蚀速率是 470 μm/min，硅晶圆片在这种刻蚀速率下要完全刻蚀出一个通孔大约需要 90 s。

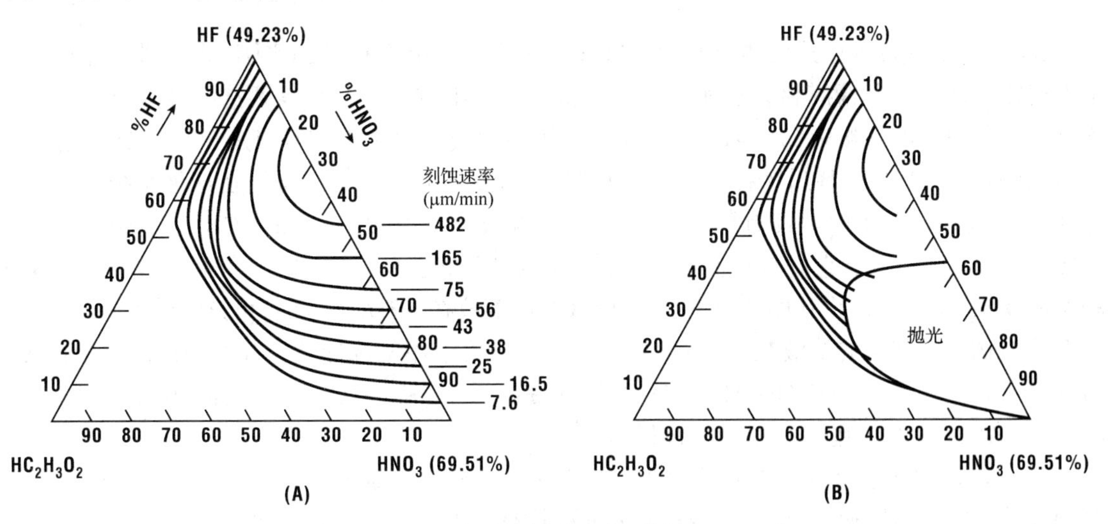

图 11.4 在 HF 和 HFO_3 中硅的刻蚀速率（引自 Schwarz 和 Robbins，经 The Electrochemical Society Inc.许可使用）

例 11.1 一种腐蚀液中含有两份 70%左右的 HNO_3、六份 49%左右的 HF 和两份乙酸，试求出这种腐蚀液对硅的腐蚀速率。

解答： 如图 11.5 所示，根据腐蚀液中各成分所占的比例画出三条直线，从其交点处得出腐蚀速率大约为 165 μm/min。注意：这三条直线相交于同一点。

最常用的 GaAs 湿法腐蚀液[13,14]为 H_2SO_4-H_2O_2-H_2O[15]、Br_2-CH_3OH[16]、NaOH-H_2O_2[17]和 NH_4OH-H_2O_2-H_2O[18]。图 11.6 给出了 H_2SO_4-H_2O_2-H_2O 系统的腐蚀等速线[19]。这些曲线在性质上与图 11.4 相似。在高的硫酸浓度下，这种溶液相当黏稠，所以腐蚀速率受到新鲜腐蚀液向晶圆片表面扩散速度的限制。在这些溶液中腐蚀是不均匀的。因此，酸的浓度通常保持在低于 30%的水平。由于所有的腐蚀溶液均需用到 H_2O_2，故腐蚀速率随时间而降低。

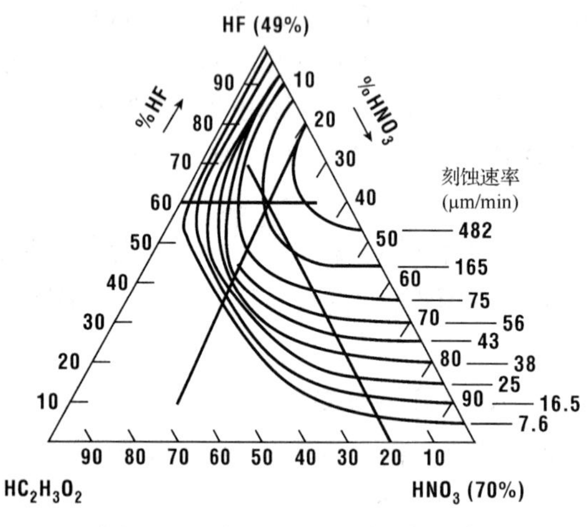

图 11.5 从图 11.4(A)中根据三条直线的交点得出腐蚀速率

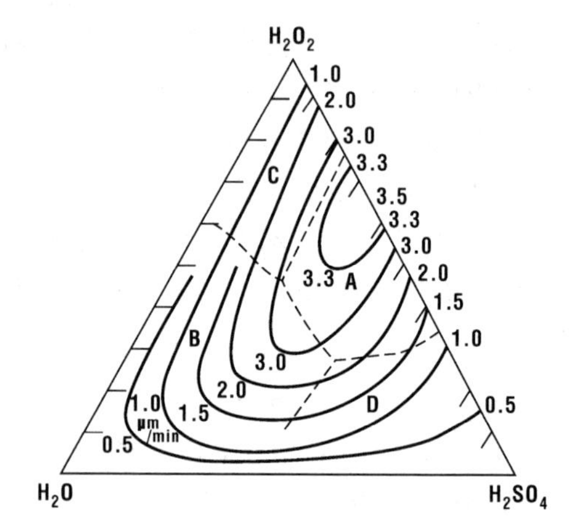

图 11.6 在硫酸、双氧水和水溶液中 GaAs 的刻蚀速率，底线代表水，左线代表双氧水，右线代表硫酸，所有坐标沿顺时针方向增加(引自 Iida 和 Ito，经 The Electrochemical Society Inc.许可使用)

GaAs 的腐蚀过程中通常需要相对 $Al_xGa_{1-x}As$ 有一定的选择性，因为许多先进的器件都是由上述非常薄的一种薄膜材料淀积于另一种材料上而组成的。我们需要选择性地腐蚀来制备连接不同薄层的电气接触孔。第一个关于选择性腐蚀报告中使用的溶液是 30%的 H_2O_2 溶液，经 NH_4OH 或 H_3PO_4 稀释后来控制其 pH 使之在一定的范围内[20]。据报道在这种系统中最高选择比可以做到 30 : 1[21]。具有氧化还原作用的溶液，像 I_2-KI、$K_3Fe(CN)_6$-$K_4Fe(CN)_6$ 和 $C_6H_4O_2$-$C_4H_6O_2$，由于它们具有高的腐蚀速率和良好的选择比，所以现在也很常用。Tijburg 和 Van Dongen[22]报道了用 $K_3Fe(CN)_6$-$K_4Fe(CN)_6$ 溶液在 pH 大于 9 时，可选择性腐蚀 AlGaAs 之上的 GaAs，而同样的溶液在 pH 为 5 ~ 9 之间时，则可以用来选择性腐蚀 GaAs 上的 AlGaAs。另外研究人员还发现 NH_4OH-H_2O_2-H_2O 和 $K_3Fe(CN)_6$-$K_4Fe(CN)_6$ 在腐蚀 InGaAs 之上的 GaAs 和 AlGaAs 时，也具有很高的选择比[23]。

GaN 材料同样也有各种不同的湿法腐蚀方法[24]，包括腐蚀速率在 13 ~ 32 nm/min 的磷酸腐蚀液[25]，以及腐蚀速率高达 570 nm/min 的柠檬酸与双氧水的混合溶液[26]。和腐蚀硅材料一样，大多数工艺菜单都要求使用氧化剂和还原剂。表面粗糙程度也会有很大幅度的变化。感兴趣的读者可以参阅 Ma 等人的论文[24]以获取更多的信息。

有的时候需要利用一定程度的定向控制在半导体衬底上腐蚀深的图形。湿法腐蚀对于晶体材料来说是可以实现定向控制的。对于定向湿法腐蚀工艺的详细讨论将在本书的第 19 章中进行。简略地说，由于某些溶液会在一定的晶体方向上获得更快的腐蚀速率，因此这些腐蚀就会在单晶衬底上形成有着良好角度控制的成锐角的平面[27]。在闪锌矿结构中，<111>晶向的键密度要远大于<100>和<110>晶向上的键密度，因而对于有些腐蚀液来说，沿着<111>晶向的刻蚀速率则要慢得多。

常用的硅材料定向湿法腐蚀溶液为 KOH、异丙基乙醇和水的混合腐蚀液。一种比例为 23.4 : 13.5 : 63 的上述混合溶液在<100>晶向的腐蚀速率比<111>晶向要快 100 倍[28]，然而还有一些研究人员已经报道了两者的腐蚀速率之比可以高达 200 : 1[29]。由于这种腐蚀液中不包含 HF，因此可以采用一层热氧化层来作为掩蔽层。图 11.7 给出了经定向腐蚀之后的<100>晶向硅晶圆片的剖面示意图。间隙小的图形将导致一个与正常表面呈 54.77° 角的 V 形侧壁，较宽间隙图形将在衬底表面腐蚀得更深，暴露出更多的(111)晶面，一旦硅晶圆片被腐蚀的时间足够长，这种剖面将会穿透整个硅晶圆片。而 Br_2–CH_3OH 则是一种常用于砷化镓材料的定向腐蚀液[30]。GaN 材料的定向腐蚀液包括磷酸、熔融状态的 KOH、KOH 的乙二醇溶液以及 NaOH 的乙二醇溶液[25]。

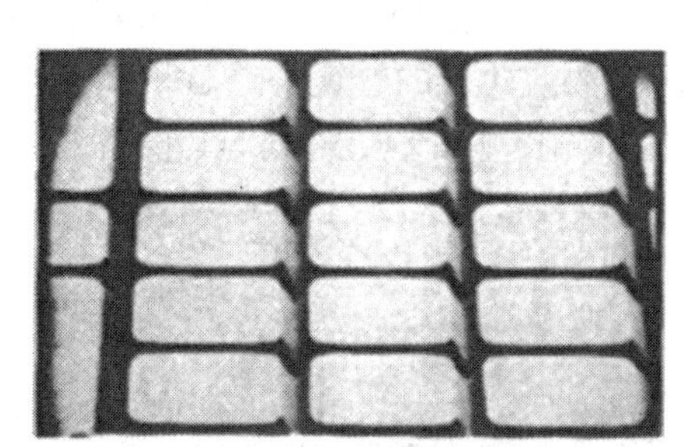

<100>晶向的硅晶圆片经定向腐蚀后的SEM俯视图

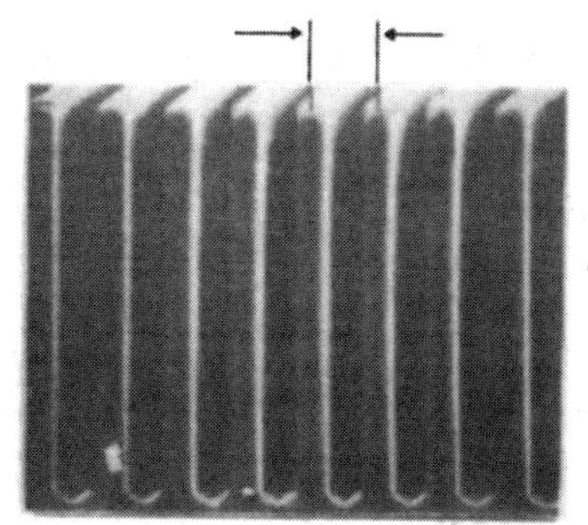

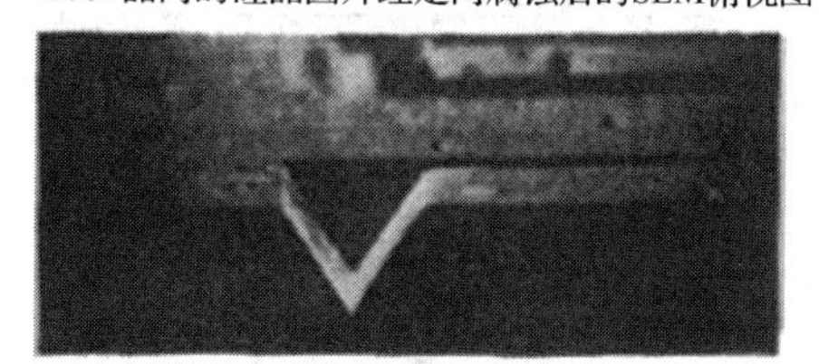

<100>晶向的硅晶圆片经定向腐蚀后的SEM剖面图

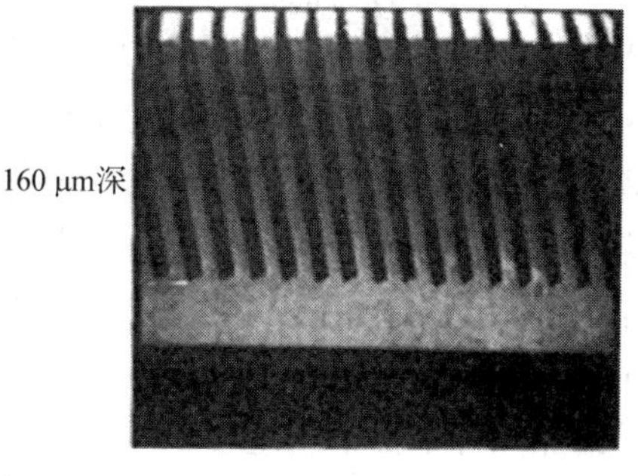

图 11.7　在氢氧化钾、异丙醇和水溶液中进行定向腐蚀之后的(100)硅晶圆片。上方照片显示的是 50 μm 深的腐蚀。下方两张照片显示的是节距为 10 μm 的 80 μm 深槽，其取向一个沿着(100)，另一个偏离(100) 方向 10°（引自 Bean[27]，©1978 IEEE）

人们已经开发出了各种各样具有特殊目的的湿法腐蚀液用于晶圆片特定区域的选择性腐蚀。本节将回顾两种：掺杂选择性与缺陷选择性。掺杂选择性腐蚀的最初开发是用于结的染色，以便提供一个能被用于显示 PN 结深的台阶(参见 3.5 节)。目前这些技术也已经被应用于各种传感器、绝缘层上硅、独立悬浮膜片结构以及其他特殊结构腐蚀阻挡层的制作。一个最常用的掺杂选择性腐蚀液是比例为 1 : 3 : 8 的 $HF/HNO_3/CH_3COOH$ 混合溶液，它对于任何类型的重掺杂(大于 $10^{19}\ cm^{-3}$)硅层的腐蚀速率大约为轻掺杂硅层腐蚀速率的 15 倍[35]。然而，还有一种乙二胺/邻苯二酚/水的混合溶液，它能够腐蚀轻掺杂的硅层，但是却并不腐蚀 P 型重掺杂的硅层[36]。

缺陷选择性腐蚀被用来制作晶圆片的缺陷染色标记。缺陷很可能在腐蚀之前是看不见的，但是在预先做完缺陷的染色之后，通常采用简单的光学显微镜就很容易观察到。通过计算染色之后的缺陷个数，就可以求得缺陷密度值。尽管也有一些缺陷染色腐蚀液是针对 GaAs 材料而开发的，但是最常见的缺陷染色腐蚀液(参见表 11.1)都是应用于硅材料的。

表 11.1 用于显示(100)和(111)晶面硅中缺陷的湿法化学腐蚀液

(100)	Schimmel[31]	2:1; HF/CrO_3(1 摩尔)	适用于轻掺杂层(大于 0.6 Ω·cm)
	Modified Schimmel[31]	4:3:2; $HF/H_2O/CrO_3$ (1 摩尔)	适用于重掺杂层
	Secco d' Aragona[32]	2:1; $HF/K_2Cr_2O_7$ (0.15 摩尔)	显示氧化诱生的层错
(111)	Sirtl and Adler[33]	1:1; HF/CrO_3 (5 摩尔)	需要搅动
	Dash[34]	1:3:10; $HF/HNO_3/CH_3COOH$	腐蚀速度慢，且与浓度有关

11.2 化学机械抛光

化学机械抛光(简称 CMP)工艺就是为了能够获得既具有全局性平坦、又无划痕和杂质玷污的表面而专门设计的。由于光刻工艺中需要使用高数值孔径的透镜，这就带来了曝光视场聚焦深度较小的问题，同时由于多层金属互连工艺的使用，这都使得对 CMP 设备的需求大大增加了，其市场销售额至 2013 年已经超过 25 亿美元。比较有趣的是，消费类产品的市场对 CMP 的需求已经超过了系统类产品的市场[37]。尽管最初它只是开发用于互连工艺的平坦化，但是目前它也应用于像器件隔离等一些前端工艺。图 11.8 所示为一个简单的 CMP 工艺原理示意图，晶圆片被固定在一个旋转的吸盘上，该吸盘又与一个旋转的抛光盘相接触，抛光盘上放置了由化学腐蚀剂和磨料颗粒组成的研磨浆料，这些研磨浆料不断输送到晶圆片下面。抛光盘表面光滑，可以给晶圆片下面不断地提供新鲜的磨料，同时也可以及时地将研磨产生的副产物排除掉。

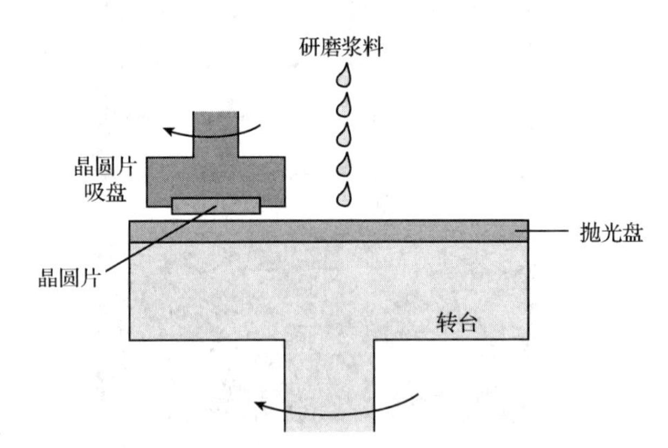

图 11.8 为实现高度的全局平坦化，对一个已经过部分工艺处理的晶圆片表面进行化学机械抛光

最简单的关于研磨速率的公式就是所谓的 Preston 方程：[38]

$$RR = k_{\mathrm{P}} P v$$

式中，k_{P} 是 Preston 系数，P 是向下的压力，v 是抛光盘与晶圆片之间的相对速度。典型的研磨速率一般是每分钟几百纳米左右[39]。对于很多 CMP 工艺来说，一般认为是表面形成的一层亲水层被研磨浆料中的颗粒去除，这层表面亲水层的形成及其深度随压力的增加而增大。一些典型的 CMP 工艺参数在表 11.2 中给出[40]。增大抛光盘的压力，研磨去除的速率将随之线性增加，但是通常被抛光图形的台阶的高度比率也增加[41]，同时残留的氧化层损伤以及表面金属玷污也随之增加[42]。

由于所选用的用于抛光研磨浆料中的颗粒并不比被抛光的表面更硬，因此可以避免严重的机械损伤[43]。CMP 晶圆片上的表面角度大约是 1°，而回流玻璃与陡直的金属台阶之间产生的表面角度则为 10°。由于 CMP 能够形成平整的表面，因此经过 CMP 之后的晶圆片只会产生极少的金属线缺陷，如短路和开路，这两种缺陷最常发生在复杂结构图形的边缘。CMP 之后获得的表面平整度可以近似由 Hertzian 穿透深度公式给出：

$$R_s = \frac{3}{4}\phi P/[2K_p E]$$

式中，ϕ 是研磨浆料颗粒的直径，E 是被抛光材料的杨氏模量，K_p 是关于研磨颗粒密度的一个常数，对于一个紧密填充的材料来说，$K_p=1$。对于采用 $\phi=100$ nm 的二氧化硅颗粒来抛光硅晶圆片的情况而言，在 $K_p = 0.5$，1.5 MPa 的压力下，获得的 R_s 大约为 0.3 nm。这个结果表明该系统可以获得一个相当平整的表面。

表 11.2　典型的化学机械抛光工艺参数和氧化层平坦化结果

热氧化层去除速率	(nm/min)	60 ~ 80
淀积氧化层去除速率	(nm/min)	100 ~ 150
抛光时间	(min)	~ 10
抛光盘压力	(psi)	6
抛光盘转速	(rpm)	10
晶圆片转速	(rpm)	12

引自 Nanz 和 Camilletti [40]。

在最早期同时也是最常用的 CMP 工艺中，首先旋涂或淀积一层厚的 SiO_2 介质层，然后将晶圆片放在一种包含胶质(二氧化硅颗粒的磨料悬浮液)和腐蚀剂[44]诸如稀释 HF 溶液(参见图 11.8 中简化的图解)的碱性磨料中进行机械研磨。KOH 和 NH_4OH 是最常用的悬浮液的基体。一般维持磨料的 pH 为 10 左右，以便保持二氧化硅颗粒带电，使其相互排斥，从而避免形成大量的冻胶网状物。有的时候也采用一种 pH 缓冲剂来保证工艺的稳定性。所用颗粒的尺寸通常取决于所要求的研磨速率。据有关文献报道，颗粒的尺寸范围介于 0.03 μm 到 0.14 μm 之间。典型尺寸的颗粒(约 0.05 μm)会形成直径为 0.25 μm 左右的结团[45]。抛光浆料中的固态物成分一般保持在 12%至 30%之间。

CMP 工艺也已经被推广到像铜和钨这样的金属层的平坦化工艺中[46,47]。对于金属的平坦化，通常使用酸性($pH < 3$)的研磨浆料。这些浆料并不形成胶质的悬浮液，因此必须通过一些搅动来保持良好的均匀性[48]。对于钨的 CMP 工艺，氧化铝(矾土)是最常用的研磨浆料，因为它比其他大多数研磨浆料都更接近于钨的硬度。钨通过连续不断的、自限制的钨表面氧化以及随后的机械研磨过程被去除[49,50]。这种浆料形成含水的钨氧化物，被粒度为 200 nm 左右的氧化铝颗粒选择性地去除。已经有实验表明，对于典型的 CVD 钨，当膜逐渐变薄时去除速率会增大。这与钨晶粒尺寸的改变有关[51]。通常可以通过优化钨 CMP 的工艺，来获得钨对于 SiO_2 有较高的研磨选择比，一般可以获得接近 30 的选择比。

对于铜的化学机械抛光是一件特别有意义的事情，因为铜具有较低的电阻率并且由于铜很难使用等离子体刻蚀工艺来去除，因此铜的图形可以通过一种被称为大马士革(Damascene)镶嵌工艺的 CMP 技术来制备，这一点将在第 15 章中详细讨论。铜在一种包含直径为几百纳米的颗粒的水状溶剂中被抛光，其研磨浆料必须满足以下两个基本要求：一是机械研磨下来的铜必须能够溶解在研磨浆料中；二是与抛光盘相接触处铜表面的抛光速率必须高于镶嵌沟槽底部铜的去除速率。典型的研磨浆料包含氢氧化铵、硝酸以及双氧水[52]。氧化剂在铜的表面形成氧化铜，它会大大抑制抛光速率，直到研磨浆料把这层氧化铜去除掉之后。目前已经获得了高达 1600 nm/min 的抛光速率[53]。与钨不同的是，铜是一种软金属。机械效应在抛光过程中具有重要的影响，已经发现其抛光速率与所加压力和相对线速度成正比，且抛光盘的状况和压力作用机理对铜的 CMP 工艺尤其重要。

为了尽量减小 CMP 工艺的过度抛光研磨，必须开发出具有高选择比的 CMP 工艺，并努力达到高度重复的抛光速率。抛光速率的漂移是一个比较严重的问题。抛光盘的状况是一个决定研磨速率的关键因素，因为抛光盘的孔隙度决定了研磨浆料到达晶圆片表面的速率。在做过几次抛光工艺后，会发生抛光盘的磨光现象，并导致抛光速率下降[54]。针对这个问题的解决方案是经常调节抛光盘使其保持一个恒定的粗糙度。抛光盘的磨光现象还可以通过将抛光盘在金刚砂垫上进行打磨来消除，这种打磨可以在晶圆片抛光的同时进行(通常称为原位打磨)，也可以在晶圆片的两次抛光之间进行(通常称为非原位打磨)[55]。然而如果在抛光盘处理之后立即做 CMP 工艺，就必须权衡考虑缺陷密度，因为刚刚抛光后的晶圆片表面通常会含有较多的颗粒数[41]。

出现凹陷现象也是 CMP 工艺中的一个常见问题，这主要是指在两个腐蚀终止图形之间存在继续去除材料的趋势。材料去除的数量平缓变化，在靠近腐蚀终止图形边缘处最小为零，而在两个图形之间的中点处达到最大。该现象起因于抛光盘的翘曲变形，它在实现铜互连的大马士革工艺中可能会引起短路。凹陷的程度取决于抛光终止图形的间距，图形间距越小，则凹陷的程度也就越低。因此正常解决凹陷问题的办法就是给设计准则中增加一个关于图形最大允许间距的要求，即为了有效地控制抛光凹陷现象，需要在设计中插入一些没有实际电路用途的虚假图形。

在 CMP 单项工艺之中，抛光后的清洗是一个非常重要的步骤。通常我们必须在抛光指标(均匀性、平整度和产能)与清洗指标(颗粒数、划伤以及其他表面损伤，残余的离子和金属玷污)之间做出适当的权衡。可以把超声搅拌与柔软的抛光板刷或清洁溶液相结合，以辅助去除晶圆片表面的胶状悬浮物[56]。通常还要将晶圆片转移到预留用于清洁的第二块抛光盘上，这个转移必须及时进行以防止晶圆片表面的胶状悬浮物失水固化，一旦这种胶状悬浮物失水固化，则其残留物的去除就会变得非常困难。而且，CMP 之后硅片表面留下的划痕可能会聚集金属，这很难在标准的等离子体刻蚀工艺中去除。这些充满了嵌入金属的划痕有时也称为轨道，它们会造成后续金属布线的短路。在钨的 CMP 工艺中经常会产生这种轨道，因为必须将表面的钨一直去除到层间氧化层处，仅仅在通孔中留下钨。这一工艺代替了 15.7 节中介绍的选择性钨淀积和回刻工艺。一旦钨被全部去除之后，硬的氧化铝颗粒就会严重划伤二氧化硅表面。钨 CMP 工艺之后的清洗也是相当困难的，因为在典型工艺条件下钨颗粒上会有比较大的静电电位[57]。一个稀释的(100 : 1)氢氟酸清洗可以用来去除许多更小的金属颗粒，并减少残留的表面损伤。

11.3 等离子体刻蚀的基本分类

与湿法刻蚀相比，等离子体刻蚀具有几个明显的优点。等离子体可以很快地产生出来，也可以很快地终止，这比湿法腐蚀需要浸没到腐蚀液中要方便得多。而且等离子体对晶圆片上温度的微小变化也不是那么敏感。这两点都使得等离子体刻蚀要比湿法刻蚀更易于重复。等离子体刻蚀因为具有较高的各向异性特性，这对于较小特征尺寸的图形就显得尤为重要。与液体溶剂相比，等离子体环境带来的颗粒也要少得多。最后，等离子体刻蚀产生的废弃物排放也要比湿法腐蚀少得多。

如图 11.2 所示，有许多种干法刻蚀工艺应用多种不同的物理和化学方法。每一种刻蚀系统又会用到各种刻蚀化学气体。表 11.3 列举了最常用的几种[58]。很显然，要完整地回顾这个论题将是复杂而冗长的。本章的其余部分将评述几种具有代表性的干法刻蚀工艺，并给出几个最常用的刻蚀工艺所用到的一些典型的化学物品。关于等离子体刻蚀进一步的资料，读者可以参阅相关文献[59 ~ 61]。

表 11.3　典型的刻蚀用化学气体

硅(Si)	CF_4/O_2, CF_2Cl_2, CF_3Cl, $SF_6/O_2/Cl_2$, $Cl_2/H_2/C_2F_6/CCl_4$, C_2ClF_5/O_2, Br_2, SiF_4/O_2, NF_3, ClF_3, CCl_4, CCl_3F_5, C_2ClF_5/SF_6, C_2F_6/CF_3Cl,CF_3Cl/Br_2
二氧化硅(SiO_2)	CF_4/H_2, C_2F_6, C_3F_8, CHF_3/O_2
氮化硅(Si_3N_4)	$CF_4/O_2/H_2$, C_2F_6, C_3F_8, CHF_3
有机物(Organics)	O_2, CF_4/O_2, SF_6/O_2
铝(Al)	BCl_3, BCl_3/Cl_2, $CCl_4/Cl_2/BCl_3$, $SiCl_4/Cl_2$
硅化物(Silicides)	CF_4/O_2, NF_3, SF_6/Cl_2, CF_4/Cl_2
难熔金属(Refractories)	CF_4/O_2, NF_3/H_2, SF_6/O_2
砷化镓(GaAs)	BCl_3/Ar, $Cl_2/O_2/H_2$, $CCl_2F_2/O_2/Ar/He$, H_2, CH_4/H_2, $CClH_3/H_2$
磷化铟(InP)	CH_4/H_2, C_2H_6/H_2, Cl_2/Ar
金(Au)	$C_2Cl_2F_4$, Cl_2, $CClF_3$

引自 Cotler 和 Elta [58]。

在前一章中介绍过辉光放电的概念，一个等离子体刻蚀工艺的进行必须包括 6 个步骤。导入腔体的气体必须由等离子体分离成可以发生化学反应的元素；这些元素必须扩散至晶圆片的表面并被吸附在那里；到达晶圆片表面之后，它们能够四处移动(通过表面扩散)直到和晶圆片表面裸露的薄膜发生反应；反应的生成物能够被解吸附；生成物能够通过扩散离开晶圆片表面；最后生成物借助气流排放出刻蚀反应腔。和湿法刻蚀一样，干法刻蚀速度也是由以上步骤中最慢的一步决定的。

在一个典型的等离子体刻蚀工艺中，被刻蚀的薄膜表面受到入射离子、原子团、电子及中性粒子的轰击。虽然最大的粒子流是中性的，但是引起损伤的还是离子流。化学腐蚀取决于离子流和原子团流，这种轰击通常会影响到多个原子层厚度的表面结构。

11.4　高压等离子体刻蚀

最早引入到 IC 制造中的等离子体设备是在 20 世纪 70 年代早期，它利用高压低功率的等离子体，其中等离子体粒子的平均自由程远小于腔体的尺寸。这种工艺中的等离子体用来启动或终止刻蚀过程中的化学反应，它通过从一种惰性反应物中产生出反应性的物质来实现这一点。由于等离子体中离子的能量非常低，刻蚀工艺主要依靠等离子体的化学作用。

等离子体化学是相当复杂的，要理解气体放电的化学过程，可以从一个原型系统开始。目前得到最广泛研究的等离子体刻蚀的化学物质是由四氟化碳(CF_4)生成的，假设在腔体中建立了一个四氟化碳的气流，腔体内部产生并维持一个高压等离子体状态(其中等离子体颗粒的平均自由程远小于两个电极之间的距离)。带有光刻胶掩蔽图形的硅晶圆片与等离子体接触。工艺目的是要对衬底硅材料进行刻蚀。这种选择并不意味着只有 CF_4 或氟化物等离子体才能够在高压下使用，氯气和其他元素也可以在高压等离子体中应用。另外，出于同样的原因，氟基气体有时也应用在低压反应离子刻蚀工艺中。

正如 Morgan[60]所讨论的，我们可以从简单的能量平衡理论来开始分析。这个模型指出，当产生气体或高蒸气压的液体或固体的化学反应是能量有利时，刻蚀过程就会发生。应用于硅的刻蚀工艺，其基本思想是用硅-卤键来代替硅-硅键，从而产生出挥发性的硅卤化物。在 CF_4 中打破 C-F 键所需的能量是 105 kcal/mol，而打破硅-硅键所需的能量是 42.2 kcal/mol。若用 CF_4 来刻蚀硅，这两种能量的和(147 kcal/mol)必须小于 Si-F 键的键能(130 kcal/mol)：

$$\mathrm{C} \underline{\vee} \mathrm{F} + \mathrm{Si} \underline{\vee} \mathrm{Si} = \mathrm{Si} - \mathrm{F} + 17\ \mathrm{kcal/mol} \tag{11.5}$$

式中，$\underline{\vee}$ 表示键的打破，因为反应需要一个净的正能量，因此 CF_4 本身不会直接刻蚀硅。但是我们在此尚未考虑具有高度负电性氟原子的吸附作用(如 11.1 节中所述)，它能够通过局域化共价键中的一个电子来降低 Si-Si 键的强度。即使考虑这个因素之后使得上述反应式是一个净的负能量，反应式左侧键的打破所需克服的较大动能势垒也仍然会使得该反应进行得极为缓慢。然而，等离子体中高能量的电子碰撞会使得部分 CF_4 分子分裂产生自由的氟原子和分子团。从能量守恒的观点来看，式(11.5)中的第一项就可以被忽略，因此形成 SiF 化合物就是能量有利的。更进一步，通过选择合适的进气、腔体压力和等离子体功率，还可以增大反应物的密度，这些从刻蚀薄膜的角度看也是能量有利的。

在典型的等离子体里，大部分粒子是不参与反应的气体分子。在压力为 500 mTorr 的腔体中这些分子的浓度约为 $3\times10^{16}\ \mathrm{cm}^{-3}$。除此之外，等离子体中最常见(占 5% ~ 10%)的粒子是电中性的原子团。在 CF_4 等离子体里可以发现 CF_3、CF_2、C 和 F，这些原子团具有极强的反应性。假设气体满足一种简单的动力学理论，可以采用式(10.10)来大致估算轰击表面的原子团通量为

$$J_n = \sqrt{\frac{n^2 kT}{2\pi M}} \tag{11.6}$$

假设原子团的温度是 500 K，由于扩散引起的原子团轰击率在 $10^{23}\ \mathrm{m}^{-2}\mathrm{s}^{-1}$ 数量级上。假设轰击硅晶圆片表面的每一个原子团都能够刻蚀掉一个硅原子，并且原子团的通量是限制刻蚀速度的关键步骤，由此导致刻蚀速率大约是 2000 nm/min。这样我们可以构造出一个纯粹的化学过程来获得充分的刻蚀速率。事实上并不是所有的原子团都会刻蚀所有的衬底材料。一些反应的生成物(例如碳)并不能与硅反应或者并不能形成可挥发的物质。当这些材料附着在硅晶圆片表面时，就会降低刻蚀速率。并且，也不是所有到达硅晶圆片表面的反应性粒子都会黏附在那里。

通常典型的等离子体功率密度在这种原型的反应腔中产生的离子浓度是在 $10^{10}\ \mathrm{cm}^{-3}$ 量级，在 CF_4 等离子体中，最丰富的离子是 CF_3^+。因为离子的浓度不高，大部分的刻蚀不是直接取决于等离子体中的离子。准确地说，是离子不断地轰击入射到表面，产生了一些不饱和键形式的损伤，并直接暴露给了反应性的原子团。由于等离子体中存在的浓度梯度，中性原子团也会扩散到表面，并很快反应生成挥发性的物质而被抽吸排出。回过头来看反应式(11.5)，表面的离子轰击消除了大部分由于 Si-Si 键破裂产生的能量损失，这使得正向的刻蚀反应更加能量有利。Coburn 和 Winters 的一篇经典论文[62]生动地显示了化学刻蚀机理与物理轰击机理相结合获得的刻蚀速率要比单一的任何一种机理都快得多。

CF_4 等离子体可以用来选择性刻蚀二氧化硅上的硅或硅上的二氧化硅。我们可以从一个晶

圆片表面所发生情况的图示来理解这一点。已经确认在一个氟基的等离子体里，表面的硅原子会和两个 F 原子成键在一起，形成一个具有几个原子厚度的含氟表面。虽然 SiF_2 和 SiF_4 都是挥发性的，但是 SiF_2 由于仍然通过弱键与晶圆片连接在一起，因此不太容易解吸附。如图 11.9 所示，更多到达的 F 原子会减少在硅表面原子和衬底之间成键的数目，直到最后氟化硅分子能够以最小的能量释放。这些原子的基本来源有氟原子、氟分子 F_2 及 CF_x 原子团，这里 $x \leqslant 3$。

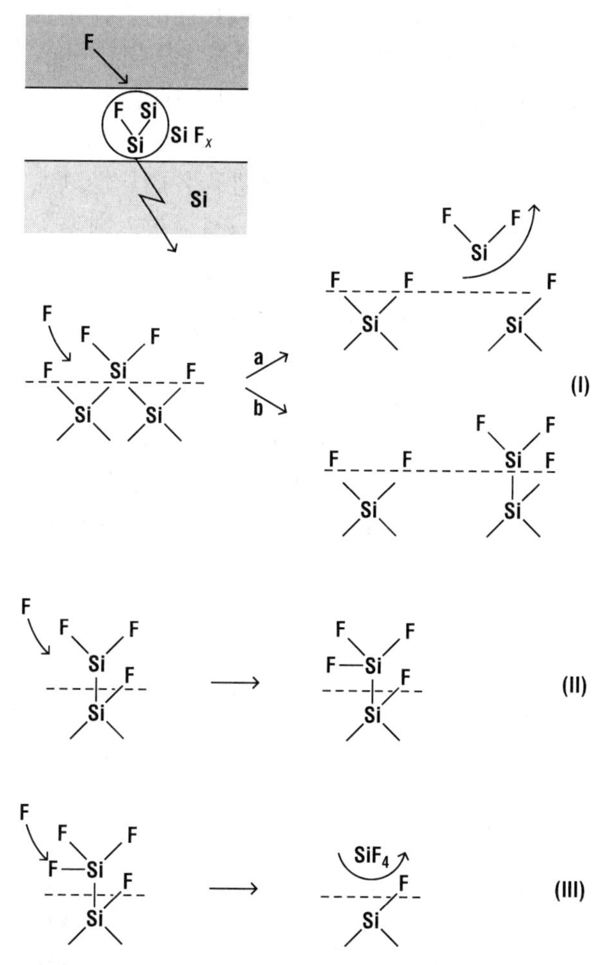

图 11.9　用 CF_4 对硅进行等离子刻蚀的机理。硅表面形成 1～5 个原子厚度的 SiF_x 层，上部的一个硅原子与两个氟原子结合在一起，多余的氟原子以 SiF_2 形式去除硅。更有可能的情况是，多余的氟原子与硅原子结合，形成 SiF_4 并被释放出来（引自 Manos 和 Flamm，经 Academic Press 许可使用）

假如没有离子的轰击作用，F_2 原子团将会很缓慢地刻蚀二氧化硅，因为这是一个净损失能量的反应：

$$F \veebar F + Si \veebar O = Si - F + -5\ \text{kcal/mol} \tag{11.7}$$

而 CF_3 原子团将会更剧烈地刻蚀二氧化硅，因为 C-O 键的能量补偿了 Si-O 键的断裂。在一个低能量的纯氟流束中，室温条件下，硅与二氧化硅的刻蚀选择比是 50 : 1，而在-30℃ 条件下的刻蚀选择比则是 100 : 1。其结果是要能够选择性刻蚀硅与二氧化硅的等离子体工艺，必须要产生足够高的氟原子浓度。虽然可以采用 F_2 作为进气，但是由于它所具有的毒性使其变得不太受欢迎。比较可选的气体种类是 CF_4、C_2F_6、SF_6 和 NF_3，它们都能够在等离子体中产生出极高浓度的自由 F 原子。实验发现在 CF_4 进气中加入少量的氧气可以提高硅和二氧化硅的刻蚀速率[63]。人们认为氧气与碳原子反应生成 CO 和 CO_2，这样就从等离子体中去掉了一些碳，从而增加了 F 的浓度。这些等离子体称为富氟等离子体。图 11.10 给出了在 CF_4 等离子体中一些元素的浓度与进气中的氧气量之间的关系[64]。往 CF_4 等离子体中每增加 12%的氧气，F 浓度就会增加一个数量级，对硅的刻蚀速率也增加一个数量级，而对二氧化硅的刻蚀速率却增加得很少。而在更高的氧气浓度下，刻蚀硅与二氧化硅的选择比会急剧下降，因为化学吸附在硅表面的氧原子和氧分子会使得硅表面表现得更像二氧化硅一样[65]。

在二氧化硅层上选择性地刻蚀硅的一个传统应用是在薄栅氧化层上制备 MOS 晶体管的多晶硅栅电极。虽然往 CF_4 中添加氧气能够提高刻蚀选择比，但是这个工艺并不一定是各向异性的。我们可以在一个高压的氟等离子体中对硅进行各向异性刻蚀，这是通过在硅表面淀积形成不挥发的碳氟化合物来实现的。这层淀积物只有通过入射离子的物理轰击才能够去除掉。图 11.11 显示了一种高压各向异性等离子体刻蚀工艺的示意图。碳氟化合物薄膜在所有的表面都会淀积[66]，但是离子的轰击速度是沿着电场方向的，它几乎是垂直的，因此随着刻蚀过程的进行，侧壁因为没有离子轰击而逐渐累积碳氟化合物(由于与离子碰撞，中性粒子也会撞击晶圆片表面，但是这在图 11.11 中并未显示)。膜的特性对等离子体的条件非常敏感[67]。如果没有反应性，对水平表面的离子轰击将会引起下边的衬底起反应[68,69]。在稳定状态时碳氟化合物下边形成了大约 1.5 nm 厚的氟化硅薄膜[70]。这种通过产生非挥发性的物质来降低刻蚀速率的方法称为“聚合作用”。这层薄膜对侧壁具有钝化保护作用，它阻止了侧壁的横向刻蚀。这是两种获得各向异性特性技术中的一种。目前人们已经采用各种化学方法对这种薄膜的成分进行了研究[71~75]。

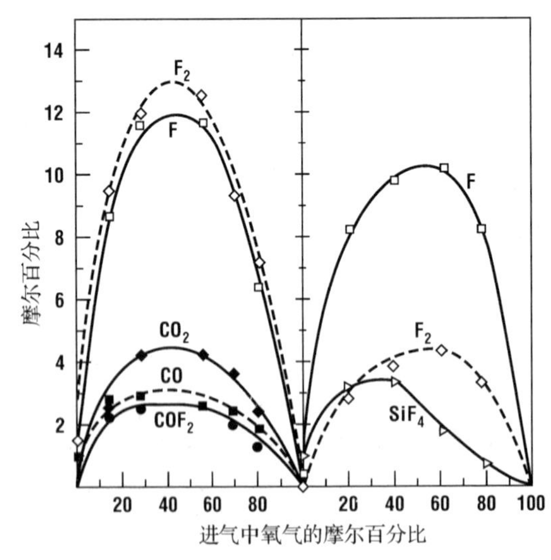

图 11.10 在压力为 500 mTorr、功率为 50 W 的 CF_4 等离子体中，各种粒子浓度与进气中氧气含量的关系。左图无硅存在，右图有硅存在(引自 Smolinsky 和 Flamm，经 AIP 许可使用)

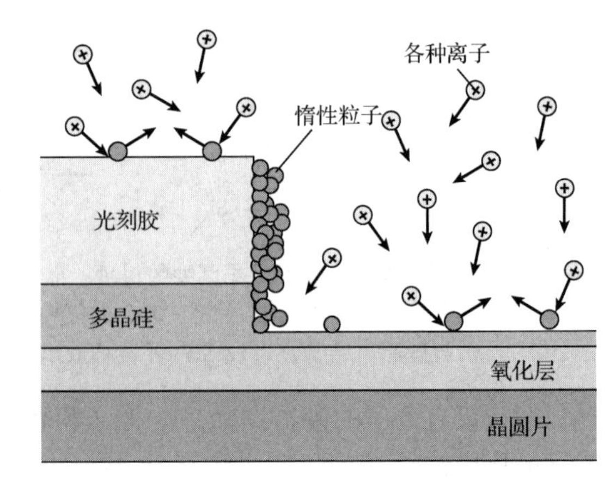

图 11.11 高压各向异性刻蚀示意图，图中显示了侧壁保护膜的形成

促进这种侧壁聚合物薄膜形成的一个方法就是往等离子体中加入氢。氢消除了氟，形成

了一种富碳的等离子体。过量的碳于是就形成了这些非挥发性的产物。如果用 C_2F_6 代替 CF_4 作为供给气体的话，同样的事情也会发生。由于光刻胶通常是碳氢化合物，因此在许多情况下，刻蚀光刻胶的产物也参与了聚合体的形成过程。然而消除氟与向等离子体中加入氧的作用是相反的。结果是这种刻蚀工艺对硅与二氧化硅的刻蚀选择比下降。因此在这种等离子体中可以实现各向异性的刻蚀，也可以实现对硅与二氧化硅的选择性刻蚀，但是二者却不能同时实现。

然而等离子体反应室中的气体在刻蚀过程中是可以变化的。在 MOS 工艺的情况下，为了获取对多晶硅栅电极具有很好的尺寸控制，我们可以先向 CF_4 等离子体中加入 H_2 来启动刻蚀制程。当完成了大部分多晶硅栅的刻蚀时则可以关闭 H_2 改通 O_2。在剩下的这部分刻蚀过程中可能会产生一些钻刻，但是在钻刻产生前，等离子体必须先将积累的聚合物刻蚀掉。结果，这种混合的刻蚀工艺，尽管使用了非常简单的设备和相关的无毒反应气体，却可以制造出具有很好剖面形貌的 1 μm 左右的小尺寸图形。

这种刻蚀方法的一个实例就是所谓的 Bosch 刻蚀[76]。在这种技术中有两个步骤被周期性地不断重复多次。在其中的第一个步骤中，采用的就是各向同性的等离子体刻蚀过程，它可以是采用 SF_6 气体来刻蚀不掺杂的硅材料，然后将气体吹扫干净，再使用高浓度的侧壁聚合物生成混合气体，例如 H_2/CF_4，这样就把所有的表面都包封起来，从而使刻蚀过程终止。包封的这层聚合物薄膜的厚度受限于这一步骤的时间。当再次引入 SF_6 气体时，离子的轰击作用就会去除所有水平表面上的聚合物薄膜，而垂直表面则仍然受到聚合物薄膜的保护。此时再次启动对第一次刻蚀底部的各向同性刻蚀。一个完整的刻蚀工艺过程可能需要重复十几次这样的刻蚀过程。Bosch 刻蚀的剖面显示了一个非常有特色的扇贝状边沿，该工艺通常应用于 MEMS 器件的加工制造(参见第 19 章的介绍)。

正如前面所描述的那样，往 CF_4 等离子体中加入少量的 H_2 将导致硅和二氧化硅的刻蚀速率同时减慢，这很好地符合了前述的非挥发性物质模型。在中等的 H_2 浓度下，SiO_2 的刻蚀速率超过了 Si 的刻蚀速度。这个化学特性就可以应用在硅上选择性地刻蚀二氧化硅。在这种情况下，氢和氟原子团反应生成 HF，HF 刻蚀二氧化硅但并不刻蚀硅[77]。这种情况下的等离子体称为氟缺失的等离子体。在中等的 H_2 浓度下，提高了各向异性特性的不挥发性碳氟化合物薄膜的淀积过程进一步增大了刻蚀的选择比。在 SiO_2 表面，离子轰击过程中产生的氧离子将和碳发生反应生成 CO 和 CO_2，这两种都是挥发性的气体，因此可以从系统中抽离出去。而在硅表面则没有这些反应发生，因此在等离子体中加入 H_2，刻蚀 Si 上 SiO_2 的选择比将会急剧增大(参见图 11.12)。最后，碳的淀积速率将会超过等离子体刻蚀将其去除的能力，这样的话最终就可能是净的淀积过程，而不是刻蚀过程。

Coburn 和 Kay 认识到在氟碳化合物系统中聚合的开始与否取决于氟和碳的比率[78,79]。在考虑了 HF、CO、CO_2 以及其他吹扫气体混合物的影响之后，若反应混合气体中剩余的碳浓度比氟的一半还多时，则聚合作用仍将进行。发生聚合反应时的实际气体包括 C_2F_4、CHF_3 及 1∶1 比率的 CF_4 和 H_2 的混合气体。高选择比的等离子体刻蚀过程与这个很相近，硅上二氧化硅对硅的刻蚀选择比可以达到 20∶1。氢离子可以以氢气的形式供给，也可以结合在诸如 CHF_3 或 CH_2F_2 等氟化物中，还可以通过 CH_4、C_2H_6 或其他简单的碳氢化合物形式供给。在后一种情况下，还得考虑到这不仅往等离子体中加入了氢，同时也加入了碳。

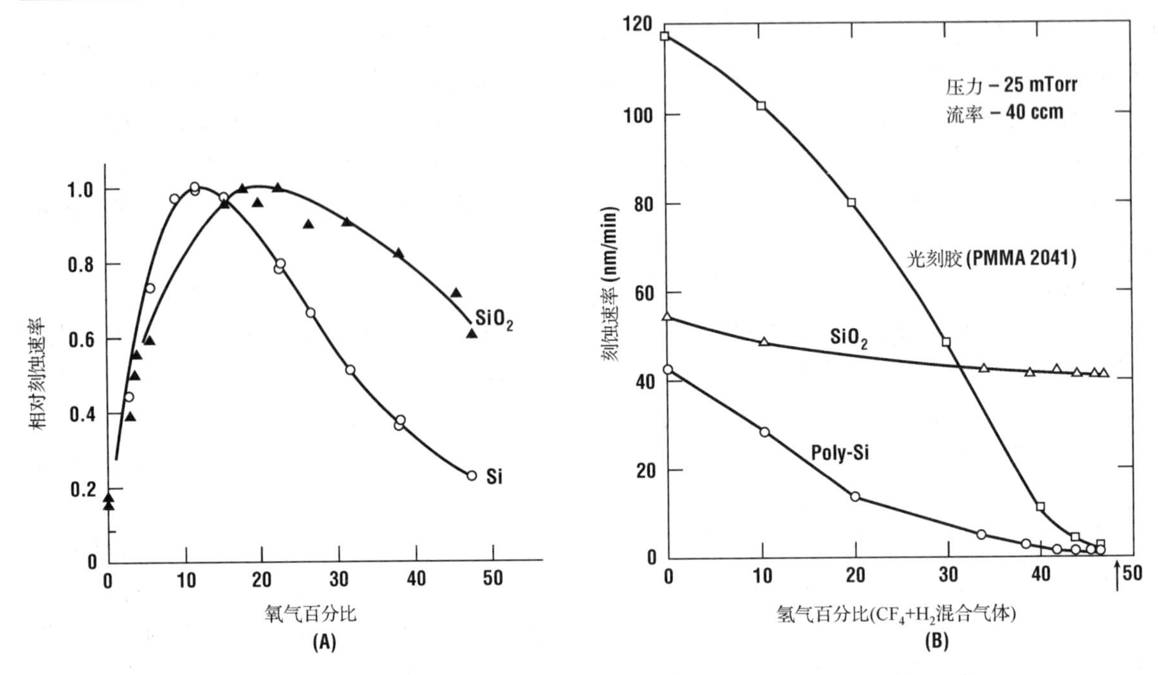

图 11.12 等离子体刻蚀硅和二氧化硅的速率：(A) CF_4/O_2 等离子体(引自 Mogab 等[65]，经 AIP 许可使用)；(B) CF_4/H_2 等离子体(引自 Ephrath 和 Petrillo[107]，经 The Electrochemical Society Inc.许可使用)

正如刚才已经指出的，在等离子体刻蚀过程中淀积一层非挥发性的聚合物薄膜的一个重要作用就是能引起选择性刻蚀。和刻蚀硅的情形类似，在刻蚀二氧化硅时，侧壁的钝化同样也可以导致高度各向异性的刻蚀形貌，而且不会牺牲刻蚀的选择比。因此用氟基的等离子体在硅上刻蚀二氧化硅并形成近乎垂直的刻蚀剖面是相对比较容易的。图 11.13 显示了在增加 NF_3 浓度的情况下对 SiO_2 的刻蚀形貌[80]。在最高浓度下，有一个较大的刻蚀速度，但是聚合物的形成也受到抑制，因此刻蚀呈现出各向同性特点，在掩蔽层下面会产生钻蚀。

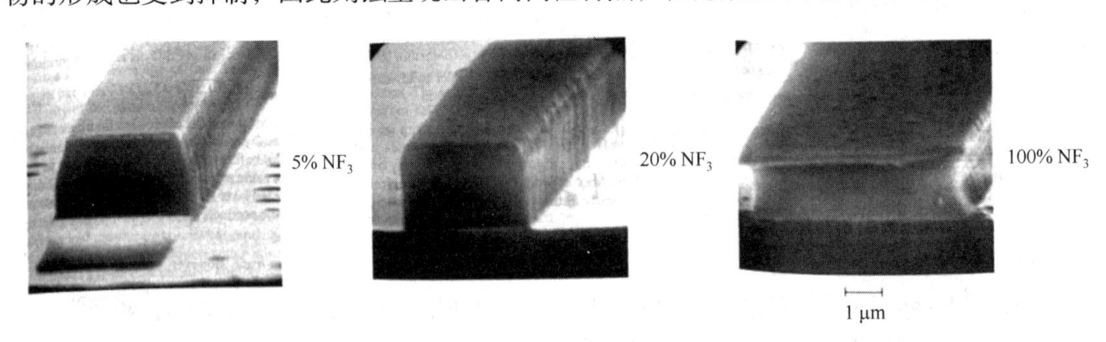

图 11.13 当增加 NF_3 的浓度时，刻蚀 SiO_2 的剖面图(引自 Donnelly 等，经 AIP 许可使用)

目前氮化硅尚不能同时实现既对硅又对二氧化硅的选择性刻蚀，这是因为它的键能和负电性均介于两者之间。为了能够在二氧化硅上选择性地刻蚀氮化硅，可以采用类似刻蚀硅的等离子体工艺，也就是说等离子体中必须是富含氟原子的。一个典型的例子是采用 CF_4-O_2 等离子体[81]。虽然在硅上选择性地刻蚀氮化硅并不常见，但是仍然可以在一个典型的二氧化硅刻蚀工艺中进行，例如可以在 CF_4-H_2 的等离子体中进行。

在某些应用中，可以通过测量在一组给定工艺条件下的等离子体刻蚀速度，进而推断刻蚀所需的时间。这样的刻蚀过程重复性很差，因为工艺过程中的微细变化或薄膜性质的微小变化都会导致不能接受的欠刻蚀或过刻蚀。其中一个影响就是负载效应，即在许多等离子体刻蚀工艺中，刻蚀速率的变化倾向是随着被刻蚀膜暴露的面积的增加而下降。通常这是由于等离子体中反应物的损耗造成的。负载效应可以采用下面的公式来描述：

$$R=\frac{R_o}{1+kA} \tag{11.8}$$

式中，R_o是空腔刻蚀速率，A 是待刻蚀薄膜暴露的面积，k 是一个常数，可以参阅文献[82]，通常可以通过固定反应器压力和提高刻蚀气体的流量来减小 k 值，但是这个方法受到泵抽吸能力的限制。与负载效应相关的一个问题就是刻蚀过程对刻蚀图形深宽比的依赖关系。对于深宽比大于 1 的小尺寸图形来说，刻蚀速率可能会下降，这有可能是由于等离子体中反应物的消耗或气体输运限制等原因造成的，其结果则是小孔或窄间距的刻蚀可能会导致欠刻蚀，而大面积的刻蚀又可能导致过刻蚀。

例 11.2　在一个等离子体刻蚀工艺中，当刻蚀一片晶圆片时，其刻蚀速率是 30 nm/min，而当第二片晶圆片加入反应室中时，其刻蚀速率则下降到 24 nm/min。你预计在同时刻蚀三片和四片晶圆片时，所得到的刻蚀速度又是怎样的呢？

解答：将每个晶圆片上将被刻蚀的面积表示为 A_o，R_n 是其刻蚀速率，其中的 n 是晶圆片的数量，根据式(11.8)可得

$$\frac{R_1}{R_2}=1.25=\frac{1+2kA_o}{1+kA_o} \tag{11.9}$$

求解这个方程得出 kA_o 乘积的值为 1/3，然后将其代回式(11.8)中，并使用已知的两个刻蚀速率中的一个，得出 R_o= 40 nm/min，最终求得同时刻蚀三片和四片晶圆片时的刻蚀速率分别为 R_3= 20 nm/min，R_4= 17.1 nm/min。

如果需要获得一个更加具有重复性的工艺过程，则需要一些检测剩余待刻蚀薄膜厚度的方法或检测等离子体刻蚀工艺中副产物的方法来确定刻蚀工艺的终点。如果被刻蚀的薄膜是透明的，则可以利用第 4 章中描述的那些具有相长和相消干涉效应的方法来测量氧化层的厚度。反射及透射光束叠加之后的总强度会随着膜厚的改变而发生振荡变化，直到这层透明薄膜被完全去除。但是这种终点检测方法，需要有一个大面积的无图形薄膜区域用于聚焦和对准激光束。

还有另一种选择，我们可以使用刻蚀生成物的质谱测定法或使用光学发射光谱的尖峰法来监测等离子体的化学组成。在这两者中的任一情况下，都可以看到所需刻蚀薄膜的刻蚀产物逐渐消失或衬底刻蚀产物的出现，也有可能探测到刻蚀反应物的变化。如果大部分气体都被反应所消耗，则刻蚀终点会在刻蚀剂浓度突然增大的那一点出现。表 11.4 列举了一些最常见的刻蚀工艺及相关的检测波长。图 11.14 则给出了一个商业化的用于科学研究的平板电极等离子体刻蚀机的照片。这个系统包含两个刻蚀反应腔，中间连接了一个预真空锁和一个自动装载晶圆片的机械手，每一个反应腔前面都有一个窗口，提供了对辉光放电进行光谱分析的可能性。

表 11.4　等离子刻蚀工艺中终点检测特征光发射波长

膜	刻　蚀　剂	波长(nm)	发　射　极
铝(Al)	CCL_4	261.4	AlCl
		396.2	Al
光刻胶(Resist)	O_2	297.7	CO
		308.9	OH
		656.3	H
		615.6	O
硅(Si)	CF_4/O_2	703.7	Fl
		777.0	SiF
	Cl_2	288.2	Si
氮化硅(Si_3N_4)	CF_4/O_2	337.0	N_2
		703.7	F
		674.0	N
二氧化硅(SiO_2)	CHF_3	184.0	CO
钨(W)	CF_4/O_2	703.7	F

引自 Manos 和 Flamm[59]。

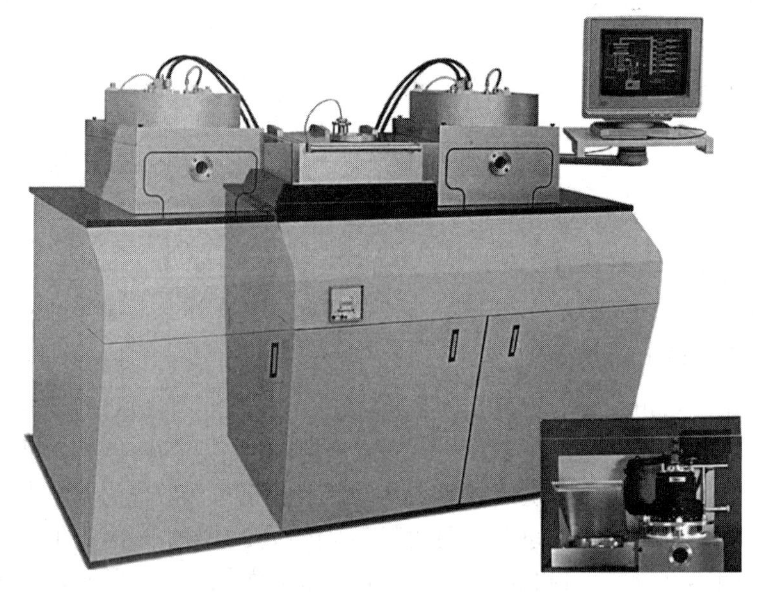

图 11.14　一个计算机控制的双真空腔平板式等离子体刻蚀系统照片(经 Plasma Therm 许可使用)

11.5　离子铣

与高压等离子体刻蚀相比较，离子铣是在刻蚀工艺范围中的另一相反极端。单一的离子铣或离子束刻蚀并没有刻蚀物的化学反应参与，因为在其中使用了惰性气体，如氩气。这是一个纯粹的机械过程，有时将其称为类似喷砂的微机械过程。刻蚀过程的物理特性完全和溅射工艺相类似。读者可以参阅 12.7 节和 12.8 节来回顾一下入射离子和固态靶之间的物理交互作用。与高压等离子体相比，离子铣有两个重要的优点：定向性和普适性。刻蚀的定向性是由于离子束中的离子是通过一个强垂直电场来加速的，反应室中的压力很低，因此原子间的碰撞几乎是完全不可能的，结果，当原子撞击晶圆片表面时其速度是近乎完全垂直的。因为它是与化学特性无关的，因此对任何材料都可以做到各向异性刻蚀，尽管溅射的产率对于不同的靶材会有所不同。离子铣的第二个优点是它可以用来刻蚀各种不同类型的材料，包括很多化合物和合金材料，即便它们没有适当的挥发性刻蚀生成物。靶的刻蚀速率由于材料不同所引起的变化一般不会超过 3 倍。因此，离子铣广泛应用于制作 YBaCuO、InAlGaAs 以及其他三元化合物和四元化合物的材料系统中。

另一方面，离子铣能在多种材料上刻蚀图形的能力也是它的一个严重缺点。它对于光刻胶和在其下面的其他层的刻蚀选择比通常接近于 1∶1，除非在此工艺中加入一定的化学成分。离子铣的另一个缺点就是生产能力。因而对于大尺寸的硅晶圆片，离子铣通常是单片处理工艺。再加上低的刻蚀速率以及需要高的真空度，这就使得离子铣在大批量的硅基生产工艺中是不切实际的。然而，在 III-V 族化合物工艺中，较小尺寸的晶圆片和每批数量不多的晶圆片都使得其在生产中应用离子铣工艺是可行的。

离子铣工艺最常见的源是 Kaufman 源(参见图 11.15)，这个基本的源最初是为空间火箭发动机[83]而开发的。与简单的等离子体工艺所不同的是，它对于离子轰击的能量和离子流密度都有着直接和独立的控制[84,85]。Kaufman 源包含一个由电源 V_f 加热的灯丝，灯丝被保持在比阳极电势低 V_a 的电压下，由灯丝发射的电子被加速向阳极运动。V_a 的值必须足够大，以确保加速后的电子有足够的能量去碰撞中性气体原子并将其电离。V_a 的典型值是 40 V 左右，也不希望更高的电压，因为过高能量的离子轰击反应室表面会腐蚀腔壁，从而污染系统。为了维持等离子体，一般将离子源系统的真空度保持在 10^{-3} Torr。

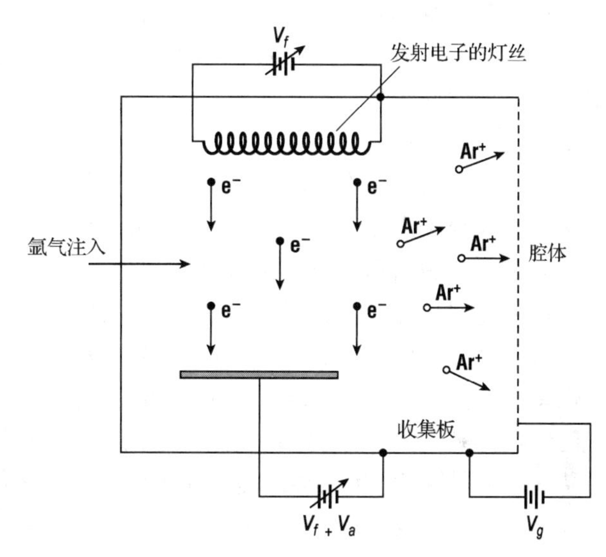

图 11.15 一个 Kaufman 离子源的剖面结构图

在源腔的一侧打孔。同侧靶下面的隔栅保持在电压 V_g，它加速注入的离子，并使其轰击靶。典型的加速电压是 500 ~ 1000 V。离子到达靶表面时具有的能量为

$$E_{\text{ion}} = q\left|V_p - V_g\right| = q\left|V_a + V_{pa} - V_g\right| \tag{11.10}$$

式中，V_p 是等离子体对地的电压，V_{pa} 是等离子体相对阳极的电压，后者是由离子流密度和放电器的几何图形这两方面来决定的。正如第 10 章中所讨论的，V_{pa} 是正值，但是因为阳极电极的面积非常大，故其只有很低的电压(大约为几伏特)。因此只需通过改变 V_a 或 V_g 就可以实现对引出的离子能量的控制。

为了提高离子的密度，在源中还要加入磁场。磁场的强度大约是 100 G[86]。(在等离子体中利用磁场来提高离子的密度在 10.7 节中讨论过。)典型的 Kaufman 源在直径 300 mm 晶圆片的面积上几乎可以产生约 1 A 的离子电流。此电流的最大值受到高密度离子束流产生的电场的限制。最大电流可以近似表示为

$$j_{\max} \approx K\sqrt{\frac{q}{m}}\frac{V_t^{3/2}}{l_g^2} \tag{11.11}$$

对于给定的反应腔来说，上式中的 K 是一个常数，q/m 是离子的电荷质量比。V_t 是隔板与加速器隔栅之间的电势差，l_g 是隔栅间的距离[87]。l_g 的典型值是 1 ~ 2 mm。这类系统产生的离子束有 5° ~ 7° 的发散。

例 11.3 计算由 Kaufman 氩离子源产生的最大离子流密度，已知隔栅之间的电势差是 500 V，隔栅间距是 1 mm，且 $K = 2\times10^{-15}$ F/m。假设氩离子带一个电子电荷。

解答： 将 $q = 1.6\times10^{-19}$ C 和 $m = 40\times1.67\times10^{-27}$ kg 代入式(11.11)，可以直接计算 $j_{\max}$ 得到其值为 35 mA/m^2。这个值对应于 2.2×10^{17} 离子/(m^2·s)的离子流密度。

近年来已经开发了电子回旋共振(ECR)以及其他一些先进的等离子体源应用于刻蚀工艺中。ECR 等离子体的基本原理在 10.7 节中已经介绍过。这种源用于离子铣的一个优点就是不需要灯丝[88]，从而减少了源的加热和由此带来的玷污，也提高了系统的可靠性。如果采用的不是氩气而是某种反应性物质(参阅本节后面介绍的 CAIBE)的话，这个优点就更加值得关注了。通过采用低能量下较大的离子流密度，这类系统对衬底材料造成的损伤要比反应离子刻蚀小得多[89]。这类系统的缺点包括成本增加，源的复杂性也增大，需要更为昂贵的真空泵抽吸系统。因为离子铣中的离子流量密度受到式(11.11)的限制，因此除非采用某种改进的引流方法，否则利用这类源不可能获得更高的刻蚀速度[90]。

离子从源表面喷射出来进入靶室。为了维持具有高度方向性的刻蚀，在入射束流和泵的抽取速率允许的前提下，要尽可能将靶室抽吸到一个最低的压强，这样就减少了离子和残余气体分子之间的碰撞。经常要使用低温泵或涡轮分子泵来对靶室抽真空。通常将靶室的真空度保持在源的压力的 1/100 ~ 1/10。忽略空间电荷效应的影响，离子沿直线方向行进到靶电极处，那里有等待加工的晶圆片。因为离子是带正电的，这样就会在晶圆片表面形成一个电压，除非晶圆片以及待刻蚀的薄膜都是导电的。为了避免电荷的影响，可以使用一个电子喷枪。同样的原理也应用在离子注入工艺中以维持精确的注入剂量(参见第 5 章)。

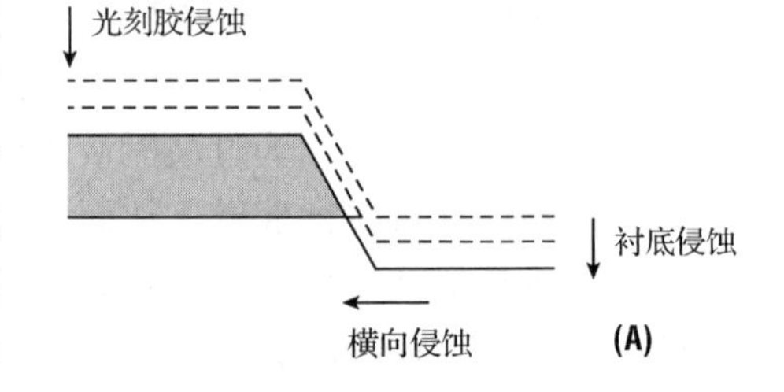

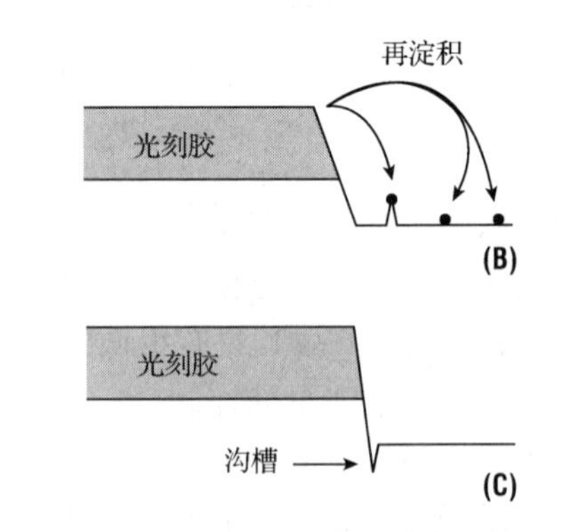

图 11.16 离子铣过程中可能发生的一些问题：(A)掩蔽层斜坡转移；(B)掩蔽层重淀积；(C)沟槽

图 11.16 显示了离子铣过程中可能出现的一些问题。因为这个工艺过程也刻蚀掩蔽层，因此掩蔽层上的细小斜坡将会被转移到图形中。刻蚀后，去掉光刻胶，形成的图形会变宽且看起来很像钻刻。因为靶上被腐蚀的产物是不可挥发的，其中的一些将会重新淀积到晶圆片表面，这将导致刻蚀的不均匀以及来自光刻胶掩蔽层中的相当大数量的有机残渣。后者带来的问题将在图形侧壁的形貌上显著表现出来。最后，一些研磨截面图显示在图形边缘处刻蚀速度提高而形成“沟槽”。掩蔽层腐蚀导致图形侧壁以一个陡峭的角度形成斜坡，一些小角度的离子将从斜坡处反射下

来，由此形成沟槽。商业化的离子束系统经常允许工艺过程中将靶对入射离子束倾斜及旋转以便减小这些效应带来的影响[91]。

在离子铣中使用活性反应剂以提高刻蚀选择性是必要的。离子混合物产生了物理性的损伤和化学性的侵蚀，从而提供了第二条各向异性刻蚀的途径，因为物理性的损伤主要发生在水平表面上。它将被应用在反应性离子刻蚀中，但是化学辅助离子束刻蚀(CAIBE，发音为kay-bee)或反应性离子铣的工艺名称仍将保留，主要指的是晶圆片放在大范围内准直性很好的离子束中，而不是用在等离子体反应室中。惰性气体如氩可以与少量氧混合以降低对离子铣设备中一些金属部件的腐蚀速率。这在刻蚀 $Al_xGa_{1-x}As$ 上的 GaAs 时有着特殊的应用。已经显示在氩中掺入 2%的 O_2 稀释，在 100 eV 下，刻蚀 GaAs 速率是每分钟几百埃，而对 $Al_{0.5}Ga_{0.5}As$ 刻蚀速率则低到无法测量[92]。

当然引进一些反应性气体的困难在于它们倾向于对源部件的损害。高温灯丝特别容易受到损伤。人们已熟知氧会缩短灯丝的寿命，但是更多具有攻击性的反应物如卤素因为这个原因而完全不能使用。一些反应物在气态下的聚合也是问题，这将导致在源内部形成覆盖层。因此有必要设计离子源来供给一个具有高度反应性的等离子体。正如前面所讨论的，ECR 源对这个应用是非常合适的。

另一个解决此问题的方法是在常规离子铣系统中靠近晶圆片表面处加入一个反应性泄放器(参见图 11.17)。这种类型的刻蚀，有时称为“离子辅助化学刻蚀法”，其反应主要是靠反应物气体在晶圆片表面的吸附同时伴有离子的轰击。离子束导致吸附气体的分解及对衬底的轰击损伤，从而驱动化学反应。由于这些化学过程依靠离子的轰击，因此这种类型的工艺达不到在纯化学过程中能达到的选择性水平。

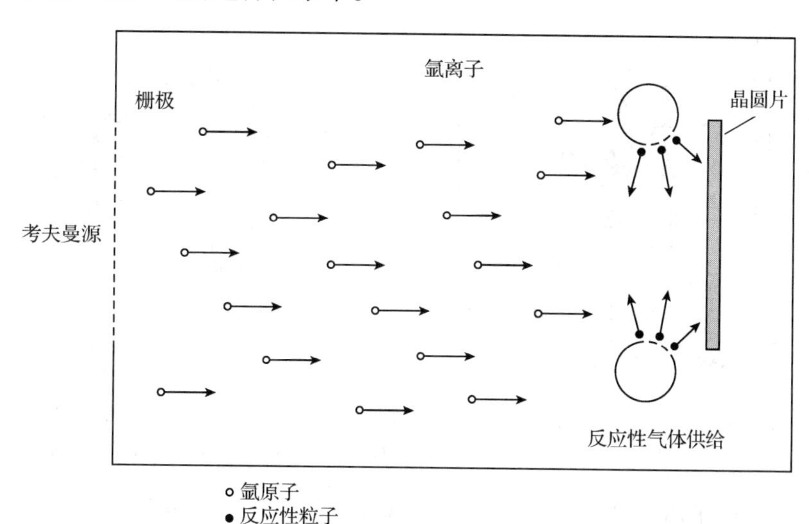

图 11.17　常规离子铣系统中，靠近晶圆片表面处加入反应性泄放器，以在刻蚀工艺中引入化学成分

11.6　反应性离子刻蚀

反应性离子刻蚀(RIE)工艺能得到发展，是因为对高选择比的各向异性刻蚀的需求非常强烈，而离子铣工艺则无法达到这样高的选择比。这个名称用得并不是很恰当，因为在这个工

艺中离子并不是主要的刻蚀物质。有时人们也使用一个更合适的名字——离子辅助刻蚀，尽管 RIE(读作 RIE 或 rye)可能用得更为普遍。

两种常见的 RIE 系统如图 11.18 所示，和高压等离子体刻蚀机有所不同的是，这里晶圆片是放在功率电极上。在平行板反应腔中，接地电极与腔壁相连，以扩大其有效面积。而在六角形反应腔中，接地电极就是腔体壁自身。正如在第 10 章中所讨论的那样，这样设置的作用是增大从等离子体到功率电极之间的电势差，因而也就增大了离子撞击的能量。为了使得平行板反应腔的电极设置有效，等离子体必须与腔体壁充分接触。而随着压力的增大(大于 1 Torr)，等离子体就会开始收缩，并逐渐失去与腔体壁的接触。而 RIE 则是在低压等离子体中进行的，其中等离子体的平均自由程至少是在毫米的量级。在这样的区域，等离子体仍然会和腔壁保持良好的接触，因此在等离子体和功率电极之间仍然会保持一个较大的电势差。

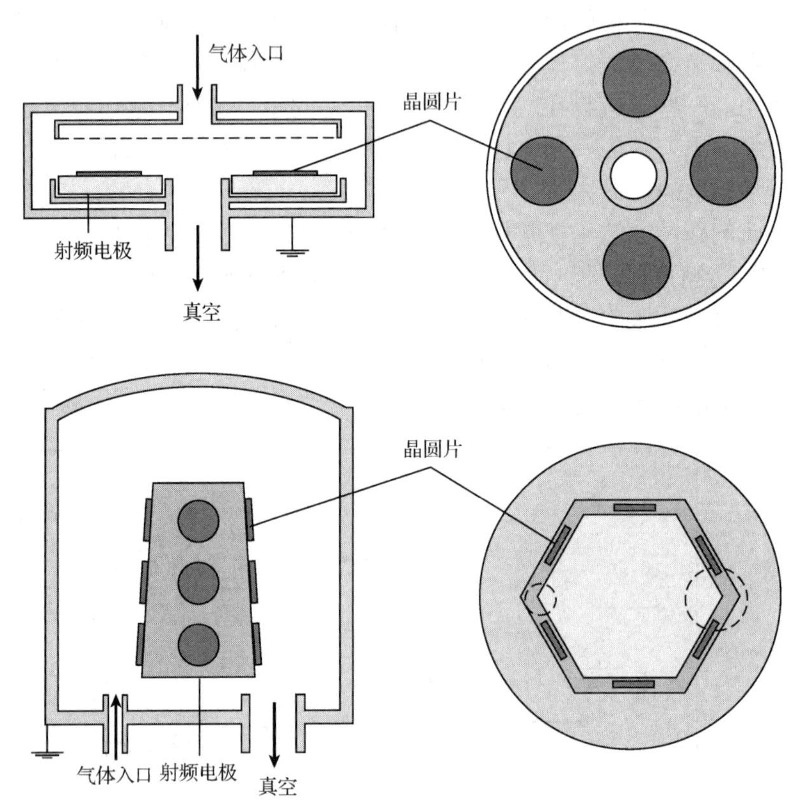

图 11.18　平板式和六角形式批量生产用 RIE 系统的俯视图和侧面图。二者的典型工艺条件是 50 mTorr 和 5 kW/m^2。对于更大的晶圆片，上图中的排气口将在周围而不是中间

基于氯气的等离子体一般用于对硅、砷化镓和铝基金属的各向异向刻蚀。虽然各种含氯的反应物，像 CCl_4、BCl_3 及 Cl_2 都具有比较强的腐蚀性，但是它们的蒸气压也比较高，因此这类反应物及其刻蚀工艺形成的产物都比溴化物和碘化物要更容易处理。氟、碘、溴等离子体也可以在 RIE 条件下使用，不过在本节中仅用氯的系统作为模型。

在氯的 RIE 中进行硅的各向异性刻蚀是很容易理解的。如果没有离子轰击的辅助，单纯在 Cl 或 Cl_2 氛围中刻蚀不掺杂的硅材料是相当慢的。但是，重掺杂的 N 型单晶硅或多晶硅，不需要在 Cl 的氛围下进行离子的轰击，其自身的刻蚀速率就很高，但是存在 Cl_2 时，就不

是这样了。掺杂增强可大到 25 倍，其主要取决于薄膜中载流子的浓度，而不是掺杂物的化学本性[93,94]。

这种显著的掺杂效应说明在 Cl 刻蚀工艺中涉及来自衬底的电子迁移。已经发展的模型假设，在氯等离子体中氯原子以化学方法吸附在硅上，但是并不打破其下面的 Si-Si 键，类似硬脂的阻碍物将排斥更多 Cl 原子在硅表面的吸收，只要硅表面形成了一个单层 Cl 原子的覆盖就会构成对 Cl 原子的排斥(参见图 11.19)。但是，一旦表面的 Cl 变成带负电荷的离子，它就能够和衬底形成离子键，这就会释放出额外的化学吸附位置，并大大增强氯原子穿透表面的可能性，同时产生出挥发性的硅的氯化物。

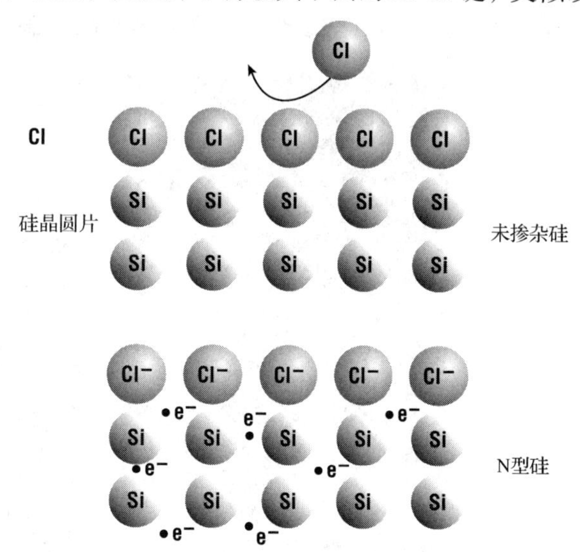

图 11.19 一旦单层氯原子在硅表面形成，它就会阻止任何氯原子的叠加

穿透表面的氯也会由于离子的轰击作用而剧烈增加，其结果是，那些遭受离子轰击的表面的刻蚀速率要比没有受到离子轰击的表面快得多，特别是垂直的侧壁仅受到很少的离子轰击。由于这些效应，未掺杂的多晶硅或单晶硅在 Cl_2 的 RIE 刻蚀中其形貌几乎是完全各向异性的。遗憾的是，像 N^+多晶硅栅电极[95]这种重掺杂层和金属化铝层，由于上述的电荷迁移机理则产生了各向同性的刻蚀形貌。在这些结构中，必须利用侧壁聚合物结构来获得各向异性的刻蚀形貌。这经常是通过调节 Cl_2 和一些诸如 BCl_3、CCl_4 和 $SiCl_4$ 等抑制性气体的相对浓度来完成的，也可以通过结合氟化物和 Cl_2 来完成。一般的混合物由 90%的 C_2F_6 和 10%的 Cl_2 组成。通过控制 Cl 对 F 的比率，就可以控制底切的程度和保持刻蚀图形的范围[96]。这对于刻蚀多层薄膜时获得满意的形貌是非常有用的，例如在刻蚀多晶硅上的金属硅化物时就非常有用[97]。由于具有许多其他钝化保护层，刻蚀速率必须和选择比折中考虑。

图 11.20 下半部分所示是一个利用侧壁保护技术，并采用 BCl_3、Cl_2 和 O_2 刻蚀的硅线条照片[98]。在这个显微照片里，侧壁薄膜层开始从线条侧壁剥落下来，注意到侧壁薄膜层的上部比下部厚，这是由于淀积时间的不同，从而在刻蚀剖面上产生了一个微小的斜度。这个效应对于极小尺寸的图形来说是一个非常严重的问题，因为此时侧壁包封层的厚度也构成了图形特征尺寸的一个不可忽略的组成部分。侧壁薄膜层上部可更清晰显现，其主要是纯二氧化硅。下部其他的图形有时候被称为“草状物”或黑硅[99]。它们是由于非有意淀积的不挥发物和离子轰击的不完全去除造成的。“草状物”在显微镜下是暗区，这经常在重掺杂条件下侧壁钝化 RIE 工艺中发生。降低 BCl_3 流量，提高 O_2 浓度，或者降低压力增加功率来加强离子轰击，均可以减少聚合物的产生，从而抑制“草状物”的形成。

铝和以铝为基础的化合物刻蚀的可靠性和可重复性需要对细节给予足够的关注。铝很容易氧化形成 Al_2O_3 薄膜，它在大多数 Cl 等离子体中的刻蚀速率很慢。为了避免刻蚀的均匀性问题，并保持适当的刻蚀时间，在以 Cl 为主的 RIE 刻蚀开始之前，先在 Ar 气氛中进行短时间的溅射刻蚀或适当的化学 RIE。在刻蚀结束的时候，也必须去除晶圆片表面以各种形式吸附的含 Cl 的化合物离子。因为当晶圆片从真空腔中移出时，这些成分会和空气中的水分子发生反应，形成氢氯酸，从而导致金属腐蚀。已经发展了多种技术来避免这个问题，最简单的办法就是刻蚀后立即在去离子水中浸一下。其他的刻蚀后处理技术也可以在真空腔内实现，这包括用惰性气体进行溅射刻蚀，用氧等离子体或氟等离子体去除吸附的 Cl 原子[100]。如果清洗不够充分，沿着金属线边缘会有细小的空洞，称为鼠咬伤(mouse bites)。

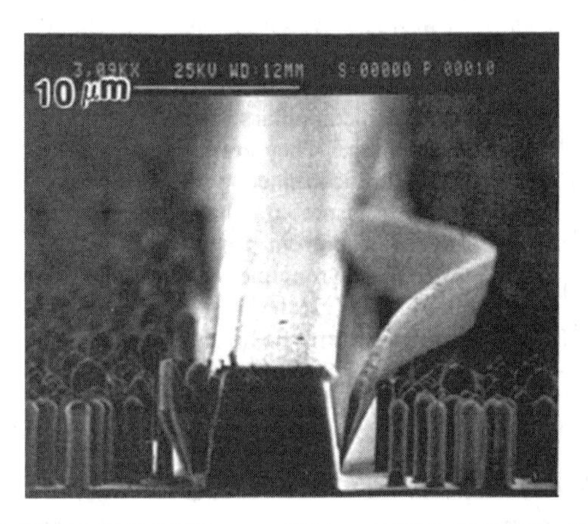

图 11.20 在 $HCl/O_2/BCl_3$ 等离子体中形成的侧壁保护层的 SEM 照片。上图中光刻胶和硅渣已用湿法去除。下图表明侧壁膜已经部分剥落(引用 Oehrlein 等，经 AIP 许可使用)

与刻蚀铝的化合物相关的一个问题是在金属中添加了硅和/或铜的挥发性。由于铜的氯化物在室温下具有较低的蒸气压，因此铜的刻蚀残留物非常难以去除。而且，刻蚀铜的残余物比刻蚀 Al 的残余物更具有腐蚀性。刻蚀材料中含有 2%以上的铜成分时，一般就要增强离子轰击和/或加热衬底。刻蚀这种化合物的另一种办法是在刻蚀腔中应用牺牲铝，以提供足够数量的 $AlCl_3$，这种刻蚀生成物有助于挥发铜的氯化物。

最后，在含氯的 RIE 工艺中一个尤为严重的问题是由于 Cl 的轰击而腐蚀光刻胶。这在铝的 RIE 刻蚀中尤为严重，其原因是，由于通常的(typical)连接层的厚度，可能存在着严重的高低起伏，以及刻蚀生成物 $AlCl_3$ 的出现也会加剧光刻胶的侵蚀，并且衬底温度的升高趋势也会加大光刻胶的刻蚀速率。一些光刻胶供应商提供抗氯的光刻胶来避免这个问题。但是，即使采用了这种光刻胶，光刻胶的侵蚀仍然是一个令人担心的问题。

大多数 GaAs 的各向异性刻蚀也使用了含 Cl 的反应性离子刻蚀机。在高压等离子体中，可以形成纯粹化学作用的各向同性刻蚀，而各向异性刻蚀是在小于 10 mTorr 的腔体压力下并在强烈的离子轰击下产生的[101]。目前已经确认积累在晶圆片表面的大多数是三族元素化合物的刻蚀产物[102]，如 $GaCl_3$，尽管报道说这些成分有较高的蒸气压。由于Ⅲ族卤化物和 V 族卤化物刻蚀速率的不同，GaAs 沿着某些晶面的刻蚀速率要比其他晶面快得多。在低功率、高气压的 Cl_2 等离子体中，会产生出严重的刻面。为了避免这个问题，必须在等离子体中加入化合物来形成聚合物，以便用来保护侧壁。

另一种应用于 GaAs 各向异性刻蚀的化学方法是基于氢的。As 能够形成几种氢化物，其中最稳定的是 AsH_3。考虑到 AsH_3 的毒性，在处理其排放物的时候需要特别小心。为了使镓能够挥发掉，必须添加 5% ~ 25%的甲烷[103]。大约在 500 K 时产生最大的刻蚀速率[104]。正如我们在 14.9 节中将要讨论的那样，寿命长的一甲基镓和稳定的三甲基镓[$Ga(CH_3)_3$]都是挥发性的产物。但是在高甲烷浓度时，会产生过多的聚合物而引起刻蚀停止。具有高刻蚀速率的各向异性刻蚀也已经用氯甲烷实验进行了演示说明[105]。

和含氯的 RIE 一样，在含氟的 RIE 中各向异性刻蚀也是由于侧壁的钝化保护、水平表面的物理轰击或者是上述两种因素的某种组合。物理轰击的机理已经确认可以采用化学溅射模型来描述[106]。在这个模型中，离子轰击提供物理能量，增加表面层的活动性和反应性。前面的章节中已经讨论了利用侧壁钝化保护技术开发的各向异性刻蚀剖面，在这样的工艺中，需要利用表面的离子轰击来达到全面刻蚀的效果[107]。在反应性离子刻蚀中，存在大量的离子轰击，这说明这些工具也可以用于氟的化学反应。但是，在 RIE 工艺中的高能量离子轰击会损伤衬底，尤其是在刻蚀 Si 上的 SiO_2 时。这一点将在下一节中讨论。

11.7　反应性离子刻蚀中的损伤+

反应性离子刻蚀的局限性之一是刻蚀后在衬底上留下的残余损伤。RIE 在 300 ~ 700 eV 能量下典型地可输送 10^{15} 离子/cm^2 的离子流。衬底损伤[108]和化学污染都是严重的问题。在聚合物刻蚀中，后者尤为严重，因为留下了残余的薄膜。气相颗粒淀积也是一个重要的问题[109]。此外，我们经常能够在刻蚀后的晶圆片表面发现一些金属杂质[110]，包括 Fe、Ni、Na、Cr、K 和 Zn，这是由于和等离子体相接触的电极、腔体以及夹具材料的溅射造成的。已经发展出多种技术以去除这些杂质，包括 O_2 等离子体处理加酸溶液清洗[111,112]，以及 H_2 等离子体处理[113]。这些刻蚀后处理的缺点是增加了工艺的复杂性。

RIE工艺的第二类问题是物理损伤和杂质驱进。在含碳的 RIE 刻蚀之后，顶部 3 nm 由于过量浓度的 Si-C 键而受到严重损伤，甚至大量的损伤可达 30 nm 深度[114]。RIE 工艺在含氢氛围中也有 Si-H 键缺陷，采用电学方法可以观察到其深度有 40 nm[115]，并且很难去除[116]。氢实际上可以穿透进入表面几微米的深度，并可以降低衬底掺杂剂的活性[117]。图 11.21 所示是一个典型的刻蚀 Si 上 SiO_2 直至 Si 表面的截面图[98]。去除这些损伤需要在初步的清洗之后进行一次高于 800°C 的退火处理[118]，也可以设计出不使用含氢反应物的 RIE 工艺[119]。

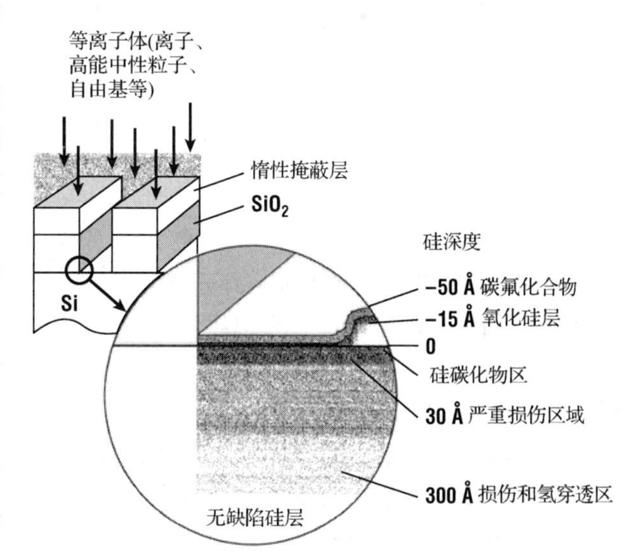

图 11.21　应用 CF_4/H_2 在硅上刻蚀二氧化硅直至硅表面的剖面示意图（引自 Oehrlein, Rembetski 和 Payne，经 AIP 许可使用）

例 11.4 应用 ATHENA ELITE 仿真工具来模拟一个宽度为 0.5 微米沟槽的刻蚀工艺 采用下面的输入文件:

```
Go Athena
#TITLE: Trench etch using rie model
#
line x loc=0.00 spac=0.05
line x loc=2.00 spac=0.05
line y loc=0.00 spac=0.05
line y loc=0.00 spac=0.05
init orientation=100 space.m=1
# Deposit oxide to serve as an etch mask
deposit oxide thick=0.10 div=5
# Remove oxide in 0.5 um area to be etched by defining the four
corners of the removal area
etch oxide start x=0.75 y=-10
etch cont x=0.75 y=10
etch cont x=1.25 y=10
etch cont x=1.25 y=-10
# Define how the etch machine 11_3 etches silicon and oxide.
# Chemical is a uniform etch rate in nm/min directional is the
etch rate in the ion direction in nm/min
# Divergence is the angular divergence of the ions
rate.etch machine=11_3 rie silicon n.m chemical=35
directional =90 divergence=40
rate.etch machine=11_3 rie oxide n.m chemical=3.0
directional =15 divergence=40
#
etch mach=11_3 time=5.0 minutes dx.mult=.5
structure outfile=anelex 18.str
tonyplot anelex 18.str
quit
```

解答: 在这道使用 Silvaco 公司 Athena 软件中的 ELITE 程序进行工艺模拟的例题中，二氧化硅层是用作刻蚀的掩蔽层的。将最终刻蚀形成的剖面(参见图 11.22)与输入文件相比，可以看到在刻蚀过程中，有一些氧化层也损失掉了，另外刻蚀的离子束也不是完全与表面垂直的，这就导致了图示的最终刻蚀剖面。我们也可以调节刻蚀的发散参数或非定向(化学的)刻蚀速率与定向刻蚀速率之比，以获得我们所希望的刻蚀剖面。

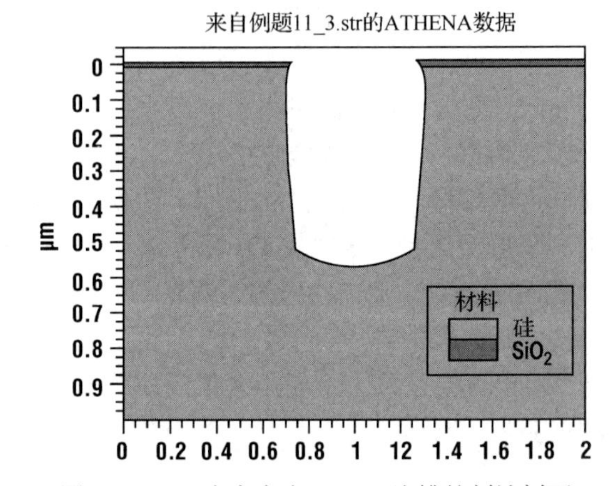

图 11.22 一个宽度为 0.5 μm 沟槽的刻蚀剖面

11.8　高密度等离子体(HDP)刻蚀

我们在第 10 章中已经介绍过，高密度等离子体最主要的用途是用于刻蚀工艺。这可能是因为使用 HDP 系统的受益明显高于其他等离子体工艺。高密度源使用交叉的磁场和电场，可以显著地增加自由电子在等离子体中运动的距离。与在简单的两个电极下操作的等离子体相比较，在同样的压力下，又增加了分解速度和离化速度。高密度离子和原子团可以用于增加刻蚀速率，这也可以用来换取其他好处。例如，HDP 可以在非常低的压力下获得可接受的离子密度和原子团密度。这样就允许我们从离子密度上可以解除偏压对放置晶圆片的电极的耦合作用。在 HDP 刻蚀系统中经常通过将放置晶圆片的电极与第二个 RF 源相连接来实现。直流偏压是通过第二个 RF 功率源来设置的。由于在低压系统中较长的平均自由程，10 ~ 30 V 的衬底偏压通常就足以产生各向异性的刻蚀，这个低能量可以提供较大的选择性和很小的残余损伤。这在刻蚀很薄的薄膜层(例如 CMOS 工艺的栅极刻蚀)或与极浅结相连接的接触孔，或者在双层多晶硅双极型工艺中刻蚀多晶硅直至有源区时都是非常有用的。进一步说，低压刻蚀能够确保更多的离子垂直入射率，因而不会降低大深宽比图形的刻蚀速率[120]。这个效应有时也称作微负载效应[121]。HDP 源提供高浓度的低能量离子，确保可接受的刻蚀速率。HDP 刻蚀的一个缺点是高离子流量能对浮空结构充电，尤其是 MOS 栅电极。由于残余的刻蚀损伤，这可能在栅绝缘层中引起过多的漏电[122]。Sugawara 给出了一个关于常规刻蚀和 HDP 刻蚀工艺的综述回顾[123]。

当采用侧壁钝化保护来形成各向异性刻蚀时，大多数 HDP 刻蚀机中所使用的低气压，严格地限制了非挥发类产物的产生。这可能只是一个简单地增加气体流量比的问题，例如可以增加 BCl_3 对 Cl_2 或 CH_2F_2 对 CF_4 的流量比。然而在这个有利于聚合物形成的高比值条件下，非挥发物也会聚集在腔壁上，最后还会成片脱落，并在晶圆片表面淀积灰尘颗粒。一般情况下使用 O_2 等离子体与腔体壁加热进行清洗，来控制 HDP 系统中聚合物的累积[124]。腔体壁的温度也能用于精细调节刻蚀的选择性和刻蚀速率的均匀性。也可以采用一些几何结构来避免等离子体到达腔体壁，从而减少污染。

第一个用于刻蚀的 HDP 源是电子回旋共振加速器(ECR)系统[125]。电磁线圈和永久磁铁[126]都可以被用在反应器的腔壁上，以获得共振条件。关键的问题是在大范围内获得足够的均匀性，以便达到均匀的刻蚀速率。线圈系统允许磁场实时地发生变化，而永久磁铁通常提供更加局域化的磁场。典型的 ECR 刻蚀系统使用 2.45 GHz 的源。这需要一个 875 G 的磁场来实现共振条件。等离子体产物通过发散的磁场被输运到晶圆片的表面[127]。典型的 ECR 刻蚀压力是 0.1 ~ 10 mTorr，典型的等离子体功率是 10 ~ 100 W。

作为使用 ECR 等离子体的一个实例，我们来考虑多晶硅栅电极的刻蚀工艺。这步工艺要求刻蚀掉 300 nm 厚的多晶硅薄膜，而仅仅只能刻蚀掉 1.5 nm 厚的 SiO_2 薄膜。很显然，这需要对硅和二氧化硅具有非常高的刻蚀选择比。为了改善对线宽的控制能力，也需要对光刻胶有较高的选择性。从前面的讨论中我们知道 Cl 能够用于选择性地刻蚀 SiO_2 上的 Si 薄膜，但是只能在未掺杂的硅薄层上达到各向异性刻蚀效果，或者使用侧壁钝化保护技术实现各向异性刻蚀。由于 SiO_2 不与 Cl 原子团发生化学反应，因此在没有薄膜溅射发生时这个刻蚀速率是可以忽略的。Cl^+ 对硅的溅射阈值是 20 eV 左右，而对 SiO_2 则是 50 eV 左右[128]。这样一来，使用能量在 20 ~ 50 eV 的 Cl^+的 ECR 操作对 SiO_2 上的 Si 刻蚀应该会保持极高的选择比。Kanai 等人验证过在这样一个低功率系统中可以达到 200 : 1 的刻蚀选择性[129]。

最流行的一种 HDP 刻蚀系统可能是感应耦合反应器。HDP 系统可以分为圆柱形线圈或竖直的筒形系统和平面线圈系统，前者如图 11.23 所示。由于反应器在线圈的中心有个峰值，因此设计平面线圈系统的一个挑战就是要确保均匀的等离子体密度。随着晶圆片尺寸的增大，这个问题将会变得日益困难。典型的线圈与晶圆片的距离是 3 ~ 8 cm。感应耦合系统不使用外加的磁场，作为代替的是 RF 电流通过线圈产生的一个振荡磁场，按照法拉第定律，该磁场还会再次产生电场。这个感应的磁场会使等离子体中的电子路径发生改变，从而增加等离子体的密度。

图 11.23 应用材料公司的高密度等离子体硅刻蚀系统（经 Applied Materials 许可使用）

电感耦合等离子体(ICP)系统由于在低功率下保持 Si 对氧化物的高刻蚀选择比的特性而被广泛地应用于多晶硅栅电极的刻蚀工艺。对硅栅刻蚀的典型的 ICP 功率是 50 W 左右。由于在 DRAM 技术中，沟槽的深度可达 10 μm 量级，所以通常要求对 Si 沟槽的刻蚀具有较高的刻蚀速率。在 200 ~ 800 W 时，Si 对 SiO_2 的刻蚀选择比会明显下降[130]。不过在这种刻蚀工艺中，选择比并不是一个主要的问题。在较高的功率密度下，高浓度的反应离子团将使各向异性刻蚀降低。通过增加衬底偏压和/或采用侧壁保护技术可以对此做出补偿。

GaN 材料通常是在 ICP 或 RIE 刻蚀系统中采用氯基气体来进行刻蚀。最常用的气体组成是 BCl_3/Cl_2[131]。一般说来，增加 Cl_2 的浓度会使得刻蚀速率增大。往 Cl_2 中增加 N_2 和 SF_6 气体会降低刻蚀速率，而往 BCl_3 中增加 N_2 和 SF_6 气体则在一定程度上可以提高 GaN 的刻蚀速率[132]。这个趋势与在 ICP 中刻蚀 GaAs、GaP 以及一些含铟的化合物材料所观察到的结果是类似的。如果只是往 BCl_3 中增加 N_2 则能够将刻蚀速率增大 5 倍。人们已经发现这是因为 N 的加入清除了 B，使得 Cl 原子团的浓度得到了提高[133]。较高的刻蚀速率（高达 700 nm/min）还可以通过采用 $Cl_2/H_2/Ar$ 混合气体进行刻蚀来获得[134]。这类材料中的残余损伤也是一个值得关注的问题[135]。经过刻蚀之后，材料的电学输运特性和接触电阻都有可能发生退化。

这三种类型的高密度源都已经应用于刻蚀工艺。由于类似的化学反应，这三种源产生相近的刻蚀速率和刻蚀剖面[136]。具体选择哪种刻蚀方式常常需要参考以下几个参数：均匀性、重复性、易于使用、初始效应以及源与刻蚀机几何结构的兼容性等。

11.9 剥离技术

大多数 GaAs 工艺技术的开发都是围绕着剥离技术(liftoff)来进行的，而不是刻蚀工艺。对于那些采用离子铣工艺难以刻蚀的材料，这个工艺目前仍然被作为替代技术而普遍使用。剥离技术的工艺过程如图 11.24 所示。首先旋涂一层厚的光刻胶并光刻形成图案，接下来，使用蒸发技术（参见第 12 章的介绍）淀积一个金属薄层。蒸发的一个特点是对大深宽比图形的覆盖性差。如果在光刻胶上得到了一个凹角的剖面，则金属条必定会断线。接下来将晶圆片浸没到能溶解光刻胶的溶液里，此时直接淀积在半导体表面上的金属线将被保留，而淀积在光刻胶上的金属将随着光刻胶的溶解而从晶圆片上脱离。这样就避免了对衬底的刻蚀损伤，并且由于无限大的选择性，金属图形下面也不会出现底切。由于这个工艺的最简单形式，只需要一个湿法腐蚀槽和可能的超声波振动，因此被广泛地应用于实验室的研究工作中。

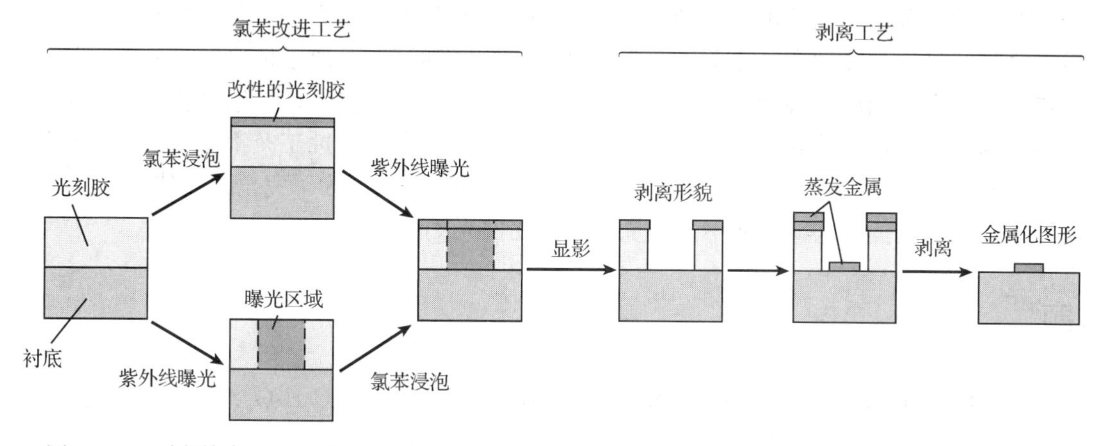

图 11.24 剥离技术的工艺过程(引自 Hatzakis 等©1980 International Business Machines Corporation)

用来形成具有凹角的光刻胶剖面的方法一般会使光刻胶表面变硬。这可以通过在合适的等离子体环境中使用深紫外光(Deep UV)曝光，或者通过离子注入，在一定程度上来促进光刻胶的交联。另一个方法是使用多层光刻胶，例如在 PMMA 上叠加一层 DQN 光刻胶。在涂敷了 PMMA 之后，再旋涂上顶层的光刻胶，然后硬烤、进行正常的紫外光源曝光、显影。上层的光刻胶图形可以作为掩模版来进行 PMMA 的深紫外光曝光。然后用一种不攻击上层光刻胶的溶液来对 PMMA 进行过显影。这样就可以获得非常难覆盖的明显台阶。由于多层光刻胶工艺的复杂性，产生凹角剖面的大多数流行的方法是软烤后在氯苯和类似化合物中浸泡一个单层的 DQN 光刻胶[137,138]。典型的浸泡时间是 5 ~ 15 min。浸泡工艺会降低光刻胶上层的溶解速度[139]。图案显影后，台阶就会显现出来(参见图 11.25)，台阶的厚度依赖于浸泡的时间、氯苯的温度和光刻胶前烘烤的周期[140]。

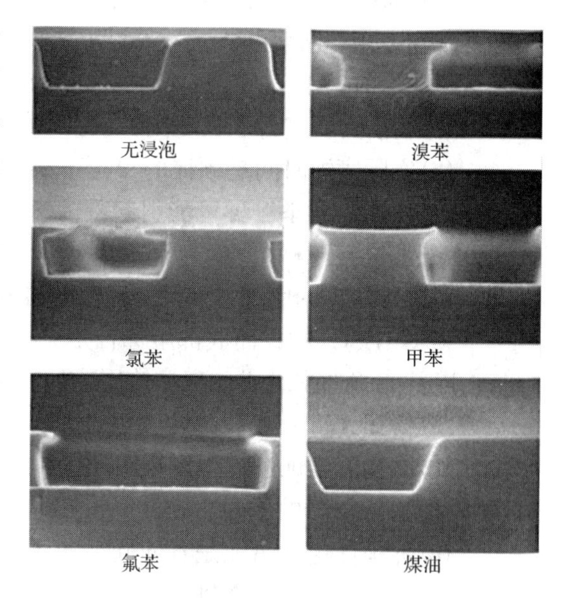

图 11.25 经过不同胶处理后的剥离剖面图(引自 Hatzakis 等©1980 International Business Machines Corporation)

剥离工艺有几个缺点。首先，由于所设计的金属淀积工艺具有很差的台阶覆盖性，因此其表面形貌必须非常光滑。这就使得这种工艺或者只能限于一层金属化，或者在剥离形成图形前的每层结构都必须进行平坦化处理。这实际上限制了溅射的使用。即使对这些层进行平坦化处理，接触孔也必定会有一个较低的深宽比。另一个严重的问题是剥离的金属会形成残留在湿法腐蚀槽里的固态物并漂浮在腐蚀液中，其部分残渣是极易重新淀积在晶圆片表面的。除非图案很简单，否则剥离还存在着严重的合格率问题。

11.10 小结

本章回顾了多种刻蚀技术，从纯物理方法(离子铣)到纯化学方法(湿法腐蚀)。介于这两个极端之间的是化学辅助离子束刻蚀、反应性离子刻蚀和高压等离子体刻蚀。一般来说，离子轰击程度越大，刻蚀的各向异性特性越高，但是选择性也比较低。侧壁钝化保护作为一个保持极高的各向异性特性和高选择比的刻蚀方法被引进。多种刻蚀工艺都在使用，最常见的两种是 F 和 Cl 等离子体刻蚀，二者在本章中都已经详细介绍过。为了完全避免使用刻蚀工艺，还发展了剥离工艺。在这项工艺中，在金属淀积之前光刻胶必须先形成图形。

习题

1. 一种溶液的组成是 4 份 70%HNO_3、4 份 49%HF 和 2 份 $HC_2H_3O_2$，现在利用它来腐蚀硅。如果溶液保持在室温，你预期腐蚀速率是多少？如果溶液保持 2 份 $HC_2H_3O_2$ 并要达到对硅具有 10 μm/min 的腐蚀速率，这些同样的化学物品应该如何配比？
2. 现在要用湿法腐蚀方法在 700 μm 厚的硅晶圆片上腐蚀一个通孔，所使用溶液的组成是 2 份 $HC_2H_3O_2$、2 份 49.2%HF 和 6 份 69.5%HNO_3。
   (a) 腐蚀需要进行多长时间？
   (b) 实际腐蚀时间是预计的 2 倍长，假设所使用的这些合适的化学物品都具有初始的浓度，列举三种可能引起刻蚀速率明显减少的原因，对于每一种情况你准备如何解决？
3. 考虑砷化镓的腐蚀速率图(参见图 11.6)，左侧坐标轴是关于 H_2O_2 的，右侧坐标轴是关于 H_2SO_4 的，而底部坐标轴是关于水的。一种溶液由 30%的 H_2O_2、50%的 H_2SO_4 以及 20%的水组成，现在使用这种溶液来腐蚀砷化镓晶圆片。
   (a) 估算其腐蚀速率。
   (b) 在实际腐蚀过程中发现腐蚀[①]速率随着时间的推移而不断下降，列举两种可能引起腐蚀下降的原因。
   (c) 你预计这种腐蚀是各向同性的，还是各向异性的？给出你的判断依据。注意，并非所有的湿法腐蚀工艺都是各向同性的。
4. 人们也可以采用 HF 蒸气来腐蚀 SiO_2，可以将晶圆片悬挂在 HF 腐蚀槽的上方，HF 蒸气就会从液体表面蒸发出来，然后通过空气中的扩散到达晶圆片的表面并与 SiO_2 发生反应。
   (a) 假设该腐蚀工艺过程受 HF 分子流到晶圆片表面的流量限制，并且在腐蚀过程中，靠近晶圆片位置的 HF 分压为 100 Torr，如果需要 4 个 HF 分子进入晶圆片表面才能将 SiO_2 中的 1 个硅原子移出，已知 SiO_2 中硅原子的密度为 2×10^{22} cm^{-3}，试求室

① 此处原文误为“淀积”。——译者注

温下 SiO_2 的腐蚀速率。(可以假设一旦 SiO_2 中的硅原子被移出之后，剩下的氧原子立即就挥发了。)

(b) 实际测量得到的腐蚀速率要比上一问[即(a)]中的计算结果小好几个数量级，已经发现腐蚀速率是晶圆片温度的敏感函数，晶圆片的温度越高，则腐蚀速率越大。列举两种与观察到的温度效应相一致的可能会引起腐蚀速率降低的原因。

5. 一位刻蚀工程师仅有一台高压等离子体刻蚀设备和一台离子铣设备可供使用，在下边的应用中应该选用哪一台设备？要设法证明你的回答。

   (a) 刻蚀 500 nm 厚的多晶硅层，这层多晶硅充当一个大面积电容器的上电极，该电容器的介质是 5 nm 厚的二氧化硅。

   (b) 在一个 GaAs FET 的沟道区表面制备出凹槽，并要使刻蚀产生的损伤减少到最小。

   (c) 在一层厚的绝缘层上各向异性地刻蚀一层薄的 $YBa_2Cu_3O_7$ 薄膜。

6. 用一台离子铣设备在硅晶圆片上刻蚀图形，该离子铣设备所使用的离子源及工艺条件如例题 11.3 所述。

   (a) 你预计刻蚀硅的速率是多少？提示：(1) 氩离子的溅射产额由图 12.14 给出；(2) 单质固体材料的数值密度等于其质量密度除以原子量。

   (b) 已经发现该工艺对光刻胶的选择性不太好，你认为可以采用什么办法来提高硅的刻蚀速率并获得较好的选择性？

   (c) 你认为该工艺是近乎各向同性的，还是近乎各向异性的？假设光刻胶的图形剖面是完全垂直的。

7. 一个筒状平行板射频刻蚀腔中的电极直径为 12 in，反应腔的直径为 18 in，反应腔的高度为 6 in。其中一个电极接地，当产生等离子体时，测量得到两个电极之间的直流电压为 20 V。假设等离子体与反应腔壁接触，计算等离子体与刻蚀电极之间的电势差，并解释这个计算结果的意义。

8. 描述高压等离子体系统与反应性离子刻蚀系统的差别，并解释在何种情况下更倾向于选择哪一种刻蚀工艺。

9. 描述化学辅助离子束刻蚀(CAIBE)与离子辅助化学刻蚀的差别。

参考文献

1. W. A. Kern and C. A. Deckert, "Chemical Etching," in *Thin Film Processing*, J. L. Vossen, ed., Academic Press, New York, 1978.
2. K. McAndrews and P. C. Subanek, "Nonuniform Wet Etching of Silicon Dioxide," *J. Electrochem. Soc.* **138**:863 (1991).
3. P. Burggraaf, "Wet Etching: Alive, Well, and Futuristic," *Semicond. Int.* **58** (July 1990).
4. www.matech.com
5. K. R. Williams and R. S. Muller, "Etch Rates for Micromachining Processes," *J. Microelectromech.* **5**(4) (1996).
6. W. Kern, "Chemical Etching of Dielectrics," in *Etching for Pattern Definition*, H. G. Hughes and M. J. Rand, eds., The Electrochemical Society, Pennington, NJ, 1976.
7. S. M. Hu and D. R. Kerf, "Observation of Etching of n-Type Silicon in Aqueous HF Solutions," *J. Electrochem. Soc.* **114**:414 (1967).

8. J. S. Judge, in *Etching for Pattern Definition*, H. G. Hughes and M. J. Rand, eds., The Electrochemical Society, Princeton, NJ, 1976.
9. M. Prigogine, and J. J. Fripiat, *J. Chem. Phys.* **76**:26 (1979).
10. L. M. Loewenstein and C. M. Tipton, "Chemical Etching of Thermally Oxidized Silicon Nitride: Comparison of Wet and Dry Etching Methods," *J. Electrochem. Soc.* **138**:1389 (1991).
11. J. T. Milek, *Silicon Nitride for Microelectronic Applications, Part 1—Preparation and Properties*, IFI/Plenum, New York, 1971, p. 1.
12. B. Schwartz and H. Robbins, "Chemical Etching of Silicon: Etching Technology,"*J. Electrochem. Soc.* **123**:1903 (1976).
13. For a comprehensive listing of etching solutions for groups III–V, see Kern and Deckert [1] and references therein.
14. R. E. Williams, *Gallium Arsenide Processing Techniques*, Artech, Dedham, MA, 1984.
15. S. Adache and K. Oe, "Chemical Etching Characteristics of (001) GaAs," *J. Electrochem. Soc.* **130**:2427 (1983).
16. Y. Tarui, Y. Komiya, and Y. Harada, "Preferential Etching and Etched Profiles of GaAs," *J. Electrochem. Soc.* **118**:118 (1971).
17. D. W. Shaw, "Enhanced GaAs Etch Rates Near the Edges of a Patterned Mask," *J. Electrochem. Soc.* **113**:958 (1966).
18. J. J. Gannon and C. J. Nuese, "A Chemical Etchant for the Selective Removal of GaAs Through SiO_2 Masks," *J. Electrochem. Soc.* **121**:1215 (1974).
19. S. Iida and K. Ito, "Selective Etching of Gallium Arsenide Crystals in the H_2SO_4-H_2O_2-H_2O System," *J. Electrochem. Soc.* **118**:768 (1971).
20. R. A. Logan and F. K. Reinhart, "Optical Waveguides in GaAs-AlGaAs Epitaxial Layers," *J. Appl. Phys.* **44**:4172 (1973).
21. J. J. LePore, "Improved Technique for Selective Etching of GaAs and $Ga_{1-x}Al_xAs$," *J. Appl. Phys.* **51**:6441 (1980).
22. R. P. Tijburg and T. van Dongen, "Selective Etching of III–V Compounds with Redox Systems," *J. Electrochem. Soc.* **123**:687 (1976).
23. D. G. Hill, K. L. Lear, and J. S. Harris, Jr., "Two Selective Etching Solutions for GaAs on InGaAs and GaAs/AlGaAs on InGaAs," *J. Electrochem. Soc.* **137**:2912 (1990).
24. L. Ma, K. Fareen Adeni, C. Zeng, Y. Jin, K. Dandu, Y. Saripalli, M. Johnson, and D. Barlage, "Comparison of Different GaN Etching Techniques," *CS MANTECH Conference*, pp. 105–108, April 24–27, 2006.
25. D. A. Stocker. E. F. Schubert, and J. M. Redwing, "Crystallographic wet chemical etching of GaN," *Appl. Phys. Lett.* **71**(15) (1997).
26. G. C. DeSalvo *et al.* "Wet Chemical Etching of GaAs at Room Temperature," *J. Electrochem. Soc.* **143**(11) pp. 3652–3656 (1996).
27. K. E. Bean, "Anisotropic Etching of Si," *IEEE Trans. Electron Dev.* **ED-25**:1185 (1978).
28. S. Wolf and R. N. Tauber, *Silicon Processing for the VLSI Era*, Vol. 1, Lattice Press, Sunset Beach, CA, 1986.
29. D. L. Kendall and G. R. de Guel, in *Orientation of the Third Kind: The Coming Age of (110) Silicon Micromachining and Micropackaging of Transducers*, C. D. Fung, P. W. Cheung, W. H. Ko, and D. G. Fleming, eds., Elsevier, Amsterdam, 1985, p. 107.
30. P. D. Greene, "Selective Etching of Semi-Insulating Gallium Arsenide," *Solid-State Electron.* **19**:815 (1976).
31. D. G. Schimmel, "Dry Etch for <100> Silicon Evaluation," *J. Electrochem. Soc.* **126**:479 (1979).
32. F. Secco d'Aragona, "Dislocation Etch for (100) Planes in Silicon," *J. Electrochem. Soc.* **119**:948 (1972).
33. E. Sirtl and A. Adler, *Z. Metallk.* **52**:529 (1961).

34. W. C. Dash, "Copper Precipitation on Dislocations in Silicon," *J. Appl. Phys.* **27**:1193 (1956).
35. H. Muraoka *et al.,* "Controlled Preferential Etching Technology," in H. R. Huff and R. R. Burgess, eds., *Semiconductor Silicon* **73**, The Electrochemical Society, Pennington, NJ, 1973, p. 327.
36. J. C. Greenwood, "Ethylene Diamine-Catechol-Water Mixture Shows Preferential Etching of p-n Junction," *J. Electrochem. Soc.* **116**:1325 (1969).
37. *Chemical Mechanical Polishing Equipment and Materials* (AVM047B) from BCC Research (2008).
38. R. Jairath, D. Mukesh, M. Stell, and R. Tolles, "Role of Consumables in the Chemical-Mechanical Polishing (CMP) of Silicon Oxide Films," *Proc. 1993 ULSI Symp.* (October 1993).
39. M. A. Fury, "Emerging Developments in CMP for Semiconductor Planarization," *Solid State Technol.* 47 (April 1995).
40. G. Nanz and L. E. Camilletti, "Modeling of Chemical-Mechanical Polishing: A Review," *IEEE Trans. Semicond. Manuf.* **8**:382 (1995).
41. F. Malik and M. Hasan, "Manufacturability of the CMP Process," *Thin Solid Films* **270**:612 (1995).
42. F. Kaufman, S. Cohen, and M. Jaso, "Characterization of Defects Produced in TEOS Thin Films Due to Chemical Mechanical Polishing (CMP)," in *Ultraclean Semiconductor Processing Technology and Surface Chemical Cleaning and Passivation,* MRS 386, Materials Research Society, Pittsburgh, 1995, p. 85.
43. W. L. Patrick, W. L. Guthrie, C. L. Standley, and P. M. Schiable, "Application of Chemical-Mechanical Polishing to the Fabrication of VLSI Circuit Interconnections," *J. Electrochem. Soc.* **138**(6):1778 (1991).
44. B. Davari, C. W. Koburger, R. Schulz, J. D. Warnock, T. Furukawa, M. Jost, Y. Taur, W. G. Schwittek, J. K. DeBrosse, M. L. Kerbaugh, and J. L. Mauer, "A New Planarization Technique Using a Combination of RIE and Chemical Mechanical Polish (CMP)," *IEDM Tech. Digest*, 1989, p. 61.
45. P. Singer, "Chemical-Mechanical Polishing: A New Focus on Consumables," *Semiconductor Int.* **48** (February 1994).
46. J. M. Steigerwald, R. Zirpoli, S. P. Murarka, D. Price, and R. J. Gutmann, "Pattern Geometry Effects in the Chemical-Mechanical Polishing of Inlaid Copper Structures," *J. Electrochem. Soc.* **141**(10):2842 (1994).
47. R. Capio, J. Farkas, and R. Jairath, "Initial Study on Copper CMP Slurry Chemistries," *Thin Solid Films* **266**(2):238 (1995).
48. E. Ferri, "CMP Chemical Distribution Management," *Proc. Semicond. West: Planarization Technology: Chemical Mechanical Polishing (CMP)*, July 1994.
49. F. B. Kaufman, D. B. Thompson, R. E. Broadie, M. A. Jaso, W. L. Gutherie, D. J. Pearson, and M. B. Small, "Chemical-Mechanical Polishing for Fabricating Patterned W Metal Features as Chip Interconnects," *J. Electrochem. Soc.* **138**:3460 (1991).
50. C.-W. Liu, W.-T. Tseng, B.-T. Dai, C.-Y. Lee, and C.-F. Yeh, "Perspectives on the Wear Mechanism During CMP of Tungsten Thin Films," *Proc. CMP VLSI/ULSI Multilevel Interconnection Conf.*, Santa Clara, CA,1996.
51. I. Kim, K. Murella, J. Schlueter, E. Nikkel, J. Traut, and G. Castleman, "Optimized Process for CMP," *Semicond. Int.*, **9**:119 (November 1996).
52. R. Capio, J. Farkas, and R. Jairath, "Initial Study on Copper CMP Slurry Chemistries," *Thin Solid Films* **266**:238 (1995).
53. C. Sainio, D. Duquette, J. Steigerwald, and S. Muraka, "Electrochemical Effects in the Chemical-Mechanical Polishing of Copper for Integrated Circuits," *J. Elect. Mater.* **25**(10):1593 (1996).

54. I. Ali, S. R. Roy, and G. Shinn, "Chemical-Mechanical Polishing of Interlayer Dielectric: A Review," *Solid State Technol.* **37**(10):63 (1994).
55. L. Borucki *et al.*, "A Theory of Pad Conditioning for Chemical-Mechanical Polishing," *J. Eng. Math.* **50**(1):1–24 (2004).
56. J. M. de Larios, M. Ravkin, D. L. Hetherington, and J. D. Doyle, "Post-CMP Cleaning for Oxide and Tungsten Applications,"*Semicond. Int.* 121 (May 1996).
57. I. Malik, J. Zhang, A. J. Jensen, J. J. Farber, W. C. Krusell, S. Raghavan, and C. Rajhunath, "Post-CMP Cleaning of W and SiO_2: A Model Study," in *Ultraclean Semiconductor Processing Technology and Surface Chemical Cleaning and Passivation*, MRS 386, Materials Research Society, Pittsburgh, 1995, p. 109.
58. T. J. Cotler and M. Elta, "Plasma-Etch Technology," *IEEE Circuits, Dev. Mag.* **38** (July 1990).
59. D. M. Manos and D. L. Flamm, *Plasma Etching, An Introduction*, Academic Press, Boston, 1989.
60. R. A. Morgan, *Plasma Etching in Semiconductor Fabrication*, Elsevier, Amsterdam, 1985.
61. A. J. van Roosmalen, J. A. G. Baggerman, and S. J. H. Brader, *Dry Etching for VLSI*, Plenum, New York, 1991.
62. J. W. Coburn and H. F. Winters, "Ion and Electron Assisted Gas Surface Chemistry," *J. Appl. Phys.* **50**(5): 3189–3196 (1979).
63. V. M. Donelly, D. I. Flamm, W. C. Dautremont-Smith, and D. J. Werder, "Anisotropic Etching of SiO_2 in Low-Frequency CF_4/O_2 and NF_3/Ar Plasmas," *J. Appl. Phys.* **55**:242 (1984).
64. G. Smolinsky and D. L. Flamm, "The Plasma Oxidation of CF_4 in a Tubular, Alumina, Fast-Flow Reactor," *J. Appl. Phys.* **50**:4982 (1979).
65. C. J. Mogab, A. C. Adams, and D. L. Flamm, "Plasma Etching of Si and SiO_2—The Effect of Oxygen Additions to CF_4 Plasmas," *J. Appl. Phys.* **49**:3796 (1978).
66. J. W. Coburn, "*In-situ* Auger Spectroscopy of Si and SiO_2 Surfaces Plasma Etched in CF_4-H_2 Glow Discharges," *J. Appl. Phys.* **50**:5210 (1979).
67. R. d'Agostino, F. Cramarossa, F. Fracassi, E. Desimoni, L. Sabbatini, P. G. Zambonin, and G. Caporiccio, "Polymer Film Formation in C_2F_6-H_2 Discharges," *Thin Solid Films* **143**:163 (1986).
68. M. Shima, "A Study of Dry-Etching Related Contaminations of Si and SiO_2," *Surf. Sci.* **86**:858 (1979).
69. S. Joyce, J. G. Langan, and J. I. Steinfeld, "Chemisorption of Fluorocarbon Free Radicals on Si and SiO_2," *J. Chem. Phys.* **88**:2027 (1988).
70. C. Cardinaud and G. Turban, "Mechanistic Studies of the Initial Stages of Si and SiO_2 in a CHF_3 Plasma," *Appl. Surf. Sci.* **45**:109 (1990).
71. G. S. Oehrlein, K. K. Chan, and G. W. Rubloff, "Surface Analysis of Realistic Semiconductor Microstructures," *J. Vacuum. Sci. Technol. A* **7**:1030 (1989).
72. G. S. Oehrlein and J. F. Rembetski, "Study of Sidewall Passivation and Microscopic Silicon Roughness Phenomena in Chlorine-based Reactive Ion Etching of Silicon Trenches," *J. Vacuum Sci. Technol. B* **8**:1199 (1990).
73. K. V. Guinn and C. C. Chang, "Quantitative Chemical Topography of Polycrystalline Si Anisotropically Etched in Cl_2/O_2 High Density Plasmas," *J. Vacuum Sci. Technol. B* **13**:214 (1995).
74. K. V. Guinn and V. M. Donnelly, "Chemical Topography of Anisotropic Etching of Polycrystalline Si Masked with Photoresist," *J. Appl. Phys.* **75**:2227 (1994).
75. F. H. Bell and O. Joubert, "Polycrystalline Gate Etching in High Density Plasmas. II. X-Ray Photoelectron Spectroscopy Investigation of Silicon Trenches Etched Using a Chlorine-based Chemistry," *J. Vacuum Sci. Technol. B* **14**:1796 (1996).

76. F. Laermer and A. Schilp of Robert Bosch GmbH, "Method of Anisotropically Etching Silicon," U.S. Patent 5,501,893 (2003).
77. M. M. Millard and E. Kay, "Difluorocarbene Emission Spectra from Fluorocarbon Plasmas and Its Relationship to Fluorocarbon Polymer Formation," *J. Electrochem. Soc.* **129**:160 (1982).
78. J. W. Coburn and E. Kay, "Some Chemical Aspects of Fluorocarbon Plasma Etching of Silicon and Its Compounds," *IBM J. Res. Dev.* **23**:33 (1979).
79. J. W. Coburn and E. Kay, "Some Chemical Aspects of Fluorocarbon Plasma Etching of Silicon and Its Compounds," *Solid State Technol.* **22**:117 (1979).
80. V. M. Donnelly, D. E. Ibbotson, and D. L. Flamm, in *Ion Bombardment Modification of Surfaces: Fundamentals and Applications*, O. Auciello and R. Kelly, eds., Elsevier, New York, 1984.
81. F. H. M. Sanders, J. Dieleman, H. J. B. Peters, and J. A. M. Sanders, "Selective Isotropic Dry Etching of Si_3N_4 over SiO_2," *J. Electrochem. Soc.* **129**:2559 (1982).
82. C. J. Mogab, "The Loading Effect in Plasma Etching," *J. Electrochem. Soc.* **124**:1262 (1977).
83. B. A. Heath and T. M. Mayer, in *VLSI Electronics Microstructure Science 8, Plasma Processing for VLSI*, N. G. Einspruch and D. M. Brown, eds., Academic Press, New York, 1984.
84. J. M. E. Harper, "Ion Beam Techniques in Thin Film Deposition," *Solid State Technol.* **30**:129 (1987).
85. R. E. Lee, "Ion-Beam Etching (Milling)," in *VLSI Electronics Microstructure Science 8, Plasma Processing for VLSI*, N. G. Einspruch and D. M. Brown, eds., Academic Press, New York, 1984.
86. H. R. Kaufman, J. J. Cuomo, and J. M. E. Harper, "Techniques and Applications of Broad-Beam Ion Sources Used in Sputtering—Part 1. Ion Source Technology," *J. Vacuum Sci. Technol.* **21**:725 (1982).
87. J. M. E. Harper, "Ion Beam Etching," in *Plasma Etching: An Introduction*, D. M. Manos and D. L. Flamm, eds., Academic Press, New York, 1989.
88. S. Matsup and Y. Adachi, "Reactive Ion Beam Etching Using a Broad Beam ECR Ion Source," *Jpn. J. Appl. Phys.* **21**:L4 (1982).
89. A. S. Yapsir, G. S. Oehrlein, F. Wiltshire, and J. C. Tsang, "X-ray Photoemission and Raman Scattering Spectroscopic Study of Surface Modifications of Silicon Induced by Electron Cyclotron Resonance Etching," *Appl. Phys. Lett.* **57**:590 (1990).
90. C. Keqiang, A. Erli, W. Jinfa, Z. Hansheng, G. Zuoyao, and Z. Bangwei, "Microwave Electron Cyclotron Resonance Plasma for Chemical Vapor Deposition and Etching," *J. Vacuum Sci. Technol. A* **4**:828 (1986).
91. R. E. Lee, "Microfabrication by Ion-Beam Etching," *J. Vacuum Sci. Technol.* **16**:164 (1979).
92. H. Kinoshita, T. Ishida, and K. Kaminishi, "Surface Oxidation of GaAs and AlGaAs in Low-Energy Ar/O_2 Reactive Ion Beam Etching," *Appl. Phys. Lett.* **49**:204 (1986).
93. S. Berg, N. Nender, R. Buchta, and H. Norstrom, "Dry Etching of n-Type and p-Type Polysilicon: Parameters Affecting the Etch Rate," *J. Vacuum Sci. Technol. A* **5**:1600 (1987).
94. H. Okano, Y. Horiike, and M. Sekine, "Photo-Excited Etching of Poly-Crystalline and Single-Crystalline Silicon in Cl_2 Atmospheres," *Jpn. J. Appl. Phys.* **24**:68 (1985).
95. G. C. Schwartz and P. M. Schaible, "Reactive Ion Etching of Silicon," *J. Vacuum Sci. Technol.* **16**:410 (1979).
96. D. L. Flamm, D. N. K. Wang, and D. Maydan, "Multiple-Etchant Loading Effects and Silicon Etching in $CClF_3$ and Related Mixtures," *J. Electrochem. Soc.* **129**:2755 (1982).
97. L. Peters, "Plasma Etch Chemistry: The Untold Story," *Semicond. Int.* **67** (May 1992).
98. G. S. Oehrlein, J. F. Rembetski, and E. H. Payne, "Study of Sidewall Passivated and

Microscopic Silicon Roughness Phenomena in Chlorine-Based Reactive Ion Etching of Silicon Trenches," *J. Vacuum Sci. Technol. B* **8**:1199 (1990).
99. G. K. Herb, D. J. Rieger, and K. Shields, "Silicon Trench Etching in a Hex Reactor," *Solid State Technol.* **30**:109 (1987).
100. Y. T. Fok, *Electrochem. Soc. Proc.* **80**:301, The Electrochemical Society, Pennington, NJ, 1980.
101. D. E. Ibbotson and D. L. Flamm, "Plasma Etching for III–V Compound Devices: Part 1," *Solid State Technol.* **31**:77 (October 1988).
102. M. Balooch, D. R. Orlander, and W. J. Siekhaus, "The Thermal and Ion-Assisted Reactions of GaAs (100) with Molecular Cl," *J. Vacuum. Sci. Technol. B* **4**:794 (1986).
103. R. Cheung, S. Thomas, S. P. Beamont, G. Doughty, V. Law, and C. D. W. Wilkinson, "Reactive Ion Etching of GaAs Using a Mixture of Methane and Hydrogen," *Electronics Lett.* **23**:16 (1987).
104. J. M. Villalvilla, C. Santos, and J. A. Vallés-Abarca, "Temperature Dependence of Reactive Ion Beam Etching of GaAs with CH_4/H_2," *Vacuum* **43**:591 (1992).
105. V. J. Law and G. A. C. Jones, "Chloromethane-Based Reactive Ion Etching of GaAs and InP," *Semicond. Sci. Technol.* **7**:281 (1992).
106. T. J. Tu, T. J. Chang, and H. F. Winters, "Chemical Sputtering of Fluorinated Silicon," *Phys. Rev. B* **23**:823 (1981).
107. L. M. Ephrath and E. J. Petrillo, "Parameter and Reactor Dependence of Selective Oxide RIE in CF_4 and H_2," *J. Electrochem. Soc.* **129**:2282 (1982).
108. G. S. Oehrlein, "Dry Etching Damage of Silicon: A Review," *Mater. Sci. Eng. B* **4**:441 (1989).
109. G. S. Selwyn, J. Singh, and R. S. Bennett, "*In-situ* Laser Diagnostic Studies of Plasma-generated Particulate Contamination," *J. Vacuum. Sci. Technol. A* **7**:2758 (1989).
110. S. J. Fonash, "Overview of Dry Etching Damage and Contamination Effects," *J. Electrochem. Soc.* **137**:3885 (1990).
111. X.-C. Mu, S. J. Fonash, G. S. Oehrlein, S. N. Chakravarti, C. Parks, and J. Keller, "A Study of $CClF_3/H_2$ Reactive Ion Etch Damage and Contamination Effects in Silicon," *J. Appl. Phys.* **59**:2958 (1986).
112. J. P. Gambino, M. D. Monkowski, J. F. Shepard, and C. C. Parks, "Junction Leakage Due to RIE—Induced Metallic Contamination," *J. Electrochem. Soc.* **137**:976 (1990).
113. J. P. Simko, G. S. Oehrlein, and T. M. Mayer, "Removal of Fluorocarbon Residues on CF_4/H_2 Reactive Ion Etched Silicon Surfaces with a Hydrogen Plasma," *J. Electrochem. Soc.* **138**:277 (1991).
114. G. J. Coyle and G. S. Oehrlein, "Formation of a Silicon-Carbide Layer During CF_4/H_2 Dry Etching of Silicon," *Appl. Phys. Lett.* **47**:604 (1985).
115. G. S. Oehrlein, R. M. Tromp, Y. H. Lee, and E. J. Petrillo, "Study of Silicon Contamination and Near-surface Damage Caused by CF_4/H_2 Reactive Ion Etching," *Appl. Phys. Lett.* **45**:420 (1984).
116. G. S. Oehrlein, J. G. Clabes, and P. Spirito, "Investigation of Reactive Ion Etching Related Fluorocarbon Film Deposition onto Silicon and a New Method for Surface Residue Removal," *J. Electrochem. Soc.* **133**:1002 (1986).
117. J. M. Heddleson, M. W. Horn, and S. J. Fonash, "Evolution of Damage, Dopant Deactivation, and Hydrogen Related Effects in Dry Etched Silicon as a Function of Annealing History," *J. Electrochem. Soc.* **137**:1960 (1990).
118. S. J. Fonash, X.-C. Mu, S. Chakravarti, and L. C. Rathbun, "Recovery of Silicon Surfaces Subjected to Reactive Ion Etching Using Rapid Thermal Annealing," *J. Electrochem. Soc.* **135**:1037 (1988).
119. J. P. Simko and G. S. Oehrlein, "Reactive Ion Etching of Silicon and Silicon Dioxide in CF_4 Plasmas Containing H_2 and C_2F_4 Additives," *J. Electrochem. Soc.* **138**:2748 (1991).

120. K. Norjiri, E. Iguchi, K. Kawamura, and K. Kadota, "Microwave Plasma Etching of Silicon Dioxide for Half-Micron ULSIs," *Ext. Abstr. 21st Conf. Solid State Devices*, 1989, p. 153.
121. P. Singer, "New Frontiers in Plasma Etching," *Semicond. Int.* **19**:152 (July 1996).
122. M. Okandan, S. J. Fonash, O. O. Awadelkarim, T. D. Chan, and F. Preuninger, "Soft-Breakdown Damage in MOSFET's Due to High-Density Plasma Etching Exposure," *IEEE Electron Dev. Lett.* **17**(8):388 (1996).
123. M. Sugawara, *Plasma Etching Fundamentals and Applications*, Oxford Science, New York, 1998.
124. S. Wantanabe, "Plasma Cleaning and Etching Using a Quartz Bell Jar with SnO_2 Transparent Thin Film Heater in a CHF_3-SiO_2 Microwave Etching System," *Jpn. J. Appl. Phys.* **33**:3608 (1994).
125. K. Suzuki, S. Okudaira, N. Sakudo, and I. Kanomata, "Microwave Plasma Etching," *Jpn. J. Appl. Phys.* **16**:1979 (1977).
126. A. Hatta, M. Kubo, Y. Yasaka, and R. Itatani, "Performance of Electron Cyclotron Resonance Plasma Produced by a New Microwave Launching System in a Multicusp Magnetic Field with Permanent Magnets," *Jpn. J. Appl. Phys.* **31**:1473 (1992).
127. S. Wantanabe, "ECR Plasma Etchers," in M. Sugawara, ed., *Plasma Etching Fundamentals and Applications,* Oxford Science, New York, 1998.
128. W. M. Holber and J. Forster, "The Effect of Operating Parameters and RF Bias on Ion Energies in an ECR Reactor," *Proc. 11th Symp. Dry Processes*, IEE Japan, 1989, p. 9.
129. S. Kanai, K. Nojiri, and M. Nawata, "Microwave Plasma Etching System," *Hitachi Rev.* **40**:383 (1991).
130. J. H. Lee, Yeom, J. W. Lee, and J. Y. Lee, "Study of Shallow Silicon Trench Etch Process Using Planar Inductively Coupled Plasmas," *J. Vacuum Sci. Technol. A* **15**(3):573 (1997).
131. Y. H. Lee, S. H. Kim, G. Y. Yeom, J. W. Lee, M. C. You, and T. I. Kim, *J. Vac. Sci. Technol. A* **16**:1478 (1998).
132. R. J. Shul, C. G. Willon, M. M. Bridges, J. Han, J. W. Lee, S. J. Pearton, C. R. Abernathy, J. D. MacKenzie, S. M. Donovan, L. Zhang, and L. F. Lester, *J. Vac. Sci. Technol. A* **16**:1621 (1998).
133. C. S. Oh, T. H. Kim, K. Y. Lim, and J. W. Yang, "GaN Etch Enhancement in Inductively Coupled BCl3 Plasma with the Addition of N_2 and SF_6 Gas," *Semicond. Sci. Tech.* **19**(2):172 (2004).
134. M. E. Ryan, A. C. Camacho, and J. K. Bhardwaj, "High Etch Rate Gallium Nitride Processing Using an Inductively Coupled Plasma," *Phys. Stat. Sol.* **176**(1):743 (1999).
135. Y. Han, S. Xue, W. Guo, Z. Hao, C. Sun, and Y. Luo, "Characteristics of n-GaN after ICP etching," *Proceedings of the SPIE—The International Society for Optical Engineering* **4918**:193 (2002); *Materials, Devices, and Systems for Display and Lighting Conference*, 15–17 Oct. 2002, Shanghai, China.
136. J. T. C. Lee, "A Comparison of HDP Sources for Polysilicon Etching," *Solid State Technol.* **39**:63 (August 1996).
137. B. J. Canavello, M. Hatzakis, and J. M. Shaw, "Single Step Optical Lift-off Processes," *IBM Technol. Disc. Bull.* **19**:4048 (1977).
138. M. Hatzakis, B. J. Canavello, and J. M. Shaw, "Single-Step Optical Lift-off Process," *IBM J. Res. Dev.* **24**:452 (1980).
139. R. M. Halverson, M. W. MacIntyre, and W. T. Motsiff, "The Mechanism of Single-Step Lift-off with Chlorobenzene in a Diazo-Type Resist," *IBM J. Res. Dev.* **26**:590 (1982).
140. G. G. Collins and G. W. Halsted, "Process Control of the Chlorobenzene Single-step Liftoff Process with a Diazo-type Resist," *IBM J. Res. Dev.* **26**:596 (1982).

第4篇　单项工艺3：薄膜

前几章所讨论的工艺包括氧化层的生长、杂质的扩散以及通过光刻和刻蚀实现图形的转移。这些都是制造晶体管所用到的主要工艺。本书的这一篇将要讨论薄膜的淀积工艺。薄膜淀积工艺是一组非常重要的工艺步骤，因为晶圆片表面以上的所有层都必须通过淀积工艺来生成。通常金属的淀积技术是物理变化，也就是说不涉及化学反应。淀积半导体层和绝缘层的工艺则通常涉及化学反应。然而这样的区分目前也在发生变化。

这一部分从物理的蒸发工艺开始，蒸发工艺主要应用在III-V族器件的制造、太阳能电池、薄膜电池以及其他多种技术中。蒸发的薄膜通常无法覆盖晶圆片表面的陡峭台阶以及其他苛刻的表面形貌。因为一些III-V族器件技术采用剥离方法来形成图形，蒸发很适用于这类工艺。第12章中还要介绍第二种物理淀积工艺——溅射。溅射不仅广泛应用在CMOS器件工艺中，而且还应用在磁盘驱动器、MEMS、光伏器件以及其他多种技术中。它可以淀积多种合金和化合物，并有较好的表面形貌覆盖性能。选择用于金属化的材料，其理由将在后续的章节中给出较详细的讲述，在这里就不作为重点来进行讨论了。第13章将介绍化学气相淀积(CVD)和电镀工艺，它们的表面形貌覆盖能力是最好的，并且对衬底的损伤也最小。因为不同工艺用到不同的化学反应，第13章将介绍几种有代表性的材料的淀积工艺，这几种材料的用途将在第15章中描述。

第14章将从第12章和第13章对淀积工艺的讨论进一步延伸到对外延生长工艺的讨论。首先描述的是由硅烷和氯硅烷化学气相淀积生成硅的技术，这些技术广泛应用于硅生产工艺中。本章接下来描述的外延层生长技术可以达到原子水平的厚度控制，这些工艺的应用主要在III-V族器件技术方面。其中的一种技术——分子束外延，实际上是由简单的蒸发工艺延伸而来；另外一种技术——金属有机物化学气相淀积(MOCVD)，是使用金属有机物反应源，并将化学气相淀积工艺延伸至更低的生长温度而发展起来的。

第 12 章　物理淀积：蒸发和溅射

早期半导体制造工艺中的金属层全都是由蒸发工艺淀积而成的。尽管蒸发工艺在科研和 III-V 族器件工艺以及某些低成本的应用领域仍然具有广泛的用途，但是在大多数硅器件工艺中，它已经被溅射工艺所取代，在某些情形也被电镀工艺所取代，其中的原因有两个。首先在于覆盖表面形貌的能力，也称为台阶覆盖(step coverage)。随着晶体管横向尺寸的不断缩小，许多结构层的厚度几乎保持不变，因而金属要覆盖的形貌、其高低变化就变得更为严重，蒸发薄膜覆盖这些结构的能力很差，经常会在垂直的壁上断开。同时，采用蒸发工艺也难以制备控制良好的合金。由于许多现代硅工艺需要使用合金，以便形成可靠的接触与金属连线，要在大批量生产环境下的硅工艺中采用蒸发是比较困难的。某些 III-V 族工艺则利用了蒸发薄膜台阶覆盖特性差的特点，来达到良好的工艺结果。此时不是去淀积和刻蚀金属，而是将金属薄膜淀积在已形成图形的光刻胶层顶面，由于金属薄膜在光刻胶边缘处已经趋于断裂，当光刻胶溶解后，光刻胶顶面上的金属层就很容易被剥离掉了。在这些工艺中不大采用合金，而是用若干不同金属薄层相堆叠，这种叠堆层很难刻蚀，但是采用剥离方法就解决了这个问题。

一台简单的蒸发台如图 12.1 所示。晶圆片装在高真空腔内，通常利用扩散泵或冷泵来抽真空。扩散泵系统一般有冷阱，用以防止泵油蒸气反流到腔内。将被淀积的材料装入一个称为坩锅(crucible)的加热容器内，它可以简单地用一个嵌入的电阻加热器和一个外部电源来加热。当坩锅内的材料变热时，材料会发出蒸气，因为腔内的压力远远小于 1 mTorr，蒸气原子可以直线运动通过腔体，直至抵达晶圆片表面，并逐渐堆积形成薄膜。蒸发系统可以有多至 4 个坩锅，允许不破坏真空而实现多层淀积；蒸发系统中一次可以装入多达 24 片晶圆片，这些晶圆片悬挂在坩锅上面的支架上。此外，如果需要蒸发合金材料的话，还可以同时运作几个坩锅。在坩锅前面设置了机械动作的快门，可以用于快速地开启或停止淀积过程。

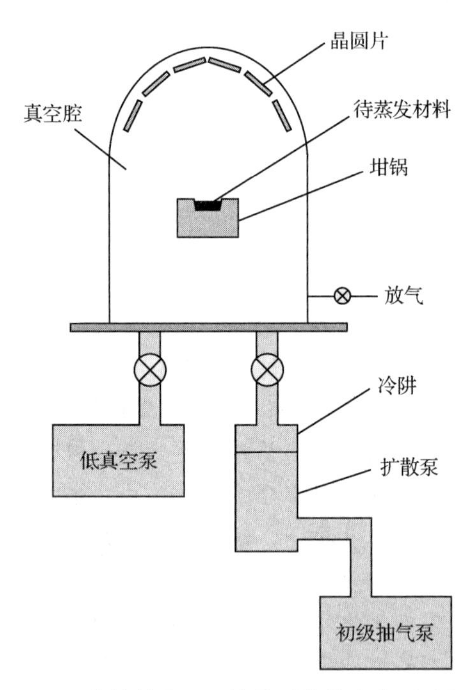

图 12.1　一台简单的配置扩散泵的蒸发台。图中有真空管道，并显示了充料坩锅和晶圆片的位置

12.1　相图：升华和蒸发

第 2 章 2.1 节讨论了多组分系统如 Al-Si 的相图。二元混合物的相图实质上是二维图，三元混合物则是三维图，显示了物质稳定态的区域。至于蒸发，我们一般对单组分系统的特性

有兴趣，这种类型的相图表示为温度和压力的函数。蒸发只涉及低于 1 Torr 的压力范围，这是一个很小的范围，但是几乎不影响蒸发，所以可以忽略多重固相的存在和任何压力的影响。

随着样品温度的升高，材料会经历典型的固相、液相到气相的变化。在任何温度下，材料上面都存在蒸气，其平衡的蒸气压为 P_e。当样品温度低于熔化温度时，产生蒸气的过程称为升华(sublimation)；而当样品熔化时，则称为蒸发(evaporation)。称作蒸发的半导体工艺通常涉及熔化样品，但是这仅仅因为在这个工作范围内的蒸气压很高，因此能够得到可接受的淀积速率。熔化的样品与固体样品的区别主要在于其重复性的问题。当一个固体材料开始出现升华现象时，其裸露的表面积就会发生变化，这样就会改变淀积的速率。因此将样品材料熔化是非常有益的，这样可以使固体材料填充在坩埚中。图 12.2 显示了不同元素的平衡蒸气压与温度的函数关系[1]，只要简单地改变样品温度，就可以得到很宽范围的压强变化。

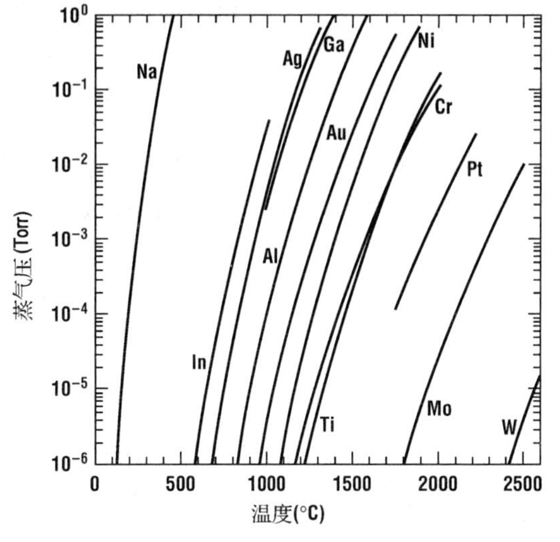

图 12.2　一些常用蒸发材料的蒸气压曲线(引自 Alcock 等)

当材料是液相时，其蒸气压由下式给出[2]：

$$P_e = 3\times10^{12}\sigma^{3/2}T^{-1/2}e^{-\Delta H_v/NkT} \tag{12.1}$$

式中，σ 是金属薄膜的表面张力，N 是阿佛加德罗常数，ΔH_v 是蒸发焓。实际上，在确定焓的时候，即使有很小的误差，也会造成蒸气压的极大误差，所以图 12.2 中的数据一般是由实验来确定的。

为了获得合理的淀积速率，样品的蒸气压至少必须达到 10 mTorr。由图 12.2 中显然可以看到，某些材料要加热到比其他材料高得多的温度才能获得相同的蒸气压，这类材料通常称为难熔金属，它包括 Ta、W、Mo 和 Ti，它们都具有很高的熔化温度，因此在中等温度下都具有较低的蒸气压。为了获得 10 mTorr 的蒸气压，钨需要加热到 3000℃以上，因而，这些难熔金属的蒸发带来了特殊的设备问题。另一方面，铝在 1250℃下就会有同样的蒸气压；某些离子杂质如 K，甚至在室温下，也有很高的蒸气压。

12.2　淀积速率

根据第 10 章中的式(10.10)，单位时间通过一个平面的气体分子数可以通过下式来计算：

$$J_n = \sqrt{\frac{P^2}{2\pi kTm}} \tag{12.2}$$

式中，P 是腔体中的压力，m 是原子的质量。迄今为止这个表达式一直用于描述真空系统中撞击表面的原子流量，但是它也可以用来描述一个蒸发源的原子消耗率。将此速率乘以分子质量就可以得到反映质量蒸发速率的 Langmuir 表达式[3]：

$$R_{ME}=\sqrt{\frac{m}{2\pi kT}}P_e \tag{12.3}$$

式中，P_e是坩锅内材料的平衡蒸气压。

利用这个公式，可以很方便地计算出坩锅内材料的质量消耗率为

$$R_{ML}=\int\sqrt{\frac{m}{2\pi kT}}P_e dA=\sqrt{\frac{m}{2\pi k}}\int\frac{P_e}{\sqrt{T}}\mathrm{d}A \tag{12.4}$$

式中，积分在坩锅内所装材料的整个表面上进行。式(12.4)的求解可能是相当棘手的，除非我们做出两个近似。如果所装材料全部熔化，通常可以假定，对流和热传导将保持整个坩锅内材料的温度近似为恒定，这类似于在第 2 章中讨论直拉法单晶生长时所做的快速搅拌近似。如果同时再假定坩锅的开口具有恒定的面积 A，则有

$$R_{ML}=\sqrt{\frac{m}{2\pi k}}\frac{P_e}{\sqrt{T}}A \tag{12.5}$$

例 12.1 考虑一滴水处于室温下的真空腔内。若水滴形成半径为 r_o 的半球，而且一直保持在室温，计算蒸发这滴水所需要的时间。假设 r_o=1 mm。

解答：在此水滴中的水分子数为

$$N=\frac{1}{2}\frac{4}{3}\pi r^3\cdot\rho\cdot\frac{1}{m}$$

N随着时间的变化率是

$$\frac{\mathrm{d}N}{\mathrm{d}t}=2\pi r^2\frac{\mathrm{d}r}{\mathrm{d}t}\frac{\rho}{m}$$

应用式(12.2)可以得到

$$J=\frac{1}{A}\frac{\mathrm{d}N}{\mathrm{d}t}=\frac{2\pi r^2\dfrac{\mathrm{d}r}{\mathrm{d}t}\dfrac{\rho}{m}}{\dfrac{4\pi r^2}{2}}=\sqrt{\frac{P_e^2}{2\pi kTm}}$$

$$\frac{\mathrm{d}r}{\mathrm{d}t}=\sqrt{\frac{P_e^2 m}{2\pi kT\rho^2}}=\text{常数}$$

由于$\dfrac{\mathrm{d}r}{\mathrm{d}t}$为常数，$t=r_o/(\mathrm{d}r/\mathrm{d}t)$，因此得到：$t=\dfrac{r_o\rho}{P_e}\sqrt{\dfrac{2\pi kT}{m}}$。

在 27℃下，H_2O 的 $P_e=27\ \text{Torr}=3.6\times10^3\ \text{Pa}$，因此：

$$\begin{aligned}t&=\frac{10^{-3}\ \text{m}\times2.33\times10^3\ \text{kg/m}^3}{3.6\times10^3\ \text{kg/m}\cdot\text{s}^2}\sqrt{\frac{2\pi\times1.38\times10^{-23}\ \text{J/K}\times300\ \text{K}}{18\times1.67\times10^{-27}\ \text{kg}}}\\&=6.6\times10^{-4}\ \text{s}^2/\text{m}\times53.7\ \text{m/s}\\&=35\ \text{ms}\end{aligned}$$

实际上，水在蒸发的过程中会被冷却，因而 P_e会大大减小。此外，最后的几层水分子会因为静电力而保持在表面上，也不会蒸发。

为了求得在晶圆片表面上的淀积速度，需要确定离开坩锅的材料和堆积在晶圆片表面上材料的比值。超高真空腔使得确定这个比例常数相对比较容易。当压力足够低时，可以确保从坩锅射出的材料能够以直线形式跑到晶圆片的表面。如果假设到达晶圆片的所有材料都会附着并保留下来，到达的速率可以由简单的几何形状决定。这个比例常数就是从坩锅处来看，晶圆片所面对的总立体角部分。这个比例常数与第 6 章中所讨论的视角因子是完全一样的，它可以由下式[4]给出：

$$k = \frac{\cos\theta\cos\phi}{\pi R^2} \tag{12.6}$$

式中，R 是坩锅表面与晶圆片表面之间的距离，θ 和 ϕ 分别为 R 与坩锅表面法线以及 R 与晶圆片表面法线之间的夹角，如图 12.3(A)所示。

式(12.6)表明蒸发台的淀积速率取决于腔体内晶圆片的位置与方向。在坩锅正上方的晶圆片与旁边的晶圆片相比，将被淀积得更多。另外，θ、ϕ 和 R 实际上沿着坩锅和晶圆片的表面有变化，这样薄膜的均匀性将成为关键性问题。为了获得好的均匀性，一种常用的方法是把坩锅和晶圆片放在同一个球的表面上(参见图 12.3(B))。此时，

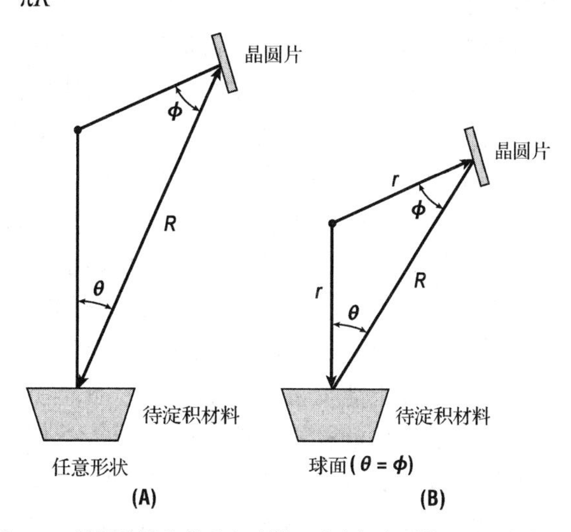

图 12.3　晶圆片淀积的几何形状：(A)任意形状；(B)在球面上

$$\cos\theta = \cos\phi = \frac{R}{2r} \tag{12.7}$$

式中，r 是球的半径。综合式(12.5)、式(12.6)和式(12.7)，可以看到淀积速率正好等于单位面积到达的质量速率除以膜的质量密度(ρ)，即：

$$R_d = \sqrt{\frac{M}{2\pi k\rho^2}}\frac{P_e}{\sqrt{T}}\frac{A}{4\pi r^2} \tag{12.8}$$

在此式中，第一项仅仅由被蒸发的材料决定，第二项取决于温度(从而取决于其平衡蒸气压力)，第三项则由腔体的几何形状决定。

为实现球形结构，晶圆片放在一个称为行星转动机构的半球形罩内。因为晶圆片是平的，因而沿着晶圆片表面淀积的速率会有少量变化，但是这个变化可以忽略，仍然是一个好的近似。由于所有的晶圆片都放置在球体的表面上，不仅淀积以均匀速率进行，而且淀积速率可以在腔体内的任一点检测出来。

为了获得较高的淀积速率，蒸发台通常采用很高的坩锅温度工作，因而，在紧靠坩锅上方的区域，蒸发气压达到足够高，以致使得这个区域处于黏滞流动状态。在此区域内工作会导致蒸发材料凝聚成小液滴，如果这些液滴到达并附着于晶圆片表面，将使薄膜的表面形貌变差。在此范围内工作时，因为在坩锅上方某一距离处形成了虚拟源(参见图 12.4)，这样也会影响到淀积的均匀性。为了获得最好的均匀性，蒸发器必须在低淀积速率下运行[5]，尽管在低速率下运行时，为了避免薄膜玷污需要很高的真空度。

淀积速率通常采用一个石英晶体速率指示仪[6,7]来进行测量，该器件是一个谐振器板，它可以在谐振频率下发生振荡，工作时测量其振荡频率。因为晶体顶部有材料蒸发淀积，所附加的质量将会使得频率发生偏移，由测得的频率移动就可以得出淀积速率。当淀积足够厚的材料后，谐振频率会移动几个百分点，振荡器就不会再出现尖锐的谐振。此检测元件并不昂贵，而且很容易替换。如果将频率测量系统的输出与机械挡板的控制相连接，淀积层的厚度就可以在很宽的淀积速率范围内得到很好的控制。而且，如果愿意，还可以把淀积厚度的时间速率变化反馈给坩锅的温度控制，以便得到恒定的淀积速率。坩锅必须采用锥形壁构造，以避免当材料消耗时，行星转动部分逐步增大的阴影遮挡效应，不过，随着材料的不断消耗，这种结构会造成坩锅表面积的减小。需要再次指出，如果有晶体薄膜厚度指示器来控制工艺过程的话，这就不是一个严重的问题。

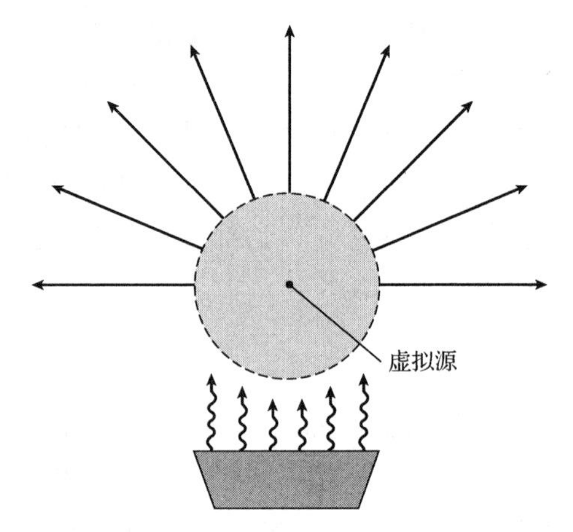

图 12.4　在高的淀积速率下，材料平衡蒸气压使坩锅正上方区域形成黏滞流，在坩锅顶部上方 10 cm 处形成一个虚拟源

由于腔室并不能提供完美的真空，不是所需要蒸气的其他气体也可能进入淀积薄膜。淀积过程可以是简单的物理混合，也可能涉及化学反应。因为腔体内具有长的平均自由程，如果发生化学反应，它很可能发生在晶圆片的表面。气体粒子的参与可能是有意的(反应性蒸发)，也可能是因为真空漏气或不完全的腔体抽气造成无意的气体参与。

例 12.2　一个蒸发台用于淀积铝。铝材料保持在均匀的 1100℃温度下。如果蒸发台的行星转动机构半径为 40 cm，而坩锅的直径为 5 cm，铝的淀积速率是多少？如腔体中还含有 10^{-6} Torr 的水蒸气背景压力，假定水蒸气为室温，确定铝原子和水分子到达率的比例。固态铝的质量密度是 $2.7\ \text{g/cm}^3$ $(2700\ \text{kg/m}^3)$。

解答：根据图 12.2，1100℃下铝的蒸气压是 1×10^{-3} Torr 左右，坩锅面积是 $19.6\ \text{cm}^2$，铝的原子量是 27。采用 MKS 单位，应用式(12.8)可得

$$R = 8.45\times10^{-6}\ \frac{\text{m}^2\cdot\text{s}}{\text{kg}}\sqrt{K}\times3.59\times10^{-3}\ \frac{\text{kg}}{\text{m}\cdot\text{s}^2\cdot\sqrt{K}}\times9.8\times10^{-4}$$

$$R = 2.9\times10^{-11}\ \frac{\text{m}}{\text{s}} = 1.78\ \frac{\text{nm}}{\text{min}}$$

铝原子到达的速率是生长速度乘以铝的数量密度，即：

$$J_{\text{Al}} = R\times\frac{\rho}{M} = 1.78\times10^{18}\ \frac{\text{原子}}{\text{m}^2\cdot\text{s}}$$

根据式(10.10)和式(12.2)，水(分子量为 18)的到达率为

$$J_{\text{H}_2\text{O}} = \sqrt{\frac{P_{\text{H}_2\text{O}}^2}{2\pi kT_{\text{H}_2\text{O}}m_{\text{H}_2\text{O}}}} = 4.8\times10^{18}\ \frac{\text{分子}}{\text{m}^2\cdot\text{s}}$$

由于水的到达率大于铝的到达率，可以看到铝膜会被氧严重玷污。实际上，新鲜蒸发上的铝

膜会很快地从腔体中吸收残留的氧和水蒸气。大多数情况会发生在挡板打开之前。无论如何，这样低的淀积速率生成的薄膜仍然会有一些氧玷污，这些氧来自淀积过程中通过腔体真空密封漏入的少量空气。因此通常的做法是以 1200℃的坩锅温度来淀积铝，此时蒸气压是 10^{-2} Torr 左右，生长速率为每分钟几十纳米。

12.3　台阶覆盖

前面已经指出，蒸发的一个重要限制是台阶覆盖，图 12.5 显示了蒸发的薄膜覆盖在台阶上的几何图形。在此情况下，台阶是通过刻蚀绝缘层直至衬底的接触孔的截面图，在这样的尺度(~1 μm)范围内，入射材料的原子束可以认为是不发散的。假定入射原子在晶圆片的表面不移动，这种高差形貌将投射出一定的阴影区，在接触孔的一侧，薄膜通常是不连续的。当淀积连续进行时，在绝缘层顶部生长的薄膜会使得阴影区边缘向上移动。台阶覆盖问题对于金属化层来说是特别严重的，因为金属化是整个工艺过程中的最后几个步骤，除非采用某种平坦化技术，否则所累积的形貌高差会十分严重。通过优化晶圆片的取向可以获得某些有限的改进[8]。

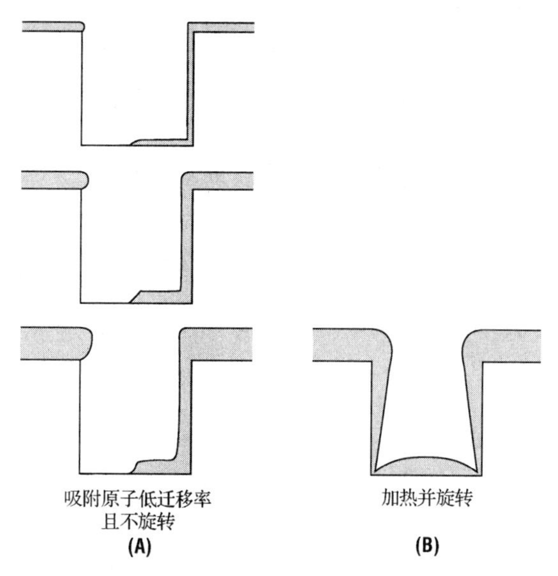

图 12.5　(A)深宽比为 1.0 的结构，蒸发层覆盖情况随时间的变化；蒸发条件为低的表面原子迁移率(即低衬底温度)和无旋转；(B)在旋转并加热的衬底上形成的最后剖面

一种常用的改善台阶覆盖的方法是在蒸发过程中旋转晶圆片，为此，蒸发台内用于承载晶圆片的半球形夹具被设计成能使晶圆片环绕蒸发器顶部转动。此时，侧壁上的淀积速率仍然会低于平坦表面，但是它已经成为轴向均匀的。接触孔的深宽比定义为

$$AR = \frac{\text{台阶高度}}{\text{台阶直径}} \tag{12.9}$$

标准的蒸发工艺不可能在深宽比大于 1.0 的图形上形成连续的薄膜，即使深宽比在 0.5 与 1.0 之间时也是很勉强的。

第二种改善台阶覆盖的方法是加热晶圆片，为此，许多蒸发台在行星机构后面加装了一组红外加热灯或低密度的难熔金属加热线圈。到达晶圆片的原子在它们化学成键成为生长薄膜的一部分之前，还能够沿着表面扩散。由于阴影缘故形成浓度梯度时，这种随机运动会导致材料原子的净移动，使之进入淀积速率较低的区域。类似于第 3 章中讨论过的体扩散，我们可以定义一个表面扩散系数，作为一阶近似，可以采用简单的阿列尼乌斯函数表示：

$$D_s = D_o \mathrm{e}^{-E_a/kT} \tag{12.10}$$

由于表面扩散系数的激活能大大低于体扩散系数的激活能，因此在几百度的摄氏温度下，就会发生显著的扩散。如果成键前的平均时间是τ，表面扩散的特征长度则为

$$L_s = \sqrt{D_s \tau} \tag{12.11}$$

因为D_s与温度之间存在指数依赖关系，所以加热晶圆片到室温以上就可以极大地增加L_s，即使L_s比晶圆片上我们感兴趣的特征尺寸大很多，也不必奇怪。许多研究组已显示了可利用这种技术来填充具有较大深宽比的结构[9]。当加热衬底方法用于合金淀积时，一个需要注意的问题是不同组分原子的表面扩散系数可能会有很大差别，因此接触孔底部的薄膜成分可能就会不同于结构顶部的成分。第二个问题是淀积的薄膜还可能会再次蒸发，这个问题在某些太阳能器件工艺中可能会尤其严重。最后，增加衬底温度还可能会影响薄膜的形貌，常常会形成大的晶粒，这个问题可以采用蒸发后加离子束，使得淀积层重新分布的方法来加以避免[10]。离子轰击表面并传输能量给已蒸发的薄膜，薄膜中的原子可以通过扩散或溅射(将在本章的后面讨论)的方式重新分布，不过，只有很少的蒸发台配备了此种能力。作为结论，蒸发工艺通常没有能力来分别独立地控制形貌和台阶覆盖。

例 12.3 采用 Athena ELITE 对淀积铝工艺进行数值模拟 在此例中，铝被淀积到深宽比为1∶1的接触孔中，考虑所使用的蒸发台不带有行星转动机构和带有行星转动机构两种情况。

```
go Athena
# Example 12.3 - Effect of rotation in evaporated profiles
line x loc=0.00 spac=0.20
line x loc=0.7  spac=0.05
line x loc=1.4  spac=0.05
line x loc=2.0  spac=0.20
line y loc=0.00  spac=0.05
line y loc=0.6  spac=0.5
initialize
deposit oxide thick=.5 divis=12
# Simple etch process to form a square contact hole.
etch oxide start x=0.75 y=-10
etch cont x=0.75 y=10
etch cont x=1.25 y=10
etch cont x=1.25 y=-10
structure outfile=ex12_3_0.str
init infile=ex12_3_0.str
# Uni model refers to a unidirectional deposition with a
Small (15°) angular spread
rate.depo machine=uni aluminum a.m sigma.dep=0.20 uni
dep.rate=300 angle1=15.0
# Run the deposition machine for five minutes
deposit machine=uni time=5 minute divis=5
structure outfile=ex12_3_1.str
# Now reload the initial structure and define a new machine
that includes planetary motion
init infile=ex12_3_0.str
rate.depo machine=planet1 aluminum a.m sigma.dep=0.20 \
```

```
  planetar dep.rate=300 angle1=15.0 angle2=40.0 angle3=6.0
c.axis=20.0 p.axis10.0
deposit machine=planet1 time=5 minute divis=5
structure outfile=ex12_3_2.str
tonyplot -st ex12_3_1.str
tonyplot -st ex12_3_2.str
quit
```

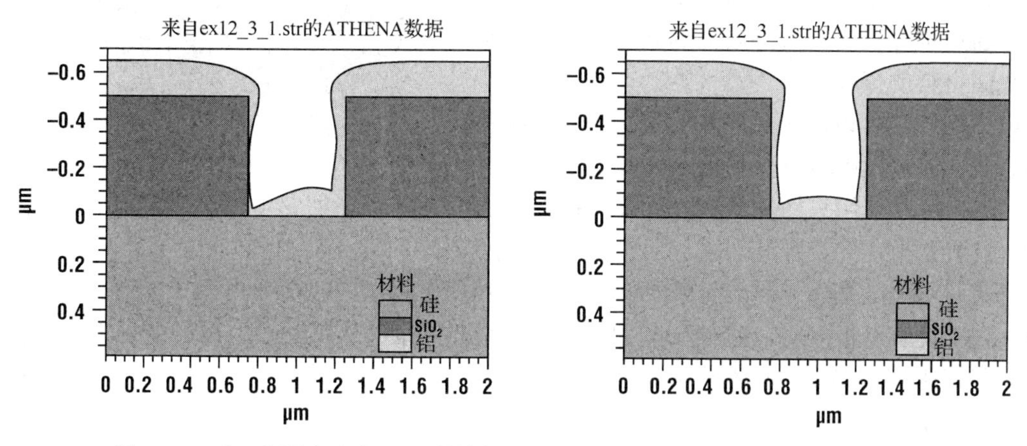

图 12.6　对一个深宽比为 1∶1 的接触孔进行铝蒸发工艺的 Athena 模拟结果，左边为简单的蒸发工艺，右边的待蒸发样品置于一个旋转的行星盘上

解答： 图 12.6 左侧图中是没有行星转动机构的铝淀积工艺，显然其台阶覆盖的效果很差；图 12.6 右侧所示为具有旋转行星盘的剖面图，其两侧的台阶覆盖效果都较好，但是铝线最薄处也已经比标称厚度(即平坦表面处的厚度)低 10%，一旦有足够大的电流流过这样薄的金属线，就很容易导致断路。

12.4　蒸发系统：坩锅加热技术

有三种类型的坩锅加热系统：电阻型、电感型和电子束系统。电阻型加热系统是最简单类型的加热源，一个带电源输入的高真空腔，只用一个小线圈和一台简单的可调变压器，就可以构造一台简单的蒸发台。在这种系统中装入的料是放置在加热线圈中的小固体棒[参见图 12.7(A)]，这里需要调节输入功率以避免材料熔化，从线圈中掉下。更切合实际的结构如图 12.7(B)所示，材料放在一个电阻加热的坩锅内。

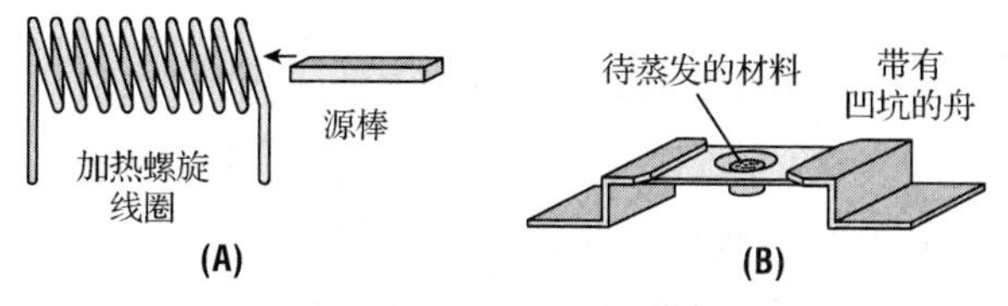

图 12.7　电阻性蒸发源：(A)简单的源，可以用材料构成电阻丝自身加热，也可以采用难熔金属加热线圈和加料棒；(B)更标准的加热源，包括在电阻性媒质中的凹形舟

由于加热灯丝至少要热到能使材料蒸发，与电阻型加热坩锅有关的一个问题是灯丝的蒸发和出气。如果要蒸发像铝这样的材料，用中等功率输入就可以得到合适的蒸气压。另一方

面，如果要蒸发难熔金属，常常没有合适的电阻型加热元件。一种可以达到中等材料温度的方法是应用电感型加热坩锅。如图 12.8 所示，固体材料放入一个一般由氮化硼(BN)制成的坩锅中，一个金属线圈绕在坩锅上，通过这个线圈施加 RF 功率，RF 电源在材料中感应出涡旋电流，使得材料加热，线圈本身通过水冷，使其保持较低的温度，有效地避免了线圈材料的损耗。

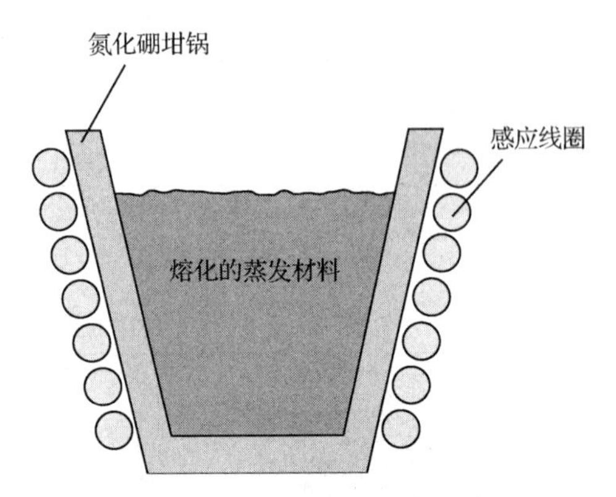

图 12.8　一个感应加热坩锅的例子，用以产生中等的材料温度

电感型加热可以用于提高坩锅的温度，以蒸发难熔金属，但是坩锅本身材料的玷污仍然是一个严重的问题。可以采用只加热材料而冷却坩锅的方法来避免这种影响。要实现此目的，一个常用的方法是电子束(e-beam)蒸发。一个简单的低通量电子束系统(如图 12.9(A)所示)，包括一个加热钨丝环，它围绕着一根相对钨丝处于高偏压的材料细棒周围。从钨丝喷射出的电子轰击材料棒，提高材料棒末端的温度，从而产生出蒸发原子束[11]。

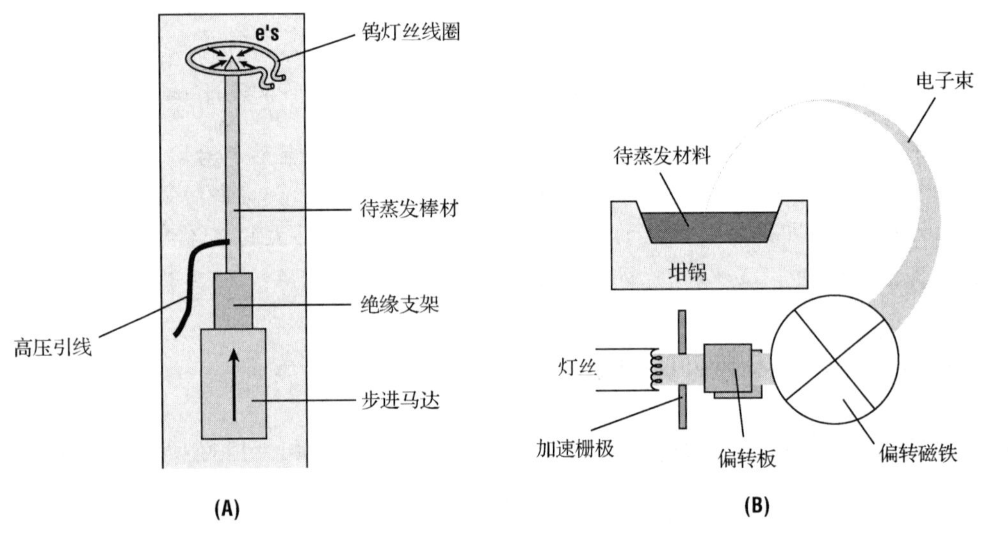

图 12.9　电子束蒸发源：(A)一个简单低流量源，用热丝电子源和一根可移动的细材料棒；(B)一个通用的源，电子束偏转 270°，可扫描材料表面。磁铁要比图示的大很多，以达到完全的 270° 偏转

大多数的电子束蒸发台，是由在坩锅下面的电子枪喷射出有一定强度的高能束流，灯丝这样放置能减小灯丝材料(一般是由钨制成的)向晶圆片表面的淀积。一个强磁场将束流弯曲 270°，使它能入射到材料的表面[参见图 12.9(B)]。电子束可以扫描材料，以熔化大部分的材料表面，材料被加热的部分被有效地包裹在较冷的部分中。

由于电子束蒸发台(参见图 12.10)能够很容易淀积的材料范围很广，所以它们常常应用于 GaAs 器件工艺。当采用热发射电子枪时(参见 9.2 节)，热电子灯丝成为真空腔内的一个玷污源，这些系统工作在高真空时，要特别注意电子枪的设计[12]。对于硅基工艺，一个更严重的问题是辐射损伤，辐射是由于被蒸发材料中的高激发态电子退回到核心态能级而产生的，由于 X 射线能损伤衬底和电介质，因此电子束蒸发台不能用于对这类损伤敏感的 MOS 器件或其他工艺技术，除非后续的退火工艺步骤足以消除这类损伤。即使是硅双极型工艺技术对于这类损伤也是非常敏感的，因为双极型晶体管一般也要用到 MOS 结构来作为器件的隔离。

在蒸发台中，即使每次只用一个源，通常也会配置有多个源，这样的结构允许不打开高真空腔，就可以进行不同金属的淀积。对于一个电阻型加热蒸发台，每一个装样品的坩锅有都自己的加热线圈，所以要用到一个大电流的开关盒。电子束蒸发台特别适用于这类多金属淀积，材料源之间间隔很小，很容易用静电电位或磁场的变化来调整电子束方向，对准不同的源；或者反过来，可以利用一个可转动到受辐照位置的转盘，不同的材料源放在其上，转盘机械运动将材料源带到电子束照射的位置。

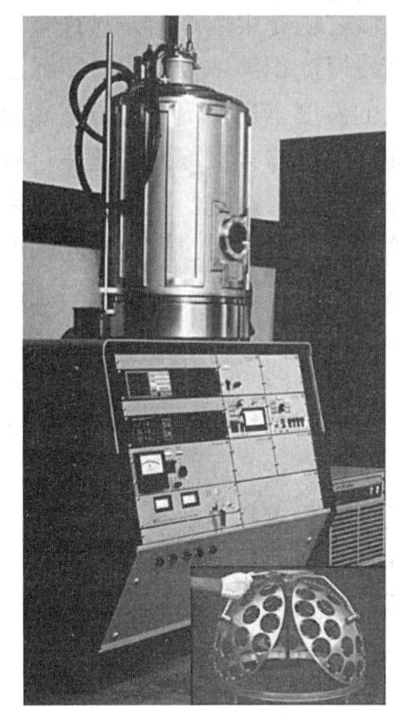

图 12.10　一个商用蒸发台照片，其中的插图显示出行星转动机构(经 CHA Industries 许可使用)

12.5　多组分薄膜°

经常会希望淀积一些合金材料和化合物材料。图 12.11 显示了利用蒸发工艺来淀积合金薄膜的三种可能方法。如果材料是具有很相近的蒸气压 Al 和 Cu，就可以简单地由一个适当制备的混合物靶来蒸发这些材料[13]。在某些应用中，譬如形成 GaAs 的欧姆接触，其合金的各组成成分蒸气压相当接近，而且合金成分的变化也是可以接受的[14]。然而若将一定组分的 TiW 固体样品放在坩埚里并进行蒸发，此时蒸发出的主要材料不会是 TiW，而是某种其他组合的 Ti 和 W 的混合物。例如，坩埚温度为 2500℃时，Ti 的蒸气压是 1 Torr，而 W 的蒸气压仅为 3×10^{-8} Torr，开始时出来的蒸气几乎是纯钛。由于这样的蒸发引起剩下的熔料组分变化，因此淀积的薄膜组分也会缓慢地发生变化。

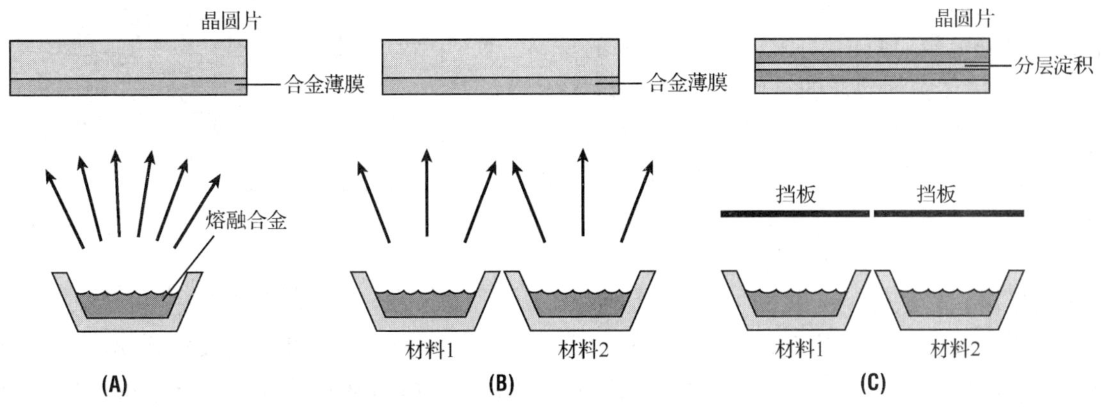

图 12.11　蒸发多成分薄膜的方法：(A)单源蒸发；(B)多源同时蒸发；(C)多源按次序蒸发

这种工艺的基本问题是合金中不同成分材料的蒸气压不同，将合金组分控制到某一合理的精度之内是很困难的，对许多种化合物控制其组成则是不可能的。共同蒸发采用多个源同时蒸发以淀积某一合金结构，例如淀积 TiW，用两个坩埚，一个放入 W，另一个放入 Ti，在不同的温度下进行蒸发。虽然相对于单个坩埚蒸发，这是一个重大的改进，但是仍然留下蒸气压问题，并且最终淀积速率也是材料温度的极为敏感的函数。对于单成分膜，绝对的淀积速率并不是那么重要，因为可以采用淀积薄膜厚度指示器来打开或关闭快门挡板。除非多个速率指示器放置于蒸发台不同的地方[15]，否则这种共同蒸发系统不可能分别控制每种组分的束流。因此在进行共同蒸发时，即使只是需要一般性的控制薄膜的组成，也要特别注意控制好温度。

多成分薄膜淀积的一种替代方法是进行按次序的淀积[16]。这可以在多源系统中通过打开与关闭快门挡板的方法来实现。淀积完成后，提高样品温度让各个不同组分之间互相扩散，从而形成合金。还可以通过反复地交替淀积不同材料薄层的方法来实现上述多组分合金。这样的工艺要求晶圆片能够承受后续的高温工序。如果不采用低淀积速率的话，那么石英晶体淀积指示器的积分时间则阻碍了这种方法应用于极薄层薄膜的淀积，替代的方法是，可以采用质谱仪来控制淀积的过程[17]，或者采用一个微秤来测量在每一组分束中放置的传感器上所淀积薄膜的质量[18]。

12.6　溅射简介

溅射是微电子制造工艺中不用蒸发而进行金属膜淀积的主要替代方法。第一次发现溅射现象是在 1852 年[19]，Langmuir 在 20 世纪 20 年代将其发展成为一种薄膜淀积技术[20]。溅射的台阶覆盖比蒸发好，诱生的辐射缺陷远少于电子束蒸发，在制作复合材料薄膜和合金时的性能更好，这些优点使得溅射工艺在铜互连技术出现之前成为大多数硅基工艺实现金属薄膜淀积的最佳选择。

一个简单的溅射系统如图 12.12 所示，在真空腔中有一个平行板等离子体反应器，非常类似于一个简单的反应性离子刻蚀系统。对于溅射应用，等离子体反应腔总归要构造成能够使高能离子轰击到溅射靶上，而溅射靶则含有所要淀积的材料(获得高能离子流所要求的条件已经在第 11 章中讨论过)。为了收集尽可能多的出射原子，在简单溅射系统中，阴极与阳极相距很近，通常小于 10 cm。用某种惰性气体充入腔体中，腔体内的气体压力维持在 0.1 Torr 左右，这就使得平均自由程有几百微米的量级。

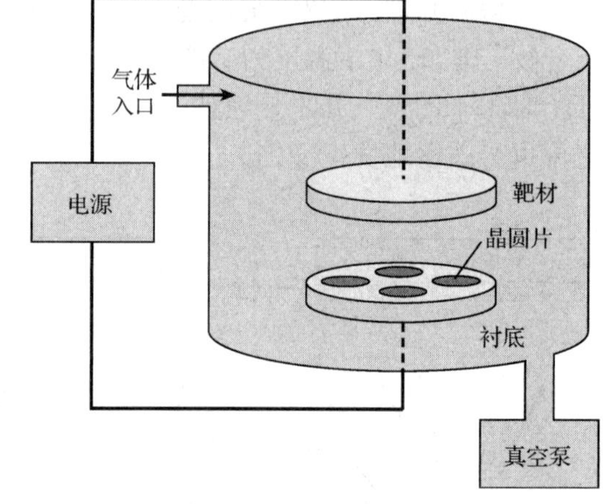

图 12.12　一个简单的平行板溅射系统的腔体

由于该工艺的物理特点，可以用来溅射淀积的材料种类很多。在溅射元素金属时，因为简单的直流溅射具有较大的溅射速率，故优先采用；而在溅射绝缘材料(如 SiO_2)时，则应当采用 RF 等离子体[21]。如果靶材料是某种合金或化合物，所淀积材料的化学配比会与靶材料略有不同(参见表 12.1)。无论如何，当溅射速率不同时，可以看到靶的表面会积聚更多的溅射速率较低的材料，这最终将使淀积薄膜的成分重新接近于靶体材料[22](这一点只在靶的温度足够低，固态扩散受到抑制时才是正确的)，因而溅射不仅对于金属元素，而且对很宽范围内的材料淀积均具有很大的吸引力。

表 12.1　由复合靶溅射的铝合金薄膜的组成

铝合金材料	靶	薄　膜
Si	0.5% ~ 1.0%	0.86%
Si	2%	2.8%
Cu	3.9% ~ 5.0%	3.81%
(Al+Si) Si	2%	2% ± 0.1%
(Al+Cu+Si) Si	4%	3.4%

参见文献 Wilson 和 Terry[23]。

12.7　溅射物理°

有关辉光放电的论题已经在第 10 章的后半部分讨论过，现在我们进行一个简单的回顾。在电极间加一个高电压，若电极间隙内为低气压的气体，则可以激发产生出等离子体，所需的击穿电压由 Paschen 定律给出：

$$V_{bd} \propto \frac{P \times L}{\log P \times L + b} \tag{12.12}$$

式中，P 是腔内的压力，L 是电极的间距，b 是一个常数。一旦等离子体形成，等离子体中的离子就会被加速向带负电的阴极运动，它们轰击表面，释放出二次电子，这些电子被加速，离开阴极。在从阴极向阳极运动的过程中，电子会与中性粒子碰撞，如果碰撞传递的能量小于气体原子的离化能，原子将被激发至高能态(参见表 12.2)，之后通过发射光子由高能态跃迁回基态，产生了等离子体特有的辉光。然而如果传递的能量足够高，原子将被离化，并且产生的离子将加速移向阴极，离子束对阴极的轰击作用形成了溅射工艺。

表 12.2　某些常用气体的第一与第二离化能

原　子	第一离化能(eV)	第二离化能(eV)
氦	24.586	54.416
氮	14.534	29.601
氧	13.618	25.116
氩	15.759	27.629

当具有能量的离子撞击到材料表面时，会发生四种情况。很低能量的离子会从表面简单地反弹回来；能量小于 10 eV 的离子可能会吸附于表面，并以声子(热)形式释放出它的能量；能量大于 5 keV 时，离子穿过许多原子层的距离，深入到衬底里，释放出大多数的能量，在这些地方，它改变了衬底的物理结构，在离子注入中，这类高能量是比较常见的；在上述两种极端情况之间，则两种能量传递机制会同时发挥作用，一部分离子能量以热的形式淀积出去，剩下的部分造成衬底材料的物理再排列。在这样低的能量下，表面的核阻止是相当有效的，大多数能量传递发生在几个原子层内，此时，衬底原子和原子团将从衬底表面发射出来。从阴极逸出的原子和原子团带有 10 ~ 50 eV 的能量，这差不多是蒸发工艺原子能量的 100 倍，这些额外的能量使得溅射原子的表面迁移率增加，因此与蒸发相比，溅射改善了台阶覆盖。对于典型的溅射能量，溅出材料的 95%左右是原子，其他大部分是双原子分子[25]。

在离子注入所使用的高能量范围，化学键的断裂或结合过程大可忽略，可以简单地认为靶只是原子的聚集体。在很低能量时，靶材料不会发生分裂，可以很容易地建立起化学模型。然而，在溅射的能量范围，从靶上移去物质的机理相当复杂，涉及键的断裂和物理位移的耦合作用。图 12.13 显示了一个离子轰击表面时可能发生的一些过程。由 Wehner 和 Anderson[26] 提出的一个简单模型，没有考虑化学作用，并将衬底原子作为硬质球来处理，在最低程度上提供了溅射过程的一个定性图像。一个射向靶表面的离子可以进入靶内几个原子层，直到它以小的冲量打到一个原子上并以大角度折射回来。这种近乎顶头的碰撞，也可能释放出一个靶原子，该靶原子具有较大的、相对于表面法线成大角度的动量，在此过程中，靶材料顶层的许多键将断裂。如果发生了若干大角度碰撞，入射原子或者反冲的靶原子可以具有很大的平行于晶圆片表面的速度分量，而接下来的碰撞就会发射出原子或小的原子团。

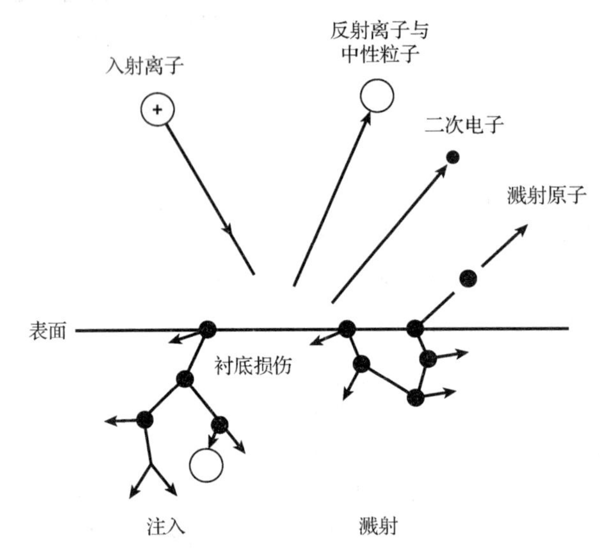

图 12.13　一个离子入射到晶圆片表面上时可能产生的结果

12.8　淀积速率：溅射产额

溅射的淀积速率由射向靶的离子流量、一个入射离子能够打出一个靶原子的概率以及溅射材料通过等离子体向衬底的输运特性等因素决定。在直流等离子体中，离子束的流量可以采用 Langmuir-Child 关系近似为

$$J_{\text{ion}} \propto \sqrt{\frac{1}{m_{\text{ion}}}}\frac{V^{3/2}}{d^2} \tag{12.13}$$

式中，V 是靶电极与晶圆片之间的电压差，d 是暗区的厚度，m_{ion} 是离子的质量。电压的幂指数并不总是等于 1.5。

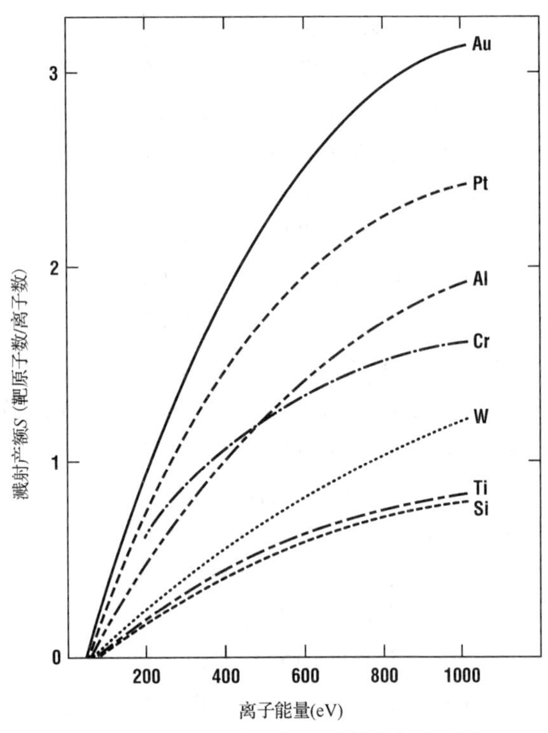

图 12.14　对于不同材料，溅射产额与垂直入射氩离子能量之间的函数关系(引自 Anderson 和 Bay，经许可使用)

溅射产额 S 是从靶上发射出的靶原子数与入射到靶上的离子数之比。它由离子质量、离子能量、靶原子质量和靶的结晶性决定。图 12.14 显示了在氩等离子体中，对于不同种类的靶材料，溅射产额与离子能量之间的函数关系[27]。对于每一种靶材料，都存在一个能量阈值，低于此阈值，不会发生溅射。典型的阈值能量在 10 ~ 30 eV 范围内[28]。

当离子能量略大于阈值时，溅射产额随能量的平方增加，直到 100 eV 左右，此后，随能量线性增加，至 750 eV 左右。能量高于 750 eV 之后，产额只是略有增加，直到发生离子注入效应[29]。最大溅射产额一般发生在 1 keV 左右。溅射产额与等离子体成分的函数关系较弱，总的说来随着离子质量的增加而增大(参见图 12.15)[30]。从图 12.15 中可以注意到，对于填满或接近填满价电子壳层的轰击离子，其溅射产额最大。惰性气体如(Ar、Kr 和 Xe)都有较大的产额。

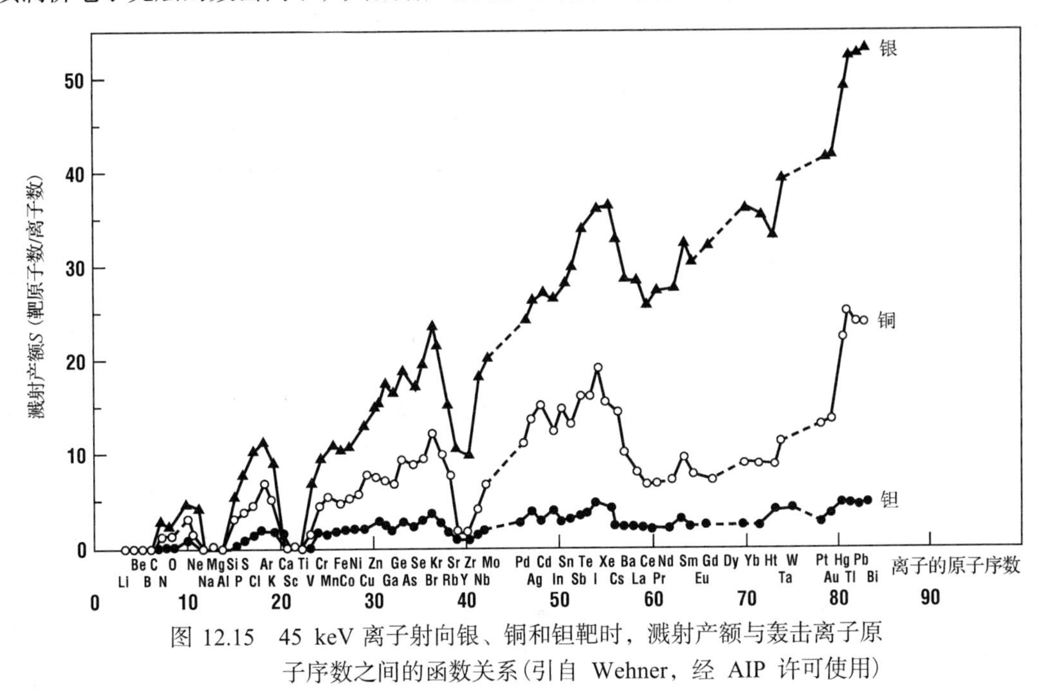

图 12.15　45 keV 离子射向银、铜和钽靶时，溅射产额与轰击离子原子序数之间的函数关系(引自 Wehner，经 AIP 许可使用)

溅射产额对角度的依赖性与靶材料及入射离子的能量密切相关。诸如金、铂和铜等高溅射产额的材料一般与角度几乎无关，而 Ta 和 Mo 等低溅射产额的材料，在低的离子能量情况下，则有明显的角度依赖关系，溅射产额在入射角度为 40° 左右时达到最大[31]。图 12.16 显示了几种材料的典型角度分布[32]，在低能量时，以人们所知的不完整余弦的形式分布，最小值存在于接近垂直入射处。而在高能量时，溅射产额近似为[33]

$$S \propto \frac{M_{\text{gas}}}{M_{\text{target}}} \frac{\ln E}{E} \frac{1}{\cos\theta} \qquad (12.14)$$

式中，θ 是靶的表面法线与入射离子速度矢量之间的夹角。在这样的能量下，净淀积速率的角度依赖关系接近与蒸发相似的简单余弦。不过，结晶体靶的角度分布不太规则，最大值处于沿靶的低密勒(Miller)指数方向。

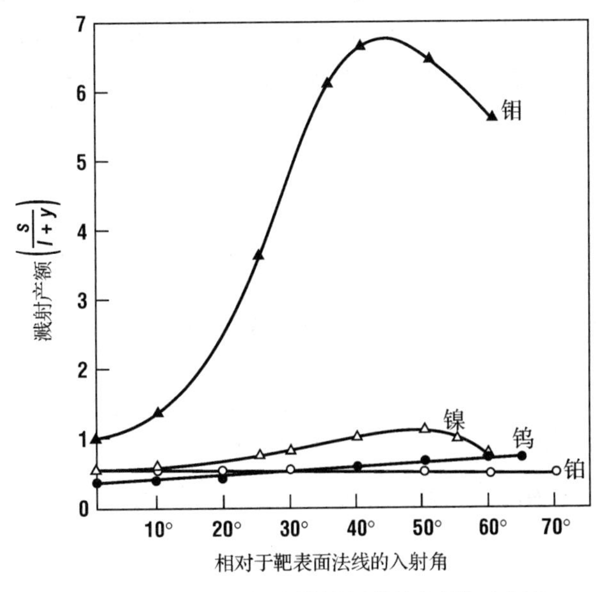

图 12.16　对于几种不同材料，溅射产额与入射角度的典型关系。溅射分布曲线遵从余弦分布(引自 Wehner，经 AIP 许可使用)

通过放电区的输运过程是一个涉及流体动力学计算的复杂函数，它包含了离子的漂移和扩散过程。为了改善均匀性，许多溅射系统采用机械方式，将晶圆片以扫描方式通过溅射靶。在某些系统内，晶圆片也能够旋转。

获得了上述信息之后，就可以得到一个关于淀积速率的简单模型：

$$R_d = \frac{J_{\text{ion}} \cdot S \cdot E_T}{\rho/m} \tag{12.15}$$

式中，J_{ion}是射向靶的离子流密度，如果已知等离子体的压力和氩气离化的比例，就可以根据式(10.10)来估算 J_{ion} 的数值。同样如果已知入射离子的能量，对于靶和离子之间的各种不同的组合，我们也可以从本章提供的各种图表曲线中获得溅射产额 S 的数值。这一点也可以通过暗区上的电压来进行估算(即利用 Child 定律)。对于间距非常近的系统，在典型情况下可以假设输运效率(E_T)是非常接近 1 的。上式中的分子给出了发射出的原子到达晶圆片表面的流量，再除以材料的数值密度(ρ/m)就可以得到淀积速率了。

例 12.4　通过采用一个相同尺寸的固体铝盘来取代原来的晶圆片电极后，第 10 章例 10.4 中所描述的系统也可以用来溅射铝。将直径为 200 mm 的晶圆片面向铝靶放置在腔体的顶部和底部。假设腔体中的气体为氩气，其离化率为 0.01%，由靶上溅射出来的铝全部都落到晶圆片上。等离子体的功率已经增加到足够大，使得等离子体与接地腔体之间的偏压为 0.5 V。假定系统维持在 250℃，且离子在通过暗区时没有受到任何的非弹性碰撞，试求出铝的淀积速率。

解答：如果等离子体的功率已经增加，使得等离子体的电势为 0.5 V，则等离子体与靶之间的直流电势将为 523 V。假设没有发生非弹性碰撞，则带一个电荷的氩离子在通过暗区时将会获得 523 eV 的能量。根据图 12.14 可知，铝靶的溅射产额大约为 1.2 原子/离子。离子流的密度由式(10.10)给出，其中离子的分压为 10 mTorr×2×10^{-5}。因此 $J_{\text{Ar+}}$为 $2.9\times10^{14}\ \text{cm}^{-2}\text{s}^{-1}$，由此得到的 J_{Al} 为 $3.5\times10^{14}\ \text{cm}^{-2}\text{s}^{-1}$。由于晶圆片的面积与电极的面积相等，并且假设没有输运损失，因此上述结果也就是铝抵达晶圆片表面的速率。铝的数量密度是其质量密度与原子量的比值，即 $5.98\times10^{22}\ \text{cm}^{-3}$，因此铝的淀积速率则为 $3.5\times10^{14}\ \text{cm}^{-2}\text{s}^{-1}/5.98\times10^{22}\ \text{cm}^{-3}$=3.5 nm/min。事实上，在大多数溅射系统中，往往会有 20%～60%的铝损失在靶与腔壁之间。这是一个很低的溅射速率，原因是离子的密度比较低。采用大功率的直流磁控管系统(参见下一节的介绍)可以获得较高的离子密度和较大的靶偏压，由此可以获得较高的溅射产额。

12.9　高密度等离子体溅射

正如我们在 10.7 节中所讨论过的，可以在等离子体上外加一个磁场，使得电子绕着磁力线方向进行螺旋运动。溅射是利用这个效应的第一种工艺。如果系统采用固定磁棒，则此工艺称为磁控溅射。螺旋轨道运动的半径由下式给出：

$$r = \frac{mv}{qB} \tag{12.16}$$

电子沿着轨道的螺旋运动增加了它们与中性原子发生碰撞而产生出离子的概率，增加的离子密度减小了 Crooke 暗区，增大了靶的离子轰击率。在标准的溅射系统中，典型的离子密度是 0.001%，而在磁控系统中，则可以达到 0.03%。利用一个磁控管，还可以在更低的腔室压力下，一般为 $10^{-4}\sim10^{-2}$ Torr 时，就能形成等离子体。

图 12.17 显示了两种已经用于磁控溅射系统的几何结构。平面磁控溅射装置是由图 12.12 所示的基本平行板反应器发展而来的，一个螺线圈[34]或者一组磁铁放置在靶的后面，用这种方法来产生出平行于靶表面的磁场。圆形平板磁控靶可以采用从靶中心起的径向排列的磁棒构成。圆柱形磁控溅射装置则从圆柱形等离子体腔室发展而来，在其中央设置靶电极，放置晶圆片的电极为腔体的垂直壁。通过将腔体插入一个电磁线圈的方式来加强腔体的磁场，线圈所产生的是垂直的磁场[35]。由于在圆柱腔的壁上放置大直径的晶圆片有困难，这种类型的系统对于微电子大生产而言用处不大。这两种系统的典型磁场强度为几百高斯。

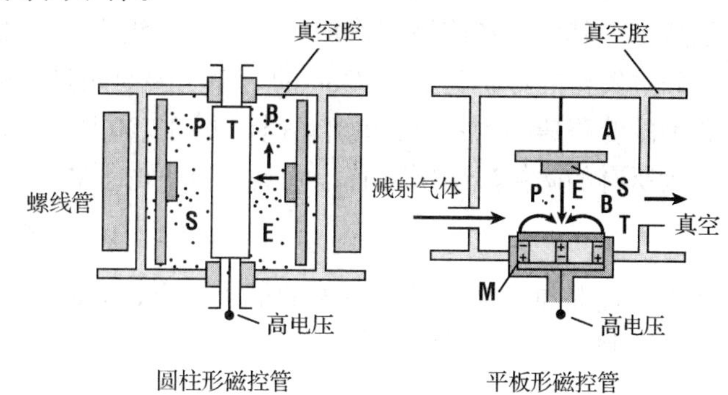

图 12.17　平面和圆柱形磁控溅射系统。T：靶，P：等离子体，SM：螺旋管，M：磁铁，E：电场，B：磁场（引自 Wasa 和 Hayakawa，经 Noyes Publications 许可使用）

图 12.18 显示了平行磁控靶的详细剖面情况。靶材料一般是一个热压烧结盘。等离子体功率的大部分以热的形式耗散在靶上，为了避免出现过热，靶通常必须采用水冷却，通常使用去离子水以防止出现电气短路现象。靶材料可以采用导电环氧树脂黏结在背面板上，也可以采用机械方法固定。为防止对靶的边缘或背面材料的溅射，靶边缘必须采用接地挡板遮挡。如图 12.18 中的下半部分所示，对于简单的磁控靶需要注意，靶材料的某些部位会消耗得比其他地方快得多，导致靶的使用效率降低，通常为 25%～30%，另一些几何形状的靶已经显示出能得到高得多的效率[36]。也可以让永磁体旋转来改善靶材消耗的均匀性，还可以调整磁铁的位置来调节淀积的均匀性。溅射台的使用效率是现代溅射系统中的一个特殊问题，一般采用装片锁来避免腔体长时间打开。某些系统的背景真空就在 10^{-10} Torr 的数量级上，这类系统在更换一次靶之后，主腔体往往要花好几天时间才能被抽至高真空，在此之前该系统则一直无法使用。

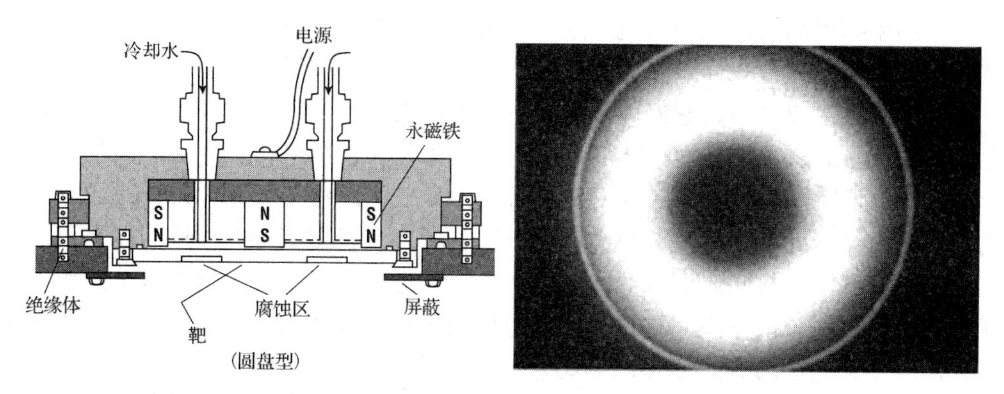

图 12.18　一个矩形平面磁控靶的剖面细节，采用永磁铁提供磁场（引自 Wasa 和 Hayakawa，经 Noyes Publications 许可使用）

人们对图 12.19 所示几何形状的靶比较感兴趣[37]，一般将该靶称为 S-Gun，它是瓦里安公司的注册商标。与其他的磁控系统一样，通过设置交叉的电场和磁场，该结构可以获得高淀积速率。其阳极和阴极制作成一个完整的组件。使用 S-Gun，晶圆片可以放在平面框架上，它和蒸发台的形状类似(S-Gun 的一个主要应用是升级蒸发台，使它达到溅射台的淀积能力)。典型的淀积速率为每分钟几十纳米。图 12.20 所示是一个磁控系统的 I-V 特性[38,39]，这样的曲线为所有的磁控溅射所特有，它具有以下的形式[40]：

$$I = k(V - V_0)^n \tag{12.17}$$

式中，V_0 是维持等离子体所需的最小电压，n 是介于 1.5 ~ 8 之间的一个正数，它取决于靶的形状和腔体内的压力。

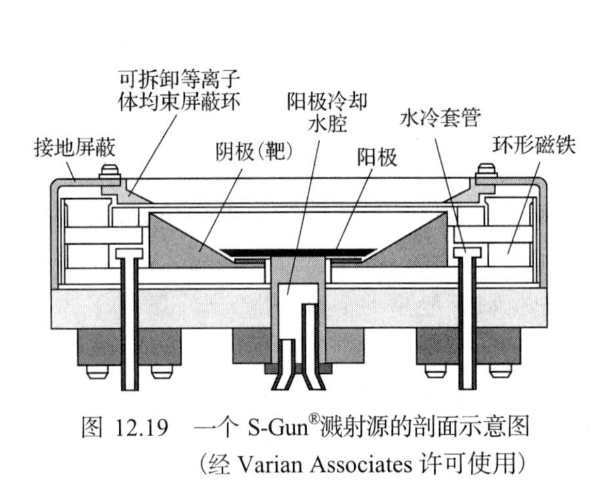

图 12.19　一个 S-Gun®溅射源的剖面示意图(经 Varian Associates 许可使用)

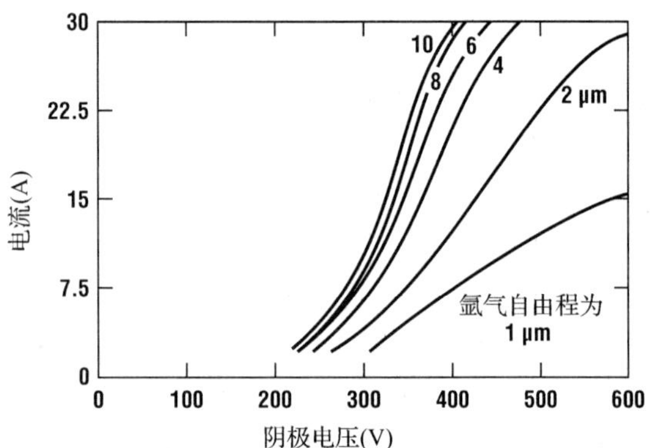

图 12.20　一个以腔内压力为参变量的磁控系统的电流电压特性，各曲线对应的压力由 Ar 的自由程表示，分别为 1，2，4，6，8 和 10 μm(引自 Van Vorous，经 Solid State Technology 许可使用)

12.10　形貌和台阶覆盖

由于大多数溅射工艺中腔体的压力都较高，溅射出的原子在到达晶圆片表面前都会发生多次碰撞，结果导致晶圆片表面的淀积速率将由片上该点处等离子体的立体角决定。一旦它们到达晶圆片的表面，被表面吸附的这些原子将会沿着表面扩散，直至所形成的核达到临界尺寸。当稳定的核形成之后，它们就会捕获更多的吸附原子从而形成岛状区域。如果表面迁移率足够高，这些岛状区域尽管厚度很薄，它们也会逐渐合并起来，形成平滑的连续薄膜。

淀积薄膜的形貌可以由一种区域模型来描述，该模型是由 Movchan 和 Demchishin[41]首先提出的，后来由 Thornton[42]进行了修改。图 12.21 显示了薄膜形貌与衬底温度及入射离子能量之间关系的分区图，衬底温度按照薄膜的熔化温度进行了归一化。虽然这个模型已经广泛应用于各种晶体材料，但是不同材料的区域边界还是有一些变化。在最低的温度和离子能量条件下，薄膜是无定型的非晶形态，表现为高度的多孔状固体，其质量密度也很低。这对应于图中的第一区，这是由于正在形成薄膜的吸附原子迁移率比较低造成的，在该区域淀积的金属薄膜，当暴露于空气中时，很容易发生氧化，因此也具有比较高的电阻率。如果腔内压力降低或衬底温度升高，则淀积工艺就进入了图中的“T”区中，在这个区内淀积的薄膜是高反射的，其晶粒尺寸很小，对于某些微电子应用来说，这是最佳的工作区。增加温度和/或轰击能量会使得晶粒尺寸开始增大。第二区具有从表面垂直生长的高而窄的粒状晶粒，晶粒终结于许多小的晶面上。最后，在第三区中，薄膜通常会具有比较大的三维等轴晶粒，这表明除了表面扩散，体扩散也是一个重要的影响因素。在第二区和第三区中，薄膜的表面相当粗糙，呈现乳白色或雾状。如果晶体缺陷会导致薄膜出现一些问题，则第三区可能会是一个最佳的选择。

溅射工艺在微电子领域最常见的应用是淀积集成电路中的金属互连层。通常这些金属层覆盖在诸如 SiO_2 那样的厚介质层上。为了与器件相连接，需要首先在 SiO_2 上刻蚀出接触孔。正如我们在本章前面所讨论过的，淀积薄膜工艺的关键要求是，即使覆盖在大深宽比的图形结构上，薄膜也必须能够保持足够的厚度。采用磁控溅射方法淀积获得的薄膜的台阶覆盖情况已经由许多作者研究过[43,44]，图 12.22 显示了覆盖在典型的大深宽比接触孔上的薄膜，其剖面随溅射时间的扩展情况。在顶部表面和上面的拐角处，淀积速率较高，而侧壁上的淀积速率则比较适中，侧壁薄膜厚度向底部逐渐减小，在台阶底角处，可能会产生明显的凹口或裂纹。除非加热衬底，否则这种趋势会随着图形深宽比的增加而增大[45]。然而，与蒸发的薄膜比较，即使在低温下溅射的薄膜也有比较好的台阶覆盖，其原因是具有较高的压力和较高的淀积原子的入射能量。在孤立台阶的边缘，由于有增大的视角因子，淀积膜趋向于形成尖端或凸起。

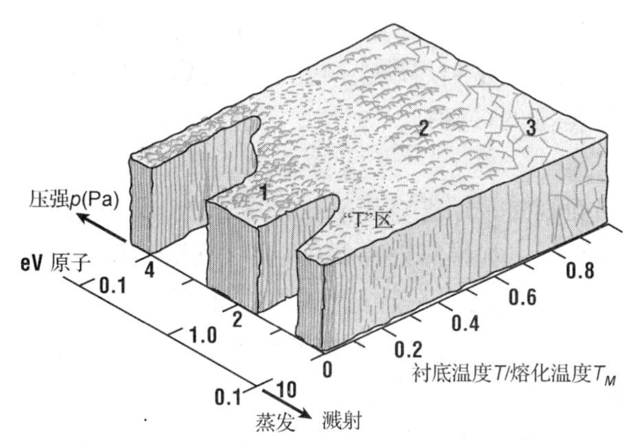

图 12.21　由 Movchan 和 Demchishin 提出的薄膜淀积的三区域模型（引自 Thornton，经 AIP 许可使用）

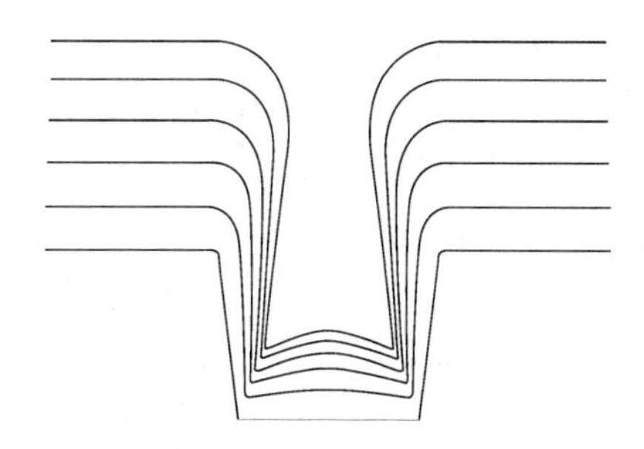

图 12.22　在一个大深宽比的接触孔处，不加热溅射时，典型的台阶覆盖情况随时间而变化的剖面图

与蒸发一样，进行衬底加热可以增强表面扩散作用，从而显著地改善台阶覆盖。放置晶圆片的电极通常一边被电阻加热，一边用水冷却，以便提供较宽的可用温度范围。很热的金属可以充分地填入深宽比大于 1 的接触孔内，但是如果淀积铝，那么在硅和铝之间必须设置牢固的阻挡层，以避免出现我们不希望发生的相互混合（参见第 15 章中关于接触孔“铝钉”的讨论）。而且在进行等离子体淀积时，晶圆片的表面温度还是很难控制的，靶的辐照加热和高能量二次电子轰击产生的大量热都会进入到晶圆片上，RF 溅射系统最适宜于构成对衬底加热不进行控制的系统。图 12.23 所示为采用 SiO_2 靶时衬底温度与等离子体功率之间的典型曲线[46]。

对于单纯采用溅射工艺的互连技术，台阶覆盖依然是高密度互连中的一个严重问题。为了获得所希望的台阶覆盖而采用在淀积时对衬底进行充分加热的方法，可能会造成难以接受的大晶粒或相互扩散效应(参见 12.12 节中有关 Al/Si/Cu 的淀积工艺)。溅射时改进台阶覆盖的第二种方法是在晶圆片上施加一个偏压，如果该偏压足够大，晶圆片将会被高能离子轰击，这将有助于溅射材料的再淀积，从而在一定程度上改善台阶覆盖。

当采用溅射薄膜来填充大深宽比的窄接触孔和通孔时，为了尽量改善台阶覆盖，也已经开发了一些新的溅射技术。我们已经讨论了采用热铝金属作为通孔填充的技术，同时也考虑了铝与其下硅的反应以及温度对铝晶粒结构的影响。已经发展起来的另一项技术称为强迫填充，强迫填充技术故意使得溅射薄膜在接触孔顶拐角处产生明显的尖端，当淀积继续进行时，接触孔顶部的淀积尖端就会发生闭合，从而阻断了向接触孔内部的进一步淀积，这样就把低压的溅射气体(通常是 Ar)密封在接触孔内部的空洞内。

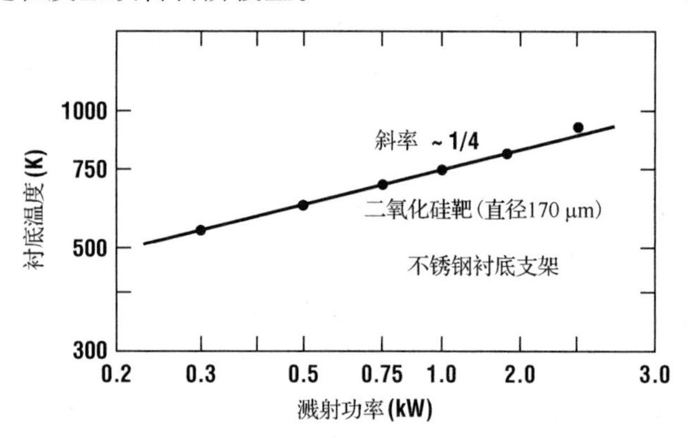

图 12.23 采用 SiO_2 靶和 Ar 气氛的 RF 等离子体溅射，衬底温度上升与等离子体功率之间的函数关系(引自 Wasa 和 Hayakawa，经 Noyes Publications 许可使用)

此时进入到接触孔内部的薄膜台阶覆盖是特别差的，为了修正这种状况，可以把晶圆片放入一个压力容器中，被加热和加压到几个大气压，这样会在密封接触孔的金属桥顶面上施加一个压力，如果该压力超过了加热金属的屈服强度，密封层就会向孔内部塌陷下去，促使金属向下进入接触孔内。然而强迫填充仅对一定范围的接触孔尺寸有效，它并不能改善在孤立台阶上的金属薄膜覆盖。

改善大的深宽比接触孔台阶覆盖的下一个层面则是采用准直溅射(参见图 12.24)。该技术在晶圆片正上方插入一块带有多个大深宽比孔的平板，如果溅射在低压下进行(几个 mTorr)，平均自由程足够长，则溅射原子在准直器与晶圆片之间几乎不会发生碰撞。由于穿过准直器的孔具有较大的深宽比，因此只有速度方向接近于垂直晶圆片表面的粒子才能通过这些孔，这样就会明显地降低淀积速率(每通过具有深宽比为 1∶1 孔的准直器，淀积速率大约降低为原来的 1/3，不过对于淀积厚度为 20～40 nm 的扩散势垒来说，淀积速率还是可以接受的)。虽然早期的准直器都是采用铝或铜制成的，这样可以降低加热效应，但是目前大多数准直器都是采用钛来制作的，以便与淀积薄膜(TiN)的热膨胀相匹配。尽管准直器已经被广泛使用，但它还是具有不少问题。更大深宽比的接触孔需要更高纵横比的准直器，因而相应地淀积速率更低；淀积在准直器上的材料会逐渐堆积起来，直到变得很厚并成片剥落，它可能会落在晶圆片的表面上。实践中，对于深宽比大于 3∶1 的接触孔，并不经常使用准直器。

对于溅射工艺或者通常所称的物理气相淀积工艺来说，当前最先进的技术是离化金属的等离子体淀积(IMP，Ionized Metal Plasma deposition，参见图 12.25)。发射出来的金属原子通过第二个等离子体，使溅射原子离化，到达晶圆片表面的材料，其角度分布由施加在晶圆片上的直流偏压和溅射粒子的离化控制。由发射材料能量确定的传输时间决定了在第二个等离子体内的离化程度。为了得到足够的离化率，IMP 系统经常工作在接近 10 mTorr 的压力下，此时碰撞会减慢发射材料的速度。由于 IMP 工艺可以形成近乎垂直的淀积，因此水平表面上的覆盖大大优于侧壁上的覆盖。Applied Material(应用材料)公司已经演示了在 8∶1 接触孔底部的膜厚为平面淀积厚度的 80%的实例，但是侧壁的覆盖则严格地由侧壁的坡度决定，且厚度一般小于平面淀积厚度的 25%。

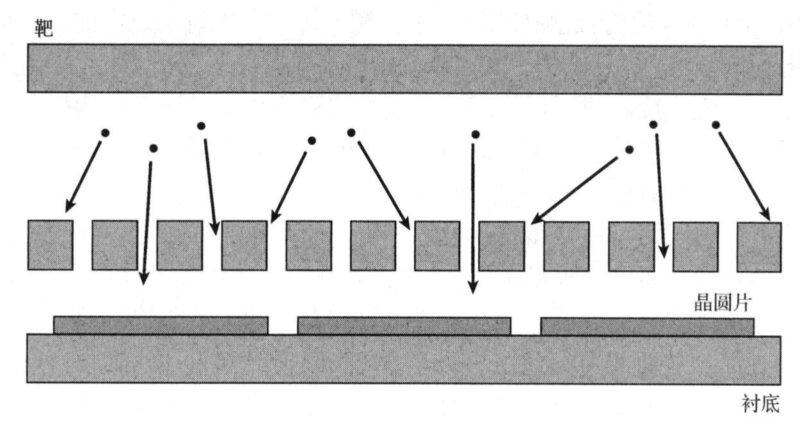

图 12.24　在准直溅射时，为了增加定向性，在接近晶圆片处放置了准直器

图 12.25　Applied Material 公司的 Endura 系统，应用中心机械手装卸片的多个 PVD 或 CVD 腔。对于常规溅射和 IMP 溅射，靶用铰链连接，可以向上打开。照片上显示了两个打开的腔室和装片锁（源自 Applied Materials 公司）

12.11　溅射方法

完全暴露在 RF 等离子体中的表面，会产生出相对于等离子体为负的电位，这是由于电子比离子具有更高迁移率的缘故。在一个典型的溅射系统中，大部分电压降是降落在靶电极上的，但是衬底电极上的偏压也会造成对晶圆片的离子轰击。轰击会造成晶圆片表面材料的去除，这种效应可以通过调节电极相对等离子体的直流偏压来控制。在微电子领域，它有两种主要应用：溅射清洗和偏压溅射。对于低温外延生长工艺来说，在淀积薄膜之前，对于如何从晶圆片表面去除全部表面玷污的方法，人们已经进行了广泛的研究，这个论题将包括在后

面的一章中。本节将仅限于讨论单纯的物理清洗方法——衬底的溅射刻蚀。溅射淀积工艺的一个典型应用例子，是淀积金属以对重掺杂硅形成欧姆接触。先形成接触孔的光刻胶图形，并透过一层厚的 SiO_2 绝缘层将接触孔刻蚀出来，在即将放入溅射系统之前，先将晶圆片浸入氢氟酸和水的稀释混合液(1 : 100)内，以去除接触孔刻蚀后硅上重新生长的氧化物，然后将晶圆片在去离子水中清洗，旋转甩干后直接装入进行淀积的真空系统中。然而，晶圆片清洗和在空气中的短暂暴露还有可能再次生长薄而不均匀的自然氧化层，为了获得可重复的低阻欧姆接触，总是希望在金属淀积前去除这层很薄的氧化物。

通过颠倒电气连接关系可以使得衬底发生溅射，而不是靶的溅射。这个过程通常是在淀积之前进行一个较短的时间，以便从晶圆片表面去除自然氧化物以及任何其他的残留玷污[47]。然而溅射刻蚀也有一些严重的问题，来自衬底电极或晶圆片上氧化物覆盖区的溅出材料也会淀积在晶圆片的表面，从而产生更多玷污而不是减少玷污。如果玷污物中含有会造成结漏电的重金属杂质，这种玷污可能会引起严重的后果[48]。某些有机玷污，例如来自凝结的泵油蒸气，是有可能发生聚合反应的，这就使得它们很难去除[49,50]。

溅射刻蚀的硅晶圆片表面会有损伤层，它可以深入到硅晶圆片中达 4 ~ 11 nm 深[51]。硅晶圆片表面可以含有高达 20%原子比例的 Ar[52]，具体由偏压条件决定。晶圆片表面材料的去除也会不均匀，从而导致表面形成陡的尖凸和刻蚀坑[53]。然而，对于典型的溅射刻蚀，通常希望刻蚀深度小于 10 nm。近年来采用离化金属等离子体系统，可以使得溅射损伤大大降低。为了开发溅射预清洗工艺，应当测量溅射清洗工艺对接触电阻、接触可靠性以及结漏电的影响，并采用实验方法对每一溅射系统进行优化。

对于简单的磁控系统，如果衬底和淀积的薄膜都是导电材料的话，可以调节施加在衬底上相对于等离子体的偏压。通过在衬底上施加负偏压，离子对衬底的轰击作用将增强。通过控制偏压，可以改变淀积的速率，而这与生长薄膜的溅射刻蚀率无关。因为溅射刻蚀的薄膜，在低偏压下又可以重新淀积在晶圆片上，因而就可以得到台阶覆盖的净改善(参见图 12.26)。Vossen 已经指出，采用这种工艺可以实际产生出比表面淀积速率还要高的接触孔侧壁淀积速率[54]。不过，高的溅射刻蚀速率可能会损伤下面的衬底和淀积层的表面。在较低的偏压下，通过增加吸附原子的迁移率，入射离子能量也可以改善台阶覆盖[55]。

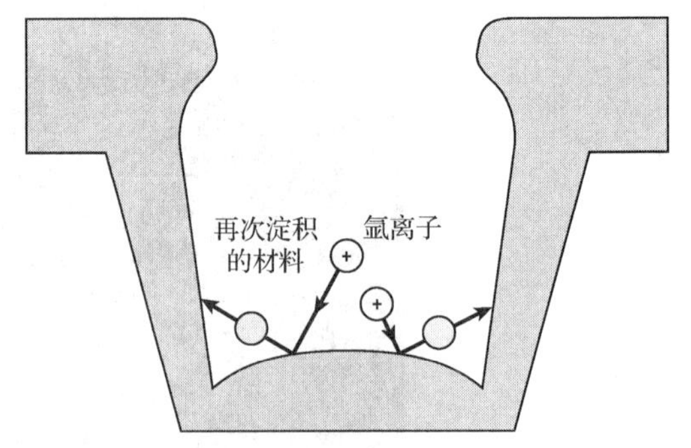

图 12.26 在偏压溅射时，离子入射到晶圆片表面，使淀积薄膜发生再分布从而改善台阶覆盖

在淀积开始前，人们常常希望能够清洗溅射靶，这也是能够做到的。对于预溅射而言，等离子体在打开快门挡板之前激发，这样靶顶层的材料就会溅射在快门挡板的背面而不是衬底上。预溅射的一种常见应用是去除生长在金属靶上的自然氧化物。对于这种应用，可以采用辉光放电电流的变化来确定氧化物的去除程度[56]，表面氧化物通常有较高的二次电子发射率，所以一旦靶被清洗干净，放电电流就会下降到一个稳定值。这些反应性粒子的预溅射也会从反应腔内吸收残余的反应气体，如 O_2、H_2O 和 N_2，既通过气相反应，也通过具有较高活性的薄膜对快门挡板背面的覆盖。

12.12　特殊材料的溅射

在硅基集成电路上采用基于铝的溅射工艺实现金属化已经有许多文献报道[57,58]。用铝硅合金替代纯铝可以增加浅结欧姆接触的可靠性，典型的硅的浓度为 0.5 ~ 2.0 原子百分比。添加 0.5 ~ 1.0 原子百分比的铜也能降低金属薄膜形成小丘的趋势[59]，并显著地改进以这种薄膜制成的金属线条通过大电流的能力，且不会引起电迁移退化和应力诱生空洞。我们将在第 15 章中逐个讨论这些效应。本节的第一部分将评述铝合金薄膜的溅射淀积。

为了得到高的溅射淀积速率，大多数铝合金是在平面直流磁控系统中淀积的。由于所有薄膜都是合金材料，因此薄膜的化学配比控制是一个首要关心的问题，正如前面所讨论过的，淀积薄膜的成分通常接近于靶体的组成。在中等的衬底温度下，已经淀积材料的再蒸发可以忽略，薄膜的精确成分由等离子体工艺要素中的输运性能决定[60]。例如，在较低的腔体压力下，一个 AlCu 靶的溅射将使得薄膜中的铜浓度比靶材料要略高一些。高的铜组分与氩气使得非常轻的铝原子变热的能力有关，但是氩与重得多的铜原子的碰撞则几乎没有什么影响[61]。更多的加热元素损失在腔壁上，因此到达晶圆片上的就减少了，这个结果被称为选择性加热(selective thermalization)[62]，在溅射诸如 AlCu 或 TiW 这样的材料时最为明显，因为这些材料中的一种原子比另一种具有大得多的原子质量。另一个常见的例子是金属氧化物的溅射，这类薄膜当采用特定化学配比的靶材通过非反应性溅射形成时，通常都是氧含量不足的。究其原因，一方面是因为氧的挥发，另一方面则是因为氧的原子量低于绝大多数金属元素。氧原子加热比较快，因此损失得也更多。

要想更好地控制化学配比的一种方法是采用多靶方式。通过调节每一个靶的功率，可以改变淀积层的组分。不需要第二功率源的第二种控制组分的方法，是应用具有不同浓度区域的复合靶。例如，在最简单的场合，一种材料的小片可以黏在靶上，薄膜组分由暴露面积的比例决定；又如，可以使得两种不同材料分别占据不同的柱面对称区域来构成靶材。我们也可以采用改变等离子体电学特性的方法，来控制淀积层的组分[63]。总之，在使用溅射进行生产的情况下，靶组分的选择简单地取决于工艺要求，对于特定的工艺要求能得到所需的薄膜组成成分。

薄膜电阻率是腔内背景压力和气体组分的敏感函数。铝很容易与氧、氮和水发生反应，当氮气压在 10^{-6} Torr 以上时，其电阻率会急剧上升[64]。如果氮的主要来源是泵抽气不完全，许多氮将在淀积过程中被吸收，在这种情况下，预溅射可以充分地清洁腔体。更为严重的是微小的真空泄漏，它会使氮和氧进入淀积层中。为了降低薄膜的电阻率，很多为淀积铝所设计的生产系统均采用装片锁装置，以避免装片时对主腔室直接放气。晶圆片在进入高真空腔之前，可以在高于 400℃的温度下烘烤或曝光在深紫外光源下，以便释放出在装片锁装置中吸收的物质。通常采用一个称为 Meissner 阱[65]的低温装置来使得残余气体凝聚，从而减少真空抽气的时间。

另一个对集成电路制造很重要的变量是淀积薄膜的反射率。反射率低的薄膜常常呈现雾状或乳白色，这些薄膜中的大晶粒会造成光刻困难，其原因或是由于看不清前一层的对准标记，或是由于铝晶粒散射出杂散光。大多数紫外线光刻所要求的最小反射率是 0.6 左右。高反射和粗糙薄膜可能需要一个抗反射层来改善光刻效果。影响铝基金属化层镜面反射的因素包括衬底温度[66]、薄膜的厚度[67]和腔内残余气体[68]。已经发现反射率服从下述关系：

$$R \propto e^{-[4\pi\sigma/\lambda]^2} \tag{12.18}$$

式中，λ是光的波长，σ是表面粗糙度的均方根(RMS)，通常$\lambda >> \sigma$[69]。由于淀积铝层下面的材料也会影响淀积薄膜的形貌[70]，因而也会影响薄膜的镜面反射。

图 12.27 显示了以恒定速率淀积的 Al-Si 层的百分比反射率与 N_2、H_2及 H_2O 分压的函数关系。一般而言，淀积的速率越高，残余气体的影响就越小。这里我们再次指出，氮的影响最为显著，如果它的分压大于 10^{-6} Torr 就会严重恶化反射率。尽管 H_2的分压几乎要高于氮的 10 倍才会产生同样的影响，但是抽出氢气的效率是低得多的。对于涡轮分子泵来说，由于氢的质量较轻，因此氢的压缩比最低；而对于冷泵来说，由于氢的沸点低，因此氢的抽气速率也很低。为此，生产系统可以使用吸气泵，例如钛升华泵[71]，在抽气过程中去除大部分的氢。目前最先进的溅射系统通常工作在 1×10^{-9} Torr 左右的背景压力下。

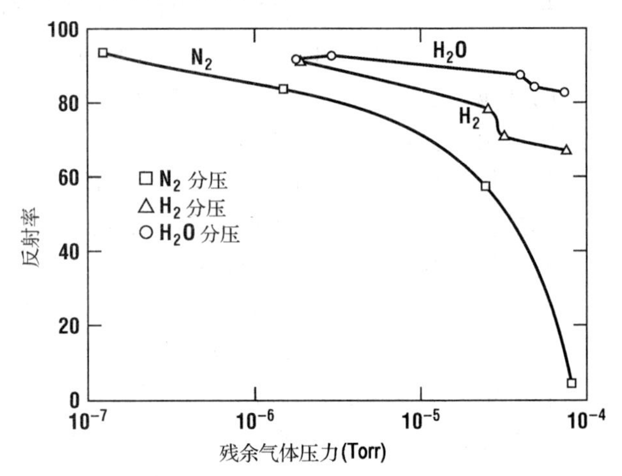

图 12.27 400 nm 厚 Al-Si 层的反射率与 N_2、H_2及 H_2O 分压的函数关系(引自 McLeod 和 Hartsough，经 AIP 许可使用)

在淀积化合物的时候，若其中不同成分的溅射产额很不相同，而某一种成分又可以在气体源中获得时，则比较可取的办法是以反应性的方式来淀积薄膜。反应性溅射是一种采用惰性/活性气体混合物来代替通常的惰性溅射气体的工艺，淀积薄膜的组成可以通过改变等离子体中反应性气体的分压来进行控制，淀积速率也会受到改变反应性气体分压的影响。在进行反应性溅射时，薄膜的组分可以在一个很宽的组成范围内平滑地得到控制。由于驱动等离子体中化学反应所适用的能量范围相当宽，因而有可能产生出多种化合物，此时的任务就成为选择淀积条件和淀积后的退火条件，以便优先形成所希望的化合物或其物相。

正如我们将要在 15.7 节中所讨论的，现代器件需要形成对超浅洁的欧姆接触。为了避免金属和硅之间的互扩散，有的时候会采用一层薄的阻挡金属。一种常用的阻挡层金属是 TiW，但是利用化合物靶材来溅射 TiW 会产生出大量的颗粒，这就给高密度集成电路的生产带来严重的问题。替代的扩散阻挡层包括 TiN 和 WN 以及其他难熔金属氮化物的薄膜[72]，既可以采用化学气相淀积方式制备，也可以采用溅射方式形成[73]。TiN 是一种不同寻常的材料，它具有电阻率低、热稳定性与化学稳定性高以及特别坚固等优点，作为一种覆盖在机械工件上以减少磨损的材料，它已经受到了人们相当多的关注。因此，TiN 的淀积就成为描述反应性溅射工艺的主要载体。TiN 薄膜层必须没有针孔和裂缝，这对于非常薄的阻挡层来说是非常困难的。

控制淀积薄膜组分的主要变量是溅射系统内的氮气分压。图 12.28 显示了反应性溅射的难熔 TiN_x 薄膜的电阻率及组分与氮气流量的函数关系，从中可以看到在开始生成 TiN 时，其电阻率有急剧的跳变[74]。因为很难保持精确的化学配比[75]，淀积通常是在富氮气氛中进行的。应当避免将要覆盖的台阶具有尖锐的拐角或边缘，以便尽量减少阻挡层金属的应力破裂(参见

图 12.29)[76]。无论如何，在富氮气氛中淀积的薄膜含有过剩的气体分子，它们能够钝化淀积之后薄膜内可能产生的微裂缝[77]，这类淀积薄膜层在文献[78]中也称为填充阻挡层。这类薄膜层在淀积之后还可以在氮气或氨气的气氛中进行退火处理[79]，以增加氮的填塞，并减少薄膜的应力。腔体中剩余的 H_2O 和 O_2 的分压应小于 10^{-6} Torr，以避免薄膜的严重玷污[80]。对于不加热的淀积，施加直流偏压能够增加薄膜的密度[81](参见图 12.21 中的区域 1 到区域 T)。最后已经有研究结果表明，在 N 型硅上反应性淀积 TiN 时，为了获得低漏电的二极管，在溅射前必须对硅衬底进行溅射清洗[82]。

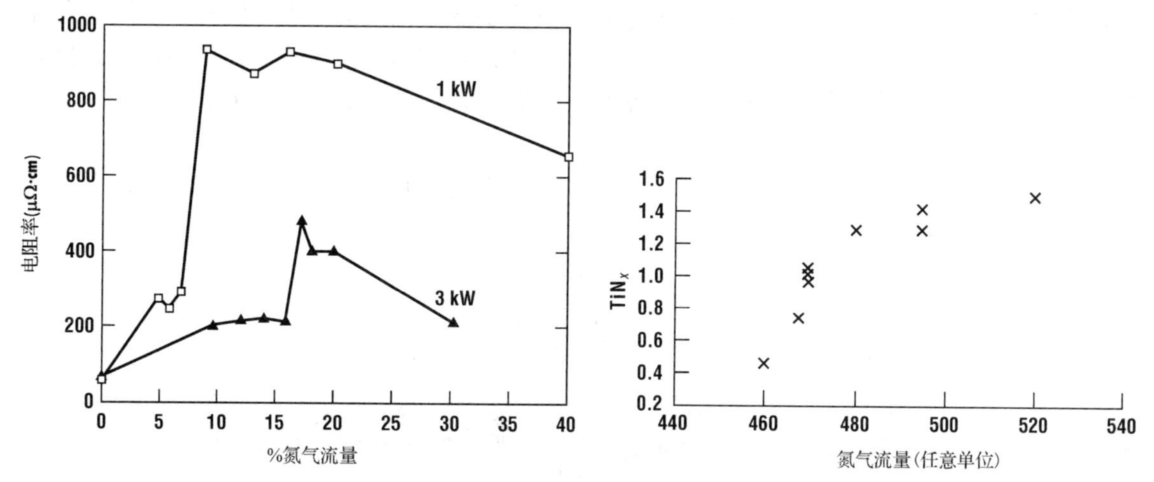

图 12.28　反应性溅射 TiN 的电阻率及其组分与溅射腔内 N_2 流量百分比的函数关系[引自 Tsai, Fair 和 Hodul(经 The Electrochemical Society 许可使用)，以及 Molarius 和 Orpana，经 Kluwer Academic Publishing 许可使用]

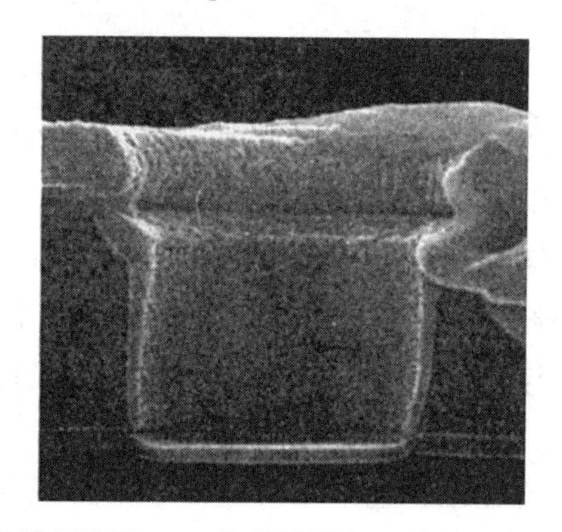

图 12.29　已经溅射淀积 TiN 的中等深宽比接触孔，其剖面结构的电子显微照片(引自 Kohlhase, Mändl 和 Pamler，经 AIP 许可使用)

12.13　淀积薄膜内的应力

淀积在衬底上的薄膜，既可能处于张应力状态(在这种状态下，薄膜能够通过收缩而减缓应力)，也可能处于压应力状态。如果薄膜中的应力太大，薄膜也可能从晶圆片的表面皱起脱落。薄膜的应力和结构对其性能起到重要的作用，尤其是在金属连线的可靠性方面。在后续的热处理过程中，较大的应力还会导致空洞的形成，此处的应变状态将会成为晶粒边界扩散的驱动力。

应力的来源之一是薄膜与衬底之间热膨胀系数的失配，淀积只要不是在室温下进行的就会有应力。如果 E 是材料的杨氏弹性模量，ν是泊松比，假设 E 和 ν 与温度无关[83]，则应力可以由下式给出：

$$\sigma_{\text{th}} = \frac{E_{\text{film}}}{1-\nu_{\text{film}}} \int_{T_o}^{T_{\text{dep}}} (\alpha_{\text{film}} - \alpha_{\text{sub}})\,\mathrm{d}T \tag{12.19}$$

对于本征应力目前尚缺乏深入的了解。如前所述，在淀积过程中，薄膜有可能会形成单晶的颗粒。对于多晶薄膜，在高温下淀积时能产生出应力，在这样的条件下，以牺牲小晶粒为代价，会生长出较大的晶粒。单晶化程度的增加会引起全局性的应力。因此，本征应力可以由衬底温度、淀积速率、薄膜厚度、溅射时的压力以及腔体背景气氛等参量决定。通常可以通过调节淀积条件来获得所希望的应力水平。考虑到应力的两种来源，可以得到：

$$\sigma = \sigma_{\text{th}} + \sigma_{\text{bi}} \tag{12.20}$$

薄膜的应力通常采用晶圆片在淀积薄膜前后的弯曲变化来测量(参见图 12.30)。因此，薄膜应力可以由下式得到：

$$\sigma = \frac{\delta}{t}\frac{E}{1-\nu}\frac{T^2}{3R^2} \tag{12.21}$$

式中，δ 是晶圆片中心点的弯曲量，t 是薄膜的厚度，R 是晶圆片的半径，T 是晶圆片的厚度。

图 12.30 可以利用晶圆片的弯曲变化来测量淀积薄膜的应力，通常采用反射激光束测量

12.14 小结

蒸发是一种超高真空技术，可以用于薄膜淀积。要蒸发的材料放在坩埚内加热，材料的蒸气以直线形式射到衬底上。坩埚可以采用电阻、电感或电子束进行加热，后一种技术对需要很高的温度才能淀积的材料特别有用。淀积速率由所装入材料的蒸气压和反应器的形状决定。为了改善均匀性和减少阴影遮挡效应，晶圆片常常放在一个在淀积时旋转的行星转盘上。也可以采用衬底加热的方式。与蒸发有关的主要问题包括台阶覆盖和合金形成，而在电子束蒸发系统中，则可能会有辐照损伤。

溅射是另一种纯物理的工艺过程，它采用辉光放电的方式从靶材上溅出材料，溅射出的材料向晶圆片表面扩散，并且被收集在晶圆片表面。与蒸发相比，溅射的主要优点是改善了台阶覆盖和容易淀积合金材料和化合物材料。有些化合物也可以采用惰性气体稀释的反应性气体混合物来对靶材进行反应性溅射淀积。由于具有这些优点，溅射技术已经得到了广泛的应用，特别是在金属化工艺中。高深宽比的结构需要采用较高的衬底温度和/或较高的衬底偏压，以便获得可接受的台阶覆盖，不过，衬底的温度会促进薄膜中大晶粒的生长。对于想要进一步研究溅射工艺的学生来说，现在有很多好的教科书可以参考，Stuart 曾经写过一个简短的、定性的介绍[84]，除此以外，在 Chapman 和 Mangano[85]以及 Vossen 和 Kern[86]的书中也包括了有关溅射工艺的章节，专门论述溅射的还有 Konuma[24]的著作以及 Wasa 和 Hayakawa[46]、Sarkar[87]的著作。Ohring 也写过一本著名的从总体上介绍薄膜技术的教材[88]。

习题

1. 在例题 12.2 中，对铝原子到达率与水蒸气分子流做了比较。对于同一个蒸发台，需要多高的坩埚温度，可以使得铝原子流等于此例题中的水蒸气流？铝膜的淀积速率是多少？
2. 采用例题 12.2 中描述的蒸发台来淀积镍(Ni)，已知镍的密度为 8.9 g/cm^3(8900 kg/m^3)，假设坩埚的温度为 1600℃，试求出镍膜的淀积速率为每分钟多少纳米(10^{-9} m/min)？
3. 一台蒸发系统有一个表面积为 5 cm^2 的坩埚，蒸发行星盘半径为 30 cm。试求出当金的淀积速率为 0.1 nm/s 时所需要的坩埚温度。金的密度和原子量分别为 18 890 kg/m^3 和 197。
4. 某项特定的应用希望在蒸发台内淀积组分比为 50 : 50 的金(原子量为 197)铝(原子量为 27)混合物，该蒸发台有两个独立的加热源。为此，一位研究人员给该蒸发台增加了一个大的圆形挡板，如附图所示，该挡板的旋转速率为 10 rpm，使得每种材料交替淀积。假定挡板上的开口占整个挡板面积的一半。每一个坩锅的面积为 10 cm^2。淀积的球形区域半径是 50 cm。设定金和铝的质量密度分别为 18 900 kg/m^3 和 2700 kg/m^3。如果你希望在挡板旋转的每一个周期内每一种材料都分别淀积出一个精确的单原子层(假设其厚度为 0.3 nm 或 3×10^{-10} m)，对于每一个源你将分别采用多高的温度？

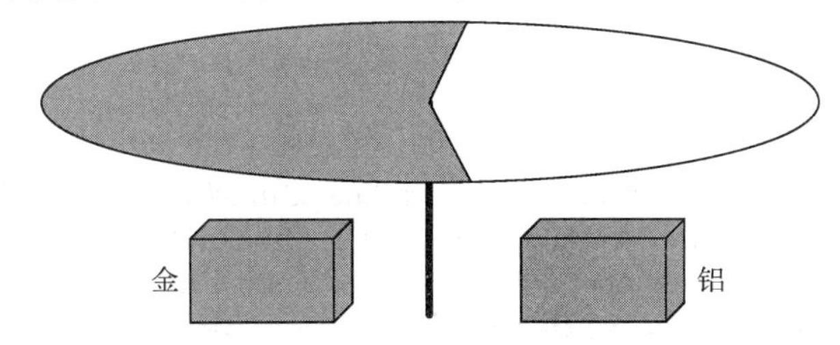

5. 习题 1 提示我们为了减少薄膜玷污，希望尽可能提高淀积速率，对于这样的工艺可能会存在什么缺点？
6. 希望用一台单源蒸发台淀积 Ga 和 Al 的混合物，如果淀积的温度是 1100℃，坩埚内的初始混合物是 50%的摩尔比，两种成分的黏滞系数都为 1，试问初始薄膜的组分将会是怎样的？它随着时间将会怎样变化？
7. 蒸发台中所使用的行星转盘的思想(即源和所有的晶圆片都置于一个球面上)是很难准确实现的，因为晶圆片是一个平面，而不是一个弯曲的表面。随着晶圆片的尺寸相对于行星转盘的尺寸变得越来越大，这个问题也会变得越来越严重。考虑附图所示的结构，一个半径为 A 的晶圆片置于一个半径为 r 的行星转盘上，晶圆片中心正对着坩锅的上方，且晶圆片的中心位于行星转盘的球面上。

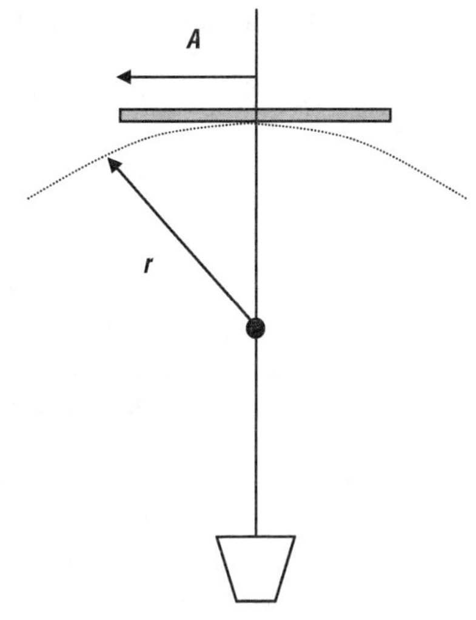

   (a) 计算晶圆片边缘处的淀积速率与晶圆片中心处的淀积速率之比；
   (b) 如果 $r = 20$ cm，$A = 10$ cm，求出上述淀积速率之比的数值。
8. 已经有人建议引入一个宽束激光可以改善蒸发薄膜的台阶覆盖，讨论产生这种改善的可能机理是什么。

9. 试说明为什么溅射产额会随着离子质量的增加(假设离子的能量固定不变)而增加?(提示：需要讨论非弹性碰撞)

10. 采用一台直流溅射系统来淀积铝，该系统具有两个大的圆形平行板电极(参见图 12.12)，如果圆形平板电极的直径远大于其间距，在靠近系统的中心位置处，溅射基本上是一个一维的工艺过程，其输运损失很低。在 20 mTorr 的氩气压下，对于任何功率的等离子体，腔体中晶圆片上的最大溅射淀积速率均为 100 nm/min。
    (a) 铝的数值密度为 6.0×10^{22} cm^{-3}，试求出铝原子到达晶圆片表面的粒子流密度。
    (b) 利用简单的动力学理论，近似计算出中性氩原子到达靶表面的粒子流密度(假设氩原子温度为 400 K)。
    (c) 如果最大淀积速率发生在最大溅射产额的偏压下，该工艺的溅射产额是多少?
    (d) 如果靶中溅射出的每一个铝原子最终都到达晶圆片上，并且只有氩离子才能够溅射出铝原子，试问等离子体中有多大比例的氩原子发生了离化?

11. 试讨论为什么溅射产额会在某一能量时具有最大值。

12. 为什么金属薄膜的反射率会引起人们的关注?

13. 试解释为什么薄膜的应力与测量时薄膜的温度有关。

参考文献

1. C. B. Alcock, V. P. Iktin, and M. K. Horrigan, *Can. Metallurg. Q.* **23**:309 (1984).
2. T. Iida, Y. Kita, H. Okano, I. Katayama, and T. Tanaka, "Equation for the Vapor Pressure of Liquid Metals and Calculations of Their Enthalpies of Evaporation," *J. High Temp. Mater. Process* **10**:199 (1992).
3. L. I. Maissel and R. Glang, eds., *Handbook of Thin Film Technology*, McGraw-Hill, New York, 1970.
4. L. Holland, *Vacuum Deposition of Thin Films*, Wiley, New York, 1956.
5. M. Aceves, J. A. Hernández, and R. Murphy, "Applying Statistics to Find the Causes of Variability in Aluminum Evaporation: A Case Study," *IEEE Trans. Semicond. Manuf.* **5**:165 (1992).
6. K. Chopra, *Thin Film Phenomena*, McGraw-Hill, New York, 1969, p. 91.
7. C. Lu and A. W. Czanderna, *Applications of Piezoelectric Quartz Crystal Microbalances*, Elsevier, Amsterdam, 1984.
8. I. A. Blech, B. D. Fraser, and S. E. Haszko, "Optimization of Al Step Coverage Through Computer Simulation and Scanning Electron Microscopy," *J. Vacuum Sci. Technol.* **15**:13 (1978).
9. Y. Homma and S. Tsunekawa, *J. Electrochem. Soc.* **132**:1466 (1985).
10. M. A. Lardon, H. P. Bader, and K. J. Hoefler, "Metallization of High Aspect Ratio Structures with a Multiple Cycle Evaporation/Sputter Etching Process," *Proc. IEEE VLSI Multilevel Intercon. Conf.*, 1986, p. 212.
11. B. T. Jonker, "A Compact Flange-Mounted Electron Beam Source," *J. Vacuum Sci. Technol. A* **8**:3883 (1990).
12. J. Bloch, M. Heiblum, and J. J. O'Sullivan, "Ultra-High Vacuum Compatible Electron Source," *IBM Tech. Disc. Bull.* **27**:6789 (1985).
13. L. C. Hecht, "Use of Successive Dilution for Reproducible Control of Al–Cu Alloy Evaporation," *J. Vacuum Sci. Technol.* **14**:648 (January/February 1977).

14. M. L. Kniffin and C. R. Helms, "The Synthesis and Properties of Low Barrier Ag–Ga Intermetallic Contacts to n-Type GaAs," *J. Appl. Phys.* **68**:1367 (1990).
15. J. Villalobos, R. Glosser, and H. Edelson, "A Quartz Crystal-Controlled Evaporator for the Study of Metal Film Alloy Hydrides," *Meas. Sci. Technol.* **1**:365 (1990).
16. L. Esaki, in *Novel Materials and Techniques in Condensed Matter*, G. W. Crabtree and P. Vashishta, eds., North-Holland, Amsterdam, 1982.
17. W. Sevenhans, J.-P. Locquet, and Y. Bruynseraede, "Mass Spectrometer Controlled Electron Beam Evaporation of Multilayer Materials," *Rev. Sci. Instrum.* **57**:937 (1986).
18. N. Uetake, T. Asano, and K. Suzuki, "Measurement of Vaporized Atom Flux and Velocity in a Vacuum Using a Microbalance," *Rev. Sci. Instrum.* **62**:1942 (1991).
19. W. R. Grove, *Philos. Trans. Faraday Soc.* **87** (1852).
20. I. Langmuir, *General Electric Rev.* **26**:731 (1923).
21. G. K. Wehner, *Adv. Electron. El. Phys.* **VII**:253 (1955).
22. M. L. Tarng and G. K. Wehner, "Alloy Sputtering Studies with *in-situ* Auger Electron Spectroscopy," *J. Appl. Phys.* **42**:2449 (1971).
23. R. L. Wilson and L. E. Terry, "Application of High-Rate ExB or Magnetron Sputtering in the Metallization of Semiconducting Devices," *J. Vacuum Sci. Technol.* **13**:157 (1976).
24. M. Konuma, *Film Deposition by Plasma Techniques*, Springer-Verlag, Berlin, 1992.
25. L. I. Maissel and R. Glang, eds., *Handbook of Thin Film Technology*, McGraw-Hill, New York, 1970, pp. 3–23.
26. G. K. Wehner and G. S. Anderson, "The Nature of Physical Sputtering," in *Handbook of Thin Film Technology*, L. I. Maissel and R. Glang, eds., McGraw-Hill, New York, 1970.
27. H. H. Anderson and H. L. Bay, *Sputtering by Particle Bombardment I*, R. Behrisch, ed., Springer-Verlag, Berlin, 1981.
28. R. V. Stuart and G. K. Wehner, "Sputtering Yields at Very Low Bombarding Ion Energies," *J. Appl. Phys.* **33**:2345 (1962).
29. G. K. Wehner, "Controlled Sputtering of Metals by Low-Energy Hg Ions," *Phys. Rev.* **102**:690 (1956); "Sputtering Yields for Normally Incident Hg^+ Ion Bombardment at Low Ion Energy," *Phys. Rev.* **108**:35 (1957); "Low-Energy Sputtering Yields in Hg," *Phys. Rev.* **112**:1120 (1958).
30. G. K. Wehner and D. Rosenberg, "Hg Ion Beam Sputtering of Metals at Energies 4–15 keV," *J. Appl. Phys.* **32**:1842 (1962).
31. H. H. Anderson and H. L. Bay, in *Sputtering by Particle Ion Bombardment I*, R. Behrisch, ed., Springer-Verlag, Berlin, 1981, p. 202.
32. G. K. Wehner and D. L. Rosenberg, "Angular Distribution of Sputtered Material," *J. Appl. Phys.* **31**:177 (1960).
33. O. Almen and G. Bruce, "Collection and Sputtering Experiments with Noble Gas Ions," *Nucl. Instrum. Methods* **11**:257, 279 (1961).
34. K. Wasa and S. Hayakawa, Jpn. Patent 642,012, assigned to Matsushita Electric Ind. Corp. (1967).
35. F. M. Penning, U.S. Patent 2,146,025 (February 1935).
36. R. S. Rastogi, V. D. Vankar, and K. L. Chopra, "Simple Planar Magnetron Sputtering Source," *Rev. Sci. Instrum.* **58**:1505 (1987).
37. P. J. Clarke, U.S. Patent 3,616,450 (1971).
38. T. Van Vorous, "Planar Magnetron Sputtering: A New Industrial Coating Technique," *Solid State Technol.* **62** (December 1976).
39. D. B. Fraser, "The Sputter and S-Gun Magnetrons," in *Thin Film Processes*, J. L. Vossen and W. Kern, eds., Academic Press, New York, 1978, p. 115.
40. J. A. Thornton and A. S. Penfold, "Cylindrical Magnetron Sputtering," in *Thin Film Processes*, J. L. Vossen and W. Kern, eds., Academic Press, New York, 1978.
41. B. A. Movchan and A. V. Demchishin, "Study of the Structure and Properties of

Thick Vacuum Condensates of Nickel, Titanium, Aluminum Oxide, and Zirconium Dioxide," *Phys. Met. Metallogr.* **28**:83 (1969).

42. J. A. Thornton, "Influence of Apparatus Geometry and Deposition Conditions on the Structure and Topology of Thick Sputtered Coatings," *J. Vacuum Sci. Technol.* **11**:666 (1974).
43. R. J. Gnaedinger, "Some Calculations of the Thickness Distribution of Films Deposited from Large Area Sputtering Sources," *J. Vacuum Sci. Technol.* **6**:355 (1969).
44. I. A. Blech and H. A. Vander Plas, "Step Coverage Simulation and Measurements in a dc Planar Magnetron Sputtering Systems," *J. Appl. Phys.* **54**:3489 (1983).
45. W. H. Class, "Deposition and Characterization of Magnetron Sputtered Aluminum and Aluminum Alloy Films," *Solid State Technol.* **22**:61 (June 1979).
46. K. Wasa and S. Hayakawa, *Handbook of Sputter Deposition Technology*, Noyes, Park Ridge, NJ, 1992.
47. P. Burggraaf, "Sputtering's Task: Metallizing Holes," *Semicond. Int.* **28** (December 1990).
48. J. L. Vossen, J. J. O'Neill, K. M. Finlayson, and L. J. Royer, "Backscattering of Materials Emitted from RF-Sputtering Targets," *RCA Rev.* **31**:293 (1970).
49. L. Holland, "The Cleaning of Glass in a Glow Discharge," *Br. J. Appl. Phys.* **9**:410 (1958).
50. J. L. Vossen and E. B. Davidson, "The Interaction of Photoresist with Metals and Oxides During RF Sputter Etching," *J. Electrochem. Soc.* **119**:1708 (1972).
51. G. W. Sachse, W. E. Miller, and C. Gross, "An Investigation of RF-Sputter Etched Silicon Surfaces Using He Ion Backscattering," *Solid-State Electron.* **18**:431 (1975).
52. J. C. Bean, G. E. Becker, P. M. Petroff, and T. E. Seidel, "Dependence of Residual Damage on Temperature During Ar^+ Sputter Cleaning of Silicon," *J. Appl. Phys.* **48**:907 (1977).
53. M. J. Whitcomb, "Sputter Etch Profiles of Spheres, Cylinders, and Slab-like Silica Targets," *J. Mater. Sci.* **11**:859 (1976).
54. J. L. Vossen, "Control of Film Properties by RF-Sputtering Techniques," *J. Vacuum Sci. Technol.* **8**:512 (1971).
55. Y. H. Park, F. T. Zold, and J. F. Smith, "Influence of dc Bias on Aluminum Films Prepared with a High Rate Magnetron Sputtering Cathode," *Thin Solid Films* **129**:309 (1985).
56. J. E. Houston and R. D. Bland, "Relationships Between Sputter Cleaning Parameters and Surface Contamination," *J. Appl. Phys.* **44**:2504 (1973).
57. L. D. Hartsough and P. S. McLeod, "High-Rate Sputtering of Enhanced Aluminum Mirrors," *J. Vacuum Sci. Technol.* **14**:123 (1977).
58. T. N. Fogarty, D. B. Fraser, and W. J. Valentine, "MOS Metallization Via Automatic 'S-Gun' Planetary Deposition System," *J. Vacuum Sci. Technol.* **15**:178 (1978).
59. D. S. Herman, M. A. Schuster, and R. M. Gerber, "Hillock Growth on Vacuum Deposited Aluminum Films," *J. Vacuum Sci. Technol.* **9**:515 (1972).
60. S. M. Rossnagel, "Deposition and Redeposition in Magnetrons," *J. Vacuum Sci. Technol. A* **6**:3049 (1988).
61. S. M. Rossnagel, I. Yang, and J. J. Cuomo, "Compositional Changes During Magnetron Sputtering of Alloys," *Thin Solid Films* **199**:59 (1991).
62. F. J. Cadieu and N. Cheneinski, "Selective Thermalization in Sputtering to Produce High T_c Films," *IEEE Trans. Magnet.* **11**:227 (1975).
63. S. Kobayashi, M. Sakata, K. Abe, T. Kamei, O. Kasahara, H. Ohgishi, and K. Nakata, "High Rate Deposition of $MoSi_2$ Films by Selective Co-Sputtering," *Thin Solid Films* **118**:129 (1984).
64. V. Hoffman, "High Rate Magnetron Sputtering for Metallizing Semiconductor Devices," *Solid State Technol.* **19**:57 (December 1976).

65. D. R. Denison, "Sputtering System Design for Optimum Deposited Film Quality," *Microelectron. Manuf. Testing*, July 1985, p. 12.
66. P. S. McLeod and L. D. Hartsough, "High Rate Sputtering of Aluminum for Metallization of Integrated Circuits," *J. Vacuum Sci. Technol.* **14**:263 (1977).
67. K. Kamoshida, T. Makino, and H. Nakamura, "Preparation of Low Reflectivity Al–Si Films Using DC Magnetron Sputtering and Its Application to Multilevel Metallization," *J. Vacuum Sci. Technol. B* **3**:1340 (1985).
68. R. S. Nowicki, "Influence of Residual Gases on the Properties of DC Magnetron Sputtered Al–Si," *J. Vacuum Sci. Technol.* **17**:384 (1980).
69. R. J. Wilson and B. L. Wiess, "The Sputtered Reflectivity of DC Magnetron Sputtered Al–1%-Si Films," *Vacuum* **42**:987 (1991).
70. R. J. Wilson and B. L. Wiess, "The Structure of DC Magnetron Sputtered Al-1%-Si Films," *Thin Solid Films* **203**:147 (1991).
71. J. Visser, *Le Vide* (suppl.), no. 157.
72. J. E. Sundgren, "Structure and Properties of TiN Coatings," *Thin Solid Films* **128**:21 (1985).
73. K. Wasa and S. Hayakawa, *Microelectron. Rev.* **6**:213 (1967).
74. W. Tsai, J. Fair, and D. Hodul, "Ti/TiN Reactive Sputtering: Plasma Emission, X-ray Diffraction and Modeling," *J. Electrochem. Soc.* **139**:2004 (1992).
75. J. M. Molarius and M. Orpana, "Titanium Nitride Process Development," in *Issues in Semiconductor Materials and Processing Technologies*, S. Coffa, F. Priolo, E. Rimini, and J. M. Poate, eds., Kluwer, Dordrecht, 1991.
76. A. Kohlhase, M. Mändl, and W. Pamler, "Performance and Failure Mechanisms of TiN Diffusion Barrier Layers in Submicron Devices," *J. Appl. Phys.* **65**:2464 (1989).
77. I. Suni, M. Mäenpä, M. A. Nicolet, and M. Luomajärvi, "Thermal Stability of Hafnium and Titanium Nitride Diffusion Barriers in Multilayer Contacts to Silicon," *J. Electrochem. Soc.* **130**:1215 (1983).
78. M. A. Nicolet, "Diffusion Barriers in Thin Films," *Thin Solid Films* **52**:415 (1978).
79. T. Hara, A. Yamanoue, H. Ito, K. Inoue, G. Washidzu, and S. Nakamura, "Properties of Titanium Nitride Films for Barrier Metal in Aluminum Ohmic Contact Systems," *Jpn. J. Appl. Phys.* **30**:1447 (1991).
80. S. Berg, N. Eguchi, V. Grajewski, S. W. Kim, and E. Fromm, "Effect of Contamination Reactions on the Composition and Mechanical Properties of Magnetron Sputtered TiN Coatings," *Surf. Coatings Technol.* **49**:127 (1991).
81. P. Jin and S. Maruno, "Bias Effect on the Microstructure and Diffusion Barrier Capability of Sputtered TiN and TiO_xN_y Films," *Jpn. J. Appl. Phys.* **31**:1446 (1992).
82. S. S. Ang, H. M. Le, and W. D. Brown, "Sputtering-etching and Plasma Effects on the Electrical Properties of Titanium Nitride Contacts on n-Type Silicon," *Solid-State Electron.* **33**:1387 (1990).
83. G. J. Kominiak, "Silicon Nitride by Direct RF Sputter Deposition," *J. Electrochem. Soc.* **122**:1271 (1975).
84. R. V. Stuart, *Vacuum Technology, Thin Films, and Sputtering: An Introduction*, Academic Press, New York, 1983.
85. B. Chapman and S. Mangano, in *Handbook of Thin-Film Deposition Processes and Techniques*, K. K. Schuegraf, ed., Noyes, Park Ridge, NJ, 1988.
86. J. L. Vossen and W. Kern, *Thin Film Processes II*, Academic Press, Boston, 1991.
87. J. Sarkar, *Sputtering Materials for VLSI and Thin Film Devices*, William Andrew, Norwich, NY, 2012.
88. M. Ohring, *Materials Science of Thin Films,* 2nd ed., Academic Press, New York, 2001.

第 13 章　化学气相淀积

我们在上一章中讨论了基于物理的薄膜淀积方法——蒸发和溅射。之所以把它们称为物理过程，是因为这些工艺并不涉及化学反应，更确切地说，它们是利用加热(蒸发)或者高能离子轰击(溅射)的方法产生出要淀积材料的蒸气。虽然用于硅 IC 的大多数金属薄膜是使用这些方法淀积的，但是它们都存在着与台阶覆盖相关的一些主要问题，在尺寸不断等比例缩小的工艺技术中人们对此尤为关心，因为其中的接触面积非常小，要求对大的深宽比结构有很好的覆盖。此外，这些技术也不太适合用于绝缘薄膜或半导体薄膜的淀积。本章将讨论基于化学反应的薄膜淀积方法，通常使用气体化合物来供给化学物质。按照定义，其最终生成物的化学键状态不同于源气体的化学键状态。

化学气相淀积(CVD)已经成为非常流行的工艺，并且对各种不同类型的材料而言是一种优选的淀积方法。同时热 CVD 也是 IC 制造过程中多种外延生长工艺的基础。对简单热 CVD 工艺进行的改进，例如用等离子体或光学激发作为产生化学反应的替代能源，可以使得淀积能够在低温下进行。关于 CVD 用于 IC 制造的综合性评述，读者可以参考 Sherman[1]、Sivaram[2]或者 Dobkin 和 Zuraw[3]的专著。遗憾的是，对 CVD 工艺很难进行简单的分析说明，反应器中气体流动和化学反应两者都要求详细的数值分析，而这种分析与反应器的结构以及工艺的具体状况是密切相关的。本章从介绍简单的 CVD 系统开始，在随后的两节中将使用这个系统来讨论必须求解的方程，以便理解腔内的化学反应和气流状况。接下来本章将讨论各种不同类型的 CVD 系统以及用于淀积我们感兴趣的几种材料的特殊气态化学物质。最后，本章还将介绍电镀工艺，这是用于淀积现代集成电路中铜互连材料的主要技术。

13.1　一种用于硅淀积的简单 CVD 系统

为了深入地理解 CVD 工艺，我们先考虑一个简单的反应器，如图 13.1 所示。该反应器具有一个矩形横截面的管道。管道壁温度维持在 T_w，单个晶圆片放置在管道中央的加热基座上，该基座的温度维持在 T_s，此时我们假设 $T_s >> T_w$。为了讨论一个虽然简单但却具有代表性的工艺，我们将以硅烷气体(SiH_4)分解来形成多晶硅为例。假设气体从左到右通过管道流动。因为当硅烷接近热基座时就开始分解，因此硅烷的浓度以及淀积的速率都将沿着管道的长度方向逐渐降低。为了改善淀积的均匀性，可以将硅烷与惰性携带气体混合。通常用作硅烷稀释剂的是分子氢(H_2)。假设用 SiH_4 含量为 1%的 H_2 混合气体通入腔体。使用稀释剂的方法不仅在实际系统中常常得到应用，而且它还可以避免化学反应作用的进一步复杂化，因为在典型的淀积条件下像氢气这样的稀释剂一般很少能够分解。最后，假定刚

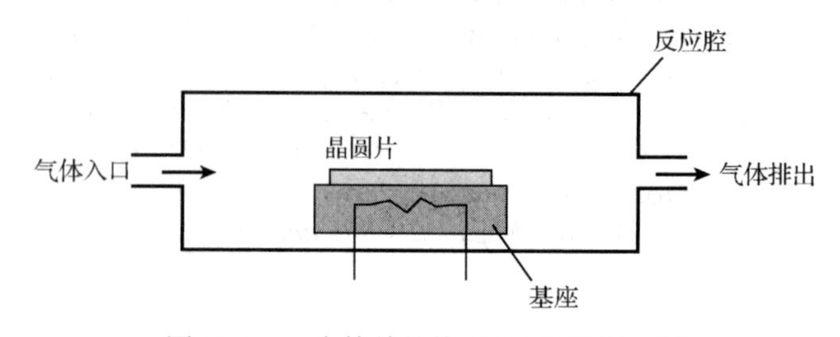

图 13.1　一个简单的热 CVD 反应器原型

进管道的气体温度与管壁温度相同。反应生成物和未反应的硅烷从管道的右边流出。在腔体中气流一定要足够慢(参见 13.3 节)，使得反应腔中的压力可以被认为均匀的。

所发生的总体反应一定如下式所示：

$$SiH_4(g) \rightarrow Si(s) + 2H_2(g) \tag{13.1}$$

式中，括号中的符号 g 表示气相，s 表示固相。这一总体反应发生的详细过程是非常复杂的。描述 CVD 的一个重要细节是从气体中释放出固态原子或原子团的反应位置。如果这种反应是在晶圆片上方的气体中自发地发生的，则称为同质过程(homogeneous process)。这种产生固体的过程一般是不希望的。以采用硅烷的淀积工艺为例，过量的同质反应将导致气体中产生大量的硅颗粒，它们会逐渐地积累在晶圆片上，结果导致淀积层的表面形态和均匀性都很差。在实际的系统中，这种淀积工艺的组分可控性很差并且可能会受到腔体中残余气体的严重污染。因此本章将重点讨论异质过程，即过程的反应非常有利于仅仅在表面处形成固体。即使在这种过程中，同质反应仍然是重要的。例如在采用硅烷的淀积工艺中，同质反应产生亚甲硅基(SiH_2)是至关重要的过程，因为一般相信在一定的温度和压力范围内，是亚甲硅基而不是硅烷本身被吸附在晶圆片表面并生成大多数的固体硅。虽然硅烷的分压要高得多，但是它对衬底的黏附力或黏附系数却要小得多。这里的区别是，同质反应产生的是气体而不是固体生成物。本章将首先讨论最简单的异质反应，该异质反应是在冷壁腔体(如图 13.1 所示)中进行的，在这样的腔体中全部淀积反应都发生在晶圆片的表面。

一般说来，化学气相淀积过程包括以下几步：(1)反应气体从腔体的入口处向晶圆片附近输运；(2)这些气体发生反应生成一系列的次生分子；(3)这些反应物输运到晶圆片的表面；(4)发生表面反应释放出硅；(5)气体副产物发生解吸附；(6)副产物离开晶圆片表面的输运；(7)副产物离开反应器的输运。即使我们将讨论局限在这个非常简单的淀积系统的热 CVD 工艺，要理解其中每一步也都是一个艰难的任务。为了简化起见，通常把问题一分为二。下一节将首先讨论在反应腔中发生的化学反应，包括气相反应和晶圆片表面的反应。再下一节将讨论气体在反应腔中的流动。由于我们所研究的系统只含有很低浓度的反应气体(H_2 中含有 1%的 SiH_4)，这就使得问题的这种划分相当实用，因为气体的热和机械性质基本上不受这一小的化学成分的任何化学反应的影响。

13.2　化学平衡与质量作用定律°

现在讨论这样的 CVD 工艺，这类工艺涉及较长的时间，分子之间会发生许多次碰撞，且反应器中每一点的化学组分都接近于平衡。为了理解化学平衡，考虑反应腔中某处单位体积气体(参见图 13.2)。假设该体积足够小，因此在这一体积中的温度和化学组分都是均匀的。可以认为，其中的一种反应是：

$$SiH_4(g) \rightleftharpoons SiH_2(g) + 2H(g) \tag{13.2}$$

式中，双箭头表示反应在两个方向上同时进行。即使气体通过这一单位体积所需要的时间是不确定的，但是只要每一种反应物浓度都是恒定的，就可以认为达到了化学平衡。(实际上这种反应是不太可能的，但是这样的讨论还是能够说明问题的)。

现在假设这是此时发生的唯一反应，则质量作用定律指出：

$$K_p(T)=\frac{p_{SiH_2}p_H^2}{p_{SiH_4}} \qquad (13.3)$$

式中，p 为其下标物质的分压强，$K_p(T)$为仅仅取决于温度的反应平衡常数。原子氢项是平方的，这是由于在反应物质平衡方程式[参见式(13.2)]中的原子氢项前面的系数是2。通常平衡常数遵循阿列尼乌斯函数：

$$K_p(T)=K_0e^{-\Delta G/kT} \qquad (13.4)$$

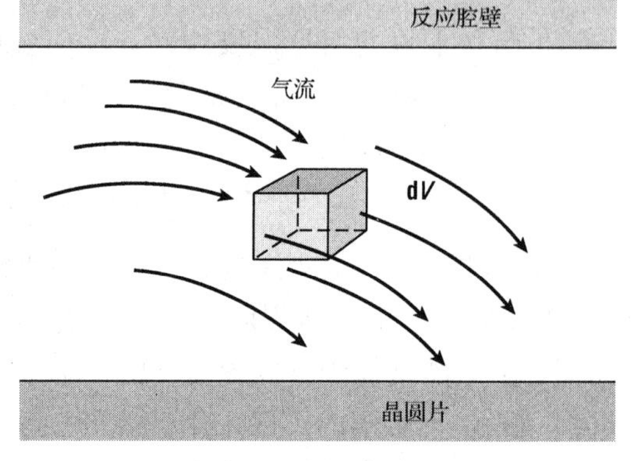

图 13.2　在晶圆片表面上方气体中某一点处的体积元 dV

式中，ΔG 为反应式中吉布斯自由能的变化。K_p可以大于1，也可以小于1，并且与气体(包括惰性气体，例如He)的压力无关。

假设对这个工艺过程来说$K_p(T)$是已知的。这里一共有三个未知数(即三个分压强)而只有一个方程，因此要求出它们的解还需要另外两个方程。反应器的总压强 P 是一个常数，它的值通常是已知的，等于各个分压强之和，即：

$$P=p_{SiH_4}+p_{SiH_2}+p_H+p_{H_2} \qquad (13.5)$$

以反应腔在大气压下运行为例，由于假定 H_2是惰性气体，所以可以认为 H_2的分压强与它在入口处的分压强相同(即 0.99P，事实上由于 SiH_4的分解会导致更多气体分子的存在，因此携带气体的分压强会略有下降)。根据入口气流可以导出最终方程，从而得到 Si/H 比的计算公式如下：

$$\frac{Si}{H}=\frac{f_{SiH_4}}{4f_{SiH_4}+2f_{H_2}}=\frac{p_{SiH_4}}{4p_{SiH_4}+2p_{H_2}+p_H} \qquad (13.6)$$

式中，诸f项为入口处的气体流量，同样假定它们是已知的。

这个表达式没有考虑任何其他反应。例如，在实际的 CVD 工艺中，硅是从气体中消耗掉的，因此在这种情况下硅的分压强并不能完全由入口处的气流来决定。取而代之的是，我们必须考虑入口处的气流是一个含硅分子的来源，而淀积表面则是一个吸收器。因此必须计算出依赖于气流场和扩散的含硅分子流量。

为了着手构建更加符合实际情况的工艺过程，必须包括的一些化学反应如下[4]：

$$SiH_4(g)\rightleftharpoons SiH_2(g)+H_2(g) \qquad (13.7)$$

$$SiH_4(g)+SiH_2(g)\rightleftharpoons Si_2H_6(g) \qquad (13.8)$$

$$Si_2H_6(g)\rightleftharpoons HSiSiH_3(g)+H_2(g) \qquad (13.9)$$

当然，其他的反应也是可能的，并且事先也不能决定包括哪些反应，必须求出每一种可能反应的平衡常数，且只能略去那些 $K_p(T)$值小到可以忽略不计的反应。因此，求平衡分压强需要上述所列三个反应式中每一个反应的平衡常数以及求解一组联立的代数方程组。

例 13.1　假设气体 AB 被引入到反应器并且在反应腔中仅发生了下面的化学反应：

$$AB\rightleftharpoons A+B \qquad (13.10)$$

如果该反应过程是在 1 个大气压(760 Torr)和 1000 K 温度下进行的，并且该反应过程达到了化学平衡，试计算出每种气体的分压强。该反应过程的平衡常数由下式给出：

$$K(T)=1.8\times10^{9}\,\text{Torr}\cdot e^{-2.0\text{eV}/kT} \tag{13.11}$$

解答：计算求得 1000 K 下的平衡常数为 0.15 Torr，于是

$$0.15=\frac{p_{A}p_{B}}{p_{AB}} \tag{13.12}$$

以及总压强 P 为各个分压强之和：

$$P=p_{A}+p_{B}+p_{AB} \tag{13.13}$$

至此我们有了三个未知数，但是只有两个方程。由于 A 和 B 两者都是由进入的气体分解产生出来的，所以必然有相同数目的 A 和 B，因此假设 A 和 B 的分压强相等是合理的。于是根据式(13.12)和式(13.13)可得

$$p_{A}^{2}+0.3p_{A}-0.15\cdot P=0 \tag{13.14}$$

设定 $P=760$ Torr，求解方程可以得出 $p_{A}=p_{B}=10.5$ Torr 和 $p_{AB}=739$ Torr。

截至目前我们的讨论中都做了一个非常重要的近似：各种反应物质都处于化学平衡状态。为了理解这个近似的限制，可以考虑当降低腔体压力时将会发生什么。在足够低的压强下，分子平均自由程将会接近腔体的宽度(参见 10.1 节)。如果这些气相物质不发生碰撞，那么气体中的各种反应物质通常就没有达到热平衡状态，因此也就不可能达到化学平衡。此外，由于气体分子具有一定的能量分布，为了使这些气体能够达到化学平衡，在单位体积内就必须发生大量的碰撞。所以，腔体结构的特征长度(例如从气体进气喷口到晶圆片基座之间的距离)至少要比平均自由程大几个数量级。取决于所涉及的特定化学反应方程，某些工艺过程有可能达到平衡，而另外一些则未必。凡是未能达到化学平衡的工艺过程则称为动力学控制的工艺过程(kinetically controlled process)。通常，低压 CVD 工艺就是受动力学控制的，而常压 CVD 则可能处于平衡状态。

为了开始讨论这一类的淀积工艺，让我们再一次考虑反应式(13.7)。这是硅 CVD 工艺中的典型反应。当该反应过程是动力学控制时，其反应方程式可以改写为

$$SiH_{4}(g)\underset{k_r}{\overset{k_f}{\rightleftharpoons}}SiH_{2}(g)+H_{2}(g) \tag{13.15}$$

式中，k_f 和 k_r 分别是正向和反向反应速率系数。

通过类似的改写每一个相关的化学反应方程式，就可以构造出描述各种化学反应物浓度(或其分压强)随时间变化的微分方程。例如，如果只考虑式(13.7) ~ 式(13.9)的反应式，则硅烷浓度随时间的变化率可以由下式给出：

$$\frac{d}{dt}C_{SiH_4}=-k_{f1}C_{SiH_4}+k_{r1}C_{SiH_4}C_{H_2}-k_{f2}C_{SiH_4}C_{SiH_2}+k_{r2}C_{Si_2H_6} \tag{13.16}$$

式中，右边前两项下标 1 表示反应方程式(13.7)所描述的反应，而下标 2 则表示反应方程式(13.8)所描述的反应。反应方程式(13.9)不涉及硅烷，所以没有列入式(13.16)中。对其他反应物质也可以列出类似的方程。如果各个化学反应方程式的 $k(T)$ 是已知的，我们就可以得到一组相互耦合的一阶微分方程组，据此就可以求解出单位体积元中每一种化学反应物质的变化率。

如果再考虑由于浓度梯度引起化学物质的扩散，由于气体在单位体积元中的停留时间(通过气流速度求得)以及单位体积元中的温度值都是已知的，我们就可以着手求解出腔体中各种化学物质的分布图。虽然可以在非常简单的系统中求解出各种物质之间的平衡，但是在实际的CVD系统中，可能涉及几十种反应物质和数百种化学反应[5]。要想通过求解上述方程获得高度准确的计算结果，必须首先已知各种重要速率系数的准确数值，这一点目前并不总是能够得到满足，尽管如此，这样的求解计算还是可以为优化CVD工艺条件提供重要的参考依据。然而，由于涉及详细的数值计算，我们将暂且不考虑对CVD反应进行有意义的定量讨论，而是采用这里的介绍作为更加定性的讨论的基础。

虽然人们对于发生在气相中的化学反应已经有了相当程度的认识，但是对于表面处的情景仍然了解得不够清晰。问题的部分原因在于可以用来研究某些有限体积范围内气体样本的工具。当这些相同的技术应用于表面时，往往获得不到足够的信息。采用某些方法对于高真空生长期间的表面特性已经获得了详细的认识，但是这些方法并不能应用于典型CVD条件下的反应腔中。近年来各种新的测量技术还在不断涌现，我们的认识也在不断改进。

前面两节中提出在由硅烷淀积硅的工艺中，几种含硅物质会撞击硅晶圆片的表面。在边界层模型中，如果对表面处的浓度建立了边界条件，那么就很容易计算出分子的流量。一般比较可行的做法是定义一个表观参数称为黏附系数，它从0(即分子完全从表面反射的情形)变化到1(即分子不可逆地被吸收的情形)。在亚甲硅基(SiH_2)的情况下，通常假设黏附系数为1。另一方面，已经有证据表明，一个入射的硅烷分子发生黏附和反应的概率由下述公式给出[6]：

$$\gamma_{SiH_4} = 0.054e^{-0.81eV/kT} \tag{13.17}$$

在典型的淀积条件下，黏附系数仅为 10^{-6} 左右，而到达表面的硅烷流量要远大于亚甲硅基的流量，因此两种分子都对淀积的速率有贡献。

一旦分子吸附在表面则必然发生化学反应，其结果是移开硅原子并释放出氢。以亚甲硅基作为例子，分子首先发生吸附：

$$SiH_2(g) \rightleftharpoons SiH_2(a) \tag{13.18}$$

总的表面反应一定是以下面的形式进行的：

$$SiH_2(a) \rightleftharpoons Si(s) + H_2(g) \tag{13.19}$$

式中，(*a*)表示被吸附的物质，而(*s*)表示已经转变为固体的原子。由于气体中具有高浓度的H_2，已经确认表面覆盖着物理上吸附的H_2(在低温下)或化学上吸附的H(在高温下)。这些表面反应物质必须被解吸附才能使得化学反应式(13.19)所描述的反应得以进行下去。解吸附的过程也遵循阿列尼乌斯函数特性，因此表面将具有一定密度的空位，其密度随着温度的增加而增大。被吸附的亚甲硅基可以在整个钝化的表面进行扩散(参见图13.3)直到它遇到

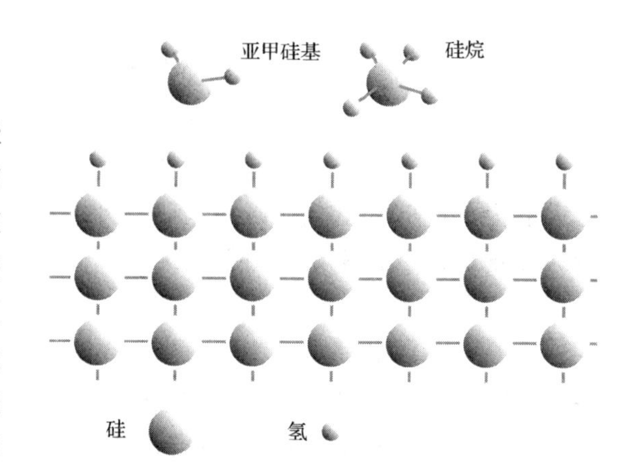

图13.3 在硅烷(包含吸附的SiH_4和SiH_2)CVD过程中的硅晶圆片表面简单模型

这样的空位，在该点处它将成键并最终损失掉氢原子。这个跨越整个表面的扩散在 CVD 工艺过程中起着重要的作用。当表面扩散长度比较大时(达到毫米量级)，淀积是非常均匀的；当表面扩散长度比较短时，将会导致不均匀的淀积。正如物理淀积过程一样，表面扩散会随着温度的增加而成指数形式地增加，所以薄膜的均匀性一般可以通过加热硅晶圆片得到改善。但是解吸附过程也服从阿列尼乌斯函数，在极高的温度下，由于反应物的解吸附，淀积速率也会减慢。

13.3　气体流动与边界层°

对 CVD 工艺需要了解的第二个方面是气体流动的动力学理论。反应器中的气体流动过程是非常重要的，因为它决定了反应腔中各种化学物质的输运，同时它也对许多反应腔中气体的温度分布起着非常重要的作用。而且，温度分布也会影响气体的流动。如果气体的平均自由程远小于腔体的几何尺寸，则可以将气体作为黏性的流体来处理。此外，如果气体的流动速度远小于声音的传播速度(即具有较低的马赫数)，则该气体可以被认为是不可压缩的。几乎所有的 CVD 系统都工作在这样的压力和流动方式中，可以使得上述这些近似有效。最后，作为出发点，我们假设气体速度沿着腔体周边流动是足够慢的。这样的气流被认为是层流，并且该层流可以用气体的机械特性来很好地描述。

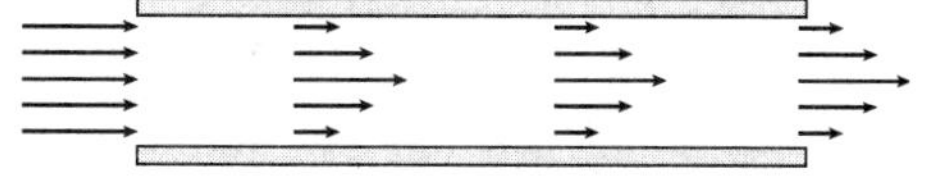

图 13.4　在管形反应器中的气流展开。气体在左端以简单的均匀柱形流进入，并以完全展开的抛物线形流流出

如果反应器是一个圆形管道并且全部表面都处于相同的温度，那么问题就可以做相当大的简化。假设气体以均匀速度 U_∞从管道的左端流入(参见图 13.4)。气流的一个重要特点就是在管道的所有表面处，气体的速度必须是零。由于有限的气体黏性，气流速度必须从管壁处的零平滑地变化到中心处的某一最大值。在 z_v 距离范围内从入口处的均匀流(即柱形流)变为完全展开的管道流：

$$z_v \approx \frac{a}{25} N_{\mathrm{Re}} \tag{13.20}$$

式中，a 为管道半径，N_{Re} 是一个无量纲的数，称为雷诺数(Reynolds number)。雷诺数 N_{Re} 由下式给出：

$$N_{\mathrm{Re}} = U_\infty \frac{L}{\mu} = U_\infty \frac{L\rho}{\eta} \tag{13.21}$$

式中，L 为腔体的特征长度(例如半径 a)，μ 为气体的动黏度(kinematic viscosity)，ρ 为气体的质量密度，η 为气体的动态黏滞度(dynamic viscosity)[7]。当 N_{Re} 比较低时，管道中的气流是由有限的黏滞效应来主导的，所以横跨腔体截面的气流速度分布是抛物线型的。于是速度由下式给出：

$$v(r) = \frac{1}{4\eta}\frac{\mathrm{d}p}{\mathrm{d}z}(a^2 - r^2) \tag{13.22}$$

式中，$\mathrm{d}p/\mathrm{d}z$ 为横跨管道截面的压力梯度，通常假定它很小。在非常大的雷诺数 N_{Re} 下，气体不能够维持完全展开的层流所要求的较大速度梯度，因此气流就成为湍流。层流和湍流之间的转变视气体的具体情况而定。例如，在 H_2 的情况下，当 $N_{Re}>2300$ 时，气流就是湍流[8]。

例 13.2 一只 LPCVD 炉管工作在 10 Torr 压力下，入口处的气流为 1000 cm^3/min 氮气。反应器中的温度为 1000 K 时，氮气的动态黏滞度为 0.04 g/cm·s。反应器的直径为 200 mm。为了完全展开气流，试估算所需要的长度，并计算气流完全展开之后的速度分布 $v(r)$。

解答：根据式(13.20)和式(13.21)可得

$$z_v \approx \frac{a}{25} U_\infty \frac{\rho}{\mu} = \frac{a^2}{25} U_\infty \frac{\rho}{\eta}$$

使用理想气体定律可以计算气体的质量密度为

$$\rho = m_{N_2} \frac{P}{kT} = 4.5 \times 10^{-6}\ \text{g/cm}^3$$

如果设 U_∞ 为入口处的柱形气流速度，则有

$$U_\infty \approx 1000\ \text{cm}^3/\text{min} \frac{1\ \text{min}}{60\ \text{s}} \frac{1000\ \text{K}}{273\ \text{K}} \frac{760\ \text{Torr}}{10\ \text{Torr}} \frac{1}{\pi(10\ \text{cm})^2} = 15\,\text{cm/s}$$

另外，如果取 $L \approx a$，则有

$$z_v \approx \frac{(10\ \text{cm})^2}{25} 15\ \text{cm/s} \frac{4.5 \times 10^{-6}\ \text{g/cm}^3}{0.04\ \text{g/cm} \cdot \text{s}} = 0.0068\ \text{cm}$$

由于总气流必须恒定，则有

$$\int 2\pi r v(r) \mathrm{d}r = 15\,\text{cm/s} \cdot \pi \cdot 100\ \text{cm}^2$$

于是可以很方便地得出

$$v(r) = 30\ \text{cm/s}\left[1 - \frac{r^2}{a^2}\right]$$

为了开始讨论更为复杂腔体中的气流场，我们回到图 13.1，但是现在保持系统处于均匀的温度状态下。晶圆片放置在腔体底部的表面上。我们在前面的讨论中指出，气流速度在晶圆片表面必须降低到零。在标准的教科书展示的画面中，反应腔的高度都足够大，以便有一个较大的雷诺数 N_{Re} 和一个气体均匀速度近似等于 U_∞ 的宽阔空间。为了进一步简化气流的行为，习惯上对在晶圆片附近气体的速度进行抛物线降落近似，并且把晶圆片附近看成宽度为 $\delta(z)$ 的边界层(在平坦表面的情况下，它的法线是垂直于气流方向的)，则有

$$\delta \approx 5\sqrt{\frac{\mu z}{U_\infty}} \tag{13.23}$$

在这个模型中，在边界层中的气体流速为零，而在边界层外的气体流速则是 U_∞ (参见图 13.5)。

如果淀积工艺正在晶圆片的表面处进行，淀积的气体必须通过滞流层进行扩散。因此边界层的厚度对于确定淀积速率可能会起着至关重要的作用。必须指出，根据式(13.23)，对于

平坦表面情况而言，边界层的厚度随着 $z^{1/2}$ 而增加。为了维持均匀的边界层厚度，在气体输运对淀积速率起重要作用的 CVD 系统中，我们通常将淀积的表面朝着气流方向倾斜。因此晶圆片通常被放置在一个楔形的基座上。对特定的 CVD 工艺而言，楔形的倾斜角度必须进行优化，以便得到最佳的均匀性。

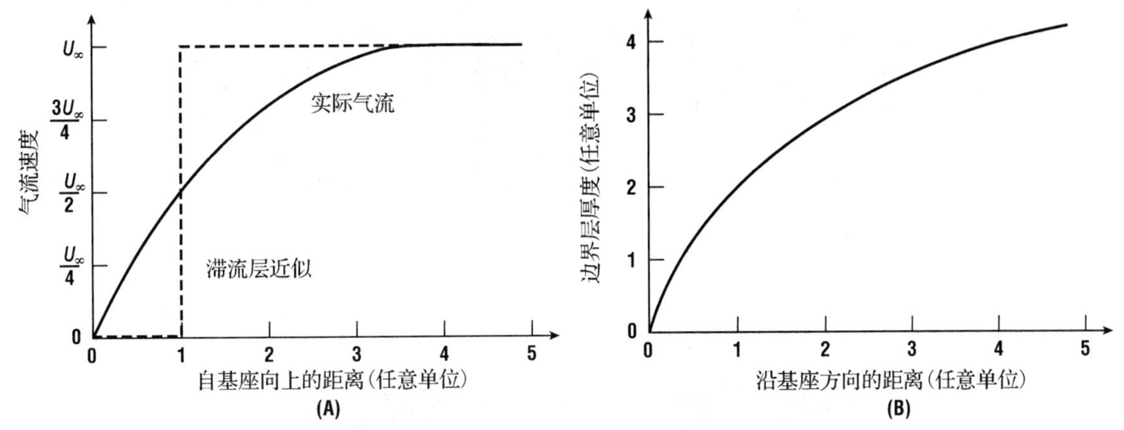

图 13.5　(A)由抛物线形气流模型及用滞流层近似所预期的气流；(B)假设均匀柱形入口气流流入的条件下，滞流层厚度与位置的关系

气相扩散系数对温度的敏感性要比体内扩散系数对温度的敏感性低得多，Hammond 给出了一个通用的形式[9]：

$$D_e \propto T^{3/2} \frac{p_g}{P} \tag{13.24}$$

式中，p_g 和 P 分别为滞流层边缘处扩散物质的分压强和总压强。区分受气体中扩散限制的 CVD 过程的方法之一是测量其淀积速率的温度依赖关系。如果认为 p_g 几乎与温度无关，那么这种质量输运限制的反应淀积速率将只随温度的升高而微弱地增加。

CVD 反应器中的气体流动可以是非层流的，可能涉及再循环流和滚筒式流。这些流最常见的来源之一是自然对流。当气体流过热表面时就会膨胀。可以采用理想气体定律中的状态方程来描述这种膨胀：

$$\rho = \frac{nm}{V} = \frac{Pm}{kT} \tag{13.25}$$

式中，m 为分子质量。随着气体的膨胀，其质量密度就会下降(注意：其压力是固定不变的)。在反应器中，热的气体相对于较凉的气体而言，倾向于向上浮动或上升。当计算在淀积条件下实际反应器中的气体流动时，同样必须考虑这个称为自然对流(natural convection)的效应[10]。在接近大气压下使用重分子时，这个效应是最显著的；相反，对于低压下的 H_2 气氛，自然对流则几乎没有影响。

图 13.6(A)展示了在具有方形横截面的水平卧式反应器情况下计算的气流场。计算是这样进行的：将三维(3D)反应器划分成许多格栅，在全部格栅范围内以纳维尔-斯托克斯(Navier-Stokes)方程式求动量守恒解。气体从反应器的后端(左上)流入并朝着反应器的前端(右下)流动。底部表面是热基座。热基座使得反应器中心处的气体上升，导致横向的滚筒式转动，并沿着反应器长度方向展开。我们在这里必须指出，有关任何反应器中精确气流的定量讨论已经超出了本书的范围，但是这些原理可以用来定性地了解各种几何形状腔体和 CVD

工艺过程。图 13.6(B)展示了当气流通过半圆形管道时携带气体中的 TiO_2 颗粒。这些小颗粒使得人们可以观察到气体的流动。左图表示在 760 Torr 下气流的图像，而右图表示在 160 Torr 下气流的图像[10]。很显然，在低压下，滚筒式转动气流被大大地降低了。

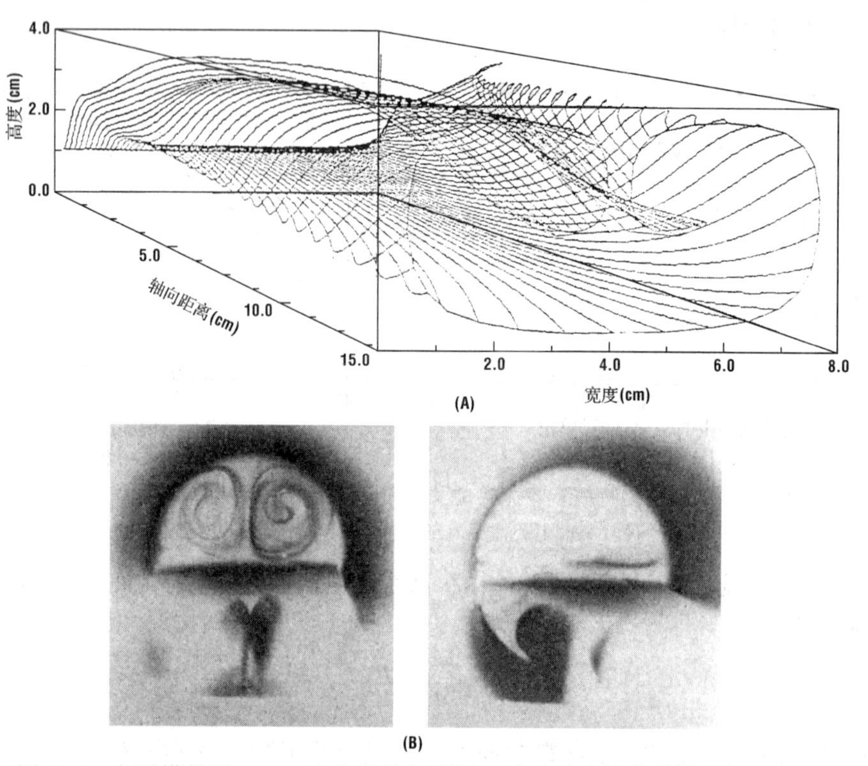

图 13.6 方形横截面 CVD 反应器的气流场，显示了滚筒式的转动气流(引自 Moffat)，在 760 Torr 下(左边)和 160 Torr 下(右边)半圆形管道中的滚筒式转动气流(引自 Takahashi 等，经 The Electrochemical Society 许可使用)

在其他的反应器中，自然对流表现为再循环流，其中一部分气流具有与设定的流动方向相反的重要速度分量(参见图 13.7)。当反应器横截面的面积突然变化时，同样有可能引起再循环流。这样的再循环流可以抵消掉一部分本来应该从生长系统流过的气流。这种效应可能会导致腔体的不完全清洗。比起专门精心设计避免再循环流的反应器和工艺情况说来，如果淀积组分发生变化，人们对这种变化一点也不意外。

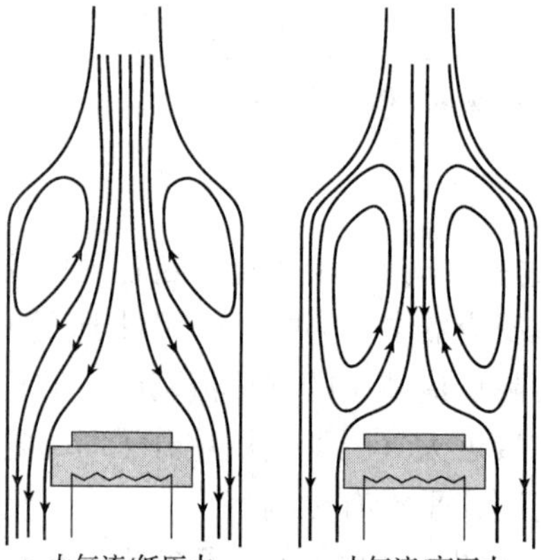

大气流/低压力 小气流/高压力

图 13.7 浮力驱动的再循环流

13.4 简单 CVD 系统的评价

现在我们来考察在 CVD 反应器的实例中，假如测量淀积速率与温度之间的函数关系，结果将会如何。要准确预测生长速率和生长速率的均匀性，需要用到深奥的流体动力学知识以及进行烦琐的化学浓度计算。这里我们将从实验结果出发，反过来推断出定性的结论。含硅的反应气体(即硅烷)的淀积速率将被用作一个生长参量，

图 13.8 展示出了典型的结果。在低的晶圆片温度下，淀积速率随着温度倒数的减小而呈现出按指数规律的增加，在此区域，工艺中的限制步骤在于某个反应的速率，该反应可能发生在气相中也可能发生在表面。所提供的信息不足以确定气体是处于化学平衡还是动力学控制的。工作在这一区的工艺称为反应速率限制（reaction rate limited）型的。以这一方式工作的 CVD 系统必须具有良好的温度控制和温度均匀性。这类系统基本上都是大批量处理的系统，在这类系统中大量的晶圆片以相对比较低的速率同时进行加工。在这种腔体中的气流动力学特性是无关紧要的，除了需要考虑它们对晶圆片内温度不均匀性的贡献程度。基于这个原因，这类反应器通常不仅要加热晶圆片，而且也要加热腔壁，因此也把它们称为热壁式批处理 CVD 反应器（hot wall batch CVD reactor）。

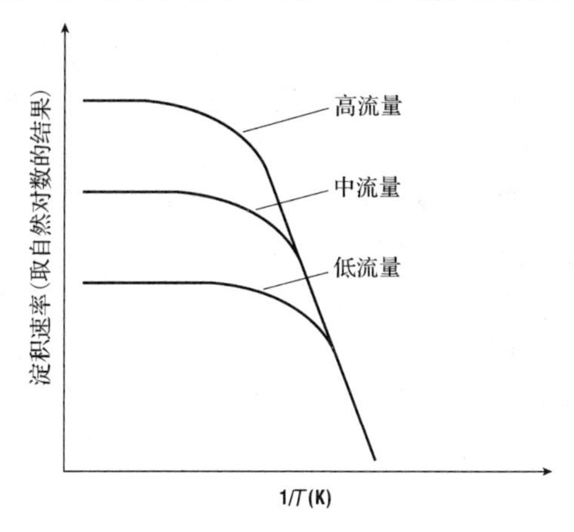

图 13.8　典型 CVD 淀积速率与温度的函数关系，以气体流率为参变量

在高的晶圆片温度下，生长速率受到其他因素限制，一般是受反应物质到达的速率限制。通常我们假设反应物质到达的速率是受跨越边界层的扩散限制。正如我们之前已经指出的，气相扩散系数对温度的依赖性远低于化学反应激活能对温度的依赖性。工作在这一区域的工艺通常称为质量输运限制型的。因此常常是一种或多种淀积气体的浓度控制了淀积速率。注意，由原反应物质产生出淀积气体的速率也可能与温度有关。工作在质量输运限制区域的 CVD 系统必须有良好的气体流量控制，并且腔体的几何形状设计也必须确保气体能够均匀地输送到所有晶圆片的各个部位。因此，这类系统通常是单晶圆片处理系统或小批量处理系统。

除了淀积速率和均匀性，CVD 薄膜还需要考虑应力、台阶覆盖和组分。与溅射薄膜的情形类似，具有较大压应力或张应力的 CVD 薄膜层也会发生龟裂，当它们覆盖台阶时尤其如此。CVD 薄膜的台阶覆盖通常是非常好的。但是等离子体增强的 CVD 薄膜是会出现凹陷的，这将在本章的后面讨论。CVD 层主要关心的问题之一是其化学组分。在迄今为止所讨论过的硅烷分解工艺过程中，淀积的硅中可能会含有较高浓度的氢，这就导致低密度的薄膜，其刻蚀速率可能要比纯硅薄膜的刻蚀速率快得多。腔体中的残余气体（诸如氧气或水蒸气）也可能与硅反应生成具有高电阻率的 SiO_x 层。在许多工艺中，诸如 SiO_2 或 Si_3N_4 那样的化合物是所需要的结果，在这种情况下，不仅污染是可能的，而且淀积薄膜的化学配比也可能不同于理想的化学配比。例如，通常情况下 CVD 氧化物在高温氧气氛中退火可以使薄膜致密，这一步可以向薄膜中添加氧，从而使其成为更接近化学配比的 SiO_2。等离子体增强 CVD（PECVD）薄膜特别容易出现化学配比失衡的问题。一种检查淀积薄膜密度的常用且容易的方法是测量在稀释的 HF 溶液中湿法化学腐蚀的速率。如同淀积的薄膜那样，PECVD 薄膜具有 10 倍于热生长氧化物的腐蚀速率。

13.5　介质的常压 CVD

一些最早的 CVD 工艺是在大气压下进行的（APCVD），因为其反应速率快，且 CVD 系统简单，从而特别适于介质的淀积。虽然由硅烷淀积硅（如本章前面所讨论的）也可以在大气压下进行，但是其均匀性很差。而在低压下，则很容易得到良好的均匀性，所以 APCVD 通常还在厚介质薄膜的淀积工艺中使用，其淀积速率超过 100 nm/min，这就使得这个工艺非常具有吸引力。

图 13.9 展示了一个简单连续供片的常压 CVD 反应器。晶圆片在受热的传送带上从一个晶圆片盒传送到另一个晶圆片盒。晶圆片的温度可以在 240℃ ~ 450℃范围内调节[11]。气体从晶圆片上方的喷头中喷出。当氧气与硅烷的气体流量之比至少为 3 : 1 时，方可得到符合化学配比的 SiO_2。硅烷和氧气很容易发生反应，形成一种非常不稳定的混合物。在没有充分的稀释气体(例如 N_2)流的情况下，这个反应将在气相中进行，结果将导致表面形态较差。

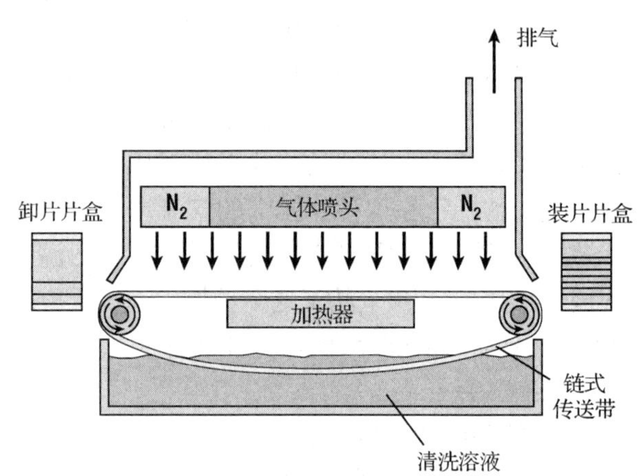

图 13.9 简单的连续供片常压反应器(APCVD)

正如我们在第 15 章中将要讨论的，在某些应用中通常需要淀积含有 4% ~ 12% 磷的二氧化硅。这些磷硅玻璃(PSG)在适当的温度下会软化和回流，使得晶圆片表面形状平滑并吸收许多杂质。在常压 CVD 中加入磷烷(PH_3)可形成 PSG。图 13.10 示出了典型的 PSG 淀积速率与温度及氧气/氢化物流量比的关系曲线。对于较高氧浓度气氛(30 : 1)的情形，淀积速率随着温度的上升而急剧增加，因而很可能是反应速率限制型的；而对于较低氧含量气氛(2.5 : 1)的情况，生长速率实际上随着温度的上升而略有下降。薄膜的磷含量可以通过改变磷烷与硅烷的比例来控制。由于磷烷和硅烷都具有毒性，设计用来淀积 PSG 的 APCVD 系统通常都必须安装在通风柜中。为了改善均匀性和台阶覆盖，现在许多 PSG 工艺和硼磷硅玻璃(BPSG)工艺采用金属有机化合物例如 TEOS 作为源，TEOS 学名为正硅酸乙酯，其分子式为 $Si(OC_2H_5)_4$。TEOS 和臭氧在 400℃左右也可以用来淀积二氧化硅[12]。可以把稳定的、惰性的、高蒸气压的 TEOS 液体置于鼓泡器中来供给蒸气。使用 TEOS 的优点之一是避免了对某些有害化学品的处置。连接鼓泡器的管道必须加热以防止其在管道壁上的淀积。人们对于各种替代型的金属有机化合物也进行了广泛的研究。一种直链的二硅氧烷，称作六甲基二硅氧烷，其分子式为 $(CH_3)_3$-Si-O-Si-$(CH_3)_3$，也显示出了可以与 TEOS 相比拟的良好特性[13]，但是人们发现它的淀积速率与衬底的材料有关。由氢化球形硅氧烷和湿氧在大约 500℃下也已经淀积出类似的薄膜[14]。

APCVD 的主要缺点是颗粒的形成。虽然气相中的颗粒形成可以通过添加足够量的 N_2 或其他惰性气体来控制，但是异质淀积同样可能在气体注入器处发生。即使这些颗粒生长速率是低的，在淀积了若干晶圆片以后，颗粒将逐渐变大到足以剥落并落在晶圆片表面上。为了克服这个问题，喷头可以被分割成几个通道，以便保持各反应气体在喷进反应腔之前被分开。图 13.11 展示出了为减少这类问题而设计的喷头结构。由于具有高的淀积速率，采用 APCVD 工艺淀积的 BPSG 已经被用在各类 DRAM 以及其他对价格比较敏感的消费类元件中作为金属化之前的介质薄膜。

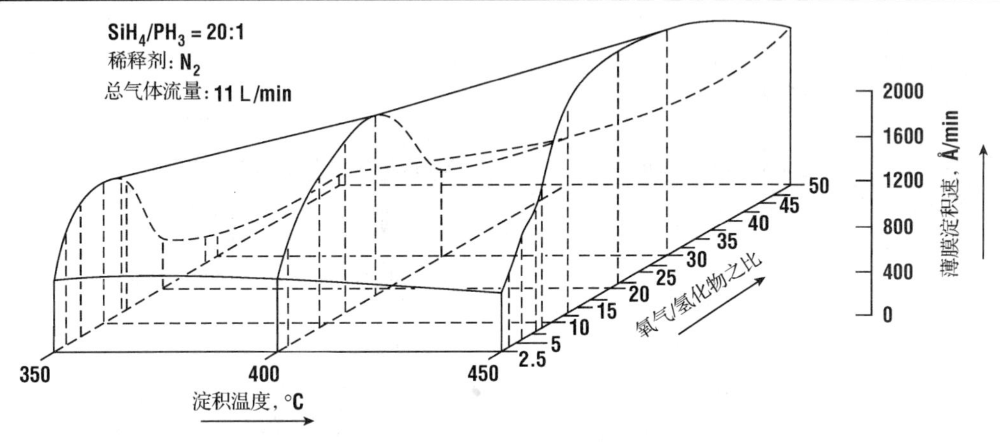

图 13.10　在 APCVD 系统中 PSG 的淀积速率(引自 Kern 和 Rosler，®1977, AIP)

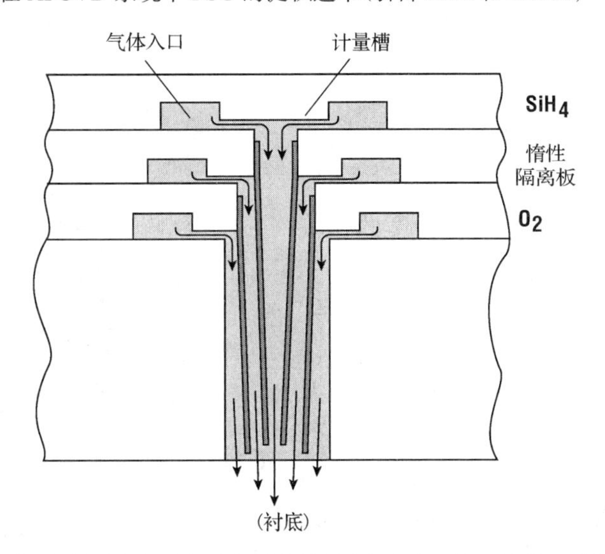

图 13.11　用于使喷嘴处淀积最小化的喷头设计(在反应气体之间设有惰性的隔离气帘)

13.6　介质与半导体在热壁系统中的低压 CVD

各式各样的系统几何结构已经被应用于低压 CVD(LPCVD)中。图 13.12 展示出了一些最普通的几何结构实例。我们可以把这些反应器分成热壁式和冷壁式系统。热壁系统具有均匀温度分布和降低对流效应的优点，冷壁系统则能够降低在腔壁上的淀积。这些腔壁上的淀积可以导致淀积物质的损耗和颗粒的形成，它们会从腔壁上剥离下来并落到晶圆片上。腔壁上的淀积还会导致记忆效应：之前淀积在腔壁上的材料也会淀积在当前的晶圆片上。基于这个原因，热壁反应器必须专用于某种特定薄膜的淀积。

实际上，所有的多晶硅淀积和相当数量的介质淀积都是在热壁系统中完成的。此处并不使用一个倾斜的基座，而是将晶圆片像在热氧化系统中那样密集地装填在一起。在这样的系统中，为了达到合理的淀积均匀性，必须进行工艺设计，从而使得反应能够严格地受到淀积动力学的控制[15]。此时也不使用稀释气体，而是使用低压强(0.1 ~ 1.0 Torr)来降低气相成核，因此这种工艺通常称为 LPCVD。

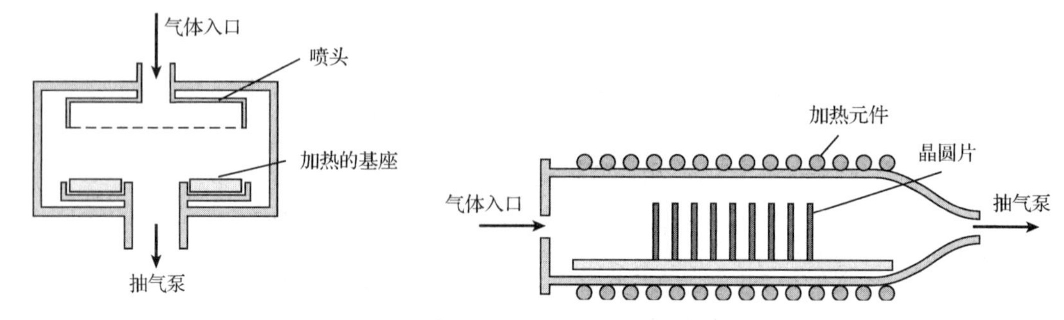

图 13.12 常见的 LPCVD 反应器几何结构

图 13.13 展示出了一个水平卧式 LPCVD 系统的照片。同氧化/扩散的炉管一样，它们一般是由一组 4 根炉管构成的。在照片中的炉管组中，上面的炉管已经被移开以便显示出加热线圈。气体由炉管后端的质量流量计来控制，并按照规定的路径通到炉管前端。根据所要运行工艺的具体情况，气体或者是通过管道前端的法兰盘流入，或者是通过与炉管等长度的弥散管道垂直于管道方向均匀地横跨晶圆片喷射。由于有一定的量会淀积在管壁上，因此大多数生产用的系统都具有软着陆的悬臂载片结构，以便使得在装片和卸片过程中颗粒的产生和剥落能够减少到最低限度。在装片之后，炉管口带有 O 形密封环的门关闭。采用惰性气体例如 N_2 清洗炉管并将其抽到中度真空。如果炉管尚未处在所需淀积温度的待机状态，则将其升温到淀积温度并打开淀积气体开关。在预定时间内完成淀积，然后将炉管再次用 N_2 清洗，并将压力升到大气压，接着就可以卸载晶圆片。

图 13.13 标准的水平卧式 LPCVD 炉管组结构照片

LPCVD 领域中最近的革新是引入了垂直的立式反应腔(参见图 13.14)，类似于立式的氧化/扩散炉管。与标准炉管相比，这些系统具有若干优点。因为晶圆片全部靠重力保持在特定位置，所以晶圆片之间的间距更加均匀。横跨过晶圆片的对流效应分布也更加均匀。由于这些优点，立式 LPCVD 系统在淀积不掺杂的多晶硅和氮化硅薄膜中经常可获得优于 2%的均匀性[16]。立式 CVD 系统更容易被集成到自动化生产的工厂中，这是因为晶圆片不必翻转到垂直方向，这就使得机械手的操作变得更加容易。或许立式 LPCVD 系统最重要的优点是降低了颗粒数。然而，这类系统的成本要比常规的 LPCVD 系统高很多。

另一种已经广泛应用于硅 IC 制造的热壁 LPCVD 系统是热壁横向气流反应器。在这种反应器中，晶圆片是垂直地放置在紧密间隔的石英卡塞中，这样的排列使得新鲜的气体流过每一个晶圆片，从而降低了颗粒的形成并改善了均匀性。然而，这类系统要求大量的石英件支持。

大多数采用 LPCVD 方式淀积的多晶硅是在 575℃ ~ 650℃温度范围内通过硅烷在炉管中分解实现的。多晶硅淀积的激活能大约为 1.7 eV。已经确认淀积的速率受到硅表面氢的解吸附限制。典型的多晶硅淀积速率为 10 ~ 100 nm/min，因此常用的淀积时间为几十分钟。当气体从管道的前端流入时，炉管从前端到后端可以采用一个较小的温度梯度(25℃)来调节，这样就使得炉管后端处可以通过较高的反应速率来补偿硅烷的消耗。然而，温度随着距离缓慢升高对于生产中的晶圆片也会带来不好的影响，在炉管后端的晶圆片比在前端有更大的多晶晶粒，但是经过高温退火后薄膜的晶体结构则是没有区别的[17]。在含有 100 片大直径晶圆片的批生产情况下，通常可以获得优于 5%的厚度均匀性[18]。

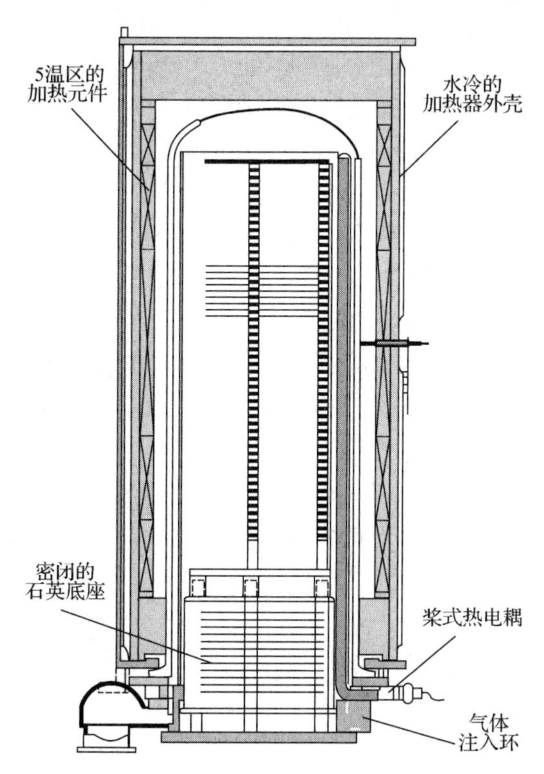

图 13.14　LPCVD 工艺腔截面图：一根低压工艺炉管。显示了加热器、石英管、舟及各种气体和机械控制机构(ASM Europe)

图 13.15 展示了在一定的温度范围内多晶硅的淀积速率与淀积压力之间的关系曲线[19]。淀积的表面形态与淀积的工艺条件密切相关。当淀积的工艺温度低于 600℃时，它通常是非晶形态的[17]，但是如果淀积的速率足够低，它也可能是多晶形态的。当在低温下退火时，也可以使这些非晶层结晶成为多晶层[20]。

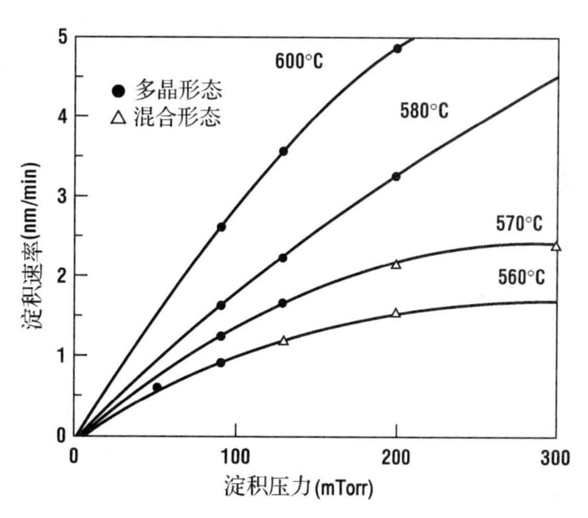

图 13.15　多晶硅淀积速率作为温度和淀积压力的函数关系曲线(引自 Voutsas 和 Hatalis，经 The Electrochemical Society 许可使用)

LPCVD 多晶硅可以采用离子注入、固态或 $POCl_3$ 扩散以及添加砷烷(AsH_3)或 PH_3 的原位掺杂等方法进行 N^+掺杂。LPCVD 淀积的多晶硅层中，采用上述掺杂方式的杂质浓度可以达到接近 10^{21} cm^{-3}[21]。在采用原位掺杂和扩散掺杂的两种多晶硅中，通常可以获得低于 1 mΩ·cm 的电阻率。采用原位掺杂带来的主要难点是添加 PH_3 会使得淀积的均匀性变差，在晶圆片的边缘处尤为严重。最近人们通过模型研究已经发现，这很可能是由于硅烯浓度增加的结果[22]。包括考虑到不同负载之间温度变化的影响，尤其是考虑首尾处的少数几片晶圆片，同样也是至关重要的[23]。

除了颗粒控制，传统 LPCVD 炉子的主要限制之一是难以把它们集成到自动化的集群设备环境中去。最常见的实例是多晶硅。人们总是希望在一个单一的集群设备中生长栅氧化层、对其进行氮化处理并淀积多晶硅。这样的系统可以采用若干简单的单片反应器构成，使用中央机械手进行取片和送片。例如，在 Applied Material(应用材料)公司生产的 Precision 5000® 设备中，晶圆片可以在多达 5 个反应腔之间由机械手取送(参见图 13.16)。晶圆片进入装片区，在那里晶圆片被传送到快速热处理腔体中进行氧化和氮化，然后它又被传送到两个多晶硅淀积腔体中的任意一个腔体中。

各种不同的化学物质已经被用来在热壁 LPCVD 反应器中淀积氧化物，其中包括硅烷和氧气、二氯甲硅烷($SiCl_2H_2$或 DCS)和一氧化二氮(N_2O)，以及 TEOS 分解。硅烷和氧气工艺可以在 300℃～450℃的衬底温度下进行，这就意味着通常可以用它在一层铝层上淀积一层氧化物层。人们发现，在这样温度下淀积的薄膜含有相当数量的甲硅烷醇(SiOH)、氢化物(SiH)以及水[24]。与相应的 APCVD 工艺类似，LPCVD 工艺的主要限制是颗粒的产生和低的淀积速率[14]。此外，由于低的衬底温度，这些薄膜的台阶覆盖通常是无法令人满意的。

DCS 和一氧化二氮工艺[25]必须在大约 900℃的温度下进行，其均匀性和台阶覆盖是非常好的，且刻蚀速率接近于热生长 SiO_2 的刻蚀速率。虽然这些薄膜实际上并不含氢，但是它们一定含有数量可测的氯，它可以导致其下面的多晶硅层发生腐蚀。DCS 和一氧化二氮淀积工艺与气体压强之间有很强的非线性依赖关系。横跨炉管截面的淀积不均匀性是常见的。可以考虑采用特定的气体喷射器和温度梯度来尽可能获得更加均匀的淀积。

一种流行的 LPCVD 氧化物工艺是 TEOS 的热分解。图 13.17 展示出了氧化物的淀积速率与 TEOS 分压强之间的函数关系曲线[26]。典型的 650℃～750℃淀积温度是足够低的，从而无须顾虑掺杂剂在衬底中的再分布，但是如果用于铝层或铜层上这个温度还是太高了。已经报道了更低温度的淀积，它是采用一种金属有机化合物，例如 diacteoxyditertiarybutoxysilane，它可以在温度低达 450℃下发生分解[27]，并且可以提供非常好的台阶覆盖，但是目前还没有被广泛使用。

图 13.16　一个 CVD 集群设备照片，显示中央机械手和多个单片工艺腔中的一个工艺腔(经 Applied Materials 公司许可使用)

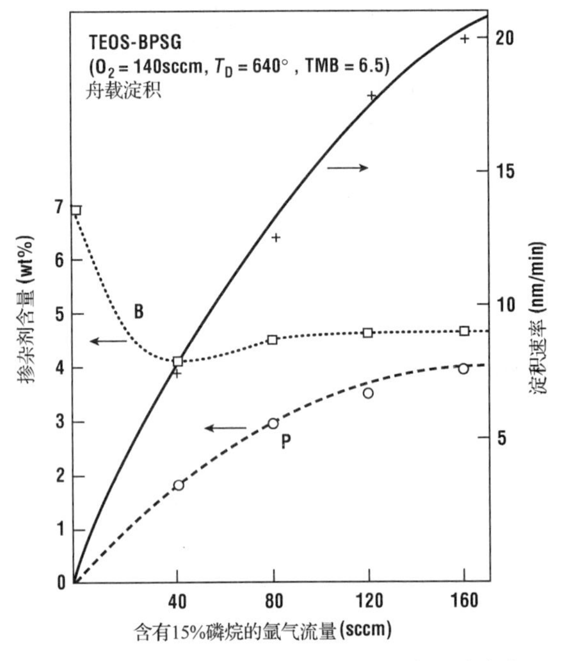

图 13.17　BPSG 淀积速率、硼和磷的浓度与 TEOS/TMB 系统中磷烷流量的函数关系曲线(引自 Becker 等，©1986，AIP)

TEOS 通常按照下述反应方程式进行热分解：

$$Si(OC_2H_5)_4 \rightarrow SiO_2 + 2H_2O + 4C_2H_4$$

上述反应式中的各种反应物(除了二氧化硅)在正常的工艺温度下都是气态的，因此 TEOS 本身(单一分子的分解)就可以用来淀积二氧化硅。但是该工艺所需的温度典型值在 700℃左右，特别是当薄膜中没有过剩的残余碳存在时。在反应物中增加氧气可以使得上述热分解过程变为

$$Si(OC_2H_5)_4 + 12O_2 \rightarrow SiO_2 + 10H_2O + 8CO_2$$

这个反应进行的温度在 400℃～600℃之间，其中在较高的温度下获得的薄膜质量最好。要进一步降低反应温度，还可以采用 TEOS 和臭氧来进行反应[28]。我们经常把这些通过 CVD 方式淀积的纯二氧化硅薄膜称为不掺杂的硅酸盐玻璃(USG)。由于上述 TEOS 淀积工艺过程是表面反应控制型的，因此它可以获得近乎理想的保形特性[29]。这就使得该工艺可以用来填充具有很大深宽比的缝隙，只要该缝隙的剖面没有出现凹陷的结构。

在不掺杂的 LPCVD 氧化物中，淀积应力为 $1 \sim 3\times10^9$ dyn/cm^2。低温淀积产生张应力，而高温淀积则产生压应力。热生长 SiO_2 的折射率为 1.46[30]，而淀积氧化物的折射率一般说来更高。通常发现，淀积氧化物具有较高的折射率与其低的质量密度以及在 HF 缓冲腐蚀液中的高腐蚀速率之间存在着相关性。与 APCVD 类似，氢气中含有磷烷或含有磷烷和乙硼烷的混合物[31]，这样的稀释混合气体可以添加到 TEOS 的 LPCVD 工艺[32]或 SiH_4 和 O_2 的 LPCVD 工艺中[33]，进行掺杂氧化物薄膜的淀积。添加磷烷一般将增加淀积速率，但是会影响淀积的均匀性。而增加乙硼烷来形成硼磷硅玻璃(BPSG)有时候会提高淀积速率，但是对均匀性则几乎没有影响。上述均匀性的退化起因于表面控制的工艺过程向气相反应控制的工艺过程的转变[34]。它还会导致这些掺杂的玻璃态氧化物填充大深宽比缝隙的能力大大下降。而且沟槽顶部边缘的淀积速率会略有增大，导致缝隙中会产生空洞。可以通过高温退火工艺来消除这些空洞，高温会使玻璃态物质发生回流从而将空洞填充，但是所需的高温对极小尺寸的器件来说又是非常不利的。

虽然氮化硅可以由硅烷和一种含氮的反应气体来淀积，但是 LPCVD 氮化硅最常见的是由 DCS 和氨气(NH_3)的混合物来淀积。典型的淀积温度是 700℃～900℃[14]，该项工艺的激活能为 1.8 eV，淀积速率随着 DCS 流量的增加而增大。由于 DCS 消耗的影响，对这种工艺通常要求温度分布随着离进气口的距离增加而渐增。典型的淀积速率为 1～2 nm/min。由于该工艺的表面反应属性，这样淀积的薄膜是具有高度的保形特点的。理想配比薄膜的折射率介于 2.0 和 2.1 之间，并具有较高的张应力，典型值为 12～18 GPa。由于这种应力的影响，当薄膜厚度超过 200 nm 时往往会出现龟裂现象。

检查 Si_3N_4 薄膜组分的两种常用技术是用椭偏仪测量其折射率和在 HF 缓冲液中测量其腐蚀速率。高的折射率表明其是富硅的薄膜，而低的折射率则表明存在着氧，通常是由于真空漏气、气体受污染或抽真空不完全造成的。如果在 49%的 HF 溶液中薄膜的腐蚀速率超过 1 nm/min，同样表明存在着氧。在 Si_3N_4 中，其他常见的杂质还包括氢和约为 0.4%的氯(Cl)[35]。本书作者也发现，这些薄膜中含有一层 1～2 nm 厚的 SiO_2。在生长气氛中增加 DCS 的浓度可以减小薄膜的应力，但是会导致薄膜具有相当过量的硅。由于高浓度含硅物质(主要是 $SiCl_2$)在 Si_3N_4 的 LPCVD 过程中很容易发生气相成核现象，结果导致在气体中形成高浓度的颗粒。

13.7 介质的等离子体增强化学气相淀积

在许多应用中，需要在非常低的衬底温度下淀积薄膜。在铝薄膜上淀积 SiO_2 和在 GaAs 衬底上淀积 Si_3N_4 密封层就是两个常见的实例。为了适应较低的衬底温度，对于气体和/或吸附的分子反应物应当提供另一个能量的来源。虽然光学增强淀积在实验上已经被证实，甚至已经在生产上获得了一些有限的应用，但是真正用于驱动 CVD 反应的主要非热能源还是 RF 等离子体。等离子体增强化学气相淀积(PECVD)系统利用离子轰击表面，带来的附加好处是对次生物质(adspecies)提供能量,使得它们能够在没有高衬底温度的条件下进一步沿着表面扩散。因此，该工艺在填充小尺寸几何结构方面非常具有优势。第 10 章中介绍了等离子体的概念，并已经讨论了辉光放电在溅射和刻蚀方面的应用。本节将讨论应用等离子体来增加 CVD 工艺过程中的淀积速率。由于 PECVD 主要是用于淀积绝缘层的，因此我们只需要考虑 RF 放电。

PECVD 系统有三种基本的类型，如图 13.18 所示。在每一种系统中，虽然 PECVD 的氧化物可以在 13.56 MHz 下淀积，但是所选择的 RF 频率通常低于 1 MHz。第一种 PECVD 系统是冷壁平行板反应器，气体可以从周边喷入，也可以通过上电极喷头喷入，然后由中心处的出口通道排气，或者反过来，气体由中心喷入而从周边排气。随着晶圆片直径的增加，这类系统较低的产能以及一定程度上的均匀性问题，阻碍了它们在硅 IC 大生产中的应用。然而，由于 GaAs 工艺具有较小的晶圆片直径和每批有限的片数，因此这种形式的反应器对 GaAs 工艺而言是非常具有吸引力的。

虽然批处理工艺对于大直径晶圆片的生产来说是不多见的，然而平行板热壁系统有的时候还是可以见到的，其外形类似于 LPCVD 炉管，硅晶圆片被垂直地放置在极性交变的导电石墨电极上。尽管它的温度与可以类比的 LPCVD 工艺温度相比要低得多，其衬底温度的控制还是与所有的炉子都完全一样。

热壁批处理 PECVD 系统同其他类

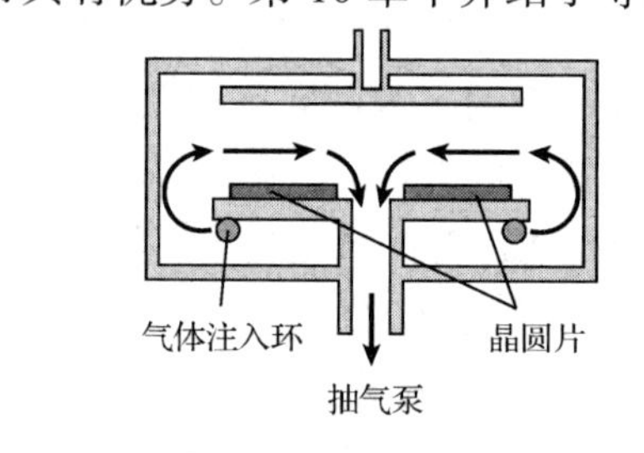

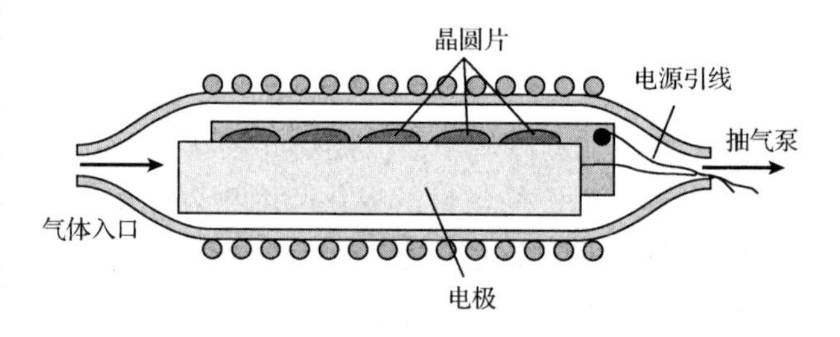

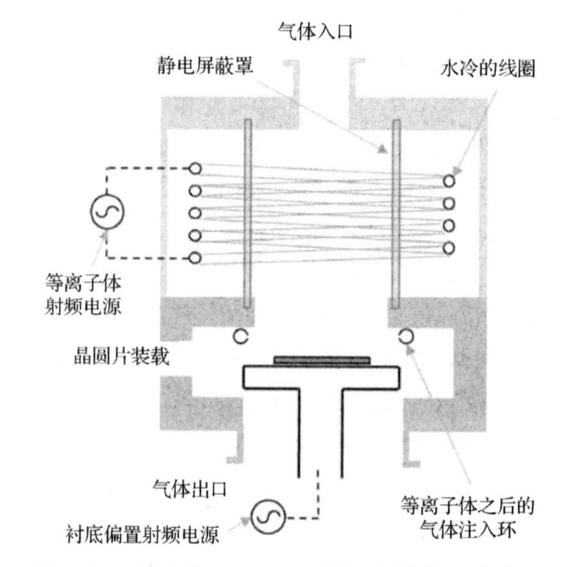

图 13.18 基本的 PECVD 系统几何结构：冷壁平行板、热壁平行板及一个 ICP 系统

似的热系统一样，存在着气体消耗、均匀性以及颗粒等问题。由于这个原因，又唤起了人们对冷壁 PECVD 系统的兴趣。为了提高产能，若干淀积站可以放在单一的真空系统中，或者几个单片腔体并行运行，其中的机械手向各个腔体供给或取出硅晶圆片。一个制造系统可以在 5 个淀积站顺序地淀积，这不仅改善了产能，而且也获得了接近 1%的均匀性[36]。

为了在低的衬底温度下淀积高质量的薄膜，最近已经引入了高密度等离子体(HDP)。这些反应器使用各种不同形态的高密度等离子体源，包括电子回旋共振(ECR)[37]，来分解或分裂一种或多种反应气体。我们在第 10 章中已经讨论了这些能量来源。HDP 的一种应用是分解 N_2 形成原子氮，它实际上在没有离子轰击衬底的情况下就能够很方便地同硅烷发生反应，从而形成 Si_xN_y。硅烷可以从等离子体的外部引入进来[38]。由于原子形态的反应物质具有较高的反应性，因此没有必要采用高的衬底温度来驱动反应就能够获得致密的薄膜[39]。同样已经证实，在温度低至 120℃下也可以形成良好的二氧化硅薄膜[40]。

高密度等离子体的低压强(约 0.01 Torr)会导致长的平均自由程，从而使得台阶覆盖的情况变差。然而，如果系统设计成允许有一定数量的离子轰击表面，淀积的物质将继续被溅射，可以使得大深宽比的结构填满。这已经成为该技术最吸引人的应用领域之一，特别是二氧化硅的淀积。HDP 淀积系统的主要限制之一是在等离子体中会产生高浓度的颗粒，该现象最近已经通过形成颗粒陷阱和/或形成可吸附颗粒的腔体表面而得到改善。为了改善 ECR 低的淀积速率，生产系统可以采用在同一真空腔体中并行地安装大量远程的等离子体注入器的方式来构成。总的看来，设计恰当的高密度等离子体 CVD 系统可以在低温下提供特别高质量的淀积薄膜。

在对 GaAs 进行离子注入时使用 PECVD 氮化硅已经有许多年了。在硅技术中，该工艺也被用作最后的钝化层或防止擦伤的保护层，它是最后的几步工艺之一[41]。该工艺在 300℃～400℃下进行，使用稀释的混合气体，例如 Ar 或 He，SiH_4 以及 NH_3 或 N_2 的混合气体。无论是热壁还是冷壁的反应器都获得了应用(参见图 13.18)。

图 13.19 显示出采用 PECVD(A)、亚大气压的加热(B)以及 HDPCVD(C)淀积二氧化硅薄膜的覆盖状况。PECVD 薄膜的面包块剖面形状可以通过改变衬底的温度、功率以及压力来进行调节。高密度等离子体的剖面则是由于同时发生淀积和刻蚀的结果，这会导致优良的填充特性[42]。如果刻蚀的速率太大，结构的拐角将会被去除或“剪掉”。通常，刻蚀是由于反应器中的氩气溅射引起的。

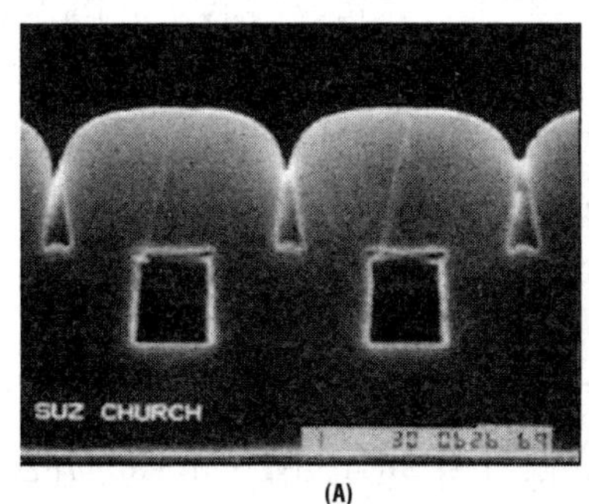

(A)

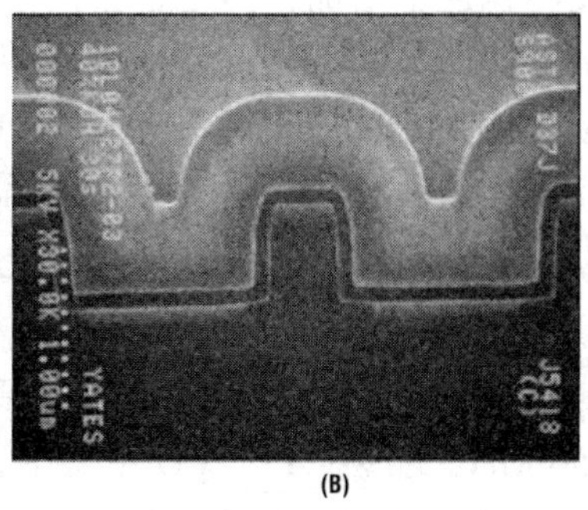
(B)

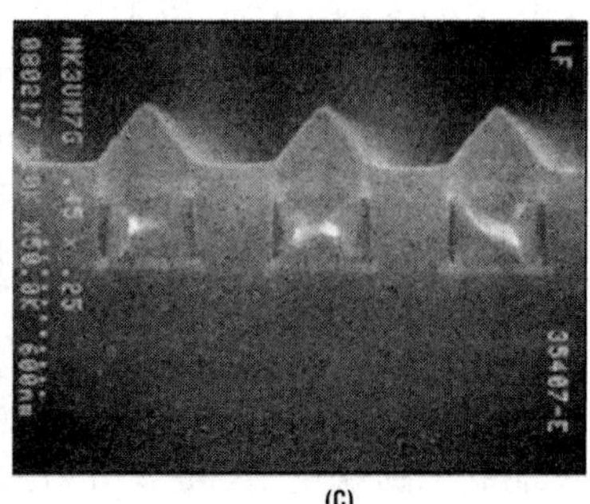
(C)

图 13.19　采用(A)PECVD、(B)热 CVD 及(C)HDPCVD 三种方法淀积的 SiO_2 的剖面(经 IBM 许可使用)

图 13.20 展示了淀积速率、质量密度以及原子组分作为氨气在气体流量中所占比值的函数曲线[43]。淀积速率对于气体组分的变化相对不太敏感。密度最大值发生在 Si/N 比为 0.75 处，这是正确的氮化硅化学配比值。增加氨气的流量可以使得氢的浓度增大，达到大约 20%，这对于采用 PECVD 工艺来淀积 Si_3N_4 是典型的。增加衬底温度可以使得薄膜中的氢含量降低。若是使用 N_2 而不是使用 NH_3，则同样也可以降低氢的含量[44]。

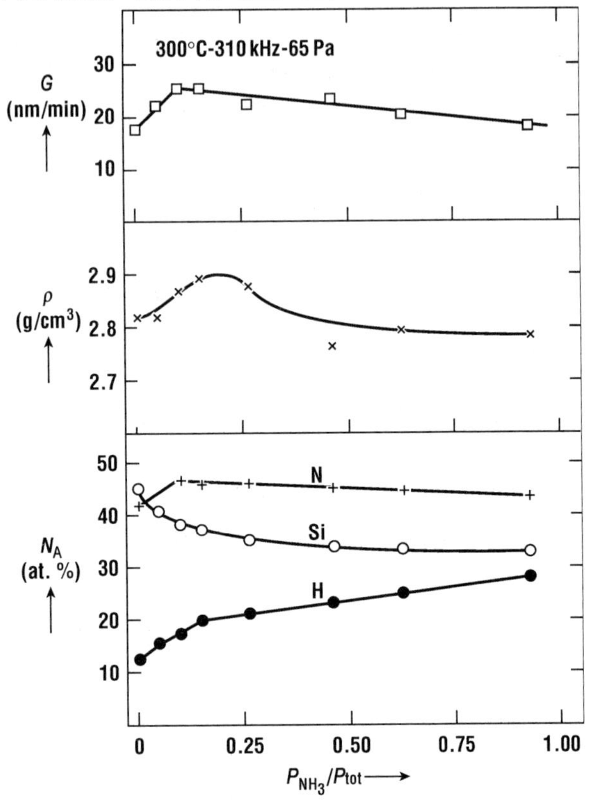

图 13.20 PECVD 淀积 Si_3N_4 膜的速率、密度及化学配比(引自 Claasen 等，经 The Electrochemical Society 许可使用)

淀积介质的一种主要应用是形成 IC 中金属互连层之间的绝缘层。尤其是当采用铝或铜作为金属互连层时，PECVD 提供了必不可少的低温淀积工艺。采用 PECVD 氮化物的问题在于其具有相对比较大的 Si_3N_4 介电常数。当用作两层金属之间的绝缘层时，这将会导致较大的结点电容，从而使得电路的速度变慢。为了改善电路性能，可以采用 PECVD 氧化物来代替氮化物。PECVD 二氧化硅工艺可以使用硅烷和氧化剂来进行反应。可以使用 O_2，但是硅烷和 O_2 之间的反应不需要等离子体来驱动，因此，相当可观的同质成核会发生在入口喷嘴处以及硅晶圆片上方的气体中，这就会导致较多的颗粒数和较差的表面形态。也可以使用 CO_2，但是采用 N_2O 作为氧化剂是一个优选的方案，这样可以避免碳的引入。已经有报道表明，添加 He 作为稀释剂，可以改善淀积均匀性和重复性[45]。

采用这种技术淀积的氧化物具有较高浓度的氢(1% ~ 10%)[46]，通常也会发现其中含有相当量的水和氮[47]。至于精确的组分，则主要取决于腔体的功率和气体的流量。如图 13.21 所示，增加等离子体的功率可以使淀积速率增加，但是也会使得淀积的薄膜密度降低[48]。由于硅的氧化反应容易发生，较低的等离子体功率密度就能够获得较大的淀积速率。同样也可以看到，如果等离子体的功率密度足够大，可以确保等离子体中有足够浓度的氧使得硅烷完全氧化，则可以获得良好的高介质强度的薄膜[49]。淀积后的高温烘烤可以用来降低氢的含量且使得薄膜致密，这些烘烤还可以用来控制薄膜的应力[50]。但是通常选择 PECVD 工艺就是因为不能容许这样的高温步骤。

PECVD 薄膜令人感兴趣的特点之一，就是可以通过改变气流使得薄膜的组分由氧化物连续地变化到氮化物。在一个 13.56 MHz 的冷壁 PECVD 系统中，通过向 SiH_4、NH_3 和 He 的混合气体中添加并逐渐增大 N_2O 的浓度，所淀积薄膜的折射率可以从氮化物的折射率平滑地改变到氧化物的折射率[51]。这就使得从技术上实现令人感兴趣的叠层结构以及缓变组分的薄膜成为可能。

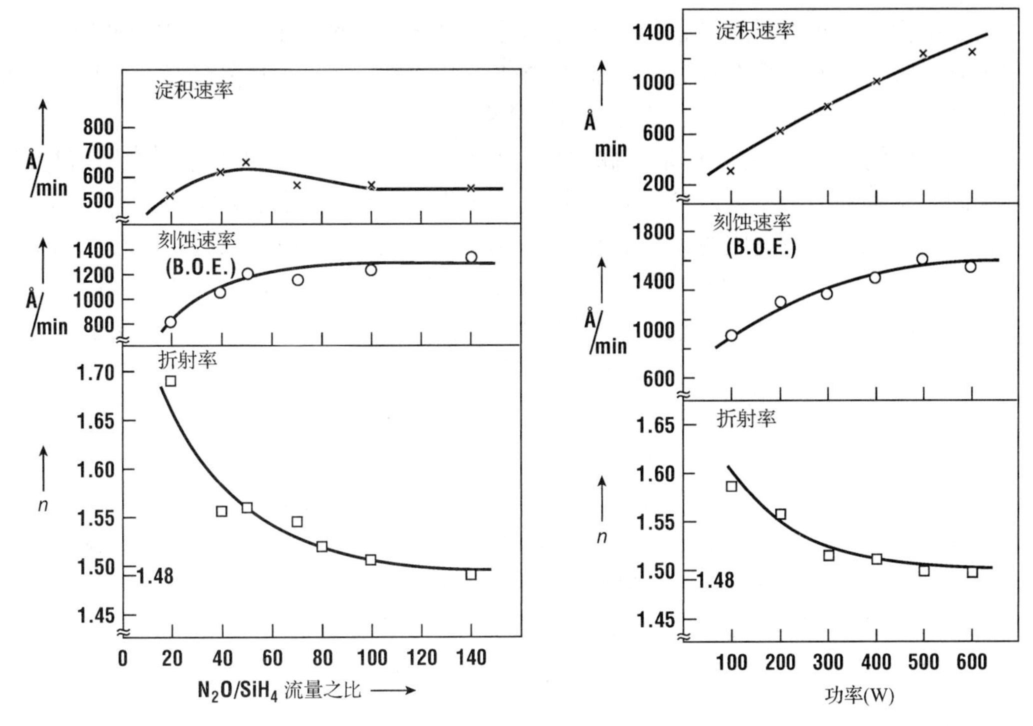

图 13.21　PECVD 形成 SiO_2 的结果(引自 Van de Ven, ©1981, Solid State Technology)

同样也可以采用 TEOS 源来进行二氧化硅的 PECVD[52,53]。使用这种方法的动机之一与使用硅烷带来的危险性有关。像 TEOS 这样的金属有机化合物并不经常用于等离子体工艺中，因为它们往往会将碳引入到薄膜中。在足够高的 O_2 与 TEOS 入口气体流量比的情况下，可以使得淀积薄膜中残余碳的污染达到非常小的程度[54]，同时也可以获得合理的折射率和介电常数[55]。衬底的温度同样也低于 400℃。与热淀积的 TEOS 薄膜类似，通过淀积之后的烘烤，淀积层的应力可以在很宽的范围内得到控制[56]。掺杂层诸如 PSG 和 BPSG 也越来越关注使用金属有机化合物，诸如四丁基磷烷和硼酸三甲酯，以减少氢化物的使用。

13.8　金属的 CVD$^+$

前面几节描述了 CVD 工艺的属性：具有极好的台阶覆盖，以及具有低衬底温度淀积的潜力。金属进入接触孔时的台阶覆盖是人们最为关心的问题之一，尤其是对深亚微米器件，溅射淀积的薄膜对于不断增大的深宽比结构的台阶覆盖正在变得非常困难。此外，为了确保金属在接触孔上的覆盖，在刻蚀工艺期间必须小心地将侧壁刻成斜坡。为了适应这个加宽的接触孔，在早期的工艺技术中，金属布线具有“钉头”(参见图 13.22)，这些“钉头”将显著地降低布线的密度。最后，接触孔斜坡所产生的高低不平累积起来，使得重合接触或“塞子”结构不被允许。在另一方面，如果可以采用金属 CVD，那么就可以使用

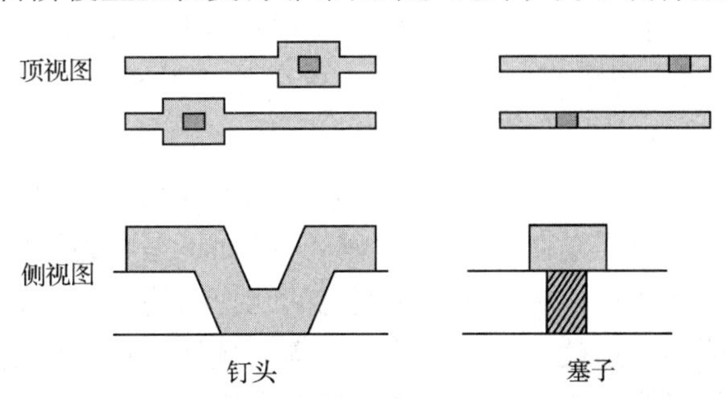

图 13.22　使用“钉头”接触与填塞接触的比较

垂直的接触结构，从而填满接触孔并降低表面的拓扑差异，这种情况下就不需要使用“钉头”，也无须关心台阶覆盖了。因此开发金属的 CVD 工艺是非常必要的。目前已经对多种金属进行了试验，其中采用钨的工艺获得了最为成功的结果[57]。

许多早期的钨 CVD 研究工作是在标准的水平卧式 LPCVD 炉管中进行的[58,59]。已经发现钨并不会附着在管壁上，所以颗粒物是一个严重的问题。然而，更令人关注的是这样一件事实，即钨的薄层能够有效地阻挡来自硅晶圆片加热线圈的红外辐射，因而导致较差的均匀性和可重复性。由于存在这些问题，现在多数的钨 CVD 都是在冷壁反应器中进行的[57]。由于反应物都是具有高度反应性的，因此保持反应腔壁的温度低于 150℃左右，对于工艺的成功是至关重要的。钨源包括 WCl_6[60,61]、$W(CO)_6$[62,63]和 WF_6[64]，其中只有 WF_6 在室温下是液态的，它在 25℃下沸腾，其他的都是高蒸气压固体。因此，大多数的钨 CVD 工艺都采用 WF_6 作为源，并采用 H_2 作为携带气体来进行，淀积的温度通常低于 400℃。

最简单类型的钨淀积工艺是大面积的钨 CVD。因为大面积 CVD 钨薄膜与氧化层之间不能很好地黏附，所以必须首先淀积一层薄的黏附层。一种最通用的黏附层是溅射或 CVD 的 TiN，它是一种用在铝互连线下的阻挡层金属[65,66]。人们已经发现，在 TiN 上淀积 W 存在一个重要的初始时间，在生长的初始阶段除非使用 SiH_4，否则不会有 W 的薄膜形成[67]。已经发现在采用 SiH_4 还原 WF_6 时，当混合气体富含 WF_6 时淀积层是纯 W，而当混合气体富含 SiH_4 时淀积层则是钨的硅化物。

虽然典型的淀积速率相当低，但是使用 WF_6 和 H_2 的钨 CVD 还是能够获得最好的台阶覆盖[68]。这是人们最为关心的，因为 CVD 钨薄膜的最主要应用之一是填塞具有大的深宽比的接触孔。如果薄膜的台阶覆盖差，在填充的顶面封闭了之后，接触孔的中心处将会留下空洞。即使是一个很小的锥形孔也必须确保能够完全被填充(参见图 13.23)。对于该工艺来说，总的化学反应式为

$$WF_6 + 3H_2 \rightleftharpoons W + 6HF$$

在低于 400℃时，该工艺的激活能近似为 70 kJ/mol。人们已经确认，主要的速率限制环节是 HF 从表面的解吸附[69]。采用这种方法淀积的钨层可以留在某些地方作为互连引线，或者它也可以被回刻掉，只留下填塞接触孔的部分，即钨塞。在后一种情况下，在氧化物顶面上可以使用一层牺牲氮化物薄膜，以避免回刻过程使得氧化物的表面变得粗糙(参见图 13.24)。

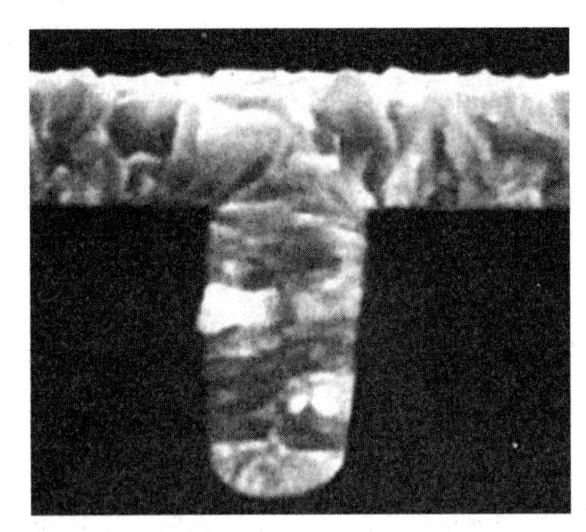

图 13.23　一个被填塞的接触孔，显示了钨 CVD 的表面形态(引自 Schmitz，经 Noyes 许可使用)

为了完全避免回刻工艺，也可以在暴露的接触窗口处选择性地淀积钨。选择性钨淀积利用了钨优先在导电衬底(例如 Si)而不是在绝缘体(例如 SiO_2)上成核的事实。人们希望选择性钨淀积可以填满任何深宽比的几何结构，因为它是从结构底部向上发生淀积，而不是发生在侧面。这就具有降低淀积成本的额外优点，而这一点还是相当显著的。然而维持这个选择性是极为困难的。淀积倾向于在介质上形成，也可能会爬升到接触孔的侧壁上。选择性钨淀积

工艺的第二个问题是硅空隙(或称为虫孔，worm holes)的形成。在很多情况下，钨丝都会填满这些虫孔(参见图 13.25)。

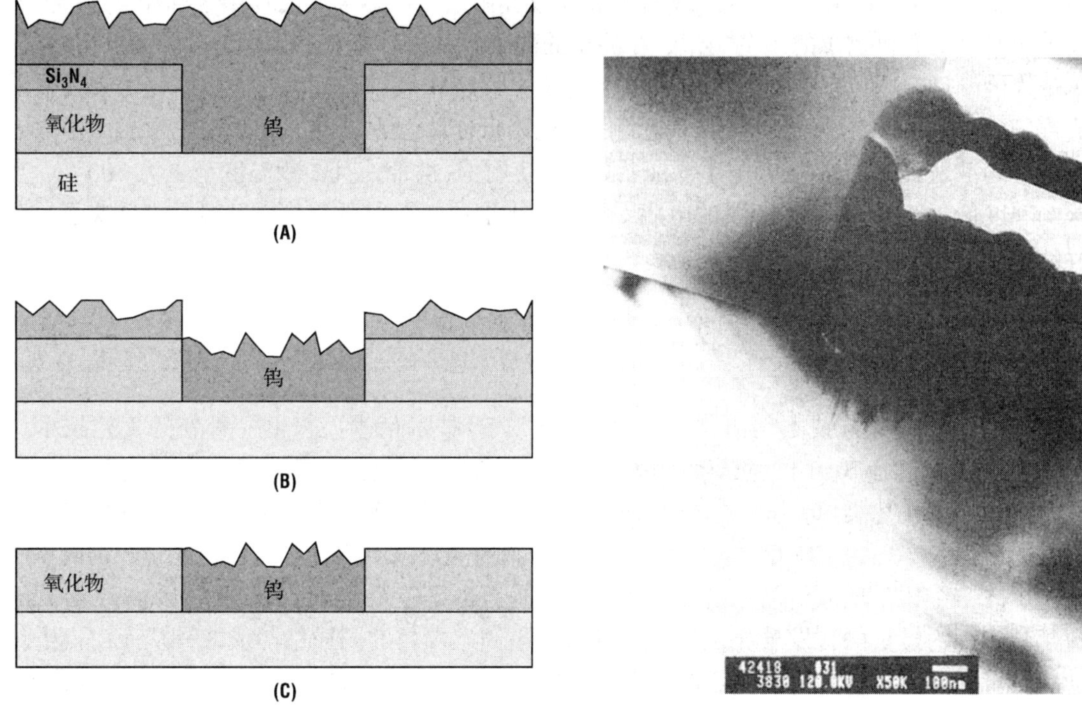

图 13.24 在钨 CVD 中使用一层牺牲氮化物薄膜来避免表面变粗糙(引自 Schmitz, ©1992, Noyes)

图 13.25 由选择性钨淀积产生的衬底损伤

除了钨淀积工艺，还有两个需要应用金属 CVD 的主要领域：阻挡层金属和替代溅射 AlSi 及 AlCuSi 的铜。常用的 CVD 阻挡层金属包括氮化钛和氮化钨。这些金属淀积在低电阻的互连金属层下面以提供对衬底的黏附以及防止不同层之间的化学作用。阻挡层金属也可以淀积在互连金属层的顶面上作为抗反射层以及改善金属的可靠性。

氮化钛可以采用 NH_3 和 $TiCl_4$ 按下面的化学反应式来进行淀积：

$$6TiCl_4 + 8NH_3 \rightarrow 6TiN + 24HCl + N_2$$

典型的淀积工艺是在 700℃～800℃下进行的。薄膜的电阻率和氯的浓度都会随着淀积温度的升高而下降[70]。更低的淀积温度可以采用 PECVD 来完成相同的化学反应过程，但是由残余氯所引起的腐蚀仍是人们关心的问题。另外，也可以使用钛的金属有机化合物作为反应源，诸如四二甲基氨基钛，$Ti[N(CH_2CH_3)_2]_4$ 即 TDEAT，或者四二乙基氨基钛，$Ti[N(CH_3)_2]_4$ 即 TDMAT，在温度低于 500℃时进行淀积[71]。上述任何一种工艺都能够在苛刻的形貌上形成具有良好台阶覆盖的薄膜。然而，TDEAT/NH_3 工艺一般是优先选择的，因为它不易受到颗粒的污染。

正如在第 15 章中将要讨论的，溅射的铝合金正在被更低电阻率的铜所代替。大多数的铜都是采用电镀工艺制备的，但是我们仍然需要为电镀工艺提供一个种子层。这个种子层必须能够覆盖带有大的深宽比接触孔的苛刻表面。这个种子层通常也是采用 PVD 工艺制备的，但是目前也在研究采用 CVD 工艺来制备铜的种子层的技术。实际上，所有的 CVD 铜薄膜都是采用金属有机化合物源来制备的。一个典型的源是二六氟乙酰丙酮酸铜(CF_3-CO-CH-CO-CF_3)Cu，或简写为 Cu(hfa)$_2$。在典型情况下，Cu(hfa)$_2$ 在 250℃～450℃温度下在 H_2气氛中被还原,当压力接近大气压或当H_2携带气体由惰性气体来替代时,则需要高的温度[72]。与几乎所有金属有机物源的工艺类似，在淀积的薄膜中都可以观察到碳，但是，如果用 H_2 作为携带气体的话，则可以获得纯度为 99%的薄膜[73]。可以获得的铜薄膜电阻率仅比其体电阻率高出 10%[74]，并且铜薄膜的电阻率随着温度的降低而线性地下降，这表明正常的声子散射是占主导的散射机理。这些低电阻率的薄膜要求使用 H_2 携带，且淀积温度至少为 300℃。当薄膜的厚度低于 300 nm 时，薄膜的电阻率还强烈地取决于薄膜的厚度。这很可能反映了晶粒边界的影响，以及在非常薄的薄膜情况下可能出现了连续性的中断[75]。

13.9 原子层淀积

原子层淀积(ALD)技术是由化学气相淀积(CVD)技术衍生而来的一种新的工艺技术。ALD 工艺在 20 世纪 70 年代就已经出现，但是直到 2000 年前后才引起人们足够的重视[76]。和化学气相淀积工艺类似，该工艺也是通过向装载了待淀积样品的反应腔中喷射各种包含淀积材料的气体来实现的。在 CVD 工艺中，通常是利用加热或等离子体来提供能量，以便克服完成一个或多个化学反应所需的动力学势垒。这个势垒是整个化学反应过程中的一个必要的组成部分，因为过量的自发气相反应将会导致大量固态颗粒的同质结晶成核，从而使得生长的薄膜质量降低。ALD 工艺通过将两种气体顺序引入反应腔，因此具有以下两个关键的特点：(1)至少对某一种气体来说，(在步骤 A 中)一旦其在样品表面已经覆盖了一层单分子层之后，它就会在样品的表面达到饱和状态，即该气体不可能在样品表面继续堆积下去；(2)第二种气体(在步骤 B 中)将会与第一种气体进行反应，从而生成所需要的薄膜材料。这个反应过程通常具有非常低的动力学势垒(甚至没有)，因此该工艺可以在非常低的温度下进行。但是由于在向反应腔中引入第二种气体之前已经将第一种气体完全清除出去，因此反应过程只可能发生在样品的表面。为了避免发生任何气相反应的可能性，在每种气体通入之后，通常要用惰性气体对反应腔进行吹扫。因此实际的气体引入顺序为：反应气体 A/惰性气体/反应气体 B/惰性气体/反应气体 A/惰性气体/反应气体 B/惰性气体/，如此延续下去。ALD 工艺的生长速率与生长温度之间的函数关系画成曲线图呈 U 形，即在低温下和高温下其生长速率均较快，而在中间区域的淀积速率则几乎与温度无关，这个区域通常称为 ALD 的工艺窗口[77]。由于 ALD 工艺具有覆盖较大深宽比图形的能力，这使得它成为未来等比例缩小硅器件制造技术中某些工艺步骤的一个非常有吸引力的候选者[78,79]。

最常见的 ALD 工艺原型就是利用三甲基铝[Al(CH_3)$_3$]和水(H_2O)来淀积氧化铝(Al_2O_3)薄膜[80]。通常认为裸露在水蒸气中的硅样品表面会形成一个单分子层的羟基(OH)原子团，这些羟基原子团再与上述的铝源分子反应，会使得后者失去一个甲基原子团，并与硅衬底之间形成一个化学键[Al(CH_3)$_2$-O-Si]。在合适的温度下，三甲基铝之间并不会相互成键，也不会自行分解，因此一旦当样品表面的所有羟基都反应完毕后，该反应过程就会自动终止。在下一个通入水蒸气的周期中，水蒸气会同剩余的甲基配体反应，生成甲烷(CH_4)和氧化铝(Al_2O_3)，同时在表面留下多余的羟基。虽然实际的化学反应过程要比这个简单的图像复杂得多[81]，但是这个简单图像所描述的反应过程还是非常有效的。金属氮化物通常是利用金属卤

化物如 $TiCl_4$ 与氨(NH_3)制备出来的[82]，或者是利用金属有机化合物(OM)和氨来制备的[83]。通常金属有机化合物的反应温度要更低一些。在淀积纯金属材料时也可以利用氢气作为一种还原剂。在某些情况下也可以利用等离子体来进一步改进那些采用了活性比较低的反应物的工艺过程[84]。

在理想情况下，这种按照 A/B 顺序的交替反应将在样品表面严格地生长出单分子层的薄膜。而通过在 A、B 两种反应气体之间的反复切换，最终就可以精确地生长出所需厚度的薄膜材料。这种从基本原理上就能够精确控制薄膜厚度的淀积工艺，较之传统的 CVD 工艺具有非常大的优势。一般而言，普通的 CVD 设备并没有使用任何能够监控淀积速率的装置，其淀积速率是根据实际的测试晶圆片来确定的，而淀积时间则是由所需的淀积厚度与估算的淀积速率计算得到的。对于像栅极绝缘层以及阻挡层金属等薄膜来说，由于其所需淀积的材料非常薄(在 2 ~ 6 nm 之间)，因此对厚度的控制就非常重要，此时 ALD 工艺就具有很大的优势。ALD 工艺所具有的另外一个同样重要的优点则是其能够在样品表面均匀地覆盖一层薄膜。在 CVD 工艺中，由于通过设定工艺条件确保其进入表面反应限制区，从而使得表面吸附的原子和分子能够在发生反应前扩散足够长的距离并同表面进行结合，因此即使在相当起伏不平的表面上也能够淀积出保形的薄膜材料。但是当表面变得越来越起伏不平时，要继续保持淀积过程为表面反应限制型而不是气体输运限制型就变得越来越困难。典型的情况就是当需要在具有较大深宽比的孔洞或缝隙表面覆盖一层薄膜材料时，孔洞底部附近的淀积速率往往会下降。而在 ALD 工艺中，化学反应过程与气体输运过程在时间上是完全分开的，因此通过设定合适的工艺条件，ALD 工艺淀积的薄膜材料几乎可以均匀覆盖任意深宽比的图形。

ALD 工艺可以用来淀积各种不同类型的薄膜材料，而且对其中的一些薄膜材料也存在着多种不同系列的前驱物。表 13.1 按照典型的应用情况分类给出了其中已经得到 ALD 工艺验证的一些材料。

表 13.1　已经得到 ALD 工艺验证的一些材料

金属元素	Cu，Ru，Ir，Pt，Pd，Co，Fe，Ni，Mo
扩散阻挡层	WN，TiN，NgN，MoN，TaN，Al_2O_3
栅极绝缘层	Al_2O_3，ZrO_2，HfO_2，$HfAlO_2$，Ta_2O_5，La_2O_3，PrAlO，TiO_2，$HfSiO_2$，HfSiON，多层结构
传感与压电材料	SnO_2，Ta_2O_5，ZnO，AlN，ZnS
光学应用	AlTiO，SnO_2，ZnO，SrS：Cu，ZnS：Mn，ZnS：Tb，SrS：Ce，Al_2O_3，SnO_2，ZnS，Ta_2O_5，Ta_3N_5，TiO_2
透明导体	ZnO：Al，InSnO

当然 ALD 工艺也有一些缺点，其中最常提到的缺点之一就是其淀积速率很低。在理想情况下经过一个完整周期能够生长出一个单分子层的薄膜(厚度大约为 0.2 nm)。如果一个周期时间为 5 s，一分钟可以淀积 12 个周期，则淀积速率为 2.4 nm/min。而 CVD 工艺的典型淀积速率则要比其快一个数量级。在典型情况下，实际 ALD 系统的淀积速率要小于每周期一个单分子层，而且整个淀积过程中还会有一个明显的初始阶段，由此导致淀积 5 nm 厚的薄膜通常需要经历大约 100 个周期，或者处理每个晶圆片的时间大约为 3 min 左右[85]。批处理系统由于对多个晶圆片同时进行淀积生长，因此可以改善 ALD 设备的产能。令人感兴趣的是，目前能够连续生产的批处理 ALD 系统也处于研发之中。这类系统虽然在 IC 生产中的用途不大，但是其在太阳能电池以及 LED 照明等低成本的应用领域却非常具有吸引力。从基于晶圆片的应用来看，ALD 技术主要限于应用在栅极绝缘层、金属扩散阻挡层以及黏附层等场合，其最

终所需的薄膜厚度一般不超过 10 nm。第二个需要考虑的问题就是 ALD 工艺对原材料的消耗比较大，因此运行的成本也比较高。要实现完整的单分子层覆盖，尤其是对具有较大深宽比的图形，往往需要一个较长的气流周期，而绝大多数气体由于 ALD 工艺的本质特性实际并没有得到利用。另外某些工艺中需要用到的一些金属有机化合物气体也十分昂贵，这些都使得 ALD 系统的应用成本大大增加。

ALD 工艺存在的第三个问题则是由一些不希望发生的或不完全的反应所引起的。例如，当应用 ALD 技术来淀积阻挡接触扩散的势垒层时，工艺过程中释放出的一些副产物(例如氢)就会使得其下方承受淀积物的低介电常数材料的性能严重退化[86]。如果采用多孔绝缘层作为互连引线之间的介质，从而减小其介电常数的话，那么 ALD 技术的高保形特性也会带来一个问题，因为金属薄膜将会穿透到这层绝缘材料中，除非另外增加一个包封层，而且这个包封层必须将多孔绝缘材料所有裸露表面全部覆盖，包括接触孔/连通孔的侧壁。最后一点就是 ALD 工艺会在薄膜材料中留下比较严重的残余污染物，这对于栅极绝缘层来说是一个特别需要关注的问题，因为栅极绝缘层中即使含有百万分之一的电荷陷阱也会给器件的特性带来明显的影响，目前常见的污染物主要包括氯、碳和氢等元素。ALD 工艺通常必须在低温下进行，如果衬底的温度过高，就有可能会发生一些我们所不希望的化学反应(即 CVD)。而在这样的低温条件下，就可能没有足够的能量来使得反应形成的副产物从所淀积材料的表面去除干净，因而导致它们残留在薄膜材料中。

13.10　电镀铜

电镀技术就是通过包含某种金属离子的溶液将该种金属材料沉积到导电材料表面的工艺过程。从微电子应用的角度来看，我们感兴趣的电镀材料就是作为器件互连引线的金属铜，铜的电镀技术已经成为一种标准工艺。要在硅晶圆片上电镀铜，必须将表面已经覆盖了一层铜薄膜种子层的硅晶圆片与电源的阴极相连接，而将金属铜片(提供铜的来源)与电源的阳极相连接，如图 13.26 所示，阳极和阴极必须同时浸入到一个含有二价铜离子的导电性溶液中或者是某种其他类型的电镀液中。一种常用的电镀液就是硫酸铜的混合液，另外还可以考虑使用一些更复杂的结构，包括采用多个特殊形状的电极以及不同的导流环或屏蔽结构来改善电镀层的均匀性。当把电源与种子层连接完毕后，在硅晶圆片的表面附近就会发生两个化学反应，一般而言，导致铜在硅晶圆片表面沉积的化学反应主要是以下两步[87,88]：

$$Cu^{2+} + e \Leftrightarrow Cu^{+}$$

$$Cu^{+} + e \Leftrightarrow Cu$$

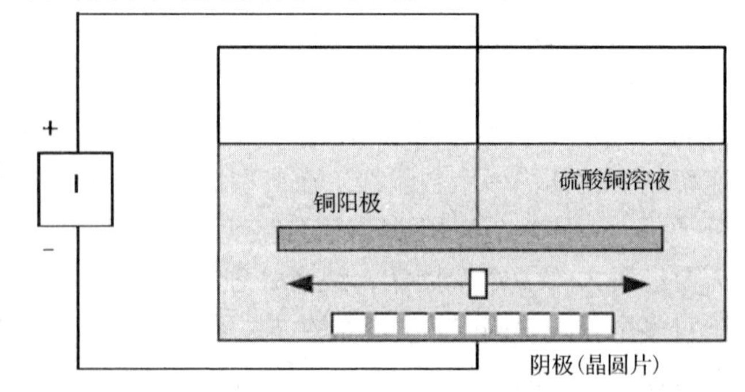

图 13.26　基本的电镀装置

采用铜互连技术带来的一个主要问题就是铜很容易在硅和二氧化硅中扩散，一旦铜扩散进入到硅衬底中，就会在硅禁带中引入深能级从而毁坏半导体器件，因此必须增加一个势垒层来阻挡铜的扩散。有多种材料可以用作势垒层，其中最常用的几种材料就是一些难熔金属以及它们的氮化物，例如钽(Ta)和氮化钽(TaN)或者钨(W)和氮化钨(WN)等。但是这些势垒层金属未必能和绝缘层很好地黏附在一起，如果二者不能很好地黏附，则必须增加一层黏附层，这层黏附层通常就是一层与该金属氮化物相关的纯金属层，例如 Ti/TiN 层以及 Ta/TaN 层。另外为了确保电镀铜层能够与扩散阻挡势垒层很好地黏附在一起，在扩散势垒层的表面通常也会增加一层这样的黏附层。

在电镀工艺开始之前，必须先淀积一层种子层。淀积这层种子层最常用的方法就是采用物理气相淀积(PVD)技术来淀积一层铜，而采用这种 PVD 方法存在的问题就是电镀铜层对势垒层和种子层的台阶覆盖情况会比较差[89]。为了缓解这个问题，已经开发了一些先进的 PVD 工艺技术来改善台阶覆盖效果。其中一种方法是采用离化金属溅射技术，这是一种离化的物理气相淀积(IPVD)技术，它获得的台阶覆盖效果已经可以用到 0.1 μm 的连通孔工艺中。在一项研究工作中[90]，有人对采用 IPVD 技术和准直的 PVD 技术淀积种子层做了比较，二者都采用电镀工艺进行了覆盖加厚，并对接触结构获得了无空洞的填充。但是当完成大马士革镶嵌工艺之后，准直 PVD 技术在电镀填充层的底部附近则会留下一些空洞。与准直的 PVD 工艺相比，IPVD 工艺在电镀填充层的底部和侧壁可以形成大约两倍的覆盖层厚度。采用化学镀膜的方法来淀积金属铜的种子层也是可行的[91]。此外种子层的表面结构也是非常重要的，因为它将起到一个电镀生长的模板作用。

当我们把所需的各层(如图 13.27 所示)一并考虑时，对于电镀铜互连引线来说就需要一个复杂的叠层结构。而对于极小尺寸(小于 45 nm)的连通孔来说，甚至就是设计出这样一个在核心位置处还能保留一定数量铜材的叠层结构也是一件非常具有挑战性的工作。也正是因为这个原因，如上一节所述，目前已经有大量的研究工作致力于采用 ALD 工艺来不断获得超薄的非晶态势垒层金属氮化物。已经有研究结果表明也可以直接将铜电镀在势垒层金属的表面[92]，但是实际上真正这样做的并不多，因为大多数势垒层金属都具有较高的电阻率。

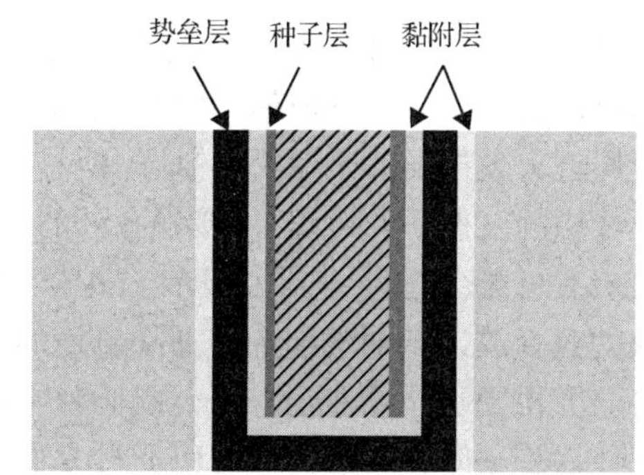

图 13.27　接触孔中最后形成的金属叠层结构，图中给出了所需的各层金属，其中斜线所示的区域为电镀形成的铜

电镀铜互连引线最重要的特性参数之一就是其电阻率，这也是之所以要从铝互连引线转换为铜互连引线的原因[93]。从铜的电阻率角度来考虑，最重要的影响因素之一就是铜金属薄膜的粗糙程度。如果电镀的条件不合适的话，镀出的铜就会具有较大的晶粒，同时也会呈现出非常粗糙的结构。在电镀铜工艺中影响电镀层粗糙程度的决定性因素是电解液中的表面反应速度以及二价铜离子 Cu^{2+}由电解液向电极表面的扩散情况[88]。一般而言，当电解液中二价铜离子 Cu^{2+}的流量低于电极表面的反应速度时，就会发生极化现象，这种极化现象会导致电镀沉积的速度变慢，从而使得镀层表面变得平坦光滑。当电镀的电流密度增大时，也会发生极化现象，此时同样也会引起电极表面的反应速度高于电解液中二价铜离子 Cu^{2+}的供给速度。图 13.28 给出了电镀电流密度对电镀层电阻率影响的变化关系，从图中可以看到，出于同样的原因，降低电解液中硫酸铜($CuSO_4$)的浓度也有助于改善电镀层的电阻率。

在电镀液中加入一些添加剂也可以改善电镀薄膜的特性。硫酸就常常被用来作为硫酸铜电镀液中的添加剂，在电镀液中增加硫酸的浓度可以降低二价铜离子 Cu^{2+}的扩散速度，也会导致极化程度增强。因此当增加电镀液中硫酸的浓度时，上述两个效应都有助于形成平坦光滑的镀层表面。硫酸羟胺[(NH_2OH)$_2H_2SO_4$]也是一种已经被人们深入研究过的电镀液添加剂，之所以采用这种添加剂是因为它能够分解为多个小分子，而这些小分子中又包含了周围带有一个孤对电子的氮原子。采用这种添加剂的电镀薄膜能够很好地填充宽度仅为 0.3 μm 具有较大深宽比的深槽，且不留下任何空洞[89]。另外，酸性葡萄糖酸盐(或酯)也曾被添加到铜的电镀液中以增强其极化程度，已经有人研究发现添加葡萄糖酸盐(或酯) 到电镀液中可以增加阴极处的极化程度，同时降低电镀时的电流密度。

电镀铜工艺同样也存在一些不足之处。首先是电镀液的控制技术，好在目前对电镀液化学组分的系统监控已经取得了很大的进展。曾经有一项研究工作采用高性能的色谱分析法来对电镀槽中电镀液在入口处的有效成分进行监测。电镀铜工艺的另外一个不足之处是其需要一个种子层，同时还需要一个防止铜扩散的势垒层。通过在低温下(大约 100℃)对电镀铜层进行退火处理可以获得最低的电阻率，并且薄的电镀层退火效果要优于厚的电镀层。但是在经历温度循环的过程中，接触孔处的镀层有可能会起泡，这是由于镀层中俘获的氢释放出来而引起的。如果电镀的种子层是采用化学镀膜方法形成的，则上述起泡问题将会变得更加严重。当整个硅晶圆片在电镀液中没有得到均匀的浸润时，还会在镀层中产生一些涡旋缺陷，不过这个可以通过改进电镀槽的设计来加以消除[94]。电镀工艺中另外一个大家普遍关心的问题是对于极小尺寸接触孔的填充情况，我们所希望的镀层剖面是从接触孔的底部开始就具有非常理想的填充结构，这一点也可以通过合适的电镀槽设计来实现[95]。

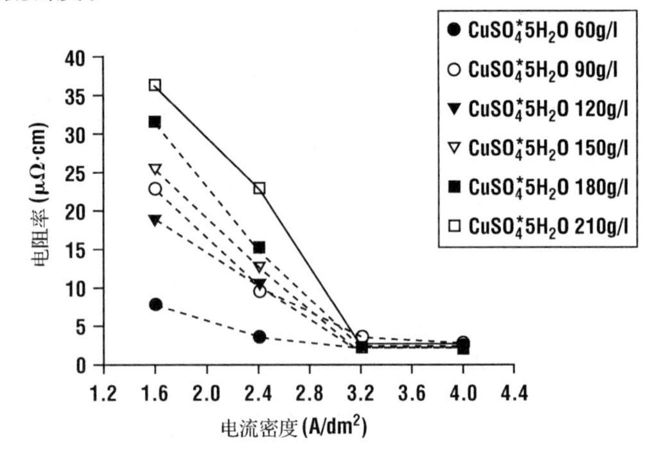

图 13.28　不同电镀液浓度下电镀形成的铜电阻率随电镀电流密度的变化关系(引自 Gau 等，经 Journal of Vacuum Science and Technology 许可使用，© 2000 IOP Publishing)

13.11　小结

本章回顾了化学气相淀积的基本化学过程和流体机理。虽然任何反应的精确定量的描述与工艺和反应器密切相关，但是可以采用这里给出的引导性材料来达到对淀积工艺的定性认识。常压 CVD(APCVD)仅仅广泛应用于 SiO_2 的淀积。这类工艺的主要问题是颗粒的形成，颗粒既可以在气体入口喷嘴处形成，也可以通过同质成核形成。多晶硅和氮化硅的低压 CVD(LPCVD)广泛应用于硅工艺。标准的炉管配置提供了良好的均匀性和较高的产能。为了进一步改善均匀性，已经研究开发出了横向流的反应器。可以采用硅烷和氧气或一氧化二氮进行氧化物淀积，但是目前首选的方法是采用 TEOS 热分解。当要求低的淀积温度时，等离子体增强 CVD 同样也是很流行的，其薄膜通常具有差的化学配比和高的刻蚀速率，除非随后进行退火。为了得到高密度的 PECVD 薄膜，人们研究开发了余辉反应器(afterglow reactors)。金属 CVD 是一个新的重要的领域，它允许高密度互连金属的制备。当前，钨是最流行的金属 CVD 系统。

习题

1. 如果我们感兴趣的反应是：

$$AB_2 \rightleftharpoons A + 2B$$

重复例题 13.1 中所做的计算，假设平衡常数是不变的。

2. 重复例题 13.2 中所做的计算，假设气体是氢[η=30g/ (cm · s)]。
3. 简要描述 APCVD 的优点和缺点。
4. 假设要在一块晶圆片上淀积 NaCl（食盐），你可能会采用什么样的反应气体？可能会碰到什么样的问题？
5. 一个特定的工艺在 700℃下受反应速率限制，其激活能为 2 eV，在此温度下其淀积速率为 100 nm/min，你猜测其在 800℃下将是怎样的淀积速率？如果在 800℃下淀积速率的测量值远低于你的预期值，你可能会做出什么样的结论？你怎样来证实你的结论？
6. 测量了某种材料在 CVD 反应器中的淀积速率随着温度和总的气体流速的变化情况，结果(单位：Å/min)总结在下面的表格中。

(a)求出气体流速为 100 sccm、温度为 250℃条件下的淀积速率。

(b)求出气体流速为 300 sccm、温度为 550℃条件下的淀积速率。

证明你的计算的正确性。

	300℃	350℃	400℃	450℃	500℃	550℃
100 sccm	0.012	0.70	22	430	470	520
200 sccm	0.012	0.70	25	490	620	730

7. 附图给出了硅烷流量为 100 sccm 时硅的淀积速率随着反应温度的变化情况。

(a)这个淀积反应速率的限制区是在 650℃吗？给出你的解释。

(b)该反应速率限制区的激活能是多少电子伏特？

(c)图中最高温度下的淀积速率为 0.85 μm/min，在此温度下，如果硅烷气体的流量减小为 50 sccm，你预测淀积速率为多少？

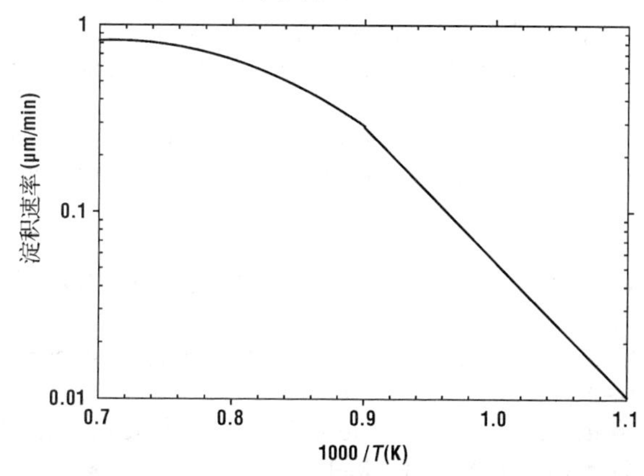

8. 某个工艺在标准的水平卧式 LPCVD 炉管中进行，晶圆片被竖立装在标准带槽舟中。

哪些因素可以解释从炉管前端到后端淀积速率的降低？从每片晶圆片的边缘到中心淀积速率将怎样变化？你将会分别采取哪些措施来改善每种情况下的淀积均匀性？

9. 称为致密工序的淀积后退火经常被用于降低 CVD SiO_2 的刻蚀速率。致密工艺典型地是在 900℃ ~ 1000℃下进行。这一步通常不用于 PECVD 薄膜，虽然它们也可以从退火过程中得到好处。试说明为什么这个工艺过程不能用于这些薄膜。

参考文献

1. A. Sherman, *Chemical Vapor Deposition for Microelectronics: Principles, Technology, and Applications*, Noyes, Park Ridge, NJ, 1987.
2. S. Sivaram, *Chemical Vapor Deposition*, Van Nostrand-Reinhold, New York, 1995.
3. D. M. Dobkin and M. K. Zuraw, eds., *Principles of Chemical Vapor Deposition,* Kluwer Scientific, Dordrecht, Netherlands, 2003.
4. J. Dzarnoski, S. F. Rickborn, H. E. O'Neal, and M. A. Ring, "Shock Induced Kinetics of the Disilane Decomposition and Silylene Reactions with Trimethylsilane and Butadiene," *Organometallics* **1**:1217 (1982).
5. H. K. Moffat, *Numerical Modeling of Chemical Vapor Deposition Processes in Horizontal Reactors*, Thesis, University of Minnesota, 1992.
6. M. E. Coltrin, R. J. Lee, and J. A. Miller, "A Mathematical Model of Silicon Vapor Deposition Further Refinements and the Effects of Thermal Diffusion," *J. Electrochem. Soc.* **133**:1206 (1986).
7. For the viscosities of common carrier gases, see L. J. Giling, in *Crystal Growth of Electronic Materials*, E. Kaldis, ed., Elsevier Science Publisher, Amsterdam, 1985, p. 71.
8. G. B. Stringfellow, *Organometallic Vapor-Phase Epitaxy Theory and Practice*, Academic Press, Boston, 1989.
9. M. L. Hammond, "Introduction to Chemical Vapor Deposition," *Solid State Technol.* **22**:61 (December 1979).
10. R. Takahashi, Y. Koga, and K. Sugawara, "Gas Flow Patterns and Mass Transfer Analysis in a Horizontal Flow Reactor for Chemical Vapor Deposition," *J. Electrochem. Soc.* **119**:1406 (1972).
11. W. Kern and R. S. Rosler, "Advances in Deposition Processes for Passivation Films," *J.Vacuum Sci. Technol.* **14**:1082 (1977).
12. K. Shankar, "Thermal CVD Equipment: Competition Heats Up," *Solid State Technol.* April 1991, p. 47.
13. K. Fujino, Y. Nishimoto, N. Tokumasu, and K. Maeda, "Low Temperature, Atmospheric Pressure CVD Using Hexamethylsilixane and Ozone," *J. Electrochem. Soc.* **139**:2282 (1992).
14. S. B. Desu, C. H. Peng, T. Shi, and P. A. Agaskar, "Low Temperature CVD of SiO_2 Films Using Novel Precursors," *J. Electrochem. Soc.* **139**:2682 (1992).
15. R. S. Rosler, "Low Pressure CVD Production Processes for Poly, Nitride, and Oxide," *Solid State Technol.* **20**:63 (1977).
16. R. Iscoff, "Hotwall LPCVD Reactors: Considering the Choices," *Semicond. Int.* **60** (June 1991).
17. T. I. Kamins, "Structure and Properties of LPCVD Silicon Films," *J. Electrochem. Soc.* **127**:686 (1980).
18. A. C. Adams, "Dielectric and Polysilicon Film Deposition," in *VLSI Technology*, S. M. Sze, ed., McGraw-Hill, New York, 1988.

19. A. T. Voutsas and M. K. Hatalis, "Structure of As-Deposited LPCVD Silicon Films at Low Deposition Temperatures and Pressures," *J. Electrochem. Soc.* **139**:2659 (1992).
20. M. K. Hatalis and D. W. Greve, "Large Grain Polycrystalline Silicon by Low-Temperature Annealing of Low Pressure Chemical Vapor Deposited Amorphous Silicon Films," *J. Appl. Phys.* **63**:2260 (1988).
21. A. Baudrant and M. Sacilotti, "The LPCVD Polysilicon Phosphorus Doped in situ as an Industrial Process," *J. Electrochem. Soc.* **129**:2620 (1982).
22. P. Duverneuil and J. P. Couderc, "Two Dimensional Modeling of Low Pressure Chemical Vapor Deposition Hot Wall Tubular Reactors," *J. Electrochem. Soc.* **139**:296 (1992).
23. T. A. Badgwell, T. F. Edgar, I. Tractenberg, and J. K. Elliott, "Experimental Verification of a Fundamental Model for Multiwafer Low-pressure Chemical Vapor Deposition of Polysilicon," *J. Electrochem. Soc.* **139**:524 (1992).
24. W. A. Pliskin, "Comparison of Dielectric Films Deposited by Various Methods," *J. Vacuum Sci. Technol.* **14**:1064 (1977).
25. K. Watanabe, T. Tanigaki, and S. Wakayama, "The Properties of LPCVD SiO_2 Film Deposited by SiH_2Cl_2 and N_2O Mixtures," *J. Electrochem. Soc.* **128**:2630 (1981).
26. F. S. Becker, D. Pawlik, H. Schafer, and G. Standigl, "Process and Film Characterization of Low Pressure Tetraethylorthosilicateborophosphosilicate Glass," *J. Vacuum Sci. Technol. B* **4**:732 (1986).
27. G. Smolinsky, "The Low Pressure Chemical Vapor Deposition of Silicon Oxide Films in the Temperature Range 450°C to 600°C from a New Source: Diacteoxyditertiarybutoxysilane," *Proc. 1986 Symp. VLSI Technol.*, San Diego, May, 1986.
28. E. J. Kim and W. N. Gill, *J. Electrochem. Soc.* **141**:3463 (1994).
29. D. M. Dobkin, S. Mokhtari, M. Schmidt, A. Pant, L. Robinson, and A. Sherman, *J. Electrochem. Soc.* **142**:2332 (1995).
30. W. A. Pliskin, "Comparison of Properties of Dielectric Films Deposited by Various Methods," *J. Vacuum Sci. Technol.* **14**:1064 (1977).
31. C. L. Ramiller and L. Yau, "Borophosphosilicate Glass for Low Temperature Reflow," *Semicond. West Technol. Proc.* **5**:29 (1982).
32. A. C. Adams and C. D. Capio, "The Deposition of Silicon Dioxide Films at Reduced Pressure," *J. Electrochem. Soc.* **126**:1042 (1979).
33. A. J. Learn, "Phosphorus Incorporation Effects in Silicon Dioxide Grown at Low Pressure and Temperature," *J. Electrochem. Soc.* **132**:405 (1985).
34. L.-Q. Xia, E. Yieh, P. Gee, F. Campana, and B. C. Nguyen, *J. Electrochem. Soc.* **144**:3209 (1997).
35. F. H. P. M. Habraken, A. E. T. Kuiper, A. V. Oostrom, and Y. Tamminga, "Characterization of Low Pressure Chemical Vapor Deposited and Thermally Grown Silicon Nitride Films," *J. Appl. Phys.* **53**:404 (1982).
36. R. D. Compton, "PECVD: A Versatile Technology," *Semicond. Int.* **60** (July 1992).
37. S. Matsuo and M. Kiuchi, "Low Temperature Deposition Apparatus Using an Electron Cyclotron Resonance Plasma," *Proc. Symp. VLSI Sci. Technol.*, Electrochem. Society, Pennington, NJ, 1982, p. 83.
38. P. D. Lucovsky, D. V. Richard, S. Tsu, Y. Lin, and R. J. Markunas, "Deposition of Silicon Dioxide and Silicon Nitride by Remote PECVD," *J. Vacuum Sci. Technol. A* **4**:681 (1986).
39. V. Herak and D. J. Thomson, "Effects of Substrate Temperature on the Electrical and Physical Properties of Silicon Dioxide Films Deposited from Electron Cyclotron Resonance Microwave Plasmas," *J. Appl. Phys.* **67**:6347 (1990).

40. F. Plais, B. Agius, F. Abel, J. Siejka, M. Puech, G. Ravel, P. Alnot, and N. Proust, "Low Temperature Deposition of SiO_2 by Distributed Electron Cyclotron Resonance Plasma Enhanced Chemical Vapor Deposition," *J. Electrochem. Soc.* **139**:1489 (1992).
41. R. S. Rosler, W. C. Benzing, and J. A. Baldo, "A Production Reactor for Low Temperature Plasma Enhanced Silicon Nitride Deposition," *Solid State Technol.* **19**:45 (1976).
42. D. R. Cote, S. V. Nguyen, A. K. Stamper, D. S. Armbrust, D. Többen, R. A. Conti, and G. Y. Lee, "Plasma Assisted Chemical Vapor Deposition of Dielectric Thin Films for ULSI Semiconductor Circuits," *IBM J. Res. Dev.* **43**(1/2):5 (1999).
43. W. A. P. Claasen, W. G. J. N. Valkenburg, M. F. C. Willemsen, and W. M. v. d. Wijgert, "Influence of the Deposition Temperature, Gas Pressure, Gas Phase Composition, and RF Frequency on Composition and Mechanical Stress of Plasma Silicon Nitride Layer," *J. Electrochem. Soc.* **132**:893 (1985).
44. R. Chow, W. A. Lanford, W. Ke-Ming, and R. S. Rosler, "Hydrogen Content of a Variety of Plasma-Deposited Silicon Nitrides," *J. Appl. Phys.* **53**:5630 (1982).
45. J. Batey and E. Tierney, "Low-Temperature Deposition of High-Quality Silicon Dioxide by Plasma Enhanced Chemical Vapor Deposited," *J. Appl. Phys.* **60**:3136 (1986).
46. A. C. Adams, F. B. Alexander, C. D. Capio, and T. E. Smith, "Characterization of Plasma Deposited Silicon Dioxide," *J. Electrochem. Soc.* **128**:1545 (1981).
47. A. Sherman, *Chemical Vapor Deposition for Microelectronics: Principles, Technology, and Applications*, Noyes, Park Ridge, NJ, 1987.
48. E. P. G. T. van de Ven, "Plasma Deposition of Silicon Dioxide and Silicon Nitride Films," *Solid State Technol.* **24**:167 (April 1981).
49. D. L. Smith and A. S. Alimonda, "Chemistry of SiO_2 Plasma Deposition," *J. Electrochem. Soc.* **140**:1496 (1993).
50. H.-J. Schliwinski, U. Schnakenberg, W. Windbracke, H. Neff, and P. Lange, "Thermal Annealing Effects on the Mechanical Properties of Plasma Enhanced Chemical Vapor Deposited Silicon Oxide Films," *J. Electrochem. Soc.* **139**:1730 (1992).
51. S. Nguyen, S. Burton, and P. Pan, "The Variation of Physical Properties of Plasma-Deposited Silicon Nitride and Oxynitride with Their Compositions," *J. Electrochem. Soc.* **131**:2348 (1984).
52. D. R. Secrist and J. D. Mackenzie, "Deposition of Silica Films by the Glow Discharge Technique," *J. Electrochem. Soc.* **113**:914 (1966).
53. U. Mackens and U. Merkt, "Plasma Enhanced Chemical Vapor Deposition of Metal-Oxide-Semiconductor Structures on InSb," *Thin Solid Films* **97**:53 (1982).
54. F. Fracassi, R. d'Agostino, and P. Favia, "Plasma-Enhanced Chemical Vapor Deposition of Organosilicon Thin Films from Tetraethoxysilane-Oxygen Feeds," *J. Electrochem. Soc.* **139**:2636 (1992).
55. W. J. Patrick, G. C. Schwartz, J. D. Chapple-Sokol, R. Carruthers, and K. Olsen, "Plasma Enhanced Chemical Vapor Deposition of Silicon Dioxide Films Using Tetraethoxysilane and Oxygen: Characterization and Properties of Films," *J. Electrochem. Soc.* **139**:2604 (1992).
56. K. Ramkumar and A. N. Saxena, "Stress in Thermal SiO_2 Films Deposited by Plasma and Ozone Tetraethylorthosilicate Chemical Vapor Deposition Processes," *J. Electrochem. Soc.* **139**:1437 (1992).
57. John E. J. Schmitz, *Chemical Vapor Deposition of Tungsten and Tungsten Silicides for VLSI/ULSI Applications*, Noyes, Park Ridge, NJ, 1992.
58. E. K. Broadbent and C. L. Ramiller, "Selective Low Pressure Chemical Vapor Deposition of Tungsten," *J. Electrochem. Soc.* **131**:1427 (1984).
59. Y. Pauleau and P. Lami, "Kinetics and Mechanism of Selective Tungsten Deposition by LPCVD," *J. Electrochem. Soc.* **132**:2779 (1985).

60. C. M. Melliar-Smith, A. C. Adams, R.-K. Kaiser, and R. A. Kushner, "Chemical Vapor Deposition of Tungsten for Semiconductor Metallizations," *J. Electrochem. Soc.* **121**:298 (1974).
61. N. Hashimoto and Y. Koga, "The Si-WSi_2-Si Epitaxial Structure," *J. Electrochem. Soc.* **114**:1189 (1967).
62. L. Kaplan and F. d'Heurle, "The Deposition of Molybdenum and Tungsten Films from Vapour Decomposition of Carbonyls," *J. Electrochem. Soc.* **117**:693 (1970).
63. M. Diem, M. Fisk, and J. Goldman, "Properties of Chemically Vapor Deposited Tungsten Thin Films on Silicon Wafers," *Thin Solid Films* **107**:39 (1983).
64. R. Hogle and K. Aitcheson, *Tungsten Workshop I*, 1985, p. 225.
65. S. R. Kurtz and R. G. Gordon, "Chemical Vapor Deposition of Titanium Nitride at Low Temperatures," *Thin Solid Films* **140**:277 (1986).
66. A. Sherman, "Growth and Properties of LPCVD Titanium Nitride as a Diffusion Barrier for Silicon Device Technology," *J. Electrochem. Soc.* **137**:1892 (1990).
67. M. Iwasaki, H. Itoh, T. Katayama, K. Tsukamoto, and Y. Akasaka, *Tungsten Workshop V*, 1990, p. 187.
68. J. E. J. Schmitz, R. C. Ellwanger, and A. J. M. van Dijk, *Tungsten Workshop III*, 1988, p. 55.
69. S. Sivaram, *Chemical Vapor Deposition*, Van Nostrand-Reinhold, New York, 1995.
70. N. Yokoyama, K. Hinode, and Y. Homma, "LPCVD Titanium Nitride for ULSIs," *J. Electrochem. Soc.* **138**(1):190 (1991).
71. J. Baliga, "Depositing Diffusion Barriers," *Semiconductor Int.* **20**(3):76 (March 1997).
72. T. Kodas and M. Hampden-Smith, *The Chemistry of Metal CVD*, VCH, Weinheim, 1994.
73. A. E. Kaloyeros, A. Feng, J. Garhart, K. C. Brooks, S. K. Ghosh, A. N. Sexena, and F. J. Luehers, *Electronic Mater.* **19**:271 (1990).
74. C. Oehr and H. Suhr, "Thin Copper Films by Plasma CVD Using Copper-Hexafluoro-Acetylacetonate," *Appl. Phys. A* **45**:151 (1998).
75. W. G. Lai, Y. Xie, and G. L. Griffin, "Atmospheric Pressure Chemical Vapor Deposition of Copper Thin Films. I. Horizontal Hot Wall Reactor," *J. Electrochem. Soc.* **138**:3499 (1991).
76. M. Leskela and M. Ritala, *Thin Solid Films* **409**:138 (2002).
77. H. Kim, "Atomic Layer Deposition of Metal and Nitride Thin Films: Current Research Efforts and Applications for Semiconductor Device Processing," *J. Vacuum Sci. Technol. B Microelectron. Nanometer Struct.* **21(6)**:2231 (November/December 2003).
78. Adrien R. Lavoie, "ALD as Enabling Technology for the Next Generation of Microprocessors," in *Nanofabrication: Technologies, Devices, and Applications II, Proc. SPIE* **6002**:60020J (2005).
79. Bijan Moslehi, "Reviewing Process Technology Challenges," *Micro* **23(8)**:82 (October/November 2005).
80. A brief ALD animation can be found at http://www.cambridgenanotech.com/animation/.
81. Riikka L. Puurunen, "Correlation Between the Growth-per-Cycle and the Surface Hydroxyl Group Concentration in the Atomic Layer Deposition of Aluminum Oxide from Trimethylaluminum and Water," *Appl. Surf. Sci.* **245**(1–4):6 (2005).
82. L. Hiltunen, M. M. Leskela, M. Makela, L. Ninisto, E. Nykanen, and P. Soinen, *Thin Solid Films* **166**:154 (1988).
83. *Handbook of Semiconductor Manufacturing Technology*, Y. Nishi and R. Doering, eds., Dekker, New York, 2000.
84. H. S. Sim, Y. T. Kim, and H. Jeon, in *Proceedings of the American Vacuum Society Topical Conference on Atomic Layer Deposition*, Seoul, Korea, 2002.

85. A. P. Paranjpe, B. McDougall, K. Z. Zhang, and W. Vereb, in *Proceedings of the American Vacuum Society Topical Conference on Atomic Layer Deposition*, Seoul, Korea, 2002.
86. G. Beyer, A. Satta, J. Schuhmacher, K. Maex, W. Besling, O. Kilpela, H. Sprey, and G. Tempel, *Microelectron. Eng.* **64**:233 (2002).
87. S. S. Abd El Rehim, S. M. Sayyah, and M. M. El Deeb, "Electroplating of Copper Films on Steel Substrates from Acidic Baths," *Appl. Surf. Sci.* **165**(4):249–254 (2000).
88. V. M. Dubin, C. D. Thomas, N. Baxter, C. Block, V. Chikarmane, P. McGregor, D. Jentz, K. Hong, S. Hearne, C. Zhi, D. Zierath, B. Miner, M. Kuhn, A. Budrevich, H. Simka, and S. Shankar, "Engineering Gap Fill, Microstructure and Film Composition of Electroplated Copper for On-Chip Metallization," *Proc. IEEE, International Interconnect Technology Conference*, 2000.
89. C. H. Ting and I. Ivanov, "*Advances in Copper Metallization Technology*," *Proc. IEEE, International Interconnect Technology Conference*, 2001.
90. E. C. Cooney, D. C. Strippe, and J. W. Korejwa, "Effects of Copper Seed Layer Deposition Method for Electroplating," *J. Vacuum Sci. Technol. A Vacuum, Surf. Films* **18**(4) II:1550–1554 (2000).
91. Tohru Hara, and Takumi Takachi, "Deposition of Low Resistivity Copper Interconnection Layers Electroplated on Electroless Plating Copper Seed Layer," Meeting Abstracts, 2004 Joint International Meeting—206th Meeting of the Electrochemical Society/2004 Fall Meeting of the Electrochemical Society of Japan.
92. R. Baskaran and T. Ritzdorf, "Electrodepositing a Copper Seed Layer Directly on Diffusion Barriers for Damascene Interconnects," Advanced Metallization Conference, 2004, pp. 517–523.
93. W. C. Gau, T. C. Chang, Y. S. Lin, J. C. Hu, L. J. Chen, C. Y. Chang, and C. L. Cheng, "Copper Electroplating for Future Ultralarge Scale Integration Interconnection," *J. Vacuum Sci. Technol. A Vacuum, Surf. Films* **18**(2):656–660 (2000).
94. T. Cacouris, C. P. Lee, A. Teo, Li Chaoyong, He Xin, "Identifying and Eliminating Unique Copper Electroplating Defects," *Micro* **24**(5):49–57 (2006).
95. S. Dasilva, T. Mourier, P.H. Haumesser, M. Cordeau, K. Haxaire, Passemard, Chainet, "Gap Fill Enhancement with Medium Acid Electrolyte for the 45 nm Node and Below," Advanced Metallization Conference 2005, pp. 513–517.

第14章 外延生长

已经有多种技术被用于硅和砷化镓单晶材料的淀积[1]，其中一部分是各种不同的CVD技术，包括等离子体增强CVD（PECVD）、快速加热CVD（RTCVD）、金属有机物CVD（MOCVD）、超高真空CVD（UHVCVD）、原子层淀积以及激光、可见光、X射线辅助CVD等。非CVD方法包括分子束外延、离子束外延、成簇离子束外延等，这里仅仅列举了一二。所有这些方法都能够生长出单晶层，然而只有极少数展现出了生长高质量材料的能力，这些材料可以用于经济地生产高密度的集成电路或者低开启的激光器。本章将首先集中讨论热CVD，或者称为气相外延（VPE，Vapor-Phase Epitaxy），这是一种在集成电路制造中最普遍采用的硅外延工艺，该工艺利用加热来提供化学反应过程进行所需的能量。接下来，本章将讨论一种生长砷化镓和氮化镓外延层的气相外延，以及一些先进的气相外延方法，包括金属有机化合物的气相外延（MOCVD）和快速加热气相外延（RTCVD）。本章最后将结束于对分子束外延（MBE）及其各种变通方法的讨论。

图14.1为一种VPE系统的原型，它很像一个低压CVD反应腔，晶圆片位于真空腔内的加热基座上，加热有灯管辐射加热和石墨基座的感应加热。虽然某些硅外延生长系统完全没有抽真空能力，但是该系统通常是在较低的气压下运行的。气流由质量流量计和气阀控制。

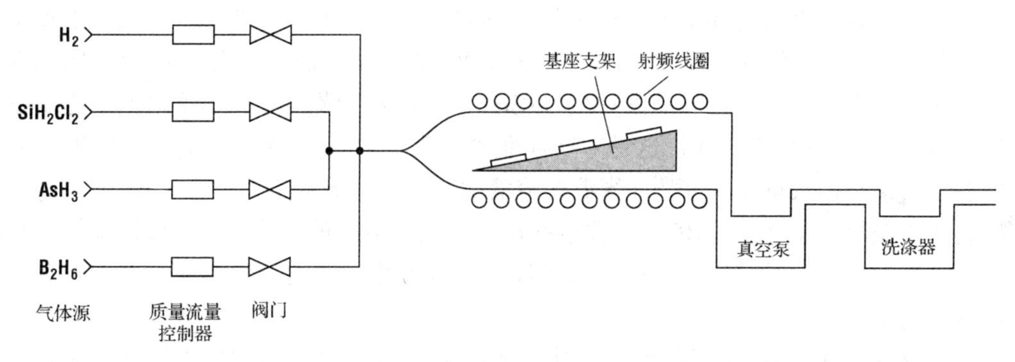

图14.1 一个简单的VPE系统，腔体内的基座由外部线圈中的RF电源感应加热

在传统的VPE系统工作温度下，掺杂剂的扩散很严重，这使得人们无法制作极薄的外延层或制备成分突变的结构。随着温度的降低，扩散系数比生长速率降低得更多，这就使得低温外延成为可能。最近几年在降低硅外延温度方面取得了很大的进展，这些改善通常还涉及降低生长腔体内的杂质浓度。一种小的载片腔，称为装片锁（Load Lock），被连接在主腔上，并且可以独立地抽真空，这使得每次运行后装入新的晶圆片时，生长腔无须暴露在大气中进行排气。此外采用了更好的真空泵和密封圈来提高腔体的真空质量，并且使用了过滤器来去除进气中的化学污染物。目前生产型的外延生长是在1000℃以下的温度进行的，研究工作已经表明，在800℃左右的单片外延系统中也可以进行高质量的生长[2]，超高真空下，气相生长的温度还可以进一步降低。由于取得的这些进步以及其他生长技术存在的缺陷密度较高，使得未来在进行厚膜外延生长时，这种VPE技术非常具有吸引力。生长超薄层时，其最大的不足是缺少现场实时的生长监控[3]。

事实上所有的化合物半导体器件工艺和某些硅器件工艺都要求使用先进的外延生长技术作为器件集成工艺中的一个组成部分。硅器件工艺可以使用外延生长技术来制备提升的源漏结构或者可以改善载流子迁移率的应变沟道区。现代的外延工艺能够在垂直方向上精确地控制器件的尺寸，在某些情况下能够达到原子量级，并且可以获得近于完美的半导体异质结界面，这些异质结层为晶体管的设计提供了一个新的自由度。应用外延层的关键是：在外延生长的同时，应能够很好地控制膜的组分、掺杂、厚度以及得到近于零的缺陷密度。

14.1 晶圆片清洗和自然氧化层去除

外延生长前必须清洗衬底，也就是自然氧化层和任何的残余杂质及颗粒必须被去除。对于许多工艺来说这是一种普遍的要求[4]。理想的目标是通过该步骤产生完美的硅晶圆片表面，无任何杂质和原子错位。即使所有的杂质都已经去除，这种理想的目标也不可能达到，因为晶圆片表面本身含有不饱和的键，原子会在表面移动并重新结构以便减少这些不饱和键的密度，进一步地，在实际的半导体制造中，晶圆片在从清洗台到进入生长腔期间，还会暴露于空气中，这样晶圆片表面就会氧化，并从空气中吸附碳杂质。因此通常只有在超高真空设备中才有可能获得这样纯净的表面。

晶圆片表面可能的杂质类型有：光刻胶残留物中的有机物，刻蚀过程中产生的聚合物，注入和刻蚀的等离子腔里产生的金属颗粒，以及薄氧化层。去除所有这些不同类型的杂质需要一系列操作，为了隔离这些不同操作之间的影响，每一步操作都必须以在去离子水中的清洗结束。水的纯度以电阻率和总的有机物含量(TOC)来衡量，通常电阻率为 14 ~ 18 MΩ·cm，TOC 含量为百万分之几。一种硅晶圆片最常用的湿法化学预清洗是 RCA 清洗[5]，通常是在只有裸硅和硅上有厚氧化层时使用，这是一项标准的清洗工艺。关于 RCA 清洗工艺的详细解释，读者可参阅 Kern 和 Gale 的文章[6]。当混合溶液配比合适、温度适当时，RCA 清洗不会严重损伤硅晶圆片表面。最简单的 RCA 清洗包括在一系列溶液中的浸泡，为了保证新鲜化学溶液的供应，溶液被抽到一种喷洗系统中，这种清洗系统使用较少的化学溶液，并能够获得可重复的清洗环境。

有机残留物通常在氧化/还原溶液中去除，传统的方法是采用典型的称为 SC1 的溶液，它是由氨水、双氧水和水按 1 : 1 : 5 的体积比混合形成的[7]。近来也发现降低氨水浓度有利于减轻玷污和表面粗糙度。清洗槽的温度通常维持在 60℃ ~ 80℃，以加强化学反应能力。这种溶液也会溶解掉元素周期表中的 IB 和 IIB 族元素，以及其他金属元素，例如金、银、镍、镉、锌、钴和铬[8]，因为反应物会被消耗，溶液必须在需要使用前才进行配制。其他的酸类，包括盐酸、硝酸和醋酸的稀释混合溶液，在去除一些金属杂质方面也非常有效[9]。

因为双氧水是一种强氧化剂，在清洗时硅晶圆片表面会被氧化，为了去除这个氧化层，晶圆片会在稀释或缓冲的 HF 溶液中漂洗，用 HF 去除氧化物的时间取决于溶液的强度，通常短于 10 s，是否完全去除了表面氧化物可以采用脱水性来检查：在裸露的硅晶圆片表面水会很快地流掉，而如果硅晶圆片表面有氧化物，则水会流走得比较慢，硅晶圆片表面会在几秒钟内保持含水状态。对于有图形的晶圆片，如果裸露硅的面积足够大，并有通往晶圆片边缘的通道(通常是芯片之间的划片槽)，也会很快脱水。

最后，重碱离子和阳离子在含卤素溶液中去除，通常是将 6 : 1 : 1 的水、盐酸、双氧水的混合液加热到 70℃～80℃，和去除有机物玷污时的步骤一样，浸泡时间为 10～15 min，并进行去离子水的漂洗，最后以使用压缩氮气及甩干的干燥步骤完成整个过程。在设计 RCA 清洗时很重要的一点是将氨水和氯化氢溶液很好地隔离开，这些溶液的蒸气会发出反应形成氯化氨，从而给清洗槽造成颗粒污染。

湿法化学清洗通常在硅表面留下一层薄的不含金属离子和有机物杂质的氧化层，为了获得好的外延生长，此氧化层必须去除。事实上所有 VPE 工艺的第一步，都是用来去除自然氧化层的加热的预清洗，这可以在 H_2、H_2/HCl 混合气氛或者真空中进行。1%的 H_2/HCl 混合气氛同样也会腐蚀硅，如果接下来的外延生长采用不含氯的硅烷或乙硅烷，则此种腐蚀较为适宜[10]，因为它还可以使得各种重金属离子形成可挥发的产物。对于大多数 VPE 系统，没有直接的测量来表明预清洗是否已经很好地完成，因此对于生长系统而言，当能够获得很好的薄膜时，应当简单地固定和标准化此时的工艺。

在高温氧化气氛中进行的预烘烤，气氛的分压必须处于特定的范围内，在此范围，自然氧化层是热动力学不稳定的。图 14.2 中绘图的数据来自 Ghidini 和 Smith 的文献[11,12]，外推至低温区。对于氧化层，在热动力学稳定的区域之间存在着明显的界限。在高温和低的氧气分压下，硅晶圆片表面的自然氧化层形成挥发性的亚氧化物，例如 SiO，从而被去除[13]。人们相信这种过程是不均匀地进行的，首先是出现针孔，针孔处的半导体硅挥发出来并与氧化物发生反应[14]，因而会引起某些表面的不平整。表面易出现不平整表明，在预烘烤前应当减少自然氧化层的厚度。在有水汽时，存在着一个中间的区域，即 Si 和 SiO_2 可共存于晶圆片表面的区域，如果晶圆片保持在这个区域，表面会严重不平整。使用氢气（H_2）作为预烘烤的气体有助于减少自然氧化层的厚度，因而可使烘烤的温度降低。

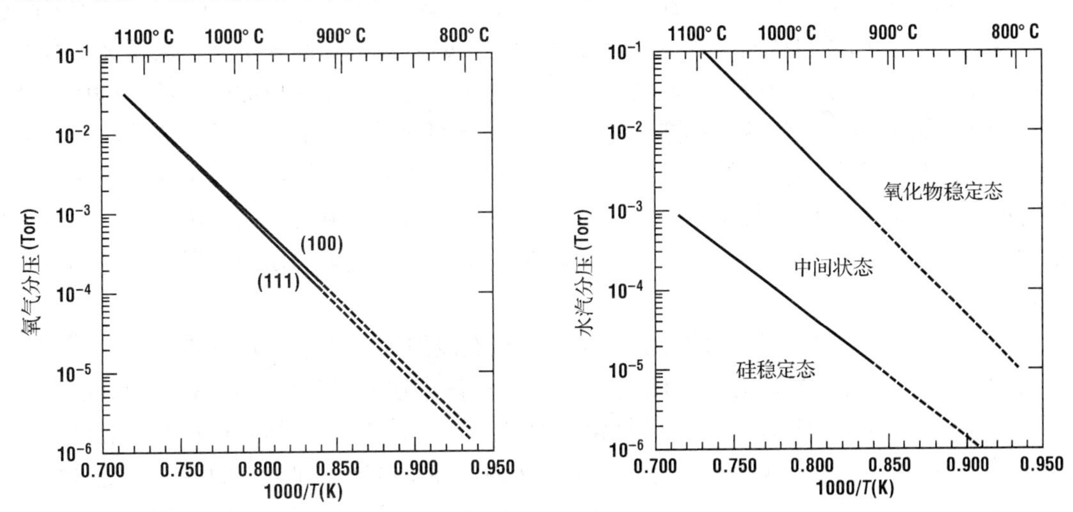

图 14.2　硅和氧化硅的表面稳定性与温度及氧和水汽分压的函数关系图，与水汽对应的曲线中有可共存的中间区域（绘图数据源自 Ghidini 和 Smith，以及 Smith 和 Ghidini）

例 14.1　进行 H_2（含有 10 ppm 的 O_2 玷污）预清洗，如果在 1 atm（大气压）下退火，最低的退火温度是多少？在 0.1 atm 下又如何？

解答： 如果 H_2 预烘烤是在 1 atm（760 Torr）下完成的，H_2 中含 10 ppm O_2 并且无其他杂质存在，参照图 14.2，硅晶圆片必须加热到至少 1070℃才得以释出自然氧化物。只要给以充分的时间，在该温度或更高温度下，所有氧化物都会从硅晶圆片表面析出。如果气体不变而压力降低到 76 Torr，则预烘烤的温度可以降低到 980℃。

例 14.1 中气体纯度受到限制的另一原因是腔体本身也会释放出杂质，尤其是在温度较高时，因此气体纯度以及腔体真空度都是外延生长的重要因素。外延生长与其他 CVD 设备相比有两个基本差别，一是气体及腔的纯净度，另一是使晶圆片在短时间内(分钟量级)加热到预烘烤温度的能力。

为了得到更低的预烘烤温度，腔体在预清洗之前必须先抽到较高的背景真空。氢气可以用来去除其他残留气体。氢气通常通过钯扩散来提纯(参见图 14.3)，应用这种方法时，氢气被送到一个罐中，罐中有一个加热到 400℃的钯管，钯管一端封闭，由于氢在钯中的高扩散性，氢气扩散进钯管并从那里进入生长系统。不能透过钯管壁的其他气体杂质由氢气流携带排出，这种钯扩散可以使得残留的水汽及氧的分压降到 1 ppb。对于其他气体，则必须使用化学活性的树脂处理，这些处理单元中包含可氧化的元素，通常与颗粒过滤相结合，可去除气流中的氧。

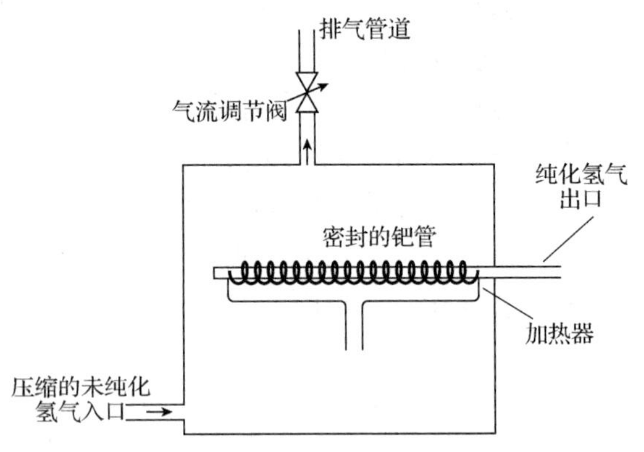

图 14.3 纯化氢的钯扩散结构图，氢扩散透过高温的钯层而其他杂质气体则被排出

人们有相当大的兴趣来改善硅的预清洗工艺[15]，进行的研究包含了改进湿法化学清洗的各工艺变量和改进原位工艺条件两者。改进的动机有：减少产生的化学废液，减少颗粒玷污，减少预烘烤的温度和时间从而减少半导体中掺杂杂质的再扩散。当某些应用甚至无法承受中等温度的预清洗时，硅表面还可以通过氩气[16]或氢气[17]的溅射来完成原位清洗，为此目的设计的预清洗腔可以与装片锁做成一体，或设置在装片锁和腔体之间。另一种方法是用 Ar^+束流来撞击硅晶圆片表面要生长膜的位置，这种工艺在室温和低功率密度(1 mA/cm^2)下进行。需要注意的问题是会留下溅射带来的损伤，这种损伤很难通过热退火去除，不过可以通过很低能量的离子(例高密度等离子体)来降低[18]。但是无论如何，溅射损伤和金属玷污都不可能完全去除。

另一种近几年引起广泛注意的方法是应用氢氟酸浸泡来形成硅表面的钝化保护[19]。在标准的 RCA 清洗后，最后的氧化层由 HF 来去除，人们认为这种工艺在(100)晶面的硅晶圆片表面留下 SiH 层[20]，从而可以阻挡空气的氧化作用[21]。由于 Si 和 F 原子间有较大的电负性差别，Si−F 键有较高的极性，当氟原子到达表面时，这种极性反过来引起连带的 Si−Si 键极化，而 Si−Si 键的极化又使得它受到 HF 的攻击[22]，从而导致其释放出 SiF_x，并且使得表面的 Si−Si 键被稳定的 Si−H 键取代。在 HF 浸泡前用紫外光照射，有助于硅表面残留碳的减少。如果水中溶解的氧含量低[23]，并且晶圆片是轻掺杂的，则短时间的去离子水漂洗也是可行的，这一点是很要紧的，在 HF 腐蚀后，几分钟的漂洗将足以去除残留在晶圆片表面的大部分的 F[24]。根据实验室中大气环境情况的不同，表面氢钝化持续有效的时间可以维持几个小时至几天。

一旦硅表面形成氢键钝化保护，它就可以被送到腔体中去立即生长薄膜而不需要再进行高温的预处理。氢化物会在大约 500℃时释放出来。氢键保护技术对于低温工艺(例如 MBE)

非常适宜；对于标准的热 VPE 工艺，升温到淀积温度的过程中由于氢的解吸附作用，使得氢键保护不具吸引力；生长薄膜氧化层前使用该方法进行预清洗也不太合适，因为这种情况下硅表面稍有一些粗糙不平整就会造成 MOS 电容的击穿特性下降[25]。

14.2　气相外延生长的热动力学

Deal 模型是用来描述气相外延过程的最简单模型[26]。这个模型与第 3 章中描述过的氧化模型本质上是一样的。设淀积粒子穿过气体附面层的流量与薄膜生长表面所消耗的反应剂流量相等，则有：

$$F = h_g(C_g - C_s) = k_s C_s \tag{14.1}$$

式中，h_g 是质量传输系数，它取决于腔中的气体流量；k_s 是表面反应速率；C_g 和 C_s 分别是气流中反应剂浓度和晶圆片表面反应剂浓度。和氧化模型一样我们可以求出生长速率 R 为

$$R = \frac{k_s h_g}{k_s + h_g}\frac{C_g}{N} \tag{14.2}$$

式中，N 是硅晶体的原子密度（$5\times10^{22}\ \text{cm}^{-3}$）除以所生长分子中的硅原子数。当 $k_s >> h_g$ 时，R 由质量传输系数决定，当 $h_g >> k_s$ 时，R 由表面反应速率决定。

例 14.2　假设式（14.2）中的 h_g 和 C_g 与温度无关，并且

$$k_s = k_0 e^{-E_A/kT}$$

如果 $h_g = 0.1$ cm/s，$C_g = 10^{15}\ \text{cm}^{-3}$，$E_A = 2.0$ eV，$k_0 = 10^8$ cm/s，$N = 5\times10^{22}\ \text{cm}^{-3}$，请画出 $\log R$ 随 $1/T$ 的变化曲线。

解答：（如右图所示。）

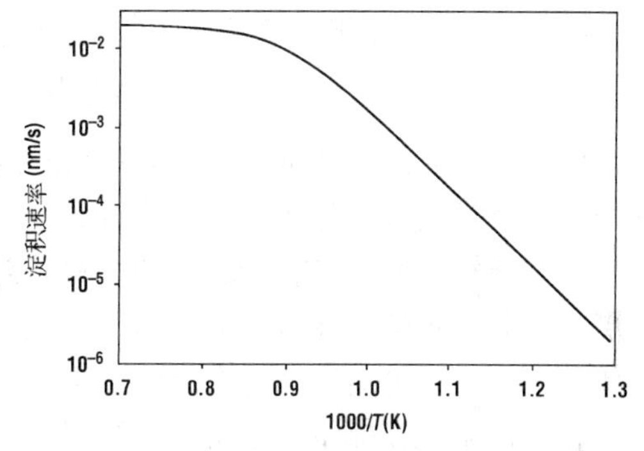

尽管 Deal 模型为外延生长提供了一种半定量的模型，但是它将外延生长的过程过于简单化了。与氧化不同，外延粒子并不就是馈入的气体，在气相和晶圆片表面发生了许多化学反应。使得问题进一步复杂化的是在生长过程中还伴随着大量的促进或与之竞争的过程。例如，在 Si—H—Cl 系统中，晶圆片表面包含硅的粒子可能有 $SiCl_2$、$SiCl_4$、SiH_2 或者其他含硅的反应物，在低压或低进气流量下，这些反应性粒子的产生限制了生长速度：硅原子被吸附到晶圆片的表面，而同时衬底本身由于与 Cl 的反应而被蚀刻。Deal 模型并没有将这些复杂的化学反应考虑在其中，因而我们可以认为它是对非常复杂的工艺过程进行了简单的参数化。

正如前一章中所介绍的 CVD 一样，我们可以把 VPE 工艺过程分成几个连续的步骤（参见图 14.4），由此可以建立起描述生长过程的更为精确的模型。所分出的每一个步骤都可能潜在地确定生长速率。流入反应腔中的气体部分地分解为几种更具反应性的粒子，这些反应粒子必须移动通过反应腔，直至到达晶圆片附近，靠近晶圆片的这些外延粒子扩散穿过滞流层或附面层到达晶圆片表面，在此被吸附，沿着晶圆片表面扩散，并进一步分解为原子硅和具有挥发性的副产物，后者从表面解吸附出来并被抽排出系统。本节的第一部分将描述常见的同

质外延工艺中的气相反应，以及常见的硅外延生长化学反应，接下来的部分将讨论发生在晶圆片表面的反应。

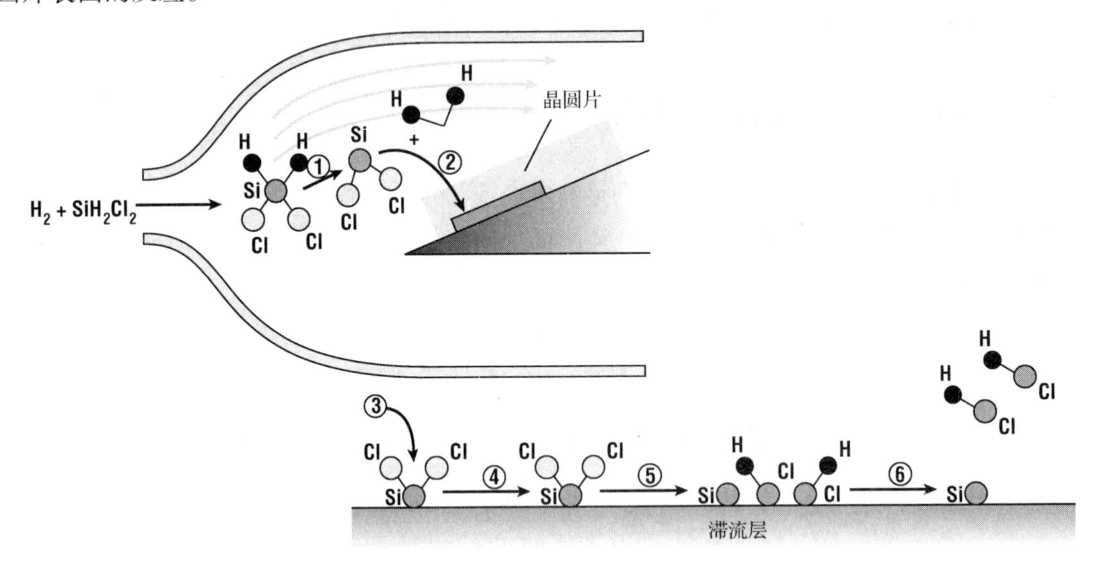

图 14.4 VPE 步骤包括：(1)气相分解；(2)传输到晶圆片表面。在表面生长粒子发生(3)吸附、(4)扩散和(5)分解；(6)反应副产物解吸附

硅外延生长的最简单的化学反应是硅烷的热分解，其总体上的反应式为

$$SiH_4(g) \rightarrow Si(s) + 2H_2(g) \tag{14.3}$$

这个反应基本上是不可逆的，它可以在低达 600℃的温度下进行，正如在上一章中讨论过的，这个反应经常用来淀积多晶硅。尽管硅烷可以用来在低温下(600℃ ~ 800℃)外延生长硅，其在气体中分解成微粒(均匀成核)的趋势，意味着除非是在低压下，否则要生长出高质量的外延层是十分困难的。在所有的气压下，气相中都会持续地均匀成核，均匀成核的速度会随着气体中 SiH_4 分压的增加而急剧增大。如果气体中形成的晶核尺寸很小，则其表面能量是非常大的，致使微粒在能量上不稳定，所以说微粒半径最终会达到一个最小尺寸，小于此尺寸的微粒缩小并最终消失。这个临界尺寸可以由下式给出[27]：

$$r^* = \frac{2UV}{kT\ln(\sigma_0)} \tag{14.4}$$

式中，U 是表面的界面自由能，V 是原子体积，σ_0 是气相反应分压与平衡压力之比，这个比率称为饱和度，我们将在本章的后面讨论。这些微粒的产生对于给定温度下可允许的最大 SiH_4 压力设置了上限，绝大部分外延生长工艺都使用氢气将生长气体稀释至 1% ~ 5%，即便如此，硅外延生长还是不经常使用硅烷。在反应系统中硅将会淀积在整个腔体的表面，形成的这些薄膜可能会因为移动夹具、抽真空或加热而剥落并成为颗粒，部分颗粒可能会掉落在晶圆片表面，引起很大的缺陷密度或低质量生长。外延工艺对于这些缺陷比标准的 CVD 工艺更为敏感是很自然的，因为外延薄膜将被用于制作有源器件，而不是制作简单的绝缘层或导体。

制造 IC 所使用的大多数硅外延几乎都是使用大量氢气稀释后的氯硅烷(SiH_xCl_{4-x}，这里的 $x = 0, 1, 2, 3$)进行还原反应来实现的，反应气体分子中氯原子的数目越少，同样生长速率所需的反应温度就越低。最先得到广泛使用的是 $SiCl_4$.，为了用 $SiCl_4$ 获得可行的反应速度，衬底需保持在 1150℃以上的温度，由于这个温度下掺杂杂质具有较大的扩散再分布，人们已经开发了利用 $SiHCl_3$、SiH_2Cl_2 和 SiH_3Cl 进行生长的工艺。目前 SiH_2Cl_2(DCS)已经成为最普遍使用的反应源[28]。

所有氯硅烷都有相似的反应途径。图 14.5 所示是 $SiCl_4$ 在 1 atm 及 1500 K 时，各种粒子的平衡分压[29,30]。正如我们在上一章中所述，这些计算是在系统总自由能最低状态下实现的。在实际的外延系统中，气体并不能完全达到平衡[31]，不过趋势是相同的。当通入气体的原子百分比很低时，在生长温度下混合气体的主要组成是 H_2、HCl 和 $SiCl_2$，其中 $SiCl_2$ 被认为是氯硅烷气相外延中最主要的反应剂。如图 14.6 所示，在反应速度限制区域，生长速度与下式符合得很好[32,33]：

$$R = c_1 p_{\mathrm{SiCl_2}} - c_2 p_{\mathrm{HCl}}^2 \tag{14.5}$$

式中的 c_1 和 c_2 表现出了阿列尼乌斯特性，等式右侧的负号项对应于 Cl 对衬底表面的刻蚀。这种刻蚀机制与 HCl 分压的平方有关，是因为发生刻蚀反应时需要两个 HCl 分子参与：

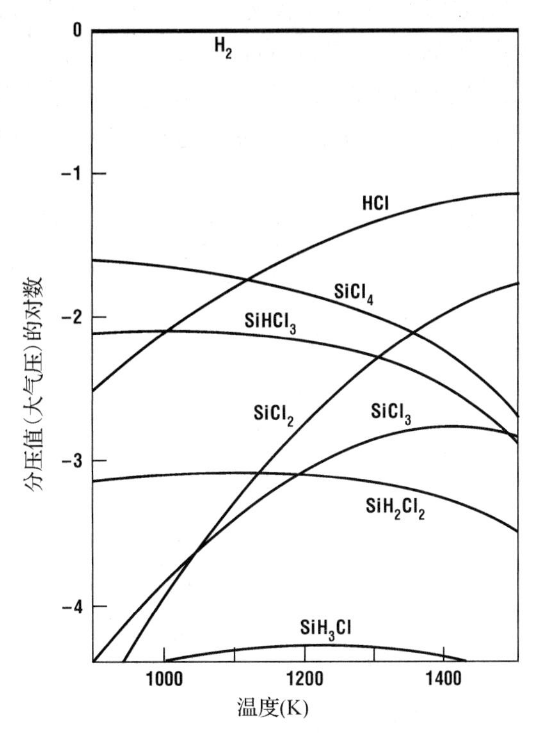

图 14.5　一个大气压下，Cl 对 H 比例为 0.06 时，Si-Cl-H 系统的平衡分压(引自 Bloem 和 Claasen，经 Philips 许可使用)

$$\mathrm{Si}(s) + 2\mathrm{HCl}(g) \rightleftharpoons \mathrm{SiCl_2}(g) + \mathrm{H_2}(g) \tag{14.6}$$

式中 Si(*s*)指已经结合成晶体的硅原子。增加 HCl 气体会增加刻蚀的速率，从而降低了淀积的速度。

我们可以定义 σ 为生长气氛的超饱和度(supersaturation)，其表达式为

$$\sigma = \left[\frac{p_{\mathrm{Si}}}{p_{\mathrm{Cl}}}\right]_{\mathrm{feed}} - \left[\frac{p_{\mathrm{Si}}}{p_{\mathrm{Cl}}}\right]_{\mathrm{eq}} \tag{14.7}$$

式中 p_{Si}、p_{Cl} 分别是硅和氯的分压。超饱和度等于饱和度(σ_0)减去 1。式(14.7)中的第一项代表反应进气中的分压比，第二项则是从图 14.7 中得出的作为温度的函数的平衡分压比[34]。为了得到平衡分压比，首先要确定反应腔中 Cl 对 H 的比率，然后在图 14.7 中相应的温度曲线上读取 Si 对 Cl 的平衡比率，最后用进气的比率减去平衡比率即得到超饱和度。若其为正值，则说明系统是超饱和的，在平衡状态下会发生外延生长；若其是负值，则说明系统不饱和，则会发生刻蚀现象。

超饱和度 σ 的值很大时可能会带来一个问题。与标准的 CVD 淀积不同，VPE 生长的薄膜是单晶，反应产生的原子正确地进入晶格位置的能力是获得高质量薄膜生长的基本要素。通常采用台阶生长模型(terrace-kink model)来描述表面，该模型将在本章后面给出定量的介绍。现在假定模型中有两个台面，落到低的台面上的分子会逐渐扩散至台阶边缘，在那里分裂重组为晶体。这种生长模式由于主要在晶圆片表面进行，因此被称为二维生长。如果分子的到达率过大

(当硅的最大外延生长速率在 1000℃时达到 0.3 μm/min，或在 1100℃时达到 20 μm/min)[35]，则吸附的分子将会在台面中心结团，并生长成孤岛，这样就再也不能到达台阶的边缘，这种生长模式称为孤岛生长(islanding)或三维生长，也称作 Stranski-Krastanov 生长，它生长的薄膜质量要比二维生长的差。这样，饱和度就成为生长工艺的一个重要的一级近似描述。

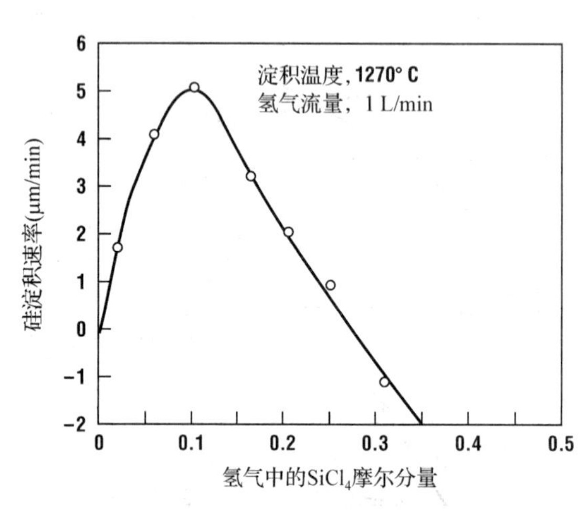

图 14.6 生长速率对于 $SiCl_4$ 流量的函数。腔体中的氯浓度高时会出现刻蚀(引自 Theuerer，经 The Electrochemical Society 许可使用)

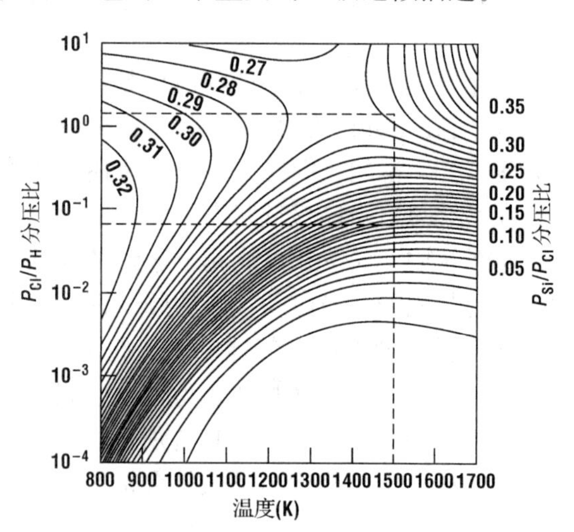

图 14.7 一个大气压下硅对氯的平衡比率(引自 Arizumi，经 Elsevier Science 许可使用)

例 14.3 采用图 14.6 所示的数据，计算作为 $SiCl_4$ 浓度的函数的过饱和。把这个值与生长速率进行比较。模型是否指出了生长速率的极值点？模型是否指出了转向刻蚀的那个转折点？

解答： 由于外延使用 $SiCl_4$，对所有生长来说，进气中的 Si/Cl 比是 0.25。Si/Cl 的平衡比可以通过先计算出 Cl/H 比，然后查图 14.7 中的曲线得到。对于 5%的混合气体，Cl 与 H 的比例是 $0.05\times4/(0.95\times2)=0.11$，根据图 14.7，在生长温度(1270℃=1543 K)时，得到 Si/Cl 平衡比为 0.14，继续增加 $SiCl_4$ 浓度可得到表 14.1。模型确实预言了由于大量 Cl 的释出，在 $SiCl_4$ 含量为 20%～30%时，生长会转变为刻蚀。模型没有指明浓度为 10%时的最大值，因为低浓度时的低生长速率是质量传输限制造成的，但是模型并没有考虑这一点。

表 14.1 例题 14.3 中生长速率的估算过程

$SiCl_4/H_2$	$[Si/Cl]_{feed}$	$[Cl/H]_{feed}$	$[Si/Cl]_{eq}$	σ	生长速率(μm/min)
0.05	0.25	0.11	0.14	+0.11	+3.7
0.10	0.25	0.22	0.21	+0.04	+5.0
0.20	0.25	0.50	0.24	+0.01	+2.1
0.30	0.25	0.86	0.28	−0.03	−0.6

14.3 表面反应

VPE 期间在晶圆片表面究竟发生了什么过程的原子级图像目前并不是很清楚。事实上，在所有的 Si-H-Cl 系统中，在反应速率限制区域，硅的外延生长都具有同样的反应激活能，参见图 14.8。这个事实说明每一个反应都可能涉及相同的速率限制过程[36]，通常认为受限于氢从晶圆片表面释放的过程。在此模型中，大部分的硅表面被氢钝化保护，这些氢原子必须在硅原子彼此结合之前从表面释放出来，此模型从 Claassen 及 Bloem 的观察获得支持[32]，在观察中在氢气氛围中提高 DCS 的流量可以使得硅的生长速度趋于饱和，而在氮气氛围中则不会饱和。Coon 等人的文献[37]应用温度编程解吸来测量各种粒子的表面覆盖情况，他们的研究结果表明在低温下 HCl 的解吸附是限制生长速度的步骤，而不是 H 的解吸附。

第二个重要的表面化学机制的线索由 Aoyama 及其同事们获得[38]，他们的计算表明，晶圆片表面的主要反应物是 $SiCl_2$。在 VPE 过程中各吸附原子(如 $SiCl_2$)并不是以化学成键结合的，而只是物理性地被吸附在钝化的表面，此时，有恒定的 $SiCl_2$ 流在硅表面流进和流出。Chernov 给出了典型外延生长环境下的硅(111)表面的模型，并且发现在平衡条件下，晶圆片表面的主要成分是 H、Cl 及 $SiCl_2$(参见表 14.2)[39]。

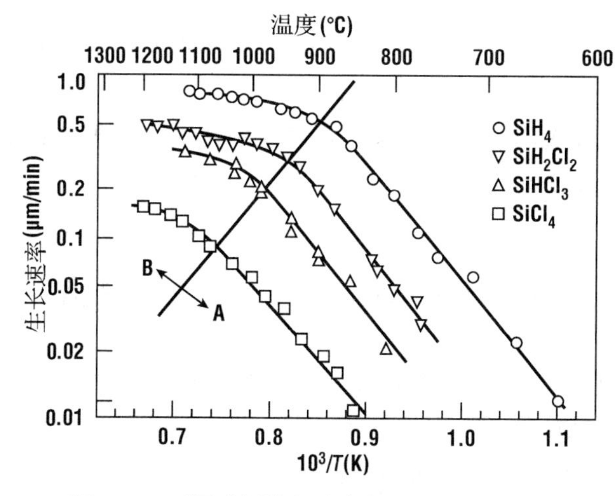

图 14.8 不同硅源淀积速率与温度的关系(引自 Eversteyn，经 Philips 许可使用)

表 14.2 (111)硅表面主要组成，当温度为 1500 K，Cl/H = 0.01 时

种 类	覆盖百分比(%)
H	63
Cl	20
$SiCl_2$	16
空位	1.5
H_2	0.01

引自 Chernov[39]。

为了建立 VPE 过程的表面生长模型，通常假设气相中的化学反应只生成反应物，然后这些反应物吸附在硅晶圆片的表面上，在那里发生反应并生长形成薄膜。假定硅晶圆片表面可供这些分子吸附的位置是有限的，定义 θ_x 为吸附分子 x 所占据位置与总位置之间的比率，最后，假定这些比率都与它们在气相中的分压成正比，因此也与总反应物的气相质量流速成正比，即：

$$\theta_x \propto p_x \propto \text{flow}_x \tag{14.8}$$

对于采用氢气作为载气携带少量二氯硅烷的情况，气生长速率可以近似为[32]

$$R = k_1 \frac{p_{H_2} p_{SiCl_2}}{1 + k_2 p_{H_2}} \theta - k_3 \frac{p_{HCl}^2}{p_{H_2}} \tag{14.9}$$

式中，θ 是空闲位置所占的比率，它由下式给出：

$$\theta = \frac{1}{1 + k_4 p_{SiCl_2} + k_5 \dfrac{p_{HCl}}{p_{H_2}^2} + k_6 p_{H_2}^2} \tag{14.10}$$

式中所有的 k 值均为常数。与式(14.5)类似，式(14.9)中的负号项对应于衬底被刻蚀的过程。对于大多数的生长条件，H_2 是主要气体，故 H_2 的分压可以近似为反应腔中的气压，$SiCl_2$ 的

分压正比于 $SiCl_2$ 的进气流量；另一方面，HCl 的分压与 $SiCl_2$ 进气流量的平方成正比，这是因为每个 $SiCl_2$ 分子可以贡献两个氢原子之故。

14.4 掺杂剂的引入

在外延生长过程中存在有意掺杂和非故意掺杂。主要的非故意掺杂源是来自衬底的固态扩散和气相中的自掺杂。固态扩散决定了外延层与衬底分界面附近的浓度分布，若生长速率遵循以下关系，它将服从余误差函数：

$$R > 2\sqrt{\frac{D}{t}}$$

式中，D 是杂质的扩散系数，t 是生长时间，由于生长工艺过程对于局部自间隙和空位浓度的依赖作用，这里的扩散系数和前面第 3 章中的计算结果可能有所不同。

气相自掺杂发生的情况是，杂质从硅晶圆片表面解吸附出来，在气体中传输，并再次吸附到硅晶圆片上的其他位置，它通常遵循的掺杂分布为

$$C(x) = fN_{os}\mathrm{e}^{-x/x_m} \tag{14.11}$$

式中，f 是陷阱密度，N_{os} 是表面陷阱数目，x_m 是迁移宽度(transition width)，它由生长速度和解吸附系数决定。

对于硅外延，最常用的气相掺杂剂是乙硼烷(B_2H_6)、砷烷(AsH_3)和磷烷(PH_3)，外延层的掺杂浓度通过调节通入反应腔中的气体流量来控制。在生长低掺杂层时为了获得较低的分压，掺杂气体通常采用氢气来进行稀释，我们可以定义一个分离系数 K 为

$$K_{\mathrm{eff}} = \frac{P_{\mathrm{Si}}}{P_{\mathrm{dopant}}}\frac{C_{\mathrm{dopant}}}{5\times10^{22}\ \mathrm{cm}^{-3}} \tag{14.12}$$

式中，P_{Si}、P_{dopant} 分别是硅生长剂及掺杂剂的分压，C_{dopant} 是有意掺杂形成的生长薄膜中的杂质浓度，当 $K_{\mathrm{eff}} < 1$ 时，生长的薄膜会抑制掺杂。对于稀释的气流，其气体分压可以近似为进气流的分压乘以掺杂气体的稀释比①，这样薄膜的掺杂浓度与掺杂气体流量具有线性关系。

在高掺杂气体浓度中，掺杂速率通常会降低到与掺杂气体流量呈线性关系。对于 PH_3 的情形，这个速率降低可以归结于附加的气相反应：

$$2PH_3 \rightarrow P_2 + 3H_2 \tag{14.13}$$

这样，磷在低浓度下的掺杂是与分压成比例的，而在高浓度下则与分压的平方根成比例。硼掺杂有类似的效应[40]。在某一浓度，这些竞争的气相反应变得重要起来，该浓度是温度的敏感函数。较低的生长温度提供了制作重掺杂薄膜的方法，高浓度掺杂则影响了生长速度。尤其是砷的高浓度掺杂，因为表面侵蚀而使生长速度急剧降低，即高浓度砷大量占据了表面位置，阻止了硅正常的二维生长，但其自身又不会生长成膜。

① 原文有误，已更正。——译者注

14.5 外延生长缺陷

外延生长既能够引入缺陷，也可能使得缺陷发生蔓延。如果这些缺陷位于晶圆片表面制作晶体管器件的有源区域，则会导致器件失效。这些失效可能是由与缺陷相关的电子态直接引起的，它们会导致额外的漏电。这些失效也可以是间接造成的，在工艺制造过程中缺陷可能会捕获晶圆片中的其他杂质，从而产生出缺陷电子态。这些缺陷还有可能会引起工艺制造过程中额外的杂质扩散，从而改变实际的器件结构。

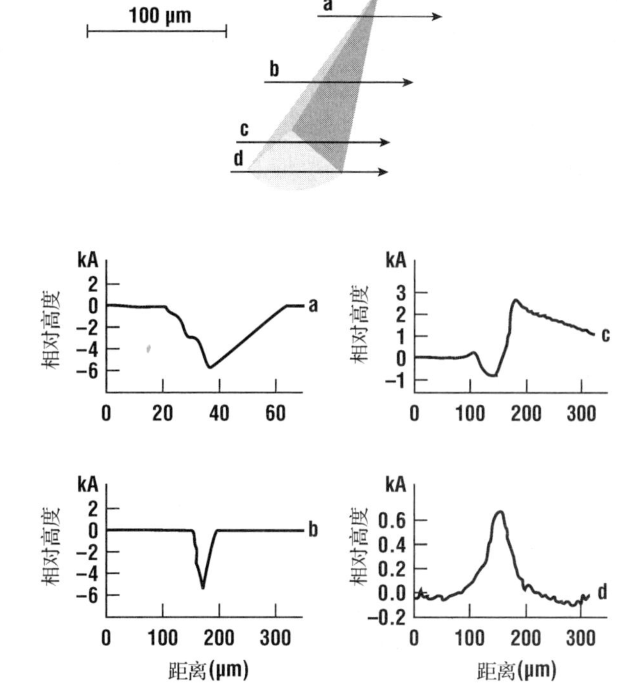

图 14.9　(111)晶面的硅晶圆片外延层堆垛层错的电子显微照片，下图是缺陷上四个位置的表面形貌机械扫描图(引自 Liaw 和 Rose，经 Academic Press 许可使用)

缺陷的数目和密度受到生长过程中各种条件的影响，如衬底温度、反应腔气压、反应生长物及晶圆片表面清洗过程等。最常见的硅外延层生长缺陷是位错和堆垛层错。正如我们在第 2 章 2.3 节中所讨论的那样，位错是晶体中多余或缺少的原子线，而堆垛层错则是晶体中多余或缺少的原子层面，硅中的堆垛层错一般发生在<111>晶向上。图 14.9 给出了(111)晶面的硅晶圆片上堆垛层错的电子显微照片以及缺陷表面形貌的四条扫描曲线[41]。缺陷的一端是一个凹坑，另一端则延伸到晶圆片表面以上。对于(100)晶面的硅晶圆片，堆垛层错成为沿着<110>晶向的线条。在这两种情况下，都可以看到明显的晶向。

尖峰(Spike)是外延层表面的凸起，显示出很少或不与晶格方向对齐的特点。尖峰可能与三维生长的出现有关[42]。堆垛层错和尖峰通常起源于原始晶圆片表面的某个缺陷[43]，这些原始缺陷包括氧、金属杂质、晶圆片上的氧化诱生堆垛层错，以及杂质微粒在晶圆片表面的淀积等。在硅的 VPE 生长过程中，随着清洗工艺的不断改进，堆垛层错的密度已经得到了很大程度上的降低。

位错好比是二维的堆垛层错。位错在晶圆片的表面并不是很明显，但是它仍然是一个影响成品率的重要因素。位错可以简单地从衬底的位错向外扩展，受热不均和过快的生长速度所引起的塑性形变也会导致生长外延层时产生位错。位错这样的细微缺陷经常通过选择性的腐蚀来进行测量，正如我们在第 11 章中所讨论的那样，这些腐蚀方法都是破坏性的，并且会使用在缺陷处腐蚀得更快的染色剂。

生长外延层的一般目的是为了降低寄生电阻。例如，在一些早期的制造工艺中，通常是在重掺杂的衬底上或局部埋层区域上生长一层低掺杂的外延层。晶体管将制作在这层外延层上，而高掺杂区域实际上是晶体管底部的嵌埋接触。对于双极型晶体管，必须能够将上部的器件层与下边的埋层对准，为此要在外延生长之前在衬底上刻出对准标记。外延生长后图形对准中心将会发生移动(参见图 14.10)，这是因为生长速度与暴露出的图形晶向有关，(100)晶面的硅晶圆片上图形漂移要比(111)晶面小得多。通常在高温下的外延生长，采用 SiH_2Cl_2 和 $SiHCl_3$ 等含氯量越低的反应物，则其图形漂移也越小。

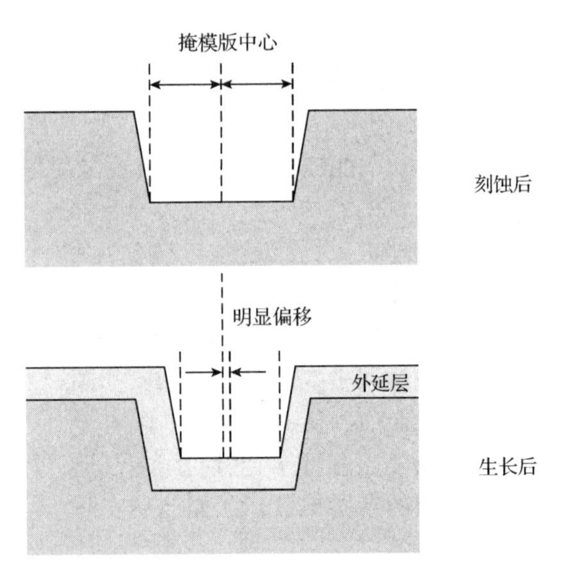

图 14.10　图形漂移原理示意图，在晶圆片上刻出对准标记，但是不均匀的生长速率导致生长后对准标记漂移

对于相对比较厚的外延层来说，测量其薄膜厚度的常用方法是傅里叶变换红外光谱法(FTIR)，如图 14.11 所示，通过分束器将红外光送到晶圆片的表面和一个移动的镜面上，两个表面反射回的红外光叠加后传送到探测器中。对镜面红外线的光程进行扫描，探测作为镜面位置函数的反射光束强度，两个峰之间的距离与外延层的厚度成正比。

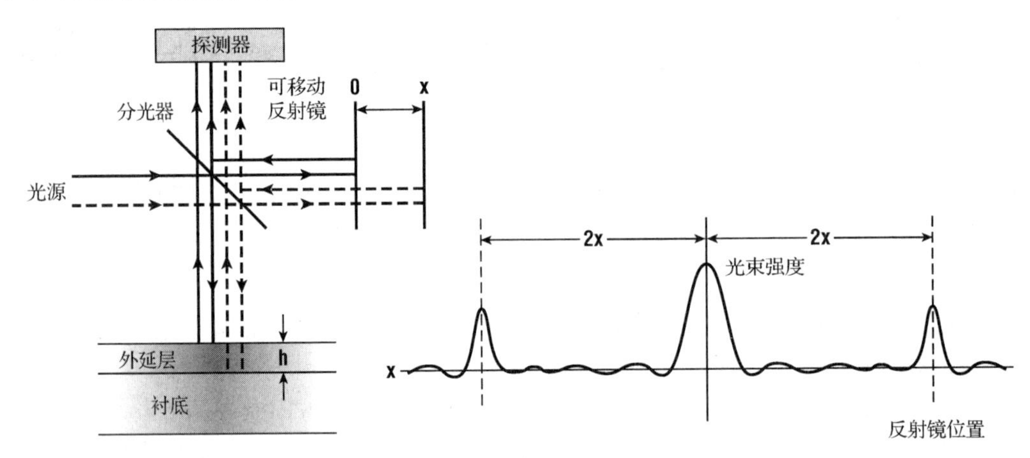

图 14.11　一种傅里叶变换红外线光谱系统，使用红外线是因为在这个谱段硅近于透明

另一种广泛用于外延层厚度测量的方法是电学方法。所有此类方法都依赖于测量衬底和外延层掺杂程度的不同。最快速的测量方法是简单的四探针测量法，用于测量外延层的电阻率。通过测量掺杂区剖面浓度分布可以获得更多、更详尽的数据。还可以采用第 3 章中讨论过的 C-V 分析法、扩展电阻法和染色法等，所有这些方法的测量精度均受到自掺杂的限制。

14.6　选择性生长⁺

在气相中是可以进行选择性生长的，也就是说，在硅晶圆片表面的一些特定区域生长出外延层而在别的区域则不会淀积任何材料，这个过程就称为选择性外延生长(SEG，Selective

Epitaxial Growth）。尽管选择性生长在某些应用中是非常吸引人的，其中包括器件隔离、接触孔平坦化、沟槽隔离填充以及 MOS 晶体管提升源漏结构的形成[44]，但是选择性生长并没有广泛应用于大生产中。Borland 对该项工艺技术的发展历史进行了回顾[45]。

SEG 依据以下事实：在不同类型的衬底上，硅外延生长的晶粒成核速度遵循这样的次序，$SiO_2 < Si_3N_4 < Si$。例如，尝试用 SiH_2Cl_2 在热氧化层上淀积多晶硅，起初的淀积速度非常慢，而当氧化层表面逐渐聚集一薄层硅原子后速度逐渐加快。如果首先在硅晶圆片表面生长一层热氧化层，再刻蚀开孔露出衬底，如图 14.12 所示，则可以在开孔处选择生长硅。为了实现选择性外延生长，必须向生长气体中加入足够的氯，以抑制气相中的成核和掩蔽层表面处的成核。通过调节 Si/Cl 比率，工艺将从非选择性生长向选择性生长和刻蚀方向变化。气体中高浓度的HCl也可以提高选择性，这是因为HCl可以将在SiO_2表面上形成的小团的硅刻蚀掉[46]。最好的选择性硅外延生长是在低压下用 SiH_2Cl_2 和 HCl 的混合气体生长实现的[47]。

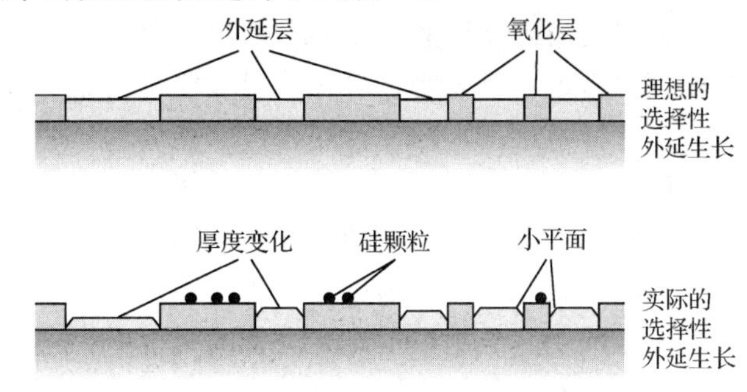

图 14.12　选择性外延生长的截面图

选择性生长的问题包括接触面问题（沿着多种不同晶面的低生长速率所造成的表面不平整性）[48]、半导体/氧化物界面上缺陷的形成，以及生长速度与开窗的大小及其分布有关。如果在氧化物/半导体界面上进行掺杂，则界面缺陷会变得非常重要，但是如果窗口是沿着<100>晶向的话，则缺陷将会大幅度降低[49]。

SEG 的一个应用是扩展的横向过生长（ELO，Extended Lateral Overgrowth）[50]，如果允许外延从孔底开始，越过孔壁后继续生长，则它将在氧化层表面逐渐蔓延，当一些孔靠得足够近时，所生长的外延层就会相互结合，在 SiO_2 表面上形成单晶硅层。如果这种籽晶窗口是沿着<100>晶向的，即与晶圆片同方向，则在垂直和水平方向的生长速度相等，这是形成绝缘层上硅（SOI）材料的另一种方法。这种方法的一个问题就是缺陷，除了沿 SiO_2 界面上的缺陷外，在生长前沿改变方向的地方还将会出现孪晶[51]。缺陷也会出现在两个生长前沿的交线处。

14.7　卤化物输运 GaAs 气相外延

当采用气相外延的方法来生长 GaAs 材料的时候，其工艺过程与硅的气相外延是有所不同的。AsH_3 尽管有剧毒，但它是一种稳定的气态砷源，而镓并不形成稳定的氢化物①。所有镓的氯化物在常温下都是固态的。人们知道在高温下可以使 GaCl 和 $GaCl_3$ 成为气态，这就是早期成功地生长出 GaAs 材料的技术基础，即通过卤化物输运进行 GaAs 外延的基础[52,53]（参见图 14.13）。在这种方法中，热的固体（700℃ ~ 750℃）充当镓源，经氢气稀释的 HCl 气体流过热的 Ga 或 GaAs，生成 GaCl，载气携带气态的 GaCl，将其传输至晶圆片表面，在那里生成异质 GaAs。某些从业者也采用在固态砷上通以 H_2，使其发生反应，原位生成 AsH_3 来取代非常

① 原文为氯氢化物，chlorohydrides，有误。——译者注

大的 AsH_3 源气瓶。在这种制造方法下，固态砷将保持在 800℃ ~ 850℃温度下，而用于氯化物传输生长的衬底温度则介于 650℃ ~ 800℃的范围内。

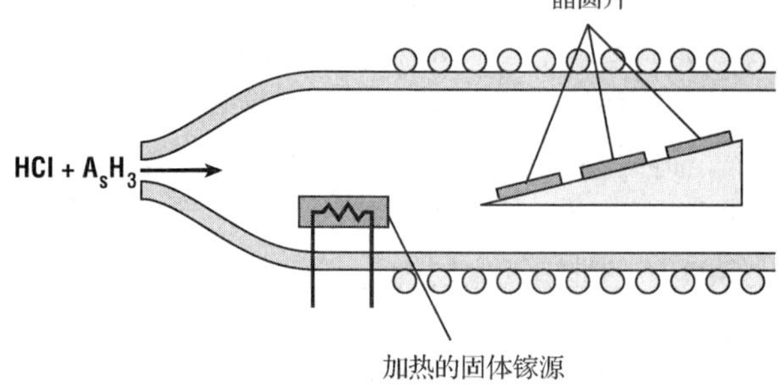

图 14.13　生长 GaAs 外延层的卤化物传输系统。在腔体中产生氯化镓气体，再输运到晶圆片表面

卤化物输运外延生长 GaAs 材料具有两项主要不足：首先要求衬底的温度要足够高，这样生长出来的外延层质量才能满足器件制作的需求，由此导致很难获得突变结；其次由于生长工艺的特性，控制薄层结构的生长厚度非常困难。卤化物输运外延法目前仍然应用在发光二极管的大规模制作中。对于其他应用，由于这两个因素以及出现了金属有机化合物的镓反应源，该工艺的普遍性已经大大降低。

14.8　不共度和应变异质外延

本章前半部分讨论的外延工艺有时候也合称为同质外延，这种情况下外延层和衬底是同一种材料，本章余下的部分将讨论异质外延，其外延层与衬底是不同的材料。各种不同的外延生长方法可以按照如图 14.14 所示的压力-温度图来分类，较早期的外延方法(VPE 和 LPE)是在高温和接近于一个标准大气压下进行的，这些方法将在此做简要的讨论，并结合在绝缘衬底材料上生长较厚的硅外延层以及在蓝宝石衬底上生长 GaN 外延层，本章的其他部分将介绍用于器件有源区的薄外延层的生长技术，对于此类应用，为了限制扩散，总是希望能够在较低的温度下进行外延层生长。分子束外延(MBE)已经在低温下实现了制作器件所需的高质量的外延层，但是它需要超高真空(UHV)。分子束外延工艺的产能较低，这使得它在大规模集成电路制造中的应用变得困难重重。由于可以对超高真空环境进行诊断，分子束外延可能是人们了解得最多的一种外延工艺技术，其他的器件生长方法，例如金属有机化合物 CVD(MOCVD)、快速加热 CVD(RTCVD)以及超高真空 CVD(UHVCVD)，尽管人们对其了解较少，但是可以看作是前面已经讨论过的 VPE 工艺的延伸。本章剩余的部分将先介绍这些先进的 VPE 技术，然后才介绍 MBE 技术。

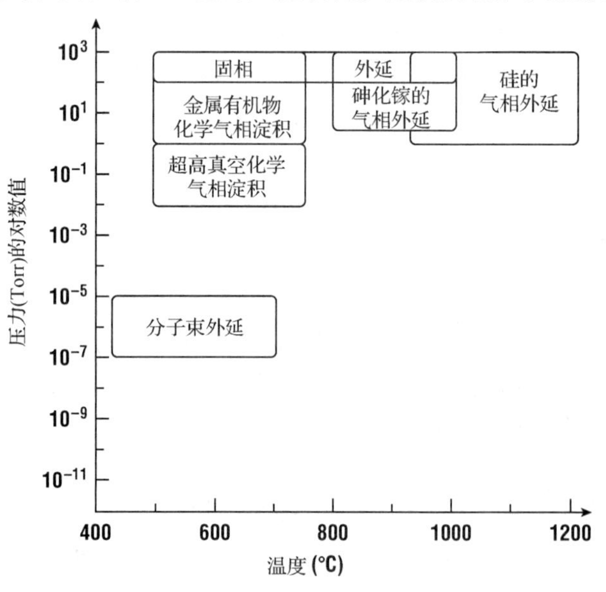

图 14.14　各种外延生长技术的温度和压力区域

这些先进的外延工艺，若不是因为它们能够生长出高质量的异质结构(即在一种材料上生长出另一种材料)，人们也就不会对它们在技术上产生这么浓厚的兴趣了。如图 14.15 所示，异质外延有三种情形，如果衬底材料和外延层的晶体结构和晶格

常数是完全相同的，则称其为共度生长。所有的同质外延生长按照这个定义都是共度生长。不共度生长是指生长出与衬底晶格不匹配的厚外延层，以这种方式生长，在界面及界面附近将会产生缺陷，以补偿两种晶格的失配。多数的缺陷将会传播到外延层中，这就使得即便是最简单的电路，要想成功制作出来也很困难。第三种可能性是赝晶(pseudomorphic)生长，这种情况发生在生长晶格不匹配的薄层时，此时外延层与衬底间产生的是应力而不是缺陷。在应力以位错方式释放出来之前，以这种方法所能生长的临界厚度或最大厚度，取决于晶格失配的程度和生长层的机械性质。对于百分之几的晶格失配，典型的临界厚度在几十纳米量级。严格地说，两种不同材料的晶格不可能完全匹配，因此按照上述定义所有的异质外延生长都是赝晶。一个更切合实际的描述是，当吸附原子与吸附原子之间的相互作用能小于吸附原子与衬底材料的相互作用能时，就会发生共度生长，在反过来的情形下，则发生不共度生长。而当这两种能量相当时，则发生赝晶生长。

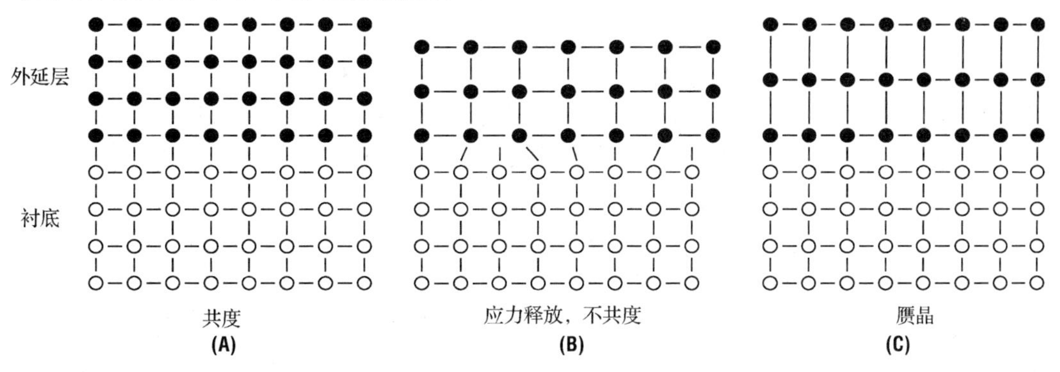

图 14.15 外延生长工艺可分为三种类型：(A)共度；(B)应力释放，不共度；(C)不共度赝晶

早期大多数的异质外延生长都是不共度的，一个很普遍的例子就是硅在蓝宝石衬底上的不共度生长(SOS)。Cadoff 和 Bicknell[54]的实验及后来 Manasevit 和 Simpson[55]的工作均表明具有立方晶格结构、晶格常数为 0.543 nm 的硅晶体，可以成功地在蓝宝石(Al_2O_3)衬底上生长出来，Al_2O_3 的晶体结构是菱形的，其晶格常数为 0.475 nm(a 轴)和 1.297 nm(c 轴)。由于蓝宝石是绝缘体，因此在 SOS 衬底上制作的电路具有高速的性能且能够实现极好的器件隔离。器件隔离只需通过去除不同晶体管之间导电的硅材料，将其刻蚀至绝缘衬底就可以简单地实现。大多数 SOS 材料是在 H_2 稀释的 SiH_4 中进行气相外延生长出来的。尽管也可以使用氯硅烷，但是 Cl 对 Al 的侵蚀作用可以形成重掺杂的 P 型薄膜。尽管目前在低温生长方面取得了一些成功，但是传统的淀积温度还是在 1000℃左右。当然，超饱和与均匀成核是 SOS 材料生长中的重要问题。然而 SOS 材料生长中的一个最基本的问题还是蓝宝石衬底所造成的外延层中缺陷。这些缺陷的产生是因为二者的晶格不匹配，以及 Al_2O_3 的热膨胀系数比 Si 要高出两倍多。表面晶格不匹配引起的缺陷将会传播到生长的薄膜中，解决这个问题的一个方法就是使薄膜长厚，这样缺陷还是会向上传播，但是并不一定会贯穿整个外延层。图 14.16 所示是用透射电子显微镜(TEM)测量到的单位长度缺陷密度[56]，随着生长厚度的增加缺陷密度急剧下降。因此，不共度生长通常要求生长出较厚的外延层，尤其是在晶格失配严重的衬底上更是如此。人们还发现可以通过注入大剂量的 Si 使得部分外延层无定型化，然后固相退火使其再生长，在不同深度下重复这个步骤，可以使得材料的质量进一步提高。目前 SOS 材料已经大量地被 SIMOX(参见第 5 章 5.7 节的介绍)和键合 SOI(bonded SOI，参见第 15 章 15.4 节的介绍)材料所取代。

另一个不共度外延生长的主要例子是在硅上外延 GaAs 以及其他的化合物半导体材料，例如 GaN[57,58]。GaAs 与 Si 有着相同类型的晶格结构，但是 GaAs 的晶格常数要比硅大 4%左右。与制备 SOS 材料类似，这种情形也要求生长较厚的外延层，以便将缺陷密度降低至 IC 制造许可的水平[59]。已经有报道，通过交替淀积非常大数量的异质薄层，通常称作应变层超晶格(strained layer supperlattice)，可以用来分散应力，使之发生渐变[60]。Si 上外延 GaAs 的技术之所以如此令人关注，主要基于三个原因：硅衬底便宜且尺寸较大，因此有可能在 8 in，而不是 4 in 的晶圆片上来制作 GaAs 集成电路；硅衬底的热传导率比 GaAs 要高，在性能受到最高结温限制的大功率集成电路和功率器件的制作中，这也是一个重要的考虑因素；最后是 GaAs 器件有可能实现与 Si 器件在同一芯片上的集成，在此类应用中，首先是完成硅工艺，如 CMOS 器件的制造，然后在刻蚀至硅衬底的氧化层窗口处选择性生长 GaAs 材料，目前 GaAs 材料可以用来制作激光器，从而解决片上的光互连。这种方式的集成目前仅见于一些简单的演示系统，尚未见到值得一提的商业上的应用。

对于所有的不共度生长来说，由于其含有太多的缺陷，因此其界面必须远离有源器件区域。从器件设计的角度考虑，非常希望生长的外延层可以作为器件结构的一部分。图 14.17 绘出了若干化合物半导体的带隙与晶格常数的关系。通过画一条垂直线，可以预测某种异质结是否可行。例如，GaAs 对于合适摩尔组成的 $Ga_xIn_{1-x}P$ 是匹配的。研究得最多的共度生长是 $Al_xGa_{1-x}As$ 上的 GaAs 外延。尽管存在着很小的晶格失配，通常还是认为这两者的结合达到了完美的晶格匹配。在这类晶格匹配系统中，像位错这样的缺陷是相当少见的，但是一定数量的表面态还是存在的。这些表面态可以起到复合中心的作用，从而使异质结构的性能退化。

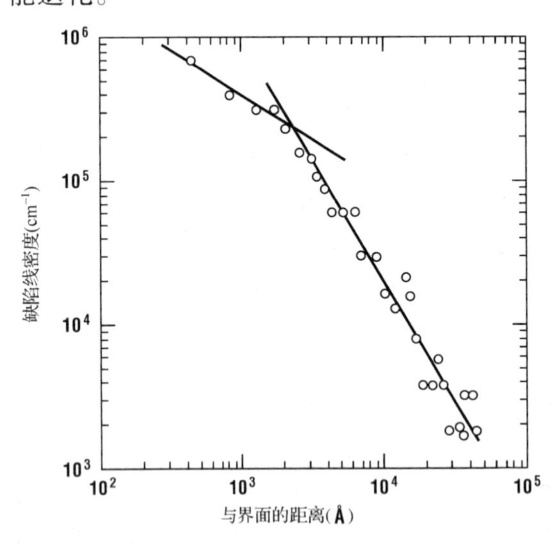

图 14.16 在蓝宝石上外延生长硅时，缺陷密度与外延层厚度的函数关系(引自 Vasudev)

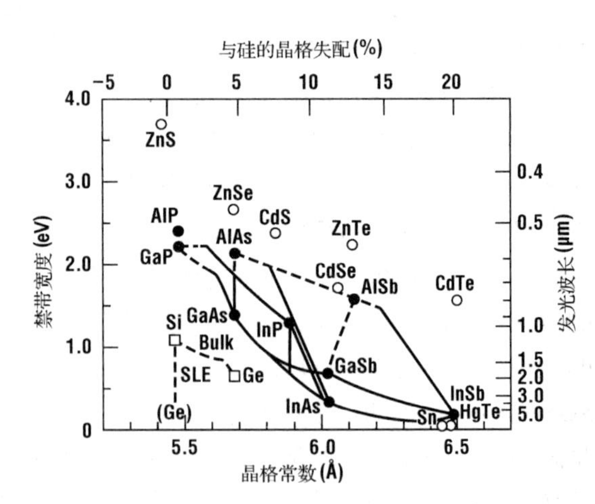

图 14.17 一些半导体化合物和合金的能带隙和晶格常数

一种赝晶生长的例子是在硅上外延生长 Ge_xSi_{1-x} 层，人们之所以对该系统非常感兴趣，是出于几方面的原因。图 14.18 给出了 GeSi 层临界厚度作为锗摩尔组分比的函数图[61]。只要膜厚处在曲线的左下方，则 GeSi 层可以承受这个应力，并且是热动力学稳定的。已经证明这种类型的外延材料对于 MOS 器件是非常有用的。虽然早期 CMOS 工艺曾经使用过赝晶 GeSi 结构来制作器件的沟道，但是实验已经证明要在 GeSi 层上制作出具有可以接受的界面特性的氧化层是非常困难的。最近几年的研究工作表明，我们可以先在硅晶圆片上生长一层应变弛豫的 GeSi 层，然后再在这层弛豫的 GeSi 层上生长一层应变硅层。这种结构使得我们能够进一步改善硅中电子和空穴的迁移率。在第 16 章中我们还要讨论这方面的内容。很显然，应力弛豫层会产生一些位错，这些位错也可能会传播到硅有源层中。这个问题也进一步激发了人们去研究其他产生沟道应变的方法。有趣的是，硼在 GeSi 中比起硅中具有完全不同的固溶度，因此人们在 MOSFET 源漏区顶部通过生长硼重掺杂的 GeSi 层可以实现低阻的源漏欧姆接触。

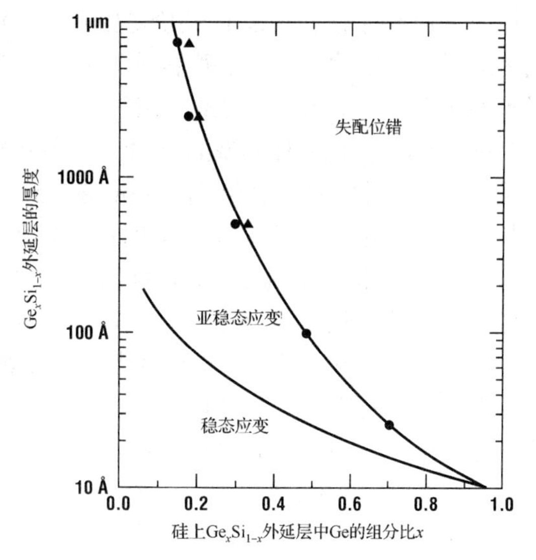

图 14.18　对于硅上的 GeSi 赝晶存在三个区域：机械稳定、亚稳定和不稳定(引自 People 和 Bean)

14.9　金属有机物化学气相淀积(MOCVD)

金属有机物化学气相淀积(MOCVD 或 OMVPE)开始于 20 世纪 60 年代后期 Manasevit 和 Simpson 的研究[62]。MOCVD 和 MBE 都能够生长出高质量的 III-V 族器件薄膜，且具有原子级突变或近于原子级突变的界面。通常不用该工艺来进行硅的外延生长，因为已经有适用的无机源。

经典的 MOCVD 工艺在开发的时候，通常要使用 III 族元素的有机化合物和 V 族元素的氢化物。从历史上看，MOCVD 的出现是因为在其他领域早已经使用了有机分子，因而这些材料尽管在纯度上还达不到现在的要求，但是对于 MOCVD 来说却已经是现成的了。图 14.19 所示是一些相关反应物的例子，虽然有很多有机化合物都得到了应用，本章将只集中讨论甲基(methyl)和乙烷基(ethyl)化合物，它们是最常用的源，分别以字母缩写 M 和 E 标示。例如，TMG(TriMethylGallium，$[Ga(CH_3)_3]$，三甲基镓)就是一种最常见的镓源。GaAs 常用的 P 型掺杂剂则是 DEZ，即二乙基锌。

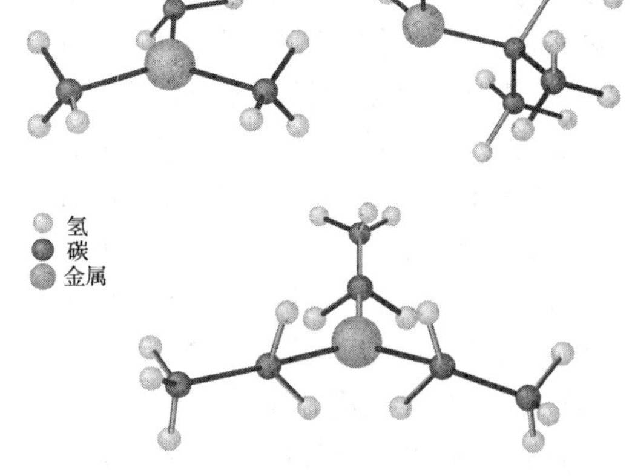

图 14.19　一些常用于 MOCVD 的金属有机物的例子，从上到下为：TMG，TBA，TEG

我们从金属原子价电子分布来理解金属有机物的键的结构[63]。镓有三个价电子，在基态，镓有两个 s 电子和一个 p 电子，在 TMG 中，每个甲基的碳原子和镓共价成键，构成 sp^2 杂化键，三个甲基在一个平面内，Ga–C 键彼此间成 120° 角，这样留下一个与甲基平面垂直的空的 p 轨道，这个未充满的轨道很容易吸收电子。V 族元素氢化物的价带有两个 s 电子和三个

p 电子。砷烷中的三个 As-H 共价键键角为 109.5°，一对未成键的电子位于分子的顶端，并远离氢原子，其中的一个电子很容易失去或贡献出来。分子容易俘获或失去电子的能力在生长过程的化学反应中起到重要的作用。

砷烷(AsH_3)是一种典型的 V 族元素氢化物源，遗憾的是这些氢化物都是有剧毒的，砷烷会导致血红细胞损坏、肾衰竭，并最终导致死亡。由于这些化学物质主要是用于薄膜材料的生长而非用于掺杂，因此它们存储时的量较大。能导致死亡和生命危险的砷烷浓度是 6 ppm(百万分之六)，一罐压力为 1500 psi(L/in^2，大约合 0.068 atm)的砷烷会将 10^9 L 的空气污染到致命的浓度，这大致相当于将一个方形街区的空气污染到致命的程度。当然在事故发生的情况下，距离泄漏地点越近则危险性越大。正确处理这些剧毒物质须按一定的规程，成本也较高，导致人们去研究其替代物，典型的是 V 族元素的金属有机化合物[64]。可能的 V 族源必须有相当高的蒸气压，它们彼此间或与 III 族反应物间不应存在其他寄生的反应途径，它们必须是稳定的和超纯净的，反应中它们不应给外延薄膜带来杂质。人们发现用 C 键来代替 H 键可减轻毒性，但是这样在外延膜中会增加非故意掺杂的量。一种最有前途的金属有机物砷源是 TBA(TertiaryButylArsine，叔丁基砷烷)[65]，它的毒性接近 AsH_3，因为其以液态而不是高压气态存储，因此一般认为其比砷烷更安全。

MOCVD 系统必须能控制膜的生长和膜的质量，能够生长出薄的、具有原子级成分突变的、极佳的外延层。生长系统可以分为三部分，即气体输送、反应腔和气体排放。气体输送系统是最容易识别的，反应腔应该能够提供充分混合的、精确控制流量的多种气体。对于 GaAs 的生长，气体通常是 H_2、TMG 或 TEG(TriEthylGallium，三乙基镓)、AsH_3 和一种掺杂剂，通常 P 型掺杂用 DMZ(DiMethylZinc，二甲基锌)或 DEZ(二乙基锌)，N 型掺杂则用 SiH_4[66]。

金属有机物源一般有一个浸没在水和丙三醇热浴中的鼓泡器。热浴的温度是受控的(参见图 14.20)，给热浴中液体加热恒温，并使氢气起泡通过热浴，以此产生金属有机物蒸气，鼓泡器的温度必须仔细控制，因为蒸气压是相对于热浴温度按指数关系变化的。热浴控温与后级的压力表一起使用来建立送往反应腔的气体中

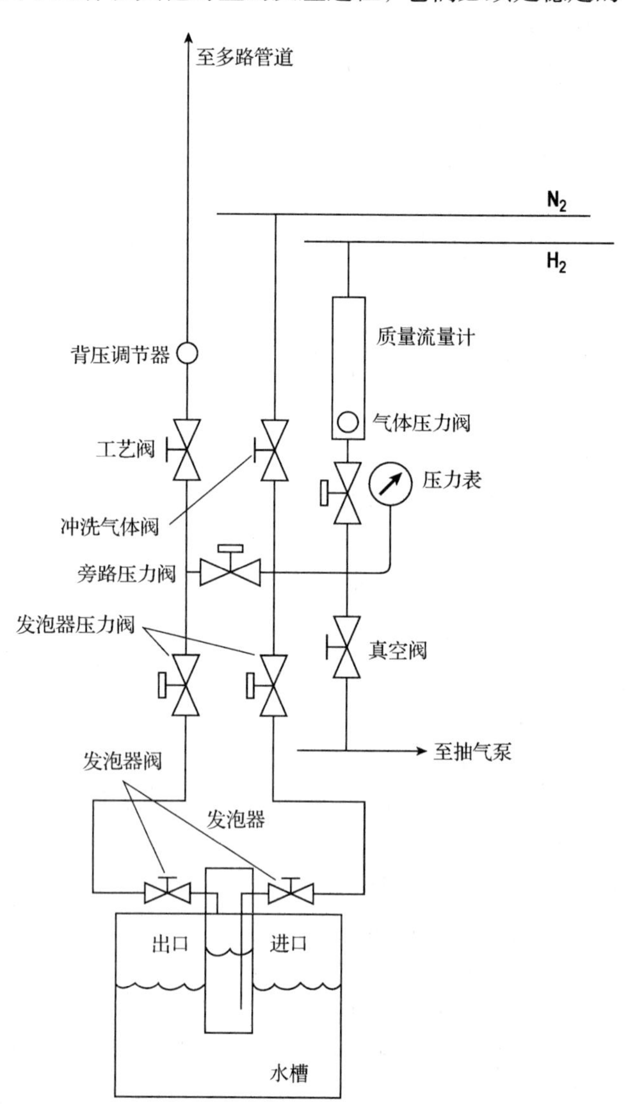

图 14.20　一种典型的 MOCVD 金属有机物系统，包括一些阀门，在进行管道氮气净化时可隔离和旁路鼓泡器

有机金属的摩尔组分比。图 14.21 给出了几种常用的有机金属源的蒸气压，有机金属源还包含一些阀门，使得源可以与管道分离，也可在换源时用氮气冲洗。

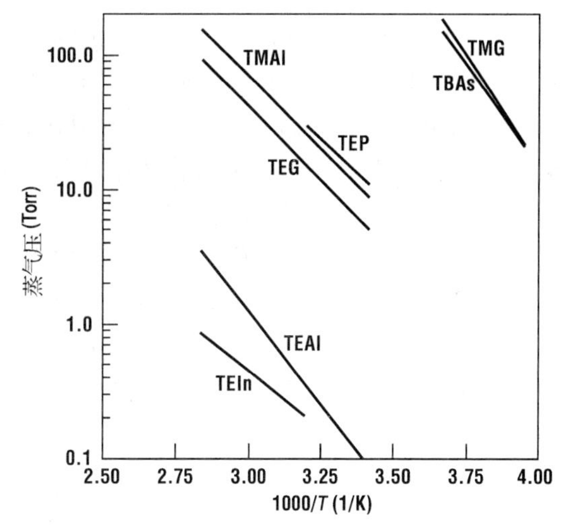

图 14.21　一些常用金属有机物的蒸气压曲线(引自 Stringfellow)

气体输送系统的细节取决于所使用的特定的金属有机物。一些有机金属化合物如 TEAl(TriEthylAluminum，三乙基铝)要求大量加热来得到淀积所需的蒸气压。这些化合物蒸气在到达反应腔前会在管道中重新凝固，除非管道和阀门也加热到等于或高于鼓泡器的温度，否则将导致淀积条件的控制非常差。某些化合物，例如 DMZ(二甲基锌)，它在砷化镓 MOCVD 中常用来作为 P 型掺杂剂，它在室温时有很高的蒸气压，事实上需要冷却来得到合适的蒸气压。DMZ 在稍微超过室温时就会热分解，为了防止它在供应管道中，尤其在靠近反应腔部分发生反应，它们都需要进行冷却。其他化合物(如 TEIn)，可以用于 InGaAs 和 InP 生长，性质不稳定，在储液罐中就会分解。

与标准的 CVD 系统一样，氢化物源是作为高压气体输送的，气体压力减少到几个大气压后，被压送到阀门和质量流量控制计。由于氢化物的毒性，这些管道通常是双层，经过严格检漏，并且时时探测是否漏气，更进一步地，这种系统使用最可靠的气体密封圈，设计实际的气体输入系统是腔体设计中最严格的部分，最简单的办法是在接近反应腔进口处将各种管道简单合并成一进气管。对于生长成分突变的薄层，这种设计是不够的，因为在切换时刻，生长控制得很差。解决的方案是将阀门集成为进气管的一部分。这些阀的设计必须保证腔体和阀门之间的死区最小。在气体切换时的第二项考虑是阀门打开时气流猛然喷出，为了避免这个问题，MOCVD 的多支路空气总管被设计成流/排结构(参见图 14.22)。这种系统的空气总管使用三路阀门，供给气体可以进入生长腔，也可以旁路掉。相比于开或关掉气流的做法，这种重新定向的做法可以提供更稳定的气流。当然所消耗的气体总量相当大，但是这种成本在许多应用中是能够被接受的。

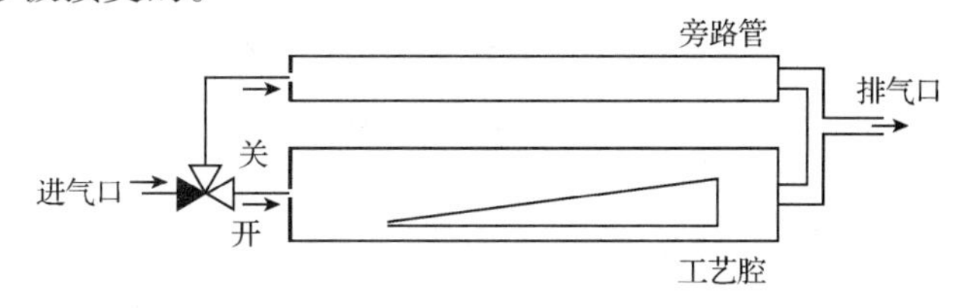

图 14.22　使用流/排气体切换以避免较大的气体切换瞬时效应

系统的气体排放必须不影响系统在所控制气压下的运行，大多数早期的 MOCVD 系统是在一个大气压下运行的，现在已经发现在低压(10 ~ 100 Torr)下薄膜生长的均匀性和薄膜组分的突变性会得到改善，目前大部分 MOCVD 系统都已经包含真空部件来维持腔的气压。排放的气体在排放前要洗净。可以使用高温炉，其中氢化物被氧化，也可以利用液态化学反应洗净器，排放物在此与腐蚀性的溶液反应，形成水溶性的盐，从而可以被稀释并冲走。

关于反应腔本身的设计已有大量的研究。图 14.23 给出了几种典型腔体的剖面图。两种最常见的是楔形水平反应腔(与前面第 13 章中描述过的类似)和立式碰撞射流(也称临界点流，stagnation point flow)反应腔。对于低流速，通常假定气体以理想的方式进入腔体，在壁上速度为零，往管道中间速度呈抛物线性增加。MOCVD 工艺能否成功的关键一点是通过腔体的气流必须是层流，无任何湍流或环流。非层流和环流气体会在腔体中陷住气体。在讨论 CVD 时也是要考虑这一点的，但在 MOCVD 中更加重要，因为 MOCVD 生长通常涉及多重薄层，各有不同的组成和掺杂。湍流通常产生于高速气流中，主要是由于剪切力，环流则有两个来源，一个是腔体的截面积发生突然变化，另一个是前面提过的由温度不均匀产生的浮力。环流可以通过降低气体的质量密度来减缓，这也就是利用 H_2 作为携带气体的原因，再降低气压到大气压以下 1 ~ 2 个数量级，这种环流效果可以完全消除。另一种克服对流效应的办法是将衬底做每分钟几千转的旋转，这将向接近表面的分子传递动量以抵抗环流。

图 14.24 显示了用 MOCVD 生长 GaAs 时生长速度与衬底温度的函数关系[67]，低温时生长速率随着温度的升高而呈指数增长，已经测得这种工艺的激活能为 13 ~ 22 kcal/mol(0.55 ~ 0.95 eV)，在高温时生长速率会降低。除了由反应速率限制向质量输运限制的正常转变，另一种解释是其他的副反应也会消耗 TMG。一般相信 TMG 的高温分解会产生 CH_3 原子团，这些原子团反过来与 AsH_3 和 H_2 发生作用，在与 H_2 发生作用的情形下，另一个留下的氢原子与 TMG 发生作用，释放出另一个甲基团。

$$\begin{aligned} &Ga(CH_3)_3 \rightleftharpoons Ga(CH_3)_2 + CH_3 \\ &CH_3 + H_2 \rightleftharpoons CH_4 + H \\ &Ga(CH_3)_3 + H \rightleftharpoons GaH(CH_3)_2 + CH_3 \end{aligned} \tag{14.14}$$

这种反应导致镓在腔壁上淀积，并消耗 TMG 源。然而还有一种可能，反应速度的降低与 AsHx 吸附分子从晶圆片表面的解吸有关。

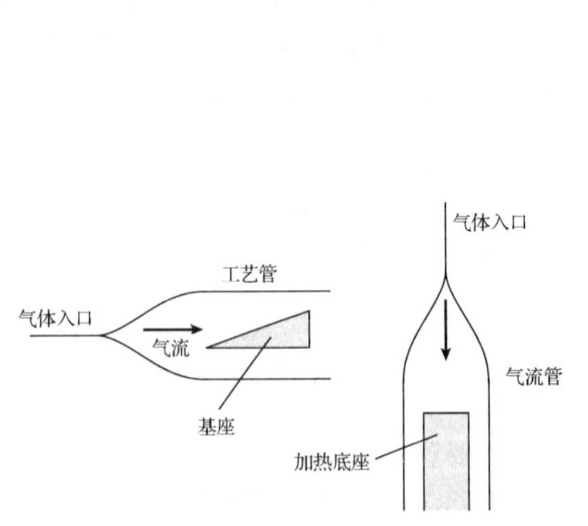

图 14.23 常见的 MOCVD 腔，有水平流和临界点流反应腔

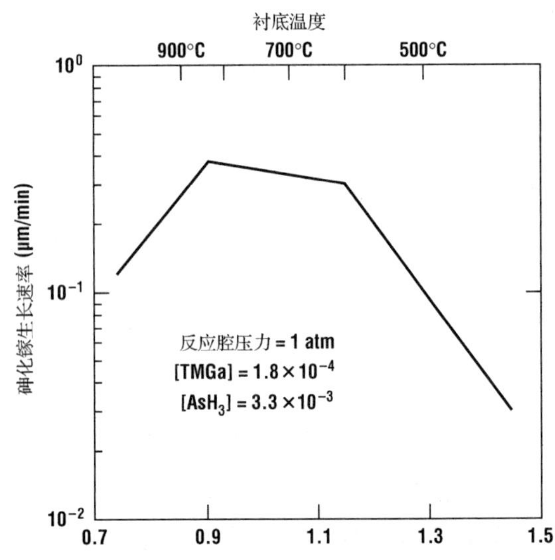

图 14.24 MOCVD 中 GaAs 的生长速率与温度的关系(引自 Tischler[75], © 1990 IBM)

大多数 GaAs 的生长是在中间温区进行的，生长速率取决于 TMG 的到达速率，在此区域

中 TMG 和 AsH_3 的反应过程首先由 Schlyer 和 Ring 提出假设[68]，后来得到了其他人的支持[69]，虽然还没有得到证明，但是该假设已经被人们普遍接受。在这个模型中，当温度低于 650℃时，任何压力下都很少发生同质反应，结果是 TMG 和 AsH_3 分别吸附在晶圆片表面。一旦到达表面，TMG 看来会自发反应形成单甲基镓($GaCH_3$)团和两个甲基团。AsH_3 与 CH_3 基团反应形成 AsH_2 和甲烷(CH_4)，CH_4 很快解吸排出。

$$AsH_3 + CH_3 \rightleftharpoons AsH_2 + CH_4 \tag{14.15}$$

AsH_2 和单甲基镓($GaCH_3$)在硅表面独自扩散直到相遇，甲基镓和氢化物反应生成 GaAs、原子氢和甲烷，甲烷会从表面解吸，现在看来 AsH_2 分解产生的原子氢在从晶圆片表面去除甲基团的过程中起到了重要作用。

MOCVD 中最重要的问题之一是碳玷污，这会导致非故意的 P 型掺杂，早期 MOCVD 生长的薄膜中[70]空穴浓度可以达到 $10^{19}cm^{-3}$，虽然可以用反型掺杂来中和，但是这种薄膜中载流子的迁移率很低。人们发现增加 V 族对 III 族气流的比例，这种非故意的掺杂可以极大地降低。高的 V 族气体分压是很有必要的，因为在正常生长温度下，AsH_3 的分解效率比金属有机物低得多，至 20 世纪 70 年代末，MOCVD 材料的质量已经可以与 MBE 相比较了，据报道，异质结的不掺杂液氮温度下载流子迁移率可以超过 100 000 $cm^2/(V \cdot s)$。另外，使用 TEG 而非 TMG 能产生较少碳掺入的薄膜[71]，因为乙基金属有机物热分解形成乙烷与 CH_3 基团不同，是不参加反应的。

目前已经发现早期这种不希望有的碳玷污具有极大的利用价值，当某些特殊器件需要这种重掺杂的 P 型层时，可以通过选择 V/III 族气流比和调节温度来向薄膜中掺入碳[72]，或加入含碳的气体[73]。在许多应用中碳的掺杂比选用铍和锌要好，因为碳的扩散系数较低[74]，并且这种源是无毒的。

$Al_xGa_{1-x}As$ 可以通过向含镓的有机物中加入含铝的有机物，如三甲基铝(TMAl)，来进行生长。膜中铝的含量大致正比于加入的气体量[75]，并且几乎与衬底温度无关。生长 AlGaAs 时，因为铝是非常活泼的，特别是其与氧的反应，所以要额外关注这个问题。为了得到高质量的 MOCVD 薄膜，衬底温度必须加热到 750℃左右[76]。一般相信在这个温度范围，铝的氧化物易于从生长的薄膜中析出，从而使氧玷污急剧下降。生长这些薄膜时采用高真空、钯扩散 H_2 源，并使用任何其他可能的方法来吸除残余的 O_2 和 H_2O。人们发现用液态金属鼓泡器，可以有效地从氢化物源中吸除氧气[77]。

MOCVD 工艺广泛应用于生长制造发光二极管(LED)所需的 GaN 及相关材料体系，目前存在的主要障碍是无法获得 GaN 的衬底晶圆片，因此大多数 GaN 外延片是生长在蓝宝石衬底上的，还有一部分是生长在 SiC 衬底上的。正如第 1 章中所指出的，这已经导致蓝宝石衬底片取代 GaAs 衬底片成为仅次于硅衬底片的畅销晶圆片。这种外延生长显然是高度不共度的(失配程度达到 16%)。而且 LED 器件要求少数载流子的参与，因此它对任何影响少数载流子寿命的缺陷也是非常敏感的。人们已经开发出非常复杂的生长工艺流程来应对上述挑战。首先将蓝宝石衬底在 3 : 1 的 $H_2SO_4 : H_2O_2$ 溶液中进行清洗，然后在浓度为 2%的 HF 溶液中进行漂洗，以去除所形成的氧化物，最后在去离子水中清洗并吹干。接下来将这种蓝宝石晶圆片通过真空锁装载到 MOCVD 设备的反应腔中，并在 H_2 气氛中将其加热到 1100℃，以去除残余的自然氧化层。这里促成高效的 GaN 器件得以实现的最关键发现[79]就是采用较厚的缓冲层可以降低缺陷密度，这类似于 SOS 材料中的情形，尽管对于制造 LED 器件来说较薄的外延层就已经足够了[80]。缓冲层的生长是在 1035℃下完成的，以便获得较好的单晶层。然后加入硅烷以便形成背面的 N^+接触，再继续生长几微米的厚度(该层中的缺陷密度并不是至关重要的，因为该层中的空穴浓度是非常低的)。接下来将腔体温度降低到不会引起过量扩散的器件生长温度点上，大约在 650℃ ~ 750℃之间，继续生长包括 P+镁掺杂顶层接触在内的器件各层。我们在第 17 章中将更为详细地讨论这类器件的结构。

14.10 先进的硅气相外延生长技术

本章的第一部分已经讨论了采用气相外延方法生长硅的技术。这些工艺的应用是在衬底上生长不同掺杂和不同浓度的厚外延层。该工艺必须具有低的缺陷密度、厚度和均匀性控制良好，以及使得掺杂杂质在生长过程中的再分布最小。请回忆我们之前所定义的特征扩散长度—— $\sqrt{Dt}$ ，这里 D 是扩散系数，t 是在一定温度下所经历的时间。通过两种方法可以解决这个问题：一是采用快速热处理工艺，使氯硅烷经过很短的、精确控制的生长时间来完成标准的 VPE 工艺；二是使用超高真空系统，采用硅烷在很低的温度下进行外延生长，以限制杂质的扩散系数。

图 14.25 所示是在 VPE 反应室中生长 1 μm 厚的硅外延层的典型时间/温度循环图。先将晶圆片和衬底支架加热到预清洁的温度，在此温度下保持一段时间，以释放自然氧化层。接下来将晶圆片降低到外延生长温度，打开 SiH_2Cl_2，进行外延生长，到达设定的生长时间后关掉气体，使用惰性气体冲洗腔室，使晶圆片降到室温。如果为了直接制造器件而要生长 100 nm 而不是 1 μm 厚的外延层，此时虽然外延层的厚度降低了 10 倍，但是由于前边的晶圆片预清洁和降温，经历高温的总时间可能只降低 2 倍。这样生长层的掺杂将由下边各层的扩散所决定，其受控性将会变得很差。

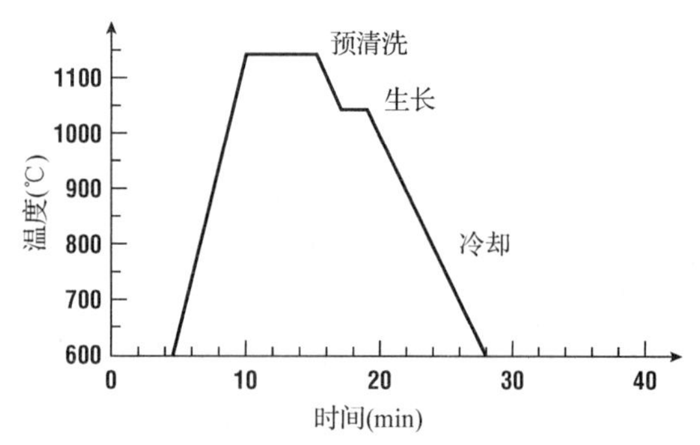

图 14.25 在 VPE 反应室中外延生长 1 μm 厚硅的一种典型的时间/温度循环

Gibbons 等人[81]第一个将快速热处理工艺和外延生长结合在同一种技术里，称为受限反应工艺(LRP，Limited-Reaction Processing)。其他一些研究组称类似的技术为：快速加热气相外延(RTVPE)[82] 或快速加热化学气相淀积(RTCVD)[83]。进行这种工作的腔体类似于第 6 章中描述的石英壁快速热处理系统，可以另外使用一个装片锁来减少残余气体杂质。系统剖面图如图 14.26(A)所示，在一个石英管里，由三个石英针支撑着晶圆片，气体由一端通入，流过晶圆片，由另一端排出。晶圆片由位于石英管上方和下方的灯管加热。因为在这样一个系统里晶圆片的热响应很快，薄层的实际生长时间现在成了经历高温的总时间中的主要部分。一个商业化的快速加热外延生长系统如图 14.26(B)所示。

在 RTCVD 系统中可以生长多种不同的结构[84]，对于开发先进的器件结构，这是一种优秀的低成本方法。然而若从生产制造的角度来看，该项技术还是存在着一些重要的局限性。与所有的 VPE 一样，对生长薄膜的厚度没有直接的控制，生长速率只能通过先前运行的校准步骤来假定，并据此计算生长时间。进一步地，标准的 VPE 生长温度是用一个嵌埋在衬底支架上的热电偶来测量的，在 RTCVD 系统中，生长温度主要依靠高温计测量，这种方法有一定的重复性问题。淀积层覆盖在石英表面时，改变了传感器的光学路径，这是一个尤其要注意的问题。温度的均匀性也是一个值得关注的问题[85]。因此商业化的 RTP 外延系统有时候会使用细的衬底支架来支撑晶圆片，由此可以在快速热响应与较好的均匀性之间做出适当的折中。

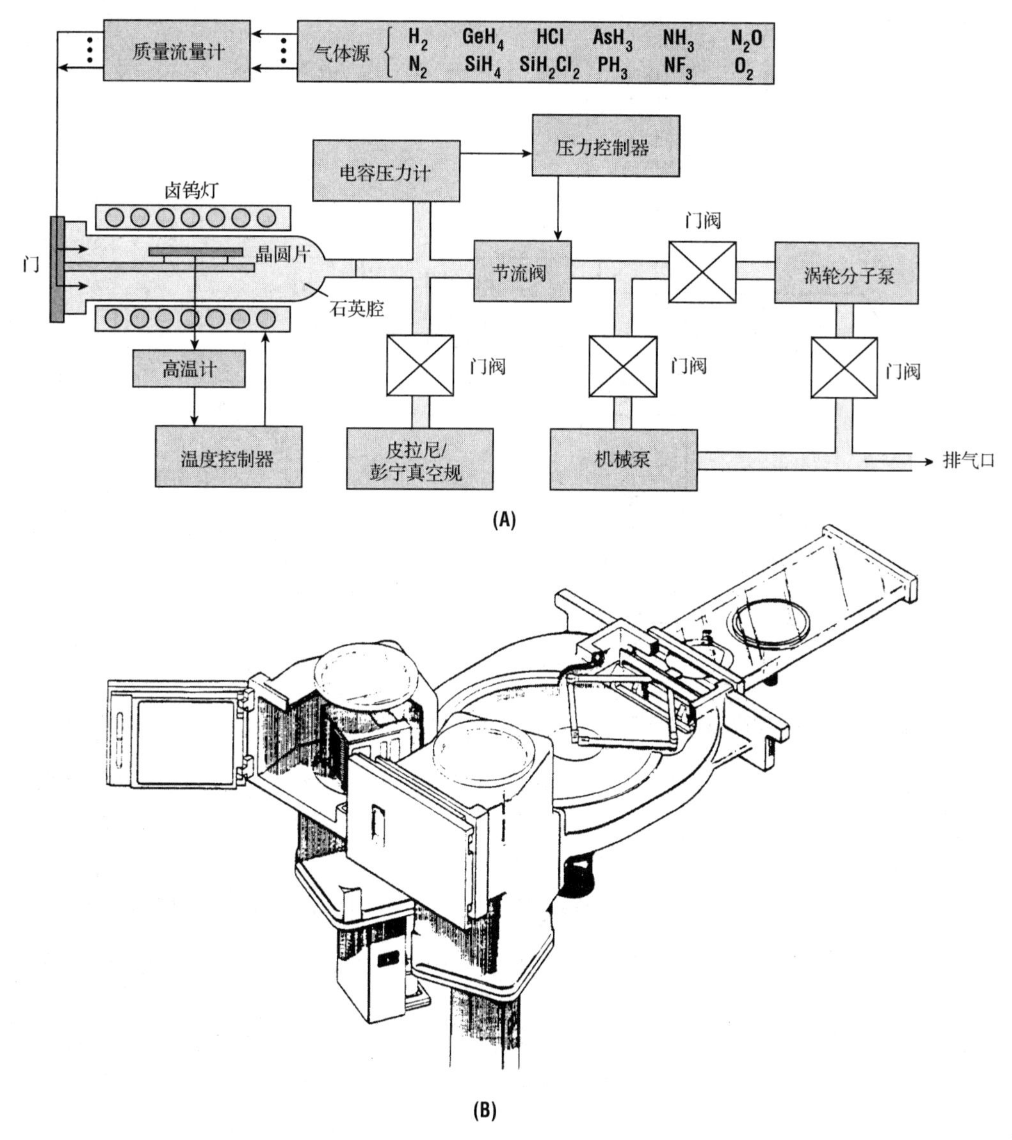

图 14.26　(A) 一种快速加热外延生长系统的示意图(引自 Hsieh 等，经 The Electrochemical Society 许可使用)；(B) 商业化的快速加热外延生长系统，包括装片/卸片站、机械手及快速加热气流套管(经 ASM Corp.许可使用)

为了克服 RTP 系统温度均匀性和控制方面的问题，我们可以在质量传输控制区进行外延生长。但是仍然还有困难，请回忆在标准的水平 CVD 反应器中，用倾斜的晶圆片支架提供均匀滞流层厚度，这在 RTCVD 中是不可能的，因为它不用支架。可以使用 MOCVD 中的碰撞射流系统，但是要设计这样一个用辐射加热并达到硅 VPE 生长所需温度的系统也是非常困难的。

本章的第一部分强调了降低反应腔里残余水分和氧浓度的重要性，讨论了这些分压之间的关系，以及所允许的最低生长温度。为了得到在最低可能温度下的生长，一定要得到只有极小的水和氧分压的生长气氛，所开发的满足这些目标的一种硅外延生长工艺就是超高真空化学气相淀积(UHVCVD)[86]。如图 14.27 所示，系统类似于一个带有装片锁的 LPCVD 炉管，在一个新一代的研究型反应装置中，可以一次装入多达 35 片晶圆片，系统典型的背景真空度至少是 10^{-9} Torr。

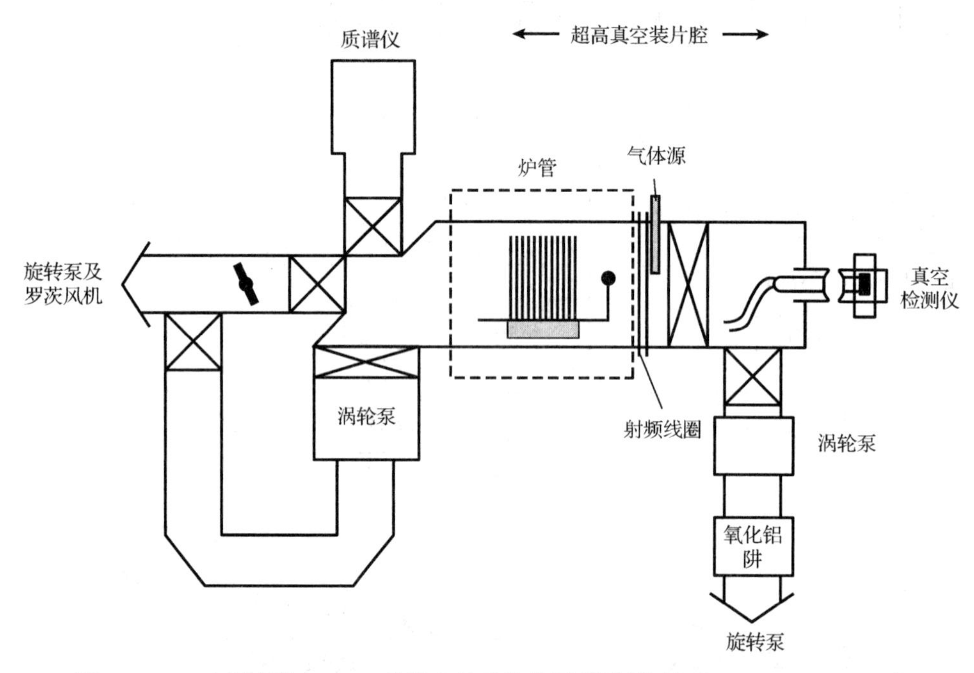

图 14.27　一个超高真空 CVD 外延生长系统的原理图(引自 Mayerson,©1986 AIP)

外延生长是在低于 800℃和 1 mTorr 左右的 SiH_4 氛围中进行的。在这些条件下，人们相信 SiH_4 在气相中几乎不会分解，因为这种反应通常还需要与另一个气体分子进行碰撞[87]。对于无掺杂或 P 型掺杂的外延层，其生长速度只有每分钟几埃[88]。由于晶圆片是成批装入的，这个低生长速率还是可以接受的。由于温度极低，尚不能应用这项技术来生长重掺杂的 N 型外延层。该项工艺在反应速度限制区域中运行得很好。由于热壁系统的温度均匀性很好，淀积速度的均匀性通常优于 2%。

对于 UHVCVD，人们主要关注的一个方面是晶圆片的预清洁。因为腔体处于低压，大多数加热靠辐射，晶圆片成批载入时，流入或流出载片晶舟的热量主要通过辐射在晶圆片边缘和管壁间进行交换。为了避免过大的晶圆片热应力，温度必须慢慢地升降。这就使得高温下氧化物解吸附步骤的应用相当困难。不过，如果生产环境下使用的晶圆片可制成表面终止于氢(即实现氢钝化表面)，UHVCVD 还是一项很有发展前景的技术。

14.11　分子束外延技术

GaAs 异质结构的一种主要生长技术就是分子束外延(MBE，Molecular Beam Epitaxy)。这种方法有生长出器件级质量的半导体薄膜的能力，生长的薄膜厚度具有原子级的精度。进一步说，典型的生长温度实际上排除了掺杂剂的扩散。MBE 也已经应用于硅外延。图 14.28 所示为一个典型的 MBE 系统[89]，这样一个系统的基本要求就是超高真空(接近于 10^{-10} Torr 的背景真空)、原位(in-situ)样品加热和清洁以及对于热和各种材料及掺杂物的电子束源具有独立的控制。大部分系统也具有一些原位分析能力，包括电子衍射和俄歇能谱分析。设备通常还提供与 UHV 装片锁连接在一起的独立腔室用于各种金属的蒸发，这样在生长完成后无须中断真空。

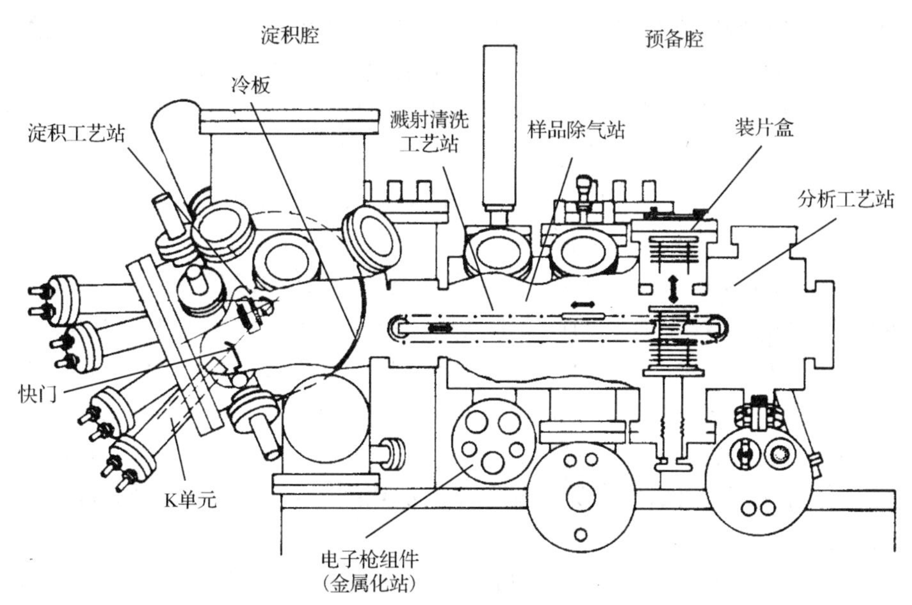

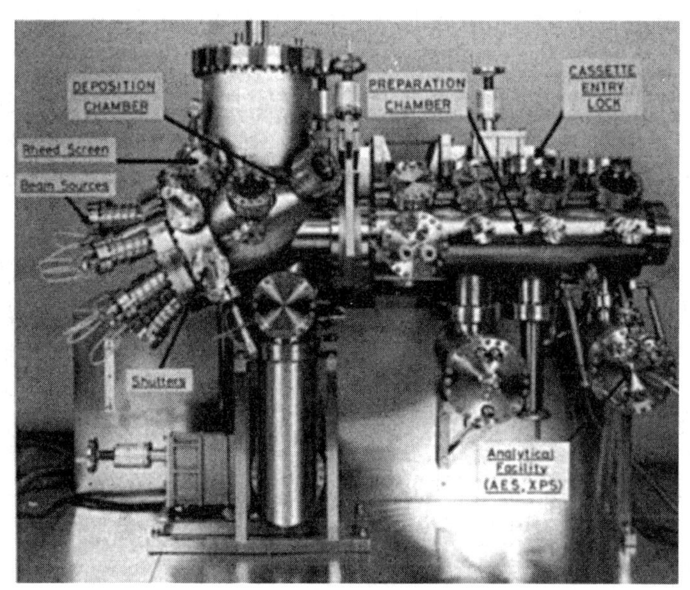

图 14.28　一个分子束外延生长系统的原理图和照片(引自 Davies 和 Williams)

为了得到较高的背景真空，MBE 腔(包括各垫圈)必须适于 150℃～250℃的烘烤。在升高温度下的烘烤可以增加气体吸附于系统内壁和表面的水的蒸气压。当系统被抽吸并加热然后再冷却，腔内的压力会降低一个数量级或者更多，为此通常使用加热护套。在高温烘烤期间，尤其要注意的是阀和石英观察窗的耐高温能力。这些组件常常承受不了重复的高温循环。像蒸发源这样的关键部件在烘烤期间要保持更高一点的温度，以确保这些区域有更高的清洁度。烘烤时间随暴露程度的不同而有所不同。如果整个系统必须在空气中暴露，例如在填充源的时候，一般要经过一个较长时间的烘烤才能重新开始器件级质量的薄膜生长。

多种不同的泵可以用于保持高真空状态。早期的系统使用扩散泵，但是必须极其小心地防止热扩散泵油反扩散到生长腔内。一些小型的系统使用液氮冷却吸附泵，这些泵的工作原理是，将气体物理性地吸附在分子筛或其他吸附材料(如活化的 Al_2O_3)的表面。吸附材料通常是大表面积的固体材料。泵被冷却到 77 K，然后向需要抽吸的地方打开，抽气完成后，泵从腔体隔离，加热，排气。可以用许多吸附泵来提供充分的背景真空条件。最常见的 MBE 高真空泵是低温泵，与吸附泵一样，低温泵必须间或与腔体相隔离、加热除去里面的气体。比较新型的 MBE 系统通常使用涡轮分子泵来产生高的真空度。如果使用有毒源，选择分子泵是相当有吸引力的，因为在低温泵的温度循环中，这些毒源的物质会积累在其中。

为了得到通常的超高真空，晶圆片必须使用真空装片锁传入 MBE 系统。真空装片锁能在短时间内达到高真空，MBE 装片锁的典型抽气特性是在 15 min 内抽到 10^{-6} Torr。一些大容量 MBE 系统的装片锁中可以允许一卡塞或一筒晶圆片保持在 UHV 下，这样就提高了晶圆片的吞吐能力，因为平均每片晶圆片的抽气时间减少了。许多 GaAs 的 MBE 系统在生长区也使用低温泵，腔体的壁具有液氮护套，使得腔本身成为一个大泵。尽管可以保持很高的真空，但是这些系统也要消耗很多的液氮(尤其是衬底需要加热到高温的情况)。因此液氮必须由双壁真空套管直接通进腔里。

一般通过吸盘或支架进行衬底加热，可以是辐射加热或电阻加热。电阻加热器可将难熔金属线绕在骨架上制成，或是使用刻成加热图形的石墨薄层涂上 SiC 层进行加热。晶圆片通常通过夹子、钳子或铟基焊料固定在吸盘上，后者现在已经很少使用。可以使用热偶测量吸盘的温度方式来监测晶圆片的温度，也可以使用高温计直接测量晶圆片表面温度，但是为了准确，高温计必须在生长腔内进行校准。进一步地，应小心避免直接测量加热器的辐射，该辐射可能来自腔体壁的反射，或直接来自晶圆片，尤其是能量低于半导体带隙的红外辐射。

在 MBE 中经常使用三种源：Knudsen 单元、电子束源和气体源。图 14.29 显示了 Knudsen 单元的剖面图，一个装有源的坩埚由一加热片或灯丝进行辐射加热。热偶紧压在坩埚的外面用来控制温度，从而控制材料流量。为了避免玷污，加热片一般采用难熔金属钽制作，并对晶圆片遮蔽。对于 III-V 族薄膜的生长，多数的坩埚由热解氮化硼(pBN)制成。对于硅 MBE 也可以采用石英。在使用之前，空坩埚必须经过高温退火，以保证所产生的材料束很纯。在硅 MBE 源中为了得到合适的流量，温度要达到 1700℃左右，在这个温度下，硅处于熔化状态，且具有较高的反应活性，结果是生长的薄膜会被来自坩埚的杂质所玷污。为了避免这个问题，大多数硅 MBE 系统使用电磁聚焦电子束源，这种类型的源已经在电子束蒸发部分讨论过(参见第 12 章 12.4 节的介绍)。

对于电子束和热束单元两者，源的流量是由温度决定的，而温度反过来又建立起了一定的蒸气压。由于材料的热载荷有限，束流不可能被瞬间关闭。为了实现这个开/关控制，大多数 MBE 系统在单元的前面使用快门。使用快门的一个困难是材料的蔓延，由于源仍处于一定的温度下，淀积将会在快门的背面持续进行，材料有可能会围绕快门的表面进行扩散，并最终出现再蒸发。冷却快门可以缓解这个问题，但是快门是暴露给热单元而不断被加热的。为了避免这个问题，也为了改善均匀性、去除腔内的通风以补充材料及提高材料质量等目的，MBE 已经逐渐采用了气体源(GSMBE，Gaseous Source MBE)，图 14.30 显示了一种典型的气体源 MBE。

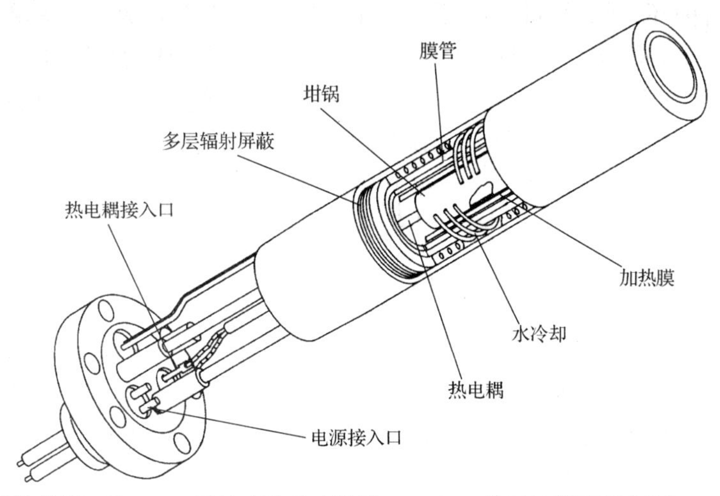

图 14.29　一种简单的用于为 MBE 系统产生热束流的 Knudsen 单元的剖面图(引自 Davies 和 Williams)

在研究应用中，一种用于实时生长监控的流行技术是反射型的高能电子衍射(RHEED)，在这种方式中，高能电子在生长薄膜的表面衍射，并投影到对面腔体上。由于薄膜是一次一层地生长，光斑强度将随着每一层的生长先增加，然后减少，然后再增加(如图 14.31 所示)。对于生产系统，这里均匀性是最重要的，生长中衬底必须旋转，这就使得 RHEED 技术变得不太实用了。

图 14.30　GSMBE 生长腔，固体流管和气体源都对准了生长的位置(经 RIBER S. A.许可使用)

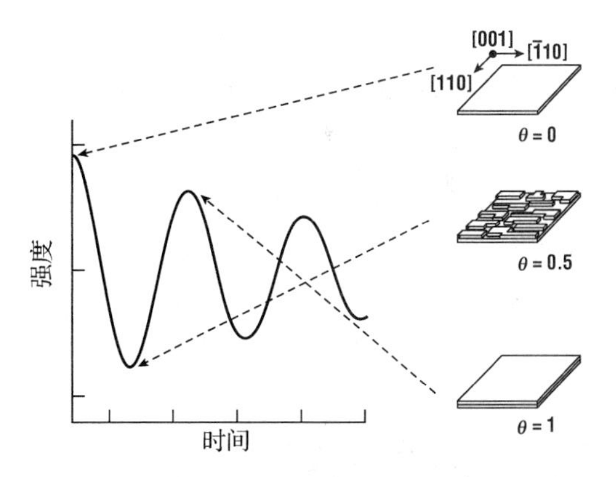

图 14.31　在 MBE 生长中，电子衍射斑强度的振荡，波峰对应于几乎完整的层

在 MBE 中主要的缺陷是来自其他表面的颗粒，这些表面在淀积过程中为淀积材料所覆盖。腔壁上掉下的颗粒，在生长中实际上被束流推向晶圆片表面[90]，这在硅 MBE 中是尤其要特别关注的。已经发现用简单的水冷却代替腔壁的液氮冷却可以极大地降低缺陷的密度。也可以在蒸发源附近使用高电压板，阻止灰尘进入束流，这样缺陷水平可以低达 30 cm^{-2}[91]。金属玷污是 MBE 中另一个极为关注的问题。在大多数 VPE 中，利用氯和残余金属进行反应可以清洁表面。如果在设计生长系统和预清洁过程时不给予充分注意，杂质就会降低 MBE 薄膜中的少子寿命[92]。

在 GaAs 材料的 MBE 中一个主要的制造问题是椭圆缺陷，即镓浓度过大的区域[93]。根据报道，椭圆缺陷密度一般在 $10^3 \sim 10^4 cm^{-2}$ 范围内[94]。通过仔细地清洁系统[95]，椭圆缺陷密度可以降到 300 cm^{-2}。事实上最近发现将镓源置于以前装过铝的氮化硼坩埚中，则可以完全消除椭圆缺陷[96]。目前还不知道具体的原因，可能和氧吸杂有关。另一种去除椭圆缺陷的方法是在镓源上方装一个加热器，重新蒸发掉在第一次蒸发之后形成的小液滴。

一个 MBE 系统的生长速率简单地取决于离开源的原子流量和到达晶圆片表面并被黏附住的原子占总数的比例。对于一个热源，流出的原子流量可以由第 10 章中的式(10.10)给出，即：

$$I_n = AJ_n = A\sqrt{\frac{n^2kT}{2\pi m}} = A\sqrt{\frac{P_e^2}{2\pi kTm}} \tag{14.16}$$

式中，A 是源的截面积，P_e 是依赖于源温的平衡蒸气压，m 是原子质量。在设计 Knudsen 单元的时候须确保随着源的消耗其截面积几乎保持不变。

例 14.4 假设在 1150 K 温度下蒸发铝，源单元面积为 25 cm^2。如果晶圆片直接放在源的上方，问距离 0.5 m 处的晶圆片上其原子流量是多少？生长速度为多少？

解答： 参考第 10 章，在距离 r 处的流量为

$$J = A\sqrt{\frac{P_e^2}{2\pi kTm}}\frac{\cos\theta\cos\phi}{\pi r^2}$$

由第 12 章可知，铝在 1150 K 下的蒸气压为 10^{-6} Torr，以 $m = 27\times1.67\times10^{-27}$ kg 代入，求解得到流量约为 $4.8\times10^{14} cm^{-2}s^{-1}$，生长速率则可以利用下面的公式计算得到:

$$R = \frac{J}{N}$$

式中 N 是铝的数值密度($6\times10^{22} cm^{-3}$)，由此得到生长速率 $R \approx 48$ Å/min。

对于化合物半导体系统，例如 GaAs，需要使用 Ga 和 As 两种单元。固态砷源发射出来的是 As_4，如果源有高温区的话，As_4 将会转变成 As_2[97]。生长 GaAs 时，固态 As 源要保持在足够高的温度下，从而生长速率由 Ga 原子的到达决定，一般在 10^{19} 原子/(m^2 · s)数量级。As_2 和 As_4 形式的 As 流量高出 5 ~ 10 倍。实际上正常温度下几乎所有的 Ga 原子都黏在晶圆片的表面，但是对每一个 Ga 原子表面只附着一个 As 原子。

14.12 BCF 理论⁺

与 VPE 不同，关于 MBE 过程中的表面，可以开发出相当精确的模型。这种模型从考察 MBE 的相反过程开始，即从考察蒸发过程开始。考虑由两个层或台面组成的晶圆片表面。上台面比下台面高出一个原子层的高度。台面边缘自身构成一个角的地方出现弯进点(或扭结处)，在此处，原子从上台面释放自身，很少涉及打破价键的事件。远离台阶边缘的单个的原子受到的约束最松。低温升华的模型就是原子从扭结处断开，在晶圆片表面扩散并最终解吸(参见图 14.32)。假定从扭结处释放原子所需的激活能为 W_s，那么吸附原子的平衡态密度为

$$n_{\text{seq}} = N_s e^{-W_s/kT} \tag{14.17}$$

式中，N_s 是表面位置的密度。一旦从扭结处脱离，被吸附原子只需要克服一个很小的能量势垒 U_s，就能从一个位置移动到另一个位置。如果位置间的距离为 a，晶格振动的频率为 f，则表面扩散系数为

$$D_s = a^2 f e^{-U_s/kT} \tag{14.18}$$

假设被吸附原子在经历一定的平均时间 τ 后解吸附，如果解吸附所需的能量势垒为 E_d，则有：

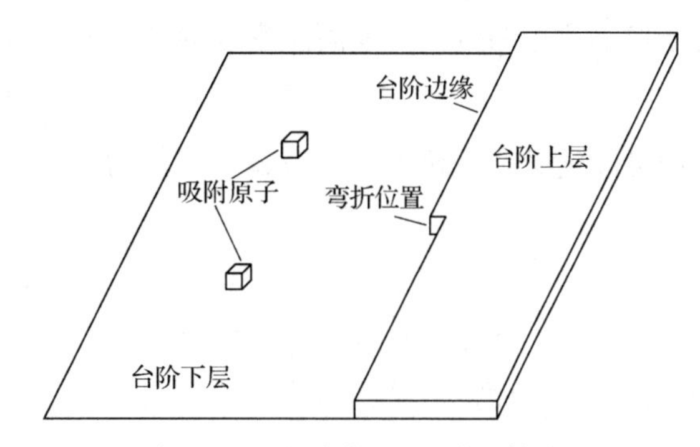

图 14.32　在 MBE 生长或蒸发时，半导体表面的显微图

$$\frac{1}{\tau} = f' e^{-E_d/kT} \tag{14.19}$$

式中，f' 是与晶格振动频率 f 相关的指数函数前的系数。如果解吸附前的平均迁移距离由下式给出：

$$\lambda_s = \sqrt{D_s \tau} \approx a e^{(E_d - U_S)/2kT} \tag{14.20}$$

解吸附的流量由下式给出：

$$F_o = \frac{n_{\text{seq}}}{\tau} = N_s f' e^{-(E_d + W_S)/kT} \tag{14.21}$$

通常 W_s 和 E_d 相当，且比 U_s 大很多。由于与温度成指数关系，n_{seq}、P_e 和 F_o 随着温度的增长而很快上升，表面驻留时间和平均迁移距离都随着温度的上升而快速下降。对于典型的生长条件，表面扩散长度在几十或几百微米量级。

模型中的台面可以由位错、先前的生长或者对完美晶向的微小偏离形成。在(111)表面，需要这种有意的晶向偏离。如果晶向的偏离为$\Delta\theta$，则台面的间隔为

$$L_o = \frac{h}{\sin(\Delta\theta)} \tag{14.22}$$

式中 h 是台阶高度，其典型值为一个原子层的厚度，由于 h 大约为 1 Å，平均台面间隔通常在几微米甚至更少，这个间隔必须远小于平均扩散距离，以确保二维生长。

最众所周知的二维生长理论是由 Burton、Cabrera 和 Franks 发展起来的[98]。这个 BCF 理论假设大部分吸附原子到达台面的台阶处，然后扩散到台阶边缘并被捕获。这些吸附原子会沿着台阶边扩散，直到它们抵达纽结位置，在那里合并入晶体。纽结位置的横向运动会引起台阶边缘运动，台阶边缘扫过晶圆片表面时就会形成晶体的生长。

如果认为台阶边缘是过剩吸附原子的完美收集者，那么在台阶边缘附近，吸附原子的浓度将会下降到其平衡值 n_{seq}。换句话说，在非零温度时，台阶不是吸附原子的完美收集者，而是会有少量的发射。吸附原子的净流量由入射流和蒸发流的差值给出：

$$j_v = j_{\text{inc}} - \frac{n_s}{\tau} \tag{14.23}$$

吸附原子的表面流密度可以由扩散方程来描述：

$$j_s = -D_s \nabla n_s \tag{14.24}$$

对于稳定状态的生长，表面流密度的散度就是净的生长流量：

$$\nabla \cdot j_s + j_v = 0 \tag{14.25}$$

我们可以定义一个超饱和参数σ，其值为

$$\sigma = \frac{j_{\text{inc}}}{n_{\text{seq}}/\tau} - 1 \tag{14.26}$$

和 VPE 一样，当$\sigma > 0$时，为外延层生长；当$\sigma < 0$时，则为晶圆片材料被蒸发。联立这些方程，并假设表面扩散系数与位置和方向无关，可以得到如下的微分方程：

$$\lambda_s^2 \nabla^2 n_s + n_s = n_{\text{seq}}(\sigma + 1) \tag{14.27}$$

实际上扩散系数由于表面的重构而具有强烈的方向性[99]，但是我们忽略了基本 BCF 理论中的这个精细部分。

设定边界条件为在台阶边缘处 $n_s=n_{\text{seq}}$，此时式(14.27)可以由 BCF 理论来求解。(当原子的平均移动距离远大于台阶移动距离时，台阶的移动可以忽略不计。)假设台阶处(y=0) $n_s=n_{\text{seq}}$，$y\to\infty$，$n=(1+\sigma)\,n_{\text{seq}}$，

$$n_s = n_{\text{seq}}\left[1 + \sigma(1 - \mathrm{e}^{-y/\lambda_s})\right] \tag{14.28}$$

表面超饱和参数可以定义为

$$\sigma_s = \frac{n_s}{n_{\text{seq}}} - 1 \tag{14.29}$$

对于一系列距离为 L_o 的台阶，则有：

$$\sigma_s = \sigma\left[1 - \frac{\cosh(y/\lambda_s)}{\cosh(L_o/2\lambda_s)}\right] \tag{14.30}$$

如果我们知道台阶分布，那么饱和度、平均扩散长度、局部表面饱和度、台阶速度和最终的生长速度都可以计算出来。最后应当注意的是 BCF 理论仅仅适用于饱和度不是非常大的情形。当表面吸附分子浓度很高时，则是三维生长主导了整个工艺过程，这时这个台面扭结模型将不再有效。

例 14.5 假设在衬底温度为 500℃下应用 MBE 技术来生长某种材料。假设该材料具有如下的特性：W_s = 2.0 eV，E_d = 1.8 eV，U_s = 0.2 eV，$N_s = 10^{15}$ cm^{-2}，$f = f' = 10^{14}$ s^{-1}，a = 0.2 nm，h = 0.05 nm，$\Delta\theta = 1°$。计算平均表面扩散长度，并与平均台阶分离间隔进行比较。如果晶圆片的表面流量和例 14.4 计算出的相同，计算超饱和参数。

解答： 在式(14.18) ~ 式(14.20)中代入已知参数，得到 $D_s = 2\times10^{-3}$ cm^2/s，τ = 5.7 ms，n_{seq} = 86 cm^{-2}。代入表面扩散系数和平均解吸附时间得到：λ_s = 34 μm。为了对比，由式(14.22)可以得出平均台阶间隔量为 2.8 nm，这个间隔比特征表面扩散长度要小得多。解吸流量 F_o 可以由 n_{seq} 和 τ 的比值直接得到，为 1.5×10^4 cm^{-2} · s^{-1}，将其代入式(14.26)，超饱和参数约等于 3×10^{10}。这么大的超饱和参数对 MBE 技术是相当典型的，它们表明系统是在远离平衡的状态下运行的。作为比较，VPE 生长系统的超饱和参数典型值在 2 以下。

我们现在来评价对清洁环境的需求。回想一下在腔内有杂质气体压力的情况下，当某一个

杂质原子撞击晶圆片表面时，它就可能被吸收或发生化学反应而留在表面。例如水，很容易与半导体表面发生反应，形成不能移动的氧化物。当台阶接近氧化物时，它必须在周围生长并在对面接合，后面的层在此不完整的衬底上无法安置自身，导致缺陷产生。表面缺陷也可能成为吸附分子的吸杂中心，形成岛状生长。水的分压达到 10^{-8} Torr 时就会产生 10^{13} 原子/(cm^2・s)的水分子到达流量，假使黏附系数为 1，则 MBE 的典型生长速率是 1000 nm/小时，由此得到的生长原子的到达速率大约是 10^{15} 原子/(cm^2・s)，也就是说，大体上几乎 100 个原子中才有一个是杂质。幸好腔内大部分的残留气体不是水汽，束流中的半导体原子可以与残留的水快速反应，将水从腔中吸杂出去(参见图 14.33)。

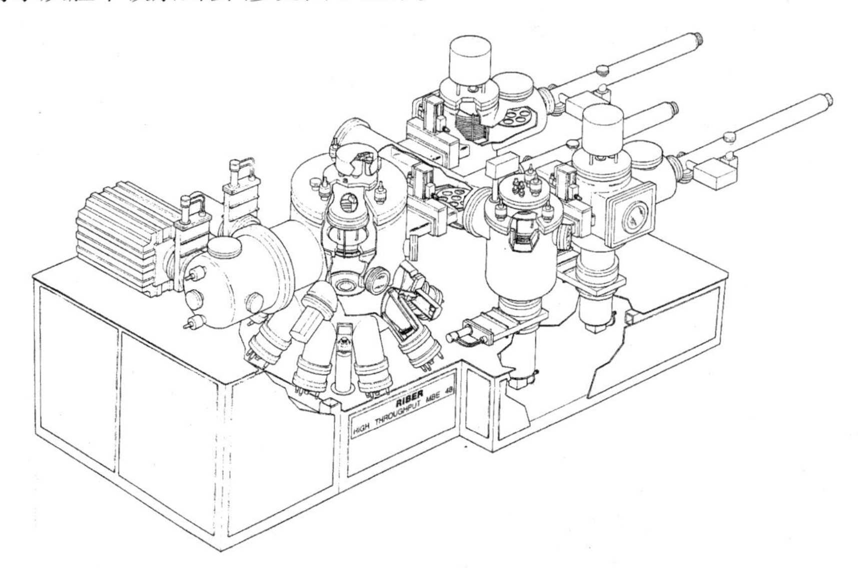

图 14.33　一个高产出的自动化 MBE 系统包括：装片和卸片锁，准备腔和生长腔，在 UHV(超高真空)下连接在一起。三个 4 in 晶圆片放在圆盘上(经 RIBER S. A.许可使用)

缺陷也未必一定是由杂质引起的。吸附分子可能聚集的地方，只要不是台阶边缘，都可能是缺陷位置。在 VPE 中，存在化学反应物的恒定流，从晶圆片表面去除或添加各种生长粒子。因此其超饱和度是相当适中的。在 MBE 中，一旦原子到达表面，移去吸附原子的主要机制是蒸发(在 GaAs 材料的 MBE 中，在典型的生长温度下，As 吸附原子实际上形成 As_4，它具有小的但是不可忽略的蒸气压)，在 MBE 生长中，衬底温度较低，P_e较小，超饱和参数相当高。高的超饱和参数将在 MBE 生长中导致高缺陷密度，主要形式是自结团。一旦成核，这些岛会生长，产生位错，并穿透外延层延伸。这种效应限制了 MBE 可能达到的最大生长速率。

为了使外延层在器件结构中起作用，外延层必须被掺杂，在一个较好的 MBE 系统中，非故意掺杂浓度可以低至 $10^{13} \sim 10^{15}\ cm^{-3}$。对于硅来说，N 型掺杂剂包括砷、磷和锑；对于重掺杂层，磷和砷比较合适，因为它们具有较高的固溶度和较低的激活能。在典型的源温下，锑具有合适的蒸气压，所以标准的 Knudsen 单元可以方便地用于掺杂。另一方面，磷和砷在室温下具有很高的蒸气压，这会导致存储效应。对于硅中 P 型层的掺杂通常使用硼和铝。

硅 MBE 的问题之一是常用的掺杂剂都具有很大的杂质分凝系数，薄层中的掺杂浓度要远小于晶圆片表面的掺杂浓度[100]，甚至在实际的蒸发掺杂源关闭以后，晶圆片表面过高浓度的杂质仍然扮演着掺杂源的角色。为了解决这个问题，已经发展了几种技术。最常用的办法是，使表面杂质瞬间蒸发，也即将晶圆片升高到足以蒸发掉掺杂原子的温度，不过由于杂质的再分布效应，这里所需要的高温并不总是我们希望有的。在 P 型掺杂中，也可以使用硼分子源，尤其是 HBO_3，对它的控制比较好，并且在低至 650℃的衬底温度下掺入的氧也比较少[101]。

对于任何材料系统，生产重掺杂层都是很困难的，尤其是还希望得到高质量突变结外延层的情况。这个问题是由衬底温度升高时，常用掺杂剂的黏附系数降低引起的，但是中等的或高的衬底温度对于降低缺陷密度又是必需的。在 MBE 中第三种引入掺杂剂的办法是在生长过程中使用低能量的离子注入[102](参见图 14.34)，实现这种方法可以使用实际的离子枪，或者将掺杂原子离化，并将衬底偏置，以便将掺杂原子埋入到生长层中。这项工艺的能量要求保持在几千电子伏以内，以保证好的掺杂分布控制；但是也要大于 100 eV，以便使溅射最小化。生长原子自身也会离化，并且向着生长的衬底加速，在到达衬底后，部分离子将撞击表面杂质，将它们驱入衬底，这就是所谓的撞击注入(Knock on implantation)。硅注入 MBE 生长中衬底温度必须在 650℃以上，以使辐射损伤达到最小[103]。

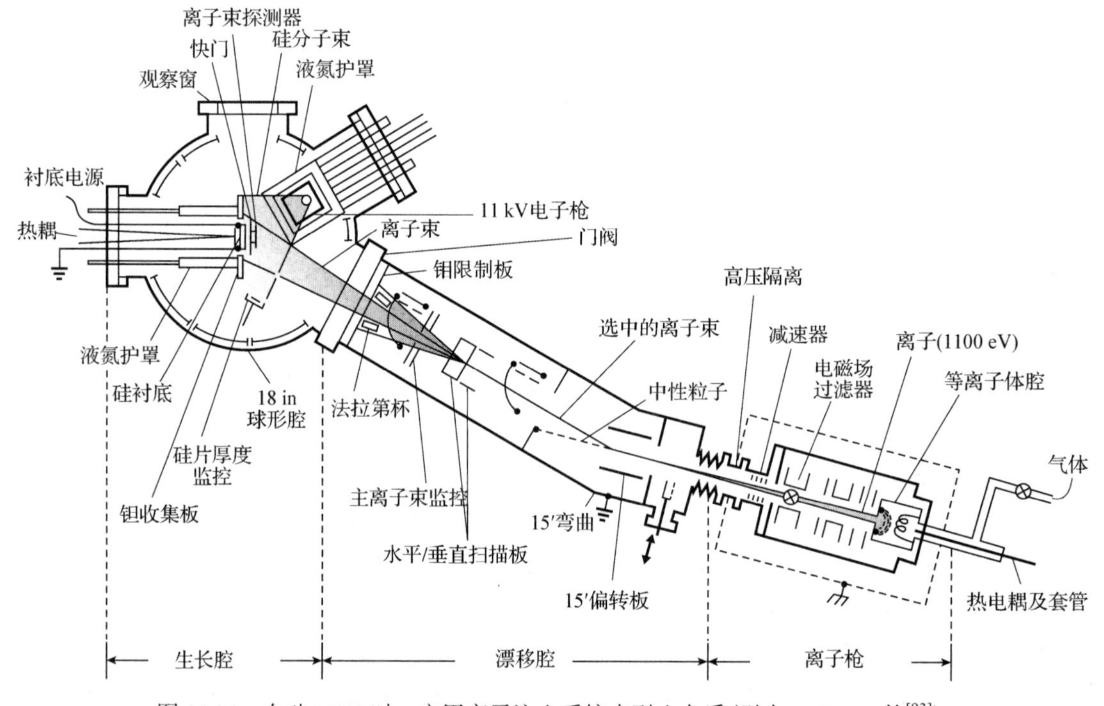

图 14.34　在硅 MBE 时，应用离子注入系统来引入杂质(引自 Fujiwara 等[93])

IV 族元素，如硅和锡，是 GaAs 中生成 N 型层的典型掺杂剂。硅是最常见的源，因为对于一定的掺杂量，硅掺杂层载流子的迁移率最大。生长工艺必须优化来减小对 IV 族掺杂的补偿总量。锌和铍是 GaAs 中经常用到的 P 型掺杂剂。近来碳掺杂也被研究用来作为 MBE 的另一种 P 型掺杂源[104]。在腔内使用细长石墨灯丝可以很容易地引入碳的掺杂。

14.13　气态源 MBE 与化学束外延⁺

随着 VPE 晶体生长技术向超高真空发展，以及 MBE 晶体生长技术开始使用气态源，气相外延和物理技术之间的区别开始变得模糊起来。根据具体过程的不同细节，它们可以称为：

化学束外延法[105](CBE，Chemical Beam Epitaxy)、金属有机物分子束外延(MOMBE，Metal Organic Molecular-Beam Epitaxy)或者气态源分子束外延(GSMBE，Gas Source Molecular-Beam Epitaxy)。在各种情况下，气体都必须以很低的流速向超高真空环境中注入，表 14.3 总结了这些工艺的差异[106]。

表 14.3 使用气态源的超高真空生长技术

技 术	Ⅲ 族 源	Ⅴ 族 源
MBE	元素	元素
CBE	气态源	气态源
MOMBE	气态源	元素
GSMBE	元素	气态源

参见 Tsang。[106]

早期使用 GSMBE 时，人们发现当衬底温度低于 550℃时,镓会在表面形成小的液滴[107]。为了解决这个问题，大部分使用 V 族气态源的 UHV 生长系统，都有一个烘箱或分解炉管对源进行分解[108]。对于 AsH_3，其分解产物是 As_2。人们对 UHV 中使用金属有机物源工艺的一个特点非常感兴趣，那就是分子的黏附系数强烈地依赖于表面的覆盖情况。例如，在 GaAs 的生长过程中，三甲基镓的黏附系数在表面中止于镓时几乎为 0，而黏附系数在表面中止于砷时却要大得多[109]。这一现象表明，可以按照一种数字化的方式，交替地使用 TMG 和某种 As 源来生长 GaAs，这类工艺非常类似于第 13 章①中讨论过的 ALD 工艺，我们通常称之为原子层外延(ALE，Atomic Layer Epitaxy)。

14.14 小结

对于先进的半导体制造工艺来说，硅的气相外延生长技术是一项比较成熟的工艺，了解这项工艺需要详尽的气相化学和表面过程的知识，腔体和生长气体的洁净度对工艺的成功是非常关键的因素。氯硅烷是硅外延的主要反应物，它可以在晶圆片的表面均匀地生长，也可以在介质的刻蚀开窗中选择性地生长。由于缺少合适的无机镓气态源，GaAs 的气相外延生长工艺则较为复杂。

本章的第二部分介绍的是已经发展起来的、可控的薄层外延生长技术，常常是以异质结构的形式进行的，其中的一些工艺可以把生长层的厚度控制在原子级的水平。这些方法可以分为物理性的(MBE)和化学性的(MOCVD、RTCVD 和 UHV/CVD)技术，随着 UHV 工艺的发展，可以使得化学反应发生在晶圆片表面而不是在气相里，上述各种方法之间的区别也变得越来越模糊了。

习题

1. 硅外延生长工艺在腔体温度为 1050℃下进行，腔体中的气流是 200 sccm(即 cm^3/min)的 $SiCl_4$ 和 100 sccm(即 cm^3/min)的 Si_2H_6。假定混合物保持化学平衡。腔体中的超饱和度是多少？这样的工艺条件会导致外延生长还是刻蚀过程？如果将温度升高到 1300℃，怎样的气体组成可以使得生长(或刻蚀)的速率增大或减少？
2. 从式(14.1)出发，推导出式(14.2)。
3. 将式(14.2)与图 14.8 进行比较，对每一种化合物，确定大约在什么温度时生长成为

① 原文误为第 14 章。——译者注

质量输运限制型的？如果

$$k_s = k_o e^{-E_a/kT}$$

h_g与温度无关，对所有气体在所有温度下，C_g为 10^{15} cm^{-3}，试求出 h_g和 k_o。

4. 一个外延生长腔中的背景氧气压力为 2×10^{-5} Torr，如果只有背景压力，要保证稳定的硅表面，最低的退火温度是多少？另外，用含有 5 ppb 氧气的氢气冲洗腔体，以去掉背景气体，当氢气压力为 760 Torr 时，最低的退火温度为多少？
5. 解释为什么图 14.6 中的生长曲线会出现负的生长速率。
6. 解释为什么人们需要进行低温生长。利用图 14.8 来确定在温度为 800℃、900℃、1000℃和 1100℃的条件下，生长 1 μm 厚的硅外延层所需要的时间，以此来帮助你进行解释。计算 As 在这些温度下的本征扩散系数(参见第 3 章)，并由此求得其特征扩散长度$\sqrt{Dt}$。
7. 在 1100℃下，用 H_2携带 5%的 $SiCl_4$来生长硅的外延层，试计算这种条件下的超饱和参数(σ)，讨论其结果会导致外延生长还是刻蚀。
8. 为什么硅外延生长不用卤化物来进行输运？
9. 简单地比较共度、不共度和赝晶生长技术，并讨论它们各自的优点与不足。
10. 在硅晶圆片上生长 GaAs 可以给 IC 制造提供大尺寸的晶圆片。如果将这种工艺用于 InP、HgCdTe 或其他化合物半导体材料系统，你将从哪些方面来判断这种方法是否可行？
11. 假设 MOCVD 反应腔的生长速率能达到 1.0 μm/h，并且 TMG 的利用率为 2%(对于运行/排气系统，这是常见的)，如果 V/III 比率是 50 : 1，每天生长 2 μm，每天需要多少摩尔的砷烷？这在标准温度和气压下相当于多少体积(注：在标准温度压力下，1 mol 相当于 22.8 L)？一个 25 L 的容器内装有 10%的 AsH_3，其气压为 2000 psi(即 lb/in^2)，试求该容器内的 AsH_3一共可以运行几次工艺？假设淀积的面积为 200 cm^2。
12. 在 MOCVD 工艺中使用 AsH_3来生长 GaAs 外延层，其优点和缺点分别是什么？
13. 试比较 RTCVD 和 UHV/CVD 的优点。
14. 如果 E_d = 1.5 eV，U_s = 0.1，W_s = 1.7 eV，其他参数均不改变，试重新计算例 14.4，并估算出 n_{seq}、λ_s和 σ。
15. 在 MBE 技术中使用气态源的动力主要有哪些？

参考文献

1. B. J. Baliga, ed., *Epitaxial Silicon Technology*, Academic Press, Orlando, FL, 1986.
2. S. A. Campbell, J. D. Leighton, G. H. Case, and K. Knutson, “Very Thin Silicon Epitaxial Layers Grown Using Rapid Thermal Vapor Phase Epitaxy,” *J. Vacuum Sci. Technol. B* **7**: 1080 (1989).
3. C. Norris, “Monitoring Growth with X-ray Diffraction,” *Philos. Trans. R. Soc. London Series A: Phys. Sci. Eng.* **344**:1673 (1993).
4. For a comprehensive review of wafer-cleaning techniques the reader is referred to W. Kern, ed., *Handbook of Semiconductor Wafer Cleaning Technology: Science, Technology, and Applications*, Noyes, Park Ridge, NJ, 1993.

5. W. Kern and D. A. Puotinen, "Cleaning Solution Based on Hydrogen Peroxide for Use in Semiconductor Technology," *RCA Rev.* 187 (June 1970).
6. F. W. Kern and G. W. Gale, "Surface Preparation," in *Handbook of Semiconductor Manufacturing Technology*, Y. Nishi and R. Doering, eds., Marcel Dekker, New York (2000).
7. W. Kern, "Purifying Si and SiO_2 Surfaces with Hydrogen Peroxide," *Semicond. Int.*, April 1984, p. 94.
8. W. Kern, "The Evolution of Silicon Wafer Cleaning Technology," *J. Electrochem. Soc.* **137**:1887 (1990).
9. O. J. Antilla and M. V. Tilli, "Metal Contamination Removal on Silicon Wafers Using Dilute Acidic Solutions," *J. Electrochem. Soc.* **139**:1751 (1992).
10. H. R. Chang, in *Defects in Silicon*, W. M. Bullis and L. C. Kimberling, eds., Electrochemical Society, Pennington, NJ, 1983.
11. G. Ghidini and F. W. Smith, "Interaction of H_2O with Si(111) and (100)," *J. Electrochem. Soc.* **131**:2924 (1984).
12. F. W. Smith and G. Ghidini, "Reaction of Oxygen with Si(111) and (100): Critical Conditions for the Growth of SiO_2," *J. Electrochem. Soc.* **129**:1300 (1982).
13. G. W. Rubloff, "Defect Microchemistry in SiO_2/Si Structures," *J. Vacuum Sci. Technol. A* **8**:1857 (1990).
14. Y.-K. Sun, D. J. Bonser, and T. Engel, "Spatial Inhomogeneity and Void-Growth Kinetics in the Decomposition of Ultrathin Oxide Overlayers on Si (100)," *Phys. Rev. B* **3**:14,309 (1991).
15. R. Iscoff, "Wafer Cleaning: Wet Methods Still Lead the Pack," *Semicond. Int.*, July 1993, p. 58.
16. J. H. Comfort, L. M. Garverick, and R. Reif, "Silicon Surface Cleaning by Low Dose Argon-Ion Bombardment for Low Temperature (750°C) Epitaxial Silicon Deposition," *J. Appl. Phys.* **62**:3388 (1988).
17. M. Ishii, K. Nakashima, I. Tajima, and M. Yamamoto, "Properties of Silicon Surface Cleaned by Hydrogen Plasma," *Appl. Phys. Lett.* **58**:1378 (1991).
18. S. Salimian and M. Delfino, "Removal of Native Silicon Oxide with Low-Energy Argon Ions," *J. Appl. Phys.* **70**:3970 (1991).
19. Y. J. Chabal, G. H. Higashi, K. Raghavachari, and V. A. Burrows, "Infrared Spectroscopy of Si(111) and Si(100) Surfaces after HF Treatment: Hydrogen Termination and Surface Morphology," *J. Vacuum Sci. Technol. A* **7**:2104 (1989).
20. G. S. Higashi, Y. J. Chabal, G. W. Trucks, and K. Raggavachari, "Ideal Hydrogen Termination of the Si(111) Surface," *Appl. Phys. Lett.* **56**:656 (1990).
21. P. Dumas, Y. J. Chabal, and G. S. Higashi, "Coupling of an Adsorbate Vibration to a Substrate Surface," *Phys. Rev. Lett.* **65**:1124 (1990).
22. H. Ubara, T. Imura, and A. Hiraki, "Formation of Si–H Bonds on the Surface of Microcrystalline Silicon Covered with SiO_x by HF Treatment," *Solid State Commun.* **50**:673 (1984).
23. M. Morita, T. Ohmi, E. Hasegawa, M. Kawakami, and K. Suma, "Control Factor of Native Oxide Growth on Silicon in Air or in Ultrapure Water," *Appl. Phys. Lett.* **55**:562 (1989).
24. D. Gräf, M. Grundner, and R. Schultz, "Reaction of Water with Hydrofluoric Acid Treated Silicon (111) and (100) Surfaces," *J. Vacuum Sci. Technol. A* **7**:808 (1989).
25. M. Offenberg, M. Liehr, and G. W. Rubloff, "Ultraclean Integrated Processing of Thermal Oxide Structures," *Appl. Phys. Lett.* **57**:1254 (1990).
26. A. S. Grove, *Physics and Technology of Semiconductor Devices*, Wiley, New York, 1967.
27. J. P. Hirth and G. H. Pond, "Condensation and Evaporation: Nucleation and Growth," *Prog. Mater. Sci.* **11**:1 (1963).

28. R. Pagliaro Jr., J. F. Corboy, L. Jastrzebski, and R. Soydan, "Uniformly Thick Selective Epitaxial Silicon," *J. Electrochem. Soc.* **134**:1235 (1987).
29. P. van der Putte, L. J. Giling, and J. Bloem, "Growth and Etching of Silicon in Chemical Vapor Deposition Systems: The Influence of Thermal Diffusion and Temperature Gradients," *J. Cryst. Growth* **31**:299 (1975).
30. J. Bloem and W. A. P. Claassen, "Nucleation and Growth of Silicon Films by Chemical Vapour Deposition," *Philips Technol. Rev.* **41**:60 (1983).
31. J. W. Medernach and P. Ho, *Mater. Res. Soc. Conf. Proc.*, Honolulu, 1987, p. 101.
32. W. A. P. Claassen and J. Bloem, "Rate-Determining Reactions and Surface Species in CVD of Silicon II. The SiH_2Cl_2-H_2-N_2-HCl System," *J. Cryst. Growth* **50**:807 (1980).
33. H. C. Theuerer, "Epitaxial Silicon Films by the Reduction of $SiCl_4$," *J. Electrochem. Soc.* **108**:649 (1961).
34. T. Arizumi, *Curr. Topics Mater Sci.* **1**:343 (1975).
35. J. Bloem, *J. Cryst. Growth* **18**:70 (1973).
36. F. C. Eversteyn, "Chemical Reaction Engineering in the Semiconductor Industry," *Philips Res. Rep.* **19**:45 (1974).
37. P. A. Coon, M. L. Wise, and S. M. George, "Modelling Silicon Epitaxial Growth with SiH_2Cl_2," *J. Cryst. Growth* **130**:162 (1993).
38. T. Aoyama, Y. Inoue, and T. Suzuki, "Gas Phase Reactions and Transport in Silicon Epitaxy," *J. Electrochem. Soc.* **130**:204 (1983).
39. A. A. Chernov, "Growth Kinetics and Capture of Impurities During Gas Phase Crystallization," *J. Cryst. Growth* **42**:55 (1977).
40. P. Rai-Choudhury and E. Salkovitz, "Doping of Epitaxial Silicon: The Effect of Dopant Partial Pressure," *J. Cryst. Growth* **7**:361 (1970).
41. H. M. Liaw and J. W. Rose, "Silicon Vapor-Phase Epitaxy," in *Epitaxial Silicon Technology*, B. J. Baliga, ed., Academic Press, Orlando, FL, 1986.
42. C. H. J. van den Breckel, "Characterization of Chemical Vapor Deposition Processing," *Philips Res. Rep.* **32**:118 (1977).
43. M. J. Stowell, in *Epitaxial Growth, Part B*, J. W. Matthews, ed., Academic Press, New York, 1975, p. 437.
44. B. J. Ginsberg, J. Burghartz, G. B. Bronner, and S. R. Mader, "Selective Epitaxial Growth of Silicon and Some Potential Applications," *IBM J. Res. Dev.* **34**:816 (1990).
45. J. O. Borland, in *Proc. 10th Int. Conf. Chemical Vapor Deposition*, Electrochemical Society, Pennington, NJ, 1987, p. 307.
46. D. M. Jackson, "Advanced Epitaxial Processes for Monolithic Integrated Circuit Applications," *Trans. Metall. Soc. AIME* **233**:596 (1965).
47. K. Tanno, N. Endo, H. Kitajima, Y. Kurogi, and H. Tsuya, "Selective Silicon Epitaxy Using Reduced Pressure Techniques," *Jpn. J. Appl. Phys.* **21**:L564 (1982).
48. C. I. Drowley, G. A. Reid, and R. Hull, "Model for Facet and Sidewall Defect Formation During Selective Epitaxial Growth of (100) Silicon," *Appl. Phys. Lett.* **52**:546 (1988).
49. J. T. McGinn, L. Jastrzebski, and J. F. Corboy, "Defect Characterization in Monocrystalline Silicon Grown over SiO_2," *J. Electrochem. Soc.* **136**:398 (1984).
50. L. Jastrzebski, J. F. Corboy, and R. Soydan, "Issues and Problems Involved in Selective Epitaxial Growth of Silicon for SOI Fabrication," *J. Electrochem. Soc.* **136**:3506 (1989).
51. R. Pagliaro, F. Corboy, L. Jastrzebski, and R. Soydan, "Uniformly Thick Selective Epitaxial Silicon," *J. Electrochem. Soc.* **134**:1235 (1987).
52. B. P. Jain and R. K. Purohit, "Physics and Technology of Vapour Phase Epitaxial Growth of GaAs—A Review," *Prog. Cryst. Growth, Charact.* **9**:51 (1984).

53. J. L. Gentner, "Vapour Phase Growth of GaAs by the Chloride Process Under Reduced Pressure," *Philips J. Res.* **38**:37 (1983).
54. A. Cadoff and J. Bicknell, "The Epitaxy of Silicon on Alumina—Structural Effects," *Philos. Mag.* **14**:31 (1966).
55. H. Manasevit and R. Simpson, "A Survey of the Heteroepitaxial Growth of Semiconductor Films on Insulating Substrates," *J. Cryst. Growth* **22**:125 (1974).
56. P. K. Vasudev, "Silicon-on-Sapphire Heteroepitaxy," in *Epitaxial Silicon Technology*, B. J. Baliga, ed., Academic Press, Orlando, FL, 1986.
57. W. I. Wang, "Molecular Beam Epitaxial Growth and Materials Properties of GaAs and AlGaAs on Si (100)," *Appl. Phys. Lett.* **44**:1149 (1984).
58. W. T. Masselink, T. Henderson, J. Klem, R. Fischer, P. Pearah, H. Morkóc, M. Hafich, P. D. Wang, and G. Y. Robinson, "Optical Properties of GaAs on (100) Si Using Molecular Beam Epitaxy," *Appl. Phys. Lett.* **45**:1309 (1984).
59. T. Soga and S. Hattori, "Epitaxial Growth and Material Properties of GaAs on Si Grown by MOCVD," *J. Cryst. Growth* **77**:498 (1986).
60. T. Soga, S. Hattori, S. Sakai, M. Takeyasu, and M. Umeno, "MOCVD Growth of GaAs on Si Substrates with AlGaP and Strained Layer Superlattice Layers," *J. Appl. Phys.* **57**:4578 (1985).
61. R. People and J. C. Bean, "Calculation of Critical Layer Thickness Versus Lattice Mismatch for $Ge_xSi_{1-x}As$: Strained-Layer Heterointerfaces," *Appl. Phys. Lett.* **47**:322 (1985); **49**:229 (1986).
62. H. M. Manasevit and W. I. Simpson, *J. Appl. Phys. Lett.* **116**:1725 (1969).
63. G. B. Stringfellow, *Organometallic Vapor-Phase Epitaxy*, Academic Press, Boston, 1989.
64. R. M. Lum, J. K. Klingert, and M. G. Lamont, "Comparison of Alternate As Sources to Arsine in the MOCVD Growth of GaAs," in *Fourth Int. Conf. MOVPE*, 1988, p. P1–3.
65. C. H. Chen, C. A. Larsen, G. B. Stringfellow, D. W. Brown, and A. J. Robertson, "MOVPE Growth of InP Using Isobutylphosphine and *tert*-Butylphosphine," *J. Cryst. Growth* **77**:11 (1986).
66. R. J. Field and S. K. Ghandhi, "Doping of GaAs in a Low Pressure Organometallic CVD System," *J. Cryst. Growth* **74**:543 (1986).
67. T. F. Kuech, "Metal-Organic Vapor Phase Epitaxy of Compound Semiconductors," *Mater. Sci. Rep.* **2**:1 (1987).
68. D. J. Schlyer and M. A. Ring, "An Examination of the Product-Catalyzed Reaction of Trimethylgallium with Arsine," *J. Organometall. Chem.* **114**:9 (1976).
69. D. H. Reep and S. K. Ghandhi, "Deposition of GaAs Epitaxial Layers by Organometallic CVD," *J. Electrochem. Soc.* **130**:675 (1983).
70. P. Rai-Chaudhury, "Epitaxial Gallium Arsenide from Trimethylgallium and Arsine," *J. Electrochem. Soc.* **116**:1745 (1969).
71. Y. Seki, K. Tanno, K. Iida, and E. Ichiki, "Properties of Epitaxial GaAs Layers from a Triethylgallium and Arsine System," *J. Electrochem. Soc.* **122**:1108 (1975).
72. T. F. Kuech, M. A. Tischler, P.-J. Wang, G. Scilla, R. Potemski, and F. Cardone, "Controlled Carbon Doping of GaAs by Metallorganic Vapor Phase Epitaxy," *Appl. Phys. Lett.* **53**:1317 (1988).
73. B. T. Cunningham, M. A. Haase, M. J. McCollum, J. E. Baker, and G. E. Stillman, "Heavy Carbon Doping of Metallorganic Chemical Vapor Deposition Grown GaAs Using Carbon Tetrachloride," *Appl. Phys. Lett.* **54**:1905 (1989).
74. B. T. Cunningham, L. J. Guido, J. E. Baker, J. S. Major, Jr., N. Holonyak, Jr., and G. E. Stillman, "Carbon Diffusion in Undoped *n*-type and *p*-type GaAs," *Appl. Phys. Lett.* **55**:687 (1989).

75. M. A. Tischler, "Advances in Metallorganic Vapor-Phase Epitaxy," *IBM J. Res. Dev.* **34**:828 (1990).
76. T. F. Kuech, E. Veuhoff, D. J. Wolford, and J. A. Bradley, "Low Temperature Growth of $Al_xGa_{1-x}As$ by MOCVD," *GaAs, Related Compounds, 11th Int. Symp.*, 1985, p. 181.
77. J. R. Shealey and J. M. Woodall, "A New Technique for Gettering Oxygen and Moisture from Gases in Semiconductor Processing," *Appl. Phys. Lett.* **68**:157 (1984).
78. S. D. Lester, *Appl. Phys. Lett.*, 66, 10, 6 (1995).
79. S. Nakamura, "GaN Growth Using GaN Buffer Layer," *Japanese J. Appl. Phys.* 30(10A): L1705 (1991).
80. Tim Bottcher, *Heteroepitaxy of Group-III Nitrides for the Application in Laser Diodes,* Thesis, University of Bremen (2002).
81. J. F. Gibbons, C. M. Gronet, and K. E. Williams, "Limited Reaction Processing: Silicon Epitaxy," *Appl. Phys. Lett.* **47**:721 (1985).
82. S. A. Campbell, J. D. Leighton, G. H. Case, and K. Knutson, "Very Thin Silicon Epitaxial Layers Grown Using Rapid Thermal Vapor Phase Epitaxy," *J. Vacuum Sci. Technol. B* **7**:1080 (1989).
83. M. L. Green, D. Brasen, H. Luftman, and V. C. Kannan, "High Quality Homoepitaxial Silicon Films Deposited by Rapid Thermal Chemical Vapor Deposition," *J. Appl. Phys.* **65**:2558 (1989).
84. T. Y. Hsieh, K. H. Jung, and D. L. Kwong, "Silicon Homoepitaxy by Rapid Thermal Processing Chemical Vapor Deposition," *J. Electrochem. Soc.* **138**:1188 (1991).
85. K. L. Knutson, S. A. Campbell, and F. Dunn, "Three Dimensional Temperature Uniformity Modeling of a Rapid Thermal Processing Chamber," *IEEE Trans. Semicond. Manuf.* **7**(1): 68–72 (1994).
86. B. S. Mayerson, "Low-Temperature Silicon Epitaxy by Ultrahigh Vacuum/Chemical Vapor Deposition," *Appl. Phys. Lett.* **48**:797 (1986).
87. B. S. Mayerson, E. Ganin, D. A. Smith, and T. N. Nguyen, "Low Temperature Silicon Epitaxy by Hot Wall Ultrahigh Vacuum/Chemical Vapor Deposition Techniques: Surface Optimization," *J. Electrochem. Soc.* **133**:1232 (1986).
88. B. S. Meyerson, "Low Temperature Si and Ge:Si Epitaxy by Ultrahigh Vacuum/Chemical Vapor Deposition: Process Fundamentals," *IBM J. Res. Dev.* **34**:806 (1990).
89. J. Davies and D. Williams, "III–V MBE Growth System," in *The Technology and Physics of Molecular Beam Epitaxy*, E. H. C. Parker, ed., Plenum, New York (1985).
90. D. Bellevance, "Industrial Application: Perspective and Requirements," in *Silicon Molecular Beam Epitaxy* **2**, E. Kasper and J. C. Bean, eds., CRC, Boca Raton, FL, 1985, p. 153.
91. T. Tatsumi, H. Hirayama, and N. Aizaki, "Si Particle Density Reduction in Si Molecular Beam Epitaxy Using a Deflection Electrode," *Appl. Phys. Lett.* **54**:629 (1989).
92. A. von Gorkum, "Performance and Processing Line Integration of a Silicon Molecular Beam Epitaxy System," *Proc. 3rd Int. Symp. Si MBE, Thin Solid Films* **184**:207 (1990).
93. K. Fujiwara, K. Kanamoto, Y. N. Ohta, Y. Tokuda, and T. Nakayama, "Classification and Origins of GaAs Oval Defects Grown by Molecular Beam Epitaxy," *J. Cryst. Growth* **80**:104 (1987).
94. A. Y. Cho, "Advances in Molecular Beam Epitaxy (MBE)," *J. Cryst. Growth* **111**:1 (1991).
95. J. Saito, K. Nanbu, T. Ishikawa, and K. Kondo, "In situ Cleaning of GaAs Substrates with HCl Gas and Hydrogen Mixture Prior to MBE Growth," *J. Cryst. Growth* **95**:322 (1989).
96. N. Chand, "A Simple Method for Elimination of Gallium-Source Related Oval Defects in Molecular Beam Epitaxy of GaAs," *Appl. Phys. Lett.* **56**:466 (1990).

97. J. H. Neave, P. Blood, and B. A. Joyce, "A Correlation Between Electron Traps and Growth Processes in n-GaAs Prepared by Molecular Beam Epitaxy," *Appl. Phys. Lett.* **36**:311 (1980).
98. W. K. Burton, N. Cabrera, and F. C. Franks, *Philos. Trans. R. Soc. London*, Ser. *A* **243**:299 (1951).
99. M. G. Legally, "Atoms in Motion on Surfaces," *Phys. Today* **46**:24 (1993).
100. J. C. Bean, "Silicon Molecular Beam Epitaxy: Highlights of Recent Work," *J. Electron. Mater.* **19**:1055 (1990).
101. T. L. Lin, R. W. Fathauer, and P. J. Grunthaner, "Heavily Boron-doped Si Layers Grown Below 700°C by Molecular Beam Epitaxy Using a HBO_2 Source," *Appl. Phys. Lett.* **55**:795 (1989).
102. P. Fons, N. Hirashita, L. C. Markert, Y.-W. Kim, J. E. Green, W.-X. Ni, J. Knall, G. V. Hansson, and J.-E. Sundgren, "Electrical Properties of Si(100) Films Doped with Low-Energy (<150 eV) Sb Ions During Growth by Molecular Beam Epitaxy," *Appl. Phys. Lett.* **53**:1732 (1988).
103. J.-P. Noel, J. E. Greene, N. L. Rowell, S. Kechang, and D. C. Houghton, "Photoluminescence Studies of Si(100) Doped with Low Energy (<1000 eV) As^+ Ions During Molecular Beam Epitaxy," *Appl. Phys. Lett.* **55**:1525 (1989).
104. R. J. Malik, R. N. Nottenberg, E. F. Schubert, J. F. Walker, and R. W. Ryan, "Carbon Doping in Molecular Beam Epitaxy of GaAs from a Heated Graphite Filament," *Appl. Phys. Lett.* **53**:2661 (1988).
105. W. T. Tsang, "From Chemical Vapor Epitaxy to Chemical Beam Epitaxy," *J. Cryst. Growth* **95**:121 (1989).
106. W. T. Tsang, "Current Status Review and Future Prospects of CBE, MOMBE, and GSMBE," *J. Cryst. Growth* **107**:960 (1991).
107. E. Veuhoff, W. Pletschen, P. Balk, and H. Lüth, "Metallorganic CVD of GaAs in a Molecular Beam Epitaxy System," *J. Cryst. Growth* **55**:30 (1981).
108. M. B. Panish, "Molecular Beam Epitaxy of GaAs and InP with Gas Sources for As and P," *J. Electrochem. Soc.* **127**:2729 (1980).
109. M. Uneta, Y. Watanabe, and Y. Ohmachi, "Desorption of Triethylgallium During Metallorganic Molecular Beam Epitaxial Growth of GaAs," *Appl. Phys. Lett.* **54**:2327 (1989).

第5篇 工艺集成

无论采用何种半导体材料，也无论使用何种半导体器件，任何一种半导体工艺技术都可以分解为四个基本的组成部分，即器件制作、器件接触以及对于集成器件所必需的互连和隔离。在决定采用哪些工艺时，技术人员必须保证它们可以完成全部四个方面的任务。本篇将首先讨论可同时应用于硅基和 GaAs 基技术中的隔离、欧姆接触和互连等工艺模块(module)。之所以把硅基技术和 GaAs 基技术放在一起讨论，不仅是为了避免重复，而且也可以让学生对两种技术中的这些工艺模块进行比较。

在决定工艺流程的顺序时，有两个重要的考虑因素。首先是特定工艺的功能。举例来说，可以首先采用衬底中的扩散电阻作为互连，但是这种方法存在的问题是这种互连的电阻和电容都比较大。尽管这一类的互连可以工作，但是却会显著地降低电路的工作速度。第二个考虑是每个工艺都可能对后面的工艺或前面已完成制作的结构产生一定的影响。这方面的一个突出例子是对热开销的考虑。由于大部分工艺技术中都使用了选择性的半导体掺杂区，因此如果需要用到高温工艺的话，扩散就成了一个严重的问题。因此，要求首先完成要用最高温度加工的一些工序。如果用铝来做互连，那么铝淀积后的晶圆片温度绝不能超过铝的熔点 660℃。这些考虑意味着上面的三个模块也许不可能依次完成，相反，在某些情况下，它们可能必须交错进行。

在介绍性的头一章后，本篇将逐个介绍一些最重要的半导体工艺技术。读者可能会好奇作者是如何选出这些技术的。这时可以把下表当成有用的参考。该表显示了各种半导体工艺技术所占据的市场份额。很清楚，占主导的技术是互补金属-氧化物-半导体(CMOS)工艺，它包含了部分模拟器件和分立器件。因此，第 16 章将从 CMOS 技术开始本篇的讨论。GaAs 技术占据较小的、但是仍在缓慢增长的市场份额。第 17 章将回顾其他类型的晶体管技术，该章将讨论 GaAs 场效应晶体管(FET)，这不仅是因为 GaAs 场效应晶体管是 GaAs 技术中的代表性器件，而且还因为它们和硅 CMOS 器件有某些有趣的不同之处。GaAs 器件还广泛应用于移动通信的手机中，其中先进的装置中可能需要用到 5 个射频功率放大器。双极型技术的市场份额正在萎缩，特别是在数字电路领域中。但是，还有相当大部分的模拟电路和某些功率晶体管仍然继续使用双极技术，因此第 17 章中也包含了双极技术。第 17 章最后以对薄膜晶体管的简要回顾而结束，该领域在未来几年中还可望取得快速的发展，以推动不同类型薄膜显示设备的技术进步。第 18 章将讨论几种光电器件，涉及发光二极管、激光器以及太阳能电池，其中太阳能电池既包括体单晶材料的，也包括薄膜材料的。第 19 章将介绍微电子机械结构——微机械或微机电系统(MEMS)。这类器件最早主要是为汽车以及其他运输工具市场而生产的，但是目前也拓展了很多新的应用领域，在写作本书时，生物医学就是一个特别令人感兴趣的应用领域。

	估计 2011 年市场份额	估计年增长率
CMOS	2500 亿美元	30%
GaAs 集成电路	100 亿美元	25%
双极型集成电路	200 亿美元	较小
薄膜晶体管	100 亿美元	>100%
发光二极管	100 亿美元	20%
各类太阳能电池/薄膜太阳能电池	400 亿美元/60 亿美元	40%
MEMS	80 亿美元	15%

估计的 2011 年市场份额和年增长率。

讨论器件工艺技术的每一章都会首先简单回顾一下器件的工作原理。对器件工作原理的完整描述不是本书的重点，我们假设学生已经学习了基本的半导体器件课程。对器件的理解是必不可少的，因为它可以指出必须如何设计工艺来优化器件性能。接下来将介绍一系列用于制造一个简单电路的单项工艺。然后再介绍如何将这些简单技术扩展到更高性能的应用中，同时描述为获得预期性能所需要的工艺模块。最后，将讨论每种技术的相关问题和工艺发展方向。

第 15 章　器件隔离、接触与金属化

本章将讨论 IC 技术中两个最基本的功能。本章前半部分将讨论器件隔离技术，也就是使得每个器件的工作都独立于其他器件状态的能力。除非该工艺技术只用于分立器件的制作，否则器件隔离技术就是 IC 技术的一个基本功能。本章后半部分将讨论器件的互连，其中包括金属与半导体之间的接触。这里我们要再次说明，本章将只对有关的器件物理做简要回顾，以指出这些技术包含的含义。

15.1　PN 结隔离与氧化物隔离

为了制作 IC，必须开发出某种隔离工艺模块[1]。衡量隔离工艺模块的指标有密度、工艺复杂度、成品率、平坦化程度和寄生效应等。在这些指标之间存在着折中。为了理解隔离的必要性，可以参考图 15.1，图中显示了一个基本的双极型器件剖面结构。从单项工艺的讨论出发，不难理解一个普通的双极型工艺技术是如何构成的。在 N 型衬底上简单地扩散出一个深的 P 型层和一个较浅的 N^+层，就可以做出一个双极型晶体管。衬底用作公共的收集区。接下来在衬底上淀积一层绝缘层，然后光刻并刻蚀出接触孔，再淀积上互连材料并制备出互连图形。这时首先要问的一个问题就是：各个晶体管之间可以排列得有多密？也就是说，器件路的集成密度是多少？

由于每个晶体管的发射区都被其基区完全包围，因此，两个相邻晶体管的发射区是自动相互隔离的。而对于需要互相隔离的基区，则必须在两个基区的空穴之间建立起一个高的能量势垒。随着这个势垒的高度降低，基区之间的漏电流就会按照指数形式增加。一种衡量隔离有效的简便方法就是两个基区-收集区 PN 结的耗尽层不能碰到一起。为了便于估算，假设 PN 结是单边突变的，因此耗尽层宽度就是

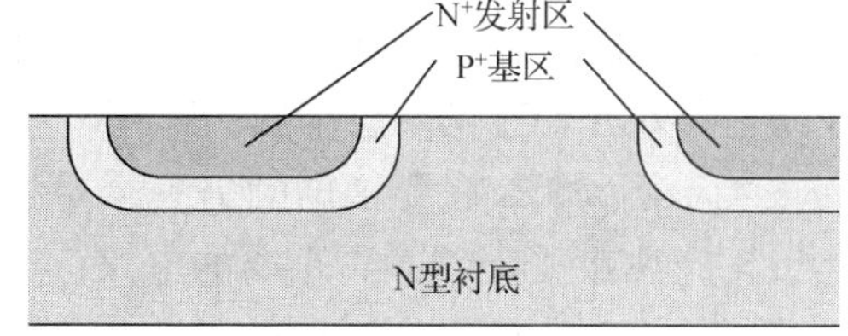

图 15.1　具有公共收集区的双极型晶体管技术中的简单 PN 结隔离

$$W_D = \sqrt{\frac{2k_s\varepsilon_o}{qN_D}(V_{\rm bi}+V_{\rm CB})} \tag{15.1}$$

式中，k_s是硅的相对介电常数，$V_{\rm bi}$是 PN 结的内建电压(其典型值 ≈ 0.7 V)，对于非简并掺杂情况，$V_{\rm bi}$由下式给出：

$$V_{\rm bi} = \frac{kT}{q}\ln\frac{N_A N_D}{n_i^2} \tag{15.2}$$

式中，n_i是本征载流子浓度(对于硅材料在室温时大约为 10^{10} cm^{-3})。对于一个典型的收集区掺杂浓度 10^{16} cm^{-3}，式(15.1)可以简化为

$$W_D \approx 0.36\,\mu\text{m}\sqrt{V_{\rm bi}+V_{\rm CB}} \tag{15.3}$$

因此隔离距离就是 $2W_D$。当 V_{BC} 最大值为 5 V 时，隔离距离约为 1.8 μm；为了确保隔离，取 V_{BC} 为 10 V 时相应的隔离距离约为 2.4 μm。当然，还必须考虑到横向扩散的问题。各个基区必须在结束工艺加工后至少相隔这么远，而仅在光刻掩模版上基区之间设计间隔这么远是不行的。注意这个耗尽区引入的电容是与 W_D 宽度成反比的，因此 W_D 宽度越窄，相邻晶体管越紧密，但是器件单位面积的寄生电容也越大。

为了使 PN 结隔离方法扩展到能完全隔离各个晶体管，只需简单地增加第三次扩散以形成收集区并使用 P 型衬底。为了使收集区电容减到最小，并确保收集区的掺杂不受衬底掺杂的波动影响，必须使用一个轻掺杂的衬底。假设现在的衬底是 P 型，其掺杂浓度为 10^{15} cm^{-3}，则有：

$$W_D \approx 1.14\ \mu m\sqrt{V_{bi}+V_{CS}} \tag{15.4}$$

对于一个 10 V 偏压（5 V 电源电压的两倍），将要求工艺结束后每个扩散区四周有 4 μm 左右的间距或器件之间有 8 μm 的总间距。在考虑横向扩散后，收集区之间的间距可能需要 12 μm。在这些工艺中，保证 PN 结维持反向偏压是必不可少的。这种用反偏 PN 结做器件隔离的概念于 1959 年首次获得专利[2]，它是最早实用化的器件隔离技术。

要估计一种工艺技术所需的隔离距离，需要考虑电路最密集部分的器件密度，然后参考图 15.2，从中读出对应这一密度所允许的最大隔离距离。举例来说，如果电路最密集部分的密度为 10^5 个晶体管/cm^2，而且这个区域内 50%的面积是有源区，那么器件间距就必须等于 10 μm 或更小。在许多电路设计中，电路密度并非受隔离距离所限，而是受金属线的密度所限。这时，设计隔离模块的密度目标值就是制作互连线所必需的间距，而不是器件隔离所必需的间距限制了电路密度。一般来说，对于随机逻辑电路，隔离距离必须小于第一层金属线的跨距（跨距是指最小线宽+最小线间距）的两倍；对于存储器和其他高度结构化的逻辑电路，隔离距离必须小于等于第一层金属的跨距。

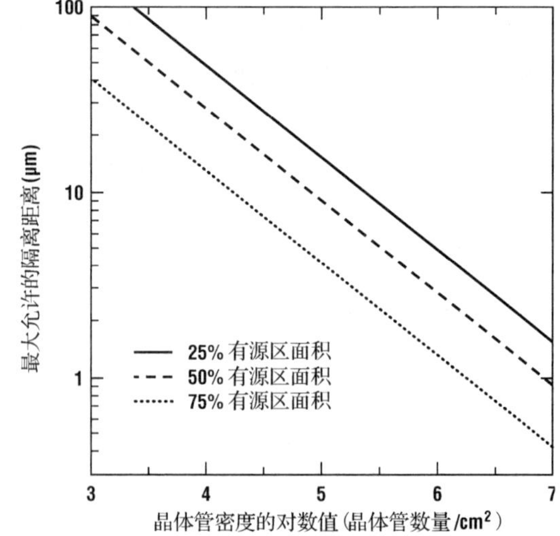

图 15.2 晶体管之间所需的平均隔离距离与器件密度之间的关系图

关于图 15.2 需要指出的另一个重要问题是，对于密度受限于隔离距离的电路，其电路密度是一个对隔离距离敏感的函数。将隔离距离缩短到 1/3 之后，电路密度会提高一个数量级。因此，那些设计由隔离距离推动密度提升电路（例如存储器）的公司，已经开发出了许多复杂的隔离技术。

但是，密度并不是设计隔离模块时的唯一考虑。回到图 15.1，在上面增加一层绝缘层，绝缘层上碰巧有一条金属线越过，但是这条金属线与图中的两个晶体管都没有接触（参见图 15.3）。这样就出现了一个寄生的 MOS 晶体管。两个晶体管的收集区成为该 MOSFET 的源区和漏区，金属线成为栅电极。如果金属线上有一个足够大的正偏压，那么金属线下面的半导体表面就有可能发生反型，从而使寄生的 MOSFET 导通。即使两个收集区相距足够远而使其耗尽区不会碰在一起，但是寄生 MOSFET

的导通仍然会使它们之间发生短路。

如果忽略氧化层中的电荷，则 P 型衬底上的 NMOS 晶体管的阈值电压可以由下式给出(参见 16.1 节的介绍)：

$$V_T = \varphi_{\mathrm{ms}} + 2\varphi_f + \frac{k_s t_{\mathrm{ox}}}{k_{\mathrm{ox}}}\sqrt{\frac{4qN_A}{k_s\varepsilon_0}\phi_f} \tag{15.5}$$

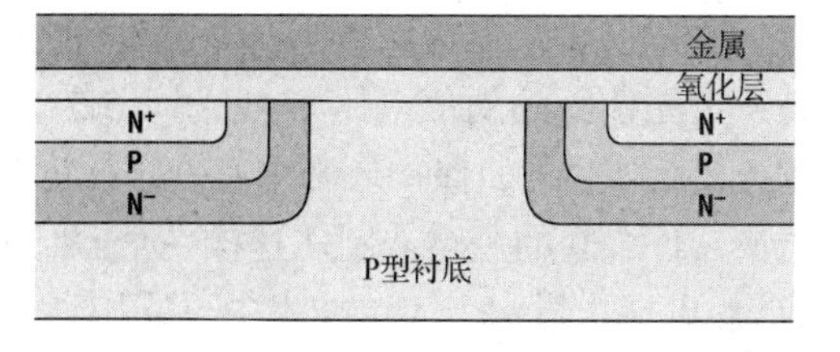

图 15.3　在简单的双极型技术中，一条金属线横穿过PN结隔离区并形成一个寄生 MOSFET 的剖面图

式中，

$$\phi_f = \frac{kT}{q}\ln\left[\frac{N_A}{n_i}\right] \tag{15.6}$$

且 ϕ_{ms} 是金属-半导体功函数差，ϕ_{ms} 的数值取决于使用的互连金属种类以及衬底中的掺杂浓度。对于 P 型衬底上的铝，ϕ_{ms} 大约在−0.8 ~ −1.0 V 之间变化。由于本征载流子浓度随着温度的升高而增加，因此当电路工作在高温时，寄生 MOSFET 的阈值电压可能会有几伏的漂移。另外，MOS 器件的源漏电流在亚阈区内随着栅压的增大而指数式地上升。实际上一般把这些寄生晶体管的阈值电压至少设计为电源电压的两倍(最好是三倍)。这样就可以保证即使是在电源电压过高和/或存在电压尖峰的情况下，寄生晶体管也不会导通，而且也不会有过大的漏电流。

图 15.4 所示为一组阈值电压与衬底浓度关系的曲线，其中把氧化层厚度作为计算阈值电压的一个参变量，氧化层厚度以 0.2 μm 为间隔，从 0.2 μm 变化到 1.0 μm。图中还假设总的固定电荷为 10^{11} cm^{-2}，以此来计算阈值电压。为了得到一个合适的比较高的寄生晶体管阈值电压，必须选择厚的场氧化层和/或较高的衬底掺杂浓度。由于 PN 结电容的问题，高衬底掺杂浓度会降低器件的性能。而较厚的氧化层既改善了器件性能，又提高了寄生晶体管的阈值电压，但是由于氧化层电荷的影响，即使是对于很厚的氧化层，也仍然需要一定的衬底掺杂。

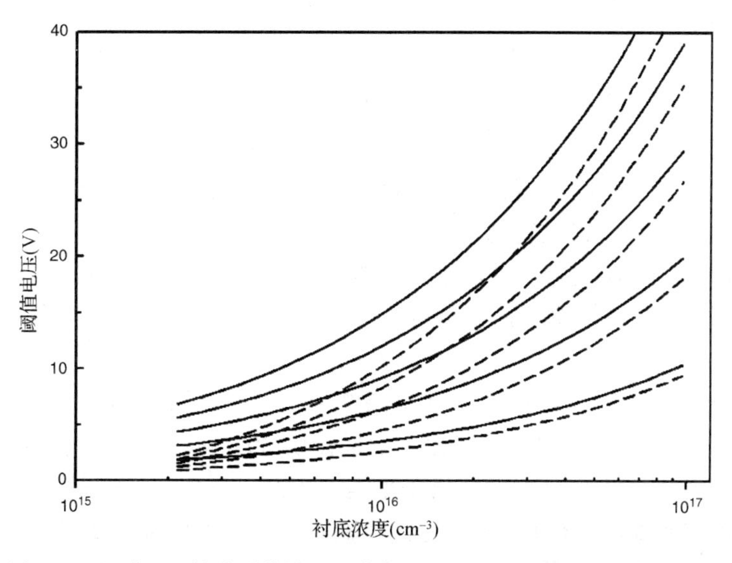

图 15.4　V_T 与 N_A 的关系曲线，图中假设 $\phi_{\mathrm{ms}} = 0$。图中实线代表理想的二氧化硅-硅界面，虚线代表界面电荷密度 $N_{it} = 10^{11}$ cm^{-2}

通过在每个器件四周增加一个 P^+型扩散区做阻挡环，可以减少所需的器件隔离距离并提高寄生晶体管的阈值电压(参见图 15.5)。保护环的制作需要有一块和晶体管对准的额外的光刻掩模版。另外，保护环必须有一定深度(至少 2 μm)，否则耗尽层会在保护环下方扩展，从而造成器件之间的短路。制作这样一个深结需要大的热处理周期，因此必须在工艺的早期阶段完成。假设在这样一个简单技术中可能用到的光刻分辨率为 2 μm,并考虑到可能发生的横向扩散，那么保护环的最终宽度会超过 5 μm。这一宽度要求最终会限制电路集成密度的提高。

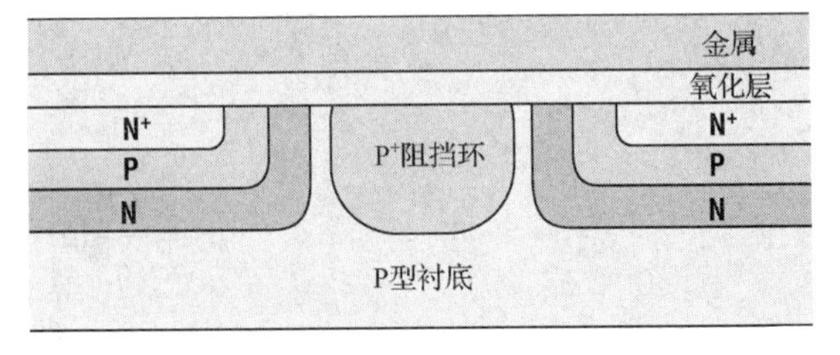

图 15.5 用于隔离图 15.3 中的双极型器件的保护环

我们现在可以利用前面谈到的指标来分析这个结果。显然，PN 结隔离技术简单并实现了平面隔离。由于其简单性，PN 结隔离技术的成品率较高，但是它的集成密度不高，而且必须与收集区-衬底 PN 结的寄生电容值一起做折中考虑。衬底掺杂浓度的增加会使隔离密度增大，但是同时也增大了寄生电容。保护环可以改善这一状况，特别是在防止寄生 MOS 器件的导通方面很有效。

15.2 硅的局部氧化(LOCOS)技术

制作厚场氧化层的最直接方法是在制作器件之前生长一层厚氧化层，然后在氧化层上刻蚀出一个个窗口，并在这些窗口中制作出器件。这种方法有两个严重的缺点。首先，这种方法形成的表面形貌有较高的台阶，这就使得后续淀积工艺的台阶覆盖差，并且还将影响到光刻工艺的质量。在光刻小尺寸图形时这个问题会变得非常严重。第二个缺点不像第一个那么明显。在轻掺杂的衬底上，必须用离子注入的方法形成一个保护环来提高寄生晶体管的阈值电压。除非采用非常高的注入能量，否则保护环的注入必须在氧化前进行。在氧化过程中产生的点缺陷也可能会增强氧化过程中的扩散。这个效应和光刻对准的容差要求一起，将会显著地降低 IC 的集成密度。

硅的局部氧化(LOCOS)隔离技术[3]已经成为硅 IC 制造过程中的标准工艺。局部氧化法从根本上说是 PN 结隔离技术的副产物，它同时解决了器件隔离和寄生晶体管形成这两个问题。在这个工艺中，首先生长一层薄氧化层，然后(通常采用 LPCVD 方法)淀积一层 Si_3N_4 薄膜。用光刻/刻蚀工艺形成 Si_3N_4 图案后，可能会进行一次场区离子注入以提高寄生 MOSFET 的阈值电压。然后去掉光刻胶，再进行场氧化(参见图 15.6)。在场氧化过程中，Si_3N_4 层阻挡了氧化剂的扩散，使得 Si_3N_4 层覆盖下的硅不能被氧化。Si_3N_4 层的顶部也将生长出一层薄的氧化层，这一点是很重要的，它使得 Si_3N_4 层的最小厚度不能低于 100 nm 左右，而且在场氧化后去除 Si_3N_4 层之前，必须首先去除 Si_3N_4 层顶部的薄氧化层。

由于 SiO_2 生长时消耗掉 44%的 Si，因此最终形成的氧化层是部分凹入的，而且场区的台阶平缓，易于光刻胶及后续薄膜层的覆盖。如果在场区注入之前就进行硅的刻蚀，则可以做出完全凹入的场氧化层结构，从而获得近乎平坦的表面。图 15.7 是一个局部氧化层和一个完整的 LOCOS 结构的剖面图。LOCOS 工艺在硅表面留下一个特有的凸起，凸起后面是逐渐变薄的、伸入到有源区内的氧化层。由于显而易见的原因，这一结构被称为鸟嘴(bird's beak)。凸起部分，即鸟头，在凹入结构中特别明显。

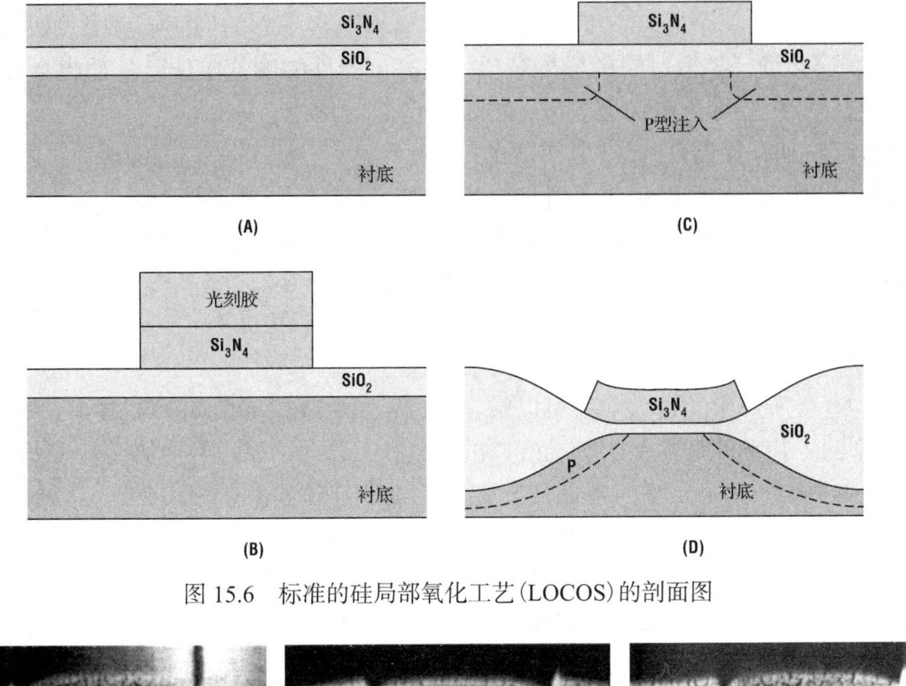

图 15.6　标准的硅局部氧化工艺(LOCOS)的剖面图

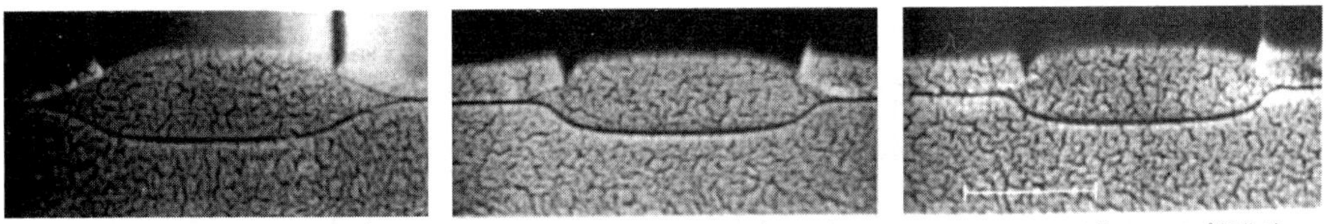

(A) 标准的LOCOS工艺——800Å氮化硅/300Å 氧化层

(B) LOPOS工艺——2000Å氮化硅/400Å多晶硅/300Å氧化层

(C) LOPOS工艺——2000Å氮化硅/400Å多晶硅/300Å氧化层

图 15.7　用扫描电子显微镜拍摄的一个典型的 LOCOS 隔离结构的剖面图
(引自 Ghezzo 等[8]，经 The Electrochemical Society 许可使用)

Si_3N_4下面薄的缓冲氧化层的作用是减少氧化过程中硅衬底内的应力。这一应力是由于硅衬底和 Si_3N_4 的热膨胀系数不匹配，以及生长中的氧化层体积增加而造成的。在高温下，氧化层的黏性流(滞流)可以大大减小这一应力。已经做了大量研究工作来优化氧化层和 Si_3N_4 层的厚度。如果衬底中的应力超过硅的屈服强度，它就会在衬底中产生位错。较厚的缓冲氧化层将减小衬底中的应力。不引起位错产生可容许的缓冲氧化层的最小厚度大约是 Si_3N_4 厚度的 1/3[4]。但是这个厚度必须与随氧化层厚度增加的氧化层横向侵入长度进行折中，氧化层的横向生长是由氧化剂在缓冲氧化层中的横向扩散而引起的。当 Si_3N_4 层与缓冲氧化层的厚度之比为 2.5 : 1 时，氧化层的横向侵入长度(或鸟嘴长度)近似等于场氧化层的厚度。

LOCOS 工艺的一个问题是白带效应，或者称为 Kooi Si_3N_4 效应[5]。在这种情况下，Si_3N_4 块边缘下面的硅表面会形成一层热生长的氮氧化物。Si_3N_4 与高温的湿氧气氛反应形成 NH_3，NH_3 扩散到 Si/SiO_2 界面并在那里分解，从而导致白带的形成。白带效应严重时，这些氮化物在硅片的表面看起来像是一条环绕在有源区边缘的白带。这一缺陷会导致有源区内后续生长的热氧化层(例如栅氧化层)的击穿电压下降。

从器件的观点看，鸟嘴的存在造成了两个严重后果。由于有源区经常至少在一个方向上确定了器件的边缘，因此鸟嘴会减小器件有源区的宽度，从而降低了晶体管的驱动电流。场区掺杂则导致了另一个更微妙的效应。场氧化工艺使得注入的场区杂质扩散进入到有源区的边缘。图 15.8 所示为一个沿着宽度方向的 MOS 管栅电极下方的剖面示意图。如果晶体管的宽度足够窄，那么场区扩散过来的额外杂质将提高该器件的阈值电压，从而也会降低器件的驱动电流。这一效应被称为窄沟道效应，它在集成密度很高的电路(如存储器)中是非常重要的。

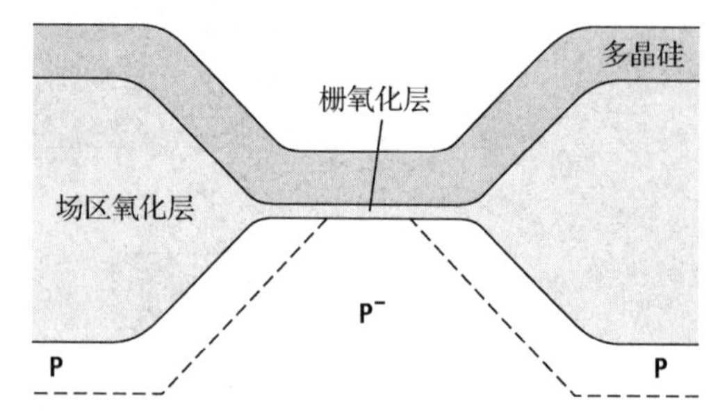

图 15.8 沿着 MOS 晶体管宽度方向的剖面图，该图描述了窄沟效应的起因

为了减小鸟嘴长度，已经提出了各种方法来改进 LOCOS 工艺。最简单的方法是采用其他的材料来代替热氧化硅做缓冲层。一种热氧化硅与多晶硅的三明治结构可以非常有效地减小鸟嘴的长度[6]，这一结构已经得到相当普遍的应用。使用薄氧化层和很厚的 Si_3N_4 层所产生的过大应力可以被多晶硅所吸收。典型的工艺条件是在一层 15 nm 厚的热氧化硅上淀积一层大约 50 nm 厚的多晶硅，然后再淀积 150 nm 厚的 Si_3N_4。这种三明治结构产生的鸟嘴长度不到场氧化层厚度的一半[7]。在 Ghezzo 研究小组[8]和 Guldi 研究小组[9]的论文中可以找到对多晶硅缓冲工艺进行优化的实验描述。尽管多晶硅缓冲工艺(通常称为 LOPOS 工艺)缩短了鸟嘴的长度，但是它并没有解决场区注入杂质的横向扩散问题。要使多晶硅缓冲工艺完全发挥出其优势，必须在高压下进行湿氧氧化，从而将横向扩散减至最小。然而，多晶硅缓冲工艺仍然存在白带效应，在回刻 Si_3N_4/Poly/SiO_2 层时必须十分小心，以避免产生白带[10]。

15.3 沟槽隔离

进入 20 世纪 80 年代，人们开始发现，无论是 LOCOS 技术，还是任何它的改进技术，都不适合应用于晶体管密度远远超过 10^7 cm^{-2} 的集成电路。只要考虑一下晶体管的尺寸就很容易看出这一点。典型的内部逻辑器件的宽长比约为 4 : 1。对于栅长为 1 μm 的器件，其宽度就是 4 μm。在那样的一个器件中，每边 0.3 μm 的横向侵入(鸟嘴)长度使晶体管的宽度减小了大约 15%，虽然这是人们不希望出现的，但是或许还可以接受。而在另一方面，当栅长为 0.18 μm 时，同样的横向侵入(鸟嘴)长度差不多占了器件宽度的 85%，这显然是一个不能接受的值。现在人们认为，对于先进的 LOCOS 工艺，其最小隔离距离的绝对值约为 0.8 μm，这是从一个 N^+P 结的边缘到另一个 N^+P 结边缘的距离[11]。限制隔离距离的最终因素不再是表面反型或简单的穿通现象，而是一种被称为漏感应势垒降低的穿通效应。

围绕着刻蚀掉部分衬底，然后再在其中回填上绝缘物质这一思路，已经开发出了许多新的隔离方法。这些方法可以分为两类。首先研究的是具有较小深宽比的浅槽刻蚀[12]。可以认为浅槽技术与凹入的 LOCOS 工艺有些类似，只不过在浅槽技术中填入场区的是淀积的 SiO_2 而不是热生长的 SiO_2。淀积完 SiO_2 之后，必须进行平坦化工艺来去除有源区上多余的 SiO_2 层(参见图 15.9)。为了使浅槽技术可行，最初的工艺方案需要使用一次额外的光刻步骤来去除氧化层。由于对准误差的问题，这个方法难以可靠地达到目的。另外，由于场区注入的入射角度一般是接近垂直的，因此，难以阻止刻蚀后形成的浅槽侧壁区域发生反型[13]。在 CMOS 工艺中，该处的反型会造成器件源漏区之间的漏电流过大。

深槽隔离技术(参见图 15.10)采用的是固定宽度的深槽。尽管有报道采用深度为 10 μm

的深槽[14](参见图 15.11)，但是一般典型的深槽尺寸是宽度在 45 ~ 500 nm 之间，深度在 2 ~ 5 μm 之间。较窄的槽宽度对于存储器电路应用是特别有吸引力的。深槽工艺是从标准的 LOCOS 结构开始的。在形成 Si_3N_4 层图案后，就进行槽的刻蚀。深槽隔离技术对刻蚀工艺的要求非常严格。刻蚀后沟槽的侧壁必须光滑，与晶圆片平面之间的夹角不得大于 85°。沟槽斜度大一些则更合乎要求[15]。刻蚀沟槽的典型工艺是在进行硅的各向异性刻蚀的同时淀积 SiO_2。这会在沟槽顶部形成一个 SiO_2 的小尖角。这个尖角的厚度随着时间而增加，从而形成预期的沟槽斜度。沟槽侧壁不能在掩蔽膜下进行横向钻刻，而且侧墙终端必须形成圆形的槽底。槽底的尖角会在氧化过程中产生过大的应力，并最终在氧化层中形成缺陷[16]。沟槽刻蚀后接着进行场区注入。随着深槽的深宽比的增大，防止侧壁反型变得越来越困难。因此，这次场区注入的一个重要特点就是离子流要垂直于晶圆片的表面。正如我们在第 5 章中所讨论的，已经开发出新的离子注入设备来实现这个目标[17]。解决这个问题的另一种方法是使用平面杂质源[18]或掺杂的 CVD 玻璃[19]与快速热处理相结合的工艺，但是这种方法并不十分流行。

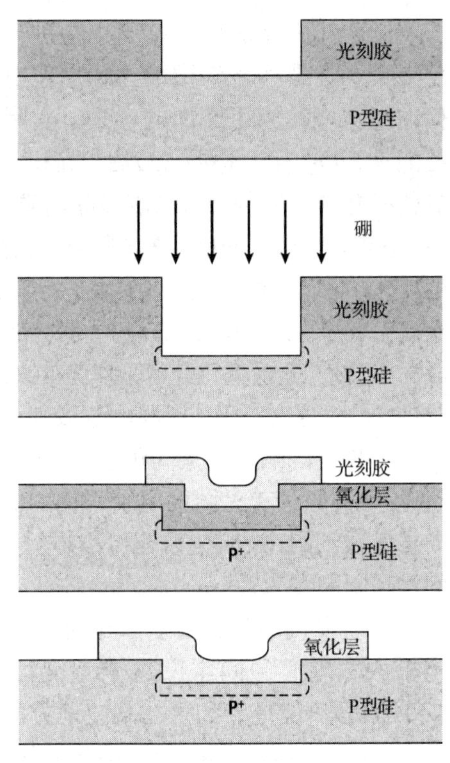

图 15.9　简单的浅槽隔离技术的工艺过程

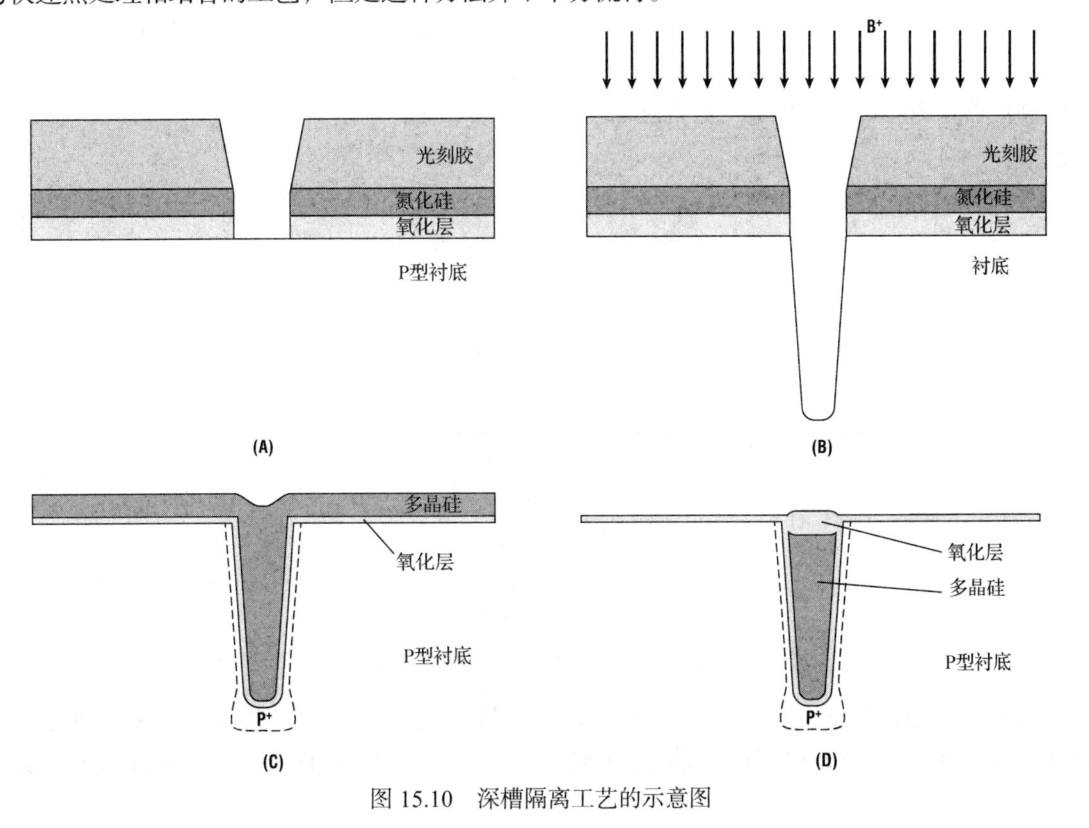

图 15.10　深槽隔离工艺的示意图

场区注入完成后，接下来是进行局部的薄氧化层生长。在那些将沟槽填充物用作电容以便存储电荷的电路中，为了增加电容量，实际使用的填充物可能是 SiO_2/HfO_2 叠层。最后，淀积一层多晶硅或二氧化硅并进行回刻。如果该多晶硅或二氧化硅层足够厚，它将填满整个凹槽。把该层回刻到衬底，将正好留下填充在凹槽中的多晶。接下来进行第二次热氧化，这次氧化工艺将凹槽中多晶硅的上面一部分氧化，从而完成深槽工艺。这次氧化经常是作为 LOCOS 工艺的一部分进行的。这次氧化使泄漏电流减到了最小，使得制作任意长度的隔离区成为可能(参见关于图 15.12 的讨论)，并且使 PN 结偏离了沟槽的侧壁。为了使横向扩散减到最小，氧化后还可以进行与 LOCOS 有关的沟道阻断注入[20]。

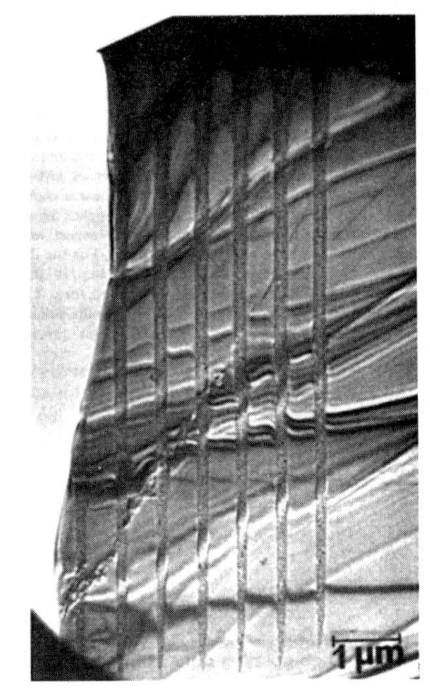

图 15.11 用扫描电子显微镜拍摄的纵横比很大的深槽隔离工艺的剖面图(引自 Rajeevakumar 等，©1991 IEEE)

必须强调的是，对于一个可工作的深槽工艺，沟槽的宽度必须固定。这个宽度可以定为最小的 N^+/P^+ 间隔，但是，如果在某些地方的电路设计需要更大的间隔距离，则必须采用额外的隔离技术(如标准的 LOCOS 工艺)。其结果是造成工艺复杂，难以控制。如果淀积工艺条件不合适，在深槽的中间可能会形成空洞，并陷入某些材料。在硅的刻蚀过程中，如果衬底被刻蚀出的角度太陡，也有可能形成空洞。空洞可能会带来可靠性的问题。深槽隔离技术已经实现的隔离距离是 $N^+ \sim P^+$ 间距小于 2 μm，$N^+ \sim N^+$ 间距小于 0.5 μm。参见图 15.2，这样一种隔离技术将完全能够满足器件密度超过 $10^7\ cm^{-2}$ 的电路需求。

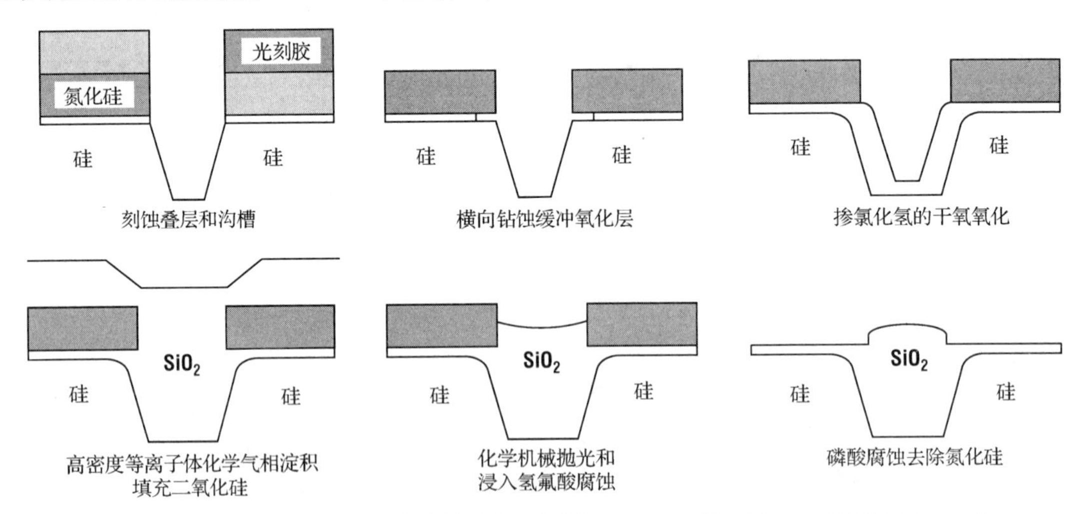

图 15.12 一个浅槽隔离工艺模块的示意图(引自 Chaterjee 等，经 APS 许可使用，1997)

深槽隔离制作非常困难，而且深槽隔离技术难以与必须使用任意器件间距的随机逻辑电路技术集成在一起。由于化学机械抛光(CMP)可以无须光刻步骤而去除多余的淀积氧化层，因此 CMP 工艺的发展已经使得原先被否决的浅槽隔离技术(STI)成为一种可行的工艺方案。如图 15.12 所示，这种工艺首先生长 10 ~ 15 nm 的缓冲氧化层，然后用 LPCVD 方法淀积一层 150 ~ 200 nm 的 Si_3N_4层。接着在光刻出场区图案后进行 Si_3N_4、SiO_2和 Si 的刻蚀。刻蚀深度一般约为 0.5 μm。被刻蚀出的沟槽侧壁角度在 75° ~ 80° 之间。如果需要，接下来可以进行一次场区注入以阻止深槽下方的反型，这次场区注入也可以放在 CMP 之后再进行，只不过这种情况下就需要采用足够高的能量来完成这次场区注入。接下来热氧化生长一层薄的(15 ~ 20 nm) SiO_2层，以便减少侧壁上的刻蚀损伤，并使得沟槽的拐角圆润一些。然后淀积一层 0.9 ~ 1.1 μm 厚的 SiO_2层，这次淀积通常采用的是高密度的 PECVD 方法。接下来采用 CMP 方法去除多余的氧化层，Si_3N_4层用作这次 CMP 的抛光终点。最后，去除掉 Si_3N_4，并用 HF 去除缓冲氧化层[21]。

STI 工艺集成提出了许多具有挑战性的问题，其中一些与沟槽上方的拐角有关。通常在一个典型的 MOS 管中，多晶硅栅电极一般会延伸到场区氧化层上，以确保器件源、漏区之间的分离。如果 STI 的拐角太尖，沟槽的侧壁将发生反型(由场区浓度引起)，从而导致亚阈区的泄漏电流过大。如果 CMP 过度，也就是平坦的氧化层的顶部低于硅的顶部的话，这个问题就会变得特别严重[22]。为了避免这个问题，沟槽侧壁必须有合适的斜度，且其上方的拐角必须是圆形的。为了获得预期的圆形拐角，可以通过在 Si_3N_4 层下横向钻刻 SiO_2 来有选择地去除部分缓冲氧化层，然后再在高温(大约 1100℃)和/或含 HCl 的气氛中进行氧化。CMP 形成的氧化层凹陷使得场区氧化层厚度减薄[23]，并可能会因此而制定关于最大隔离距离和/或使用伪有源区的设计规则[24]。对于能够使得相互隔离的结发生短路的横向寄生器件来说，沟槽还可以起到栅绝缘层的作用[25]。

15.4　绝缘层上硅隔离技术

器件隔离的理想方法应当是将每个器件都完全包裹在一个绝缘材料中。正如我们在下一章中将要讨论的，某些应用于 22 nm 或更小尺寸场效应晶体管的方法就是要依赖这类技术的。还有一些技术可以在硅器件中实现这一目标。通常它们被称为绝缘层上硅(SOI)技术。所有这些方法都面临着与缺陷密度、成本以及热耗散有关的问题，由于这些原因，硅中的 SOI 技术一直被局限于一些小的应用市场，比如需要进行极好隔离的抗辐射器件。在某种程度上，最近几年这种情况已经有所变化。SOI 技术已经取得了显著的改进并已在 ULSI 应用领域中得到验证。另外，使用埋入的绝缘层可以减小器件的寄生电容，从而提高电路工作速度。最有希望的 SOI 技术——SIMOX，已经在第 5 章中介绍过，因此这里不再重复。本节将把重点放在其他几种 SOI 工艺上。

最早发展起来的 SOI 技术之一是介质隔离(DI)技术。图 15.13 所示为 DI 技术的工艺流程[26]。DI 技术最初应用于那些需要使用电隔离双向开关的高压无线通信集成电路中，后来 DI 技术在其他的高压和抗辐射数字电路领域也获得了普遍的应用。在 DI 技术的工艺流程中，首先在硅晶圆片表面刻出深槽，然后进行氧化并淀积一层非常厚(大于 200 μm)的多晶硅。如果需要在某些硅岛中制作衬底接触，则可以在淀积多晶硅之前在氧化层中开出接触窗口。多晶硅的淀积可采用传统的 CVD 工艺或熔硅喷雾淀积(MSSD)工艺[27]。淀积完多晶硅后，将硅晶圆片翻转过来并对衬底进行机械研磨，直至硅晶圆片背面露出深槽为止。最后，对硅晶圆片进行化学抛光并在隔离岛上制作器件。

介质隔离技术存在几个严重的缺点。在 DI 工艺中，硅晶圆片不像普通工艺中的原始材料那样是平坦的，这不仅会影响以后的工艺如光刻，而且会造成整个硅晶圆片上不同的硅岛厚度不一样。用 DI 工艺制作的硅晶圆片价格昂贵，每片直径 100 mm 的硅晶圆片的成本，在制作任何器件之前，通常就已远远超过 100 美元。最后，如果采用 KOH 来腐蚀 V 形槽，DI 工艺的隔离密度不能做到很大。

硅晶圆片键合是制作 SOI 晶圆片的另一种方法(参见图 15.14)。在这个工艺中，两片硅晶圆片在高温下被压合在一起，直到它们互相熔合在一起[28]；也可以在低温下通过阳极键合方法[29,30]把两片硅晶圆片熔合在一起。如果硅晶圆片在键合之前曾被氧化，那么在熔合的硅晶圆片中心会留有一层氧化层。然后用标准的研磨和抛光方法可以将硅晶圆片研磨到 2 ~ 3 μm 厚；如果需要更薄的厚度，还可以通过额外的工艺加工在氧化层上面形成亚微米厚度的半导体薄膜。再通过一个简单的刻蚀工艺就可以在绝缘的氧化层上形成许多单晶硅岛，从而实现器件的隔离。和 DI 隔离技术一样，硅晶圆片键合的成本也比较昂贵，但是它可以在 CZ 级的硅晶圆片上制作出高密度的、隔离性能良好的结构。

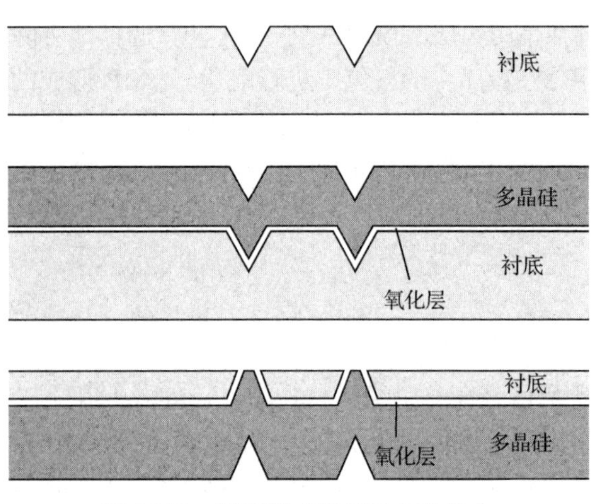

图 15.13 用于形成绝缘层上硅的介质隔离(DI)工艺的示意图

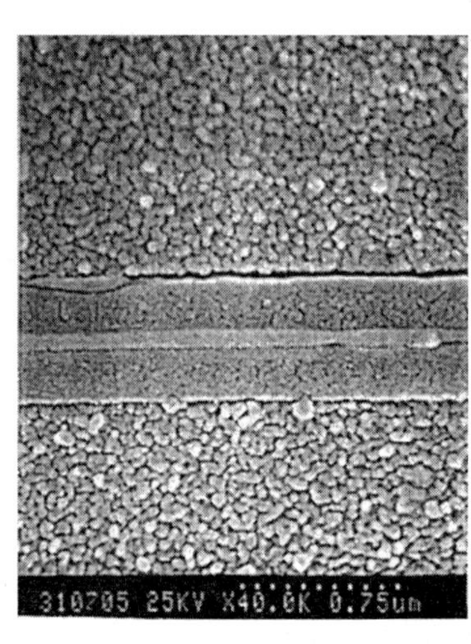

图 15.14 形成绝缘层上硅的晶圆片键合方法(引自 Quenzer 和 Benecke，经 Elsevier Sequoia S. A.许可使用)

15.5 半绝缘衬底

与硅器件隔离技术相比,有关 GaAs 和 GaN 技术中的器件隔离的文章要少得多。由于 GaAs 和 GaN 技术可以使用绝缘或半绝缘的衬底,因此它们能够很方便地实现高密度的平面化隔离。唯一存在的问题是如何把每个导电的 GaAs 或 GaN 岛互相隔离开。在大多数 GaAs IC 中都采用半绝缘衬底，这意味着抗辐射是 GaAs 器件固有的特性。GaAs IC 的一个重要市场就是要求抗辐射能力很强的国防和宇航应用领域。

大部分早期的半绝缘 GaAs 材料是通过掺铬制作的。铬和氧的能级都十分靠近 GaAs 禁带的中心。如果在 GaAs 晶体的生长过程中加入高浓度的铬(早期 GaAs 材料中加入铬的浓度约为 10^{17} cm^{-3}，现在更常用的浓度在 10^{16} cm^{-3} 左右)，就会形成半绝缘的晶圆片。铬在 GaAs 禁带的中心附近增加了许多孤立的能态(参见图 15.15)。如果在没有其他杂质的半绝缘晶圆片内加入一个施主杂质原子会发生什么呢？一般来说，这个杂质原子将会发生离化，它释放出的电子会进入导带，即使在晶体的导带能级较高的情况下仍然如此。由于相对于施主杂质原子的单个能态，在晶体的导带边缘存在着大量的空能态，因此对于大多数施主杂质来说，其室温下的离化概率接近于 1。对于掺铬的 GaAs，由于铬的能态比导带低得多，因此这些铬将发生离化，并接受施主杂质原子的电子。由于这些铬能态是孤立的，而且间隔很远，因此其中的电子不能移动。所以晶体呈现半绝缘状态，而且其载流子浓度近似等于本征载流子浓度，有报道称这样的半绝缘衬底的电阻率已达到 $10^8\ \Omega \cdot \text{cm}$。只有当杂质浓度增加到接近铬浓度时，晶体才会有明显的导电性。当注入的载流子浓度超过陷阱浓度时晶体也会产生导电性，这一现象在光照条件下会发生，或在 GaAs 金属半导体场效应晶体管(MESFET)的侧栅(sidegating)作用下也会发生。MESFET 的侧栅作用指的是，如果一个 MESFET 导通，则会造成相邻的 MESFET 的电流下降。侧栅作用是高密度 GaAs IC 中的一个问题。

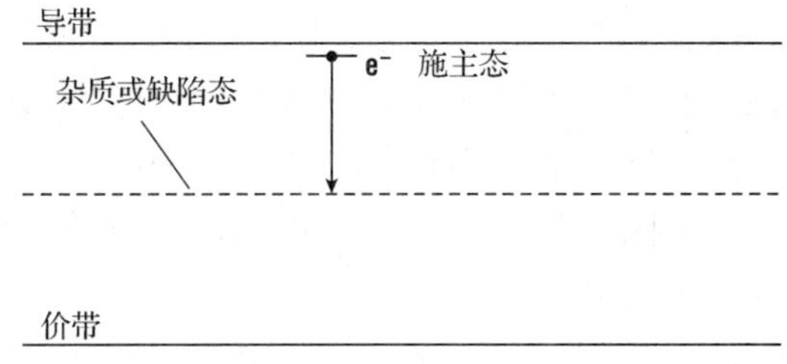

图 15.15 形成半绝缘衬底所需的深能级示意图

为此，许多 GaAs 工艺都是从在半绝缘衬底上面制作出一层薄的导电层开始的。通过简单地刻蚀透导电层，就可以形成一个个半导电的 GaAs 岛，这样就可以实现器件的隔离。这种简单的隔离方法称为台面隔离(mesa isolation)。这种隔离方法在 GaN 器件中也获得了应用。对于高密度的数字逻辑电路来说，台面隔离的问题在于其表面不平坦，为了避免这个问题，许多 GaAs 技术采用了离子注入工艺。这种方法是在晶圆片的场区内注入氢离子(即质子)或其他离子，典型的注入参数是剂量为 $10^{13}\ \text{cm}^{-2}$，能量为 100 keV。这次注入会破坏晶格，从而使电阻率高达 $10^7\ \Omega \cdot \text{cm}$。而此时的晶圆片表面也相当平坦。质子注入法的一个缺点是，如果后续工艺的温度超过 350℃，注入区域会发生再结晶，因此质子注入必须在临近工艺流程结束时才进行。

半绝缘衬底不可能在硅中实现。由于硅的禁带宽度较小，室温下硅的最大电阻率小于 $10^6\ \Omega \cdot \text{cm}$。有许多贵金属和过渡金属的能态位于硅的禁带中央附近，但是它们的扩散率都非常大(例如金在 800℃时的扩散率为 $10^4\ \mu\text{m}^2/\text{h}$，1100℃时的扩散率为 $10^6\ \mu\text{m}^2/\text{h}$)。因此，难以阻止衬底中的杂质在工艺加工过程中扩散进入到有源区中。由于那些使得硅片呈现半绝缘状态的杂质能态也是非常有效的复合中心，因此，如果这些杂质扩散到器件的 PN 结时，就会造成器件泄漏电流的急剧增加。但是已经报道了用氩稀释的氧和硅烷一起外延生长出半绝缘的硅材料[31]。

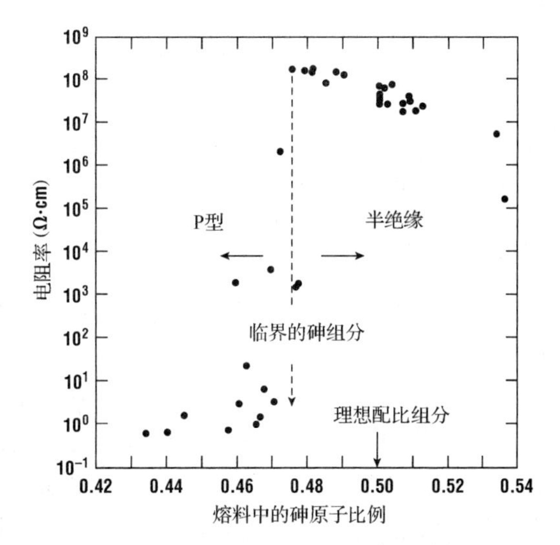

图 15.16 GaAs 衬底的电阻率与熔料化学配比的关系图(引自 Ferry)

在 GaAs 的许多应用领域中，掺铬的 GaAs 晶圆片已经被非化学配比的液封直拉法(参见第 2 章 2.4 节的介绍 LEC)制作的晶圆片所取代。图 15.16 示出了采用这种方法制作的 GaAs 材料的电阻率与 As 在熔料中所占的摩尔组分的关系[32]。对于组分接近化学配比的情况，半绝缘 GaAs 晶圆片的体电阻率在 $10^7 \sim 10^8 \Omega \cdot cm$ 之间。人们认为，GaAs 晶圆片之所以呈半绝缘性，是因为存在着浓度在 $10^{16} cm^{-3}$ 左右的深施主能级，这些深施主能级被称为 **EL2 位置**(EL2 site)[33]。人们认为这些 EL2 位置的原子结构与 Ga 晶格位置上的 As 原子(As_{Ga})有关。尽管这些反占位缺陷会在未掺杂的半绝缘 GaAs 晶圆片中形成大量的刻蚀坑，但是它们似乎不会影响 IC 的成品率。LEC 生长中使用的 B_2O_3 密封层也有助于硅杂质的吸收，否则硅会掺入 GaAs 衬底中成为 N 型杂质。EL2 中心还有一个有趣的性质，即在低温下用可见光或近红外光照射时，其缺陷态会转化为能量较高的亚稳态[34]，而这个亚稳态的性质与初始的缺陷态有很大的不同。也可以通过高温下的氢气氛退火来消除 GaAs 晶圆片表面附近的 EL2 中心。

GaAs 和硅隔离技术之间有一个有趣的不同之处，即 GaAs 技术一般不使用低介电常数的绝缘材料，而大多数硅技术则强调使用这些绝缘材料以使寄生电容减至最小。许多 GaAs 电路被设计应用于微波领域，因此它的关键参数不是电容的绝对值而是互连线的特征阻抗。这个特征阻抗必须和器件匹配，以保证最大效率的功率传输。为了获得这样的特征阻抗，完成加工后的 GaAs 晶圆片经常会被减薄，并在晶圆片背面淀积一层接地层，且用穿过晶圆片的通孔来实现与接地层的连接。

15.6 肖特基接触

本书的后面几章将讨论特定结构晶体管的制作。为了将半导体器件与外部有效地连接起来，必须在半导体和金属连线之间制作接触。经常使用的接触有两类：欧姆接触和整流(肖特基)接触。在理想的欧姆接触中，电流随外加电压线性变化。这也暗示了欧姆接触的电阻较低。为了将尽可能多的电流从器件传输给电路中的各种电容进行充放电，接触电阻占器件电阻的比例也必须小。与此相反，肖特基接触的特性相当于理想的二极管，正偏时它们的电阻值很低，而反偏时的电阻值则接近无穷大。肖特基接触的“导通电压”是非常确定的，并且也是能够很好重复的。读者应当知道的是，尽管半导体技术中经常使用这些关于金属与半导体之间的接触的描述，但是实际工艺制作出的接触既不会是完全理想的欧姆接触，也不会是完全理想的整流接触。然而，如果精心制作的话，仍然可以获得近似理想的这两类接触。本节将讨论肖特基接触的制作。下一节将讨论制作欧姆接触的工艺模块。

肖特基势垒接触的应用广泛，这些应用与电压箝位和受控的二极管压降有关。肖特基势垒接触的优点是导通(和截止)的速度比 PN 结二极管快，而且可以在制作过程中调整其导通电压。图 15.17 示出了一个肖特基二极管在硅双极型电路中的典型应用。图中 NPN 晶体管的基区和收集区通过肖特基二极管被箝位。肖特基二极管的导通电压设定得比基区-收集区 PN 结二极管的导通电压低零点几伏。如果基区电位突然被驱动到高于收集区的电位，肖特基二极管将会把基区电位箝位在肖特基二极管的导通电位。这样就可以防止晶体管进入

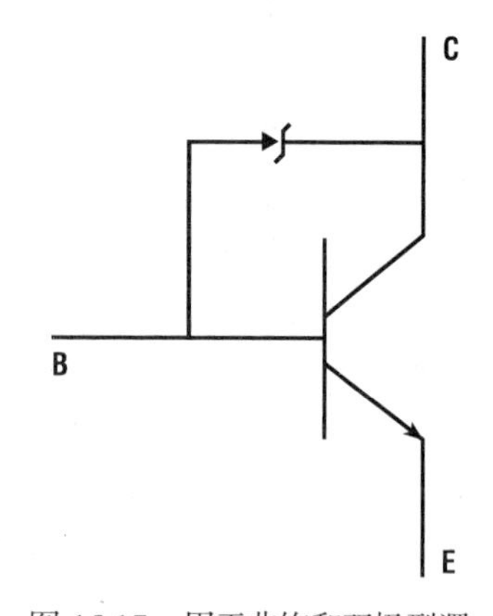

图 15.17 用于非饱和双极型逻辑电路的肖特基旁路的双极型晶体管

到深饱和的状态，而晶体管一旦进入到深饱和状态，就需要较长的时间来恢复。

图 15.18 所示为 P 型衬底上的肖特基二极管的能带图[35]。ϕ_m 是金属的功函数，即从金属表面移走一个电子所需要的电压。χ是电子的亲和能，即从半导体的导带底移走一个电子所需的电压。ϕ_s 是半导体的费米能级与真空能级之间的电压差。当金属和半导体接触在一起时，电荷将从其中的一方流向另一方，直到建立起一个足够高的电场来阻止电流的进一步流动为止。这时界面处的势垒为 $\phi_{\rm ms}$。如果需要制作一个肖特基接触，那么必须选择一种能够建立起这样一个势垒的金属。举例来说，在一个轻掺杂的 N 型半导体上制作肖特基接触时，如果选择这样一种金属，它内部的电子费米能级比半导体中的电子费米能级高，使得金属中的电子可以不费力地流向半导体的话，那么这个电子流向所产生的电场将有助于载流子穿过界面的运动，因此就不能形成肖特基二极管。在理想情况下，如果 $\phi_m > \phi_s$ 且半导体为 N 型，或 $\phi_m < \phi_s$ 且半导体为 P 型，就一定会形成肖特基二极管。

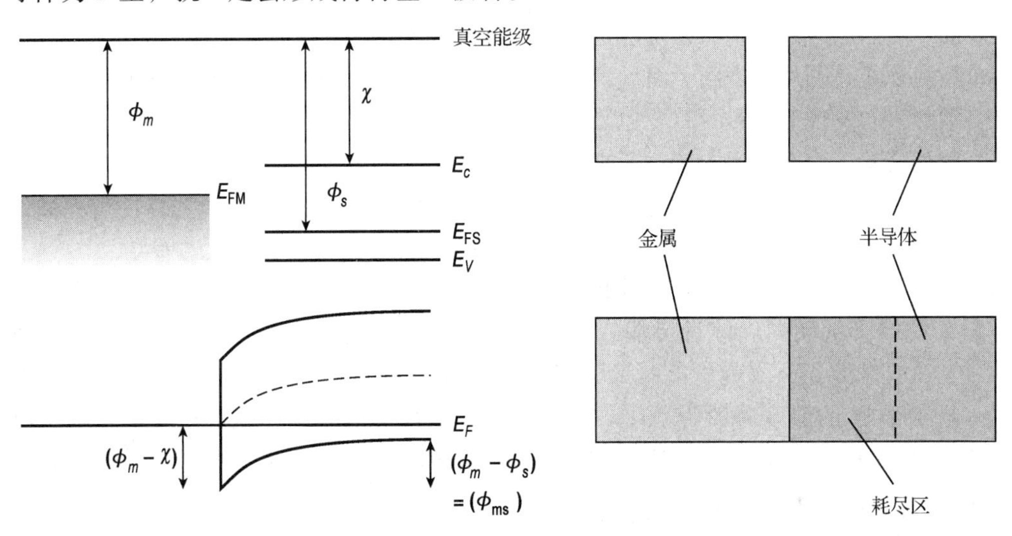

图 15.18　理想的肖特基接触的能带图：接触前（右），接触后（左）

流过肖特基二极管的电流大小是由热电子发射决定的。也就是说，电流大小是由具有足够能量越过势垒的载流子数量决定的。电流大小可以由下式给出：

$$I = I_o\left(\exp\frac{qV}{nkT} - 1\right) \tag{15.7}$$

式中，

$$I_o = RT^2 A\exp\left[-\frac{\phi_{\rm ms}}{kT}\right] \tag{15.8}$$

式中，A 是二极管的面积，n 是二极管的理想因子。R 是理查逊常数，对于 N 型硅和 P 型硅来说，R 值分别为 110 $\rm A{\cdot}cm^{-2}K^{-2}$ 和 32 $\rm A{\cdot}cm^{-2}K^{-2}$，而对于 N 型 GaAs 和 P 型 GaAs 来说，R 值分别为 8 $\rm A{\cdot}cm^{-2}K^{-2}$ 和 74 $\rm A{\cdot}cm^{-2}K^{-2}$。从这个公式中可以清楚地看到，电流密度强烈地依赖于势垒的高度。

图 15.19 展示了对于硅和砷化镓衬底，在不同的金属功函数下测量得到的肖特基接触的势垒高度。实验点本应落在一条斜率为 1 的直线上，但是由于这两种半导体的电子亲和能不同，

费米能级也有可能不同，因此实际结果出现了偏离。图中硅的直线斜率约为 0.25，砷化镓的直线斜率约为 0.1，两者的斜率均不为 1。从经验的观点看，我们需要将式(15.8)修正为

$$I_o = RT^2 A \exp\left[-\frac{\phi_b}{kT}\right] \tag{15.9}$$

式中，ϕ_b 是有效势垒高度。

为了理解式(15.8)和式(15.9)的差异，我们需要回到热电子发射模型的基本假设上来。提出这些公式时已经隐含假设了金属-半导体接触界面是完美的。在大多数制作肖特基二极管的工艺中，金属并不是在超高真空下淀积的。相反，首先要让半导体的一个有源区裸露出来，比如通过在绝缘层中刻蚀一个孔来露出有源区。接着，把晶圆片放入一个真空系统进行金属层的淀积。在这个过程中，晶圆片表面将会发生氧化，并受到碳和其他杂质的污染，这些污染来自反应腔中残留的真空泵油蒸气和室内的空气。为了改进工艺，许多溅射系统可以在金属淀积之前先预溅射晶圆片的表面。然而，这并不能保证获得完美的表面。被溅射出的物质是不挥发的，其中的许多物质还会重新淀积在晶圆片的表面。而且，只要等离子体接触到物体表面就会有材料被溅射出来，因此在晶圆片表面发现 Fe、Ni 和 Co 也是毫不奇怪的。等离子体还会损伤晶圆片的表面。污染和损伤都会对肖特基二极管产生影响。即使没有这些缺陷，从电子结构的观点来看，半导体表面本身就代表了一种严重的“不完美”。除非可以用外延法在半导体表面生长金属，使得界面处完全没有电荷积累，否则势垒高度以及金属-半导体功函数差都可能会有相当大的差异。

对于轻掺杂的 N 型硅，通常采用 PtSi 来制作肖特基接触。图 15.20 所示为一个肖特基箝位的双极型晶体管剖面图。该肖特基二极管的制作过程如下：首先，进行接触孔的刻蚀直到露出裸硅；一般在淀积金属前把晶圆片放在稀释的 HF 溶液中浸泡一下，然后在晶圆片表面溅射淀积一层 Pt，Pt 的厚度一般为 30 ~ 60 nm；为了获得好的表面形貌，在淀积金属之前必须保持硅表面的洁净[36]，以及在淀积过程中不存在氧和水蒸气都是非常重要的。根据动力学理论，残留气体的流量由下式给出：

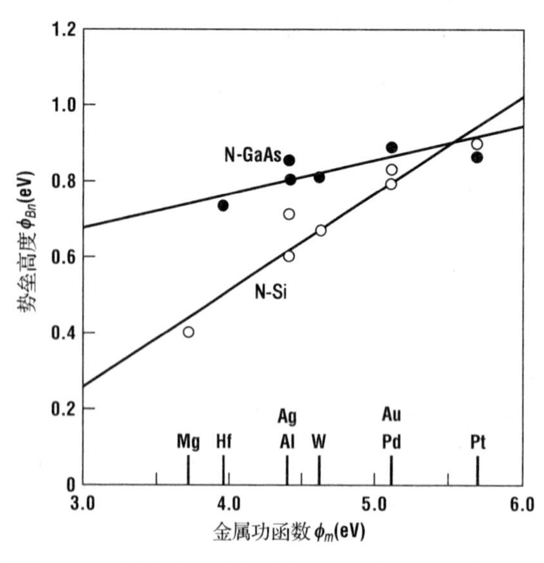

图 15.19 用实验方法在硅和 GaAs 中测得的肖特基势垒高度(引自 Sze，经 Wiley 许可使用)

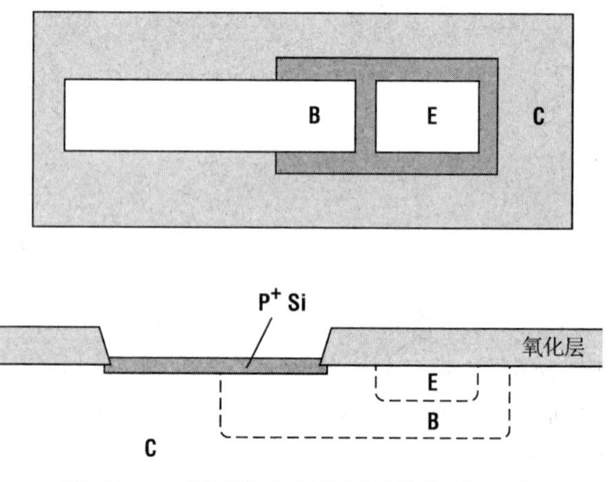

图 15.20 用于旁路双极型晶体管基区-收集区 PN 结的 PtSi 肖特基二极管

$$J = \frac{p}{\sqrt{3kTm}} \tag{15.10}$$

当气压为 10^{-6} Torr 时，氮的轰击速率为 17 个原子 $nm^{-2}\ s^{-1}$。因此，如果假设所有轰击到晶圆片表面的原子都被表面吸附，那么 1 s 之内就会淀积上一个单原子层厚度的原子。因此，除非使用了超高真空技术，否则不可能保证表面的清洁。但是，由于 Pt 在退火时会还原氧化层，并使氧化层变薄，因此，一个标准的预溅射工艺就足以保证金属和半导体之间的反应均匀进行。另外，保证溅射系统中没有氧泄漏进来也是非常重要的。为了获得良好的均匀性和工艺控制能力，一般把淀积速率控制为慢速。溅射腔中存在空气微漏或明显的水汽分压时，都会使金属薄膜被氧严重污染。这种污染导致二极管的电阻高，而且性能重复性差。

淀积好金属后，晶圆片在炉管中以 550℃左右的温度进行退火，使金属与硅之间发生反应。在退火快结束时，炉管中改通 O_2，使 PtSi 上面生长一层薄的 SiO_2。Pt 本身是不会氧化的。反应完成后，把晶圆片浸入 85℃的稀释的王水溶液中，以选择性地去除未反应的 Pt。在腐蚀过程中，PtSi 上面的 SiO_2 保护了 PtSi 不被腐蚀。最后，把晶圆片在 HF 溶液中浸一下以去除 SiO_2。PtSi 形成后，晶圆片温度不能超过 800℃，否则 PtSi 的形貌就会迅速退化。由于在退火反应过程中表面的硅被消耗，因此会在 PtSi 和 Si 之间形成清洁的界面。PtSi 和轻掺杂 N 型 Si 之间的势垒高度一般为 (0.85 ± 0.05) eV。

肖特基二极管在 GaAs 技术中的应用比在硅技术中的应用更广泛，其根本原因是 GaAs 不像硅那样有特殊的氧化物。因此，基本的 GaAs 场效应器件不是 MOSFET，而是 MESFET。为了使 MESFET 工作正常，其栅电极必须和沟道区之间形成肖特基接触，场效应晶体管的夹断电压直接取决于该肖特基二极管的势垒电压。另外，GaAs 技术中使用的所有金属都必须是淀积上的，它们和衬底之间不会发生反应。图 15.21 所示为一个典型的 GaAs MESFET 的剖面图。GaAs MESFET 通常采用 WSi 和 WSi/W 作为栅电极，但是有时也会采用 Al、Cr、Ti 和 Mo 来做栅电极。GaAs MESFET 还可以采用 CoAl 合金来做栅电极，它的热稳定性好，且肖特基势垒高度可以达到 0.9 eV[37]。WSi_x 可以采用 CVD 方法[38]通过组合成分的靶溅射，或者通过更常用的 W 和 Si 的共溅射方法[39]来淀积生成。最理想的组合成分看起来是 $WSi_{0.4}$[40]。Ga 在 WSi 中的扩散不像在其他金属中那样快，从而防止了界面的退化。出于和多晶硅常常用作硅 MOSFET 栅电极一样的原因，WSi 也常常用作砷化镓 MESFET 的栅电极。WSi 是一种难熔金属，可以经受后续的高温工艺[41]。这意味着栅电极可以作为源、漏区的注入掩蔽膜，从而使源、漏扩散区与栅电极实现自对准(参见第 17 章的介绍)。对于砷化镓 MESFET 来说，在 W 中掺入原子百分比为 0.8%的 Al 的合金也是一种有吸引力的栅电极材料，它的热稳定性更好，且比 W 的势垒高[42]，还比 WSi 的电阻低[43]。

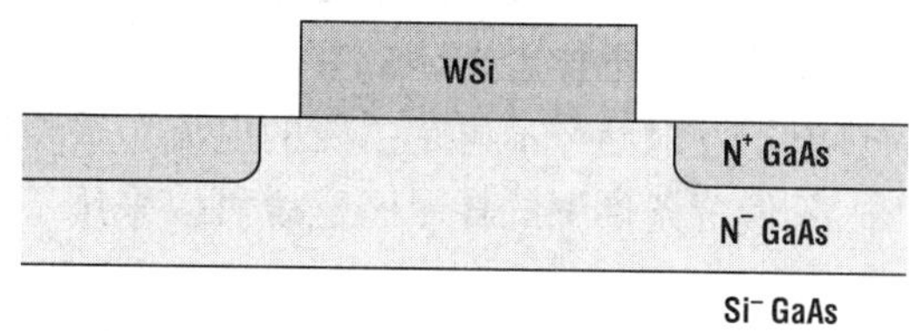

图 15.21　典型的 GaAs MESFET 结构

如图 15.19 所示，GaAs 中肖特基二极管的势垒约为 0.8 eV，且基本上与金属无关。许多化合物半导体都具有与此相类似的特性。这对 MESFET 电路是一个严重的问题。举例来说，以 InP 为基础的材料，它的某些电学特性要优于 GaAs，但是由于没有合适的金属材料可以使得它的肖特基势垒超过 0.4 eV[44]，因此实际上就使得它不能应用在 MESFET 中。即使在砷化镓 MESFET 中，其栅电极的正偏电压也不能超过 1 V 太多，否则将会造成严重的栅极漏电。栅极漏电会使器件功耗增大并降低了器件的性能，这一点极大地限制了互补型砷化镓电路的应用潜力。肖特基势垒还与界面质量有很大的关系。界面质量差会造成理想因子变大，势垒高度降低。已经证实，采用溅射法清洁界面可以在很大程度上降低砷化镓 MESFET 夹断电压的不均匀性[45]。

已经有几种方法试图提高 GaAs 中的肖特基势垒高度。一种方法是在半导体表面进行浅层掺杂，这被称为电荷薄层(charge sheet)或δ掺杂(delta doping)[46]。薄层中的载流子将会被耗尽，但是留下来的离化电荷足以将势垒高度提高零点几电子伏特[47]。另一种方法是在 GaAs 和 WSi 之间使用单原子层厚度的替代材料[48]，或单原子层厚度的宽禁带材料(AlGaAs)的异质结。后一种技术可以使势垒高度达到 1.0 ~ 1.2 eV[49]。这两种方法都需要用到 MBE 或 MOCVD 生长工艺。

15.7　注入形成的欧姆接触

我们经常需要制作与半导体之间的低阻欧姆接触。单位面积的接触电阻(也称为比接触电阻或接触电阻率)可以定义为

$$R_c = \left[\frac{\partial J}{\partial V}\right]_{V=0}^{-1} \tag{15.11}$$

根据式(15.9)，对于热电子发射，上式可以改写为

$$R_c = \frac{k}{qRT}\exp\left[\frac{\phi_b}{kT}\right] \tag{15.12}$$

由于势垒高度与衬底掺杂浓度的对数成比例，因此 R_c 应该随着掺杂浓度的增加而线性减小。这一关系直到掺杂浓度高至 $10^{18} \sim 10^{19}\ \text{cm}^{-3}$ 时仍然成立。对于更高的衬底掺杂浓度，R_c 与掺杂浓度的关系更加紧密，R_c 的数值可能会下降几个数量级。产生这个现象的原因是越过势垒的热电子发射已经不再是主要的电流传输机制。

零偏置条件下的耗尽区宽度可以采用下式来计算：

$$W_D = \sqrt{\frac{2k_s\varepsilon_0\phi_b}{qN_A}} \tag{15.13}$$

对于重掺杂的衬底，这个宽度会变得足够小，以至于载流子可以直接通过隧道效应穿过势垒(参见图 15.22)，而不再受限于越过势垒的热电子发射。在这一浓度范围内的单位面积接触电阻可以采用下式来近似：

$$R_c \approx A_0 \exp\left[\frac{C_2\phi_b}{\sqrt{N_D}}\right] \tag{15.14}$$

式中，

$$C_2 = \frac{4\pi}{h}\sqrt{m_n^* k_{Si}\varepsilon_0} \tag{15.15}$$

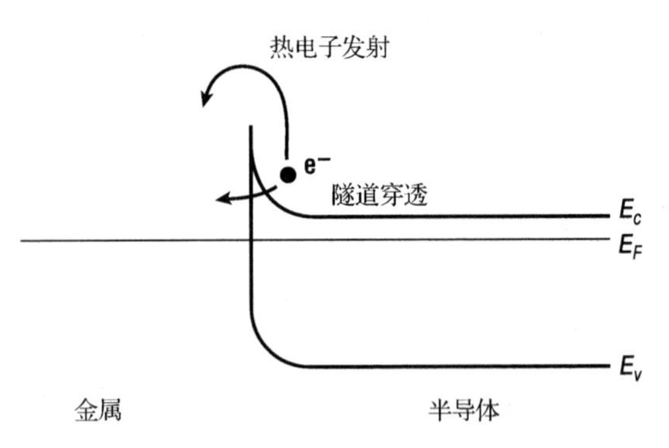

图 15.22　金属-半导体接触中两种典型的载流子传输机制

h 是普朗克常数，m_n^* 是半导体中电子的有效质量。计算 P 型衬底的接触时，m_n^* 则要换成空穴的有效质量 m_p^*。

从式(15.14)和式(15.15)中可以清楚地看出，要降低接触电阻，应当尽可能地提高衬底的掺杂浓度。或者，应当尽可能地降低势垒高度。后一种方法的问题在于，在许多半导体技术中，形成接触的半导体有两种导电类型，而这两种类型的半导体中总会有一种的势垒比较高，除非使用两种不同的金属。因此，为了形成欧姆接触，必须在一种或两种导电类型的半导体中制作重掺杂的结。一般而言，掺杂浓度越高，单位面积的接触电阻就越低。在半导体制造中经常可以实现 $10^{-8}\ \Omega\cdot cm^2$ 的单位面积接触电阻。

对于硅的欧姆接触的早期研究大多是用铝来进行的。铝很容易和 SiO_2 发生反应形成一层薄的 Al_2O_3，Al_2O_3 有助于 SiO_2 和铝之间的黏附。这个反应也有助于形成欧姆接触。

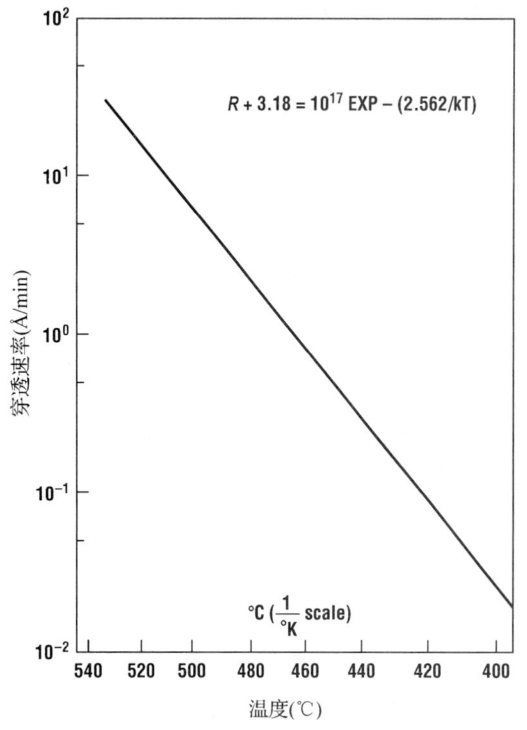

图 15.23　Al 在 Al_2O_3 中的穿透速率与温度的关系(引自 Wolf[1]，经 Lattice Press 许可使用)

为了形成与硅之间的低阻接触，大部分铝金属化工艺的最后一个步骤是低温退火或合金。合金一般在 450℃下进行，它起着几个作用。随着铝对自然氧化层的还原反应和分解，氧原子扩散到铝中，同时新鲜的铝原子扩散到金属-半导体界面。图 15.23 展示了铝在 Al_2O_3 中的扩散速率。在 450℃下合金 30 min 后，铝穿透 Al_2O_3 中的深度可以达到 1 nm 左右。正如铂的淀积一样，保证接触界面的氧化层尽可能地薄是十分重要的。在把晶圆片装入淀积腔之前，经常将其浸入非常稀的 HF 溶液中，以去除接触孔处的氧化层。在把晶圆片装入淀积腔后，经常要在淀积金属前立即进行一次溅射清洗。

尽管合金退火对形成低阻接触是必不可少的，但是它也有不良的副作用。图 15.24 是 Al/Si 系统的相图。如其中的插图所示，如果纯铝被加热到 450℃，且存在着一个硅源，那么硅将在铝中溶解直到硅的浓度达到大约 0.5%为止。如果样品加热到 525℃，硅的溶解浓度将达到大约 1%。当然，这里所谓的硅源就是硅晶圆片。尽管看起来硅的含量不大，但是金属线是一个庞大的吸收体。一旦硅溶于铝，它就会沿着铝的晶粒边界快速扩散，离开接触孔处。铝反过来移动到接触孔内，以填充硅离开后留下的空洞。这样形成的铝钉可以穿透进硅晶圆片中深达 1 μm 处。如果铝钉穿透了 PN 结，其结果就会造成短路。图 15.25 展示了铝钉形成并穿透的过程。

已经有几种方法可以用来降低硅中形成铝钉的倾向。最简单的方法是保证采用较深的 PN 结。从器件的观点来看，这并不总是一个好办法。第二种解决方法是用含有少量硅的 Al/Si 合金来代替纯铝。如果铝中硅的浓度超过了合金温度下硅的固溶度，就几乎不会发生铝钉现象。对于 500℃的合金工艺，Al/Si 合金中硅的典型浓度在 1% ~ 2%之间。使用 Al/Si 合金仍然存在一些问题。首先是硅的凝结问题。在低温下，铝中溶解的硅浓度超过其固溶度，这意味着将存在一个使硅凝结成团的力，凝结成的硅原子团直径一般在 0.5 ~ 1.5 μm 之间。这些硅原子团在铝的晶粒边界之间以及金属/半导体界面处形成。由于铝是硅的受主杂质，因此这些硅原子团都是 P 型重掺杂的。如果在 N 型硅和金属之间制作接触，那么这些 P 型的硅原子团就会使得接触电阻明显增大，尤其是在接触孔尺寸接近甚至小于硅原子团直径的情况下。另外，金属晶粒边界之间硅原子团的存在也带来了一个严重的可靠性问题。对于细金属线，硅原子团的大小接近于金属线的横截面积。当大电流流过金属线时，就会发生明显的局部升温，最终可能导致金属线失效。

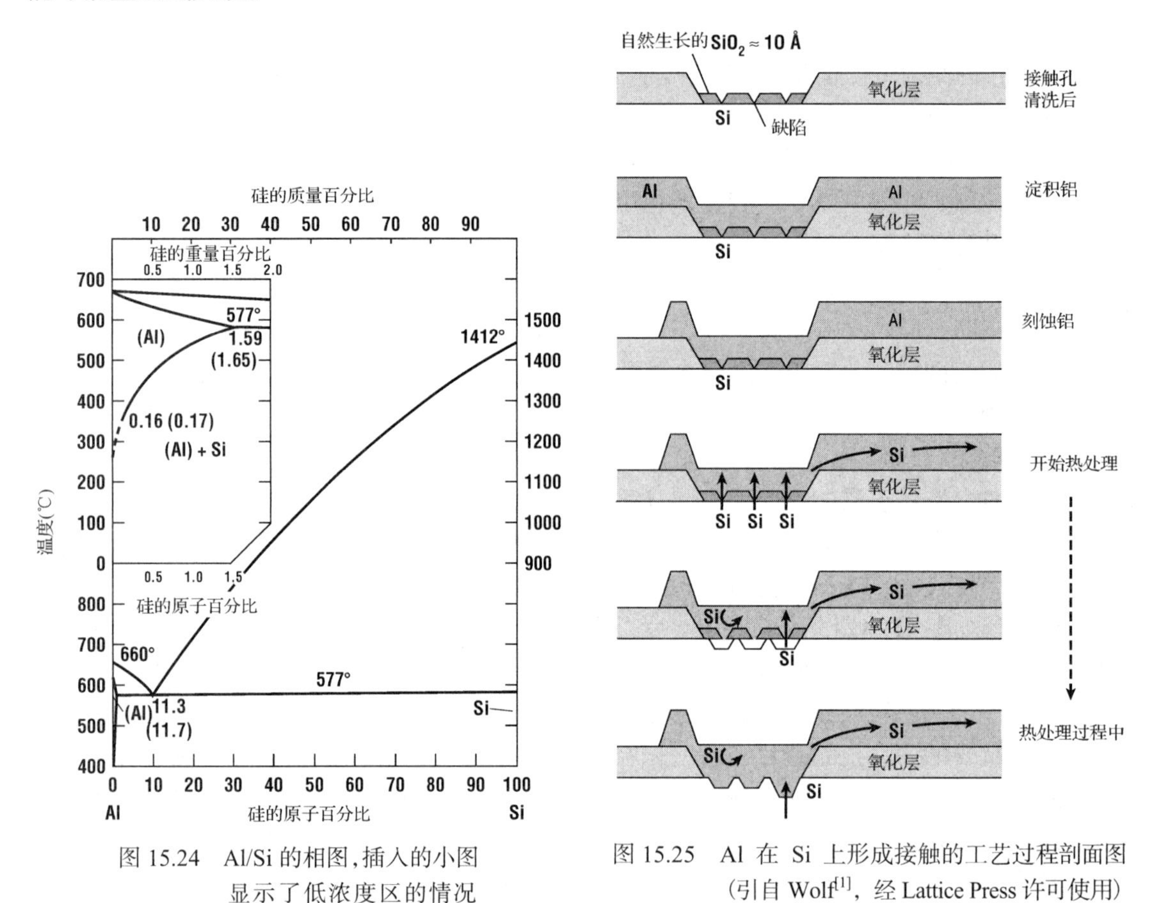

图 15.24 Al/Si 的相图，插入的小图显示了低浓度区的情况

图 15.25 Al 在 Si 上形成接触的工艺过程剖面图(引自 Wolf[1]，经 Lattice Press 许可使用)

对于非常浅的结(小于 0.2 μm 左右)，Al/Si 合金不再适用。这不仅是因为硅的凝结效应降低了铝中的硅浓度，也和导致接触失效的电迁移现象有关。在电迁移现象中，电子在外加电场的作用下加速移动并累积获得较高的能量，然后和铝原子发生碰撞。在某些情形下，碰撞传递给铝原子足够的动量，并将其推入衬底中。已经知道，电迁移现象随着结面积的减小而增强。为了制作出可靠的超浅结欧姆接触，必须使用一种阻挡层金属化工艺，即在铝的下面淀积一层薄的阻挡层金属。在典型的合金温度下，阻挡层金属必须具有硅和互连金属在其中的扩散率都很小的性质。阻挡层金属的导电性还必须较好，而且与半导体和互连金属之间具有好的黏附性。最早被广泛使用的阻挡层金属之一是一种 TiW 合金。阻挡层金属化工艺的典型做法是先溅射淀积一层 100 ~ 200 nm 厚的 TiW 合金(其中 Ti 的质量百分比为 10%，W 的质量百分比为 90%)，然后在不破坏真空的条件下淀积铝。有一些常用的方法可以改进这一基本工艺，包括在 TiW 下面使用 PtSi 或 $TiSi_2$ 以改善接触电阻。前面已经讨论过形成 PtSi 的工艺。$TiSi_2$ 的形成可以在炉管中进行[50]或在快速热处理设备中通过多步工艺进行[51]。TiW 工艺的一个缺点是溅射系统的腔壁上会有物质剥落下来[52]。这些剥落的碎片会降低 IC 的成品率。现在

使用得更广泛的阻挡层金属是难熔金属的氮化物。TiN 的使用最普遍，但是也有使用 TaN 和 WN 的。这些氮化物可以通过反应性溅射淀积，或通过 Ti①淀积后在含氮气氛中进行快速热退火来形成。在这种工艺中，Ti 或 TiW 是在氮气气氛中完成溅射的。氮进入晶粒边界并进一步降低了扩散速率。人们认为，扩散率的降低是由钝化效应引起的，因为钝化效应会使得晶粒边界的扩散系数显著降低。采用这种方法制作的接触在高达 500℃的温度下仍然是稳定的。另外，也可以采用无定型的金属氮化物来避免晶粒边界效应。

对于纳米尺度的器件，所有采用溅射法制备的阻挡层金属都存在一个共同的缺点。在这类纳米尺度器件中，接触孔的深宽比很大。在这样的接触孔中，溅射法将不能在接触孔底部均匀地淀积金属。靠近孔边缘处的阻挡层金属将会很薄。而且，阻挡层金属也不能改善接触孔处的平坦性。因此，互连金属在进出接触孔时的台阶覆盖也不好。正如我们在 13.8 节中所讨论的，一种已经得到较普遍应用的接触方法是采用化学气相淀积(CVD)方法实现的钨塞填充(参见图 15.26)。

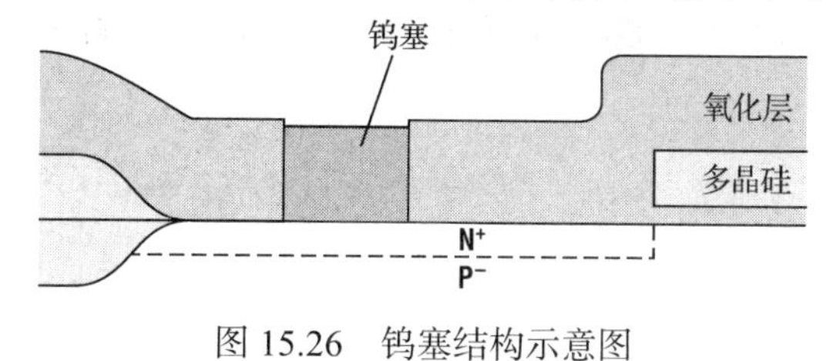

图 15.26　钨塞结构示意图

15.8　合金接触

硅工艺中基本上都采用离子注入法形成接触，与此不同的是，在 GaAs 和其他化合物半导体中，大多数接触是采用合金法制作的[53]。为了形成一个与 N 型 GaAs 之间的欧姆接触，首先必须清洗晶圆片。一种典型的工艺是将晶圆片放在有机溶液中冲洗，然后再用去离子水冲洗。包括 GeMoW[54]和 $GeWSi_2Au$[55]在内的多种金属化工艺都已经用于制作 N 型 GaAs 的欧姆接触，但是最常用的接触金属还是 NiAuGe。在这种工艺中，晶圆片在一个蒸发设备中先淀积厚度为 100 ~ 150 nm 的 AuGe 共晶体，其中 Au 的质量百分比为 88%，而 Ge 的质量百分比为 12%。然后再淀积厚度为 10 ~ 50 nm 的 Ni。在 Ni 的上面还可以添加淀积一层难熔的阻挡层金属和金层，以减小金属线的电阻。再将晶圆片在 450℃下，在 H_2/N_2 混合气氛中退火 30 min 就形成了欧姆接触。据报道，用这种技术制作的接触电阻率已达到 $10^{-6}\,\Omega\cdot cm^2$。

在合金接触的形成过程中，Au 和衬底中的 Ga 发生反应，形成不同的合金，并留下高浓度的 Ga 空位。Ge 会扩散进 GaAs，并占据 Ga 的晶格位置，使得 GaAs 呈 N 型重掺杂[56]。用这种方法制作的欧姆接触的单位面积接触电阻与轻掺杂衬底中的掺杂浓度成反比[57]，而与接触处的掺杂浓度无关，尽管接触处的掺杂浓度可以高达 $5\times10^{19}\ cm^{-3}$。已经发现，Ge 并不是均匀地穿透接触表面。相反，接触是在一个半径为 r 的半球形小坑(参见图 15.27)内形成的，这一点已经用电学方法[58]和 TEM[59]观察到。因此，单位面积接触电阻将有两个分量，一个分量是隧穿接触电阻，它的大小与 GaAs 中的 Ge 掺杂浓度(N_D)有关；另一个分量是低掺杂区 Ge 杂质的扩展电阻。因此，总的单位面积接触电阻是

$$R_c \approx A_o \exp\left[\frac{C_2\phi_b}{\sqrt{N_D}}\right] + D^2\frac{\rho}{\pi r} \tag{15.16}$$

---

① 原文误为 TiN。——译者注

式中，D 是接触小坑之间的平均距离，ρ 是衬底的电阻率。上式表明，减小 Ge 杂质小坑之间的间距对降低单位面积接触电阻是有利的。但是这一点在实际中难以实现。

另一方面，可以通过提高接触点附近(而不是接触处)的掺杂浓度来降低单位面积接触电阻。最常用的方法是离子注入。现在 GaAs 技术正普遍采用注入合金接触工艺。这种工艺带来的一个问题是它同时含有肖特基接触和欧姆接触。图 15.28 所示为一个带有离子注入接触的 MESFET 剖面图。这里重要的是，离子注入区要与栅电极区偏离开。如果离子注入区延伸到栅电极下面，将会使栅漏电显著增大。虽然可以先淀积一层介质层，然后再在接触处直接进行离子注入，但这种方法的缺点是使 MESFET 和接触之间有一个较大的串联电阻。在后面的第 17 章中我们将会看到，这将严重影响器件的性能。为了实现接触区的自对准离子注入，已经发展了几种技术。

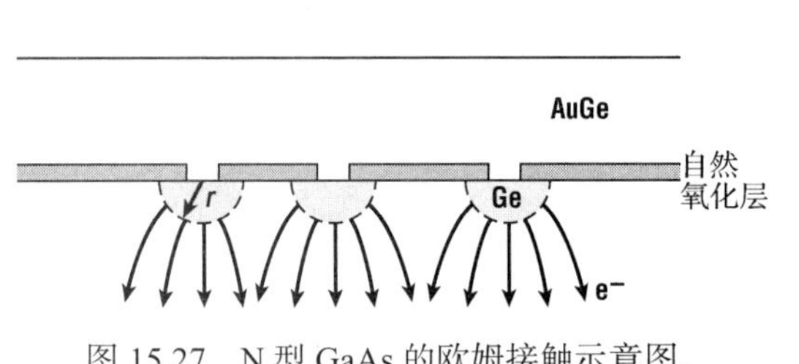

图 15.27　N 型 GaAs 的欧姆接触示意图，图中示出了小半球形接触区的形成和它引起的电流聚集现象

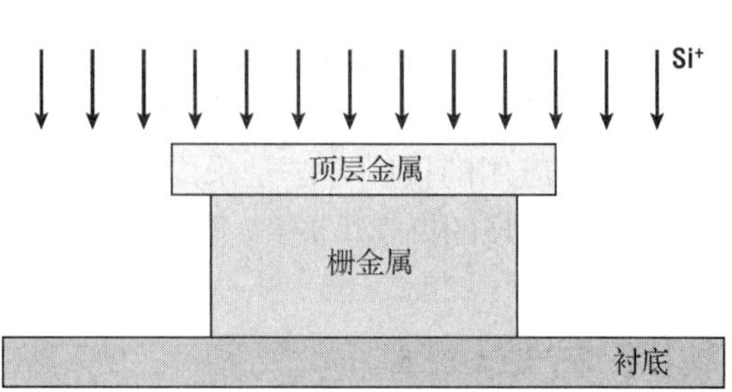

图 15.28　采用离子注入降低接触电阻的低阻 MESFET 器件剖面图

对 P 型 GaAs 的合金欧姆接触的研究则没有那么详细，这部分是因为 GaAs 中空穴的迁移率比较低。制作 P 型 GaAs 的合金欧姆接触的大致过程与 N 型 GaAs 一样，只不过使用的金属通常是 Au-Zn 合金[60]，其中 Zn 的质量百分比为 5%～15%。这种金属结构可以通过蒸发法或溅射法来制备[61]。由于 Zn 是 II 族材料，因此当它占据 Ga 的位置时将使 GaAs 呈 P 型掺杂。这种欧姆接触可以在炉管或快速热处理设备中形成[62]。和 N 型 GaAs 相比，P 型 GaAs 欧姆接触的单位面积接触电阻已经小于 $10^{-6}\ \Omega\cdot \mathrm{cm}^2$。但是，由于 Zn 的蒸气压较高，因此这些 P 型 GaAs 欧姆接触的热稳定性和可靠性并不太好。

另一种形成 GaAs 低阻欧姆接触的方法是在淀积的金属层中使用铟，一般将铟淀积在靠近 GaAs 表面的淀积层中。铟不会使 GaAs 掺杂。相反，它在界面附近形成 $Ga_xIn_{1-x}As$ 化合物，其中 x 的值在通过界面时，从 1 平滑地变到 0。这些化合物的势垒较低，因此改善了欧姆接触的性能[63]，而且这种接触的热稳定性也比用传统方法制备的接触要好[64]。

15.9　多层金属化

本节将讨论在接触点和压焊块之间制作连接的问题。在这方面，硅技术和 GaAs 技术采用的方法非常不同。在很大程度上，这是因为这两种技术的设计目标差别很大。大多数硅技术的设计目标是为了获得高集成度，而许多 GaAs 工艺的优化目的是为了高速模拟应用，密度只是第二位的考虑。GaAs 工艺经常只是简单地在 Ni 上方加上一层金来减小互连线的电阻。这层金属在晶体管制作完成后就直接淀积在晶圆片上。判断 GaAs 互连优劣的最重要的指标是互连线有可控的特征阻抗，它与器件的输入阻抗及输出阻抗相匹配。但是，随着近年来 GaAs 数字集成电路中包含的晶体管数目的增加，基于 GaAs 工艺技术的数字集成电路也不得不使用多层互连线。在实现多层互连时，有时将硅技术中已经使用多年的同样的金属化工艺移植到 GaAs 技术中，作为基本的 MESFET 技术的多层布线工艺。因此，我们将主要讨论与具体技术应用无关的金属化工艺。

评价互连工艺模块的指标可以有几项。对于数字电路最关键的是电容值。数字电路的开关延迟正比于每个结点上的电容值：

$$\tau \approx \frac{V_{\text{swing}} C_{\text{node}}}{< I_{\text{drive}} >} \tag{15.17}$$

另一方面，对于非常长的互连线，电路速度可能受到互连线的 *RC* 时间常数控制。无论在哪一种情况下，控制结点的电容都是必不可少的。

随着技术的进步，结点电容中由互连线引入的电容比例越来越大。互连线引入的电容可以是互连线与衬底之间的电容，也可以是互连线之间的电容。随着互连线密度的增加，互连线的宽度变得越来越窄。理论上，互连线和衬底之间的电容应当与互连线的宽度成正比。而实际上，边缘效应使得这个电容值比用简单的平行板电容模型预测的要大。当互连线宽度接近于氧化层厚度时就会出现这种边缘效应。由于边缘电容的存在，由互连线宽度的缩小引起的金属-衬底电容的减小量并不像人们预期的那样大。另外，互连线之间的电容是随着互连线间距的缩小而增大的，互连线之间的电容反比于互连线之间的间距。这样得到的结论就是：对于一个特定密度的电路，其片上电容存在一个最小值。有两种方法可以实现所需的互连线数量：缩小互连线的跨距或增加互连线的层数。由于串扰噪声的影响，金属线的跨距不能缩得过小[65]。因此，现代的 IC 工艺中互连金属层数正在不断地增加。对于硅工艺来说，现有的互连技术水平已经实现了 8 ~ 10 层金属互连线[66]。

随着光刻和刻蚀工艺的进步，现在已经有可能制作出间距比厚度小得多的互连线。在这种情况下，可以通过使用更薄的金属来显著降低互连线之间的电容。正如我们在第 13 章中所介绍的，这一点已经推动前沿的工艺技术采用铜代替铝来作为互连金属。一层 0.4 μm 厚的纯铜的薄层电阻与一层 0.65 μm 厚的 Al-Cu 合金的薄层电阻一样大。当然，我们必须十分小心确保铜不会进入到硅中。制造厂家则不仅要提供铜工艺的加工设备和晶圆片处理设施，而且还经常要提供铜工艺专用的作业区域，以尽量减小任何交叉污染的机会。

例 15.1　一根宽 0.25 μm 的金属线的长度为 500 μm。该金属线位于 0.5 μm 厚的 SiO_2 层上，且在它的两侧分别有一根和它完全一样的金属线。相邻两根金属线之间的间距为 0.25 μm。金属线之间也用 SiO_2 填充。忽略边缘效应，当金属线是 0.40 μm 厚的 Cu 和 0.65 μm 厚的 Al-Cu 时，分别计算这两种情况下金属线之间的电容和金属线-衬底电容的大小。

解答：在两种情况下，金属线-衬底电容均为

$$\begin{aligned} C_{w-s} &= \frac{(5.0\times10^{-2}\ \text{cm})\times(2.5\times10^{-5}\ \text{cm})\times3.9\times8.84\times10^{-14}\ \text{F/cm}}{5\times10^{-5}\ \text{cm}} \\ &= 8.6\ \text{fF} \end{aligned}$$

对于 Al 线，线间电容为

$$C_{w-w} = 2\times\frac{(5.0\times10^{-2}\ \text{cm})\times(6.5\times10^{-5}\ \text{cm})\times3.9\times8.84\times10^{-14}\ \text{F/cm}}{2.5\times10^{-5}\ \text{cm}}$$
$$= 90\ \text{fF}$$

对于 Cu 线，线间电容为

$$C_{w-w} = 55\ \text{fF}$$

在微波电路中，互连线的阻抗是重要的参数指标。为了获得高效的功率传输，互连线的特征阻抗必须与器件的输入阻抗相匹配。理想情况下，人们往往喜欢采用同轴互连线，即一个中心导体四周环绕着接地平面。这种连接方式已经证明可行，但是它也带来了密度和成本方面的限制。目前已经采用两种主要的方法来实现受控的阻抗和稳定的接地。一种常用的方法被称为**微波带状线路**或简称**微带线**(microstrip line)。在这个方法中，首先把晶圆片减薄，以达到设计线宽连线所需的特征阻抗。接着，在晶圆片背面淀积一层金属。淀积金属前先刻蚀出穿透晶圆片的通孔，以便与这层牢固的接地面接触。这些通孔的光刻和刻蚀需要采用一台红外光刻机从晶圆片的背面来进行。第二种制作阻抗受控的互连线的方法是采用共面波导。在这种方法中，信号线的两侧要分别设置一根接地线。这种方法不需要进行背面加工，但是它降低了 IC 的密度，并且也不能提供一个稳定的接地面。

大部分毫米波 IC(MMIC)，例如手机中所使用的射频功率放大器，通常只含有很少量的几个晶体管。也有许多微波元件是采用分立方式制造的。在这些微波 IC 和元件中，互连线密度一般不成问题，器件之间只用一层金属来进行连接。肖特基栅金属也经常用作平行板电容的第一层电极，而且如果需要，也可以采用 Ni-AuGe 作为电容的第二层金属。

在现代的硅工艺技术中，全局互连和局部互连之间存在着差异。尽管铝或铜的电阻率足够低，使得长条铝或铜互连线的性能在大多数情况下都不会降低，但是多晶硅的情况与铝或铜则不同。多晶硅的电阻率一般为 $10^{-4}\ \Omega\cdot\text{cm}$。直接附在多晶硅上面的金属硅化物减小了多晶硅的电阻，但是它的电阻率仍然要比铝高得多(参见表 15.1)。我们可以用一个集总电容模型来粗略地估算电路的延时。在这个模型中，可以把金属线当作是一个平行板电容的一面，因此可得：

$$C = \frac{LWk_{\text{ox}}\varepsilon_o}{t_{\text{ox}}} \tag{15.18}$$

和

$$R = \rho_{\text{met}}\frac{L}{Wt_{\text{met}}} \tag{15.19}$$

因此有：

$$RC \approx \rho_{\text{met}}\frac{\varepsilon_{\text{ox}}L^2}{t_{\text{met}}t_{\text{ox}}} \tag{15.20}$$

表 15.1 Si 和 GaAs 技术中常用的互连金属材料的性质

材　料	体电阻率(μΩ·cm)	熔点(℃)
Au	2.2	1064
Al	2.7	660
Cu	1.7	1083
W	5.7	3410
PtSi	30	1229
$TaSi_2$	40	2200
$TiSi_2$	15	1540
WSi_2	40	2165

图 15.29 展示了当金属下面的氧化层厚度为 1 μm 时，几种不同金属的集总延时与金属线长度之间的关系。这里要掌握的重要特征就是，电路的延时正比于互连线长度的平方。因此，设计者可以使用中等电阻率的材料来连接相邻的晶体管甚至相邻的电路单元，只要这些相邻的

晶体管或电路单元靠得比较近。这些材料经常被称为局部互连(local interconnect)材料。与用于多层互连中上面几层的铝或铜相比，这些局部互连材料有几个优点。它们可以经受住高温工艺处理。由于多晶硅可能已经用作 MOSFET 的栅电极或双极型晶体管的发射极，因此也经常使用多晶硅来做局部互连而不会增加额外的工艺制造成本。与此类似，现代的各种先进器件中经常会使用金属硅化物，这一点将在后面的第 16 章中讨论。这些金属硅化物也可以用作局部互连而基本上不会增加额外的工艺复杂度。

基于铝的合金材料被选作硅 IC 中的金属化材料已经有很多年了。前面已经介绍了铝合金的一个缺点，即 PN 结的铝钉现象。铝和 AlSi 合金的第二个缺点是电迁移效应。电迁移效应是指运载电流的电子把动量转移给导电金属的原子，从而使其移动(参见图 15.30)。这种移动产生金属原子的净流量。只要在沿着金属线的任何一处存在原子流量的散度不等于零，就会造成该处金属原子的逐渐消耗或积累。金属原子消耗的地方就会形成开路，金属原子积累的地方就会形成小丘。如果小丘积累得足够大，还会造成相邻的金属线或者甚至是上下层的金属线短路。对于铝金属化系统，这是一个特别严重的可靠性问题。最初工作正常的电路会因此而受损，并最终导致电路在使用中出现功能失效。

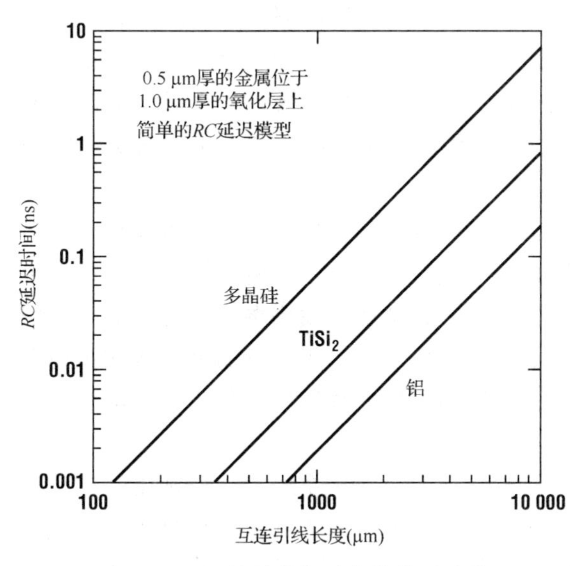

图 15.29　用简单的集总参数模型计算各种互连材料的时间常数

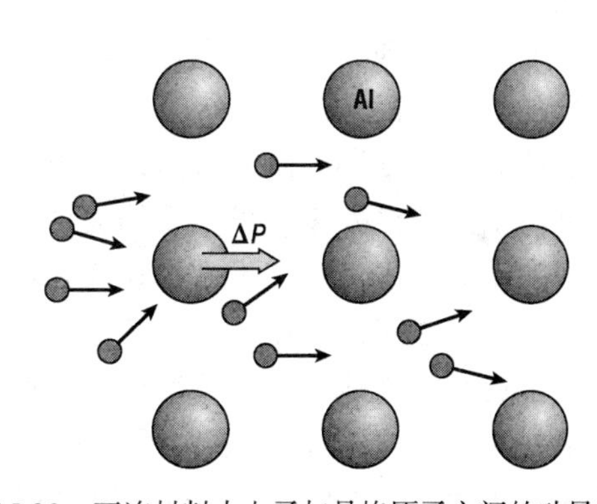

图 15.30　互连材料中电子与晶格原子之间的动量转移

布莱克公式给出了关于电迁移过程的一个唯象描述[67]：

$$\mathrm{MTF} = AJ^{-n}\exp\left[\frac{-E_A}{kT}\right] \tag{15.21}$$

式中，MTF 是平均失效时间，J 是电流密度，n 是一个拟合系数，其典型值约为 2[68]，E_A 是激活能，A 是一个常数。E_A 与金属原子的扩散率有关。在高温下(超过 350℃)，铝的激活能与铝的自扩散率近似匹配。但是在 IC 工作的较低温度下，电迁移的激活能会小一些。在这样的低温下，沿着铝晶粒边界的扩散占据主导地位。

图 15.31 展示了一种常见的金属原子流量发散机制。在金属线中的某一点，有三个铝晶粒会合在一起。其中一个晶面使原子流入这个交叉点，而另外两个晶面使原子流出。因此，通

过晶粒边界扩散的原子流出这个交叉点比流入要更加容易。经过一段时间后，这里将形成一个空洞。流量发散的第二个原因是存在温度梯度。由于扩散率与温度有关，因此将会有一个从金属线的较热部分流出的材料净移动。这最终也会产生一个空洞。经常在压焊块或存在热沉的接触孔附近观察到这种电迁移失效。在接触孔中的电迁移现象通常更为严重，这是因为经过台阶时的金属厚度会变得更薄。

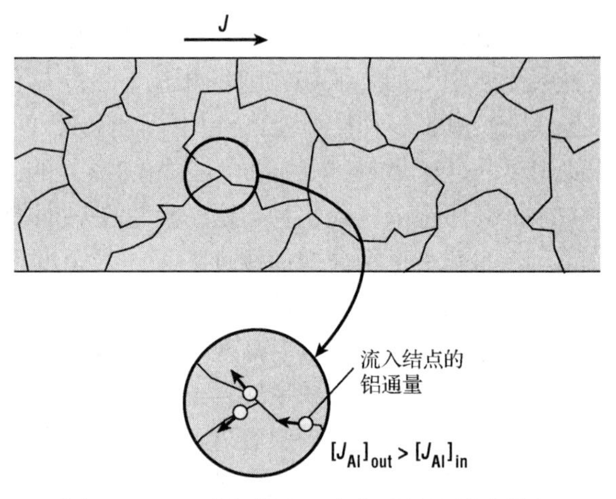

图 15.31 互连材料中一个典型的流量发散点

电迁移的加速试验可以这样进行：把晶圆片放在高温环境下并/或对其施加高密度的电流，测量晶圆片的 MTF，然后再外推出平时正常使用条件下的 MTF。该实验得到的结果就是有关最大直流电流的设计规则，这是为保证一定的使用寿命所允许的流经一条金属线的最大直流电流。一个经常使用的相对保守的数字是，对于 20 年的使用寿命，Al-Si 合金的最大电流密度为 10^5 A/cm^2。对于脉冲直流应力，可以采用占空比乘以电流密度来修正布莱克公式[69]。人们已经采用了多种不同的模型来解释交流电迁移实验的结果。在常用的平均电流模型中，人们发现用于脉冲直流测试[70]的公式同时也适用于单向交流应力和双向交流应力的情况。

有关电迁移现象的一个有趣的问题是：当线条宽度接近于晶粒尺寸时会发生什么？经过最后合金工艺的铝晶粒大小一般在 1 μm 量级，因此许多先进工艺技术中的金属线宽要小于金属的晶粒尺寸。早期的研究认为，由于竹节效应[71]的影响，金属的使用寿命会急剧提高。但是，进一步的测试发现，虽然平均失效时间增加了，但是仍然有相当部分的金属线在短得多的时间内就失效了。这些失效被认为是由于金属线中的晶粒尺寸存在统计分布，并最终是由于每三个晶体之间都存在一个交叉点而造成的。

为了提高互连线的电流传输能力，必须采用一种不同的金属化系统。一种常用的方法是在铝中加入 1% ~ 4%的铜。铜原子减少了铝中的晶粒边界扩散效应，因此大大提高了发生电迁移效应的激活能。人们认为 Al/Cu 合金在电流密度高达 10^6 A/cm^2 时仍然是可靠的。因加入铜而产生的问题在于它的等离子体刻蚀。铝互连线一般是用氯等离子体刻蚀的。由于各种氯硅烷的蒸气压较高，因此这种刻蚀系统也适合于硅的刻蚀。而在另一方面，氯化铜在温度低于 175℃时往往不易形成气体。由于大多数光刻胶都不能承受这样的高温，因此，在 Al/Cu 合金的刻蚀过程中，无法对晶圆片进行充分的加热以去除所有的铜。其结果是，金属线中的大多数铜在等离子体刻蚀后被保留下来。由于存在刻蚀残留物 $AlCl_2$ 以及空气中的水汽，含氯的等离子体刻蚀工艺容易腐蚀剩下来的金属。当采用 Al/Cu 合金时，金属中会形成 $AlCu_2$。这种化合物与 Al 发生电化学反应，从而促进了腐蚀过程。因此，必须小心确保把做完等离子体刻蚀后的晶圆片上的氯去除干净。这个工作有的时候可以通过在完成氯等离子体刻蚀后再进行惰性气体的等离子体清洗来实现。

对于精细线条的金属化系统，另一个影响可靠性的问题是应力引起的空洞效应[72]。这一效应会在金属中形成窄的小缝[73]或者宽一些的楔形小块[74]。这种效应是由金属和包封在它四周的绝缘层之间存在热膨胀系数的差异而造成的，并且很小的金属线宽进一步加剧了该效应。和电迁移一样，在金属铝中加入少量的铜[75]或采用难熔金属来取代铝都可以显著地降低应力引起的空洞效应。

人们已经提出了几种其他的金属化系统应用于硅集成电路。已经提出了在铝层上再增加一层难熔金属如 Ti 或 TiN[76]来减小电迁移效应。但是这种金属化系统的加工比较困难。在这方面最有希望的材料是钨。正如上一章中所提到的，接触孔深宽比的增大正在使得溅射工艺变得非常困难。一种可能的解决方法是使用 CVD 钨形成的接触孔塞[77,78]。正如在第 13 章 13.8 节中所讨论的，CVD 钨一般是在含有 WF_6 或 WF_6/SiH_4 混合气体的真空系统中淀积的。可以选择性地淀积钨[79]，也可以非选择性地淀积钨，然后再像沟槽隔离技术中一样进行钨的回刻(参见图 15.26)。人们发现，钨的淀积会消耗一些硅，但是这种消耗可以通过在淀积过程中加入 SiH_4 来减少。钨的淀积工艺可以并入一个单台多腔系统中去完成[80]。在这种工艺中，首先溅射底层的 TiW 或 TiN 来包封住源/漏区的表面，使其在淀积钨的过程中不会受到破坏[81]，而且这层 TiW 或 TiN 也可以用作金属和氧化层之间的黏附增强剂[82]。第二种可能的解决方法是用钨做一层互连金属。这种方法对于局部互连来说特别具有吸引力。由于在电路工作的温度下钨的自扩散率非常低，因此不存在电迁移的问题。看来把钨用作金属化系统的第一层金属可能会变得越来越普遍。

15.10　平坦化与先进的互连工艺

随着数字集成电路技术进入到纳米尺度范围，在几个因素的共同影响下，平坦化互连工艺模块已经变得非常流行了。其中最明显的一个因素是光刻工艺。随着成像物镜数值孔径的不断增大，聚焦深度减小了。另外，一般来说，非平坦化互连不仅有整个工艺中最高的台阶，而且其台阶形状经常接近陡直。解决这个问题的一种办法是把最小引线跨距(线宽加线距)的设计规则放宽，但是这会造成所需的互连金属层数增加。如果最低一层互连线的跨距为 x，则第二层互连线的跨距就可能是 $1.5x$，第三层可能是 $3x$，依次类推。另一方面，如果能用平坦化互连工艺模块来获得更精细的互连线跨距，那么这些工艺模块减少互连层数的能力所带来的好处就可能会超过它们增加的工艺复杂度。

在互连线跨距变得更加精细的同时，台阶高度通常不可以降低，这样会增大寄生电容和/或寄生电阻，其结果就形成了难以覆盖的更大深宽比的台阶结构。金属不仅在进出接触孔时必须要有良好的覆盖，而且在爬过底下几层的金属线时也必须要有良好的覆盖。当第二层金属中有一个向下连接到第一层金属的通孔时，台阶就会特别高。在一个极端的称为插塞(plug)结构的例子中(参见图 15.32)，第二层金属中的通孔可能正好和第一层金属与衬底之间的接触孔重叠在一起。

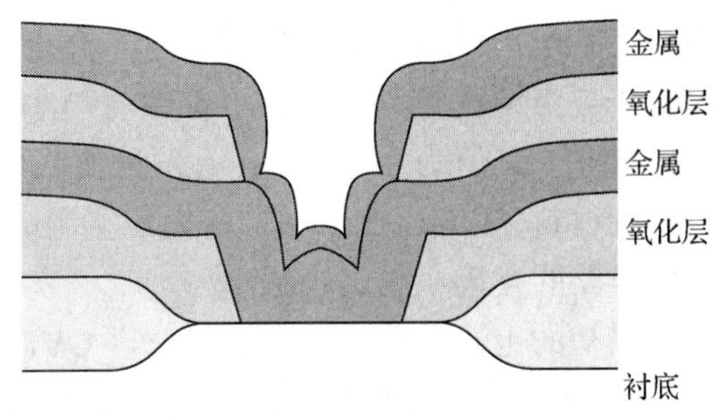

图 15.32　包含重叠在一起的接触孔和通孔的非平坦化插塞结构

一种早期普遍使用的平坦化工艺是牺牲氧化层回刻方法[83]。如图 15.33 所示，首先在刻有图案的金属层上淀积一层厚氧化层。接着，旋涂一层光刻胶在晶圆片上。再把晶圆片放进一个等离子体刻蚀系统。刻蚀气氛是 O_2 和 CF_4 或其他氟化物的混合气体。调整混合气体的组分，使其对光刻胶和 SiO_2 的刻蚀速率基本相同。由于第一层金属线上面的光刻胶厚度较薄，因此那里的氧化层将首先裸露出来。刻蚀过程直到大部分光刻胶都被去除后才停止。接下来可能再淀积第二层氧化层，如果需要的话，还可以再进行一次回刻工艺。

由于牺牲氧化层回刻工艺是跟随光刻胶的剖面形状进行的，因此它们只能实现局部区域的平坦化。这就是说，它们使台阶变缓，但是并不能形成真正平坦的表面。对于尺寸超过 50 μm 左右的图形，牺牲氧化层回刻工艺会丧失其平坦化的效果[84]，但是高温烘胶往往会使这个平坦化效果稍稍改善一些。另外，整个器件图形范围内的氧化层厚度也是不同的，这就意味着后续的刻孔工艺必须要有较高的选择比，而且不能有明显的横向刻蚀。如果刻蚀工艺也必须使氧化层的侧壁变缓的话，那么对刻蚀工艺的第二个要求就会难以实现。这些局部平坦化技术已经被化学机械抛光工艺所取代，这已经在第 11 章中讨论过。

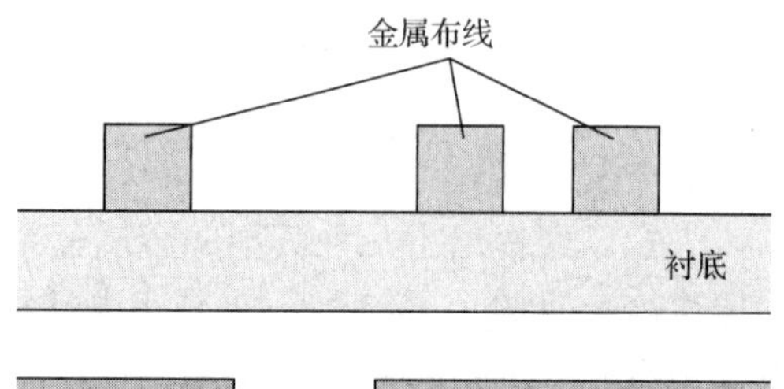

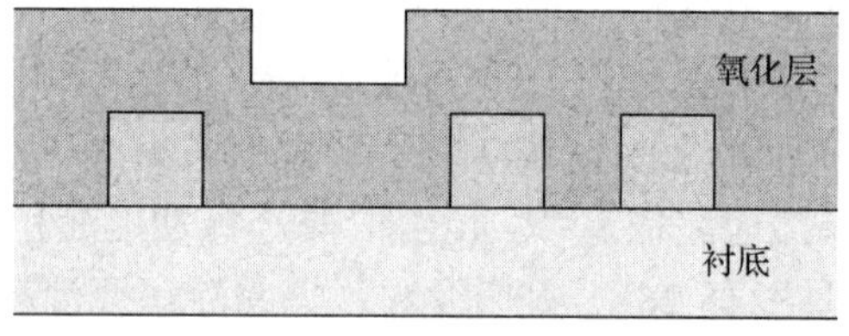

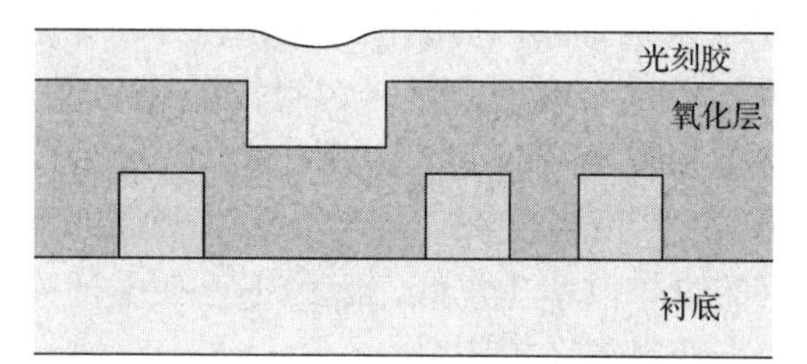

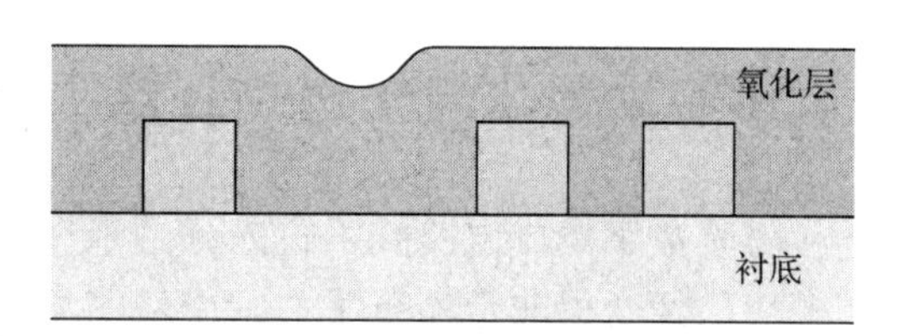

图 15.33　氧化层回刻平坦化工艺

从前面的讨论中可以清楚地看到，对于许多集成电路来说，互连电容是延时方程中最主要的一项。减小互连电容就可以降低结点电容，从而提高电路速度。减小互连电容最直接的方法是降低两层金属之间的绝缘层的介电常数（电容率），这层绝缘层通常被称为层间介质（ILD）。国际半导体技术发展路线图（ITRS）要求层间绝缘介质的相对介电常数从目前的 2.3 持续不断地降低到 2024 年的 1.4（有效值为 1.7）[85]。当一个外加电场施加到一个单一的介电层上时，其价电子云会偏离原子核和核电子。这种偏离会产生一个可以改变电场的偶极子。介电常数就是对这个偶极子所形成的电场大小的度量。价电子被束缚得越紧，其介电常数就越小。当然，可能的最小相对介电常数是真空中的相对介电常数，其值为 1。因此，有两种方法可以降低薄膜材料的介电常数：(1) 采用价电子紧密束缚的材料，和/或 (2) 采用带有大量空洞的多孔薄膜。这两种方法都已经被尝试用来制作先进集成电路的互连金属绝缘层。

最初的也是最简单的方法是改进 CVD 淀积的 SiO_2，通过提高参加硅中成键电子的局域性来降低 SiO_2 的介电常数。用 F 代替 SiO_2 中的 O 可以做到这一点。氟的浓度越高，SiO_2 的介电常数就越低。在一个 CVD 工艺中，通过在反应腔中使用 CF_4 或者一些其他的含氟气体，可以很容易地在 SiO_2 中加入氟。如表 15.2 所示，“纯净的” CVD 淀积 SiO_2 的相对介电常数在 4.1 ~ 4.2 之间，通过加入足够量的氟，SiO_2 的介电常数可以下降到 3.2 左右，但是这时它的刻蚀速率会变得非常快。F 的加入使 SiO_2 玻璃变软，当 F 的浓度超过 6%时，SiO_2 玻璃的硬度明显降低，弹性系数也发生改变。当 F 的浓度较高时，SiO_2 薄膜还会吸收水分，从而导致金属的腐蚀[86]。这最终会使得金属刻蚀的终点难以控制，并且难以用 CMP 方法可控地去除绝缘层。掺 F 浓度非常高的 SiO_2 薄膜可以与上层和/或下层的不含 F 的“硬” SiO_2 层一起使用，否则，可用的掺氟 SiO_2 的介电常数的最小值为 3.4 左右。

表 15.2 在 TEOS/O_2 PECVD 工艺中用 C_2F_6 加入氟的效果

	C_2F_6 流速（mL/min）					
		0.8	2	3	4	5
Si-F 原子百分比	0	2.4	4.2	5.8	7.5	8.9
ε	4.2	3.92	3.67	3.45	3.28	3.19
应力（MPa）	−176	−135	−68	−36	15	35
腐蚀速率（在 10 : 1 的 BHF 溶液中腐蚀，单位为 nm/min）	110	310	492	915	1180	1350

介电常数随 F 的含量线性下降。

降低层间介质介电常数的第二步是通过引入碳-碳键来完全抛弃 SiO_2 基的材料。这些是脂肪族（即 σ 键）的键而不是π键。应用材料公司（Applied Materials）开发了一种类金刚石碳（DLC）材料，根据淀积条件的不同，DLC 的相对介电常数在 2.7 ~ 3.3 之间。但是，类金刚石碳与大多数薄膜之间都不能很好地黏附，因此必须采用叠层结构的黏附层[87]。目前已经发现了一个较好的解决方案是采用 SiCOH（其中各元素的组分取决于具体的应用场景），它可以利用三甲基硅烷或四甲基硅烷与 N_2O 在标准的 PECVD 系统中反应淀积。最早形成的热稳定 SiCOH 材料的相对介电常数在 3.1 左右[88]，现在这个数值又被进一步减小到 2.6，而且这种材料已经成为 65 nm 和 90 nm 技术节点的首选材料。

为了进一步降低 DLC 的介电常数，也可以在 DLC 薄膜中加入氟。掺氟的碳薄膜是非晶态的，其相对介电常数可以低至 2.0。相对介电常数在这个数值范围内的绝缘层也可以采用旋涂有机绝缘材料来形成，例如某种类型的聚酰亚胺[89]。掺氟的聚酰亚胺可以用于制作介电常数极低的薄膜[90]。一般来说，这些介电常数极低的层间介质存在的问题是机械强度低、易吸湿、形稳性差、击穿电场强度低、漏电流大、热稳定性差、热膨胀系数大、热导率低以及放气导致的通孔毒化效应[91]。聚酰亚胺与 CVD 钨一起使用时也会有问题，这是因为作为分解反应副产物的氟可以轻易地侵蚀绝缘层，从而导致空洞的形成和/或击穿电场强度降低。

目前得到大家公认的相对介电常数接近甚至低于 2 且可以使用的层间介质通常都是一些低密度材料，在低密度材料中，我们可以使用一个简单有效的介质近似公式来很好地描述这类材料的介电常数：

$$\varepsilon = x \times \varepsilon_{\text{oxide}} + (1-x) \times 1$$

式中，x 是填充系数。因此填充系数为 0.3 的 SiO_2 膜的有效介电常数约为 1.9。形成这种薄膜的一种简单方法是使用液态载体中的 SiO_2 颗粒研浆。经过旋转涂覆后对薄膜进行加热，以形成一种胶状的材料（参见图 15.34）[92]。接着进行温度更高的加热以挥发出薄膜中的大部分溶剂，最后对薄膜进行退火以获得预期的电特性。有时把形成的薄膜称为硅气凝胶。（更准确的称呼是干凝胶。气凝胶是在高压下以超临界速度干燥形成的，而且它的收缩率比较小。）这种薄膜的孔隙率可以高达 95%（x = 0.05），其相对介电常数为 1.1[93]。但是这种薄膜的结构稳定性很差。当然这并不是制备高孔隙率材料的唯一方法，读者可以通过参阅 Kohl 的综述性论文[85]

了解其他的制备方法。这类材料所具有的较差的机械特性和腐蚀特性表明采用这类材料来作为层间介质，几乎可以肯定必然是叠层结构，其中具有超低介电常数的材料构成其中的主要部分，但是其顶层一定是高强度的刻蚀终止层。因此技术发展路线图中提到的有效介电常数只是不同材料的介电常数按照其厚度的加权平均值而已。

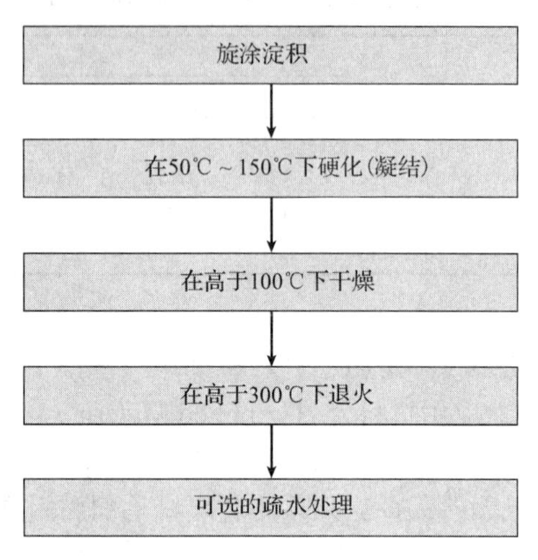

图 15.34　一个典型的形成气凝胶薄膜的工艺过程(引自 Ramos 等)

正如前面所建议的，可以采用厚度较薄的低电阻率互连金属材料来减小互连电容。室温下银(Ag)的电阻最低，但是它与 SiO_2 之间的黏附性不好，且在 SiO_2 中的扩散较快。另外，银的抗电迁移能力较差。由于铜的电阻率低，且其抗电迁移能力强(其最大电流密度约为 AlCu 合金的 10 倍)[94]，因此它已经被用作互连金属材料。铜的主要问题之一是缺乏一种合适的铜刻蚀工艺。这个问题已经通过采用所谓的大马士革镶嵌工艺(damascene process)得到解决。在这种镶嵌工艺中，首先各向异性地刻蚀层间介电层，接着淀积一层薄的阻挡层金属，例如 Ti、Ta、TaN 或 TiN 等[95]。然后淀积一层铜的种子层，再进行电镀加厚，使得最终铜的厚度超过 SiO_2 凹槽的深度，使其填满所有的 SiO_2 凹槽。最后采用 CMP 工艺去除多余的铜[96]。

通过采用镶嵌的铜同时形成互连线和通孔填充金属，可以使得简单的大马士革镶嵌工艺扩展成为一种双大马士革镶嵌工艺。有两种方法可实现双大马士革镶嵌工艺。如图 15.35 所示，第一种方法是首先刻蚀 ILD，露出前一层金属，然后用铜填充通孔，再用 CMP 去除多余的铜。接下来光刻和刻蚀出互连线凹槽图案，再进行第二次铜的填充和 CMP。第二种方法是，淀积铜之前先完成通孔和互连线凹槽的制作。通常在 ILD 中插入一层薄的 Si_3N_4 作为刻蚀的终点，以便标出哪里是通孔的顶部。这种工艺的缺点在于，具有最小特征尺寸的通孔图形的光刻必须在互连凹槽的底部进行。对于小尺寸的通孔来说，这是非常具有挑战性的工作。

采用铜互连工艺之后，电迁移效应就比采用铝引线要小得多了。由于铜的熔点较高(相应的其自扩散系数也比较低)，因此铜互连工艺典型的平均失效时间要比铝互连引线长 100 倍以上(参见图 15.36)[97]。这就允许互连线中流过更高的电流密度，而这正是现代集成电路中功率传输所迫切需要的。和采用铝互连引线时一样，采用铜互连工艺之后在铜与难熔金属钨的连接处或金属氮化物引线处仍然可以观察到电迁移现象。铜互连引线中的扩散主要是一种表面效应，除非这种引线的上下和侧边均覆盖了其他金属镀层。因此电迁移效应主要取决于互连引线的宽度，较细的互连引线比起较宽的互连引线要更容易由于电迁移效应而发生失效。

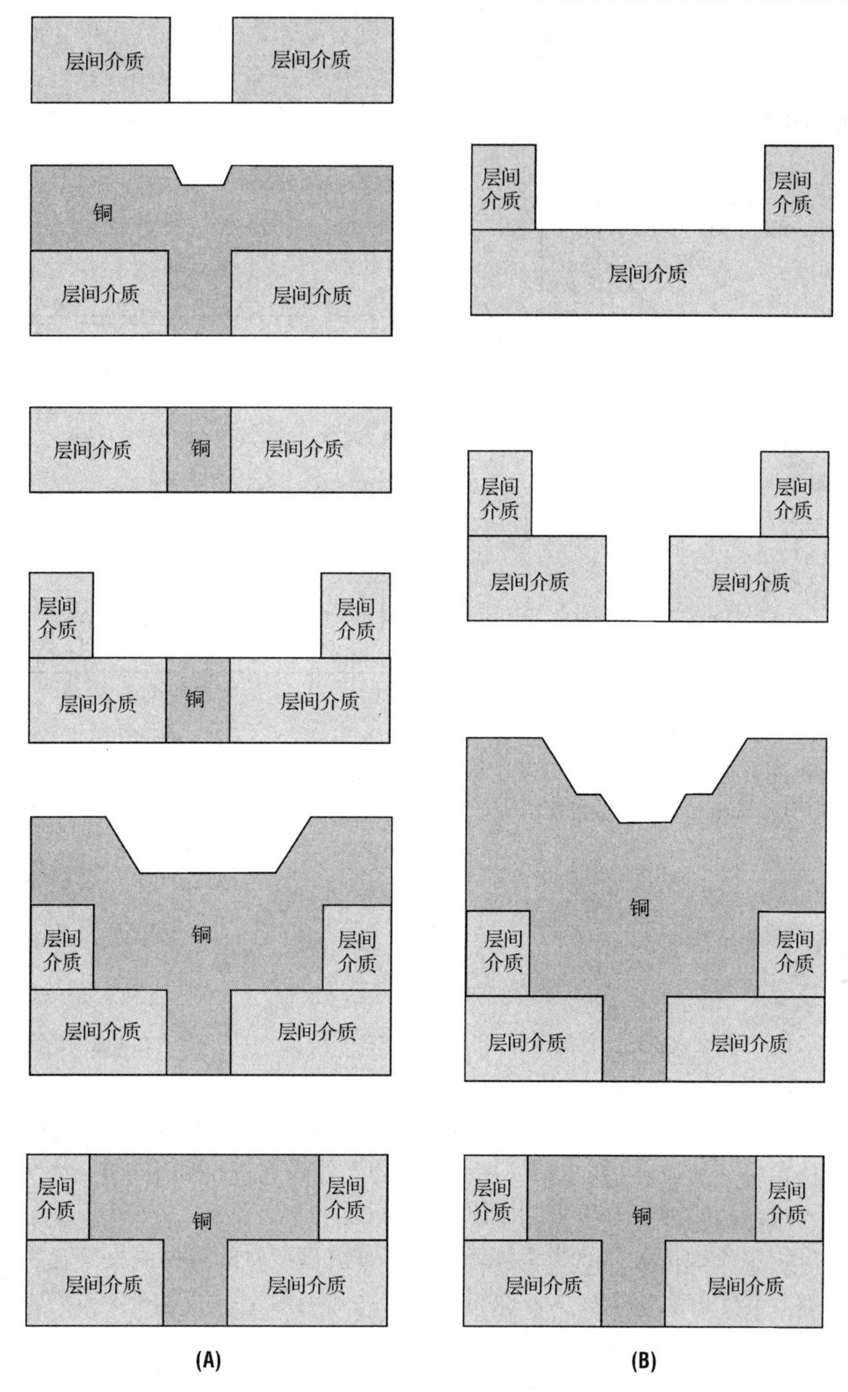

图 15.35　实现双镶嵌工艺的两种方法：(A)单镶嵌法；(B)双镶嵌法(引自 Price 等，经 Thin Solid Films 许可使用，1997)

目前铜互连工艺尚未解决的一个突出问题就是铜的电阻率的等比例缩小效应。采用电镀方法形成的铜互连引线是多晶形态的，其最低电阻率是在淀积之后经过一次低温退火工艺获得的。当铜互连引线的宽度接近或小于多晶的晶粒尺度时，晶粒就会沿着互连线的方向受到拉伸。在这种情况下，铜的电阻率就会显著增大(如图 15.37 所示)[98]。Maitrejean 等人研究了这个效应，并且发现表面和晶粒边界都对这个效应有贡献[99]。这个线宽尺度正好与目前光刻工艺水平发展的现状吻合，因此这也是对工艺技术发展的一个重要限制因素。这一点不仅对平坦表面的金属布线有影响，对填充接触孔的金属也是一样的。

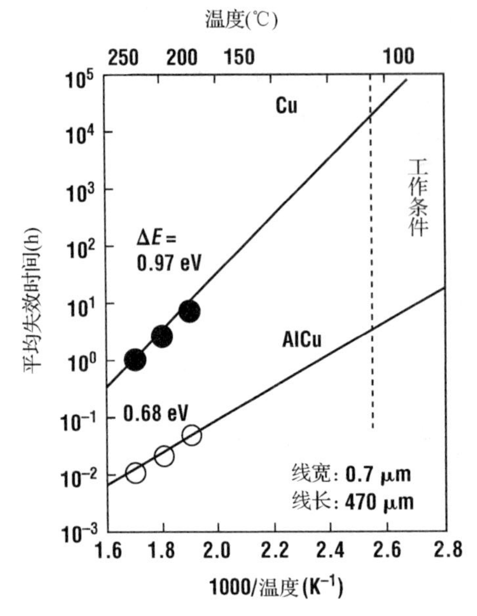

图 15.36 铜与铝铜合金互连线的平均失效时间(引自 Sun，经 IEEE 许可使用)

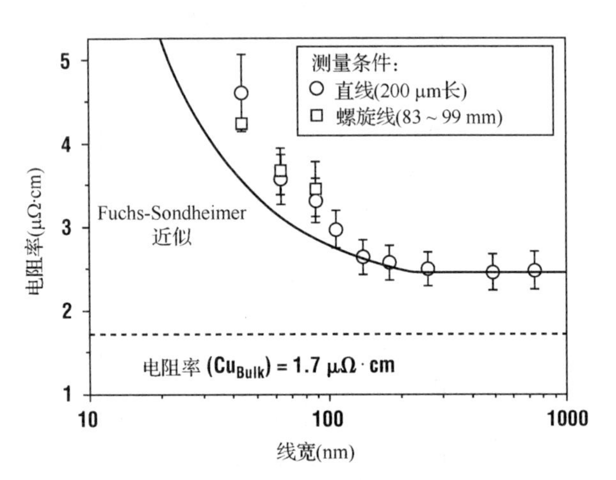

图 15.37 实测铜互连线电阻率的线宽效应实例(引自 Steinhogl 等，经 Journal of Applied Physics 许可使用, 2005, American Institute of Physics)

15.11 小结

本章讨论了用于器件隔离、接触形成和互连的工艺模块。最简单的隔离技术使用 PN 结隔离。基于 LOCOS 工艺的各种隔离方法已经被广泛使用，但是它们的缺点是存在氧化层的横向侵入，以及当 PN 结间距比较小的时候隔离效果不太理想。基于沟槽隔离工艺的方法已经普遍应用于亚微米技术中。在 GaAs 技术中，几乎所有的器件隔离都是采用半绝缘衬底实现的。可以采用质子注入或台面腐蚀的方法来制作出导电的 GaAs 岛。

接触可以分为整流型接触和欧姆型接触两类。整流型接触的势垒高度是金属/半导体界面特性的敏感函数。对于欧姆接触，为了获得较低的接触电阻率，需要在金属/半导体界面进行重掺杂。大多数硅技术采用离子注入法来实现重掺杂。人们已经开发出自对准硅化物技术来降低硅中浅结的串联电阻。许多 GaAs 技术采用合金法(有时通过离子注入)制作接触以实现可接受的较低的单位面积接触电阻。

高性能的互连技术要求在低电容量的介质材料上使用低电阻率的金属。对于硅基技术，铝合金的使用最广泛，但是现在铜正在逐渐取代铝。GaAs 技术中通常使用金作为互连金属。CVD 工艺淀积的 SiO_2 是多年来使用最普遍的介质材料，但是某些介电常数较低的薄膜材料，例如 SiO_xF_y 和 SiCOH 聚酰亚胺，已经成为纳米尺度 CMOS 集成电路中主要的层间介质。

习题

1. 在某些微波电路应用中，双极型晶体管的收集区是重掺杂的，使得器件可以工作在较大的直流偏置电流下。假设对于图 15.1 所示的简单集成电路结构，其 N 型收集区的掺杂浓度是 2×10^{17} cm^{-3}，如果加在基区–收集区 PN 结上的最大反偏电压是 5 V，那么晶体管之间隔离所需的最小基区–基区间距是多少？
2. 如果场区氧化层厚度是 5000 Å，寄生 MOS 晶体管的阈值电压是多少？假设没有界面态，金属–半导体功函数差为零，且衬底的掺杂浓度为 2×10^{15} cm^{-3}。
3. 采用 LOCOS 工艺的场区掺杂浓度为 4×10^{16} cm^{-3}，它被用来隔离两个扩散区，这两个扩散区可能外加的最大反偏电压均为 5.0 V。
   (a) 将上述最大反偏电压加到这两个扩散区上，试求出这两个扩散区能够保持相互隔离的最小距离。
   (b) 假设场区氧化层的厚度为 0.6 μm，且场区氧化层是理想的(既没有功函数差，也没有电荷和界面态)，试求出场区寄生 MOS 晶体管的阈值电压。
4. 在一个用于隔离两个 N$^+$区的 LOCOS 结构中，一条金属线爬过 0.5 μm 厚的 LOCOS 氧化层，构成了一个寄生的 MOSFET。假设两个 N$^+$区和金属线的电位都是相同的。衬底浓度(N_A)为 2×10^{16} cm^{-3}(P 型)，氧化层是理想氧化层，N$^+$区间距为 3.0 μm。计算寄生晶体管的阈值电压和两个 N$^+$区之间发生穿通所需的电压。比较哪一个电压更低？在怎样的衬底掺杂浓度下，这两个电压都不会低于 10 V？
5. 在图 15.12 所示的深槽中，如果衬底是均匀掺杂，且掺杂浓度为 1×10^{16} cm^{-3}，槽的深度为 5 μm，槽与底部之间的通路都耗尽所需外加的反向偏压是多少？
6. 计算室温下与浓度为 10^{17} cm^{-3} 的 N 型 GaAs 之间的单位面积接触电阻，假设金属的势垒高度为 0.8 eV。(提示：对式(15.7)求微分并在 $V=0$ 时计算电阻值。)
7. 用离子注入法形成了一个与 N 型硅之间的欧姆接触。当金属/半导体界面处的掺杂浓度为 1×10^{20} cm^{-3} 时，单位面积接触电阻为 5×10^{-6} Ω · cm^2。进行一次新的源/漏区离子注入，将金属/半导体界面处的掺杂浓度提高到 2×10^{20} cm^{-3}。假设 A_o 是固定的，势垒高度为 0.6 eV，$m^*=1.18\times m_o$，计算新的掺杂浓度下的单位面积接触电阻。计算在两种掺杂浓度条件下，一个大小为 0.5 μm × 0.5 μm 接触孔的纵向流动电阻。
8. 在掺杂浓度为 10^{14} cm^{-3} 的 P 型衬底上采用三重扩散方法制作双极型集成电路。每个收集区上所加的最大偏压为 10 V。假设 PN 结是单边突变的，计算器件之间所需的间距。(计算器件制作完成后收集区之间的距离。收集区之间的设计间距必须大于这个距离，以保证收集区推进时的横向扩散。)为了改善隔离性能，工艺中增加一个 P$^+$保护环。保护环至少必须有 3 μm 深才会有效。假设保护环的版图尺寸为 2 μm 宽，且最后的保护环扩散区不允许碰到收集区，保护环与收集区之间的光刻对准误差为 1 μm，再次计算收集区之间的最小间距。
9. 存储器生产厂家发现，用自对准硅化物取代多晶硅来制作长字线，可以减少器件的读取时间。假设字线长度为 1 cm，氧化层厚度为 1 μm，多晶硅和硅化物的厚度都是 0.5 μm，且它们的电阻率分别为 10^{-3} Ω · cm 和 10^{-4} Ω · cm。用简单的集总 RC 模型计算这两种材料的字线延迟时间(其中 SiO_2 的介电常数为 $3.9\times8.84\times10^{-14}$ F/cm)。

10. 在大学的实验室里可以制作简单的多晶硅栅 MOSFET。已知所制作的器件是 N 沟道的晶体管(即在 P 型衬底上形成 N^+的源漏区),接触孔表面的掺杂浓度为 8×10^{19} cm^{-3},接触孔长度为 3 μm,所用的金属为铝。假设晶体管的沟道宽度和接触孔的宽度均为 50 μm,如果该工艺的 A_o 是 10^{-11} $\Omega\cdot cm^2$,试求出该器件源漏区单位面积的接触电阻。(提示:在例 16.1 中将会求解采用铝作为接触金属的硅 NMOS 晶体管,你可以参考其中的部分结果,假设二者具有相同的势垒高度。)

11. 在离子注入形成的沟道层上用 Ni/Au/Ge 合金法制作一个与 N 型 GaAs 之间的欧姆接触,导电 GaAs 层的电阻率为 0.01 Ω·cm。在合金接触的区域,其表面掺杂浓度为 1×10^{19} cm^{-3}。已知 GaAs 中电子的有效质量为 $0.067\times m_o$。金属的势垒高度为 0.75 eV,且 GaAs 欧姆接触电阻指数表达式中的常数 A 为 10^{-8} $\Omega\cdot cm^2$。欧姆接触在金属/半导体界面处形成了许多小凹坑,这些凹坑的半径为 300 Å,其密度为 10^9 cm^{-2}。

    (a) 这个欧姆接触的单位面积接触电阻是多少$\Omega\cdot cm^2$?

    (b) 如果接触孔下面的掺杂浓度增加到 3×10^{19} cm^{-3},它的单位面积接触电阻会是多少?

12. 在高密度硅基集成电路中使用了一种先进的金属化工艺。这种工艺将采用几种新的材料。分别指出每种新材料的一项优点和一项缺点:

    (a) 采用 CVD 工艺淀积的钨;

    (b) 采用电镀工艺制备的铜;

    (c) 采用旋涂法制备的聚酰亚胺。

参考文献

1. For additional discussion on silicon process integration, the reader is referred to S. Wolf, *Silicon Processing for the VLSI Era Vol. 2, Process Integration*, Lattice Press, Sunset Beach, CA, 1990.
2. U.S. Patent 3,029,366, K. Lehovec (1959).
3. E. Kooi and J. A. Appels, in *Semiconductor Silicon 1973*, H. R. Huff and R. Burgess, eds., *The Electrochemical Symposium Series*, Pennington, NJ, 1973.
4. A. Bogh and A. K. Gaind, "Influence of Film Stress and Thermal Oxidation on the Generation of Dislocations in Silicon," *Appl. Phys. Lett.* **33**:895 (1978).
5. E. Kooi, J. G. van Lierop, and J. A. Appels, "Formation of Silicon Nitride at an Si/SiO_2 Interface During the Local Oxidation of Silicon in NH_3 Gas," *J. Electrochem. Soc.* **123**: 1117 (1976).
6. U.S. Patent 4,541,167, R. H. Havemann and G. P. Pollack (1986).
7. Y. Han and B. Ma, "Poly Buffered Layer for Scaled MOS," *VLSI Sci., Technology*, Electrochemical Society, Pennington, NJ, 1984, p. 334.
8. M. Ghezzo, E. Kaminski, Y. Nissan-Cohen, P. Frank, and R. Saia, "LOPOS: Advanced Device Isolation for a 0.8 μm CMOS/Bulk Process Technology," *J. Electrochem. Soc.* **136**:1992 (1989).
9. R. L. Guldi, B. McKee, G. M. Damminga, C. Y. Young, and M. A. Beals, "Characterization of Poly-Buffered LOCOS in a Manufacturing Environment," *J. Electrochem. Soc.* **136**:3815 (1989).

10. T.-H. Lin, N.-S. Tsia, and C.-S. Yoo, "Twin White Ribbon Effect and Pit Formation Mechanism in PBLOCOS," *J. Electrochem. Soc.* **138**:2415 (1991).
11. J. W. Lutze and J. P. Krusius, "Electrical Limitations of Advanced LOCOS Isolation for Deep Submicrometer CMOS," *IEEE Trans. Electron Dev.* **38**:242 (1991).
12. M. Mikoshiba, T. Homma, and K. Hamano, "A New Trench Isolation Technology as a Replacement of LOCOS," *IEDM Tech. Dig.*, 1984, p. 578.
13. T. Iizuka, K. Y. Chiu, and J. L. Moll, "Double Threshold MOSFETs in Bird's-Beak Free Isolation," *IEDM Tech. Dig.*, 1981, p. 380.
14. T. V. Rajeevakumar, T. Lii, Z. A. Wienberg, G. B. Bronner, P. MacFarland, P. Coane, K. Kwietniak, A. Megdanis, K. J. Stein, and S. Cohen, "Trench Storage Capacitors for High Density DRAMs," *IEDM Tech. Dig.*, 1991, p. 835.
15. K. Shibahara, Y. Fujimoto, M. Hamada, S. Iwao, K. Tokashiki, and T. Kunio, "Trench Isolation with ∇ Shaped Buried Oxide for 256 Mega-bit DRAMs," *IEDM Tech. Dig.*, 1992, p. 275.
16. C. W. Teng, C. Slawinski, and W. R. Hunter, "Defect Generation in Trench Isolation," *IEDM Tech. Dig.*, 1984, p. 586.
17. R. Kakoshke, R. E. Kaim, P. F. H. M. van der Meulen, and J. F. M. Westendorp, "Trench Sidewall Implantation with a Scanned Ion Beam," *IEEE Trans. Electron Dev.* **37**:1052 (1990).
18. W. Zagodon-Wosik, J. C. Wolfe, and C. W. Teng, "Doping of Trench Capacitors by Rapid Thermal Diffusion," *IEEE Electron Dev. Lett.* **12**:264 (1991).
19. F. S. Becker, H. Treichel, and S. Röhl, "Low Pressure Deposition of Doped SiO_2 by Pyrolysis of Tetraethylorthosilicate (TEOS)," *J. Electrochem. Soc.* **136**:3033 (1989).
20. K. Sunouchi, F. Horiguchi, A. Nitayama, K. Hieda, H. Takato, N. Okabe, T. Yamada, T. Ozaki, K. Hashimoto, S. Takedai, A. Yagishita, A. Kumagae, Y. Takahashi, and F. Masuoka, "Process Integration for 64M DRAM Using an Asymmetrical Stacked Trench Capacitor (AST) Cell," *IEDM Tech. Dig.*, 1990, p. 647.
21. S. Nag and A. Chatterjee, "Shallow Trench Isolation for Sub-0.25 μm IC Technologies," *Solid State Technol.*, September 1997, p. 129.
22. M. Nandakumar, "Shallow Trench Isolation for Advanced ULSI CMOS Technologies," *Proc. IEDM*, 1998, p. 133.
23. J. P. Benedict, "Shallow Trench Isolation with Oxide-Nitride/Oxynitride Liner," U.S. Patent 5,763,315, IBM.
24. A. Chatterjee, I. Ali, K. Joyner, D. Mercer, J. Kuehne, M. Mason, A. Esquivel, D. Rogers S. O'Brien, P. Mei, S. Murtaza, S. P. Kwok, K. Taylor, S. Nag, G. Harnes, M. Hanratty, H. Marchman, S. Ashburn, and I.-C. Chen, "Integration of Unit Processes in a Shallow Trench Isolation Module in a 0.25 mm Complementary Metal-Oxide Semiconductor Technology,"*J. Vacuum Sci. Technol. B* **15**(6):1936 (1997).
25. S. Wolf, *Silicon Processing for the ULSI Era*, Vol. 4, Lattice Press, Sunset Beach, CA, 2000, p. 441.
26. Y. Sugawara, T. Kamei, Y. Hosokawa, and M. Okamura, "Practical Size Limits of High Voltage IC's," *IEDM Tech. Dig.*, 1983, p. 412.
27. T. Aso, H. Mizuide, T. Usui, K. Akahane, N. Ishikawa, I. Hide, and Y. Maeda, "An Application of MSSD to Dielectrically Isolated Intelligent Power ICs," *1991 IEEE Int. Symp. Power Semiconductor Devices, and ICs*, M. A. Shibib and B. J. Baliga, eds., IEEE, Piscataway, NJ, 1991.
28. J. B. Lasky, S. R. Stiffler, F. R. White, and J. R. Abernathey, "Silicon on Insulator (SOI) by Bonding and Etch Back," *IEDM Tech. Dig.*, 1985, p. 684.
29. H. J. Quenzer and W. Benecke, "Low-Temperature Silicon Wafer Bonding," *Sensors, Actuators A* **32**:340 (1990).
30. J. G. Fleming, E. Roherty-Osmun, and N. A. Godshall, "Low Temperature, High Strength, Wafer-to-Wafer Bonding," *J. Electrochem. Soc.* **139**:3300 (1992).

31. P. V. Schwartz, C. W. Liu, and J. C. Sturm, "Semi-Insulating Crystalline Silicon Formed by Oxygen Doping During Low-Temperature Chemical Vapor Deposition," *Appl. Phys. Lett.* **62**:1102 (1993).
32. D. K. Ferry, *Gallium Arsenide Technology*, Harold W. Sams, Indianapolis, 1985.
33. G. M. Marin, J. P. Farges, G. Jacob, J. P. Hallais, and G. Poublaud, "Compensation Mechanisms in GaAs," *J. Appl. Phys.* **51**:2840 (1980).
34. H. J. von Bardeleben and B. Pajot, eds., "Recent Developments in the Study of the EL2 Defect in GaAs," *Rev. Phys. Appl.* **23**:727 (1988).
35. S. M. Sze, *Physics of Semiconductor Devices*, Wiley, New York, 1981.
36. C. A. Crider *et al.,* "Platinum Silicide Formation Under Ultra High Vacuum and Controlled Impurity Ambients," *J. Appl. Phys.* **52**:2860 (1981).
37. H. C. Cheng, C. Y. Wu, and J. J. Shy, "Excellent Thermal Stability of Cobalt-Aluminum Alloy Schottky Contacts on GaAs Substrates," *Solid-State Electron.* **33**:863 (1990).
38. T. Hara, A. Suga, and R. Ichikawa, "Properties of CVD WSi_x Films and CVD WSi_x/GaAs Schottky Barrier," *Phys. Stat. Sol. A* **113**:459 (1989).
39. J. Willer, M. Heinzle, N. Arnold, and D. Ristow, "WSi_x Refractory Gate Metal Process for GaAs MESFET's," *Solid-State Electron.* **33**:571 (1990).
40. M. Kanamori, K. Nagai, and T. Nozaki, "Low Resistivity W/Wsi_x Bilayer Gates for Self-Aligned GaAs Metal-Semiconductor Field Effect Transistor Large Scale Integrated Circuits," *J. Vacuum Sci. Technol. B* **6**:1317 (1987).
41. J. Willer, M. Heinzle, L. Schleicher, and D. Ristow, "Characterization of WSi_x Gate Metal Process for GaAs MESFET's," *Appl. Surf. Sci.* **38**:548 (1989).
42. H. Nakamura, Y. Sano, T. Nonaka, T. Ishida, and K. Kaminishi, "A Self-Aligned GaAs MESFET with W-Al Gate," *IEEE GaAs IC Symp. Tech. Dig.*, IEEE, Piscataway, NJ, 1983, p. 134.
43. T. Ohnishi, N. Yokoyama, H. Onodera, S. Suzuki, and A. Shibatomi, "Characterization of Wsi_x/GaAs Schottky Contacts," *Appl. Phys. Lett* **43**:600 (1983).
44. C. A. Mead and W. G. Spitzer, *Phys. Rev.* **134**:A173 (1964).
45. Y. Sekino, T. Kimura, K. Inokuchi, Y. Sano, and M. Sakuta, "Effect of Bias Sputtering on W and W–Al Schottky Contact Formation and Its Application to GaAs MESFETs," *Jpn. J. Appl. Phys.* **27**:L2183 (1988).
46. T.-H. Shen, M. Elliott, R. H. Williams, D. A. Woolf, D. I. Westwood, and A. C. Ford, "Control of Semiconductor Interface Barriers by Delta-Doping," *Appl. Surf. Sci. B* **(56–58)** 749 (1992).
47. R. A. Kiehl, S. L. Wright, J. H. Margelin, and D. J. Frank, *Proc. IEEE Cornell Conf.*, 1987, p. 28.
48. S. T. Ali and D. N. Bose, "Improved Au/n-GaAs Schottky Barriers Due to Ru Surface Modification," *Mater. Lett.* **12**:388 (1991).
49. N. C. Cirillo, J. K. Abrokwah, and M. S. Shur, "Self-Aligned Modulation-Doped (Al,Ga)As/GaAs Field-Effect Transistors," *IEEE Electron Dev. Lett.* **EDL-5**:129 (1984).
50. C. Y. Ting, S. S. Iyer, C. M. Osborn, G. J. Hu, and A. M. Schweigart, *Electrochem. Soc. Ext. Abstr.* **82-2**:254 (1982).
51. C. Mallardeau, Y. Morand, and E. Abonneau, "Characterization of $TiSi_2$ Ohmic and Schottky Contacts Formed by Rapid Thermal Annealing Technology," *J. Electrochem. Soc.* **136**:238 (1989).
52. E. Waterman, J. Dunlop, and T. Brat, "Tungsten-Titanium Sputtering Target Processing Effects on Particle Generation and Thin Film Properties for VLSI Technology," *IEEE VLSI Multilevel Interconnect Conf.*, 1991, p. 329.
53. T. Sands, "Compound Semiconductor Contact Metallurgy," *Mater. Sci., Eng. B* **1**:289 (1989).

54. C. Dubon-Chevallier, P. Blanconnier, and C. Bescombes, "GeMoW Refractory Ohmic Contact for GaAs/GaAlAs Self-Aligned Heterojunction Bipolar Transistors," *J. Electrochem. Soc.* **137**:1514 (1990).
55. R. P. Gupta, W. S. Khokle, J. Wuerfl, and H. L. Hartnagel, "Design and Characterization of a Thermally Stable Ohmic Contact Metallization on n-GaAs," *J. Electrochem. Soc.* **137**:631 (1990).
56. J. H. Pugh and R. S. Williams, "Boundary Driven Loss of Gas-Phase Group V Sources for Gold/III-V Compound Semiconductor Systems," *J. Mater. Res.* **1**:343 (1986).
57. J. B. B. Oliveira, C. A. Olivieri, and J. C. Galzerani, "Characterization of NiAuGe Ohmic Contacts on n-GaAs Using Electrical Measurements, AUGER Electron Spectroscopy and X-ray Diffractometry," *Vacuum* **41**:807 (1990).
58. M. Kamada, T. Suzuki, T. Taira, and M. Arai, "Electrical Inhomogeneity in Alloyed AuGe-Ni Contact Formed on GaAs," *Solid-State Electron.* **33**:999 (1990).
59. T. S. Kuan, P. E. Baston, T. N. Jackson, H. Rupprecht, and E. L. Wilke, "Electron Microscope Studies of an Alloyed Au/Ni/Au-Ge Ohmic Contacts to GaAs," *J. Appl. Phys.* **54**:6952 (1983).
60. T. Sanada and O. Wada, "Ohmic Contacts to p-GaAs with Au/Zn/Au Structures," *Jpn. J. Appl. Phys.* **19**:L491 (1980).
61. H. J. Gopen and A. Y. C. Yu, "Ohmic Contacts to Epitaxial p-GaAs," *Solid-State Electron.* **14**:515 (1971).
62. Y. Lu, T. S. Kalkur, and C. A. Paz de Araujo, "Reduced Thermal Alloyed Ohmic Contacts to p-Type GaAs," *J. Electrochem. Soc.* **136**:3123 (1989).
63. A. A. Lakhani, "The Role of Compound Formation and Heteroepitaxy in Indium-Based Contacts to GaAs," *J. Appl. Phys.* **56**:1888 (1984).
64. T. S. Kalker, "Preliminary Studies on Mo-In-Mn Based Ohmic Contacts to p-GaAs," *J. Electrochem. Soc.* **136**:3549 (1989).
65. D. C. Thomas and S. S. Wong, "A Planar Interconnect Technology Utilizing the Selective Deposition of Tungsten—Multilevel Implementation," *IEEE Trans. Electron Dev.* **39**:901 (1992).
66. S. R. Wilson, J. L. Freeman Jr., and C. J. Tracey, "A Four-Metal Layer, High Performance Interconnect System for Bipolar and BiCMOS Circuits," *Solid State Technol.*, November 1991, p. 67.
67. J. R. Black, "Electromigration: A Brief Survey and Some Recent Results," *IEEE Trans. Electron Dev.* **ED-16**:338 (1969).
68. P. B. Ghate, "Electromigration Induced Failures in VLSI Interconnects," *Proc. IEEE 20th Int. Rel. Phys. Symp.*, 1982, p. 292.
69. J. M. Towner and E. P. van de Ven, "Aluminum Electromigration Under Pulsed D.C. Conditions," *21st Annu. Proc. Rel. Phys. Symp.*, 1983, p. 36.
70. J. A. Maiz, "Characterization of Electromigration Under Bidirectional (BDC) and Pulsed Unidirectional Currents," *Proc. 27th Int. Rel. Phys. Symp.*, 1989, p. 220.
71. S. Vaidya, T. T. Sheng, and A. K. Sinha, "Line Width Dependence of Electromigration in Evaporated Al-0.5%Cu," *Appl. Phys. Lett.* **36**:464 (1980).
72. T. Turner and K. Wendel, "The Influence of Stress on Aluminum Conductor Life," *Proc. IEEE Int. Rel. Phys. Symp.*, 1985, p. 142.
73. H. Kaneko, M. Hasanuma, A. Sawabe, T. Kawanoue, Y. Kohanawa, S. Komatsu, and M. Miyauchi, "A Newly Developed Model for Stress Induced Slit-like Voiding," *Proc. IEEE Int. Rel. Phys. Symp.*, 1990, p. 194.
74. K. Hinode, N. Owada, T. Nishida, and K. Mukai, "Stress-Induced Grain Boundary Fractures in Al-Si Interconnects," *J. Vacuum Sci. Technol. B* **5**:518 (1987).
75. S. Mayumi, T. Umemoto, M. Shishino, H. Nanatsue, S. Ueda, and M. Inoue, "The Effect of Cu Addition to Al-Si Interconnects on Stress-Induced Open-Circuit Failures," *Proc. IEEE Int. Rel. Phys. Symp.*, 1987, p. 15.

76. P. Singer, "Double Aluminum Interconnects," *Semicond. Int.* **16**:34 (1993).
77. R. A. Levy and M. L. Green, "Low Pressure Chemical Vapor Deposition of Tungsten and Aluminum for VLSI Applications," *J. Electrochem. Soc.* **134**:37C (1987).
78. R. J. Saia, B. Gorowitz, D. Woodruff, and D. M. Brown, "Plasma Etching Methods for the Formation of Planarized Tungsten Plugs Used in Multilevel VLSI Metallization," *J. Electrochem. Soc.* **135**:936 (1988).
79. D. C. Thomas, A. Behfar-Rad, G. L. Comeau, M. J. Skvarla, and S. S. Wong, "A Planar Interconnect Technology Utilizing the Selective Deposition of Tungsten—Process Characterization," *IEEE Trans. Electron Dev.* **39**:893 (1992).
80. T. E. Clark, P. E. Riley, M. Chang, S. G. Ghanayem, C. Leung, and A. Mak, "Integrated Deposition and Etchback in a Multi-Chamber Single-Wafer System," *IEEE VLSI Multilevel Interconnect Conf.*, 1990, p. 478.
81. K. Suguro, Y. Nakasaki, S. Shima, T. Yoshii, T. Moriya, and H. Tango, "High Aspect Ratio Hole Filling by Tungsten Chemical Vapor Deposition Combined with a Silicon Sidewall and Barrier Metal for Multilevel Metallization," *J. Appl. Phys.* **62**:1265 (1987).
82. P. E. Riley, T. E. Clark, E. F. Gleason, and M. M. Garver, "Implementation of Tungsten Metallization in Multilevel Interconnect Technologies," *IEEE Trans. Semicond. Manuf.* **3**:150 (1990).
83. A. C. Adams and D. D. Capio, "Planarization of p-Doped Silicon Dioxide," *J. Electrochem. Soc.* **128**:423 (1981).
84. C. Jang *et al., IEEE VLSI Multilevel Interconnect Conf.*, 1984, p. 357.
85. P. A. Kohl, "Low-Dielectric Constant Insulators for Future Integrated Circuits and Packages," *Annu. Rev. Chem. Biomol. Eng.* **2**:379 (2011).
86. W. T. Tseng, Y. T. Hsieh, and C. F. Lin, "CMP of Fluorinated Silicon Dioxide: Is It Necessary and Feasible?" *Solid State Technol.* **40**(2):4 (February 1997).
87. Y. Matsubara *et al.*, "Low-K Fluorinated Amorphous Carbon Interlayer Technology for Quarter Micron Devices," *Proc. IEDM*, 1996, p. 369.
88. A. Grill and V. Patel, "Low Dielectric Constant Films Prepared by Chemical Vapor Deposition," *J. Appl. Phys.* **85**:3314 (1999).
89. R. J. Gutmann, J. M. Steigerward, L. You, and D. T. Price, "Chemical-Mechanical Polishing of Copper with Oxide and Polymer Interlevel Dielectrics," *Thin Solid Films* **270**:596 (1995).
90. N. Hendricks, "Low Dielectric Constant Materials for IC Intermetal Dielectric Applications: A Status Report on the Leading Contenders," *Mater Res. Soc. Symp. Proc.* **443**:91 (1997).
91. K. J. Taylor, S. P. Jeng, M. Eissa, J. Gaynor, and H. Nguyen, "Polymers for High-Performance Interconnects," *Microelectron Eng.* **37–38**:255 (1997).
92. T. Ramos, K. Roderick, A. Maskara, and D. M. Smith, "Nanoporous Silica for Low *k* Dielectrics," *Mater. Res. Soc. Symp. Proc.* **443**:91 (1997).
93. Nanoglass, *Solid State Technol.*, February 1997, p. 36.
94. S. P. Murkara, R. J. Gutmann, A. E. Kaloyeros, and W.A. Lanford, "Advanced Multilayer Metallization Schemes with Copper as Interconnection Metal," *Thin Solid Films* **236**:257 (1993).
95. Y. Gotkis, D. Schey, S. Alamgir, and J. Yang, "Cu CMP with Orbital Technology: Summary of the Experience," *IEEE/SEMI Adv. Semicond. Manuf. Conf.*, 1998, p. 364.
96. D. T. Price, R. J. Gutman, and J. Yang, "Demascene Copper Interconnects with Polymer ILD," *Thin Solid Films* **308–309**:523 (1997).
97. C. S. Sun, *Proc. Int. Electronic Devices Meeting*, 1997, p. 765.
98. W. Steinhogl *et al., Phys. Rev. B.* **66**:15414 (2002).
99. S. Maitrejean, R. Gers, T. Mourier, A. Toffoli, and G. Passrmand, "Cu Resistivity in Narrow Lines: Dedicated Experiments for Model Optimization," *Mater. Res. Soc. Symp. Proc.* **914**:115 (2006).

第16章　CMOS工艺技术

上一章讨论了器件隔离和互连的工艺模块。本章将把这些模块应用于所考虑的第一项工艺技术，即CMOS工艺技术。讨论将从3 μm CMOS工艺技术开始。在20世纪70年代中期这类工艺技术是当时的最新技术。虽然从这么老的工艺技术开始讨论似乎显得有点奇怪，然而现代的CMOS工艺技术主要就是从这类基本的工艺技术进一步延伸扩展出来的。然后我们将讨论器件的等比例缩小和短沟道效应。在高度等比例缩小的器件中，寄生参数是个重要的因素，所以随后我们将讨论降低串联电阻和源/漏电容的方法。再后面将介绍器件的可靠性、漏区工程以及闩锁(latchup)效应。本章最后将讨论高度等比例缩小的CMOS工艺技术。关于CMOS器件与工艺技术的更广泛论述，读者可以参考Wolf的著作[1]。

16.1　基本的长沟道器件特性

本节将回顾理想的长沟道金属-氧化物-半导体场效应晶体管(MOSFET)的特性。这里不打算做MOS器件物理的完整描述,这方面已经有许多专著(对于MOS器件工作原理的详细描述可以参见Sze[2],Nicollian和Brews[3],或Tsividis[4]等人的专著)。而本节将回顾为了开展正确评价MOS工艺技术要求所需要的材料。要做到这一点，我们将首先回顾器件阈值电压的概念,然后进一步讨论MOS晶体管的三个工作区。

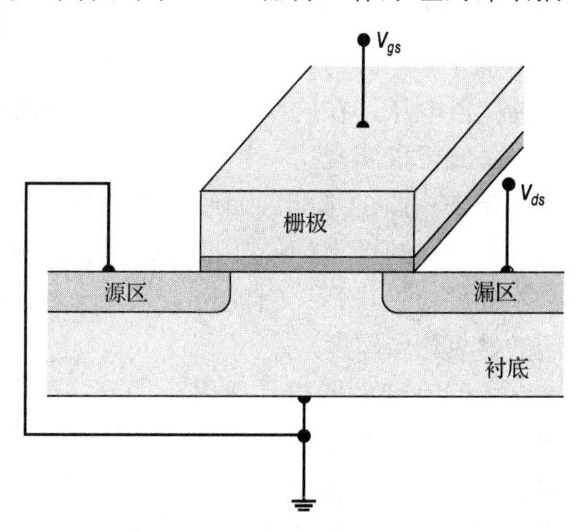

图16.1　四端MOSFET剖面示意图，在该晶体管中源极和衬底都接地

基本的MOS晶体管共有四个端子：源极、漏极、栅极和衬底(参见图16.1)。决定MOSFET电学特性最重要的参数之一就是“开启电压”或者称为阈值电压V_t。阈值电压通常定义为半导体表面开始出现强反型时的栅极电压,此时表面反型层中的载流子浓度与体内的多数载流子浓度相等,但是型号相反。在这一点上,表面势为$2\phi_f$,ϕ_f为费米(Fermi)势，在P型半导体情况下，ϕ_f定义为

$$\phi_f = \frac{kT}{q}\ln\frac{N_a}{n_i} \tag{16.1}$$

在N型半导体情况下，则有

$$\phi_f = -\frac{kT}{q}\ln\frac{N_d}{n_i} \tag{16.2}$$

在这些方程中,N_a和N_d分别为衬底中受主杂质和施主杂质的浓度，n_i则是本征载流子的浓度。

对于P型半导体，栅电压与表面势(ϕ_s)之间的关系式可以表示为

$$V_g = \phi_s + \frac{k_s t_{\text{ox}}}{k_{\text{ox}}}\sqrt{\frac{2qN_a}{k_s \varepsilon_0}\phi_s} \tag{16.3}$$

式中，k_s 和 k_{ox} 分别是硅和二氧化硅的相对介电常数(其值分别为 11.8 和 3.9)，t_{ox} 为栅氧化层的厚度。用达到阈值时的表面势($\phi_s = 2\phi_f$)代入，即可得到 NMOS 晶体管的阈值电压为

$$V_t = 2\phi_f + \frac{k_s t_{\text{ox}}}{k_{\text{ox}}}\sqrt{\frac{4qN_a}{k_s \varepsilon_0}\phi_f} \tag{16.4}$$

类似地，可以得到 PMOS 晶体管的阈值电压为

$$V_t = 2\phi_f - \frac{k_s t_{\text{ox}}}{k_{\text{ox}}}\sqrt{\frac{4qN_a}{k_s \varepsilon_0}(-\phi_f)} \tag{16.5}$$

如果还要考虑金属和半导体之间的功函数差以及存在着氧化层及界面电荷的话，那么式(16.4)和式(16.5)的右边必须添加上一个附加项：

$$\Delta V_t = \phi_{ms} - \frac{Q_f + Q_{it}(0) + Q_{MI}\gamma_{MI}}{C_{\text{ox}}} \tag{16.6}$$

式中，Q_f 为固定电荷面密度，Q_{MI} 为可动的离子电荷面密度，γ_{MI} 是一个取决于可动电荷在氧化层中分布的常数，它的数值在 0 ~ 1 之间变化，$Q_{it}(0)$ 表示界面态电荷，C_{ox} 是单位面积的氧化层电容。

从工艺制造的观点来看，很显然，如果我们能够控制住氧化层厚度、氧化层中电荷、金属与半导体之间的功函数差以及沟道中的掺杂浓度，那么就可以在很宽的范围内得到良好受控的阈值电压。在这些参数之中，掺杂浓度是最容易操控的，因为只要简单地改变离子注入的剂量就可以实现这一参数的适当调整。此外，改变衬底掺杂浓度对器件的性能和可靠性并没有带来一阶的影响，而改变氧化层厚度却具有这样的影响(不过，如果芯片具有多个不同的电源电压，有时也会采用多种不同的栅氧化层厚度)。

人们已经发展出了适用于任何一组偏置条件下 MOS 器件工作的详细完整的方程，这些方程的推导已经超出了本书的讨论范围。通过将 MOSFET(参见图 16.2)的工作划分成三个区域：亚阈值区($V_{gs} < V_t$)，线性区($V_t < V_{gs}$ 和 $0 < V_{ds} < V_{gs} - V_t$)及夹断区($V_t < V_{gs}$ 和 $V_{gs} - V_t < V_{ds}$)，就可以简化这些公式。在转折点附近，这些方程仅仅是近似，然而它们仍然能够满足我们使用的目的。

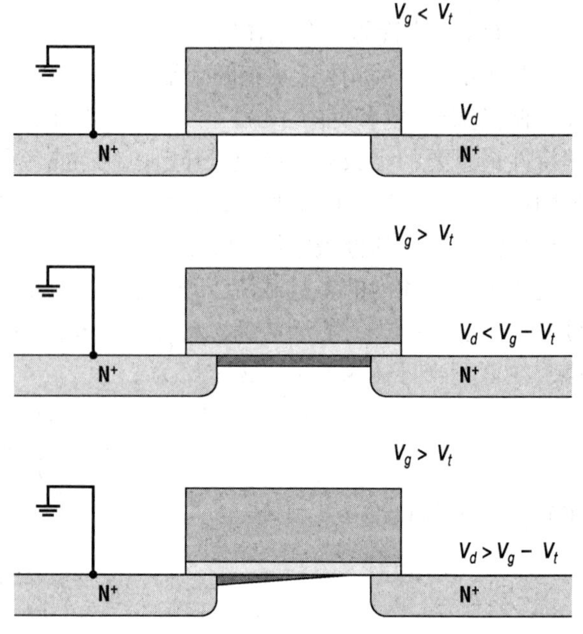

图 16.2　N 沟道 MOSFET 的三个工作区，包括亚阈值区、线性区及饱和区

线性区的方程最容易推导。在这个工作区中，在栅电极的下方形成了一个薄的接近均匀的沟道区。这个沟道区与一个电阻器类似，其电导与其宽长比、载流子迁

移率以及载流子的数量成正比。载流子的数量正比于栅电压与阈值电压之间的差值。汇总这些结果，用最简单(平方定律)的理论就可以将 MOS 晶体管的漏极电流表示为

$$I_{ds} \approx \frac{W}{L}\mu_{\text{eff}}C_{\text{ox}}(V_{gs}-V_t)V_{ds} \tag{16.7}$$

式中，μ_{eff} 为有效迁移率，C_{ox} 为单位面积的栅氧化层电容。当 $V_{ds}>0$ 时，沟道中的载流子浓度随着其位置接近漏区边缘而逐渐下降。考虑到这一因素，则有：

$$I_{ds} = \frac{W}{L}\mu_{\text{eff}}C_{\text{ox}}\left[(V_{gs}-V_t)V_{ds}-\frac{V_{ds}^2}{2}\right] \qquad V_{gs}-V_t > V_{ds} \quad V_{gs} > V_t \tag{16.8}$$

这些公式中都使用了一个有效迁移率，这基于这样一个事实，即沟道载流子除了受到体内的散射机理，还受到半导体/氧化层界面的散射。因而所须使用的迁移率要比体内值小得多，而且在高的垂直电场作用下，其值也与栅电极的偏压有关。

在夹断区，反型的沟道并不是完全从源区扩展到漏区的。电流受到载流子从沟道区夹断边缘到漏区的运动限制。其结果是，在这一工作区中的漏极电流几乎与漏极电压无关。根据式(16.8)可以求出在 $V_{ds}=V_{gs}-V_t$ 时的线性电流值，因为这发生在夹断区的开始处，这也就给出了沟道夹断时的源漏电流值：

$$I_{ds} = \frac{W}{L}\mu_{\text{eff}}C_{\text{ox}}\frac{(V_{gs}-V_t)^2}{2} \qquad 0 < V_{gs}-V_t < V_{ds} \tag{16.9}$$

对于亚阈值区的分析要比线性区和饱和区都复杂得多。由于少数载流子的浓度随着表面势的增加而呈现指数增加，因此源漏电流强烈地依赖于表面势。源漏电流的精确方程同样也超出了本书的讨论范围。但是可以指出，对于理想的器件而言，则有：

$$I_{ds} \propto \exp\left[K_{\text{sub}}\frac{qV_{gs}}{kT}\right] \qquad V_{gs} < V_t \tag{16.10}$$

式中，K_{sub} 是一个常数，它取决于栅氧化层的厚度和衬底的掺杂情况。

16.2　早期的 MOS 工艺技术

最早出现的 MOS 工艺技术是 PMOS 工艺，到了 20 世纪 70 年代初期，NMOS 工艺取代了 PMOS 工艺，这是因为电子具有更高的迁移率。从 20 世纪 70 年代到 80 年代初期，电阻负载型及增强耗尽型(E/D)NMOS 工艺技术(如图 16.3(A)和(B)所示)被广泛应用于生产。与双极型工艺技术相比，MOS 工艺技术被认为便宜(对于电阻负载型电路只需要 5 张光刻版，而对于 E/D 型电路也只需要 7 张光刻版)以及具有高密度(每个芯片中可以包含的逻辑门数在 1000 门到 20 000 门的范围)，但是其工作速度相当慢，数字时钟脉冲的频率只有几兆赫兹，随着密度从 1000 门增加到 10 000 门，所需的芯片功耗从几百毫瓦增加到几瓦。

互补逻辑[参见图 16.3(C)]的概念是由 Wanlass 和 Sah 在 1963 年首先提出的[5]。他们的器件显示出每级门延迟超过 100 ns。早期的工作由 RCA 公司领先，该公司在 1966 年第一次演示了 CMOS 集成电路的性能。用这些工艺技术制造的 IC 元件密度不高而且速度很慢。这些器件还容易引起闩锁效应，这是一种导致芯片发生自毁的状态，在本章的后面我们将对这种自

毁条件予以评述。因为当时还没有开发出硅的局部氧化工艺(LOCOS)，所以采用了保护环结构，这就占用了较大的芯片面积并且具有较大的电容。在20世纪70年代初期CMOS工艺技术主要应用于一些可以容忍这样慢速的领域以及若干需要低功耗的领域。硅的局部氧化工艺的发明、可动离子电荷的降低、离子注入工艺的引入(该工艺技术能够提供对阱浓度和阈值电压的精确控制)，以及光刻技术的改进已经极大地改善了CMOS技术的可接受性。

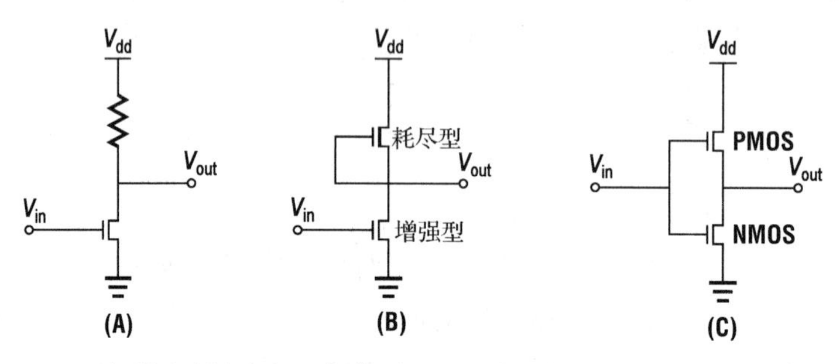

图16.3 MOS反相器包括(A)电阻负载型、(B)增强/耗尽型(E/D)及(C)CMOS反相器

CMOS作为一个反相器所具有的基本优点是：不论其输入端是处于高电平还是低电平，只有一个晶体管会处于导通状态。理想情况下，仅当开关瞬变过程中会耗散一定的功率。这部分功率是由电容的充放电电流引起的，它可以表示为

$$P \approx \overline{n} \times \frac{\text{freq}}{2} \times \overline{C}_{\text{node}} \times V_{\text{swing}}^{2} \tag{16.11}$$

式中，$\overline{n}$为任意给定时刻处于开关状态的门平均数，$\overline{C}_{\text{node}}$为平均的结点电容，$V_{\text{swing}}$为逻辑高电平与低电平之间的电压差。在开关瞬变的过程中两个晶体管都导通时会引起另一股附加电流。由于在任意给定的时钟脉冲周期中只有很小一部分时间两个晶体管是同时处于导通状态的，所以CMOS器件的功率耗散要比NMOS器件低得多。在集成密度方面的惊人增加目前已经完全抵消了CMOS技术要求增加工艺复杂性的成本。因此，CMOS工艺已经成为当今主流的半导体工艺技术。

16.3 基本的3 μm工艺技术

在设计CMOS工艺技术中必须将注意力放在高温热开销的概念方面。因此，这些涉及形成深扩散阱(Well，也称为tub)的工艺必须首先进行。阱的类型可以选择N阱、P阱以及双阱工艺[6]。用于CMOS工艺的衬底材料通常是轻掺杂的，这就意味着在衬底上制造的MOSFET，其源结和漏结的耗尽区必定是较大的，而这些结的寄生电容必定是较小的。另一方面，典型的阱掺杂浓度通常要比衬底高出几个数量级，所以衬底掺杂浓度的任何不确定性都不会影响到阱的浓度。由于这种较高掺杂的结果，放置在阱内器件的工作速度固有地要比放置在衬底中的同样器件的工作速度慢。如果NMOS器件是放置在一个P阱中，它们降低了的性能将与固有较低空穴迁移率的PMOS晶体管匹配得更好[7]。对亚微米工艺技术而言，阱的选取最普遍采用的策略是双阱工艺，即N型和P型两种“阱”同在一个轻掺杂的衬底中形成。此外，为了获得可接受的器件性能，所要求的掺杂浓度将随着栅极长度的缩短而增加。其结果是没有任何一种器件实际工作在轻掺杂的衬底中。虽然这增加了工艺的复杂性，但是双阱方法能

够对每一种器件独立地设定掺杂分布以便使得两类器件的性能都能够得到优化[8]。

在简单的 N 阱技术中，第一步是生长出 100 nm 厚的初始氧化层。这有两个用途，它可以防止光刻胶直接与硅表面接触，同时也为后续的光刻工艺提供一个对准标记来确定阱的位置。在完成离子注入后，初始氧化层将被腐蚀掉，然后去除光刻胶并通过高温处理来进行阱的推进扩散(参见图 16.4)。

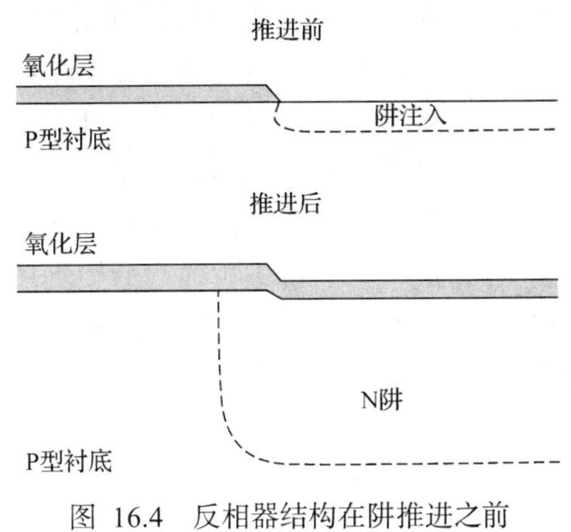

图 16.4　反相器结构在阱推进之前和之后的横截面示意图

阱注入剂量和推进时间由两个基本考虑来设定，即表面浓度和深度。表面浓度由器件设计者来决定。这通常不是阈值电压所要求的掺杂浓度，而是防止源漏区之间发生穿通所要求的掺杂浓度。因此，当 V_{ds} 至少同电源电压一样大时，源区和漏区耗尽层宽度之和必须小于沟道长度。为了提供一个安全容限，可以接受的最小穿通电压通常由源极与衬底短接情况下加在漏极上的电压为电源电压的 2 ~ 3 倍来确定。为了进行这一计算，我们必须认识到沟道长度与设计的栅极长度并不是完全一致的。在栅电极的刻蚀工艺中栅极的长度可能会被减小，源区和漏区在栅电极的下方也会进行横向扩散。因此，假定在 3 μm 技术中，器件最短的容许有效沟道长度是 2 μm。沟道的掺杂浓度必须设定得足够高，以便保证源区和漏区的耗尽层宽度之和不超过 2 μm。就单边突变结而言，在源区不加偏压和漏区加 10 V 偏压(2 倍于 5 V 电源电压)的情况下，$5\times10^{15}\ \text{cm}^{-3}$ 的衬底浓度将形成的总耗尽层宽度为 1.8 μm。于是，通常阱的表面掺杂浓度可以稍稍低于 $10^{16}\ \text{cm}^{-3}$。

阱的深度必须确保源和漏不致使得阱在垂直方向完全耗尽。阱和衬底之间必须加全额的电源偏压以确保所有的结都处于适当的反向偏置状态。就上述 N 阱技术而言，它是设计在 5 V 下工作的，源(处于 0 V)在阱中的耗尽层宽度约为 1.2 μm。由于衬底的轻掺杂，阱/衬底结的耗尽层将主要在衬底中。然而，在阱一边的耗尽层宽度约为 0.2 μm。这样一来，阱的深度必须至少是源/漏结深(取值为 0.5 μm)加上源/漏耗尽层宽度(1.2 μm)，再加上阱/衬底结在阱区一边的耗尽宽度(如图 16.5 所示)。于是阱的深度必须至少是 2.0 μm。实际上，阱的浓度分布不均匀，因此载流子浓度在阱/衬底结附近降低。由于这个原因，衬底结的耗尽层宽度会明显地比 0.2 μm 大。于是，对 3 μm 工艺而言，典型的最终阱深度大约为 4 μm。为了达到这样深的阱，通常选择磷作为阱的掺杂剂，因为磷具有比较高的扩散系数。

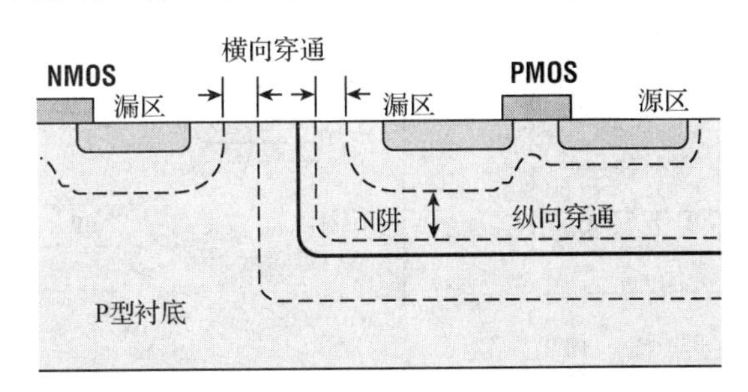

图 16.5　选择最小结深以便防止反向偏置的源/阱结和阱/衬底结之间穿通

阱的推进至少必须有部分时间在氧化气氛中进行。这一氧化层会消耗暴露于阱区窗口中的硅。随后当这一氧化层被去掉后，就会产生图形凹陷，这就可以用来与下一次光刻工艺进行对准。作为另外一种选择，在阱的光刻之前，也可以用一个单独的掩模版在晶圆片上刻蚀出深的凹槽，把它作为对准标志。许多亚微米工艺技术都是采用这种方法以便改善套准精度。重要的是要了解阱的横向和纵向扩散。然而，在这种情况下，扩散并不是各向同性的，这是由于氧化过程会产生空位和填隙原子，它们会增强扩散。由于氧化在暴露区进行得更快，所以阱的纵向扩散比横向扩散更快。典型的横向和纵向扩散比为 0.7 左右。

在完成了阱的推进扩散之后，剥离掉氧化物，再生长一层衬垫(pad)氧化层以及淀积一层氮化硅作为 LOCOS 工艺使用。光刻并刻蚀出氮化硅图形，如果需要形成凹陷的 LOCOS 的话，那么氧化层和一部分硅衬底也需要刻蚀掉。场区离子注入通常是在氧化之前进行的。在场区氧化期间正在生长中的氧化物将排斥磷而吸收硼。就 N 阱工艺而言，这也就意味着在 N 阱中形成的寄生 PMOS 晶体管的阈值电压是较大的，而且会由于这个掺杂剂(磷)的再分布而变得更大。然而，轻掺杂的 P 型衬底由于掺杂剂(硼)的再分布甚至会变得更轻掺杂。此外，氧化层中的固定电荷也会降低寄生 NMOS 器件的阈值电压，而提高寄生 PMOS 器件的阈值电压。

在 N 阱技术中，为了避免在衬底中形成寄生沟道，通常采用硼离子注入(双阱工艺则已经具有足够的掺杂浓度)。N 阱区则通常采用另外的光刻胶掩蔽膜保护来防止离子注入，衬底中的有源区同样也必须保护以防止离子注入。这既可以借助氮化硅层厚度来防止有源区中的离子注入，也可以借助第二次涂敷的光刻胶来进行保护(参见图 16.6)。在前一种情况下，通常用 BF_2 而不是 B 作为场区离子注入剂，这就使得离子注入可以在薄的氮化硅层中停止。在两次涂敷光刻胶工艺中，首先将用来光刻氮化硅的光刻胶留在晶圆片上并坚膜。再涂敷第二层光刻胶并光刻形成图案作为注入掩蔽膜。该工艺的困难所在是要保证第一层光刻胶对于第二层光刻胶的使用是稳定的。这主要是要选择适当的光刻胶和烘焙周期。一旦完成了场区离子注入，就可以去除光刻胶并生长场区氧化层(参见图 16.7)。完成氧化之后，再去除剩余的氮化硅。首先要将晶圆片浸入 HF 溶液中去掉在氮化物上面已经生长的 SiO_2，然后再将晶圆片放在热磷酸槽中去掉氮化物，从而完成了器件隔离。

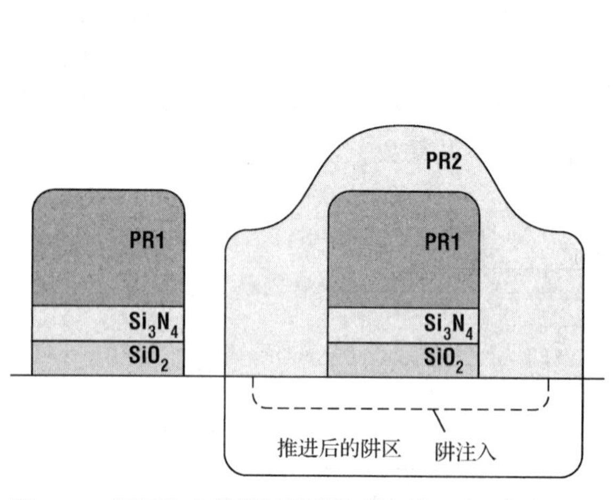

图 16.6 场区注入掩模版是阱掩模版的反版，但是考虑到横向扩散，反版的特点是线条稍稍胖一点

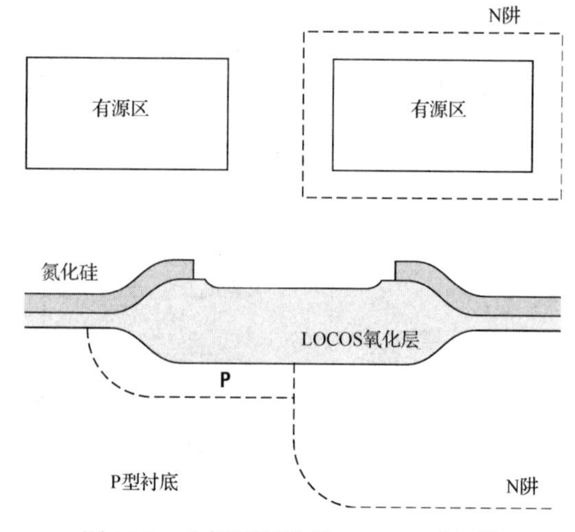

图 16.7 在场区氧化后 CMOS 反相器的俯视图和横截面示意图

在 HF 溶液中去掉衬垫氧化层，然后再生长一层薄的氧化层。这层氧化层作为调节阈值注入的屏蔽氧化层，用光刻胶形成注入掩蔽膜图案，然后进行离子注入。在 N 阱工艺情况下，经常在衬底上进行多次注入，一次深注入是为了防止 NMOS 晶体管源漏穿通，而一次较浅的注入是为了调节阈值电压。对于 N 阱中的 PMOS 晶体管，典型的方法也是往其沟道区中注入硼离子。这就出现了这样的结果：对于 $10^{16}\ cm^{-3}$ 的 N 型层(PMOS 晶体管)而言，N 型重掺杂的多晶硅具有的功函数差约为-0.4 V，而对同样掺杂的 P 型层(NMOS 晶体管)而言，功函数差约为-1.1 V，由于这种功函数的差别，PMOS 器件具有较大的负阈值电压，必须把它往零方向提升。典型的硼离子注入剂量约为 $10^{12}\ cm^{-2}$。通常浅 NMOS 注入有一部分是在无掩蔽膜的条件下进行的，这就使得 PMOS 器件同时也得到了注入。

在完成了沟道区的离子注入之后，首先是剥离掉牺牲氧化层并生长出栅氧化层。下一步是淀积多晶硅并进行光刻。对于这种非常简单且大尺寸的器件来说，多晶硅通常是用磷进行重掺杂的，这可以在低压 CVD 炉管中把磷烷加进硅烷来形成重掺杂的多晶硅，也可以在已经预先淀积好的未掺杂的多晶硅晶圆片上用固态或液态源进行掺杂。当然，在这一步中图案转换的保真度对电路性能是至关重要的。如果最终的多晶硅栅极长度太短，源区和漏区就有可能穿通。如果栅极长度太长，则 I_{ds} 将减小，从而使得 IC 工作速度变慢甚至根本不能工作。

在完成多晶硅光刻之后，依次再使用沟道注入掩模光刻，并对 NMOS 和 PMOS 源/漏区分别进行离子注入(参见图 16.8)。多晶硅栅起着阻挡离子注入的作用，阻止掺杂剂到达沟道区，场区氧化层确定源/漏区的其他三个侧面。源/漏区离子注入掩模版只需要简单地保护某些有源区免受离子注入即可。

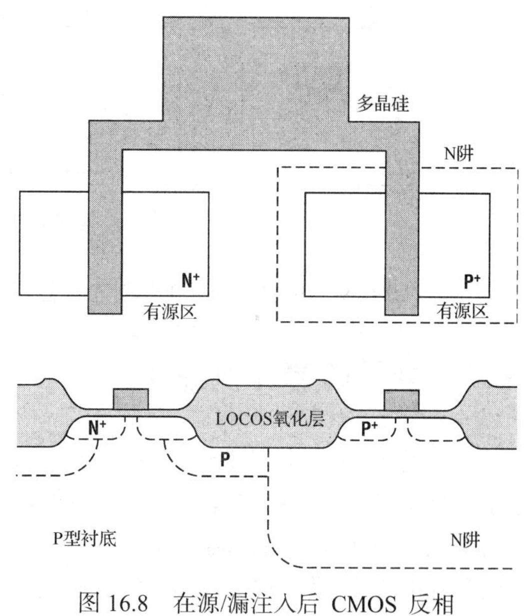

图 16.8　在源/漏注入后 CMOS 反相器的俯视图和横截面示意图

最广泛使用的 P 型杂质是硼，而 N 型注入的掺杂剂通常是砷，因为它比磷或锑具有更低的扩散系数。对于结深相对比较深的早期的工艺技术而言，源/漏区典型的注入剂量在 $(1\sim5)\times10^{15}\ cm^{-2}$ 范围内。为了优化用于激活高浓度注入杂质和消除注入损伤的退火周期，人们已经开展了大量的研究工作。对于 3 μm 的工艺技术而言，典型的工艺条件是在 1000℃下退火 30 ~ 60 min。这也可以包括在多晶硅顶面上生长一层薄的氧化层的热处理周期。

在激活杂质之后，会再淀积一层接触氧化层。这层氧化物通常会含有磷(PSG)，更常见的是还会含有硼(BPSG)。磷的浓度范围为 4% ~ 12%，一般说来避免使用较高的浓度，因为在存在潮气情况下磷能够形成磷酸。在淀积之后，通过一个高温退火工艺使氧化物致密。致密化降低了氧化物的刻蚀速率，这使得均匀且可重复的刻蚀更成为可能。再次退火，典型的温度为 1000℃，这次是在氧化气氛中进行的。正如上一章中所述，这层氧化物能够在高温下回流以便降低垂直台阶的尖锐度，从而改善金属的台阶覆盖。磷硅玻璃(PSG)还可以用来作为有效的吸杂剂。离子和金属杂质在氧化物中被陷阱吸住，使得它们对器件的电学特性几乎不起影响。

下一步，光刻接触孔并刻蚀到硅晶圆片表面。在刻蚀后接触孔周围的玻璃可以采用最后一道高温工序进行回流。这道工序起着使接触孔顶部边缘平滑的作用，从而进一步改善金属引线的台阶覆盖。淀积第一层金属，并对其进行光刻和刻蚀。如果需要的话再淀积第二层绝缘层和金属并对其进行光刻和刻蚀。最后在 H_2 或 H_2/N_2 混合气体中进行合金处理以便形成欧姆接触。这一步也可以降低 FET 器件的界面态密度。然后，淀积一层厚的绝缘层，可以是 SiO_2，也可以是 Si_3N_4，作为划伤保护和最终的钝化层。开出大的窗口以便可以对压焊区制作接触引线。图 16.9 给出了一个完整的 CMOS 反相器的俯视图及横截面示意图。

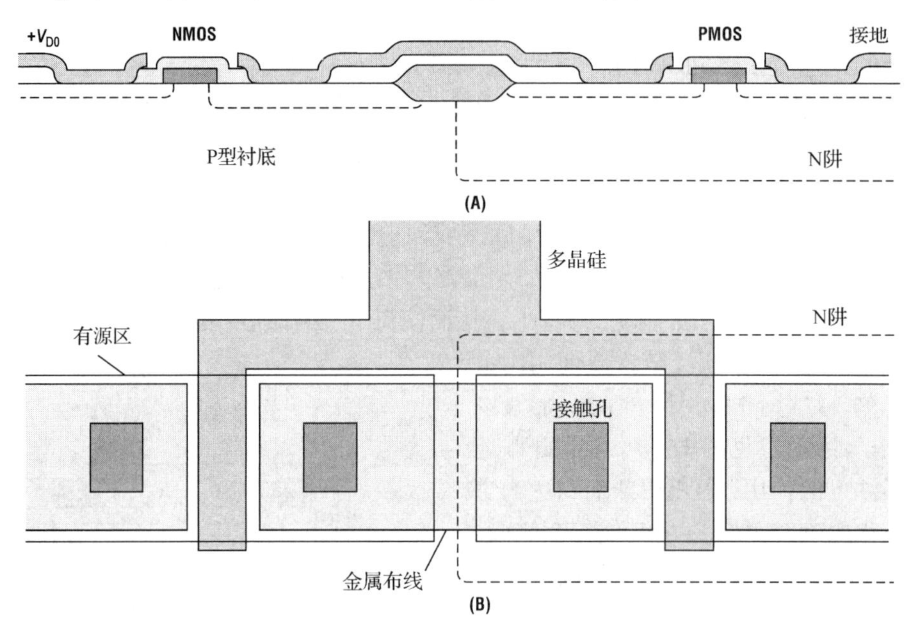

图 16.9　用简单 3 μm 工艺制造的完整 CMOS 反相器横截面示意图(A)及俯视图(B)

16.4　器件的等比例缩小

基本的 3 μm 工艺性能通过器件的等比例缩小可以得到极大的改善。在这种方法中，通过缩小器件中各种实际的物理长度可以使得其工作速度和集成密度都得到改善。按照表 16.1 所示的等比例缩小规则可以构筑几种方案。电源电压可以降低为原来的 $1/k$，晶体管的宽度、长度、氧化层厚度以及结深全都可以降低为原来的 $1/\lambda$。沟道中的掺杂浓度可以增加为原来的 λ^2/k 倍。所提出的第一种等比例缩小方法是所谓的恒定电场等比例缩小准则[9]。这个方法的意图是保持晶体管中的电场强度不变，仍然和长沟道器件的情况相同。为了做到这一点，可以设定 k 等于 λ。于是，对于一阶近似，如果 W 保持固定不变，那么如式(16.8)和式(16.9)所给定的 MOSFET 的驱动电流并不改变。在这种方法中，速度增加是由两个原因引起的，即电压摆幅降低和必须驱动的电容因更小的器件尺寸而缩小。

表 16.1　MOS 晶体管统一的等比例缩小理论

参　数	变　量	等比例缩小因子
几何尺寸	W, L, t_{ox}, x_j	$1/\lambda$
电压	V_{ds}, V_{gs}	$1/k$
掺杂浓度	N_a, N_d	λ^2/k
电场	$\mathscr{E}$	λ/k
电流	I_{ds}	λ/k^2
门延迟	T	k/λ^2

注：$1/\lambda$是几何尺寸等比例缩小因子，$1/k$ 为电压等比例缩小因子。

尽管人们理智地希望能够按照恒定电场的等比例缩小准则进行器件尺寸的缩小，但是这种准则并没有真正得到广泛的应用。在等比例缩小到 1.0 μm 时已经被人们广泛使用的方法是更接近于恒定电压的等比例缩小准则[10]，在这种方法中 $k = 1$。在这类等比例缩小中，电压摆幅保持相同，但是驱动电流由于电容 C_{ox} 的增加而增大。由于驱动电流粗略地随着电源电压的平方而增大，因此恒定电压等比例缩小产生的速度改善比恒定电场等比例缩小的速度改善要大得多。此外，由于电源电压是保持恒定的，因此没有必要降低器件的阈值电压。这样就避免了当 V_t 降低时，器件“关态”泄漏电流总会出现增加的现象。恒定电压等比例缩小方法最终受到器件在非常高的电场强度下可靠工作的限制。其结果是，实际商业上一直使用恒定电压的等比例缩小规则，直到无法继续维持足够的工作可靠性为止。通常，所谓可靠工作可以认为是在某些特定的最坏工作条件组合下有 10 年或 20 年的使用寿命。现行的标准已经从 5.0 V 改变为 3.3 V、2.0 V、1.5 V 甚至 1.2 V，某些先进的电路现在已经工作在 0.9 V。在本章后面我们还会讨论进一步等比例缩小后的情况。

如果不遵循这些等比例缩小规则，而是单纯缩短 MOSFET 的栅电极长度，那么 MOSFET 就会工作在短沟道状态。对于集成电路应用来说，短沟道 MOSFET 有几个不利之处。如图 16.10 所示，短沟道 MOSFET 输出阻抗是非常小的。在短沟道 MOSFET 中，亚阈值斜率还依赖于漏极电压。最后，器件的阈值电压会随着栅极长度的减小而急剧地下降，这一效应进一步增大了器件的亚阈值泄漏电流。其结果是器件特性的可控性变得很差。

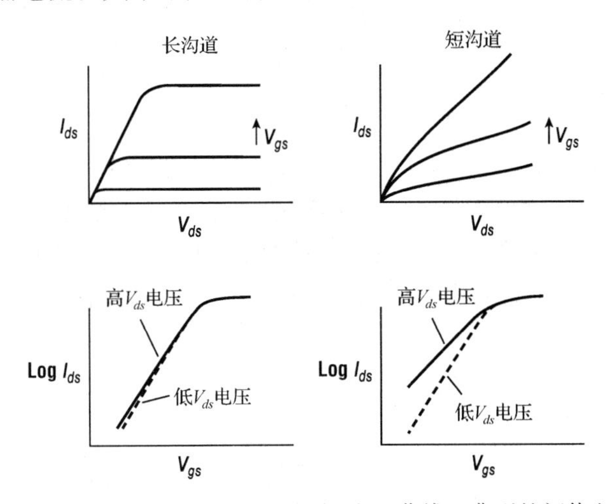

图 16.10 比较长沟道和短沟道特性的 MOSFET 电流-电压曲线，典型的阈值电压与栅极长度的关系

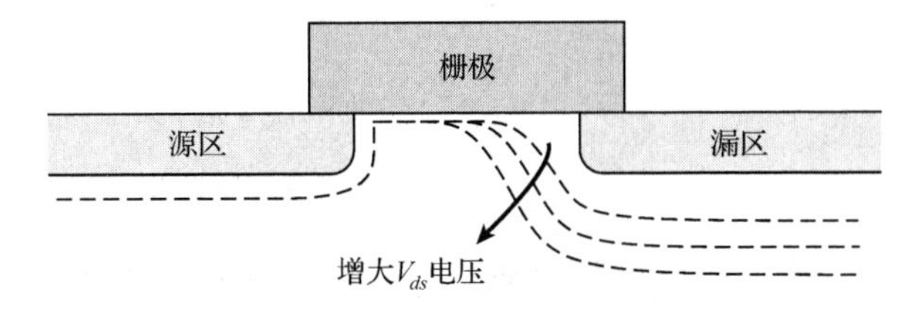

图 16.11 说明扩大耗尽区引起短沟道性能的器件横截面示意图

图 16.11 显示了导致短沟道效应的原因。在理想情况下，栅电极下方的电荷应该只受栅电极的控制。但是对于短沟道器件来说，与漏区相关的耗尽层已经占据了相当大一部分栅电极下方的电荷。Brews 等人已经推导出了一个经验方程，该方程已经被用作分析平面型短沟道 MOSFET 性能极限的指南[11]。其结论在 1 ~ 10 μm 的范围内已经得到证实，并且也已经成功地应用于纳米尺度的器件。Brews 所给出的准则可以表述如下：

$$L_{\min} \approx 0.4[x_j t_{\text{ox}}(W_d + W_s)^2]^{1/3} \tag{16.12}$$

式中，x_j是以微米为单位的结深，t_{ox}是以 Å 为单位的栅氧化层厚度，W_s和 W_d分别是以微米为单位的源区和漏区耗尽层宽度。在器件尺寸等比例缩小的过程中，通过增大沟道区的掺杂浓度可以缩小源漏耗尽层的宽度。通过改变氧化工艺，栅氧化层厚度也可以进一步降低。在这么做的过程中，必须特别注意使得氧化层中的固定电荷和界面态密度都减小到最低限度(参见 4.7 节和 4.8 节的介绍)。然而，降低结深却是一个更为困难的问题，因为它通常是以增加器件的串联电阻为代价的。

为了认识寄生的串联电阻对 MOSFET 性能的影响，首先介绍迁移率降低因子 θ的概念是适宜的[12]。当垂直电场增加时，沟道中的载流子密度将随之而增加。这将必然导致电子与电子之间以及电子与表面之间散射率的增加。为了建立这个效应的模型，描述 MOSFET 工作原理的基本方程要用一个额外的经验型的迁移率降低参数来修正。例如，在 V_{ds} 比较小的线性工作区中，器件的漏源电流可以由下式给定：

$$I_{ds} \approx C_{\text{ox}} \frac{W}{L} \cdot \frac{\mu_o}{1+\theta(V_{gs}-V_t)}(V_{gs}-V_t)V_{ds} \tag{16.13}$$

现在考虑图 16.12 所示的等效电路。将寄生电阻效应代入并重新整理各项可以得到：

$$\begin{aligned} I_{ds} &\approx C_{\text{ox}} \frac{W}{L} \frac{\mu_o}{1+\theta(V_{gs}-R_s I_{ds}-V_t)}[(V_{gs}-R_s I_{ds})-V_t][V_{ds}-(R_d+R_s)I_{ds}] \\ &\approx C_{\text{ox}} \frac{W}{L}\mu_o \frac{(V_{gs}-V_t)V_{ds}}{1+[\theta+C_{\text{ox}}(W/L)\mu_0(R_d+R_s)](V_{gs}-V_t)} \end{aligned} \tag{16.14}$$

这样一来，如果与源/漏扩散区相关的寄生电阻较大，它就会显著地增大表观迁移率下降因子的作用，因此降低了器件的跨导[13]。由于短沟道器件的本征性能增大，这一效应在栅极长度比较小的情况下特别尖锐。已经有证据表明，对于栅极长度为 0.2 μm 的情形，传统的源/漏结构可以使得器件的 I_{ds} 降低为原来的 1/2[14]，即便在器件等比例缩小的过程中源/漏电阻可以保持恒定不变。

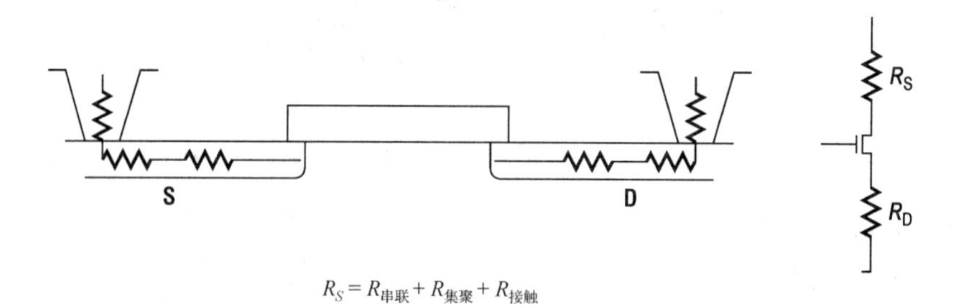

图 16.12　显示源/漏串联电阻的 MOSFET 等效电路

为了获得更浅的结深，工艺工程师们可以降低激活时的特征扩散长度、减小离子注入的剂量，以及对于硼离子注入，则可以采用预非晶化和使用分子注入来降低有效的注入能量等方法。当然，减小离子注入的剂量是我们不希望的，因为它会增大寄生电阻。此外，正如我们在第 15 章中所讨论过的，如果由于降低离子注入剂量使得表面掺杂浓度降低，接触电阻将急剧增大。这个接触电阻具有与源/漏扩散区串联电阻完全相同的影响。

正如第 3 章和第 6 章中所讨论的那样，人们已经投入了大量的精力去开发这样一种工艺，它能够缩短激活过程中的热处理周期。当然，这还要受到注入损伤也必须得到充分退火的限制。因此，这意味着需要高温退火。位错环和其他延伸的缺陷阻碍退火，除非温度为 1000℃左右。为了使这些高温退火工艺具有最小的扩散，快速热处理技术已经得到了快速的发展(参见第 6 章中的介绍)。

降低串联电阻的一种方法是使接触孔与栅电极之间的间距达到最小。图 16.13 表示金属接触孔太靠近 MOSFET 栅电极时的问题。典型的栅电极顶部边缘是 90° 角，这就会产生很强的电场。如果接触孔与栅电极靠得足够近，那么栅电极与接触孔之间的氧化层就会很容易发生击穿。接触孔太接近栅电极可能是由于接触孔未对准或过刻蚀造成的。如果接触孔边缘必须形成锥形以及如果采用导致不同氧化层厚度的等平面氧化工艺的话，过刻蚀尤其可能会发生。因为这种击穿很可能在器件的使用过程中发生，所以器件设计者们非常不愿意在单纯追求集成密度和性能的前提下将这个规则压缩得过小。

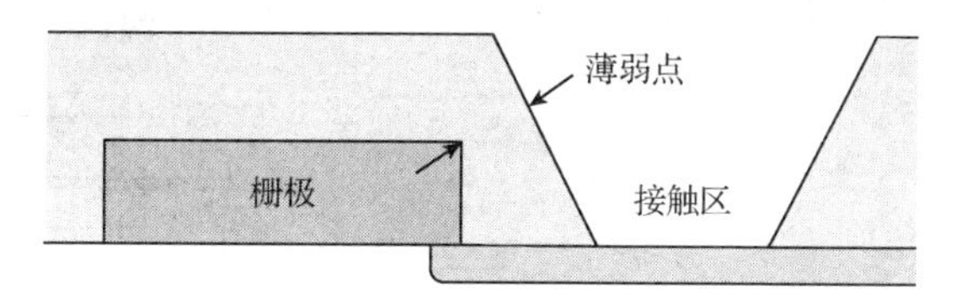

图 16.13　未对准及/或接触孔因过刻蚀引起的栅电极与源/漏短路

就亚微米器件而言，进一步降低 MOSFET 性能的第二种效应是接触区的扩展电阻。对于双极型晶体管以及其他具有垂直电流流动的器件而言，假设接触孔的尺寸不是非常小，接触电阻正比于单位面积接触电阻，如下式所示：

$$R = \frac{R_c}{\text{接触区面积}} \tag{16.15}$$

然而，对于 MOS 器件的情形，如果我们假设接触孔延伸到整个器件的宽度，那么有效的接触电阻由下式给出：

$$R = \frac{\sqrt{R_c \rho_D}}{W} \coth\left[L\sqrt{\frac{\rho_D}{R_c}}\right] \tag{16.16}$$

式中，ρ_D 是源漏扩散区的薄层电阻(以Ω/□为单位)，L 是接触孔的长度，W 是晶体管和接触孔的宽度。这个方程是根据一维的传输线模型得到的，它有两个可以用于粗略估算接触电阻(其精度约为 10%)的极限形式：

$$R \approx \frac{R_c}{WL} \qquad L < 0.6\sqrt{\frac{R_c}{\rho_D}}$$

和

$$R \approx \frac{\sqrt{R_c \rho_D}}{W} \qquad L > 1.5\sqrt{\frac{R_c}{\rho_D}} \tag{16.17}$$

为了增加电路密度所要求的小尺寸接触孔必定会增大器件的寄生串联电阻。对于这个问题已经研究并提出几个工艺解决方法。最广泛使用的方法是采用接触区的自对准金属硅化物工艺，如图 16.14 所示，在大多数金属硅化物工艺中，首先要形成源/漏扩散区。然后，淀积一层薄的金属膜并使它与裸露出来的器件有源区发生反应，其结果是使金属/半导体的接触面积有实质性的增加。这个方法成功与否关键取决于金属硅化物形成期间所发生的扩散和硅消耗情况。例如,多年来最常用的硅化物之一——$TiSi_2$,最初仅仅局限于应用在结深大于 0.35 μm 的工艺中[15],以避免带来过大的泄漏电流。已经发现,将 $TiSi_2$ 用于更浅的结,钛(Ti)的厚度必须不大于原来结深的 1/5[16]。在高温下,在多晶硅上形成的硅化物也可能会发生反转,即多晶硅通过金属硅化物扩散到表面,而金属硅化物则会下沉渗透直到它的一部分与栅氧化层接触为止。由于功函数的差别,晶体管的这些部分将会具有不同的阈值电压,因而器件特性的可控性将变得非常差。通过确保金属硅化物形成之前多晶硅具有比较大的晶粒结构,可以使这个问题减小到最低的限度[17]。

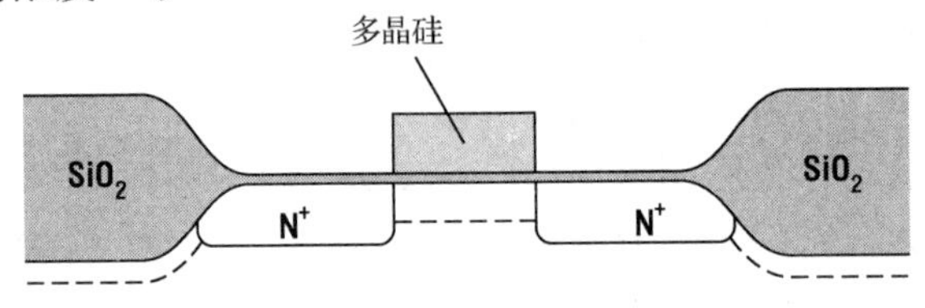

(A) 形成直到源/漏扩散为止的标准器件

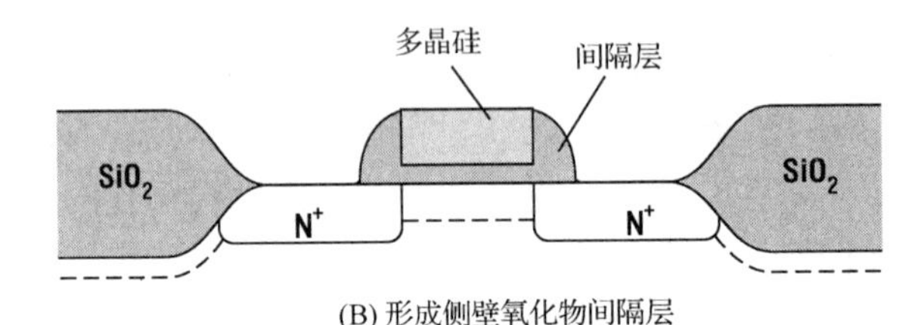

(B) 形成侧壁氧化物间隔层

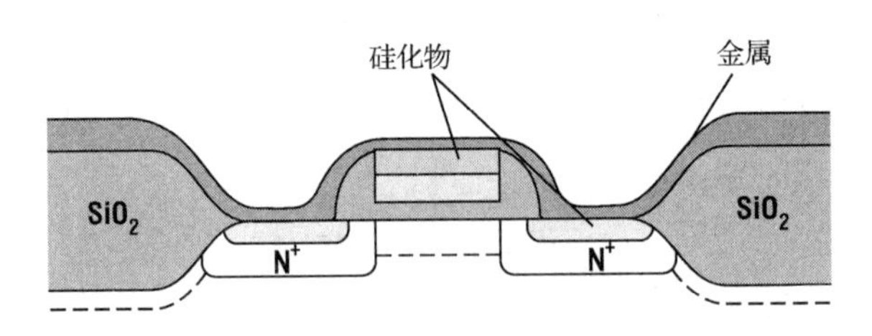

(C) 淀积金属,反应形成硅化物

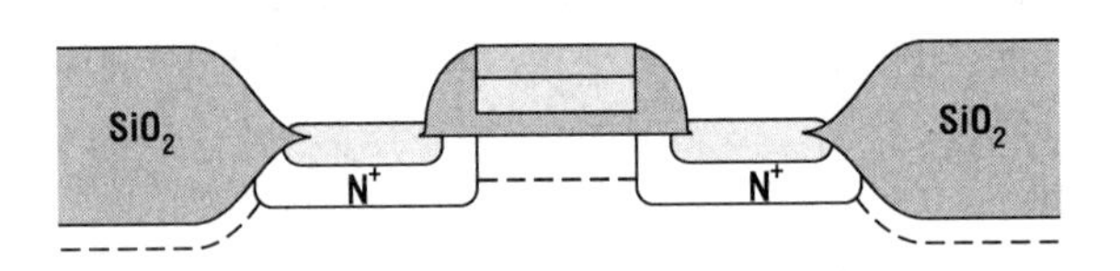

(D) 选择性地去除尚未反应的金属

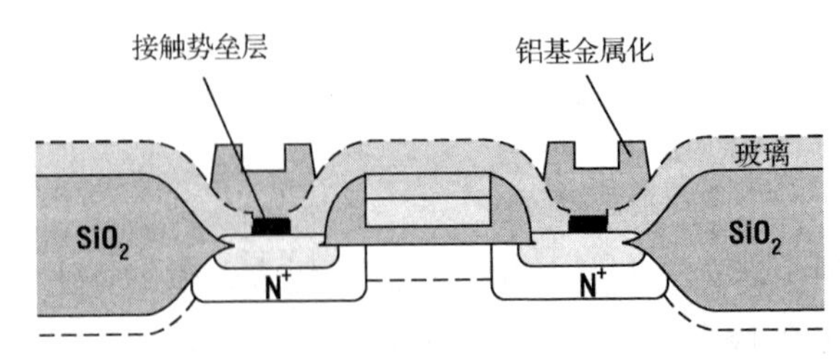

(E) 完成玻璃钝化、回流、开接触孔及金属化之后的最终结构

图 16.14　普通硅化物工艺流程(引自 Ting,©1984 IEEE)

由于金属硅化物层的凝聚作用[18,19]，在 $TiSi_2$ 形成之后的高温工序仍然必须限制在 900℃以下。如果薄的自然的氧化层(因而导致金属硅化物的反应)是不均匀的话，则会进一步加剧这种凝聚效应。为了解决这个问题，可以通过热生长一层 5 nm 厚的氧化层来形成金属硅化物。用这种方法形成的金属硅化物直到 1100℃时仍然可以稳定地防止凝聚作用[20]。首先形成金属硅化物，然后再向金属硅化物中离子注入形成源区和漏区也是可能的[21]。这种技术可以用来形成非常浅的金属硅化物 $CoSi_2$ 结[22]。自对准金属硅化物的另一个不利因素是热硅化作用期间氧的加入，这将导致比预想更高的电阻率和较差的结构形态。可以采用专门设计的加热炉设备使得氧的含量减少到最低的限度[23]。然而，更常用的技术是在快速热处理反应腔中生成金属硅化物，高温短时间和紧凑的反应腔都可以减少氧的加入[24]。

采用自对准的金属硅化物工艺可以显著地降低 MOSFET 的寄生串联电阻。对于自对准金属硅化物工艺而言，在金属接触处和衔接区边缘之间的总电阻可以由下式给出[25]：

$$R = \frac{L_{ms}}{W}\frac{\rho_D\rho_S}{\rho_D+\rho_S} + \frac{2\rho_S\rho_D + (\rho_S^2+\rho_D^2)\cosh\beta L_{ms}}{W\beta(\rho_S+\rho_D)\sinh\beta L_{ms}} \tag{16.18}$$

式中，W 是晶体管的宽度，L_{ms} 是金属接触处与金属硅化物边缘之间的距离，ρ_S 和 ρ_D 分别是金属硅化物和扩散区的薄层电阻(以Ω/□为单位)，而 β 则由下式给出：

$$\beta = \sqrt{\frac{\rho_D+\rho_S}{R_c}} \tag{16.19}$$

式中，R_c 为金属硅化物和衬底之间的单位面积接触电阻(以 $\Omega\cdot cm^2$ 为单位)。

究竟选择哪一种金属硅化物用于自对准金属硅化物工艺要视所要求的电阻率、对 N 型和 P 型衬底预期的接触孔数目以及随后必须进行的工艺情况而定(参见表 16.2)。例如，在以 NMOS 器件应用占主要的情况下，与 $TiSi_2$ 相比较，$MoSi_2$ 可能是一个更好的选择，因为它较低的势垒高度可以提供更低的 R_c，这就更多地补偿了较高的串联电阻。第二个考虑是主导的扩散剂，铂容易形成较好的接触，因为铂扩散到界面，提供了一个低污染的接触。以 Si 为主导扩散剂的金属硅化物存在着硅化过程中所谓的“**夹芯**”(wicking)效应问题。在形成金属硅化物的退火期间，硅扩散导致产生硅化物的细丝，于是出现了“夹芯”效应，它使得栅电极与源或漏发生短路。此外，氧化物隔离层本身(尤其是如果在侧墙隔离层形成期间氧化物受到严重损伤)可能是硅化物形成时硅的来源。

表 16.2　通常用于自对准金属硅化物材料的性质

金属硅化物	电阻率(μΩ·cm)	退火温度(℃)	主导扩散剂	N 型势垒(eV)
$TiSi_2$	13 ~ 16	900	Si	0.6
$TaSi_2$	35 ~ 45	1000	Si	0.59
$MoSi_2$	90 ~ 100	1100	Si	0.55
WSi_2	70	1000	Si	0.65
$CoSi_2$	16 ~ 20	900	Co	0.65
PtSi	28 ~ 35	600 ~ 800	Pt	0.86

然而，对于纳米尺度的晶体管来说，$TiSi_2$ 存在着很严重的问题。形成自对准金属硅化物的工艺是要使 Ti 在大约 600℃的温度下退火以便形成 $TiSi_2$ 的 C49 相。然后在王水中剥离掉尚未发生反应的 Ti。最后，硅晶圆片要在 800℃ ~ 900℃的温度下退火以便形成低电阻的(C54)

相[26]。这种相的转换是在三角晶粒界面处开始的。然而，由于C49相晶粒的典型尺寸为0.17～0.22 μm，非常小的器件可能不含有三角晶粒界面[27]。在这些条件下，薄膜将很难完成相的转换，因而某些晶体管也将会具有不可接受的高串联电阻。为了解决这个问题，人们已经提出了许多实验方案，包括采用硅的预非晶化以迫使形成更小的C49晶粒[28]，以及在Ti淀积之前先进行低剂量的钼注入，力图形成外延的$TiSi_2$[29]。然而在撰写本书时，还没有哪一种方案证明是可靠有效的。

对于栅长在0.25 μm以下的器件，半导体工业已经采用$CoSi_2$取代了$TiSi_2$工艺。遗憾的是，室温下Co在空气中就很容易氧化。因此，不能简单地在晶圆片顶面溅射Co然后再在另一个独立的系统中让其与硅反应。为了解决这个问题，在淀积系统中可以同时在Co薄膜上再包封一层TiN薄膜[30]。通常硅化物的形成是在低温下进行的，接着进行750℃～850℃的退火以便完成反应[31]。另一种方法是：可以在提升的衬底温度下淀积Co，以便在原位形成金属硅化物，然后可以接着在另一设备中进行高温退火[32]。无论是在哪一种情况下，退火周期都必须优化，以便避免由于形成不均匀的金属硅化物所引起的漏电问题。这会导致$CoSi_x$穿刺效应，它可以穿透N^+/P结。已经发现薄膜在400℃～450℃之间退火，穿刺效应会剧烈地生长；但是用800℃～850℃之间退火，则可以明显地抑制穿刺效应[31]。

例16.1 一个NMOS晶体管的几何尺寸如图16.15所示，其源/漏扩散区的薄层电阻为100 Ω/□且N型区表面浓度为10^{20} cm^{-3}。在MOS晶体管的源区和漏区上采用了1 μm宽的接触孔。现在由薄层电阻为10 Ω/□的自对准金属硅化物来代替上述接触孔，金属硅化物扩展到离栅电极边缘0.2 μm处。计算采用金属硅化物工艺之前和之后的电阻。接触金属和金属硅化物两者对硅都具有0.72 V的势垒。假设硅中电子质量为$1.1m_o$，以及式(15.14)中的常数A_o为$10^{-12}\,\Omega\cdot\text{cm}^2$。

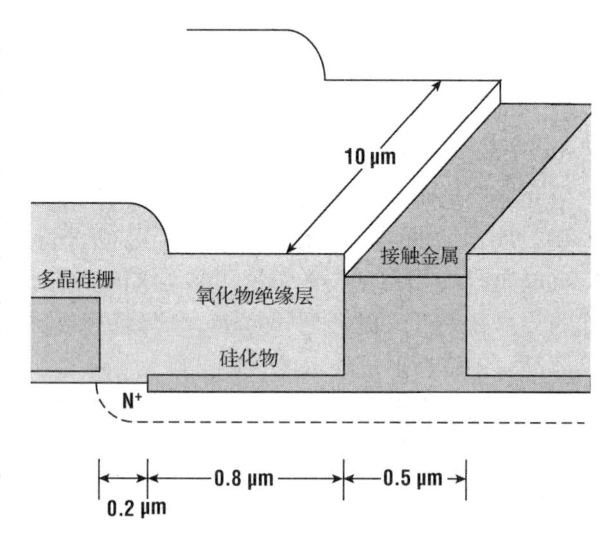

图16.15 例题中MOSFET剖面图和几何尺寸

解答： 式(15.15)中的常数C_2由下式给出：

$$C_2=\frac{4\pi}{6.6\times10^{-34}\ \text{J}\cdot\text{s}}\sqrt{1.1\times9.1\times10^{-31}\ \text{kg}\times11.9\times8.84\times10^{-12}\ \text{F}\cdot\text{m}}$$
$$=1.95\times10^{14}\ \text{m}^{-3/2}\text{V}^{-1} \tag{16.20}$$

于是

$$R_c=10^{-12}\ \Omega\cdot\text{cm}^2\exp\left[\frac{1.95\times10^{14}\ \text{m}^{-3/2}\text{V}^{-1}\times0.72\ \text{V}}{\sqrt{10^{26}\ \text{m}^{-3}}}\right]$$
$$=1.24\times10^{-6}\ \Omega\cdot\text{cm}^2 \tag{16.21}$$

对于金属铝来说，其接触电阻由下式给出：

$$R=\frac{\sqrt{100\,\Omega/\square\times1.24\times10^{-6}\,\Omega\cdot\text{cm}^2}}{1\times10^{-3}\text{ cm}}\coth\left[5\times10^{-5}\text{ cm}\sqrt{\frac{100\,\Omega/\square}{1.24\times10^{-6}\,\Omega\cdot\text{cm}^2}}\right]\tag{16.22}$$

$$=26.5\Omega$$

到栅电极边缘的总电阻为

$$R=26.5\,\Omega+100\,\Omega/\square\frac{10^{-4}\text{ cm}}{10^{-3}\text{ cm}}=36.5\,\Omega\tag{16.23}$$

对于金属硅化物接触:

$$\beta=\sqrt{\frac{100\,\Omega/\square+10\,\Omega/\square}{1.2\times10^{-6}\,\Omega\cdot\text{cm}^2}}=9.6\times10^3\text{ cm}^{-1}\tag{16.24}$$

对于这种类型接触来说，其总电阻由下式给出:

$$R=100\,\Omega/\square\frac{0.2\,\mu\text{m}}{10\,\mu\text{m}}+\frac{0.8\,\mu\text{m}}{10\,\mu\text{m}}\frac{100\,\Omega/\square\times10\,\Omega/\square}{100\,\Omega/\square+10\,\Omega/\square}$$
$$+\frac{2\times100\,\Omega/\square\times10\,\Omega/\square+[(100\,\Omega/\square)^2+(10\,\Omega/\square)^2]\cosh(9.42\times10^3\text{cm}^{-1}\times8\times10^{-5}\text{cm})}{1\times10^{-3}\text{cm}\times9.42\times10^3\text{cm}^{-1}\times(100\,\Omega/\square+10\,\Omega/\square)\times\sinh(9.42\times10^3\text{cm}^{-1}\times8\times10^{-5}\text{cm})}\tag{16.25}$$

$$R=2.0\Omega+0.7\Omega+17.6\Omega=20.3\Omega\tag{16.26}$$

这个例题中的几何尺寸与 0.5 μm 的器件尺寸相匹配。如果我们假设 L_{eff} 为 0.4 μm，栅氧化层厚度为 100 Å 以及电子迁移率为 400 $cm^2/V\cdot s$，则可以证明，即使电阻的适度降低也会对器件性能起到重要的影响。此外，金属硅化物的电阻与金属对硅化物的接触面积无关，所以能够等比例缩小到非常小的特征尺寸。

当进入到 120 nm 技术节点时，就要采用镍来取代钴形成金属硅化物。但是当进入到 65 nm 及以下的技术节点时，为了获得足够低的接触电阻率 R_c 值，人们又进一步开发了 NiPt 金属硅化物技术[33]。这些材料对于较窄的栅电极仍然可以获得较低的薄层电阻，同时还具有较低的接触电阻率和较低的结漏电。Pt 的引入还改善了热稳定性，尤其是对于 GeSi 接触[34]。这种材料无论是对于 N 型接触还是 P 型接触，都可以获得低至 $10^{-8}\,\Omega\cdot\text{cm}^2$ 的接触电阻率[35]。

当器件等比例缩小到深亚微米时，还会引起另一个严重的问题，该问题涉及 P 沟道器件的正常工作。如果继续采用 N^+ 多晶硅来做栅电极，为了防止穿通所需的阱浓度产生的阈值电压为−1.5 ~ −2.0 V。为了得到所需要的大约−0.5 V 的阈值电压，必须将 P 型掺杂剂硼离子注入沟道表面。所要求的硼浓度正常情况下同阱的 N 型掺杂剂形成了一个 PN 结，虽然在零栅极偏压下这个区是耗尽的。当栅电压朝着 V_t 方向改变时，这样的掺杂分布形成的沟道不是在表面而是在体内。所以，在栅电压接近阈值电压的情况下，PMOS 器件具有一个埋入的沟道。虽然埋沟有改善载流子迁移率和某种可靠性方面的微弱优势，但是器件的阈值电压难以控制，亚阈值漏电流也较大并且器件非常容易穿通。

虽然可以通过减小硼阈值电压调节注入范围或附加一次 N 型离子注入来达到降低埋沟作用[36]，但是消除这个问题的最有效方法是确保 NMOS 和 PMOS 两者都是表面沟道器件。最初人们认为采用对称栅电极就可以实现这个目标，即选择栅电极材料使得它具有这样一个功函数，可以使其费米能级靠近硅禁带的中心附近。已经研究的三种材料分别是 $MoSi_2$、Mo[37] 和 W[38]。虽然使用这些材料来制造 MOS 器件是可行的，但是淀积层内的应力趋向于降低氧化层的质量。而且，在非常短的栅电极长度下，这些材料仍然会使 NMOS 和 PMOS 两种器件都形成埋沟。

最终带来的结果是工业界开始使用所谓的双栅材料。这种方法的简单例子是，对 NMOS 器件使用 N^+多晶硅栅以及对 PMOS 器件使用 P^+多晶硅栅[39]。可以通过淀积不掺杂的多晶硅并在源/漏区离子注入的同时实现多晶硅栅掺杂来做到这一点。这种方法存在着若干困难。当然，在相同的掺杂浓度情况下 P^+多晶硅具有较高的电阻率，因为硅中空穴的迁移率比电子的迁移率要低。然而，在多晶硅互连中出现了更严重的问题。如果 N^+多晶硅和 P^+多晶硅相互直接接触的话，正如在反相器中以及大多数其他的基本逻辑功能电路中通常都会相互这样连接，就会形成隧道结。而且掺杂剂的相互扩散也会导致不希望的功函数变化。当使用自对准金属硅化物时，这尤其是个问题，因为掺杂剂的扩散速率在大多数金属硅化物中都是非常快的[40]。因此，场区氧化层上的多晶硅必须保持不掺杂和掺杂剂引入后热处理要减少到最低限度。当然，随后多晶硅层必须形成金属硅化物，以便使未掺杂区域高的电阻率得到旁路。该工艺最严重的问题是硼渗透到栅介质[41]。在多晶硅中晶粒边界的扩散使得硼很快地扩散到多晶硅/SiO_2 界面处。热处理周期、多晶硅厚度、氧化层厚度、多晶硅晶粒大小、注入剂量以及注入能量必须全部优化以便阻止硼穿透氧化层。已经知道在氧化层中引入氟会进一步加剧这个问题[42]。虽然氮化的氧化层对降低硼渗透看来是有效的[43]，但是当栅氧化层厚度进一步减薄之后，这个问题的解决就会变得更加困难。这种双栅掺杂方法目前已经被广泛地应用于 CMOS 器件的制造工艺中。

16.5 热载流子效应与漏工程

为了获得最佳的器件性能，MOS 晶体管从 3 μm 到 1 μm 左右的等比例缩小主要是按照恒定电压准则而不是恒定电场准则进行的，其结果是器件中的电场强度急剧升高。室温下硅中受激发电子的弹性平均自由程约为 10 nm，当电场足够高使得电子在连续两次碰撞之间从电场获得的能量超过半导体禁带宽度的一个足够量(大约 30%)时，就可能发生碰撞电离现象(参见图 16.16)。一些这样产生的空穴能够与其他高能量的电子复合，由此产生大量能量分布非常高的电子。

$$
\begin{aligned}
e^* &\rightarrow e+e+h \\
e^* + e + h &\rightarrow e^{**}
\end{aligned}
\tag{16.27}
$$

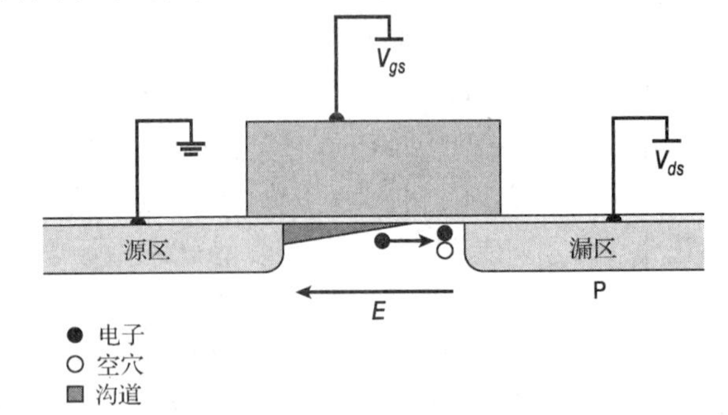

图 16.16 工作在夹断区的 MOSFET 中的碰撞离化过程

对于少数电子来说，在经受非弹性碰撞之前，通过运动若干个平均自由程而直接获得足够的能量也是可能的。不论是在哪一种情况下，这些电子都将具有足够的能量以改变器件的物理结构和电学结构，这种现象称为热载流子效应。其余的空穴则会逃逸到衬底中并以衬底电流的形式被收集。

这些高能量电子中的少部分能够克服氧化层/半导体之间的势垒。它们一旦穿透进氧化层就能够直接引起损伤或能够产生正电荷，这是由于在氧化层中的碰撞电离或者由于在栅极产生的正氢离子所致。这类电荷在氧化层中可以被捕获，导致器件阈值电压和跨导的漂移。目前人们普遍相信至少有一个重要的退化机理涉及在氧化层/半导体界面处氢原子的位移[44]。这些原子连接不饱和的界面键使界面钝化，仅需大约 0.3 eV 的能量就能够断开这样的键。一旦释放，它们就会留下可能捕获电荷的界面态或其他缺陷。通常主要在器件的漏区边缘处观察到这种效应[45]，当器件处于较大的漏极偏压和栅极偏压接近 $V_{ds}/2$ 的饱和区中时，最容易出现这种效应。当晶体管用于正向和反向两种结构以及涉及小尺寸器件处于高电场中时，这种损伤尤其明显。基于模型的研究工作已经指出，如果采用恒定电场的等比例缩小准则，这些效应对于栅电极长度小于 0.2 μm 的情况而言将变得不太重要[46],因为此时的电源电压已经很低。然而，在尺寸缩小至 70 nm 的器件中已经观察到了热电子效应[47]。由于不完全的电压等比例缩小，可以预料，这个效应将和功耗一起最终限制了纳米尺度器件的最大允许电源电压[48]。在承认这一限制的前提下，人们已经研究出了几种等比例缩小的方法，以保持最大电场而不是平均电场的恒定[49]。

使得热载流子效应减小到最低限度的最有效方法之一是开发出降低器件中最大电场强度的技术。由于必须降落在源和漏之间的总电压是不会改变的，因此电压降落的距离就必须增加。尤其在器件处于饱和区时的漏区边缘处，漏/衬底结像一个反偏的 PN 结二极管那样工作。最大电场出现在 PN 结界面附近。对于一个栅氧化层厚度小于 15 nm 和栅极长度小于 0.5 μm 的简单 N 沟道 MOSFET 来说，可以估算出其峰值电场为[50,51]

$$\mathscr{E}_{\max} \approx \frac{V_{ds}-V_{\text{sat}}}{l} \approx \frac{V_{ds}-\dfrac{\varepsilon_{\text{sat}}L(V_{gs}-V_{t})}{V_{gs}-V_{t}+\varepsilon_{\text{sat}}L}}{1.7\times10^{-2}\,t_{\text{ox}}^{1/8}x_{j}^{1/3}L^{1/5}} \tag{16.28}$$

式中，ε_{sat} 为速度饱和时的临界电场(大约为 40 kV/cm)，L 为栅极长度，x_j 为结深。

例 16.2　一个 MOS 晶体管的 $L = 0.5$ μm，t_{ox} =12.5 nm，$x_j = 0.2$ μm，$V_t = 0.7$ V。计算当 V_{ds} 分别为 5 V 和 3.3 V 时几种不同栅压所对应的最大电场，假设 $V_{gs} = V_{ds}/2$。

解答：将给定的数值代入式(16.28)，可以得到最大电场为

$$\mathscr{E}_{\max} = 8.6\times10^{4}\ \text{cm}^{-1}\left[V_{ds}-\frac{2(V_{gs}-V_{t})}{V_{gs}-V_{t}+2}\right] \tag{16.29}$$

于是，对于 $V_{ds} = 5$ V，峰值电场近似为 3.6×10^5 V/cm; 对于 $V_{ds} = 3.3$ V，峰值电场近似为 2.3×10^5 V/cm。

在比较大的电场下，热电子仅需移动大约四个平均自由程就能够获得足够大的能量使得碰撞电离发生(由于动量守恒，电子必须获得比禁带宽度大一些的能量以实现碰撞电离，通常要取比禁带宽度的能量多出大约 30%)。在更为实际的二维模拟中，对于这类结构已经预测电场接近 10^6 V/cm。用于降低漏/衬底 PN 结附近峰值电场的这类工艺模块一般称为**漏工程**(drain engineering)(尽管这类工艺模块通常总是同时用于器件的两侧)。这些工艺技术通常只应用于 NMOS 器件，因为它们远比 PMOS 器件更容易受到热载流子的损伤。

最普遍用于控制热载流子效应的工艺模块是轻掺杂漏区(LDD)技术[52]。因为侧墙间隔层的概念早在描述自对准金属硅化物形成时已经做了介绍，LDD 就是简单地在侧墙形成之前增加一道中等剂量的离子注入工序和在侧墙形成之后保留更高剂量的源/漏区注入(参见图 16.17)。

中等剂量的离子注入工序称为**衔接**(reachthrough)注入。该工序的作用就是在漏接触区与沟道之间形成一个长度和掺杂浓度容易受控的区域以便降低峰值电场进而使热电子衰减。然而，LDD 增加了额外的寄生电阻。必须开展对于衔接区掺杂浓度、深度和长度的工艺优化，在优化中必须解决晶体管性能和器件可靠性之间的矛盾。此外，如果衔接区中掺杂浓度太低，那么被捕获在衔接区上方氧化层中的热电子就能够使衔接区耗尽，这实质上会增大串联电阻并有可能引起永久性的失效。为了提供最佳的抗热电子性能，必须将 N 型区完全放置在栅电极的下方。必须指出的是，这并不是我们在此介绍的这种简单的 LDD 工艺情况。

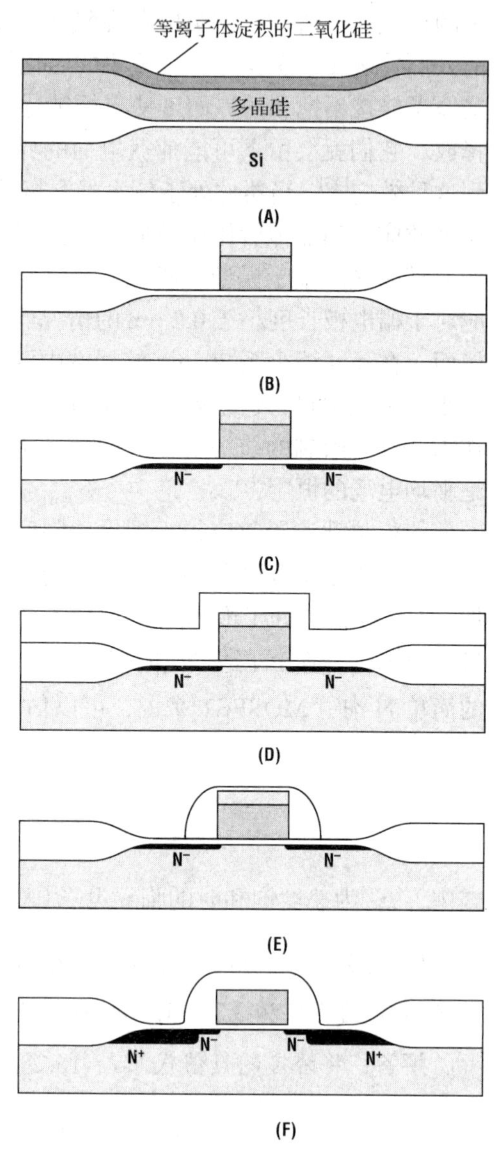

图 16.17　普通的轻掺杂漏(LDD)工艺流程

为了改善基本结构 LDD 器件的性能，已经提出了若干基本结构 LDD 工艺的变更方法，包括中度掺杂的 LDD(MLDD)[53]、剖面分布的 LDD[54]和栅漏交叠(GOLD)结构[55]。对后者已经进行了设计来提供栅极和衔接区比较大的交叠。在常规的 LDD 器件中使用高介电常数间隔层同样也可以得到 LDD 性能的改善。较大的电容引起的边缘电场对衔接区中电场的调制作用犹如常规间隔层方法中将衔接区置于栅电极的下方那样的调制效果[56]。最常用的材料是 Si_3N_4。由于氮化硅和硅界面处通常会包含高密度的界面态，因此经常在氮化硅淀积之前热生长一层薄的氧化层。已经提出的一种有趣的器件结构是所谓的隐埋 LDD。在这种工艺中，用高能量离子注入形成重掺杂的衔接区。这样可以迫使电流远离 Si-SiO_2 界面往下流动。虽然这种结构仍然会产生热载流子，但是它们在到达界面之前已经损失了足够多的能量，这就使得几乎没有热载流子能够穿透氧化层。如果隐埋的 LDD 结构也是缓变分布的话，则甚至可以得到更大的器件性能改善，这可以通过同时采用高能量的砷离子注入和高能量的磷离子注入来实现[57]。

LDD 工艺具有三个缺点。第一个缺点是增加了工艺复杂性，尽管在形成自对准金属硅化物时所增加的工艺复杂性是最小的。第二个缺点是间隔层增加了金属接触区与沟道之间的寄生电阻。因此，工作在相同的电源电压下，LDD 结构的器件速度要比没有 LDD 结构的器件慢。采用 LDD 工艺的第三个问题是遮挡效应。我们可以回想一下这样的事实，即为了避免离子注入的通道效应，大多数离子注入都是偏离晶轴进行的。在 LDD 结构的情况下，多晶硅栅电极会起到一个有效的遮挡作用，它阻碍了器件一个侧面的离子注入。其结果是衔接区不能很好地延伸到栅电极下方的部位。这个效应会导致非正常的 MOSFET 电学特性[58]。当遮挡边用于器件的漏区时，几乎没有观察到器件性能的退化。但是当遮挡边用于器件的源区时，饱和区的驱动电流会降低 30%～40%。可以采用两种方法来避免这个效应：或者沿着晶轴方向进行离子注入，或者确保最终的多晶硅栅电极剖面至少与晶轴有 7°角的倾斜。在栅极光刻之后进行的多晶硅氧化工艺（称为再氧化）同样也会引起遮挡效应。

16.6 闩锁效应

早期 CMOS 技术的限制之一就是闩锁效应。虽然现在人们已经对其有了很深入的了解，但是闩锁效应仍然是人们关心的一个问题，而且对于等比例缩小的 CMOS 工艺技术必须进行专门的设计以避免这个问题。闩锁效应可以看成是 IC 电路吸进去的电流突然大量增加，这个电流可以高到足以熔断金属互连线的程度。因此，闩锁效应通常是破坏性的。如果电源提供的电流是有限的，那么可以采用切断电路电源的方法来消除发生闩锁效应的条件，然后再重新给电路加上电源。

发生闩锁效应最常见的形式是由 CMOS 集成电路结构中的寄生元件引起的[59]。图 16.18（A）展示出了一个 N 阱 CMOS 晶圆片的横截面图，其中画有各种寄生的元件。两个晶体管被连接成一个 CMOS 反相器。该图中特别醒目的是增加了对于 N 阱和 P 型晶圆片这两个衬底的接触点。一个横向的 NPN 双极型晶体管（$Q_{\parallel}$）是由 NMOS 晶体管的漏区、P 型衬底以及 N 阱形成的。另一个垂直的 PNP 双极型晶体管（$Q_{\perp}$）则是由 PMOS 晶体管的 P^+源区、N 阱以及 P 型衬底形成的。横向 NPN 型晶体管的收集区通过 N 阱连接到 PNP 型晶体管的基区。垂直 PNP 型晶体管的收集区则通过 P 型衬底连接到 NPN 型晶体管的基区。该 CMOS 反相器的寄生等效电路如图 16.18（B）所示[60]。

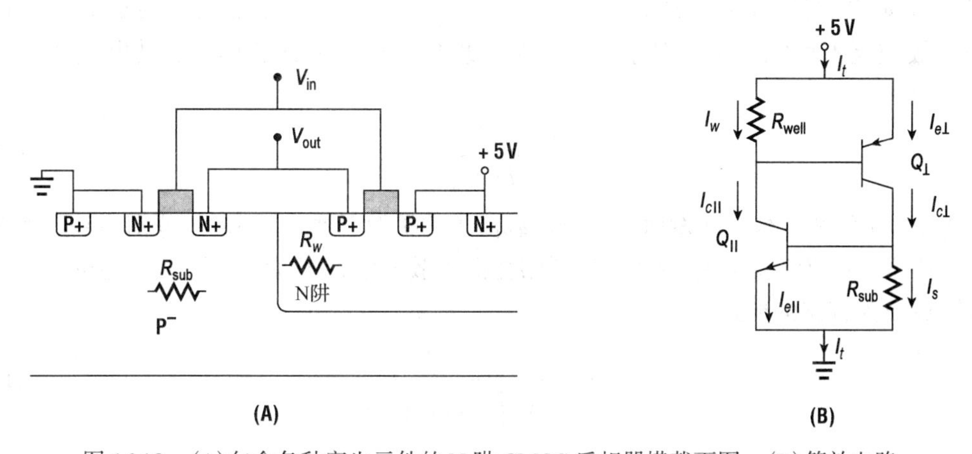

图 16.18　（A）包含各种寄生元件的 N 阱 CMOS 反相器横截面图；（B）等效电路

为了便于理解这个电路如何发生闩锁效应，我们考虑在某一时刻，有一个足够大的电流流过 NPN 型晶体管的收集区。这种情况可以发生在出现某个电压尖峰信号、电离事件或某种其他瞬变过程等条件下[61]。流过阱电阻的电流给 PNP 型晶体管的基区施加偏压。如果这个偏压足够大，晶体管作用将迫使电流流进 PNP 型晶体管的收集区。这个电流流过衬底电阻，又可以对 NPN 型晶体管的基区产生偏置，这将迫使更大的电流流进阱电阻。其结果是构成了一个正反馈电路，电流就会一直增大，直到切断电源之后才会使电流关断[62]。

为了分析这个电路，我们假设晶体管处于正向有源工作状态，然后忽略泄漏电流，则有

$$I_c = \alpha I_e \tag{16.30}$$

由电源提供的总电流由下式给出：

$$\begin{aligned} I_t &= I_{c\parallel} + I_{c\perp} \\ &= \alpha_{\parallel} I_{e\parallel} + \alpha_{\perp} I_{e\perp} \\ &= \alpha_{\parallel}(I_t - I_s) + \alpha_{\perp}(I_t - I_w) \end{aligned} \tag{16.31}$$

式中，下标‖和⊥分别表示平行于晶圆片表面和垂直于晶圆片表面的晶体管，α 为双极型晶体管收集极和发射极的电流比。整理上式，可得

$$I_t\left[\alpha_{\perp} + \alpha_{\parallel} - 1 - \alpha_{\perp}\frac{I_w}{I_t} - \alpha_{\parallel}\frac{I_s}{I_t}\right] = 0 \tag{16.32}$$

该方程的一个有效解即为

$$\alpha_{\perp} + \alpha_{\parallel} - 1 - \alpha_{\perp}\frac{I_w}{I_t} - \alpha_{\parallel}\frac{I_s}{I_t} = 0 \tag{16.33}$$

如果用β(即晶体管的收集极电流与基极电流之比)来表示上述这个方程，则有

$$\beta_{\perp}\beta_{\parallel} = 1 + \frac{I_w}{I_t}\beta_{\perp}[\beta_{\parallel} + 1] + \frac{I_s}{I_t}\beta_{\parallel}[\beta_{\perp} + 1] \tag{16.34}$$

式中，$\beta = \alpha/(1-\alpha)$。

式(16.34)指出了几个重要的效应。鉴于式(16.34)中等号右侧各项之和必定是大于 1 的，因此要使闩锁效应得以发生，$\beta_{\perp}\beta_{\parallel}$ 的乘积必须要大于 1。如果我们能够使得这个乘积小于 1，那么闩锁效应就不可能发生。对于均匀掺杂的理想双极型晶体管而言，其电流增益由下式给出[63]：

$$\beta = \frac{D_B N_E L_E}{D_E N_B W} \tag{16.35}$$

式中，D_B 和 D_E 分别是基区和发射区中少数载流子的扩散系数，N_B 和 N_E 分别为基区和发射区中的掺杂浓度，L_E 为发射区中少数载流子的特征扩散长度，W 为基区宽度。还可以将上式进一步改写成更为普遍的形式：

$$\beta = \frac{D_B N_E L_E}{D_E \int_0^W N(x)\mathrm{d}x} \tag{16.36}$$

通常横向双极型晶体管的典型增益是小于 1 的，有时甚至低至 0.01，而垂直的双极型晶体管通常则具有远大于 1 的增益。

所以，避免闩锁效应的最有效方法是增加基区宽度(也就是增大 NMOS 和 PMOS 晶体管之间的间距和阱区的深度)和增加基区掺杂浓度，使得两个晶体管的增益乘积小于 1，或者使用可以吸收注入电荷的保护环，从而避免双极型晶体管起作用。无论采用上述哪一种方法都必须在器件集成密度方面付出代价。有很多种方法可以使这个代价减小至最低限度。这些技术要么趋向于降低寄生电阻从而增加 I_{sub} 和/或 I_{well}，这就使得这项技术能够避免由比较大的

$\beta_{\perp}\beta_{\parallel}$ 乘积导致的闩锁效应，要么它们就趋向于降低寄生双极型晶体管的电流增益。有时这两个目的是相互交叠的。增加衬底和阱中的掺杂浓度可以同时降低增益和电阻。当然，表面处阱的浓度必须满足由 MOSFET 所决定的器件限定条件。这已经导致了人们对逆向阱的研究，在逆向阱中掺杂浓度随着深度而增加。逆向阱是这样制作的：采用高能量的磷注入形成阱的旁路电阻以及采用较低能量的离子注入形成表面的掺杂分布。虽然这种技术能够使闩锁效应的敏感性有一定程度的降低，但是却不能完全消除闩锁效应。

有两种技术已经进入了广泛的应用，它们可以极大地降低发生闩锁效应的敏感性。其中最简单的方法是在重掺杂衬底上生长的轻掺杂外延层中制造器件[64]。这项技术提供了两种缓解闩锁效应的途径。低电阻衬底有效地使衬底旁路，实质上增加了 I_{sub}，从而增加了最大允许的增益乘积。衬底还用作基区中少数载流子有效的吸收器。由于衬底是重掺杂的，到达衬底的少数载流子很快地就会被复合掉。这样就阻止了双极型晶体管的放大作用，因而有效地降低了发生闩锁效应的敏感性。外延作用的功效随着外延层厚度的减小而增加。典型的 CMOS 外延层厚度初始值约为 5 μm。在完成阱的推进之后，衬底向上的扩散会使这个尺寸缩小到大约 3 μm。图 16.19 展示出了外延层厚度对闩锁效应敏感性影响的实验结果。外延方法带来的问题包括原材料的成本和外延层中的缺陷，这些缺陷会降低 IC 生产的成品率。出于这些考虑，外延技术在那些对于成本非常敏感的产品(例如 DRAM)很难获得应用。

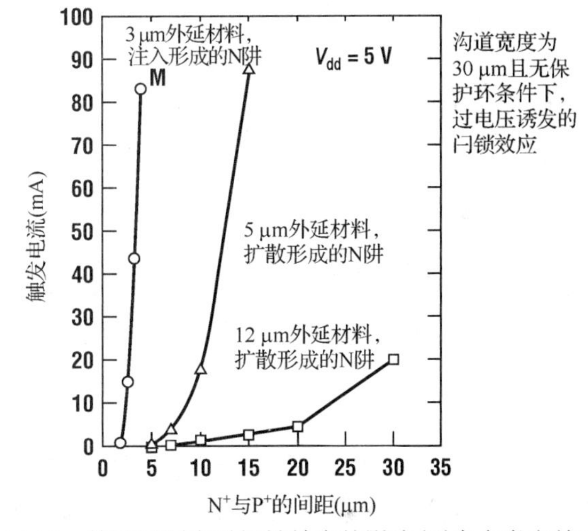

图 16.19　外延层厚度对闩锁效应的影响(引自参考文献[65])

已经证实，在改善闩锁效应敏感性(尤其是在比较小的 N 与 P 间隔情况下)方面，深槽隔离也是有效的[66]。如果槽的深度明显大于阱的深度，那么载流子就被迫绕过深槽的底部流动，这就增大了有效基区的长度并迫使电流以二维方式流动，从而降低了晶体管的增益[67]。已经发现，槽的深度具有比槽的宽度更强烈的作用效果。如果通过离子注入在槽的底部形成一个 P^+ 环，闩锁效应将会被进一步抑制。良好的设计可以迫使维持闩锁效应条件所需的电压远高于深亚微米集成电路所用的电源电压，这样就可以使器件避免出现闩锁效应，即使对于没有离子注入塞子的体硅衬底上制造的器件也是如此[68]。

16.7　浅源/漏与特定沟道掺杂

随着 CMOS 器件继续等比例缩小到纳米尺度，就需要继续降低源/漏结的深度[69]。目前已经得到证明[70]，漏感应势垒降低(DIBL)效应减小了器件的阈值电压：

$$\Delta V \propto \exp\left[-kLx_j^{-1/3}t_{ox}^{-1}\right]$$

式中，L 是栅电极长度，k 是与工艺技术有关的常数。因此，当晶体管的尺寸等比例缩小时，我们必须减小其结深。LDD 结构对于减小结深是有利的，因为 LDD 结构的有效结深介于 LDD 区深度和源漏接触区深度之间，但是即便如此，减小结深的问题依然具有挑战性。在金属硅化物形成之前，源/漏扩散区的薄层电阻有某种程度的增大是不可避免的。在非常高倍的等比例缩小工艺技术中，N^+扩散区的薄层电阻为 500 ~ 1000 Ω/□。尤其是表面浓度是极端重要的，因为单位面积的接触电阻是这一参数的敏感函数。对于先进的掺杂技术来说，第二个要求是要调整掺杂分布(包括沿着深度方向和沟道长度方向)，以便优化器件性能或控制短沟道效应。在较短的栅电极长度下，优化器件性能或控制短沟道效应变得更加重要。在某些情况下，可以采用掺杂分布来使短沟道特性减小至最低限度。

浅源/漏的形成需要两个步骤：在接近硅晶圆片的表面引入杂质以及使这些杂质的再分布达到最小化。理想的结果是一个矩形(箱子)分布，即具有一个很高的恒定浓度直到结深位置，然后从该处开始浓度突降到零。通常一个附加的目标是实现有效掺杂剂浓度超过杂质的固溶度。这就要求对晶圆片进行如此之短时间的退火，以便使得其中的杂质原子不可能聚集成团或沉淀出来。一般来说，在一定温度下，偏离平衡(即固体溶解度)越远，允许的退火时间就越短。极不平衡的结果要求退火时间远小于 1 s，在后续的热循环中还会发生掺杂剂的损失。

我们在第 5 章中曾经讨论了浅分布的形成。简要地说，可以采用分子注入来降低杂质原子的有效能量，或者可以使用注入能量能够工作在 1 keV 范围内的新型离子注入机。形成具有低薄层电阻的超浅结的挑战是非常尖锐的，尤其是对于形成 P^+分布，因为在相同能量下硼的射程和扩散系数都要明显大于砷的。超浅结的注入剂量通常从 1×10^{15} ~ 5×10^{15} cm^{-2} 降低到 5×10^{15} ~ 9×10^{14} cm^{-2}，以避免形成硅与掺杂原子的化合物。例如 SiB_4，这种化合物会造成劣质的欧姆接触[71]。

退火这步工艺的目标是激活高百分比的杂质而同时使残余的缺陷和杂质再分布减小至最低限度。正如我们在第 6 章中所讨论过的，这件事情已经推动了许多关于快速热退火工艺的研究工作。一个单个离子可以引起高达 400 对间隙-空位对[72]。这些过剩的缺陷直接或间接地导致瞬时增强扩散，对大剂量情况尤其如此。在对附近的点缺陷进行初始的低温(≈550℃)退火之后，对应着每一个注入离子大约还存在着一个额外的点缺陷[73]。使得瞬时增强扩散减少到最低限度的一种途径是借助于碳或某些其他杂质的同步注入，这将在有源区外边形成缺陷团以清除诸如自间隙原子这样的点缺陷[74]。

图 16.20 展示出了在硼注入剂量为 5×10^{14} cm^{-2} 的情况下，注入能量和退火周期对结深及薄层电阻的影响。首先，降低注入能量是降低结深的最重要的工艺变量[75]。更高温度的退火将会产生更低的薄层电阻扩散区，但是退火时间必须保持尽可能地短。某些工艺研究人员认为，对于极小尺寸的器件情况而言，将要求在温度高达 1100℃下进行毫秒量级的退火。若干掺杂剂引入的新途径也在深入细致的研究之中，包括脉冲气体浸没激光掺杂(P-GILD)、快速蒸气掺杂(RVD)、等离子体浸没式离子注入(PIII)以及非常高分子量的注入(例如十硼烷，即 $B_{10}H_{14}$)。如果需要了解上述每一种技术，读者可以参阅 Jones 和 Ishida 的论文[69]。另一方面，也可以使用某种提升源/漏的技术，在这项技术中需要把额外的硅增加到 FET 结构中。关于这种技术有很多可供选择的对策[76]。

通过精细设计沟道内及其周围的掺杂分布，人们已经提出了各式各样的方案来改善器件的工作(参见图 16.21)。所有这些注入的峰值浓度和深度都远低于深源/漏结的峰值浓度和深度。电学沟道厚度小于 10 nm。采用逆向分布的沟道掺杂工艺来降低这一区域的掺杂浓度，以便使得离子散射可以减小至最低程度[77,78]。基本的设计思想是，电学载流子(电子和空穴)将从高浓度区扩散到低浓度区，直到扩散被诱发的电荷偶极子所产生的电场平衡为止。如果保持离子远离形成反型层的界面，我们可以预期得到较高的载流子迁移率，在深亚微米器件中所用的高沟道掺杂浓度情况下尤为如此。通常是采用铟而不是硼作为掺杂剂，虽然铟具有较低的固体溶解度(在 1000℃下为 $5\times10^{17}\,cm^{-3}$)，但是它比硼具有更低的扩散系数，尤其是在低温下，在形成有效的逆向掺杂分布中这是非常重要的。

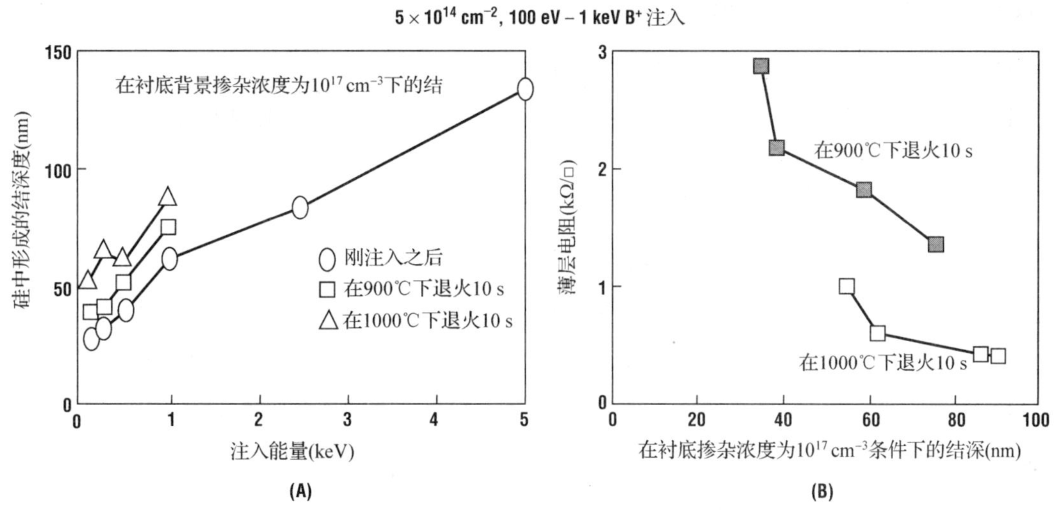

图 16.20 使用低能量注入和快速热退火(RTA)得到超浅结的结果，提高退火温度增加了结深(A)，但是导致了更低的薄层电阻(B)

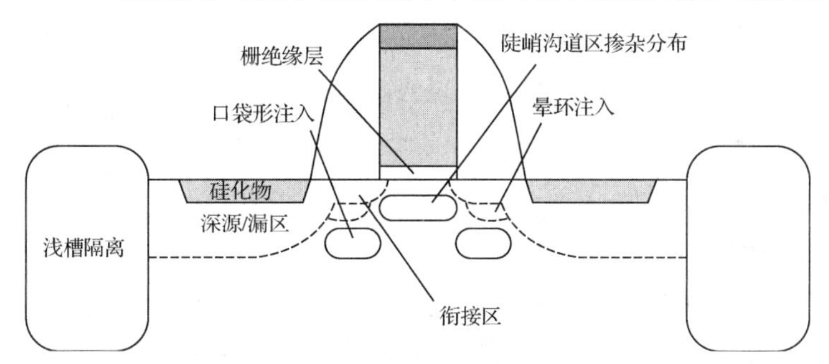

图 16.21 深亚微米 MOSFET 横截面图，用来表示可供选择的沟道工程注入方案

对于 NMOS 器件来说，为了降低短沟道效应，在 LDD 结构中采用晕环(halo)注入(它比衔接区注入深，但是又没有源漏接触区那么深)来保护沟道不受深的源/漏扩散区的影响[79]。晕环注入沿着与垂直轴成较大角度的方向进行，并且同时旋转晶圆片。这样就形成了一个杂质“口袋”，它阻止了与较深的源/漏接触区有关的耗尽区扩展，从而降低了 DIBL 效应。这也可以被认为是降低了阈值电压对沟道长度的依赖关系，以及降低了亚阈值电流对漏偏压的依赖关系。

16.8 通用曲线与先进 CMOS 工艺

随着 CMOS 器件尺寸不断等比例缩小进入到纳米尺度范围之后，人们也采取了各种措施来进一步改善基本的器件性能。作为本节讨论的起点，我们将首先引入一个通用的曲线，如图 16.22 所示。目前人们已经发现，理想的硅反型层中载流子的迁移率服从两个简单的曲线，一个是 N 沟道中的电子迁移率，一个是 P 沟道中的空穴迁移率，二者都是沟道中垂直方向电场[80~82]的函数，如图 16.23 所示[83]。在低电场条件下，载流子迁移率主要受库仑散射限制；在中等电场条件下，载流子迁移率则主要受声子散射限制；而在高电场条件下，载流子迁移率则主要受表面散射限制。提高反型沟道中载流子的迁移率仍然是改善集成电路性能的一个重要途径。即使在器件栅长已经如此之短以至于电子能够以弹道输运的方式从源极直接渡越到漏极的情况下，低场迁移率依然在电路的瞬态开关特性方面起着非常重要的作用。有人一直把这种现象戏称为通用曲线的专横性。

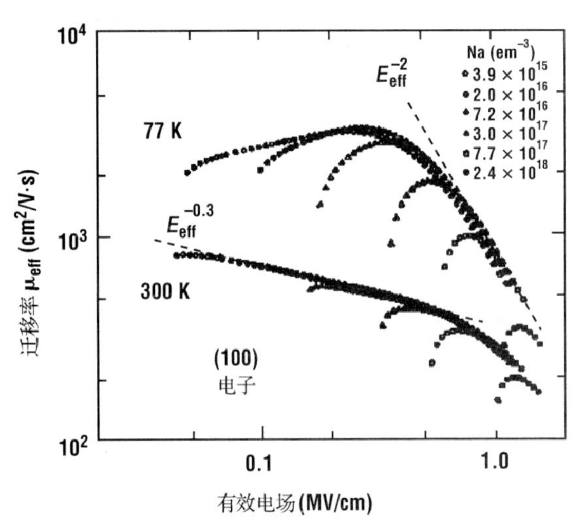

图 16.22 室温及 77 K 温度下不同掺杂浓度硅晶体中电子迁移率随有效电场的普适性变化曲线（引自 Takagi 等，经 IEEE 许可使用）

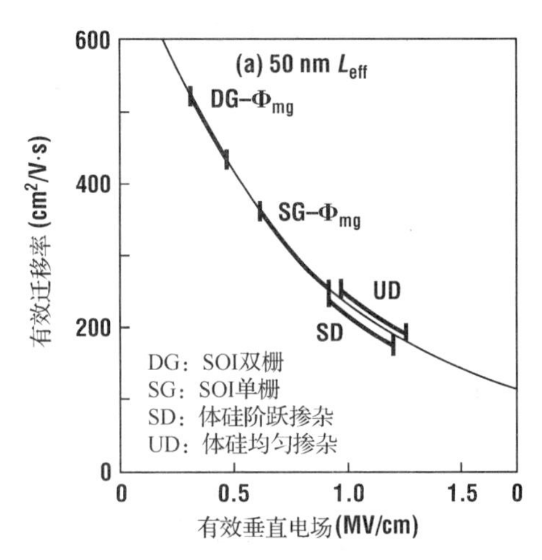

图 16.23 在均匀掺杂与阶跃掺杂的体硅器件以及单栅和双栅的 SOI 器件中可望获得的有效垂直电场变化范围（引自 Lochtefeld 和 Antoniadis，经 IBM J. Res. Dev 许可使用，©2000，IBM）

正如我们在第 14 章中所讨论的那样，利用应变技术完全有可能改变半导体材料的能带结构并进而提升其中载流子的迁移率。最初这个结论是通过使用 Si/GeSi 异质外延材料得到演示和证实的。第一个研究工作是采用在硅衬底上生长的锗硅赝晶结构来实现的，后来人们发现在应变弛豫的锗硅层上生长的应变硅层可以制备出更好的栅极氧化层。要实现这种结构，首先必须生长一层足够厚的锗硅层，以便使其达到应变弛豫（此时会在 Si/GeSi 界面处产生缺陷），然后再在这层弛豫的锗硅层上生长出应变硅层。已经发现[84]反型沟道中载流子的迁移率强烈地依赖于沟道材料的应变程度，同时 NMOS 器件的阈值电压也会随着材料应变而发生变化。在这种情况下由于材料的晶格是沿着两个方向发生应变以适应晶格常数之间的失配，因此这种类型的应变通常称为双轴应变。

已经发现应变 N 沟道场效应晶体管的载流子迁移率随着双轴应变程度的增加而显著地增大，对于在弛豫的 $Ge_{0.28}Si_{0.72}$ 衬底上生长的应变硅层而言，其载流子迁移率已经获得了一倍的提升，而且这种提升基本上与横向电场无关[85]。但是对于 P 沟道场效应晶体管来说，情况则没有这么乐观。如果应变程度比较低，空穴的迁移率实际上还会有所降低；只有在应变程度比较高的情况下，应变材料中空穴的迁移率才会比参照的非应变样品有所提升。此外在比较高的横向电场作用下，不同应变条件下载流子迁移率的应变增强都会明显下降[85]。最后对于这种类型的器件材料结构，人们还比较关注衬底材料中由于应变弛豫锗硅层所引起的位错可能会传播到应变硅层中，从而导致器件有源区的缺陷，尤其是对于高性能 P 沟道器件所需的高应变度(即具有高锗组分的薄膜)材料来说更是如此。

近年来已有研究结果表明一维的单轴应变比双轴应变具有更多的优点。首先，单轴应变可以通过在器件表面增加覆盖层引入到沟道中，这样一来就可以分别对 N 沟道器件和 P 沟道器件进行独立的调整，从而获得最佳的性能。和双轴应变不同的是，即使在应变程度比较低的条件下，单轴应变的 P 沟道器件也获得了迁移率的提升[86]，而且 P 沟道器件的迁移率增强在高电场条件下也没有发生退化现象[87]。图 16.24 给出了一个利用覆盖氮化硅层实现单轴应变技术的实例[88]，通过控制氮化硅薄膜中氮的组分可以很容易地控制沟道薄膜的应变程度。由于这种类型的应变是通过工艺技术引入的，而不是通过硅晶圆片或外延层的生长方法引入的，因此有时也把它称为工艺应变。需要指出的是，这并不是形成工艺应变的唯一方法。有不少研究者已经展示了利用锗硅提升源漏结构以及浅槽隔离技术也可以引入工艺应变[88]。最后，对于这种工艺应变，其应变程度与器件的沟道长度有关。因此对这一类的工艺制造技术而言，器件的驱动电流并不是简单地随着栅极长度的减小而等比例增大，而是驱动电流的增大速度要高于 $1/L$ 的变化。正是由于应变大大增强了器件的性能，因此这项技术已经广泛地应用于 90 nm 节点及其以下的工艺中，现在唯一的问题是如何才能最充分地发挥应变技术的优越性。

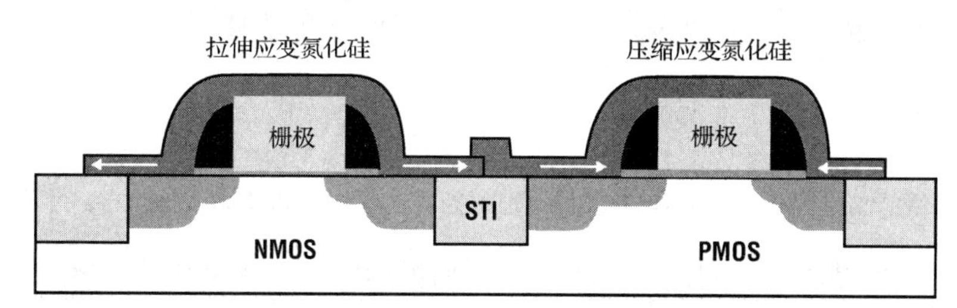

图 16.24　利用覆盖不同化学配比的氮化硅层在沟道区诱生应力的单轴应变技术实例(引自 Thompson 等，经 IEEE 许可使用)

16.9　一个纳米尺度 CMOS 工艺

在转入下一个论题之前，我们以 35 ~ 45 nm 技术节点为代表，通过讨论一个现代 CMOS 工艺技术来对相关的先进工艺做一个总结。该工艺也仅仅具有代表性，因为不同的生产厂商以及不同的集成电路应用领域都会在具体的制造工艺上有很大的差别[89]。

器件的尺寸现在已经非常小，因此丝毫也不希望掺杂的杂质发生扩散。为此首先必须完成浅槽隔离工艺模块：生长一层缓冲氧化层，LPCVD 淀积氮化硅，光刻并刻蚀出有源区图形(浅槽)，清洗，生长衬垫氧化层，高密度等离子体 CVD 淀积二氧化硅，通过化学机械抛光研磨至氮化硅层，去除氮化硅层和缓冲氧化层。如有必要，可以在生长衬垫氧化层之前进行一次场区离子注入。

接下来是阱的形成。由于器件的尺寸非常小，因此阱的形成可以和器件沟道区的注入合并在一起进行。首先光刻出 PMOS 器件区域，然后进行 3 ~ 5 次磷离子注入，注入能量从几百 eV 到 5 keV，最后进行一次锑离子注入，以便在阱区表面形成一个逆向掺杂分布。所有的注

入剂量介于 $5\times10^{12}\sim9\times10^{12}\,cm^{-2}$ 之间。然后去除光刻胶，重新光刻出 NMOS 器件区域，再采用同样的工艺步骤形成 P 阱，即先离子注入硼，最后进行一次铟离子注入，形成表面的逆向掺杂分布[参见图 16.25(A)]。

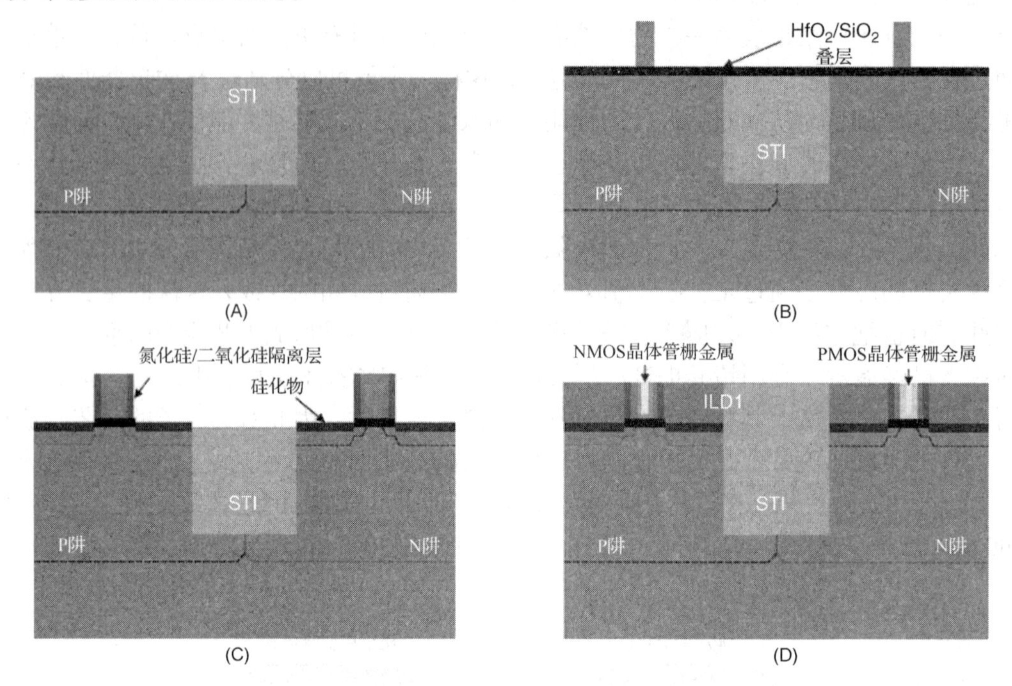

图 16.25 等比例缩小的高 k 金属栅 CMOS 技术工艺流程中的基本单元：(A)双阱浅槽隔离衬底；(B)高 k 介质与多晶硅/二氧化硅栅电极的叠层；(C)形成 LDD 和自对准金属硅化物结构后的晶体管；(D)对 ILD 进行平坦化处理以便裸露和去除多晶硅栅，并回填金属栅

接下来就要开始晶体管的制造了。为了控制栅极漏电，采用氧化铪(HfO_2)而不是热氧化的二氧化硅来作为栅介质。通常采用 CVD 或 ALD 方法淀积大约 3 nm 厚的氧化铪。为了获得较低的器件界面态密度，氧化铪不能直接淀积在硅表面。首先必须先在硅表面形成一层较薄(大约 0.7 nm 厚)的氧化层，这层薄氧化层可以在淀积高 k 栅介质之前直接在 ALD 系统中热氧化生长出来。如果需要的话，在淀积了氧化铪栅介质叠层之后还可以对其进行氮化处理，当把高 k 栅介质与传统的多晶硅栅结合在一起时通常会这样做。这里我们假设采用替代栅工艺。先采用 LPCVD 工艺淀积一层不掺杂的多晶硅，接着淀积一层较薄的二氧化硅，然后对这个栅叠层结构进行栅电极图形的光刻(也可能需要进行必要的修调，取决于光刻工艺的要求)和刻蚀[参见图 16.25(B)]。

接着就要形成晶体管的源漏结构了。再一次光刻出 NMOS 器件区域，然后以 45° 入射角进行晕环注入，通常是以 5 ~ 10 keV 的能量注入 $10^{12}\,cm^{-2}$ 剂量的硼离子。接着以 0° 入射角和低能量进行衔接区或源漏前端延伸区的注入，注入剂量为 $10^{14}cm^{-2}$ 左右，注入离子为砷离子以便限制该结区的扩散。同样再光刻出 PMOS 器件区域，然后进行 PMOS 器件的晕环注入和衔接区注入，其中晕环注入采用砷离子或磷离子注入，而衔接区注入采用硼的分子形态注入。接下来去除光刻胶并淀积间隔层，通常是 10 nm 厚的二氧化硅和 30 nm 厚的氮化硅，然后对氮化硅层进行各向异性的刻蚀以形成间隔层。再分别光刻出 NMOS 和 PMOS 晶体管区域，并分别进行 NMOS 和 PMOS 器件源漏接触区的离子注入，这一次注入的剂量接近 $10^{15}\,cm^{-2}$，注入的能量可以稍微高一些，因为对小尺寸器件来说其结深并不像衔接区那样至关重要，而衔接区的长度是非常接近栅极长度的。在衔接区注入和源漏接触区注入的过程中同时也对多晶硅栅电极进行了离子注入掺杂。此时需要进行高温退火以激活注入杂质。某些公司会把这个离子注入与退火工艺分成几次进行，因为它们发现有些源漏掺杂的杂质需要在更高的温度下才能激活。在这种情况下，首先注入需要较高温度激活的杂质并对其进行退火，然后再注入需要较低温度激活的杂质并对其进行退火。接下来去除源漏接触区表面的 $SiO_2/HfO_2/SiO_2$ 叠层，尤其是对于 PMOS 器件，通常会一直继续将源漏接触区表面的硅刻蚀掉一部分，然后再淀积一层重掺杂的 GeSi 层作为 PMOS 器件的源漏接触区，而不是直接通过离子注入形成 PMOS 器件的源漏接触区。最后通过溅射工艺淀积一层形成硅化物的金属薄膜，并使其与硅发生反应形成自对准金属硅化物，然后利用湿法化学腐蚀方法去除残余的金属，再利用最后一次退火工艺降低金属硅化物的电阻[参见图 16.25(C)]。

注意在这个图中，多晶硅栅具有一个氧化层的盖帽，这是我们有意为之的，其目的是为了避免多晶硅栅形成金属硅化物。一般说来，多晶硅栅不宜与高 k 栅介质组合使用，其原因有两点，一是多晶硅栅在晶体管导通时会出现轻微的栅耗尽效应，多晶硅栅通常是重掺杂的，因此耗尽层宽度只有 1.5 nm 左右，但是这会贡献 $1.5\ \text{nm} \times 3.9/11.8 = 0.5\ \text{nm}$ 厚的等效氧化层厚度。对于 EOT 栅氧化层厚度进入 1 nm 时代的器件来说，这会带来很大的影响。这个增加的厚度因为降低了栅氧化层的电容，所以最终降低了器件沟道中的电流；二是多晶硅栅与高 k 栅介质之间存在着我们不希望看到的相互作用，这会导致声子散射，从而降低载流子的迁移率[90]。很不走运的是，我们需要两种不同的金属栅电极，一种是用作 PMOS 器件栅电极、功函数为 4.1 eV 的金属，另一种是用作 NMOS 器件栅电极、功函数为 5.2 eV 的金属。要找到满足这些要求的金属是非常困难的，尤其困难的是这些金属/高 k 栅介质叠层结构还必须能够承受掺杂剂激活所需要的高温热循环。为了避开这个问题，可以先淀积第一层绝缘介质，并采用 CMP 技术对其进行平坦化处理，然后大面积回刻至裸露出多晶硅栅的顶部。此时可以利用刻蚀工艺将多晶硅栅去除并替换成相应的金属栅。由于在此之前，所有的掺杂剂都已经就位，因此其所需要的高温热处理过程也都已经完成。这种结合高 k 栅介质的工艺通常称为替代栅工艺或后栅(gate-last)工艺。栅金属也不需要在整个栅电极宽度范围内都是全额厚度的，有些公司仅采用很薄的一层栅金属以获得所需要的功函数，然后采用铝金属加厚栅电极以降低栅电极的电阻[参见图 16.25(D)]。

对金属栅也采用 CMP 工艺进行平坦化处理以便获得一个平坦的表面。然后再淀积一层绝缘介质 ILD1，并光刻和刻蚀出接触孔，沉积一层金属钨作为第一层插塞，在某些工艺中，这一层金属钨也作为第一层互连金属。接下来淀积低介电常数的金属层间介质和互连金属铜(采用大马士革镶嵌工艺)。最后，和 3 μm 工艺一样，再进行一次氢气氛的退火处理。在上述工艺流程中我们并没有明确指出其中包含应变工艺来提升载流子的迁移率。这种应变工艺可以包含在 STI 工艺所使用的材料中，也可以包含在 PMOS 器件的嵌入式 GeSi 源漏中，还可以通过覆盖在晶体管上面的应力诱生层来实现。

16.10　非平面 CMOS

氧化层厚度的等比例缩小，从二氧化硅到 SiO_xN_y，再到高 k 介质，在很大程度上已经终止了。随着器件尺寸的缩小，氧化层厚度也必须等比例缩小，只有这样才能使得沟道区的电势能够受到栅电极的良好控制。然而，由于无法获得厚度为 0.7 nm 左右的二氧化硅薄膜，因此无人能够找到一个办法以便获得一个高迁移率的反型层。其结果是，氧化层厚度的等比例缩小似乎饱和在 1 nm 的总等效氧化层(包括 SiO_2 和 HfO_2)厚度上。假如器件尺寸继续等比例缩小，我们就必须要找到另外一种能够控制沟道电势的办法。

第一个在栅电极控制能力方面超越平面型 MOSFET 的器件就是双栅场效应晶体管[91]。增加的第二个栅电极改善了控制表面电势的能力。这篇开创性的论文同时也提出了采用超薄 SOI(超薄体，即 UTB)材料来避免对背栅的需求。Choi 在 2000 年展示了这样的器件[92]。他们的研究结果表明大多数泄漏电流都是从远离这个界面处流过的，为了控制这个效应，导电的硅沟道厚度必须是栅长的 1/3 左右，也就是说，15 nm 的器件要求 5 nm 厚的 SOI 材料。后来 Cheng 发表的一篇论文表明 3 nm 厚的 SOI 材料上可以实现良好控制的 10 nm 器件，其中的 PMOS 器件采用了提升的 GeSi 源漏结构，而 NMOS 器件则采用了 SiC 材料[93]。这些薄体器件具有较好的关断特性，对栅长和电源电压也不太敏感，而且避免了杂质散射和掺杂剂统计涨落现象，同时还具有较低的转移电场，可以提供较高的载流子迁移率(参见图 16.23)和较大的驱动电流。其存在的主要问题是尚未开发出一个可靠的工艺，以均匀的且可以大生产的方式来制造这种超薄的 SOI 材料。而且，这种 SOI 材料的厚度也必须随着器件的尺寸而等比例缩小。

从某种程度上讲，UTB 器件已经被 FinFET 器件所取代[94]。FinFET 使用一个很窄的刻蚀到衬底上的鳍型硅作为器件的有源区。首先对鳍型硅进行热氧化，然后在鳍型硅膜上淀积一层多晶硅，并将其刻蚀成前后完全对准的、跨越在鳍型硅膜两侧的栅电极，该栅电极将在导电沟道的两侧同时起控制作用。和 UTB 器件一样，这种器件结构使得我们能够降低沟道中的掺杂浓度，而且它还能够使晶体管得以工作在非常低的垂直电场条件下，因此具有较高的载流子迁移率[95]，同时它也能够使用相对比较厚的栅氧化层。因为该器件具有两个栅电极，因此 Fin 的宽度只需要不大于栅长即可(而不是像 UTB 器件中的 $L_G/3$)。这是非常具有吸引力的，因为这就意味着鳍型(Fin)结构和栅电极要求同样精度的光刻水平。鳍型场效应晶体管已经成功地将栅电极长度缩小到了 10 nm[96]，并且采用这个技术也已经成功地制作出了多种不同的电路原型。最原始的 FinFET 是在 SOI 材料上展示出来的，近期各种不同版本的 FinFET 也已经采用体硅晶圆片制造出来(参见图 16.26)。特别需要指出的是，浅槽隔离(STI)工艺也是与 FinFET 器件制造工艺高度兼容的。虽然 FinFET 和 UTB 器件的制造都是极其具有挑战性的，但如果器件等比例缩小继续往前推进，那么除了这两个器件，还真的没有其他更好的替代物。2011 年英特尔公司宣布其主流的 22 nm 工艺技术将采用 FinFET 器件结构，称之为三栅器件结构。这一业界领先的公司对 FinFET 器件结构的认可必将使得其成为 22 nm 技术节点以及更小尺寸器件的不二选择。

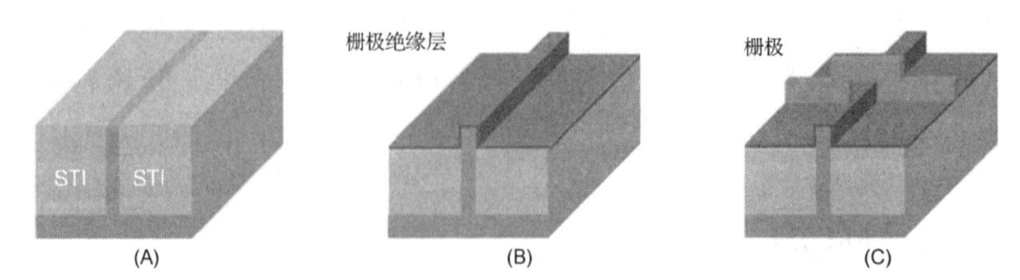

图 16.26 体硅 FinFET 简化的工艺流程，沟道区实际上就是两个浅槽隔离区之间硅的宽度。刻蚀 STI 氧化层显露出鳍型硅，并在鳍型硅上覆盖一层栅极绝缘层。淀积栅电极并对其进行光刻和刻蚀，使其覆盖在沟道区上。最后对源漏区进行离子注入，从而完成器件的制造

目前人们对采用硅纳米线制作栅电极环绕型器件也产生了非常浓厚的兴趣，这项技术近期还处于研发阶段。纳米线既可以在硅衬底上原位生长出来，也可以预先制备好然后再淀积到硅衬底上。但是这些制备工艺过程中还存在着一系列的问题，包括纳米线生长的位置、长度、方向以及寄生效应的控制等。

16.11　小结

本章就 MOSFET 的工作原理回顾了基本的长沟道器件方程，并定性地描述了器件短沟道特性的效应。对工艺技术的描述从基本的 3 μm 工艺流程开始，并就微型化技术方法介绍了等比例缩小的可选方案。讨论了各种寄生效应，特别是串联电阻和接触电阻，并回顾了它们对器件性能的影响。介绍了作为降低这些效应的一种方法 —— 自对准金属硅化物工艺模块。由接近恒定电压等比例缩小引起的强电场影响了 MOS 器件的可靠性。半定量地描述了热载流子效应。介绍了作为改善器件可靠性的两种方法，即双扩散漏区和轻掺杂漏工艺模块。最后回顾了 CMOS 结构中的闩锁效应以及为避免这个问题所设计的几种可供选择的技术方案。为了继续推进器件的等比例缩小，还会进一步用到超薄体或 FinFET 器件结构。

预计 CMOS 与 BiCMOS 工艺技术将继续主导整个集成电路的市场。表 16.3 列出了美国半导体工业联合会(SIA)预测的 CMOS 工艺技术的未来发展趋势。

表 16.3　CMOS 工艺技术的发展预测

	2010 年	2012 年	2015 年	2018 年	2022 年
MPU 半跨距(nm)	45	32	21	15	9.5
逻辑电路栅长(nm)	27	22	17	12.8	8.9
等效氧化层厚度(nm)	0.95	0.75	0.53	Mult	Mult
微处理器晶体管数量/芯片($\times10^9$)	2.2	4.2	8.8	17.7	70.8

美国半导体工业联合会，2010 年。

习题

1. 在例 16.1 最后所描述的无金属硅化物的晶体管上，如果忽略寄生电阻的影响，请计算在 $V_{gs} = V_{ds} = 3.3$ V 下的电流。假定 $V_t = 0.6$ V，根据这个电流计算出在寄生电阻上的电压降并重新计算出晶体管中的电流，重复这个过程直到获得收敛的解为止。对于含有金属硅化物的晶体管，重复上述计算过程直到获得收敛的解为止。
2. 一个特定的金属化工艺具有单位面积接触电阻为 $10^{-6}\,\Omega\cdot\text{cm}^2$，假设接触孔为 0.5 μm 长和 10 μm 宽，以及 ρ_D 为 80 Ω/□。
   (a) 如果电流是垂直流动，试求接触电阻是多少?
   (b) 如果电流沿着水平方向流动，重复计算(a)。电流集聚效应增加了多少电阻?
   (c) 假设在(b)中所描述的接触孔用于一只 MOS 晶体管。如果接触孔的边缘距离栅电极边缘为 1 μm，在栅电极和接触孔之间的串联电阻是多大?
3. 为了改善习题 2(c)中所描述的晶体管性能，决定在源区和漏区上形成自对准的金属硅化物，假设金属硅化物薄层电阻为 10 Ω/□并且金属硅化物延伸到距离栅极 0.2 μm

处(离接触孔边缘为 0.8 μm)。计算这个接触孔的串联电阻。

4. 对于下面列出的两个工艺流程，解释所标注的工艺步骤的作用。对于这两个工艺流程中的每一个，画出该流程完成后晶圆片的横截面图。务必显示出所有相关的特点。

(1) N 阱注入
N 阱推进
深槽光刻
反应性离子刻蚀硅
场区注入
(a) 热氧化
化学气相淀积多晶硅
(b) 等离子体或反应性离子刻蚀多晶硅

(2) 栅极光刻
多晶硅刻蚀
PMOS 源/漏区注入光刻
PMOS 源/漏区注入
(c) 衔接区注入
淀积氧化层
(d) 反应性离子刻蚀氧化层
NMOS 源/漏区注入光刻
NMOS 源/漏区注入
源/漏区激活退火
钽淀积
(e) 钽反应/退火
王水剥离

5. 下列工艺流程用于简单的 LOCOS 隔离多晶硅栅 CMOS 制造工艺。找出该流程中所包含的 4 个(实际有 5 个)致命的错误并加以解释。务必具体说明为什么该步是错误的(画出其中的一些晶体管横截面图可能是有帮助的，但是这并不是所要求的)。

初始硅晶圆片：P 型，浓度$<10^{15}\ cm^{-3}$
初始氧化(100 nm 热氧化层)
N 阱光刻
注入 N 阱(注入磷，$1\times10^{13}cm^{-2}$，60 keV)
去除光刻胶
腐蚀氧化层至脱水(10 : 1 HF)
N 阱推进(1000℃ 3 h N_2 ,1 h O_2)
去除全部氧化层(10 : 1　HF)
衬垫氧化(40 nm 热氧化层)
氮化硅淀积(900 nm　LPCVD　氮化硅)

场区光刻
刻蚀氮化硅
去除光刻胶
场区氧化(500 nm 湿氧热氧化层)
去除氮化硅
PMOS 选择性光刻
PMOS 器件阈值电压调节注入
NMOS 选择性光刻
NMOS 器件阈值电压调节及衔接区控制注入
去除光刻胶
去除衬垫氧化层
栅电极多晶硅淀积

6. 下面给出的是一个 0.25 μm CMOS 工艺流程中的部分工艺步骤，这些工艺步骤中包含了轻掺杂漏结构和自对准金属硅化物工艺。其中的“选择性”光刻用于形成器件注入区或刻蚀区的光刻胶图形，同时保护芯片上的其他区域。在这个局部工艺流程中包含了 5 个能够导致器件无法正常工作的关键错误，请找出其中的 4 个错误，并解释它们错在何处。

完成器件中的阱的形成、隔离和沟道注入
去除掩蔽氧化层至硅表面
生长栅氧化层(干氧 O_2，800℃，10 min)
栅电极光刻
反应性离子刻蚀栅电极至栅氧化层
去除光刻胶
PMOS 晶体管选择性光刻
离子注入(注入磷，10 keV，$1\times10^{15}\ cm^{-2}$)
去除光刻胶
NMOS 晶体管选择性光刻
离子注入(注入砷，10 keV，$1\times10^{14}\ cm^{-2}$)
去除光刻胶
淀积铝作为侧壁隔离层(0.2 μm)
反应性离子刻蚀至硅表面
NMOS 晶体管选择性光刻
离子注入(注入砷，20 keV，$1\times10^{15}\ cm^{-2}$)
退火(N_2，1000℃，5 s)
刻蚀栅氧化层至硅表面
溅射钛(5 μm 厚)
退火(N_2，550℃，60 s)
王水腐蚀

退火(N_2，750℃，60 s)

形成互连引线后结束晶圆片的制造工艺

7. 一个当前最高水平的 CMOS 器件，其源/漏扩散区的薄层电阻为 800 Ω/□，其金属硅化物 $CoSi_2$ 的薄层电阻为 20 Ω/□。金属接触孔的宽度为 90 nm，接触孔边缘与衔接区边缘的间距为 120 nm，如果器件源漏两边 N 型硅的接触势垒高度为 0.6 eV，电子有效质量为 $1.1m_o$，硅表面掺杂浓度为 $2\times10^{20}\ cm^{-3}$，器件(包括接触孔)的宽度为 1 μm，单位面积接触电阻系数 A_o 为 $2\times10^{-11}\ \Omega\cdot cm^2$。当器件由无金属硅化物的结构变为有金属硅化物的结构时，求出从金属接触孔边缘到衔接区边缘的电阻变化。
8. 参照右图所示几何尺寸制造具有自对准 Ti 硅化物 LDD 结构的 N 沟道 MOSFET，在金属硅化物下的掺杂浓度为 $1\times10^{20}\ cm^{-3}$。器件宽度为 5 μm。衔接区、源漏扩散区以及金属硅化物的薄层电阻分别为 250 Ω、80 Ω和 5 Ω。金属硅化物-半导体之间的接触势垒高度为 0.6 eV，单位面积接触电阻系数 A_o 为 $10^{-11}\ \Omega\cdot cm^2$。试求出从金属接触边缘到沟道边缘的总电阻。 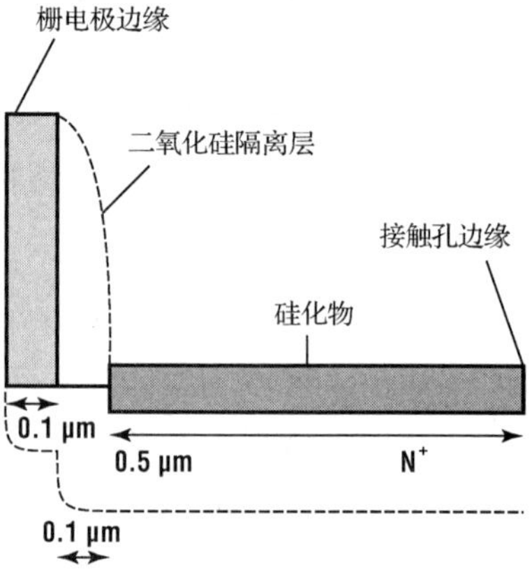
9. 为了降低热电子效应，在习题 2 中所描述的晶体管中实施制作 LDD 结构。N 型 LDD 区的掺杂浓度为 $10^{17}\ cm^{-3}$。忽略耗尽区，并假设衔接区是 0.1 μm 深和 0.2 μm 长，计算这个 LDD 区的附加电阻。
10. 如果降低电源电压，同样也可以降低热电子效应。讨论在这样的解决方案中所涉及的折中问题。
11. 最初的 CMOS 器件并不像它们等比例缩小之后的器件那样容易发生闩锁效应，试讨论其原因。

参考文献

1. S. Wolf, *Silicon Processing for the VLSI Era*, Vol. 3, *The Submicron MOSFET*, Lattice Press, Sunset Beach, CA, 1995.
2. S. M. Sze, *Physics of Semiconductor Devices*, Wiley, New York, 1981.
3. E. H. Nicollian and J. R. Brews, *Metal Oxide Semiconductor Physics and Technology*, Wiley, New York, 1982.
4. Y. P. Tsividis, *Operation and Modeling of the MOS Transistor*, McGraw-Hill, New York, 1987.
5. F. M. Wanlass and C. T. Sah, "Nanowatt Logic Using Field-Effect Metal-Oxide-Semiconductor Triodes," *IEEE Int. Solid-State Circuits Conf.*, February 1963.
6. J. Y. Chen, *CMOS Devices and Technology for VLSI*, Prentice-Hall, Englewood Cliffs, NJ, 1989.
7. R. Chwang and K. Yu, "CHMOS—An n-Well Bulk CMOS Technology for VLSI," *VLSI Design*, p. 42 (Fourth Quarter 1981).
8. L. C. Parrillo, L. K. Wang, R. D. Swenumson, R. L. Field, R. C. Melin, and R. A. Levy, "Twin-Tub CMOS II," *IEDM Tech. Dig.* 1982, p. 706.

9. R. H. Dennard, F. H. Gaensslen, H. N. Yu, V. L. Rideout, E. Barsous, and A. R. LeBlanc, "Design of Ion-Implanted MOSFETs with Very Small Physical Dimensions," *IEEE J. Solid-State Circuits* **SC-9**:256 (1974).
10. Y. El-Maney, "MOS Device and Technology Constraints in VLSI," *IEEE Trans. Electron Dev.* **ED-29**:567 (1982).
11. J. R. Brews, W. Fichtner, E. H. Nicollian, and S. M. Sze, "Generalized Guide for MOSFET Miniaturization," *IEEE Electron Devices Lett.* **EDL-1**:2 (1980).
12. M. H. White, F. Van de Wiele, and J. P. Lambot, "High-Accuracy Models for Computer-Aided Design," *IEEE Trans. Electron Dev.* **ED-27**:899 (1980).
13. P. L. Suciu and R. I. Johnston, "Experimental Derivation of the Source and Drain Resistance of MOS Transistors," *IEEE Trans. Electron Dev.* **ED-27**:1846 (1980).
14. M.-C. Jeng, J. E. Chung, P.-K. Ko, and C. Hu, "The Effects of Source/Drain Resistance on Deep Submicrometer Device Performance," *IEEE Trans. Electron Dev.* **37**:2408 (1990).
15. C.-Y. Lu, J. M. J. Sung, R. Liu, N.-S. Tsai, R. Singh, S. J. Hillenius, and H. C. Kirsch, "Process Limitation and Device Design Tradeoffs of Self-Aligned $TiSi_2$ Junction Formation in Submicrometer CMOS Devices," *IEEE Trans. Electron Dev.* **38**:246 (1991).
16. B. Davari, W.-H. Chang, K. E. Petrillo, C. Y. Wong, D. Moy, Y. Taur, M. W. Wordeman, J.Y.-C. Sun, C. C.-H. Hsu, and M. R. Polcari, "A High Performance 0.25-μm CMOS Technology: II—Technology," *IEEE Trans. Electron Dev.* **39**:967 (1992).
17. S. Nygren and F. d'Heurle, "Morphological Instabilities in Bilayers Incorporating Polycrystalline Silicon," *Solid State Phenom.* **23&24**:81 (1992).
18. A. Ohsaki, J. Komori, T. Katayama, M. Shimizu, T. Okamoto, H. Kotani, and S. Nagao, "Thermally Stable $TiSi_2$ Thin Films by Modification in Interface and Surface Structures," *Ext. Abstr. 21st SSDM*, 1989, p. 13.
19. C. Y. Ting, F. M. d'Heurle, S. S. Iyer, and P. M. Fryer, "High Temperature Process Limitations on $TiSi_2$," *J. Electrochem. Soc.* **133**:2621 (1986).
20. H. Sumi, T. Nishihara, Y. Sugano, H. Masuya, and M. Takasu, "New Silicidation Technology by SITOX (Silicidation Through Oxide) and Its Impact on Sub-Half-Micron MOS Devices," *Proc. IEDM*, 1990, p. 249.
21. F. C. Shone, K. C. Saraswat, and J. D. Plummer, "Formation of a 0.1 μm n^+/p and p^+/n Junction by Doped Silicide Technology," *IEDM Tech. Dig.*, 1985, p. 407.
22. R. Liu, D. S. Williams, and W. T. Lynch, "A Study of the Leakage Mechanisms of Silicided n^+/p Junctions," *J. Appl. Phys.* **63**:1990 (1988).
23. M. A. Alperin, T. C. Holloway, R. A. Haken, C. D. Gosmeyer, R. V. Karnaugh, and W. D. Parmantie, "Development of the Self-Aligned Titanium Silicide Process for VLSI Applications," *IEEE J. Solid-State Circuits* **SC-20**:61 (1985).
24. R. Pantel, D. Levy, D. Nicholas, and J. P. Ponpon, "Oxygen Behavior During Titanium Silicide Formation by Rapid Thermal Annealing," *J. Appl. Phys.* **62**:4319 (1987).
25. D. B. Scott, W. R. Hunter, and H. Shichijo, "A Transmission Line Model for Silicided Diffusions: Impact on the Performance of VLSI Circuits," *IEEE Trans. Electron Dev.* **ED-29**:651 (1982).
26. P. Liu, T. C. Hsiao, and J. C. S. Woo, "A Low Thermal Budget Self-Aligned Ti Silicide Technology Using Germanium Implantation for Thin-Film SOI MOSFETs," *IEEE Trans. Electron. Dev.* **45**(6):1280 (1998).
27. J. A. Kittl and Q. Z. Hong, "Self-aligned Ti and Co Silicides for High Performance sub-0.18 μm CMOS Technologies," *Thin Solid Films* **320**:110 (1998).
28. Q. Xu and C. Hu, "New Ti-Salicide Process Using Sb and Ge Preamorphization for sub 0.2-μm CMOS Technology," *IEEE Trans. Electron Dev.* **45**(9):2002 (1998).

29. J. A. Kittl, Q. Z. Hong, M. Rodder, and T. Breedijk, "Novel Self-Aligned Ti Silicide Process for Scaled CMOS Technologies with Low Sheet Resistance at 0.06 μm Gate Lengths," *IEEE Electron. Dev. Lett.* **19**(5):151 (1998).
30. Q. F. Wang, K. Max, S. Kubivek, R. Jonckeere, B. Kerwijk, R. Verbeeck, S. Biesemans, and K. De Meyer, "New $CoSi_2$ Salicide Technology for 0.1 Micron Processes and Below," *IEEE Symp. VLSI Technol.* p. 17 (1995).
31. K. Goto, A. Fushida, J. Wantanabe, T. Sukegawa, Y. Tada, T. Nakamura, T. Yamazaki, and T. Sugii, "New Leakage Mechanism of Co Salicide and Optimized Process Conditions," *IEEE Trans. Electron. Dev.* **46**(1):117 (1999).
32. K. Inoue, K. Mikagi, H. Abiko, S. Chikaki, and T. Kikkawa, "A New Cobalt Salicide Technology for 0.15-μm CMOS Devices," *IEEE Trans. Electron Dev.* **45**(11):2312 (1998).
33. J. A. Kittl, A. Lauwers, O. Chamirian, M. A. Pawlak, M. Van Dal, A. Akheyar, M. De Potter, A. Kottantharayil, G. Pourtois, R. Lindsay, K. Maex, "Applications of Ni-based Silicides to 45-nm CMOS and Beyond," *Silicon Front-End Junction Formation—Physics and Technology (Materials Research Society Symposium Proceedings* Vol. 810), 31–42, 2004; *Conference: Silicon Front-End Junction Formation—Physics and Technology*, 13–15 April 2004, San Francisco.
34. A. Lauwers, M. J. H. van Dal, P. Verheyen, O. Chamirian, C. Demeurisse, S. Mertens, C. Vrancken, K. Verheyden, K. Funk, and J. A. Kittl, "Study of Silicide Contacts to SiGe Source/drain," *Microelectronic Engineering* **83**(11–12):2268 (November/December 2006).
35. K. Ohuchi, C. Lavoie, C. Murray, C. d'Emic, I. Lauer, J. O. Chu, B. Yang, P. Besser, L. Gignac, J. Bruley, G. U. Singco, F. Pagette, A. W. Topol, M. J. Rooks, J. J. Bucchignano, V. Narayanan, M. Khare, M. Takayanagi, K. Ishimaru, D.-G. Park, G. Shahidi, and P. Solomon, "Extendibility of NiPt Silicide Contacts for CMOS Technology Demonstrated to the 22-nm Node," *2007 IEEE International Electron Devices Meeting—IEDM* '07, pp. 1029–1031 (2007).
36. K. M. Cham and S. Y. Chiang, "Device Design for the Submicrometer p-channel FET with N+ Polysilicon Gate," *IEEE Trans. Electron Dev.* **ED-31**:964 (1984).
37. R. F. Kwasnick, E. B. Kaminsky, P. A. Frank, G. A. Franz, K. J. Polasko, R. J. Saia, and T. B. Gorczya, "An Investigation of Molybdenum Gate for Submicrometer CMOS," *IEEE Trans. Electron Dev.* **ED-35**:1432 (1988).
38. S. Iwata, N. Yamamoto, N. Kobayashi, T. Terada, and T. Mizutani, "A New Tungsten Gate Process for VLSI Applications," *IEEE Trans. Electron Dev.* **ED-31**:1174 (1984).
39. C. Y. Wong, J. Y.-C. Sun, Y. Tsuar, C. S. Oh, R. Angelucci, and B. Davari, "Doping of N^+ and P^+ Polysilicon in a Dual-Gate CMOS Process," *IEDM Tech. Dig.*, 1988, p. 238.
40. C. L. Chu, C. Saraswat, and S. S. Wong, "Characterization of Lateral Dopant Diffusion in Silicides," *Proc. IEDM*, 1990, p. 245.
41. J. Y. Sun *et al.*, "Study of Boron Penetration Through Thin Oxide with P^+ Polysilicon Gate," *Proc. 1989 Symp. VLSI Technol.*, 1989, p. 17.
42. J. M. Sung, C. Y. Lu, M. L. Chen, S. J. Hillenius, W. S. Lindenberger, L. Manchanda, T. E. Smith, and S. J. Wang, "Fluorine Effect on Boron Diffusion of P+ Gate Devices," *IEDM Tech. Dig.* 1989, p. 447.
43. Y. Sato, K. Ehara, and K. Saito, "Enhanced Boron Diffusion Through Thin Silicon Dioxide in a Wet Oxygen Atmosphere," *J. Electrochem. Soc.* **136**:1777 (1989).
44. C. Hu, S. C. Tam, F.-C. Hsu, P. K. Ko, T.-Y. Chan, and K. W. Terrill, "Hot-electron-induced MOSFET Degradation—Model, Monitor, and Improvement," *IEEE Trans. Electron Dev.* **ED-32**:375 (1985).
45. S. Baba, A. Kita, and J. Ueda, "Mechanism of Hot Carrier Induced Degradation in MOSFETs," *IEDM Tech. Dig.*, 1986, p. 734.

46. L. Hendrickson, Z. Peng, J. Frey, and N. Goldsman, "Enhanced Reliability of Si MOSFETs with Channel Lengths Under 0.2 Micron," *Solid-State Electron.* **33**:1275 (1990).
47. H. Kurino, H. Hashimoto, Y. Hiruma, T. Fujimori, and M. Koyanagi, "Photon Emission from 70 nm Gate Length MOSFETs," *IEDM Tech. Dig.*, 1992, p. 1015.
48. H. Hazama, M. Iwase, and S. Takagi, "Hot Carrier Reliability in Deep Submicrometer MOSFETs," *Proc. IEDM,* 1990, p. 569.
49. K. Taniguchi, K. Sonoda, and C. Hamaguchi, "Physical Limitations of Ultrasmall MOSFETs: Constant Energy Scaling and Analytical Device Model," *Proc. 22nd Int. Conf. Solid State Devices, Mater. (SSDM)*, 1990, p. 825.
50. C. Sodini, P. K. Ko, and J. L. Moll, "The Effect of High Fields on MOS Devices and Circuit Performance," *IEEE Trans. Electron Dev.* **ED-31**:1386 (1986).
51. J. Chung, M.-C. Jeng, G. May, P. K. Ko, and C. Hu, "New Insight into Hot-Electron Currents in Deep-Submicrometer MOSFETs," *IEDM Tech. Dig.*, 1988, p. 200.
52. S. Ogura, P. J. Tsang, W. W. Walker, P. L. Critchlow, and J. F. Shepard, "Design and Characteristics of the Lightly Doped Drain-source (LDD) Insulated Gate Field-effect Transistor," *IEEE Trans. Electron Dev.* **ED-27**:1359 (1980).
53. M. Kinugawa, M. Kakuma, S. Yokogama, and K. Hashimoto, "Submicron MLDD NMOSFET's for 5 V Operation," *VLSI Symp. Tech. Dig.*, 1985, p. 116.
54. Y. Toyoshima, N. Nihira, and K. Kanzaki, "Profiled Lightly Doped Drain (PLDD) Structure for High Reliable NMOS-FETs," *VLSI Symp. Tech. Dig.*, 1985, p. 118.
55. R. Izawa, T. Kure, S. Iijima, and E. Takeda, "The Impact of Gate-Drain Overlapped LDD (GOLD) for Deep Submicron VLSI's," *IEDM Tech. Dig.*, 1987, p. 38.
56. T. Mizuno, T. Kobori, Y. Saitoh, S. Sawada, and T. Tanaka, "Gate-Fringing Field Effects on High Performance in High Dielectric LDD Spacer MOSFETs," *IEEE Trans. Electron Dev.* **39**:982 (1992).
57. C. Wei, J. M. Pimbley, and Y. Nissan-Cohen, "Buried and Graded/Buried LDD Structures for Improved Hot-Electron Reliability," *IEEE Electron Dev. Lett.* **EDL-7**:380 (1986).
58. J. Pfiester and F. K. Baker, "Asymmetrical High Field Effects in Submicron MOSFETs," *IEDM Tech. Dig.*, 1987, p. 51.
59. G. H. Hu, "A Better Understanding of CMOS Latchup," *IEEE Trans. Electron Dev.* **ED-31**:62 (1984).
60. J. E. Hall, J. A. Seitchik, L. A. Arledge, P. Yang, and P. K. Fung, "Analysis of Latchup Susceptibility in CMOS Circuits," *IEDM Tech. Dig.*, 1984, p. 292.
61. T. Ohzone and H. Iwata, "Transient Latchup Characteristics in n-well CMOS," *IEEE Trans. Electron Dev.* **39**:1870 (1992).
62. A. Herlet and K. Raithel, "Forward Characteristics of Thyristors in the Fired State," *Solid-State Electron.* **9**:1089 (1966).
63. For example, G. W. Neudeck, *The Bipolar Junction Transistor, Modular Series on Solid State Devices*, Addison-Wesley, Reading, MA, 1989.
64. R. R. Troutman, *Latchup in CMOS Technology*, Kluwer, Norwell, MA, 1986.
65. R. A. Martin, A. G. Lewis, T. Y. Huang, J. Y. and Chen," A New Process for One Micron and Finer CMOS," *IEDM* **31**:403–406 (1985).
66. R. D. Rung, "Trench Isolation Prospects for Application in CMOS VLSI," *IEDM Tech. Dig.*, 1984, p. 574.
67. S. Bhattacharya, S. Banerjee, J. Lee, A. Tasch, and A. Chatterjee, "Design Issues for Achieving Latchup-Free Deep Trench-Isolated, Bulk, Non-Epitaxial, Submicron CMOS," *IEDM Tech. Dig.*, 1990, p. 185.
68. S. Bhattacharya, S. Banerjee, J. C. Lee, A. F. Tasch, and A. Chatterjee, "Parametric Study of Latchup Immunity of Deep Trench-Isolated, Bulk, Non-Epitaxial CMOS," *IEEE Trans. Electron Dev.* **39**:921 (1992).

69. For a good review of this area, consult E. C. Jones and E. Ishida, "Shallow Junction Doping Technologies for ULSI," *Mater. Sci. Eng.* **R24**:1 (October 1998).
70. Z. H. Liu, C. Hu, J.-H. Huang, and T.-Y. Chan, *IEEE Trans. Elec. Dev.* **40**:86 (1993).
71. A. Agarwal, H. J. Grossman, D. J. Eaglesham, D. C. Robinson, T. E. Haynes, J. Jackson, Y. E. Erokin, and J. M. Poate, *Proc. Symp. Meas., Char., Modeling Ultra-Shallow Doping Profiles in Semiconductors*, 1997, p. 39.1.
72. M. J. Caturla, T. Diaz de la Rubia, L. A. Marques, and G. H. Gilmer, *J. Appl. Phys.* **80**(11):6160 (1996).
73. E. Chason, S. T. Picraux, J. M. Poate, J. O. Borland, M. I. Current, T. Diaz de la Rubia, D. J. Eaglesham, O. W. Holland, M. E. Law, C. W. Magee, J. M. Mayer, J. Meingailis, and A. Tasch, "Ion Beams in Silicon Processing and Characterization," *J. Appl. Phys.* **81**:6513 (1997).
74. A. Cacciato, J. G. E. Klappe, N. E. B. Cowern, W. Vandervost, L. P. Biro, J. S. Custer, and F. W. Saris, "Dislocation Formation and B Transient Diffusion in C Coimplanted Si," *J. Appl. Phys.* **79**:2314 (1996).
75. E. J. H. Collart, K. Weemers, D. J. Gravesteijn, and J. G. M. van Berkum, *Proc. Symp. Meas., Char., Modeling Ultra-Shallow Doping Profiles in Semiconductors*, 1997, p. 6.1.
76. Y. Nakahara, K. Takeuchi, T. Tatsumi, Y. Ochiai, S. Manako, S. Samukawa, and A. Furukawa, "Ultra-shallow In-situ-doped Raised Source/Drain Structure for Sub-tenth micron CMOS," in *Digest of Technical Papers—Symposium on VLSI Technology*, IEEE, Piscataway, NJ, 1996, p. 174.
77. H. Tian, R. B. Hulfachor, J. J. Ellis-Monaghan, K. W. Kim, M. A. Littlejohn, J. R. Hauser, and N. A. Masnari, "Evaluation of Super-Steep-Retrograde Channel Doping for Deep-Submicron MOSFET Applications," *IEEE Trans. Electron Dev.* **41**:1880 (1994).
78. Y. Mii, S. Rishton, Y. Taur, D. Kern, T. Lii, K. Lee, K. A. Jenkins, D. Quinlan, T. Brown, Jr., D. Danner, F. Sewell, and M. Polcari, "Experimental High Performance Sub-0.1 μm Channel nMOSFET's," *IEEE Electron Dev. Lett.* **15**:28 (1994).
79. H. Hwang, D.-H. Lee, and J. M. Hwang, *Proc. IEDM,* 1996, p. 567.
80. A. G. Sabnis and J. Clemens, "Characterization of the Electron Mobility in the Inverted Less than 100 Greater than Si Surface," *Proc. IEEE Int. Electron Device Meet.* 1979, p. 18.
81. J. Watt and J. D. Plummer, "Universal Mobility-Field Curves for Electrons and Holes in MOS Inversion Layers," *Proc. Symp. VSLI Technology*. 1987, p. 81.
82. S. C. Sun and J. D. Plummer, "Electron Mobility in Inversion and Accumulation Layers on Thermally Oxidized Silicon Surfaces," *IEEE Trans. Electron. Devices* **ED-27**: 1497–1508 (1980).
83. S. Takagi, A. Toriumi, and H. Tango, "On the Universality of Inversion Layer Mobility in Si MOSFETs: Part I. Effects of Substrate Impurity Concentration," *IEEE Trans. Electron Dev*. **41**(12):2357 (1994).
84. For detailed information on Si heterojunction devices in general, the reader is referred to John D. Cressler, *Silicon Heterostructure Handbook*, CRC Taylor & Francis, Boca Raton, FL, 2006.
85. K. Rim, J. Chu, H. Chen, K. A. Jenkins, T. Kanarsky, K. Lee, A. Mocuta, H. Zhu, R. Roy, J. Newbury, J. Ott, K. Petrarca, P. Mooney, D. Lacey, S. Koester, K. Chan, D. Boyd, M Ieong, and H.-S. Wong, *Tech. Dig. Symp. VLSI Technol.* 2002, pp. 98–99.
86. S. E. Thompson, M. Armstrong, C. Auth, S. Cea, R. Chau, G. Glass, T. Hoffman, J. Klaus, Zhiyong Ma, B. McIntyre, A. Murthy, B. Obradovic, L. Shifren, S. Sivakumar, S. Tyagi, T. Ghani, K. Mistry, M. Bohr, and Y. El-Mansey, "A Logic Technology Featuring Strained Silicon," *IEEE Electron. Devices Lett.* **25**:191–193 (2004).
87. S. E. Thompson, M. Armstrong, C. Auth, M. Alavi, M. Buehler, R. Chau, S. Cea, T. Ghani, G. Glass, T. Hoffman, C. H. Jan, C. Kenyon, J. Klaus, K. Kuhn, Z. Ma, B.

McIntyre, K. Mistry, A. Murthy, B. Obradovic, R. Nagisetty, P. Nguyen, R. Shaheed, L. Shifren, S. Sivakumar, B. Tuffs, S. Tyagi, M. Bohr, and Y. El-Mansey, "A 90 nm Logic Technology Featuring Strained Silicon," *IEEE Trans. Electron. Dev. Lett.* **51**:1790–1797 (2004).

88. Scott E. Thompson, Guangyu Sun, Youn Sung Choi, *et al.,* "Uniaxial-Process-Induced Strained-Si:Extending the CMOS Roadmap," *IEEE Trans. Electron Devices* **53**(5):1010 (2006).
89. K. Mistry, C. Allen, C. Auth, B. Beattie, D. Bergstrom, M. Bost, M. Brazier, M. Buehler, A. Cappellani, R. Chau, C.-H. Choi, G. Ding, K. Fischer, T. Ghani, R. Grover, W. Han, D. Hanken, M. Hattendorf, J. He, J. Hicks , R. Huessner, D. Ingerly, P. Jain, R. James, L. Jong, S. Joshi, C. Kenyon, K. Kuhn, K. Lee, H. Liu, J. Maiz, B. McIntyre, P. Moon, J. Neirynck, S. Pae, C. Parker, D. Parsons, C. Prasad, L. Pipes, M. Prince, P. Ranade, T. Reynolds, J. Sandford, L. Shifren, J. Sebastian, J. Seiple, D. Simon, S. Sivakumar, P. Smith, C. Thomas, T. Troeger, P. Vandervoorn, S. Williams, and K. Zawadzki, "A 45nm Logic Technology with High-*k*+ Metal Gate Transistors, Strained Silicon, 9 Cu Interconnect Layers, 193nm Dry Patterning, and 100% Pb-free Packaging," *IEDM Techn. Digest*:247 (2007).
90. R. Kotlyar *et al.,* "Inversion Mobility and Gate Leakage in High-*k*/Metal Gate MOSFETs," *IEDM Tech. Dig.*:391 (2004).
91. H.-S. P. Wong, D. J. Frank, and P. M. Solomon, "Device Design Considerations for Double-Gate, Ground-plane, and Single-Gated Ultra-thin SOI MOSFETs at the 25 nm Channel Length Generation," *IEDM Tech. Dig.*, 1998, pp. 407–408.
92. Y.-K. Choi, "Ultrathin-body SOI MOSFET for deep-sub-tenth micron era," *IEEE Electron. Device Lett.*, **21**(5) pp. 254–255 (2000).
93. K. Cheng *et al.,* "Extremely thin SOI (ETSOI) CMOS with record low variability for low power system-on-chip applications," Proceedings of the IEDM, pp. 3.2.1–3.2.4, (2009).
94. D. Hisamoto, W.-C. Lee, J. Kedzierski, E. Anderson, H. Takeuchi, K. Asano, T.-J. King, J. Bokor, and C. Hu, "A Folded-Channel MOSFET for Deep-subtenth Micron Era," *IEDM Tech. Dig.*, 1998, pp. 1032–1034.
95. D. Lochtefeld and S. Antoniadis, "New Insights into Carrier Transport in n-MOSFETs," *IBM J. Res. Dev.* **46**(2/3):347–357 (2002).
96. Bin Yu, Leland Chang, Shibly Ahmed, Haihong Wang, Scott Bell, Chih-Yuh Yang, Cyrus Tabery, Chau Ho, Qi Xiang, Tsu-Jae King, Jeffrey Bokor, Chenming Hu, Ming-Ren Lin, and David Kyser, "FinFET Scaling to 10 nm Gate Length", *IEDM Tech. Dig.* 2002, pp. 251–282.

第 17 章　其他类型晶体管的工艺技术

上一章讨论了主流的硅 CMOS 工艺技术，在本章中我们将对常见的 GaAs 及其他类型晶体管的工艺技术进行简要的回顾。这几种器件及其工艺技术目前在整个市场中只占有很小的份额，可以认为它们只在某些特定的领域具有重要的应用。这里我们并不准备给出一个关于各类器件的全面总结。砷化镓材料可以制备成半绝缘的高阻单晶衬底，这就使得它在各种高速模拟应用领域(例如用于射频通信及雷达中的放大器与接收器等)具有不可替代的优势，GaAs 器件的一个主要市场一直是高性能的移动通信装置。这个特点同样也使得 GaAs 特别适合于用来制造那些可能会遭受辐射影响的数字集成电路(例如在卫星那样的应用环境中)；另外，GaAs 材料中的电子在低电场下的迁移率较高并且 GaAs 材料也易于生长出异质结构，这两点都特别有利于制造出超高速的 N 沟道晶体管，当然与硅 CMOS 集成电路相比，其集成度还受到缺陷密度以及电路功耗的限制。非晶硅和有机薄膜晶体管的载流子迁移率非常低，因此其特性也相对比较差，但是它们不需要高温处理的工艺过程，因此能够制作在各种不同类型的衬底材料上，这对于各类显示器和柔性电子学应用来说具有非常重要的意义。最后我们还对另外一种不同类型晶体管(即双极型器件)的结构和工作原理进行了总结，这种器件相对于 CMOS 器件而言具有一些独特的优点，特别是对于模拟电路应用来说更是如此。但是其功耗比 CMOS 器件要大得多，再加上 CMOS 电路的性能还在持续不断地改进，因此双极型器件所占的市场份额在过去的 20 年里已经大大缩小。

17.1　基本的 MESFET 工作原理

图 17.1 给出了一个典型的台面隔离型 GaAs MESFET 的剖面结构示意图[1]，由于 GaAs 材料中空穴的迁移率较低，因而 GaAs MESFET 几乎无一例外地都采用 N 型导电沟道的器件结构。和硅 MOSFET 器件相比，GaAs MESFET 器件没有栅氧化层上的电压降，因此其阈值电压的表达式要比 MOSFET 简单。对于一个简单的耗尽型(工作在 D 模式下)GaAs MESFET 来说，其阈值电压可以表示为[2]

$$V_T = V_{bi} - V_{po} \tag{17.1}$$

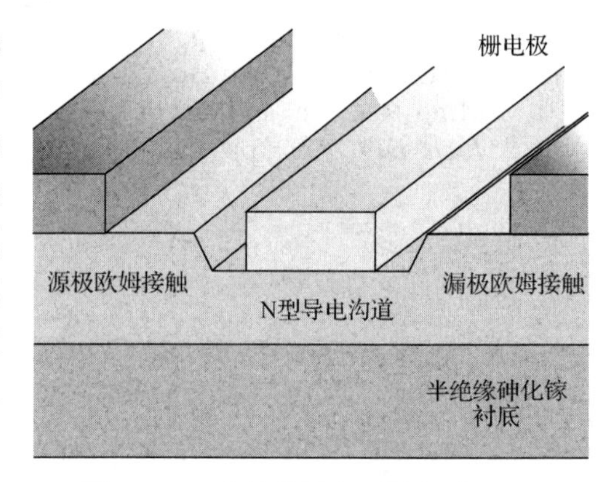

图 17.1　一个简单的台面隔离型 MESFET 器件的剖面结构示意图

式中，V_{po} 为导电沟道的夹断电压，其表达式为

$$V_{po} = \frac{qN_d d^2}{2k_{\mathrm{GaAs}}\varepsilon_o} \tag{17.2}$$

式中，d 为导电沟道的厚度，N_d 则为沟道区的掺杂浓度。

GaAs MESFET 器件的电流-电压特性与硅 MOSFET 非常类似。首先我们假定暂不考虑器件源漏区体电阻和接触电阻的影响(就一般情况而言，这个假设对于 GaAs MESFET 器件并不完全成立)，在线性工作区，MESFET 器件的源漏电流由下述方程给出：

$$I_{ds}=\frac{q\mu_o N_d W d}{L}\left[V_{ds}-\frac{(V_{ds}+V_{bi}-V_{gs})^{3/2}-(V_{bi}-V_{gs})^{3/2}}{V_{po}^{1/2}}\right] \tag{17.3}$$

对于饱和工作区，器件的源漏电流可以表示为

$$I_{ds}=\frac{q\mu_o N_d W d}{L}\left[\frac{V_{po}}{3}+\frac{2}{3}\frac{(V_{bi}-V_{gs})^{3/2}}{V_{po}^{1/2}}+V_{gs}-V_{bi}\right] \tag{17.4}$$

17.2　基本的 MESFET 工艺技术

已经开发出了多种各具特色的 GaAs MESFET 工艺技术。本节中将介绍一种基本的耗尽型(工作在 D 模式下)GaAs MESFET 器件工艺技术[3]，图 17.2 所示为该工艺流程的剖面结构示意图，根据所需的布线金属层数是一层还是两层，这套工艺流程一共需要使用三块或者五块光刻掩模版。首先将半绝缘的 GaAs 晶圆片衬底表面覆盖一层氮化硅薄膜，然后利用离子注入工艺注入硅离子以形成一层导电的有源层，注入 GaAs 晶圆片中的硅离子剂量必须足够大，以便完全屏蔽半绝缘 GaAs 单晶衬底中的深受主杂质铬(Cr)以及深施主能级 EL2 的影响，通常要求这层注入硅离子的有源层掺杂浓度达到$(1\sim6)\times10^{17}\text{cm}^{-3}$。接下来要通过高温退火过程对注入杂质进行激活，这步杂质活化工艺过程可以在普通的高温炉管中退火完成，也可以利用快速热处理系统来实现[4]。典型的炉管退火激活工艺条件为 850℃下处理 20 min。表面覆盖的氮化硅层在离子注入的过程中可以保护 GaAs 衬底免受玷污，同时在高温退火过程中还可以阻挡砷的外扩散。半绝缘 GaAs 单晶衬底的质量，特别是其中硼、碳杂质的含量以及残余缺陷密度，对于通过退火激活的注入层导电沟道电阻率的均匀性是至关重要的[5]。退火工艺完成后，即可将氮化硅层去除。上述这种利用离子注入和退火工艺形成导电沟道的方法，还可以通过**金属有机化合物化学气相淀积**(MOCVD)或**分子束外延**(MBE)等材料外延生长技术来实现。有源层制备完成之后即可光刻器件源漏区，并带胶蒸发镍/金锗(Ni/AuGe)多层金属(参见第 15 章 15.7 节的介绍)，然后应用

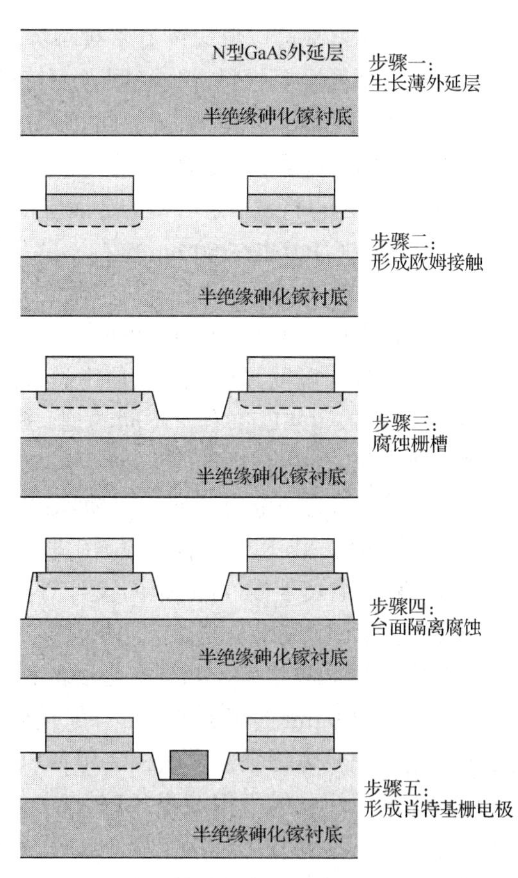

图 17.2　一个简单的台面隔离型 MESFET 工艺流程图，如正文所述，其中的步骤一可以采用注入硅离子和退火来取代

正胶剥离工艺(参见第 11 章 11.9 节的介绍)形成源漏区欧姆接触金属电极,器件源漏区欧姆接触电极之间的距离通常为栅长的 3 ~ 4 倍，最后在大约 450℃的温度下对器件的欧姆接触区进行烧结、合金处理，这也是整套工艺流程中的最后一步高温过程。

源漏区欧姆接触金属形成之后，再利用湿法化学腐蚀方法将器件之外场区上的有源层腐蚀干净直至显露出半绝缘 GaAs 衬底以形成台面型器件隔离,此时可以利用水银探针测量晶体管导电沟道的夹断电压，也可以直接测量无栅器件源漏之间的电流-电压特性。如果需要改变器件的夹断电压，可以采用湿法化学腐蚀栅槽的方法来实现所要求的沟道厚度。正如我们在第 11 章中所述，GaAs 材料常用的湿法腐蚀剂包括由不同配比的硫酸、过氧化氢和水组成的腐蚀液[6,7]。为了获得较好的工艺重复性，通常要求采用较慢的腐蚀速率。由于此时源漏区欧姆接触金属电极已经形成，因此在湿法腐蚀栅槽的过程中可以直接监测器件的源漏电流，并可以将其作为湿法腐蚀栅槽的终点监控方法。

最后淀积器件的肖特基势垒栅电极。在第 15 章中已经讨论过，几乎各种金属与中等掺杂水平的 GaAs 材料都可以形成肖特基接触势垒,但是由于镓在大多数金属中都具有较高的扩散系数，因此选择栅金属材料首先必须考虑其对 GaAs 器件导电沟道稳定性的影响[8]，其次栅金属材料还必须与 GaAs 衬底具有较好的黏附性。对于简单的 GaAs MESFET 器件来说，两种最为常用的栅金属材料系统就是钛/铂/金(Ti/Pt/Au)结构和钛/钯/金(Ti/Pd/Au)结构。在这两种栅金属材料结构中，形成肖特基接触势垒的金属层钛(Ti)通常很薄，大约只有 50 ~ 100 nm，中间的阻挡层金属铂(Pt)或钯(Pd)也在 50 nm 左右，最上面的金层厚度通常在 200 ~ 500 nm，它的作用主要是降低栅金属材料的电阻。此外，对于器件源漏区欧姆接触电极的镍/金锗(Ni/AuGe)多层金属系统来说，如果其上不再另外单独淀积加厚的金属导电层的话，上述的多层栅金属材料结构也可以重复叠加到器件源漏欧姆接触金属层上，以进一步降低器件源漏电极的串联电阻。

与大多数硅 MOSFET 有所不同的是，GaAs MESFET 器件的栅电极没有必要严格置于源漏欧姆接触电极之间的中间位置。对于微波应用来说，重要的是要尽量减小器件栅-漏电极之间的寄生电容,因为该电容会通过密勒(Miller)效应得到倍增,从而大大降低器件的高频性能。因此在有关 GaAs MESFET 器件源漏串联电阻的优化设计工作中，一个比较理想的折中办法是采用栅-漏间距大于栅-源间距的设计方案。典型情况下器件的栅-源间距基本上与栅长相当，而栅-漏间距则可以是栅长的两倍。

栅金属电极形成之后，如果有必要的话，还可以再增加一层互连金属。首先需要淀积一层厚度为 0.5 ~ 1.0 μm 的聚酰亚胺、二氧化硅或氮化硅等绝缘层，其中二氧化硅或氮化硅的淀积必须采用**等离子体增强化学气相淀积**(PECVD，参见第 13 章 13.7 节的介绍)方式实现，因为采用炉管的**低压化学气相淀积**(LPCVD)方式形成二氧化硅或氮化硅通常需要在较高的温度下才能进行。其次要在绝缘层上腐蚀出用于金属层间互连的接触窗口，然后再淀积第二层导电金属，这一层互连金属通常采用钛/金(Ti/Au)结构，并应用离子铣方式刻蚀形成，而不再采用光刻胶剥离工艺形成,因此其厚度可以达到 1 μm 左右,从而大大降低互连金属引线的电阻。

17.3 数字电路工艺技术

大多数 GaAs 器件的应用范围已经从数字逻辑集成电路领域发生了转变，但是 GaAs 集成电路的市场仍然存在，特别是在军事应用领域。本节中我们将简要回顾在 GaAs 集成电路中常用的三种电路设计结构，目前要满足制造这些数字和模拟电路的应用需求，除需要使用一些基本的 GaAs 场效应晶体管制造工艺外，还要用到在此基础上的一些改进技术。上一节中所介绍的基本的 GaAs MESFET 工艺技术已经可以用来制造两类重要的 GaAs 集成电路。图 17.3(A)所示就是一种工作速度最快、但同时也是功耗最大(典型情况下每个门电路的功耗超过 5 mW)的**缓冲场效应晶体管逻辑**(BFL)型[9] GaAs 数字电路结构，其中与输出端相连的两个二极管的作用是进行电平移动，其目的是使输出电平与输入电平相匹配。缓冲场效应晶体管逻辑型电路结构的应用通常局限在一些中、小规模的 GaAs 数字集成电路中。

另一种典型的 GaAs 门电路设计结构就是如图 17.3(B)所示的**肖特基二极管场效应晶体管逻辑**(SDFL)型[10]电路，由于在这种电路结构中采用的也都是耗尽型(工作在 D 模式下)场效应晶体管，这就要求在门电路之间的相互耦合也必须加入电平移动电路，这一点是通过在输入端引入二极管来完成的，同时这些二极管还可以在逻辑上实现“或”输入的功能。肖特基二极管场效应晶体管逻辑型电路结构的功耗通常为每门 1 mW 左右，但是其门延迟却差不多是缓冲场效应晶体管逻辑型电路结构的两倍。图 17.3(C)所示是所谓的**直接耦合场效应晶体管逻辑**(DCFL)型[11] GaAs 数字电路，它的功耗在上述三种电路设计结构中是最低的，平均每个逻辑门的功耗小于 0.5 mW。在这种类型的电路结构中，其基本反相门之间的相互耦合不再需要采用任何二极管来做电平移动。由于电路的功耗较低，再加上版图结构也比较紧凑，就使得这种类型的 GaAs 数字集成电路单个芯片上最多可以容纳超过 65 000 个晶体管[12]。然而，DCFL 型 GaAs 数字集成电路在工艺上要求同一芯片内既能制造出增强型场效应晶体管，又能制造出耗尽型场效应晶体管，另外其噪声容限比较小，平均门延迟时间也比 SDFL 型电路大。

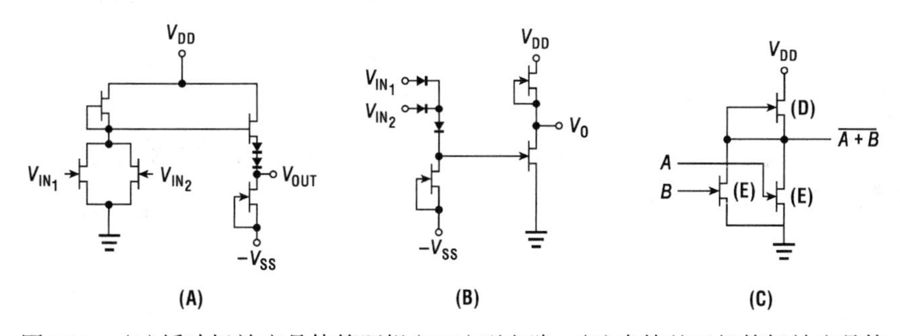

图 17.3　(A)缓冲场效应晶体管逻辑(BFL)型电路；(B)肖特基二极管场效应晶体管逻辑(SDFL)型电路；(C)直接耦合场效应晶体管逻辑(DCFL)型电路

直接耦合场效应晶体管逻辑(DCFL)型电路要求在工艺上能够同时制造出增强型器件和耗尽型器件。从式(17.1)和式(17.2)中不难看到，GaAs MESFET 的阈值电压主要与内建电势、沟道区掺杂浓度以及沟道厚度等因素有关。从理论上说，可以通过改变上述三个参数中的任意一个来得到增强型/耗尽型(E/D) GaAs 器件工艺技术。早期最常用的方法是改变器件导电沟道的厚度，如图 17.4 所示，首先同时腐蚀两种器件的栅槽至耗尽型晶体管所要求的深度，然后将所有的耗尽型晶体管用光刻胶掩蔽起来，再进一步腐蚀所有增强型晶体管的栅槽以获得增强型器件所要求的沟道夹断电压 V_{po}。上述这种两步腐蚀栅槽方法的困难之处在于器件的夹断电压与其沟道厚度的平方成正比，而 DCFL 型电路设计结构的噪声容限又比较小，因此就要求对器件的夹断电压有比较精确的控制，然而众所周知，腐蚀栅槽最常用的简单湿法化学腐蚀方法，一般很难获得比较好的均匀性和重复性。采用等离子体干法刻蚀工艺虽然可以大大改善栅槽腐蚀的均匀性，但是其带来的表面损伤也会对肖特基结的势垒电压产生一定影响。

在 E/D 型 GaAs 集成电路结构中，与选择性栅槽腐蚀工艺相对应的另一种同时实现 E/D 两种开启电压场效应晶体管的工艺方法就是选择性离子注入技术。在这种工艺方法中，首先将基本的 GaAs 场效应晶体管工艺中最初一次离子注入(用来形成所有器件的导电沟道)的剂量降低以满足增强型器件的开启电压要求，然后将所有增强型器件所在的区域用光刻胶掩蔽，再对其余的耗尽型器件所在的区域补充一次离子注入，以获得耗尽型器件所要求的开启电压。由于这种方法大大改善了器件开启电压的均匀性，因此这种选择性离子注入工艺目前已经广泛地应用于 E/D 型 GaAs 集成电路的制造工艺中。

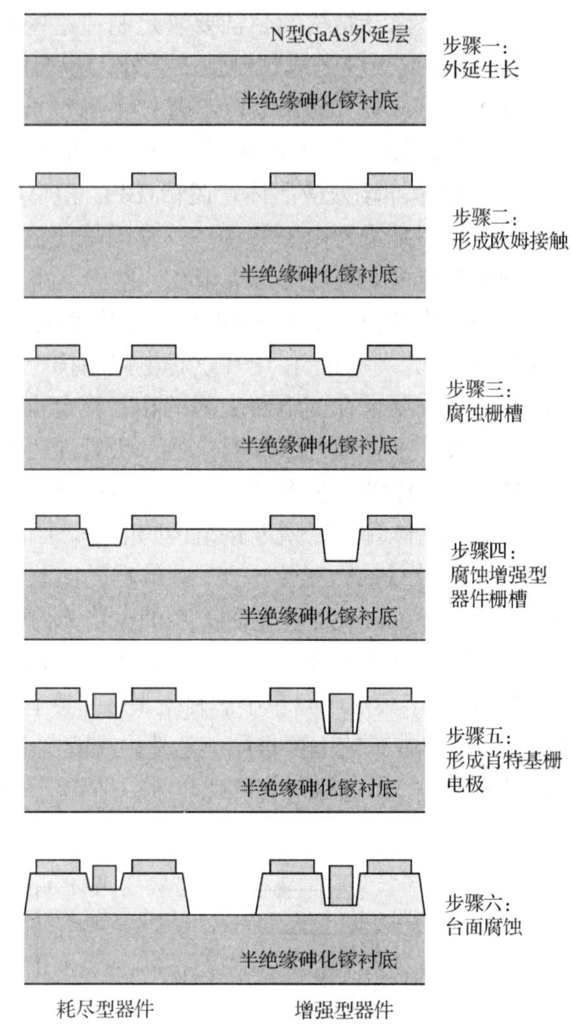

图 17.4 两步腐蚀栅槽的增强型/耗尽型(E/D)GaAs 器件工艺流程

正如我们针对硅 MOSFET 所讨论的结果那样，晶体管中源漏区欧姆接触金属电极与器件导电沟道之间存在的串联电阻会大大降低器件的工作性能，对于 GaAs 器件工艺来说，这种影响表现得更为严重，因为传统的 GaAs MESFET 工艺尚未实现源漏电极与栅电极之间的自对准，此外，源漏金属电极的欧姆接触电阻还与器件沟道区的掺杂浓度存在着强烈的依赖关系。GaAs 器件要形成自对准源漏结构的主要困难之处在于其栅电极与沟道之间缺少一层绝缘介质，一旦由合金欧姆接触电极形成的重掺杂源漏区与栅电极发生接触，就会在栅电极与源漏区之间也形成欧姆接触而导致短路或漏电。近年来，在制作各种新型 GaAs 器件栅电极结构方面已经做了大量的研究工作，概括起来说，我们有时也把这类 GaAs 器件称为**自对准栅场效应晶体管**(SAGFET)。

图 17.5 所示为制作自对准结构的 GaAs 器件沟道与源漏区欧姆接触电极的两种方法。在**自对准 N^+离子注入**(SAINT)[13]工艺中，首先在 GaAs 材料表面覆盖一层氮化硅钝化保护膜，然后采用光刻胶-二氧化硅-光刻胶三层结构来确定 N^+注入区，其中下层光刻胶上各个图形边缘的横向钻蚀控制在 0.1 ~ 0.2 μm 之间，完成 N^+区离子注入后再低温淀积一层二氧化硅介质，接下来利用下层光刻胶剥离这层二氧化硅介质以确定栅电极区域，此时可以采用一步高温退火工艺来激活 N^+注入区的杂质。最后淀积肖特基金属以形成器件栅电极。由于在栅金属电极与 N^+注入区之间存在一层隔离介质，因此可以避免二者之间额外的漏电。此外在上述工艺流程中，栅金属电极并没有承受任何高温工艺过程。

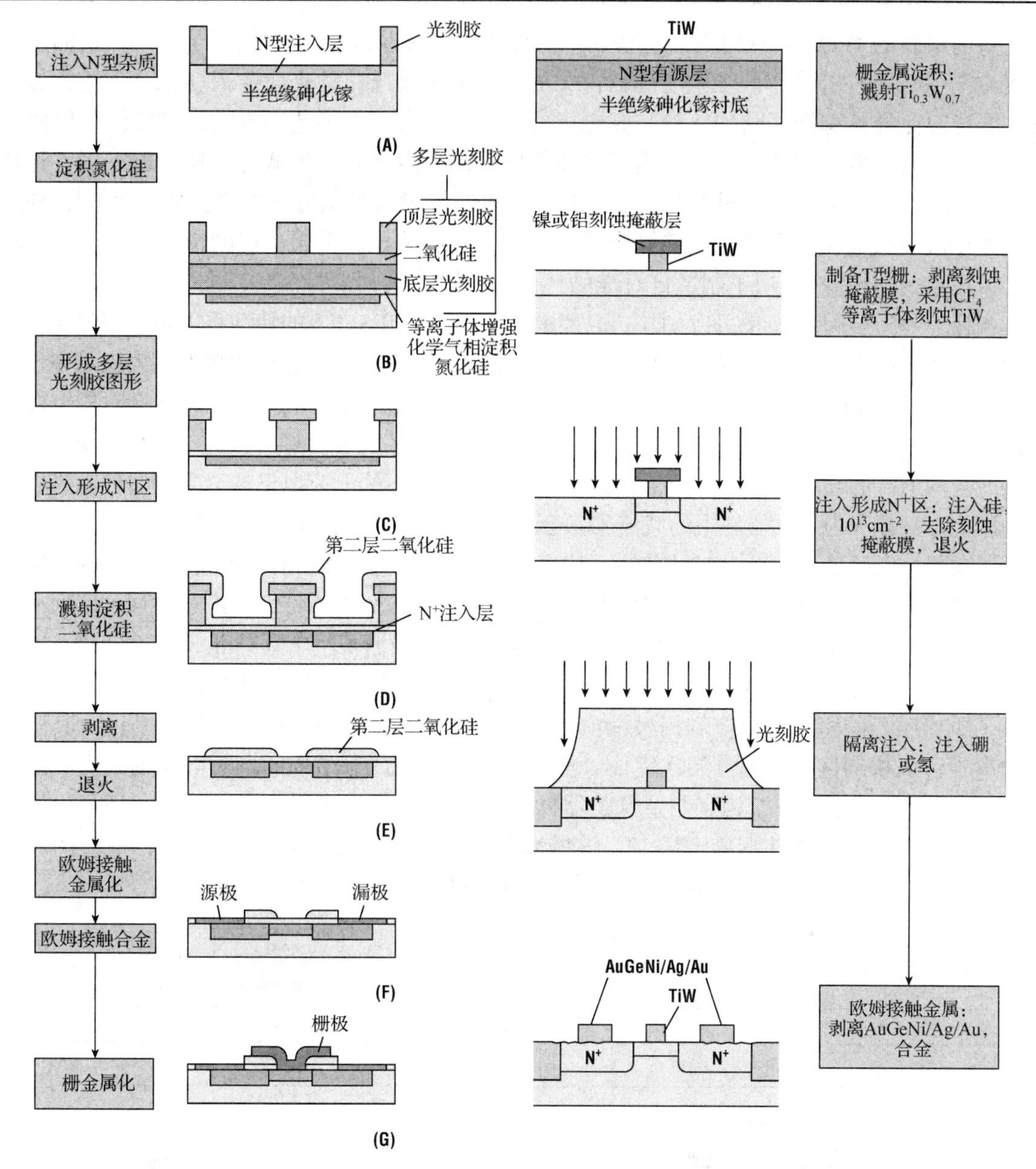

图 17.5　自对准 N^+离子注入(SAINT)工艺(引自 Yamasaki 等人的文献，©1982 IEEE)和 T 型栅工艺，其中 T 型栅工艺中的最后两步工艺顺序可以对调，以消除可能的隔离特性退化

在 T 型栅工艺中，采用了一种与传统的硅器件工艺更类似的工艺流程[14]。首先淀积第一层肖特基栅金属材料，接下来的第二层可以是其他的金属材料，也可以就是光刻胶本身，和 SAINT 工艺中的情况类似，在随后的刻蚀工艺中，将下层的肖特基栅金属材料每边的横向钻蚀控制在 0.1～0.2 μm 之间，然后进行 N^+离子注入，再将上层的掩蔽材料去除，并淀积一层氮化硅薄膜作为注入退火的包封层，完成 N^+注入区的退火激活后，在这层氮化硅薄膜上开出源漏区欧姆接触的窗口。最后淀积源漏区欧姆接触金属并进行合金处理。这种 T 型栅工艺的难点在于要找到一种能够承受离子注入后高温退火工艺的合适的肖特基栅金属材料，能够满足这种用途的大多数材料是难熔金属及其硅化物，其中 WSi_2 和 PtSi 是两种最常见的选择。

目前最新的 GaAs 集成电路工艺中所广泛使用的一种改进型 T 型栅工艺就是所谓的侧墙隔离源漏注入区技术[15]，该工艺与硅器件中的自对准金属硅化物**轻掺杂漏**(LDD)工艺类似，其主要优点是器件源漏区欧姆接触与栅电极之间是通过自对准工艺形成的，这样就可以使得源漏区寄生的串联电阻达到最小。当需要使栅电极的电阻也降至最低时，还可以采用一种替代栅工艺，在此工艺中，通过由光刻胶图形构成的替代栅来预留好栅电极的隔离区[16]，利用这层光刻胶替代栅图形剥离一层绝缘介质层，留下最终淀积栅金属电极的窗口。该工艺已经与 LDD 方法结合在一起用于制造自对准的替代栅结构 GaAs 器件[17]。

当栅长缩短至深亚微米(小于 0.5 μm)范围时，GaAs MESFET 的特性将因短沟道效应的影响而发生严重退化，这与硅 MOSFET 的尺寸进行等比例缩小后竭力避免的短沟道效应是完全一样的。在硅 MOSFET 器件中，短沟道效应的发生是由于反向偏置的漏 PN 结耗尽区对栅电极下沟道区的有效电荷具有调制作用。对于 GaAs MESFET 来说，器件中并没有 PN 结，源漏欧姆接触区与沟道区的导电类型是完全相同的，但是其栅电极下的电荷也仍然会受到器件源漏扩散区的影响，这是因为通常器件中的载流子都会向外扩展一个特征长度(称作德拜长度)，这样即使源漏欧姆接触区是原子级突变分布的，其贡献的载流子也会扩展到肖特基栅电极下的区域，一旦器件源漏之间的距离缩小到一定尺度，其结果就是导致短沟道特性。由于德拜长度远小于耗尽区宽度，因此在 GaAs MESFET 中，短沟道特性只有当栅长小于 0.5 μm 时才会出现。

在自对准栅结构的器件工艺中，已经达到最小化的源漏欧姆接触区与栅电极之间的距离导致了更为明显的短沟道效应和栅极漏电效应。对于这些具有最小尺寸的器件来说，其源漏区的离子注入掺杂过程必须分层次完成。类似轻掺杂漏(LDD)结构的自对准栅场效应晶体管(SAGFET)工艺特别适合于用来制造这类器件。要进一步防止短沟道特性的发生，还可以在器件沟道的下方增加一个 P 型掩埋层[18]，该掩埋层通常采用高能量的镁离子注入形成。图 17.6 给出了一个将 P 型掩埋层与 LDD 器件结构结合在一起的工艺流程[19]。

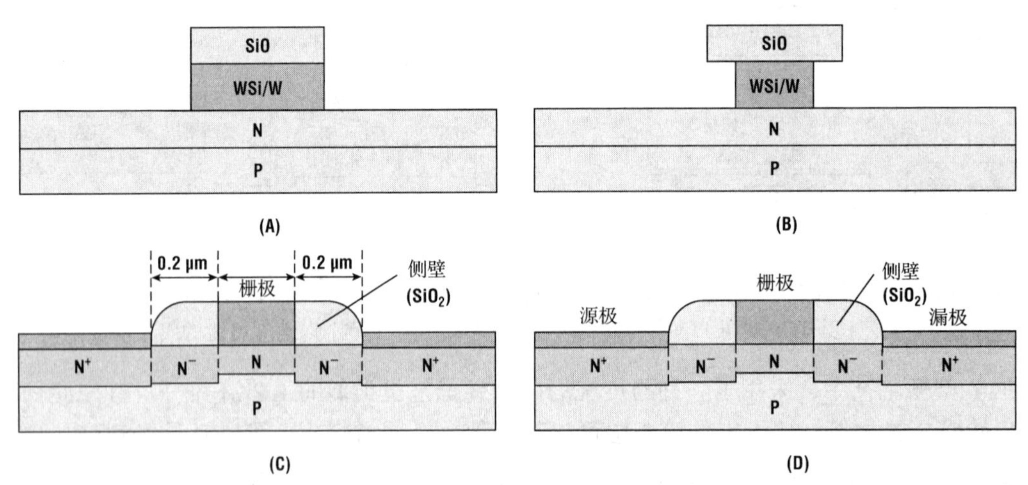

图 17.6　采用 P 型掩埋层与 LDD 器件结构的工艺流程(引自 Shimura 等, ©1992 IEEE)

17.4　单片微波集成电路工艺

单片微波集成电路(MMIC)技术包括一个很宽广的电路范畴，从功率放大器到混频器、发射器/接收器电路模块等，其最广泛的应用领域就是蜂窝式移动电话，其他的应用领域还包括卫星直接广播系统、数据传输系统、有线电视、雷达信号的发射与检测以及汽车防撞系统[20]，等等。单片微波集成电路技术通常必须针对特定的应用场合。本节中将介绍一个一般意义上的单片微波集成电路技术，它基本上可以满足一些常见的应用要求。图 17.7 所示为一个典型的单片微波集成电路的剖面结构图，从图中可以看到一些常见的模拟电路元件[21]。

单片微波集成电路的制造工艺起源于 17.2 节中所介绍的基本的 GaAs 场效应晶体管的制造工艺。尽管自对准工艺目前在单片微波集成电路中的应用已经十分普遍，但正如在前面所提到的，器件的栅电极也可以不是正好位于源漏电极之间的中间位置。对于微波功率放大器来说，其中的有源器件 GaAs MESFET 的栅电极常常采用一种梳状结构，其两侧交替分布着源漏电极。由于器件的单位增益截止频率 f_T 与器件的有效沟道长度成反比，所以是否具备制作超短栅电极的能力，就成了整个工艺的关键所在。器件的栅长越短，其噪声系数也会相应地越低。因此在目前最新一代的单片微波集成电路中，有源器件的最小栅长已减小到 100 nm 以下。在单片微波集成电路中，有源晶体管的数目通常很少，因而其栅电极这一层的光刻经常采用电子束直写曝光方式实现。除了基本的晶体管结构，在单片微波集成电路技术中还需要开发出几种集总参数和分布参数的无源元件。

很多模拟电路都需要用到电容和电感等无源元件，它们通常用来调节信号相位、与输入信号源或输出负载进行阻抗匹配以及对信号进行滤波等。电容元件可以由两种方式形成，一种是所谓的叉指状电容，它只需单层金属即可形成，但其电容量一般小于 1 pF，而且受光刻决定的最小图形间距影响，其电容量的大小也比较难以控制。当需要用到容量较大或精度较高的电容时，通常采用另一种交叠电容，如图 17.8 所示，交叠电容的介质层大多选用氮化硅，有时也使用二氧化硅、氧化铝或其他高分子聚合物。

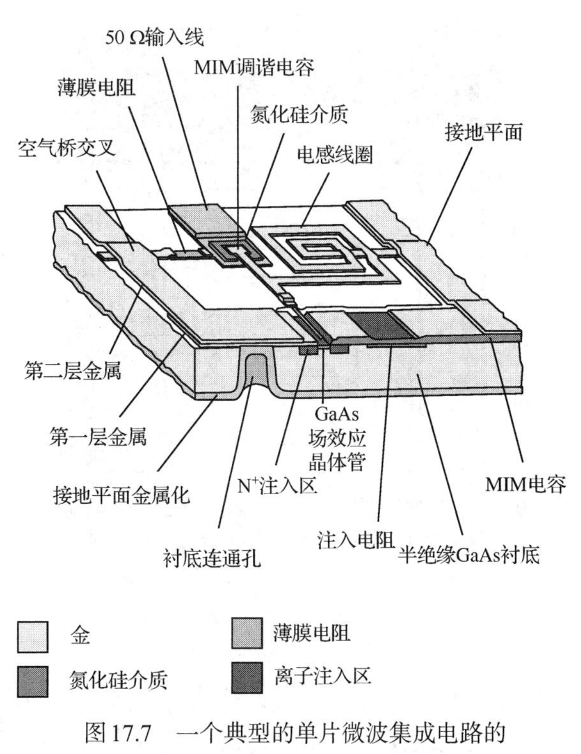

图 17.7　一个典型的单片微波集成电路的剖面结构示意图（引自 Decker）

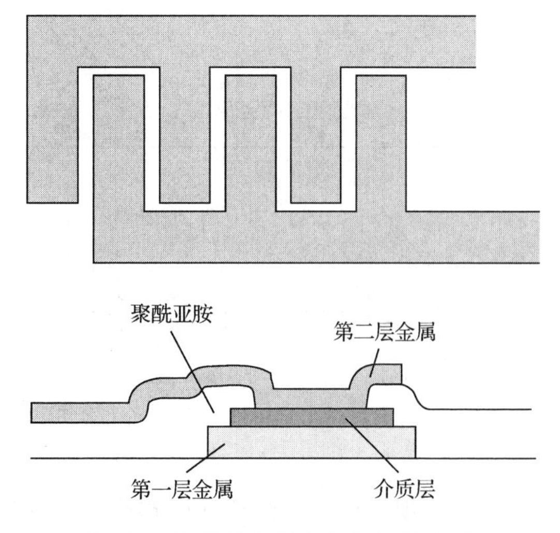

图 17.8　叉指状电容和交叠电容示意图

在单片微波集成电路工艺中有三种制作电感元件的方法，在这三种方法制作的电感元件中，金属层的厚度通常都要求达到几微米厚，以便减小电阻和高频趋肤效应的损耗。直线电感通常适用于较高的频段，但是其电感量一般极低(小于 1 nH)，在大多数单片微波集成电路中很少使用。单圈Ω型电感元件的制作也比较容易，但是其电感量也只有几纳亨。多圈螺旋电感元件的电感量可以做到高达 50 nH，但是需要用到两层金属连线以便实现金属布线的立体交叉。当然这种两层金属立体交叉点处的寄生电容也是必须尽量减小的。

在单片微波集成电路中的螺旋电感元件以及其他的两层金属立体交叉位置，经常采用一种空气桥工艺模块来减小寄生电容的影响。图 17.9 给出了空气桥工艺模块的简单流程。首先在衬底材料上涂覆一层较厚的诸如光刻胶之类的高分子聚合物介质膜，并光刻出与衬底相连的通孔，要求通孔的窗口尺寸必须比较大，而且高分子聚合物介质膜的侧壁斜坡也必须足够平缓；然后淀积一层较厚的金属并光刻出所需的图形，最后将高分子聚合物介质膜溶解掉。在此工艺中，只要金属层对高分子聚合物介质膜的台阶覆盖情况良好，金属薄膜层就不会在溶解高分子聚合物介质膜的过程中被剥离掉，而是被留在衬底表面形成了一个悬空的桥梁结构。如果需要形成一个长距离的金属悬梁结构，就必须采用一系列的这种支撑立柱架构。空气桥交叉结构具有最低的介电常数，同时实验结果也证实其坚固可靠。采用空气桥结构的单片微波集成电路一般不容许再进行最后的钝化保护，因为常规化学气相淀积工艺所具有的保形特性往往会使空气桥结构的间隙中重新填进介质薄膜。图 17.10 给出了一个采用空气桥交叉结构的螺旋电感元件的完整照片[22]。

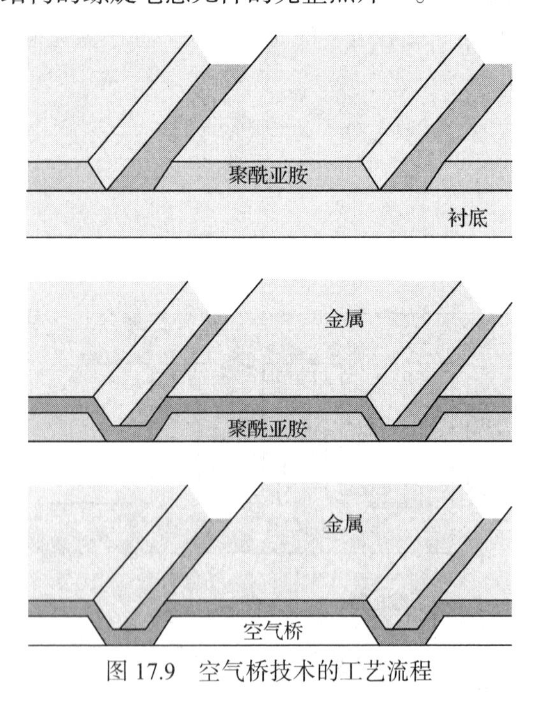

图 17.9　空气桥技术的工艺流程

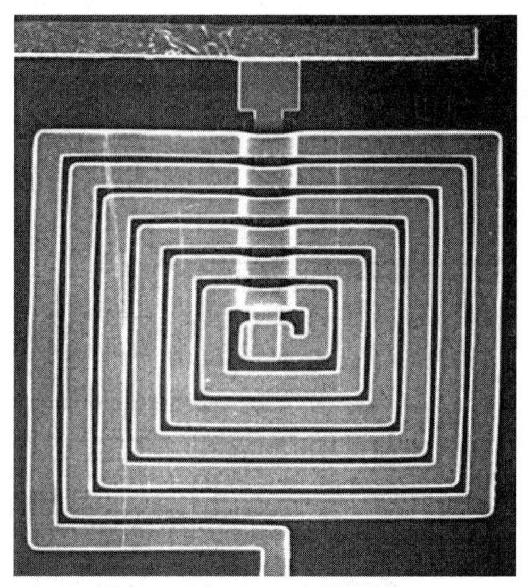

图 17.10　采用空气桥交叉结构制备的螺旋电感元件(引自 Sciater，经 TAB Books. Inc.许可使用)

在小规模的单片微波集成电路中，空气桥结构通常由金(Au)层构成，这是因为金具有较低的电阻率。当这种空气桥结构应用于集成度较高的大规模集成电路时，由于金具有较好的延展特性，因此就需要有高密度的支撑立柱架构。对于金布线来说，最大的支撑立柱架构间距一般为 50 μm 左右。实验表明，由于金属铑(Rh)的杨氏模量较高，采用铑-金-铑(Rh/Au/Rh)多层金属的空气桥结构，其最大的支撑立柱架构间距可达 300 μm[23]。另外，U 形布线技术也被证实可用于长跨距的空气桥结构中，实验结果表明，应用这项技术，即使采用单层金布线，在不损失成品率的前提下也可以实现长达 3 mm 的空气桥结构[24]，只是该工艺比较复杂。

在高频情况下，一方面必须要求金属互连引线具有受控的且可重复的阻抗特性，另一方面金属布线之间必须很好地加以屏蔽以避免发生信号串扰现象。此外，高频情况下互连引线的损耗也必须降至最小。最后还必须提供一个稳定的接地电位。当器件源极引线的串联电感较大时，场效应晶体管本身就会变得很不稳定。制作这些金属互连引线主要有两种方法，即共面波导和微带波导，如图 17.11 所示。在共面波导中，电力线终止于和波导线平行的接地金属线，这些接地金属线必须制作得尽量宽，并尽可能靠近波导信号线。对于集成度较低的单片微波集成电路来说，这些接地金属线可通过键合引线直接与芯片周围较大的接地平面相连。

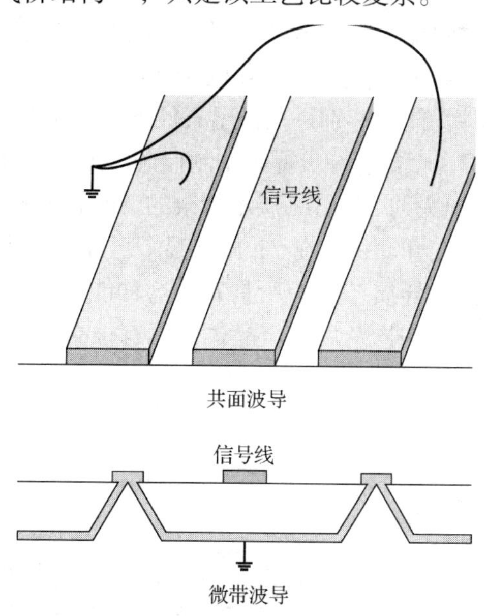

图 17.11　单片微波集成电路中用于互连的共面波导和微带波导

微带波导将晶圆片的背面作为接地平面，首先必须将晶圆片的厚度从 500 μm 以上减薄到 100 μm 左右，这通常是利用氧化铝或碳化硅等研磨材料以及一些特定的研磨浆料对晶圆片背面进行机械研磨来实现的，经过机械的研磨减薄之后，还需要采用更为精细的化学研磨作用对晶圆片背面进行抛光处理。晶圆片厚度减薄之后带来的另一个好处就是芯片的热阻降低，由于较高的截止频率 f_T 通常要求器件具有较大的直流工作电流，而 GaAs 材料的热导率又比较差，因此这一点对 GaAs 器件来说是非常重要的。最后必须在通孔深度与晶圆片的机械强度之间做出折中，晶圆片最终厚度的均匀性对于获得较为一致的阻抗特性至关重要。

在通孔的光刻和湿法化学腐蚀工艺完成之后，需要在整个晶圆片的背面覆盖一层金导电薄膜。晶圆片背面的光刻需要借助于红外光刻机来与其正面的图形对准，对于红外线来说，金属薄膜层是不透明的，而晶圆片衬底材料则是透明的，利用红外摄像机和显示器可以从晶圆片的背面看见其正面的图形。为了增加器件的密度，很多研究人员已经报告了应用各向异性的干法腐蚀工艺进行通孔腐蚀的方法[25,26]。

17.5　调制掺杂场效应晶体管(MODFET)

III-V 族化合物半导体材料体系的重要特点之一就是能够生长出异质结外延材料(参见第 14 章有关内容)。尽管有很多半导体器件都脱胎于异质结构，但是在本节中我们仅介绍其中的一种，即**调制掺杂场效应晶体管**(MODFET)，有时也称为**高电子迁移率晶体管**(HEMT)。从器件物理的角度对调制掺杂场效应晶体管的介绍已经很多，我们在此只从工艺制造的角度对其进行一个简要的回顾。

图 17.12 给出了一个简单的调制掺杂场效应晶体管的剖面及能带结构示意图。该器件工作的基本思路就是利用异质结界面一侧重掺杂的宽禁带半导体材料(图中以 N^+掺杂的 $Al_{0.25}Ga_{0.75}As$ 为一个典型例子)提供导电所需的自由载流子，在异质结界面附近的另一侧存在窄禁带的半导体材料(例如 GaAs)，因此来自 AlGaAs 材料的自由电子就会被 AlGaAs/GaAs 异质结界面处由于材料能带的不连续而形成的势阱所俘获(参见图 17.12)，形成一层二维电子气。这样就使可动的导电载流子与离化的杂质原子在空间上分离开来，从而大大减小库仑散射的影响，改善器件性能，特别是在低温条件下，声子散射的影响已经不再起主要作用时，器件性能的改进更为显著。要进一步提高调制掺杂场效应晶体管的性能，在 AlGaAs 和 GaAs 层之间还常常生长很薄的(大约 50 Å)一层不掺杂的 AlGaAs 间隔层，以便更好地将可动的自由载流子与带电杂质中心隔离开。目前在 77 K 低温下已经观察到二维电子气中电子的迁移率超过 100 000 $cm^2/(V\cdot s)$。正是异质结界面所具有的这种能够将载流子集聚在栅电极下并且具有较高迁移率的特点，使得调制掺杂场效应晶体管具有很高的跨导。

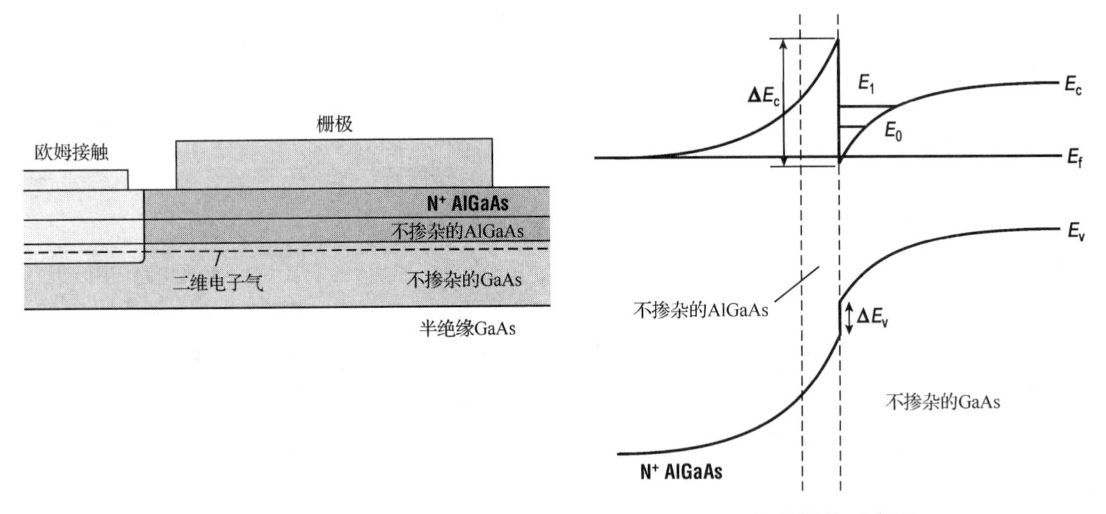

图 17.12 一个简单的调制掺杂场效应晶体管的剖面及能带结构示意图

当然，调制掺杂场效应晶体管并非不存在问题。对于制作基于调制掺杂场效应晶体管的 GaAs 集成电路来说，分子束外延异质结材料的高缺陷密度就是一个严重的问题。AlGaAs 材料中与硅掺杂有关的深能级陷阱在充放电的情况下也会使器件的阈值电压发生零点几伏特的漂移，这种现象在低温和光照条件下更为明显，因为所吸收的光子能量足以耗尽陷阱中所俘获的载流子，并增加自由载流子的浓度。对于大多数 GaAs 数字集成电路的设计结构来说，其工作电压一般低于 2 V，此时阈值电压所发生的这种漂移就成了一个非常棘手的问题。最后，调制掺杂场效应晶体管的制造工艺也需要在基本 MESFET 的工艺基础上做一些相应的改变。

调制掺杂场效应晶体管的剖面示意图(参见图 17.12)表明该器件的结构与普通的 MESFET 十分类似。开发调制掺杂场效应晶体管制造工艺技术的主要工作在于异质结外延材料的生长和器件结构的设计。如果已经拥有了完整的自对准栅 GaAs MESFET 器件的制造工艺技术，只需在此基础上做少量修改即可形成制作调制掺杂场效应晶体管的工艺技术。在调制掺杂场效应晶体管的制造工艺中，一开始并不是像在普通 MESFET 制造工艺中那样通过离子注入或外延工艺在衬底材料表面简单地形成一层导电沟道层，而是首先需要在半绝缘衬底上生长出异质结外延层，接下来就是标准的 MESFET 工艺流程。由于异质结外延层的厚度一般不超过 250 nm，因此器件之间的隔离技术是十分简单明了的。

要获得最佳的 MODFET 器件性能，就必须采用低阻自对准结构的源漏欧姆接触电极[27]，这可以通过采用诸如 T 型栅等工艺技术来实现。此外对注入后的退火激活工艺也必须特别加以注意，在典型的 800℃或 850℃常规退火中，AlGaAs 层中的掺杂剂就会扩散到 GaAs 层中，从而使所要求的迁移率增强效应完全丧失。为了避免这种现象的发生，快速热退火工艺(参见第 6 章 6.8 节中所述)得到普遍使用。此外，不掺杂的间隔层的使用也使得轻微的杂质扩散不会对器件性能造成严重的影响。还有人试验过采用组分缓变形成内建电场来阻挡杂质的扩散，组分缓变技术还可以用来降低形成欧姆接触时的有效势垒高度。

17.6　双极型器件回顾：理想与准理想特性

双极结型晶体管(BJT)包含两个靠得很近的 PN 结，器件中的三个区域分别称为发射区、基区和收集区(参见图 17.13)。双极型器件可以是 NPN 型的，也可以是 PNP 型的。双极型晶体管的工作原理与其内部发生的下述过程有关，即器件中流过一个 PN 结的电流受到另一个 PN 结上所加偏置条件的调制。

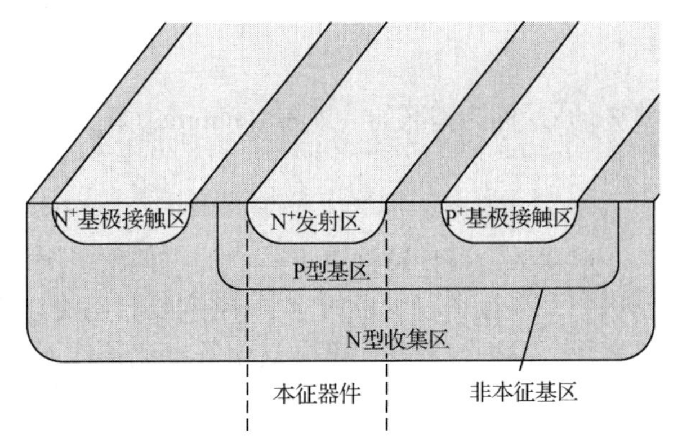

图 17.13　一个简单的双极型晶体管剖面示意图，图中显示了器件的有源区(也称为本征区)和寄生区(也称为非本征区)

当双极型器件处于正向工作区时[28]，其发射区与基区之间的 PN 结(称为发射结)处于正向偏置，而基区与收集区之间的 PN 结(称为收集结)则处于反向偏置，此时发射区中的多数载流子就会通过扩散运动穿过发射结耗尽区进入中性基区成为少数载流子，这些载流子在基区中继续扩散到达收集结，并被收集结中的电场拉至收集区。由于发射区相当于少数载流子的产生源，而收集区相当于少数载流子的消失漏，因此在基区中从发射结到收集结之间就形成了一个很大的少数载流子浓度梯度，这导致较大的收集区电流。对一个理想的双极型晶体管来说，其基极电流主要是由基区中的多数载流子反向注入发射区而形成的。按照基尔霍夫电流定律，收集极电流可以由下式求得：

$$I_c = I_e - I_b \tag{17.5}$$

反映双极型晶体管性能的两个重要的优质因子就是共基极电流增益α 和共发射极电流增益β，其定义为

$$\alpha = \frac{I_C}{I_E} \quad 和 \quad \beta = \frac{I_C}{I_B} \tag{17.6}$$

α与β之间的关系如下：

$$\beta = \frac{\alpha}{1-\alpha} \tag{17.7}$$

考虑一个简单的双极型晶体管，其发射区、基区和收集区均为均匀掺杂，在忽略产生-复合、大电流效应以及其他各种二维效应之后，可以将该晶体管看作是理想器件，其共发射极电流增益β为

$$\beta = \frac{N_E D_B L_E}{N_B D_E W} \tag{17.8}$$

式中，D是在不同区域中(由其下标注明)少数载流子的扩散系数，N是不同区域中(由其下标注明)的掺杂浓度，L_E是发射区中少数载流子的特征扩散长度，W则是未耗尽的基区宽度。通常双极型晶体管都希望有较大的电流增益，因此掺杂浓度 N_E 的典型值一般来说要远远大于N_B，而W则尽可能做得比较薄，只要基区的串联电阻不是特别大，并且在正常的工作条件下，基区也没有被完全耗尽。

如果基区的掺杂浓度是非均匀的，则式(17.8)变为下式：

$$\beta = \frac{N_E D_B L_E}{D_E G_B} \tag{17.9}$$

式中的G_B称为基区的古默尔(Gummel)数，其数值由下式求得：

$$G_B = \int_{\text{base}} N(x)\mathrm{d}x \tag{17.10}$$

对双极型器件特性更进一步的近似就是所谓的准理想器件模型，在这种模型中，器件的基区中允许存在着少量的电子-空穴复合电流，其复合率由基区中少数载流子的扩散长度 L_B来表示。准理想器件模型是对中等电流条件下实际器件本征特性的一个很好的近似，在这种近似下，

$$\beta \approx \frac{D_B L_E N_E}{G_B\left[D_E + \dfrac{D_B W_B^3 L_E N_E}{2 G_B L_B^2}\right]} \tag{17.11}$$

如果L_B趋于无穷大(即基区中没有载流子的复合)，上式即简化为理想双极型晶体管共发射极电流增益的公式。

17.7　双极型晶体管的性能

图 17.14(A)给出了一个高增益双极型晶体管的低频小信号混合π型等效电路模型，其中的输入电阻为

$$r_\pi = \frac{\beta}{g_m} \tag{17.12}$$

式中g_m是双极型晶体管的跨导，其数值为

$$g_m = \frac{qI_C}{kT} \tag{17.13}$$

图中的r_o是器件的输出阻抗。要改善器件的模拟性能，我们通常希望器件具有较高的输入阻抗和较大的跨导，这就要求器件具有较大的收集极工作电流I_C和更高的电流放大倍数β，对于

高性能的交流应用来说，就要求尽可能地将双极型晶体管偏置在较大的收集极工作电流点上，同时晶体管仍然能够表现出良好的性能（即 I_C 仍然受 I_B 的控制，而不是受 V_{EB} 的控制）。

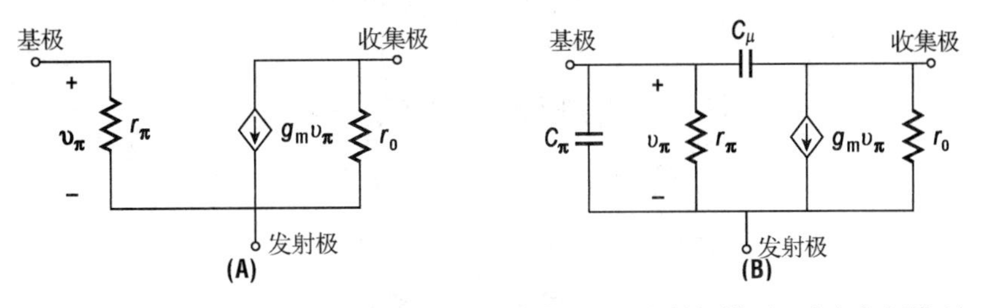

图 17.14　双极型晶体管的小信号等效电路模型：（A）低频模型；（B）高频模型

如果在上述简单等效电路模型的基础上再增加高频效应和寄生电阻的影响，就可以得到如图 17.14（B）所示的高频等效电路模型，在此模型中，寄生电容 C_μ 对于器件的性能具有特别重要的影响。应用密勒等效原理，我们可以将 C_μ 分解为两个等效电容，一个与输入电阻并联，另一个与输出电阻并联。由于双极型晶体管的有源放大作用，在典型的偏置工作条件下，器件输入端的电容将非常大，忽略寄生电阻的影响，器件将在下述频率点上具有一个极点：

$$\omega_p \approx \frac{1}{r_\pi(C_\pi + g_m r_o C_\mu)} \tag{17.14}$$

在实际应用中，器件等效电路模型中两个电容的影响都很重要，这是因为器件发射区的掺杂浓度远高于收集区，因此单位面积发射结的电容远大于单位面积收集结的电容，因而减小其中任何一个电容都有利于改进器件的交流放大性能。反映器件高频特性的一个常用方法是测量发射极与收集极短路条件下器件的共发射极交流电流放大倍数，当电流放大倍数下降为 1 时的交流信号频率即为双极型器件的截止频率 f_T，它通常可由下式给出：

$$f_T \approx \frac{1}{2\pi r_\pi(C_\pi + C_\mu)} \tag{17.15}$$

当我们在 RC 延迟时间中进一步考虑载流子通过基区的渡越时间之后，可以得到 f_T 更准确的表达式：

$$f_T \approx \frac{1}{2\pi}\frac{1}{r_\pi(C_\pi + C_\mu) + (W_B^2/\eta D_B)} \tag{17.16}$$

式中，η 为基区漂移电场的增强因子，通常介于 2 ~ 20 之间。

综上所述，对于应用于高性能交流放大的双极型晶体管来说，我们通常希望其满足以下几点要求：

1. 在不发生穿通的前提下具有较大的电流增益；
2. 尽可能低的寄生电容；
3. 较低的寄生串联电阻；
4. 窄的基区宽度；
5. 具有大电流工作的能力。

对于应用于数字电路的双极型晶体管来说，要求则有所不同。在这里重要的不单纯是速度，而是速度-功耗积。粗略估算，一个发射极耦合逻辑（ECL）型门电路（如图 17.15 所示）的门延迟时间可由下式给出：

$$t_{pd} \approx R_L C_C + k_1 \tau_B + R_B C_B \tag{17.17}$$

式中，

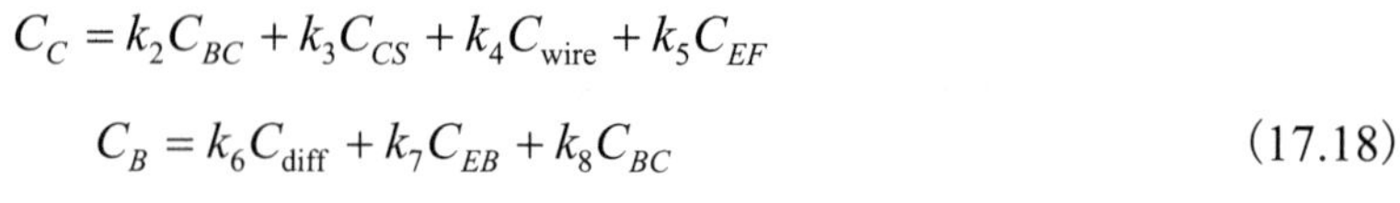

$$C_C = k_2 C_{BC} + k_3 C_{CS} + k_4 C_{\text{wire}} + k_5 C_{EF}$$

$$C_B = k_6 C_{\text{diff}} + k_7 C_{EB} + k_8 C_{BC} \tag{17.18}$$

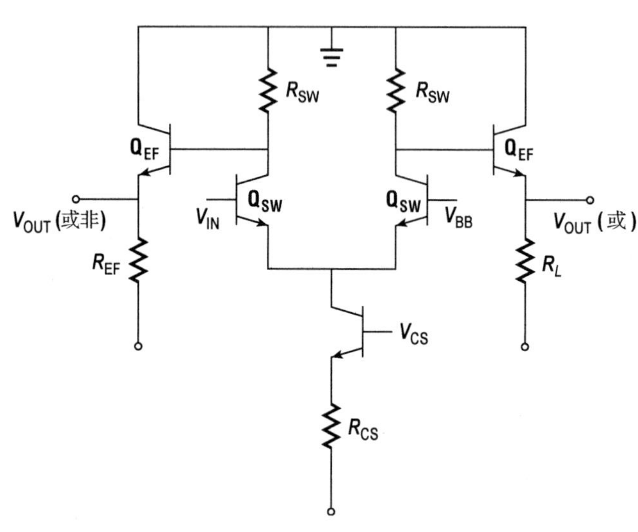

图 17.15　带有反相输出级和同相输出级的基本 ECL 逻辑门电路

在上述公式中，变量 k_x 反映的是不同的权重因子(参见表 17.1)，R_L 是下拉电阻，τ_B 是基区渡越时间，R_B 是基区电阻，C_{BC} 是收集结电容，C_{CS} 是收集区与衬底之间的电容，C_{EF} 是射极跟随器的输入电容，C_{diff} 则是与器件基区中少数载流子电荷存储效应有关的扩散电容。

表 17.1　双极型数字集成电路门延迟计算公式中各权重因子的典型值

收集结电容(k_2)	2.50+0.41×扇出数
收集区与衬底之间的电容(k_3)	1.10
互连线电容(k_4)	0.23
射极跟随器输入电容(k_5)	扇出数
扩散电容(k_6)	2.6
发射结电容(k_7)	0.24×扇出数
收集结电容(k_8)	1.27

表中的扇出数是该电路所驱动的与之相同的门电路的数目。

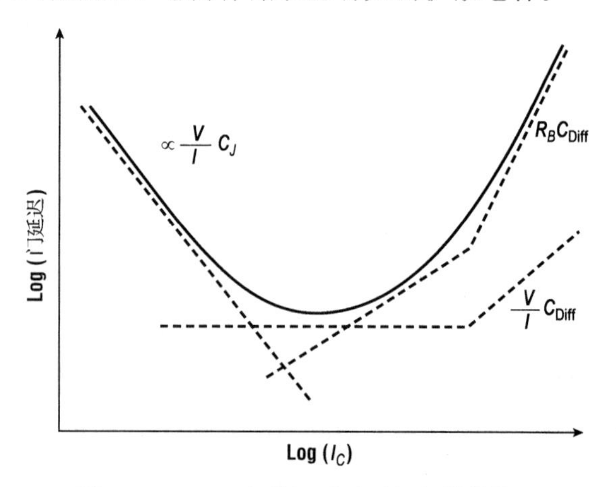

图 17.16　ECL 电路门延迟时间与器件集电极电流之间的变化关系对数图

图 17.16 给出了发射极耦合逻辑电路的门延迟时间与集电极工作电流之间的一般关系。在非常大的电流注入水平下，器件的扩散电容增大，晶体管的增益也会有所下降。同时，随着工作电流的增大，器件中与少数载流子电荷存储效应有关的扩散电容还会导致电路门延迟的增大。大多数电路都工作在图中曲线的左半部分，在此区域内，电路的门延迟正比于 $R_L C_C$ 的乘积。因此，要提高电路的工作速

度，就必须尽可能减小 C_C，这也就意味着要尽可能减小双极型晶体管的收集结电容、收集区与衬底之间的电容、射极跟随器的输入电容(它实际上是晶体管的发射结电容与收集结电容的组合)以及互连线电容。当这些电容都减小之后，影响器件工作速度的其他因素，即基区渡越时间和 R_BC_B 乘积项，就会变得更加重要。

对双极型晶体管进行等比例缩小要比对MOS晶体管进行等比例缩小困难得多。对于由双极型器件构成的发射极耦合逻辑电路来说，其电压摆幅已基本固定，能够进行等比例缩小的只有各个电容。表 17.2 给出了一个通用的双极型晶体管的等比例缩小设计方法[29]，在此设计方法中，器件的纵向及横向尺寸必须同时等比例缩小，以便改善电路的门延迟特性。

表 17.2　双极型晶体管的等比例缩小设计方法

发射极条宽	α
基区掺杂浓度	$\alpha^{-1.6}$
收集区掺杂浓度	α^{-2}
基区宽度	$\alpha^{0.8}$
收集区电流密度	α^{-2}
电路延迟时间	α

引自参考文献 Solomon 和 Tang[29]。

在应用上述双极型晶体管等比例缩小设计准则时，有几点限制因素必须引起我们足够的注意。第一条限制因素与基区掺杂浓度的增大有关，当基区掺杂浓度不断提高以至于基区成为重掺杂时，由于杂质离子的散射作用，基区中载流子的迁移率将开始下降，从而限制了基区电阻的进一步降低。第二条限制因素与禁带宽度变窄效应有关，当掺杂浓度足够高以至于发生了严重的掺杂原子屏蔽作用时，半导体晶体材料的禁带宽度就会开始收缩。一般来说，当掺杂浓度约为 $10^{17}\,cm^{-3}$ 时，这种禁带宽度变窄效应就开始出现；当掺杂浓度达到 $10^{20}\,cm^{-3}$ 时，禁带宽度变窄可达到 120 meV。发射区禁带宽度变窄效应对双极型晶体管电流增益的影响可以用指数因子 $\exp(\Delta E_g/2kT)$ 来反映。

17.8　早期的双极型工艺技术

在集成电路工艺中，最早得到广泛应用的一种双极型工艺技术就是所谓的三重扩散方法，图 17.17 给出了一个简单的三重扩散工艺技术的流程示意图，整个工艺流程只需七块光刻掩模版。首先在 P^- 型衬底上生长一层初始氧化层，并光刻出保护环扩散区窗口；保护环扩散推进完成后，去掉初始氧化层，重新生长第二次氧化层，并光刻出收集区注入窗口；收集区注入推进完成后，把二次氧化层去掉，再生长第三次氧化层，并光刻出基区注入窗口；完成基区注入后，去掉三次氧化层，并对基区注入杂质进行退火激活，然后生长第四次氧化层，并光刻出发射区注入窗口；发射区注入完成后，再把四次氧化层去掉，并生长最后一次氧化层，在这层氧化层上光刻出基极欧姆接触区(有时也称为非本征基区)窗口；然后进行基极欧姆接触区的 P^+ 注入，并对基极欧姆接触区和发射区注入层进行最后一次退火激活；接下来淀积欧姆接触区保护层、开接触孔、形成金属化导电层并对其进行光刻和刻蚀。最后需要指出的是，非本征基区的注入可以和本征基区的注入合并为一次注入，从而减少一块光刻掩模版，只要保持基区注入深度较浅且浓度低于发射区即可，这样在器件有源区中发射区的扩散就会盖过本征基区的浓度，而对器件的非本征基区没有影响。这种方法带来的负面影响就是导致较大的发射结寄生电容、较低的发射结击穿电压以及较高的基区接触电阻。

在基本的三重扩散工艺技术基础上所做的改进之一就是增加一个收集区埋层，这是位于收集区下面的一个重掺杂的扩散区，它可以使收集区的串联电阻大大减小。引入收集区埋层后意味着收集区本身必须通过外延技术在衬底上生长出来，这项技术就是所谓的**标准埋层收**

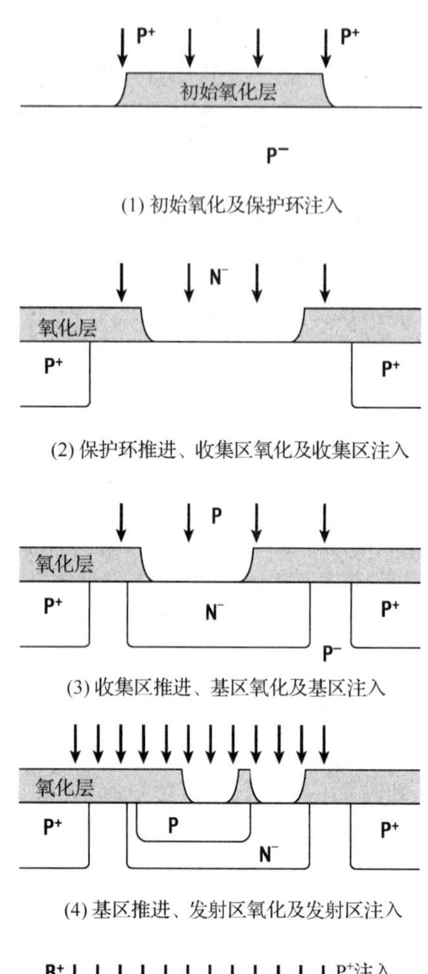

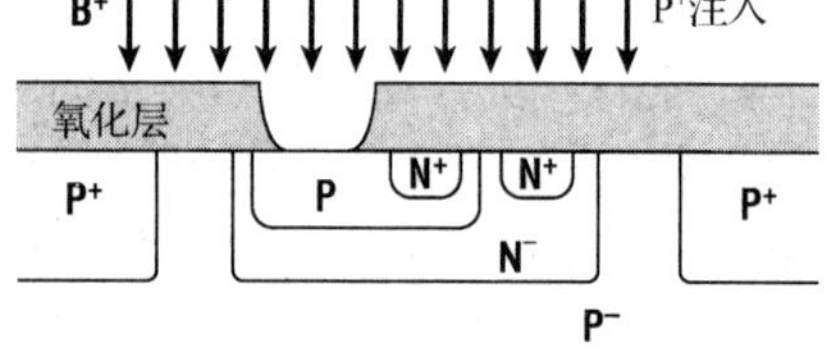

图 17.17　一个简单的采用PN结隔离的三重扩散双极型晶体管的工艺流程示意图

集区工艺(SBC)。利用氧化形成隔离的标准埋层收集区工艺在 20 世纪 70 年代中期一直是双极型集成电路制造产业的主流工艺技术。一个典型的利用标准埋层收集区工艺制造的双极型晶体管中的掺杂分布如图 17.18 所示[30]。

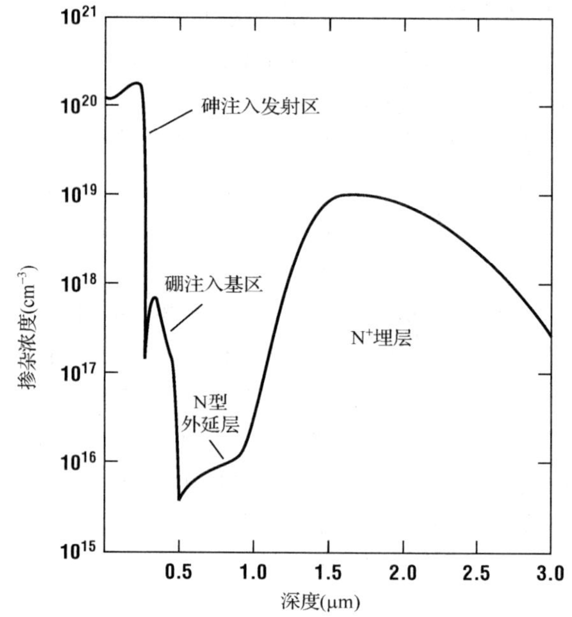

图 17.18　一个典型的埋层集电区双极型晶体管中的掺杂分布示意图(引自 Ko 等，©1983 IEEE)

如图 17.19 所示，在标准埋层收集区工艺流程中，首先是在低掺杂的 P 型衬底上生长一层氧化层[31]，通过第一次光刻在这层氧化层上打开埋层离子注入的窗口，埋层注入的典型剂量为 $2\times10^{15} \sim 1\times10^{16}$ cm^{-2} 之间，对 NPN 型双极型晶体管来说，注入元素通常为锑(Sb)，因为它向外延层中的扩散会比砷要小。但是由于锑的原子半径与硅相差太大，因此比较而言，砷掺杂的埋层在外延层中引入的缺陷则要比锑埋层少。埋层注入完成后，去除氧化层并进行退火以激活杂质并消除损伤，通常在这步工艺中还要再生长一层氧化层，此时重掺杂的埋层区氧化速率较快，氧化速率的这种差别会在硅晶圆片表面形成一个台阶，它可以用来作为器件后续工艺的光刻对准图形。

退火工艺完成后，将氧化层去除就可以生长外延层了。正如在第 14 章中所讨论的那样，外延层的生长通常是在充满 H_2/SiH_2Cl_2 气氛的辐射加热反应器中进行的。在标准埋层收集区工艺中，外延层的生长工艺是至关重要的一步，收集区的掺杂浓度就是在外延层的生长过程中确定的，而收集区的厚度也是由外延层的厚度扣除基区扩散的结深和收集区埋层的上扩散深度得到的，通常这是由几个相同数量级的数相减得出的，因而要控制好收集区的厚度，就要求对外延生长工艺以及随后的热处理工艺进行严格的控制。

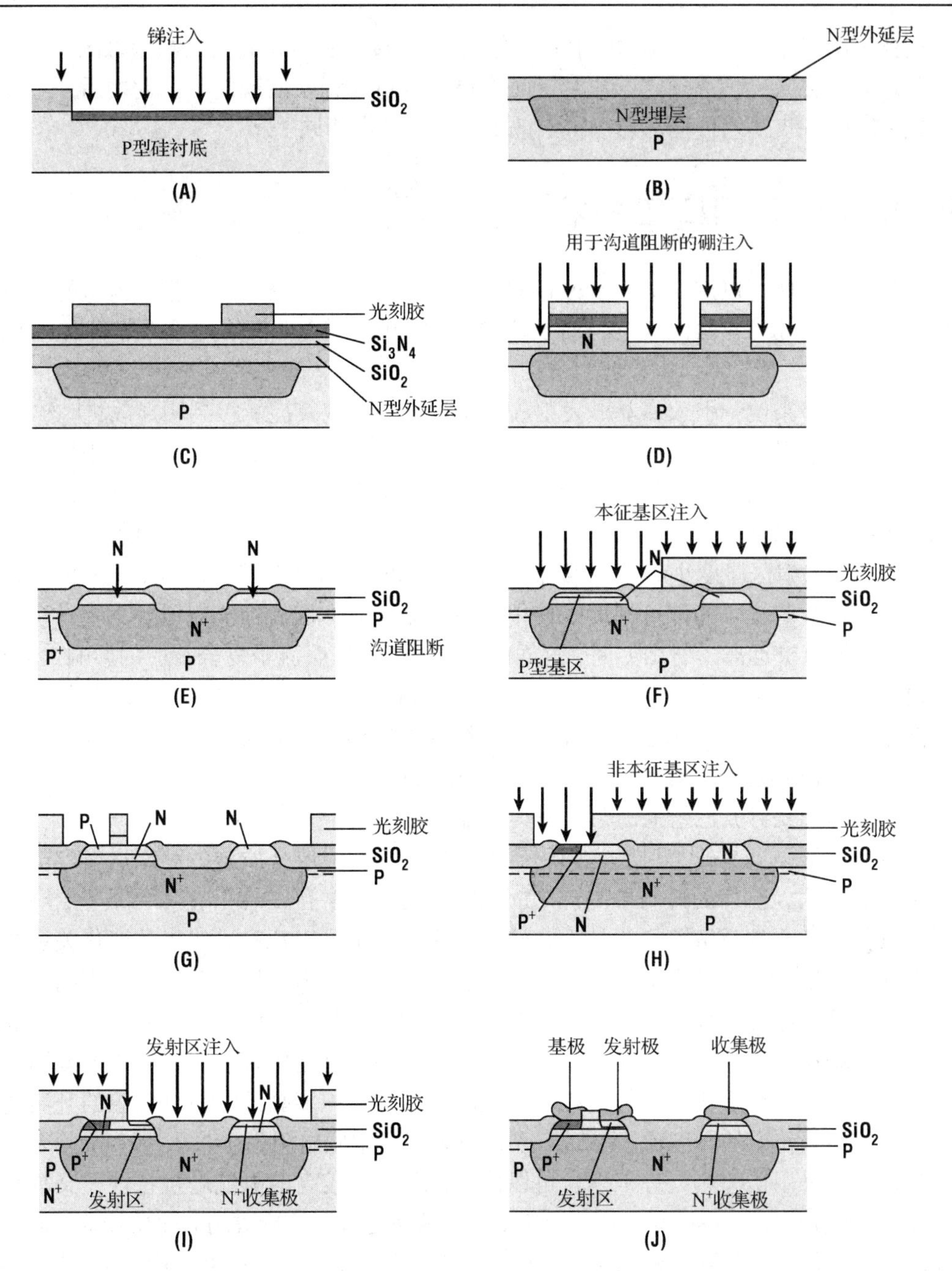

图 17.19　采用氧化隔离的三重扩散双极型晶体管的工艺流程，主要工艺步骤包括：(A)埋层形成；(B)外延层生长；(C)硅的局部氧化区光刻；(D)刻蚀沟槽及沟道阻断注入；(E)局部氧化；(F)本征基区注入；(G)接触孔光刻；(H)非本征基区注入；(I)发射区及集电区接触注入；(J)金属化(引自 Sze，经 John Wiley & Sons 许可使用)

外延工艺完成之后，先生长一层消应力氧化层，再淀积一层氮化硅，接下来便可以进行**硅的局部氧化**(LOCOS)隔离工艺，这种局部选择性氧化层一般生长得比较厚，常常氧化到埋层处。通常在刻蚀氮化硅之后继续向下刻蚀一定的硅层厚度以形成一个沟槽型的场氧化区域。沟槽底部须首先注入硼离子以避免形成寄生的 MOS 晶体管效应，然后生长场区氧化层。接下

来还应进行一次 N^+深注入(图 17.19 中并未包括)以连接埋层与收集极欧姆接触区，这通常是利用大剂量的磷注入或扩散工艺，再加上一个高温推进过程来实现的。由此之后一直到金属化层形成之间的各步工艺过程都与三重扩散工艺技术基本相同。

17.9　先进的双极型工艺技术

本节将讨论一些可以用来进一步改进双极型晶体管性能的新工艺结构，这些性能改进多数不是针对本征晶体管参数而言的，而是旨在减小影响晶体管性能的各种寄生电阻、电容的作用。

对于本征器件来说，引入多晶硅发射极欧姆接触层可使其性能得到明显改进[32]。当一个厚度至少为 50 nm 的重掺杂(掺杂浓度高于 1×10^{20} cm^{-3})多晶硅层置于单晶硅发射区与欧姆接触金属层之间时，双极型器件的电流增益将增大。这种现象已经得到了非常详细的研究，其主要原因可归结为以下几点：注入发射区中的过剩少数载流子在金属欧姆接触电极处会迅速复合掉，因此当发射区厚度小于少数载流子的扩散长度 L_E时，金属欧姆接触电极的存在就会增大发射区中少数载流子的浓度梯度，使得基极电流增大，器件的电流增益下降；多晶硅层的加入使得金属电极远离发射结界面，这样就使金属电极处载流子复合效应的影响大大减小。由于发射区中少数载流子的扩散长度一般为 0.2 ~ 0.4 μm[30]，因此增加有效发射区的厚度会使基极电流减小[33]。此外，采用多晶硅发射区接触层之后还使得双极型晶体管的发射结深度可以很浅，目前典型的发射结深度一般为 20 ~ 50 nm。即使对于具有较厚发射区的双极型晶体管来说，采用多晶硅发射极工艺也仍会提高其电流增益。

在某些情况下，多晶硅与衬底之间的界面处还会存在一层介质层。利用透射电子显微镜(TEM)的研究表明，在多晶硅与单晶硅之间的界面附近经常存在着只有几个原子层厚度的断续的界面氧化层[34]，这就解释了为什么在这类器件中常常可以观察到非指数变化关系的收集极电流和基极电流[35]。这种界面氧化层可以是通过热氧化工艺生长的[36]，但更多的是淀积多晶硅之前在硅单晶衬底表面形成的一层自然氧化层。当这层界面氧化层的厚度超过 1 nm 左右时，器件电流增益的改进可能是受益于电子和空穴隧穿通过这层薄氧化层的概率差别。这样一层薄氧化层通常是在湿法清洗的过程中形成的或是在淀积多晶硅之前反应腔的升温过程中形成的。当这层氧化层的厚度比较厚时，器件发射极的串联电阻就会过大[37]。实验表明，在高温推进过程中采用快速热处理工艺，可以使器件既保持较高的电流增益特性，又具有较低的发射极串联电阻[38]。一般认为，这是由于低温快速热处理工艺形成的氧化层较薄，而高温快速热处理工艺则会使氧化层凝聚成团[39]。另外，热生长的氮化硅层也可以用作界面介质层[40]，由于热氮化硅层的生长是自限制的，因此其厚度十分均匀，如果采用掺磷发射区工艺的话，就可以同时获得对器件电流增益较好的控制和较低的发射极串联电阻。

即使在表面处理过程中尽可能减少界面氧化层的形成，也仍然可以观察到器件的增益增强现象。在较高浓度下，砷将分凝到多晶硅薄膜中的晶粒边界处。在多晶硅发射极结构中，多晶硅与单晶硅之间的界面就是一个高度重掺杂的大晶粒边界[41]。即使在没有界面氧化层的情况下，利用透射电子显微镜(TEM)、二次离子质量谱(SIMS)或扫描透射电子显微镜(STEM)也可以观察到这种掺杂剂的堆积[42,43]。这些过量的 N 型掺杂剂形成了一个不利于空穴注入的势垒，但对电子的注入却没有影响。近来观察到掺磷发射区器件比掺砷发射区器件具有更大的增益增强现象，这就更进一步支持了上述观点，而且无论是在原位掺杂[44]还是在注入掺杂多晶硅发射极[45]器件中均已观察到这种现象。另外也有人推测，单晶衬底和多晶硅中载流子迁移率的差别也可能形成上述势垒[46,47]。

除了具有增益增强效应，多晶硅发射极的应用在工艺技术上也带来很多好处。首先发射区与第一层金属之间的连接可以在场区氧化层上实现，这使得多晶硅的条宽大大减小；其次，正如后面将要介绍的，多晶硅发射极条还可以用来形成自对准晶体管；最后，器件发射区（有时也包括基区）的掺杂可以通过在多晶硅内进行离子注入，然后再扩散至单晶衬底上来实现，这样就可以消除由于注入损伤而引起的复合中心的影响，避免器件特性的退化。

人们已经开发了多种利用多晶硅发射极结构进一步改进双极型晶体管性能的工艺方案。最早的工艺方案就是在标准埋层收集区工艺基础上通过简单扩展而形成的，增加了一层多晶硅发射区接触层，通常也称为多晶硅发射极。图 17.20 给出了一种常见的工艺改进方案。首先在基区注入前淀积一层不掺杂的多晶硅，然后在多晶硅上进行基区和发射区的注入，并通过扩散将注入杂质推进到单晶衬底上。如果 N^+注入元素选择砷的话，则必须在大剂量的砷注入之前完成基区的扩散推进，这是因为在有高浓度砷存在的情况下，砷离子所产生的较大的自建电场将使硼的扩散受到严重限制。注入杂质的高温推进也是非常关键的一步。

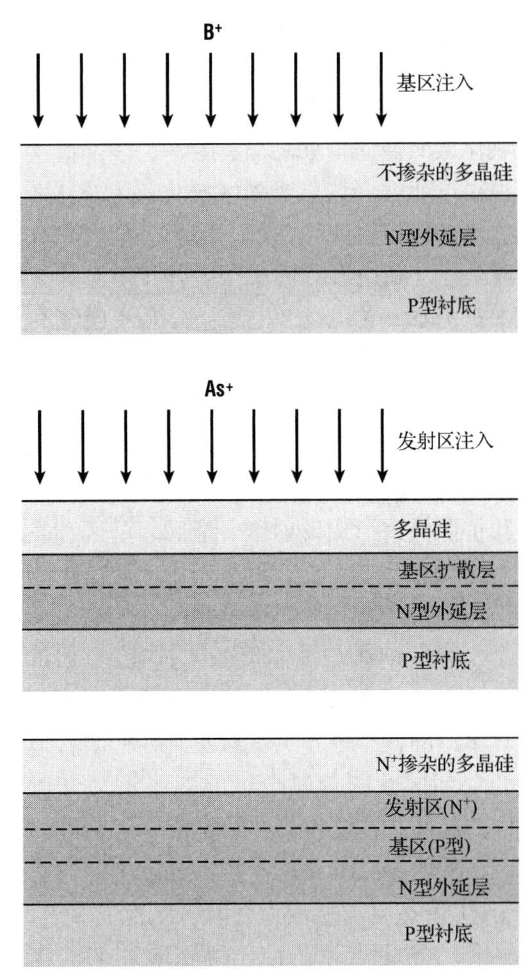

图 17.20　在简单的多晶硅发射极工艺中，多晶硅常用来扩散形成发射区和本征基区

完成发射区和基区的推进之后，必须对多晶硅进行回刻直至衬底。这是一步比较难以实现的工艺，因为需要采用选择性的等离子体刻蚀工艺或反应性离子刻蚀工艺（RIE）对硅衬底上的多晶硅进行刻蚀。显然，二者都是重掺杂的 N 型硅材料，必须采用同样的化学刻蚀过程。因此选择性的刻蚀工艺必须利用晶粒边界的腐蚀特性，通常这就意味着必须在氯气气氛中应用低功率方法进行刻蚀，在这种条件下可以获得高达 7∶1 的刻蚀选择比。非晶硅也可以用来做多晶硅发射极，只是需要随后采用高温退火工艺来使其结晶化[48]。

要使双极型工艺技术得到更进一步的改进，必须采用自对准工艺方案。最成功的自对准工艺方案就是采用双层多晶硅的方法，一个典型的例子就是所谓的**自对准**（SA）双极型工艺技术[49]，如图 17.21 所示，自 20 世纪 80 年代后期以来，它已成为标准的双极型数字集成电路工艺技术。在收集区埋层和隔离完成之后，先淀积一层 P^+掺杂的多晶硅，掺杂可以在多晶硅淀积的过程中利用原位掺杂技术实现，也可以在多晶硅淀积完成之后通过大面积的离子注入来完成，然后在 P^+掺杂的多晶硅薄膜上再淀积或生长一层氧化层。

接下来对上述第一层多晶硅薄膜进行光刻，以便在器件有源区上打开一个窗口。在自对准工艺方案中，这一步的光刻套准是至关重要的，如果设计中将多晶硅与有源区之间的相互重叠区域留得过大，以保证即使在较低的光刻套准工艺水平下也能够实现多晶硅与衬底之间的良好接触，那样就会给器件带来较大的收集结寄生电容。反之，如果上述重叠区域留得太小，即使是正常的光刻套准偏差也可能会引起一个致命的缺陷，因为在经过场区氧化层的横向扩展之后，第一层多晶硅薄膜很可能就会终止于场区氧化层上，从而造成基区接触失败。第一层多晶硅光刻完成之后，利用多晶硅中杂质外扩散形成非本征基区。然后淀积或生长第二层氧化层，并应用反应性离子刻蚀工艺将其回刻至衬底，同时在基区接触层边缘处留下二氧化硅侧壁隔离墙。此时依次进行本征基区注入、淀积第二层 N 型掺杂的多晶硅，并扩散推进形成发射区。最后，基区和发射区的某些区域还可以应用金属硅化物工艺进一步减小其串联电阻。

器件基区与金属层的互连通过 P^+掺杂的多晶硅在场区氧化层上实现，这就使收集结的寄生电容大大减小。在一个普通的双基区欧姆接触电极的双极型晶体管中，器件非本征收集结的宽度一般为发射区条宽的 5 ~ 10 倍，而在自对准工艺方案中，上述宽度可能仅为发射区条宽的 2 倍。另外一条优点就是由于侧壁隔离墙的存在，器件发射极的实际条宽可以小于光刻工艺的最小特征尺寸。在 0.5 μm 光刻工艺水平下，典型的自对准结构双极型器件的发射极条宽大约为 0.3 μm。

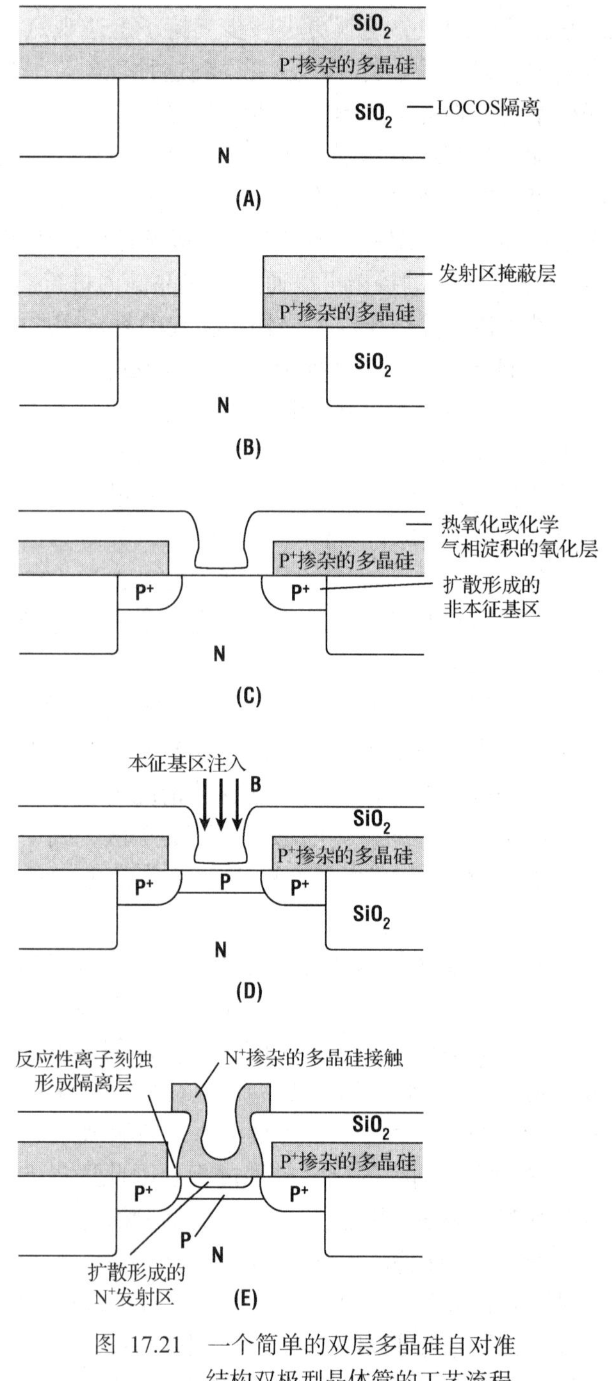

图 17.21　一个简单的双层多晶硅自对准结构双极型晶体管的工艺流程

将自对准结构进一步等比例缩小到深亚微米条宽，再配合使用回填多晶硅的深槽隔离技术以减小寄生电容的影响[50]，上述措施已经使得发射极耦合逻辑电路的门延迟时间缩短到 20 ps 以下[51]，功耗延迟积则降至 92 fJ[52]。要在提高器件工作速度的同时获得较高的电流密度，还可以采用选择性收集区掺杂技术[53]，在此工艺中，要在第一层多晶硅刻蚀完成之后，增加一次高能量的 N 型离子注入以提高本征基区下方的收集区浓度，如图 17.22 所示，这样就可以在保持较低的非本征收集结电容的前提下获得较高的本征收集区掺杂浓度。为了减小收集区与衬底之间的电容，还可以在收集区埋层下方生长一层不掺杂的厚外延层，这一步工艺可以直接在 P^+衬底上进行大面积的外延生长即可，然后采用穿透到重掺杂衬底的深槽实现完美的器件隔离和较高的工作速度[52]。在对双层多晶硅结构的晶体管进行等比例缩小的过程中，另一个值得注意的问题就是非本征基区电阻的增大，要减小由于第一层多晶硅厚度减薄带来的影响，可以采用较大晶粒的多晶硅[54]，也可以在尽可能多的非本征基区表面应用金属硅化物技术。最后需要指出的是，很多先进的双层多晶硅工艺采用浅槽隔离技术代替场区氧化层隔离技术，这样就可以使第一层多晶硅与有源区之间的重叠面积大大减小。

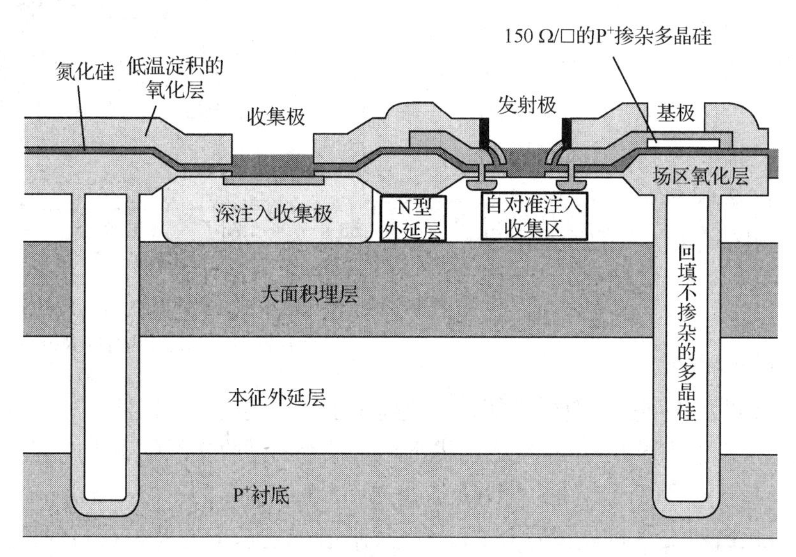

图 17.22　一种采用自对准工艺的双极型晶体管的剖面结构示意图(引自 de la Torre 等，©1991 IEEE)

自对准工艺中存在的问题大多与在本征基区和非本征基区之间形成良好的连接有关。正如在 CMOS 工艺结构中，自对准离子注入工艺的屏蔽阻挡作用是否有效，一方面取决于器件表面的拓扑结构，另一方面也与退火激活过程中注入杂质的再分布有关[55]。同样在自对准双极型晶体管工艺中，本征基区与非本征基区之间也会存在连通不完全的问题。如果侧壁屏蔽阻挡注入过多，则本征基区与非本征基区连接处就可能完全耗尽，造成极高的基极电阻。解决这个问题的最简单办法就是增加非本征基区的扩散推进，使其完全延伸到侧壁下方。这样做带来的问题就是，一旦重掺杂的非本征基区与重掺杂的发射区相遇，不仅发射结的寄生电容会增大，而且发射结的击穿电压也会降低。此外，基区中多数载流子向发射区的注入效率也与发射结附近基区中的掺杂浓度有关，如果非本征基区与发射区碰上，整个器件就可以看成是并联在一起的两个双极型晶体管。由于寄生的双极型晶体管基区中载流子向发射区的反向注入，该器件的电流增益将很低。

改善本征基区与非本征基区之间连接问题的一种方法就是在制作侧壁隔离墙之前单独对本征基区和非本征基区之间的连接区进行一次离子注入，然后透过第二层多晶硅进行本征基区的扩散[56]。采用这种方法时，淀积的第二层多晶硅必须是不掺杂的，然后进行本征基区的注入与扩散推进。另外一种变通的方法就是采用硼硅玻璃[57]或 P^+掺杂的多晶硅及一层薄的氧化层[58]来制作侧壁隔离墙，然后直接由侧壁隔离墙向衬底中进行硼扩散。

除了上述连接问题，在自对准工艺方案中还必须特别注意器件的隔离区。当条状双极型晶体管在长度方向上终止于隔离区时(正如 MOSFET 中所常见的那样)，这种器件结构通常称为**墙隔离晶体管**(walled transistor)。由于收集结电容减小，因此墙隔离晶体管比非墙隔离晶体管具有更好的特性。此外，墙隔离晶体管面积更小，这使其集成密度更高。在简单的三维器件结构中，人们最关心的就是终止于墙边缘附近的PN结由于氧化过程中造成硼耗尽而引起的漏电问题。与 CMOS 工艺中常用的解决办法类似，通过提高掺杂浓度，结漏电的问题相对来说比较容易解决。但是在自对准结构的器件工艺中，我们的目标之一就是要尽量减小收集结的电容，这可以通过减小与收集区相连的 P^+掺杂的多晶硅基区条宽来实现。如图 17.23 所示，场区氧化层下的硼高浓度区会降低器件发射结的击穿电压[59]。因此在选择 P^+掺杂的多晶硅接触条长度时必须进行适当的折中考虑。

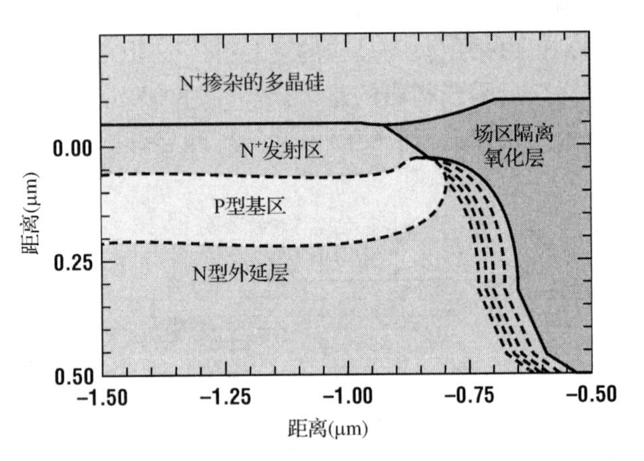

图 17.23　墙隔离晶体管沿着隔离区的边缘可能会发生集电极到发射极的漏电(引自 Ratnam，© 1992 IEEE)

为了进一步改进双极型晶体管的性能，已经提出了一系列的新结构器件，其主要目标就是在不增加基区和隔离层之间光刻对准难度的前提下尽量减小器件收集结的寄生电容。第一种器件结构如图 17.24 所示，最初是以该器件的发明者 Antipov 的名字命名的，称为 Antipov 发射区结构[60]，但目前常称之为**超自对准结构晶体管**(SST)[61]，其制造工艺基本上就是在自对准结构晶体管工艺的基础上扩展形成的。在淀积第一层 P^+掺杂的多晶硅之前先生长一层二氧化硅薄膜，厚度大约为 100 nm，第一层多晶硅的光刻和刻蚀完成之后，利用各向同性的湿法化学腐蚀方法(例如采用稀释的氢氟酸溶液)来腐蚀多晶硅下面的二氧化硅薄膜，并将横向钻蚀控制在每边 0.1 ~ 0.3 μm 之间。然后淀积不掺杂的第二层多晶硅，并使其具有较好的保形特性，以便将第一层多晶硅下方的二氧化硅钻蚀区充分填充。接下来的工艺步骤和典型的自对准结构晶体管工艺基本一样，首先对第二层多晶硅进行热氧化以形成侧壁隔离墙，在这步氧化工艺中需要特别注意的是，既要使第二层多晶硅上所有裸露区域均被氧化，又要确保钻蚀区中填充的多晶硅不被氧化。然后扩散推进形成非本征基区，与标准自对准晶体管工艺有所不同的是，这里的非本征基区是透过不掺杂的多晶硅填充层扩散推进形成的，这样就使得收集结寄生电容的面积减小为大约 0.25 μm 乘以晶体管的长度。另外此工艺也不再需要在硅衬底上高度选择性地刻蚀多晶硅。然而，自对准工艺技术所取得的一系列进展(例如浅槽隔离技术)以及光刻曝光设备的不断升级换代，使得这种超自对准结构晶体管的优势大大减弱。因此上述这种工艺技术并未得到广泛的应用。

采用选择性外延技术也做出了几种超高速双极型晶体管的结构。这种外延方法的主要优点有两条，第一条优点是器件中的各结构层是同时外延生长出来的。在大多数常规的双极型器件工艺中，收集区的有效厚度是由收集区外延层的厚度减去扩散形成的收集结深度，再减去收集区埋层的外扩散深度之后得到的，而在这种外延晶体管工艺中，收集区的厚度直接由外延层的厚度决定，同样，基区的厚度(或称基区宽度)也直接由外延生长速率决定，因此采用这种方法可以制造出超薄基区的双极型晶体管。第二条优点就是外延结构双极型晶体管的寄生参数可以大大减小。应用外延工艺已经制造出了截止频率f_T高于 50 GHz 的双极型晶体管。

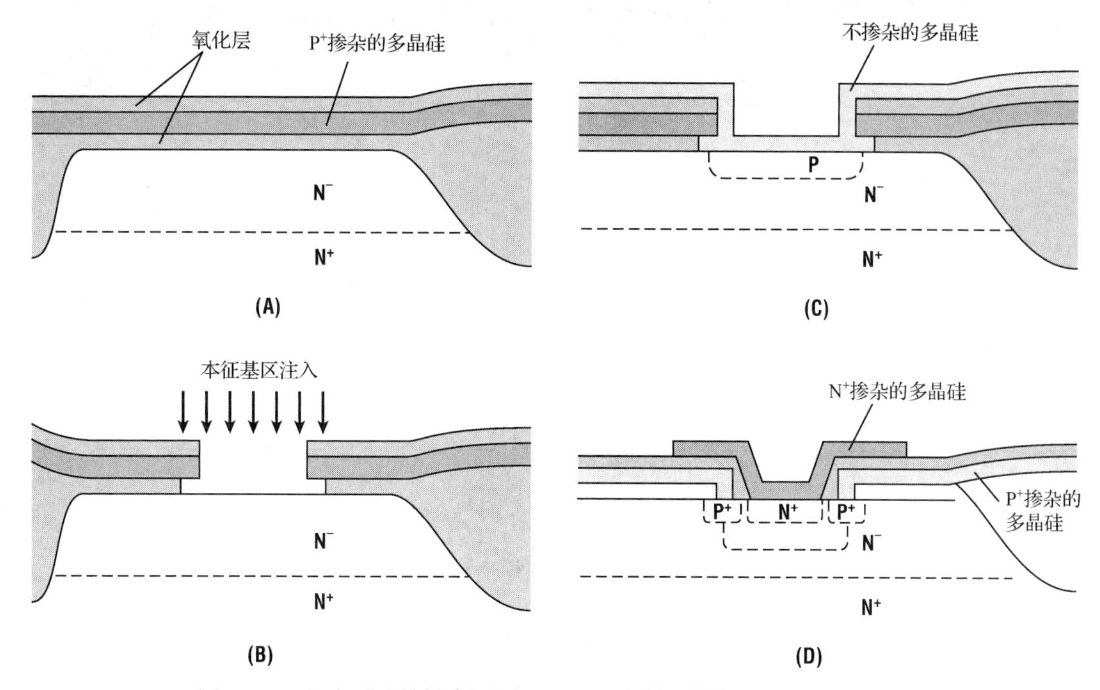

图 17.24　超自对准结构(或称为 Antipov 发射区结构)的双极型晶体管

图 17.25 给出了一种已经被深入研究的外延结构双极型晶体管的工艺流程剖面示意图，通常这种结构的器件也称为**侧壁基区接触结构**(SICOS)[62]的双极型晶体管。从图中可见，在完成了埋层收集区的形成和局部场区氧化隔离工艺之后，在硅晶圆片的表面制备了一种由氧化层-P⁺掺杂的多晶硅-氧化层组成的三层夹心结构，然后光刻并刻蚀这层夹心结构至衬底，以形成有源区中的窗口，最后在此窗口中选择性外延 N 型收集区。在这种器件结构中，基区接触是通过 P⁺掺杂的多晶硅横向扩散形成的。与其他自对准结构的双极型晶体管一样，这种器件结构也存在着本征基区与非本征基区之间的连接问题[63]。另一个工艺难点在于外延技术本身，透过窗口进行选择性外延生长容易在窗口侧壁处(外延层与二氧化硅界面处)产生高密度的缺陷[64]、在外延层上表面形成多个小晶面并导致不均匀的生长速率[65]。外延生长也会在P⁺掺杂的多晶硅处形成晶核，这种晶体生长的晶格取向很难和由衬底外延生长出的晶体的晶格取向相匹配。除非外延层与多晶硅之间的界面完全包容在重掺杂区范围内，否则就会导致器件漏电增大、增益下降。此外，实验中已经发现，选择性外延工艺的生长条件往往与暴露在反应腔中的硅表面积有关，这样一来就使外延生长条件的控制变得十分困难。尽管在文献资料中已经报告了很多有关侧壁基区接触结构双极型晶体管的研究结果，但是迄今为止，这种器件结构仍未在任何主流制造工艺中得到使用。图 17.26 给出了采用不同工艺技术制作的双极型集成电路的门延迟时间与器件有效发射极条宽之间的关系[66]。一般而言，基区越薄，器件的工作速度越快；在相同的基区厚度条件下，III-V 族化合物半导体器件比硅双极型晶体管工作速度更快，这主要是因为 III-V 族化合物半导体器件一般是异质结器件。

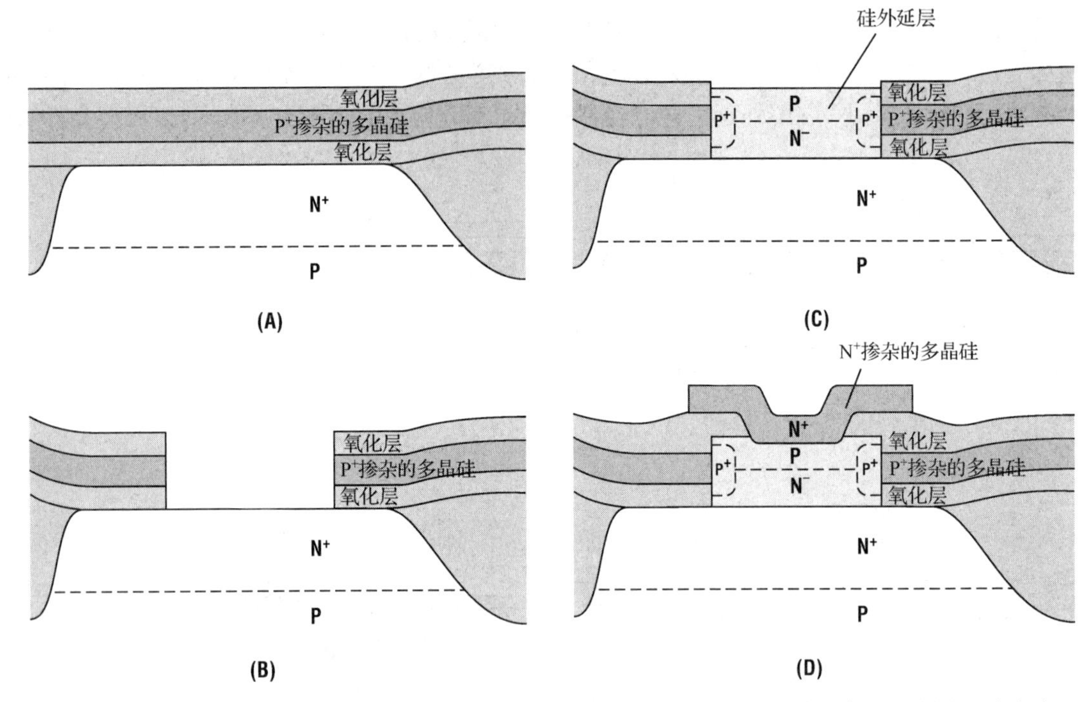

图 17.25　侧壁基区接触结构的双极型晶体管可获得最小的集电结寄生电容，但工艺制造上难度大

采用绝缘体上硅（SOI）衬底材料可以更有效地降低器件收集区与衬底之间的寄生电容[67]。SOI 衬底材料存在的一个缺点与热效应有关。在 SOI 的材料结构中，中间的掩埋绝缘层通常采用二氧化硅，而二氧化硅材料的热导率要比硅材料低得多，因此在器件最大允许结温相同的前提下，采用 SOI 衬底材料制作的双极型晶体管，其正常工作时的功率密度要远远低于采用体硅晶圆片材料制作的双极型晶体管[68]。

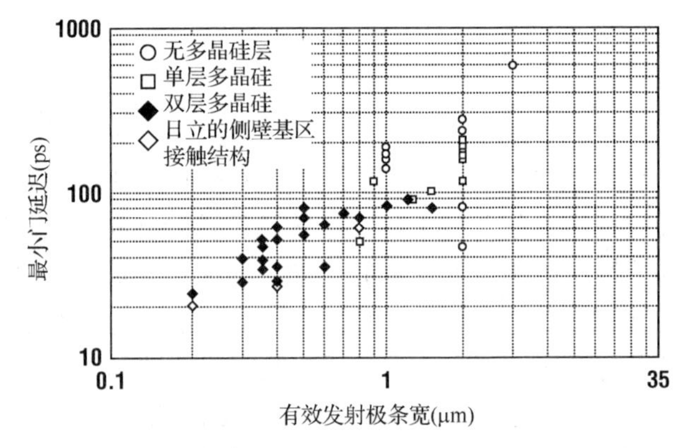

图 17.26　采用不同双极型工艺技术制作的环形振荡器电路的门延迟时间与器件有效发射极条宽之间的关系（引自 Zbedel，经 IEEE 许可使用）

另外，我们还可以应用外延生长工艺来制作高速的异质结双极型晶体管（HBT）。这项技术的关键之处就在于要使器件基区材料的禁带宽度小于发射区材料的禁带宽度，由此形成的这种能带的不连续性将会使器件的电流放大倍数增大 $\exp(\Delta E_g/kT)$ 倍，这是因为能带的不连续性阻止了基区载流子向发射区的反向注入。异质结双极型晶体管电流增益所发生的这种指数型的倍增效应，在实际的器件设计中常常被利用来增加基区的掺杂浓度以降低基区的串联电阻，或者降低发射区的掺杂浓度以减小发射结的寄生电容，或者进行器件结构的其他改进。

异质结双极型晶体管可以采用 AlGaAs/GaAs 异质结材料来制作，但是 GaAs 材料中空穴的迁移率低是一个主要的问题。另外异质结双极型晶体管也可以通过在硅单晶衬底片上外延生长 SiGe 合金的方式来制作，SiGe 合金材料的禁带宽度比纯的硅单晶材料要小，因此也可以用作异质结双极型晶体管的基区材料，最后还需在 SiGe 合金层上再生长一层纯的硅外延层作为器件发射区。图 17.27 给出了采用 SiGe 材料和 III-V 族化合物半导体材料制作的异质结双极型晶体管的性能对比。在相同基区宽度的条件下，III-V 族化合物半导体器件的性能更好，但是其噪声系数也更大[69]。

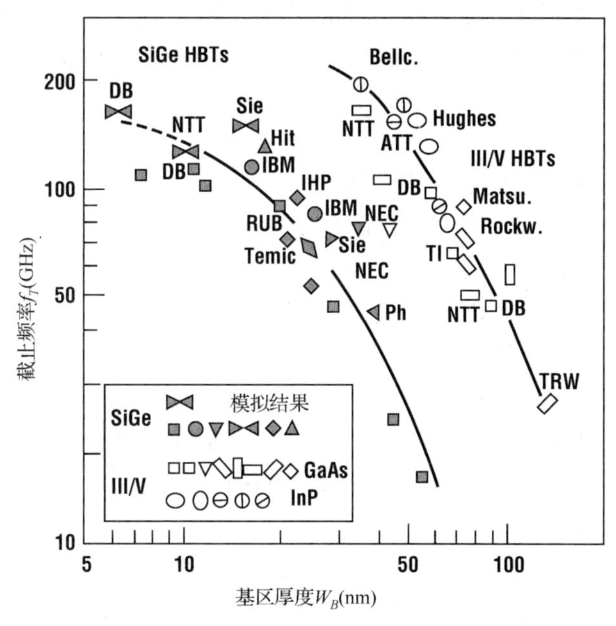

图 17.27　采用 SiGe 材料及 III-V 族化合物半导体材料制作的异质结双极型晶体管的截止频率(引自 König，经 IEEE 许可使用, 1998)

17.10　双极-CMOS 兼容工艺技术(BiCMOS)

双极-CMOS兼容工艺技术(BiCMOS)是将双极型器件工艺与CMOS工艺结合在一起形成的一种兼容工艺技术，它允许电路设计者在同一块电路芯片上既使用双极型器件又使用 CMOS 器件[70]。这种兼容工艺技术主要应用于以下三个方面：一是在诸如静态随机存储器(SRAM)等存储器电路中，可以采用双极型器件构成灵敏放大器来检测电路中微小的电压变化；二是在高速数字集成电路中，双极型器件可以用来驱动比较大的电容负载；三是应用于数字/模拟混合集成电路中。双极型晶体管通常具有很高的跨导，用来驱动比较大的电容性负载时，很少出现特性退化现象，这一点对于数字集成电路来说是非常有用的，特别是当需要驱动大的输出压焊块金属或连接不同电路单元的长互连引线(有时可能长达几个毫米)时更是如此。图 17.28 给出了相同面积的 CMOS 电路和 BiCMOS 电路门延迟时间随负载电容变化关系的典型示意图，从图中可见，当负载较轻时，CMOS 门电路的工作速度更快；但是对于较大的电容负载，BiCMOS 门电路则具有更明显的优势。图中两条曲线的交叉点位置与具体的工艺技术有关。当 CMOS 器件的性能不断提高时，交叉点的位置就向右边移动，这表明对双极型器件的需求变得不是十分迫切。另外，在许多集成电路中，除了电路性能的改进，额外增加的工艺复杂性和电路功耗也是需要权衡的主要因素。BiCMOS 工艺通常是在已有的 CMOS 工艺基础上发展起来，并将有关的双极型器件工艺移植过来。在模拟集成电路中，经常要用到的是双极型器件的精密匹配特性和低噪声特性，此外，这类电路还常常用到 PNP 型晶体管、精密电阻和精密电容等元件。因此用于模拟集成电路的 BiCMOS 工艺可能会变得十分复杂，而且通常是由双极型器件工艺发展而来。本节我们将主要讨论用于数字集成电路的 BiCMOS 工艺，因为这比起用于模拟集成电路的 BiCMOS 工艺来说，更具有普遍性。

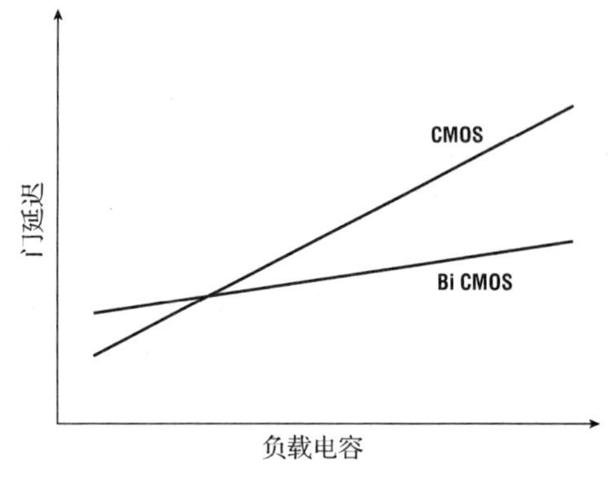

图 17.28 相同面积的 CMOS 电路和 BiCMOS 电路门延迟时间随负载电容变化关系

BiCMOS 工艺技术对于不同的电路设计方法具有极强的适应性，通常认为 BiCMOS 电路的速度性能介于发射极耦合逻辑电路和 CMOS 电路之间。在实际的电路应用中，一般以 CMOS 电路结构设计整个芯片，只将为数不多的驱动器电路设计成 ECL 电路结构或电流并合逻辑电路（CML）结构，或者采用双极型晶体管和 CMOS 器件二者组合的门电路结构。驱动器电路可以用来连接芯片内部不同的 CMOS 逻辑功能块单元电路。如果芯片内部传送的信号电平与 ECL 电路一致，则由于输出电平摆幅的降低可以使大电容效应大大减小，甚至可以获得比 CMOS 电路还要低的动态功耗[71]。此外，双极型驱动器占用的版图面积比 CMOS 驱动器相对来说要小很多，因而可使电路节点的寄生电容也相应降低。采用 ECL 电路的信号电平，在电路上需要进行适当的电平位移，但是实现起来非常简单明了。这种设计方法在传统的 CMOS 电路设计者中非常流行，因为这种方法允许他们在逻辑通道的一些关键节点位置采用 BiCMOS 电路单元。这项工作可以在设计接近尾声时进行，因为 BiCMOS 门电路通常比一个具有中等或较大输出能力的 CMOS 驱动电路占用的面积小。在 BiCMOS 数字集成电路的设计中，双极型器件所占的比例通常很低（小于 1%），但是在某些情况下这些为数不多的双极型器件对整个电路芯片的性能却有很大的影响。

在 CMOS 工艺技术的基础上，可以有多种不同的方法制作双极型器件。通常希望尽可能多地利用 MOS 器件工艺中已有的工艺步骤来制作双极型晶体管，但是如果对双极型晶体管的性能参数要求较高的话，则需要额外地增加工艺的复杂性。图 17.29（A）所示为一种最简单的双极型晶体管结构，它利用 CMOS 工艺中的 N 阱作为双极型器件的收集区，同时利用 PMOS 器件的源漏区注入来同时制作双极型晶体管的基区，而 NMOS 器件的源漏区注入则可以用来同时制作双极型器件的发射区。好在 CMOS 工艺中 N 阱的典型掺杂浓度一般为 $1\times10^{17}cm^{-3}$ 左右，正好与双极型数字集成电路所要求的收集区掺杂浓度相一致，而且 NMOS 器件源漏区的浅结重掺杂特点有利于形成低阻的双极型晶体管发射区，这种双极型器件的缺点就是电流增益较低，因为其基区的掺杂浓度较高。如果再增加一块光刻掩模版用于本征基区注入的话，如图 17.29（B）所示，就可以在 CMOS 工艺之外独立地控制双极型器件本征基区的掺杂分布，而将 PMOS 器件的源漏区用作双极型器件的非本征基区。

与早期的三重扩散双极型晶体管工艺一样，上述这种双极型晶体管的基本限制就是收集区的串联电阻。要进一步改善这种简单双极型器件的性能，还可以再增加一块 N^+ 埋层注入的光刻掩模版，这同时也就意味着要在原来的硅晶圆片衬底上再生长一层 P 型外延层，且必须通过热扩散将原来的 N 阱推得足够深，使其与 N^+ 埋层相连，如图 17.29（C）所示，这样带来的另一个好处就是降低了 CMOS 结构发生闩锁（latchup）效应的敏感度。由此可见，只需额外增加两块光刻掩模版，即可在标准 CMOS 工艺流程的基础上同时制作出简单实用、性能适中的 NPN 型双极型晶体管。

高性能的 BiCMOS 技术一直试图在 CMOS 工艺中同时制作出高性能的双极型晶体管[73]，但是最终必须在可接受的工艺复杂程度与所要求的器件性能之间做出折中。实现 BiCMOS 技术的方法很多，我们将介绍一种具有代表性的 BiCMOS 工艺方案[74]，在此工艺方案中，首先在 P^-衬底上采用高能离子注入工艺形成 N^+埋层，为了减少埋层在外延过程中的外扩散，通常选择砷为埋层离子注入的掺杂元素。要进一步补偿杂质的外扩散，还可以增加一次大面积的浅的硼注入，使得在外延层的底部再形成一个中等浓度的 P^+埋层，这个 P^+埋层也可以降低发生闩锁效应的敏感度。即使增加了这层反型注入层，埋层的最终深度也只有 0.5 μm 左右。

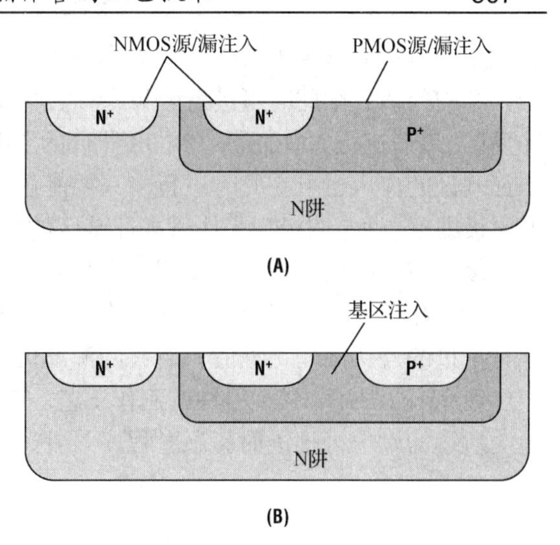

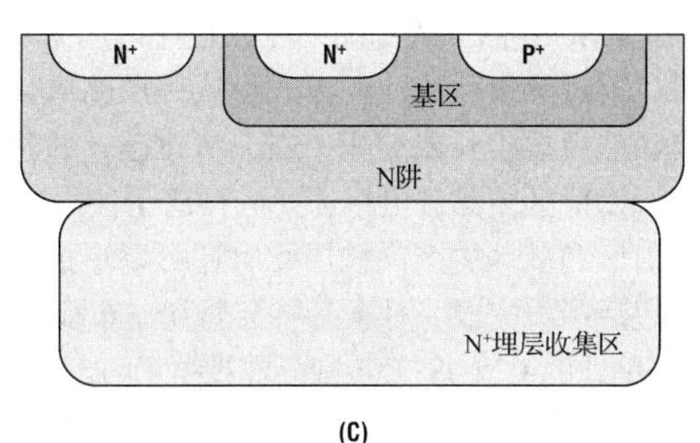

图 17.29　利用 CMOS 工艺制作的扩散结构双极型晶体管：(A)发射区和基区分别利用 N^+和 P^+源漏扩散区形成，N 阱则用作集电区；(B)增加一次独立的本征基区注入来调节器件的电流增益；(C)在 N 阱下方再增加一层埋层

接下来形成 N 阱和双极型晶体管的收集区。必须对 N 阱的掺杂浓度进行仔细优化，以获得可接受的 PMOS 器件特性和尽可能高的 NPN 型双极型晶体管性能。一般而言，当 N 阱的掺杂浓度为 1×10^{17} cm^{-3} 左右时，可使双极型晶体管获得比较高的输出驱动电流和截止频率 f_T，并保持器件收集结电容相对较低，同时还能保证沟道长度为 0.35 μm 左右的 PMOS 器件具有足够的源漏穿通电压。阱的制备完成之后，再应用传统的局部场区氧化隔离工艺或沟槽型局部场区氧化隔离工艺来实现器件隔离。如果采用局部场区氧化隔离工艺来进行器件隔离的话，则首先须刻蚀出大约 0.3 μm 深的沟槽，然后再生长大约 0.5 μm 厚的场区氧化层。为了减少杂质的扩散，氧化通常在高压下进行。和常规 CMOS 工艺中一样，场区氧化之前必须进行一次场区沟道阻断注入以避免场区氧化层下面的 P^-外延层反型。如果采用深槽隔离工艺，则槽深须延伸到埋层内，但不必穿透埋层。

为了避免过大的收集极串联电阻，可以透过 N 阱上的窗口进行一系列大剂量的 N 型离子注入以形成一个连接 N^+埋层的收集区接触通道。还可以在外延层上刻蚀连接收集区埋层的深槽，然后淀积氧化层并采用反应性离子刻蚀形成深槽侧壁隔离层，最后淀积 N^+掺杂的多晶硅并将衬底表面的多晶硅反刻干净。这种刻蚀深槽并回填多晶硅的方法尽管工艺上比较复杂，但是其形成的收集区寄生电阻比较低。

随后的工艺步骤就是标准的 CMOS 工艺流程。首先生长一层注入屏蔽氧化层，并进行一系列的沟道区离子注入，以调节不同器件的阈值电压和源漏穿通特性。接下来在重新生长栅氧化层之后，淀积 N^+掺杂的多晶硅，并光刻、刻蚀出多晶硅栅电极。如果要求采用轻掺杂漏器件结构的话，则此时可进行轻掺杂衔接区的离子注入，然后淀积绝缘介质并刻蚀形成侧壁隔离区。最后进行 NMOS 和 PMOS 器件的源漏区离子注入。为了避免增加额外的光刻掩模版，本征基区的注入也可在此时进行，只要基区注入的能量保持足够低以确保其不致穿透多晶硅栅电极即可。通常双极型晶体管本征基区的掺杂浓度要比 MOS 器件源漏区的掺杂浓度低两个数量级左右，因此杂质补偿作用的影响并不十分明显。此外基区注入还可以在工艺过程的后期透过多晶硅发射区实现，并随后进行一次本征基区的扩散推进，这里同样需要特别注意前面讨论过的连接问题。最后，器件的源漏区还可以采用自对准金属硅化物工艺结构。到此为止已经完成了所有 MOS 器件的制作工艺。需要说明的是，所选用的金属硅化物材料必须能够承受后续的发射区推进的高温过程，另外，采用快速热处理工艺来完成发射区的推进也可以缓解这一矛盾。

接下来可以淀积基区多晶硅电极并进行 P^+离子注入以实现双极型器件非本征基区的掺杂。PMOS 器件的源漏区注入也可以用来对基区多晶硅电极进行掺杂。在这层多晶硅的表面可以通过热氧化或淀积方式形成一层二氧化硅，并进行光刻和各向异性刻蚀以形成发射区窗口，然后再生长或淀积一层二氧化硅，并直接进行各向异性的刻蚀以形成侧壁隔离区。最后淀积发射区多晶硅电极，并进行离子注入掺杂和光刻、刻蚀以及发射区推进。如果需要的话，发射区和基区的多晶硅层此时还可以形成金属硅化物结构。全部工艺过程在实现了器件的互连之后即告完成。对于三层金属互连布线工艺来说，整套工艺流程至少需要 20 块光刻掩模版(而单纯的 CMOS 工艺则只需要大约 15 块光刻掩模版)，并能够在制造高性能 CMOS 器件的同时，制造出自对准结构的双极型晶体管。要是再增加金属布线的层数或是要进一步优化器件结构的话，则会使所需用到的光刻掩模版数目增加到接近 30 块左右。

17.11 薄膜晶体管

到目前为止，我们所讨论的晶体管都是利用单晶硅片作为初始材料制作出来的。这样做的好处是可以获得高的载流子迁移率和低的 PN 结漏电流，但是也带来了一些严重的局限性，尤其是当我们需要将多个不同的有源材料集成在同一块衬底上时，或者是当衬底面积必须大于标准的硅晶圆片面积时，甚至是要求衬底必须是柔性材料时。一个经典的例子就是采用了诸如发光二极管(LED)等光电器件或者有源矩阵液晶显示器(AMLCD)作为像素单元的平板显示器的制造。在这些显示器中，每一个像素单元都需要一个晶体管来驱动发光(或透光)器件。对于一个典型的边长在 50 ~ 150 cm 的显示器来说，通常需要数量高达 10^6 个驱动晶体管。尽管从功耗方面考虑人们还是希望这种驱动晶体管具有较低的导通电阻，但是和数字逻辑集成电路应用不同的是，在这种应用场合并不一定要追求高性能和高密度。薄膜晶体管(TFT)技术正是为了满足这些应用目标要求而开发的[75]。

TFT 方面的研究起始于 1962 年 Weimer 在 RCA 公司的工作[76]。尽管所使用的材料已经发生了变化，但是 Weimer 提出的 TFT 器件的基本结构与我们今天实际生产的 TFT 器件并无太大的差别。图 17.30 给出了一个顶栅结构 TFT 器件的示意图。表 17.3 给出了一个交错结构 TFT 器件的工艺流程。这样的器件结构也称为共面器件(参见表 17.4)。至此读者们应该对器件中的那些基本结构单元已经很熟悉了。例如，半导体有源层、源极与漏极接触区、栅极绝缘层以及栅电极等。虽然 N 沟道和 P 沟道这两种 TFT 器件都能够制造出来，但是大多数的研究工作还是主要集中在 N 沟道器件上。TFT 器件工作的物理机理与我们前面讨论的 MOS 器件是非常类似的。与 CMOS 器件结构相比，TFT 器件的结构显得非常简单。首先，它不需要复杂的隔离结构，因为简单的台面隔离就足以满足要求；此外，由于这种类型的器件对热循环有非常严格的限制，因此通常不采用离子注入技术来降低欧姆接触区的电阻，而是要选取具有较低势垒的金属材料，即具有合适的功函数，能够承受较大的接触电阻。不过假如我们面对的是长沟道器件（对于显示应用来说，典型的器件沟道长度为 10 μm 左右）和较低的沟道迁移率，则我们并不需要追求高性能的欧姆接触。对于显示应用来说，需要额外考虑的是器件必须是能够透光的，因此必须采用薄层结构和透明金属电极，例如铟锡氧化物。上述这个简单的图像指出了为了获得令人满意的 TFT 器件性能，我们必须克服的三个与材料相关的技术难题：(1)必须开发出一种可靠的半导体材料，它能够通过低温淀积方式制备出来，且仍然具有足够大的载流子迁移率；(2)必须能够在这层半导体材料上淀积出一层绝缘体材料，它具有较低的界面态密度和较低的电荷密度；(3)必须开发出可靠的低阻欧姆接触技术。

图 17.30　一个简单的顶栅结构薄膜晶体管示意图，其中 Weimer 器件的源漏接触区位于半导体层的下方，该结构目前一般称为交错结构

表 17.3　一个典型的背沟道刻蚀的交错结构 TFT 器件工艺流程

1	衬底基板的覆盖淀积（可选的扩散阻挡势垒层）
2	淀积铬金属层
3	第一次光刻：形成栅电极图形
4	淀积氮化硅薄膜
5	淀积氢化非晶硅薄膜
6	淀积 N^+掺杂的氢化非晶硅薄膜
7	淀积后的退火（可选）
8	第二次光刻：形成晶体管有源区（去除非晶体管区域的氢化非晶硅）
9	淀积源漏接触区的铬金属层
10	第三次光刻：刻蚀铬金属层和背沟道凹槽（即去除沟道区上的 N^+掺杂氢化非晶硅薄膜）
11	最后的退火（可选）

表 17.4　四种基本的反映金属电极与半导体层之间相对位置的 TFT 器件结构

	栅　电　极	源漏电极
交错结构	顶层	底层
倒置的交错结构	底层	顶层
共面结构	顶层	顶层
倒置的共面结构	底层	底层

多年来用于 TFT 器件的半导体材料一直是以氢化非晶硅(a-Si:H)为主，它是采用硅烷和氢气在高频（大约 60 MHz）条件下通过 PECVD 方式淀积形成的。已经查明氧原子会严重退化非晶硅材料的性能，因此必须确保氢化非晶硅的制备工艺是完全无氧的。由于存在大量的非饱和键，非晶硅材料的禁带中具有很高密度的陷阱态。采用氢钝化技术可以将这些缺陷态的浓度从 10^{20} cm^{-3} 左右降低到 10^{16} cm^{-3} 左右。非晶硅薄膜的淀积温度通常是在 300℃左右。一

且环境温度超过 400℃就会导致薄膜材料的脱氢作用，因此非晶硅的电学性能就会退化。在采用氢进行重度稀释的条件下可以制备出纳米晶结构的硅材料，由此亦可使材料的电学性能有所改善。当然，如果我们能够在较高的温度(大约 600℃)下进行材料的淀积，或者在淀积之后进行高温退火，则可以得到多晶硅薄膜材料，此时材料的迁移率将有显著的改善，但是这样的高温条件也限制了很多我们感兴趣的衬底材料的使用。已有研究结果表明激光退火也是一个非常有效的办法，但是其成本则是一个需要考虑的问题。

对大多数 TFT 器件来说，栅极绝缘层的选择通常就是采用硅烷和氢气通过 PECVD 方式淀积形成的氮化硅[77]，这样一来就可以和淀积氢化非晶硅使用完全相同的设备。采用氮化硅作为栅极绝缘层的一个优点是它可以对钠、氧、水以及其他杂质起到扩散阻挡势垒的作用。在这层氮化硅的制备工艺中必须特别注意避免等离子体中颗粒的形成，因为这会导致栅介质薄膜的短路。有些制造商已经使用双层栅介质来避免一些可能穿透单层栅介质的针孔和其他缺陷。在典型的工艺条件下，采用 PECVD 方式制备的氮化硅材料中氢含量的原子百分比在 20%～40%之间。薄膜中的氢能够使理想化学配比氮化硅材料中往往会存在的各种陷阱达到饱和。已经报道的研究结果可获得低至 $2\times10^{11}\ eV^{-1}\cdot cm^{-2}$ 的界面态密度和较好的界面特性，通常这样的结果只有在较高的淀积温度和/或较高的射频功率下才可能得到[78]。

目前金属与氢化非晶硅的接触电阻率在 $1.0\sim0.1\ \Omega\cdot cm^2$ 之间，与当前最高水平的 CMOS 工艺技术相比，这个数值大约要高出七个数量级。这个限制在很大程度上反映了对氢化非晶硅进行重掺杂的不可能性。Kanicki[79]通过实验表明，对氢化非晶硅层来说，当掺杂使其电阻率从 $100\ \Omega\cdot cm$ 减到 $10\ \Omega\cdot cm$ 时，则其接触电阻率可从 $30\ \Omega\cdot cm^2$ 降至 $0.1\ \Omega\cdot cm^2$，且后者对应的有效掺杂浓度在 $10^{17}\sim10^{18}\ cm^{-3}$ 范围内。掺杂层可以淀积在有源沟道层与金属接触层之间，且沟道区上的掺杂层可以通过刻蚀工艺来去除。为了避免刻蚀到沟道层，人们有时也会在掺杂的与不掺杂的薄膜之间淀积一层很薄的刻蚀终止层。在淀积第二层掺杂的氢化非晶硅之前，必须对这层刻蚀终止层进行光刻和刻蚀等图形化处理[80]。对于倒置的交错结构 TFT 器件来说，通常可以通过一种半自对准的方式来实现这一点，即可以通过底部进行照明并利用栅电极作为掩模，这样栅电极之外的光刻胶就得到曝光处理，从而在这层光刻胶上半自对准地形成了一个栅电极的图形。这个过程基本上就是一个接近式的光刻过程，它具有该工艺所特有的各种局限性。为了克服较大的接触电阻，很多薄膜晶体管都具有非常大的接触窗口，并且常常工作在几十伏的高电压下。这样一方面可以提供所需的直流电流以便驱动每个像素单元，但是另一方面也会增大开关过程中所需充放电的电容，从而增加电路的功耗。当然人们也可以采用与现代 CMOS 技术相类似的全自对准注入的金属硅化物工艺来制造 TFT 器件[81]。氢化非晶硅层在 300℃以上的高温环境下会发生性能退化，因此需要采用一些低温热处理技术来进行注入杂质的激活和金属硅化物的制备。对硅化物的研究兴趣大多集中在铬(Cr)和镍(Ni)这两种金属上。采用金属硅化物除了可以降低串联电阻，器件的源漏区与栅电极之间也可以实现自对准，因此也可以减小源漏区与栅电极之间的重叠电容。

作为一种变通的方法，人们也可以利用有机材料来制造 TFT 器件。这类有机 TFT 器件可以在非常低的温度下制造出来，因此有望实现全湿法的工艺制造流程，也就是说，人们有可能采用这种滚筒印刷技术制造出完整的晶体管甚至全部的驱动电路，而不再需要任何的光刻工艺或真空处理技术[82]。这样就有可能以非常低的成本制造出驱动电路，再与下一章中我们将要介绍的有机发光器件相结合，我们同样也可能以非常低的成本制造出完整的集成电路和光电子系统。尽管滚筒印刷技术的分辨率与总体精度可能会将晶体管的栅长限制在 20 μm 左右，但是在很多应用场合这已经是一个可以接受的折中。目前这还是一个快速发展的新领域。尽管有很多材料已经得到验证，最流行的还是一种称为并五苯的材料，这种材料中包含有五个凝聚成一个线性分子的芳香环。并五苯以及其他熔融环状分子通常趋向于挤压成平行的层状结构，由此可获得较高的载流子迁移率(已有报道结果高达 1.5 $cm^2/V \cdot s$)。和其他类型的 TFT 器件一样，有机材料的 TFT 器件也特别关注载流子迁移率、稳定性、界面态以及接触电阻等特性和参数。

17.12　小结

本章介绍了应用于数字集成电路和单片微波集成电路中的基本的 MESFET 工艺技术。要获得最佳的器件性能，必须采用自对准的器件结构，而要避免较大的栅极漏电现象，则必须特别注意栅极与源漏注入区之间的间距。书中给出了几个实现上述器件方案的工艺流程。单片微波集成电路中还需要用到诸如空气桥、背面通孔以及螺旋电感等特殊的器件与工艺结构。调制掺杂场效应晶体管则利用先进的材料生长技术来提高器件的性能，特别是器件的低温工作特性。在这类器件中，控制好掺杂剂的扩散和器件的寄生参数也是十分重要的。

双极型晶体管的性能在很大程度上一直受到器件寄生参数的限制，在这些寄生参数中最主要的是与欧姆接触区或器件非本征区相关的结电容。简单的双极型工艺技术，例如三重扩散工艺或标准埋层收集区工艺，具有非常大的非本征电容。较为先进的双极型器件工艺则利用自对准多晶硅结构形成器件发射区和基区的欧姆接触，而这类结构中金属与多晶硅的接触则可以在较厚的场氧化层上制备形成，这样就可以使得器件的结面积大大缩小。此外，利用多晶硅来形成发射区的欧姆接触，还可以使器件的本征电流增益有所增大。近年来，将双极型器件工艺与 CMOS 工艺组合在一起的兼容工艺技术也在很多场合获得了广泛的应用，其缺点就是工艺复杂性和制造成本都要比常规的 CMOS 工艺高出许多。

最后，书中还讨论了薄膜晶体管中所用到的一些新的器件制造方法和工艺技术，利用这些新的工艺技术有可能在非常低的温度下在大面积的衬底上制造出具有良好性能的器件。这种工艺的一个非常有趣的变通形式就是可以利用完全类似印刷的技术来制造晶体管，而不必采用诸如洁净室、真空系统以及光刻工艺等特殊的技术手段。与主流的 CMOS 工艺技术相比，这种制造方法的集成密度很低，所制备器件的性能也比较差，但是其低制造成本以及可应用于一些特殊场合的优势也是非常令人关注的。

习题

1. 为什么不采用金(Au)来作为器件的肖特基栅电极？在金-铂-钛(Au-Pt-Ti)多层金属栅结构中，如果阻挡层金属铂(Pt)太薄，将会出现什么问题？
2. 螺旋电感通常用 1.5 μm 厚的金属来制作。假定金属的最小条宽和最小间距均为 1 μm，螺旋电感的直径为 50 μm，试估算其电感量。(提示：可将此螺旋电感元件看成由一系列不同半径的环形电感元件串联而成，环形电感元件的电感量可查找有关计算公式求得。)将此计算结果与 17.4 节给定的电感量(50 nH)比较，怎样才能将电感量增大到 1 μH？

3. 下面是一个 GaAs E/D 型数字集成电路的工艺流程，用一两句话对带星号(*)的工艺步骤做出简要说明。

备片	不掺杂的半绝缘 GaAs 晶圆片
离子注入	注入硅离子，剂量 $=1\times10^{13}\ \mathrm{cm}^{-2}$，能量 = 60 keV
淀积	氮化硅，厚度 = 100 nm
*退火	N_2 退火，温度 = 800℃
腐蚀	湿法化学腐蚀氮化硅
光刻	1 号光刻掩模版
清洗	湿法化学清洗 GaAs 晶圆片表面
*蒸发	金锗/镍(AuGe/Ni)，厚度 = 30 nm/120 nm
剥离	
合金烧结	90% N_2/10% H_2，合金烧结，温度 = 450℃
腐蚀	湿法化学腐蚀 GaAs，监测器件源漏电流
*光刻	2 号光刻掩模版
腐蚀	湿法化学腐蚀 GaAs，监测器件源漏电流
去除光刻胶	
光刻	3 号光刻掩模版
*蒸发	钛/铂/金(Ti/Pt/Au)，厚度 = 75 nm/50 nm/400 nm
剥离	
光刻	4 号光刻掩模版
*离子注入	注入氢离子，剂量 $=1\times10^{13}\ \mathrm{cm}^{-2}$，能量 = 100 keV
去除光刻胶	

4. 实验发现，某个 GaAs MESFET 工艺中器件源漏区的欧姆接触电阻过大。利用特定的测试结构可以测得其单位面积接触电阻 $R_c=4\times10^{-5}\ \Omega\cdot\mathrm{cm}^2$，进一步的实验表明，单位面积接触电阻与 GaAs 中锗(Ge)的掺杂浓度无关。器件沟道区的掺杂浓度为 $2\times10^{16}\ \mathrm{cm}^{-3}$(对应的电阻率为 0.08 $\Omega\cdot$cm)，扫描电镜(SEM)照片显示其合金坑密度为 $1\times10^{8}\ \mathrm{cm}^{-2}$，试求：
   (a) 平均每个合金坑的半径是多少？
   (b) 如果不增加任何离子注入工艺步骤，给出至少两种可以用来降低单位面积接触电阻的工艺方法，说明你将如何进行工艺优化以改善欧姆接触特性。
   (c) 如果增加一步离子注入工艺，说明还需增加哪些相关工艺步骤以及这些工艺步骤应该位于整个工艺流程(以第 3 题所列的工艺流程为例)中的哪些环节。
5. 在一个带有 5 nm 间隔层的调制掺杂场效应晶体管中，其 N^+层的掺杂元素为硫(S)，后续的退火温度为 800℃，求经过多长时间的退火工艺后，N^+层中杂质的特征扩散长度($\sqrt{Dt}$)将等于间隔层的厚度？假定杂质扩散系数与本征情况相同，可以参考第 3 章的有关内容。
6. 空气桥交叉结构具有很低的寄生电容，但是在硅集成电路制造工艺中却极少采用，原因何在？

7. 在下面所列的 NPN 型三重扩散双极型晶体管工艺流程中，说明带星号(*)的工艺步骤的目的。

初始氧化
光刻，刻蚀初始氧化层
*硼离子注入
去胶，重新生长氧化层
光刻，刻蚀氧化层
*磷离子注入
(以下工艺步骤略去)

8. 在下面所列的 NPN 型标准埋层收集区双极型晶体管工艺流程中，说明带星号(*)的工艺步骤的目的。

初始氧化
光刻，刻蚀初始氧化层
*锑离子注入
氧化及退火
去除氧化层
生长外延层
氧化
光刻，刻蚀氧化层
硼离子注入
去胶，重新生长氧化层
光刻，刻蚀氧化层
*中等能量和高能量的磷离子注入
退火
(以下工艺步骤略去)

9. 在下面节选列出的 NPN 型单层多晶硅双极型晶体管工艺流程中，说明带星号(*)的工艺步骤的目的。

(跳过前面许多工艺步骤，由工艺流程中的某一步开始)
淀积不掺杂的多晶硅
*硼离子注入
退火
砷离子注入
光刻并刻蚀多晶硅
*退火
(以下工艺步骤略去)

10. (a)已经发现，某 ECL 门电路的延迟时间主要取决于双极型晶体管的收集结电容，除此之外，在基区电阻、负载电阻、发射区电阻和收集区电阻这几个电阻参数中，你认为哪个对电路的延迟方程也会有重要影响？(b)如果该 ECL 门电路已经采用标准埋层收集区工艺实现，试问采用何种工艺改进方案可以进一步提高此电路的工作速度？

11. 在一个三重扩散双极型晶体管工艺中，器件基区的掺杂浓度为 $1\times10^{18}\ cm^{-3}$，当把此工艺改为多晶硅发射区工艺时，器件基区的掺杂浓度也相应地增大为 $5\times10^{18}\ cm^{-3}$。试问这种基区掺杂浓度的增大给器件特性带来哪些好处？为什么多晶硅发射区双极型晶体管允许增大基区的掺杂浓度？
12. 试解释为什么基区渡越时间在侧壁基区接触晶体管中比在标准埋层收集区晶体管中更为重要，超高性能双极型晶体管的基区掺杂浓度可以形成一定的梯度以便在基区中建立一个内部电场，从而使基区渡越时间进一步减小。
13. 设计一个包含氧化隔离互补双极型器件(既有 NPN 器件，也有 PNP 器件)的工艺流程，其中的两种双极型器件均采用双层多晶硅自对准结构，并尽量减少所需的光刻掩模版数量。
14. 在下面所列的双层多晶硅自对准 NPN 型双极型集成电路工艺流程中，硅晶圆片已经完成了埋层制备、外延层生长及凹入式局部场区氧化层隔离工艺，并即将开始以下的工艺步骤。

(a)用一两句话简要说明带星号(*)的工艺步骤的目的。

(跳过前面许多工艺步骤)
淀积不掺杂的多晶硅(150 nm)
硼离子(P 型)注入(30 keV，$5\times10^{15}\ cm^{-2}$)
淀积二氧化硅(150 nm)
第一次发射区光刻(最小特征尺寸 = 0.5 μm)
反应性离子刻蚀发射区条的二氧化硅和多晶硅
淀积二氧化硅(100 nm)
反应性离子刻蚀二氧化硅(去除 100 nm 二氧化硅)
淀积不掺杂的多晶硅(150 nm)
*硼离子(P 型)注入(60 keV，$5\times10^{13}\ cm^{-2}$)
*热扩散(900℃，60 min)
砷离子(N 型)注入(30 keV，$5\times10^{15}\ cm^{-2}$)
*快速热扩散及退火激活(1000℃，60 s)
第二次发射区光刻
反应性离子刻蚀多晶硅(去除 150 nm 多晶硅)
反应离子刻蚀二氧化硅(去除 100 nm 二氧化硅)
淀积二氧化硅(300 nm)
反应离子刻蚀二氧化硅(去除 300 nm 二氧化硅)
*淀积金属钛(30 nm)
热处理反应(750℃，120 s)

（以下工艺步骤略去）

(b) 按照上述工艺条件估算器件发射区的最小宽度，画出器件发射区的剖面结构图以证实你的估算结果。

参考文献

1. For a thorough review of GaAs device physics, see M. Shur, *GaAs Devices and Circuits*, Plenum, New York, 1987.
2. C. A. Mead, "Schottky Barrier Gate Field Effect Transistors," *Proc. IEEE* **54**:307 (1966).
3. J. Mun, "GaAs Digital Integrated Circuits," in *GaAs for Devices and Integrated Circuits*, H. Thomas, D. V. Morgan, J. E. Aubrey, and G. B. Morgan, eds., IEE—Peregrinus, London, 1986.
4. M. Kuzuhara, H. Kohzu, and Y. Takayama, "Infrared Rapid Thermal Annealing of Si-Implanted GaAs," *Appl. Phys. Lett.* **41**:755 (1982).
5. F. Orito, K. Watanabe, Y. Yamada, O. Yamamoto, and F. Yajima, "Effects of Semi-Insulating GaAs Substrate Properties on Silicon Implanted Layer," *Proc. GaAs IC Symp.*, 1990, p. 321.
6. S. Adachi and K. Oe, "Chemical Etching Characteristics of (001) GaAs," *J. Electrochem. Soc.* **130**:2427 (1983).
7. D. N. McFadyen, "On the Preferential Etching of GaAs by H_2SO_4-H_2O_2-H_2O," *J. Electrochem. Soc.* **130**:1934 (1983).
8. R. E. Williams, *Gallium Arsenide Processing Techniques*, Artech, Dedham, MA, 1984.
9. R. V. Tuyl and C. A. Liechti, "High Speed Integrated Logic with GaAs MESFET," *IEEE J. Solid State Circuits* **SSC-9**:269 (1974).
10. R. C. Eden, B. M. Welch, and R. Zucca, "Planar GaAs IC Technology: Applications for Digital IC's," *IEEE J. Solid-State Circuits* **SSC-13**:419 (1977).
11. T. Mizutani, N. Kato, M. Ida, and M. Ohmori, "High Speed Enhancement Mode GaAs MESFET Logic," *IEEE Trans. Microwave Theory, Tech.* **MTT-28**:479 (1980).
12. R. B. Brown, P. Barker, A. Chandna, T. R. Huff, A. I. Kayssi, R. J. Lomax, T. N. Mudge, D. Nagle, K. A. Sakallah, P. J. Sherhart, R. Uhlig, and M. Upton, "GaAs RISC Processors," *GaAs IC Symp.*, 1992, p. 81.
13. K. Yamasaki, K. Asai, and K. Kurumada, "MESFET's with a Self Aligned Implantation for n^+ Layer Technology (SAINT)," *IEEE Trans. Electron Dev.* **ED-29**:1772 (1982).
14. M. Abe, T. Mura, N. Y. Ama, and H. Ishikawa, "New Technology Towards GaAs LSI/VLSI for Computer Applications," *IEEE Trans. Electron Dev.* **ED-29**:1088 (1982).
15. S. Asai, N. Goto, M. Kanamori, M. Tanaka, and T. Furutsuka, "A High Performance LDD GaAs MESFET with a Refractory Gate Metal," *Proc. 18th Annu. Conf. Solid State Dev., Mater. (SSDM)*, 1986, p. 383.
16. C. F. Wan, H. Schichijo, R. D. Hudgens, D. L. Plumton, and L. T. Tran, "A Comparison Study of GaAs E/D MESFETs Fabricated with Self-Aligned and Non-Self-Aligned Processes," *Proc. GaAs IC Symp.*, 1987, p. 133.
17. S. Shikata, S. Sawada, J. Tsuchimoto, and H. Hayashi, "A Novel Self-Aligned Gate Process for GaAs LSI Using ECR-CVD," *Proc. GaAs IC Symp.*, 1990, p. 257.
18. M. Noda, K. Hosogi, K. Sumitani, H. Nakano, K. Nishitani, M. Otsubo, H. Makino, and A. Tada, "A GaAs MESFET with a Partially Depleted p Layer for SRAM Applications," *IEEE Trans. Electron Dev.* **38**:2590 (1991).

19. T. Shimura, K. Hosogi, Y. Khono, M. Sakai, T. Kuragaki, M. Shimada, T. Kitano, N. Nishitani, M. Otsubo, and S. Mitsui, "High Performance and Highly Uniform Sub-Quarter Micron BPLDD SAGFET with Reduced Source to Gate Spacing," *Proc. GaAs IC Symp.*, 1992, p. 165.
20. T. Noguchi, "Commercial Applications of GaAs ICs in Japan," *Proc. GaAs IC Symp.*, 1990, p. 263.
21. K. Sciater, *Gallium Arsenide IC Technology*, TAB Books, Blue Ridge Summit, PA, 1988.
22. D. R. Decker, in *VLSI Electronics: Microstructure Science* **11**, N. G. Einspruch, ed., Academic Press, New York, 1985.
23. T. Inoue, K. Tomita, Y. Kitaura, T. Terada, and N. Uchitomi, "A Rh/Au/Rh Rigid Air Bridge Interconnection Technique for Ultra High Speed GaAs LSIs," *Proc. GaAs IC Symp.*, 1990, p. 253.
24. M. Hirano, I. Toyada, M. Tokumitsu, and K. Asai, "Folded U-Shaped Micro-Wire Technology for GaAs IC Interconnections," *Proc. GaAs IC Symp.*, 1992, p. 177.
25. L. G. Hipwood and P. N. Wood, "Dry Etching of Through Substrate Via Holes for GaAs MMICs," *J. Vacuum Sci. Technol. B* **3**:395 (1985).
26. K. Sumitano, M. Komaru, M. Kobiki, Y. Higaki, Y. Mitsui, H. Takano, and K. Nishitani, "A High Aspect Ratio Via Hole Dry Etching Technology for High Power GaAs MESFET," *Proc. GaAs IC Symp.*, 1989, p. 207.
27. R. Dingle, M. D. Feuer, and C. W. Tu, "The Selectivity Doped Heterostructure Transistor: Materials, Devices, and Circuits," in *VLSI Electronics: Microstructure Science* **11**, N. G. Einspruch, ed., Academic Press, New York, 1985.
28. More complete descriptions of bipolar devices at an undergraduate level can be found in G. W. Neudeck, *Modular Series on Solid State Devices, Vol. III: The Bipolar Junction Transistor*, Prentice-Hall, Englewood Cliffs, NJ, 1989; and B. Streetman, *Solid State Electronic Devices*, Prentice-Hall, Englewood Cliffs, NJ, 1990. Advanced level bipolar texts include D. J. Roulston, *Bipolar Semiconductor Devices*, McGraw-Hill, New York, 1990; and R. M. Warner, Jr. and B. L. Grung, *Transistors: Fundamentals for the Integrated-Circuit Engineer*, Wiley-Interscience, New York, 1983.
29. P. M. Solomon and D. D. Tang, "Bipolar Circuit Scaling," *Int. Solid State Circuits Conf. Tech. Dig.*, 1979, p. 96.
30. W. C. Ko, T. C. Gwo, P. H. Yeung, and S. J. Radigan, "A Simplified Fully Implanted Bipolar VLSI Technology," *IEEE Trans. Electron Dev.* **ED-30**:236 (1983).
31. S. M. Sze, *Physics of Semiconductor Devices*, Wiley, New York, 1981.
32. J. Graul, A. Glasl, and H. Murrmann, "High Performance Transistors with Arsenic Implanted Polysil Emitters," *IEEE J. Solid-State Circuits* **SSC-11**:291 (1976).
33. P. Ashburn, "Polysilicon Emitter Technology," *Proc. IEEE Bipolar Circuits, Technol. Mtg.*, 1989, p. 90.
34. H. C. deGraaf and J. G. de Groot, "The SIS Tunnel Emitter: A Theory for Emitters with Thin Interface Layers," *IEEE Trans. Electron Dev.* **ED-26**:1771 (1979).
35. H. Schaber and T. F. Meister, "Technology and Physics of Polysilicon Emitters," *Proc. IEEE Bipolar Circuits, Technol. Mtg.*, 1989, p. 75.
36. G. R. Wolstenholma, N. Jorgensen, P. Ashburn, and G. R. Booker, "An Investigation of the Thermal Stability of the Interfacial Oxide in Polycrystalline Silicon Emitter Bipolar Transistors by Comparing Device Results with High Resolution Transmission Electron Microscopy Observations," *J. Appl. Phys.* **61**:225 (1986).
37. H. Schaber, B. Benna, L. Treitinger, and A. Weider, "Conduction Mechanisms of Polysilicon Emitters with Thin Interfacial Oxide Layers," *IEDM Tech. Dig.*, 1984, p. 738.

38. J. E. Turner, D. Coen, G. Burton, A. Kapoor, and S. J. Rosner, "Interface Control in Double Diffused Polysilicon Bipolar Transistors," *Proc. IEEE Bipolar Circuits, Technol. Mtg.*, 1989, p. 33.
39. T. M. Liu, Y. O. Kim, K. F. Lee, D. Y. Jeon, and A. Ourmazd, "The Control of Polysilicon/Silicon Interface Processed by Rapid Thermal Processing," *Proc. IEEE Bipolar Circuits, Technol. Mtg.*, 1991, p. 263.
40. F. Nouri and B. Scharf, "Polysilicon-Emitter Bipolar Transistors with Interfacial Nitride," *Proc. IEEE Bipolar Circuits Technol. Mtg.*, 1992, p. 88.
41. C. C. Ng and E. S. Yang, "A Thermionic Diffusion Model of Polysilicon Emitter," *IEDM Tech. Dig.*, 1986, p. 32.
42. C. Y. Wong, C. R. M. Grovenor, P. E. Batson, and D. A. Smith, "Effects of Arsenic Segregation on the Electrical Properties of Grain Boundaries in Polycrystalline Silicon," *J. Appl. Phys.* **57**:438 (1985).
43. H. Schaber, R. V. Criegern, and J. Weitzel, "Analysis of Polycrystalline Silicon Diffusion Sources by Secondary Ion Mass Spectrometry," *J. Appl. Phys.* **58**:4036 (1985).
44. M. Nanba, T. Kobayashi, T. Uchino, T. Nakamura, M. Kondo, Y. Tamaki, S. Iijima, T. Kure, and M. Tanabe, "A 64 GHz Si Bipolar Transistor Using In-situ Phosphorus Doped Polysilicon Emitters," *IEDM Tech. Dig.* 1991, p. 443.
45. G. Streutker, A. Pruijmboom, D. B. M. Klaasen, and J. W. Slotboom, "Thermionic Emission Limited Recombination in Phosphorus-Implanted Polysilicon Emitters," *Proc. IEEE Bipolar Circuits, Technol. Mtg.*, 1992, p. 50.
46. A. A. Eltoukhy and D. J. Roulston, "Minority Carrier Injection into Polycrystalline Emitters," *IEEE Trans. Electron Dev.* **ED-29**:961 (1982).
47. Z. Yu, B. Ricco, and R. W. Dutton, "A Comprehensive Analytical and Numerical Model of Polysilicon Emitter Contacts in Bipolar Transistors," *IEEE Trans. Electron Dev.* **ED-31**:773 (1984).
48. T. Hashimoto, T. Kumachi, T. Jinbo, K. Watanabe, E. Yoshida, T. Miura, T. Shiba, and Y. Tamaki, "Interface Controlled IDP Process Technology for 0.3 μm High Speed Bipolar and BiCMOS LSIS," *Bipolar Circuits, Technol. Mtg.*, 1996, p. 181.
49. D. D. Tang, P. M. Solomon, T. H. Ning, R. D. Isaac, and R. E. Burger, "1.25 μm Deep-Groove-Isolated Self-Aligned ECL Circuits," *Proc. Int. Solid State Circuits Conf.*, 1982, p. 242.
50. T. M. Liu, G. M. Chin, D. Y. Jeon, M. D. Morris, V. D. Archer, H. H. Kim, M. Cerullo, K. F. Lee, J. M. Sung, K. Lau, T. Y. Chiu, A. M. Voshchenkov, and R. G. Swartz, "A Half-Micron Super Self-Aligned BiCMOS Technology for High Speed Applications," *IEEE IEDM Tech. Dig.*, 1992, p. 23.
51. J. D. Warnock, "Silicon Bipolar Device Structures for Digital Applications: Technology Trends and Future Directions," *IEEE Trans. Electron Dev.* **42**:377 (1995).
52. V. de la Torre, J. Foerstner, B. Lojek, K. Sakamoto, S. L. Sundaram, N. Tracht, B. Vasquez, and P. Zdebel, "MOSAIC V—A Very High Performance Bipolar Technology," *IEEE Bipolar Circuits, Technol. Mtg.*, 1991, p. 21.
53. A. Felder, R. Stengl, J. Hauenschild, H. M. Rein, and T. F. Meister, "25 to 40 Gb/s Si IC in Selective Bipolar Technology," *Int. Solid State Circuits Conf. Tech. Dig.*, 1993, p. 156.
54. T. Shiba, Y. Tamaki, T. Kure, T. Kobayashi, and T. Nakamure, "A 0.5 μm Very-High-Speed Silicon Devices Technology U-Groove-Isolated SICOS," *IEEE Trans. Electron Dev.* **38**:2505 (1991).
55. C.-T. Chuang, G. P. Li, and T. H. Ning, "Effect of Off-axis Implant on the Characteristics of Advanced Self-aligned Bipolar Transistors," *IEEE Electron Dev. Lett.* **EDL-8**:321 (1987).

56. T. Yuzuhira, T. Yamaguchi, and J. Lee, "Submicron Bipolar-CMOS Technology for 16 GHz f_T Double Poly-Si Bipolar Devices," *IEDM Tech. Dig.*, 1988, p. 748.
57. M. Sugiyama, H. Takemura, C. Ogawa, T. Tashiro, T. Morikawa, and M. Nakamae, "A 40 GHz f_T Silicon Bipolar Transistor LSI Technology," *IEDM Tech. Dig.*, 1989, p. 221.
58. J. D. Hayden, J. D. Burnett, J. R. Pfiester, and M. P. Woo, "An Ultra-Shallow Link Base for a Double Polysilicon Bipolar Transistor," *Proc. IEEE Bipolar Circuits, Technol. Mtg.*, 1992, p. 96.
59. P. Ratnam, M. Grubisich, B. Mehrotra, A. Iranmanesch, C. Blair, and M. Biswal, "The Effect of Isolation Edge Profile on the Leakage and Breakdown Characteristics of Advanced Bipolar Transistors," *Proc. IEEE Bipolar Circuits, Technol. Mtg.*, 1992, p. 117.
60. I. Antipov, "Bipolar Transistor with Minimized Collector-to-Base Junction Area," *IEEE Trans. Electron Dev.* **ED-30**:723 (1983).
61. Y. Tamaki, T. Shiba, I. Ogiwara, T. Kure, K. Ohyu, and T. Nakamura, "Advanced Device Process Technology for 0.3 μm Self-Aligned Bipolar LSIs," *IEEE Bipolar Circuits, Technol. Mtg.*, 1990, p. 166.
62. T. Nakamura, T. Miyazaki, S. Takahashi, T. Kure, T. Okabe, and M. Nagata, "Self-Aligned Transistor with Sidewall Base Electrodes," *IEEE Trans. Electron Dev.* **ED-29**:596 (1982).
63. J. Van der Veldedn, R. Dekker, R. van Es, S. Jansen, M. Koolen, H. Maas, and A. Pruijmbuch, "Basic: An Advanced High Performance Bipolar Process," *IEDM Tech. Dig.*, 1989, p. 233.
64. J. O. Borland and C. I. Drowley, "Advanced Dielectric Isolation Through Selective Epitaxial Growth Techniques," *Solid State Technol.* **28**:141 (1985).
65. A. Ishitani, N. Endo, and H. Tsuya, "Local Loading Effects in Selective Silicon Epitaxy," *Jpn. J. Appl. Phys.* **23**:L391 (1984).
66. P. J. Zbedel, "Current Status of High Performance Silicon Bipolar Technology," *Proc. GaAs IC Symp.*, 1992, p. 15.
67. E. Bertagnolli, H. Klose, R. Mahnkopf, A. Felder, M. Kerber, M. Stolz, G. Schutte, H.-M. Rein, and R. Kopl, "An SOI-Based High Performance Self-Aligned Bipolar Technology Featuring 20 psec Gate Delay and a 8.6 fJ Power-Delay Product," *1993 Symp. VLSI Tech. Dig.*, 1993, p. 63.
68. P. R. Ganci, J.-J. J. Hajjar, T. Clark, P. Humphries, J. Iapham, and D. Buss, "Self-Heating in High-Performance Bipolar Transistors Fabricated on SOI Substrates," *IEDM Tech. Dig.*, 1992, p. 417.
69. U. König, "SiGe and GaAs as Competitive Technologies for RF Applications," *IEEE Bipolar Circuits Technol. Conf.*, 1998, p. 87.
70. A. R. Alvarez, *BiCMOS Technology and Applications*, Kluwer, Norwell, MA, 1989.
71. T. Oguri and T. Kimura, "A New 0.8V Logic Swing, 1.6V Operational High Speed BiCMOS Circuit," *IEEE Bipolar Circuit, Technol. Mtg.*, 1992, p. 187.
72. "BiCMOS, Is It the Next Technology Driver?" *Electronics*, February 4, 1988.
73. G. Shahidi, J. Warnock, B. Davari, B. Wu, Y. Taur, C. Wong, C. Chen, M. Rodriquez, D. Tang, K. Jenkins, P. McFarland, R. Schulz, D. Zicherman, P. Coane, D. Klaus, J. Sun, M. Polcari, and T. Ning, "A High Performance BiCMOS Technology Using 0.25 μm CMOS and Double Poly 47 GHz Bipolar," *Proc. Symp. VLSI Technol.* 1992, p. 28.
74. C. K. Lau, C.-H. Lin, and D. L. Packwood, "Sub-Micron BiCMOS Process Design for Manufacturing," *IEEE Bipolar Circuits, Technol. Mtg.*, 1992, p. 76.
75. For a review of TFT technology the reader is referred to *Thin Film Transistors*, C. R. Kagan and P. Andry, eds., Marcel Dekker, New York, 2003.

76. P. K. Weimer, "The TFT—A New Thin Film Transistor," *Proc. IEEE* **50**:1462 (1962).
77. J. Mort and F. Jansen, *Plasma-Deposited Thin Films*, CRC Press, Boca Raton, FL, 1986, pp. 29–33.
78. R. Ishihara, H. Kanoh, Y. Uchida, O. Suguira, and M. Matsumura, "Low Temperature Chemical Vapor Deposition of Silicon Nitride from Tetrasilane and Hydrogen Azide," *Mater. Res. Soc. Symp. Proc.* **284**:3–8 (1992).
79. J. Kanicki, "Contact Resistance to Undoped and Phosphorus-doped Hydrogenated Amorphous Silicon Films," *Appl. Phys. Lett.* **53**:1943–1945 (1988).
80. A. Ban, Y. Nishioka, T. Shimada, M. Okamoto, and M. Katayama, "A Simplified Process for SVGA TFT-LCDs with Single-Layered ITO Source Buss-Lines," *SID 96 Digest*, 1996, pp. 93–96.
81. N. Hirano, N. Ikeda, H. Yamaguchi, S. Nishida, Y. Hirai, and S. Kaneko, "A 33 cm-diagonal High-resolution Multi-color TFT-LCD with Fully Self-aligned a-Si:H TFTs," *Proc. Int. Display Res. Conf.*, Monterey, CA, 1994, pp. 369–372.
82. G. Horowitz, X. Peng, D. Dischou, and F. Garnier, "Role of Semiconductor Insulator Interface in the Characteristics of π-conjugated Oligomer Based Thin Film Transistors," *Synth. Met.* **51**:419–424 (1992).

第 18 章　光电子与光伏器件工艺技术

在前面两章中，我们以典型的应用于集成电路中的晶体管为例，集中讨论了制造一个完整的晶体管所需要的工艺流程技术。另外一个重要的领域则是各类光电子器件的制造技术，包括各种光发射器件、光调制器件以及光探测器件等。与此类似还有一个领域则是光伏器件，这类器件正好相反，它们能够把光子转化为电子。这两个领域目前都处于快速的成长期，它们有可能是利用半导体器件制造技术来减少不可再生能源消耗的重要途径。在本章中，我们将回顾上述这几类器件最常用的几种工艺制造技术。

虽然人们对各种集成光学系统已经开展了相当多的研究工作，并且某些系统已经有了商业化的产品，但是直到目前为止，大多数的光电子器件和所有的太阳能电池仍然是分立器件。将这类器件相互之间串联起来或并联起来，通常是在器件制造完成之后的封装过程中(对于光电子器件)实现的，或者是在模块的制造过程中(对于光伏器件)完成的。因此对于大多数这类器件的工艺技术来说，一般不需要过多地考虑有关器件隔离或互连引线方面的问题(除了实际器件的端口接触引线)，只要器件有源区核心部分的材料问题得到解决之后，器件的制造工艺相对来说也就变得非常简单直观了。

无论是光电子器件还是光伏器件，都需要在其制造成本和器件性能之间做出必要的折中。性能达到最佳的光电子器件通常是采用外延生长的直接带隙无机半导体材料单晶层制造出来的，对于这类半导体材料来说，其内部电子-空穴之间的复合是很容易释放出光子的，并且由光子吸收所激发产生出的电子和空穴则不太容易发生复合。由于这类器件的制造成本比较高，因此其应用的领域虽然非常重要，但是也是极为有限的。而一些低成本的发光二极管和光伏器件则是采用多晶硅薄膜、有机半导体材料或者量子点材料制作的。

18.1　光电子器件概述

因为无论是以器件物理的观点还是从工艺制造的角度来看，光电子器件与光伏器件都是非常类似的，因此本章将把这两种器件技术放在一起来介绍。毫无疑问，这两类器件都面临着一些相同的技术挑战(参见图 18.1)，特别是对于那些非单晶材料而言，其中最基本的则是如何提高少数载流子的寿命和避免非辐射复合。

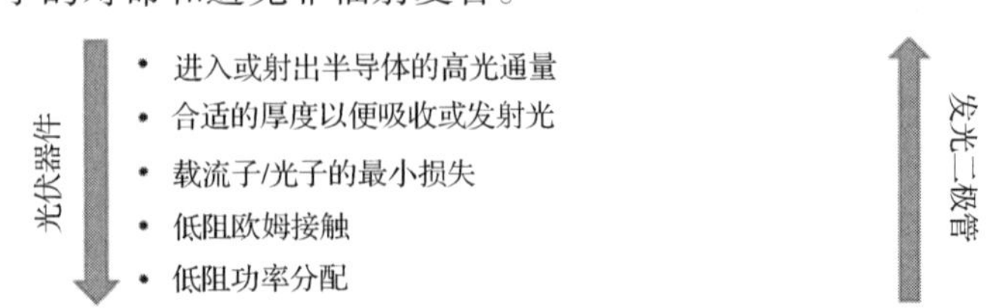

图 18.1　光电子器件与光伏器件在设计和工艺制造方面面临的各种挑战，其重要性的顺序分别是自上而下(对于光伏器件)和自下而上(对于发光二极管)

我们在这里不准备讨论光电子器件工作的物理机理，有关这方面的内容留给读者自己去参阅各种权威的教科书，例如 Schubert[1]、Mullen 与 Scherf[2]、Sands[3]以及 Toshiaki[4]等人的著作。我们在前面已经指出，大多数的砷化镓器件产品是发光二极管(LED)和激光器。与白炽灯相比，发光二极管具有极长的有效工作寿命和较高的光电转化效率，因此已经在众多领域获得了广泛的应用。目前发光二极管的主要应用领域还是在各种显示器中，最初其市场应用是各种便携式电子设备中的小型显示器，而近期其最大的市场份额则是各种大型的显示器，从各种大型电视荧屏，到各种超大型(超过 10 m)的户外广告牌。汽车照明是另一个稳步增长的应用领域。如果这项技术能够应用于日常的照明领域(即所谓的固态照明技术[5])，则不仅全世界可实现巨大的节能效果，而且整个发光二极管的制造产业也会形成一个快速扩张的局面。另一方面，固态激光器的特点则是能够将光束聚焦在一个非常小的光斑上，并且非常容易实现对光纤和波导的有效光注入。固态激光器目前已经广泛应用于只读光盘(CD)、数字多功能光盘(DVD)等不同类型的信息存储系统中。

上述这两种器件都给材料生长提出了非常有意义的挑战性课题。各种缺陷通常都会在半导体材料的禁带中引入一些能级，这样就会形成一个非辐射性的复合路径，称为肖克莱-里德复合，它会与辐射性的复合路径相竞争。每一种复合过程都有一个特征寿命时间，俘获陷阱的寿命时间通常比较长，特别是当这些俘获陷阱不是非常靠近禁带的中心位置时更是如此，因此如果能够充分地降低俘获陷阱的密度，则大多数的复合过程都会是辐射性的复合。

这些非辐射性的缺陷态可能位于体材料之中，也可能位于半导体材料内部的晶粒边界处，如后面我们将要讨论的情形，还可能位于半导体材料的表面。正如我们在第 16 章中所讨论过的那样，表面和界面处的缺陷必定会在半导体材料的禁带中引入界面态。对这些悬挂键进行钝化处理是决定很多光电子器件能否取得成功的一个至关重要的因素。尤其对砷化镓材料来说，由于其具有非常高的表面复合速度(大约比硅材料高 10^5 倍)，因此更容易受到表面问题的影响。而氮化镓材料的表面复合速度则介于二者之间，大约只有砷化镓材料的千分之一。另外只有当两种不同类型的载流子在半导体材料中同时存在的时候，表面复合现象才有可能发生。因此控制表面复合现象的一个办法就是通过器件设计使得其中的一种载流子根本不可能出现在器件的表面处。

发光器件的基本原理就是要设法使得高浓度的电子和高浓度的空穴尽可能靠近。在直接带隙的半导体材料中，只要热运动的能量(kT)远远小于半导体材料的禁带宽度，这种复合过程的很大一部分就会导致光子的发射，其波长近似为

$$\lambda \cong h \times c/E_g = 1.24\ \text{eV} \cdot \mu\text{m}/E_g$$

式中，h 是普朗克常数，c 是光速，E_g 是半导体材料的禁带宽度。在半导体材料内部以及在常规的晶体管中，少数载流子浓度都是非常低的，因此载流子复合引起的光发射现象基本可以忽略(一个例外的情况是直接带隙的双极型器件，在某些特定的偏置条件下，我们有可能在器件的基区观察到光发射现象，当然我们在设计器件的时候总是要尽可能减少其中电子与空穴的复合，因此这种光发射通常也是非常微弱的)。如果给一个简单的 PN 结二极管施加正向偏置电压，则器件的两个区域都会充满高浓度的少数载流子，假如该二极管又是由直接带隙的半导体材料制作的，那么此时该二极管就会向外发光。对于砷化镓材料来说(其禁带宽度 E_g=1.42 eV)，发光的波长为 0.88 μm，这在光谱分布中属于近红外波段。

光电子器件材料的一个优质因子就是其内部量子效率 η，它定义为放出的光子数与形成

的电子-空穴对数之比。要进行这种测量的一个简单的办法就是以一个波长小于上述方程计算值的光源去照射半导体材料，从理论上说，内部量子效率可由下式给出：

$$\eta_{\text{int}} = \frac{1/\tau_r}{1/\tau_r + 1/\tau_{nr}}$$

式中，τ_r 和 τ_{nr} 分别是净的辐射寿命和非辐射寿命。对于像砷化镓这样的直接带隙的无机半导体单晶材料来说，τ_r 的典型值一般在几个纳秒的范围，而对一些聚合物和有机薄膜材料来说，它们通常是多晶结构，其 τ_r 的典型值一般在几十或几百毫秒的数量级。并不是所有发出的光都能够得到有效的收集，最终究竟有多少载流子能够到达复合区域，器件结构的设计也将会起到一定的作用，因此需要引入的第二个优质因子就是功率效率：

$$\eta_{\text{power}} = \frac{P_{\text{emitted}}}{IV}$$

上述两个有关效率的优质因子都是没有量纲的。要获得比较高的效率，很重要的一点就是要平衡电子和空穴这两种载流子的影响。如果某一种载流子的影响要远远小于另一种载流子的影响，则过剩的这种载流子的影响也就意味着功率的浪费。

最后，对于可见光范围的发光器件来说，我们有时还会提到发光效率。这主要是指在单位驱动功率作用下发光二极管发出的人眼可感知的可见光(光通量)，目前最好的发光二极管可给出超过每瓦 100 流明的发光效率，略高于最好的小型日光灯，大概是普通白炽灯的 5 倍以上。多数发光二极管的发光效率还在每瓦 1 ~ 50 流明的范围内，不过这个领域近年来也取得了非常巨大的进步，并且未来还将取得更大的进步。

18.2　直接带隙的无机材料发光二极管

虽然早在 1891 年就在碳化硅(SiC)材料中观察到了光发射现象[1]，但是最早达到实用化的发光二极管还是采用 $GaAs_xP_{1-x}$ 材料制造的，只要选择合适的 x 值，这种材料就仍然是直接带隙的半导体材料，其禁带宽度为 2.03 eV，可发出波长为 0.611 μm 的光子，位于可见光中红光的光谱范围。因此早期的发光二极管都是发红光的，现在发出波长为 0.65 μm 红光的发光二极管也可以采用 $Al_xGa_{1-x}As$ 材料来制作。要获得蓝光和绿光等其他颜色的发光二极管，则可以采用那些禁带宽度更大的直接带隙半导体材料，例如 SiC 材料(可发出波长为 0.48 μm 的蓝光)和 $Al_xGa_yIn_{1-x-y}As$ 材料(波长介于 0.57 ~ 0.60 μm 之间，由黄光到橘黄色光)，虽然后一种材料的生长难度很大，但是其发光效率非常高，可以制造出高亮度的发光二极管。用于制造蓝光发光二极管的首选材料是氮化镓(GaN)晶体(其发光波长为 0.45 μm)。作为一种可选的方法，人们还可以通过在半导体材料中引入某些缺陷态来控制其发光波长，一个众所周知的实例就是在 GaP 材料中引入氮元素，形成一种通常称作掺氮磷化镓(GaP:N)的新材料(发光波长为 0.57 μm)[6]。采用这种技术，或者通过使用诸如 $Y_3Al_5O_{12}$:Ce 这样的磷光涂层，我们可以将蓝光转变成其他任意具有更长波长的可见光，从而形成不同颜色的可见光，包括白光。

上面提到的掺氮磷化镓材料是有关间接带隙发光器件的一个非常有意义的实例。氮在磷化镓材料中会形成一个深能级，由此可发出黄光。由于这种材料是间接带隙的，因此它需要一个声子(即晶格振动的能量表现形式)的参与才能同时保持能量和动量的守恒，从而使得发光过程得以进行。声子的浓度一般会随着温度的升高而增加，因此通过加热可以提高器件辐射发光的能力。目前已经可以获得高达百分之几的量子效率。对于这类间接跃迁而言，光子的能量略微有些不同：

$$h\nu=\frac{E_g+h^2k^2}{8\pi^2 m_r^*}$$

式中，k 是声子的波数，m_r^*是简约的有效质量。

制造发光二极管的基本工艺流程是极其简单的，我们以顶部向外发光的器件（如图 18.2 所示）为例来做一个说明。首先看由含氮磷化镓（GaN : N）制作的器件，先准备一个磷化镓晶圆片，然后外延生长一层较厚的 N^+重掺杂的含氮磷化镓层，接下来再生长一层 P^+型掺杂的含氮磷化镓层，最后在晶圆片的正面和背面进行金属化处理，并在正面通过光刻、刻蚀制备出电极图形。正面的金属电极必须具有足够的厚度，这样才能获得足够低的电阻，以便很好地分配不同电极流过的电流，但是正面的金属电极又不能过多地阻挡光的发射。我们可以利用一层高电导率的半导体材料作为电流扩展层，来把电流从接触点附近逐步分配到各处。更为有效的办法是选取禁带宽度超过发光区的材料来作为这层电流扩展层，这样就可以采用比较厚的电流扩展层而又不会过多地吸收发光区所发出的光。例如，在砷化镓发光二极管的顶部就可以采用磷化镓材料。要获得高效的载流子注入，还必须实现低阻的欧姆接触。对于 GaAs/AlGaAs 器件（发射红光）来说，可以采用本书第 15 章和第 17 章中讨论过的 Ni/AuGe 和 Ni/AuZn 金属合金接触体系。对于 ZnSe 器件（发射蓝光）来说，可以采用缓变的半导体材料结构，例如 $ZnTe_xSe_{1-x}$，来减小能带的不连续性。

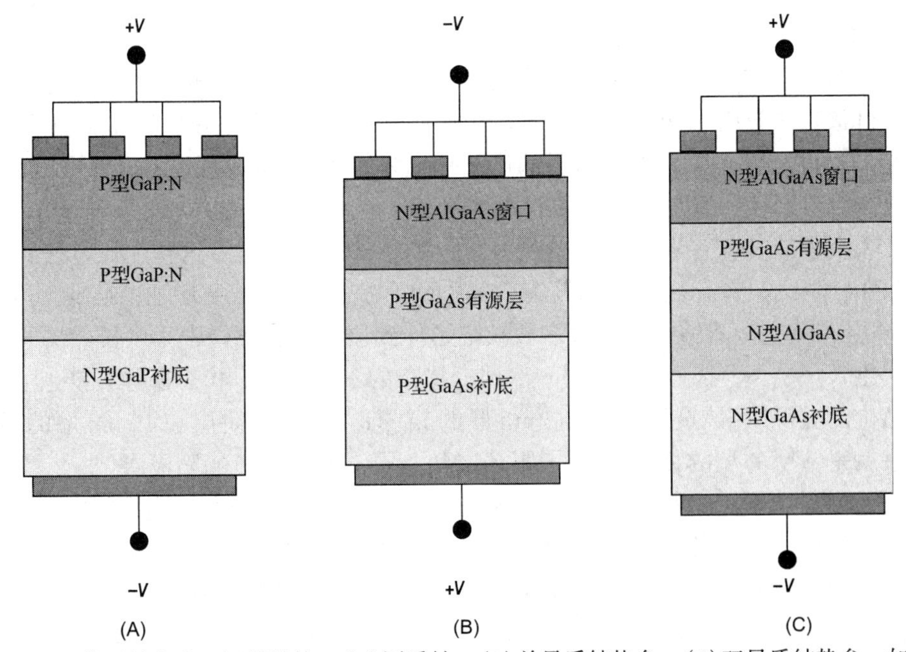

图 18.2　典型的发光二极管结构：(A) 同质结；(B) 单异质结势垒；(C) 双异质结势垒。如果不采用背面接触，则可将上述多层结构刻蚀至衬底处，并在正面增加一个衬底接触

上面介绍的这种简单结构的发光器件具有一个非常严重的局限性：假如顶部的接触层太薄的话，则由 PN 结注入过来的载流子就会在顶部电极处被复合掉，这样就不会放出光子；而

如果光子是在器件结构的较深处产生的话，那么这些光子在向外发射出来之前就可能会被半导体材料再次吸收掉。在直接带隙的半导体材料中这是一个特别严重的问题，因为直接带隙半导体材料中的吸收长度比较短。要克服这个局限性，可以采用一个由宽禁带材料构成的窗口层或限制层。

在图 18.2(B)和(C)中，宽禁带的 AlGaAs 材料在 GaAs 有源层中形成了一个量子阱。由于这层 AlGaAs 层所具有的宽禁带特点，GaAs 层中的电子都被限制在器件的有源区中。但是由 GaAs 有源层中所发射出来的光子却不会被 AlGaAs 层吸收掉，这样就可以制造出高效率的发光二极管。如果再对这层 AlGaAs 层进行重掺杂的话，它还可以起到电流扩展层的作用。这种双异质结发光器件的光电转换效率要大大高于白炽灯的光电转换效率。在某些情况下，底部限制层可能生长得比较厚(大约 100 μm)，此时衬底的影响就非常小。发光二极管所发出的大部分光是从器件结构的侧面射出的，尤其是对于底部限制层较厚的器件来说更是如此。要制造出一个先进发光二极管器件所需的这种多层材料结构通常需要采用分子束外延(MBE)技术或金属有机化合物化学气相淀积(MOCVD)技术(关于这些工艺技术的详细描述可参考本书第 14 章中的介绍)。正常情况下，一般是在开始发光二极管的制造工艺之前就完成多层结构材料的生长。

对于一个单纯的直接带隙半导体材料来说，由于热扩展效应使得辐射峰值具有一个大约为 1.8 kT 的半峰值宽度(FWHM)。而对于合金材料来说，材料组分的统计偏差会导致 3 kT ~ 8 kT 的半峰值宽度。我们也可以采用共振腔结构来进一步细化发射谱的线宽，这就需要在器件顶部和底部分别设置一个反射镜，并使发光二极管的发光波长恰好满足在其中发生共振的条件。一个设计良好的共振腔可以使半峰值宽度改进 5 ~ 10 倍。后面我们还会更详细地讨论共振腔的作用。

对于大多数发光二极管应用来说，砷化镓(GaAs)材料存在着一个基本的问题，它的发光波长在近红外波段。理想情况下人们要求发光波长能够更短一些。InGaN 材料虽然有可能制造出发蓝光的器件，但是有关这种材料的质量一直是一个亟待解决的主要问题。而与氮化镓(GaN)相关的材料则存在着更为严重的问题，因为目前尚无很好的方法能够制造出 GaN 单晶衬底，因此人们只能在蓝宝石(即 Al_2O_3)衬底上生长 InGaN 材料。这种生长方法的详细介绍可以参考第 14 章 14.9 节，不过目前已经有一项重要的发现，即只要增加一层典型厚度为 1 ~ 2 μm 的缓冲层，就完全能够避免绝大多数缺陷延伸到器件的有源层中。生长好缓冲层之后，接下来依次生长一层 N^+(掺硅)GaN 层、一层轻掺杂的 N 型 GaN 电子输运层和一层包含三到四个重复结构的有源层，该重复结构由 3 nm 厚的 $In_{0.4}Ga_{0.6}N$ 量子阱层和 10 nm 厚的 GaN 势垒层组成。最后是一层 P 型的 AlGaN 电子阻挡层和一层 P 型(掺镁)的阳极层。

一旦上述材料结构层生长完成之后，接下来的工艺制造过程就非常简单了。我们可以采用光学光刻方法定义出有源区台面(即发光区)，然后对有源区之外的材料进行刻蚀，直至裸露出下面的 N^+层。虽然目前很流行采用电感耦合等离子体(ICP)系统进行刻蚀，但是也可以采用反应离子刻蚀设备来完成。然后在 P^+台面上沉积一层非常薄(均为 5 nm)的 Ni/Au 层(或者是透明的铟锡氧化物)，以改善电极的欧姆接触性能并使得电流能够横向扩展。这一步也可以在刻蚀 GaN 台面之前进行，以实现金属与台面之间的自对准。这层金属的厚度必须足够薄，以便使得产生的绝大多数光子能够发射出来。如果这层金属不是采用上述自对准工艺技术制备的，那么也可以采用剥离工艺来实现。N^+欧姆接触电极是由 Ti/Al/Ni/Au(厚度分别为

10 nm/200 nm/30 nm/100 nm）多层金属构成的。欧姆接触电极的尺寸应该尽可能小，从而尽量减少光学损耗。电极制备好之后可以进行一次热退火，以便降低欧姆接触电阻率。在 P^+接触层上还要通过剥离工艺再额外增加一层金薄膜，以减小金属电极的串联电阻，同时也使得光发射更加均匀。最后在整个器件表面采用 PECVD 或高密度等离子体（HDP）PECVD 工艺覆盖一层二氧化硅薄膜，这样既有助于减小表面复合效应的影响，也可以对器件起到机械保护的作用。如果覆盖了这层保护膜，那么还必须开出接触孔以便完成引线键合。图 18.3 展示了一个器件的剖面结构示意图和一个正在工作的实际器件[7]。经过测试之后，就可以将晶圆片切割成微小的芯片并进行装焊。器件可以制作成薄膜形式并进行贴片倒装焊，或者制作成如图 18.3 所示的标准形式。对于贴片倒装焊，特别需要注意确保芯片能够得到很好的散热，同时确保芯片得到合适的密封，使得光线能够射出（参见图 18.4）。这样制作出的单个发光二极管芯片可以给出超过 100 流明的发光强度。

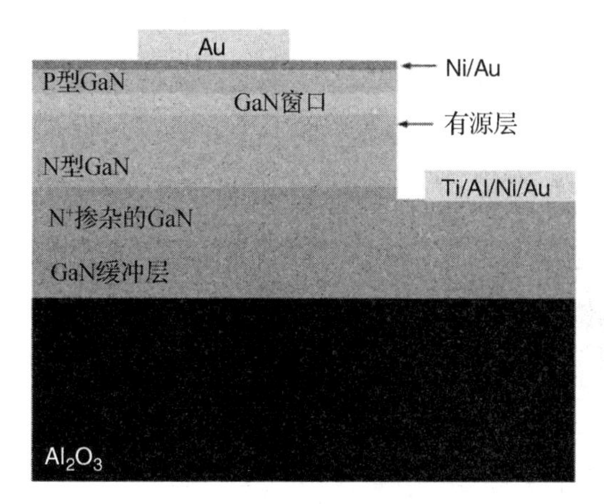

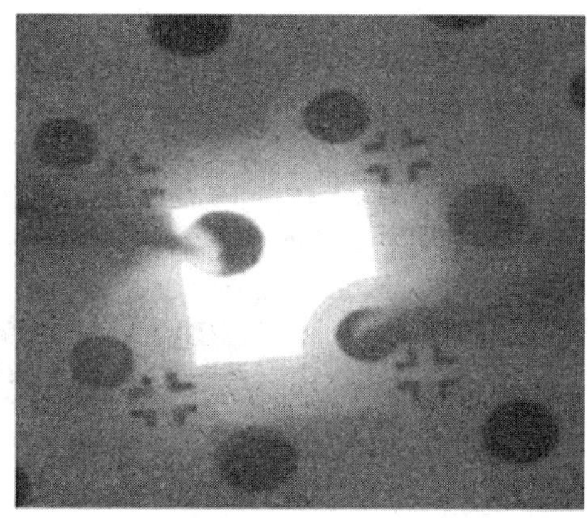

图 18.3　一个典型的 GaN 发光二极管剖面结构示意图（左图）和一个正在工作的器件照片（右图）（引自 Nguyen 等[7]，经 American Chemical Society 许可使用）

最后我们还需要简单讨论一下从发光二极管中引出光线的问题。半导体材料通常都具有一个远大于 1 的光学指数，因此根据斯涅尔定律（折射定律）可知存在一个临界角，其数值由下式给出：

$$\theta_c = \frac{1}{n_{\text{semi}}}$$

式中，n_{semi}是半导体材料的实际折射指数。对于 GaAs 材料来说，其 $n_{\text{semi}} = 3.3$（参见本书附录 II），因此其临界角 θ_c就是 1/3.3 = 0.3 rad，即 17° 左右。发光器件中任何与材料表面法线之间的入射角大于 17° 的光线就会被完全反射回到半导体材料中。已有多种不同的方法可以用来解决这个问题，包括采用共振腔使得光线沿着垂直轴向优先发射出来，以及进行表面修整处理以提高发射概率等。对于 GaN 薄膜发光二极管来说，其发光表面都是进行过粗糙化处理的。现代标准的 GaN 发光二极管则使用图形化的蓝宝石衬底，这样一来通常就不需要对发光表面进行粗糙化处理了。后者可以通过对芯片进行切割处理，以便在器件顶部形成一个底座加宽的结构，或者简单地利用具有高折射指数的环氧树脂材料在器件表面形成一个半球形的盖帽，以辅助光线的射出，同时这层环氧树脂还可以起到密封剂的作用。

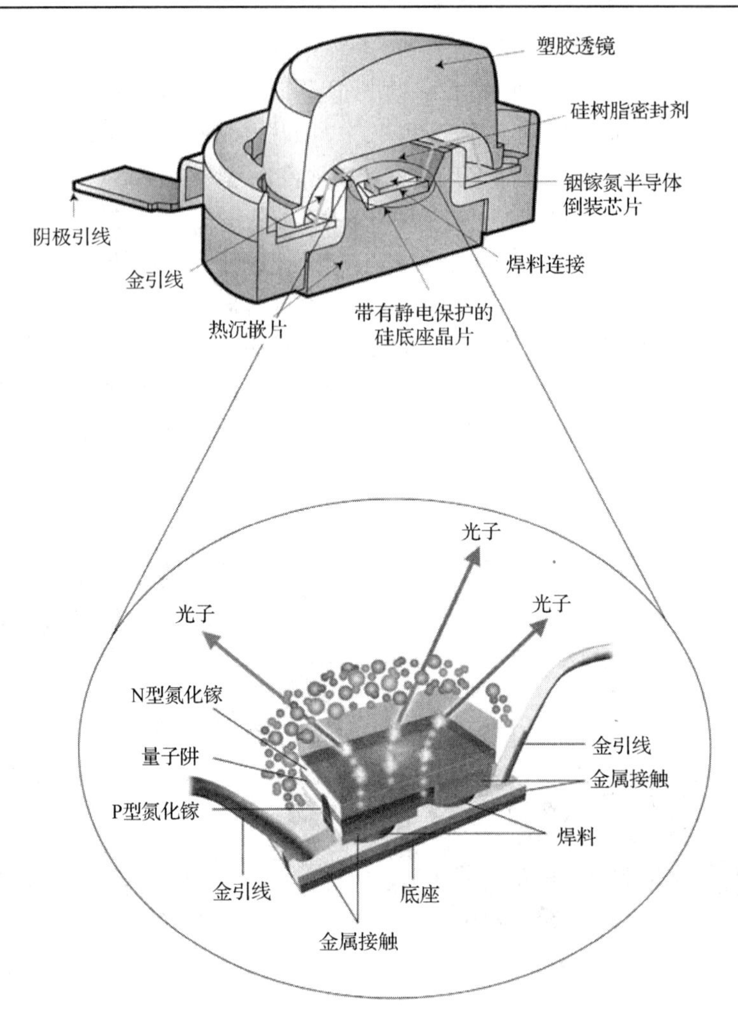

图 18.4 一个 LUXEON 功率型发光二极管的剖面结构示意图，其中的有源器件是采用倒置方式封装的，为了适应较高的功率密度，必须特别注意器件的热沉和包封情况(经 Philips Lumileds Lighting Company 许可使用)

18.3 聚合物/有机发光二极管

我们前面讨论的直接带隙无机半导体材料可以用来制造各种性能优良的光电子器件，包括目前已经在大量生产的各类固体激光器等。无机半导体材料制作的发光器件具有较高的功率密度，因此可以构成高强度的点光源，而且这些无机半导体材料中载流子的寿命又比较短，因此我们还能够以非常高的速度对其发光强度进行调制，这就使得各种无机半导体发光器件可以应用于高速通信领域。但是这些无机半导体发光器件的制造成本通常比较昂贵。当需要用于大面积(或大阵列)的场合时，就必须把这些发光器件分门别类地挑选出来并组装到一个合适的底板上。如果我们要把这种发光器件应用于显示器中，从经济角度来看就不太可行了。在最近的 20 多年里，人们已经开发出了采用聚合物和小分子的有机物来制造发光二极管(分别称为 PLED 和 OLED)的技术，并且在这个领域里也已经取得了令人难以置信的进步。尽管目前这类器件的发光效率还是没有无机半导体发光器件那样高，其有效的工作寿命也没有最好的无机半导体发光器件那样长，但是其性能已经足以满足许多阵列显示应用的需求。

人们已经采用聚合物材料（有关聚合物材料的特性，请参考本书第 8 章中的简要介绍）制备出了一些低成本的器件，由于这类器件的主要市场是在显示器领域，因此大量的研究开发工作集中在研制红、绿、蓝这三种颜色的发光器件上[8,9]。用于这类器件的有源材料就是各种半导体聚合物材料，通常人们使用一些 π 型配对的聚合物，例如 PVK 或 PFE 材料，因为它们内部的芳香环可以贡献出一些离开原位的电子，而这些电子又能够在电场的作用下沿着聚合物的分子链运动。和无机半导体材料不同的是，我们不再称其为导带和价带，而是称其为最低未占据的分子轨道（LUMO）状态和最高已占据的分子轨道（HOMO）状态，或者对于连续的能带结构，则分别称其为 π^*带和 π 带。另外还可以采用一些染料来调节这些聚合物材料的发光波长。

为了充分发挥有机发光器件的性能，必须尽量减小电极的接触势垒，而继续采用重掺杂、缓变能带或者金属合金接触电极等无机材料发光器件常用的方法来获得低阻接触特性则是非常困难的。PLED 和 OLED 器件的制造技术主要依靠低势垒高度的接触电极，因此必须采用低功函数的金属作为阴极接触电极，同时采用高功函数的金属作为阳极接触电极。铟锡氧化物（ITO）、聚苯胺、聚吡咯以及 PEDOT（聚乙撑二氧噻吩，这是一种复杂的导电聚合物）等是最常用的阳极电极材料，虽然这些材料的功函数还没有我们希望的那么高，但是至少这些材料在可见光范围内都是透明的。常用的阴极电极材料是钙、钡、镁等金属，因为它们的功函数比较低。然而遗憾的是，所有具有低功函数的材料都是化学性质高度活泼的金属，因此要制造出经久耐用的器件，就必须解决一个使器件与外界完全隔绝的密封问题[10]，否则器件的有效工作寿命可能就会停留在几分钟甚至几秒钟这样的水平，尤其是在器件已经被加载电流且耗散的功率使得发光二极管发热的情况下更是如此。器件的测试台则可以保持在真空环境中或充氮气的手套式操作箱内，以便于器件的测试筛选。

如果我们能够选取合适的电极，在外加一定偏置电压的条件下聚合物材料就会发光，而流过器件中的电流则通常受限于空间电荷效应（由穿过发光二极管中的载流子引起的电场所决定）。器件的导通电压通常与两端金属接触电极的功函数差大致相当。由于电极处的反射会引起干涉效应，因此聚合物层的厚度存在一个最优值，在这个厚度下可获得最佳的外部量子效率，这个最佳的厚度通常在 100 nm 左右。

上述这种基本设计结构存在的问题之一就是其效率通常都不太高。一般很难找到与聚合物材料完全匹配且化学特性、热特性十分稳定的电极材料，尤其是对于宽禁带半导体材料更是如此。为了有助于载流子的复合，我们还可以增加一个电子输运层（ETL）和一个空穴输运层（HTL），如图 18.5 所示，这两层材料同时还可以起到空穴阻挡层和电子阻挡层的作用。由阴

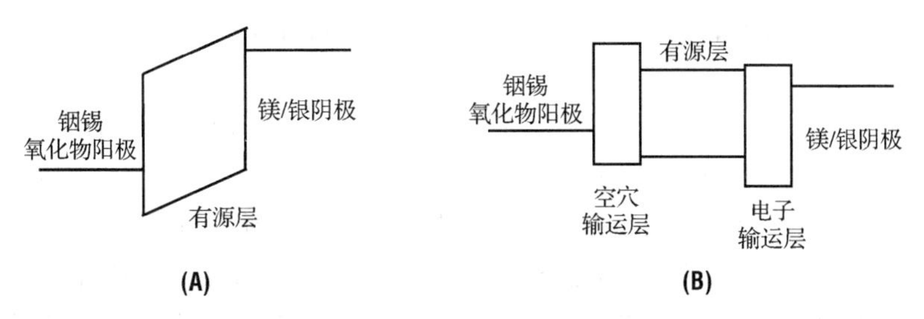

图 18.5　有机发光二极管的能带图：(A)一个简单的有机发光二极管能带图；(B)带有电子输运层和空穴输运层的有机发光二极管能带图

极所发射出的电子很容易通过电子传输层到达有源聚合物层，但是由于存在能带的不连续性，它们会被阻止进入到空穴传输层中去，因此空穴传输层也就起到了电子阻挡层的作用。对于空穴来说，情况也是完全类似的。采用这样的器件结构设计增加了电子与空穴的复合概率。电子传输层和空穴传输层的禁带宽度必须大于所发射光子的能量，这样可以避免发射出的光子被吸收掉。当然如果这两层的厚度足够薄的话，则这个要求也就未必一定需要满足了。

在制造聚合物发光二极管的工艺中，我们仍然可以采用常规的光学图形化技术和刻蚀技术，但是这类器件的几何尺寸通常比较大，其典型的特征尺寸一般可达到毫米的尺度，因此人们对采用喷墨打印技术或其他印刷工艺来制造这种聚合物发光器件也抱有很大的兴趣，原因在于这类工艺技术的制造成本通常极为低廉，而且也特别容易与柔性的塑料衬底相兼容。

还有一种十分常见的方法是采用可以通过热蒸发方式制备出来的小分子有机材料来制造 OLED 器件，这种技术与本书第 12 章中介绍的方法非常类似(尽管有机材料的制备温度要低很多)，或者我们也可以将待淀积的材料放置在一个喷射口处，并利用类似于 MOCVD 设备中的方法，采用某种携带气体来把有机材料输运进去，已经有大量的有机材料得到了实际的演示证明。这样的材料制备系统使得我们能够很好地控制薄膜层的厚度，也非常便于制作带有电子输运层和空穴输运层、窗口层等复杂结构的发光二极管材料。这样的材料制造过程通常要求真空处理工艺，因此其制造成本要远远高于印刷工艺，不过最佳性能的器件通常也都是采用这种方法制造的。

18.4 激光器

激光器一般包括发光元件和共振腔两部分，而共振腔通常是由两个相互平行的反射镜面构成的，其中一个反射镜面是常规的镜面，而另一个反射镜面则是弱反射镜面或半镀银镜面。辐射产生的光子被限制在共振腔内直到光强达到某个临界强度，才从半镀银镜面透射出来。由于有机半导体器件中的载流子通常都具有较长的辐射寿命，因而要利用其获得制备一个激光器所需的足够大的光子流量是极其困难的，所以几乎所有的固体激光器都是采用无机的直接带隙半导体材料制备的。

最早的固体激光器是边缘发射型的，通过腐蚀工艺或直接解理方法将多层堆叠的材料制备成一个台面结构，光子即可从台面的两侧透射出来。由于共振腔的长度一般都是光子波长的数倍，因此这种受激发射通常是多模的[11]，其次这种光发射往往是高度发散的，其发散角可以高达 50°，另外这种光发射一般是椭圆偏振光，因此很难与光导纤维相匹配。如果要使光束方向垂直于晶圆片表面，也可以在腐蚀形成的有源台面结构外表面上镀上某种金属材料以形成反射镜面。

为了改善器件的性能，某些边缘发射型的激光器[如图 18.6(A)所示]都是所谓的增益导引型激光器，即可以通过对器件顶部的材料进行腐蚀，以形成一个穿过激光器的波导结构，其典型的宽度为 7 μm 左右，这既可以采用一层淀积的二氧化硅层来实现(折射率导引型)，也可以采用掺杂的半导体阻挡层来实现(增益导引型)[12]。目前存在很多具有这种特征的半导体激光器，有关其详细的分类方法，感兴趣的读者可以进一步参阅 Suematsu 与 Adams 合写的专著[13]。

Soda[14]等人的研究小组是第一个从事垂直谐振腔表面发射激光器[VCSEL，如图 18.6(B)所示]实验研究的团队。这项技术的关键之处在于要能够在半导体多层结构的材料中生长出一层反射镜面。在垂直谐振腔表面发射激光器中，最常见的一种反射镜面就是所谓的分布式布拉格反射层(DBR)，这种分布式布拉格反射层是利用外延技术多次重复生长基本的周期性结构层而形成的，而基本的周期性结构层则是由一层厚度为 $\lambda/4$ 的高折射率材料和另一层同样厚度的低折射率材料重叠而成。这类结构的一个最简单的例子就是 GaAs/AlGaAs 异质结构，但是由于此种异质结构中两种不同材料的折射率之比仅为 1.2，因此其要求重复生长的周期次数相对来说比较多(大约 20 次)。通过在有源发光层的顶部生长出很少的几个周期性重复结构可获得半镀银的反射镜面。对 GaAs 发光材料来说，其发光波长为 0.88 μm，因此分布式布拉格反射层中各层的厚度应为 0.22 μm。这些异质结反射层带来的主要影响就是器件在正向偏置时其上存在着较大的压降，特别是异质结所具有的能带不连续性，都会阻碍电流的流动。与普通的发光二极管相比，大功率半导体激光器的封装形式必须能够满足其器件中高耗散功率密度的要求。

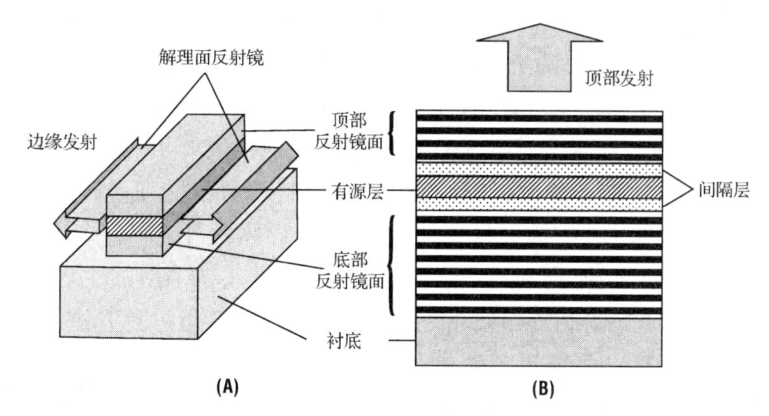

图 18.6　(A)边缘发射型与(B)垂直谐振腔表面发射型激光器的结构示意图

18.5　光伏器件概述

和光电子器件类似，随着光伏器件光电转换效率的提升和制造成本的下降，光伏器件的应用市场也经历了一个快速增长的过程。更多详细的信息，读者可以参阅 Luque 与 Hegedus 合写的专著[15]。我们可以将光伏器件的市场划分为两大类，第一类是难以使用其他常规能源的场合，或者不便于将常规能源输送到应用场景的情形，这类应用包括电池充电器、道路标识、各类小型便携式装置(例如手表和计算器等)以及各种便于移动的电源板。这一类应用的一个重要部分是那些电力网建设极为有限的发展中国家，这一类应用的另一个重要市场则是宇航领域，在该应用领域中，体积和质量是最重要的限制因素，由此导致光伏器件的光电转换效率要比其制造成本显得更为重要，因此这种场合使用的通常都是外延工艺制备的光伏器件。

第二类应用市场则是光伏器件必须与电网供电相互竞争的场合，这些场合可能是在用户端，也可能是在太阳能发电站。这类应用对于价格是非常敏感的，也就是要求太阳能发电的价格必须与电网供电的价格持平，换句话说，太阳能发电的价格必须不高于其他传统发电方式的价格。一般说来，电网供电的价格取决于用电地点和当地的能源价格。在美国，太阳能发电在南加州就是非常有竞争力的，因为那里对于高负荷用户的能源价格上涨幅度很大，而太阳能又是非常充裕的。目前在上述地区已经出现了各种致力于光伏发电的工厂，也就是太阳能发电站，特别是某些对太阳能发电的价格采取补贴的地区更是如此。太阳能发电设备的成本要高于光伏器件的成本，甚至也要高于光伏模组的成本。光伏模组的成本通常只占整套设备成本的 30%～50%。将光伏器件整合到诸如屋顶盖瓦这样的建筑材料中，预计还有可能进一步降低各种辅助材料的成本，从而提升太阳能发电的竞争能力。随着光伏器件与太阳能发电设备价格的持续降低以及太阳能发电效率的不断提升，太阳能发电的价格将进一步与电网供电的价格持平，这就使得光伏发电在经济上的优势更加明显。读者可以通过访问美国国家可再生能源实验室(NREL)的网站，获得有关光伏发电更多的信息。

光伏器件的工作原理是相对比较简单的。我们观察一个基本的 PN 结，当它吸收一个光子之后，就会产生出一个电子-空穴对。在各种无机半导体材料中，这个激子对的束缚能通常是比较低的。因此当光吸收发生在 PN 结耗尽区中的时候，内建电场就会使得产生出的载流子向两个相反的方向漂移，最终我们就能够收集到光生电流。正如本书第 8 章中所介绍的那样，光照强度在固体材料中会随着深度的增加而呈现出按照指数规律下降的趋势，通常采用吸收深度的倒数作为描述光吸收现象的吸收系数$\alpha(\lambda)$，它是光波长的函数。要使光伏器件的光电转化效率比较高，就必须使耗尽区靠近器件表面，同时对于所吸收的主要光谱频段来说，耗尽区的宽度还必须至少要达到 $1/\alpha$。当光子的能量小于固体的禁带宽度时，该固体材料对光子的吸收系数α 就会非常小。对于像硅材料这样的间接带隙半导体，即使光子能量大于其禁带宽度，其吸收系数α 通常也非常小。因此采用间接带隙[①]半导体材料来制造光伏器件，其厚度必须足够厚。作为参照物，地球表面受到的太阳辐照光谱，通常称为 AM1.5，可以近似看成是有效温度为 5250℃的黑体辐射，其峰值强度的波长位于 525 nm，接近绿色光谱的中心。

图 18.7 的上图所示是一个理想光伏器件简单的电特性模型，通过光吸收产生电流，并联的分流电阻反映了光生载流子的复合过程，这是与材料中的各种缺陷以及复合中心相关的，它们既可以发生在耗尽区中，也可以发生在体材料中。在光照条件下，光生电流将使得光伏器件处于微弱的正偏状态(注意在这个简单的模型中，在电压达到二极管的开启电压之前，理想的光生电流是与电压无关的，事实上，光伏器件两端的电压会调制耗尽区的宽度，从而影响光伏器件的收集效率)。串联电阻会降低二极管导通点附近的斜率，因为串联电阻上的压降造成了一部分输出电压的损失(参见图 18.7 的下图)，而并联电导则会降低各点的输出电压。光伏器件通常采用短路电流(J_{sc})、开路电压(V_{oc})以及填充因子和光电转化效率等指标来表征，其中填充因子是 $J(V)$ 从 $V=0$ 到 $V=V_{oc}$ 的积分除以 V_{oc} 和 J_{sc} 的乘积，而光电转化效率则是光伏器件的峰值输出功率除以入射光的功率。

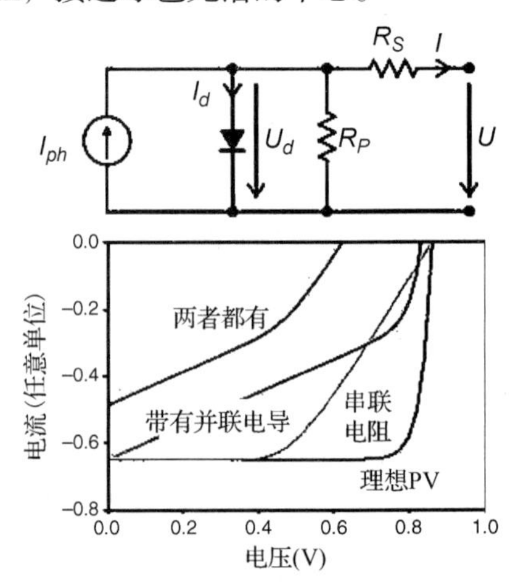

图 18.7 一个光伏器件的等效电路近似(上图)及其预测的各种参数影响(下图)

最后我们还要简单讨论一下器件的金属化和欧姆接触技术。我们在第 15 章中已经介绍了制作低阻欧姆接触的方法，然而光伏器件对欧姆接触的要求略微有点不同。光伏器件正常工作时，只有多数载流子流过半导体与金属的接触处，因此重掺杂的半导体虽然也是有利于形成欧姆接触的，但却不是必不可少的，只要我们能够确保与 P 型半导体接触的金属功函数低

① 原文误为直接带隙。——译者注

于半导体的费米能级，或者确保与 N 型半导体接触的金属功函数高于半导体的费米能级即可。对于光伏器件的金属电极而言，我们还必须在串联电阻和透光性之间做出权衡，至少要确保器件的一侧透光。通常可以采用网格状的电极来收集电流，在网格状电极的下面还可以预先淀积一层金属薄膜，它既可以是一层极薄的常规金属，也可以是一层透明的金属氧化物，例如铟锡氧化物（ITO）或铝锌氧化物（AZO），它们实际上是重掺杂的半导体，但是其表现出来的特性与金属非常相似。

18.6　硅基光伏器件制造技术

在写作本书时，制作光伏器件的主流技术是采用单晶硅工艺，该技术占据了大约 85%的市场份额。基本的硅光伏器件工艺流程如图 18.8 所示。为了使得硅晶圆片表面尽量少反射光线，首先需要将其放入稀释的氢氧化钾（KOH）溶液中浸一下，在下一章中我们将会介绍，氢氧化钾溶液可以用来在硅晶圆片上腐蚀出金字塔状的锥形孔，这样可以使得硅晶圆片表面变得比较粗糙，从而增加其对光辐射的吸收量。其次需要将这些硅晶圆片背靠背地放到扩散炉中进行磷扩散掺杂，典型的扩散结深是 1 μm 左右。这一步工艺也会使得硅晶圆片的边缘掺入杂质，这样就会导致光伏器件发生短路，因此还需要将这些硅晶圆片紧密地堆叠起来，然后放入一个等离子体刻蚀系统中，以便去除硅晶圆片边缘的重掺杂区域。接下来需要制备金属化电极，光伏器件背面的金属电极是完全均匀的，但是其正面则必须制备成图形化的金属电极，这样才能让光线照射进去。实现图形化电极最便宜的方法是采用金属浆料，通过一个模板进行刮涂，这种方法类似丝网印刷工艺。当然也可以溅射金属薄膜，然后利用光刻和刻蚀工艺实现金属电极的图形化，但是这种方法的成本非常昂贵。之所以可以采用类似丝网印刷的方法，是因为光伏器件的特征尺寸要大于 100 μm。金属浆料中也可以加入掺杂剂，这样可以进一步改善欧姆接触特性。最后将整个硅晶圆片放入加热炉中对金属浆料进行固化处理，还可以在晶圆片表面增加一层抗反射层，从而改善光伏器件的光吸收特性。这类器件典型的光电转换效率在 16%左右。要进一步提高光伏器件的转换效率，还可以采用下面几个办法。一个办法是在硅晶圆片的正反两面覆盖一层二氧化硅薄膜，这样可以减少表面复合，但是同时也需要利用光刻和刻蚀工艺制备出接触孔。另一个办法是采用非常高浓度的重掺杂汇流条来减少金属电极的用量，但是这种方法同样也会增加工艺步骤和制造成本。目前单结硅光伏器件的最高转换效率是 25%，不过这种器件的造价也是非常昂贵的[16]。

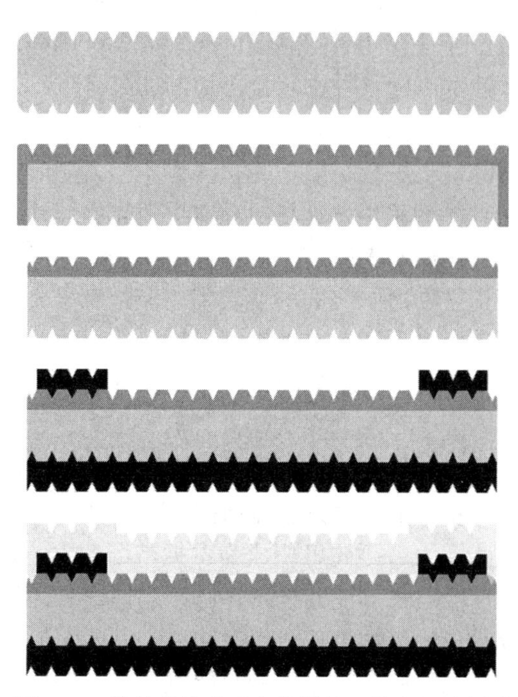

图 18.8　简单的单晶硅光伏器件工艺流程示意图

为了降低单晶硅的制造成本，人们已经研究开发了多种不同的技术。分析表明最主要的成本驱动因素之一就是硅材料本身。采用薄硅晶圆片主要受限于较长的吸收长度，另外从硅晶锭上切割出晶圆片并进行抛光处理也会造成硅材料的损失。目前的研究工作主要集中在以下两个方面。第一个方法是采用多晶硅晶圆片，这也是迄今为止最为成功的方法。将熔融状态的硅倒入一个方形的高温容器中并让其冷却固化，然后将这些方形硅晶切割成稍小一些的方形晶锭，最后切割成方形晶片。这些方形晶片使得光伏组件的密度更高，而其生长过程中较低的功率要求又使得材料的制造成本大大下降(如图 18.9 中的左图所示)。与单晶硅光伏器件相比，多晶硅中的晶粒边界会使其转换效率降低 20%左右。第二个方法是在拉晶时拉出一个硅晶带，而不是通常的硅晶锭，当然这种方法目前尚未能真正实现。这种方法的一个案例是从熔融状态的硅晶中拉出两个硅晶线[17]。此时硅材料的表面张力会使得一层液态硅薄膜悬挂在两个硅晶线之间。如果这层硅薄膜的厚度可控，固化形成的硅晶带就可以直接分割成方形晶片，而无须从大块的硅晶锭上进行切割(如图 18.9 中的右图所示)。然而采用这种材料制造出的光伏器件的性能还不太稳定[18]。有些研究小组已经报道了高达 18%的转换效率，但是对于大生产来说，还存在着表面粗糙度、缺陷和杂质控制等一系列问题。

图 18.9　多晶硅晶片(左图)(经 Schott Solar 公司许可使用)和硅晶带(右图)(经 Evergreen Solar 公司许可使用)

除了单晶硅光伏器件，另一个与之相当的太阳能电池技术方案就是基于薄膜吸收的光伏器件。如果薄膜吸收材料是直接带隙半导体材料的话，那么薄膜的厚度只需 1～2 μm 即可，这样所用的材料只有普通硅光伏器件的百分之一。由于薄膜光伏器件(TF-PV)具有降低成本的巨大潜力，因此可望成为占据市场的主流技术。目前主要有三种主流的薄膜光伏器件技术，第一个就是非晶硅技术。已经制造出了两种器件。当采用玻璃衬底时，首先需要在玻璃衬底上涂敷一层透明的金属氧化物，例如铟锡氧化物(ITO)，然后在不破坏真空的条件下连续淀积 P 型非晶硅、本征非晶硅和 N 型非晶硅，最后淀积顶层金属电极。作为一个可选项，还可以在铝金属电极下面淀积一层导电的窗口层，例如可以溅射一层 ZnO 或 SnO_2 薄膜，这样可以改善可靠性，同时也可以避免铝与吸收层发生反应。

非晶硅的淀积是至关重要的一步工艺，因为它决定了吸收层的特性。通常采用射频等离子体增强化学气相淀积(RF PECVD)系统来完成非晶硅薄膜的淀积，淀积速率介于 10～20 nm/min 之间(参见图 18.10)。采用这种方法来淀积薄膜材料具有一个非常有用的特点，就是可以通过改变淀积条件调节薄膜材

图 18.10　用于淀积非晶硅的 PECVD 系统，一次可从狭缝中送入两块大的平板玻璃(1～2 m)，当两块平板玻璃通过该系统时，就会被淀积一层非晶硅薄膜(经 Ulvac 许可使用)

料使之成为非晶、混晶或微晶，这可以通过升高衬底温度或增加进入反应腔中的氢气(H_2)与硅烷(SiH_4)的比值来实现[19]。半导体材料的禁带宽度取决于它的结晶状态，微晶硅与体硅晶体材料类似，二者的禁带宽度都是 1.12 eV，而非晶硅的禁带宽度则为 1.7 eV 左右，其对可见光的吸收系数倒数($1/\alpha$)也要小得多。这就使得我们可以采用较薄的非晶硅薄膜来作为吸收层，而对于单晶硅的话则必须采用较厚的吸收层。有两个原因需要考虑微晶硅或混晶硅材料，首先是基于可靠性的考虑，在太阳光中的紫外线照射下，非晶硅材料会发生去质子化过程，这种现象也称作光诱导衰退效应(或 Staebler-Wronski 效应)[20, 21]。稳定后的非晶硅光伏器件，其光电转换效率通常只有原来的 50%～70%。一般说来，增加材料的结晶度可以减少转换效率的损失，但是同时也会使得材料的禁带宽度和吸收长度减小。

采用非晶硅材料带来的另一个很有意义的优点是有利于制作多结的太阳能电池。举例来说，我们可以在铟锡氧化物(ITO)电极上通过淀积微晶硅材料来制作 PIN 结构，然后还可以在其上利用非晶硅薄膜再制作另一个 PIN 结构。对于红光和红外辐射来说，其光子能量较低，不足以被顶层具有较宽带隙的非晶硅薄膜通过带-带跃迁吸收，而蓝光则完全可以被非晶硅吸收。因此低能量的光子则被具有较低带隙的微晶硅薄膜层吸收。两个 PIN 结构之间的 PN 结由于具有较高的俘获中心密度，则表现出了一个隧穿结的特性，它起到了把两个 PIN 结构串联起来的作用。采用具有不同带隙宽度的多结相互串联是一个非常有优势的方法，因为它的转换效率更高，而且在较低电流下就能够获得较高的输出电压。另外我们也可以通过在吸收层中引入锗合金来形成这种多结的光伏器件。

18.7　其他光伏器件制造技术

薄膜光伏器件市场上另外两个主要的竞争者则是碲化镉(CdTe)薄膜光伏器件和铜铟镓硒(CIGS)薄膜光伏器件。这两种材料都是通过物理淀积工艺形成的薄膜，其中碲化镉薄膜光伏器件目前则是这二者之中的领跑者，这主要归功于美国第一太阳能公司(First Solar)在该领域所取得的成功。铜铟镓硒光伏器件展示了更高的光电转换效率，其中实验室的研究结果已经超过 20%，但是由于其组分和晶粒结构的控制更为复杂，因此其生产制造的难度也更大。以往这两类器件都只是在真空系统中才部分地制备出，其中结的 N 型区一侧则可以通过一种称为化学浴沉积法的湿法化学工艺制备出。

碲化镉薄膜以往总是淀积在覆盖了铟锡氧化物的玻璃上。通常采用的是钠钙玻璃(SLG)，因为其成本非常低。铟锡氧化物典型情况下是在含有少量氧的氩气气氛中通过溅射工艺制备的[22]。其他可以代替铟锡氧化物的材料还有铝锌氧化物和锡酸镉(Cd_2SnO_4)。N 型的硫化镉通常采用水化学镀工艺制备。在 60℃～90℃的典型条件下，采用醋酸镉($CdAc_2$)、醋酸铵(NH_4Ac)、氢氧化铵(NH_4OH)和硫脲($CS(NH_3)_2$)的混合物可以淀积形成 80～100 nm 厚的硫化镉薄膜。

P 型碲化镉薄膜的物理气相淀积工艺提出了一个很有意义的挑战。在较低的衬底温度条件下淀积上述薄膜是非常简单的，但是这会导致晶粒较小，同时载流子的寿命也比较低。如果把淀积温度升高到 350℃，晶粒就会变成 1 μm 左右，同时也可以获得极好的光伏器件性能。问题在于此时镉(Cd)和碲(Te_2)的气压非常高，分别达到 100 mT 和 5 mT，因此很难获得按照化学当量比的薄膜生长。解决此问题的一个途径是采用相距间隔非常近的升华技术[23, 24]。采用这种方法时，首先将一个固态的碲化镉圆盘放置在非常靠近衬底的位置处，然后在 400℃、

30 Torr 的氢气气氛中退火 15 min。据报道这样可以减少硫化镉衬底中与氧相关的缺陷，还可以形成一个非化学当量比的表面。这一步热处理还能够引起硫化镉的再结晶，同时也为碲化镉薄膜的淀积准备了清洁的表面[25]。同时将衬底和源加热到所需要的淀积温度，然后再将源的温度继续升高 50℃左右。此时碲化镉会从两个表面均匀地流失，但是由于二者的间隔非常近(大约只有 2 mm)，因此几乎不会有净损失，这样就确保可以形成一个接近化学当量比的薄膜。在上述过程中，通常采用氦气和氧气的混合气体来作为输运气体。

完成碲化镉的淀积之后，再在 $CdCl_2/O_2$ 气氛中进行一次 420℃的退火处理。通常经过退火处理的光伏电池转换效率要比没有经过退火处理的光伏电池高出一倍。尽管退火处理的准确机理尚不清楚，但是显然它可以降低材料中的复合。退火处理对于体材料的再结晶效应也不太明确，有些作者观察到了显著的晶粒生长[26]，另外也有些作者没有观察到明显的差别[27]。然后对上述材料进行腐蚀，采用的腐蚀液可以是磷酸、硝酸和去离子水的混合物，三者的比例为 88 : 1 : 35，也可以是溴甲醇溶液。该腐蚀工艺能够选择性地去除镉，留下富含碲的清洁表面[28]。最后淀积金属化层，通常是将一层纯铜或含铜的合金薄膜淀积在器件的背面，并在大约 280℃的高温下对其进行退火处理。这会使得铜扩散进入背面，给金属接触区域进行掺杂，由此可降低接触电阻率，推测其中的机理可能是铜占据了镉在晶格中的位置。这一步退火的工艺条件必须精心设计优化，因为铜很可能会沿着晶粒边界往薄膜中扩散几微米[29]，此外铜还可能会带来一些可靠性方面的问题。在整个器件的制造工艺结束之前还需在器件表面再覆盖一层抗反射涂层。

第三种薄膜光伏器件材料系统就是铜铟镓硒(简称 CIGS，参见图 18.11)。有人预测铜铟镓硒可能是最优异的光吸收材料之一，因为在前述的三种主要的薄膜光伏器件技术中，铜铟镓硒的功率转换效率是最高的。早期在批量生产铜铟镓硒光伏电池方面遇到了许多问题，但是目前大规模生产已经不成问题，而且生产规模还在快速扩张。例如，日本昭和(Showa)电机株式会社报道了转换效率高达 16%的光伏模块[30]，而全球太阳能(Global Solar)公司生产线上在不锈钢衬底上制备的成卷的薄膜光伏器件模块，其转换效率也可以达到 13%[31]。这些光伏器件模块的转换效率还在不断提升，同时实验室研制的器件转换效率与大规模生产的光伏模块转换效率之间的差别也在不断缩小。

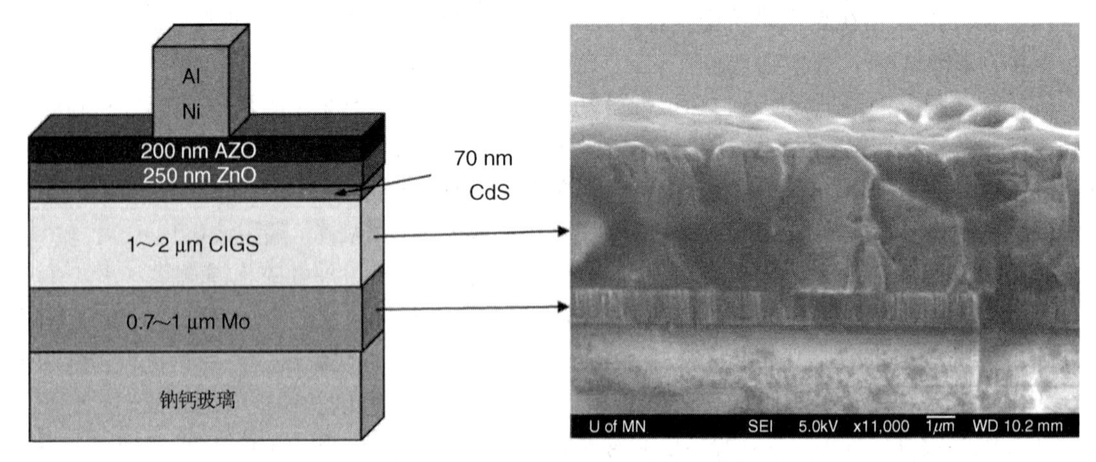

图 18.11 左图是显示出各层典型厚度的铜铟镓硒器件示意图，右图是淀积硫化镉之前生长在金属钼上面的铜铟镓硒薄膜照片

在标准的铜铟镓硒器件工艺中，首先是准备好钠钙玻璃(SLG)衬底。将衬底清洗干净后淀积一层金属钼。该金属层的应力大小和晶粒结构对其黏附性是非常重要的，因为钠会通过扩散穿透过金属钼进入到铜铟镓硒中，这对于确定其中的载流子浓度和晶粒结构起到了关键性的作用[32]。接下来淀积铜铟镓硒薄膜，通常采用共蒸发的方式。在共蒸发的过程中，硒的蒸汽压会略有升高，原因在于可能会有过量的硒从生长的样品表面再次蒸发出来。在最终淀积形成的铜铟镓硒薄膜中，铜的组分不可过量，否则就会形成金属性的硒化铜(CuSe)，这样就会降低器件并联的分流电阻。但是在薄膜的淀积生长温度下，硒化铜是以液态的形式存在的，它是有利于晶粒的生长的，而且会导致形成较大的等轴晶粒。很多生长工艺首先包括一个富含铜的工艺步骤，接着是一个铜含量不足的工艺步骤，这样最终形成的就是一个铜含量不足的薄膜，其典型的组分比为 $Cu_{0.85}In_{0.7}Ga_{0.3}Se_2$。一般认为铜组分较低有利于提高载流子的浓度。另外 Ga/(Ga+In)之比决定了薄膜材料的带隙宽度，它可以在 0.9 ~ 1.6 eV 之间调节。光伏器件理想的带隙宽度在 1.4 eV 左右[33]，但是人们已经发现当镓的浓度过高时，薄膜中的缺陷密度就会以指数形式增加[34]。因此当镓的浓度超过 30%以后，光伏器件的转换效率就会下降。铜铟镓硒薄膜典型的生长温度接近 500℃，其厚度在 1 ~ 2 μm 之间。如果不是在钠钙玻璃衬底上生长铜铟镓硒薄膜，则还必须提供钠的来源。还有一种制备铜铟镓硒薄膜的方法是首先依次淀积铜、铟、镓金属叠层，然后将上述金属叠层放到含有硒的气氛中烘烤几个小时即可。这两种方法在大生产中都获得了应用。

一旦上述薄膜淀积工作完成之后，就可以将衬底投入到硫化镉的化学浴淀积(CBD)工艺中，该工艺与前面介绍的水化学镀工艺类似。采用溅射工艺制备的硫化镉通常没有化学浴淀积工艺制备的硫化镉转换效率高，原因在于化学浴淀积工艺能够有效地降低表面复合速度[35]。接下来再利用溅射方法淀积一层 250 nm 厚的氧化锌薄膜，该层称作窗口层，通常是 N 型的，至于耗尽层是否能够扩展到这层氧化锌薄膜中尚存在一些争议。在这层氧化锌薄膜上再淀积一层透明的金属氧化物，既可以是铟锡氧化物(ITO)，也可以是铝锌氧化物(AZO)。最后淀积并通过光刻和刻蚀工艺形成汇流条。典型的金属化层由一层薄的镍黏附层和一层较厚的金属铝薄膜构成。当然最后还得覆盖一层抗反射层。

很多研究小组正在实验研究各种新型的结构，这些新型结构包括有机材料的光伏器件[36]，其转换效率已达到 8.3%；也包括染料敏化太阳能电池[37]，其转换效率已达到 11.1%；还包括一些纳米结构器件，例如量子点太阳能电池[38]，其转换效率已达到 4.4%；以及最新的一些备选器件，例如将有机材料和无机材料结合在一起的混合型器件[39]等。总的来说，上述这些研究工作的推动力都在于要试图找到能够在廉价的塑料衬底上低成本地大批量生产光伏器件的方法。对于这些不同类型的众多材料来说，人们普遍关注的一个热点是其在紫外线的照射以及水汽侵蚀下的可靠性问题。已经有大量的文献资料介绍了对这些材料系统的研究结果，感兴趣的读者可以进一步去深入探究。但是在写作本书的时候，我们尚不清楚这些材料需要获得多高的转换效率，才能够向主流的太阳能应用领域那些传统的材料发起挑战。

18.8　小结

目前已经能够制造出各种不同类型的光电子器件。这些器件从其材料结构的角度来看常常是极其具有挑战性的，但是从工艺制造的角度来看又是比集成电路要简单得多的。当人们需要获得高性能和/或高速调制的器件时，可以采用诸如砷化镓和氮化镓这样的单晶体、直接带隙的无机半导体材料。氮化镓及相关材料近年来已经引起了人们强烈的兴趣和广泛的关注，有可能成为实现固态照明的解决方案。而当人们需要大面积、低成本的器件，或者需要与其他类型的器件以及有源材料集成在一起时，则可以采用基于聚合物的有机发光材料。然而迄今为止，尚未能够采用这类有机材料制成电学方法激励的激光器。

在太阳能电池领域，目前单晶硅和多晶硅晶圆片是占主导地位的技术，其市场占有率高达 85%以上。而诸如非晶硅、碲化镉以及铜铟镓硒这类薄膜太阳能电池则具有生产成本低的优势，其供电价格可望实现与传统发电方式持平。至于其他有机类的新型材料，虽然目前已经取得了很大的研究进展，但是其转换效率仍然比较低。

参考文献

1. E. Fred Schubert, *Light-Emitting Diodes*, Cambridge University Press, Cambridge, 2006.
2. K. Mullen and U. Scherf, eds., *Organic Light Emitting Devices*, Wiley-VCH, New York, 2006.
3. D. Sands, *Diode Lasers*, Institute of Physics, Bristol, 2005.
4. S. Toshiaki, *Semiconductor Laser Fundamentals*, Dekker, New York, 2004.
5. For example, see www.netl.doe.gov/ssl/. To find many other references, simply search on the term “solid state lighting”.
6. K. Warner, “Higher Visibility for LEDs,” *IEEE Spectrum*, July 1994, p. 30.
7. X. Lin Nguyen, T. N. N. Nguyen, V. T. Chau, and M. C. Dang, “The Fabrication of GaN-based Light-emitting Diodes (LEDs),” *Adv. Nat. Sci.: Nanosci. Nanotechnol.* **1**:025015 (2010).
8. U. Scherf and E. J. W. List, *Adv. Mater.* **14**:477 (2002).
9. S. Setayesh, D. Marsitzky, and K. Mullen, *Macromolecules* **33**:2016 (1999).
10. X. Gong, D. Moses, and A. J. Heeger, “Polymer-Based Light-Emitting Diodes (PLEDS) and Displays Fabricated from Arrays of PLEDs,” in *Organic Light Emitting Devices*, K. Mullen and U. Scherf, eds., Wiley-VCH, New York, 2006.
11. W. W. Chow, K. D. Choquette, M. H. Crawford, K. L. Lear, and G. R. Hadley, “Design, Fabrication, and Performance of Infrared and Visible Vertical-Cavity Surface-Emitting Lasers,” *IEEE J. Quantum Electron.* **33**:1810 (1997).
12. E. Kapon, *Semiconductor Lasers II, Materials and Structures*, Academic Press, London, 1999.
13. Y. Suematsu and A. R. Adams, *Semiconductor Lasers and Photonic Integrated Circuits*, Chapman & Hall, London, 1994, p. 320.
14. H. Soda, K. Iga, C. Kitahara, and Y. Suematsu, “GaInAs/InP Surface Emitting Injection Lasers,” *Jpn. J. Appl. Phys.* **18**:2329 (1979).
15. A. Luque and S. Hegedus, eds., *Handbook of Photovoltaic Science and Engineering,* Wiley, West Sussex, England (2003, 2011).
16. M. A. Green, “Crystalline and Thin-film Silicon Solar Cells: State of the Art and Future Potential,” Solar Energy **74**:181 (2003).
17. T. F. Ciszek, “Techniques for the Crystal Growth of Silicon Ingots and Ribbons,” *J. Crystal Growth* **66**:655 (1984).
18. J. S. Culik, I. S. Goncharovsky, J. A. Rand, and A. M. Barnett, “Progress in 15-MW Single-thread Silicon-film Solar Cell Manufacturing Systems,” *Prog. Photovoltaics* **10**:119 (2002).

19. A. S. Ferlauto *et al.*, "Extended Phase Diagrams for Guiding Plasma-enhanced Chemical Vapor Deposition of Silicon Thin Films for Photovoltaics Applications," *Appl. Phys. Lett.* **80**:2666 (2002).
20. D. L. Staebler and C. R. Wronski, "Optically Induced Conductivity Changes in Discharge-Produced Hydrogenated Amorphous Silicon," *J. Appl. Physics* **51**(6):292 (1980).
21. A. Kolodziej, "Staebler-Wronski Effect in Amorphous Silicon and its Alloys," *Opto-Electronics Review* **12**(1):21 (2004).
22. J. Dutta and S. Ray, "Variations in Structural and Electrical Properties of Magnetron-Sputtered Indium Tin Oxide Films with Deposition Parameters," *Thin Solid Films* **162**:119 (1988).
23. T. C. Anthony, A. L. Fahrenbruch, and R. H. Bube, "Growth of CdTe Films by Close-spaced Vapor Transport," *J. Vacuum Sci. Technol. A* **2**:1296 (1984).
24. T. L. Chu, "Thin Film Cadmium Telluride Solar Cells by Two Chemical Vapor Deposition Techniques," *Solar Cells* **23**:31 (1988).
25. A. Rohatgi, "A Study of Efficiency-Limiting Defects in Polycrystalline CdTe/CdS Solar Cells," *Int. J. Solar Energy* **12**:37 (1992).
26. B. E. McCandless and J. Sites, "Cadmium Telluride Solar Cells" in *Handbook of Photovoltaic Science and Engineering*, A. Luque and S. Hegedus, eds., Wiley, Chichester, 2003.
27. R. G. Dhere, D. S. Albin, D. H. Rose, S. Asher, K. Jones, M. Al-Jassim, H. Moutinho, and P. Sheldon, "Inter-mixing at the CdS/CdTe Interface and its Effect on Device Performance," *Materials Research Society Symposium Proceedings* Vol. 426, pp. 361–366, San Francisco, 1996.
28. D. M. Waters, D. Niles, T. A. Gessert, D. Albin, D. H. Rose, and P. Sheldon, "Surface Analysis of CdTe After Various Pre-contact Treatments," *Proceedings of the 2nd IEEE World Photovoltaic Specialists Conference*, Vienna, Austria (1998).
29. H. R. Moutinho, R. G. Dhere, C.-S. Jiang, T. Gessert, A. Duda, M. Young, W. K. Metzger, and M. M. Al-Jassim, "Role of Cu on the Electrical Properties of CdTe/CdS Solar Cells: A Cross-sectional Conductive Atomic Force Microscopy Study," *J. Vac. Science Technol. B* **25**(2):361 (2007).
30. Y. Chiba, S. Kijima, H. Sugimoto, Y. Kawaguchi, M. Nagahashi, T. Morimoto, T. Yagioka, T. Miyano, T. Aramoto, Y. Tanaka, H. Hakuma, S. Kuriyagawa, and K. Kushiya, "Achievement of 16% Milestone with 30 cm × 30 cm-sized CIS-based Thin-film Submodules," p. 50, *Proceedings of the IEEE Photovoltaics Specialist Conference*, Honolulu, 2010.
31. S. Wiedeman, S. Albright, J. S. Britt, U. Schoop, S. Schuler, W. Stoss, and D. Verebelyi, "Manufacturing Ramp-up of Flexible CIGS PV," p. 199, *Proceedings of the IEEE Photovoltaics Specialist Conference,* Honolulu, 2010.
32. J. H. Scofield, S. Asher, D. Albin, J. Tuttle, M. Contreras, D. Niles, R. Reedy, A. Tennant, and R. Noufi, "Sodium Diffusion, Selenization, and Microstructural Effects Associated with Various Molybdenum Back Contact Layers for CIS-based Solar Cells," *First World Conference on Photovoltaic Energy Conversion. Conference Record of the Twenty Fourth IEEE Photovoltaic Specialists Conference*, pp. 164–167, Vol. 1, 1994.
33. W. Shockley and H. J. Queisser, "Detailed Balance Limit of Efficiency of p-n Junction Solar Cells," *J. Appl. Phys.* **32**:510 (1961).
34. D. J. Schroeder *et al.*, "Hole transport and doping states in epitaxial $CuIn_{1-x}Ga_xSe_2$ ", *J. Appl. Phys.* **83**(3):1519 (1998).
35. C. H. Huang, S. S. Lia, B. J. Stanbery, C. H. Chang, and T. J. Anderson, "Investigation of Buffer Layer Process on CIGS Solar Cells by Dual Beam Optical Modulation Technique," *IEEE Photovoltaic Specialists Conference*, pp. 407–410, 1997.

36. H. Hoppe and N. S. Sariciftci, "Organic Solar Cells: An Overview," *J. Mater. Res.* **19**(7):1924 (2004).
37. Md. K. Nazeeruddin, E. Baranoff, and M. Grätzel, Michael, "Dye-sensitized Solar Cells: A Brief Overview," *Solar Energy* **85**(6):1172 (2011).
38. T. Dittrich, A. Belaidi, and A. Ennaoui, "Concepts of Inorganic Solid-state Nanostructured Solar Cells," *Solar Energy Materials and Solar Cells* **95**(6): 1527–36 (2011).
39. J. Chandrasekaran, D. Nithyaprakash, K. B. Ajjan, S. Maruthamuthu, D. Manoharan, and S. Kumar, "Hybrid Solar Cell Based on Blending of Organic and Inorganic Materials: An Overview," *Renewable and Sustainable Energy Reviews* **15**(2): 1228–38 (February 2011).

第 19 章　微机电系统

在 20 世纪 60 年代初期，研究人员认识到，为标准的硅集成电路工艺而开发的制造技术，也可以推广开来，用于一些非传统硅器件的制造。与集成电路利用到硅材料的电特性不同，非传统硅器件利用硅的机械特性，制造出能够响应压力变化、进行微移动的柔软薄膜，通过探测这种移动，并将其转化成可测量的电信号，就得到了一个压力传感器。在出现这些早期的传感器之后不久，对执行器的研发工作也开始了，它是一种响应电的激励，能够运动的微小机电装置。这就是我们现在称为**微机械或微机电系统**(MEMS，microelectromechanical systems)的领域早期的发展情形[1~3]。

传统的 MEMS 器件按其特性分成传感器或执行器，传感器将压力、加速度、温度以及辐射这样的物理激励转换成电信号，而执行器则将电能转换成某种形式的受控机械运动。MEMS 传感器方面的例子有：用于汽车气囊展开控制的加速度传感器；安置在导管尖端，用于监视心脏内血压的压力传感器；以及对气相化合物进行定量探测的化学传感器。MEMS 执行器方面的例子有：视频显示系统中用到的数字信号反射镜器件，由 200 多万个独立控制的微镜面构成；用在喷墨打印机上的墨水喷嘴；以及微流体系统(流体的体积在微升到纳升范围内)中的微型阀和微型泵。

传统 MEMS 器件比较依赖于在硅集成电路制造中使用的那些典型材料，例如单晶硅、多晶硅、二氧化硅(SiO_2)和氮化硅(Si_3N_4)。由于 MEMS 器件的机械本质，像杨氏模量、热膨胀系数和屈服强度这些材料属性对于 MEMS 器件的设计来说是非常重要的。MEMS 结构中经常会有无支撑(或悬垂)的元件，因此对于薄膜中的应力和应力梯度需要严格控制，否则无支撑元件将会断裂或卷曲，致使结构失效。薄膜的淀积条件直接决定了膜内应力的水平，所以要得到功能合格的传感器和执行器，必须对工艺条件进行控制。尽管硅集成电路的制造者和传统 MEMS 的研究人员使用同样的工艺设备，但是各有各的工艺考虑。IC 器件工艺中的一些问题，诸如栅氧完整性、器件隔离和亚微米栅的形成，在 MEMS 器件中并不是太被关心。与此类似，MEMS 工艺中的一些考虑，如膜成型用的受控腐蚀、微观部件的机械摩擦和表面张力效应，对 IC 工艺工程师来说也并不是主要问题。但是，许多的工艺问题，包括薄膜应力、平坦化、选择性的湿法和干法腐蚀，对于标准 IC 制造和 MEMS 二者的确都有影响，彻底掌握二者在光刻和薄膜生长方面的这些共性技术，对 MEMS 器件设计和工艺工程师而言，是非常重要的。随着 MEMS 技术的日益成熟，在 MEMS 器件与信号处理及控制电路之间会进行更多的集成，这将促使设计师和工艺工程师们对 MEMS 和 IC 两个方面制造环节中的细微之处都有更好的领悟。

本章介绍传统 MEMS 中体微机械和表面微机械的制造工艺，包括常见的 MEMS 传感器和执行器的实例。MEMS 器件有太多的用途，一章的内容只能触及这些器件的许多实用方法中的表层，同样，一章的内容也不可能涉及所有工艺上的花样。本章立足于基本的工艺和 MEMS 机理介绍，将为各种先进 MEMS 课题的深入研究提供良好的基础。

19.1 力学基础知识

要想懂得 MEMS 的设计与 MEMS 的工作机理，掌握一些材料力学方面的基础知识是必要的。这里对一些基本概念进行简单的讨论，以提供理解 MEMS 器件的足够的背景，这些概念包括：应力、应变、胡克定律、泊松比和薄膜应力。对该领域进行完全的讨论已经超出了本章的范围，如欲更加全面系统地学习，有很多有名的专著可供参考[4~6]。

一块均匀的固体材料在受力时，作为对力的响应，其形体上会发生变化。对于液体这样的非固态材料，这种变化是非常显著的。然而对固体来说，除非是施加的力太大，从而导致材料不可恢复性地损坏，在通常的情况下，这种变化是很小的，常常是小到肉眼观察不到的程度。考虑一个圆柱形的固体杆件，其初始长度为 L_0，直径为 D，它受到一个拉力 F 的作用，F 均匀地施加在杆件的两端，如图 19.1 所示，拉力将使得杆件伸长一点，伸长量为 ΔL。杆件的这种伸长可以用轴向应变 ε_a 来描述，ε_a 定义为

$$\varepsilon_a = \Delta L / L_0 \tag{19.1}$$

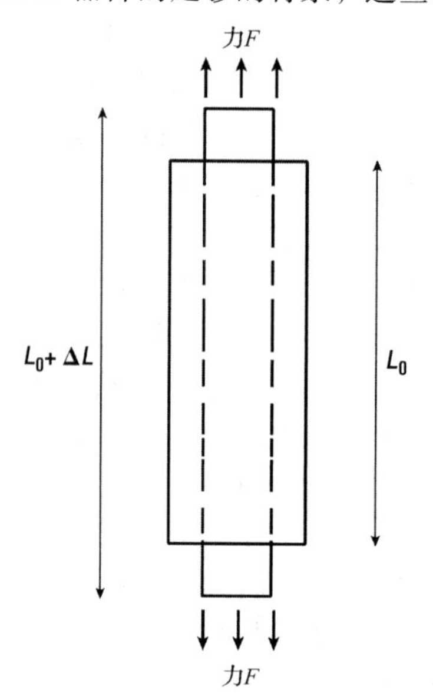

图 19.1 在拉力 F 作用下杆件的伸长

应变是无量纲的量，大多数固体材料的应变值是很小的，所以常以 10^{-6}(或称微应变)为单位来表示。应力，通常记作σ，以受力 F 和受力面积来定义，在图 19.1 所示的均匀施力情况下，

$$\sigma = \frac{F}{\text{受力面积}} = \frac{F}{\pi(D/2)^2} \tag{19.2}$$

应力σ 的单位是 N/m^2，或者帕斯卡(Pa)。习惯上应力的符号是张应力(即拉伸应力)取负号，压应力取正号。注意图 19.1 中的力 F 是垂直地加在杆件端部的，称为轴向力，它产生一个轴向应变 ε_a 和轴向应力σ_a，与物体表面平行地施加的力是剪切力，它产生剪切应力和剪切应变。

了解材料特性的一个重要方法是测量它们的应力-应变曲线。可以使用一台拉力测试机器，向待测材料制成的杆件均匀地加载轴向力，当一定的受控拉力加到杆件上时，用灵敏器件测出杆长的变化，这样就可以得到该材料的长度改变量对拉力的函数关系的曲线，即应力-应变曲线。图 19.2 画出了典型的应力-应变曲线，一条是像软钢这样的延性材料的，还有一条是像硅或玻璃这样的脆性材料的[7]。这两种材料都有一个应变值较低的区域，在这里，应力和应变是线性关系。线性区终止于与某一比例上限所对应的应力处，这一点是应力-应变曲线上，当外力撤除后，杆件仍然能够恢复原始长度的最高的那一点，当应力超过这一比例上限时，杆件会发生永久变形。对于延性的材料，在比例上限以上是杆件因塑性形变而继续伸长的区域，在杆件最终被拉断之前会达到一个最大的应力值，称为极限拉力强度。根据定义，屈服强度乃是当外力撤除后，能够留下 0.002 的永久形变的应力值。脆性材料实际上是没有塑性形变区的，在到达比例上限后不久就断裂了。表 19.1 列出了几种常见材料的数据，这些材料中包括硅。

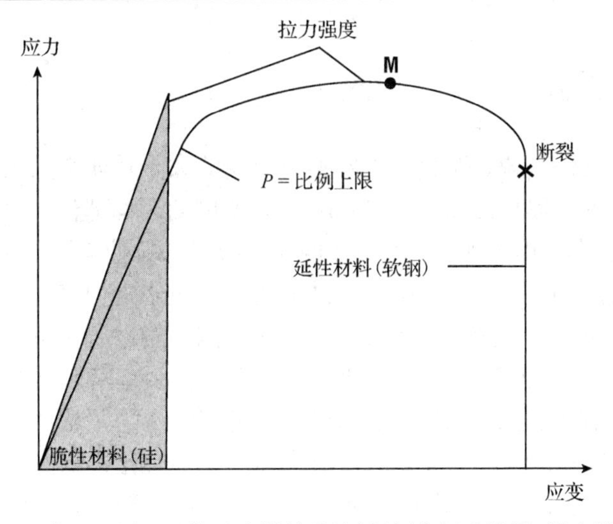

图 19.2 典型金属以及像硅这样的脆性材料(高杨氏模量,没有塑性形变区)的应力-应变曲线(经 Madou [7]许可使用, ©CRC Press)

表 19.1 材料的属性

	屈服强度 (10^9 Pa)	杨氏模量 (10^9 Pa)	密度 (g/cm^3)	热导率 (W/cm・℃)	热膨胀系数 (10^{-6}/℃)
金刚石(单晶)	53.0	1035.0	3.5	20.0	1.0
SiC(单晶)	21.0	700.0	3.2	3.5	3.3
Si(单晶)	7.0	190.0	2.3	1.6	2.3
Al_2O_3	15.4	530.0	4.0	0.5	5.4
Si_3N_4(单晶)	14.0	385.0	3.1	0.2	0.8
金	—	80.0	19.4	3.2	14.3
镍	—	210.0	9.0	0.9	12.8
钢	4.2	210.0	7.9	1.0	12.0
铝	0.2	70.0	2.7	2.4	25.0

引自 Petersen[3]。

胡克定律描述了低应变区范围内应力σ和应变ε的线性关系：

$$\sigma = \varepsilon E \tag{19.3}$$

式中，E 是应力-应变曲线线性区的斜率，通常称为杨氏模量。MEMS 器件一般被设计成工作在线性区应力下，所以在 MEMS 器件的设计中，E 是很重要的一个材料参数。单晶硅的 E 值大约为 190 GPa。

施加轴向力后的另一个重要的力学效应是横向尺寸也发生改变，对杆件加一个轴向的拉力 F，作为其后果，杆件的直径会减小，图 19.1 示出了这种情形。横向尺寸上的改变用横向的应变 ε_l 来刻画，ε_l 与轴向应变 ε_a 通过泊松比 ν 联系起来：

$$\nu = -\frac{\varepsilon_l}{\varepsilon_a} \tag{19.4}$$

按定义泊松比 ν 总是正值，ε_a 为正值时，ε_l 为负值，所以式(19.4)中的负号是必不可少的。硅材料的泊松比一般取为 0.28，大多数材料的泊松比值在 0.2～0.5 范围内，而很多金属的泊松比则接近于 0.3。

19.2 薄膜中的应力

对于许多 MEMS 器件来说，控制淀积薄膜中应变的大小是非常关键的，MEMS 压力传感器经常使用薄膜材料(薄膜厚度通常小于 2 μm)作为器件的运动部件。例如多晶硅，它是一种常见的 MEMS 机械材料，由它制成的隔膜结构要求薄膜的拉伸应变小于−0.001，否则隔膜就会破裂。应用胡克定律，并以表 19.1 中单晶硅的杨氏模量来近似多晶硅的杨氏模量，则其拉伸应力必须小于 190 MPa，才能避免薄膜发生断裂。因为难以直接测量薄膜中的应变，所以通常采用应力的大小来表征薄膜的机械属性。淀积薄膜会引起薄膜之下的平整衬底发生弯曲或者翘曲，薄膜的应力就是通过确定弯曲或翘曲的量来测量的。从薄膜这一侧看，薄膜中的拉应力导致衬底的边缘比中心高，而压应力则使得衬底中心比边缘高。定义晶圆片中心与边缘之间的高度差为中心差 δ。测量出这个 δ，在衬底的弯曲形变是均匀的这个假设下，对不同大小的衬底都可以计算出弯曲形变的曲率半径 R(参见第 12 章图 12.30)，然后就可以利用 Stoney 公式来计算应力的大小：[8]

$$\sigma = \frac{1}{S}\frac{E}{6(1-\nu)}\frac{T^2}{t} \tag{19.5}$$

式中，S 是计算得到的曲率半径，E 是杨氏模量，v 是泊松比，T 是衬底的厚度，t 是淀积薄膜的厚度。应用 Stoney 公式所需的条件是：(1) 薄膜厚度均匀；(2) 各向同性的弹性材料；(3) 薄膜厚度远小于衬底厚度($t \ll T$)。最常见的薄膜应力的测量技术，是采用基于激光的干涉计系统来测量中心差 δ，这项技术的一个限制是只能给出整个晶圆片的平均应力值，无法得到局部区域的应力涨落。其他一些测量薄膜应力的技术，需要制造出像悬臂梁或者环、梁组合这样的 MEMS 结构。一种方法是在悬臂梁附着于衬底时和悬臂与衬底脱开时，仔细地测量两种情况下悬臂梁长度的改变量，以此来确定应力值[9]。也可以使用两端固定的悬臂梁，在一系列不同尺度的悬臂梁中，找出未曾断裂的最大尺寸的悬臂梁，由此来确定压应力的大小[10]。悬臂梁结构在达到特定的大小时会发生褶皱(表现为对原悬臂梁结构所在的平面的偏离)，它取决于压应力的水平和构成悬臂梁的材料的杨氏模量，这一信息可以用于确定压应力的大小，通过某些结构将拉应力转换成压应力后，也可以用同样的悬臂梁褶皱技术来确定拉应力的大小[11]。采用这些技术的应力测量，虽然不如基于激光的系统那样容易进行，但是其成本明显降低，并可以用于确定局部区域的应力。

在 MEMS 器件制造中，应力梯度，或者说应力值作为膜厚的函数随膜厚的变化率，受到密切关注。即使是在总体应力水平很低的情况下，应力梯度也会导致悬臂梁或其他结构弯曲。应力梯度通常是由薄膜淀积工艺的不均匀性造成的，工艺上的不均匀会引起原子结构排列上的变化，在薄膜中形成不均匀的应变。用于确定应力梯度的技术，包含了测量悬臂梁或螺旋悬臂梁的曲率半径的过程[12]。这些测试结构，一般只是在工艺开发阶段进行定性的应力梯度测量时使用。

按成因对薄膜中的应力进行分类，有本征应力和非本征应力两种。本征应力通常来源于薄膜淀积工艺自身非平衡的特性。在淀积过程中，到达晶圆片表面的原子，经常缺乏足够的动能或者足够的时间迁移到合适的最低能量状态，而在此之前就又有更多的原子到达表面，从而进一步阻止了这种迁移，这样，非平衡原子的排列结果就是它们被“冻结”在晶格中，产生晶格应变（和应力）。一般可以用淀积后高温退火的方法来释放本征应力，该退火过程能够提供足够的动能，使得原子重新排列，从而减小淀积下来的应力。人们还发现，退火工艺允许对应力的水平进行可控调节，甚至可以将 LPCVD 多晶中的压应力转变成拉应力[13]。非本征应力是由来自薄膜结构之外的因素引起的，最常见的来源是淀积薄膜与衬底间热膨胀系数 TCE（Thermal Coefficient of Expansion）的不同。对于淀积温度比正常室温高出许多的情况，在淀积过程结束后，因为二者的 TCE 不匹配，冷却过程中就会产生应力。

19.3　机械量到电量的变换

测量物理量如压力、加速度或质量等所发生的变化，都是基于这样的传感机理，也就是将这些物理量的变化转变（或变换）为可测量的电参量，诸如电阻、电容以及振荡频率的变化。设计用来实现这种转换的器件就称为传感器。已制出的 MEMS 传感器，用到许多不同的方法来将物理变化变换成电信号。MEMS 传感器通常都有一个能够响应被测物理量变化而微动的结构单元，比如隔膜结构，它会随着所施加的压力的变化而动作。探测这种运动的最常用的办法涉及材料的压敏电阻特性，本节的大部分篇幅将用于介绍这种压敏电阻特性。其他常见的将机械位移量转变为电信号的方法包括利用压电效应、电容量变化和磁效应（如霍尔效应）[14~18]，这些变换方法也可以用于机械形变以外的其他物理现象的探测。在集中讨论压敏电阻效应之前，我们先来简单描述一下其他的方法。

当一个外力施加到某一特定的晶体材料上时，将在晶体的表面产生电荷，电荷量与所加的外力有直接关联，这种现象就是压电效应[19,20]。这种效应的出现是因为外力在晶体中引起应力，进而导致了应变。从原子的尺度来看，应变意味着晶体中原子的位置发生了微小的变化，在压电材料中，材料的晶胞中包含着带正电荷和负电荷的离子，其电子云的取向彼此间并不对称，正电荷离子的有效中心位置与负电荷离子的不再重合，这样应力的施加引起形变（应变），产生出了电偶极子。电偶极子诱生出晶体表面电荷，后者产生一个电场，该表面电荷诱生的电场将抵消来自电偶极子的应变诱生电场。图 19.3 是石英晶体中压电效应的一个简单示意图。压电晶体也能表现出逆效应，此时外加的电场会引起机械形变，该效应在 MEMS 执行器中是很重要的（参见 19.9 节的介绍）。MEMS 器件中常用的压电材料有石英、铌酸锂、PZT（锆钛酸铅）和氧化锌。这些材料既可以制成块体使用（先制造 MEMS 器件，再将宏观尺度的压电材料盘片添加上去），也可以在 MEMS 制造流程中淀积成薄膜使用。与其他机电变换方法相比，压电材料的主要优点是可以将很小的位移变换成较强的信号[21]，压电薄膜最显著的缺点则是它们所带来的器件工艺的复杂化。工艺上的考虑有如下几个方面：材料对 IC 电路构成潜在的玷污，需要用到非标准的薄膜淀积技术，以及材料易为常用的湿法腐蚀所损伤。

在 MEMS 器件中，进行电容量的测量是另一种常见的机电变换技术。考虑这样一种压力传感器，它由柔性可动隔膜制成，能够响应所施加的压力变化而进行微动[22]，在隔膜上设置一个电极，紧靠这个电极的固定表面上设置第二个电极，这样就形成了一个电容，其电容量是所加压力的函数（参见图 19.4）。当压力增加或减少时，隔膜移近或离开固定电极，所测得的电容量相应地增大或减小。电容变换法的优点是，所测电容量受温度的影响有限，制造工艺简单；它的主要缺点在于电容量与外力的关系是非线性的，这种非线性由变动压力下隔膜发生形变的机制所决定。制作加速度计时，也会用到这种电容变换的传感技术[23]。

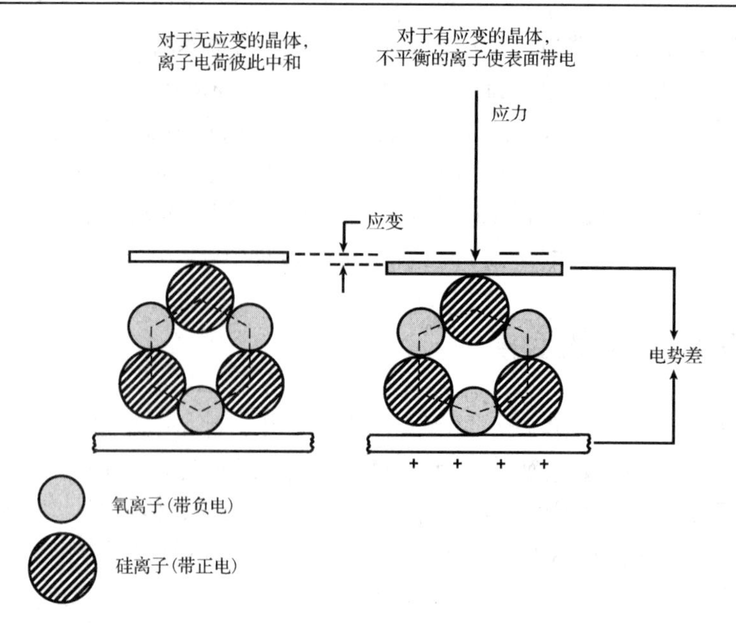

图 19.3　向压电晶体(例如石英)施加或不施加应力时，晶格中离子的位置(经 Madou [7], CRC Press 许可使用)

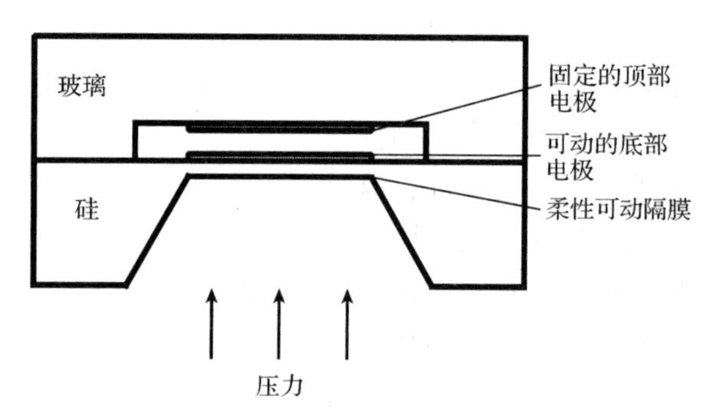

图 19.4　将测得的电容改变与压力变化联系起来的压力传感器原理示意图

像霍尔效应这样的磁效应用于信号变换已经有多年的历史[24~26]。基于霍尔效应的传感器可以产生与所加磁场成比例的电压，这类传感器已经用于电流探测、位置接近探测以及转轴(例如电机曲轴)的转动位置探测。尽管与其他一些材料比起来，硅和砷化镓的霍尔系数较低，但是由于其具备成熟的工艺基础，目前绝大多数基于霍尔效应的 MEMS 器件都使用这两种材料。

材料的电阻率作为施加其上的机械应力的函数而变化，用于表征这一现象的材料属性就是压敏电阻率。许多材料都表现出压阻特性，但是在一些半导体，包括硅中，压阻性是非常强的。硅的压阻特性是在硅压力传感器研发过程中发现的[27]，其理论解释乃是基于一种晶格应变对电子和空穴电导率的影响的量子力学模型[28]，这里，电子和空穴的电导率是晶格取向的函数。从实用方面说，单晶硅的压阻特性主要与以下几个参数有关：

1. 硅中掺杂的类型(N 型或 P 型)和浓度；
2. 温度；
3. 相对于晶格方位的电流流向；
4. 外力的类型(拉力或压力)和相对于晶格方位的方向。

由(100)晶面的硅晶圆片制成的 MEMS 器件，其最重要的参数是掺杂类型。关于压阻效应的详细阐述可以参见相关的科学论文[7,15,28]。

作为一个简单示例，图 19.5 画出了一块单晶硅柱体受到拉力 F，并在垂直于 F 的方向上流过电流的情形。以 R 表示硅柱体的电阻，力 F 在柱中产生一个应力 σ，由于压阻效应引起了电阻的变化，电阻变化量 ΔR 是：

$$\Delta R/R = \pi_t \sigma \tag{19.6}$$

式中，π_t 定义为横向压阻系数，如果是电流与应力平行的情况，则使用纵向压阻系数 π_l。在一般情况下，横向和纵向都存在应力，则有：

$$\Delta R/R = \pi_t \sigma_t + \pi_l \sigma_l \tag{19.7}$$

式中，σ_t 和 σ_l 分别是应力 σ 的横向和纵向分量。

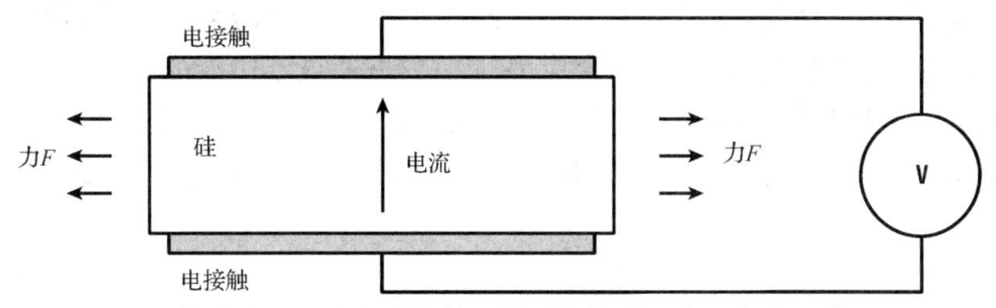

图 19.5　硅柱体中流过电流，在柱体两端施加拉力，力的方向垂直于电流流向

要使用式(19.7)来计算电阻的变化，需要先求出压阻系数。前面已经提到，π_t 和 π_l 的值取决于某些晶体的属性，还取决于应力相对于单晶硅晶格方位的取向。对于(100)晶面的硅晶圆片，其平行表面的平面具有[100]①晶向的方向，在此平面内，低掺杂硅的压阻系数是作为取向的函数而变化的[29]，对于 P 型硅来说，其压阻系数随取向变化，在<110>方向上，π_t 和 π_l 将分别取到最大值，约为-70×10^{-11} Pa^{-1} 和$+70\times10^{-11}$ Pa^{-1}。对于 N 型硅来说，其压阻系数在<100>和<010>方向最大，在<110>方向较小。后面我们将看到，各向异性的硅蚀刻剂所产生的特征形貌是沿着特定的晶向的，对于(100)硅晶圆片，这些蚀刻的特征形貌具有沿<110>方向的边，对于<110>方向放置的压敏电阻，P 型电阻的灵敏度要高于 N 型电阻，因为 P 型硅压阻值在这个方向上是最大的，而 N 型硅则最小。考虑在(100)硅晶圆片上的一个沿着<110>晶向的 P 型电阻 R_1，受到一个取向与电阻中电流方向成任意角度的随机性应力 σ 的作用(参见图 19.6)，该应力可以分解为两个应力分量 σ_1 和 σ_2，其中 σ_1 的方向垂至于电阻中电流的方向，因此它对于电阻 R_1 来说是一个横向应力；与此类似，σ_2 对于电阻 R_1 来说则是一个纵向应力。对于电阻 R_2 来说，则 σ_1 是一个纵向应力，而 σ_2 是一个横向应力。将 P 型硅在<110>方向的压阻系数代入式(19.7)，就可以得到与横向应力平行放置的电阻 R_1 的如下公式：

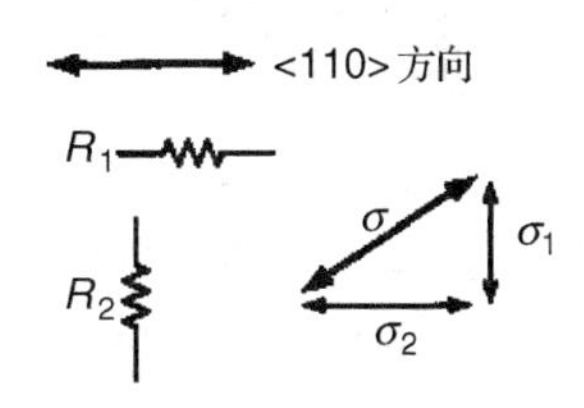

图 19.6　在任意应力 σ 作用下的压电电阻 R_1 和 R_2

$$\begin{aligned}\Delta R_1/R_1 &= \pi_t \sigma_t - \pi_l \sigma_l \\ &= -70\times10^{-11}\mathrm{Pa}^{-1}(\sigma_1 - \sigma_2)\end{aligned} \tag{19.8}$$

对于电阻 R_2，同样可以求得

$$\begin{aligned}\Delta R_2/R_2 &= \pi_t \sigma_t - \pi_l \sigma_l \\ &= -70\times10^{-11}\mathrm{Pa}^{-1}(\sigma_2 - \sigma_1) \\ &= -\Delta R_1/R_1\end{aligned} \tag{19.9}$$

① 实际上<100>代表[100]、[010]、[001]甚至[$\bar{1}$00]等不同晶向，但本书原文中<100>和[100]经常混用，甚至和(100)晶面都不加区分。——译者注

可见，这两个电阻的相对变化量是相同的，只是符号相反。

对于利用压阻效应制作的压力传感器，最常见的形式是将若干电阻配置成惠斯登电桥的形式(参见图 19.7)[15]。人们愿意用惠氏电桥电路，是因为电压测量比电阻测量来得容易，并且这样安排各个电阻后，供电电源 V_b 的变化不会影响测量结果。另外，如果电阻是匹配的话(即具有相同的电阻值)，则惠氏电桥还可以有效地消除温度对压阻的影响。图 19.7(A)示出了四个压敏电阻摆放位置的顶视图，电阻的边沿与方形薄膜对齐，后者则沿硅<110>晶向取向。从上方施加一个正压力将会使得薄膜向下变形，从而在膜中诱生出应变，因此改变四个电阻的阻值。此时沿着方形薄膜的四边，存在两个应力，一个是垂至于边沿的张应力，另一个是平行于边沿的纵向应力。由于取向平行于边沿，R_1 和 R_3 的阻值将减小，而 R_2 和 R_4(其取向垂至于边沿)的阻值将增大。根据式(19.8)和式(19.9)，可以得知 R_2 和 R_4 的相对增加值等同于 R_1 和 R_3 的相对减小值，即：

$$\frac{\Delta R_1}{R_1}=\frac{\Delta R_3}{R_3}=-\frac{\Delta R_2}{R_2}=-\frac{\Delta R_4}{R_4} \tag{19.10}$$

如果在没有施加应力时，所有四个电阻的阻值相同，则对惠氏电桥结构(如图 19.7(B)所示)进行简单的电路分析表明，两个电压 V_b 和 V_m 的测量值决定了 $\Delta R/R$ 的值，其关系为

$$\Delta R/R=V_m/V_b \tag{19.11}$$

压阻 MEMS 器件的两个主要优点是制作工艺简单和测量技术成熟。硅本身是压阻性的材料，而通过扩散或离子注入都可以进行杂质掺杂，从而很方便地制作出电阻。用惠氏电桥将电阻值转换成电压，通过测量电压而得到阻值的变化，这种方法也是行之有效的。压阻传感器的主要缺点是单晶硅压阻系数随温度的倒数(1/T)变化，这一显著的温度效应将需要补偿电路进行温度补偿，这就使得基于压阻效应的 MEMS 器件的制作变得复杂化了。

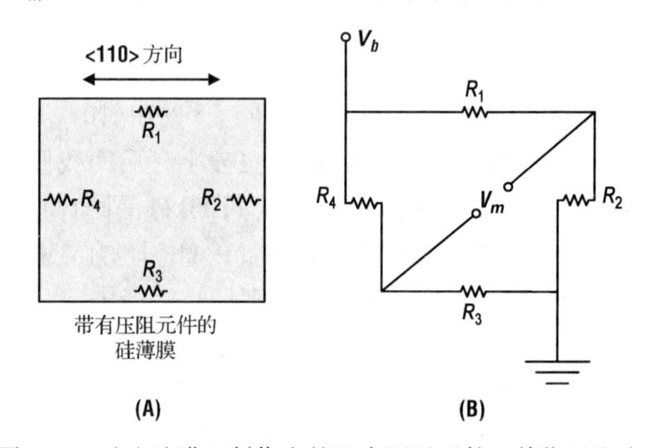

图 19.7 (A)硅膜上制作出的四个压阻元件，其位置和取向的示意图，元件的边沿由对(100)硅晶圆片的各向异性蚀刻决定；(B)四个压阻元件组成的惠氏电桥

19.4 常见 MEMS 器件力学性质

许多 MEMS 器件都要用到隔膜或悬臂梁的结构，薄膜的形变特性是基于薄板(有时也称为壳层，即 shell)力学的，而悬臂梁结构的运动特性则是基于梁的结构力学。MEMS 器件中的隔膜通常是方形或矩形的，其边长的范围在数百微米到几毫米之间，圆形的隔膜是不多见的，主要是由于刻蚀圆形的结构很困难。隔膜材料通常是硅(单晶硅或多晶硅)或 Si_3N_4，膜厚取决于隔膜的面积和具体的应用，范围可从几十纳米一直到 50 μm 甚至更厚一些。MEMS 悬臂梁的长度一般有几百微米，宽度在几十微米到几百微米之间，厚度不超过 5 μm。应当注意的是，隔膜和悬臂梁这两种 MEMS 结构的厚度均比其横向尺寸要小得多。

隔膜和悬臂梁的重要力学性质，可以采用薄板弯曲理论或者梁弯曲理论[4~6]进行应力/应变的分析而得到。尽管关于这些分析的完整讨论已经超出了本书的范围，但是可以对与 MEMS 器件有关的主要结论进行总结。对于隔膜，应用薄板弯曲理论的有关假设有：(1)薄膜的最大挠曲量不超过膜厚的 20%；(2)隔膜的厚度不超过其边长的 10%；(3)隔膜中没有原始应力。第一个假设对于可能加到隔膜上的力加上了一个限制，第二个假设对于绝大多数 MEMS 结构来说都是容易满足的，因为隔膜的厚度一般小于 50 μm，这就意味着隔膜尺寸在一条边上至少要有 0.5 mm。如果前两条假设中有一条不满足，就必须使用厚板理论。如果第三个假设不满足，那么结论虽然在定性上是正确的，可是要得到定量上的精确值，还需要进行更完备的分析。虽然实际的 MEMS 薄膜通常都存在着某些原始应力，然而为了简单起见，我们假定无原始应力。

对于这样的一个正方形隔膜：其边长为 a，厚度为 t，杨氏模量为 E，密度为 ρ，泊松比为 ν，如果其受到均匀的压力 P，采用薄板理论我们可以计算出隔膜上任意位置处的挠曲量 W，且隔膜的最大挠曲量 $W_{\max}$ 将出现在隔膜的中心位置处，其数值为：最大的纵向和横向应力 σ_l 和 σ_t，以及基模共振频率 F_o 由以下各式决定：

$$\text{最大挠曲量：}\quad W_{\max} = 0.001265\,Pa^4/D \tag{19.12}$$

式中，D 是薄板的抗弯刚度，它是对弯曲薄板硬度的一种量度，由下式定义：

$$D = \frac{Et^3}{12(1-\nu^2)} \tag{19.13}$$

类似地，我们也可以采用薄板理论计算出作为位置函数的纵向应力 σ_l 和横向应力 σ_t，且其最大值分别为

$$\text{最大纵向应力：}\quad \sigma_l = 0.3081P(a/t)^2 \tag{19.14}$$

$$\text{最大横向应力：}\quad \sigma_t = \nu\sigma_l \tag{19.15}$$

最大纵向应力 σ_l 位于隔膜侧边，在各边中心处，且与隔膜边沿垂直，最大横向应力 σ_t 也位于隔膜各条边的中心，但是平行于隔膜边沿。最大应力点的位置对于压阻元件和压电器件的摆放来说是非常重要的，因为如果使用这些信号转换方法，最大的应力值才会产生最大的转换效果。

隔膜也能够振动，其振动的特征频率取决于隔膜的几何尺寸和材料参数(例如杨氏模量、泊松比以及密度等)，其中最低的基模谐振频率 F_0 为

$$\text{共振频率：}\quad F_0 = \frac{1.654t}{a^2}\left[\frac{E}{\rho(1-\nu^2)}\right]^{1/2} \tag{19.16}$$

例 19.1　一个正方形硅隔膜，厚度为 10 μm，边长为 2 mm，所施加的压力为 1000 Pa，试计算其最大挠曲量和最大应力。

解答：

对于硅，$E = 190$ GPa，$\nu = 0.28$，已知 $t = 10$ μm，应用式(19.13)可以得到

$$D = 173\times10^{11}\ \text{Pa}(\mu\text{m})^3$$

再利用式(19.12)可以得到

$$W_{\max} = \frac{0.001265\ \text{Pa}^4}{D} = 1.17\ \mu\text{m}$$

最后利用式(19.14)和式(19.15)可以得到

$$\sigma_l = 0.3081P(a/t)^2 = 12.3\ \text{MPa}$$

$$\sigma_t = \nu\sigma_l = 3.45\ \text{MPa}$$

如果悬臂梁自由端的偏移量远小于悬臂梁的长度，我们就可以采用薄板理论来分析悬臂梁结构。考察一个单端固定的悬臂梁，其长度为 L，宽度为 a，厚度为 t，杨氏模量为 E，密度为 ρ，受到如图 19.8 所示的均匀分布载荷 H(H 是单位宽度上的作用力)的作用，该悬臂梁在垂直方向上的偏移量 W 是载荷 H 和离开梁固定端距离 x 的函数：

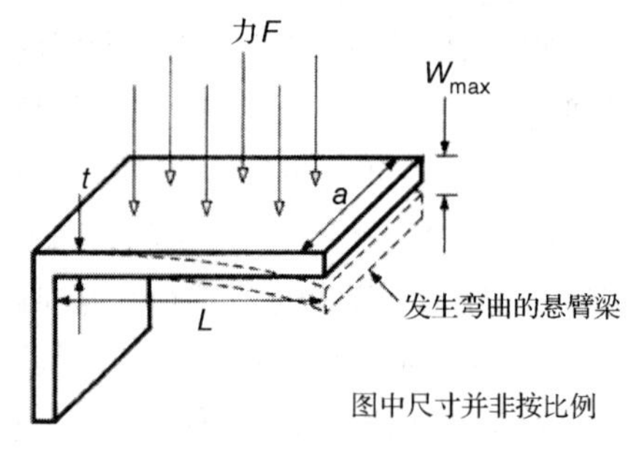

图 19.8 一端固定的悬臂梁，承受向下的力 F

$$\text{偏移量：}W(H,x) = \frac{Hx^2}{24EI}(6L^2 - 4Lx + x^2) \tag{19.17}$$

式中，I 是弯矩惯量，其定义为

$$I = \frac{at^3}{12} \tag{19.18}$$

最大偏移量 W_{max} 发生在 x=L 处，梁由于弯曲所产生的应力也可以通过计算求得，其最大应力为

$$\text{最大应力：}\sigma = \frac{HL^2t}{4I} \tag{19.19}$$

对于悬臂梁来说，其最大应力是纵向的，且位于悬臂梁的基座处。悬臂梁的横向应力为零，这是因为悬臂梁与四边固定的隔膜不同，悬臂梁的两侧是可以上下自由运动的，对于这种简单的上下运动，悬臂梁上不会产生横向应力。更为复杂的悬臂梁运动还包括扭转模式，这需要进行更复杂的分析。注意，当一个均匀的力 F 施加到悬臂梁的表面时，载荷 H 等于力 F 与宽度 a 之比，即

$$H = F/a \tag{19.20}$$

对于一个施加在悬臂梁末端的点载荷 Q(Q 是一个力)来说，则有

$$\text{偏移量：}W(Q,x) = \frac{Qx^2}{6EI}(3L - x) \tag{19.21}$$

$$\text{最大应力：}\sigma = QLt/2I \tag{19.22}$$

悬臂梁的基模共振频率为

$$F_0 = 0.161\frac{t}{L^2}\left(\frac{E}{\rho}\right)^{1/2} \tag{19.23}$$

注意，F_0 并不依赖于悬臂梁的宽度，但是它确实依赖于悬臂梁的密度和质量。由于密度和质量之间是通过悬臂梁的体积联系在一起的，若以悬臂梁的质量 M 来表示，则有

$$F_0 = 0.161\frac{t}{L}\left(\frac{Eta}{ML}\right)^{1/2} \tag{19.24}$$

例 19.2 一个压敏电阻位于硅悬臂梁的最大应力点处，该悬臂梁末端承受点载荷 Q，Q

为 10 μN，悬臂梁长度为 1000 μm，厚度为 3 μm。由于载荷 Q 的作用，压敏电阻的阻值将发生变化，试求出欲使阻值变化量达到 3%所需要的悬臂梁宽度，假定悬臂梁与硅<110>晶向垂直。

解答：在此晶向上，P 型压敏电阻将有较大的阻值变化，由于悬臂梁的横向应力 σ_t 为零，因此根据式(19.8)可以得到

$$\Delta R/R = \pi_t\sigma_t - \pi_l\sigma_l$$
$$= 70\times10^{-11}\ \text{Pa}^{-1}\sigma_l$$

将欲得到的 3%阻值变化量代入，即可得到最大应力值为

$$\sigma_{\max} = \frac{0.03}{70\times10^{-11}\ \text{Pa}^{-1}} = 4.3\times10^{7}\ \text{Pa}$$

根据式(19.18)和式(19.19)，可以得到

$$\sigma_{\max} = \frac{QLt}{2a(t^3)/12} = 4.3\times10^{7}\ \text{Pa}$$

代入 L、Q 和 t 的数值，并将其转换成常用单位(MKS 单位制)，即可求解出悬臂梁的宽度值 a 为

$$a = 1.5\times10^{-4}\ \text{m} = 150\ \mu\text{m}$$

应当在悬臂梁的基部设置一个 P 型的压敏电阻，悬臂梁的宽度应为 150 μm。

隔膜和悬臂梁谐振频率的变化经常被人们用来测量质量载荷的变化。例如，可以在一个悬臂梁上涂敷一层聚合物，该聚合物能够吸收与空气湿度成比例的水分，由于悬臂梁的谐振频率依赖于悬臂梁的质量(通过质量密度这一项)，因此聚合物吸水而导致的质量增加就会造成谐振频率的变化，测量出这个频率偏移就可以进一步得到空气的湿度。

例 19.3　一个硅悬臂梁，长度为 1000 μm，宽度为 100 μm，厚度为 3 μm，其谐振频率 F_0 是多少？已知硅的密度为 2.3 g/cm^3。

解答：将所有的变量转换成 MKS 单位制，并使用式(19.23)，于是

$$E = 190\ \text{GPa} = 190\times10^{9}\ \text{N/m}^2$$
$$\rho = 2.3\times10^{3}\ \text{kg/m}^3$$
$$t = 3\times10^{-6}\ \text{m} \qquad L = 10^{-3}\ \text{m} \qquad a = 10^{-4}\ \text{m}$$
$$F_0 = 0.161t/(L^2)(E/\rho)^{1/2}$$

最后求得

$$F_0 = 4.39\ \text{kHz}$$

19.5　体微机械制造中的刻蚀技术

体微机械制造是指这样一些 MEMS 制造工艺，其中涉及去除相当大量的硅衬底以形成所需结构的步骤。刻蚀工艺是体微机械制造的重要基础[7,14,30]，从历史上来看，采用各向同性或各向异性腐蚀剂的湿法刻蚀，曾经是 MEMS 器件制造中的主导工艺，但是近年来，其他的一些工艺技术，如各向同性气相刻蚀和基于高密度等离子体的工艺，也已经被广泛采用。本节将主要讨论使用湿法工艺刻蚀标准(100)晶向硅晶圆片的体微机械制造技术。

正如第 11 章关于刻蚀技术的讨论，硅的各向同性湿法蚀刻剂，例如氢氟酸-硝酸-醋酸的混合液，所刻蚀的剖面轮廓是很难控制的。对掩蔽膜材料所定义图形的钻蚀，形成了圆形轮廓的孔和沟槽。图 19.9 显示了搅动液体和不搅动液体两种情况下，各向同性刻蚀剂刻蚀得到的剖面。进行搅动时的剖面轮廓，一般说来，呈现出沿各个晶向刻蚀速度大致相同时所应得到的形状；不进行搅动时，剖面轮廓中显示出一个平坦的底部，这是刻蚀在纵向减弱的结果。刻蚀速度的降低是由接近刻蚀表面的蚀刻剂成分耗尽(刻蚀过程是扩散速度限制型的)造成的，对液体的搅动将帮助新鲜蚀刻剂扩散到表面，结果形成所预料的各向同性剖面。对于体微机械结构，刻蚀深度通常要接近整个硅晶圆片的厚度，各向同性地蚀刻这些深结构时，刻蚀掩蔽膜下显著的钻蚀，意味着图形间至少要有刻蚀深度那么大的间隔。MEMS 工艺中应用各向同性蚀刻剂的两个主要限制因素，是刻蚀剖面对搅动程度的敏感性，以及对掩蔽图形的大量钻蚀。

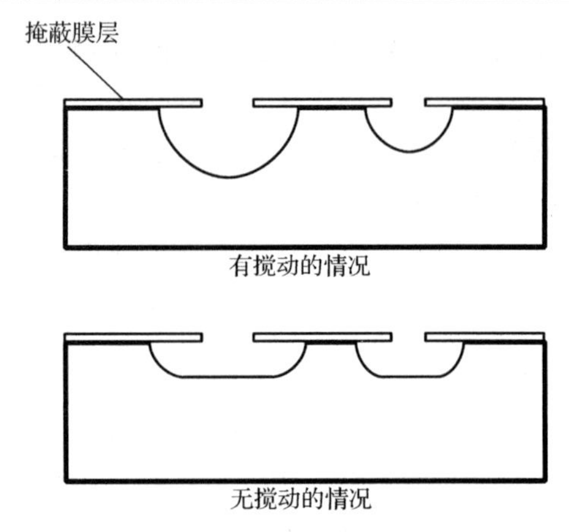

图 19.9 各向同性刻蚀的横截面，展示了刻蚀掩蔽膜下的钻蚀和搅动液体对刻蚀剖面轮廓的影响

作为对湿法各向同性蚀刻剂的补充，已经开发出了一种干法各向同性蚀刻剂。气态 XeF_2 显示出对硅的刻蚀能力，且无须其他的激励条件，例如加热或等离子体[31]。XeF_2 气相刻蚀的优点包括对铝、SiO_2、Si_3N_4 和光刻胶的高刻蚀选择比，以及刻蚀系统相对比较简单，当希望与标准的 IC 工艺集成时，这些因素都是很重要的[32]。其主要的缺点是刻蚀结果形成的硅晶圆片表面相当粗糙。

各向异性刻蚀允许生成由硅晶圆片中的晶面所决定的形貌。氢氧化钾(KOH)可能是体硅微机械制造中最常用的各向异性蚀刻剂了，其他的各向异性蚀刻剂还包括邻苯二酚乙二胺(EDP，ethylene diamine pyrocatechol)与水的混合液、联氨(N_2H_4)与水、四甲基氢氧化氨(TMAH)。各向异性蚀刻剂的典型刻蚀剖面示于图 19.10。这些刻蚀之所以称为各向异性，是因为刻蚀的速度在<100>方向比较快，而在<111>方向比较慢，这两个方向的刻蚀速度之比可以高达 600 : 1。已经有各种机理要素来说明刻蚀速度的方向依赖性，但是尚没有一个能够完全解释这一现象。这些要素主要包括：(1)<111>晶面的密度是最大的，四个共价键中有三个在此晶面之下，因此蚀刻剂很难到达该晶面；(2)拥有最高键密度的表面蚀刻得最快。对此已经提出了一些化学模型[33,34]。

在硅晶格结构中，(111)面位于与(100)面成 54.74° 的方向上。一个方形的掩模开窗所产生出的刻蚀结构将是倒金字塔形的角锥，角锥顶点位于各(111)面交汇所决定的深度上，因此刻蚀在进行到各(111)面发生交汇处就会自然结束，如果在此之前提前终止刻蚀过程，则将形成一个截角锥形的凹腔。刻蚀所得结构的边在<110>方向上，因为这些边是(100)和(111)面的相交线(这一点在带有压阻元件的体微机械 MEMS 器件中是很重要的)。如果方形掩模开窗的边长足够长，晶圆片将会被完全刻蚀穿通，背面的方孔边长由晶圆片的厚度和初始掩模开窗的尺寸决定。在工艺上有一点是重要的，就是初始掩模开窗必须与<110>方向对齐，否则刻蚀得到的图形将大于原始设计，并带有转置(参见图 19.11)。另一个工艺问题是刻蚀结构的图形中含有凸角(内角大于 180°的拐状图形)，一个既有凸角又有凹角的结构实例是悬臂梁(参见图 19.12)，在悬臂梁末端，要去掉的材料的角度是 270°(凸角)，而在悬臂梁的基部，角度是 90°(凹角)。与凹角的情况不同，凸角是不稳定的，因为凸角中密勒指数较高的晶面暴露在外，刻蚀得很快，造成圆角现象乃至到后来凸角图形完全消失掉。人们已经开发出一些角图形补偿技术以消除这一效应[35]，这些技术的典型做法是向角部添加一些掩模图形。

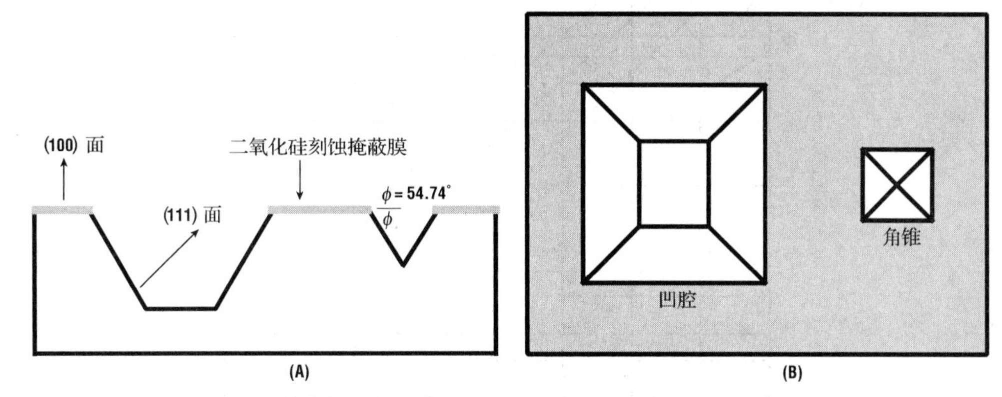

图 19.10　采用各向异性蚀刻剂在(100)硅晶圆片上形成的角锥形孔和凹腔：(A)剖面图；(B)顶视图

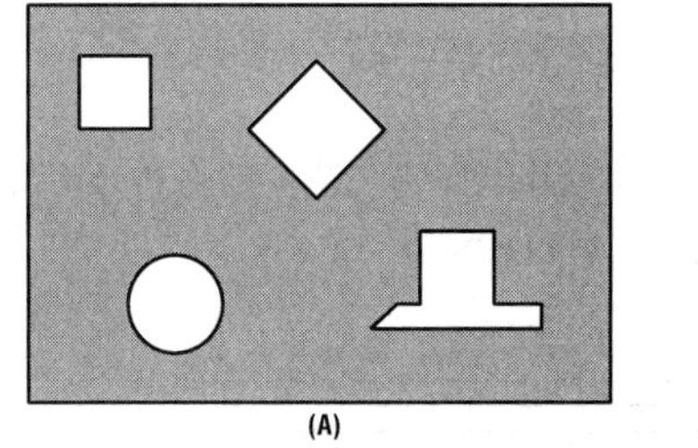

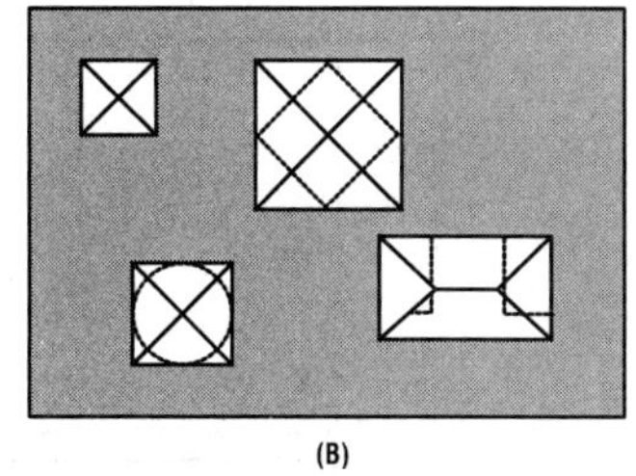

图 19.11　掩模开窗取向对刻蚀剖面轮廓的影响：(A)掩模开窗取<110>晶向的顶视图；(B)各向异性蚀刻剂对(100)硅刻蚀所得到的结构

通常 KOH 使用在 60℃以上的温度下，以溶质质量百分比计的浓度为 20%～50%，图 19.13 和图 19.14 示出了 KOH 的刻蚀速率和对 SiO_2 这种最常用的掩蔽膜材料的刻蚀选择比。经过优化工艺条件之后，KOH 刻蚀的表面几乎与初始的晶圆片同样光滑、均匀。温度高于 80℃之后，刻蚀普遍地变得不均匀，在浓度小于 20%时还会出现称为小丘的小型角锥缺陷，增加了表面的粗糙度。KOH 刻蚀是相当剧烈的，其反应产物之一是氢气。与其他各向异性蚀刻剂相比，KOH 的优点是相对安全、简单。KOH 的一个缺点是其相对较高的 SiO_2 刻蚀速率(取决于刻蚀条件，范围从 0 至 150 Å/min 以上)，这意味着对于深刻蚀，需要很厚的 SiO_2 层来做掩蔽。另一个严重缺陷是，由于 KOH 中含有钾，KOH 刻蚀与常规 IC 工艺是无法兼容的，除非是将电路部分充分保护起来。表 19.2 列出了 KOH 的一些重要特性。尽管 KOH 是最常见的碱金属氢氧化物构成的蚀刻剂，但是 NaOH、CsOH 和 RbOH 也都有应用。

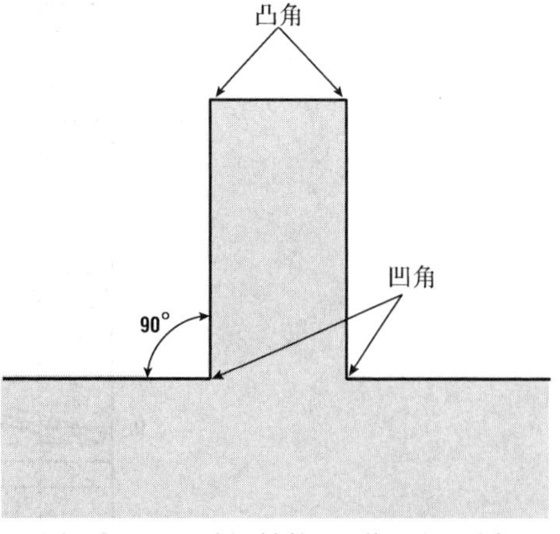

图 19.12　悬臂梁结构的顶视图，图中显示了凸角和凹角的位置

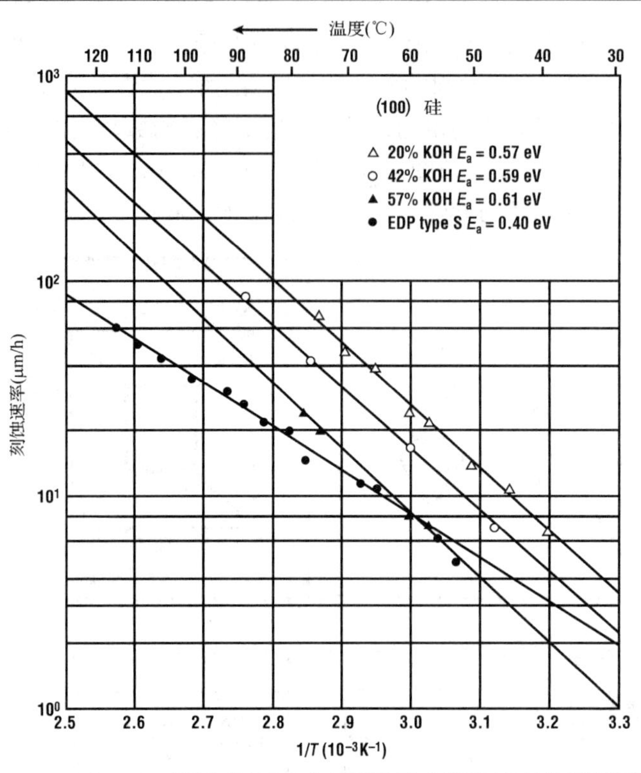

图 19.13 EDP 和 KOH 溶液对(100)硅晶圆片纵向腐蚀速率的阿列尼乌斯图(引自 Seidel [33], 经 The Electrochemical Society, Inc.许可使用)

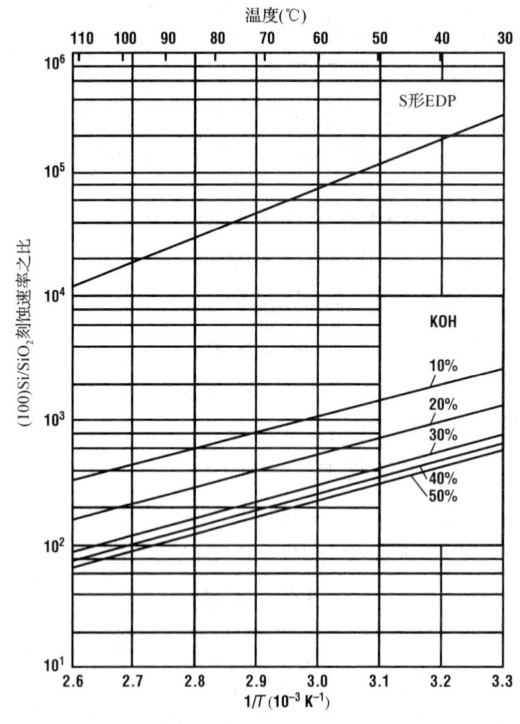

图 19.14 采用 EDP 和 KOH 腐蚀液时,(100)晶向硅对 SiO_2 的刻蚀速率比(引自 Seidel [33], 经 The Electrochemical Society, Inc.许可使用)

表 19.2　四种常用各向异性蚀刻剂的主要性质[a]

蚀刻剂/稀释剂/添加剂/温度	刻蚀终止特性（硼掺杂浓度）	刻蚀速率（100）（mm/min）	刻蚀速率比（100）/（111）	备　注	掩蔽膜材料（刻蚀速率）
KOH/水，异丙醇添加剂，85℃	掺杂浓度 $>10^{20}cm^{-3}$ 时，刻蚀速率降低 20 倍	1.4	400，对于（110）/（111）是 600	与 IC 工艺不兼容，避免溅入眼睛，对氧化物腐蚀得快，大量 H_2 气泡	光刻胶（室温下蚀去浅表层）；Si_3N_4（不刻蚀）；SiO_2（28 Å/min）
邻苯二酚乙二胺 EDP（水），吡嗪添加剂（pyrazine），115℃	掺杂浓度 $\geqslant 5\times10^{10}$ cm^{-3} 时，刻蚀速率降低 50 倍	1.25	35	毒性，易失效，必须与 O_2 隔离，很少 H_2 气泡，生成硅酸盐沉淀	SiO_2（2 ~ 5 Å/min）；Si_3N_4（1 Å/min）；Ta，Au，Cr，Ag，Cu
四甲基氢氧化氨（TMAH）（水），90℃	掺杂浓度 $>4\times10^{20}cm^{-3}$ 时，刻蚀速率降低 40 倍	1	12.5 ~ 50	与 IC 工艺兼容，表面光滑，毒性	SiO_2 刻蚀速率比（100）硅低四个数量级。LPCVD Si_3N_4
N_2H_4/（水），异丙醇添加剂，115℃	掺杂浓度 $>1.5\times10^{20}$ cm^{-3} 时，刻蚀实际上已经停止	3.0	10	毒性，易爆炸，其 50%水溶液是安全的	SiO_2（< 2 Å/min）和大多数金属膜；据某些文献，不腐蚀铝

a. 对于具有多种可能的参数值，表中的数据仅是典型的例子。

例 19.4　经过各向异性刻蚀之后，欲在（100）硅表面下 80 μm 处形成一个 100 μm×200 μm 的平坦矩形，求掩模开窗的大小。

解答：从侧视图可知，开窗长度 X 为

$$X = 100\ \mu\text{m} + 2Z$$

式中，Z 由以下关系决定：

$$\tan\phi = \tan 54.74^\circ = \frac{80\ \mu\text{m}}{Z} = 1.41$$

求解 X 得到

$$X = 100\ \mu\text{m} + 2\frac{80\ \mu\text{m}}{\tan 54.74^\circ} = 213.2\ \mu\text{m}$$

类似地，求解 Y 得到

$$Y = 200\ \mu\text{m} + 2\frac{80\ \mu\text{m}}{\tan 54.74^\circ} = 313.2\ \mu\text{m}$$

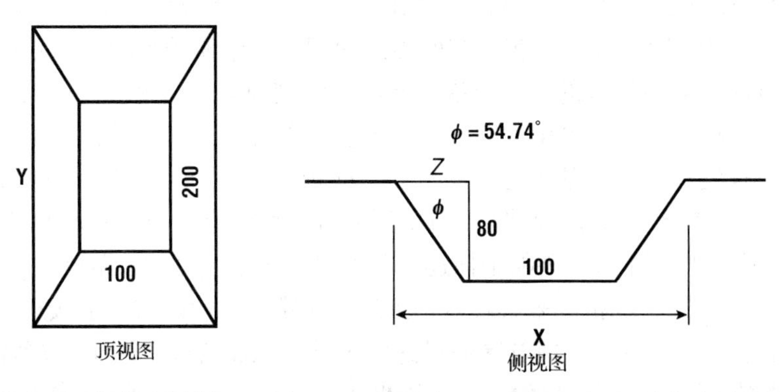

顶视图　　侧视图

其他常见的各向异性蚀刻剂，EDP，N_2H_4/水和 TMAH，每一种都各有优缺点[7,14]。EDP 刻蚀不含钠和钾，SiO_2 的刻蚀速率远远低于 KOH，然而，从人体健康的立场上看，EDP 是很

有害的，混合制备和使用时都需要非常小心。N_2H_4/水是潜在的爆炸物(N_2H_4 一直用作火箭燃料)，N_2H_4 还被怀疑是致癌物质，N_2H_4 的确也有一些优点，对 SiO_2 的刻蚀非常缓慢，也不蚀刻大多数的金属。TMAH 是最近开发出来的蚀刻剂，在一些性能上优于 KOH，TMAH 对 SiO_2 和 Si_3N_4 有很好的选择比，它不腐蚀铝，最大的优点是与 IC 工艺兼容，它存在的主要问题是，不像其他各向异性蚀刻剂那样，在(100)和(111)面的刻蚀上有高的刻蚀速率比，尽管如此，TMAH 正日益被人们认可和使用。

MEMS 结构的机械属性(例如谐振频率和挠曲量)具备可重复性，能够形成这样的结构是体微机械 MEMS 的一个重要特点。从工艺制造的角度看，这需要对 MEMS 元件的尺寸进行严格的控制，由于横向尺寸主要取决于光刻工艺容差，相对于 MEMS 器件的大小来说，这是非常精确的，因此厚度成为最难控制的尺寸。多数体微机械结构的厚度由湿法刻蚀工艺决定，所以刻蚀深度的控制是决定器件成品率和性能指标的关键，体微机械制造中控制刻蚀深度的方法称为刻蚀终止技术，常见的刻蚀终止技术有以下四种：

1. 定时刻蚀
2. V 形槽的各向异性刻蚀
3. P^{++}掺杂
4. 电化学刻蚀终止

定时刻蚀是精度最差，但同时也是最简单的技术，知道刻蚀速率和要刻蚀的深度后，就可以计算出刻蚀时间。定时刻蚀的一个问题是负载效应，随着硅被刻蚀，蚀刻剂成分逐渐被稀释，刻蚀的速率将会发生变化，这就使得刻蚀速率成为时间的函数，逐渐变慢。由于扩散效应，不同大小的图形常常是以不同的速率刻蚀的。此外，整个晶圆片范围内，晶圆片厚度的初始涨落也会直接变成刻蚀结构的厚度偏差。例如，初始晶圆片的总厚度涨落(TTV，total thickness variation)是±2 μm，将其用于制作 10 μm 厚的隔膜，即使刻蚀是非常均匀的，仅仅是由于初始 TTV 的影响，也会造成隔膜厚度有±2 μm 的偏差。虽然这样的厚度不均匀性只占晶圆片总厚度很小的百分比(对于 500 μm 厚的晶圆片小于 1%)，但是对于 10 μm 的隔膜来说，偏差则达到了 20%。对于定时刻蚀工艺来说，低 TTV 的晶圆片是至关重要的，否则对于含有分布在片上各处的隔膜的晶圆片来说，其成品率将是很低的。

V 形槽各向异性刻蚀是另一项刻蚀终止技术，从工艺制造的角度来看，该技术是非常简单的[36]。对于 KOH 刻蚀，运用一些简单的几何学知识，就可以计算出一个矩形的刻蚀深度。我们可以这样来选择矩形的尺寸，使得在所需的深度上，沟槽的平坦底部刚好消失，成为一个 V 形槽。刻蚀时，对矩形区的密切监视将指出何时刻蚀应当结束。该项技术的缺点包括，矩形图形刻出 V 形槽的瞬间要中止刻蚀，以及要使用具有低 TTV 的晶圆片。

P^{++}掺杂的刻蚀终止技术是基于这样的事实，即所有各向异性蚀刻剂，在刻蚀重掺杂过硼的硅时，刻蚀速率都有大幅度下降[7,14]。当硼的掺杂浓度在 $10^{19}/cm^3$ 的范围时，刻蚀速率就开始下降了，刻蚀速率的下降由一个因子描述，其取值取决于蚀刻剂，范围在 20～50 之间(参见表 19.2)。人们提出了一种机制来解释这一效应，即硼的重掺杂减小了接近表面的空间电荷区的厚度，于是电子可以更容易地隧穿通过这一区域，从而与硅中的空穴复合[33]，它限制了对刻蚀反应来说是必需的电子的供给，从而降低了刻蚀速率。厚度高达 20 μm 的硼重掺杂区可由扩散形成，厚度较薄的区域可由离子注入形成。由于硼原子较小，高浓度的硼掺杂会在薄膜中产生拉应力，在该层中硼的掺杂还必须均匀，否则将产生应力梯度，造成悬臂梁结构的卷曲。P^{++}刻蚀终止技术的优点包括对晶圆片的 TTV 不敏感，在到达 P^{++}层的瞬间无须移开晶圆片，其缺点为：(1) 与前两项技术相比，增加了工艺步骤；(2) 在这种掺杂水平下，压阻系数会显著地下降；(3) 高浓度的硼与 IC 工艺技术不兼容，因此与片上电路的一体化集成比较困难。

例 19.5　一项压力传感器应用中需要制作 30 μm 厚的隔膜，计算制备相应的 V 形槽所需的掩模开窗尺寸 W，假设晶圆片的厚度是 600 μm。

解答：由几何学知识可知：

$$\tan 54.74^\circ = \frac{600\ \mu\text{m} - 30\ \mu\text{m}}{W/2}$$

求解 W 得到：

$$W = \frac{570\ \mu\text{m}}{(\tan 54.74^\circ)/2} = 808\ \mu\text{m}$$

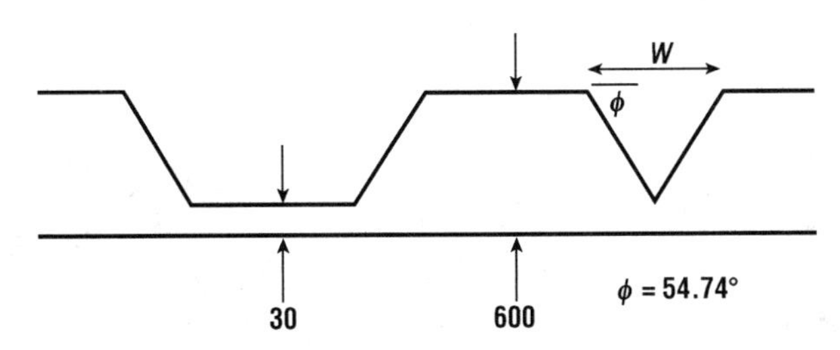

电化学刻蚀终止技术基于以下事实，对 N 型硅加上相对于蚀刻剂溶液为正的偏置电压，可以阻止 N 型硅的刻蚀[37]。硅的刻蚀涉及氢氧离子氧化硅表面的化学反应，在 N 型区形成的电场会抑制这一过程，对该效应的一个常见的应用，是用外延或离子注入方法在 P 型衬底上制作出 N 型区，N 型区的厚度与所要的隔膜或悬臂梁厚度相符，然后使用电化学腐蚀装置（参见图 19.15）进行刻蚀，当通过刻蚀孔将 P 型硅除去后，硅晶圆片上所加的适当的偏置将使 KOH 各向异性刻蚀停止。在 N 型区表面制作出低掺杂的 P 型压阻元件，对于这样的压阻性压力传感器，电化学终止技术要优于 P^{++}方法，因为低掺杂 P 型区的压阻系数比 P^{++}区要高。此外，电化学终止所刻蚀的结构，硅隔膜的质量也是很高的，不会产生高 P^{++}掺杂所导致的隔膜应力。

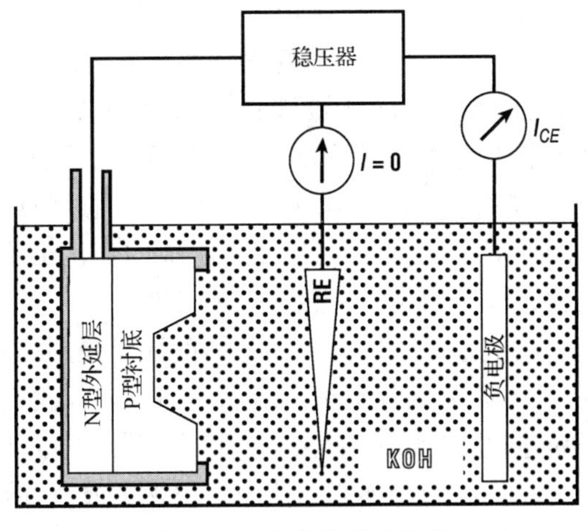

图 19.15　电化学腐蚀装置

在 20 世纪 90 年代后期，人们开发出了一种高密度等离子体刻蚀技术，它能够刻蚀出竖直的侧壁结构，而不管晶圆片的晶向如何[38]。这项技术比较重要的一点是，这些结构可以被刻蚀得非常深，甚至完全穿透晶圆片，已经有深宽比高达 30∶1 的孔的演示，刻蚀速率超过 20 μm/min。掩蔽膜材料包括光刻胶和 SiO_2，其对硅的刻蚀速率之比分别达到了 1∶100 和 1∶200。

这项技术有若干种称谓，包括深槽刻蚀、深硅反应性离子刻蚀、先进硅刻蚀以及Bosch深硅刻蚀。刻蚀过程中交替使用侧壁钝化和刻蚀的步骤，连续进行很多个短周期[39]。其中刻蚀步骤使用标准的氟气体刻蚀配方。图 19.16 显示了使用这项刻蚀技术得到的柱体阵列，每个柱体直径 3 μm，高约 30 μm[40]。与传统的湿法刻蚀相比，这一刻蚀技术的优点是：(1)不存在晶向效应；(2)刻蚀只在纵向进行，因而相邻结构之间的间距可以更近；(3)最主要的是具有高的深宽比，允许形成对湿法刻蚀来说是不可能的结构。它的主要问题是设备昂贵，一台研究型系统的价格超过 50 万美元[41]，生产型系统的价格则更要高得多。

图 19.16 采用高密度等离子体源进行深度硅刻蚀所形成结构的实例(引自 Picraux 和 McWhorter [40]，©1998 IEEE)

19.6 体微机械工艺流程

作为体微机械工艺流程的一个实例,我们来考察一个压阻型的压力传感器,例如用在汽车上的空气进口处测量空气压力的那种。图 19.17 展示了这种传感器的结构示意图，其中，采用各向异性湿法刻蚀方法制作了一个隔膜,利用若干压阻元件(图 19.17 中只画出了一个)来检测隔膜的受力挠曲。为了使阻值变化量达到最大，这些压阻元件(即压敏电阻)被置于最大应力处。在 19.4 节中已经给出了最大应力的位置，乃是沿着隔膜的边缘，在各边的中心位置处。通过将压敏电阻放置在这些点,可以使得阻值的变化量达到最大，因而优化了传感器的灵敏度。

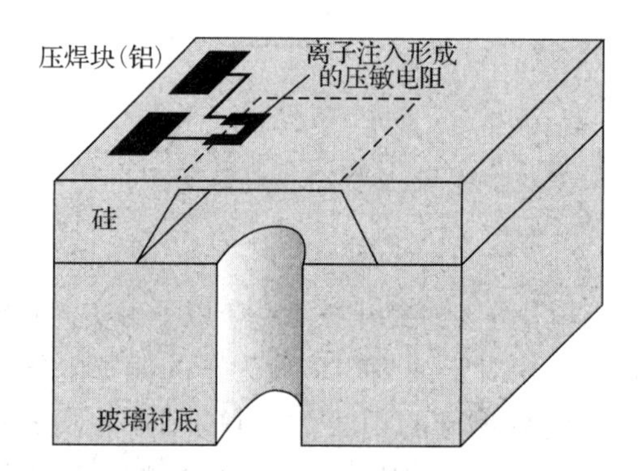

图 19.17 典型的压阻体微机械硅压力传感器的简化图(引自 Kovacs [14]，经 The McGraw-Hill Companies 许可使用)

压阻型隔膜压力传感器的设计要受到隔膜材料和工艺条件的影响。对于采用 KOH 腐蚀液在(100)硅晶圆片上刻蚀出隔膜的工艺，我们知道隔膜边应当沿着<110>方向。在 19.3 节中已经讨论过，P 型和 N 型硅的压阻系数与方向有关，在<110>方向上，P 型电阻的压阻系数更大，因此在我们的传感器设计中，包含了放置在隔膜各边中心位置处的 P 型压阻元件。

在传感器制作过程中，我们将对 N 型(100)硅衬底进行硼离子注入以得到压敏电阻，并采用定时刻蚀技术来形成隔膜。该工艺流程包含五次光刻，还有介质的刻蚀和金属化步骤。图 19.18 勾勒出了整个工艺制作流程。第二步是第一次光刻，它定义了在第三步中将要进行的硼离子注入的区域，硼掺杂的压敏电阻构成了压力传感器的探测元件，为了使得压敏电阻能够沿着<110>晶向，必须精确地进行光刻对准，与晶圆片的晶向对齐。在第三步的离子注入和去胶完成后，第四步进行注入离子激活并淀积 5000Å 的 Si_3N_4，采用 Si_3N_4 来取代 SiO_2，是因为与 SiO_2 相比，在 60℃下 KOH 对 Si_3N_4 的刻蚀速率几乎为零，如果采用 SiO_2，那么为了抵挡 400 μm 的硅刻蚀，则需要采用超过 2 μm 厚的 SiO_2 膜作为掩蔽材料。为了准备制作压敏电阻的金属接触，在第五步的光刻工艺中需要制作出光刻胶窗口。第六步则是刻蚀暴露出来的 Si_3N_4，接下来去除光刻胶。第七步是在整个晶圆片的表面溅射淀积一层金属铝，且该层金属铝只在第六步中形成的接触孔区域与硅压敏电阻相接触。第三次光刻是在第八步中进行的，用于光刻出金属铝的图形，并将不需要的铝薄膜刻蚀掉。工艺流程现在将转换到晶圆片的背面，进行隔膜的制作。第九步是第四次光刻，在这里还要将硅晶圆片背面某些特定区域的 Si_3N_4 去除掉。本步骤中的掩模对准与标准光刻工艺有所不同，制作隔膜的刻蚀过程是从晶圆片的背面开始的，所以背面 Si_3N_4 的开窗口位置，必须与已经在晶圆片正面制作出的压敏电阻对正，否则压敏电阻就不会处在最大应力位置，甚至有可能不在隔膜上，这一步的对准称为背面对准，因为晶圆片背面的图形必须与晶圆片正面的图形对准。在第十步中，采用 KOH 各向异性刻蚀方法制作出隔膜，由于刻蚀过程将在由刻蚀速率决定的某个时刻停止，因此必须准确地知道晶圆片的厚度、所要制备的隔膜厚度以及刻蚀速率。最后的步骤则是去除晶圆片背面的 Si_3N_4 薄膜。

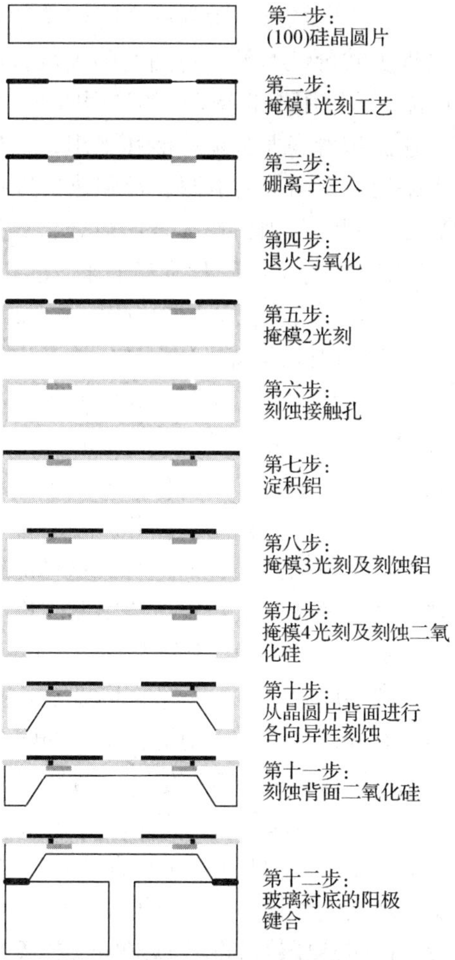

第一步：(100)硅晶圆片
第二步：掩模1光刻工艺
第三步：硼离子注入
第四步：退火与氧化
第五步：掩模2光刻
第六步：刻蚀接触孔
第七步：淀积铝
第八步：掩模3光刻及刻蚀铝
第九步：掩模4光刻及刻蚀二氧化硅
第十步：从晶圆片背面进行各向异性刻蚀
第十一步：刻蚀背面二氧化硅
第十二步：玻璃衬底的阳极键合

图 19.18　压阻型压力传感器的体微机械加工流程

至此硅工艺流程就结束了，但是制作出了许多传感器件的晶圆片，由于存在很薄的隔膜，变得极易破碎。压力传感器的一种常见的封装方法是，将已经完成的硅晶圆片与一个玻璃衬底键合，玻璃衬底上包含一个孔阵列，孔与隔膜对准，允许空气或其他媒介到达隔膜，完成键合之后，可以采用标准的划片分割工序，将各传感器元件分开，以便封装成商品。来自封装的输入压力，加在玻璃的孔中，通过玻璃上的孔将压力媒介导向硅隔膜，因此硅和玻璃之间的键合必须防漏（密封），考虑到多数压力传感器的使用寿命长达数年，这项要求还是相当严格的。在此类封装中，采取的一项特殊技术，几乎排斥了所有其他的方法，乃是阳极键合，或称静电键合，它利用了某些特定的玻璃，其电导率依赖于温度的性质[42]。最常用的玻璃是 Coring 7740，当它被加热到 400℃时，其中所含的钠离子就会变成可动的了。将一片 7740 玻璃与硅晶圆片相接触，并加热到 400℃，然后加上从几百伏到一千伏的直流电压，如图 19.19 所示，就会形成硅晶圆片与玻璃之间的强键合。对这一键合工艺机理的最一般性解释的中心是钠离子，在 400℃下施加电压时，可移动的钠离子被吸引到玻璃表面的阴极接触处，于是在硅/玻璃界面处形成了一个空间电荷区，空间电荷区的电阻很高，电压降的大部分加在这一区域，形成了

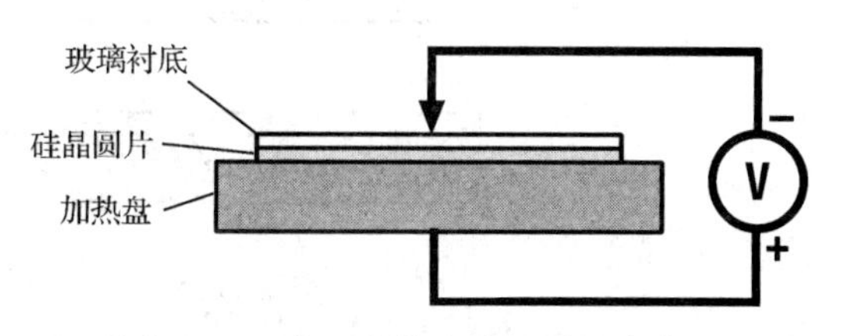

图 19.19　典型的静电（阳极）键合装置

强电场，该电场产生很强的力将玻璃和硅拉在一处，紧密的接触再加上高温，使得硅和玻璃间出现了共价键，最终得到的阳极键合的强度很高，且是密封的。在键合形成时测量电路中的电流，可以用于键合工艺的过程监测。成功的键合要求硅与玻璃彼此间相距差不多在 1 μm 之内，这意味着表面必须清洁和平坦，任何的翘曲或颗粒都不利于形成良好的键合。阳极键合可以采用一套简单的电源装置和热板进行，键合的进展情况可以透过玻璃衬底，观察玻璃/硅的界面来判断，因为在键合形成处，界面区域是明显发黑的。一旦键合完成，电场就可以撤掉，并使已黏好的晶圆片冷却下来。如果硅和玻璃的热膨胀系数（TCE，Temperature Coefficients of Expansion）相差过大，就会产生很大的非本征应力，使得硅晶圆片弯曲甚至破碎，像 Corning 7740 这样的玻璃是特别研制的，专门与硅的 TCE 相匹配，因此避免了此类问题。

硅的热熔键合（fusion bonding）是 MEMS 工艺中常用的另一种键合技术[43,44]。在硅的热熔键合中，实际上并不存在键合或胶合层。正如第 15 章图 15.14 所示，两个硅表面，每一个都是光滑和平整的，用化学方法进行湿法处理，例如 HF 腐蚀或在沸硝酸中煮泡，使得表面成为亲水性的，然后使两个表面相接触，晶圆片的表面便通过氢键键合在一起，最后进行高温退火处理以便形成永久性的键合，这样的键合实际上具有和体硅材料一样的强度[45]。一个采用硅热熔键合的体微机械压力传感器制作工艺的实例示于图 19.20[46]，由这一工艺制作的压力传感器具有方形的隔膜，其边长为 650 μm，膜厚为 8 μm，隔膜厚度由 P 型晶圆片上所淀积的 N 型外延层的厚度决定。底部的晶圆片采用各向异性刻蚀，形成一个方形的角锥刻蚀孔，方形边长为 650 μm。下一步，对进行键合的两个表面进行亲水处理，接触在一起形成初始键合，然后在高温下退火，完成热熔键合。至此，P 型晶圆片就可以用选择性刻蚀工艺去掉了，留下一个 8 μm 的 N 型外延层作为隔膜，以后在隔膜的应力最大处制作 P 型的压敏电阻，将底部晶圆片减薄、磨光至最终的厚度，此时压力可以从底部进入，使得隔膜发生挠曲。这项工艺的优点是，传感器所需的面积，比体微机械中只用各向异性刻蚀制作的可比压力传感器要小许多，每片晶圆片上的传感器数目将增加 50%或更高，这对于生产制造来说是很重要的。

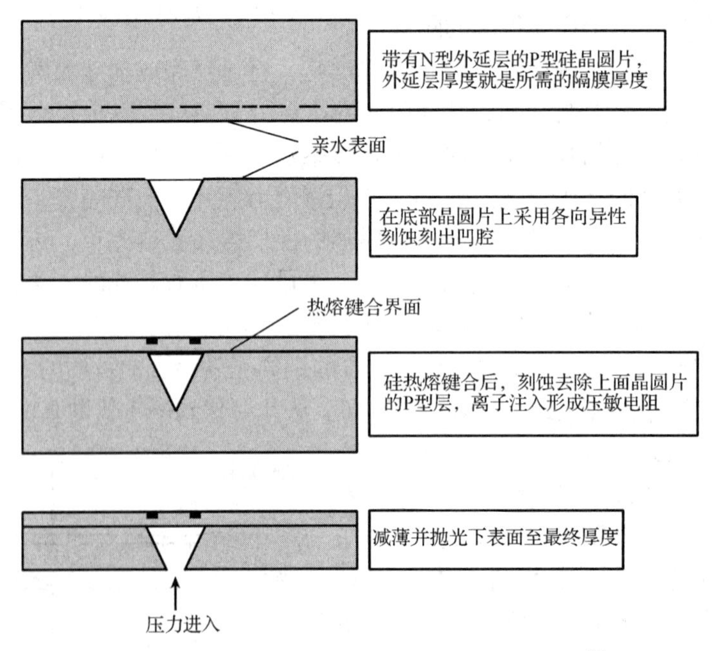

图 19.20　硅热熔键合的低压传感器的制作工艺（引自 Petersen[3]，©1982 IEEE）

悬臂梁也可以用体微机械加工的方法制作。图 19.21 所示是两个悬臂梁的扫描电镜照片，这两个悬臂梁用在探测空气中化学物质的传感器中[47]。沿着每条悬臂梁的长度方向，用 P^+扩散的方法制作出电阻，这些电阻作为加热器，周期性地加热悬臂梁。因为用来制作悬臂梁的材料的热膨胀系数不相同，这种周期性加热会引起悬臂梁的振动，于是可以采用压敏电阻来监视振动的频率，图 19.21 所示悬臂梁的典型共振频率是 140 kHz。为了探测空气中像挥发性有机化合物(VOC，Volatile Organic Compounds)这样的化学物质，将悬臂梁覆以聚合物薄膜，该聚合物薄膜经特殊设计，可以与 VOC 发生反应，这些聚合物吸收 VOC 之后，质量有轻微的增加，而质量的增加可以由悬臂梁共振频率的下降探测出来。重要的是，聚合物可以通过加热释放出 VOC，这就使得聚合物薄膜可以再次使用。聚合物吸收 VOC 后，在介电常数上也会发生变化，这可以通过另外的传感结构来测量，例如以聚合物为电容介质的叉指形电容。这两方面的信息，即由悬臂梁共振频率漂移测得的质量信息和聚合物电容的变化信息，决定了空气中化学物质的种类和浓度。图 19.22 显示了悬臂梁的共振频率作为异丙醇浓度的函数而变化的情况，此实验所用的聚合物是专门设计用来吸收异丙醇的。由于在探测空气中的污染方面可能的应用很多，因此用于这一目的且正在开发的传感技术是很多的。一项有意思的应用是开发在灵敏度上能与生物鼻相竞争的电子鼻，为了实现这一目标，还有大量的工作要做[48]。

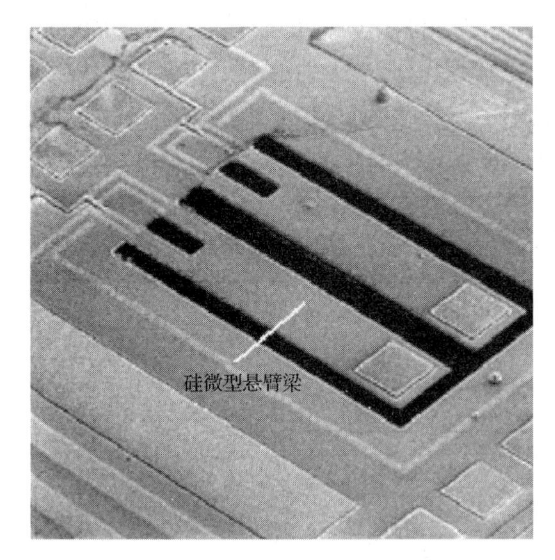

图 19.21　用于探测空气中化学物质的一对硅悬臂梁，尚未淀积聚合物层（引自 Baltes 等[47]，©1998 IEEE）

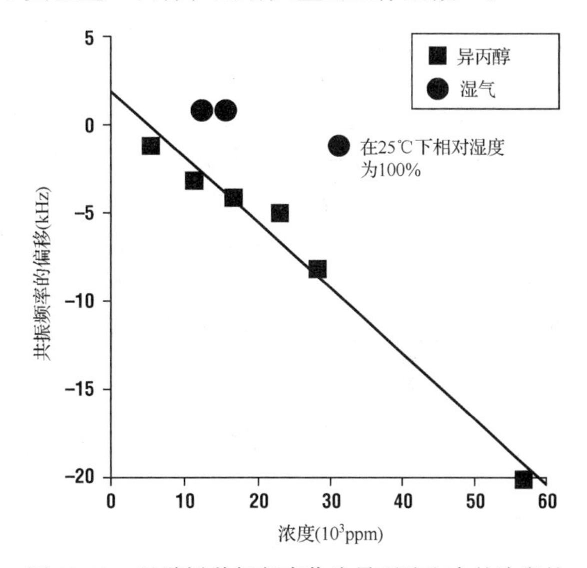

图 19.22　悬臂梁共振频率作为异丙醇和水的浓度的函数而变化（引自 Baltes 等[47]，©1998 IEEE）

19.7　表面微机械制造基础

正如 19.6 节中所揭示的，为了制作 MEMS 器件，体微机械加工通常采用湿法蚀刻剂，刻蚀掉大量的硅，而表面微机械加工，之所以这么称呼它，是因为工艺只在晶圆片的表面进行。在表面微机械中，通常采用低压化学气相淀积(LPCVD)这一类的方法来获得作为结构单元的薄膜。硅表面微机械加工开始于 20 世纪 80 年代，主要是为了克服体微机械加工的一些不足。首先，由于采用各向异性刻蚀，蚀出的凹腔存在倾斜的坡度，体微机械压力传感器所需的表面面积是远大于实际隔膜面积的，这就意味着每片晶圆片的产量，与用隔膜面积作为特征上限时所能得到的产量相比，要减少许多；其次，采用表面微机械加工，可以采用若干淀积层来制作结构，然后可以“释放”部件，从而允许它们在横向和纵向自由移动，这就使得 MEMS 执行器(带有运动部件的 MEMS 器件)成为可能；第三，多晶硅是最常用的表面微机械结构材料，由于其在 IC 工艺中的广泛应用，性能已经非常稳定，并且通过仔细控制淀积工艺，淀积薄膜中的应力水平也可以控制得很好，而且可重复，多晶硅还是各向同性的，对于某些结构来说，这是一个优点；最后，体微机械加工很难与 IC 工艺集成，而表面微机械加工则很容易与 CMOS 工艺集成在一起，因此可以允许信号处理电路与 MEMS 器件同处于一个芯片。

表面微机械加工中有两项关键的工艺步骤：第一项是淀积低应力的薄膜用于制作结构单元；第二项是使用牺牲层，从而使得结构层能够与衬底脱开，进而允许结构层运动。应力受控薄膜的淀积是表面微机械加工的精华所在[7,49]，LPCVD 淀积的多晶硅是到目前为止用得最多的 MEMS 结构材料。通常使用硅烷气体在 580℃～620℃温度下淀积多晶硅，淀积速度大约是 100 Å/min，对于 MEMS 器件中常见的 1～2 μm 厚的薄膜，需要淀积 100～200 min。温度低于 600℃时所淀积的实际上是非晶硅，高于 600℃时，淀积的多晶硅薄膜中存在小晶粒(几十纳米)和压应力，同时也还有非晶硅的区域。在提高的温度下进行淀积后的退火将使薄膜略微收缩，这是非晶硅区域结晶的结果[13]，这种收缩使得压应力转变成拉应力。图 19.23 显示了多晶硅中的应变作为时间和温度的函数而变化的情况。由图可见，即便是温度低于 600℃的退火，最终也会得到无应力的薄膜。一般情况下，降低多晶硅应力的退火是在 1000℃以上的温度下进行的。对多晶硅层还可以进行诸如磷或硼之类的掺杂，既可以使用原位掺杂(即在 LPCVD 淀积过程中同时进行掺杂)工艺，也可以在完成淀积之后采用离子注入或扩散的方法进行掺杂。对于需要使用多晶硅层导电的那些结构，采用原位多晶硅掺杂工艺可以省去后续的掺杂步骤，原位掺杂多晶硅的淀积速度与不掺杂的多晶硅不同，并且与掺杂种类有关(掺硼使得淀积速度增加，而掺磷则使得淀积速度降低)，和不掺杂多晶硅一样，原位掺杂的多晶硅可以通过淀积后的退火控制其应力的水平[7]。

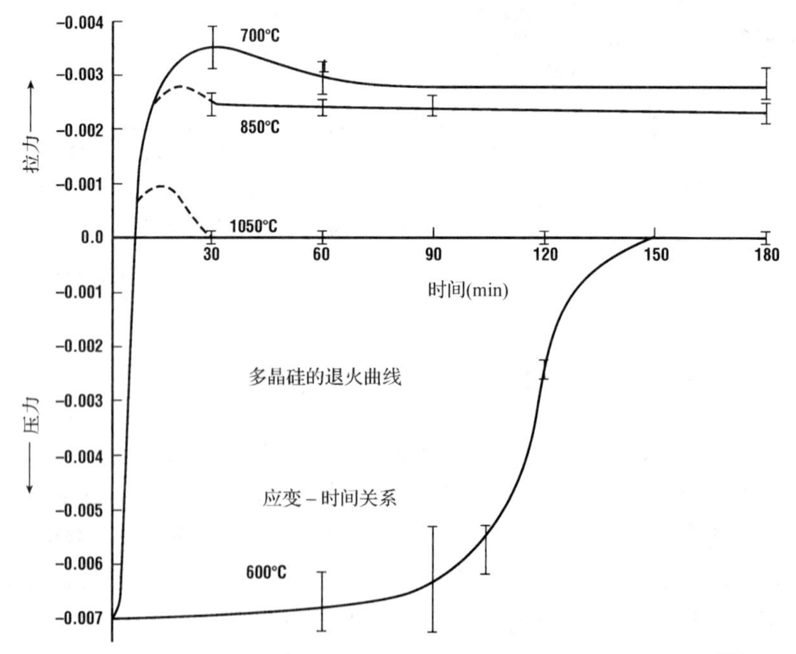

图 19.23 低应力多晶硅应变水平随退火温度及退火时间的变化(引自 Guckel 等 [13]，©1988 IEEE)

表 19.3 给出了单晶硅和多晶硅材料属性的比较[50~52]。多晶硅本质上的无序性造成了其热导率、断裂强度以及杨氏模量的降低。尽管多晶硅的压阻系数要比单晶硅的小，但是仍然足够用来制作出可以使用的传感器。

表 19.3　单晶硅与多晶硅的材料属性

材料属性	单晶硅	多晶硅
热导率(W/cm·K)	1.57	0.34
热膨胀系数(10^{-6}/K)	2.33	2 ~ 2.8
比热(cal/g·K)	0.169	0.169
相对于单晶硅的压阻系数	设定为 1.0	0.33
密度(g/cm^3)	2.32	2.32
断裂强度(GPa)	6	0.8 ~ 2.84(不掺杂多晶硅)
残余应力	无	变化量
电阻率温度系数(TCR)(°K^{-1})	0.0017(P 型)	0.0012，非线性，通过选择性掺杂可以为正，也可以为负，随着掺杂水平的降低而增大，可以调节至 0!
泊松比(111)晶面最大，0.262	0.23	
杨氏模量(10^{11} N/m^2)	1.90(111)	1.61
室温下电阻率(Ω · cm)	取决于掺杂	7.5×10^{-4}(通常比单晶硅高)

引自 Lin[50]、Adams[51]和 Huerberger[52]。

除了多晶硅，LPCVD 淀积的 Si_3N_4 也可用作低应力的材料[53]。标准的 Si_3N_4 是在 800℃以上的高温下，使用流量比接近 1 : 5(DCS : NH_4)的二氯二氢硅(DCS)和氨气淀积的。该工艺产生理想化学配比的、带有很高拉应力的 Si_3N_4 薄膜。通过将气体流量比倒过来变成 5 : 1，则可以淀积出富硅的、拉应力的水平相当低的 Si_3N_4 薄膜，在合适的淀积条件下，拉应力会小于 50 MPa。正确地调整温度、压力和气体流量比等淀积工艺参数，也可以得到压应力的薄膜。将制备好的低应力 Si_3N_4 薄膜进行淀积后的退火处理对于其应力的影响不大。对于 MEMS 器件，使用 Si_3N_4 薄膜比起使用多晶硅有若干优点，诸如高硬度和高杨氏模量(低应力 Si_3N_4 为 280 GPa)。在旋转结构中，因摩擦造成的材料磨损是主要的可靠性问题，对此，Si_3N_4 硬度的增加是一个优点；高的杨氏模量则意味着与多晶硅相比，用 Si_3N_4 制作的相似结构更加坚硬。Si_3N_4 的缺点主要与工艺难度的增加有关，包括需要调节标准 LPCVD Si_3N_4 工艺的 DCS:NH_4 流量比，如果两种工艺都使用同一个炉管，那么从设备的角度来看，这种调节是不希望进行的。此外，低应力 LPCVD 淀积工艺在淀积过程中会产生大量颗粒，从而导致机械泵故障。

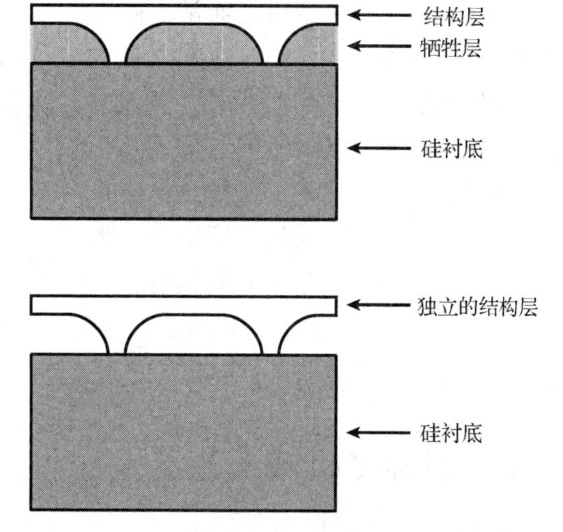

图 19.24　基本的表面微机械牺牲层刻蚀工艺(引自 Howe [49]，经 AIP 许可使用)

表面微机械的第二项关键工艺步骤是使用牺牲层来释放结构以允许其运动[7,49]。图 19.24 显示了用硅衬底上带图案的牺牲层将结构层与衬底分开的情形，在牺牲层刻蚀工艺中将牺牲层去除，就得到了独立的可移动的结构。许多材料都曾被用来作为牺牲层，包括光刻胶和像铝这样的金属，对于牺牲层，关键是要求存在某种蚀刻剂，它可以除去牺牲层，但是却并不刻蚀结构层。当使用多晶硅作为结构层时，通常采样 SiO_2 作为牺牲层。人们愿意采用 SiO_2 作为牺牲层，是因为 SiO_2 与光刻胶以及金属铝薄膜不同，它可以承受 LPCVD 淀积多晶硅时的 600℃高温。另外，SiO_2 可以采用氢氟酸(HF)溶液刻蚀，且其刻蚀速率比多晶硅的腐蚀要快很多。常用 LPCVD 方法淀积 SiO_2，并且在淀积时掺磷形成磷硅玻璃(PSG)。PSG 层是更常使用的，因为在 HF 溶液中刻蚀 PSG 的速度比刻蚀不掺杂的 SiO_2 要快 8 ~ 10 倍[54]。淀积速度上的限制，还有薄膜应力方面的考虑，限制了采样 LPCVD 方法淀积 PSG 层的厚度在 2 μm 或更小，这样的牺牲层相对于 MEMS 器件的横向尺寸(几百微米到几千微米)来说是很薄的，这就意味着某些结构的牺牲层腐蚀时间会很长(达到几小时)，因此要点是对结构进行适当的设计，以减少侧向腐蚀的长度。经常在结构中专门设计出一些孔，从而允许对牺牲层进行更加快速的腐蚀，通常牺牲层的腐蚀时间应小于 20 min。

在腐蚀牺牲层时，蚀刻剂液体的表面张力也会产生严重的问题[55]。当蚀刻剂去除牺牲层并填充结构层与衬底之间的空隙时，空隙中液体的表面积与体积之比很大，表面张力是主要的力。大多数液体在硅和多晶硅表面所形成的表面张力会造成亲水性的浸润，这就意味着液体“更乐于”润湿其表面。在牺牲层腐蚀期间，随着液体体积的减少，表面张力起到拉力的作用，它将多晶硅表面和它下面的硅表面拉在一起，当牺牲层完全除去后，由于表面张力的存在，蚀刻液很难被完全除尽，所以要用水喷淋来稀释和除去 HF 溶液，后面接着干燥步骤，从而除去所有的液体。此时，经常会观察到称为**粘连**(stiction)的现象，即结构并没有真正从衬底上释放，而是在牺牲层已经除去区域的一个或更多点上与衬底粘接(参见图 19.25)。随着干燥过程将结构层和衬底之间空隙中的液体渐渐去除，表面张力将结构层拉下来，直至液体层去除后，结构层与衬底相接触，常常可以看到结构层保持与衬底的接触，并不释放开来，造成器件不工作的情形。对该现象的一种可能的解释是表面间形成了氢键。通常，粘连是表面微机械加工中占第一位的限制成品率的因素，人们已经发展了许多方法来解决粘连问题，各有不同效果。改变 MEMS 器件的设计将有助于防止粘连的发生，例如，向悬臂梁的底部增加一些突触(bumps)结构，与硅衬底的接触点数目将会大大减少，从而相应地减少粘连[56]，这项技术的缺点是需要增加额外的工艺步骤。冷冻干燥技术的采用也已经获得了成功，此时液体先是被冻结起来，然后通过真空干燥工艺去除[57]。

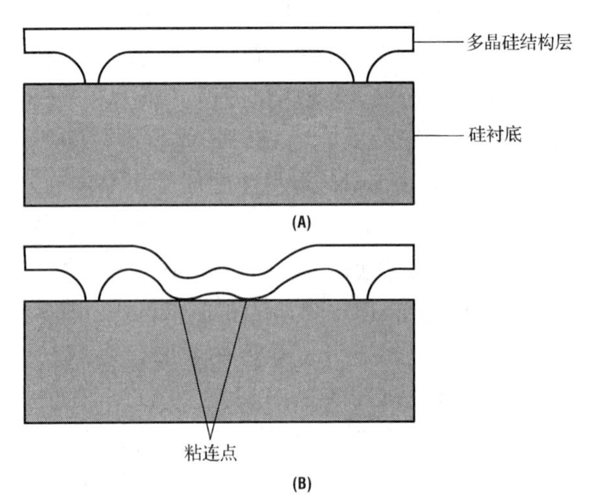

图 19.25　一个释放结构的侧视图：(A)无粘连；(B)在两点处粘连

19.8　表面微机械工艺流程

图 19.26 展示了一个通用性的、用于制作带有压敏电阻元件的悬臂梁的表面微机械工艺流程。第一步从硅晶圆片开始，先是在第二步淀积一层 2 μm 厚的磷硅玻璃(PSG)。接着在第三步，

用掩模 1 进行光刻，定义出悬臂梁将要附着在衬底上的区域。第四步是对 PSG 进行刻蚀，采用 HF 湿法腐蚀或干法刻蚀都是可以的，如果采用干法刻蚀，则需要一个高温退火步骤来使得 PSG 中孔的侧壁变得平缓，这种平缓是很重要的，因为淀积悬臂梁的爬坡很陡的话，会形成应力集中点，导致机械失效。第五步所淀积的多晶硅厚度是由结构的机械设计决定的，通常在 0.5 ~ 2 μm 之间。在第六步中，通过选择性离子注入形成压敏电阻，接着进行激活离子注入的退火，这一步退火也可以充作多晶硅应力释放的退火，它能够调整淀积多晶硅中的原子结构，降低多晶硅薄膜中的应力至接近于 0。在第七步中，用掩模 3 曝出多晶硅的图案，定义出悬臂梁结构的形状，然后采用干刻刻蚀工艺进行刻蚀。再利用溅射工艺，淀积出一层用作压敏电阻电接触的铝膜，后面接着进行铝膜图形的光刻和刻蚀，以及接触合金的步骤(第八步)。下一步，采用带有图形(掩模 5)的光刻胶层将铝保护起来，进行 HF 腐蚀，除去 PSG 牺牲层，释放出悬臂梁结构。

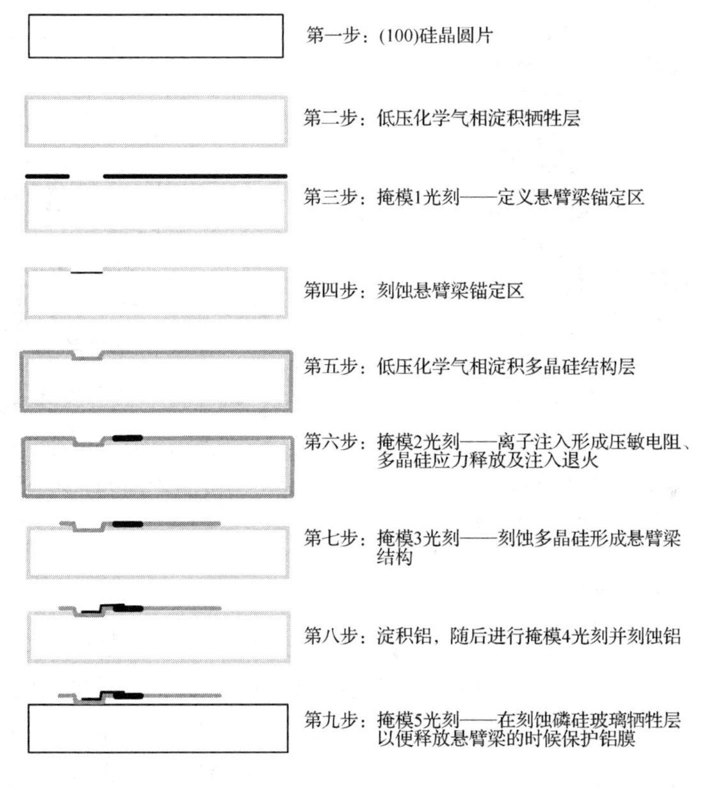

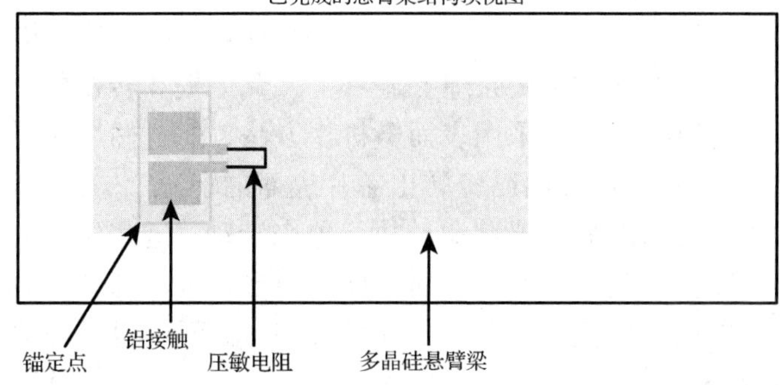

图 19.26　带有压敏电阻的悬臂梁结构的表面微机械加工工艺流程

一个商业上可行的表面微机械传感器的经典例子，是用于汽车上气囊展开控制的加速度计(参见图 19.27)。加速度计的设计原理是使用叉指结构，其中的一组叉指结构可以响应加速度进行移动(参见图 19.28)，由于可动叉指相对固定叉指改变了位置，叉指间距的变化于是可由电容量的变化测量得出，并与加速度值相联系。探测电容变化的信号处理电路也制作在同一个芯片上，组成加速度计。这就表明，表面微机械工艺已经与 IC 制造工艺集成在一起了。这种芯片还具有自检能力：对叉指施加电偏置，可以产生并探测到模拟加速度的叉指运动，这样可以确认传感器的工作是正常的[58]。

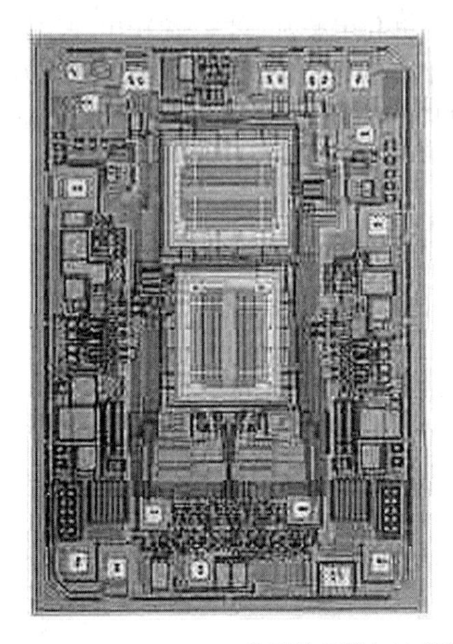

图 19.27 Analog Device 公司的双轴加速度计芯片 ADXL250 的照片。加速度测量范围为 ± 50 g，精度 10 mg。两个 MEMS 器件是图中彼此成 90° 角的大型结构(经 Analog Devices, Inc.许可使用)

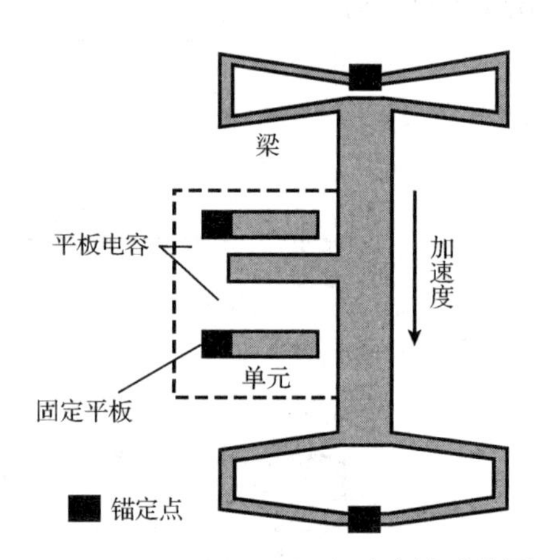

图 19.28 ADXL250 MEMS 加速度计动作原理的简化图(经 Analog Devices, Inc.许可使用)

表面微机械制造的另一个例子是在光学领域。为了控制和调制用于通信系统的光纤中的光束，小型化的光学系统是非常重要的。利用 MEMS 技术，制作出将所需的所有元件置于同一块芯片表面(芯片上的光具座)的光学系统，将允许在性能、体积、价格等方面显著地提升现有的系统。为了构造适于操控光束的、基于 MEMS 的光学元件，必须开发出一种 MEMS 制造工艺，以便能够制作出镜面或其他允许光线沿着芯片表面平行传播的光学元件。为此，人们已经开发出了使用多晶硅转动枢纽的 MEMS 结构[59]，它允许平坦表面转动、移出衬底平面。图 19.29 从原理上显示了一个平板和转枢的结构是怎样允许平板移出其所在平面的。这种结构可以采用表面微机械方法，通过两个多晶硅结构层而制作出来。图 19.30 显示了一个椭圆形镜面已经转出芯片表面的情况[60]。镜面由两边的扭杆支撑，通过显示在图下方镜面之前的静电梳状驱动执行器来转动，这些扭杆允许镜面响应梳状驱动执行器的运动而旋转，在镜面之后，镜面支撑的顶端，可以部分地看见为将镜面转出衬底平面供力的机构。应用这些技术，其他的光学 MEMS 元件也可以采用表面微机械方法在多层结构层上制造出来[61]。

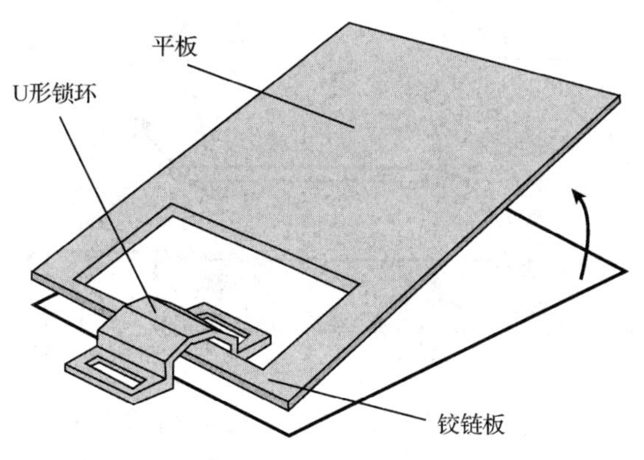

图 19.29　允许平板在所在平面之外运动的基本转枢结构(引自 Pister 等[59])

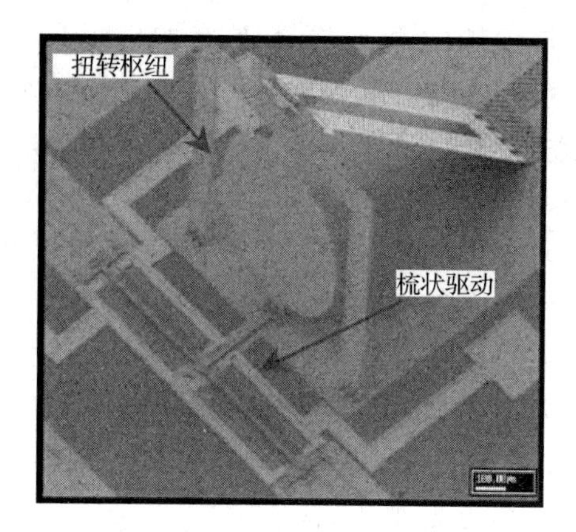

图 19.30　用于光栅扫描仪中的快速镜面的SEM照片。镜面在平行于衬底的方向上扫描光束(引自 Hagelin 等[60]，经 SPIE 许可使用)

19.9　MEMS 执行器

除了传感应用，大多数在 19.3 节讨论过的由机械量到电量的转换技术，都可以用于产生运动[14]。器件所具备的动作能力，极大地拓宽了 MEMS 潜在的应用领域。人们对 MEMS 执行器性能的要求包括：

1. 可以产生毫牛顿范围内的力；
2. 可以产生 10 μm 或更大范围的位移；
3. 对于输入信号的响应是线性的；
4. 与标准的表面微机械加工兼容；
5. 工作可靠，使用寿命长。

使得执行器动作的致动现象是非常广泛的，致动方式可以根据物理激励的不同而分类。最常见的物理激励为电场、磁场和热效应。电场致动有静电与压电两种方式，常见的磁场致动有静磁和磁致伸缩两种方法，热致动则可以利用两种材料的热膨胀系数差异、形状记忆材料和液-汽相变等不同途径实现。表 19.4 总结了几种常用的致动方法及其各自的重要特点。

表 19.4　MEMS 致动方式总结

机　理	功密度 (J/cm^3)	力/面积 (N/cm^2)	移动范围	效　率	响应时间	输入/输出	MEMS 制造兼容性
静电	0.1	100	微米	高	数十微秒	非线性	高
静磁	1	100	数十微米	中	数百微秒	非线性	中
热	0.1	10^4	微米	低	数十毫秒	非线性	高
压电	0.1	10^4	微米	高	数十微秒	线性	中
液-汽相变	10	10	10 ~ 100 μm	低	数十毫秒	非线性	中
形状记忆	10^3	10^6	100 μm	低	数十毫秒	非线性	高
磁致伸缩	0.1	10^4	1 ~ 10 μm	低	几毫秒	非线性	低 ~ 中

引自 Robbins[62]。

向相邻的两个导体上施加电压所产生的电场，可以产生静电致动。一个简单的例子是用作光开关的悬臂梁(参见图 19.31)，在导电的多晶硅悬臂梁顶端有一个用于折射激光光束的铝反射镜，在悬臂梁和悬臂梁下面衬底上的导电垫之间施加一个电压，则悬臂梁将向下弯折，从而移动镜面，使得折射光束发生偏转。静电致动所产生的力一般很小，在纳牛顿或微牛顿的范围，这样所形成的位移也是很小的。

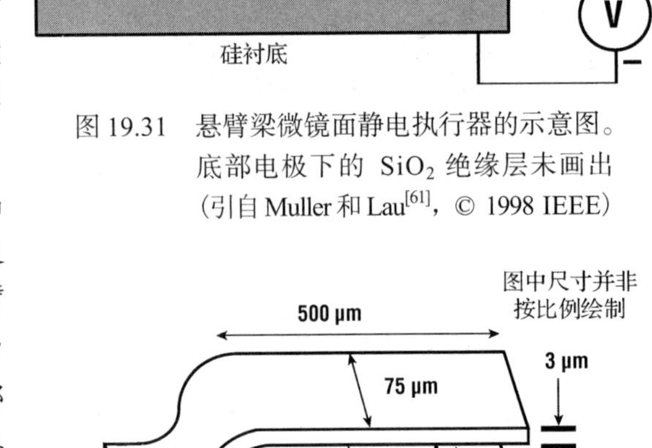

图 19.31　悬臂梁微镜面静电执行器的示意图。底部电极下的 SiO_2 绝缘层未画出(引自 Muller 和 Lau[61]，© 1998 IEEE)

例 19.6　采样表面微机械加工制造的多晶硅悬臂梁长度为 500 μm，宽度为 75 μm，厚度为 3 μm。该工艺的牺牲层厚度是 2 μm。在悬臂梁末端的下方，设置了一个导电电极(长度为 20 μm，宽度为 75 μm)，悬臂梁接地并向底部电极施加正电压 V，使得悬臂梁静电致动，忽略边缘效应，计算要使得悬臂梁向下弯折 0.2 μm 所需施加的电压值。

解答：

我们首先要计算出使得悬臂梁下弯 0.2 μm 所需的力 Q，然后再应用静电理论，计算出产生这么大的力所需外加的电压 V，此处，将悬臂梁和下电极看成是平行板电容器。首先，如果将悬臂梁受到的静电力近似看成为加在悬臂梁顶端一点的力，则可以利用式(19.21)计算将其顶端向下弯折 0.2 μm 所需的力 Q，根据式(19.21)可以得到

$$W(Q,x)=\frac{Qx^2}{6EI}(3L-x)$$

$$W(Q,L)=\frac{QL^3}{3EI}=0.2\ \mu\text{m}$$

求解 Q，得到

$$Q=0.2\ \mu\text{m}\frac{3EI}{L^3}$$

对于硅，$E=190\ \text{GPa}=190\times10^9\ \text{N/m}^2$，动量 $I=at^3/12$

$$I=\frac{(75\times10^{-6}\ \text{m})(3\times10^{-6}\ \text{m})^3}{12}=1.69\times10^{-22}\ \text{m}^4$$

求解 Q，得到

$$Q=2\times10^{-7}\ \text{m}\frac{3(190\times10^9\ \text{N/m}^2)(1.69\times10^{-22}\ \text{m}^4)}{(500\times10^{-6}\ \text{m})^3}$$

$$Q = 154 \times 10^{-9}\ \text{N} = 154\ \text{nN}$$

根据静电理论，平行板面积为 A，间距为 d，其上所加电压为 V 时，两板之间的作用力为

$$Q = 0.5\varepsilon_0\varepsilon_r \frac{AV^2}{d^2}$$

式中，ε_0 是真空中的介电常数[$8.85\times10^{-12}\ \text{C}^2/(\text{Nm}^2)$]，$\varepsilon_r$ 是电容介质的相对介电常数，在本例中是空气，故 $\varepsilon_r=1$。请注意，此处忽略了边缘效应。求解 V 得到

$$V = \frac{(2Qd^2)^{1/2}}{(\varepsilon_0\varepsilon_r A)^{1/2}}$$

计算面积 A:

$$A = (75\times10^{-6}\ \text{m})(20\times10^{-6}\ \text{m}) = 1.50\times10^{-9}\ \text{m}^2$$

间距 $d = 2\times10^{-6}\,\text{m}$，由此可以求出 V 为

$$V = \sqrt{\frac{2(154\times10^{-9}\ \text{N})(2\times10^{-6}\ \text{m})^2}{(8.85\times10^{-12}\ \text{C}^2/\text{Nm}^2)(1.50\times10^{-9}\ \text{m}^2)}} = 9.6\ \text{V}$$

可见，为了使悬臂梁顶端下弯 0.2 μm，需要在下电极上施加接近 10 V 的电压。

通常，静电执行器很容易与 MEMS 制造工艺兼容。另一个静电执行器的例子是德州仪器公司开发的数字微镜面器件（DMD，Digital Micromirror Device）[63]，如图 19.32 所示。该器件包含一个镜面（16 μm²），可以通过静电操纵自原位旋转 ± 10°，制作成阵列时，镜面间的间距是 1 μm，该器件的结构层用铝制造，牺牲层为光刻胶。CMOS 控制电路在 MEMS 器件之前制造，位于镜面组件的下方。用这些独立的 DMD 已经制成超过 200 万元件的阵列，每一个均为独立控制，从而构成一个视频显示系统。

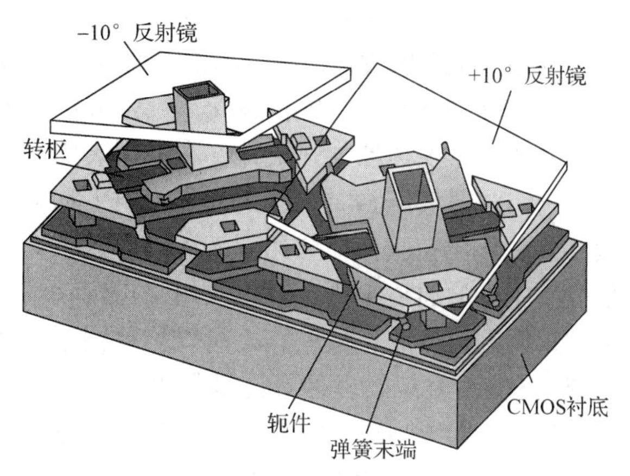

图 19.32　两个 DMD 像素单元（镜面画成透明的）（引自 Van Kessel 等 [63]，©1998 IEEE）

在压电致动中[21]，向压电元件施加电压会产生应变，应变大致与外加电压所产生的电场成正比。这些执行器所产生的力很大，达到几个毫牛顿甚至更高。通常，压电材料的最大弹性应变是 0.1%，转换后只能得到很小位移量。其输入和输出间存在的线性关系是很好的特性。压电材料的主要问题是其与标准 MEMS 制造工艺的集成整合，因为压电材料中经常会含有一些与 CMOS 工艺不兼容的元素。其他的问题还包括材料的玷污和复杂的淀积技术等。人们已经采用压电致动方式制作出了微机械化的微流量控制阀[64]和扫描隧道显微镜的微探针尖端[65]。

磁致伸缩材料通过改变形状来响应磁场变化，该效应缘于磁场导致的磁畴重新摆布。镍是常用的磁致伸缩材料，该材料中磁场引起的应变高达 -30×10^{-6}（负号表明在磁场作用下，镍杆件的长度将缩短），在一些稀土金属合金的薄膜中，应变值达到 10^{-3} 范围也是可能的[66]。已经利用磁致伸缩效应开发出了悬臂梁[67]和流体泵[68]。致动所需要的磁场可以较低，对于悬臂梁致动，

磁场范围为 30 mT[69]。磁致伸缩致动可以产生数十微牛顿的力，移动范围达到微米量级。其响应时间相对较长，此外与标准 MEMS 和 IC 制造工艺的兼容性不好，是其存在的主要问题。

静磁致动涉及利用电流产生磁场的过程，所产生的磁场可以在磁性材料中引发动作。尺寸小到 2 mm^2 的磁性马达已经制造出来，转速达到了 25 000 rpm[70]。另外，还开发出了切换电流的磁继电器。静磁致动可以产生相对较大的力，位移达到数十微米。其缺点有微平面加工制造磁感应线圈的低效率问题，以及将磁性材料工艺与标准 MEMS 工艺及 IC 制造工艺进行集成整合的困难。

另外一种致动方法，利用了两种材料热膨胀系数(TCE)的不同。考察一个由两种不同材料制成的悬臂梁，在两种材料中间夹有电阻加热器[71]，称为双热压结构，当电流流过加热器时，温度的上升引起两种材料以不同的比率膨胀，悬臂梁就会产生动作(在此情况下是卷曲)。热膨胀致动可以产生大小适中的力，为几十毫牛顿，但是其位移量是相当小的(几微米)。在大多数执行器所用到的温度范围内，大多数材料的热膨胀都是接近于随温度进行线性变化的，这样就导致了对输入信号的近似线性的响应。这类执行器的主要缺点在于较小的位移、产生热量所需的功率以及较慢的响应。

形状记忆合金(SMA，Shape Memory Alloy)材料是另一类热驱动执行器。当其在低温下发生形变时，这些材料具有恢复其在高温下所“习得”的形状的能力。最常用的形状记忆合金是用钛和镍制造的。SMA 执行器可以产生毫牛顿甚至更大的力，且具有较大的位移量[72]，与标准 MEMS 制造工艺集成在一起也不太困难。其主要缺点包括加热所需的功率消耗以及较慢的响应。

液-汽相变致动可以用来移动隔膜，如图 19.33 所示。采用电子加热器加热液体，在液体表面和隔膜之间的空间内蒸气压强上升，迫使隔膜向上移动。这种执行器通常用在微流体应用系统中[73,74]，微流体系统是由液体流通通道、阀、泵以及用来进行化学与生物化学分析的反应腔组成的，之所以称这些系统为“微系统”，是因为其处理的液体量很少(微升到纳升)。MEMS 技术经常被用来制造微流体系统。液-汽致动隔膜已经应用于阀的密封和微泵的操作上，这种致动方法产生的力很大，也可以得到较大的位移。不足之处在于响应速度较慢和制造工艺复杂，因为需要制造密闭的腔体来容纳液体/蒸气。

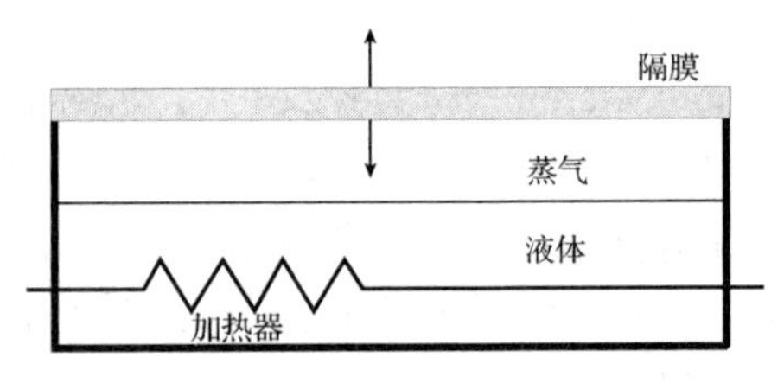

图 19.33　液-汽相变致动隔膜

19.10　大深宽比的微系统技术(HARM9ST)

利用体微机械或表面微机械加工工艺制作的 MEMS 器件，通常会受到薄膜技术的制约，它限制了所得结构的厚度，特别是对于执行器，这会减小所产生的力。大深宽比的微系统技术(HARMST，high-aspect ratio microsystem technology)是指所开发的用于制造下述结构的方法，该类结构的横向尺寸很小且控制严格，同时其高度达到了数百微米甚至更高[7]。这类结构的深宽比定义为其高度与水平尺度的比例，可以高达 100 : 1。与体微机械或表面微机械制造有所不同的是，HARMST 并非是由传统的硅工艺技术发展、延伸而来的。尽管某些工艺步骤，特别是光刻工艺，为 HARMST 和传统硅工艺所共同分享，然而 HARMST 主要是从那些宏观世界中常用的技术发展起来的，例如金属电镀技术和注塑成型技术等。

标准的 HARMST 工艺最早是在德国开发出来的,并以 LIGA(德文中与光刻和电镀有关的词的字首缩略语)一词为人们所熟知。LIGA 技术的关键是图形化或者光刻工艺，在第 9 章中我们已经讨论过一些非光学曝光技术，其中的 X 射线光刻工艺能够得到微小特征尺寸的图形(由于电子的波长很短)，此外高能电子还会在低原子质量的材料(例如聚合物)中形成较大的穿透深度。人们已经发现对于电子束光刻和 X 射线光刻来说，PMMA 是一种很好的掩蔽膜材料，通过涂敷很厚的 PMMA 层(几百微米)，然后用 X 射线曝光，可以在 PMMA 中形成大高宽比的结构。PMMA 作为结构材料是很软的，所以不能用来制作执行器，但是 PMMA 可以用作模具来定型更合适的结构材料，例如金属，而金属则是可以通过电镀之类的技术来淀积获得的。LIGA 技术中最常镀的金属是镍,在 PMMA 模具上完成了镀镍之后,就可以将 PMMA 除去。该工艺也可以和牺牲层技术结合起来，形成释放开的结构。图 19.34 显示了一个带有牺牲层释放的 LIGA 工艺[75]，图 19.35 显示了采样 LIGA 技术制造的、用于测试材料性能的镍制齿轮，这些齿轮横向特征尺寸的公差控制在 1 μm 之内，高度则超过 100 μm。LIGA 工艺已经被用于多种不同器件的制造，包括涡轮、阀、泵以及透镜和棱镜之类的光学元件，此外还有静电执行器和电磁微马达等。

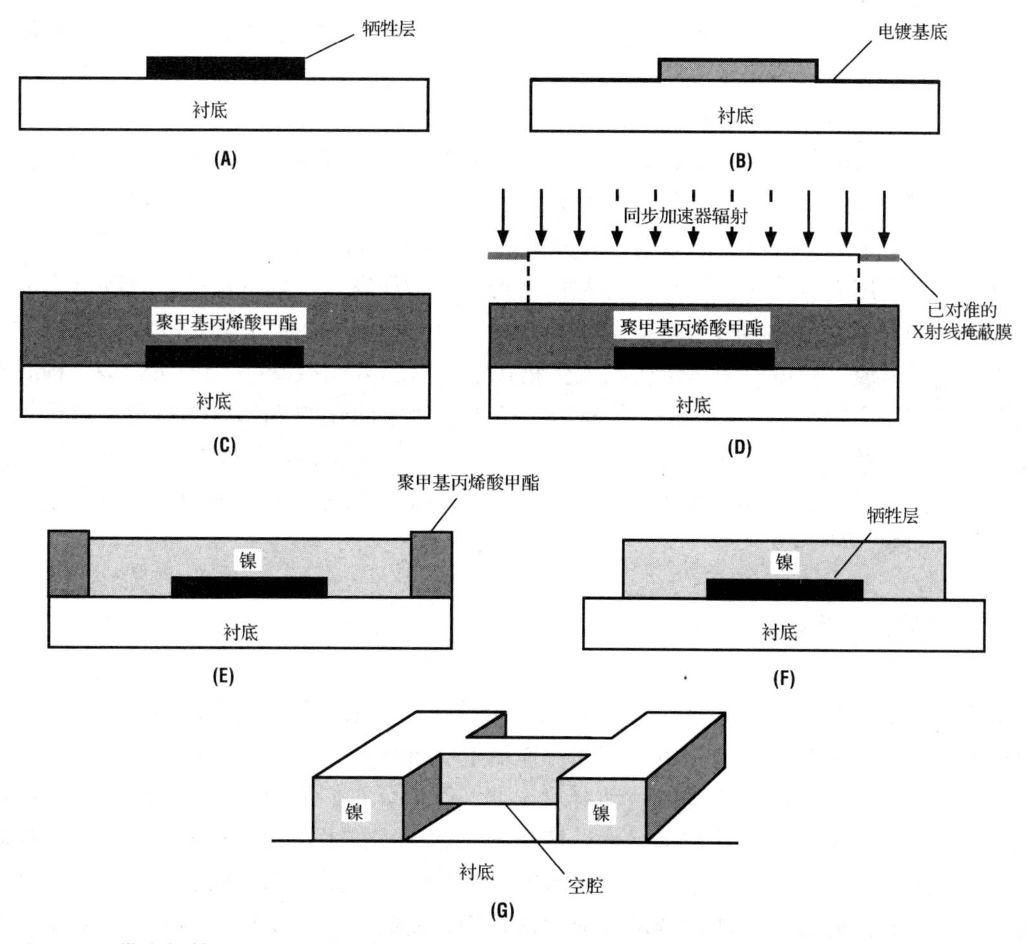

图 19.34　带有牺牲层的 LIGA 工艺截面图：(A)制作牺牲层图形；(B)溅射电镀基底；(C)淀积 PMMA；(D)X 射线掩模对准和 PMMA 曝光；(E)PMMA 显影和镀镍；(F)去除 PMMA 和电镀基底，露出牺牲层；(G)刻蚀牺牲层，掏空并释放 Ni 结构(引自 Guckel[75]，©1998 IEEE)

图 19.35 (A)用于摩擦和磁特性测试的镍结构组件；(B)镍制的轴和齿轮组合组件，高 150 μm，衬套公差是 0.25 μm(引自 Guckel[75]，©1998 IEEE)

LIGA 工艺也存在一些明显的限制，主要与光刻有关。标准的 X 射线曝光系统使用来自同步加速器射线源的 X 射线，这些射线源既庞大又昂贵，在美国也仅有几套。另外，要制造出在垂直方向具有不同截面形状的结构也是比较困难的。

最近，人们还开发出了除 LIGA 之外的其他 HARMST 技术。这些技术采用可以淀积得很厚(可达几百微米)的称为 SU-8 的感光聚合物膜，它能够采用标准 IC 工艺的曝光工具曝出图形[76]。尽管没有 LIGA 所具有的高精度和完美的垂直方向特征，SU-8 这类材料还是易于使用的，对于许多应用而言，也是形成大深宽比结构的一种便宜、快速的途径。这种具有大深宽比的 SU-8 结构的一个用途是制作模具，它可以用来浇铸诸如 PDMS(聚二甲基硅氧烷)这样的聚合物，从而形成一些可以应用于生物或生物化学领域的微流控器件，PDMS 是一种廉价的聚合物，它可以很方便地浇铸或旋涂到 SU-8 模具中。经过固化的 PDMS 器件也可以很轻易地从模具中取出，因此模具也就可以反复多次地使用，从而制作出更多的器件。采样 SU-8 模具和 PDMS 浇铸技术所带来的简便和高效已经使得这项工艺成为应用微流控器件进行生命科学研究最受欢迎的一种方法。

19.11 微流控器件

从 20 世纪 80 年代末开始，MEMS 技术逐渐被人们用来制作一些专门用于测量和控制微量流体的器件。这类器件既包括测量实际流体流量和温度的传感器，也包括采用微型阀、混合器以及微型泵等控制流体流动的致动器。这类器件以及它们不断拓宽的科学与工程应用领域就构成了所谓的微流控器件技术[77]。一般说来，微流控技术定义为对于微量流体的控制与操纵技术，通常是在长度为几十至几百微米的流体通道中。最成功的商业化微流控器件是喷墨打印头，它利用热致动或压电致动效应通过精确控制的方式来操控微小的墨水液滴。其他的成功案例还包括微型推进系统、微型引擎以及微型化学分析系统。增长最快的应用领域是生命科学领域，该领域出现了大量有关微流控器件的实际应用案例[78,79]。这些实际应用案例中有很多是采用微流控器件来取代传统的分子生物分析和 DNA 分析方法，而且新的方法更加快捷，成本也更为低廉。片上毛细管电泳实验就是一个很好的实际应用案例，其他的生命科学应用则反映了原先根本无法实现的解决办法，例如植入人体的胰岛素泵系统，可以用于糖尿病的治疗，该系统既能够监测人体的血糖含量，同时又能够释放胰岛素，而且其外形适合于植入人的体内。这种系统只有通过采用微流控技术才有可能实现。

当流体被局限在微米尺度的空间中时，其表面积与体积之比就会远远高于我们所熟悉的其宏观尺度下的结果，这就会导致一些与我们在正常的宏观世界所熟悉的经验完全不同的效应。流体在微细管道中的流动效应可以通过雷诺数（Reynolds number）N_{Re} 来描述。正如我们在第 13 章式（13.21）中所介绍的那样，N_{Re} 是一个无量纲的数，它正比于管道的宽度乘以流体的动量与流体的动黏度之比。对于微流控器件的尺度而言，微小的管道宽度必然导致较低的 N_{Re}，因此在几乎所有的微流控器件中都会形成层状流动。由于缺少紊流，这就会使得某些在宏观世界中非常简单的任务变得难以完成，例如两种流体的混合。因此微观尺度混合器的设计就成了微流控器件在化学与生物化学应用领域的重要一环[80]。

作为微流控器件的一个实例，我们考虑一个如图 19.36 所示的热致动喷墨打印头的喷射腔。贮存腔中存储了大量的墨水，这些墨水通过毛细管作用力被抽取到喷射腔中，喷射腔中含有加热器和喷嘴。喷墨时利用一个短的电流脉冲（大约持续几微秒）流过一个电阻加热器进行加热。图中所示的喷嘴是利用硅的各向异性腐蚀工艺制备的，由此形成一个边长近似为 40 μm 的方形开口。在喷射前的静止状态中，喷射腔中的墨水依靠流体的表面张力作用而不至于从喷嘴中泄漏出来。在正常工作过程中，流过电阻加热器的电流脉冲形成对加热器附近墨水的快速加热，并在墨水中产生气泡，该气泡挤压喷射腔中的墨水，而喷射腔中的墨水具有最小阻力的出口就是喷嘴，由此导致墨水液滴的形成。当流过电阻加热器的电流终止之后，墨水中的气泡就会消失，墨水再一次由贮存腔流入喷射腔，整个过程可以多次重复进行。惠普公司（Hewlett-Packard）1985 年研制出的第一台喷墨打印机使用了含有 12 个喷嘴的打印头阵列，其每个喷射液滴的体积为 180 pL（皮升，picoliter），该打印机的分辨率为 96 dpi（dot per inch）[81]。到了 2006 年，由于设计技术和制造工艺的改进，已经研制出了带有 10 000 个喷嘴的打印头阵列，每个喷射液滴的体积也减小到 2 pL，打印机的性能达到了 1200 dpi 的分辨率。这种喷墨打印技术所具有的将微小体积液体精确淀积到特定位置的能力已经导致了该技术在打印领域之外的各种应用，包括有机电子学[82]、生物传感器[83]、生物芯片以及蛋白质淀积[84]等。

在很多微流控器件的应用中，要求使用诸如微型阀和微型泵等元件实现对流体流动的主动控制[77]。根据应用领域的不同，微型阀可以具有多种不同的设计方案。一个简单的例子如图 19.37 所示，其中的柔性隔膜是采用压缩空气进行气动控制的。当没有施加压缩空气进行控制时，隔膜处于水平位置，微型阀处于打开状态，此时流体从入口流向出口的路径没有受到阻挡。当施加压缩空气进行控制时，隔膜就会向下发生弯曲，从而盖住入口，微型阀就会被关闭，流体也就无法流动了。尽管在这个特定的例子中使用了压缩空气致动的方法，但是我们在 19.9 节中讨论过的很多其他的致动方法也可以用来控制隔膜的运动。宏观尺度的各类阀门只要是制造合格的，关闭时都能够彻底切断流体的流动（即不会有渗漏），与此有所不同的是，微型阀一般总是存在泄漏的，主要原因在于很难在隔膜与阀的入口材料之间形成一个可以重复多次且十分紧密的密封接触。采用硅隔膜和类似的硬质材料（玻璃或硅）作为微型阀的入口材料往往会形成较差的密封性，因此人们常常就会使用类似 PDMS 这样的聚合物材料来制作隔膜，此时隔膜的厚度就会达到几百微米甚至更厚。另外，硬质隔膜材料要比聚合物材料具有更低的柔性，因此采用硅隔膜的腔体体积也要更小。综上所述，微型阀中的不同层往往是采用不同的材料各自独立制造出来的，然后再通过对准、堆叠组装，最终才完成了整个微型阀的制造。

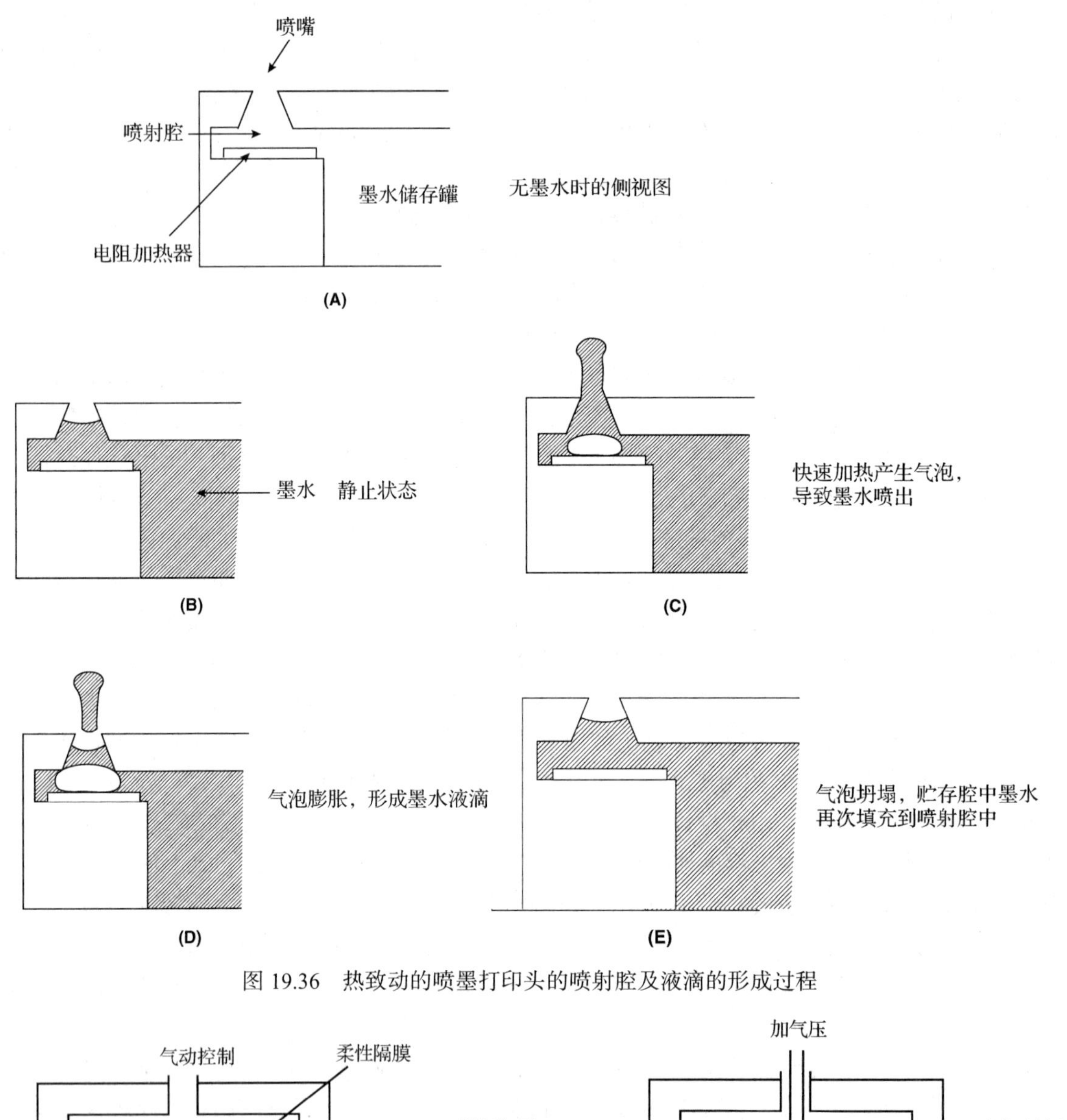

图 19.36 热致动的喷墨打印头的喷射腔及液滴的形成过程

图 19.37 柔性隔膜气动阀，依据施加的气压决定(A)阀门打开或(B)阀门关闭

与微型阀类似，根据应用领域的不同，微型泵也可以有多种不同的设计方案。有些微型泵依靠非机械的原理(例如表面张力和电泳现象)来驱动流体的流动，也有一些微型泵依靠静电致动、气动或压电致动等方式驱动运动部件来实现泵的功能。作为一个简单的机械驱动泵的例子,我们通过上下移动图 19.37 所示的微型阀中的隔膜就可以引起流体流入或流出微型阀的腔体。现在我们在这个微型气动阀的入口和出口处各增加一个微型阀，并根据其隔膜的上下运动同步地打开或关闭这两个微型阀，这样就可以实现泵的工作原理，从而使得流体从入口处流向出口处(参见图 19.38)。在这个微型泵开始工作之前，首先必须将出口处的微型阀关闭，同时将入口处的微型阀打开，并且对微型泵施加气压，使得柔性隔膜向入口处弯折，压缩腔体的体积。接下来将施加在微型泵柔性隔膜上的控制气压由正压改变为负压，从而使得柔性隔膜向上弯折，这样就会增加腔体的体积，并将流体通过入口处打开的微型阀吸入到腔体中。下一步将入口处的微型阀关闭，同时将出口处的微型阀打开，并将控制气压切换为正压，从而使得柔性隔膜再次向下弯折，这样一来腔体的体积就会再次减小，流体也就从出口处被挤压出去，这样就完成了微型泵的一个工作循环。入口和出口处的两个微型阀起到了止回阀的作用，避免了流体向着相反方向的流动。通过自动控制微型阀和微型泵上施加的气压，微型泵的循环速率可以高到足以抽取流体的有效流动。若要进一步增大流体的抽取速率，还可以在不同的微型阀之间增加更多级数的微型泵，或者增大腔体的体积。依据不同的设计方案，微型泵对流体的抽吸速率可以达到每分钟几微升至每分钟几十毫升。

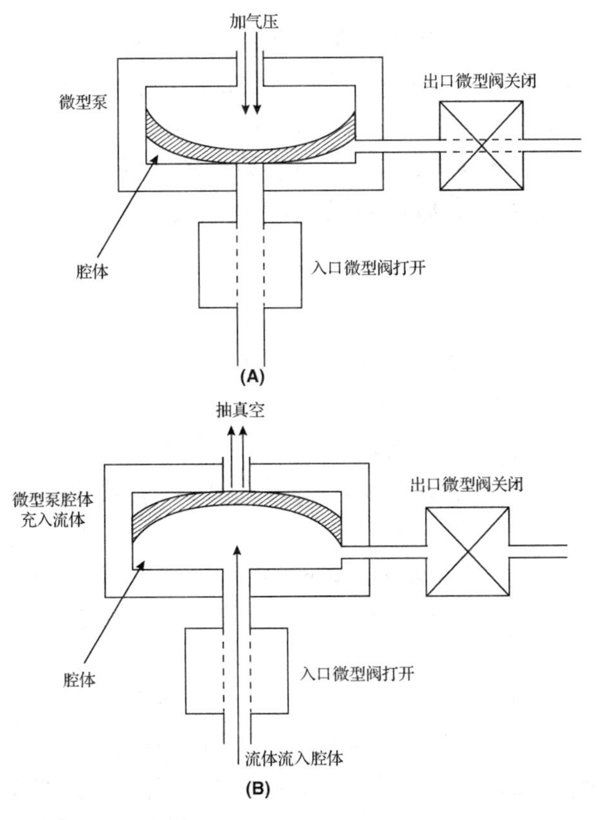

图 19.38　利用柔性隔膜微型阀实现的微型泵，其入口和出口处各带有一个微型阀：(A)腔室排空，入口处微型阀打开，出口处微型阀关闭；(B)撤除隔膜上的气压，流体通过入口处的微型阀充入腔室；(C)关闭入口处微型阀，打开出口处微型阀，给隔膜上施加气压，流体通过出口处的微型阀排出

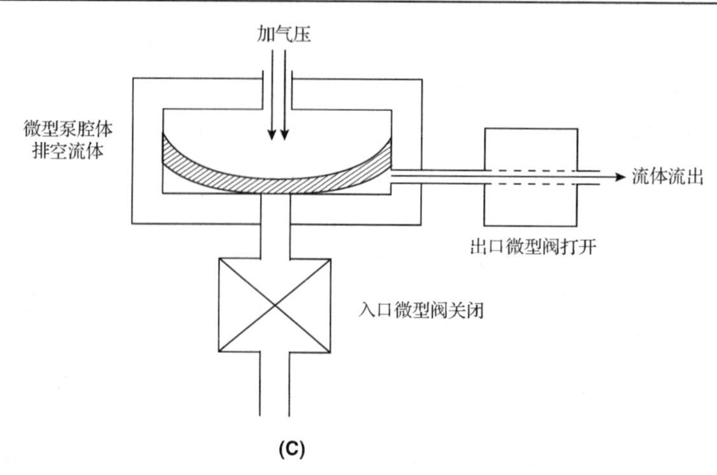

图 19.38(续)　利用柔性隔膜微型阀实现的微型泵，其入口和出口处各带有一个微型阀：(A)腔室排空，入口处微型阀打开，出口处微型阀关闭；(B)撤除隔膜上的气压，流体通过入口处的微型阀充入腔室；(C)关闭入口处微型阀，打开出口处微型阀，给隔膜上施加气压，流体通过出口处的微型阀排出

近年来，微流控器件在生命科学领域中的应用已经大大地增加了，特别是在众所周知的微全分析系统(μTAS，micro-total analysis system)中，该系统有时也称作片上实验室系统(Lab on a Chip system)[85]。μTAS 系统是一个集成了所有化学分析手段的微器件。在细胞生物学研究领域，一个集成微器件可以同时具有一个细胞生长腔、一个细胞分类腔以及一个细胞分析腔。微流控器件可以用来给各个不同的腔室提供营养素和化学试剂，并能在不同的腔室之间转运这些细胞。鉴于制备这些器件的材料都是要与生物体发生接触的，因此通常这些器件都是采用 PDMS 材料研制出来的。PDMS 材料的毒性较低且是透明的(这一点对于某些光学检测系统来说是至关重要的)，同时还能够透过氧气和二氧化碳。另外，PDMS 材料价格低廉，易于采用各种软光刻技术(参见第 9 章 9.11 节)进行加工制造。

19.12　小结

MEMS 制造工艺采用了许多与传统硅 IC 工艺相同的步骤，其中的差别源于 MEMS 传感器和执行器与电子电路的本质性差异。MEMS 器件通常会包含一个能够运动的结构组件，这就暗示了其中可能会有几种独立的或无支撑的元件。本节介绍了材料的力学性质，包括应力-应变关系，以及隔膜和悬臂梁的移动等。讨论了制作 MEMS 的两种传统的方法，即体微机械和表面微机械加工。体微机械加工是相对比较简单的工艺技术，适于制作基于压敏电阻的压力传感器这样的器件。体微机械加工的器件难以同标准的 IC 工艺集成在一起，以便获得 MEMS 器件所需的片上信号处理电路。表面微机械加工更适于与片上电路集成在一起，但是这种集成要相当小心。表面微机械加工采用多层结构材料和牺牲层材料，能够制造出体微机械加工所得不到的复杂结构，例如微型马达、谐振器以及延伸出硅晶圆片表面所在平面的光学元件等。MEMS 执行器，可以通过许多不同的转换方法，将电信号转变成机械运动，在许多受控微动的领域都获得了应用。大深宽比的微系统(HARMST)工艺将 X 射线光刻与电镀结合起来，形成的结构可以达到几百微米高，这些大深宽比的镀层结构可以用作铸造工艺中的模具，来制造精确构形的塑料零件，也可以用来制造齿轮和微马达这样的机械结构。微流控器件是一个很宽广的技术领域，目前主要集中在对微量流体的控制方面。对流体进行控制的器件包括微型阀和微型泵，它们都可以采用标准的 MEMS 体微机械和表面微机械加工方法制备出来，其中还会用到诸如聚合物等一些并不十分常用的材料。有关各类微型化版本的化学与生物分析系统的研究与开发则是生命科学领域一个快速增长的应用案例。

习题

1. 一个直径为 D 的晶圆片，上面淀积的薄膜带有张应力，中心位置处的挠曲量为 δ。证明张应力薄膜所导致晶圆片弯曲的曲率半径是 $S\approx(D/2)^2/(2\delta)$，假定 $\delta<<D/2$。
2. 一个氮化硅（Si_3N_4）悬臂梁，由光刻版所定义的长度是 1000 μm，释放悬臂梁（与衬底脱开）之后，因为有张应力，悬臂梁将改变其长度。计算张应力 σ 为–20 MPa 时的长度改变量，取氮化硅悬臂梁的杨氏模量 E = 280 GPa。
3. 设想一根一维的硅棒，其长度为 L，在 835℃温度下向其上淀积一层氮化硅（Si_3N_4），计算当硅棒冷却至室温后，薄膜中所产生的应力。假定氮化硅薄膜的厚度比硅棒小许多，并使用体硅和体氮化硅的热膨胀系数（TCE）数据。定性描述当氮化硅膜厚增加以至达到了硅棒的厚度时，膜中的应力水平会是何种情形。
4. 一个截面积为 A 的方形截面杆件，杆长为 L，电阻率为 ρ，其电阻由公式 $R=\rho L/A$ 决定。从这个公式出发，推导出应变与电阻变化的关系 $\mathrm{d}R/R\approx\varepsilon(1+v)+\mathrm{d}\rho/\rho$，其中 ε 是应变，v 是泊松比。说明公式中各项的物理意义。
5. 一个 P 型压敏电阻沿着<110>晶向放置，受到横向 10 MPa 和纵向 50 MPa 的应力作用，计算 $\Delta R/R=\pi_t\sigma_t+\pi_l\sigma_l$。
6. 如图 19.7 所示的惠斯登电桥结构，假定未施加应力时的四个压敏电阻阻值相同，推导出由于隔膜形变引起电阻变化的关系式 $\Delta R/R=V_m/V_b$。
7. 采用一个方形单晶硅隔膜制作的压力传感器来探测 0 ~ 5000 Pa 范围内的压力变化，如果隔膜的最大挠曲是 25 μm 膜厚的 15%，求隔膜的边长 L，隔膜的共振频率是多少？
8. 圆形隔膜的半径为 a，厚度为 t，杨氏模量为 E，密度为 ρ，泊松比为 v，利用结构的对称性可以使得计算简化，由此计算得到挠曲量 W 的一般解如下：

$$W(P,r)=P(a^2-r^2)^2/(64D)$$

   对于厚 10 μm、半径 1 mm 的单晶硅隔膜，其上施加 1000 Pa 的压力，求最大挠曲量。与同样厚度且边长 2 mm 的方形隔膜的最大挠曲量相比较，结果如何？
9. 一个单晶硅悬臂梁的厚度为 2 μm，长度为 750 μm，宽度为 100 μm，悬臂梁的最大应力点处有一个 P 型的压敏电阻，如果有一个 10 μN 的载荷沿着悬臂梁的长度方向分布，计算压敏电阻的 $\Delta R/R$。
10. 一个单晶硅悬臂梁的厚度为 2 μm，长度为 750 μm，宽度为 100 μm，其质量为 M，计算其基模的谐振频率 F。欲使 F 发生 1%的改变，需要的质量变化 ΔM 是多少？此时的 $\Delta M/M$ 又是多少？
11. 一个厚度是 T 的（100）硅晶圆片，利用 KOH 腐蚀形成从硅晶圆片上表面向下穿透的方形通孔阵列，相邻的方形孔之间彼此距离相等，试求出硅晶圆片底部可能的最小孔间距与厚度 T 之间的函数关系。

12. 一位工艺工程师要确定用作腐蚀掩蔽膜的 SiO_2 层的厚度，腐蚀采用 42%的 KOH 在(100)晶向的硅晶圆片上进行，腐蚀温度为 80℃，想要腐蚀的深度是 400 μm，计算在上述这些腐蚀条件下所需的 SiO_2 层厚度。如果该工程师想要在腐蚀后留下 2000 Å 的 SiO_2，1100℃下的湿氧氧化所需时间为多少？假定原始氧化层厚度为 25 Å。
13. 设计一个制造悬臂梁结构的体微机械加工流程，采用 P^{++}掺杂腐蚀终止技术来确定悬臂梁的形状和尺寸。
14. 在一片 150 μm 厚的(100)晶向硅晶圆片上，制作出带有边长为 500 μm、厚度为 25 μm 方形隔膜的压力传感器。如果设计要求每个芯片在其刻蚀孔的周围要留下 75 μm 宽未被腐蚀的边缘，分别在以下情况下计算芯片所占的面积：(a)使用定时刻蚀终止技术的标准各向异性刻蚀工艺制作隔膜；(b)使用硅热熔键合技术。利用二者的面积比说明为什么硅热熔键合技术是很有用的。
15. 在牺牲层刻蚀工艺结束后，采用冷冻干燥技术除液，能够避免粘连问题，试解释其原因。
16. 设计一个表面微机械加工流程，用于制造例 19.6 中所示的悬臂梁谐振器，假设底部的电极材料是掺杂的多晶硅。
17. 设计一个表面微机械加工流程，用于构造如图 19.29 所示的转枢结构。
18. 采用表面微机械加工技术制作的一个方形多晶硅隔膜(E=160 GPa)，通过其下方 1.5 μm 处一个方形电极的静电力使之产生挠曲，隔膜和底部电极的面积都是 500 μm×500 μm，欲使隔膜中心位置处向下挠曲 0.3 μm，计算所需外加的电压值，假定隔膜的厚度是 2 μm。

参考文献

1. W. S. Trimmer, ed., *Micromechanics and MEMS Classic and Seminal Papers to 1990*, IEEE Press, New York, 1997.
2. J. Bryzek, K. Petersen, and W. McCulley, "Micromachines on the March," *IEEE Spectrum* **31**(5):20 (1994).
3. K. Petersen, "Silicon as a Mechanical Material," *Proc. IEEE* **70**:420 (1982).
4. S. Timoshenko and S. Woinowsky-Krieger, *Theory of Plates and Shells*, McGraw-Hill, New York, 1959.
5. J. Gere and S. Timoshenko, *Mechanics of Materials*, PWS Publishing, Boston, 1997.
6. E. P. Popov, *Introduction to the Mechanics of Solids*, Prentice-Hall, Englewood Cliffs, NJ, 1968.
7. M. Madou, *Fundamentals of Microfabrication*, CRC Press, Boca Raton, FL, 1997.
8. P. A. Flinn, "Principles and Applications of Wafer Curvature Techniques for Stress Measurements in Thin Films," *Proc. Materials Research Society Symp.: Thin Films: Stresses and Mechanical Properties*, Boston, November 28–30, 1988. *MRS* **130**:41 (1989).
9. L. Ristic, F. A. Shemansky, M. L. Kniffin, and H. Hughes, "Surface Micromachined Technology," in *Sensors and Actuators*, L. Ristic, ed., Artech House, Boston, 1994, pp. 95–155.

10. H. Guckel, T. Randazzo, and D. Burns, "A Simple Technique for the Determination of Mechanical Strain in Thin Films with Applications to Polysilicon," *J. Appl. Phys.* **57**:1671 (1985).
11. H. Guckel and D. Burns, "Polysilicon Thin Film Process," U.S. Patent 4,897,360, January 30, 1990.
12. L. S. Fan, R. S. Muller, W. Yun, R. T. Howe, and J. Huang, "Spiral Microstructures for the Measurement of Average Strain Gradients in Thin Films," *Proc. 1990 IEEE Conf. Micro-electromechanical Systems,* Napa Valley, CA, 1990, pp. 177–181.
13. H. Guckel, D. W. Burns, C. C. G. Visser, H. A. C. Tilmans, and D. DeRoo, "Fine Grained Polysilicon Films with Built-in Tensile Strain," *IEEE Trans. Electron Dev.* **ED-35**:800 (1988).
14. G. Kovacs, *Micromachined Transducers Sourcebook*, WCB McGraw-Hill, Boston, 1998.
15. S. Sze, ed., *Semiconductor Sensors*, Wiley-Interscience, New York, 1994.
16. J. W. Gardner, *Microsensors—Principles and Applications*, Wiley, Chichester, England, 1994.
17. L. Ristic, ed., *Sensor Technology and Devices*, Artech House, London, 1994.
18. S. Middlehoek and S. A. Audet, *Silicon Sensors*, Academic Press, Boston, 1989.
19. B. A. Auld, *Acoustic Fields and Waves in Solids*, Wiley-Interscience, New York, 1973.
20. W. G. Cady, *Piezoelectricity*, McGraw-Hill, New York, 1964.
21. D. L. Polla and L. F. Francis, "Ferroelectric Thin Films in Micro-electromechanical Systems Applications," *MRS Bull.*, **7/96**:59–65 (1996).
22. Y. S. Lee and K. D. Wise, "A Batch-fabricated Silicon Capacitive Pressure Transducer with Low Temperature Sensitivity," *IEEE Trans. Electron Dev.* **ED-29**:42 (1982).
23. K. E. Petersen, A. Shartel, and N. F. Raley, "Micromechanical Accelerometer Integrated with MOS Detection Circuitry," *IEEE Trans. Electron Dev.* **ED-29**:23 (1982).
24. S. Kordic, "Integrated Silicon Magnetic-Field Sensors," *Sensors Actuators* **10**:347 (1986).
25. R. S. Popovic, "Hall Effect Devices," *Sensors Actuators* **17**:39 (1989).
26. H. Baltes and R. S. Popovic, "Integrated Semiconductor Magnetic Field Sensors," *Proc. IEEE* **74**:1107 (1986).
27. C. S. Smith, "Piezoresistance Effect in Germanium and Silicon," *Phys. Rev.* **94**:42 (1954).
28. W. G. Pfann and R. N. Thurston, "Semiconducting Stress Transducers Utilizing the Transverse and Shear Piezoresistance Effects," *J. Appl. Phys.* **32**:2008 (1961).
29. Y. Kanda, "A Graphical Representation of the Piezoresistance Coefficients in Silicon," *IEEE Trans. Electron Dev.* **ED-29**:64 (1982).
30. D. L. Kendall, C. B. Fleddermann and K. J. Malloy, "Critical Technologies for the Micromachining of Silicon," in *Semiconductors and Semimetals,* Vol. 17, Academic Press, New York, 1992.
31. H. F. Winters and J. W. Coburn, "The Etching of Silicon with XeF_2 Vapor," *Appl. Phys. Lett.* **34**:70 (1979).
32. E. Hoffman, B. Warneke, E. Kruglick, J. Weigold, and K. S. J. Pister, "3D Structures with Piezoresistive Sensors in Standard CMOS," *Proc. IEEE MEMS Conf.* Amsterdam, Netherlands, 1995, pp. 288–293.
33. H. Seidel, L. Csepregi, A. Huerberger, and H. Baungartel, "Anisotropic Etching of

Crystalline Silicon in Alkaline Solutions. I: Orientation Dependence and Behavior of Passivation Layers," *J. Electrochem. Soc.* **137**:3612 (1990).

34. M. Elwenspoek, "On the Mechanism of Anisotropic Etching of Silicon," *J. Electrochem. Soc.* **140**:2075, (1993).
35. B. Puers and W. Sansen, "Compensation Structures for Convex Corner Micromachining in Silicon," *Sensors Actuators* **A23**:1036 (1990).
36. S. Samaun, K. D. Wise, and J. B. Angell, "An IC Piezoresistive Pressure Sensor for Biomedical Instrumentation," *IEEE Trans. Biomed. Eng.* **20**:101 (1973).
37. E. D. Palik, J. W. Faust, H. F. Gray, and R. F. Green, "Study of the Etch-Stop Mechanism in Silicon," *J. Electrochem. Soc.* **129**:2051 (1982).
38. J. Bhardwaj, H Ashraf, and A McQuarrie, "Dry Silicon Etching for MEMS," *Proc. Electrochem. Soc.* **97**(5):118 (1997).
39. F. Larmer and P. Schilp, "Method of Anisotropically Etching Silicon," German Patent DE 4,241,045, issued 1994.
40. S. T. Picraux and P. J. McWhorter, "The Broad Sweep of Integrated Microsystems," *IEEE Spectrum* **35**(12):24 (1998).
41. For further information, contact Unaxis, Inc., St. Petersburg, FL, (www.unaxis.com), STS, Ltd. Gwent, U.K., (www.stsystems.com), or Alcatel Comptech, San Jose, CA.
42. W. H. Ko, J. T. Suminto, and G. J. Yeh, "Bonding Techniques for Microsensors," in *Micromachining and Micropackaging of Transducers*, C. D. Fung, P. W. Cheung, W. H. Ko, and D. G. Fleming, eds., Elsevier, Amsterdam, 1985.
43. L. Tenerz and B. Hok, "Silicon Microcavities Fabricated with a New Technique," *Electron Lett.* **22**:615 (1986).
44. M. Shimbo, K. Furakawa, K. Fukuda, and L. Tanzawa, "Silicon-to-Silicon Direct Bonding Method," *J. Appl. Phys.* **60**:2987 (1986).
45. P. Barth, "Silicon Fusion Bonding for Fabrication of Sensors, Actuators and Microstructures," *Proc. 5th Int. Conf. Solid State Sensors and Actuators*, 1990, pp. 919–926.
46. K. Petersen, P. Barth, J. Poydock, J. Brown, J. Mallon, Jr., and J. Bryzek, "Silicon Fusion Bonding for Pressure Sensors," *Tech. Dig., IEEE Solid-State Sensor and Actuator Workshop,* Hilton Head, SC, 1988, pp. 144–147.
47. H. Baltes, D. Lange, and A. Koll, "The Electronic Nose in Lilliput," *IEEE Spectrum* **35**(9):35 (1998).
48. H. T. Nagle, R. Gutierrez-Osuna, and S. Schiffman, "The How and Why of Electronic Noses," *IEEE Spectrum* **35**(9):22 (1998).
49. R. T. Howe, "Surface Micromachining for Microsensors and Microactuators," *J. Vacuum Sci. Technol. B* **6**:1809 (1988).
50. L. Lin, *Selective Encapsulation of MEMS: Micro Channels, Needles, Resonators and Electromechanical Filters*, Ph.D. Thesis, University of California, Berkeley, 1993.
51. A. C. Adams, "Dielectric and Polysilicon Film Deposition," in *VLSI Technology*, S. Sze, ed., McGraw-Hill, New York, 1988, pp. 233–271.
52. A. Huerberger, *Mikromechanik*, Springer-Verlag, Heidelberg, 1989.
53. M. Sakimoto, H. Yoshihara, and T. Ohkubo, "Silicon Nitride Single-layer X-ray Mask," *J. Vacuum Sci. Technol.* **21**:1017 (1982).
54. R. T. Howe, in *Micromachining and Micropackaging of Transducers*, C. D. Fung, P. W. Cheung, W. H. Ko, and D. G. Fleming, eds., Elsevier, Amsterdam, 1985, p. 169.
55. R. Legtenberg, J. Elders, and M. Elwenspoek, "Stiction of Surface Microstructures After Rinsing and Drying: Model and Investigation of Adhesion Mechanisms," *Proc. 7th Int. Conf. Solid State Sensors and Actuators*, 1993, pp. 198–201.
56. W. C.-K. Tang, *Electrostatic Comb Drive for Resonant Sensor and Actuator Applications*, Ph.D. Thesis, University of California, Berkeley, 1990.

57. G. T. Mulhern, D. S. Soane, and R. T. Howe, "Supercritical Carbon Dioxide Drying of Microstructures," *Proc. 7th Int. Conf. Solid State Sensors and Actuators,* 1993, pp. 296–299.
58. Analog devices specifications sheets for the ADXL150/ADXL250 accelerometers (1998).
59. K. S. J. Pister, M. W. Judy, S. R. Burgett, and R. S. Fearing, "Microfabricated Hinges," *Sensors Actuators* **A33**:249 (1992).
60. P. M. Hagelin, U. Krishnamoorthy, R. Conant, R. Muller, K. Lau, and O. Solgaard, "Integrated Micromachined Scanning Display Systems," *Proc. SPIE* **3749**:472 (1999).
61. R. S. Muller and K. Y. Lau, "Surface-Micromachined Microoptical Elements and Systems," *Proc. IEEE* **86**:1705 (1998).
62. W. P. Robbins, course notes for EE5690, Fundamentals of Microelectromechanical Systems, University of Minnesota, 1997.
63. P. F. Van Kessel, L. J. Hornbeck, R. E. Meier, and M. R. Douglass, "A MEMS-Based Projection Display," *Proc. IEEE* **86**:1687 (1998).
64. S. Shoji, B. van der Schoot, N. de Rooij, and M. Esashi, "Smallest Dead Volume Microvalves for Integrated Chemical Analyzing Systems," *1991 Int. Conf. Sensors and Actuators,* San Francisco, 1991, pp. 1052–1055.
65. S. Akimine, T. R. Albrecht, M. J. Zdeblick, and C. F. Quate, "A Planar Process for Microfabrication of a Scanning Tunneling Microscope," *Sensors Actuators* **A23**:964 (1990).
66. M. V. Ghandi and B. S. Thompson, *Smart Materials and Structures*, Chapman & Hall, London, 1992.
67. T. Honda, K. I. Arai, and M. Yamaguchi, "Fabrication of Actuators Using Magnetostrictive Thin Films," *Proc. 1994 IEEE Workshop on MEMS*, 1994, p. 51.
68. E. Quandt, A. Ludwig, and K. Seemann, "Giant Magnetostrictive Multilayers for Thin Film Actuators," *Proc. 9th Int. Conf. Solid State Sensors and Actuators*, 1997, p. 1089.
69. E. Quandt and K. Seemann, "Fabrication of Giant Magnetostrictive Thin Film Actuators," *Proc. IEEE MEMS-95*, 1995, pp. 273–277.
70. Y. Watanabe, M. Edo, H. Nakazawa, and E. Yonezawa, "A New Fabrication Process of a Planar Coil Using Photosensitive Polyimide and Electroplating," *Proc. 8th Int. Conf. Solid State Sensors and Actuators*, 1995, Vol. 2, pp. 268–271.
71. W. Benecke, "Silicon Microactuators: Activation Mechanisms and Scaling Problems," *6th Int. Conf. Solid State Sensors and Actuators*, 1991, p. 46.
72. W. I. Benard, H. Kahn, A. H. Heuer, and M. A. Huff, "A Titanium-Nickel Shape-Memory Alloy Actuated Micropump," *Proc. 9th Int. Conf. Solid State Sensors and Actuators*, 1997, p. 361.
73. W. K. Schromburg, R. Ahrens, W. Bacher, S. Engemann, P. Krehl, and J. Martin, "Long-Term Performance Analysis of Thermo-Pneumatic Micropump Actuators," *Proc. 9th Int. Conf. Solid State Sensors and Actuators*, 1997, p. 365.
74. A. K. Henning, J. Finch, D. Hopkins, L. Lilly, R. Feath, E. Falskin, and M. Zdeblick, "A Thermopneumatically Actuated Microvalve for Liquid Expansion and Proportional Control," *9th Int. Conf. Solid State Sensors and Actuators*, 1997, p. 825.
75. H. Guckel, "High-Aspect Ratio Micromachining Via Deep X-Ray Lithography," *Proc. IEEE* **86**:1586 (1998).
76. H. Lorentz, M. Despont, M. Fahrnl, H. Biebuyck, and N. Labianca, "SU-8: A Low Cost Negative Resist for MEMS," *J. Microelectron, Microeng.* **7**:121 (1997).
77. N. T. Nguyen and S. T. Werely, *Fundamentals and Applications of Microfluidics*, Artech House, Norwood, MA, 2002.
78. G. M. Whitesides, "The Origins and Future of Microfluidics," *Nature* **442**:368 (2006).

79. S. Saliterman, *Fundamentals of BioMEMS and Medical Microdevices*, SPIE Publications, Seattle, 2006.
80. N. T. Nguyen and Z. G. Wu, "Micromixers—A review," *J. Micromech. Microeng*. **15**: R1–R16 (2005).
81. J. Stasiak, S. Richards, and S. Angelos, "Hewlett Packard's Inkjet MEMS Technology: Past, Present, and Future," *Proc. SPIE* **73180U** (2009).
82. G. Orecchini, R. Zhang, J. Agar, D. Staiculescu, M. M. Tentzeris, L. Roselli, and C. P. Wong, "Inkjet Printed Organic Transistors for Sustainable Electronics," *Proc. IEEE 2010 Electronic Components and Technology Conference* (ECTC), Las Vegas, NV, 2010, pp. 985–989.
83. L. Setti, A. Fraleoni-Morgera, I. Mencarelli, A. Filippini, B. Ballarin, and M. Di Biase, "An HRP-based Amperometric Biosensor Fabricated by Thermal Inkjet Printing," *Sensors Actuators B* **126**:252 (2007).
84. J. T. Delaney, P. J. Smith, and U. S. Schubert, "Inkjet Printing of Proteins," *Soft Matter* **5**:4866 (2009).
85. See special issue on Lab on a Chip, *Nature* **442** (2006).

附录I　缩写词与常用符号

在括号内列出的厘米·克·秒(cgs)单位并不一定是该变量最常用的单位。

α :Si:-H　氢化非晶硅

A　面积(cm^2)
　迪尔-格罗夫(Deal-Grove)方程的系数(cm)
　吸收率(无量纲)

ALD　原子层淀积

ANOVA　方差分析

APCVD　常压(大气压)化学气相淀积

AR　深宽比、高宽比

B　磁感应强度、磁场强度(高斯，Gs)
　迪尔-格罗夫(Deal-Grove)方程的系数(cm^2/s)

BHF　氢氟酸缓冲腐蚀液

BiCMOS　双极/CMOS兼容工艺

BJT　双极型晶体管

BPSG　硼磷硅玻璃

C　浓度(cm^{-3})
　传导(cm^3/s)

C_{ox}　单位面积氧化层电容(F/cm^2)
　氧在硅中的溶解度(cm^{-3})

CAR　化学放大胶

CEL　对比度增强层

CIM　计算机集成制造

CMOS　互补金属-氧化物-半导体

CMP　化学机械抛光

CMTF　临界调制传输函数

CNC　凝聚核计数器

CV　电容电压曲线

CVD　化学气相淀积

CZ　切克劳斯基(直拉法)生长

D　扩散系数(cm^2/s)
　缺陷密度(cm^{-2})

D_o　扩散系数指数项前的常数(cm^2/s)

DBR	分布式布拉格反射层
DCFL	直接耦合场效应晶体管逻辑
DCS	二氯硅烷(二氯二氢硅)
DI	介质隔离
DOE	实验设计
DQN	一种由感光化合物与基体材料构成的正性光刻胶
DRAM	动态随机存取存储器
DUV	深紫外线
e	一个电子的电荷(库仑，C)
E	能量(尔格，erg)
E_a	激活能(尔格，erg)
E_G	禁带(带隙)宽度(erg)
EBL	电子束光刻
ECL	发射极耦合逻辑
ECR	电子回旋共振
EDP	邻苯二酚乙二胺
EEPROM	电可擦写可编程只读存储器
EOT	等效氧化层厚度
EPD	电镀沉积
f_T	单位增益频率(截止频率)(Hz)
F	视角因子(无量纲)
FET	场效应晶体管
FZ	区熔生长
g_m	器件跨导(A/V)
G	掩模版与晶圆片之间的间隙(cm)
	吉布斯自由能(erg)
	总失效面积(失效面积比)(无量纲)
G_B	基区古默尔(Gummel)数(cm^{-2})
GILD	气体浸没激光掺杂
GOLD	栅漏交叠
GSMBE	气态源分子束外延
h_g	质量传输系数(cm/s)
HARMST	大深宽比的微系统技术
HEMT	高电子迁移率晶体管
HDP	高密度等离子体
HF	氢氟酸
HMDS	六甲基乙硅烷(HMDS 增黏剂)

HOMO	最高占据的分子轨道
I_x	原子流(s^{-1})
IC	集成电路
ICP	感应耦合等离子体
ILD	层间电介质
IR	红外线
J	流密度($cm^{-2}\cdot s^{-1}$)
k	相对介电常数(无量纲)
	热导率(erg/℃ · cm)
	分凝系数(无量纲)
K_p	反应平衡常数(单位取决于反应式)
k_x	反应速率常数(单位取决于反应式)
KOH	氢氧化钾
LDD	轻掺杂漏
LEC	液封切克劳斯基(直拉)法
LED	发光二极管
LIGA	“光刻、电铸制模、注模复制”等德文词的缩略语，特指某种微机械工艺
LOCOS	硅的局部氧化
LPCVD	低压化学气相淀积
LUMO	最低未占据的分子轨道
m	原子质量(g)
	分凝系数(无量纲)
M	摩尔质量，克分子量(g)
MBE	分子束外延
MEMS	微电子机械系统或微机电系统
MERIE	磁增强反应性离子刻蚀
MESFET	金属-半导体场效应晶体管
MMIC	单片微波集成电路，毫米波集成电路
MOCVD	金属有机化合物化学气相淀积
MODFET	调制掺杂场效应晶体管
MOS	金属-氧化物-半导体
MTF	平均失效时间
	调制传输函数
$M_\lambda(T)$	辐射率频谱
n	电子浓度(cm^{-3})
n_i	本征载流子浓度(cm^{-3})

N	粒子数密度(cm^{-3})
N_{it}	界面态密度(cm^{-2})
N_{Re}	雷诺数(无量纲)
N_v	空位密度(cm^{-3})
NIL	纳米压印光刻
NGL	下一代光刻
NMOS	N 沟道 MOS
OA	正交矩阵
OE	光电子学
OLED	有机发光二极管
OM	金属有机化合物
OSF	氧化诱生堆垛层错
p	空穴浓度(cm^{-3})
p_x	x 气体的分压强($dynes/cm^2$)
P	总压强($dynes/cm^2$)
	概率函数(无量纲)
PAC	感光化合物
PAG	光酸发生剂
PECVD	等离子体增强化学气相淀积
PII	等离子体浸没注入
PLED	聚合物发光二极管
PMMA	聚甲基丙烯酸甲酯
PMOS	P 沟道 MOS
PSG	磷硅玻璃
PVD	物理气相淀积
q	一个电子的电荷(库仑，C)
Q	气体产率($dyn \cdot cm/s$)
Q_f	固定电荷密度(C/cm^2)
R	生长速率或淀积速率(cm/s)
	电阻(Ω)
	反射率
R_c	比接触电阻，接触电阻率($\Omega \cdot cm^2$)
R_{ME}	质量蒸发速率($g/cm^2 \cdot s$)
R_p	射程(cm)
R_s	薄层电阻，方块电阻(Ω/□)
RCA	一种常用的化学清洗液
RF	射频

RHEED	反射式高能电子衍射系统
RIE	反应性离子刻蚀
RR	(CMP 工艺的) 去除速率
RTA	快速热退火
RTCVD	快速加热化学气相淀积
RTP	快速热处理
S	溅射产率(无量纲)
S_P	真空泵抽速(cm^3/s)
SA	自对准双极型工艺
SAGFET	栅极自对准场效应晶体管
SAINT	自对准 N^+注入工艺
SBC	标准隐埋收集极
SDFL	肖特基二极管场效应晶体管逻辑
SEM	扫描电子显微镜①
SICOS	侧壁接触结构
SILO	包封界面局部氧化
SIMOX	注氧隔离
SIMS	二次离子质谱仪
SMA	形状记忆合金
SOI	绝缘层上硅
SPC	统计过程控制，统计工艺控制
SPE	固相外延再生长
SPICE	斯坦福大学集成电路模拟程序
SRAM	静态随机存取存储器
SS	平方和
SST	超自对准双极型晶体管
STI	浅槽隔离
SUPREM	斯坦福大学工艺模拟模块
t	时间(s)
t_{ox}	氧化层厚度(cm)
T	温度(除非特别说明，否则即为摄氏温度)
TCA	三氯乙烷
TCE	三氯乙烯
TCE	热膨胀温度系数
TDDB	时间相关的介质击穿
TEG	三乙基镓

① 原文误为二次电子显微镜。——译者注

TEM	透射电子显微镜
TEOS	正硅酸乙酯
TFT	薄膜晶体管
TMG	三甲基镓
TOC	总有机物含量
TTV	总厚度起伏
u	表面自由能(erg/cm^2)
U_∞	远离表面的气体速度(cm/s)
UHVCVD	超高真空化学气相淀积
ULSI	极大规模集成电路
UV	紫外线
v	速度(cm/s)
V_A	双极型晶体管的厄利电压(V)
V_{bi}	内建电压(V)
V_{po}	MESFET 的夹断电压(V)
V_t	开启电压，阈值电压(V)
VCSEL	垂直腔表面发射激光器
VLSI	超大规模集成电路
VOC	挥发性有机化合物
VPE	气相外延
VUV	真空紫外线
W	双极型晶体管的基区宽度(cm)
W_D	耗尽区宽度(cm)
WIP	在制品
x_j	结深(cm)
Y	成品率，良率(无量纲)
Z	原子序数
α	吸收长度的倒数(cm^{-1})
	双极型晶体管共基极电流放大系数(无量纲)
β	双极型晶体管共发射极电流放大系数(无量纲)
γ	光刻胶反差，光刻胶对比度(无量纲)
δ	边界层厚度(cm)
ε	辐射率(无量纲)
	相对介电常数(无量纲)
η	动态黏滞系数(cm^{-1} · s^{-1})
λ	辐射波长(cm)

	平均自由程(cm)
μ	动力黏滞度(cm^2/s)
	迁移率($cm^2/V\cdot s$)
μCP	微接触印刷
μ_{eff}	有效迁移率($cm^2/V\cdot s$)
ν	辐射频率(s^{-1})
ρ	电阻率($\Omega\cdot cm$)
	质量密度(g/cm^3)
ρ_D	扩散区薄层电阻，方块电阻(Ω/□)
σ	截面积(cm^2)
	晶圆片中的应力(dyn/cm^2)
	过饱和度(无量纲)
σ_0	饱和度(无量纲)
θ	表面上自由位置所占比例(无量纲)
ϕ_{ms}	金属与半导体功函数差(erg)
ϕ_b	势垒高度(erg)
ψ	注入临界角(°)
$\mathcal{E}$	电场强度(V/cm)
3-D	三重扩散双极型工艺

附录 II　部分半导体材料的性质

表 II.1　各种不同材料的性质 I：半导体与绝缘体

	Si	GaAs	Ge	αSiC	SiO_2	Si_3N_4
密度 (gm/cm^3)	2.33	5.32	5.32	2.9	2.2	3.1
击穿场强 (MV/cm)	0.3	0.5	0.1	2.3	10	10
介电常数	11.7	12.9	16.2	6.52	3.9	7.5
禁带宽度 (eV)	1.12	1.42	0.66	2.86	9	5
电子亲和能 (eV)	4.05	4.07	4		0.9	
折射率	3.42	3.3	3.98	2.55	1.46	2.05
熔点 (°C)	1412	1240	937	2830	~1700	~1900
比热容 (J/gm·°C)	0.7	0.35	0.31		1	
热导率 (W/cm·°C)	1.31	0.46	0.6		0.014	
热扩散系数 (cm^2/s)	0.9	0.44	0.36		0.006	
热膨胀系数 ($K^{-1} \times 10^{-6}$)	2.6	6.86	2.2	2.9	0.5	2.7

表 II.2　各种不同材料的性质 II：金属

	Al	Cu	Au	$TiSi_2$	PtSi
密度 (gm/cm^3)	2.7	8.89	19.3	4.043	12.394
电阻率 ($\mu\Omega\cdot cm$)	2.82	1.72	2.44	14	30
温度系数	0.0039	0.0039	0.0034	4.63	
对N型Si的热量(eV)	0.55	0.60	0.75	0.60	0.85
热导率 (W/cm·°C)	2.37	3.98	3.15		
熔点 (°C)	659	1083	1063	1540	1229
热比容 (J/gm·°C)	0.90	0.39	0.13		
热膨胀系数 ($K^{-1} \times 10^{-6}$)	25	16.6	14.2	12.5	

附录III 物理常数

量	符号	值
万有引力常数	G	6.67×10^{-11} N m²/kg² (或m³/kg·s²)
阿佛加得罗常数	N_0	6.0222×10^{23} 粒子数/mol (或amu/gm)
玻耳兹曼常数(微观气体常数)	k	1.3806×10^{-23} J/K
	$\frac{1}{k}$	8.617×10^{-5} eV/K
		11 605 K/eV
宏观气体常数	$R(=N_0k)$	8.314 J/mol K
		1.9872 kcal/kmol K
电子电荷	e	1.60219×10^{-19} C
		4.8033×10^{-10} esu
法拉第常数(1摩尔电量)	$F(=N_0e)$	9.6487×10^{4} C/mol
		2.8926×10^{14} esu/mol
真空电容率	$\varepsilon_0\left(=\frac{1}{\mu_0c^2}\right)$	8.85419×10^{-12} C²/N m²
	$4\pi\varepsilon_0\left(=\frac{4\pi}{\mu_0c^2}\right)$	1.112650×10^{-10} C²/N m²
	$\frac{1}{4\pi\varepsilon_0}\left(=\frac{\mu_0c^2}{4\pi}\right)$	8.98755×10^{9} N m²/C²
真空磁导率	μ_0	$4\pi \times 10^{-7}$ N/A² 依据定义得到的准确值或 1.256637×10^{-6} N/A²
	$\frac{\mu_0}{4\pi}$	准确值 10^{-7} N/A²
光速	c	2.997925×10^{8} m/s
普朗克常数	h	6.6262×10^{-34} J s
		4.1357×10^{-15} eV s
		4.1357×10^{-21} MeV s
	$\hbar\left(=\frac{h}{2\pi}\right)$	1.05459×10^{-34} Js
		6.58822×10^{-16} eV s
		6.58822×10^{-22} Me Vs
电子荷质比	$\frac{e}{m_e}$	1.75880×10^{11} C/kg
		5.2728×10^{17} esu/gm
电子质量	m_e	9.1096×10^{-31} kg
		5.4859×10^{-4} amu
质子质量	m_p	1.67261×10^{-27} kg
		1.0072766 amu
		$1836.11m_e$
中子质量	m_n	1.67492×10^{-27} kg
		1.0086652 amu
		$1838.64m_e$
电子本征能	m_ec^2	0.51100 MeV
质子本征能	m_pc^2	938.27 MeV
中子本征能	m_nc^2	939.55 MeV
无限质量核子的里德伯常数	$\mathcal{R}_\infty\left[=\left(\frac{1}{4\pi\varepsilon_0}\right)^2\frac{m_ee^4}{4\pi\hbar^3c}\right]$	1.0973731×10^{7} m⁻¹
氢原子里德伯常数	$\mathcal{R}_H$	1.0967758×10^{7} m⁻¹
精细结构常数	$\alpha\left(=\frac{1}{4\pi\varepsilon_0}\frac{e^2}{\hbar c}\right)$	7.29735×10^{-3} 或 1/137.036

（该表引自 B. N. Taylor, W. H. Parker 和 D. N. Langenberg 所著的 *The Fundamental Constants and Quantum Electrodynamics* 一书(纽约：Academic Press 出版社，1969 年).一篇很好的、同时也更具有一般性的关于基本常数的文章，是由相同的几位作者所写，可见于 1970 年 10 月份的 *Scientific American* 期刊。此处记录的数据已做了简化和舍入，每一个数据的精确度表现在其最后一位数字上 ±1 的程度。）

附录 IV　单位转换因子

转换因子的作用是用一个单位来表示另一个单位的大小，前面冠以"="号表示该因子是精确的。例如，= 0.3048m/ft 表示 1 ft 准确等于 0.3048 m。

1．长度

10^2 cm/m
10^3 m/km

2.54 cm/in.
12 in./ft
5280 ft/mi

0.3048 m/ft
1.609344×10^3 m/mi
1.609344 km/mi

1.49598×10^{11} m/au
9.461×10^{15} m/光年
3.084×10^{16} m/秒差距

10^{-6} m/μm
10^{-10} m/Å
10^{-15} m/fm

2．体积

10^{-3} m^3/L
10^3 cm^3/L
0.94635 L/qt
3.7854×10^{-3} m^3/gal

3．时间

（d 表示太阳日；yr 表示恒星年。）

3600 s/h
8.64×10^4 s/d
365.26 d/yr
3.1558×10^7 s/yr

4．速度

0.3048(m/s)/(ft/s)
1.609×10^3(m/s)(mi/s)
0.4470(m/s)(mi/h)
1.609(km/h)(mi/h)

5．加速度

0.3048(m/s^2)/(ft/s^2)

6．角度

60秒/分
60分/度
180/π(≅ 57.30) 度/弧度
2π(≅ 6.283) 弧度/周

7. 质量

10^3 gm/kg

453.59 gm/lb
0.45359 kg/lb
2.2046 lb/kg

1.66053×10^{-27} kg/amu
6.0222×10^{-26} amu/kg
6.0222×10^{23} amu/gm

8. 密度

10^3 (kg/m^3)/(gm/cm^3)
16.018 (kg/m^3)/(lb/ft^3)
1.6018×10^{-2} (gm/cm^3)/(lb/ft^3)

9. 力

10^5 dyn/N
10^{-5} N/dyn
4.4482 N/lb_f
(1 lb_f = 标准重力下1磅的质量[$g = 9.80665$ m/s^2])

10. 压力

0.1 (N/m^2)/(dyn/cm^2)
10^5 (N/m^2)/bar

1.01325×10^5 (N/m^2)/atm
1.01325×10^6 (dyn/cm^2)/atm
1.01325 bar/atm
133.32 (N/m^2)/mm Hg (0°C)
3.386×10^3 (N/m^2)/in.Hg (0°C)
6.895×10^3 (N/m^2)/(lbf/in.^{2} 或 psi)

11. 能量

10^7 ergs/J
10^{-7} J/erg

4.184 J/cal
4184 J/kcal
10^3 cal/kcal
[千卡(kcal)也称为食物卡路里，或大卡]
1.60219×10^{-19} J/eV
1.60219×10^{-13} J/MeV
10^6 eV/MeV

3.60×10^6 J/kW h

4.20×10^{12} J/kton
4.20×10^{15} J/mton

0.04336 (eV/分子)/(kcal/mol)
23.06 (kcal/mol)/(eV/分子)

12. 功率

746 W/hp

13. 温度

1.00°F/°R

1.00°F/°R
1.00°C/K
1.80°F/°C
1.80°F/K
T(K) = T(°C) + 273.15
T(°C) = [T(°F) − 32]/1.80
T(K) = T(°R)/1.80

14. 电量

(注意：2.9979 可用 3.00 很好地近似)
电荷: 2.9979 × 10^9 esu/C
电流: 2.9979 × 10^9 (esu/s)/A
电位: 299.79 V/静电伏
电场: 2.9979 × 10^4
(V/m)/(静电伏/cm)
磁场: 10^4 G/T
磁通量: 10^8 G cm^2/Wb
磁极强度: 10 cgs unit/mitchell
(cgs unit = $\sqrt{erg \cdot cm}$; mitchell = A·m)

附录 V　误差函数的一些性质

$$\operatorname{erf} u = \frac{2}{\sqrt{\pi}}\int_0^u e^{-z^2}\,dz = \frac{2}{\sqrt{\pi}}\left(u - \frac{u^3}{3\times 1!} + \frac{u^5}{5\times 2!} - \cdots\right)$$

因此

$$\operatorname{erf}(-u) = -\operatorname{erf} u$$

$$\operatorname{erfc} u = 1 - \operatorname{erf} u = \frac{2}{\sqrt{\pi}}\int_u^{\infty} e^{-z^2}\,dz$$

$$\operatorname{erf} u \approx \frac{2u}{\sqrt{\pi}}\ ,\quad u \ll 1$$

$$\operatorname{erfc} u \approx \frac{1}{\sqrt{\pi}}\frac{e^{-u^2}}{u}\ ,\quad u \gg 1$$

$$\operatorname{erf}(\infty) = 1,\quad \operatorname{erf}(0) = 0$$

$$\operatorname{erfc}(0) = 1,\quad \operatorname{erfc}(\infty) = 0$$

$$\frac{d\operatorname{erf} u}{du} = \frac{2}{\sqrt{\pi}}e^{-u^2}$$

$$\int_0^u \operatorname{erfc} z\,dz = u\operatorname{erfc} u + \frac{1}{\sqrt{\pi}}\left(1 - e^{-u^2}\right)$$

$$\int_0^{\infty} \operatorname{erfc} z\,dz = \frac{1}{\sqrt{\pi}}$$

$$\int_0^{\infty} e^{-u^2}\,du = \frac{\sqrt{\pi}}{2},\quad \int_0^u e^{-z^2}\,dz = \frac{\sqrt{\pi}}{2}\operatorname{erf} u$$

表 V.1 误差函数

w	erf(w)	w	erf(w)	w	erf(w)	w	erf(w)
0.00	0.000 000	0.52	0.537 899	1.04	0.858 650	1.56	0.972 628
0.01	0.011 283	0.53	0.546 464	1.05	0.862 436	1.57	0.973 603
0.02	0.022 565	0.54	0.554 939	1.06	0.866 144	1.58	0.974 547
0.03	0.033 841	0.55	0.563 323	1.07	0.869 773	1.59	0.975 462
0.04	0.045 111	0.56	0.571 616	1.08	0.873 326	1.60	0.976 348
0.05	0.056 372	0.57	0.579 816	1.09	0.876 803	1.61	0.977 207
0.06	0.067 622	0.58	0.587 923	1.10	0.880 205	1.62	0.978 038
0.07	0.078 858	0.59	0.595 936	1.11	0.883 533	1.63	0.978 843
0.08	0.090 078	0.60	0.603 856	1.12	0.886 788	1.64	0.979 622
0.09	0.101 281	0.61	0.611 681	1.13	0.889 971	1.65	0.980 376
0.10	0.112 463	0.62	0.619 411	1.14	0.893 082	1.66	0.981 105
0.11	0.123 623	0.63	0.627 046	1.15	0.896 124	1.67	0.981 810
0.12	0.134 758	0.64	0.634 586	1.16	0.899 096	1.68	0.982 493
0.13	0.145 867	0.65	0.642 029	1.17	0.902 000	1.69	0.983 153
0.14	0.156 947	0.66	0.649 377	1.18	0.904 837	1.70	0.983 790
0.15	0.167 996	0.67	0.656 628	1.19	0.907 608	1.71	0.984 407
0.16	0.179 012	0.68	0.663 782	1.20	0.910 314	1.72	0.985 003
0.17	0.189 992	0.69	0.670 840	1.21	0.912 956	1.73	0.985 578
0.18	0.200 936	0.70	0.677 801	1.22	0.915 534	1.74	0.986 135
0.19	0.211 840	0.71	0.684 666	1.23	0.918 050	1.75	0.986 672
0.20	0.222 703	0.72	0.691 433	1.24	0.920 505	1.76	0.987 190
0.21	0.233 522	0.73	0.698 104	1.25	0.922 900	1.77	0.987 691
0.22	0.244 296	0.74	0.704 678	1.26	0.925 236	1.79	0.988 641
0.23	0.255 023	0.75	0.711 156	1.27	0.927 514	1.80	0.989 091
0.24	0.265 700	0.76	0.717 537	1.28	0.929 734	1.81	0.989 525
0.25	0.276 326	0.77	0.723 822	1.29	0.931 899	1.82	0.989 943
0.26	0.286 900	0.78	0.730 010	1.30	0.934 008	1.83	0.990 347
0.27	0.297 418	0.79	0.736 103	1.31	0.936 063	1.84	0.990 736
0.28	0.307 880	0.80	0.742 101	1.32	0.938 065	1.85	0.991 111
0.29	0.318 283	0.81	0.748 003	1.33	0.940 015	1.86	0.991 472
0.30	0.328 627	0.82	0.753 811	1.34	0.941 914	1.87	0.991 821
0.31	0.338 908	0.83	0.759 524	1.35	0.943 762	1.88	0.992 156
0.32	0.349 126	0.84	0.765 143	1.36	0.945 561	1.89	0.992 479
0.33	0.359 279	0.85	0.770 668	1.37	0.947 312	1.90	0.992 790
0.34	0.369 365	0.86	0.776 110	1.38	0.949 016	1.91	0.993 090
0.35	0.379 382	0.87	0.781 440	1.39	0.950 673	1.92	0.993 378
0.36	0.389 330	0.88	0.786 687	1.40	0.952 285	1.93	0.993 656
0.37	0.399 206	0.89	0.719 843	1.41	0.953 852	1.94	0.993 923
0.38	0.409 009	0.90	0.796 908	1.42	0.955 376	1.95	0.994 179
0.39	0.418 739	0.91	0.801 883	1.43	0.956 857	1.96	0.994 426
0.40	0.428 392	0.92	0.806 768	1.44	0.958 297	1.97	0.994 664
0.41	0.437 969	0.93	0.811 564	1.45	0.959 695	1.98	0.994 892
0.42	0.447 468	0.94	0.816 271	1.46	0.961 054	1.99	0.995 111
0.43	0.456 887	0.95	0.820 891	1.47	0.962 373	2.00	0.995 322
0.44	0.466 225	0.96	0.825 424	1.48	0.963 654	2.01	0.995 525
0.45	0.475 482	0.97	0.829 870	1.49	0.964 898	2.02	0.995 719
0.46	0.484 655	0.98	0.834 232	1.50	0.966 105	2.03	0.995 906
0.47	0.493 745	0.99	0.838 508	1.51	0.967 277	2.04	0.996 086
0.48	0.502 750	1.00	0.842 701	1.52	0.968 413	2.05	0.996 258
0.49	0.511 668	1.01	0.846 810	1.53	0.969 516	2.06	0.996 423
0.50	0.520 500	1.02	0.850 838	1.54	0.970 586	2.07	0.996 582
0.51	0.529 244	1.03	0.854 784	1.55	0.971 623	2.08	0.996 734

（续表）

w	erf(w)	w	erf(w)	w	erf(w)	w	erf(w)
2.09	0.996 880	2.57	0.999 722	3.06	0.999 984 92	3.54	0.999 999 445
2.10	0.997 021	2.58	0.999 736	3.07	0.999 985 86	3.55	0.999 999 485
2.11	0.997 155	2.59	0.999 751	3.08	0.999 986 74	3.56	0.999 999 521
2.12	0.997 284	2.60	0.999 764	3.09	0.999 987 57	3.57	0.999 999 555
2.13	0.997 407	2.61	0.999 777	3.10	0.999 988 35	3.58	0.999 999 587
2.14	0.997 525	2.62	0.999 789	3.11	0.999 989 08	3.59	0.999 999 617
2.15	0.997 639	2.63	0.999 800	3.12	0.999 989 77	3.60	0.999 999 644
2.16	0.997 747	2.64	0.999 811	3.13	0.999 990 42	3.61	0.999 999 670
2.17	0.997 851	2.65	0.999 822	3.14	0.999 991 03	3.62	0.999 999 694
2.18	0.997 951	2.66	0.999 831	3.15	0.999 991 60	3.63	0.999 999 716
2.19	0.998 046	2.67	0.999 841	3.16	0.999 992 14	3.64	0.999 999 736
2.20	0.998 137	2.68	0.999 849	3.17	0.999 992 64	3.65	0.999 999 756
2.21	0.998 224	2.69	0.999 858	3.18	0.999 993 11	3.66	0.999 999 773
2.22	0.998 308	2.70	0.999 866	3.19	0.999 993 56	3.67	0.999 999 790
2.23	0.998 388	2.71	0.999 873	3.20	0.999 993 97	3.68	0.999 999 805
2.24	0.998 464	2.72	0.999 880	3.21	0.999 994 36	3.69	0.999 999 820
2.25	0.998 537	2.73	0.999 887	3.22	0.999 994 73	3.70	0.999 999 833
2.26	0.998 607	2.74	0.999 893	3.23	0.999 995 07	3.71	0.999 999 845
2.27	0.998 674	2.75	0.999 899	3.24	0.999 995 40	3.72	0.999 999 857
2.28	0.998 738	2.76	0.999 905	3.25	0.999 995 70	3.73	0.999 999 867
2.29	0.998 799	2.77	0.999 910	3.26	0.999 995 98	3.74	0.999 999 877
2.30	0.998 857	2.78	0.999 916	3.27	0.999 996 24	3.75	0.999 999 886
2.31	0.998 912	2.79	0.999 920	3.28	0.999 996 49	3.76	0.999 999 895
2.32	0.998 966	2.80	0.999 925	3.29	0.999 996 72	3.77	0.999 999 903
2.33	0.999 016	2.81	0.999 929	3.30	0.999 996 94	3.78	0.999 999 910
2.34	0.999 065	2.82	0.999 933	3.31	0.999 997 15	3.79	0.999 999 917
2.35	0.999 111	2.83	0.999 937	3.32	0.999 997 34	3.80	0.999 999 923
2.36	0.999 155	2.85	0.999 944	3.33	0.999 997 51	3.81	0.999 999 929
2.37	0.999 197	2.86	0.999 948	3.34	0.999 997 68	3.82	0.999 999 934
2.38	0.999 237	2.87	0.999 951	3.35	0.999 997 838	3.83	0.999 999 939
2.39	0.999 275	2.88	0.999 954	3.36	0.999 997 983	3.84	0.999 999 944
2.40	0.999 311	2.89	0.999 956	3.37	0.999 998 120	3.85	0.999 999 948
2.41	0.999 346	2.90	0.999 959	3.38	0.999 998 247	3.86	0.999 999 952
2.42	0.999 379	2.91	0.999 961	3.39	0.999 998 367	3.87	0.999 999 956
2.43	0.999 411	2.92	0.999 964	3.40	0.999 998 478	3.88	0.999 999 959
2.44	0.999 441	2.93	0.999 966	3.41	0.999 998 582	3.89	0.999 999 962
2.45	0.999 469	2.94	0.999 968	3.42	0.999 998 679	3.90	0.999 999 965
2.46	0.999 497	2.95	0.999 970	3.43	0.999 998 770	3.91	0.999 999 968
2.47	0.999 523	2.96	0.999 972	3.44	0.999 998 855	3.92	0.999 999 970
2.48	0.999 547	2.97	0.999 973	3.45	0.999 998 934	3.93	0.999 999 973
2.49	0.999 571	2.98	0.999 975	3.46	0.999 999 008	3.94	0.999 999 975
2.50	0.999 593	2.99	0.999 976	3.47	0.999 999 077	3.95	0.999 999 977
2.51	0.999 614	3.00	0.999 977 91	3.48	0.999 999 141	3.96	0.999 999 979
2.52	0.999 634	3.01	0.999 979 26	3.49	0.999 999 201	3.97	0.999 999 980
2.53	0.999 654	3.02	0.999 980 53	3.50	0.999 999 257	3.98	0.999 999 982
2.54	0.999 672	3.03	0.999 981 73	3.51	0.999 999 309	3.99	0.999 999 983
2.55	0.999 689	3.04	0.999 982 86	3.52	0.999 999 358		
2.56	0.999 706	3.05	0.999 983 92	3.53	0.999 999 403		

反侵权盗版声明